AF347443

DICTIONNAIRE

ALLEMAND - FRANÇAIS.

A PARIS,

DE L'IMPRIMERIE DE LEBÉGUE,

RUE DES RATS, N⁰ 14, PRÈS LA PLACE MAUBERT.

DICTIONNAIRE

ALLEMAND-FRANÇAIS,

CONTENANT

LES TERMES PROPRES

A L'EXPLOITATION DES MINES,

A LA MINÉRALURGIE ET A LA MINÉRALOGIE,

Avec les mots techniques des Sciences et Arts qui y ont rapport ;
Suivi d'une Table des mots français indicative des mots
allemands qui y correspondent.

Par J. B. BEURARD,

*Agent du Gouvernement sur les Mines de mercure du ci-devant Palatinat.
Membre et Correspondant de plusieurs Sociétés savantes.*

Aliquid semper ad communem
utilitatem afferendum.

CICER.

A PARIS,

Chez MONGIE, jeune, Libraire, rue Royale, n° 4, près
le Ministère de la Marine.

1819.

vj

choisie, vous vous occupez le plus d'étendre
et de perfectionner. Ainsi, Messieurs, en me
permettant de mettre votre nom en tête, on
jugera que vous l'avez cru propre à ajouter
aux moyens d'instruction que vous ne cessez
d'accumuler, spécialement pour ces Écoles
pratiques des Mines qui vous doivent leur
établissement, et dont la grande utilité est
déjà si bien prouvée par les succès de celle de
Pesey, d'où il sort chaque année des sujets
dignes de leurs maîtres, et qui promettent à
la France les plus grands avantages.

Un autre motif, Messieurs, qui n'a pas
moins influé sur ma détermination, a été le
précieux avantage qu'elle m'offre de vous
donner un témoignage public de la vive reconnoissance dont je serai pénétré toute ma
vie, pour la constante bienveillance dont
vous m'avez honoré depuis quatorze ans.
Veuillez encore en agréer ce nouvel hom-
mage, avec celui de mon dévouement et de
mon profond respect.

BEURARD.

AVERTISSEMENT.

LA langue allemande étant incontestablement celle
dans laquelle on a le plus écrit sur l'art de l'exploitation des Mines, ainsi que sur celui du traitement
des Minerais, sur la Minéralurgie, la Chimie et la
Minéralogie, son étude est devenue presque indis-
pensable à toutes les personnes qui ont à cœur de
faire des progrès dans ces sciences ; mais pour bien
comprendre les auteurs allemands qui en ont traité,
il ne suffit pas de savoir parler cette langue, il faut
de plus connoître la vraie signification des termes
techniques employés par ces auteurs, ainsi que certaines expressions et façons de parler que l'usage a
le plus généralement consacrées parmi les mineurs et
les ouvriers des usines spécialement destinées aux
opérations minéralurgiques ; et la plupart de ces
mots ne se trouvent dans aucun Dictionnaire.

Mes voyages dans diverses contrées de l'Allemagne
célèbres par des exploitations de Mines, et mon
séjour habituel depuis quatorze ans sur des établissemens de cette sorte, comme aussi la nature de
mes fonctions, m'ayant fourni l'occasion d'en apprendre beaucoup, je les avois disposés en ordre
alphabétique pour mon usage particulier, en y
insérant dans le même ordre tous les mots relatifs
à l'Oryctognosie et à la Géognosie qui composent
le Vocabulaire de *Reuss*, de même que les termes
les plus essentiels des sciences physiques et mathématiques, et de quelques arts mécaniques. Des
savans du Corps de l'Inspection des Mines et
Usines, auxquels j'ai eu récemment l'occasion de

parler de la commodité dont m'étoit ce recueil, ont pensé que je devois le rendre d'une utilité générale, et me conseillent de le publier sous la forme de Dictionnaire. Ils présument qu'il pourroit être accueilli, maintenant qu'une École pratique des Mines s'organise dans une contrée où l'on ne parle guère encore que l'allemand, et à une époque où il n'est plus permis de douter que le Gouvernement, qui a si bien tout réparé et veut tout agrandir, n'ait aussi la pensée de compléter bientôt l'organisation du Corps des Mines, devenu insuffisant pour faire convenablement valoir les richesses souterraines du sol actuel de l'Empire ; ce qui, à coup sûr, portera davantage à l'étude de l'art des exploitations de Mines, et à celles des autres sciences qui s'y rapportent.

Je me hasarde donc de suivre ce conseil, quoique je ne me dissimule pas le danger de m'exposer à la critique, et que je sache fort bien qu'un ouvrage de cette nature, n'offrant presque rien de mon propre fond, ne peut aussi me promettre ni gloire, ni louange, et que la chance la plus heureuse pour moi seroit de parvenir à éviter le blâme ; mais comme je n'ambitionne que la satisfaction d'avoir facilité, spécialement à Messieurs les Élèves des Mines, l'étude des sciences auxquelles ils se livrent, et de suppléer provisoirement à l'ouvrage qui nous manque en ce genre, je crois mériter à ce titre quelque indulgence, et je la réclame. L'avantage de leur avoir été utile me dédommagera suffisamment d'un travail aussi fastidieux que pénible.

Pour atteindre plus sûrement le but que je me propose, j'avois désiré que mon manuscrit, avant d'être livré à l'impression, fût examiné par quelque membre distingué du Corps de l'Inspection des Mines, et j'ai été assez heureux pour que le savant ingénieur et professeur M. *Brochant*, aussi avantageusement connu en Allemagne qu'en France, ne se refusât pas à le parcourir ; ce qui m'a valu de sages

conseils que je me suis empressé de suivre, entre
autres celui de donner aux articles les plus importans, tels, par exemple, que ceux *gang*, *floiz*,
lager, etc., une forme analytique, au lieu d'en ordonner les indications alphabétiquement, comme je
l'avois fait. Un autre savant, des plus estimables, et
qui veut bien m'accorder une amitié particulière,
M. *Tonnellier*, conservateur des Collections minéralogiques du Conseil des Mines, m'a communiqué
des observations très-judicieuses, et l'un et l'autre
m'ont indiqué des sources sûres où je n'avois pas été
à portée de puiser; ensuite ces sources ont été mises
à ma disposition par l'active bienveillance du savant
M. *Gillet-Laumont*, membre du Conseil des Mines
et correspondant de l'Institut, dont tous les amis des
sciences et arts connoissent si bien le zèle ardent pour
la propagation de ce qui promet de l'utilité, et dont
encore ils ont si souvent occasion de vanter la rare
obligeance, en s'étonnant toujours de la diversité de
ses connoissances.

C'est ce dernier savant, si généralement aimé et
estimé, qui m'a suggéré la pensée d'ajouter à ce
Dictionnaire une Table alphabétique de mots français
indicative des mots allemands qui y correspondent, ce
dont je présume qu'un bon nombre de mes lecteurs
lui sauront autant de gré que moi-même. Cependant il ne faut pas s'attendre que cette Table indique nommément toutes les expressions et façons
de parler, soit de Mineurs, soit d'Artistes, rappor-
tées dans le Dictionnaire; cela ne se pouvoit guère :
et d'ailleurs elle eût été trop volumineuse; mais
on les trouvera sous l'un ou l'autre des mots allemands qui suivent les noms français. Ainsi, par
exemple, sous le mot allemand *gang*, qui suit celui
français *filon*, on apprendra que le mineur allemand
qui veut indiquer que le filon s'élargit tout à coup,
dit : *der gang wirft einen bauch*, le filon *jette* un
ventre; et pour signifier qu'il se détourne de sa

direction : *der gang wirft einen hacken*, le filon fait un crochet. De même, sous le mot allemand *holz*, par exemple, qui signifie bois, on trouvera tout ce qui a rapport au bois dans une acception relative à l'objet de ce Dictionnaire, après le mot *knospe*, bouton, *knospenförmig*, en boutons, *knospicht*, qui a des boutons, etc., quoique tous les adjectifs de cette sorte aient leurs articles particuliers. Les composés ou dérivés les plus essentiels de chaque dénomination principale sont quelquefois aussi à la suite du nom ; par exemple, après *capelle* (coupelle), et sa définition *capellenasche, capellenklar, capellenfutter, capellenform, capellengold*, etc. ; mais le plus souvent ces dérivés forment un article à part. Également après le substantif on trouve les expressions techniques les plus en usage, ainsi après *stahl* (acier), *stahl ablöschen, härten*, tremper l'acier ; *dem stahle eine harte nehmen*, détremper l'acier.

Sans doute plusieurs des mots allemands qui en suivent un français ne paroîtront pas, à Messieurs les Allemands sur-tout, être ses correspondans, et sont en effet loin d'être synonymes ; cependant on peut être certain qu'il n'en est cité aucun qui n'ait rapport au mot français sous une acception quelconque. Ainsi, lorsque l'on n'aura pas trouvé une explication satisfaisante sous le premier mot allemand cherché, il faudra recourir à un des autres : le mot français *physique*, par exemple, est suivi des deux mots allemands *naturkunde* et *naturlich*, qui ne sont point synonymes ; le premier rend un substantif et l'autre un adjectif. D'un autre côté, le mot français *insolation*, par exemple, terme de chimie, n'est suivi que de celui allemand *sonne*, qui signifie soleil ; cela ne veut pas dire que *sonne* est précisément le correspondant d'*insolation*, mais que sous le mot allemand *sonne* on trouvera la définition de celui français insolation. De même le seul mot allemand *werkstück*, qui suit la phrase française *louver une pierre*, n'en rend

certainement pas le sens en entier , mais il indique
où il faut en chercher l'explication. En un mot , cette
Table n'est pas destinée à faciliter la traduction du
français en allemand , mais à indiquer aux Français
qui ne savent pas l'allemand où ils trouveront les
définitions ou explications françaises des mots , noms
et phrases, que le Dictionnaire renferme , quoique je
dusse pourtant encore les prévenir qu'il s'en faut de
beaucoup qu'elle les désigne tous ; car il en est un
très-grand nombre qui n'auroient pu l'être que par
une périphrase ; et le format auquel j'ai dû me restreindre ne les comportoit pas.

Mais si j'ai à craindre le reproche de n'avoir pas tout
indiqué par la Table française, j'espère du moins que
l'on ne trouvera pas beaucoup d'omissions essentielles dans le Dictionnaire ; car , outre tous les noms
connus aujourd'hui en Minéralogie , et les termes les
plus généralement usités en Minéralurgie , et dans
l'art de l'exploitation des Mines, comme aussi un grand
nombre de ceux des sciences et arts qui y ont rapport,
j'ai cru devoir y admettre plusieurs mots et expressions tout-à-fait hors d'usage aujourd'hui , ou seulement connus dans quelques contrées particulières , et
même quelques-uns qui n'appartiennent pas du tout
à la langue allemande , parce que je les ai trouvés
dans des auteurs allemands, et que ce Dictionnaire
doit aider à les faire comprendre tous. J'y ai inséré
de plus d'autres mots qui ne semblent avoir aucune
analogie avec les sciences et arts , mais c'est parce
qu'on les emploie souvent, et que je désire aussi faciliter l'intelligence de ceux-ci, comme en général la
lecture des nombreux écrits périodiques allemands
sur les sciences relatives à l'art des Mines.

En général chaque nom , mot ou phrase , a sa définition ou explication ; mais je m'attends que les unes
paroîtront trop laconiques et d'autres trop longues ;
par exemple , pour la définition d'un minéral je me
suis borné le plus souvent à son aspect extérieur ,

c'est que l'énumération de tous les caractères m'eût conduit trop loin, que les limites dans lesquelles j'ai dû me resserrer n'admettoient pas plus de développement, et que d'ailleurs je n'ai pas eu la prétention de dispenser ceux qui veulent s'instruire à fond de recourir aux traités. Si quelques articles *polyp*, ou ceux de Conchyologie insérés à l'occasion des fossiles, paroissoient aussi trop détaillés, je répondrai ingénument que je n'ai pu être plus court. Je donnerai la même réponse pour les articles *kennzeichen* (caractères), *molekül s* (molécules), *sauer* (acide), et quelques autres qui dépassent la ligne que je m'étois tracée ; mais je ne m'excuserai nullement sur les plus longs de tous, *gang*, *lager*, *flötz*, etc, puisque je viens de dire qu'ils m'avoient été conseillés tels par un bon juge, et que je les ai refaits à dessein.

Quant à la remarque que l'on pourra faire que j'ai souvent, comme *Reuss*, compris sous une même dénomination des substances d'une nature fort différente, je prierai d'observer que, devant rapporter toutes les opinions, j'ai eu soin de prévenir toute erreur, en ajoutant toujours les noms donnés ou adoptés par le guide des minéralogistes français, l'illustre *Haüy*, et en joignant aussi les termes de la nouvelle nomenclature chimique à la suite de ceux de l'ancienne. Je dois dire de plus à cette occasion que, dans les définitions un peu détaillées que j'ai cru nécessaires, j'ai presque toujours employé les propres expressions de ce grand maître, et même en général celles des auteurs où j'ai puisé, parce que j'étois trop assuré de ne pouvoir aussi bien dire en d'autres termes.

A l'exemple de *Reuss*, j'avois cru pouvoir admettre des termes d'astronomie, et je les avois placés indistinctement parmi les autres dans leur ordre alphabétique, en me bornant toutefois à ceux qu'il me sembloit le moins permis d'ignorer ; mais on m'a fait observer que l'astronomie n'offrant point de rapport sensible avec les sciences qui font l'objet principal de cet ouvrage, il valoit mieux en faire le sujet d'un supplément. Je n'ai point hésité à déférer à cet avis. J'ai donc rassemblé sous un titre particulier les principaux termes d'astronomie avec leurs définitions aussi concises que possible. J'y ai joint les termes de physique, de mathématiques et de géographie les plus essentiels à connoître pour comprendre les ouvrages allemands qui traitent de ces sciences, et j'y ai fait entrer ceux relatifs aux nouveaux poids et mesures dont l'usage est devenu général dans toute l'étendue de l'Empire français.

J'ai suivi l'orthographe allemande la plus généralement en usage aujourd'hui ; mais je dois avertir que plusieurs auteurs emploient la lettre *D* au lieu du *T*, et réciproquement, parce qu'elles ont à la prononciation à peu près le même son ; par exemple, les uns écrivent *donnlag* et d'autres *tonnlag* ; quelques - uns écrivent *e* pour *äe* et *ö* accentués, qui se prononcent *ae* et *öe*, et *ë* au lieu de *ü* qui rend le même son que *i*, comme *ether* pour *aether*, *fletz* pour *fläetz*, *gebirge* pour *gebürge* ; ainsi les mots que l'on ne trouvera pas sous une de ces lettres devront être cherchés sous l'autre.

Il me seroit difficile d'indiquer sans exception toutes les sources où j'ai puisé ; car, ne pensant point à rendre mon travail public lorsque je l'ai commencé pour mon seul usage particulier, je me suis contenté de noter les mots ou les expressions à mesure que je les apprenois, soit dans un entretien, soit par une lecture. Je me contenterai de joindre ici la notice des principaux ouvrages dont je me suis aidé, spécialement lorsque j'ai revu ce travail dans le dessein de le publier. Je regrette de n'avoir pas eu à ma disposition le Traité élémentaire de Minéralogie que vient de donner le savant ingénieur des Mines, M. *Alexandre Brongniart*, d'où j'aurois pu extraire des détails intéressans sur les gisemens des minéraux, ainsi qu'en général sur les connoissances nécessaires au mineur et au métallurgiste; mais je ne l'ai reçu qu'au moment où mon manuscrit étoit prêt pour l'impression.

AVIS IMPORTANT

POUR L'USAGE DU DICTIONNAIRE.

Quelques mots n'ont pas parfaitement l'ortographe allemande, par omission, transposition, ou altération de lettres. Ces fautes, échappées à l'impression, exigent qu'avant de chercher les mots, on prenne connoissance de l'errata.

NOTICE

Des Ouvrages qui ont été consultés pour la rédaction de ce Dictionnaire.

NOMS des AUTEURS.	TITRES DES OUVRAGES.
Haüy.	Traité de Minéralogie. 5 vol. , dont un contient 86 planches. Paris, 1801.
Idem.	Traité élémentaire de Physique. 2 vol. Paris, 1806.
Brochant. . . .	Traité élémentaire de Minéralogie, suivant les principes du professeur *Werner*, conseiller des mines de Saxe. 2 vol. , avec 18 tableaux et une planche. Paris, ans X et XI.
Alexand. Brongniart.	Traité élémentaire de Minéralogie, avec des applications aux arts. 2 vol. 1807.
Lucas.	Tableau des espèces minérales, etc. 1 vol. 1806.
Brard.	Manuel du Minéralogiste et du Géologue voyageur. 1 vol. Paris, 1805.
Reuss.	Lehrbuch der mineralogie nach des herrn *Karsten* mineralogischen tabellen; 8 vol. 1801, 1802, 1803, 1805 et 1806.
Idem.	Neues mineralogisches wörterbuch. 1 vol. Hof 1798.
Karsten. . . .	Lehrbuch der mineralogie ausgearbeitet vom *B. Haüy* aus dem französischen übersetzt, und mit anmerkungen versehen. 3 vol. Paris et Leipsig, 1804 et 1806.
Mohs.	Des herrn *Jac. Fried.* von der null mineralien cabinet, etc. , als handbuch der oryctognosie. 3 vol. Wien, 1805.

NOMS des AUTEURS.	TITRES DES OUVRAGES.
WERNER. . . .	Traité de caractères extérieurs des Fossiles, traduit en français par madame *Picardet*. 1 vol. in-12. Dijon, 1790.
BERTHOUT et STRUVE.	Principes de Minéralogie, ou Exposition des caractères extérieurs des Fossiles, d'après *Werner*. 1 vol. Paris, an III.
BOSC.	Histoire Naturelle des Coquilles, etc. 5 vol. Paris, an X. Cet ouvrage fait partie de la dernière édition de l'Histoire naturelle de *Buffon*, publiée par Déterville, en 80 vol., ornée des gravures enluminées.
DUHAMEL. . . .	Dictionnaire portatif allemand et français. 1 vol. Paris, an IX.
FLATHE.	Nouveau Dictionnaire français-allemand et allemand-français, etc. 5 vol. Leipzig, 1798.
SCHWAN. . . .	Nouveau Dictionnaire français-allemand et allemand-français, etc., extrait de son grand Dictionnaire par lui-même. 4 vol., Tubingue, 1807.
BLUMENBACH. . .	Manuel d'Histoire Naturelle, etc. 2 vol. Metz et Paris, an XI. 1803.
ANONYMES. . .	Bergmännisches wörterbuck, etc. Chemnitz, 1778. Journal des Mines, publié par le Conseil des Mines de France. Annales du Muséum national d'histoire naturelle, publiées par les professeurs de cet établissement.

Table des abréviations principales qui se trouvent dans ce Dictionnaire.

———

T. de maçon. . . . . — de maçonnerie,
T. de manuf. . . . . . . , . — de manufacture.
T. de math. . . . . — de mathématique.
T. de mécan. . . . . — de mécanique.
T. de métall. . . . . — de métallurgie.
T. de min. . . . . — de mineur ou de mine.
T. de minér. . . . . — de minéralogie.
T. de monn. . . . . — de monnoie ou de monnoyeur,
T. d'orfév. . . . . — d'orfèvre.
T. de phys. . . . . — de physique.
T. de serrur. . . . . — de serrurerie.
T. de verr. . . . . — de verrerie.
Le trait — indique le passage à une signification différente;

DICTIONNAIRE

ALLEMAND-FRANÇAIS

DE

MOTS TECHNIQUES.

Abänderung, f. changement, mutation, altération, modification. — *Die abänderungen eines substanz*, les variétés, les modifications d'une substance (*t. de minér.*), variétés. Il y a dans chaque espèce autant de variétés qu'il se trouve de différence dans les caractères de cette espèce.

Abart et Abartung, f. (*t. de min.*), variété, autre espèce, espèce différente.

Abäthmen, v. a. (*t. de chim.*), recuire, remettre au feu la coupelle et l'y faire rougir pour que l'humidité qu'elle peut avoir reçu de l'air pendant l'opération de l'affinage s'évapore, et ne cause pas d'erreur dans un nouvel essai.

Abbauen, v. a. (*t. de min.*), exploiter une mine, un filon, à fond ; abandonner une exploitation, se désister d'une exploitation. — *Den recess abbauen*, payer les frais avec le profit.

Abbauung, f. (*t. de min.*), exploitation à fond, jusqu'à la fin ; désistement de l'exploitation d'une mine.

Abbilden, v. a. figurer, rendre l'image de quelque chose, représenter la figure d'une chose par la sculpture.

Abbildung, f. l'action de figurer ; la figure, l'image, la représentation.

Abbohren, v. a. trouer, percer entièrement (*t. de min.*). — *Ein loch abbohren*, achever un trou, c'est-à-dire, après l'avoir commencé avec le foret le plus gros et le plus court, le continuer avec un autre un peu plus long, mais moins fort à sa tête, et le finir avec un troisième encore plus long et aussi moins fort à sa tête.

Abbrand, m. (*t. d'affin.*), déchet, diminution de poids, que l'argent raffiné a essuyé dans l'opération de l'affinement.

Abbrechen, v. a. (*t. de métall.*), désunir, séparer les lames de fer mises dans la chaudière à étamer pour la première fois, et que quelquefois l'étain fondu tient collées plusieurs ensemble.

ABBREITEN, v. a. étendre des plaques de cuivre au moyen des martinets.

ABBRENNEN, v. a. brûler, consumer par le feu. — *Einen ofen abbrennen*, donner le dernier feu au fourneau. — *Das blick silber abbrennen*, purifier l'argent, l'affiner. — *Das messing abbrennen* (*t. de fond.*), relever avec de l'eau-forte (acide nitrique) la couleur du laiton, en le plongeant tout de suite dans l'eau froide. — *Das eisen, den stahl abbrennen*, tremper le fer, l'acier, pour les bien durcir. — *Die eisenbleche abbrennen*, plonger des lames de fer dans l'étain fondu pour les étamer.

ABBRUCH, m. partie rompue, détachée, enlevée. (*t. de min.*), bon minerai d'une extraction facile; schiste marno-bitumineux, argile schisteuse calcarifère et bitumineuse, que l'on a aussi appelée schiste cuivreux, *kupfer - schiefer*, parce qu'il est souvent mélangé de cuivre pyriteux.

ABDAMPFEN, v. n. s'évaporer, s'exhaler. *Voyez* ABDÜNSTEN.

ABDAMPFUNG, f. évaporation, dissipation lente de l'humidité, passage des molécules aqueuses à l'état de vapeur, à l'air libre. *V.* AUFDÜNSTUNG.

ABDOERREN, v. a. (*t. de fond.*), séparer, faire sortir, extraire tout ce qu'il peut y avoir d'argent ou de plomb dans les

tourteaux de liquation avant de les passer au fourneau d'affinage.

ABDRATH, m. (*t. de potier d'étain*), ratissure, ce qu'on ôte en ratissant.

ABDRECHSELN, v. a. (*t. de tourneur*), ôter, enlever, séparer, en façonnant un ouvrage au tour.

ABDRÜCKE, empreintes, impressions. — *Fisch abdrücke*, empreintes de poisson; pierres impressionnées, pierres portant l'empreinte d'un végétal, d'un minéral, etc. — *Abdrück, einer münze ectype*, empreinte d'une médaille, d'une inscription.

ABDÜNSTEN, v. n. s'évaporer, s'exhaler, se résoudre en vapeurs.

ABDÜNSTEN, v. a. faire évaporer, exhaler, faire lever et dissiper les vapeurs volatiles des substances.

ABDÜNSTUNG, f. (*t. de phys.*), évaporation. *V.* ABDAMPFUNG.

ABEND, m. l'occident, le couchant, le ponant; celui des quatre points cardinaux qui est du côté où le soleil se couche; la partie de notre hémisphère qui est à notre couchant.

ABENDGÄNGE, part. (*t. de min.*), filons du soir, filons entre six et neuf heures de la boussole du mineur.

ABENDLÄNDISCH, adj. occidental, qui est à l'occident. — *Abendländischer saphir*, saphir occidental, quartz hyalin bleu suivant quelques auteurs.

ABENDSCHICHT, f. travail de mineur qui commence au soir, poste du soir; on dit aussi *abendnacht*, poste de nuit.

ABFALL, m. chute, (*t. de*

min.), appauvrissement du minerai. — *Das bergwerck kommt in abfall*, la mine tombe en décadence, s'appauvrit. — (*t. de géolog.*), *Die abfälle des gebirges*, les pentes, les flancs de montagne dans une chaîne ; on entend les deux grands côtés parallèles à son étendue en longueur, et l'on a remarqué que d'ordinaire l'une est plus rapide que l'autre, et que c'est toujours celle tournée du côté où le sol est le plus élevé.

ABFALLEN, n. déplacement, éloignement d'un filon qui s'écarte d'un autre après s'en être approché ; cours, flux, écoulement des eaux d'une mine ; inclinaison d'un filon.

ABFALLSRÖHRE, f. (*t. de font.*), tuyau, conduit pour détourner les eaux.

ABFANGEN, v. a. (*t. de min.*). soutenir, appuyer, étayer avec des planches ou des solives une roche creusée par le dessous, pour en prévenir les éboulemens ; détacher des bancs de roche.

ABFARBEN, n. (*t. de min.*), la tachure, l'un des caractères extérieurs particuliers des minéraux solides. On désigne par cette expression les traces ou taches qu'un minéral laisse sur le papier sur lequel on le frotte.

ABFASSEN, v. a. (*t. d'armur. et de maréc.*), rabattre, replier un morceau de fer.

ABFEILEN, v. a. limer, amenuiser, enlever avec la lime.

ABFEIMEN ou ABFAEUMEN, v. a. (*t. de fond.*), écumer, ôter l'écume d'un bain de fusion, despumer.

ABFEUERN, v. a. faire cesser le feu dans les fonderies.

ABFIEDELN, v. a. enlever avec le rable les premières impuretés de la fonte.

ABFINNEN, v. a. étirer, étendre, planer le fer.

ABFLAUEN, v. a. laver, nettoyer le minerai bocardé ou écrasé ; rincer dans l'eau les toiles des tables des lavoirs de minerai.

ABFLAUFASSE, n. cuvier ou baquet dans lequel on lave les toiles sur lesquelles le minerai s'est déposé, ou le minerai même pour la seconde fois.

ABFLAUHERD, m. table de lavoir, plan incliné sur lequel on dirige un courant d'eau convenable pour emporter les matières terreuses sans entraîner le minerai.

ABFLEHEN. *V.* ABFLAUEN.

ABFORMEN, v. a. mouler, jeter en moule. — subst. *Das abformen*, le moulage, l'action de mouler.

ABFUHRARBEIT, f. dégrossage ; tout le travail nécessaire pour dégrossir, pour tirer le lingot par la filière.

ABFUHREISEN, n. filière, morceau d'acier percé de trous de diverses dimensions par lesquels on passe l'or, etc.

ABFÜHREN, v. a. (*t. de tireurs d'or*), dégrossir, dégrossir ; faire passer les lingots par les trous de la filière, etc.

ABGANG, m. diminution en quantité, déchet. — *Das erz der bergwercke kommt in abgang*, le minerai se dégrade, cette mine dépérit, ne peut plus se soutenir. — *Abgang in schmelzen*, déchet de la fonte, ou déperdition dans la fonte. — *Das werckzeug kommt in abgang*, cet outil se détériore. — *Abgang nehmen*, cesser de travailler.

ABGEBEN, v. a. (*t. de min.*), donner à prix fait un ouvrage, une tâche quelconque au mineur ; livrer l'ouvrage quand la tâche est finie. (*t. de géom. sout.*), fixer un point de reconnoissance à la superficie du terrain, après avoir levé le plan des ouvrages intérieurs de la mine, afin de pouvoir faire correspondre les percées.

ABGEHEN, v. a. partir. (*t. de fond.*), coupeler, passer des métaux à la coupelle, en séparer l'argent.

ABGESONDERTE - STÜCKE, plur. (*t. de min.*), les pièces séparées. Leur considération forme un des caractères extérieurs particuliers des minéraux solides : on dit qu'un minéral est composé de pièces séparées lorsqu'il est formé d'une réunion de parties ou pièces dont chacune a son contour particulier.

ABGESTUMPFT, adj. tronqué, épointé, émarginé ; se dit d'un cristal dont les angles ou les arêtes solides sont coupés, ou interceptés par des facettes.

ABGETRIEBENE WÄNDE, plur. roches séparées, divisées ou détachées d'une gangue de filon.

ABGEWÄHREN , v. a. (*t. de min.*), inscrire un nom à la place d'un autre sur le registre ou contrôle des mines ; subroger un actionnaire à un autre pour un intérêt quelconque.

ABGEWÄHRZETTEL. *Voyez* GEWÄHRSCHEIN.

ABGIESSEN , v. a. (*t. de chim.*), décanter, verser doucement une liqueur qui a déposé ; mouler, jeter en moule.

ABGIESSUNG, f. décantation ; l'action de décanter, de mouler, de jeter en moule.

ABGLEICHEN , v. a. affleurer , mettre de niveau ; réduire à un même niveau des corps contigus ; araser, enligner, aplanir.

ABGLEICHUNG , f. affleurement , arasement, aplanissement (*t. de menuis. et de maçon*) ; on entend par cette expression des pièces égales en hauteur, unies et sans saillies (*t. de min.*). *Voyez* TAG.

ABGLÜHEN , v. a. chauffer un métal au rouge.

ABGLÜHUNG , f. ignition, recuit, recuite, l'action de remettre les métaux au feu pour donner une plus grande solidité.

ABGRUND , m. abìme, gouffre très-profond.

ABGUSS , m. jet au moule. — *Der abguss einer statue*, jet d'une statue. — *Das sind abgüsse*, ce sont des jets au moule.

ABHANG , m. pente, penchant, déclivité. — *Der abhang eines berges*, la pente, la descente d'une montagne. On dit d'une pente qu'elle est douce (*sanftig*), ou escarpée (*steil*), ou perpendiculaire (*senkrecht*). On regarde comme constaté, qu'en général les pentes des côtés du sud et sud-est sont fort escarpées, et celles du nord et nord-ouest douces.

ABHÄNGEN, v. a. dépendre. — *Die bälge abhängen*, suspendre le mouvement des soufflets; arrêter le jeu des pompes.

ABHÄNGIG, adj. penchant, qui va en pente, en surplomb (*t. de math.*), inclinant, qui incline. — *Diese flache ist abhangig*, ce plan incline.

ABHASPELN, v. a. dérouler, ôter la corde d'un bourriquet.

ABHAUEN, v. a. couper, retrancher, détacher des morceaux de minerai pour en faire des échantillons de choix. On dit aussi dans les houillières, lorsque le travail se continue sur une certaine étendue en largeur, *am frischem feld abhauen*, et lorsqu'on approche d'anciens travaux, *am alten mann abhauen*.

ABHELLEN, v. a. (*t. de chim.*), déféquer, ôter les féces ou impuretés d'une liqueur, dépurer, clarifier.

ABHELLUNG, f. (*t. de chim.*); défécation, dépuration d'une liqueur.

ABHOBELN, v. a. dégrossir, aplanir avec le rabot, raboter.

ABHÖREN, v. a. (*t. de min.*), entendre, examiner, discuter les comptes d'une exploitation.

ABHUB, m. parties stériles d'un minerai plus légères que lui, et qui surnagent lorsqu'on le lave au crible.

ABHUBKÜSTE, f. sorte de rable composé d'un morceau de planche ou de tôle en forme de croissant, et qui sert à ramener ou enlever les matières qui surnagent dans le lavage du minerai par le crible.

ABHÜTTEN, v. a. gâter, dé-

truire, ruiner une mine, soit par négligence, soit de toute autre manière.

ABKEHREN, v. a. (*t. de min.*), abandonner. — *Ich kehre ab*, je me désiste de l'exploitation, je l'abandonne, je n'y prends plus part, ou je n'y travaille plus. On dit aussi dans les fonderies, *das feinste ertz kehrt ab*, le plus fin du minerai s'envole, est enlevé par le feu des soufflets. Le mot *abkehren* indique encore l'action de recueillir le minerai envolé.

ABKLÆREN, v. a. (*t. de chim.*), décanter, verser doucement une liqueur qui a déposé; clarifier, éclaircir, rendre clair et net.

ABKLATSCHEN, v. a. empreindre, graver sur un métal liquide.

ABKNAPSEN, v. a. abattre la roche à coups de marteau.

ABKNEIPEN, v. a. détacher, emporter, enlever en pinçant avec des tenailles.

ABKÖHLEN, v. a. négliger l'exploitation d'une mine, la laisser dépérir.

ABKOMMENDES, **ABKOMMIS**, (*t. de min.*), veine ou branche qui se détache du filon principal, soit du côté du toit, soit du côté du mur.

ABKÖMNISS, f. étendue dont une veine s'éloigne du filon principal.

ABKÜHLEN, v. a. (*t. de fond.*), refroidir, rafraîchir. — *Eisen in wasser abkühlen*, refroidir le fer dans de l'eau.

ABKÜHLRINN, f. canal par lequel on fait couler de l'eau sur la coupelle pour refroidir plus promptement le plateau d'argent ; canal de rafraichissement.

ABLASSEN, v. a. laisser aller. — *Den offen ablassen*, cesser de fondre, faire cesser la fonte.

ABLAUF, m. (*t. d'ouvr.*), biseau, extrémité coupée en talus (*t. d'archit.*); chanfrein. — *Der ablauf einer säule*, apophyge, congé ou naissance d'une colonne ; écoulement, flux, mouvement de ce qui s'écoule.

ABLAUFBANK (*t. de métall.*), plaque de fonte sur laquelle on laisse égoutter l'étain superflu des lames que l'on sort de la chaudière à étamer.

ABLAUFEN, v. n. courir en bas, découler. — *Das ertz ablaufen*, transporter, charrier, conduire le minerai du lieu de travail au puits d'extraction.

ABLÄUTERFASS, n. cuve à laver.

ABLÄUTERN, v. a. laver le minerai, affiner; purifier par le feu les métaux.

ABLÄUTER - JUNGEN, plur. garçons de lavoir qui font le service aux lavoirs de minerais.

ABLEGEN, v. a. (*t. de min.*). — *Die bergleute ablegen*, licencier, congédier, renvoyer un ou plusieurs ouvriers. — *Ablegenpflicht*, prêter serment.

ABLEHREN, v. a. (*t. de min.*), rechercher, examiner, vérifier un ouvrage. — *Einen schacht ablehren*, vérifier avec la corde et le plomb si toutes les dimensions d'un puits sont exactes. — *Der schacht ist abgelehret*, le puits est examiné et réglé avec la corde et le plomb. —

Das ablehren, l'examen, la recherche. — *Das ablehren eines schachtes*, l'examen d'un puits avec la corde et le plomb.

ABLEITER, m. paratonnerre; barre de métal terminée en pointe, qui s'élève à plusieurs mètres au-dessus d'un édifice, et communique par une chaîne à la terre, etc., et qui préserve des effets du tonnerre en l'attirant peu à peu sans explosion.

ABLEITUNG, f. (*t. d'hydraul.*), dérivation, détour que l'on fait prendre à l'eau.

ABLENKUNG, f. détour, déviation, action par laquelle un corps se détourne de son chemin.

ABLÖRSCHEN, v. n. miner, creuser, fouiller la terre, mais à peu de profondeur; percer un puits court. — *Ablorschen*, subst. puits court.

ABLOSEN, v. a. détacher. — *Der gang loset sich ab*, le filon se détache, se sépare.

ABLÖSUNG, f. trace, lisière; espace entre un filon et ses parois ou salbandes. — *Der gang hat eine feine ablösung*, le filon a une lisière fine ; une ligne fine, mais bien tracée, le sépare de sa gangue.

ABLÖTHEN, v. a. dessouder, ôter, fondre la soudure.

ABLUTIREN, v. a. (*t. de chim.*), déluter; ôter le lut, l'enduit d'un vase, d'un récipient.

ABMACHEN, v. a. détacher, défaire (*t. de chim.*); décaper. — *Den grün span voen küpfer abmachen*, dérouiller le cuivre.

ABMARKEN. *Voy.* MARKS-CHEIDEN.

ABMESSBAR, adj. commensurable ; se dit d'une grandeur par rapport à une autre avec laquelle elle a une mesure commune.

ABMESSBARKEIT, f. commensurabilité.

ABMESSEN, v. a. mesurer, prendre des mesures pour dresser un plan.—*Nach der schnür abmessen*, aligner, ranger sur une ligne.

ABMESSUNG, f. mesurage, l'action de mesurer, de prendre des dimensions. — *Abmessung nach der schnur*, alignement.

ABNAHME, f. diminution. — *Die abnahme der metallen*, la diminution, le dépérissement, l'appauvrissement des métaux ; leur décroissement dans le sein de la terre.

ABNEHMEN, v. n. décroître, diminuer, aller en diminuant. — *Die anbrach der gehalt nimmt ab*, le point d'extraction s'amoindrit, diminue, rend moins.

ABNEHMEN, v. a. (*t. de min.*). *Das geding abnehmen*, accepter le travail à prix fait. — *Die stunde eines ganges abnehmen*, observer, prendre avec la boussole la direction d'un filon.

ABNIESELN ou ABNIESSELN, même que ABNUTZEN, user, consumer peu à peu ; il se dit des outils qui s'émoussent ou s'usent.

ABPFÄHLEN, v. a. aborner avec des pieux.

ABPICKEN, v. a. (*t. de fond.*), détacher, faire tomber par le moyen d'un marteau à pointe les parties trop saillantes des

tourteaux de cuivre après le ressuage.

ABPLÄTTEN, v. a. laminer, donner à une plaque de métal une épaisseur uniforme par une compression toujours égale.

ABPLÄTTUNG, f. laminage, action de laminer.

ABQUICKBEUTEL, m. bourse ou sac de futaine, ou de peau douce, dont on se sert pour pressurer, exprimer, faire écouler le mercure de l'or obtenu par le procédé de l'amalgamation ; sac pour la séparation du mercure amalgamé.

ABQUICKEN, v. a. séparer le mercure amalgamé avec l'or ou l'argent ; rafraîchir, laver le gâteau d'argent affiné.

ABQUICKUNG, f. ou DAS ABQUICKEN, séparation du mercure amalgamé.

ABRAUCHEN, v. a. même que ABDAMPFEN, évaporer, résoudre en vapeurs. — *Einen flüssigen körper in der wärme abrauchen lassen*, faire évaporer par la chaleur un corps fusible.

ABRAUCHUNG, f. évaporation, exhalation.

ABRAUCH-SCHAALE, f. (*t. de chim.*), la capsule. Vaisseau en forme de calotte qui sert aux évaporations.

ABRAUM, m. couche de terre sur un filon métallique ou sur une carrière, et qu'il faut premièrement enlever ; décombres.

ABRAUMEN, v. a. déblayer, débarrasser, enlever des terres, etc. ; décombrer.

ABREIBEN, v. a. *Den rohen demant abreiben*, ôter le

parties brutes d'un diamant ; égriser.

ABRICHTEN, v. a. façonner. — *Die stab eisen abrichten*, façonner, dresser, réduire à leur juste égalité les barres de fer dans les grosses forges.

ABRICHTSTAB et ABRICHTSTOCK, m. gros bâton revêtu de fer pour façonner les barres de fer, enclume à façonner les barres de fer.

ABRISS, m. dessin, plan, délinéation, description par de simples traits.

ABRUNDEN, v. a. arrondir. — *Ein stück metall abrunden*, arrondir une pièce de métal.

ABRUNDUNG, f. arrondissement, état d'une chose arrondie.

ABSATZ, m. interruption, discontinuation (*t. de min.*); repos, retraite ; plancher intermédiaire entre chaque échelle dans la descente d'un puits. — *Absatz des ganges*, changement de direction d'un filon ; dérangement d'un filon occasionné par l'une de ces masses pierreuses, que l'on nomme *faille, crein* ou *voile*. V. FÄLLE et WECHSEL.

ABSÄTZIG, adj. *Ein absätziger ort*, lieu mêlé, terrain où se trouve une roche dure parmi la tendre.

ABSAUBERN, v. a. nettoyer, décrasser. — *Das ertz absaubern*, nettoyer, purifier le minerai.

ABSCHÄUMEN, v. a. (*t. de chim.*), despumer, ôter l'écume.

ABSCHÄUMUNG, f. (*t. de chim.*), l'action d'écumer; despumation, l'action de despumer.

ABSCHEIDEN, v. a. (*t. de chim.*), départir, séparer l'or d'avec l'argent par le moyen de l'acide nitrique.

ABSCHEIDER, m. départeur, celui qui sépare l'or d'avec l'argent par le moyen de l'acide nitrique.

ABSCHIENEN, v. a. (*t. de min. en Hongrie*), mesurer une mine.

ABSCHLAGEN, v. a. (*t. de min.*). *Die wasser abschlagen*, détourner les eaux, leur faire prendre un autre cours lorsqu'elles deviennent trop abondantes, ou que l'on n'en a plus besoin pour le jeu des machines.

ABSCHLAGWISCH, m. bouchon, poignée de paille tortillée dont on se sert dans les salines pour nettoyer les chaudières après la cuisson.

ABSCHLÄMMEN, v. a. laver le minerai, le sable.

ABSCHMELZEN, v. a. séparer; détacher, faire tomber par la fusion.

ABSCHMELZUNG, f. l'action de séparer par la fusion.

ABSCHNEIDEN, v. a. couper, retrancher (*t. de min.*). — *Der gang schneidt sich ab*, le filon se coupe, il cesse tout-à-coup.

ABSCHNITT, m. coupe, retranchement, copeau, rognure ; chute des lames que l'on coupe (*t. de géom.*); segment (*t. de monn.*); exergue, espace laissé au bas du type d'une médaille pour y mettre une inscription. — *Abschnitt in schrifften*, article, section.

ABSCHRAUBEN, v. a. détacher, ôter ce qui est assujetti par une vis ; dévisser.

ABSCHRECKEN, v. a. humecter, arroser doucement ; mouiller d'eau légèrement quelque chose de brûlant.

ABSCHREIBEN, v. a. (*t. de min.*). *Die kuxe abschreiben*, renoncer par écrit à sa portion d'intérêt dans une exploitation de mine.

ABSCHROTEN, v. a. ébarber, ôter, enlever de dessus, retrancher les parties superfines. — *Ein stück eisen abschroten*, couper une pièce de fer.

ABSCHUSS, m. chute impétueuse. — *Der abschuss des wasser*, la chute rapide de l'eau ; la pente, l'inclinaison d'un canal.

ABSCHÜTZEN, v. a. retenir, arrêter les eaux par une vanne ou autrement. — *Die bälge, des kunstgezeüg abschützen*, arrêter les soufflets d'une forge, les machines hydrauliques dans les travaux d'une mine. — *Die kunst schützt ab*, la machine s'arrête, cesse d'aller.

ABSCHWEFELN, v. a. désoufrer, ôter, tirer le soufre, le séparer de la substance à laquelle il se trouve uni. On emploie aussi, mais improprement, cette expression pour désigner le procédé par lequel on dépouille la houille d'une partie de son bitume.

ABSCHWEFELUNG, f. l'action de désoufrer.

ABSEHEN, n. la pinnule, le dioptre ; petite plaque de cuivre ou de fer-blanc trouée et placée sur un instrument géométrique

ou astronomique, pour viser un point donné, en regardant par un des trous appelés aussi les pinnules, les dioptres (*die absehen*).

ABSEIGERN, v. a. creuser perpendiculairement ; mesurer la profondeur d'une bure, d'un puits de mine avec une corde et le plomb ; séparer entièrement l'argent du cuivre par l'opération de la liquation ; finir, achever de ressuer.

ABSENCKEN, v. a. creuser, miner. — *Einen schacht absencken*, creuser, percer un puits de mine.

ABSETZEN, v. a. quitter, mettre bas ; changer de direction ou de qualité (*t. de min.*). — *Der gang setzt ab*, le filon se détache, ou se perd ; le filon change, prend une autre direction. — *Das gestein setzt ab*, *wird brüchiger*, la roche change, vient moins dure.

ABSINCKEN. *Voyez* ABSENCKEN.

ABSOHLEN, v. n. (*t. de min.*). *Die bergseile absohlen*, user, consumer les cordes, le cordage, les détériorer.

ABSONDERUNG, f. séparation, écartement de ce qui doit être joint ; (*t. de min.*) pièce séparée. — *Stängliche absonderungen*, pièces séparées, scapiformes.

ABSONDERUNGSANSEHEN (*t. de min.*), aspect des pièces séparées, l'un des caractères importans pour la classification des minéraux.

ABSONNIG, adj. éloigné des rayons du soleil. —*Absönniges*

gebirge, montagne qui n'est pas éclairée du soleil.

ABSPANNIG-MACHEN (*t. de min.*), débaucher un mineur ou un ouvrier, lui faire quitter le travail où il est pour l'attirer à soi.

ABSPIZZEN, v. a. épointer, ôter la pointe de quelque chose avec un instrument.

ABSPREITZEN, v. a. (*t. de min.*), étayer, soutenir, appuyer avec des étais. — *Einen schacht, einem gang abspreitzen*, étayer, consolider par des étais les parois d'un puits, d'un filon.

ABSPREITZUNG, f. l'action de soutenir par des étais.

ABSPRINGEN, v. n. quitter une place pour se porter sur une autre.

ABSTECHEN, v. a. (*t. de fond.*), faire la percée, percer pour faire écouler la matière fondue; coulée de fonte. — *Abstechgrübe*, trou, percée par laquelle la matière fondue s'écoule de l'avant-foyer dans le bassin de réception.

ABSTECHUNG, f. coulée de fonte; toute la masse qui s'écoule de l'avant-foyer dans le bassin de réception.

ABSTECKEISEN, n. fer pour marquer, pour aligner.

ABSTECKSCHNUR ou ABSTECKLINIE, cordeau pour aligner.

ABSTICH. *Voyez* STICH.

ABSTOSSEN, v. a. ôter, enlever, emporter en heurtant, détacher ou abattre par un choc (*t. de fond.*). — *Die nase abstossen*, couper, retrancher le nez, c'est-à-dire, abattre

avec un fer l'amas de scories qui s'attache au bout de la tuyère pendant la fonte.

ABSTOSSUNG, f. (*t. de phys.*), répulsion, action de ce qui repousse, état de ce qui est repoussé; l'action d'ôter, d'enlever en poussant, en heurtant.

ABSTREICHEN, v. a. enlever, ôter la crasse de dessus les métaux fondus; écumer le bain.

ABSTRICH, m. crasse, scorie, laitier des métaux; premier produit très-impur de l'affinage. On donne aussi ce nom aux saletés qui restent dans le crible dans le lavage de l'étain. — *Abstrichebley*, plomb qui résulte du premier travail que l'on fait subir aux premières parties oxidées que l'on retire dans le cours d'une coupellation. — *Abstrichsbley*, plomb d'écumage, plomb obtenu des crasses provenant de l'affinage.

ABSTROSSEN, v. a. (*t. de min.*), exploiter en strosses, détacher; enlever par gradins, degrés. — *Strossenweise*, en strosses.

ABSTUFFEN, v. a. détacher le minerai par morceaux. — *Ein abgestuffter schacht, ein stuffenschacht*, un puits taillé en degrés dans le roc.

ABSTUFUNG, f. les degrés taillés dans le roc; l'action de détacher la mine, le minerai par pièce; dégradation. — *Das blaü durch immerkliche abstuffüngen in weiss übergehet*, le bleu passe au blanc par une gradation insensible.

ABSTUMPFEN, v. a. émousser, épointer, émarginer. — *Ein abgestumpfter kegel*, un cône tronqué. — Pour *schneiden*, couper, trancher, diviser.

ABSTUMPFUNG, f. tranche, division, troncature, coupe; altération de la forme géométrique. — *Die abstumpfüng eines krystalls*, la troncature d'un cristal, le remplacement d'un angle, d'une arrête par une facette. — *Die abstumpfungsflachen*, les faces des troncatures. — *Die abstümpfüngen*, les facettes additionnelles. — *Abstümpfüng*, gradation, augmentation par degrés.

ABSTURZEN, v. a. (*t. de min.*), renverser, jeter, précipiter les tas de minerai du haut en bas.

ABSTURZUNG, f. précipice, abîme, lieu fort escarpé.

ABSÜSSEN, v. a. (*t. de chim.*), dulcifier, édulcorer.

ABSÜSSUNG, f. dulcification, action de dulcifier, édulcoration.

ABTEUFEN, v. a., creuser, caver, miner, approfondir. — *Einen schacht abteufen*, creuser un puits, l'approfondir.

ABTHEILUNG, f. compartiment, division, partage, distribution. — *Die abtheilung in grade*, graduation, division par degrés.

ABTRAG, m. (*t. de min.*), dédommagement; indemnité payée au propriétaire d'un terrain pour le tort que peut lui causer une exploitation.

ABTRÄGEN, v. a. démolir, abattre. — *Ein pochwerk abtragen*, démolir, défaire, démonter un bocard.

ABTRÄUFELN, v. n. distiller, dégoutter, découler, égoutter, tomber goutte à goutte. — *Man*

lässt das wasser davon abträufeln, on en fait écouler l'eau peu à peu.

ABTREIBEBIER, (*t. de fond.*), pourboire. — *Trinkgeld*, petite récompense qu'un propriétaire, ou un actionnaire de fonderie qui met lui-même la main à l'œuvre, donne aux ouvriers après l'ouvrage fait.

ABTREIBEHEERD, m. bassin d'affinage.

ABTREIBEHOLZ, n. bois d'affinage.

ABTREIBELOHN, m. paiement de l'affinage.

ABTREIBEN, v. a. coupeler, affiner, purifier l'or et l'argent. — *Das gestein abtreiben*, détacher la roche. — *Einen stollen oder schacht abtreiben*, réparer, rétablir une galerie ou un puits. — *Das phlegma abtreiben*, déflegmer, enlever la partie aqueuse d'un corps, d'une substance.

ABTREIBEN, subst. même que ABTREIBUNG, f. affinage, ou séparation de l'argent d'avec le plomb; séparation, rétablissement ou raffermissement d'un puits ou d'une galerie de mine.

ABTREIBER, m. affineur.

ABTRIEFEN, v. n. Voyez ABTRÄUFELN.

ABTRITT, m. même que *Absätze in denen schächten*, repos, petits sièges ménagés dans les puits et autres travaux de mine pour s'y reposer.

ABTRÖCKNEN, v. a. (*t. de min.*), faire sécher, faire évaporer par la chaleur le schlich, ou minerai bocardé et lavé, dont on veut faire l'essai, afin que l'humidité n'occasionne pas d'erreur dans l'essai.

Abtröpfeln, v. n. découler peu à peu, tomber à petites gouttes, dégoutter, égoutter.

Abvieren, v. a. carrer, équarrir, donner une figure carrée.

Abvierung, f. équarrissement, l'action de rendre carré, etc. ; équarrissage, état de ce qui est équarri. — *Dieser stein hat funfzehn zoll ins gevierte*, cette pierre a quinze pouces d'équarrissage. On ne nomme bois d'équarrissage que celui qui a au moins six pouces carrés.

Abwaegen, v. a. niveler, mesurer avec le niveau, pour s'assurer qu'un plan est horizontal. — *Die stollen abwaegen*, niveler une galerie pour en connoître la pente. *Wasserfälle abwäegen*, déterminer la pente d'une chute d'eau ; peser.

Abwaegungs-kunst, f. l'art de niveler.

Abwage, f. (*t. de géom.*), cultellation ; manière de mesurer par l'instrument universel.

Abwägung, f. l'action de peser, de niveler ; pesée, ce que l'on a pesé en une fois.

Abwechselnd, adj. alternatif, changeant, variable. adv. alternativement, tour à tour, l'un après l'autre, alternant. — *Die abwechselndechiefwinckel*, les angles alternans obliques.

Abwechselnd gestreift, adj. (*t. de crist.*), triglyphe, se dit d'un cristal lorsque les stries considérées sur trois faces réunies autour d'un même angle

solide sont dans trois directions perpendiculaires entre elles. Ex. *Abwechselnd gestreifter schwefel kies*, fer sulfuré triglyphe.

Abwechselung, f. changement, variation, mutation, vicissitude, alternative, révolution.

Abweichen, v. n. s'écarter, se détourner, s'éloigner ; différer, décliner. — *Die gesterne weichen ab*, les astres déclinent, ils s'éloignent de l'équateur. — *Die magnetnadel weicht um so viel ab*, l'aiguille aimantée décline de tant, elle s'éloigne du nord de tant de degrés.

Abweichend, adj. qui se détourne, s'écarte, décline.— *Abweichende sonnen uhr*, cadran déclinant, cadran qui ne regarde pas directement un des points cardinaux ; irrégulier, anomal.

Abweichungs-instrument, n. déclinateur.

Abweichungs-zirckel, m. compas de déclinaison.

Abwersofen, n. fourneau pour ôter aux lames de fer étamées l'étain qu'elles ont de trop.

Abwiegen, v. a. *Voyez Abwaegen*.

Abwoermen, v. a. chauffer un fourneau de fusion avant de le charger de minerai.

Abzapfen, v. a. (*t. de min.*), débonder. — *Die wasser abzapfen*, débonder, ouvrir un passage aux eaux d'une mine pour leur écoulement.

Abziehen, v. a. (*t. de min.*), mesurer les travaux d'une mine, soit pour en faire le plan, soit pour toute autre cause. — (*t. de fond.*). *Die glätthe ab-*

ziehen, faire écouler la litharge ou écume dans l'opération de l'affinage. — (*t. de saun.*), vider la poële.

ABZIEHFEILE, f. lime à étirer, à planer.

ABZIRKELN, v. a. compasser, mesurer avec le compas ; bien proportionner.

ABZIRKELUNG, f. l'action de compasser, compassement.

ABZUCHT f. (*t. de min.*), décharge, évacuation des eaux d'une mine, leur issue. On dit aussi *absüg*.

ABZÜCHTE, plur. (*t. de fond.*), aspiraux, évents ; conduits d'air dans la fondation d'un fourneau de fonderie ; canaux souterrains par lesquels l'humidité s'évapore. *V.* ANZÜCHTE.

ABZUG, n. déduction, défalcation (*t. de métall.*) ; crasses des métaux, déchet.

ACHAT. *Voyez* AGATH.

ACHSEL SEIL, n. bricolle des chariotteurs de minerais.

ACHSENBLECH, n. happe ; demi-cercle de fer dont on garnit un essieu ; sorte de crampon qui lie ensemble deux poutres ou deux pierres.

ACHSENCHIENE, f. *V.* ACHSENBLECH.

ACHSENNAGEL, m. esse, cheville de fer tortue, en forme d'S, que l'on met à l'essieu d'une voiture.

ACHSENRIEGEL, m. entretoises ; pièces de bois mises entre d'autres pour les soutenir.

ACHSENRING, m. anneau d'essieu.

ACHTECK, n. octogone solide qui a huit angles et huit côtés.

ACHERTHEIL, m. (*t. de min.*), part, portion franche, du seigneur foncier d'une mine.

ACHTECKIG, adj. (*t. de geom.*), octogone, qui a huit angles et huit côtés.

ACHTSTÜNDENER, m. (*t. de min.*), ouvrier qui travaille huit heures ; mineur d'un poste de huit heures ; clepsydre, sablier, sorte d'horloge de sable dont l'écoulement dure huit heures et qui sert à indiquer la durée d'un poste.

ACHT-THEIL (*t. de min.*), la huitième, c'est-à-dire la huitième partie de l'heure que marque la boussole du mineur.

ACTINOLYT, actinote d'*Haüy*; rayonnante de *Saussure. Voy.* STRAHLSTEIN.

ADAEQUAT, adj. adéquat, total, entier, parfait. — *Das adaequat objet einer wissenschaft*, l'objet adéquat d'une science, tout ce qui y a du rapport.

ADAMAS. *Voyez* DIAMANT.

ADDITIV, adj. (*t. de crist.*), additif. On nomme ainsi un cristal, lorsque l'exposant relatif à un décroissement surpasse d'une unité la somme de ceux qui indiquent les autres. — Ex. *additiver kupfervitriol*, cuivre sulfaté additif.

ADEPT, adepte, initié aux mystères d'une science, surtout de l'alchimie. Se prend en mauvaise part.

ADER, f. veine de minéraux, de métaux, etc.

ADERIG et ÄDERIG, adj. veiné, plein de veines, de ramifications distinctes. — *Äderiges holz*, bois veiné, — *Ade-*

rige steine, pierres veinées. — *Aderiges gestein*, roche veinée.

ADLER, m. (*t. de chim.*), sel ammoniac, muriate ammoniacal.

ADLERSTEIN, m. pierre d'aigle; étite; fer oxidé géodique.

ADLERZANGE, f. (*t. de fond.*), grosse tenaille suspendue à une chaîne attachée à un levier qui donne la facilité de la diriger à volonté pour sortir les tourteaux de cuivre du fourneau de liquation après le ressuage.

ADRIGZELLIG, adj. (*t. de min.*), cellulaire véniforme; se dit d'un minéral dont la forme extérieure figure des cellules remplies d'une autre substance, ce qui le fait ressembler à des veines.

ADULAR, adulaire, feldspath nacré d'*Haüy*, pierre de lune du commerce. *V.* SONNENWENDE.

AEDELITH, œdelite; zéolithe siliceuse. Minéral d'un tissu fibreux et d'une forme tuberculeuse, dont les couleurs varient entre le gris, le jaunâtre, le verdâtre et le rouge pâle. Il a aussi été nommé *Bergmannite*.

AEHRENFORMIG, adj. en forme d'épi, spiciforme. — *Aehrenformiges graükupfererz*, cuivre gris spiciforme; argent en épis de *Romé de l'Isle*.

AEHRE, f. épi, tête du tuyau de blé qui contient le grain.

AEHRENGRAUPEN. *Voigt* a nommé ainsi une argile calcarifère durcie tenant argent; marne argentifère; argent en épi; cuivre gris spiciforme d'*Haüy*.

AEHRENSTEIN, m. pierre en épi. Suivant quelques auteurs c'est l'actinote; suivant d'autres le spath pesant lenticulaire, ou barite sulfatée crêtée, spécialement au harz.

AELTERER IN FELD (*t. de min.*), le premier endroit; celui qui a la priorité, l'ancienneté pour une exploitation de mine, ce qui lui donne le droit de faire déguerpir un nouveau venu qui anticiperoit sur le terrain de sa concession.

AENTENMUSCHEL, anatife; vulgairement conque anatifère, ou pousse-pieds; coquille multivalve, cunéiforme, composée de plusieurs valves inégales, réunies à l'extrémité d'un tube tendineux fixé par sa base; ouverture sans opercule. Cette coquille doit son nom et sa célébrité au préjugé qui l'a fait anciennement regarder comme donnant naissance aux canards, *anas* en latin.

AEPFELGRUN, vert de pomme, vert clair qui tire sur le blanc.

AEQUIVALENT (*t. de crist.*), équivalent. On dit d'un cristal qu'il est équivalent, lorsque l'exposant qui indique un décroissement est égal à la somme de ceux qui indiquent les autres. Ex. : *der aequivalenter eisen vitriol*, le fer sulfaté équivalent.

AEROLIT, aérolite. *Voyez* METEORSTEIN.

AESTIG, adj. (*t. de min.*), corralliforme; rameux, ramuleux, qui jette des branches. — *Aestiges gediegen küpfer*, cuivre natif ramuleux. Pour *verworren*, embrouillé, en parlant d'un minéral formé de filamens mêlés les uns avec les autres.

AETHER, m. éther, matière subtile qu'on suppose remplir l'espace au-dessus de l'atmosphère; éther, liqueur très-volatile.

AETHERISCH, adj. éthéré, qui est de cette matière subtile qu'on nomme éther. — *Aetherisch*, éthéré, très-fin et fluide.

AETHIOPISCHER-STEIN, m. basalte.

AETHIOPS. *Voyez* MOHR.

AETITEN, étites, et aussi aétites, pierres d'aigle; fer oxidé géodique d'*Haüy*; pièce d'une forme à-peu-près sphérique ou ovoïde, dont la surface brune ou jaunâtre est rude au toucher. Elles sont formées de couches concentriques qui diminuent en compacité vers le centre, ordinairement terreux, et quelquefois creux, renfermant des noyaux mobiles que l'on entend résonner quand on agite la pierre.

AETZEN, v. a. corroder, ronger, mordre.

AETZEND, adj. corrosif, qui corrode; caustique, brûlant, en parlant des alcalis, etc.

AETZGRUND, m. (*t. de grav.*), fonds, vernis pour graver à l'eau-forte.

AETZKRAFT, f. causticité, qualité de ce qui est caustique.

AETZKUNST, f. l'art de graver à l'eau-forte.

AETZSTEIN, m. pierre caustique.

AETZWASSER, n. eau-forte;

eau corrosive; acide nitreux du commerce.

AETZWIEGE, f. (*t. de grav.*), machine dans laquelle on place la planche à mordre, c'est-à-dire à graver à l'eau-forte.

AEUGLEIN, (*t. de min.*), parcelles, particules très-minces et à peine sensibles de minerai, qui se montrent sur un filon, qui y sont éparpillées.

AFTER, n. (*t. de min.*), résidu ou restant du minerai écrasé, bocardé et lavé; matière, substance terreuse, qui, lorsque le minerai a été bocardé et lavé, se dépose dans le bassin au bas du lavoir; la dernière bourbe métallique.

AFTERARTEN, f. fausses sortes.

AFTERCHRYSOLITH, chrysolith des volcans; olivine, péridot granuliforme.

AFTER-CRISTAL, pseudo-cristal; pseudo-morphe; concrétion douée d'une forme étrangère à sa substance, et qu'elle doit a ce que ses molécules remplissent un espace occupé précédemment par un corps de cette même forme.

AFTERDIAMANT, m. quartz hyalin cristallisé.

AFTERDRUSLING, agathe jaspée.

AFTERFALLE et AFTERGEFÄLLE, n. réservoir; caisse de bois dans laquelle tombe la substance terreuse séparée du minerai, écrasé ou lavé, c'est-à-dire le sable (*sand*).

AFTERFLINS, quartz commun mêlé d'argile calcarifère.

AFTERFLINT. On a donné ce nom à l'agathe jaspée, à l'œil

de chat ; (quartz, agathe cha-toyant) au feld - spath adu-laire, au poudingue, au quartz agathe-brèche.

AFTERFLINTWACKE , agathe.

AFTERGÄMS , quartz com-mun traversé de Schorl , ou ti-tane oxidé aciculaire.

AFTERGERINNE, n. canal qui reçoit les résidus des minerais écrasés et lavés.

AFTERGNEISS , m. schiste micacé avec grenats.

AFTERGRANIT , m. granit dans lequel le quartz est rem-placé par le corindon. Suivant le prof. *Blumenbach*, c'est le granit où l'amphibole remplace le mica.

AFTERGRUSLING, feld-spath commun , mêlé de quartz.

AFTERHAUFEN , amas, mon-ceau de cette matière terreuse qui se dépose dans le réservoir après que le minerai a été bo-cardé et lavé ; bourbe métal-lique de la moindre qualité.

AFTERHORNSTEIN, m. pierre de corne, pétrosilex, cornéenne d'*Haüy*.

AFTERKEGEL , m. (*t. de géom.*), conoïde; solide qui dif-fère du cône en ce que sa base est une autre courbe que le cercle.

AFTERKEGELFÖRMIG , adj. (*t. de géom.*), conoïdal, qui appartient au conoïde.

AFTERKOHL , n. poussière de charbon.

AFTERKORNLING , siénite , roche mélangée de feld-spath et d'amphibole intimement agré-gés.

AFTERKRISTALL. *Voyez* AF-TERCRISTAL.

AFTERLÄUFER , m. brouet-teur de bocard, celui qui trans-porte ou charrie le minerai bo-cardé et lavé , c'est-à-dire le schlich et la bourbe métallique.

AFTERMÖRCH , quartz com-mun avec schorls et grenats.

AFTERPORPHYR, m. porphy-re argileux. Porphyre dans le-quel la chaux carbonatée cris-tallisée remplace le feld-spath.

AFTERSCHBACKEN , f. sco-rie, crasse qui est passée deux fois par l'essai.

AFTERSCHÖRL. , m. siénite, disthène , axinite ou *thumers-tein* d'Estner.

AFTERSILBER, n. argent im-pur , argent qui n'est pas en-core bien purifié.

AFTERTOPAZ, fausse topase; quartz-hyalin cristallisé, jau-nâtre.

AGALMATOLITH, agalmato-lithe; talc glaphique.

AGATH ou ACHAT, agathe ou agate; quartz-agathe. Va-riété de l'espèce quartz qui se présente le plus ordinairement en masses concrétionnées de di-verses formes , lesquelles of-frent, sur-tout après le poli, des couleurs plus ou moins vives et agréables , suivant que la pâte en est plus ou moins fine.

AGGLOMERAT , m. agglo-mérat. Ce mot, d'étymologie latine , désigne en général tous les grès à gros grains, les pou-dingues et les roches composées de fragmens ou de débris agglu-tinés dans une pâte ou ciment quelconque.

AGSTEIN , m. succin , ambre jaune

AGUSTERDE , AGUSTIT , agustine et agustite ; ces deux noms ne signifient plus rien, ni en chimie, ni en minéralogie. Le premier avoit été imaginé pour désigner une prétendue terre nouvelle que l'on avoit cru avoir découverte , en analysant le béril de Saxe; le second avoit été donné au béril de Saxe; mais l'accord de la minéralogie avec la chimie ayant démontré que ce minéral étoit un phosphate de chaux , les deux noms ont dû disparoître , et le béril de Saxe être classé parmi les chaux phosphatées : c'est la chaux phosphatée bleue péridodécaèdre.

AIDSTEIN , m. poix minérale scoriacée ; jais ou jayet; houille piciforme. — *Pechkohle.*

AKANTICON, épidote d'*Arendal.* Voy. ARENDALIT.

ALABANDIN, alabandine. *Voyez* ALMANDINE.

ALABASTER , m. albâtre calcaire , chaux carbonatée concrétionnée. Cette pierre diffère du marbre par les couches parallèles et ondoyantes qu'on remarque dans son intérieur.

ALABASTRIRT , alabastrite, albâtre des anciens , albâtre gypseux , chaux sulfatée compacte. On croit que ce nom est dérivé du mot grec *alabastron,* qui veut dire insaisissable, et que les anciens donnoient à des vases faits de cette matière , parce qu'étant ordinairement sans anse et polis on avoit quelque peine à les prendre.

*

ALATEN et ALALITEN , limaçons fossiles.

ALAUN, m. alun. — *Gediegener, natürlicher alaün ,* alun naturel , alun fossile , alumine sulfatée alcaline.

ALAUNARTIG , adj. alumineux.

ALAUNBERGWERCK,m. mine d'alun. On trouve ordinairement l'alun ou ses principes dans les schistes ou dans les argiles qui renferment en même temps des sulfures de fer , quelquefois aussi dans certaines tourbes. L'alun des terrains volcaniques a ordinairement pour gangue des laves friables , blanchâtres , ou un peu rougeâtres.

ALAUNBRUCH , m. lieu d'où l'on tire l'alun.

ALAUNEN , v. a. aluner , tremper dans de l'eau d'alun. —*Diese zeuge sind alaunt.* Ces étoffes sont alunées.

ALAUNERDE , f. terre alumineuse ; alumine, base du sel nommé alun.

ALAUNERZ , n. minéral d'alun , minerai qui contient de l'alun.

ALAUNFEDERWEISS , alun de plume , alumine sulfatée fibreuse.

ALAUNHOLZ, n. bois bitumineux ; houille contenant de l'alun.

ALAUNHÜTTE , f. fabrique d'alumine , alunière.

ALAUNICHT, adj. alumineux, qui est d'alun ou de la nature de l'alun.

ALAUNKIESS, m. pyrites sulfurées communes.

ALAUNLAUGE , f. lessive d'alun.

ALAUNMEHL, n. farine d'a-
lun.

ALAUNSCHIEFER, m. schiste
alumineux, variété de l'argile
schisteuse; aluminite pyro-bi-
tumineux, pierre alumineuse
et bitumineuse.

ALAUNSIEDEN, n. préparation
de l'alun; action de faire, de
préparer l'alun.

ALAUNSTEIN, pierre d'alun,
aluminite; pierre alumineuse
de la Tolfa, lave alunifère,
alun volcanique.

ALAUNWASSER, n. eau alu-
mineuse.

ALAUNWERK, n. alunière.
Voyez ALAUNHÜTTE.

ALBSCHOSS, n. *V.* ALPSCHOSS.

ALCHYMIE, f. alchimie, l'art
chimérique de transmuer les
métaux.

ALCHYMISCH, adj. alchimi-
que, relatif à la chimie.

ALCHYMIST, alchimiste, qui
s'occupe de l'alchimie.

ALCOHOL ou ALKOHOL. *Voy.*
WEINGEIST.

ALCYONEN BÄLEE, ⎫ zoophi-
ALCYONENFEIGE, ⎪ tesdedi-
ALCYONENFINGER, ⎬ verses
ALCYONENHANDE, ⎭ espèces.
ALCYONENWURZELN, asbeste
tressée.

ALFESCHT, belemnite. *Voyez*
BELEMNITEN.

ALILAD, f. alilade, sorte de
verge de métal plate et mobile
appliquée sur une règle, et
tournant à volonté sur le demi-
cercle du goniomètre, ou instrument à mesurer les angles.

ALKAHEST, m. dissolvant
universel supposé par les alchimistes.

ALKALI MINERAL, *natürli-*

ches-alcali, soude carbonatée
formée sur les vieux murs;
aphronatron.

ALKALIEN, plur. alcalis;
substances qui forment des sels
en se combinant avec les acides.
On en connoît trois, savoir, la
soude (*natrum*), la potasse
(*kali*), l'ammoniaque (*ammoniak*).

ALKALISATION. *V.* ALKA-
LISIRUNG.

ALKALISCH, adj. alcalin, qui
a quelques propriétés des alcalis. — *Alkalische substanze*,
substances alcalines. —*Die alkalisch - erdige - saürehältige
sübstanze*, les substances acidifères alkalino-terreuses.

ALKALISIREN, v. a. (*t. de
chim.*), alcaliser, dégager dans
un sel neutre l'acide de l'alcali.

ALKALISIREND, adj. (*t. de
chim.*), alcaligène, qui engendre
les alcalis.

ALKALISIRT, part. alcalisé.

ALKALISIRUNG, f. alcalisation, action d'alcaliser.

ALLEHÖFFLICH, (*t. de min.*),
au mieux, parfaitement, en
toute politesse, expression du
mineur qui répond à la question : *comment va la mine?* et
veut faire entendre qu'elle est
en rapport, ou, si c'est une
fouille de recherche, qu'elle
donne de l'espoir.

ALLOCHROÏT, allochroïte,
substance qui a été trouvée près
de *Drammen* en Norwège, en
masses opaques et amorphes
dont la couleur est le gris jaunâtre ou le jaune rougeâtre, la
cassure inégale ou imparfaitement conchoïde, luisante. On
soupçonne qu'elle est un mé-

lange de la matière du grenat avec la chaux carbonatée.

ALMAGEST, almageste, recueil d'observations astronomiques.

ALMAGRA, almagra, sorte d'ocre rouge ou fer oxidé rouge terreux dont on se sert en Espagne pour colorer le tabac et polir les glaces. On le trouve près d'Almazarron en Murcie.

ALMANDIN, almandine, grenat noble, grenat syrien et grenat vermeil d'*haüy*, minéral ordinairement cristallisé et d'un rouge cramoisi très-vif, souvent même un peu bleuâtre ou tirant sur le violet; il est transparent et a beaucoup d'éclat. On l'a aussi nommé alabandine.

ALPENSALZ, m. sel d'Epsom natif, magnésie sulfatée.

ALPSCHOSS, ALPSCHOSSTEIN, belemnite, fossile. *V.* BELEMNITEN.

ALQUIFOUX, alquifoux; sorte de plomb sulfuré pulvérisé dont on se sert pour vernisser les poteries.

ALTE BRÜCHE, plur. anciens travaux de mine éboulés, ruinés.

ALTE GEBÄUDE. plur. anciennes mines abandonnées. — *Alte gebäude aüfnehmen*, reprendre l'exploitation d'une ancienne mine abandonnée. — *In alte gebäude sich hengen lassen*, se faire suspendre dans un ancien puits pour en examiner les parois.

ALTE GEBÄUDE GEWÄTTIGEN, réparer une ancienne mine, la garnir de charpentes nouvelles, en faire écouler les eaux.

ALTEGEWERKEN, plur. (*t.*

de min.), anciens actionnaires d'une mine abandonnée, et qui ont les premiers droits à sa reprise.

ALTEMANN, m. vieux homme; vieille exploitation encombrée de déblais et d'éboulemens. — *In alten mann baïen*, travailler dans les vieux travaux; relever, rétablir d'anciens travaux.

ALTER, (*t. de min.*), ancienneté, droit de préférence dans le cas de contestation. — *Das alter haben*, avoir l'ancienneté. — *Das alter halten*, maintenir l'ancienneté.

ALTE SIEGE, f. (*t. de min.*), ancien boisage ou cuvelage de mine.

ALTE STOLLEN AUFHEBEN, relever une vieille galerie, la revêtir d'une nouvelle charpente.

ALTER VORRATH, (*t. de min.*), le restant en magasin du trimestre précédent.

ALTE ZÜGE, f. vieilles mines travaillées par les anciens; mines anciennes épuisées ou abandonnées.

ALWARSTEIN, m. calcaire compacte, argile calcarifère endurcie.

AMALGAMA, amalgame; combinaison d'un métal avec le mercure.

AMALGAMIREN, v. a. amalgamer, unir un métal, l'or, l'argent avec le mercure. — sub. amalgamation.

AMALGAMIR-WEREK, n. atelier d'amalgamation.

AMASONEN-STEIN, m. pierre des amazones, sorte de jade néphrétique commun d'une couleur verte.

Amber, m. ambre jaune, succin.

Ambos ou Amboz, m. enclume, masse de fer sur laquelle on bat les métaux. — *Kleiner amboz, hand amboz,* petite enclume, enclumeau, enclume à main.

Amboz-stock, m. billot de l'enclume.

Ameisen-saüere, f. acide des fourmis, acide formique.

Amethyst, m. améthyste, quartz hyalin violet. — *Muschliger amethyst,* améthyste conchoïde. — *Schaaligeramethyst,* améthyste testacée. — *Amethyst mutter,* prime d'améthyste. *Voyez* Prime.

Amianth, m. amiante, asbeste flexible.

Amianthinit, actinote-aciculaire, amiantinite.

Amianthoïd, amianthoïde bissolite, minéral qui forme des touffes de filamens très-déliés, d'un vert clair, quelquefois d'une couleur jaunâtre ou d'un brun foncé, luisans, flexibles, et élastiques.

Ammoniak, ammoniaque ; alcali volatil ; combinaison de cinq sixièmes d'hydrogène sur un sixième d'azote.

Ammons-horn, n. corne d'ammon ; ammonite ; coquillage fossile en spirale dioscoïde à tours contigus et tours apparens, à parois internes articulés par des sutures sinueuses ; cloisons transversales lobées et découpées dans leur contour, et percées par un tube marginal. L'analogue en est inconnu.

Amphibioliten, amphibio-

lites; pétrifications d'amphibies et de leurs parties.

Amphibiotilipoten, empreintes d'amphibies.

Amphigen, amphigène ; leucite ; grenat blanc du Vésuve, fossile d'une teinte blanchâtre ou d'un jaune sale qui a des rapports de forme avec le grenat, mais qui en diffère par la dureté et la pesanteur qui sont moindres, ainsi que par son infusibilité.

Amphihexaedrisch, adj. (*t. de crist.*), amphihexaèdre, c'est-à-dire hexaèdre en deux sens, lorsqu'en prenant les faces suivant deux directions différentes on a deux contours hexaèdres. Ex : *amphihexaedrischer axinit,* axinite amphihexaèdre.

Amt, bergamt, n. administration des mines.

Amts-probe, f. (*t. de min.*), échantillon de minerai pris sur les travaux par le juré des mines et destiné pour l'essai ; à cet effet, on le partage en deux moitiés, dont une est remise à l'essayeur, et l'autre conservée pour la contre-épreuve.

Amtsrechnüng, f. audition des comptes par l'administration supérieure, soit à la fin du trimestre, soit à la fin de l'année.

Amts-sohle, f. eau salée, que l'on délivre comme un salaire aux employés dans les salines.

Amts-tag, m. jour d'audience, jour de séance du conseil des mines.

An, les alchymistes donnent ce nom au soufre comme le père des métaux.

Analcime, *Voy.* Würfel-zeolith.

Analogie , f. analogie , rapport, ressemblance, proportion.

Analogievoll , adj. (*t. de crist.*) , analogique ; se dit d'un cristal dont la forme présente plusieurs analogies remarquables. Ex. : *Analogievoller kohlengesaüerter-kalk* , chaux carbonatée analogique.

Analogisch , adj. analogue et analogique.

Anatass. *V.* Octaedritt.

Anboth, n. (*t. de min.*) offre, qui doit être faite aux anciens actionnaires d'une mine en stagnation, de s'intéresser de nouveau dans la reprise lorsqu'elle doit avoir lieu ; reprise d'anciens travaux dont la nature n'est pas bien connue.

Anbruch , m. première ouverture faite dans une carrière, dans une mine. — *Die anbrüche* , les premières pierres tirées d'une carrière ; les premiers minéraux qu'on détache de la mine ; découverte de minerai ; l'endroit où l'on a fait une découverte. — *Einen anbruch machen,* ouvrir , découvrir du minerai, un filon. — *Einen anbruch liegen lasssen* , abandonner un filon découvert, ne pas exploiter les minerais qui se trouvent à la gangue ; cassure , fracture. — *Das ertz ist glatt glänzend auf dem anbrüche*, le minerai est uni, luisant dans la cassure , dans la fracture. — *In guten anbrüch stehen* , cela veut dire que le minerai est encore abondant.— *Die anbrüche behaüen* , piquer officiellement avec le marteau et la pointerolle le gîte nouvellement découvert pour en connoître la nature.

Andalusit , andalousite , feldspath-apyre d'*Haüy* , minéral trouvé en Castille et dans le ci-devant Forez (France) ; sa couleur est le rouge violet , sa forme cristalline le prisme à quatre pans ; il raie le quartz et même le spinelle. C'est cette grande dureté qui l'a fait prendre long-temps pour un corindon appelé alors spath adamantin ; l'andalousiste a aussi été nommée stanzaïte.

Andreaskreutz , (*t. de min.*), croix oblique. On dit de deux filons qui se croisent de biais , qu'ils forment la croix oblique, la croix de St.-André.

Andünstung, f. évaporation, exhalaison , vapeur.

Aneinandersetzung , f. assortiment , assemblage.

Anfahren , v. n. descendre dans la mine , se rendre à l'ouvrage. — *Die bergleüte fahren itz an* , les mineurs vont descendre dans la mine sur les travaux.

Anfahr-schächte , plur. puits d'entrée dans la mine , puits de descente.

Anfahr-weg , m. le chemin de descente , la descente.

Anfassen , *Voyez* Fassen.

Anfeilen, v. a. entamer avec la lime , commencer à limer.

Anfeug , minerai épars, disséminé sur la roche.

Anfall , m. éboulement ; les bois d'étai ou étais, destinés à soutenir le toit du filon dans les puits et dans les galeries. La traverse ; et aussi le trou pratiqué au toit du filon pour recevoir la partie supérieure de cette traverse. *Anfall anhauen*, faire une ouverture au toit du filon pour y enchâsser l'extrémité de la traverse et l'affermir.

ANFRISCHEN, v. a. rafraîchir, réduire le plomb, lui faire quitter son état d'oxide pour passer à celui de métal ; verser de l'eau sur le piston d'une pompe lorsque l'air y pénètre et gêne son jeu ; remplir les tuyaux.

ANFRISCHËN, n. rafraîchissement ; refonte de la litharge.

ANFRISCHER, m. celui qui rétablit la litharge à l'état de plomb.

ANFRISCHFEÜER, n. feu propre à la refonte de la litharge.

ANFRISCH-OFEN, m. fourneau pour réduire la litharge en plomb ; fourneau de rafraîchissement.

ANFRISCH-SCHLACKEN, plur. scories, crasses, résultantes du rafraîchissement ou refonte de la litharge.

ANFÜHLEN v. a. (*t. de min.*), toucher, manier, tâter. *Was sich rauch anfuhlet*, ce qui est rude ou âpre au toucher. — (subst. *Das anfühlen*, le toucher, le maniement, le tact.

ANFÜHREN, v. a. (*t. de min.*). *Das eisen anführen*, appliquer la pointerolle sur la roche, piquer la roche avec la pointerolle.

ANGABE, f. indication, signe qui indique.

ANGEBEN, v. a. (*t. de min.*), indiquer, faire rapport ; le géomètre souterrain. — *Markscheider*, fait rapport, rend

compte du résultat de sa visite, des travaux ; et l'essayeur celui de ses essais.

ANGEFLOGEN, adj. (*t. de min.*), en couches superficielles ; minerai superficiel saupoudrant seulement la roche ou la recouvrant en croutes ou en feuilles très-minces, ou bien sous la forme d'un enduit.

ANGELAGTES EISEN, n. outil ou pointerolle de mineur nouvellement reforgé, remis à neuf.

ANGESCHMAUCHT, participe d'*anschmaüchen*, se dit des minéraux qui ayant été dissous, se sont attachés foiblement à d'autres corps.

ANGESOTTEN. On se sert de cette expression pour désigner le plomb suffisamment scorifié.

ANGEWACHSEN, adhérent. — *Der gang ist angewachsen*, le filon est adhérent, c'est-à-dire qu'il n'a point de lisière (*ablösung*), et qu'il tient immédiatement à la gangue.

ANGEWAEGE, n. madrier d'appui ; support horizontal sur lequel s'opère la rotation ou l'oscillation d'une machine.

ANGEWEHR. *Voyez* ANWEGHOLZ.

ANGLESEYSCHIEFER, m. schiste argileux, ou argile schisteuse.

ANGRIFF, m. (*t. de serrur.*), Les petites dents des pênes.

ANGUSTEIN. m. agathe.

ANHALTEN, v. a. (*t. de min.*), arrêter, attacher un cordeau pour prendre une direction ; le point où commence le mesurage.

ANHANG, m. appendice ; addition, supplément, augmenta-tion.

ANHÄNGEN, n. adhérence (*t. de min.*). — *Anhängen an der zünge*, happement à la langue, sorte d'adhérence que certains corps placés sur l'extrémité de la langue contractent avec elle, en sorte qu'on éprouve une pe-tire résistance lorsqu'on veut les en séparer. C'est un des ca-ractères extérieurs particuliers des minéraux solides.

ANHÄNGISCHMACHEN (*t. de min.*), se dit d'un exploitant, qui, n'ayant acquitté qu'une partie de son contingent dans les frais, s'engage par écrit de satisfaire au reste.

ANHASPEN, v. a. crampon-ner, affermir avec des cram-pons.

ANHAUCH, m. souffle, vent, haleine, air qu'on souffle par la bouche. — *Dürch anhaü-chen feucht gemacht*, humecté par la vapeur de l'haleine.

ANHAUFUNG, f. accumula-tion, entassement, assemblage, agrégat.

ANHOHLEN, v. a. (*t. de min.*), hausser, tirer en haut. Les mi-neurs allemands disent, *Hoh-lan!* hausse tire!

ANHYDRITH, anhydrite ; chaux sulfatée anhydre, c'est-à-dire privée d'eau, substance qui a beaucoup de rapport avec la chaux sulfatée ordinaire dite vulgairement gypse, mais qui en diffère par sa forme primi-tive ou molécule intégrante qui est le cube, tandis que celle du gypse est le prisme droit; par sa dureté et sa pesanteur qui sont plus grandes, et parce qu'elle

ne blanchit ni ne s'exfolie pas par la chaleur comme le fait le gypse.

ANKERUNG, f. (*t. de mar.*), ancrage du vaisseau, amarrage ; l'action de consolider, lier un mur avec des ancres.

ANKLAMMERN, v. a. cram-ponner, arrêter, assujettir avec un crampon.

ANKLEBEND, adj. inhérent, adhérent, attaché à.

ANKLEBUNG, f. adhérence, union d'une chose avec une autre.

ANKLEIBEN, v. a. coller, faire tenir avec quelque chose de gluant.

ANKLINGEN. *V.* ANLAEUTEN.

ANKÜTTEN, v. a. souder une pièce de métal à une autre.

ANKÜTTUNG, f. l'action de souder à, soudure d'une chose à une autre.

ANLASSEN, v. a. (*t. de fond.*), commencer la fonte. — *Die bälge anlassen*, faire aller les soufflets. — (*t. de min.*) *Der gang lässt sich gut an*, le filon a belle apparence, donne de l'espoir.

ANLAUFEN, v. n. aller du bas en haut. — (*t. de min.*), mon-ter trop; se dit d'une galerie à laquelle on a donné trop de pente; s'étendre sur la super-ficie. — *Die angelaüfene farbe*, les couleurs superficielles.

ANLAUTEN, v. n. appeler, avertir les ouvriers par le son de la cloche pour commencer ou cesser le travail; les appeler à leur poste ou leur annoncer qu'ils peuvent le quitter. — *Es wird auf den bergwercken an-*

gelautet, on sonne la cloche d'avertissement sur la mine.

ANLEGEN, v. a. (*t. de min.*). *Bergarbeiter anlegen*, engager des mineurs, placer des ouvriers sur des travaux de mines. — *Eine schmelz hütte anlegen*, disposer une fonderie. —*Den treibeheerd anlegen*, préparer le foyer pour la fonte.—*Anlegen*, et en divers endroits *anlagen* et *anlogen*, refondre de vieilles ferrailles pour en faire des outils. — *Anlegen*, cotiser, régler la part que chacun doit payer.

ANLEGER, m. calibre.

ANLEITUNG, f. instruction, enseignement, introduction. — *Anleitung in die physik*, introduction à la physique. *Voyez* EINLEITUNG.

ANLOETHEN et ANLOETHÜNG, *Voyez*. ANKUTTEN et ANKUTTUNG.

ANNIETHEN, v. a. replier, rabattre une pièce de métal sur une autre en la rivant.

ANNIETHUNG, f. l'action d'attacher quelque pièce en la rivant.

ANOMIEN, anomies; genre de coquilles bivalves qui fait le passage des bivalves aux multivalves : sa valve inférieure percée à son crochet se ferme par un petit opercule que l'on peut regarder comme une troisième valve.

ANOMITEN, plur. anomites, anomies fossiles. *V.* BOHRMÜSCHELN.

ANORDNUNGSART, f. ordre de distribution. — *Systematische anordungsart*, distribution systématique, distribution méthodique.

ANTFAHL, m. (*t. de min.*),

l'étai supérieur d'une galerie.

ANPFLOECKEN, v. a. attacher, joindre, assembler avec des chevilles ou des pieux.

ANPFLOECKUNG, f. l'action d'attacher avec des chevilles.

ANQUICKEN, v. a. amalgamer, combiner un métal avec le mercure; enduire de mercure un métal pour dorer.

ANQUICKFASS, n. tonneau d'amalgamation.

ANQUICKUNG, f. amalgamation, mélange, combinaison que l'on fait des métaux d'or ou d'argent avec le mercure.

ANREICHERARBEIT, f. (*t. de fond.*), fonte d'enrichissement; travail pour enrichir avec du minerai riche en argent; une matte qui en contient trop peu.

ANREICHERN, v. a. rendre plus riche une matte pauvre en argent; l'enrichir en la refondant avec du minerai plus riche.

ANREICHER - SCHLACKEN, plur. scories ou crasses de la fonte enrichie.

ANREICHERSTEIN, m. matte enrichie provenant de la fonte crue, mais encore trop pauvre en argent.

ANREICHERUNG, f. enrichissement d'un minerai pauvre en le mêlant avec un plus riche.

ANRICHTER, m. l'essayeur des métaux; l'officier chargé des mélanges du minerai pour la fonte.

ANSATZ, m. apposition, addition, augmentation.

ANSÆUERUNG, f. altération, décomposition.

ANSCHAAREN DER GÄNGE, réunion de filons. *Voy.* GANG.

ANSCHAFFEN et ANSCHAU-

ZEN, v. a. (*t. de min.*), arranger, disposer, préparer pour que les mineurs puissent commencer le travail, veiller à ce qu'ils s'acquittent exactement de tous leurs devoirs.

ANSCHATZUNG, f. préparation au travail des mineurs.

ANSCHEIN, m. apparence, ce qui paroit au dehors.

ANSCHIESSEN, v. a. cristalliser, congeler en manière de cristal, se rapprocher pour former un corps solide.

ANSCHLAG, m. affiche, placard, écrit qu'on affiche à la muraille ; devis, estimation, spécification d'un ouvrage et de la dépense qu'il exige.

ANSCHLAGEN, v. a. charger la tonne, la remplir ; avertir de l'intérieur de la mine les ouvriers qui sont au-dehors que la tonne, la tine, le panier ou le seau, sont remplis, et qu'ils peuvent les faire monter.

ANSCHLAG - FÄUSTEL, m. marteau à briser le minerai.

ANSCHLAEGER, m. l'ouvrier qui remplit de minerai la tonne ou le seau à l'endroit du puits d'extraction ; le chargeur des tonnes.

ANSCHLAGHALTEN, mettre des affiches pour faire connoître l'état d'une mine, et le montant des contingens de frais que chaque action en doit supporter.

ANSCHLEIFEN, v. a. commencer à polir, à aiguiser.

ANSCHMAUCHUNG, f. légère jonction, adjection.

ANSCHMELZEN, v. a. commencer à fondre, à liquéfier, à rendre fluide.

ANSCHNEIDEN, v. a. couper, entamer. On se sert de cette expression sur les établissemens de mine pour signifier en faire les comptes, parce qu'autrefois les surveillans des mineurs marquoient le nombre des postes, ou temps de travail de chacun, par une entaille, une entamure sur un morceau de bois.

ANSCHNITT, m. entamure, action d'entamer, état des journées, ou temps de travail de chaque mineur pour établir son décompte. — *Anschnitt-halten,* tenir les comptes de dépenses.

ANSCHNITT-BOGEN, (*t. de min.*), état particulier des journées ou postes de travail des mineurs.

ANSCHNITT-BUCH, n. (*t. de min.*), livre de compte, registre sur lequel on porte les dépenses d'un établissement de mines ; tout ce qui est payé ou dû, soit aux ouvriers, soit aux fournisseurs, etc.

ANSCHRAUBEN, v. a. visser, attacher, joindre, assujettir avec une vis.

ANSCHRAUBUNG, f. action de visser.

ANSCHUHEN, v. a. ferrer par les bouts, garnir de fer les pilotis, les pieux.

ANSCHÜREN, v. a. attiser le feu, raccommoder le feu, tisonner, arranger les tisons pour les faire mieux brûler.

ANSCHUSS, m. concrétion, cristallisation, coagulation, congélation en forme de cristal, épaississement de l'eau, du sel, etc. — *Die anschüss linien,* les lignes de départ en parlant des décroissemens des lames dont

un cristal est formé. — *Anschüss
j üncte*, points de départ.

ANSCHÜSSTROG , m. cuve ou caisse formée de madriers épais, dans laquelle on verse la lessive d'alun ou de vitriol pour l'y laisser refroidir et cristalliser.

ANSCHUTT , f. allusion, accession, accroissement, accroissance de terrain.

ANSCHÜTZEN , v. a. laisser aller l'eau sur les roues des machines hydrauliques , des soufflets de fonderie , lever les écluses , hausser la vanne.

ANSCHWÄNGERN , v. a. imprégner , charger une liqueur de quelques substances étrangères ; saturer.

ANSCHWÄNGERUNG , f. (*t. de chim.*) , imprégnation , action d'imprégner.

ANSCHWEISSEN , v. a. (*t. de fond.*) , souder ensemble deux morceaux chauffés au degré de la sueur , c'est-à-dire au premier degré de fusion.

ANSEHEN , n. (*t. de min.*) , aspect. — *Erdiges ansehen* , aspect terreux.

ANSETZBLECH , n. (*t. de fond.*) , platine ou forte plaque de fer que l'on appose à l'ouverture d'un fourneau de fonderie pour la fermer quand il est nécessaire.

ANSETZEN , v. a. apposer , joindre bout à bout , ajouter ; on dit aussi d'un minerai qui continue à se faire voir dans un percement de mine , à mesure que l'on avance. — *Die ertze setzen an* , le minerai persévère, court toujours. — *Vor-ort* , devant le point du travail.

ANSIEDEN , v. a. mettre dans de l'eau bouillante les métaux que l'on veut argenter; sacrifier du minéral avec le plomb ; décruer les étoffes en les faisant bouillir avec certains sel.

ANSIEDEN , n. combinaison , mélange du plomb et des minerais qui contiennent de l'argent.

ANSIEDUNG , f. décruement , l'action de décruer.

ANSINTERN , v. n. se coaguler , se fixer , s'attacher à quelque chose en forme de concrétion pierreuse , de stallactite.

ANSIR , nom donné au mercure par les alchimistes ; le fils.

ANSIRATO , expression par laquelle les alchimistes désignent le sel.

ANSITZEN , v. a. être assis auprès. — *Vor einen ort ansitzen*, commencer le travail d'une mine en quelque endroit. — *In cin fremde feld ansitzen* , commencer à fouiller le terrain d'autrui.

ANSITZEN , n. ou ANSITZUNG , f. commencement de travail dans une mine.

ANSITZER , m. mineur qui commence à creuser , à faire un percement.

ANSPRITZUNG , f. arrosement, irrigation. — *Wasser anspritzung* , rejaillissement de l'eau.

ANSTECKBOHRER , m. le perçoir, le foret; instrument de fer pour percer.

ANSTECHEN , v. a. (*t. de min.*), commencer à arrêter, à affermir, à consolider avec des pilotis les parois d'un percement de mine pour empêcher les éboulemens; mettre le feu à la mine ou à un fourneau quelconque ; fixer à leur place, attacher les tuyaux, les corps de pompe d'une machine hydraulique.

ANSTECK KIELE, tuyaux inférieurs placés sous la pompe pour élever l'eau jusqu'au tuyau principal.

ANSTOSSEN, v. a. (*t. de min.*), allumer, mettre le feu au bois qui doit faire éclater la roche dans une mine. — (*t. de fond.*), battre le foyer, bien écraser les cendres dans le fourneau de coupelle.

ANTAGBRINGEN (*t. de min.*), porter au jour, sortir le minerai, les déblais, ou toute autre chose hors de la mine.

ANTHEIL, m. quote, quote-part; part que chacun doit payer ou recevoir dans la répartition d'une somme.

ANTHOPHYLLITH, anthophillite, minéral d'un brun clair qui se présente en masses compactes striées en longueur à la superficie, et éclatantes tant à l'intérieur qu'à l'extérieur, trouvé à Konsberg en Norwège.

ANTHRACIT et ANTHRACOLITH, anthracite.—*Kohlenblende*, plombagine charbonneuse; houille sèche; fossile noir, luisant, sombre, tachant assez souvent les doigts, friable et d'une combustion lente et difficile à un feu ordinaire, le plus souvent feuilleté et quelquefois compacte.

ANTHRAKONIT. *Voyez* MADREPORSTEIN.

ANTHROPOLITH, anthropolite, fossile humain, ossement pétrifié.

ANTHROPOTYPOLITH, anthropotipolite, empreinte d'homme, ou de quelques-unes de ses parties.

ANTIENNEADRISCH, adj. (*t. de crist.*), antiennéaèdre, c'est-à-dire, ayant neuf faces de deux côtés opposés. Ce nom est particulier à une variété de tourmaline dans laquelle les deux sommets sont à neuf faces et le prisme à douze pans, au lieu que d'ordinaire c'est le prisme qui est ennéaèdre.

ANTIMONIUM, n. antimoine; métal d'un blanc d'étain, très-lamelleux et très-fragile.

ANTIMONIALISCH, adj. antimonial.

ANTIMONIALISCH GEDIEGENES SILBER, argent antimonial.

ANTIMONIAL-SILBER, mot par lequel on désigne encore l'argent antimonial.

ANTRAGEN, v. a. (*t. de min.*). *Die fertige zimmerüng an gehörigen ort tragen*, porter en son lieu la charpente faite, et l'assembler.

ANTREIBEN, v. a. (*t. de fond.*), avancer la fonte, faire fondre. — (*t. de min.*), consolider par une charpente les parois d'un puits ou d'une galerie.

ANTREIBHOLZ, n. bois pour la coupellation, bois de l'affinage.

ANWACHS, m. accroissement, accession, addition d'une chose à une autre, augmentation, surcroît, surplus, surcharge.

ANWAERMEN, v. a. chauffer le fourneau convenablement.

ANWŒSCHE, f. (*t. de min.*), le procédé du lavage du minerai, tout ce qui en fait partie depuis le commencement jusqu'à la fin.

ANWÄGHOLZ, n. bois de support, bois sur lequel repose l'arbre avec son tourillon dans les machines hydrauliques ; pièces sur lesquelles porte le bois des tourillons ; deux grosses pièces de bois qui tiennent la croix en suspens sur un puits de mine.

ANWELLE , f. *Voyez* ANWÄGHOLZ.

ANWENDUNG , f. emploi, usage, application; adoption d'un passage, d'une science à...

ANWITTERN , v. n. (*t. de min.*) , au participe. — *Angewittertes ertz*, minerai qui tient, qui s'est attaché à la roche.

ANWITTERUNG , f. amas de minerai qui s'attache aux roches par un effet des exhalaisons souterraines.

ANZIEHEN, v. a. attirer à soi. — *Der magnet ziehet das eisen ein*, l'aimant attire le fer.

ANZIEHEND , adj. attractif, attirant.

ANZIEHUNG , f. attraction , action d'attirer.

ANZIEHUNGKRAFT , f. force attractive. C'est un principe découvert par *Newton*, que *toutes les molécules de la matière s'attirent mutuellement en raison directe des masses, et réciproquement au carré des distances.*

ANZUCHT , f. conduit, canal pratiqué à la base d'un fourneau de fusion, sous le foyer pour l'évaporation de l'humidité; aspiraux.

ANZUNDEN , v. a. allumer, faire brûler, mettre le feu.

APATIT, apatite; chaux phosphatée.

APHRIZIT, aphrizite. Ce nom, tiré d'un mot grec qui signifie écume, a été donné à la variété de tourmaline , dite nono-duodécimale.

APHRONATRON, aphronatron, aphronitre ; soude carbonatée , mélangée de matière calcaire qui tapisse quelquefois les parois des murailles.

APLOM , aplome, minéral en cristaux dodécaèdres rhomboïdaux bruns ou verts jaunâtres striés dans le sens des petites diagonales, opaques pour l'ordinaire, mais aussi quelquefois translucides. On l'avoit classé parmi les grenats, mais la structure et l'analyse chimique paroissent s'opposer à cette réunion.

APOPHYLLITT , apophyllite ; minéral d'un blanc jaunâtre, un peu nacré, dont le caractère essentiel est d'être divisible en parallélipipède rectangle , et d'avoir une triple tendance à l'exfoliation par le feu , par les acides et par le frottement : c'est le même que l'ichtyophtalme de dandrada, ou ichtgophtalmit de *Reuss*. — *Fisch augenstein*, œil de poisson , de *Werner*.

AQUA MARINE , m. aiquemarine, béril, émeraude vertbleuâtre d'*Haüy*.

AQUA MARIN FLUSS , m. on a donné ce nom à la chaux phosphatée et à la chaux fluatée.

ARACHNOLITH , sorte de fossile de la classe des entomolithes , ou pierres empreintes de formes d'insectes; arachnéolithe. araignée de mer, aussi arachnite.

ARBEIT , f. travail. — *Arbeit in der grube* , travail dans l'intérieur de la mine. — *Arbeit in den hutten* , travail aux fonderies. — *Arbeit gehet frisch*, le travail de la fonte va bien.

Arbeiten, v. n. travailler, agir (*t. de min.*). — *Arbeiten vor dem ort*, travailler à l'extrémité d'une percée, soit de galerie, soit de toute autre. — *Auf ertz arbeiten*, travailler sur le minerai. — *Arbeiten über dem arm*, travailler de la main droite et vers la droite en passant un bras sur la main gauche. — *Arbeiten zürhand*, diriger les coups de marteau vers la main gauche, en le tenant de la droite. — (*t. de fond.*) *Das eisen, das bley arbeiten*, travailler le fer, le plomb, le façonner. — *Gearbeitetes silber, eisen, kupfer*, l'argent façonné en ouvrage, du fer ouvré, du cuivre ouvré.

Arbeiter, m. travailleur, ouvrier. — *Arbeiter anweisen*, montrer, indiquer aux ouvriers l'endroit où ils doivent travailler. — *Arbeiter auszählen*, compter les ouvriers, en faire l'appel.

Arbeits-leute, f. gens de travail, travailleurs.

Arbeits-lohn, m. salaire, récompense d'un travail ; main-d'œuvre.

Arbeits-loss, adj. qui est sans travail, qui n'a pas à travailler.

Archaeus, m. (*t. de l'anc. chim.*), archée, feu central ; ame du monde, cause efficiente de tout.

Archimedische wasser-schraube, f. la vis hydraulique dite d'*Archimède*.

Architechtonisch, adj.

architechtonique ; se dit de l'art de la construction.

Archon, camite ; fossile du genre des cames.

Arcticit, arcticite ; nom que *Werner* a substitué à celui de *wernerite* dérivé du sien, qui n'en est pas moins resté le plus généralement adopté pour dénomination d'une espèce particulière. L'arcticite ou wernérite est un minéral de couleur olivâtre, ou gris-verdâtre, dont la forme cristalline primitive est présumée être le prisme droit à bases carrées, mais qu'il est rare de trouver en cristaux ; il se présente le plus ordinairement en grains irréguliers ou en petites masses disséminées dans une roche feldspathique entremêlée de quartz, et on le classe provisoirement encore parmi les substances terreuses qui ont de l'affinité oryctognostique (*sippschaft*) avec l'augite.

Arendalit, arendalite, variété d'épidote que l'on a aussi nommée *akanticon*, qui signifie *pierre de serein*, parce que sa poussière est de la couleur du plumage de cet oiseau. Elle se présente en fort beaux cristaux près d'Arendal en Norwège.

Areometer, n. aréomètre, pèse-liqueur. — *Das areometer in die fläche bringen*, affleurer l'aréomètre, c'est-à-dire, charger la cuvette de l'instrument jusqu'à ce que le trait marqué sur la tige soit descendu à fleur d'eau.

Argentin, argentine. *Gmelin* a appelé ainsi l'opale noble, et *Kirwan* le spath schisteux.

ARGILLIT, argilite; argile schisteuse.

ARGILLIT-PORPHYR, argilite-porphire; argile schisteuse mêlée de feld-spath.

ARGILLO - CALCIT, marne; argile calcarifére.

ARGILLOLIT, argillolite. Pierre qui, au premier aspect, ressemble tantôt à la chaux carbonatée grossière et poreuse, tantôt à une marne calcaire, et tantôt à la chaux carbonatée compacte. Elle a le grain, l'âpreté, la dureté, la cassure terne, ou inégale ou conchoïde, et dans quelques cas jusqu'à la friabilité de ces pierres; mais elle ne fait point effervescence avec les acides. Ses couleurs les plus ordinaires sont le jaune pâle et sale, le rose ou le rouge pâle et sale; il y en a aussi de verdâtres. On présume qu'elle est le résultat de la décomposition du pétrosilex qui fait la base des phorphyres. Certaines variétés qui ont des taches rondes, brunes, blanches ou rouges, ont été appelées pierres de fruit, *früchtstein. Voyez* ce mot.

ARKTISIT. *Voy.* ARCTICIT.

ARM. *Voyez.* HEBARM.

ARMENIER-STEIN, ARMENISCHER-STEIN, m. pierre d'Arménie. *Brückmann* a donné ce nom à une chaux fluatée verdâtre et bleuâtre; d'autres auteurs à un mélange, soit de chaux carbonatée, soit de chaux sulfatée avec des parties cuivreuses, ou bien un quartz teint en bleu par l'azur de cuivre avec un mélange de couleur verte; mais on comprend

assez généralement sous cette dénomination toutes les pierres quartzeuses ou calcaires pénétrées et colorées par le cuivre azuré.

ARMENISCHER BOLUS, bol d'armenie, bol rouge.

ARMIREN, v. a. armer. — *Einen magnet armiren*, armer une pierre d'aimant, la garnir pour lui donner plus de force attractive.

ARRAGONIT, arragonite; substance acidifère terreuse, qui a beaucoup de rapport avec la chaux carbonatée, à la suite ou à côté de laquelle on pense généralement qu'elle doit être placée, cependant sans les confondre; car, dit le célèbre *Haüy*, on a des données plus que suffisantes pour faire de l'arragonite une espèce distinguée de la chaux carbonatée.

ARSCHLEDER ou BERGLEDER, n. (*t. de min.*), tablier de mineur; tablier de cuir noir que les mineurs portent par derrière pour se garantir de l'humidité en s'appuyant contre la roche.

ARSCHSEIL, n. (*t. de min.*), courroie dont les brouetteurs ou charioteurs de minerai se ceignent les reins pour mener plus facilement les brouettes.

ARSENIK, m. métal d'un gris d'acier susceptible de se ternir promptement à l'air et au feu, et répandant une forte odeur d'ail par l'action du feu. On le trouve natif (*gediegen*), oxidé (*oxidirt*), et sulfuré (*geschwefelt*). Il se montre à beaucoup d'endroits, mais nulle part en grande quantité.

ARSENIKALISCH, adj. arsénical.—*Arsenicalische dämpfe,* vapeurs arsénicales. — *Arsenicalisches bleyerz,* plomb arsénié.

ARSENIKALISCHES SALZ, n. arséniate; sel formé par la combinaison de l'acide arsénique avec une base quelconque.

ARSENIKAL-KÖNIG, m. régule d'arsenic natif; arsenic natif.

ARSENIKALKUPFER, m. cuivre arséniaté.

ARSENIKBLÜTHE, f. fleurs d'arsenic; arsenic oxidé natif.

ARSENIKGESAUERTERKÖRPER, arséniate. *V.* ARSENICALICHES SALZ.

AKSENIKGIFT, n. réalgar natif; arsenic sulfuré rouge.

ARSENIKKALK, m. arsenic oxidé; chaux blanche d'arsenic natif.

ARSENIKKIESS, m. pyrites arsénicales; combinaison du fer avec l'arsenic et le soufre. — *Arsenikkies,* fer arsénical; combinaison du fer avec l'arsenic sans soufre; minéral d'un blanc d'étain, dont la cassure est à grain fin, mais peu brillante : il donne sous le choc du briquet des étincelles qui ont une odeur d'ail très-sensible.

ARSENIKRUBIN, rubine d'arsenic; arsenic sulfuré rouge cristallisé.

ARSENIK SÄURE, f. acide arsénique.

ARSENIK SILBER et ARSENIKAL SILBER, argent arsénical, argent antimonial arsénifère et ferrifère.

ART, f. espèce, sortes. —*Giebt vielerley arten thiere, stein,* *holz,* etc., il y a plusieurs sortes, diverses espèces d'animaux, de pierres, de bois, etc. En minéralogie le mot *art* indique ce que les Français entendent par *sous-espèce,* c'est-à-dire dans le sens de *Werner,* une variété principale qui a un caractère tranchant, et celui *gattung,* l'espèce : plusieurs espèces sont partagées en sous-espèces qui ont chacune leurs variétés (*abänderüngen*); ainsi le quartz par exemple, qui est une espèce du genre siliceux, est partagé par *Werner* en cinq sous-espèces (*arten*), qui sont l'améthyste ou quartz hyalin violet, le cristal de roche ou quartz hyalin limpide, le quartz laiteux ou quartz rose, le quartz commun ou quartz hyalin, amorphe, et la prase (*prasen*), quartz hyalin, vert obscur. *V.* GATTUNG.

ARZGELD, BERGARZGELD, rétribution, salaire annuel, appointement, honoraires du médecin des mines.

ASBEST, m. asbeste, fossile filamenteux, réductible par la trituration en poussière fibreuse ou pâteuse. — *Gemeiner asbest,* asbest commun dur.

ASBEST - HORNFELS, m. pétrosilex mêlé d'actinote.

ASBESTINIT, asbestinite: c'est l'actinote hexaèdre d'*Haüy.*

ASBESTOÏD, asbestoïde, même que ASBESTINIT.

ASCENDIREND, adj. (*t. de crist.*), ascendant. On dit d'un cristal qu'il est ascendant lorsque toutes les lois de décroissement ont une marche ascendante en partant des angles ou des bords inférieurs d'un noyau rhomboïdal. Ex : *ascendirender kohlen gesäuerter kalk* , chaux carbonatée ascendante.

ASCHBRENNER , m. faiseur de cendres, ouvrier qui brûle le bois pourri pour le convertir en cendres.

ASCHE, f. cendre, résidu d'un combustible consumé par le feu. Dans le pays de Mansfeld on nomme ainsi la marne ou argile calcarifère pulvérulente.— *Vulcanische äsche* , cendres volcaniques ; thermantide pulvérulente.

ASCHENBLASENSTEIN,
ASCHENBLASER ,
ASCHENDRECKER ,
ASCHENMAGNET, } tourmaline.
ASCHENSTEIN ,
ASCHENTRECKER ,
ASCHENZIEHER ,

ASCHENBEHÄLTER , **ASCHENFALL** , cendrier, la partie du fourneau qui est au-dessous du foyer , et dans laquelle les cendres tombent. On nomme aussi *Aschenfall* la grille qui est au-dessus du cendrier.

ASCHENGEBIRGE. On désigne ainsi en Thuringe l'argile calcarifère pulvérulente.

ASCHENSALZ, n. sel lexiviel ; alcali fixe.

ASCHERSATZ , m. partie de cendres lessivées que l'on emploie pour la disposition d'un fourneau d'affinage.

ÄSCHERUNG , f. incinération ; action de réduire en cendres.

ASCHGRAU , adj. gris de cendre.

ASCHGRABE, f. (*t. de fond.*), fosse aux cendres.

ASCHKAMMER , f. la chambre aux cendres ; l'endroit où l'on emmagasine les cendres.

ASCHKASTEN , n. la caisse pour les cendres dont on doit former les coupelles.

ASCHKERN , m. choix de cendres ; fleurs de cendres ; résidu des cendres de coupelles restées sur le crible en les tamisant et imprégnées de litharge tenant argent.

ASCHKNECHT, m. ouvrier qui prépare les cendres pour la coupelle en grand.

ASCHLOCH , n. le trou, l'ouverture pour les cendres ; la partie du fourneau qui reçoit les cendres ; le cendrier.

ASCHMESSER , m. mesureur des cendres ; l'employé qui dans une fonderie a l'inspection spéciale sur les cendres , et en fait la distribution.

ASCHSBLEY, n. bismuth, métal d'un blanc jaunâtre et d'un tissu lamelleux. *V.* **WISMUTH.**

ASCHTONNE, tonne de cendre ; la mesure de cendres , ou pour mesurer les cendres.

ASPHALT , asphalte, bitume solide.

ASTACOLITHEN , astacolites, pétrifications d'insectes crustacés.

ASTERIEN, astéries, astrées ; stellites, étoiles de mer fossiles, sorte d'animaux marins d'une structure fort remarquable, qui n'ont de rapport qu'avec les oursins, et que l'on paroît encore embarrassé de savoir où placer dans la série naturelle des êtres. On appelle également astéries ou plutôt astérites des articulations prismatiques polygones marquées d'une étoile pentagone sur les faces terminales. Le même nom d'astérie a été donné au quartz agate chatoyant, dit œil de chat, et à une variété de corindon remarquable par une espèce d'étoile à rayons que produisent des reflets blanchâtres, bleuâtres ou rougeâtres qui se développent sur la surface de la pierre, lorsqu'on la fait mouvoir à la lumière.

ASTROITEN, astroïdes, astroïtes : polypiers pierreux à colonnes parallèles perpendiculaires dont la réunion présente une masse solide fongiforme, et dont la surface est garnie d'étoiles; ocellaire, polypier pierreux, parsemé sur les deux faces de pores cylindriques disposés en quinconce, et traversé d'un axe formé d'une substance compacte et solide. Les roches à cinq angles de la tige d'une pétrification semblable au palmier marin fossile de l'encrinite (*encrinitis fossilis*).

ASURSTEIN, AZURSTEIN et LAZÜRSTEIN, m. lazulite, sorte de pierre d'un bleu d'azur, d'une cassure matte, et à grains très-serrés, mêlée le plus souvent de taches blanches, dues à un mélange de matière calcaire, et quelquefois de quartz, suivant d'autres de feldspath. *Voyez* LAZULITH.

ATACAMIT, atacamite; nom donné au cuivre muriaté pulvérulent rapporté du Pérou par *Dombey* en 1769, et trouvé sur les bords d'une petite rivière qui se perd dans le grand désert d'Acatama, vulgairement sable vert du Pérou.

ATLASERTZ, n. malachite fibreuse; cuivre carbonaté vert soyeux.

ATLASGLANZ, éclat satiné.

ATMOSPHAERE. *V.* DÜNSTKREIS.

ATRAMENTSTEIN, m. pierre atramentaire: c'est un composé de diverses pierres qui ont servi au remplissage des espaces vides dans les mines, et s'est imprégné insensiblement de fer sulfaté, dont la saveur est acerbe et astringente comme celle de l'encre. La montagne du Ramelsberg au Hartz en fournit beaucoup.

AUE, f. contrée unie, plaine ordinairement fertile, arrosée de rivières, et bordée de coteaux peu élevés.

AUF! AUF! AUF! sus! sus! sus! exclamation pour appeler les mineurs à l'ouvrage.

AUFBAUMEN, v. a. (*t. de min.*). *Es baumet sich ein knauer auf*, il paroît une roche dure.

AUFBEREITEN, v. a. préparer.—*Die ertze zum schmelzen bereiten*, préparer la mine, le minerai, pour le rendre propre à la fonte, en l'écrasant ou le lavant.

AUFBEREITUNG, f. préparation du minerai pour la fonte, soit en le brisant, soit en le lavant.

AUFBLÄHEN, v. a. gonfler, boursoufler, tuméfier.

AUFBRAUSEN, v. n. entrer en effervescence. — subst. *Das aufbraüsen*, l'effervescence.

AUFBRECHEN, v. a. ouvrir en

rompant; (*t. de fond.*), faire une percée pour connoître l'état de sa fonte.

Aufbringen, v. a. mettre une mine en bon état.

Aufbühnen, v. a. mettre, assembler, dresser des grosses planches ou solives dans des puits et autres ouvrages de mines.

Auf dem Gesencke arbeiten, travailler au sol ou dans la partie basse d'un puits.

Auf dem Polzen stehen, prendre garde si quelque officier ou préposé des mines ne vient pas.

Auf dem Polzen zimmern, revêtir de charpente, placer des forts étais aux quatre coins des puits, poser les supports et fermer la bure avec des planches.

Auf der teufte seyn, transporter les minerais des plus profonds travaux à l'endroit où la tonne se remplit.

Auf die halde setzen, refuser l'entrée d'une mine à une compagnie d'actionnaires, les en éloigner.

Aufdünsten, v. n. monter, s'élever en vapeurs, s'évaporer, monter en vapeurs.

Aufdünstung, f. vaporisation, dégagement rapide de vapeurs qui a lieu au moment de l'ébullition ; et comme la pression de l'atmosphère est totalement vaincue dans ce cas, dit *Haüy* dans son savant Traité de Physique, on a étendu le même nom de *vaporisation* à toute formation de vapeur qui s'opère dans un espace vide d'air : celui *d'évaporation* désigne celle qui s'opère au milieu de l'air.

Auffahren, v. n. monter.

— *Die bergleute fahren auf*, les mineurs montent pour sortir par le puits ; ouvrir les travaux d'une mine, commencer à creuser, agrandir, prolonger les ouvrages.

Auffeilen, v. a. (*t. de serrur.*), limer, polir avec la lime.

Aufgabe, f. question, demande, proposition, problème.

Aufgeben, v. a. (*t. de fond.*), même que Auflaufen et Auftragen, charger de charbons ou de minerai un fourneau de fonderie, jeter dans le feu l'un ou l'autre, faire la charge.

Aufgeber, m. le chargeur, l'ouvrier chargé de jeter le charbon et le minerai dans les hauts fourneaux, de faire la charge.

Aufgebunterzug, m. suite de haldes ou de morceaux de déblais d'anciennes mines sur une même ligne.

Aufgehen, v. n. aller en haut, monter. — *Das wasser gehet in den gruben auf*, l'eau monte dans la mine, les eaux viennent hautes. — *Die vorräthe aüsgehen*, les provisions s'épuisent.

Aufgelassene zeche, mine délaissée, dont les travaux sont en stagnation.

Aufgeld, n. agio, échange ; (*t. de fond.*), certaine retenue ou provision, allouée à celui qui a avancé les frais de fonte.

Aufgeschichtete blätten, (*t. de crist.*), lames de superposition.

Aufgeschwemmte gebürgs arten, roches d'alluvion.

Aufgesetzegebirge, montagnes de superposition ou secondaires; montagnes stratifiées, formées de diverses sortes de roches dont la stratification est bien marquée.

AUFGEWACHSEN, adj. (*t. de crist.*), superposé, en parlant des formes des cristaux et de leur groupement.

AUFGEWAELTIGEN, v.a. (*t. de min.*), ouvrir de nouveau, déblayer, réparer un puits de mine tombé en ruine.

AUFGIESSEN, v. a. verser, épancher, infuser. — subst. *Das aufgiessen*, infusion, action d'infuser, de laisser quelque temps une drogue dans un liquide ; la liqueur où une substance a séjourné.

AUFGIESSER, m. ouvrier qui verse de l'eau sur les barres de fer rouge pendant qu'on les forge.

AUFGIESS LÖFFEL, m. cuiller pour verser de l'eau sur le fer rouge pendant qu'il est forgé.

AUFHAENGEN, v. a. suspendre.—*Stempel in die höhe auf-hangen*, tenir suspendus les pilons du bocard.

AUFHASPELN, v. a. tirer en haut avec un bourriquet ou tourniquet ; monter des fardeaux de dessous terre avec le moulinet, le bourriquet ou tourniquet.

AUFHEBEN, v. a. (*t. de min.*). *Das lohn aüfheben*, retenir la paie d'un mineur, soit par punition, soit pour toute autre cause. — *Aufheben einen alten stollen*, déblayer, rouvrir une ancienne galerie, en enlever les décombres pour la rendre praticable. — *Aufheben*, ancien droit de travail gratuit qui étoit dû au Souverain par chaque exploitation avant l'établissement de la dîme.

AUFKEZERN, v. a. (*t. de min.*), fendre, ouvrir, diviser, séparer la roche avec des coins ; réduire un gros bloc de minerai ou de roche en petits morceaux.

AUFKÜTTEN, v. a. souder sur, mettre dessus avec de la soudure.

AUFKÜTTUNG, f. action de souder sur...

AUFLÄDER, m. *V.* AÜFLAEUFER.

AUFLÄSSIG, adj. abandonné. — *Die zeche ist auflässig geworden*, cette mine a été abandonnée.

AUFLAUFEN, v. n. *V.* AUFGEBEN.

AUFLAEUFER, m. (*t. de min.*), chargeur, ouvrier qui jette le charbon et le minerai dans la chauffe ; le voiturier, le chariotteur ou brouetteur qui amène le minerai, le charbon et autres objets nécessaires à la fonderie.

AUFLEGBRETGEN, planchette d'essai dans les fabriques de cobalt ; planche sur laquelle on fait les épreuves de la couleur bleue, pour régler ensuite, par comparaison avec des teintes déjà taxées, le prix à payer du minerai de cobalt qui l'a fourni.

AUFLÖSBAR, adj. dissoluble. — *Aüflösbar mit aüfbraüsen*, dissoluble avec effervescence.

AUFLOESBARKEIT, f. la dissolubilité, qualité de ce qui est dissoluble.

AUFLOESEND, adj. (*t. de chim.*), résolvant, dissolvant, qui a la vertu de dissoudre, de résoudre.

AUFLÖSLICH, adj. dissoluble, résoluble, soluble, qui

peut être dissous, réductible, qui peut être réduit.

AUFLÖSLICHKEIT, f. solubilité, qualité de ce qui est dissoluble.

AUFLÖSUNG, f. solution, résolution, dissolution, décomposition, analyse ; réduction d'un corps mixte en ses premiers principes.

AUFLÖSUNGSKUNST, f. (t. de chim.), l'art de dissoudre, l'art de faire l'analyse des corps.

AUFLÖSUNGS MITTEL, n. dissolvant ; menstrue ; résolvant, ce qui résout.

AUFLOTHEN, v. a. souder sur...

AUFRAEUMER, m. (t. d'horl.), équarissoir ; verge de fer pour percer le métal.

AUFRECHNUNG, f. (t. de min.), audition solennelle des comptes.

AUFREIBER, m. sorte de vrille, de foret, pour percer les flûtes.

AUFRENNEN, v. n. (t. de fond.). Das auge aufrennen, crever l'œil, faire la percée pour l'écoulement de la matière fondue. Voyez AÜGE.

AUFRITZEN, v. a. érafler, écorcher légèrement.

AUFSATZ, m. (t. de fond.), espace autour d'un haut fourneau à la partie supérieure par où l'on jette le charbon et le minerai pour la fonte.

AUFSÄTZE, f. (t. de font.), buffet d'eau.

AUFSATZRÖHREN, tuyaux de pompe, ou cylindres creux dans lesquels les pistons des pompes ont leur jeu.

AUFSAEUBERN, v. a. (t. de min.), emporter, enlever, trans-

porter de son lieu le minerai et la roche détachée ; débarrasser le lieu de travail.

AUFSAEUBERN, n. et AUFSAEUBERUNG, f. l'action de transporter le minerai et la roche, de débarrasser le lieu de travail.

AUFSCHLACKEN, v. n. se scorifier entièrement, se réduire tout-à-fait en scories.

AUFSCHÄUMEN, v. a. écumer en haut, jeter, pousser de l'écume, lever comme de l'écume. — subst. Das aüfschäumen, le bouillonnement. — Schmelzen unter aüfschäumen, fondre avec bouillonnement.

AUFSCHICHTUNG, f. superposition. — Eine aufschichtung von decreseirenden blätchen, une superposition de lames décroissantes.

AUFSCHLACKUNG, f. scorification entière, complète.

AUFSCHLAG, m. la chute d'eau sur une roue. En Hongrie on nomme aussi aüsfchlag, la première tranchée d'une mine.

AUFSCHLAEGER, m. le chargeur des tonnes dans la mine.

AUFSCHLAGEN, v. a. conduire, faire tomber, faire couler les eaux sur les roues.

AUFSCHLAGEN DES LOHNS, se dit lorsque le maître des journées (Schichtmeister) ne peut pas payer complètement les ouvriers.

AUFSCHLAGE SCHAUFELN, n. aubes ; alichons qui conduisent les eaux sur les roues.

AUFSCHLAGWASSER, n. eau motrice, eau qui fait mouvoir les machines ; l'eau qui tombe, que l'on fait couler sur les roues des machines.

AUFSCHLIESSEN, v. a. ouvrir avec la clef (*t. de min.*). — *Das ertz schliesst sich auf,* la mine s'ouvre, se sépare, se divise. — *Ein feld auschliessen bauen,* ouvrir un champ vierge, l'exploiter. — *Der gang schliesst sich auf,* le filon se fortifie, devient plus régulier, fait voir du minerai.

AUFSCHMELZEN, v. n. se fondre et s'ouvrir ; arrêter, attacher ; faire joindre dessus en fondant, en liquéfiant.

AUFSCHMELZUNG, f. l'action de faire joindre en fondant.

AUFSCHMIEDEN, v. a. souder sur... arrêter, joindre dessus en forgeant.

AUFSCHNEIDER, m. (*t. de min.*), répartiteur, celui qui assortit et numérote les tas auxquels on doit ensuite mettre le prix.

AUFSCHNITT, m. essai de l'eau-forte ; épreuve qui se fait pour s'assurer si elle a le dégré nécessaire pour dissoudre l'argent.

AUFSCHRAUBEN, v. a. visser. *Voyez* ANSCHRAUBEN.

AUFSCHREYEN, v. a. (*t. de min.*), éveiller par des cris ; appeler par des clameurs les mineurs à leurs postes.

AUFSCHROTEN, v. a. (*t. de serrur.*), fendre ou percer avec le poinçon, avec le mandrin qui est un poinçon pour percer le fer à chaud.

AUFSCHROTUNG, f. l'action de percer avec le mandrin.

AUFSCHWEISSEN, v. a. souder un morceau de fer sur un autre.

AUFSCHWEISSUNG, f. l'action de souder deux pièces de fer l'une sur l'autre.

AUFSETZEN, v. a. (*t. de min.*), prendre relâche, interrompre le travail ; heure de repos du mineur ; poser, placer. — *Gerad-aüfgesetz,* posé droit. — *Schief aüfgesetz,* posé obliquement.

AUFSETZER, m. (*t. de fond.*), le chargeur, l'ouvrier qui empile et arrange le bois.

AUFSETZ MAUER, f. mur de charge d'un fourneau.

AUFSETZROHRE, f. tuyau ou canal de bois adopté à l'extrémité d'une pompe, et par lequel les eaux souterraines versent hors de la mine.

AUFSETZÜNG, f. position.

AUFSIEDEN, v. n. bouillir, bouillonner, s'élever par bouillons. — subst. *Das aüfsieden,* effervescence.

AUFSIEDEN, subst. n. ébullition, mouvement d'un liquide qui boue.

AUFSPREITZEN, v. a. ouvrir, écarter, étendre et tenir en état avec des broches de bois, par des traverses.

AUFSTAND, m. rapport fait aux actionnaires sur l'état et les propriétés de la mine.

AUFSTEHEN, v. n. (*t. de min.*). *Der schwaden stehet auf,* la mofette ou moufette s'élève ; (*t. d'affin.*), gonfler, lorsque dans l'opération de l'affinage le plomb cause des boursoufflures dans la coupelle, ou que l'humidité l'a fait tuméfier.

AUFSTEIGE KLAPPE, f. soupape d'ascension.

AUFTHUN, v. a. ouvrir (*t. de min.*). — *Das gestein hat sich*

aufgethan, la roche s'est ouverte, s'est détachée. — *Der
schmale gang thät sich aüf*, le
filon étroit s'élargit, prend de
la puissance.

AUFTHÜRMEN, v. a. entas-
ser, empiler, élever en façon
de tour.

AUFTICFEN, v. a. (*t. de
chaudr.*), étirer, planer, dresser, battre des métaux sur
l'enclume pour les alonger et
étendre.

AUFTIEFHAMMER, m. mar-
teau pour étirer, planer, etc.

AUFTRAGEN (*t. de min.*),
porter en haut la mine et le
charbon; exhausser un puits
de mine ou buse; mettre dessus, mettre l'un sur l'autre.

AUFTRAEGER, celui qui porte
en haut le minerai et le charbon; l'ouvrier qui charge le
fourneau.

AUFTRAGTROG, m. panier
de charge; ustensile de fonderie qui sert à charger le fourneau, à y porter le minerai, le
charbon et le flux.

AUFTRECKEN, v. a. (*t. de
bocard*), sortir la bourbe métallique des fosses, bassins ou
caisses du bocard pour la porter
sur les tables à laver.

AUFTRECKER, m. ouvrier
employé dans les lavoirs de minerai à séparer les sables et la
terre.

AUFTREIBEN, v. a. (*t. de serrur.*), replier en haut une fleur
de fer avec un marteau; relever,
frapper devant (*t. de min.*). —
Einen gang auftreiben, fendre,
détacher un filon.

AUFWALLEN, v. a. bouillir,
bouillonner, s'élever par bouil-

lons. — subst. *Das aüfwallen*,
effervescence.

AUFWEICHEN, v. a. mollir,
mollifier, ramollir, amollir.

AUFWEICHUNG, f. amollis-
sement, action d'amollir.

AUFZIEHEN, v. a. tirer en
haut; (*t. d'orfèv.*), emboutir.

AUFZIEHHAMMER, m. mar-
teau à emboutir.

AUFZIEHWINDE, f. machine
à élever les fardeaux, comme
une poulie, un guindeau, etc.

AUFZWECKEN, v. a. arrêter,
attacher sur . . . . avec de la
broquette, *mit zwecken*.

AUFZWECKUNG, f. l'action
d'attacher dessus avec des broquettes.

AUGE, n. œil, (*t. de fond.*),
le trou, l'ouverture par laquelle
la matière fondue s'écoule dans
le bassin de l'avant-foyer du
fourneau. Celle par laquelle les
laitiers sortent se nomme *chio*.
— *Das auge aus-stossen*, nettoyer l'œil ou trou d'un fourneau de fonte. — *Das aüge
aufrennen*, crever l'œil, faire
la percée pour la coulée de la
matière.

AUGEN - ACHAT, m. agate-
œilée.

AUGEN - EISEN, n. poinçon
de fonderie, morceau de fer à
percer. *Voyez* STECHEISEN.

AUGENGLAS, n. lunette,
verre monté et taillé de manière
à soulager la vue et à rendre la
vision plus distincte.

AUGENHOLZ, n. PARADIES-
HOLZ, bois de l'œil; pièce de bois
pour percer ou ouvrir l'œil du
fourneau.

AUGENNICHT, n. spode ou

tutie ; espèce de suie formée de zinc oxidé.

AUGENSALZ, sel transparent.

AUGENSCHEIN , m. (t. de min.). Auf augenscheinfahren , descendre dans le puits d'une mine, sur les travaux de mine, pour en faire la visite , pour en constater l'état.

AUGENSTEIN , m. Ce nom a été donné au zinc pur, au vitriol, et au quartz agate chatoyant, dit œil de chat.

AUGIG , adj. Quelques mineurs se servent de cette expression pour désigner une substance bulleuse ou criblée.

AUGIT , augite ; volcanite de Lametherie, pyroxène d'Haüy; minéral d'un vert plus ou moins foncé, que l'on trouve quelquefois en fragmens arrondis et en grains, souvent cristallisé, et en général d'un petit volume; il est abondant dans les produits volcaniques, quoique , suivant un grand nombre de minéralogistes, il ne soit pas l'ouvrage du feu , ainsi que l'indique le nom de pyroxène (étranger au feu). Cette espèce a des rapports avec la horn - blende basaltique et l'olivine , c'est - à - dire avec l'amphibole et le péridot. Sa forme cristalline la plus ordinaire est un prisme court comprimé à six ou huit pans, terminé par deux faces obliques.

AUGLEIN-SILBER, n. argent en paillettes disséminées dans la gangue.

AURIPIGMENT , orpiment ; arsenic sulfuré d'un jaune citrin luisant : substance d'un grand usage dans la peinture.

AURUM GRAPHICUM. Voyez SCHRIFTERZ.

AURUM PARADOXUM et PROBLEMATICUM. V. GEDIEGENE TELLÜR.

AÜSATHMÜNG, f. (t. de phys.), expiration , action de rendre l'air qu'on avoit aspiré.

AÜSBAUCHEN , v. a. battre les métaux pour les étendre et leur donner une forme de ventre.

AUSBEÜTE, f. le produit net de la mine, le gain, le profit, le bénéfice ou dividende, toutes dépenses prélevées.—Ausbeüte schliessen , régler le dividende. —Ausbeüte heben, percevoir le dividende, le profit, ou sa part dans le bénéfice d'une mine.

AUSBEÜTE-BOGEN , (t. de min.), Ausbeute zettel, feuille énonçant le montant du dividende ou de la portion de bénéfice avenante par action et pour chaque trimestre.

AUSBEÜTE-THALER , m. écu de bénéfice, écu de gain ; au Hartz il vaut 48 mariengroschen , un peu moins de 6 livres de France.

AUSBEÜTE-ZECHE ou AUSBEÜTE-GRUBE , mine en bénéfice.

AUSBEUTE - ZETTEL. Voyez AUSBEUTE-BOGEN.

AUSBLASEN, v. a. (t. de fond. et de forg.) , arrêter le travail d'un haut fourneau, suspendre l'action des soufflets. — Den ofen ausblasen , refroidir le fourneau après la fonte avec le vent des soufflets; finir tout-à-fait le travail du fourneau.

AUSBRECHEN ou AUSLENCKEN , (t. de min.), poursuivre

plus loin l'exploitation d'un filon.—(*t.de fond.*), *Ausbrechen,*
sortir du feu le fer recuit, le
tirer hors du fourneau; briser,
défaire, mettre à bas l'âtre ou
foyer de cendre du fourneau de
coupelle après l'affinage.

AUSBRENNEN, v. a. employer
le feu pour faire une ouverture
dans la mine, pour faire éclater
la roche; cesser de fondre dans
les chauffes. — v. n. Brûler
jusqu'au fond, être consumé entièrement; décrépiter, faire
calciner un corps jusqu'à ce
qu'il ne pétille plus.

AUSBRINGEN, v. a. (*t. de
min.*), transporter le minerai
au dehors; produire, rapporter. — *Das ausbringen,* le produit, le rapport d'une mine,
soit en minerai, soit en argent.

AÜSBRÖDUNG ou AÜSBRÖD-
NUNG. *Voy.* AUSWITTERUNG.

AUSBRUCH, m. éruption;
toute sortie prompte et accompagnée d'efforts.

AUSBÜCHSEN, v. a. (*t. d'arts
méc.*), fourrer, garnir un creux
avec un large anneau.

AUSBÜHNEN, v. a. (*t. de
min.*), cuveler un puits de
mine.

AUSBÜHNUNG, f. cuvelage.

AUSDEHNBARKEIT, f. ex-
tensibilité, dilatabilité, expansibilité.

AUSDEHNLICH, adj. expan-
sible, extensible.

AUSDEHNUNG, f. extension,
expension, augmentation de
longueur, alongement, dilatabilité, dilatation; étendue, am-
pleur, grandeur. — *Die grosse
aüsdehnüng der krystallen,* la
grandeur absolue des cristaux,

c'est-à-dire la mesure prise suivant la dimension principale.

AUSEINANDER FAHREN, n.
divergence.—*Das aus einander
fahren der strahlen,* la divergence des rayons.

AUSEISEN, n. (*t. de fond.*),
fer à long manche pour percer
dans le fourneau de fusion.

AUSFAHREN, v. a. cesser de
travailler, sortir de la mine. —
— *Die bergleute fahren aus
und ein,* les mineurs descendent
dans les mines et en sortent.

AUSFEILEN, v. a. amenuiser
avec la lime, creuser avec la
lime.

AUSFEIERN, v. a. (*t. de
min.*), chômer, n'avoir point
à travailler.—*Die voche ausfeiern,* chômer la semaine, n'a-
voir pas à travailler le reste de
la semaine par punition.

AUSFEILÜNG, f. l'action de
creuser, de polir avec la lime.

AUSFIEDERN, v. a. remplir
de coins de fer les fentes de la
roche pour la faire éclater.

AUSFLIESSEN, v. n. couler
hors, s'écouler, se décharger,
émaner, rayonner.

AUSFLUSS, m. écoulement,
mouvement; mouvement et
cours d'une chose liquide, sa
décharge; l'ouverture qui sert de
décharge à l'eau; (*t. de phys.*),
émanation. — *Der ausfluss
der lichtes,* l'émanation de la
lumière. — *Der ausfluss der
electrischen materie,* l'affluence
de la matière électrique.

AUSFÖRDERN, v. a. (*t. de
min.*), extraire, tirer du sein
de la terre. — *Erze gesteine
ausfördern,* tirer des minerais,
des roches du sein de la terre.

AUSFÜHREN, v. a. (*t. de min.*), transporter, rapporter quelque chose avec soi en sortant de la mine.

AUSFÜHRLICHKEIT, f. détail, développement.

AUSGEHAUENESFELD (*t. de min.*), terrain entièrement exploité, mine vidée, épuisée.

AUSGEHEN DES GANGES, tête ou partie supérieure d'un filon qui se présente sous la terre végétale et dans la roche ; le chapeau, la partie la plus voisine de la surface.

AUSGEHÖHLTE AN DEN ENDEN (*t. de min.*), creux à l'extrémité en parlant de certains cristaux, par exemple de la mine de plomb verte de la croix (plomb phosphaté).

AUSGELAUGT (*t. de chim.*), lixiviel. — *Ausgelaugtes salz*, sel lixiviel, sel alcali tiré par la lixiviation. *V.* AUSLAUGEN.

AUSGEPAUSCHTE SCHLACKEN, scories inutiles et qui ont déjà servi d'addition à la fonte du minerai.

AUSGEZIMMERTER SCHACT, puits entièrement boisé.

AUSGIESS BLECH. *V.* AUSGÜSS BLECH.

AUSGIESSEN, v. a. verser, répandre, épancher, faire écouler. — *Das feuer, eine flamme, mit wasser ausgiessen*, verser de l'eau sur le feu, sur une flamme ; éteindre le feu, une flamme, avec de l'eau, en jetant, en épanchant de l'eau dessus.

AUSGLÜHEN ou AUSGLÜEN, v. a. recuire, remettre au feu, faire bien rougir les métaux pour leur donner plus de solidité. — *Eisen, stahl, kupfer,*

ausglühen, recuire du fer, de l'acier, du cuivre. — *Das ausglühen*, distillation.

AUSGLÜHTOFF, m. cloche de distillation.

AUSGLÜHUNG, f. recuit, recuite ; ignition.

AUSGUSS, m. effusion ; tuyau de dégorgement d'une pompe ; l'action de verser, soit d'un vase dans un autre, soit sur la terre ; la chose versée ; (*t. de fond.*), lingotière.

AUSGUSSBLECH (*t. de fond.*), plaque ou table de cuivre ou de fonte avec des creux dans lesquels l'essayeur verse les métaux fondus.

AUSGUSS RÖHRE, f. tuyau de déchargement ; tuyau extrême d'une machine hydraulique.

AUSHACKER, n, emporte-pièce ; fer à découper les étoffes.

AUSHALTEN, v. a. conserver, mettre à part. — *Ein stufe aushalten*, mettre à part, réserver un minerai de choix.

AUSHAUEN, v. a. (*t. de min.*), exploiter, détacher le minerai d'un filon. — *Ein ausgehauenes fèld*, un terrain entièrement exploité ; couper, enlever quelques portions d'un métal pour en faire l'essai.

AUSHAUER, m. outil à emporter quelque pièce de l'argent pour en connoître le titre.

AUSHEBENSPAN, m. (*t. d'imp.*), réglette, règle de bois, qui en imprimerie sert à divers usages.

AUSHIEB, m. (*t. d'affin.*), pièce, morceau, que l'essayeur de l'argent coupe pour essai.

AUSHIEBMEISSEL. *V.* AUSHAUER.

AUSHÖHLEN, v. a. (*t. de*

lapid.), creuser par dessous ; évider ; chever. — *Die grenaten aushöhlen*, chever les grenats. — *Ausgehölter rhombus*, rhombe évidé.

Auskaufen, v. n. (*t. de min.*), acheter un emplacement pour une construction, soit de fonderie, soit de bocard, soit toute autre nécessaire à une exploitation, au prix de la taxe porté par l'ordonnance des mines.

Auskeilen, (*t. de min.*). *Sich auskeilen*, se terminer, aboutir en forme de coin et disparoître. — *Der gang keilet sich aus*, ou bien, *Der gang keilet den berg aus*, le filon se termine, se perd, disparoît, finit. — *Er ist ausgekeilet*, il est fini.

Auskellen, v. a. (*t. de fond.*), puiser avec la cuiller.

Auskernen, v. a. (*t. de min.*), trier, choisir ce qu'il y a de meilleur. — *Erzauskernen*, séparer, mettre à part le meilleur minerai ; quintescencier, tirer la quintescence.

Auskesseln, v. a. séparer, donner la forme de chaudron; les mineurs disent : *Ein ort welcher sich ausgekessell hall*, un endroit qui s'est éboulé et enfoncé en forme de chaudron. — *Das auskesseln*, l'éboulement, l'enfoncement sous forme de chaudron.

Ausketzern, v. a. (*t. de min.*), faire des fentes, des ouvertures dans la roche, pour y introduire des coins.

Ausklauben, v. a. trier, séparer, éplucher. — *Die*

ertze ausklauben, trier, choisir le minerai.

Auskleinen, v. a. (*t. de min.*), réduire le minerai en petits morceaux ; chercher sur les haldes, parmi les déblais et dans les déchets, les petites portions de minerai qui peuvent y être restées.

Ausklopfen, v. a. (*t. de min.*), battre, frapper pour annoncer la fin du travail.

Ausladen, v. a. (*t. de min.*), remplir. — *Eine strecke oder weirtung aüsladen*, remplir de déblais un lieu ou un espace qui vient d'être exploité, afin de maintenir la solidité dans les fosses. — *Das ausladen*, remplissage.

Ausläder, m. (*t. de phys.*), déchargeur, excitateur ; instrument de métal garni de deux poignées en verre, et qui sert à décharger un appareil électrique sans recevoir la commotion.

Ausladpfäfhle, soliveaux, petites solives de garnissage.

Ausländisch, adj. étranger. — *Ausländische gewerken*, actionnaires ou associés étrangers.

Auslängen, v. a. *V.* Auslencken.

Auslassen, v. a. (*t. de fond.*). *Den ofen auslassen*, cesser de fondre, discontinuer la fonte.

Auslauf (*t. de salines*), le profit, le revenu des salines ; (*t. de min.*), la brouettée, la charge qu'un brouetteur peut charrier, soit avec la brouette, soit avec le chien (*hünd*).

Auslaufen, v. n. (*t. de min*), tirer, transporter hors des mines les matières extraites.

— *Das auslaufen*, transport du minerai hors de la mine.

AUSLAUFSSEILE, n. (*t de min.*), bretelles de mineurs ; courroies pour aider à traîner les petits chariots de mine appelés chiens (*hund*).

AUSLAUGEN, v. a. (*t. de chim.*), tirer par la lixiviation, par le lavage des cendres. — *Salz auslaugen*, tirer des sels alcalis par la lixiviation ; laver les cendres pour en tirer des sels alcalis. — *Ausgelaugte asche*, cendres lavées, cendres desquelles on a tirés des sels alcalis. — *Kupfer auslaugen*, laver le cuivre.

AUSLAUGUNG, f. lixiviation, lavage des cendres.

AUSLAUSEN, v.a. (*t.de min.*), percer des trous , des mortaises dans les solives des charpentes souterraines pour y en mortaiser les traverses. — *Aüslaüsen*, remplir les mortaises ou trous inutiles dans une solive qui peut encore servir; débrouiller les chaînons emmêlés d'une chaîne.

AUSLENKEN, v. n. (*t. de min.*), creuser, percer à côté ou plus en avant , travailler en longeant le filon ou en le traversant obliquement.

AUSLOCHEN, v. a. (*t. de min.*). *Erze auslochen*, tirer des mines de la superficie ; extraire le minerai qui se trouve vers la surface du terrain , tout au-dessous de la terre; (*t. de charpent.*), enlasser, percer un trou avec le lacerat au travers des tenons et mortaises.

AUSLOCHUNG, f. même que DAS AUSLOCHEN.

AUSLOHNEN, v. a. donner le salaire aux mineurs, les payer, les solder.

AUSLÖSCHEN, v. a. éteindre. — *Das schmelzfeuer aus löschen lassen*, laisser éteindre le feu d'un fourneau de fonte ; effacer, rayer ; ôter l'empreinte, la figure d'une chose.

AUSMESSEN, v.a.(*t. de min.*), trouver par le mesurage de son terrain qu'un concessionnaire voisin anticipe.

AUSMESSER, m. niveleur.

AUSMESSUNG, f. toisé, mesurage à la toise.

AUSMESSUNGSKUNST, f. (*t. de math.*), le toisé; l'art de mesurer les surfaces et les solides.

AUSMÜNZEN, v. a. monnoyer , faire de la monnoie, mélanger l'argent fin avec la quantité de cuivre que la loi prescrit.— *Schlechtes geld ausmünzen*, altérer les monnoies.

AUSMÜNZUNG, f. monnoyage, fabrication de la monnoie.

AUSPAUSCHEN, v. a. (*t. de métall.*), réduire en petits morceaux , écraser, briser. On dit aussi des scories dont on a tiré tout le bon, *sind ausgepauschte schlacken*.

AUSPFANDEN, v. a. (*t. de min.*), rapetasser, réparer les charpentes souterraines.

AUSPFÜTZEN, v. a. (*t. de min.*), tirer, puiser les eaux qui sont près de la terre.

AUSPFÜTZUNG, f. action de puiser , de tirer les eaux.

AUSPLATZEN, v.n.(*t.de min.*), rejaillir, être repoussé, rebondir. — *Auf dem festen gesteine platzen die bergeisen aus*, les fers rejaillissent , sont repoussés sur les roches dures. — *Das eizen platzet aus* , le fer , l'outil rebondit sans entamer.

Auspochen , v. a. casser , briser , bocarder le minerai.

Auspraegen , v. a. empreindre, donner l'empreinte. —*Gold , silber , auspraegen* , donner l'empreinte à l'or , à l'argent , marquer au coin de l'or, de l'argent, monnoyer de l'or, de l'argent. — *Das bildniss ist auf dieser münze nicht gut ausgepraeget* , l'effigie n'est pas bien empreinte sur cette monnoie.

Auspuchen , *V.* Ausklopfen.

Auspumpen, v. a. pomper, tirer , élever avec une pompe. — *Wasser auspumpen* , élever, tirer de l'eau avec une pompe.

Auspumpung, f. l'action de pomper.

Ausraeden , Ausraiden , Ausrädeln , Ausrädern , Ausreitern , tous ces mots signifient la même chose que Aussieben , qui veut dire cribler , séparer , faire sortir par le crible , passer le minerai au crible pour en séparer les parties non métalliques.

Ausraeumen , v. a. (*t. d'art.*). *Ein loch ausraeumen,* équarrir , croître , agrandir , aléser un trou.

Ausraeumung, f. l'action d'équarrir, d'aléser un trou.

Ausrichten , v. a. (*t. de min.*) *Einen gang ausrichten* , découvrir de nouveau , retrouver un filon qui avoit changé de direction et paroissoit perdu ;

dégager , rendre libre une tonne ou un seau arrêté ou gêné dans le puits d'extraction.

Ausrichter , m. (*t. de min.*), l'inventeur, le découvreur d'un filon métallique changé de direction , celui qui l'a retrouvé ; l'ouvrier qui dirige la corde lorsqu'on tire les seaux ou cuves de la mine , et qui soigne spécialement la machine d'extraction.

Ausrüfen , v. n. faire une criée, une proclamation, publier à haute voix.

Ausscheiden , v. a. séparer, détacher. —*Die erze werden ausgescheidet im bergbaue* , les minerais sont séparés d'avec les roches sur les travaux mêmes.

Ausschlacken , v. a. séparer, éloigner, ôter les scories, la crasse, le laitier des minéraux fondus.

Ausschlackung , f. séparation du laitier, etc.; éloignement des scories.

Ausschläge , m. minerai de choix et trié comme le plus riche. — *Aüsschlage* ou *aüsschläg* , cendres lessivées.

Ausschlagen , v. a. *Die erze auschlagen* , casser , briser le minerai , le réduire en morceaux pour le séparer d'avec les roches , d'avec sa gangue. —(*t. de min.*). *Die schröttlinge ausschlagen* , flatir les carreaux, les flans ; les battre avec le flatoir. — (*t. de charp.*) *Einen baum ausschlagen,* ébaucher , dégrossir une pièce de bois.—*Bäume, holz, in einem wald auschlagen,* abattre, couper des arbres, du bois dans une forêt.

AUSSCHLAG FÄUSTEL , m. gros marteau pour briser la roche , aussi pour rompre les amas de matiéres qui causent des obstructions dans les fourneaux.

AUSSCHLAEGER , m. le briseur , le casseur au marteau : ouvrier de bocard.

AUSSCHLAGSTEIGER , m. (*t. de min.*) , surveillant des briseurs , maître ouvrier qui dirige et surveille le travail des briseurs, qui sont des enfans ou des vieillards.

AUSSCHLIESSUNG , f. exclusion, élimination.—*Aüsschliessüngs méthode* , méthode d'élimination.

AUSSCHMELZEN, v. a. fondre, faire fondre. — *Die erze , steine ausschmëlzen* , fondre des minéraux , des roches , en tirer quelques substances par la fusion. — v. n. se fondre , se liquéfier. — *Das bley hat ausgeschmolzen* , le plomb s'est tout fondu , s'est entièrement liquéfié ; affiner.

AUSSCHMELZUNG , f. *Das ausschmelzen* , fusion , fonte , liquéfaction ; action de fondre , de purifier par la fonte.

AUSSCHMIEDEN , v. a. forger convenablement, suffisamment. — *Das eisen ist nicht recht ausgeschmiedet* , ce fer n'a pas été bien forgé , assez battu.

AUSSCHÖPFEN , v. a. puiser avec une cuiller une matière en fusion. — *Die ausschopfung ,* l'action de puiser.

AUSSCHÖPFF-KELLE , f. la cuillère ou cuiller à puiser.

AUSSCHRAMM, m. lisière d'un filon , couche d'argile ou autre substance terreuse peu dure , qui isole ou détache un filon de la roche environnante. On dit aussi *besteg.*

AUSSCHUHEN , v. a. (*t. de min.*) , déchausser le piston d'une pompe dans les machines hydrauliques , lui enlever la rondelle de cuir qui en garnit la partie supérieure.

AUSSCHÜREN , v. a. sortir les crasses et autres matières inutiles d'un fourneau de fusion.

AUSSCHÜRFEN , v. a. miner, creuser, fouiller. — *Der gang ausschürfen* , fouiller , mettre le filon à découvert par des fouilles faites à la superficie.

AUSSCHÜRFUNG , f. l'action de fouiller.

AUSSCHWEISSEN , v. a (*t. de forger.*). *Das eisen ausschweissen* , corroyer le fer , le battre à chaud lorsqu'il est prêt à fondre. — *Ein métal kalt ausschweissen* , écrouir un métal , le battre à froid pour lui donner du ressort.

AUSSCHWEISZUNG, f. écrouissement et action de bien corroyer le fer, de le bien battre lorsqu'il va fondre.

AUSSEIGERN , v. a. affiner , fondre. — *Das kupfer ausseigern* , affiner , fondre le cuivre.

AUSSEIGERUNG , f. affinage ; l'action d'affiner, de purifier les métaux par le feu.

AUSSÈRE , n. (*t. de min.*) , l'extérieur du terrain. Pour les mineurs, l'aspect extérieur d'un terrain n'est pas indifférent ; ils ont divers axiomes qui conseillent de chercher son bonheur dans les montagnes à pentes douces et aplaties par le sommet, et jamais dans celles trop escarpées.

AUSSERORDENTLICHSCHARF, adj. (*t. de crist.*), hypéroxyde, c'est-à-dire aigu à l'excès : se dit d'une variété de chaux carbonatée qui renferme la combinaison de deux rhomboïdes, l'un aigu, qui est l'inverse, l'autre incomparablement plus aigu encore.

AUSSETZEN, v. a. (*t. de min.*), porter sur la halde ; choisir le minerai.

AUSSICHT, f. (*t. d'archit.*), scénographie ; représentation en perspective d'un objet projeté sur un plan horizontal.

AUSSIEBEN, v. a. *Voyez* AUSRÄDEN.

AUSSIEBUNG, (*t. de chim.*), cribration.

AUSSIEDEN, v. a. (*t. d'orfèv.*). *Silber, münnzen aussieden,* blanchir de l'argent, de la monnoie d'argent.

AUSSIEDUNG, f. blanchîment de l'argent, de la monnoie d'argent.

AUSSIEKERN, v. n. distiller, transsuder, suinter, tomber goutte à goutte, à très-petites gouttes.

AUSSIEKERUNG, f. l'action de s'écouler à très-petites gouttes.

AUSSPRINGEND, adj. saillant, qui avance, qui sort en dehors. —*Aüsspringende ecke,* angle saillant.

AUSSPROSSEN, v. a. pousser des rejetons ou des bourgeons. —*Das silber sprosset im feuer aus,* l'argent pousse des pointes dans le feu, conserve des petits grains qui ne veulent pas fondre. — *Wenn man heisse zinn-*

schlacken *in kaltes wasser wirft sprossen kleine zinnzacken aus,* quand on jette dans de l'eau froide des scories chaudes d'étain ou de plomb elles poussent des pointes, il se forme des pointes de plomb.

AUSSPÜNDEN, v. a. revêtir le dedans de grosses planches. — *Der brünen ist ausgespündet,* l'intérieur du puits est revêtu de planches.

AUSSPÜNDUNG, f. revêtement intérieur de grosses planches.

AUSSTACKEN, v. a. (*t. de charp.*), garnir de pièces courtes de bois l'espace qui est entre deux entretoises ou solives.

AUSSTACKUNG, f. garniture de pièces de bois, etc.

AUSSTÄMMEN, v. a. (*t. de charp. et de menuis.*), emporter, enlever ou percer ; creuser avec une gouge (*mit dem stamm-eisen*).

AUSSTOSSEN, v. a. (*t. de fond.*). *Die vorwand ausstossen,* détruire le mur d'un fourneau après la fonte.

AUSSTREICHEN, v. a. (*t. de min.*). *Der gang streicht zu tag aus,* le filon se termine, aboutit ou répond à la superficie de la terre (*t. de fond.*). — *Die falten auf dem heerd ausstreichen,* aplanir l'âtre d'un fourneau, le rendre égal, en rabattre les plissures.

AUSSTREICHEN, n. *Das ausstreichen des ganges,* le terme, l'issue du filon.

AUSSTRICH, m. (*t. de min.*), gravier ou sable mêlé de minerai que l'eau a déposé sur le rivage lors d'un débordement.

AUSSTRICHHOLZ, n. (*t. de*

fond.), bois dont on se sert pour aplanir , rendre uni l'âtre du foyer d'un fourneau d'affinage.

AUSSTÜCKELN, v. a. (*t. de monn.*), tailler des flans, des petites pièces rondes pour en faire de la monnoie.

AUSSTÜRZEN , v. a. (*t. de min.*). *Den kübel ausstürzen ,* vider la tonne, la tine ou le seau; combler un puits devenu inutile.

AUSSTÜRZER , m. (*t. de min.*), ouvrier qui vide le seau ou tonne de minerai.

AUSSÜSSEN, v. a. (*t. de chim.*), édulcorer , verser de l'eau sur des corps en poudre pour en enlever les parties salines.

AUSSÜSSUNG, f. édulcoration, l'action d'édulcorer.

AUSTER, f. huître; coquille bivalve irrégulière, adhérente , inéquivalve ; charnière sans dents ; une fossette oblongue , sillonnée en travers, donnant attache au ligament.

AUSTERSTEIN , m. ostracite; huître fossile.

AUSTHEILER , m. (*t. de min.*), distributeur, répartiteur, l'officier des mines chargé de la répartition des dividendes aux actionnaires.

AUSTHEILERBOGEN. *Voyez* AÜSBEÜTEBOGEN.

AUSTONNEN , v. a. *Einen schacht austonnen ,* cuveler , revêtir de planches l'intérieur d'un puits , d'une bure.

AUSTONNUNG , f. cuvelage , revêtissement d'un puits en planches.

AUSTRAG - LÖCHER , plur. trous, ouvertures pour le passage du minerai bocardé dans les bassins destinés à le recevoir.

AUSTRAG - STEMPEL , m. le pileur de fin dans les bocards.

AUSTRAL - SAND , m. sable que quelques chimistes ont cru contenir une terre nouvelle , mais que *Klaproth* a prouvé n'être qu'un mélange de silice , d'alumine et de fer.

AUSTREIBEN , v. a. (*t. de min.*), expulser, faire déguerpir un concessionnaire qui prend plus de terrain que son titre ne porte , ou qui anticipe sur le voisin.

AUSWAERMEN , v. a. chauffer entièrement. — *Das eisen , das kupfer auswaermen,* recuire le fer, le cuivre.

AUSWAERM-OFEN , fourneau à échauffer, à recuire les tourteaux de cuivre.

AUSWAERMER , m. ouvrier qui recuit le fer.

AUSWAERMUNG , f. ou DAS AUSWAERMEN, recuit, recuite. — *Auswaermen des eisens ,* action de recuire le fer.

AUSWARMZANGE, f. tenailles qui servent à manier les tourteaux de cuivre dans les ateliers de ressuage.

AUSWAERTIGE REFIER ou REVIER , n. canton étranger ; district qui ne fait pas partie de l'arrondissement des mines.

AUSWASCHEN , v. a. (*t. de chim.*), tirer par la lotion.

AUSWECHSELN, v. a. échanger (*t. de min.*). — *Einen schacht auswechseln,* cuveler de nouveau un puits de mine, en changer les planches pour en mettre de neuves. — *Holz auswechseln ,* changer la charpente, la renouveler.

Auswittern, v. n. (*t. de min.*), décomposer, résoudre, dissiper.—*An der luft wittern die erze aus*, les minerais s'effleurissent, se décomposent à l'air; l'air décompose, résout, fait tomber en poussière les minéraux, il en tire les meilleurs principes. — *Das auswittern*, et aussi *auswitterung*, résolution, altération des minéraux par l'air.

Auswitterung, f. feux follets, exhalaisons enflammées; décomposition du minerai, son altération par l'action de l'air.

Auswuchs, f. germination, bosse, excroissance, extension.

Auswurf, m. (*t. de bocard.*), qui exprime certaine disposition, soit des pilons, soit du crible; déjection. — *Die vulcanische aüswürfe*, les déjections volcaniques.

Auszacken, **auszaeken** ou **auszackern**, taillarder, découper en faisant des taillades; couper avec art, déchiqueter.

Auszackung, f. déchiqueture, découpure.

Ausziehen, v. a. tirer, extraire; (*t. de chim.*), extraire, tirer par voie de distillation ou autrement.

Ausziehen, n. et **Ausziehung**, f. (*t. de chim.*), extraction.

Ausziehen et **Ausstossen**, deux termes qui expriment deux manières d'opérations dans le lavage du minerai, relativement à la qualité du *schlich*; disperser, remuer, étendre avec un ratissoire le minerai sur les tables à laver pour que l'eau puisse

plus facilement entraîner les parties terreuses et inutiles.

Ausziehküste, f. le ratissoire, le rateau ou rable pour étendre et agiter le minerai sur les tables à laver.

Auszimmern, v. a. (*t. de min.*), cuveler, revêtir de charpente l'intérieur des puits qui descendent dans les mines. — *Der schacht ist ausgezimmert*, le puits, la bure est revêtue de charpente, est cuvelée.

Auszimmerung, f. cuvelage, revêtement de charpente.

Auszug, m. extrait, précis, sommaire.

Automalith, automalite; minéral trouvé depuis peu par M. *Gahn* à Fahlun en Suède, sous la forme de cristaux octaèdres, d'un vert noirâtre dans le talc chlorite fissile: ces cristaux sont infusibles au chalumeau, et n'ont que la dureté suffisante pour rayer le quartz, ce qui les exclut de l'espèce du corindon. M. *Brongnart* est le premier qui ait classé cette substance; il l'a rapportée au genre *zinc* à raison de la grande quantité de zinc oxidé qu'en a retiré M. *Vauquelin*, et lui a donné le nom de zinc gahnite; d'autres savans la rangent parmi les variétés du spinelle.

Autopsie, autopsie, évidence, démonstration oculaire. — *Ich kenne nicht dieses mineral durch autopsie*, je ne connois pas ce minéral par autopsie, c'est-à-dire de vue, ou pour l'avoir vu.

Awanturin - spath, m. aventurine spathique; c'est le feldspath aventuriné parsemé de points jaunâtres et brillans sur un fond incarnat, ou de points blanchâtres sur un fond vert. On nomme aussi aventurine un quartz hyalin aventuriné, d'une couleur rouge ou grise, verdâtre, noirâtre, etc., brillante par des reflets, soit jaunâtres, soit argentins, causés par des parcelles très-minces de quartz pur disséminées dans la masse.

Axe. *Voyez* Achse.

Axenneigung. *V.* Achsenneigung.

Axinit, axinite, substance qui a d'abord porté le nom de schorl violet, quoiqu'il y en

ait aussi de verte et de blanchâtre ; celui d'axinite lui a été donné par *Haüy*, parce que ses cristaux présentent la forme d'un tranchant de hache; ce sont des rhomboïdes très-aplatis, souvent transparens et presque toujours translucides.

Axt, f. hache, cognée. — *Eine kleine axt*, hachette.

Azur, m. azur. — *Azurblau*, bleu d'azur, outre-mer, couleur bleue d'une grande intensité retirée du lazulite. *Voy.* Lazurstein.

Azurstein, m. même que Lazurstein, etc., pierre d'azur, lazulite. *Voyez* Lazurstein.

B   BAD

Babbagaurische erde, terre babbagaurique (*babbagarum*), sorte de terre verte fort estimée des anciens qui en faisoient des vases d'ornement.

Bach, m. ruisseau, courant d'eau trop foible pour former une rivière.

Bachstelstein, m. pierre de bergeronnette ; sorte de chlorite vert de pré, que l'on dit avoir été trouvée dans l'estomac de l'oiseau connu sous le nom de bergeronnette ou bergerette.

Backen, m. joue (*t. de fond.*) ; les rebords de la brasque autour de l'âtre du fourneau de fusion ; les rebords de la voie pratiquée pour l'écoulement du laitier ; les côtés ou rebords du

canal en bois qui verse l'eau immédiatement sur les roues d'une machine.

Backenhacken, m. (*t. de menuis.*), crochet à mâchoires.

Backensteicke, plur. (*t. de fond.*), les murs de côté d'un haut fourneau.

Backofenstein, m. On donne ce nom dans le pays de Trèves au tuf volcanique appelé pierre de trass.

Backstein. *Voyez* Ziegel.

Bad, n. bain (*t. de chim.*). — *Das dampf-sand-bad*, le bain de sable, le bain de vapeurs. — *Distillation im marien-bade*, distillation au bain marie, c'est-à-dire par le moyen de l'eau bouillante.

BADEFAUM, BADE-SCHAUM, BADESTEIN, BADE TUFF, pierre de bain ; concrétion pierreuse qui se forme dans les eaux de bains chauds.

BADENISCHE WÜRFEL, dez Badois ou de Bade, fossiles en forme de petits cubes isolés que l'on trouve à Bade, et que plusieurs auteurs qualifient ostéolites.

BÄELGE ou BLASE BAELGE, soufflets à souffler, à porter de l'air, du vent, soit dans les fourneaux de forge et d'autres usines, soit dans les travaux de mine. — *Bälge abhaengen oder abschützen*, suspendre ou arrêter le vent des soufflets, faire cesser les soufflets. — *Der balg versetzt sich*, le soufflet se bouche, se ferme.

BAEUTZE, ou BEIZE, préparation de vinaigre que l'on verse comme mordant sur les plaques de métal à étamer. *Voyez* BEITZE.

BAHN, f. chemin battu ; la trace, la voie que marque le fil que l'on passe sur un cylindre ; la rainure, la voie que l'on fait suivre à la brouette ou au petit chariot dans les mines. — (*t. d'ouv.*), *Die bahn des hammers*, la panne du marteau, la partie du marteau opposée au gros bout. — *Die bahn des ambosses*, la masse plate, unie de l'enclume. — *Die bahn an einer axt, am beile*, la face du côté du fil, du tranchant, d'une hache, d'une cognée ; le biseau, ce qui est coupé en talus sur le dos de quelque instrument tranchant, ou sur les bords d'une glace, d'une pierre fine, etc.

BAHNENSCHLAEGEL, m. grand marteau propre à réparer, à raccommoder la panne du marteau à forger.

BAHNIG, adj. uni, ce qui a les surfaces plates, unies. — *Bahnige zinngraupen*, grains d'étain plats, unis, cristaux d'étain.

BÄHUNG, f. fomentation, étuvement, fumigation.

BAIKALIT, baïcalite, minéral qui tire sa dénomination du lac Baïkal, près duquel il a été trouvé en Sibérie ; il est formé de cristaux blanchâtres en aiguilles fasciculées, engagées dans une chaux carbonatée granuleuse. *Haüy* l'a classé parmi les grammatites, sous le nom de grammatite aciculaire en aiguilles fasciculées. *Voyez* les mots GRAMMATITE et TRÉMOLITE.

BAITZE. *Voyez* BEITZE.

BALANITEN, plur. balanites ; fossiles, vulgairement glands de mer ; coquille multivalve conique, fixée par sa base et composée de six valves articulées triangulaires, dont les bases se touchent, et dont les sommets sont écartés ; l'intervalle rempli par un test de nature semblable, mais de contexture différente de celui des valves.

BALEARISCHE ERDE, f. terre des îles Baléares ; sorte de terre que *Pline* a dit provenir de cadavres de serpens.

BALCKEN, m. poutre, solive. — *Der balcken an der waage*, le fléau de la balance. — *Kleiner balcken*, poutrelle, petite poutre.

BALCKENSCHLEUSE, f. écluse formée de solives.

BALG ou BALGENSCHWEN-GEL, la bascule du soufflet.

BALGENARME, les bras des soufflets.

BALGENBRETTER, planches qui composent les soufflets.

BALGGERÜSTE, n. tréteau de soufflets ; charpente qui supporte les soufflets, le pied des soufflets.

BALGKOPF, n. et BALGHAUPT, n. tête ou têtière des soufflets, bec des soufflets ; pièce de bois creuse et pointue adoptée au bout des soufflets pour recevoir le canon ou tuyau de fer que l'on nomme le bec (*balgrohr*).

BALGLIESE, f. canon ; tuyau de fer appliqué au bec des soufflets, et qui entre dans la tuyère des fourneaux pour y porter le vent.

BALGPFENNIG, m. l'argent que coûte l'entretien des soufflets.

BALGROHR, n. le bec des soufflets, le tuyau ou canon de fer qui transmet immédiatement le vent dans le fourneau.

BALL, BALLEN, m. balle, ballot, pelote.

BALLAS. *V.* RUBIN BALLAS.

BALLAST, m. lest, le poids qu'on met au fond d'un vaisseau pour le tenir en équilibre.

BALLEISEN, n. fer en grosses barres.

BALLENEISEN, n. ébauchoir, ciseau fort tranchant.

BALLENMEISSEL, m. gros ciseau plat des armuriers.

BALLENZINN, n. étain en balle ; étain fondu en lames fines roulées en petits paquets.

BALLON, m. (*t. de min.*), gros matras.

BAND-ACHAT, m. agate rubanée, agate onyx.

BANDBOHRER, m. tarière ; grosse vis pour percer les pilons de bocard ; (*t. de charp.*), laceret, tarière pour faire des trous dans les liens.

BANDDRAHT, m. fil d'archal de moyenne grosseur plié en rouleau.

BANDEISEN, n. fer en bandes ; fer dont on fait des liens.

BANDHACKEN, m. (*t. de serrur.*), paumelles ; fiche, fiche à gonds ; pivot des pentures ; (*t. de tonn.*), grosse pièce de bois avec des crochets de fer.

BANDHOLZ, REIFHOLZ, n. bois propre à faire des cerceaux.

BANDJASPIS, jaspe rubané, quartz onyx ; jaspe dont les couleurs sont disposées par zones, rubans, raies, veines, taches ou points ; une des variétés les plus remarquables est celle dite de Sibérie qui est composée de couches égales et parallèles rouges et vertes.

BANDMESSER, n.(*t. de tonn.*), aisceau, esseau, aisseau, aissette, gaichette.

BANDNAGEL, m. (*t. de charp.*), cheville de bois pour assembler des liens.

BANDSTEIN, m. pierre rubanée ; onix : se dit d'une pierre quelconque qui présente des bandes parallèles de différentes couleurs dont les bords sont nettement tranchés.

BANK, f. banc, couche, lit ; la hauteur des pierres parfaites dans les carrières ; écueil, rochers cachés sous l'eau : lorsqu'ils sont formés de sable on les appelle bancs de sable (*sand banke*), ceux sur lesquels les huîtres s'attachent sont nommés bancs d'huîtres (*aüster banke*), et quand ils sont composés de productions polypifères on les appelle bancs de coraux (*corallen banke*).

BANCKHORN , n. bigorne ; enclumeau ou enclumot, petite enclume à main qu'on attache sur l'établi.

BANKNMEISSEL , m. ciseau à froid.

BAER, m. mouton; gros billot de bois armé de fer pour enfoncer les pieux.

BAERENKOTH, m. crasses, scories, impuretés qui nagent à la surface de l'argent fondu , et que l'on a peine à enlever.

BARKA , barka , sorte de roche tendre et friable qui forme en Sibérie le toit des filons d'où l'on extrait le mica foliacé dit vulgairement verre ou talc de Moscovie.

BARNSTEIN. *V.* ZIEGEL.

BAROLIT , barolithe , withérite ; barite carbonatée.

BAROMETER. *V.* WETTER GLAS.

BARRE , f. ou BARREN , m. barre, pièce de bois ou de métal longue et étroite.

BARREN EINGUSS , m. moule dans lequel on jette les plus grosses barres d'argent.

BARREN SILBER , n. de l'argent en barres.

BART, m. (*t. de fond.*). *Bartamkupfer*, les aspérites , les pointes métalliques qui hérissent la surface des tourteaux de

cuivre ; (*t. de min.*), bois à barbe , bois fendu ou découpé en tranches minces en forme de balais que les ouvriers au treuil mettent dans la dernière tonne qu'ils descendent pour avertir qu'on doit cesser le travail.

BARTKLAPPE , f. (*t. de serrur.*), tenailles pour tenir le museau de la clef (*barth*) dans l'étau.

BARYT , baryte : genre des substances audifères terreuses , divisé en deux espèces , la première sous le nom de baryte sulfatée (*schwefel gesaüerter baryt*), et la seconde sous celui de baryte carbonatée (*kohlen gesauerter baryt*). On y joint comme appendice la barite sulfatée fétide (*stinkender kohlengesauerter baryt*). *V.* ce mot.

BARYTERDE, f. barite, terre alcaline fort pesante; terre base de la baryte sulfatée et de la barite carbonatée. *V.* SCHWERERDE.

BARYTES NOBILIS , barite noble; minéral encore peu connu décrit par *Link* sous le nom de feldspath conchoïde (*müschliger feld-spath*), il se présente en gros morceaux anguleux ; mousses qui semblent indiquer des cristaux dont les arêtes et les angles étoient émarginés. La couleur est le blanc de neige, la surface unie et éclatante, la cassure lamelleuse suivant une direction , et conchoïde suivant une autre, les morceaux translucides. On le dit du Brésil.

BASALT, basalte, roche d'un gris tombant plus ou moins

dans le noir, facile à se décomposer quoique dure, presque toujours mélangée de quelques substances étrangères à sa masse, prenant quelquefois la structure amygdaloïde, se présentant souvent sous la forme prismatique, d'autres fois en boules, et aussi en masses qui constituent des montagnes entières. On paroît s'accorder à la considérer comme une variété de la roche cornéenne, ou trap secondaire ; mais on dispute encore sur son origine que les uns attribuent au feu et les autres à l'eau. Lave lithoïde basaltique d'*Haüy*.

BASALTIN, basaltine ; amphybole cristallisée.

BASALT-PORPHYR, basalte de structure porphyrique, mêlé de feldspath.

BASALT SCHIEFER, sorte de basalte qui se rapproche de la contexture schisteuse.

BASALTTUF, tuf basaltique ; c'est le résultat d'une décomposition ou plutôt d'une destruction de certains basaltes arrivés lors de la formation de la montagne ; il contient des fragmens de basalte, des morceaux d'olivine, des débris de végétaux ; etc : toutes ces substances agglutinées par un ciment argileux. C'est le *trapptuf* de *Werner*.

BASANIT, basanite, pierre de Lydie ; roche cornéenne dure.

BASE, mot vieilli qui signifioit gravité, pesanteur.

BASIRIT, adj. (*t. de crist.*), basé : se dit d'un cristal dont la forme primitive étant un rhomboïde, ou un assemblage de deux pyramides, présente des sommets interceptés par des faces perpendiculaires à l'axe, et faisant les fonctions de base.

BATHSSEIN, m. oolithe; chaux carbonatée globuliforme.

BATSEN, peser à la main, avec la main.

BATZEN, m. pièce de terre grasse pour boucher le trou dans les chaufferies ou forges à réduire le fer en barres.

BAU, m. bâtiment ; (*t. de min.*), lieu où l'on exploite une mine ; exploitation. — *Bau anstellen oder bauen*, commencer l'exploitation d'une mine. — *Neue baue ausrichten*, trouver, découvrir un nouveau filon métallique.

BAUCH, m. ventre. — *Der gang wirft einen bauch*, le filon fait un ventre, c'est-à-dire s'élargit, devient plus puissant.

BAUCHBOHRER, m. (*t. de tourn.*), foret à creuser le ventre, la capacité de quelque pièce.

BAUCHHACKEN, m. (*t. de tourn.*), fer, outil en forme de crochet.

BAUCHTONNE (*t. de min.*), glissoire pour la tonne, plancher dont on revêt la pente d'un puits d'extraction inclinée de plus de 80 degrés pour faire glisser les tonnes dessus, les diriger et en alléger le poids.

BAUEN, v. a. (*t. de min.*), exploiter. — *Ein bergwerk bauen*, exploiter une mine, avoir intérêt dans une exploitation.

BAUERDE, f. terre végétale, terre franche, terreau.

BAU-ERTZ, n. mine native, sur-tout l'argent natif ; minerai sur l'espèce duquel on ne peut se méprendre.

BAUHAFT (*t. de min.*), exploitable. — *Eine grube bauhafthalten*, entretenir une mine, n'y travailler qu'autant qu'il est nécessaire pour ne pas encourir la déchéance.

BAUJOCH, m. (*t. de min.*), solivette à corniche ; pièce de bois pour supporter le plafond d'une galerie ; traverse entaillée dans les piliers sur lesquels elle pose de manière qu'elle les empêche de se rapprocher.

BAULASTEIN, sorte de grès d'Islande qui paroît prismatique.

BAULUTSIG, ad. (*t. de min.*), amateur d'exploitation, qui prend volontiers part à l'exploitation d'une mine.

BAUMACHAT, BAUMSCHAL- CEDON, BAUMSTEIN, quartz agate arborisé, ou herborisé, offrant des figures d'arbres ou de plantes.

BAUMEISTER. *V.* BAÜKUNS- TLER.

BAUMFÖRMIG, adj. en forme d'arbre. — *Baümförmiges silber*, argent ramuleux ; pour *Dentritish*, en forme de dentrites imitant un arbre ; arborisé.

BAUMKANTIG, adj. écorné, qui n'est pas bien équarri, qui n'est pas à vives arêtes.

BAURISS, m. ichonographie, plan général d'un édifice.

BAUSTEIN, m. pierre à bâtir.

BAUWÜRDIGE ANBRÜCHE, découverte digne d'exploitation, filon bon à exploiter.

BEARBEITEN, v. a. travailler, façonner, manier. — *Dieses metal lässet sich bearbeiten*, ce métal se laisse travailler, obéit sous le marteau.

BEARBEITUNG DER ERZE, l'action de travailler, de façonner le métal.

BEAUGEN SCHEINUNG, f. (*t. de min.*), inspection oculaire.

BEBAUEN, v. a. couvrir, remplir de bâtimens ; faire placer des bâtimens sur un lieu, environner un lieu de bâtimens.

BECHERDRUSSEN, quartz hyalin transparent cristallisé.

BECKHAMMER, m. rivoir, marteau à rabattre le fil d'archal.

BEERE, f. baie, graine ; minerai grossier et granuliforme de colbath et de bismuth.

BEESE ou WEESE. *V.* OPAL.

BEFAHREN, v. a. descendre sur les travaux d'une mine, les visiter.

BEFAHRUNG, f. visite d'une mine, descente dans une mine.

BEFAHRUNGS REGISTRATUR, procès-verbal d'une visite de mine.

BEFEILEN, v. a. limer, polir avec une lime.

BEFREITE REVIER, n. canton, district de mine, franc, qui n'a rien à payer au seigneur.

BEFREYUNGEN, plur. (*t. de min.*), franchises, privilèges des mineurs.

BEFLUSCHEN, v. a. (*t. de charbon.*). *Einen meiler beflüschen, mit reisern bedecken*, couvrir de rameaux un monceau ou tas de bois qu'on veut réduire en charbon.

BEFRÜCHTEN , v. a. fertiliser , féconder.

BEFRÜCHTEND , adj. fertilisant, fécondant.—*Das befrüchtende princip*, le principe fécondant.

BEGRAEBNISS , m. (*t. de min.*), fosse ou mine remblayée; anciens travaux remplis de décombres.—*Begraebniss antreffen* , rencontrer en exploitant une mine des anciens travaux remblayés de vieilles fosses.

BEGRIFF , m. idée , perception de l'ame ; conception , notion , pensée ; concept. — *Ein kurzerbegriff*, sommaire abrégé, précis. — *Begriff der mineralien* , notion des minéraux.

BEHAUEN,v.a. (*t.demin.*),exploiter. — *Einen gang, einen stein behauen*,couper,ôter,détacher avec les outils de mineur quelque partie d'un filon ou d'une roche; éprouver, essayer la dureté, la qualité d'une roche en en coupant quelques morceaux. — *Behauene gänge* , filons exploités où il n'y a plus rien ; mines épuisées; (*t. de charp. et de maçon.*), démaigrir, retrancher quelque chose d'une pièce de bois , d'une pierre.

BEHOBELN , v. a. raboter , rendre uni le bois avec le rabot , amenuiser.

BEIL , n. hache, cognée.

BEILCHEN , n. petite hache , petite cognée.

BEILEISEN , fer en barres dont on fait des haches.

BEILFÖRMIG , adj. en forme de hache.

BEILGELD , n. argent à donner pour faire réparer, raccommoder les haches, frais de l'entretien des haches.

BEILSTEIN , m. pierre de hache , pierre de circoncision , sorte de pierres qui ont la forme d'un fer de hache , et dont la matière est, suivant quelques auteurs , tantôt un basalte , et tantôt un quartz jaspe,mais plus généralement regardée comme un jade de la sorte qu'*Haüy* nomme ténace. On les nomme aussi *pierres des Amazones* , parce qu'elles se trouvent dans les attérissemens de la rivière de ce nom.

BEINASCHE , f. cendres d'os dont on fait les coupelles.

BEINBRUCH , BEINBRÜCHSTEIN , BEINHEIL , BEINSTEIN, BEINWELLE , ostéolites et autres pétrifications ou incrustations du règne animal ou végétal , comme empreintes d'ossemens ou de plantes , spécialement de joncs.

BEINMEHL , *V.* BEINASCHE.

BEISSEND , adj. âcre, piquant, corrosif , mordant.

BEITZE , f. (*t. de fond*), sorte de lessive dans laquelle on plonge le minerai brut pour lui faire perdre sa qualité réfractaire. — *Beitze zu dem blechen* , mordant, préparation avec du vinaigre qu'on donne aux feuilles ou lames de fer avant de les étamer.

BEITZEN ou BEIZEN , v. a. mordre , corroder. — *Das scheide wasser beitzt in die metalle* , l'eau-forte mord sur les métaux. — *Die feilen in das eisen* , la lime sur le fer.

BEITZMITTEL, m. mordant, intermède d'union; acide qui fixe la couleur sur une étoffe; vernis qui affermit l'or en feuilles sur le cuivre.

BEITZSTUBE, f. l'emplacement où se trouvent les cuves qui contiennent la lessive ou préparation de vinaigre dans laquelle on plonge les lames de fer avant de les étamer.

BEKLEIDUNG, f. (*t. de min.*), incrustation, concrétion en forme de croûte qui revêt la surface ou l'intérieur d'un corps.

BEKLINCKEN, v. a. (*t. de charp.*), assembler en about.

BEKLOPFEN, v. a. frapper à diverses reprises. — *Die bergleute beklopfen das gestein,* les mineurs frappent sur les roches pour en essayer la dureté.

BELASSON, sorte de stéatite, suivant quelques auteurs, et de bitume suivant d'autres.

BELATTEN, v. a. latter, garnir de lattes. — *Ein dach belatten,* latter un toit. — *Zwey sparren senkrecht belatten,* contrelatter, garnir deux chevrons de contre-lattes.

BELATTUNG, f. l'action de latter; arrangement des lattes.

BELEGEN, v. a. tracer, assigner, indiquer un ouvrage à faire dans une mine. — *Eine arbeit belegen,* mettre des ouvriers à un ouvrage particulier, les y affecter spécialement. — *Belegen bey der graben rechnung,* justifier une dépense par une pièce écrite dans une reddition de compte d'une mine.

BELEGZETTEL, m. pièce comp-

table; pièce écrite justificative d'un compte.

BELEHNEN, v. a. (*t. de min.*), accorder une concession de mine; investir quelqu'un du droit d'ouvrir des travaux de mine dans un terrain désigné, et en se conformant aux dispositions de la loi qui les concerne.

BELEHNUNG, f. patente qu'un concessionnaire obtient pour constater son droit; titre de concession.

BELEMNITEN, belemnite: fossile ordinairement calcaire dont l'analogue est inconnu, mais qui appartient à l'espèce de testacée univalve dont la coquille est divisée intérieurement en cloisons ou alvéoles, quoiqu'il s'en trouve aussi sans alvéoles. La belemnite a la forme d'un petit cône alongé.

BELESSOON, talc commun; talc laminaire.

BELETTA, sable blanc très-fin que la Brenta, rivière d'Italie, dépose, et que l'on emploie pour engrais au lieu de gypse.

BELITTERN, v. a. attacher les échelles dans un puits de mine.

BENEHMEN, v. a. (*t. de monn.*), couper, retrancher ce qu'il y a de trop dans une pièce de monnoie pour la réduire au titre qu'elle doit avoir.

BENEUMSCHEERE, f. (*t. de monn.*), etc., coupoir.

BENEHMWAAGE, f. (*t. de monn.*), balance pour peser les monnoies coupées.

BERANDEN, v. a. (*t. de monn.*), cordonner, façonner le petit bord autour d'une monnoie. — *Berandete münzen*, monnoies cordonnées.

BERASPELN , v. a. façonner, polir avec la rape.

BEREITER, m. (*t. d'arts*), apprêteur, qui apprête, qui fait les préparations.

BERESOFSKER GESTEIN, roche de Berézof ; sorte de grès mélangé de mine de fer oxidé, brune, en petits cristaux dérivés du cube.

BERG, m. (*t. de min.*), roche, ou pierre inutile qui ne contient point de minerai ; déblai. — *Bergehauen*, détacher la roche. — (*t. de géol.*), *Berg*, mont, montagne ; masse de terre ou de roche plus ou moins élevée au-dessus du terrain qui l'environne. *Voyez* GEBIRGE.

BERGADER, f. veine métallique.

BERG AELTESTER, m. le plus ancien des mineurs; l'ancien qui, en certains cas, supplée le maître mineur.

BERGAMT , n. le collège ou conseil des mines, l'administration des mines, le tribunal des mines , l'office des mines, l'intendance des mines, etc.

BERGAR ou BERGGAR, (*t. d'affin.*), ancienne dénomination du plateau d'argent tel qu'on le sort de la première coupelle avant qu'il ait été complètement affiné.

BERGARBEIT, f. travail des mines.

BERGARBEITER, m. ouvrier qui travaille dans les mines, le mineur.

BERGART, f. (*t. de min.*). On nomme ainsi toutes les espèces de substance pierreuse ou terreuse qui avoisinent des gîtes de minerai et en indiquent la présence, quelquefois le minerai lui-même.

BERGARZGELD. *Voyez* ARZGELD.

BERGAUDITOR , m. jeune homme attaché au service des mines comme employé à la suite.

BERGBALSAM , m. naphte ; sorte de bitume liquide transparent dans l'état de pureté , et très-inflammable, littéralement baume de montagne.

BERGBARTHE , ou BERGPARDE, ou BERGPARTHE , f. sorte de hache dont les mineurs se parent quelquefois, ou qu'ils portent comme ornement ; la grande cognée de parade ; la hallebarde du mineur.

BERGBAU , m. l'exploitation des mines , le travail des mines. — *Bergbau anstellen* , commencer une exploitation.

BERGBAUKUNST , f. l'art des exploitations, l'art des mines.

BERGBEAMTER , m. officier préposé aux mines.

BERGBEDIENTER , m. employé quelconque au service des mines.

BERGBERICHT. *Voyez* AUFSTAND.

BERGBLAU , n. bleu de montagne, bleu de cuivre ; cuivre carbonaté pulvérulent , d'un vert qui tire sur le bleu de ciel.

BERGBOHRER , m. tarière de mineur ; sonde de montagne : instrument dont les mineurs se servent pour faire des percemens ; l'aiguille. On peut avec cet instrument percer en quelques jours des trous de 6 à 8 centimètres de diamètre ; et de

100 à 150 mètres de profondeur.

BERGBOTHE, m. le messager, le commissionnaire des mines.

BERGBUCH, n. registre sur lequel on inscrit les actes d'une administration de mines ; livre juridique des mines ; registre de toutes les décisions et sentences en affaires concernant les mines ; contrôle des mines.

BERGBUTTER, f. beurre de montagne ; sorte d'alun impur mélangé de terre ferrugineuse. On a aussi donné ce nom à l'argile des potiers.

BERGKANZLEY, chancellerie des mines ; chancellerie métallique ; lieu où l'on conserve les titres et où l'on fait les expéditions.

BERGCOMPASS, m. boussole de mine. *Voyez* COMPASS.

BERGDECRET, m. décret ou sentence du tribunal des mines ; décision de l'administration supérieure des mines.

BERGDUN, amiante ; asbeste flexible.

BERGEISEN, n. (*t. de min.*), pointerole ; outil de mineur semblable à un marteau terminé d'un côté en pointe courte aiguë, et de l'autre par une tête plate, ces deux côtes trempés d'acier.

BERGENZEND, adj. à la manière des mineurs.

BERGERZ, n. la mine, le minerai crû.

BERGESCHICHT. *Voy.* BERGSCHICHT.

BERGEYER. On appelle ainsi au Hartz le fer sulfuré.

BERGFALL, m. éboulement de quelque partie d'une mine.

BERGFEIN, adj. (*t. de min.*), *Bergfeines silber*, argent natif, aussi fin que possible ; argent affiné le plus fin.

BERGFERTIG, adj. hors de service ; expression de mineur qui signifie que l'on est attaqué de la pulmonie, du mal de reins ou de toutes autres maladies ordinaires aux mineurs ; enfin que l'on est devenu tout-à-fait hors d'état de travailler dans les mines.

BERGFESTE, f. roche solide, ou minerai qu'on laisse comme pilier ou soutien, dans les exploitations souterraines pour la sûreté des travaux ; roche dure qui repousse l'outil.

BERGFETT, f. graisse de montagne ; suif fossile : sorte de bitume qui suinte de quelques montagnes.

BERGFEÜER, n. feu de montagne, feu qu'on allume sur les montagnes pour signal, ou petites flammes légères qui paroissent la nuit sur quelques montagnes.

BERGFLACHS, m. amiante ; asbeste flexible.

BERGFLECKEN, m. bourg sur une montagne ; bourg habité par des mineurs.

BERGFLEISCH, n. chair de montagne, chair fossile ; asbeste tressé de *Haüy.* V. BERGGORK.

BERGFLOR, m. l'état florissant d'une mine.

BERGFLOSS. On a donné ce nom à diverses sortes de cristaux brillans que l'on rencontre dans des cavités.

BERGFLUSS, m. fluor ; chaux fluatée. — *Bergflüsse*, tous les quartz colorés.

Bergförderniss, extraction des minerais au jour.

Bergfreye. *Voyez* Berg-freyheit. *Bergfreyesfeld,* terrain libre, soit qu'il n'ait pas encore été donné en concession, soit qu'il soit redevenu disponible par une cause quelconque.

Bergfreyheit et Berg-freye, f. liberté d'exploiter, d'extraire des minéraux; franchise, privilège des mines. — *Die freyheit einer bergstadt, eines bergfleckens,* franchise, privilège d'une ville à mines, d'un bourg habité par des mineurs; juridiction spéciale des mines; tous les terrains et immeubles qui en ressortissent sont privilégiés.

Bergfrohn, m. mine corvéable, mine qui paie en nature au souverain le dixième du minerai extrait.

Berggebäude, f. bâtimens dépendans d'une mine en exploitation; les travaux mêmes et ouvrages qui constituent l'exploitation; galeries, puits, etc. — *Berggebäude anstellen,* disposer, ordonner les travaux d'une mine.

Berggebeth, n. prière des mineurs; prière que les mineurs font avant d'entrer dans les mines.

Berggeboth, n. ordonnance du tribunal des mines contre les actionnaires qui se seroient permis quelque action contraire à la loi et aux règlemens, ou bien préjudiciable à leurs co-associés.

Berggebrauche, plur. usages ou coutumes de mineurs.

Berggegenschreiber, m. greffier des mines.

Berggeist, m. esprit follet, sorte de spectre, de fantôme, que l'on suppose habiter dans les mines. Au Hartz on l'appelle *bergmönch,* qui veut dire moine de montagne, et on y croit que cette dénomination provient de ce que, dans le temps où certaines mines ont appartenu à un couvent qui en étoit voisin, les mineurs voulant se faire peur les uns aux autres se disoient souvent: *à l'ouvrage! le moine vient* (*der bergmönch kommt*). Ensuite on en a fait un spectre (*berggespenst*) au sujet duquel on a débité toutes sortes de fables.

Berggelb, n. terre jaune que l'on regarde comme une variété de l'argile commune.

Berggemach, n. collège qui a l'inspection générale en Saxe sur toutes les affaires de mines.

Berggenoss, m. pour Berggewercker, actionnaire de mine; celui qui participe à une exploitation, qui y est intéressé.

Berggericht, n. tribunal des mines; juridiction qui connoît de toutes les affaires concernant les mines.

Berggeschrey, n. éclat, grand bruit, grande rumeur; clameur à l'occasion d'une découverte heureuse dans une exploitation, ou pour toute autre cause qui y seroit relative.

Berggeschworner, m. juré des mines, ou juré mineur; officier qui a une certaine inspection sur les travaux des mines.

Berggesetz, n. loi, ordonnance, règlement concernant les mines; constitution pour les mines.

BERGGESPENST, m. *Voyez* BERGGEIST.

BERGGESTIFT, n. fondation ou legs en faveur des mineurs.

BERGGEWÄCHS, en général produit de montagne, mais on le dit aussi du minerai en certains pays.

BERGGEZEUG, n. outils, instrumens de mineur.

BERGGORK ou BERGKORK, m. liège de montagne, liège fossile ; asbeste tressé d'*Haüy*, vulgairement chair fossile, cuir fossile, papier fossile ; les couleurs ordinaires sont le gris sale et le blanc jaunâtre ; tantôt il est en morceaux épais et spongieux, c'est la *chair fossile ;* tantôt il a presque la texture du liège, c'est le *liège fossile ;* d'autres fois il est membraneux et dur, c'est le *cuir fossile*, ou membraneux mince, c'est le *papier fossile.*

BERGGRÜN, n. vert de montagne, cuivre carbonaté, vert pulvérulent. — *Berggrün*, couleur vert de montagne, c'est-à-dire vert grisàtre un peu pâle ; chrysocole ; bérubleau, cendre verte ou verre de terre.

BERGGRUSS, m. salut ordinaire ; salutation ou compliment de mineurs.

BERGGÜHR. *Voyez* GÜHR.

BERGHAAR. *Voyez* BERGFLACHS.

BERGHÄKEL ou BERGHÄKLEIN, n. cognée du mineur, petite hache montée sur un bàton ferré à l'extrémité figurant une espèce de hallebarde, dont quelques mineurs, et surtout ceux en grade, se servent au lieu de canne ou de bâton.

BERGHALDE, f. halde ; grand monceau ou amas de pierres, de terre et de toutes espèces de déblais ou décombres, soit des mines, soit des laboratoires et autres dépendances d'une exploitation.

BERGHANDLUNG, f. chambre de commerce qui fournit aux besoins des mines et en vend les produits.

BERGHARZ, n. bitume solide, poix minérale.

BERGHASPEL, f. treuil, bourriquet, tourniquet ; machine qui sert à monter les seaux de minerai, et tous fardeaux quelconques des travaux souterrains qui sont à peu de profondeur.

BERGHAUER, m. mineur, ouvrier qui fait éclater la roche.

BERGHAUPTMANN, m. capitaine général des mines, celui qui en a l'administration et l'inspection en chef.

BERGHAUT. *V.* BERGGORCK.

BERGHENNE, mets de mineur ; misérable nourriture des mineurs consistant en un peu de fromage, de pain et de soupe à l'eau.

BERGHERR, m. le propriétaire d'une mine ; le seigneur de l'endroit où une mine est située.

BERGHOLZ, m. bois de montagne ; asbeste ligniforme.

BERGHUND, m. chien de mine, caisse plus longue que large montée sur quatre roues, et servant à transporter au dehors par les galeries les minerais et autres déblais.

BERGIG, adj. montueux, montagneux, plein de montagnes. — *Der harz ist ein berg-*

iges land ; le Hartz est un pays montagneux , une région élevée , hérissée de montagnes et environnée de plaines ou pays plats.

BERGJUNGE , m. jeunes gens employés soit au brisement ou triage du minerai , soit dans les lavoirs ou dans les bocards ; garçons de mines , aides-mineurs.

BERGKAPPE , f. barette, bonnet , calotte de mineur.

BERGKARRN , sorte de brouette à deux roues à l'usage des mines.

BERGKASE , m. fromage de montagne ; agaric minéral , chaux carbonatée spongieuse.

BERGKIESEL , m. pétrosilex.

BERGKNAPPE , m. ouvrier de mine qui n'est pas encore parfait mineur , mais non plus simple apprenti ; mineur en second.

BERGKNAPPSCHAFT, f. la société , la communauté , la corporation , le corps , l'association des mîneurs ; la réunion solennel autorisée pour un certain jour de tous les mineurs et ouvriers aux mines , soit pour se réjouir ou prendre part à une solennité publique , soit pour conférer sur leurs intérêts communs.

BERGKNAPPSCHAFTS ÄELTESTE, les anciens du corps des mineurs; ceux qui sont placés à la tête comme les plus recommandables, et en surveillent ou soignent plus spécialement les intérêts.

BERGKNAPPSCHAFTS KASSE, f. caisse de secours pour les mineurs, soit malades, soit in-

valides ou affligés de quelque malheur particulier , et même pour leurs veuves. Elle se compose, 1°. d'une petite retenue faite par semaine sur la paie de chacun; 2°. de toutes les amendes ou punitions en argent ; 3°. d'une petite part dans les bénéfices ; 4°. des bienfaits ou dons accordés , soit par le Souverain , soit par les exploitans.

BERGKNAPPSCHAFTS CASSEN VORSTEHER , m. administrateur de la caisse des pauvres mineurs.

BERGKNECHT , m. ouvrier au treuil chargé de la communication de l'extérieur avec l'intérieur par le puits, c'est-à-dire de vider les seaux qui montent, et de transmettre par eux aux ouvriers de l'intérieur tout ce qui peut leur être nécessaire.

BERGKOHLE , f. sorte de bois fossile pénétré de bitume.

BERGKORB , m. panier servant à transporter le minerai hors des travaux.

BERGKORK. *V.* BERGGORK et ZUNDERERTZ, qui a aussi été nommé *Bergkork silberhaltiger,* liège de montagne tenant argent.

BERGKOSTEN , plur. frais de mines, dépense d'exploitation.

BERGKRATZE , f. grattoir des mineurs.

BERGKRYSTAL , m. cristal de roche , quarzt hyalin cristallisé limpide.

BERGKÜBEL , m. seau, baquet de mine , servant au transport du minerai et des déblais ; la tine.

BERGKUPFER , m. cuivre sulfaté , vitriol de cuivre.

BERGLACHTER , f. toise courante, d'usage dans les mines, sorte de mesure qui varie suivant les localités, mais que l'on peut en général évaluer à deux mètres.

BERGLAÜFEN, v. a. (*t. de min.*), charriage du minerai par la brouette ou le chien jusqu'au puits d'extraction, ou bien jusqu'au jour par une galerie.

BERGLÄUFIG, adj. et adv. qui est conforme à l'usage des mineurs. — *Bergläufig reden,* parler en termes de mineurs, s'exprimer en langage des mineurs.

BERGLEDER, n. tablier de mineur; cuir fossile, cuir de montagne ou asbeste tressé. *V.* BERGGORK.

BERGLEHNE, f. penchant, pente, déclivité d'une montagne.

BERGLETTEN, m. terre glaise qui se trouve quelquefois sous les minéraux ou à côté.

BERGLEÜTE, plur. *de berg-mann*, gens de mines, mineurs, ceux qui travaillent dans les mines. Ce mot est générique, il comprend tous les ouvriers employés aux mines.

BERGLÖSUNG, f. excavation; place spacieuse ménagée dans une mine pour y déposer tous les déblais qui gênent et que l'on ne veut point transporter au jour; enlèvement, transport de tout ce qui fait embarras dans la mine.

BERGMANN, m. mineur. — *Ein guter bergmann,* un bon mineur.

BERGMANN VOM FEÜER, m. l'ouvrier des usines où l'on fond le minerai, l'ouvrier de fonderie.

BERGMANN VON DER FEDER, m. l'employé ou officier des mines qui ne s'occupe que de ce qui se traite à la plume.

BERGMANN VOM LEDER, m. le véritable mineur, l'ouvrier qui travaille dans le sein de la terre, et aussi en général tout officier ou employé des mines, au fait de la pratique des exploitations, ce qui n'empêche pas qu'il ne soit en même temps *Bergmann von der feder.*

BERGMÄNNCHEN, n. ou BERGMÖNCH, l'esprit follet, le spectre, le lutin. *Voyez* BERGGEIST.

BERGMÄNNISCH, adj. et adv. de mineur, à la façon, à la manière des mineurs, suivant l'usage et la coutume des mineurs. — *Die bergmännische sprache,* le langage des mineurs. — *Bergmännische ausdrücke,* expressions, termes de mineur. — *Die bergmännische kleidung,* costume de mineur. — *Berg-mannisch,* plein d'espoir pour le mineur. — *Hier stehet recht sehr bergmannisch aüs,* ici l'apparence est très-belle, tout promet au mineur. — *Bergmannisch baüen,* travailler convenablement, suivant les règles du mineur.

BERGMANNISCHER AUSZUG, m. parade des mineurs; assemblée ou réunion de tout le corps en costume pour une cérémonie ou une réjouissance publique. Ces sortes de réunion ont lieu de préférence la nuit à cause de l'effet que produit la multitude des lampes, chaque mineur tenant la sienne allumée comme partie essentielle de son costume.

BERGMANIT , bergmanite , minéral qui paroit être un mélange de trois substances différentes, dont celle qui forme le fond est de couleur gris-cendré ; il ressemble à une roche , et il vient de Norwège où on le trouve dans un feldspath rougeâtre.

BERGMÄNNLEIN. *V.* BERGGEIST.

BERGMATERIALIEN , plur. matériaux nécessaires à une exploitation , tels que la poudre , l'huile , le fer, etc.

BERGMEHL, chaux carbonatée pulvérulente.

BERGMEISTER , m. le directeur particulier d'un district ou canton de mine.

BERGMILCH, f. lait de montagne , agaric minéral , chaux carbonatée spongieuse ; farine volcanique , thermantide pulvérulente.

BERGMÖNCH , m. *V.* BERGGEIST.

BERGNACHFAHRER , m. inspecteur de nuit, officier ou employé quelconque des mines , que l'autorité supérieure charge momentanément d'aller faire une visite inattendue pour reconnoître si chacun a fait son devoir , si tout le monde est à son poste et les travaux en règle.

BERGÖHL, n. bitume liquide, brun ou noirâtre; pétrole , bitume liquide , inflammable , d'une odeur forte.

BERGORDNUNG , f. ordonnance, règlement, statut qui fait loi pour les mineurs, pour les officiers des mines, et toutes les compagnies exploitantes.

BERGPAPIER , n. papier fossile , asbeste tressé. *V.* BERGGORK.

BERGPARTHE. *Voyez* BERGBARTHE.

BERGPECH , n. poix minérale scoriacée ; bitume solide. — *Die bergpecherde,* ampélite, la terre ampélite , c'est-à-dire la terre bitumineuse dissoluble dans l'huile; asphalte de Judée.

BERGPFLEGER , m. terme particulier au Hartz , qui signifie le solliciteur et percepteur , ou collecteur des sommes nécessaires aux dépenses d'exploitation , celui qui en soigne la rentrée.

BERGPREDIGER , m. l'aumônier des mines.

BERGPREDIGT , f. sermon pour des mineurs.

BERGPROCESS , m. mode de procéder dans les affaires qui concernent les mines , et qui est ordinairement déterminé par la loi qui leur est relative.

BERGPUMPE , f. pompe pour élever les eaux de mine.

BERGRAP , m. crevasse ou fente d'une montagne entr'ouverte; ouverture subite qui survient dans une montagne.

BERGRATH , m. conseiller des mines , membre du conseil d'un Souverain pour les affaires relatives aux mines.

BERGRECHT , n. droit d'exploiter des mines , d'employer des mineurs. — *Bergrechte,* lois, ordonnances, statuts qui concernent les affaires des mines ; droit métallique.

BERGREGAL , n. régal des mines ; droit exclusivement réservé au Souverain d'inféoder les mines , d'en permettre l'exploitation.

BERGRECHTLICH, adj. et adv. conforme aux lois sur les mines.

BERGREYHEN, plur. chanson de mineur , chanson faite pour les mineurs.

BERGRICHTER , m. le juge préposé pour rendre justice aux mineurs et prononcer sur leurs différens.

BERGRÖTHEL, m. fer oxidé graphique ; crayon rouge.

BERGSABEL , m. sabre, coutelas de mineur.

BERGSACHEN , plur. affaires concernant les mines.

BERGSAFT, m. jus de montagne : dénomination générale de toutes les substances minérales et inflammables qui sont liquides ou l'ont été , comme bitume, succin, etc. ; sucs minéraux.

BERGSALMIAK, m. muriate ammoniacal.

BERGSALZ, n. soude muriatée, sel gemme.

BERGSÄNGER, m. chanteur des mines, musicien des mines, attaché aux mines ou au corps des mineurs.

BERGSCHAENDER , m. détracteur des mines, celui qui les décrie ou en dit du mal, qui les déprise.

BERGSCHAEPPENSTUHL , m. tribunal des mines à Freyberg en Saxe , siégeant au conseil municipal de cette ville : il ne s'occupe que de la partie administrative et de celle de l'art; le contentieux est renvoyé aux cours de jurisprudence du pays.

BERGSCHEIDUNGEN , gîtes qui se trouvent entre deux différentes natures de terrain.

BERGSCHICHT , f. (*terme différent de schicht*) , travail surérogatoire que fait un mineur après avoir fourni son poste , et qui consiste à approprier la galerie et son endroit particulier de travail.

BERGSCHIED , (*t. de min.*), sentence, décision, jugement en affaires de mine.

BERGSCHMIED , m. forgeron pour les outils de mineurs.

BERGSCHMIEDE , f. forge où l'on travaille les fers, les ferremens pour les mineurs.

BERGSCHREIBER, m. le greffier , le contrôleur des mines.

BERGSCHÜSSIG , adj. (*t. de min.*). *Bergschüssigeserz*, minerai éparpillé, disséminé de loin en loin dans la roche.

BERGSCHWADEN, m. mofettes ou moufettes ; exhalaisons très-dangereuses qui s'élèvent des souterrains de mine ; gaz acide carbonique.

BERGSCHWEFEL , m. soufre de mine : sorte de sulfate jaunâtre ; suivant *Gmelin*, soufre natif.

BERGSEGEN , n. le fruit, le produit, le revenu des mines en exploitation.

BERGSEIFE, f. savon de montagne : sorte de fossile qui semble être un passage entre les pierres argileuses et les magnésiennes.

BERGSEIL, n. câble, grosse corde servant à monter les seaux remplis de minerai, ou tout autre fardeau de l'intérieur des mines.

BERGSTADT, f. ville de mineurs, ville habitée par des mineurs, et jouissant à ce titre de diverses franchises et privilèges ; ville métallique : on en compte sept au Hartz ; ville située sur une montagne.

BERGSTEIGER, m. maître mineur.

BERGSTEIN, m. amiante, asbeste flexible.

BERGSTUFE, f. minerai mélangé de roche ou dans sa gangue ; échantillon, pièce, morceau de choix détaché pour faire juger de l'espèce du filon et de sa qualité.

BERGSUCHT, f. maladie de mineurs ; sorte de phthisie, de consomption à laquelle les mineurs sont sujets.

BERGSÜCHTIG, adj. attaqué de la maladie des mineurs.

BERGTALG, m. suif de montagne ; talc-stéatite compacte.

BERGTHEER, m. goudron minéral, bitume glutineux ; malthe ; pisasphalte : sorte de bitume noir qui a un aspect gras et une consistance visqueuse. Il est presque solide dans les temps froids, et a d'ailleurs l'odeur particulière aux autres bitumes.

BERGTHEIL, f. portion d'intérêt dans une mine ; part à une exploitation. — *Bergtheile zutheilung*, partage des actions vacantes.

BERGTORF, m. tourbe de montagne ; tourbe qui se trouve sur les lieux élevés, les montagnes, etc.

BERGTROG, m. sébile de mineur, sorte de petit cuvier long et peu profond qui sert à porter le minerai sur les brouettes.

BERGTROPFEN, chaux carbonatée stallactite, coralloïde et incrustante.

BERGTRUG, BERGTRUHEN. C'est le nom que l'on donne dans le Tyrol et en Hongrie au petit chariot que nous appelons chien.

BERGÜBLICH, adj. et adv. selon la coutume ou l'usage du mineur.

BERGVERWALTER, n. (*t. de min.*), régisseur d'une mine, celui qui régit un établissement de mine à charge de rendre compte.

BERGVITRIOL, m. vitriol natif ou sulfate.

BERGWACHS, n. *V.* BERGFETT.

BERGWAND, f. masse de pierre stérile qui se distingue de la roche qui forme le filon. Si cette masse est mêlée de minerai on l'appelle *erzwand*.

BERGWASSER, n. eau de montagne ; eaux de mines.

BERGWERCK, m. mine, minière ; lieu d'où l'on extrait des minéraux, des métaux. — *Ein bergwerck bauen*, exploiter une mine, fouiller une mine. — *Bergwerckskosten*, dépenses des mines. — *Bergwercksüberschuss*, profit net, dépense prélevée.

BERGWERCKSANZEIGUNGEN, plur. marques, indices, certains signes apparens qui font présumer l'existence d'un gîte de minerai, d'un filon, ou d'une mine.

BERGWERKS INSTITUT, école des mines.

BERGWERKSKUNDE, f. science des mines, science de tout ce qui a rapport à l'art d'exploiter les mines et à la minéralogie.

BERGWERKSSTIPENDIEN ou STIPENDIUM, n. bourse, fondation en faveur des pauvres qui s'appliquent à l'étude de l'art des mines.

BERGWERKSTEICH, n. étang des mines, dont l'eau sert à mettre en jeu les bocards, les machines hydrauliques et autres.

BERGWERKSVERSTÄNDIG, instruit dans l'art des mines.

BERGWETTER ou BERGLUFT, air ou airage des mines. *Voyez* WETTER.

BERGWOLLE, amiante; asbeste flexible.

BERGWÜRZEL, m. amateur constant des exploitations des mines; qui a toujours part à une exploitation.

BERGZEHNTNER, BERGZEHNDNER, m. receveur des dîmes.

BERGZIEGER, m. *Voyez* BERGMILCH.

BERGZINN, n. étain pur qui a sa consistance naturelle.

BERGZINNOBER, m. cinabre naturel; mercure sulfuré rouge.

BERGZUCKER, m. chaux carbonatée saccaroïde.

BERGZUNDER, BERGZUNDERERZ, amadou de montagne; minerai semblable à l'amadou; sorte d'asbeste tressé, d'un brun rougeâtre, qui, sous la forme de pellicules minces, flexibles et douces au toucher, incrustent certaines substances minérales. Le *Zundererz* qui se trouve à la mine de Dorothée au Hartz contient 16 marcs d'argent au quintal.

BERICHTEN, v. a. (*t. de monn.*). *Die münzstücke be-*

richten, ajuster les flans, les monnoies, arrondir les plaques.

BERILL ou BERYLL, m. aiguemarine ou béril. Ce fossile, reconnu pour être de la même nature que l'émeraude, en porte aujourd'hui généralement le nom. — *Edler beryll*, émeraude. — *Schörlartiger beryll*, pycnite.

BERLINER BLAU, n. bleu de Berlin, bleu de Prusse; bleu sans mélange, bleu parfait.

BERNSTEIN, m. succin, ambre jaune; *karabé*, mot persan qui signifie tire-paille; *electrum* des anciens d'où l'on a tiré le mot électricité. Cette substance combustible, étant une de celles qui s'électrisent le plus sensiblement par le frottement, est aussi celle sur laquelle on a reconnu pour la première fois cette propriété.

BERNSTEINFANG, m. pêche du succin.

BERNSTEINGERICHT, n. tribunal ou juridiction qui connoît des différens relatifs à la récolte du succin.

BERNSTEINGESAÜERTE ou BERNSTEINSAUÈRESÄLZE, plur. (*t. de chim.*), succinates, sels formés par la combinaison de l'acide succinique avec différentes bases.

BERNSTEINSALTZ, n. sel d'ambre jaune, sel ou acide succinique.

BERNSTEIN SAÜERE f. acide succinique.

BEROHREN, v. a. garnir de roseaux dans les manufactures ou fabriques de sulfate: lorsque la lessive commence à refroidir, on place dans les cuves six ou sept lattes percées de trous , à travers lesquels on passe des roseaux pour que le sulfate s'y attache.

BERÜHRUNGSEBENE , f. plan de jonction de deux moitiés.

BERÜHRUNGSKANTE, f. arête de jonction.

BERÜHRUNGSLINIE , f. ligne de jonction.

BERÜHRUNGS PUNCKT , m. point de contact.

BERYLL. *Voy.* BERILL.

BESANDEN, v. a. sabler, couvrir de sable.—*Die schmiede besanden das eisen ,* les forgerons sablent le fer quand il est à son premier degré de fusion pour qu'il ne brûle pas.

BESCHICKEN , v. a. préparer les minerais, les mêler , les combiner avec d'autres substances, les allier ; les monnoyeurs allient l'or et l'argent. —*Der schmelzer beschickt den ofen ,* le fondeur prépare le fourneau.

BESCHICKUNG, f. disposition, préparation. — *Beschickung des goldes und silbers,* alliage de l'or et de l'argent dans les monnoies ; mélange de différens minerais avec des mattes et des scories pour être chargés au fourneau.

BESCHICKUNGS REGEL , f. règle d'alliage.

BESCHICKUNG IM TIEGEL , mélange dans le creuset.

BESCHLAG m. (*t. de min.*), efflorescence , sorte d'enduit salin , semblable à de la moisissure qui se montre à la surface des minéraux ; garniture ou renfort de toutes sortes d'ouvrages ; armature.

BESCHLAGEN , v. a. garnir une chose avec une autre qui y ajoute de la force ; armer. — *Mit eisen , mit silber beschlagen,* garnir d'argent, de fer ; ferrer , placer les frettes ou cercles de fer sur une roue , une tonne, un seau. — *Die münze beschlagen,* flatir les flans d'une monnoie , les battre pour leur donner l'épaisseur convenable. — *Einen baum beschlagen ,* équarrir un arbre. — (*t. de min.*), *beschlagen ,* effleurir, tomber en efflorescence. *Voy.* BESCHLAG.

BESCHLAGE ZANGE , f. flatoir , instrument pour flatir , c'est-à-dire battre une pièce de monnoie pour lui donner l'épaisseur qu'elle doit avoir.

BESCHLAGUNG , f. l'action de garnir ; l'action de ferrer ; l'action d'équarrir.

BESCHNEIDUNGSSTEIN , m. pierre de circoncision, néphrite, jade néphritique. *Voy.* BEILSTEIN.

BESCHURFEN , v. a. commencer à ouvrir, à creuser. — *Einen gang beschurfen ,* ouvrir, entamer un filon métallique.

BESCHWÖREN , v. a. (*t. de min.*) *Den fund beschwören ,* jurer sur l'ancienneté de la mine, attester, confirmer par serment l'ancienneté, la priorité de droit sur un filon , lorsqu'elle est contestée ; ce qui s'effectue en posant la main droite sur l'arbre ou cylindre du treuil établi sur le plus ancien puits.

BESICHTIGUNG, f. visite, inspection. — *Besichtigung*

eines entblösten ganges, visite d'un filon découvert.

BESOLDUNG, f. salaire, gage.

BESONDER, adj. particulier, spécial, spécifique, singulier.

BESONDEREFORM, f. forme particulière d'un fossile.

BESONDERHEIT, f. spécialité, détermination d'une chose spéciale.

BESPRENGEN, v. a. asperger, arroser, baigner, mouiller.

BESPRENGUNG, f. irroration; arrosement.

BESTAEMPELN, v. a. estampiller, marquer avec un timbre.

BESTALLUNG, f. (*t. de min.*), instructions données par écrit aux employés des mines pour leur apprendre ce qu'ils ont à faire.

BESTANDTHEILE, parties constituantes d'un mixte ou mélange. — *Einen korper in seine bestandtheile auflösen*, résoudre un corps en ses premiers principes. Les parties constituantes d'un mixte sont ou essentielles (*wesentliche*), ou accidentelles (*zufällige*); dans la classification des minéraux le minéralogiste se base sur les premières, et sur les principes plus fixes.

BESTÄTIGEN, v. a. (*t. de min.*), confirmer, approuver, ratifier. — *Den muther bestätigen*, confirmer dans le droit d'exploitation celui qui, après avoir obtenu une première permission de fouille, a fait une découverte qui mérite d'être suivie.

BESTÄTIGUNG, f. confirmation, ratification; (*t. de min.*), concession définitive. — *Bestä-*

tigung nachsuchen, demander la concession définitive.

BESTECHEN et BESTEKEN, v. n. ficher, mettre, planter dedans, ou autour. — *Die bergeisen bestechen*, emmancher les fers, y mettre des manches; sonder avec un couteau ou tout autre instrument la charpente d'un puits ou d'une galerie de mine, pour reconnoître si elle ne pourrit pas.

BESTEG ou BESTEGE, f. (*t. de min.*), lisière; couche de matière argileuse qui se trouve entre les filons ou veines métalliques et la roche environnante.

BESTIMMBAR (*t. de crist.*), déterminable. — *Eine bestimmbar form*, une forme déterminable susceptible d'être décrite géométriquement.

BESTIMMTHEIT, f. précision, concision, justesse, exactitude dans le discours.

BESTOSSEN, v. a. écorner, ôter ou gâter les angles, les extrémités, le bout de quelque chose. — *Die aermel sind sehr bestossen*, les bords, les extrémités de ces manches sont usés, gâtés, effilés; unir, aplanir, planer, égaler, façonner avec des grosses limes. — *Mit dem bestosshobel arbeiten*, dégrossir, corroyer du bois, doler ou aplanir avec le rabot.

BESTOSSFEILE, f. lime à planer, à égaler.

BESTOSSHOBEL, m. rabot à aplanir.

BESTOSSUNG, f. l'action d'écorner. *V.* BESTOSSEN.

BESTUFEN, v. a.(*t. de min.*), enlever, détacher du minerai. — *Das gestein bestufen,* essayer avec les instrumens la roche que l'on veut donner à prix fait pour en connoître la dureté. — *Einen gang bestufen,* fouiller un filon pour en constater la richesse.

BETT, n. lit. — *Rost betten,* lits de grillage; rangées de bois et de minerai disposées pour le grillage du minerai.

BETYLUS, bétyle, sorte de pierre dont les anciens faisoient le plus volontiers des idoles, parce qu'ils lui croyoient la propriété d'aider le plus aux miracles. On a aussi donné le nom de betyle à la belemnite.

BEUGKSAMKEIT, f. flexibilité, qualité de ce qui est flexible.

BEUTELIG, adj. (*t. de min.*), même que *löcherig*, troué, percé, plein de trous. — *Beuteliges spiesglasertz,* mine d'antimoine pleine de trous.

BEWEGLICHKEIT, f. mobilité, facilité à être mû.

BEWEGLICH, adj. mobile, qui se meut, qui peut être mû, la force mouvante, le corps qui est mû, premier mobile.

BEWEGUNGS-KUNST, la science des forces mouvantes, du mouvement; la dynamique, la mécanique.

BEWEGUNGSPUNCKT, m. même que RUHEPUNCKT, point d'appui; point fixe d'où part le mouvement.

BEYGANGE, f. filons d'accolage, ou branches de filons qui accompagnent le principal, s'en détachent ou s'en écartent en certains points pour le rejoindre en d'autres.

BEYLCHEN, n. (*t. de min.*), mine, minière exploitée à la suite de la mine principale, mine réunie ou ajoutée à une autre; mine combinée avec d'autres.

BEYPFANNE, f. chaudière placée à côté d'une plus grande dans les salines.

BEZOARSTEIN, m. bésoard, pierre formée par couches concentriques dans l'estomac, les intestins, la vessie et les reins de certains animaux ruminans, et plus communément des chèvres et des gazelles. On trouve au centre du bésoard du poil, du bois ou de la paille, qui servent de point d'appui. Il y a une sorte de bésoard que l'on nomme *égagropile,* ou bésoard de poils; ceux-ci sont formés d'une multitude de poils que les animaux avalent en se léchant lorsqu'ils sont en repos, ou bien de racines dures non digérées : ceux de cette espèce qui sont couverts d'une croûte ne diffèrent des autres que parce qu'ils sont formés plus anciennement. Le bésoard dit *minéral* ou *fossile* est une chaux carbonatée globuliforme, une concrétion calcaire.

BIBINÄER, adj. (*t. de crist.*), bibinaire. Un cristal se nomme bibinaire lorsqu'il subit deux décroissemens par deux rangées de molécules. Ex : *Bibinäerer feldspath,* feldspath bibinaire.

BIEGEN, v. a. plier, fléchir, courber, rendre courbe.

BIEGSAM, adj. pliant, flexible, souple. — *Elastich biegsam,* élastique. — *Gemein biegsam,* non élastique ou d'une flexibilité ordinaire.

BIEGSAMKEIT, flexibilité, souplesse, facilité à plier ; (*t. de min.*),la propriété de certains minéraux de se laisser plier sans rompre.

BIEGUNG, f. courbure, pli.

BIEGZANGE, f. tenailles à plier, à courber.

BIENENERZ, n. minéral cellulaire, alvéolaire, imitant les cellules ou alvéoles des abeilles.

BIENENROST, m. quartz hyalin commun.

BIERSCHICHT, f. poste de bière. On appelle ainsi le loisir forcé d'un mineur, lorsque, pour le punir, on lui interdit le travail pendant un certain temps.

BIERZETTEL, billet pour la bière, sorte de bon que l'on donnoit autrefois aux mineurs pour une certaine quantité de bière, mais qui ne s'accorde plus aujourd'hui à cause des abus qui ont résulté de cette facilité.

BIHNE IM SCHMELZEN, obstructions, amas qui se forment dans les fourneaux pendant la fonte d'un minerai réfractaire ; pour *Bühne.* Voyez ce mot.

BILDMARMOR, m. marbre dendritte.

BILDSTEIN, m. pierre à sculpture par image ; talc glaphique, c'est-à-dire propre pour la sculpture. — *Chinesischer bildestein,* agalmatholite.

BIMSTEIN, m. ponce, pierre ponce ; lave vitreuse pumicée, pierre bulbeuse composée de fibres très-fragiles, d'un aspect soyeux, souvent contournées ;

ordinairement elle surnage l'eau. *V.* VULCAN.

BIMSTEIN ERZ. On donne ce nom ou celui de matrice de poudre d'or à une masse quartzeuse cellulaire, très-légère, criblée d'empreintes profondes, cubiques, qui sont les vides laissés par des cubes de fer sulfuré aurifère décomposés, et au fond desquelles il reste de la poudre d'or en telle quantité que d'une masse de cette nature, pesant une livre, on retire, dit *Pallas,* jusqu'à six lots de poudre d'or.

BINÄR (*t. de crist.*), binaire: se dit d'un cristal qui subit un seul décroissement par deux rangées de molécules. Ex : *Binaërer eisenglanz,* fer oligiste binaire.

BIND, schiste micacé mêlé de tourmalines.

BINDA, binde ; mélange de mica et de tourmaline dans la roche cornéenne.

BINDAXT, f. besaïgue, hache pour dégrossir du bois.

BINDBALKEN, m. (*t. de charp.*), tirant.

BINGEN ou PINGEN, anciens puits de mine abandonnés, détruits ou ruinés.

BINGEN BAU, m. sorte particulière de travail de mines, qui, suivant quelques auteurs, est préférable au *Schachtbau,* sur-tout pour les mines de fer.

BINOTERNÄER, adj. (*t. de crist.*), binoternaire. On nomme ainsi un cristal lorsqu'il y a un décroissement par deux rangées et un autre par trois. Ex : *Binoternäer kohlen gesaüerter kalk,* chaux carbonatée binoternaire.

BIRDEISEN , n. outil de verreries , instrument de fer dont on se sert pour transporter la matière fondue que l'on veut façonner.

BIRKENHOLZ , n. bois de bouleau.

BIRKENTHON , m. argile schisteuse.

BIRNFÖRMIG, adj. piriforme; en forme de poire ou pyramidal.

BIRHOMBOÏDAL, adj. (*t. de crist.*), birhomboïdal : ce nom désigne un cristal dont la surface est composée de douze faces , qui étant prises six à six, et prolongées par la pensée jusqu'à s'entrecouper, formeroient deux rhomboïdes différens. Ex : chaux carbonatée birhomboïdale.

BISAM , m. musc.

BISUNITÄR, adj. (*t. de crist.*), bisunitaire. On nomme ainsi un cristal qui a subi deux décroissemens par une rangée de molécules. Ex : chaux carbonatée bisunitaire.

BISMUTH, n. bismuth , métal d'un blanc jaunâtre. *V.* WISMUTH.

BITERNÄER, adj. (*t. de crist.*), biternaire; cristal qui a subi deux décroissemens par trois rangées de molécules.

BISTER , m. bistre , suie détrempée à l'usage des dessinateurs.

BITTER , adj. amer, âpre , qui a de l'amertume.

BITTERERDE , f. terre magnésienne , magnésie.

BITTERKALK, m. chaux amère ; sorte de chaux qui , étant éteinte et mêlée avec de l'eau,

peut se garder long-temps. — (*t. de min.*) *Dichter bitterkalk* , chaux amère, compacte, minéral d'un blanc jaunâtre encroûté d'une substance terreuse , grasse au toucher , qui paroît être due à sa décomposition. Quelques minéralogistes le regardent comme un intermédiaire entre l'argile durcie et le (*hornstein*) conchoïde.

BITTERKEIT, f. amertume , saveur rude et désagréable.

BITTERLICH , adj. amer. — *Schwach bitterlich* , foiblement amer.

BITTERSALZ , n. magnésie sulfatée. — *Natürlicher bittersalz* , sel amer natif, sel d'Epsom , sel de Sedlitz.

BITTERSPATH, m. spath magnésien , chaux carbonatée magnésifère muricalcite de *Kirwan* , picrites de *Blumenbach*.

BITTERSTEIN , m. néphrite commun ; jade néphritique.

BITTERWASSER , n. eau minérale qui contient du sel neutre.

BITUMINÖSE , adj. bitumineux.

BITUMINÖSE HOLZERDE , f. terre végétale bitumineuse.

BITUMINOSER - MERGELSCHIEFER , m. schiste marneux bitumineux , sorte de schiste qui ne se rencontre que dans les montagnes calcaires stratiformes , où il forme des couches qui reposent sur une espèce de grès que l'on a appelé base stérile rouge (*rothe tödte liegende*); c'est ce schiste impressionné de Thuringe , si remarquable par ses belles empreintes de poissons , et que l'on appelle aussi *kupferschie-fer*, schiste cuivreux , parce qu'en effet on l'exploite comme mine de cuivre.

BLACHMAL , pyrites sulfu-reuses aurifères. En Hongrie on donne ce nom à une variété de l'argent vitreux , c'est-à-dire sulfuré.

BLACHMAHL , scorie ou crasse de l'argent en fusion ; mélange d'or et d'argent fondu ensemble.

BLACHMANN ou BLACHMAN, argent vitreux ou sulfuré , suivant *Voigt;* et mine d'ar-gent blanche , riche (*weisgülti-gerz,* suivant *Gmelin*); laquelle, d'après *Klaproth,* est une mine d'argent mêlée de plomb et sans cuivre.

BLACKWAD. *Voy.* WAD.

BLÄEHEN, v. a. (*t.de chim.*). *Sich bläehen,* s'enfler , se gon-fler , se boursoufler. — *Der stilbit bläeth sich vor dem lothrohre ,* la stilbite se bour-souffle au chalumeau.

BLASE , f. vessie , vessicule. — *Blase zum distilliren, distil-lir-blase,* vessie à distiller, pour distiller.

BLASEBAELGE , m. soufflets de fourneaux.

BLASEBALGRÖHRE, f. tuyère, ouverture d'un fourneau où l'on place les becs des soufflets; la buse d'une machine souf-flante : cette ouverture est re-vêtue d'une espèce d'entonnoir de fer ou de cuivre qui déborde un peu dans l'intérieur du foyer.

BLASEN, v. a. souffler, pous-ser avec le souffle. — *Glas schmelz blasen,* souffler le verre,

l'émail. — subst. *Das blasen der flaschen und der spiegel-gläser ,* paraison , action de souffler le verre. — (*t.de fond.*) *Blasen ,* soufflure , cavité qui se trouve dans la fonte ou dans un ouvrage de fonte.

BLÄSER , m. fer oxidulé ; tourmaline.

BLÄSERIG , adj. bulleux , spongieux.

BLÄSEROHR , n. tuyau à souffler ; barre de fer creuse pour souffler le verre fondu ; fêle des verriers ; buse , tube conique de fer ou de cuivre qui termine une machine soufflante quelconque.

BLASEWERCK , n. durée de travail d'un haut fourneau , après son rétablissement jus-qu'au moment où on le laisse refroidir pour la première fois. *Voy.* GEBLÄSE.

BLÄSIG, adj. plein de bulles, d'enflures. — *Bläsiges kupfer,* cuivre boursoufflé. On dit d'un minéral qu'il est bulleux lors-qu'il présente des petites cavités sphériques semblables à des bulles d'air au milieu de l'eau.

BLATT , n. feuille.

BLATTBLEY , n. plomb en feuilles.

BLÄTTCHEN, n. petite feuille ou lame mince de métal. — *Blättchen-silber,* argent natif; lamelliforme , argent battu , argent en feuilles , argent en paillettes. — *Blättchengold ,* or battu , or en feuilles.

BLÄTTGEN. *V.* BLÄTTCHEN.

BLÄTTERERZ, n. tellure na-tif aurifère et plombifère.

BLÄTTERICH GESTEIN , n.

pierre scissile qui se laisse aisément fondre.

BLÄTTERGYPS, n. chaux sulfatée laminaire.

BLÄTTERIG, adj. feuilleté ; (*t. de min.*), laminaire. —*Blättriger brüch* cassure lamelleuse. — *Blättriges gefüge*, tissu lamelleux.

BLÄTTERKOHLE, f. charbon lamelleux, houille d'un noir parfait, éclatant dans sa cassure, mais la plus fragile de toutes les sortes de houille et la plus sujette à se décomposer.

BLÄTTERSPATH, m. chaux carbonatée laminaire. On a aussi donné ce nom à la chaux fluatée.

BLÄTTERSTEIN, m. variolite: sorte de pierre verte avec des taches qui imitent assez celles de la petite vérole. Plusieurs auteurs comprennent aussi sous cette dénomination les chaux carbonatées et sulfatées laminaires, ainsi que la chaux carbonatée magnésifère (*bitter spath*).

BLATTSILBER, n. argent natif lamelliforme ; feuilles d'argent battu.

BLATTSTÜCH, n. (*t. de charp.*), sablière, longue pièce de bois servant dans les combles.

BLATTZINN, n. étain en lames.

BLAU, adj. bleu. — *Indigblau*, bleu d'indigo. — *Berliner blau*, bleu de Prusse, bleu parfait.

BLAUBLENDE, blende bleue, que l'on appelle aussi galène stérile bleue, sorte de minerai pauvre qu'on emploie comme flux en Norwège dans la fonte du cuivre.

BLAUELEYERZ, n. minerai de plomb bleu : variété de minerai de plomb assez rare qui paroît dû à la décomposition du plomb carbonaté, et peut-être aussi à celle du plomb sulfuré. Sa couleur tient du gris de plomb et du bleu indigo, tirant quelquefois au noir et au gris de fumée ; elle a été trouvée à Tschopau en Saxe, dans un endroit où l'on ne travaille plus.

BLAUEISENERDE, f. fer azuré.

BLAUEL, m. maillet de bois, malloche.

BLAUEN, v. a. frapper, battre avec un maillet.

BLAUER SCHLUF, terre argileuse bleuâtre.

BLAUERZ, n. cuivre carbonaté bleu.

BLAUFARBE, f. couleur bleue; safre.

BLAUFARBEN HAEFEN, padelin : grand creuset de verrier dont on se sert pour fondre l'émail bleu dans les fabriques de couleur bleue.

BLAUFARBEN-MÜHLE. *Voy.* BLAUFARBEN-WERK.

BLAUFARBEN - MUSTER, échantillon d'émail qui sert de modèle pour la couleur à donner au verre bleu dans les fabriques de cette couleur.

BLAUFARBENWERCK, n. manufacture, fabrique de couleur bleue, où l'on fond dans des fourneaux appropriés le cobalt avec le sable quartzeux et les sels convenables, d'où il résulte un verre bleu qui, étant passé dans des moulins et réduit en poudre, est livré au commerce.

BLAUFEUER, n. feu bleu ; petite forge ; sorte de fourneau

autrefois en usage pour la fonte du fer : il étoit moindre que ce qu'on appelle aujourd'hui haut fourneau, mais cependant plus fort que ceux des petites fonderies.

BLAUGESAUERTE, prussiate ; nom générique des sels formés par la combinaison de l'acide prussique ou matière colorante du bleu de Prusse avec différentes bases. — *Blaugesaüertes eisen*, prussiate de fer. — *Blaugesauerte pottasche*, prussiate de potasse, liqueur saturée de la partie colorante du bleu de Prusse.

BLAULICH, adj. bleuâtre, tirant sur le bleu.

BLAUOFEN, m. fourneau bleu, sorte de fourneau de fusion sans avant-foyer, et dont la hauteur surpasse 14 pieds.

BLAUSAÜERE, f. acide prussique, matière colorante du bleu de Prusse.

BLAUTHON, argile bleue : sorte d'argile regardée comme intermédiaire entre l'argile glaise et l'argile lithomarge.

BLAUVITRIOL, m. vitriol bleu ; cuivre sulfaté ; vitriol de Chypre.

BLECH, n. tôle, plaque, lame de quelque métal battu ; table de métal, fer battu en plaques minces. — *Schwarzes blech*, fer battu non étamé. — *Verzinntes blech*, fer étamé, fer-blanc.

BLECHABSCHNITTE, f. la retaille des feuilles de tôle, ce que l'on en retranche quand on les façonne.

BLECHARBEIT, m. ouvrage

de plaques de fer mince ou en fer blanc.

BLECHARBEITER, m. ouvrier en fer-blanc.

BLECHBESCHLAG, m. garniture de fer-blanc.

BLECHEN, (*t. de min.*). *In blechen*, en lames, pour désigner un caractère de minéral solide. — *In dünnen blechen*, en lames minces.

BLECHFASS, n. baril, tonne de lames de fer, de feuilles de tôle.

BLECHFEUER, n. feu de tôle ou atelier dans lequel on forge le fer battu en plaques, où on fabrique les plaques de tôle, où on réduit le fer en lames.

BLECHGLÜHOFEN, m. fourneau à faire rougir le fer battu ou tôle.

BLECHHAAKEN, m. crochet pour retirer le crible de dedans l'auge du bocard.

BLECHHAMMER, m. marteau à platiner ; la forge où l'on réduit le fer en lames, les barres de fer épaisses en plaques minces ; fabrique de tôle et de fer-blanc.

BLECHKLOPFER, manche du crible de l'auge du bocard, et sur lequel on frappe pour le nettoyer.

BLECHMAASS, m. plaque de fer qui sert aux orfèvres pour leur faire trouver l'épaisseur de l'or ou de l'argent battu : elle a des entailles de toutes grandeurs ; plaque de laiton dont les tréfileurs se servent pour déterminer la grandeur des trous de la filière.

BLECHMANN, m. *Voyez* BLACHMANN.

BLECHMEISTER, m. le principal ouvrier d'une fabrique de fer-blanc.

BLECHMÜNZE, f. monnoie de lames d'or ou d'argent; ancienne sorte de monnoie très-mince dont l'empreinte étoit relevée d'un côté et creuse de l'autre.

BLECHNAGEL, m. clou à tête large pour fixer les plaques de fer sur les toits, et en général pour attacher les pièces de fer-blanc ou de tôle.

BLECHOFEN, m. fourneau à platiner.

BLECHSCHEERE, f. coupoir, forces, ciseaux à couper et rogner les lames de fer-blanc.

BLECHSCHLAEGER, m. batteur de fer en lames; dénomination générale de tous les ouvriers qui travaillent dans les forges ou fabriques de fer battu.

BLECHSCHMID, m. le platineur, le taillandier en fer-blanc, le ferblantier.

BLECHSCHNEIDER, m. le cisailleur.

BLECH VON ZINN, bavette; lame d'étain, étain en lames.

BLECHUTTE, f. fabrique de lames de fer et de fer-blanc.

BLECHWERCK, n. outils, instrumens ou ustensiles de tôles, de lames de fer, ou de fer-blanc.

BLEI ou BLEY, n. plomb; (*t. de chim.*), saturne; métal d'un gris livide, fusible à un léger degré de chaleur. — *Bley in blöcken*, plomb en saumons. — *Gerolltes bley*, plomb laminé. — *Bley und kupfer stein absetzen*, lever les gâteaux de matte à mesure qu'ils se figent

à la surface du plomb qui reste au fond du bassin.

BLEICHEN, v. n. blanchir, devenir blanc, rendre blanc; v. a. blanchir.

BLEIS, quartz amorphe pénétré de plomb sulfuré

BLENDE, f. blende, zinc sulfuré; (*t. de min.*), petite porte pour introduire, faire circuler et diriger l'air dans les travaux de mine; lanterne en usage dans certaines mines au lieu des lampes ordinaires.

BLENDEN, v. a. éblouir. — *Einen schacht* ou *stollen blenden*, fermer une galerie ou un puits par une porte ou par des planches.

BLENDIG, adj. qui contient une substance, un minéral luisant. — *Blendiges gestein*, pierre qui contient une substance brillante.

BLETZ, m. coin pour fendre les pierres, faire éclater la roche dans les travaux de mine.

BLETZFASS, n. cuve à tremper les pièces de cuivre qui sont dures et rebelles; autre sorte de cuve dans laquelle on place les chaudières de cuivre pour leur faire prendre une couleur.

BLEUL, n. *Voyez* BLEYEL.

BLEYABGANG, m. scories de plomb.

BLEYADER, f. veine de plomb.

BLEYARBEIT, f. travail du plomb, fonte des minerais de plomb, fonte en plomb; coupellation des minerais d'argent avec une addition de plomb.

BLEYARBEITER, m. plombier, ouvrier qui travaille en plomb.

Bleyarsenik, plomb arséniaté.

Bleyasche, f. cendrée, écume qui se forme à la surface du plomb qu'on purifie et qui a l'aspect d'une cendre grise.

Bleybalsam, m. (*t. de chim.*), baume de Saturne, chaux de plomb dissoute dans l'huile de térébenthine.

Bleyblatt, n. feuille de plomb.

Bleyblick, m. (*t. de fond.*), éclair du plomb ; l'éclat qui paroît sur la surface du bain dans les essais de cuivre, à l'instant où le plomb qui avoit été ajouté pour favoriser la fusion achève d'être dissipé.

Bleyblumen, plur. (*t. de chim.*), fleurs de Saturne, parties subtiles qui s'attachent en forme de flocons blancs aux parois des vaisseaux dans lesquels on fait sublimer le plomb.

Bleybutter, f. (*t. de chim.*), beurre de Saturne, substance épaisse et onctueuse qu'on obtient en distillant du plomb dans une retorte avec le sublimé corrosif, ou muriate oxigéné de mercure.

Bleydruse, f. plomb cristallisé formant un grouppe. On peut rapporter ici le plomb carbonaté bacillaire d'*Haüy*, en prismes ou baguettes cannelées en tous sens, et formant des grouppes semblables par leur aspect à la baryte sulfatée qui a la même forme.

Bleyel, n. le communicateur du mouvement de la manivelle aux tirans de pompe dans les machines hydrauliques.

Bleyerde, f. mine de plomb terreuse, friable ; plomb oxidé. — *Rothe bleyerde*, plomb carbonaté terreux rouge.

Bleyern, adj. de plomb. — *Eine bleyerne röhre*, un tuyau de plomb.

Bleyerz, n. mine ou minerai de plomb.

Bleyessig, m. vinaigre de Saturne ; dissolution de plomb dans du vinaigre.

Bleyform, f. moule de plomb.

Bleygang, m. filon de mine de plomb.

Bleygeist, m. (*t. de chim.*), esprit de Saturne : liqueur trèsforte provenant de la distillation du sel de plomb.

Bleygelb, m. massicot ; plomb carbonaté terreux jaune.

Bleygewicht, n. poids de plomb.

Bleygiesser, m., plombier, fondeur en plomb.

Bleygiesserey, f. plomberie ; l'art et l'action de fondre et de travailler le plomb.

Bleyglanz, m. plomb sulfuré ; galène ; alquifoux. Le plomb sulfuré est quelquefois antimonifère, argentifère, ferrifère.

Bleyglasz, n. verre de plomb. — *Natürlicher bleyglas*, verre de plomb natif. Minéral rare, particulier aux mines du Hartz, et qui n'est encore considéré en France que comme une variété de plomb carbonaté, tandis qu'en Allemagne on le regarde comme une espèce bien distincte. Ses couleurs sont le blanc, ou grisâtre, ou jaunâtre, ou verdâtre, avec plus ou moins d'intensité ; son éclat, quoique brillant et vitreux, sur-tout dans la cassure, a quelque chose de gras et d'onctueux : il se présente le plus souvent disséminé et amorphe; mais on le trouve aussi sous forme cristalline, à la vérité peu déterminable ; et j'en possède de cette espèce où l'on croit reconnoître le prisme hexaèdre à sommet cunéiforme ; la couleur est d'un vert clair très-vif, et le cristal strié irrégulièrement en travers.

BLEYGLÄTTE , f. litharge , oxide de plomb. *V.* GLAEDTE.

BLEYGLIMMER , m. plomb micacé , plomb carbonaté blanc en petites paillettes brillantes , saupoudrant d'autres minéraux, à la mine de Bergmannstrost, près Saint-Andreasberg ; plomb carbonaté aciculaire d'*Haüy* , en aiguilles d'un blanc soyeux très-éclatant , tantôt libres , tantôt réunies en faisceaux , et souvent recouvertes d'une poussière d'un vert brillant qui est de la malachite.

BLEYGNEUSS, schiste mélangé de minerai de plomb ; schiste plombifère. *V.* BLEYSCHIEFER.

BLEYGRAUPE , f. plomb carbonaté blanc concrétionné.

BLEYHACKEN , m. croc; crochet de fer dont on se sert pour retirer le gâteau de plomb fondu après la fonte , en le plongeant dans le bain avant qu'il soit tout-à-fait refroidi.

BLEYHAMMER , m. marteau à l'usage des ferblantiers.

BLEYHÜTTE , f. fonderie de plomb.

BLEYISCH, adj. (*t. de min.*), plombifère tenant plomb. — *Bleyischer mergel* , marne , ou argile-calcarifère tenant plomb.

BLEYKALK , m. chaux de plomb, plomb oxidé ; plomb phosphaté.

BLEYKÖNIG, m. (*t. de chim.*), régule de plomb ; le culot ou bouton de plomb resté au fond du creuset quand on fait des essais.

BLEYKORN , n. grain de plomb ; (*t. de chim.*), le bouton , le témoin.

BLEYKÖRNEN , v. a. granuler le plomb.

BLEYKRYSTALLEN , plur. cristaux de plomb , soit ceux de minerai de plomb , soit ceux obtenus par les dissolutions de plomb dans les acides.

BLEYLOTH, n. plomb, sonde ; plomb pour niveler , pour prendre les aplombs, et plomb à trouver la profondeur de l'eau. — *Mit dem bleyloth messen* , mesurer avec le plomb.

BLEYMILCH, f. (*t. de chim.*), lait de Saturne , lait virginal.

BLEYMÜLDE , f. saumon de plomb , masse de plomb telle qu'elle est sortie de la fonte.

BLEYMULM , m. mine de plomb terreuse noirâtre.

BLEYNAGEL, m. clou à grosse tête ronde pour les tuyaux de plomb dans l'eau.

BLEYNIEDERSCHLAG , m. (*t. d'ancienne chim.*), le magistère de Saturne , c'est-à-dire précipité de plomb dissous dans un menstrue.

BLEYNIERE, f. mine de plomb réniforme , nom donné par *Karsten* à une sorte de minerai de plomb de Sibérie qui paroît être du plomb arsénié.

BLEYOCHER , m. ochre de

plomb, mine de plomb terreuse, blanche ou jaunâtre , et présumée le produit d'une décomposition.

BLEYÖHL , n. (*t. de chim.*), huile de Saturne. *V.* BLEYBALSAM.

BLEYPROBE, f. essai du plomb, soit de son minerai , soit du métal même.

BLEYPULVER , n. poudre de plomb qui se forme lorsqu'on fond le plomb avec du charbon pilé ; c'est avec cette poudre qu'on prépare l'émail des potiers.

BLEYRAUCH , m. fumée de plomb , fumée que produit le plomb en fusion durant sa coupellation , et qui est fort malsaine.

BLEYSACK , m. scories, impuretés qui restent attachées quelquefois au gâteau après la fonte dans l'opération de l'affinage du plomb; le plateau d'argent qui, après la coupellation, contient encore du plomb.

BLEYSAFRAN, m. (*t. de chim.*), safran de Saturne, sel doux produit par la dissolution du plomb dans un acide.

BLEYSALBE , f. onguent de Saturne.

BLEYSALZ, n. sel de Saturne nommé aussi *Bleysucker,* sucre de Saturne, à cause de sa saveur douce.

BLEYSAND et aussi SANDERZ, m. sable de plomb , suivant *Gmelin :* c'est une sorte de grès dans lequel sont disséminés des petits grains de plomb sulfuré. La mine de Nohfelden en produit de ce genre ; mais on donne aussi ce nom à un sable

préparé avec du plomb pour fabriquer les verres de montre , afin de les rendre moins susceptibles d'humidité.

BLEYSCHICHT, f. (*t. de fond.*), poste de plomb , c'est-à-dire la quantité de plomb qui peut se fondre en vingt-quatre heures , ou pendant le poste des fondeurs.

BLEYSCHIEFER , m. schiste plombifère; *Gmelin* donne ce nom à une variété de plomb carbonaté blanc , mais on entend plus généralement un schiste mêlé de minerai de plomb.

BLEYSCHLACKE , f. crasse, scorie de plomb.

BLEYSCHLICH, m. schlich de plomb ; minerai de plomb plié, lavé et réduit en schlich, c'estest à - dire préparé pour la fonte.

BLEYSCHNUR , m. le plomb, le perpendicule ; le cordeau au bas duquel est attaché un poids pour prendre les aplombs.

BLEYSCHUSS, m. minerai de plomb le plus commun.

BLEYSCHÜSSIG , adj. Les Hongrois donnent cette épithète tirée du nom précédent à tous les minéraux qui ont de l'éclat.

BLEYSCHWEIF , m. plomb sulfuré compacte ; sorte de minerai dont le grain est terne, si fin et si serré qu'on ne peut guère l'apercevoir sans le secours de la loupe.

BLEYSPATH , f. mine de plomb spathique, toutes les sortes de plomb carbonaté.

BLEYSPIEGL, m. *Voy.* BLEYSCHWEIF.

BLEYSTEIN , m. plombière; matte de plomb provenant de

la fonte crue de minerais non grillés et contenant encore du soufre et autres substances minérales. — *Bleystein abziehen,* enlever les mattes qui surnagent le plomb dans le bassin de percée ou de réception. — *Bleysteinarbeit,* fonte de la matte de plomb.

BLEYSTIFT, m. crayon, fer carburé.

BLEYSTUFE, f. minerai de plomb, échantillon de minerai de plomb.

BLEYVITRIOL, m. *Natürlicher bleyvitriol,* vitriol de plomb natif, plomb sulfaté d'*Haüy.* Ce minéral se présente ordinairement sous la forme de cristaux diaphanes et incolores, ou d'un jaune roussâtre et translucide : le plus connu est celui de l'île d'*Anglesey,* qui est disséminé en cristaux assez nets dans les cavités d'une pierre cellulaire et friable, composée de silice, d'oxide de fer rouge et de cuivre sulfuré.

BLEYWAAGE, f. balance pour peser le plomb que l'on veut coupeler ; niveau. — *Mit der bleywaage messen,* mesurer avec le niveau, au niveau.

BLEYWEISS, n. blanc de plomb natif; céruse; blanc d'Espagne; blanc de Venise.

BLEYWURF, m. plomb, sonde. — *Durch den bleywurf die tiefe suchen,* chercher la profondeur en jetant le plomb.

BLEYZAPFEN, m. fer rond et large d'un côté, adapté à un treuil pour tirer le minerai hors des fosses.

BLEYZIEHER, m. tireur de plomb, celui qui tire, qui file le plomb.

BLEYZINNOBER, m. cinabre de Saturne, uzifur.

BLEYZUG, m. filière de plomb, tire-plomb.

BLICK, m. (*t. de chim.*), éclair, fulguration; lumière étincelante qui, dans la coupellation, paroît à la surface du bouton d'or ou d'argent au moment du départ, c'est-à-dire à l'instant où s'achève la séparation parfaite du plomb d'avec l'argent. — (*t. de min.*) *Die erze brühen in breitem blick,* ce minerai s'étend sur toute la largeur, ce qui signifie qu'il couvre tellement toute la capacité ou puissance du filon que l'on a peine à en reconnoître la gangue, ce qui est très-rare.

BLICKEN, v. n. éclater, jeter un éclat de lumière court et vif. — *Das silber blickt,* l'argent jette son éclair dans la coupellation, ce qui annonce qu'il est séparé du plomb.

BLICKGOLD, n. or affiné qui contient encore de l'argent.

BLICKSILBER, m. argent affiné tel qu'il vient d'éclater sur la coupelle ; argent de coupelle.

BLIND, adj. (*t. de lapid.*), aveugle. On nomme ainsi une gemme ou pierre fine qui se trouve opaque lorsque sa nature est d'être transparente.

BLINDA, c'est le nom que l'on donne en Suède à la roche verte dite *grünstein;* quelques auteurs allemands l'ont employé.

BLINDE MUTHUNG, f. (*t. de min.*), titre de concession dans

lequel ni le filon ni le lieu de la montagne ne sont désignés.

BLINDE NAMEN FÜHREN (*t. de min.*), porter en compte des noms supposés, rapporter une paie comme faite à des ouvriers qui n'ont pas effectivement travaillé.

BLOCK, m. bloc, masse. — *Ein blockzinn,* un saumon d'étain, une masse d'étain telle qu'elle est sortie de la fonte.

BLOCKKARN, m. éfourceau, machine composée d'un essieu, deux roues et un timon pour transporter des fardeaux très-pesans.

BLOSER HEERD. *V.* GLAÜCHHEERD.

BLUHEN, v. n. (*t. de chim.*), effleurir, tomber en efflorescence. — *Das kupfer bluhet,* le cuivre effleurit, tombe en efflorescence, s'altère, se décompose.

BLUMEN, plur. fleurs, efflorescence; sublimé, volatilisé.

BLUMENSTEIN, sorte de pierre qui représente des fleurs.

BLUTEN, v. n. (*t. de min.*), *Das erz bluthet,* la mine est combinée, mêlée avec l'argent rouge, l'argent antimonié sulfuré rouge.

BLUTERZ, n. mine de couleur sanguine, argent rouge.

BLUTJASPIS, m. jaspe sanguin, jaspe vert foncé marqué de petits points ou taches rouges; héliotrope.

BLUTHROTH, adj. rouge de sang, rouge obscur qui paroît mêlé de rouge écarlate vif et d'un peu de brun.

BLUTLAMPE, f. nom que les anciens imposteurs chimistes

ont donné à une sorte de lampe composée du sang d'un homme vivant, et qui, selon eux, devoit brûler tout le temps de sa vie et indiquer par ses changemens de lueur ceux qu'éprouvoient son humeur et son sang.

BLUTSTEIN, m. sanguine; fer oxidé, hématite rouge, fer hématoïde.

BOCK, m. chevalet des maçons et des charpentiers; tréteaux des scieurs de planches; chevron ou cadre de boisage; chèvre, machine pour élever de gros fardeaux; la voûte au-dessous du fourneau dans les fabriques de laiton; l'instrument de fer à double crochet qui sert à remuer les matières dans un fourneau de fonte; l'appui du crible de fer dans les usines, dans les machines à molettes; la traverse à laquelle on attèle les chevaux pour lui donner du mouvement; le chantier qui supporte le canal en bois par lequel l'eau est amenée sur les roues d'une machine.

BOCKBEIN, n. la jambe d'un chevron ou le montant d'un cadre de boisage.

BOCKSEIFE, f. savon noir de montagne. *Voy.* BERGSEIFE.

BOCKSTEIN, m. sorte de pierre fétide qui a l'odeur de boue; pierre de boue.

BODEN (m.) la terre; le terrain, le sol, le fond, l'endroit le plus profond d'une chose creuse.

BODENBLATT, n. feuille; couche d'argile sous le moufle dans les fourneaux d'essai; le sol du fourneau.

BODENEISEN, n. fer à creuser le fond des vaisselles d'étain.

BODENKREIS, m. moulure de culasse d'un canon.

BODENRAD, n. (*t. de mécan.*), tympan, pignon enté sur son arbre et qui engraine dans les dents d'une roue.

BODENSÄGE, f. scie pour scier l'enfonçure, les pièces qui font le fond des tonneaux.

BODENSALZ, n. sel marin, muriate de soude.

BODENSATZ, m. (*t. de min.*), pierre de dépôt; chaux carbonatée concrétionnée; suivant certains auteurs, grès micacé; (*t. de chim.*), lie, dépôt, sédiment que les liquides laissent au fond d'un vase.

BODENSTUCK, n. culasse d'un canon.

BOGENSÄGE, f. grosse scie des fendeurs de bois et des charpentiers.

BOGIG, adj. courbé en arc, arqué, bombé. — *Bogig machen*, (*t. de charp.*), bomber, rendre convexe, plier en arc, voûter, courber.

BOHNAXT, f. (*t. de charp.*), hachette, petite hache large et mince.

BOHNE, f. (*t. de fond.*), le sol de la fonderie.

BOHNEN, v. a. lisser, frotter, polir avec de la cire.

BOHNERZ ou BOHNENERZ, n. fer pisiforme; fer oxidé globuliforme.

BOHRAUSTEL, n. le maillet ou marteau de mineurs dont il s'aide pour faire un trou de mine pour enfoncer l'aiguille; le vilbrequin pour frapper sur le fleuret.

BOHREISEN, n. fleuret; outil ou instrument de fer dont le mineur se sert pour percer la roche. — *Cronbohrer*, fleuret à couronne.

BOHREN, v. a. percer, forer, faire des trous, tarauder. — *Bohren im gestein*, percer le roc, faire un trou de mine.

BOHRER ou BÖHRER, m. (*t. de min.*), perçoir, fleuret, foret de mineur. *V.* BOHREISEN.

BOHRHAUER, m. ouvrier mineur qui perce le roc.

BÖHRIG, adj. Ce mot n'a de signification qu'autant qu'il est précédé d'un numéro. Ex. *Ein böhrig* signifie que le diamètre de la percée d'un tuyau est d'un pouce (*zwey böhrig*), de deux pouces, etc.

BOHRKLIPPE, f. (*t. de min.*), sortes de tenailles pour tirer hors d'un trou les morceaux d'un perçoir ou fleuret rompu.

BOHRKRATZER, m. (*t. de min.*), la cuvette, outil de fer courbé pour retirer la poussière d'un trou qu'on perce.

BOHRLADE, f. (*t. de fondeur de canons*), allésoir, outil pour alléser, c'est-à-dire agrandir le calibre d'un canon.

BOHRLOCH, m. la forme; le trou fait, percé avec un foret.

BOHRMEHL, n. farine de foret; c'est-à-dire les parties pulvérisées qui se détachent de la roche lorsqu'on y perce un trou.

BOHRMÜHLE, f. moulin à forer des tuyaux de bois, des canons.

BOHRMUSCHELN, pholades; coquilles multivalves ayant deux grandes valves transverses, baillantes, et une ou plusieurs valves articulées avec les grandes, et placées sur le ligament ou à la charnière. Les pholades percent les pierres calcaires les plus dures, les autres coquilles, le bois, etc. — *Versteinerte bohimuschel,* anomites: dénomination sous laquelle les oryctographes paroissent comprendre en général toutes les coquilles bivalves fossiles dont la charnière est en bec un peu recourbé et comme percé.

Bohrspäne, plur. pièces provenant d'un trou qu'on fore; (*t. de fonderie de canons*), alésure, ce qui tombe du métal en forant ou en alésant un canon.

Bohrspitze, f. mèche de foret, de vilebrequin.

Bohrstampfer, m. (*t. de min.*), le pilon, le boulon, pièce de fer avec laquelle on fait entrer de force la bourre dans les trous percés pour faire éclater la roche dans la mine.

Bohrstange, f. cuiller de pompe, fer acéré coupant pour forer, pour creuser les tuyaux de pompe; (*t. de fondeurs de canons*), boîte à aléser.

Bohrzeug, n. forets, et toute espèce d'instrumens dont on se sert pour faire des trous dans le fer.

Boisalz. *Voyez.* Boysalz.

Boken, n. On se sert de cette expression au Hartz pour désigner le brisement du minerai de fer.

Bolarerde, f. bol; terre bolaire, argile ocreuse; terre argileuse douce et onctueuse au toucher, et qui se divise aisément dans l'eau.

Bole, f. madrier, grosse planche, ais fort épais.

Bolen, v. a. garnir de madriers, de grosses planches.

Boliden - bolides. *Voyez* Meteorstein.

Bolleisen ou Balleisen, m. espèce de barre de fer qui est rouverin; c'est-à-dire cassant, rempli de gerçures.

Böller, m. boîte pour tirer, petit mortier de fonte.

Bollig', adj. dur, qui n'est pas souple, pas flexible.

Bologneser spath, Bologneser stein, spath, pierre de Boulogne, phosphore de Boulogne, lithéophore de *Lametherie;* baryte sulfatée radiée ou rayonnante; minéral qui a la propriété de briller dans l'obscurité, c'est-à-dire d'être lumineux quand il a été chauffé: c'est le corps phosphorescent le plus anciennement connu. On le rencontre en boules à surface tuberculeuse, soit engagées dans une argile calcarifère grise, soit roulées au bas de la montagne dite le Mont-Paterno, près de Boulogne. C'est avec cette variété que l'on fait la matière que l'on nomme *phosphore de Boulogne.* Pour le préparer on calcine la pierre, on la pulvérise et on fait avec cette poudre des espèces de petits gâteaux en l'agglutinant au moyen de l'eau gommée, et ces gâteaux, exposés à la lumière et portés ensuite dans un lieu obscur, dégagent la lumière dont ils semblent s'être imbibés.

Bolus. *Voyez* Bolarerde.

Bolzen, m. boulon, cheville ouvrière. — *Ein holz mit*

einem bolzen befestigen, boulonner, arrêter une pièce de charpente avec un boulon; (*t. de min.*), c'est un coin de fer qu'on introduit dans la roche pour la faire éclater; arbre ou pièce de bois pour empêcher l'éboulement des terres; des poteaux de 3 ou 4 pieds de longueur que l'on place perpendiculairement aux quatre coins d'un puits pour en soutenir la charpente.

BORAX, borax, borate de soude, soude boratée : sel que le commerce tire de la Perse et de la Chine.

BORAX SAÜERE, f. acide boracique.

BORAXSPATH, BORAZIT, boracite, magnésie boratée : minéral dont les couleurs ordinaires sont le blanc grisâtre et le gris cendré, quelquefois plus foncé. On ne le connoît encore que cristallisé, et ses cristaux, tous dérivés du cube, sont en général assez petits et empâtés dans un gypse lamelleux à grains fins d'où on les détache aisément. On l'a appelé aussi chaux boracique, chaux boratée.

BORDBLECH, n. lame de fer au bord, au côté des chaudières de sel.

BORDHACKEN, m. crocs de bords, crocs attachés aux bords des chaudières.

BORDKOPF, m. (*t. de salin.*), sel naturel, masse de sel qui s'attache aux bords, aux côtés des chaudières, etc.

BORDSCHÄBEN, plur., lames de fer pour exhausser les bords des chaudières.

BORDZANGE, f. outil pour redresser les bords gâtés des chaudières.

BORE, m. radical de l'acide boracique découvert par MM. *Gaylussac* et *Thenard*.

BORKENKÄEFER, m. *Voyez* WURMTRÖCKNISS.

BORN, m. (*t. de salin.*), puits salans, eaux salées. — *Zu borne gehen*, aller tirer des eaux salées. — *Born* pour *brunn, ein glasborn*, un verre d'eau de puits.

BORNFAHRT, f. visite des sources salées.

BORNHERR, m. officier qui a inspection sur les puits salans.

BORNKNECHT, m. celui qui tire les eaux salées du puits.

BORNMEISTER, m. l'officier des salines qui surveille spécialement ceux qui tirent les eaux salées.

BORNRAEUMER, m. cureur des puits salés.

BORNSCHREIBER, m. écrivain des salines.

BORNSEIL, n. corde servant à tirer les eaux salées.

BORNSTEIN. *V.* BERNSTEIN.

BORNWASSER, n. eau de puits.

BORTELEISEN, n. fer à goudronner, à faire un bord, des plis ronds.

BORTELN, v. a. goudronner de la vaisselle; faire un bord à des ouvrages d'étain ou de fer-blanc.

BÖSE. *Voyez* BÜSE.

BÖSELIZETTEN. *Voy.* GARKRÄTZ.

BÖSEWETTER. *V.* SCHWADEN.

BOSSAGE, bossage : pièce saillante d'un mur, d'une colonne.

BOSTRYSCHIT, bostrichite :

pierre figurée qui ressemble à la chevelure d'une femme ; asbeste.

BOTOM-LAYER-COAL, botom-layer-coal : nom d'une sorte de houille que l'on estime en Angleterre comme la meilleure pour le chauffage.

BOTRITISCH , adj. *Voyez* TRAUBIG.

BOTTICH ou BOTTIG , m. cuve, grand vaisseau qui n'a qu'un fond.

BOWEY-COAL , bowey-coal , substance ligneuse bitumineuse; sorte de *braünkohle* d'Exster en Angleterre.

BOYSALZ , n. sel marin , muriate de soude.

BRAND , m. (*t. de fond.*), durée d'une cuite , d'une fournée , d'une fonte , d'une distillation , laquelle est de 8 heures dans les laboratoires du minerai de mercure; adustion , état de ce qui est brûlé.

BRANDBOCK ou BRANDEISEN , m. chenet.

BRANDBÖGEN , arceau en briques au-dessus de la tuyère d'un fourneau de fusion.

BRANDERZ , n. On nomme ainsi en général toutes les espèces de minerais métalliques mêlés de bitumes et inflammables ; mais plus spécialement une variété de minerai de mercure qui est un mélange intime de mercure sulfuré , ou cinabre, avec une argile endurcie bitumineuse , et qui se trouve à Idria. On assure qu'elle rend 60 pour 100 de mercure.

BRANDGERUCH , m. odeur de brûlé , empyreume.

BRANDHACKEN ou FEUER-

HACKEN , m. croc dont on se sert dans les incendies.

BRANDIG , adj. BRENZLICH, empyreumatique, qui a l'odeur d'empyreume. C'est un des caractères du quartz hyalin limpide.

BRANDMAUER , mur de la partie d'un fourneau qui fait face à celle d'où vient le vent des soufflets ; mur mitoyen d'un fourneau de fonderie.

BRANDPROBE, f. petit bouton coupé du gâteau d'argent affiné pour essayer de nouveau si l'argent est au titre requis ; échantillon de l'argent purifié.

BRANDROST, m. grille à griller , à brûler les minerais.

BRANDSCHIEFER , m. schiste bitumineux , inflammable ; argile schisteuse bitumineuse.

BRANDSILBER , m. argent affiné , argent purifié , produit de la seconde coupellation qui se fait à la monnoie. — *Brandsilber abloschen* , éteindre, refroidir un plateau d'argent.

BRANDSILBER BESCHICKEN , alliage ou mélange qui se fait aux hôtels des monnoies de l'argent affiné avec le cuivre dans la proportion prescrite pour donner le titre à la monnoie.

BRANDSTUCK, n. pièce, portion d'argent purifié par le feu. — *Brandstucke sproszet* , le gâteau d'argent raffiné se boursouffle , se couvre d'aspérités , drageonne.

BRATTENBURGISCHERPFENNIG , m. monnoie de Brattenbourg : sorte de coquille fossile bivalve dont la valve supérieure est percée de trois trous, vulgairement écus de Brattenbourg.

BRAUN , adj. *Die braün-farbe*, la couleur brune. — *Röthlich braun*, brun rougeâtre.

BRAUNBLEYERZ et BRAU-NERZ , n. On appelle ainsi au Hartz une mine de zinc sulfuré intimement mélangé de galène sulfuré.

BRAUNEISENERZ, n. BRAUN-EISENSTEIN, m. mine de fer oxidé brune.

BRAUNERZ , n. Au Hartz, c'est le zinc sulfuré mêlé de plomb sulfuré. En Silésie, c'est la pyrite arsénicale ; et quelques auteurs désignent sous ce nom l'argent muriaté , peut-être celui de Saint-Johann-Georgenstadt, à cause de sa gangue terreuse d'un brun jaunâtre.

BRAUNGLAS, n. mica foliacé; verre ou talc de Moscovie.

BRAUNKALK , m. chaux brune. — (*t. de min.*) *Stangli-cher braunkalk* , chaux carbo-natée ferrifère scapiforme : mi-néral composé d'une multitude de pièces aplaties d'une extrème finesse, qui semblent présenter la forme hexaèdre, et se cou-pent presque par-tout sous un angle de 60 degrés. La couleur est le blanc de neige ou blanc pur avec un éclat un peu nacré ; quelques parties de la surface sont saupoudrées de petits points pyriteux très-fins.

BRAUNKOHLE, houille brune, houille terreuse ; bois bitumi-neux : en général, c'est le nom spécifique de toutes substances ligneuses bitumineuses.

BRAUNLICH , adj. brunâtre, — *Braunlich roth* , rouge bru-nâtre ou rouge d'Angleterre ,

rouge assez obscur qui est un mélange de rouge de cochenille et d'un peu de brun. — *Braün-lich schwarz* , noir brunâtre.

BRAUNSPATH , m. spath bru-nissant ; chaux carbonatée ferro-manganésifère perlée.

BRAUNSTEIN, m. manganèse: métal d'un grand usage dans les manufactures de glaces et de verre blanc ; il n'a pas encore été rencontré natif dans la na-ture , c'est-à-dire pur , et long-temps on ne l'a connu que dans l'état d'oxide. Mais aujour-d'hui on en distingue trois es-pèces bien tranchées , qui sont le manganèse oxidé, sulfuré et phosphaté. Le manganèse oxidé a beaucoup de variétés , dont l'une jouit de l'éclat métallique, c'est le manganèse oxidé mé-talloïde (*strahliges braunstein*); sa couleur tire sur le gris de fer : il se présente soit en prismes droits différemment terminés , soit en aiguilles divergentes dis-posées quelquefois avec beau-coup de régularité autour d'un centre commun , ou se croisant dans toutes les directions. Le manganèse sulfuré , connu de-puis peu, a un éclat demi-métal-lique dans les morceaux nou-vellement cassés, terne dans les autres ; sa couleur est le gris noirâtre ou le noir brunâtre ; sa cassure inégale , granuleuse : il se trouve à Nagyac avec ou dans le manganèse oxidé silicifère rouge qui sert de gangue au tellure aurifère et plombifère. Les mineurs hongrois le nom-ment *schwarzerz*. Les couleurs du manganèse phosphaté sont le brun rougeâtre ou le brun noirâtre ; sa forme primitive, présumée un parallélipipède rectangle, est peut-être le cube d'après *Haüy*.

BRAUNSTEINERZ, n. minerai de manganèse. — *Roth braunsteinerz*, manganèse oxidé rouge silicifère amorphe, variété d'épidote mélangée d'oxide de manganèse. *Voyez* EPIDOT. — *Strahligesgrau braunsteinerz*, manganèse oxidé métalloïde. — *Entzündliches braunstein. V.* WAD. — *Granat formiges. V.* BRAUNSTEINKIESEL.

BRAUNSTEINKIESEL, m. manganèse granatiforme ; sorte de manganèse oxidé qui se présente en cristaux d'un rouge hyacinthe foncé, assez semblables à des grenats et à certains cristaux d'Eisenkiesel ; ils sont disséminés dans un granite à gros grains de la forêt de Spessart, près Achaffenbourg.

BRAUNSTEINKOHLE. *Voyez* BRAUNKOHLE.

BBAUNSTEINOKER. *V.* WAD.

BRAUNSTEIN-SCHAUM, écume de manganèse, manganèse oxidé argentin d'*Haüy*. Il se présente tantôt en filamens déliés et sinueux, tantôt en petites masses composées de grains ou paillettes brillantes, tantôt en couches minces recouvrant le fer spathique, le fer oxidé hématite : il a la couleur blanche un peu jaunâtre, et presque l'éclat de l'argent.

BRAUSERDE, f. argile rougeâtre bitumineuse, qui s'enfle avec bruit dans l'eau.

BRAUSESTÉIN, m. zéolithe.

BRAUSETHON, m. argile-glaise.

BRECCIEN, brèches: agrégats composés de fragmens ou de débris agglutinés postérieurement à la formation des substances auxquelles ils ont appartenu. Quelquefois les brèches à leur tour ont été réduites en fragmens qui, agglutinés par un nouveau ciment, ont produit des brèches surcomposées qu'on a nommées doubles brèches.

BRECHBAR, adj. (*t. de phys.*), réfrangible.

BRECHBARKEIT, f. (*t. de phys.*), réfrangibilité. *Voyez* REFRANGIRBARKEIT.

BRECHE, f. écran des forgerons, plaque de fer que les forgerons suspendent devant le foyer de leur forge pour se garantir de la trop grande ardeur du feu.

BRECHEISEN, n. levier de fer, pince, barre de fer.

BRECHEN, v. a. rompre, briser, casser. En terme de mineur, ce mot signifie, se trouver dans la terre, dans la roche. Ainsi les Allemands disent qu'un minéral *se casse* dans les montagnes primitives, pour indiquer qu'il *se trouve* dans les montagnes primitives. — *Gold bricht niemals in flötzen*, l'or ne se trouve jamais en filons suivis. — *Verschiedene in den bergen brechende erze*, divers minéraux qui se trouvent dans les montagnes. — *Über sich brechen*, travailler au-dessus de sa tête.

BRECHEND, adj. réfringent, qui cause une réfraction. — *Der brechende winckel*, l'angle réfringent, celui que forment entre elles deux faces d'un cristal à travers lesquelles on regarde un objet.—*Die brechende kraft*, la force réfractive. *V.* Refringirend.

BRECHHAMMER, m. têtu ; marteau pour démolir.

BREHSTÄNGE, f. le pied de chèvre : levier de fer dont l'une des extrémités est faite en pied de chèvre ; la pince, etc.

BRECHUNG , f. (*t. de phys.*), rupture, fraction, action par laquelle on rompt ; réfraction. — *Brechungs* ou *brech punckt*, point de réfraction. — *Brechüngswinkel*, angle de réfraction. *V.* Strahlenbrechung.

BRECHWEINSTEIN, m. crème de tartre, acidule tartareux ou tartrite acidule de potasse; concrétion que le vin dépose dans les tonneaux après la fermentation. *Voy.* Weinstein.

BRECHZANGE, f. grosse tenaille à crocs recourbés, qui sert à rompre les parcelles de cuivre qui tombent en travaillant ce métal.

BRECHZEUG, n. toutes sortes d'instrumens ou outils pour rompre, enfoncer les portes, ouvrir les serrures.

BREITBEIL ou BREITAXT , hache de charpentier.

BREITE, f. (*t. de min.*). *Die breite des ganges*, largeur ou puissance d'un filon. — *Breite der gebirge*, largeur des montagnes : c'est la mesure de l'espace entre les deux principales pentes. *Voyez* Abfall.

BREITEISEN, honguette, ciseau de sculpteur en marbre : il est pointu et carré, et sert pour les plans droits.

BREITEN , v. a. étendre. —

Die stäbe breiten in den blechhammer, étendre les barres de fer en lames : opération de fonderie par laquelle on donne à la plaque de tôle ou fer battu sa troisième préparation.

BREITEN-BLICK , m. hauteur et puissance d'un gîte de minerai en exploitation.

BREITEN-WEIT-HAUL, pioche ou hoyau de deux doigts de largeur pour piocher dans les montagnes argileuses.

BREIT GEDRUCKT, (*t. de min.*), comprimé.

BREITHAMMER, m. gros marteau de fonderie pour aplatir, aplanir les métaux en feuilles ; marteau platineur ou extenseur.

BREITSTRAHLIG , adj. (*t. de crist.*). — *Die breite strahlige wariätat*, la variété étalée.

BREMMER , m. (*t. de min.*), puits court.—*Bremmerschacht*, buse ou puits qui n'a pas été approfondi perpendiculairement, mais s'est trouvé disposé de manière à ce que les deux mineurs, dont l'un travailloit de haut en bas, et l'autre de bas en haut , ne se rencontrent pas , et au tourniquet duquel l'on ne peut placer qu'un seul homme.

BREMMERN, v. a. tirer, élever, extraire seul le minerai d'un puits qui n'a pas encore assez de profondeur pour y placer deux hommes.

BREMRAD. *V.* Bremswerck.

BREMSE ou BRAMSE , f. poteaux de frottement d'un frein de machine ; merailles, appareil de fer que l'on applique aux lèvres et au nez des chevaux difficiles pour les contenir.

BREMSEN, v. a. faire agir le

frein, opérer le frottement pour empêcher le fardeau de descendre trop vite ; appliquer les morailles, captiver un cheval avec les morailles.

BREMSWERCK, n. le frein ; la roue de frottement d'une machine.

BREMSZ, bois rond ou treuil, autour duquel tourne la corde ou chaîne qui sert à descendre les seaux ou tout autre fardeau dans les travaux de mine, ou à les en retirer.

BREMSZEN, v. a. arrêter ou ralentir la descente rapide d'un fardeau. *V.* BREMSEN.

BRENCAS, étain de brencas : sorte d'étain qui vient de l'Inde, que l'on préfère à l'étain d'Angleterre, et dont on ignore précisément le lieu d'origine.

BRENNARBEIT, f. ouvrage formé ou raffiné par le feu.

BRENNBAR, adj. combustible, inflammable. — *Brennbare materien*, matières combustibles. — *Brennbares wesen*, substance inflammable.

BRENNBARKEIT, f. inflammabilité, qualité de ce qui est inflammable ; combustibilité, propriété de brûler.

BRENNEISEN, n. fer à brûler ou à marquer ; bouton de feu ; cautère.

BRENNEN, v. a. brûler, réduire en charbon, en cendres ; cuire, affiner, purifier, distiller. — *Steinkohlen brennen*, brûler de la houille. — *Kalck brennen*, cuire la chaux. — *Holz zu kohlen, zu asche brennen*, réduire du bois en charbons, en cendres. — *Stahl brennen*, réduire le fer fondu

en acier. — *Silber brennen*, affiner l'argent. — *Messing brennen*, purifier le laiton. — *Brandwein brennen*, brûler, distiller de l'eau-de-vie.

BRENNGLAS, m. (*t. de phys.*), verre ardent, verre lenticulaire ou lentille ; verre convexe des deux côtés qui sert à concentrer les rayons solaires sur un point, pour donner plus d'énergie à leur action.

BRENNHAUS, n. lieu où l'on distille de l'eau-de-vie ; laboratoire de l'affinage ; maison où l'on achève de purifier l'argent ; bâtiment où l'on affine le plomb, l'étain ; distillerie, lieu où l'on fait des distillations en grand.

BRENNHÜTTE, f. usine d'affinage où l'on purifie l'argent ; lieu où l'on cuit des briques.

BRENNKASTEN, caisse, carré à cuire les pipes.

BRENNKOLBE ou BRENNKOLBEN, m. (*t. de chim.*), cucurbite, alambic.

BRENNKOHLEN, charbon fossile différent de la houille.

BRENNLICHWESEN, n. matière inflammable.

BRENNMEISTER, m. affineur, celui qui a la charge de purifier l'argent ; celui qui a la surveillance sur les grillages de minerais et les dirige.

BRENNOFEN, m. fourneau à affiner l'argent. — *Brennofen anlassen*, mettre le feu au fourneau d'affinage, commencer l'opération ; four à cuire la chaux, la brique, etc. ; four à calciner.

BRENNORT, m. l'endroit des feux, le lieu où dans les travaux de mine on établit les feux pour attendrir, faire éclater la roche.

BRENNPUNCKT, m. (*t. de phys.*), foyer, point où les rayons se réunissent; caustique courbe sur laquelle se rassemblent les rayons réfléchis.

BRENNSILBER, n. composition, mélange de sel ammoniac, de fiel, de sel, de verre et d'argent, que les ouvriers en laiton ou cuivre emploient pour argenter.

BBENNSPIEGEL, m. miroir ardent, verre qui brûle par le moyen des rayons du soleil rassemblés.

BRENSTOFF, m. hydrogène, gaz hydrogène, air inflammable autrefois phlogistique: c'est de tous les corps de la nature celui qui a la plus grande force réfractive.

BRENNUNG, f. (*t. de chim.*), ustion.

BRENNWEITE, f. (*t. de phys.*), éloignement du foyer depuis le milieu du verre.

BRENNZEUG, n. toutes les sortes d'instrumens nécessaires pour la cuite ou la distillation.

BRENZLICHE GERUCH. *Voy.* BRANDGERUCH.

BRENNZLICH. *V.* BRANDIG.

BRET, n. planches, ais. — *Mit bretern beschlagen*, garnir de planches. — *Verschlag von bretern*, cloison, boiseries.

BRETHAMMER, m. martinet de forge.

BRETMÜHLE, f. même que SAGEMÜHLE, moulin à planches, moulin servant à scier le bois en long pour en faire des planches.

BRETNAGEL, m. clou à ais,

clou pour attacher des planches.

BRETSÄGE, f. grosse scie pour faire des planches.

BRIANÇONNER KREIDE, craie de Briançon; talc écailleux d'un blanc nacré divisible par écailles sans points continus.

BRIETZ, trass, pierre de trass, ou tuf volcanique compacte d'Andernach.

BRILLENSTEIN, m. variété de quartz agate noirâtre.

BRILLOFEN, m. fourneaux à deux yeux et à deux traces; fourneaux à deux bassins.

BRIXEN SÄULE, l'appui sur lequel pose la traverse (*drammbaum*) qui réunit les deux arbres ou colonnes (*dramm säule*) dans les grosses forges.

BROCATELL, brocatelle: marbre d'Italie panaché de diverses couleurs, mais où le jaune domine; c'est une brèche à petits fragmens dont la couleur générale est le jaune doré.

BROCKEN, plur. fragmens de roche. — *Brockenstein*, granite. — *Brockenstahl*, acier superfin.

BROKKOHLE, houille picciforme.

BROCKLICHKEIT, f. friabilité.

BROCKLIG, adj. friable, cassant, qui s'émie aisément.

BRODEM ou BRODEN, m. vapeur de l'eau bouillante ou de tout autre fluide ou corps chaud; exhalaisons en forme de fumée.

BRODENFANG, m. (*t. de min. et de salin.*), tuyau en forme de cheminée pour conduire les vapeurs hors du toit; exhalaisons dans les mines.

BRONZE, bronze, airain des

modernes ; alliage de cuivre et d'étain. Le bronze des médailles est du cuivre rouge. *Voyez* ERZ.

BRONZIT, bronzite, minéral dont la couleur est le brun de tombac clair, la cassure lamelleuse et l'éclat d'un brillant métallique. Il se trouve en masses informes enchâssées dans la serpentine, et sa place en minéralogie ne paroît pas être encore définitivement déterminée ; mais comme il semble avoir plus d'analogie avec le diallage qu'avec tout autre minéral, *Haüy* l'a nommé provisoirement diallage lamello-fibreuse métalloïde bronzée.

BRUCH, m. éboulement de roches ; débris, fragmens, restes de ce qui est rompu ; fraction, cassure ; le cinquième des caractères extérieurs particuliers des minéraux solides. — *Bruchglanz*, éclat de la cassure. — *Bruchansehen*, aspect de la cassure.

BRUCHBEIN, n. BRUCHKNOCHEN, m. BRUCHSTEIN, m. incrustations, concrétions d'argile calcarifère ou marne impressionnées.

BRUCHGOLD, n. or natif, or sorti de terre tout formé.

BRUCHORT, m. lieu où l'on perce dans des roches peu liées, sans solidité, ébouleuses.

BRUCHSILBER, n. argent provenant d'ustensiles brisés : ouvrages d'argent formés de toutes fortes de fragmens ou pièces brisées.

BRUCHSTUCK, n. (*t. de min.*), fragment.—*Gestalt der bruchstücke*, forme des fragmens; le

sixième des caractères extérieurs particuliers des minéraux solides. — *Regelmassige bruchstücke*, fragmens réguliers. — *Unregel mässige bruchstücke*, fragmens irréguliers.

BRUHERZ, n. mine de cuivre hépatique.

BRUMEISEN, n. guimbarde, petit instrument d'acier composé de deux branches recourbées et d'une languette au milieu ; trompe d'Allemagne.

BRUNIREN, v. a. brunir, polir, lisser.

BRUNNE OU PRONNE, entaille ou ouverture en long que l'on fait dans la roche avec un fer, et par laquelle on connoît l'habileté de l'ouvrier.— *Brunnenhaüen*, faire des entailles ou ouvertures en long pour détacher plus facilement la roche de la gangue. — *Brunne machen*, faire une égratignure à la pierre.

BRUNON, nom donné par le docteur *Mitchel* au titanite ou titane siliceo-calcaire trouvé en Norwège et en Bavière dont la principale couleur est le brun rougeâtre, et qui n'a encore été rencontré qu'en cristaux implantés ou engagés, quelquefois très-éclatans, mais souvent aussi d'un éclat qui se rapproche du gras. *Voyez* TITANIT.

BRUST, f. l'avance dans la roche; le parois au-dessus du foyer dans les fonderies.

BRUSTWINDE, f. treuil, machine au moyen de laquelle on enlève des corps très-pesans.

BUCCARDITEN, bucardites, bucardes fossiles, coquilles fossiles bivalves, généralement nommées cœurs à cause de leur forme cordiforme.

BUCCINITEN , buccinites ; buccins fossiles ; coquilles fossiles univalves, spirales et gibbeuses.

BÜCHSE , f. boîte dans les tuyaux de bois, dans les moyeux des roues.

BÜCHSENFÖRMIG , adj. en forme de boîte de métal.

BÜSCHSENPFENNIGE , m. argent provenant d'une retenue faite sur la paie des mineurs et conservé dans une boîte pour le soulagement des mineurs invalides ou blessés et des veuves. *V.* BERGKNAPPSCHAFTSKASSE.

BÜCHSENSCHICHT , f. temps de travail que dans plusieurs mines on exige gratuitement de chaque mineur par trimestre, et dont on dépose la valeur dans la caisse des pauvres.

BÜCHSENSTEIN , m. silex , pierre à feu , quartz agate pyromaque.

BUFONITEN, bufonites, dents fossiles dont quelques-unes ont de la ressemblance avec les dents mousses de loup marin ; on les a aussi appelées yeux de serpent. — *Schlangenaugen ,* crapaudines , (*kröttenstein*) et batrachites.

BÜHNE , f. repos ménagé pour les ouvriers dans les puits de mine ; planchers que l'on place de distance en distance dans les puits de descente pour que les ouvriers qui montent et descendent puissent se reposer ; assemblage de planches pour abriter les ouvriers pendant le travail ; entailles faites

pour attacher les échelles plus solidement.

BÜHNEN , v. a. couvrir de planches, planchéier. — *Einen schact zubuhnen ,* fermer un puits avec des planches.

BÜHNLAGER , n. les poutrelles d'un plancher de descente , les poutrelles au bas ou au pied de chaque échelle.

BÜHNLOCH, n. , entaille, ouverture, trou percé dans le mur du filon ou dans la roche pour recevoir un madrier.

BULLITEN , bullites ; bulles fossiles ; coquilles univalves bombées à spire non saillante.

BÜNDELFÖRMIG , adj. (*t. de crist.*), fasciculé , c'est-à-dire en prismes plus ou moins déliés , réunis par faisceaux.

BUNGE ou PINGE , f. anciens puits ou travaux de mine tombés en ruine, et que l'on ne reconnoît plus que par des enfoncemens à la superficie du terrain.

BUNT, adj. bigarré, diapré , varié de différentes couleurs.

BUNTE WÜRSTE , f. les mineurs donnent ce nom aux billets d'appel de fonds qui reviennent sans avoir été acquittés par les actionnaires.

BUNTERTHON , argile panachée ; sorte d'argile endurcie, diversement colorée.

BUNTKUPFERERZ , n. mine de cuivre bigarré, cuivre pyriteux hépatique d'*Haüy.*

BUNZELN , v. a. travailler avec le poinçon, ciseler.

BUNZEN, m. poinçon.—*Bunzen der goldschmicde ,* le poinçon des orfèvres.

BUNZENIREN, v. a. *Voyez* BUNZELN.

BUNZENSTEIN, m. hystéroli-the, ou noyau de poulette fossile des plus singuliers parmi les bi-valves regardés comme incon-nus.

BÜRDE, f. faisceau ou réu-nion de barres d'acier, formant un poids de 120 livres.

BURSCHE. *Voy*. PÜRSCHE.

BÜRSTE, f. (*t. de fond.*), la brosse à fil de laiton pour net-toyer les gâteaux d'argent af-finé.

BÜRSTERZ, n. argent natif ré-ticulé.

BÜSCHEL, n. (*t. de fond.*), ce mot signifie un faisceau ou paquet de soixante plaques mé-talliques de rebut ; *büschel, büschelchen,* petite touffe. — *Raüschende büschelchen,* ai-grettes électriques qui bruissent, bouquet de rayons électriques bruissans.

BÜSCHELFÖRMIG , ad. en gerbes ou faisceaux.

BÜSCHSELKUNST, f. sorte de machine hydraulique qu'on nomme chapelet, parce qu'elle élève les eaux par plusieurs seaux ou godets tenus par une chaîne. *Voyez* EIMERKUNST.

BUSE ou BOSE (*t. de min.*). On nomme ainsi un temps de travail plus court que l'ordi-naire, et qui ne se fait pas à des heures réglées comme le poste habituel du mineur.

BUTTERFÄSSER. *Gmelin* a appelé ainsi le basalte.

BUTTERMILCHERZ ou BUT-TERMILCH SILBER , n. mine ou argent en forme de lait de beurre ; sorte de mine d'argent muriaté terreux qui n'a encore été remarqué qu'à la mine de Saint - George près Saint - An-dreasberg au Hartz où elle ne se trouve plus. Le célèbre *Kla-proth* l'a appelé *buttermilch silber.*

BUTZEN. *Voyez* PUTZEN.

BUTZENWACKE ou BUZZEN-WACKE, sorte de wakke ou roche à base de trapp qui ren-ferme des morceaux arrondis de diverses roches primitives , et se trouve à Joachimsthal en Bohême.

BYSSOLIT, byssolite ou moi-sissure de pierre. Ce nom a été donné à un minéral en filamens très-déliés , qui paroît être le même que l'amianthoïde. *Voy.* AMIANTHOÏD.

***

C.

CABUSER. *Voyez* BERGGEIST.

CACHOLING, CACHOLONG, quartz agate cacholong : sorte d'agate d'un blanc mat, opaque ou légèrement translucide, qui

sert souvent d'enveloppe au quartz agate calcédoine, et que plusieurs auteurs ont con-sidéré comme une vraie calcé-doine à demi décomposée. On l'a appelé aussi calcédoine d'un blanc de lait (*milchweiser calcedon*).

CADMIA, cadmie; incrustation de fourneau; suie métallique qui s'attache aux parois des fourneaux de fusion.

CADUCIREN, v. a. (*t. de min.*), déchoir, perdre son droit d'exploitation dans les cas prévus par la loi.

CAHOUTCHOU ou CAOUTCHOUC. *Voyez* ERDPECH.

CAKADU, cakadu, coquille pétrifiée bivalve qui imite la figure d'un insecte de la classe des coléopêtres, genre escarbot. CAKADU est aussi le nom allemand de la sorte de perroquet dite *kakatoes*.

CALAMITEN, calamite. Ce nom, qui en français désigne un reptile du genre des amphibies, est donné par quelques auteurs à une pierre calcaire avec impressions de la classe des roseaux.

CALCADIZ, vitriol natif.

CALCINIREN, v. a. (*t. de chim.*), calciner, réduire en chaux, réduire par le feu à l'état d'oxide les minéraux combustibles.

CALCINIRKESSEL, m. chaudière à calciner. On nomme ainsi au Harz la chaudière dans laquelle on purifie le sulfate de zinc ou vitriol blanc.

CALCINIROFEN, m. fourneau à calciner. On nomme ainsi les âtres recouverts d'une voûte sur lesquels on fait griller certains minerais, spécialement ceux qui servent à la composition des couleurs.

CALFONIENERZ, n. zinc oxidé jaune.

CALP, pierre de taille noire de Dublin, qui, suivant *Stutz*, est une sorte de grès argilo-calcaire.

CAMBAISTEIN, quartz agate cornaline, de la baie de Cambai.

CAMCHUGA, suivant *Voigt*, calcédoine rubanée, et suivant *Cronstedt*, quartz agate onyex.

CAMEE, f. camée, camaïeu, pierre ou portions de pierre composées de diverses couches dont les couleurs sont différentes et qu'on sculpte en relief.

CAMELLEN, camelles, limaille de cuivre, les petites parties qui tombent du cuivre quand on le lime.

CAMPHER, f. (*t. de chim.*), camphre : l'un des principes immédiats des végétaux.

CANNELSTEIN. *Voyez* KANNELSTEIN.

CAPAUNSTEIN, m. pierre de chapon; sorte de bésoard ou de calcul de couleur brune, et ordinairement de la grosseur d'une fève, que l'on dit se trouver quelquefois dans l'estomac du chapon ou du coq.

CAPELLE, (*t. de chim.*), coupelle; sorte de petite coupe faite avec des os calcinés et des cendres lavées, dont on se sert pour purifier les métaux. — *Gold auf die capelle bringen*, porter de l'or à la coupelle, faire passer de l'or par la coupelle, coupeler. — *Die capellenasche*, la cendrée, la claire, les cendres lavées et os calcinés dont on se sert pour l'affinage. — *Das capellengold*, l'or de coupelle.

— *Das capellensilber*, l'argent de coupelle. — *Das capellenfutter, die capellenform*, l'étui, le moule de la coupelle. — *Das capellenklar*, la claire, la poudre ou poussière d'os calcinés pour saupoudrer l'intérieur des coupelles. — *Capellen schlagen*, faire des coupelles. — *Capellen abäethmen*. Voyez ABÄTHMEN.

CAPELLENSCHLÄGER, faiseur de coupelles.

CAPELLIREN, v. a. coupeler, passer du métal à la coupelle.

CAPELLIRUNG, f. ou DAS CAPELLIREN, coupellation, l'opération de la coupelle, de passer de l'or ou de l'argent à la coupelle.

CAPSEL, (*t. de chim.*), capsule; vaisseau de terre en forme de calotte qui sert aux évaporations chimiques, ou dont on recouvre les pièces de porcelaine dans la cuisson pour les garantir de la poussière.

CAPZEOLITH, prehnite. *Voy.* PREHNITH.

CARBUNKEL, escarboucle, rubis spinelle d'un rouge très-éclatant; suivant quelques auteurs grenat noble, hyacinthe la belle d'*Haüy*. On présume que l'escarboucle des anciens n'étoit en effet que la sorte de grenat à laquelle le célèbre *Werner* vient de donner le nom de pyrope. *Voyez* PYROP.

CARCEDONIER, CARCHEDONIER, quar z agate calcédoine.

CARDIOLITH, cardiolite : coquille bivalve fossile du genre des bucardes, des cœurs.

CARFUNKEL. *Voyez* CARBUNKEL.

CARLSBADERSTEIN, m. pierre de Carlsbade, chaux carbonatée; stallactite incrustante, concrétionnée, de diverses couleurs et formes : elle résulte du dépôt qui se fait dans les eaux thermales de Carlsbad, en Bohème.

CARNEOL, cornaline, quartz agate cornaline.

CARNEOL-BERIL, même que carnéol suivant *Gmelin*.

CARPOLITTEN, carpolithes; fruits pétrifiés. *V.* FRÜCHSTEIN.

CARWINZELSTEIN. *Voyez* BELEMNITEN.

CARYOPHILLITEN, caryophillites, caryophilloïdes; sorte de madrépore fossile; articulations d'encrinites fossiles qui ressemblent à des clous de giroffles ou géroffles.

CASSIDITEN, cassidites; casques et buccins fossiles. Le mot casside en français désigne un genre de coléoptères nommé en allemand *schildkoefer*.

CATTUNERZ et CATTONERZ, n. mine de nagyag; tellure natif aurifère et plombifère.

CAULK. *V.* SCHWERSPATH.

CELESTIN, célestine; strontiane sulfatée. *V.* COELESTIN.

CELLEPORITEN, plur. celleporites, spongites, coraux à petits trous urcéolés membranacés; cellepores, spongites fossiles.

CEMENT, n. (*t. de chim.*), cément : substance pulvérisée dont on enveloppe le corps qu'on soumet à son action à l'aide du feu. — *Cement pulver*, poudre cémentatoire. — *Die cement*

cement - büchse , der cement tiegel , le creuset à cémenter. — *Das cement-feuer ,* le feu pour la cémentation. — *Das cement-kupfer ,* le cuivre de cémentation.—*Der cement-ofen ,* le fourneau à cémenter ou de cémentation. — *Das cement-wasser ,* l'eau cémentatoire , eau chargée de cuivre sulfaté en dissolution. *Voyez* KUPFER-QUELLEN.

CEMENTIERER, m. cimentier, celui qui prépare la terre grasse dans les fonderies.

CEMENTIREN , v. a. (*t. de chim.*), cémenter, faire la cémentation. — *Das gold cementiren ,* cémenter, purifier l'or.

CEMENTIRUNG , f. cémentation , opération métallurgique dans laquelle on soumet un métal à l'action de quelque substance pour lui faire contracter une nouvelle propriété.

CEMENTSTEIN , m. pierre de cément, tuf, pierre sous forme cellulaire ou carrée. *V.* TUF.

CENCHRIT, cenchrite oolithe, chaux carbonatée globuliforme.

CENTENER , quintal, poids de 100 livres.

CENTRUM DER ACTION, (*t. de phys.*), centre d'action : on appelle ainsi un point tellement situé dans l'intérieur d'un corps qui agit par attraction ou par répulsion sur un autre corps,que si toutes les molécules attractives ou répulsives se trouvoient concentrées en ce point, la somme de leurs actions seroit la même que quand elles sont distribuées dans toute la masse.

CERATION , (*t. de chim.*),

cération ; réduction d'un métal à l'état de mollesse de la cire.

CERATOLITH , corne de rhinocéros fossile ; cératolithe.

CERATOPHYTEN, cératophyte, genre de polypiers cartilagineux. Ex. L'éponge.

CEREBRITEN. *Voyez* MEANDRITEN.

CERITH, cérite ; cerium oxidé silicifère ; minéral d'un blanc rougeâtre et demi-transparent, mélangé avec l'amphibole noirâtre et verdâtre , le mica , le cuivre pyriteux , le bismuth et le molybdène sulfuré ; espèce unique du genre cerium qui a été découvert à Bastnaes ; (*t. de conchyologie*), cerite, coquille univalve turriculée; l'ouverture terminée à sa base par un canal étroit, court, brusquement recourbé ou subitement tronqué , mais jamais échancré.

CERIUM , cerium ; métal d'un blanc grisâtre éclatant, et d'un tissu lamelleux reconnu dans le cérite en 1804 par les célèbres chimistes *Klaproth* et *Vauquelin.*

CEYLAN MAGNET ; tourmaline électrique de Ceylan.

CEYLANITH , ceylanite ; rubis noir, pléonaste d'*Haüy:* minéral réuni aujourd'hui au spinelle dont il portera le nom avec une épithète tirée de ses formes et de ses différentes couleurs,qui sont le noir, le rouge purpurin,le rouge de chair, le vert bleuâtre (eau de mer), et le bleu céleste pâle. On l'a trouvé dans le sable de Ceylan en fragmens informes et roulés ; et depuis il a été reconnu en petits cristaux dans les cavités des laves du Vésuve,

ainsi que dans les roches volcaniques de Closterlaach, sur les
bords du Rhin.

CHABASIE , chabasie , zéolite cubique de l'ancienne minéralogie ; minéral qui se présente en cristaux blancs, dont
la forme primitive est le rhomboïde un peu obtus , et qui sont
quelquefois groupés fort agréablement sur des pyramides de
quartz hyalin améthyste, et de
quartz hyalin enfumé , ou disséminés dans des géodes de
quartz agate , ou bien mêlés
parmi la chaux carbonatée sur
la roche amygdaloïde, dite matrice d'agate.

CHALCEDON , CHALCEDO-
NIER , CHALCEDONIX ; quartz
agate calcédoine rubané et autres.

CHALCOLITH , chalcolite ;
urane micacé , urane oxidé
d'*Haüy*.

CHALIZSTEIN, zinc sulfaté.

CHAMITEN , camites : sorte
de coquilles bivalves orbiculaires que l'on trouve fréquemment fossiles , mais parmi lesquelles les oryctographes semblent admettre encore bien des
espèces que les conchyologues
en séparent.

CHARACTER GOLD , tellure
natif graphique.

CHAWATTE ou SCHAWATTE,
sorte de cylindre de fer fondu
pesant dix à onze quintaux ,
dans lequel on enchâsse l'enclume pour l'affermir.

CHEKAO, chekao : nom , dit-
on , d'une variété de baryte sulfatée que les Chinois font entrer dans la composition de certaines porcelaines.

CHIASTOLITH , chiastolite ,
minéral que l'on a aussi appelé
pierre de croix , et macle de
Bretagne ; macles basaltiques ;
schorls en prismes quadrangulaires rhomboïdaux. La macle
ou chiastolite est composée de
deux substances bien distinctes , ayant des caractères différens : l'une est d'un blanc
jaunâtre ou grisâtre sale , et
l'autre est d'un noir grisâtre
passant au noir bleuâtre. On la
trouve cristallisée sous la forme
de prismes à quatre faces ; les
cristaux sont empâtés dans une
argile schisteuse.

CHLORIT, chlorite; talc chlorite d'*Haüy* ; minéral plus ou
moins friable , composé d'une
multitude de paillettes luisantes ; couleur verte ; odeur argileuse ; stéatite verte et pulvérulente des anciens auteurs.

CHLORITERDE, talc chlorite,
terreux ; chlorite commune de
plusieurs auteurs (*gemeiner
chlorit*).

CHLORIT SCHIEFER , chlo-
rite schisteuse ; talc chlorite
fissile d'*Haüy* ; minéral en
masse , assez solide , dont la
couleur ordinaire est le vert
foncé , la cassure schisteuse
et les feuillets courbes, conservant en cet état les paillettes
brillantes et les autres caractères de la chlorite.

CHLOROPHAN, chlorophane,
c'est-à-dire corps qui répand
une lueur verte : c'est une
chaux fluatée violette à laquelle
on a donné un nom particulier,
parce que jetée sur des charbons enflammés elle ne dé-
crépite pas et donne une lu-

mière d'un vert d'émeraude d'un très-bel effet. On la trouve en Sibérie, mais vraisemblablement aussi ailleurs.

CHOROBAT, chorobate; niveau des anciens; double équerre en T.

CHROMIUM-GESCHLECHT, n. genre chromique.

CHROMIUM-ERZ, n. le chrome; métal d'un blanc grisâtre trèsdur et très-cassant, ainsi nommé par *Vauquelin* à cause de ses propriétés colorantes; il a été découvert en l'an 1799.

CHROMIUM OKER, chrome terreux ou présumé tel; minéral rare, qui se montre comme un enduit sur le quartz où il accompagne le *nadelerz;* sa couleur la plus ordinaire est le vert de pomme.

CHROMIUM SÄUERE, f. acide chromique.

CHROMIUM SAÜERES EISEN, fer chromaté; chromate de fer.

CHRYOLITH. *V.* KRYOLITH.

CHRYSOBERYLL, chrysobéryl; cymophane d'*Haüy;* chrisolite opalisante, chatoyante ou orientale des joailliers. *Voyez* CYMOPHAN.

CHRYSOLITH, chrysolite; péridot d'*Haüy. Voyez* PERIDOT.

CHRYSOLITH-FLUSS. On a donné ce nom à la chaux phosphatée dite apatite, et à la chaux fluatée ou spath fluor.

CHRYSOLITHKRYSTAL, quartz hyalin cristallisé.

CHRYSOPRAS, chrysoprase; quartz agate prase.

CHUSITH, chusite. Ce nom qui signifie facile à fondre a été

donné par *Saussure* à un minéral très-fusible, d'un jaune de cire verdâtre peu éclatant, tendre et translucide, qu'il a remarqué sous la forme de petites masses mamelonnées dans une roche porphyrique de la colline de Limbourg en Brisgaw.

CHYMIE ou CHYMIA, chimie; science qui a pour objet les propriétés intimes des corps, la détermination de leurs principes et de leurs attractions, leur analyse et leur recomposition.

CHYMISCH, adj. chimique, qui appartient à la chimie. — *Chymisches salz*, sel chimique. — *Chymische zeichen*, caractères chimiques; certains signes en usage parmi les chimistes pour désigner les poids, les mesures, etc. : la plupart sont tirés des planètes et des métaux.

CIANIT ou CYANIT, cyanite; sappare; schorl bleu; disthène d'*Haüy*, qui a ainsi nommé ce minéral à cause de la double vertu électrique qu'il lui a reconnue, le mot disthène signifiant *qui a deux forces*. Il se présente, soit en beaux cristaux dont la forme primitive est le prisme oblique quadrangulaire, soit en lames qui ont la forme de rectangles trèsalongés et dont les couleurs sont le bleu céleste ou le jaunâtre, enchatonnés dans un talc feuilleté blanc ou jaunâtre.

CIMOLISCHERDE, f. cimolie; terre bolaire de Cimolo ou Cimolus; fine terre de pipe.

CIMOLITH, cimolite; substance argileuse d'un blanc grisâtre, parfois rougeâtre, qui a, dit-on, à un point éminent, la propriété de blanchir les étoffes, et qui a été trouvée dans l'île de Cimolo, aujourd'hui l'Argentière, l'une des îles de l'Archipel.

CINNOBER ou ZINNOBER, mercure sulfuré, cinabre. *Voy.* ZINNOBER.

CIRCON. *Voyez* ZIRCON.

CIRKEL. *Voyez* ZIRKEL.

CIRCULATION, f. (*t. de chim.*), circulation; distillation réitérée.

CIRCULIER GEFÄSZ, n. (*t. de chim.*), vaisseau circulatoire.

CIRCUTIRUNG. *V.* CIRCULATION.

CISALIEN, plur. cisailles; rognures de la monnoie.

CISE, f. cise; machine avec laquelle on monnoyoit autrefois.

CISOIR (*t. de monn.*), cisoir; outil pour graver les poinçons et les noirs carrés.

CITRIN, cristal de quartz hyalin de couleur jaune.

CLIMA. *Voyez* KLIMA.

CLOD-COAL. *Voyez* BOTOM-LAYER-COAL.

COACK et KOACK, coack. On donne ce nom en Angleterre à la houille que l'on a dépouillée de son bitume par une première combustion.

COBOLT. *Voyez* KOBOLT.

COCCOLITH, coccolithe; minéral grenu, d'un vert plus ou moins foncé, classé aujourd'hui parmi les variétés de pyroxènes sous la dénomination de pyroxènes granuleux.

COCHLITEN, cochlites, li-

maçons fossiles. — *Trochien artiger cochlit,* cochlite trochiforme à spires saillantes qui vont en croissant du sommet à la base; bouche demi-ronde. — *In die höhe gewundene cochliten,* volutites.

COCHNILLROTH, rouge de cochenille, couleur vive presque d'un rouge obscur, et qui paroît formée de rouge carmin, et d'un peu de gris bleuâtre.

COELESTIN, célestine; strontiane sulfatée fibreuse.

COELESTIN SPATH, célestine spathique; variété de la strontiane sulfatée laminaire dont la couleur est le blanc de lait, et qui se présente en masse compacte ou à gros grains, et aussi en cristaux épais comprimés hexaèdres.

COHOBIREN (*t. de chim.*), cohober; distiller plusieurs fois en reversant chaque fois le liquide distillé sur le résidu. — *Das cohobiren,* la cohobation.

COLNISCHERERDE. *V.* UMBERERDE.

COLOPHONIUM, colophane, sorte de résine; colophanite; sorte de grenats d'un rouge orangé, dont la surface et surtout la cassure ont l'aspect luisant et résineux comme celui de la colophane. On en trouve près de Pitiliano dans le Siennois.

COLOPHONIUM BLENDE, blende jaune; zinc oxidé jaune.

COLUMBIUM-ERZ et COLUMBIUM-EISEN, columbium, métal d'un gris noirâtre, ou gris brunâtre foncé, découvert en 1802 dans un minéral ferrugineux de Massachuset, province des États-Unis-d'Amérique-

COMPASS, m. (*t. de min.*), boussole ; instrument qui sert à prendre les directions dans les travaux des mines, et pour en lever les plans. — *Compass auf den gang setzen*, placer la boussole sur le filon pour en prendre la direction. — *Compasses nutzen*, utilité de la boussole. La boussole du mineur est divisée en deux fois douze heures ; chaque heure est divisée en huit parties. 12 et 12 répondent au nord et au sud, 6 et 6 à l'est et à l'ouest, etc.

COMPOST, COMPST, COMST, succin d'un blanc de lait.

CONCENTRATION, CONCEN-TRIRUNG, f. (*t. de chim.*), concentration, condensation d'un liquide.

CONCHITTEN, conchittes; coquilles fossiles.

CONCRESCIRT, adj. concrétionné. — *Concrescirter quartzig kohlen saüerter kalk,* chaux carbonatée quartzifère concrétionnée.

CONFECTSTEIN, m. pierre de confitures ; dragées de Tivoli ; chaux carbonatée globuliforme.

CONGLOMERAT, conglomerat. On nomme ainsi en général tous les agrégats composés de fragmens ou débris agglutinés postérieurement à la formation des substances auxquelles ils ont appartenu. — *Vülcanisches conglomerat,* tuf volcanique.

CONIT, conite ; minéral qui se trouve en Islande et en Suède, et semble n'être qu'un mélange de chaux carbonatée et

de quartz ; sa couleur est le blanc grisâtre ; du reste il n'a pas de caractères bien tranchans. *Haüy* pense qu'on peut le rapporter au *silex silicicalce de Saussure.*

CONTERFAIT, et CONTER-FEIT, zinc.

CONOTROCHITTEN, conotrochittes, sorte de buccins fossiles.

CONVERGIRENDE FLÆCHIG, adj. (*t. de crist.*), convergent : se dit d'un cristal, lorsque les nombres qui désignent les faces du prisme et celles des deux sommets différens l'un de l'autre, forment une suite sensiblement convergente, comme 15, 9, 3. Ex. Tourmaline convergente.

CONVEX, adj. convexe dont la surface extérieure est courbe.

CORALLEN, corail, polypier dendroïde parfaitement semblable à un végétal sans feuilles. C'est la production polypifère la plus précieuse.

CORALLENACHAT, coraux agatisés ou agatifiés ; quartz agate corralloïde conchylioïde.

CORALLENERZ, n. variété de minerai de mercure qui présente une masse de petits coquillages ronds et aplatis dans une pâte argileuse pénétrée de mercure hépatique.

CORALLEN FÖRMIG, adj. coralloïde. — *Corallen förmiger kohlen gesäuerterkalk,* chaux carbonatée coralloïde : variété à laquelle on a aussi donné le nom de *flosferri,* parce qu'elle se trouve dans les cavités qui interrompent les filons de la chaux carbonatée ferrifère.

CORALLEN MARMOR, marbre corralloïde.

CORALLENPFENNIGE, madré-
pores fongites ; polypiers pierreux libres, orbiculaires, hémisphériques ou oblongs, convexes
et lamelleux.

CORALLENSTEIN , m. pierre
coralloïde, corallites ; mélange
de calcédoine , de cornaline ,
d'améthyste et de quartz , suivant *Gmelin.*

CORALLEN SCHWARZ , co-
rail noir ; antipate, genre de
polypier dendroïde qui a beaucoup d'analogie avec les gor-
gones. Il a une tige simple ou
rameuse d'une substance cornée
et noirâtre, ordinairement hérissée de petites épines, recouverte d'une écorce gélatineuse
susceptible de putréfaction.

CORALLIOLITHEN , CORAL-
LITEN , coralliolithes , corral-
lites , coralines , coraux à ramifications et à surface unie
et striée. — *Coralliten ,* corallites pour désigner l'aspect
externe d'un fossile qui est en
forme de tuyau.

CORIM , corym. *Gmelin* a
nommé ainsi le quartz hyalin
amorphe.

CORINTHISCHERZ, bronze de
Corinthe. *Voyez* ELECTRUM.

CORNISCHZINNERZ , n. mine
d'étain de cornouailles. *Voy.*
ZINN.

CORUND , corindon. Ce nom
est devenu celui de la troisième
espèce des substances terreuses
d'*Haüy* ; il comprend la gemme
orientale et le spath adamantin
de l'ancienne minéralogie avec
la substance connue sous le nom
d'émeril (*smirgel*). Ainsi la
gemme orientale qui , comme
on sait , se nomme saphir, ru-

bis , vermeil , améthyste ou topaze , d'après la différence de
ses couleurs , s'appelle aujour-
d'hui corindon hyalin limpide ,
corindon rouge, cramoisi, rouge
aurore , violet jaune , bleu d'a-
zur , étoilé ; le spath adamantin
est le corindon harmophane ,
et l'émeril le corindon granuleux.

COTTON-ERZ OU KOTTONERZ,
cotton-erz ; minéral que M. *De-*
born a cité comme une mine d'or
grise de Nagyag décomposée : il
paroît que c'est le silvane lamelleux, sous-espèce du tellure
natif nommé par *Haüy* tellure
natif aurifère et plombifère.

CREUTZBÄNDER , bandes ou
lames de fer qui se croisent à
la partie inférieure des tonnes
de minerai.

CREUTZBRETTER, plur. planches en croix au - dessous des
tonnes.

CREUTZGÄNGE , plur. filons
croisans.

CREUTZSTEIN,pierre de croix,
macle , harmotôme ; minéral
qui se présente en cristaux dodécaèdres blanchâtres, opaques
ou translucides , et dont quelques-uns se croisent.

CRISPIT , crispite ; titane
oxidé. *Voyez* TITANERZ.

CROCALLIT, crocalite ; minéral engagé sous la forme de
globule dans une roche de
trapp amygdaloïde que l'on
trouve dans le Tyrol et à ÆEdel-
fors en Suède. *Estner* croit que
c'est un minéral particulier
sui generis , mais il est plus
probable que c'est une variété
compacte de la stilbite : il a été
nommé aussi *fassaïte.*

CRONBOHRER , m. perçoir à couronne , fleuret de mineur , sorte de foret terminé par une espèce de couronne à cinq pointes , fleuret à couronne. *Voyez* BÖHRER.

CRYOLITH ou KRYOLITH , cryolithe ; minéral d'une grande fusibilité dont la couleur est le blanc , le blanc grisàtre : c'est le fluate d'alumine et de soude des chimistes ; alumine fluatée , alkaline d'*Haüy*. Les seuls morceaux qu'on en connoisse ont été trouvés dans le Groën-land.

CRYPTOMETALLIN. *Voyez* KRYPTOMETALLIN.

CUPEROSE , couperose , fer sulfaté.

CYANIT. *Voyez* CIANIT.

CYANOMETER , cyanomètre ; instrument de météorologie pour déterminer l'intensité de la couleur bleue du ciel.

CYLINDRITEN , cilindrites , trochites ; adj. cilendrite , de forme cilindrique en parlant de la forme extérieure d'un mi-néral.

CYLINDER. *Voyez* WALZE.

CYMOPHAN , cymophane , c'est-à-dire lumière flottante ; sorte de gemme nommée en Allemagne chrysoberyll , qui par sa dureté et sa pesanteur spécifique se rapproche du co-rindon hyalin ; mais indépen-damment de la double réfraction et de la forme primitive qui l'en distinguent , la cymophane se fait aisément reconnoître par un chatoyement sensible causé par des reflets laiteux et bleuà-tres qui semblent flotter dans l'intérieur de ses cristaux ; ce-pendant la cymophane n'est pas toujours chatoyante , souvent ses reflets dégénèrent en une légère teinte de laiteux qui en offusquent la transparence. Il est plus ordinaire de la trouver en morceaux arrondis que sous une forme régulière. On regarde assez généralement le Brésil comme le lieu de son origine ; cependant on a dit aussi qu'il en étoit venu de Ceylan et de Sibérie.

CYPRISCHERZ , mine de chy-pre ; cuivre pyriteux d'un jaune très-vif.

D   DAC

DACH , n. (*t. de min.*) , toit , couvert ; nom que les mineurs donnent à la roche qui recouvre un filon ou une couche. — *Dach uber den gängen*, toit sur un filon ; partie de la roche qui couvre un filon ; parois supé-rieures d'une couche, d'un filon.

DACHEL , n. le fer fondu qui tombe par goutte du fourneau d'affinerie et se refroidit.

DACHEN , v. a. couvrir , mettre un toit. — *Eine mauer dachen*, chaperonner une mu-raille.

DACHFARBE , f. (*t. de fond.*)

fumée métallique condensée qui se dépose sur la toiture d'une fonderie, et la colore. On la recueille.

DACHFETTE, f. (*t. de charp.*), filière, pièce de bois sur laquelle portent les chevrons d'un bâtiment.

DACHGESTEIN. Les uns désignent par ce mot le schiste bitumineux, variété de l'argile schisteuse ; d'autres la chaux carbonatée amorphe ; en Thuringe c'est l'argile calcarifère endurcie ; et dans la Hesse on donne ce nom au basalte du Meisner.

DACHSCHALE, f. bousin des ardoises ; cosse ; première couche, partie supérieure ou surface tendre des argiles schisteuses tégulaires, spécialement de celles de Thuringe tenant cuivre : cette masse toujours friable n'est d'aucun usage.

DACHSCHIEFER, m. argile schisteuse, tabulaire et tégulaire, ardoise pour les toitures.

DACHSTEIN, m. tuile ; roche qui constitue le toit ; la paroi supérieure d'une couche ou d'un filon. On lui donne aussi en quelques endroits la même signification qu'au *dachgestein*. *Voyez* ce mot. En Thuringe, on nomme ainsi la cinquième couche de l'argile schisteuse cuivreuse.

DACHWAND. *Voyez* **DACHSCHALE.**

DACHZIEGEL, m. tuile.

DAHLENSTEIN, m. talc endurci.

DALEKARLE, dalécarliens : les mineurs sont appelés ainsi en Suède, parce que les pre-

miers sont venus de la Dalécarlie.

DAMASCENER STAHL, damas ; acier de damas ; acier superfin, très-dur et point cassant que l'on fabriquoit à Damas avec du fer tiré de Golconde.

DAMASCIREN, v. a. damasquiner ; enchâsser de l'or ou de l'argent dans du fer ou de l'acier entaillés à cet effet.

DAMASCIRER, m. damasquineur, celui qui damasquine.

DAMASCIRUNG, f. damasquinure, ouvrage damasquiné.

DAMBAU, f. l'art de faire des digues, des chaussées ; construction de digues.

DAMM, n. digue, chaussée, levée. — *Damm stossen,* faire une digue, battre de la terre ou du gazon en forme de digue ; (*t. de fond.*), chaussée de cendres mouillées, remblai, terre rapportée pour combler un creux, pour élever un terrain.

DAMMEISTER, m. intendant, inspecteur, surveillant des digues, des chaussées.

DAMMEN, v. a. élever des digues, des chaussées.

DAMMERDE, f. terre végétale, terre franche qui couvre une carrière, un filon, toute la superficie du globe jusqu'au roc vif.

DAMPF, m. vapeur, exhalaison, fumée, gaz, mofette ou moufette. *Voyez* **DUFT.**

DAMPFBAD, n. (*t. de chim.*), bain de vapeurs.

DAMPFROHRE, f. tuyau d'une machine à vapeurs, avec une soupape au moyen de laquelle on laisse échapper les vapeurs quand on n'a plus besoin de l'effet de la machine.

Dannemorakiesel, jaspe rubané.

Darlage, f. paiement des contingens dans les frais d'exploitations ; réponse aux appels de fond.

Darrbalcken, plaques de fer qui se placent sur les murs de refend du fourneau de ressuage faits pour supporter les pièces de liquation.

Darrblech, porte qui se place au devant du fourneau de ressuage ; double plaque de tôle que l'on nomme aussi paroi de torréfaction.

Darre, f. étuve.

Darren, v. a. (*t. d'affin.*), ressuer; séparer finalement l'argent contenu dans du cuivre ; sécher, déssécher. — *Kupfer darren*, déssécher entièrement le cuivre, les gâteaux de cuivre en les exposant à un plus grand feu.

Darrgekrätze ou **Darrkräetze**, métaux oxidés qui restent dans le fourneau de ressuage après que les pièces de liquation ont été ressuées ; crasses ou balayures des pièces de liquation.

Darris, tourbe limoneuse fétide.

Darrling, m. portion de cuivre ressué qui doit encore passer au fourneau d'affinerie.

Darrofen, m. fourneau de ressuage.

Darrofenzeug, n. déchets des métaux restés dans le fourneau après le ressuage des pièces de liquation (*darrofenzeug*).

Darrofenzeugstroebel, es-

sai des déchets provenant du ressuage des pièces de liquation.

Darry, darry. Les Hollandais nomment ainsi des couches de végétaux décomposés que l'on trouve sous les eaux de la mer, et que M. *Alexandre Brongniart* propose de nommer tourbe marine.

Datholit, datholite; chaux boratée siliceuse d'*Haüy*:minéral blanchâtre, translucide, accompagné de talc lamellaire verdâtre de Norwège.

Daulinge, tranche ou morceau coupé de fer cru pour remettre au feu et en faire des barres.

Däumeling, m. bois attachés aux pilons d'un bocard pour les élever lorsqu'ils sont atteints par les cames fixés dans l'axe de la roue. — *Die Daumlinge*, les cames d'une roue hérissée.

Daumen, m. pouce ; (*t. de mécan.*), broche ou tenon enchâssé dans le cylindre du tourniquet d'une machine à molettes pour retenir les cordes.

Däumerling, m. entaille ou mortaise faite dans la machine à molettes, mue par des chevaux, pour recevoir le bois d'arrêt qui doit retenir la machine lorsqu'on ne veut plus qu'elle aille.

Dawids-schleuderstein, échinite.

Decaedrisirt, adj. (*t. de crist.*), péridécaèdre ; cristal dont la forme primitive étant un prisme à quatre pans se change par l'effet des décroissemens en un prisme décaèdre.

Deciduodecimal, (*t. de crist.*), déciduodécimal. On

nomme ainsi un cristal lorsque les faces qui appartiennent au prisme ou à la partie moyenne , et celles qui appartiennent aux deux sommets , sont les unes au nombre de dix , et les autres au nombre de douze. Ex. *Feldspath* , déciduodécimal.

DECKEL , m. couvercle ; cheville de fer tortue que l'on met au bout de l'essieu d'un chariot, et que l'on nomme esse.

DECKPLATTE , f. pierre de taille pour couvrir les terrasses.

DECKSTEIN , m. pierre pour couvrir la maçonnerie ; (*t. de fond.*), pierre carrée qui sert de couvercle sur le canal d'évaporation au-dessous du foyer d'un fourneau de fonderie.

DECRESZENZ , n. (*t. de crist.*). Ce mot a été introduit par *Karsten* pour rendre le terme français décroissement, et désigner les soustractions d'une ou de plusieurs rangées de molécules intégrantes. On dit donc en allemand : *gesetze der decreszenzen* , lois de décroissement. —*Decreszenzen auf den kanten*, décroissemens sur les bords. — *Decreszenzen in die breite* , décroissement en largeur.—*Decreszenzen in die höhe* , décroissement en hauteur.—*Decreszenzen auf den ecken* , décroissemens sur les angles. — *Gemischte decreszenzen* , décroissemens mixtes. — *Mittere decreszenzen* , décroissemens intermédiaires.—*Decrescenzlinie* , ligne de départ.

DECRESZIREN , v. a. (*t. de crist.*), décroître, diminuer en étendue.

DECRESZIREND , adj. (*t. de*

crist.), décroissant. — *Decressirende reihe* , rangées décroissantes.

DEHNBAR , adj. malléable, dilatable , ductile , extensible; qui peut s'étendre , s'alonger , s'aplatir sous le marteau.

DEHNBARKEIT , f. dilatabilité , qualité de ce qui est dilatable , ductilité.

DEHNEN , v. a. étendre , dilater , tendre , tirer , alonger en tirant.

DEICHSEL , f. ou DEISTEL , hachette , hachereau , serpe.

DEMANT ou DIAMANT , diamant. *Voyez* DIAMANT.

DEMANT BOORD. *V.* DIAMANT BOORD.

DEMANTGLANZ , éclat du diamant ; éclat particulier qui se rapproche du métallique.

DEMANT SPATH, spath adamantin ; corindon. *V.* CORUND.

DENDRE ACHAT , quartz agate arborisé.

DENDRISCH , adj. dendritiforme , dendritique , en manière de dendrites , formé de dendrites.

DENDRITTEN , dendrites ou dessins ramifiés sur une roche ou autre substance ; dendroïtes ou dandrolithes , fossiles ramifiés.

DENDRITTEN - MARMOR , chaux carbonatée , compacte ou amorphe avec dendrittes.

DENDROLITH , dendrolithe ; bois pétrifié.

DENTALITHEN , dentalites , tubulites courbées un peu de travers.

DERBE , compacte , massif, en masse. — *Derbe erze* , mines

massives ou en masse ; minerais riches et en masse.

DEUPE, DEUTE, canal ou
tuyau qui transmet le vent du
soufflet dans le fourneau; tuyau,
bec du soufflet. *V.* LIESE.

DIAGONAL, diagonal ; qui
va de l'un des angles d'une
figure rectiligne à l'angle opposé. — *Diagonal linie*, ligne
diagonale.

DIAGONAL FLÄCHIG, adj.
(*t. de crist.*), plagièdre. On
nomme ainsi un cristal lorsqu'il a des facettes situées de
biais. Ex. Quartz plagièdre,
zircon plagièdre.

DIALLAGON, (*t. de min.*),
diallage ; substance très-lamel-
leuse d'une couleur verte ou
d'un gris éclatant, souvent d'un
éclat métalloïde, ou avec des
reflets d'un blanc satiné ; smaragdite de *Saussure;* emeraudite
de *Daubenton;* bronzite et pistazite de quelques minéralogistes.

DIAMANT, diamant ; *adamas*
des anciens qui lui avoient donné
ce nom qui signifie *indompta-*
ble, parce qu'ils le regardoient
comme le corps le plus inaltérable de la nature; c'est au moins
le plus dur, car il raye tous les
minéraux et n'est rayé par aucun, et cependant il se divise
assez facilement lorsque l'on
agit dans le sens de ses lames.
C'est aussi le minéral qui a le
plus d'éclat, et est regardé
comme le plus précieux ainsi
que le plus rare, quoiqu'il ait
pour principes constituans le
carbone et l'hydrogène qui sont
les plus universellement répan-
dus, et qu'il soit exactement

de même nature que le charbon
auquel il ressemble si peu.

DIAMANT *alançonischer,*
asturischer aus der tartarey;
DIAMANT *böhmischer, bris-*
toler, canadischer, cornwal-
lischer; DIAMANT *falscher,*
gallizischer, schlesischer, stein-
berger; DIAMANT *ungarischer,*
von baffa, m. quartz hyalin
cristallisé.

DIAMANT, GEMACHTER,
stras, composition qui imite le
diamant.

DIAMANT-ROTHER, rubis
spinelle.

DIAMANT-GRUBE, mine de
diamant.

DIAMANT-MUTTER, matrice
de diamant.

DIAMANT-SPATH. *V.* DE-
MANT-SPATH. CORUND.

DIASPORE, diaspore; miné-
ral en lames un peu curvilignes
formant des masses d'une couleur grise et d'un éclat assez
vif qui tire sur le nacré. La
gangue est une roche argilo-
ferrugineuse. On présume qu'il
peut former une espèce particulière parmi les substances
terreuses, mais il ne paroît pas
être encore admis comme tel.

DICHT, adj. DICK, solide,
ferme, compacte, dense, serré,
dur épais. — *Die metalle, die*
gesteine sind dichte körper, les
métaux, les roches sont des
corps denses, solides, compactes, épais.

DICHTE, DICHTEIT, DICH-
TIGKEIT, f. solidité, fermeté,
compacité, épaisseur, densité.
— *Der grad der dichtigkeit*, les
degrés de densité.

DICKERLL, adj. (*t. de*

fond.). **Dikgrelles eisen**, sorte de fer de fonte d'une mauvaise qualité, épais, qui ne coule pas bien, qui est plein de soufflures dans l'intérieur, dont la cassure est blanche, la surface criblée de creux, et qui ne peut être employée que pour des ustensiles de peu de valeur. Sa mauvaise qualité ne lui vient pas du travail de la fonte, mais de l'espèce du minerai.

Dickstein, diamant qui n'est brillanté que sur une moitié.

Diele, f. planche, ais, plancher.

Diese. *V.* **Deupe**.

Digeriren, v. a. (*t. de chim.*), digérer, mettre en digestion.

Dihexaedrisch, adj. (*t. de crist.*), dihexaèdre : se dit d'un cristal dont la forme est un prisme hexaèdre, à sommets trièdres. Ex. Feldspath dihexaèdre.

Dilatirt, adj. (*t. de crist.*), dilaté, élargi, augmenté en volume. *V.* **Erweitert**.

Dille, f. douille ou manche creux, canal, anneau, tuyau de métal.

Dimorphisch, adj. (*t. de crist.*), biforme. On nomme ainsi un cristal qui renferme une combinaison de deux formes remarquables, telles que le cube, le rhomboïde, l'octaèdre, le prisme hexaèdre régulier, etc.

Diopsid, diopside minéral qui se présente en cristaux généralement prismatiques, mais aussi quelquefois lamelliformes, et même en masses amorphes et compactes : la couleur varie entre le vert pâle et le blanc jaunâtre.

Haüy l'a réuni au pyroxène.

Dioptaz, dioptaze. *Voyez* **Kupfer smaragd**.

Diphiten, pholades fossiles.

Dipyre, dipyre, leucolithe de Mauléon ; minéral très-fragile, formé de prismes minces, blanchâtres ou rosacés, translucides, adhérens entre eux dans toute leur longueur, et réunis entre eux sur une gangue terreuse stéatiteuse. MM. *Gillet-Laumont* et *Lelièvre* l'ont trouvé au torrent de Mauléon, dans les Pyrénées occidentales.

Discilen, discile ; coquille bivalve vulgairement dite manteau de St.-Jacques, unie.

Disjunctiv, (*t. de crist.*), disjoint : se dit d'un cristal lorsque les décroissemens font un saut brusque, comme de 1 à 4 ou à 6. Ex. Argent antimonié sulfuré disjoint.

Dissolviren, dissoudre, faire entrer en dissolution.

Disthene. *Voyez* **Cianit**.

Distillierkunst, f. l'art de distiller.

Distillier-ofen, m. fourneau pour distiller.

Distillierung, f. distillation, action de distiller ; chose distillée.

Distilliren, distiller, tirer le suc d'une substance, la purifier par l'alambic.

Distillirgefäss, n. (*t. de chim.*), vase à distiller, toutes sortes de vaisseaux à distiller.

Distillirhelm, m. (*t. de chim.*), alambic ; chapiteau, vaisseau placé au-dessus d'une cucurbite.

Distillirkolbe, m. cucurbite, alambic.

Distisch, adj. (*t. de crist.*), distique; cristal, dont le prisme formé d'un nombre quelconque de pans, a deux rangées de facettes autour de chaque base. Ex. Topase distique.

Ditetraedrisch, adj. (*t. de crist.*), ditétraèdre, c'est-à-dire deux fois tétraèdres : se dit d'un cristal dont la forme est celle d'un prisme tétraèdre à sommets dièdres. Ex. Grammatite ditetraèdre.

Döbel, m. (*t. d'arts mécan.*), épite, goujon, cheville de bois pour joindre les jantes d'une roue, cheville de fer.

Dobeln, v. a. joindre, attacher, lier ensemble avec des goujons ou des chevilles.

Dockenstampel, m. pilon dans les moulins.

Dodecaeder, dodécaèdre, le solide régulier de ce nom a sa surface formée de douze pentagones réguliers.

Dodecaedrisch, adj. (*t. de crist.*), dodécaèdre, cristal dont la surface est composée de douze faces triangulaires, quadrangulaires ou pentagones, toutes égales et semblables, ou seulement de deux mesures d'angles différentes.

Dodecaedrisirt, adj. (*t. de crist.*), péridodécaèdre ; cristal dont la forme primitive étant un prisme à quatre pans devient par l'effet des décroissemens un prisme dodécaèdre. On nomme aussi péridodécaèdre un cristal dont le noyau étant un prisme hexaèdre régulier a ses six arêtes longitudinales interceptées par autant de facettes.

Dolomit, dolomie; chaux carbonatée aluminifère.

Dominostein, m. talc, stéatite verdâtre en galets.

Donacit, donacite; coquille fossile bivalve du genre des peignes.

Donbreter, n. pl. (*t. de min.*), planches posées horizontalement. *Voyez* Donlatten.

Donfach, n. (*t. de min.*), espace laissé entre deux pièces de bois ou lattes, placées horizontalement et en travers dans un puits d'extraction.

Donholz, n. (*t. de min.*), ce sont les pièces de bois, etc., qu'on pose en travers sur le chevet des puits obliques, et sur lesquelles on cloue les planches dites *donbreter*; (*t. de fond.*), ce sont les solives fortes placées entre le poteau et le châssis sur lesquels sont établis les soufflets. En général, ce sont des traverses qui servent à assembler et pour affermir d'autres pièces.

Donläge ou **Tonläge**, f. la pente, l'inclinaison, le biais d'un filon; le penchant, la pente d'une galerie, d'un conduit de mine. — *Donlegige gang*, filon dont l'inclinaison est entre 45 et 75 degrés. — *Donleger schacht*, puits incliné qui suit la pente d'un filon. — *Donnleglinie*, ligne d'inclinaison.

Donlatten, plur. limandes ou planches attachées dans un puits, et bien unies pour former un plan incliné sur lequel les tonnes ou les seaux puissent glisser avec facilité. *Voyez* Bauchionne.

Donnerkeil. *V.* **Donner-stein.**

Donner. *Voyez* **Wetterstrahl.**

Donnerstein, m. pierre du tonnerre, pierre de foudre. On a donné ce nom, sur-tout au fer sulfuré radié d'après le préjugé que la foudre tomboit quelquefois sous la forme d'une masse solide ; mais plusieurs auteurs désignent par ce mot l'échinite, ou l'oursin fossile.

Doppelblech, n. sorte de lames de fer.

Doppeleisen, n. barres de fer peu épaisses et peu fortes.

Doppelgold, n. grosse feuille d'or.

Doppelhauer, m. mineur qui travaille six ou huit heures de suite au lieu de quatre. Mais on entend plus généralement par cette expression un mineur qui a la paie complète.

Doppelpaarig, adj. (*t. de crist.*), bigéminé, se dit d'un cristal offrant une combinaison de quatre faces qui, prises deux à deux, sont de la même espèce. Ex. *Doppelpaariger kohlengesäüerter kalk,* chaux carbonatée bigéminée.

Doppelspath, Doppelstein, spath doublant, pierre doublante, spath calcaire rhomboïdal dit vulgairement cristal d'Islande : c'est la chaux carbonatée primitive, dont on a fait une variété particulière à cause de la transparence des cristaux et de la propriété qu'ils ont de doubler les objets, propriété du reste qui leur est commune avec tous les cristaux diaphanes de chaux carbonatée,

quelle que soit leur forme ; (*t. de lapid.*), doublets, deux morceaux de cristal ou de pierres transparentes entre lesquels on a placé une feuille colorée et que l'on réunit pour en former une pierre qui a une fausse apparence de gemme.

Doppeltelectrkalkflins, tourmaline ; schorl électrique.

Doppeltentkantel, adj. (*t. de crist.*), bisémarginé ; cristal dont chaque arête de la forme primitive est interceptée par deux facettes.

Doppelwechselnd gleichflächig, adj. (*t. de crist.*), bisalterne : se dit d'un cristal qui a sur ses deux parties, l'une inférieure et l'autre supérieure, des faces qui non seulement alternent entre elles sur une partie, mais aussi les faces d'une partie avec les faces de l'autre. Ex. Quartz bisalterne, chaux carbonatée bisalterne.

Dorn, m. (*t. d'arts*), broche, pointe de fer dans une serrure, et qui doit entrer dans le trou de la clef ; mandrin, poinçon qui sert à percer le fer à chaud ; goujon, mamelon d'un gond ; (*t. de chim.*), épines, le cuivre hérissé de pointes qui reste après l'opération du ressuage ; bavures du cuivre fondu.

Dörner, plur. (*t. de fond.*), les épines des pains de cuivre, les crasses provenant de la liquation, et contenant encore des métaux que l'on extrait en les soumettant à une nouvelle opération de fonderie.

Dörner arbeit, f. (*t. de fond.*), travail de réduction.

Dörnich, adj. sorte de minerai d'étain mélangé de fer et difficile à fondre.

Dörnstein, dépôt calcaire qui se forme sur les épines dans les bâtimens de graduation.

Drachenhund, m. potasse nitratée ; nitre ou salpêtre.

Drachenstein, m. draconite, quartz hyalin en cristaux arrondis ou angles tronqués.

Dragetorf, Dragtorf, m. tourbe fort estimée comme la plus pesante, la plus foncée en couleur, et donnant le moins d'odeur.

Draht, m. fil de métal, fil d'archal, fil de fer, métal tiré en fil délié. — *Gold drath, silber draht, messing draht*, fil d'or, fil d'argent, fil de laiton.

Drahtarbeit, f. (*t. d'orfèv.*), filagramme : ouvrage de fil d'archal.

Drahtbank, f. argue, machine à tirer les métaux en fils déliés.

Drahtbohrer, m. amorçoir ; outil pour commencer les trous; foret pour percer les trous à passer les fils d'archal.

Drahteisen, n. filière.

Drahtförmig, adj. (*t. de min.*), filiforme, en filets. — *Drahtförmiges gediegenes silber*, argent natif filiforme.

Drahthammer. *V.* **Drahtmühle**.

Drahthändler, m. vendeur de fil d'archal, de cuivre.

Drahthern, adj. de fil d'argent, de cuivre, etc. — *Ein drähternes gitter*, une grille ou treillis de fil d'archal.

Drahtkette, f. chaîne de fil d'archal.

Drahtkugeln, f. plur.

balles ramées, deux balles de plomb jointes ensemble par un fil de plomb tortillé.

Drahtmaass, m. calibre, instrument à mesurer la grosseur d'un fil d'archal.

Drahtmühle, f. moulin à tirer des métaux en fils déliés.

Drahtplatten, m. laminage, l'action de laminer, dégrossage.

Drahtring, m. anneau de fil d'archal.

Drahtsaite, f. corde de fil d'archal.

Drahtscheere, f. forces, ciseaux à couper du fil d'archal.

Drahtschleife ou **Drahtschlinge**, f. annelet de fil d'archal, sorte d'agrafe.

Drahtsieb, n. crible de fil d'archal, ou en fil d'archal.

Drahtsilber, n. argent natif filiforme.

Drahtspinnen, n. **Drahtspinnerei**, f. filage d'or, d'argent, etc.

Drahtspinner, m. fileur d'or, d'argent, etc.

Drahtwerck, n. ouvrage en fil d'archal.

Drahtwinde. *V.* **Drahtbank**.

Drathzangen, plur. tenailles pour plier le fil d'archal et le façonner ; bequette.

Drahtziehen, v. a. dégrossir, tirer le métal en filets déliés ; subst. dégrossage, action de dégrossir, de tirer les métaux en fils déliés.

Drahtzieher, m. tireur, tréfileur, ouvrier qui tire les métaux en fils déliés. — *Golddrahtzieher*, tireur d'or.

Drahtzug, m. ou **Draht-**

ZIEHEREY, f. tréfilerie, filière, morceau d'acier percé de trous inégaux, par où l'on fait passer les métaux qu'on réduit en fils.

DRAMENBAUM, (*t. de forg.*), forte traverse emmortaisée dans les deux arbres ou colonnes dites *dramensäule*.

DRAMENSÄULE, les arbres, piliers ou grosses colonnes de bois près desquelles le marteau joue dans les forges.

DRANG, (*t. de fond.*), bouillonnement du métal en fusion qui a lieu quelquefois sur les bords du bain par une suite d'un reste d'humidité dans les cendres dont est formée l'âtre du fourneau.

DRECK, (*t. de fond.*), boue, dépôt métallique provenant de la suie détachée des cheminées ou des fourneaux, et arrosée d'eau chaude.

DREHEISEN, n. fer pour tourner l'ouvrage.

DREHEN, v. a. tourner, faire tourner, mouvoir en rond. — *Sich drehen*, se tourner, se mouvoir en rond.—subst. *Das drehen*, rotation, mouvement circulaire d'un corps tournant sur lui-même. *V.* UMDREHUNG.

DREHER, m. celui qui tourne, qui fait tourner un corps.

DREHLADE, f. tour de potier d'étain.

DREHLING, m. manivelle, manche d'un rouet.

DREHRAD, n. rouet, roue, machine tournante pour façonner. — *Das drehrad der seiler*, le retorsoir, le rouet du cordier pour tordre les menues cordes à deux fils appelées bitord.

DREHSCHEIBE, f. roue des potiers, roue des lapidaires, moulinet.

DREHSTAHL, m. fer à tourner, pointe.

DREHZANGE, f. (*t. de verrerie*), tenailles pour étendre et tourner le verre encore tendre.

DREYBOHRIG, adj. percé trois fois. — *Dreybohrige rohren zu wasserleitungen*, canaux, tuyaux qui ont trois pouces et demi d'ouverture.

DREYDRITTEL, trois tiers: expression des mineurs qui signifie que le travail est divisé en trois postes égaux sur 24 heures, c'est-à-dire que chaque division ou durée d'un poste est de 8 heures.

DREYECK, n. triangle, figure qui a trois côtés et trois angles. — *Ungleich seitiges dreyeck*, triangle scalène, triangle dont les trois côtés sont inégaux.

DREYECKIG, adj. triangulaire, qui a trois angles.

DREYFACHENECKT, adj. (*t. de crist.*), triépointé; cristal dont chaque angle solide de la forme primitive est intercepté par trois facettes. Ex. Analcime triépointé.

DREYFACHENKANTET, adj. (*t. de crist.*), triémarginé; cristal dont chaque arête de la forme primitive est interceptée par trois facettes.

DREYLING, mesure de minerai d'étain dont la capacité équivaut à trois fois la quantité qu'un cheval peut traîner.

DREYSCHLITZ. *V.* TRIGLYPH.

DREYSCHNITT, m. (*t. de géom.*), trisection, division en trois parties égales.

DREYSEITIG , adj. (*t. de géom.*), trilatère, qui a trois angles.

DRIFT, mauvaise espèce de tourbe qui dure peu au feu et donne peu de chaleur.

DRIILBOHRER, drille, foret, tarrière.

DRILLING , m. lanterne, petite roue formée de plusieurs fuseaux entre lesquels s'engrènent les dents d'une autre roue. — (*t. de crist.*) *Drillingskrystalle*, cristaux triples.

DRÜCKEN, v. a. serrer, comprimer, presser, graviter, peser vers un point.

DRÜCKHEBEL, m. lévier pour fouler, pour abaisser, pour tenir en bas.

DRÜCKPUMPE, f. pompe foulante.

DRÜCKSTAEMPEL, m. piston.

DRÜCKWERCK , n. machine qui agit par la pression.

DRÜCKZANGE , f. tenailles pour tirer l'argent de la coupelle.

DRUMMER. *V.* TRUMMER.

DRUSE , f. (*t. de min.*), échantillon , morceau de roche ou de minerai parsemé de cristaux à la surface ; groupe. — *Drusen*, trous ou cavités dans l'intérieur d'un filon ou d'une veine. — *Drusen*, géodes, concrétions en forme d'enveloppe sphérique ou à-peu-près, tantôt solide , tantôt renfermant un noyau. — *Kalkdrusen*, géodes calcaires.

DRUSICHT et DRUSIG, adj. cristallisé , feuilleté ou creusé à la surface ; glanduleux et glandiforme. — *Drusige gange*, filons ouverts ou caverneux , dont les cavités sont remplies en tout ou en partie de minerais décomposés ou effleuris.

DRUSING , quartz mêlé de talc stéatite et de tourmaline.

DUBHAMMER , m. long marteau en forme de tête de bécasse, dont on se sert dans les usines à cuivre pour façonner les chaudières , pour les planer.

DUBHAMMERGABEL , fourchette pour assujettir les chaudières à l'enclume pendant qu'on les façonne.

DUBLETTEN. *Vey.* DOPPELSTEIN.

DUCATENGOLD , n. l'or au titre du ducat , or de ducat.

DUCKSTEIN , m. chaux carbonatée fibreuse.

DUDELEY-FOSSIL. *Voy.* TRILOBITEN.

DUFT, m. exhalaison, vapeur, évaporation , dissipation des parties les plus subtiles d'un corps ; espèce de fumée qui s'élève des choses humides.

DÜFTCHEN , diminutif de DUFT , petite exhalaison , petite vapeur, petite évaporation, petit parfum.

DUMIN , cette épithète , qui signifie sot , stupide , est donnée aux couleurs sombres ou obscures dans les fabriques de couleurs.

DUMPLACHTER , f. mesure de longueur en usage dans certaines mines, et qui répond à-peu-près à 3 mètres.

DUNCKEL ou DUNKEL , adj. obscur, sombre, qui n'est pas éclairé.

9

Dunckelschwarz , noir foncé.

Dünn , adj. (*t. de phys.*), fin, peu épais , menu , subtil, rare. — *Dünner nebel* , brouillard peu dense. — *Eine dünne luft*, air rare. — *Die luft dünn machen* , raréfier l'air.—*Dünn eisen*, tôle, plaque de fer mince, semelle.

Dünngrell , adj. (*t. de fond.*). On le dit , par opposition à Dikgrell , d'un fer de fonte dont la cassure est blanche, inégale , peu éclatante , et dont la surface est également criblée de trous creux, mais qui est peu épais , très-fluide , et bon pour les poteries fines , même aussi, en certains cas, pour les affineries. Ses propriétés proviennent de la manière de conduire l'opération de la fonte et non pas de la qualité du minerai.

Dünnleich. *V.* Spurstein.

Dunst. *Voyez* Duft.

DunstkreisetDunstkugel, atmosphère ; masse d'air qui entoure la terre; émanations qui environnent un corps.

Duplirend , adj. (*t. de crist.*), doublant. On donne ce nom à un cristal lorsqu'un des exposans est répété deux fois dans une série qui , sans cela , seroit régulière. Ex. Péridot doublant.

Durchbohren , v. a. transpercer , percer de part en part.

Durchbrechen , v. n. enfoncer , percer, rompre , faire une ouverture. — *Durchbrochene arbeit* , ouvrage percé à jour , ouvrage d'orfèvrerie travaillé à jour. — *Durch feste*

gesteine durchbrechen , percer à travers le roc vif, traverser les parois d'un filon.

Durchbruch , m. brèche , ouverture faite de force , enfoncement ; l'action d'enfoncer, de rompre , de percer de part en part.—*Durchbrücheim damme,* rupture, percée dans la digue.

Durchdringbar , adj. perméable , qui peut être traversé par . . . .

Durchdringen, v. n. pénétrer , percer , passer à travers.

Durchdringend , adj. pénétrant, perçant.

Durchdringlich , adj. pénétrable, où l'on peut pénétrer.

Durchdringlichkeit , f. (*t. de phys.*), perméabilité, qualité de ce qui est perméable.

Durchfahren, (*t. de min.*), se porter d'un point de travail à un autre.

Durchfeilen , v. a. limer de part en part, percer, trouer avec la lime.

Durchgang , m. (*t. d'astron.*), passage. — *Durchgang eines planeten,* le passage d'une planète , le passage de Vénus sur le soleil. — (*t. de crist.*), *Der durchgang der blätter,* les joints des lames , le sens des lames , le clivage, c'est-à-dire le sens suivant lequel les lames peuvent se séparer.

Durchgestochener bleystein, matte de plomb grillée qui doit être fondue pour en obtenir le plomb qui entraîne l'argent, d'où il provient une nouvelle matte qui ne contient plus que le cuivre auquel il pouvoit être mêlé , et l'argent. —

Durchgestochenerstein, matte cuivreuse produite de scories crues.

DURCHGLUHEN, v. a. rougir de part en part, faire rougir entièrement au feu.

DURCHGLÜHUNG, f. l'action de rougir au feu.

DURCHHOHLEN, v. a. miner, caver, creuser de part en part.

DURCHKREUTZUNG, f. l'action de croiser. — (*t. d'opt. et de géom.*) *Durchkreutzung der strahlen*, *der linien*, décussation, point où des rayons, des lignes se croisent.

DURCHLANGEN, v. a. étendre en longueur les travaux d'une mine, miner, creuser horizontalement ou en longueur.

DURCHLASS, m. passoire, caisson à nettoyer les minéraux pilés, bocardés ; canal en bois pour porter les eaux où il est nécessaire.

DURCHLASSEN, v. a. laisser passer. — *Erze durchlassen*, faire fondre des minéraux, faire passer, faire couler par. — *Silberzaine durchlassen in den münzen*, dégrossir les barres d'argent dans les monnoies.

DURCHLÄUTERN, v. a. affiner, raffiner, purifier, épurer.

DURCHLOCHEN, v. a. (*t. de métall.*), percer, faire un trou, soit avec un mandrin, soit avec un perçoir.

DURCHLÖCHERT, adj. (*t. de min.*), criblé : se dit d'un minéral percé de beaucoup de trous ronds et étroits semblables à ceux d'un crible.

DURCHMESSER, m. diamètre;

ligne droite qui passe par le centre d'un cercle, et se termine de part et d'autre à sa circonférence, pour *umfang*, dimension.

DURCHÖRTERN. *V.* DURCHFAHREN.

DURCHPEUSCHEN, v. a. (*t. de min.*), nettoyer, purifier le minerai par le lavage.

DURCHRÄDLERN, v. a. cribler le minerai, le passer au travers d'un sac.

DURCHRÖSCHEN (*t. de min.*), faire pratiquer des conduits d'eau à travers le roc.

DURCHSCHEINEND, adj. (*t. de min.*), transparent : se dit d'un minéral à travers lequel on peut facilement reconnoître les objets.

DURCHSCHLAG, m. (*t. de min.*), percée de communication entre deux travaux souterrains.— *Durchschlag machen*, faire une percée, un percement, arriver d'un point quelconque à un autre point par une percée. — *In des nachbars gang durchschlagen*, percer dans la mine du voisin ; repoussoir, cheville de fer qui sert à en faire sortir une autre.—*Der durch schlag zum gegen bohren*, le contre-poinçon ; poinçon pour contre-percer les trous.

DURCHSCHLÄGIG, adj. *Durchschlägig werden*, être fait une percée, une ouverture. — *In eine andere zeche*, dans une autre mine.

DURCHSCHLAGUNG, f. l'action de percer.

DURCHSCHNEIDEN, v. a. couper, trancher par le milieu. — *Zwey gänge, welche sich durchschneiden,* deux filons qui se coupent réciproquement, qui se croisent.

Durchschnitt, m. (*t. de monn.*), le coupoir, la machine pour couper les barres de métal ; (*t. d'archit.*), coupe d'un bâtiment, profil. — (*t. de géom.*) *Durchschnittspunckt,* intersection, point de section ; point oùdeuxlignesse coupent.—*Der mittelpunct eines zirkels ist da wo zwey durchmesser einander durchschneiden,* le centre d'un cercle est dans l'intersection de deux diamètres.

Durchsetzen, v. a. porter au fourneau le minerai grillé, le fondre. — *Gepochtes erz durchsetzen,* sasser, passer au sas, au travers d'un crible, les minerais bocardés, les cribler. — *Mit andern mineralien oder erze durchsetzte steinart,* sorte de roches entrecoupées, mêlées d'autres minéraux ou mines.

Durchsichtig, adj. transparent, diaphane, clair, limpide. — *Halbdurchsichtig,* demi-diaphane.

Durchsichtigkeit, f. diaphanéité, transparence ; qualité de ce qui est transparent ; (*t. de minér.*), le huitième caractère extérieur particulier des minéraux solides suivant *Werner.*

Durchsieben, v. a. cribler, tamiser, passer au sas. — subst. (*t. de chim.*) *Das durchsieben,* la cribration ; la séparation des parties les plus déliées d'avec les plus grossières.

Durchsiekern, v. n.
Durchsintern, v. n. suinter, transsuder, dégoutter, découler ; passer, pénétrer insensi-blement à travers les pores des corps ou par quelques félures, comme l'eau dans les grottes.

Durchsinken, v. n. (*t. de min.*), creuser en bas ; creuser horizontalement un puits, une bure, approfondir, s'enfoncer dans la terre à travers les roches, les percer par un travail de mineurs ; travailler en descendant à travers la pierre ou roche. — *Das erdreich ist nicht fest, man sinket durch,* cette terre n'est pas ferme, on y enfonce.

Durchsseihen, v. a. filtrer, passer une liqueur par le filtre.

Durchstechen, v. a. (*t. de fond.*), fondre, repasser des minerais ou crasses au feu de fonderie, et les faire écouler lorsqu'elles sont suffisamment en fusion.

Durchstossen, v. a. (*t. de verr.*), nettoyer le fourneau.

Durchtreiben, v. a. (*t. de min.*), pratiquer, percer une galerie à travers d'anciens décombres ou un terrain peu solide.

Durchwerfen, v. a. (*t. de boc.*), jeter les minerais sous les pilons du bocard pour les y broyer, les passer au bocard.

Durchwurf, m. (*t. de boc.*), le tamis de passage ; le crible de fil de fer avec lequel on tamise le minerai bocardé ; égrappoir, sorte de crible incliné sur lequel on jette le minerai au moyen d'une trémie ; crible carré pour passer lesable, la terre, etc. ; claie.

Durchziehen, v. a. (*t. de fond.*), remuer, agiter ensemble le minerai et les fondans au moyen d'un outil ou instrument quelconque propre à cet usage.

Durchziehung , f. (*t. de métall.*) , imbibition ; opération qui consiste à s'emparer de l'argent natif au moyen du plomb. On fait fondre dans le bassin d'un fourneau d'affinage à-peu-près parties égales de plomb et d'argent natif presque entièrement dégagé de sa gangue , et on raffine ensuite ce plomb d'œuvre par le moyen de la coupellation : ce procédé très - simple est en usage à *Kongsberg.*

Durchzug , m. (*t. d'orfèv.*), eau préparée par laquelle on fait passer les ouvrages dorés ; (*t. de charp.*), pièce de bois qui traverse tout un bâtiment.

Dürre ertze, plur. n.minerais d'argent qui ne contiennent point de plomb , mais qui sont très-riches en argent ; les minerais maigres.

Dürre hartwercke, plur. minerais déjà grillés que l'on mélange avec d'anciennes crasses pour les fondre et en retirer le cuivre.

Dürrsteinerz , n. mine de fer noire , fort riche , mais rebelle , difficile à traiter.

Dusodile , dusodile : minéral nouvellement nommé et cité par l'ingénieur des mines *Louis Cordier* , et dont la découverte faite en Sicile par le célèbre *Dolomieu* date pourtant de plus de dix ans. Ce minéral se présente sous forme de masses irrégulières qui se délitent avec la plus grande facilité en feuilles très-minces ; ses couleurs sont le gris verdâtre et le gris jaunâtre , l'odeur est argileuse par le souffle , et bitumineuse et fétide par la combustion.

Dute. *Voyez* Tuie.

Dynamometer, m. dynamomètre ; instrument inventé par M. *Regnier* , qui sert à faire connoître la force absolue et relative des hommes ainsi que celle de toutes les bêtes de trait, l'effort d'une machine. Des ingénieurs des mines en ont composé un d'une grande dimension aux mines de l'oullaoüen (Finistère) , pour déterminer la force des grandes roues hydrauliques,

---

E   ECH

Ebenholz , n. ébène , bois dur et compacte, susceptible de recevoir un beau poli ; l'ébène noire est la sorte la plus estimée ; bois bitumineux fossile que l'on trouve près Hildesheim , à six lieues d'Hanovre , mais qui n'est pas combustible.

Ebusianische erde, f. terre d'*Ebuse* , aujourd'hui *Yvica* , l'une des îles Baléares. On lui attribue la propriété de faire mourir les scorpions.

Echinit, m. échinite ; oursin fossile ; corps orbiculaire couvert d'une croute osseuse garnie d'épines mobiles et de plusieurs rangs longitudinaux de pores par où sortent des tentacules ; la bouche toujours inférieure, mais ou centrale ou excentrique ou marginale. Plusieurs naturalistes ont placé les oursins parmi les coquilles multivalves à cause du grand nombre de pièces dont leur enveloppe est composée : en effet on en a compté neuf cent cinquante sur un seul individu.

ECHINITENSTACHELN, ECHINITEN ZAHNE, plur. diverses parties d'échinites.

ECKBOLZHEIMERERDE ou ECKHOLZHEIMERERDE, f. terre d'Eckbolzheim; lithomarge endurcie, violette ou panachée de diverses couleurs.

ECKE, f. coin, côté, angle.— *Eine figur von drey ecken*, une figure triangulaire, qui a trois angles.

ECKFEILE, f. lime à coins, à angles ; lime à tiers-point.

ECKIG, adj. angulaire, anguleux qui a des coins. — *Eckige steine*, pierres anguleuses, qui ont des angles. — *In eckigen stücken*, en fragmens ou morceaux anguleux.

EDELE ANBBRÜCHE. *Voy.* EDELERZ.

EDELERDE, f. terre noble, terre de diamant.

EDELERZ, *edele geschicke*, nom que les mineurs donnent aux minerais riches, sur-tout à ceux d'or ou d'argent. Les anciens entendoient par-là les métaux parfaits, l'or et l'argent, et appeloient les autres, comme le plomb, le cuivre, l'étain, etc., métaux imparfaits. — *Une edele*

metallen ein edeler gang, un filon riche. — *Edele gesteine* gemmes, pierres précieuses. — *Edele gebürge*, montagnes riches en métaux. — *Edele anbrüche*, bons gîtes, travail productif.

EDELSPATH, m. *Blumenbach* nomme ainsi le feldspath.

EDELSTEIN, m. pierre précieuse, gemme. — *Allerley edelstein*, toutes sortes de pierreries. — *Der edelstein handel*, le commerce des pierreries, la joaillerie. — *Der edelsteinhandler*, *juvellenhändler*, le joaillier. — *Der edelstein schneider*, le lapidaire.

EDULCORIREN (*t. de chim.*), édulcorer, verser de l'eau sur des corps, sur une substance en poudre pour en enlever les parties salines.

EGRISIREN, v. a. (*t. d'arts*), égriser, ôter les parties brutes d'un diamant, le polir.— *Das egrisiren*, l'égrisée ou la poudre de diamant.

EGYPTEN-JASPIS ou EGYPTISCHER-JASPIS, et EGYPTENSTEIN, jaspe d'Égypte; variété du quartz agate panaché d'*Haüy*.

EIGENLÖHNER, m. propriétaires soldés : noms que l'on donne au Hartz à une sorte de concessionnaires d'une mine de fer qu'ils exploitent euxmêmes avec les secours du gouvernement, et sous la condition de lui en livrer tous les produits à un prix determiné.

EIGENLÖHNERSCHAFT, f. propriété censitaire ; titre de la concession à perpétuité de ceux appelés propriétaires soldés.

EIGENSCHAFT, f. propriété, attribut; ce qui est propre à chaque sujet; propriété, qualité de chaque corps. — *Die eigenschaften der mineralien*, les propriétés des minéraux.

EIGENTLICH, adj. propre, qui convient particulièrement à quelque chose; spécifique.

EILFECKIG, endécagone, qui a onze côtés.

EIMER, m. seau (*t. de chim.*), seau de douze pintes; (*t. d'hydraul.*), seau, godet, vaisseau attaché à la roue pour élever l'eau, soit qu'il soit de bois ou de cuir. — *Eimer deckel*, couvercle du seau.

EIMERIG, adj. qui contient un seau. — *Ein eimeriges fas*, tonneau qui contient un seau.

EIMERKETTEN, f. les chaînes auxquelles tiennent les seaux que l'on monte et descend dans les mines.

EIMER KUNST, f. (*t. d'hydraul.*), chapelet, machine qui sert à élever les eaux, et qui est composée de plusieurs godets ou seaux attachés de suite à une chaîne.

EINÄSCHERN, v. a. réduire, mettre en cendres.

EINÄSCHERUNG, f. (*t. de chim.*), incinération. *V.* ÄESCHERUNG.

EINÄTZEN, v. a. graver, tracer, imprimer; faire entrer avec quelque chose de corrodant.

EINÄTZUNG, f. gravure; action de graver à l'eau-forte.

EINBIEGUNG, f. inflexion. — (*t. de géom.*) *Der einbiegungspunct*, le point d'inflexion.

EINBLASEN, v. a. souffler dedans; introduire ou faire entrer dans les travaux de mines un air frais par des ventilateurs ou machines propres à renouveler l'air.

EINBLASUNG, f. insufflation; action de souffler, de faire entrer par le souffle.

EINBOHREN, v. a. percer, tarauder, trouer, etc.

EINBRENNEN, v. a. amollir au feu le fer travaillé pour pouvoir le souder; mettre dans de l'étain fondu pour étamer; imprimer avec un fer rouge.

EINBRINGEN, v. a. porter, mettre dedans; (*t. de min.*), avoir devant soi un espace suffisant pour exploiter sans prendre sur le voisin. — *Einbringen die ortung*, parvenir par un travail souterrain au point désiré. — *Einbringen die teüfe*, atteindre la profondeur convenable, pénétrer dans la profondeur.

EINBRINGENDE SILBER, argent provenant de la fonte des minerais et remis à l'administration.

EINDRILLEN, v. a. percer, faire un trou avec la tarière, avec le trépan.

EINDRILLUNG, f. l'action de percer, de trouer, avec un trépan.

EINDRÜCK, m. impression, empreinte. — *Mit eindrücken*, avec empreinte.

EINEBNEN, v. a. (*t. de min.*), aplanir le terrain.

EINFACH, adj. simple. On dit DREYFACH, triple, etc.

EINFACHEN ZAPFEN, tourillons simples ou manivelles de

fer implantés à chacune des extrémités d'un arbre tournant ou d'un axe.

EINFACHFELDGESTÄNGE. *V.* GESCHLEPPE.

EINFACHHEIT, f. simplicité; qualité de ce qui n'est pas composé ou complexe.

EINFAHREN, v. a. entrer dans une mine. — *In einem schacht einfahren*, descendre dans un puits de mine par les échelles.

EINFAHRER, m. l'officier chargé de descendre dans les mines pour les visiter et en rendre compte, ce qui est un des devoirs ordinaires du juré des mines.

EINFAHRT, f. l'entrée, la descente dans les mines.

EINFALZEN, v. a. entailler, faire une entaillure en long; emboîter, assembler une pièce dans une autre.

EINFANGSSCHAUFEL, f. pelle de bois avec laquelle on porte dans l'auge le minerai bocardé, lavé et épuré.

EINFALL, m. chute. — *Wasser einfall*, chute d'eau; (t. de géom.), incidence. — *Einfall des lichtes*, l'incidence de la lumière.

EINFASSEN, v. a. enchâsser, monter, sertir; mettre en œuvre.

EINFASSUNG, f. enchâssure, monture, bordure, encadrement.

EINFEILEN, v. a. limer, creuser; faire entrer avec la lime.

EINFEÜCHTEN, v. a. mouiller, humecter; rendre humide.

EINFLÖSSEN, v. a. instiller;

faire couler; verser dedans goutte à goutte.

EINFLUSS-RÖHRE, f. long tuyau de fer d'une machine à air, par lequel l'eau est transmise du réservoir dans la caisse de métal.

EINFRESSEN, v. irr. pénétrer, s'introduire, en rongeant. — *Das scheide wasser friszt sich in die metalle ein*, l'eau forte mord sur les métaux, les creuse.

EINFÜGEN, v. a. emboîter, enchâsser, encastrer.

EINFÜGUNG, f. emboîtement, enchâssure, encastrement.

EINFÜLLEN, v. a. remplir, verser dedans; (*t. de min.*), emplir la tonne, le seau, etc.

EINGEHEN, v. a. (*t. de min.*), cesser, discontinuer le travail.

EINGERAHMET, adj. (*t. de crist.*), encadré. On dit d'un cristal qu'il est encadré lorsqu'il a des facettes qui forment des espèces de cadres autour des faces d'une forme plus simple déjà existante dans la même espèce. Ex. *Eingerahmeter flüssgesaüerter kalk*, chaux fluatée encadrée.

EINGESPRENGT, adj. (*t. de min.*), disséminé. — *Eingesprengte erze*, minerai disséminé, épars dans la gangue, c'est-à-dire minerai qui se montre seulement d'espace en espace sous la forme de petits noyaux moins gros qu'une noisette. — *Fein eingesprengte*, disséminé en fines parties.

EINGEWITTERTES ERZ. (*t. de min.*), minerai produit par l'effet d'une combinaison de vapeurs souterraines.

EINGIESSEN, v. a. verser, faire couler dedans. — *Das eisen ist in den stein einge- gossen*, ce fer est scellé en plomb dans la pierre.

EINGRABEN, v. a. enfouir, graver, buriner, sculpter, tra- cer, imprimer des caractères, des figures avec le burin, avec le ciseau. On se sert aussi, en terme de fonderie, de l'expres- sion *eingraben*, pour indiquer que la matière pénètre dans l'à- tre du fourneau, qu'elle y forme des creux.

EINGRABUNG, f. l'action d'en- fouir, etc.

EINGUSS, m. *Das eingieszen*, action de verser dedans; (*t. de maçon.*), scellement; (*t. de fond.*), lingotières dans les- quelles on verse un métal en fusion. — (*t. de monn.*) *Die eingüsse*, les rayaux ou moules dans lesquels on fait couler l'or et l'argent pour en faire des lin- gots qu'on taille en carreaux.

EINHALTSKLAPPE, f. sou- pape d'arrèt.

EINHÄNGEN, v. a. suspendre quelque chose à la corde du puits; descendre quelque chose par la corde du puits de mine.

EINHEIT, f. unité; toute grandeur considérée isolément et ne faisant qu'un tout.

EINKEILEN, v. a. cogner, enfoncer, faire entrer par force, ou arrêter, assujettir avec des coins une chose dans une autre.

EINKEILUNG, f. l'action d'ar- rêter, d'assujettir avec des coins.

EINKERBEN, v. a. entailler.

EINKERBUNG, f. entaille, entaillure.

EINKITTEN, v. a. souder de-

dans, arrêter, assujettir avec de la soudure une pièce dans une autre.

EINKITTUNG, f. l'action de souder une pièce dans une autre.

EINKOMMEN, v. n. se réunir. On dit, en termes de mineurs, de deux galeries ou percemens quelconques, que l'on a poussés ou avancés à l'encontre l'un de l'autre, *die örter sind eingekom- men*, les ouvrages sont réunis, les deux percées se sont ren- contrées. — *Einkommen mit der ortung*, réunir deux points de travaux poussés à l'encontre l'un de l'autre pour arriver à un même but.

EINLEGEN, v. a. (*t. de min.*), commencer à creuser dans une roche, à exploiter une mine; faire les premières dispositions pour une exploitation. — *Das register einlegen*, produire le compte d'une mine; répandre le mélange sur les tas préparés pour la fonte; marqueter, faire un ouvrage de pièces de rap- port.

EINLEITUNG, f. préface, avant-propos, introduction. — *Einleitung in eine wissens- chaft*, introduction à une science.

EINLIEGER, m. (*t. de min.*), le garde de l'établissement.

EINMEISSELN, v. a. ciseler, faire ouverture avec un ciseau.

EINMEISSELUNG, f. l'action de ciseler, ciselure.

EINMÜNZEN, v. a. monnoyer, faire de la monnoie.

EINMÜNZUNG, f. réduction de quelque métal en monnoie; monnoyage.

EINNAHME AUS DEN HALDEN

MACHEN (*t. de min.*), être réduit à chercher dans les halles, ou tas de déblais de quoi faire recette, le filon ou gîte en exploitation ne fournissant plus.

EINNIETHEN, v. a. river, attacher, joindre quelque chose en rivant, en rabattant, en repliant.

EINNIETHUNG, f. rivure, l'action de river, de rabattre en repliant.

EINPACKEN, v. a. empaqueter, envelopper, emballer.

EINPACKER, m. emballeur.

EINPACKUNG, f. emballage; l'action d'empaqueter.

EINPASSEN, v. a. emboîter, encastrer, joindre juste.

EINPASSUNG, f. emboîture, enchâssure; l'action d'emboîter, d'enchâsser, de joindre juste une chose dans une autre.

EINPFLÖCKEN, v. a. cheviller, joindre, attacher, assembler avec des chevilles une chose dans une autre.

EINPFLÖCKUNG, f. l'action d'attacher avec des chevilles une chose dans une autre.

EINPFLÜTZEN, v. a. (*t. de min.*), puiser, tirer de l'eau avec le seau.

EINRAMMELN, v. a. enfoncer, faire entrer bien avant avec un mouton ou avec la hie.

EINREIBEN. *Voyez* REIBEN.

EINSÄGEN, v. a. entailler avec la scie.

EINSÄGUNG, f. l'action de faire une entaille avec la scie.

EINSATZ, EINSATZ EISEN, n. (*t. d'orfèv.*), fer quadrangulaire fortement enchâssé dans un billot, qui a un trou à son extrémité dans lequel on place le bigorne pour travailler les petites pièces dessus.

EINSAÜGEN, v. a. sucer, attirer; s'imbiber, s'abreuver.

EINSCHÄLIG, adj. univalve : se dit des testacés dont la coquille n'est composée que d'une pièce.

EINSCHALTEN, v. a. intercaler, insérer.

EINSCHLAG, m. l'action d'enfoncer, de cogner; (*t. de min.*), l'endroit où le minerai d'étain de lavage se trouve en amas sous la terre végétale.

EINSCHLAGEN, v. a. ficher, enfoncer, cogner; (*t. de min.*), commencer une fouille pour mettre le filon ou le minerai à découvert.

EINSCHLÄGER, m. (*t. de min.*), celui qui creuse, qui commence à creuser une mine; le mineur qui remplit la tonne; l'ouvrier assermenté qui travaille le bois nécessaire aux travaux de mine; la personne assermentée chargée de toiser et corder le bois dans les coupes.

EINSCHMELZEN. *V.* SCHMELZEN.

EINSCHRAUBEN, v. a. visser, serrer, arrêter; attacher ferme dans un étau une pièce de fer, de bois ou autre.

EINSCHRAUBUNG, f. l'action de visser.

EINSENKEN, v. a. enfoncer, faire pénétrer, planter à tête perdue une pièce de métal, une vis.

EINSETZEN, v. a. mettre, placer, poser dedans. — *Edelsteine einsetzen*, monter, enchâsser des pierreries. — *Bley, silber einsetzen*, mettre en fonte, mettre au creuset du plomb, de l'argent.

EINSETZUNG, f. l'action de mettre, de placer, d'enchâsser. — *Einsetzung der edelsteine*, enchâssure, encastrement des pierreries.

EINSICKERN, n. infiltration; action de s'infiltrer, de s'insinuer, de pénétrer peu-à-peu.

EINSICKERUNG, même que EINSICKERN.

EINSINCKEN, v. n. crouler, s'ébouler, s'écrouler.

EINSINCKUNG, f. croulement, écroulement, éboulement.

EINSPÄNNER, m. EINSPAENNIGER (*t. de min.*), chargeur; même que EIGENLÖHNER. *V.* ce mot.

EINSPRENGEN, v. a. saupoudrer, jeter dessus. — *Eine eingesprengte erzart*, un minerai en petits grains, saupoudré, mêlé, combiné avec d'autres minéraux en forme de petits points ou de taches. *V.* EINGESPRENGTE.

EINSPRINGEND, adj. *Einspringende winkel*, angle rentrant.

EINSTRICH, m. (*t. de min.*), les solives posées en travers dans un puits de mine, pour séparer le côté de la descente d'avec celui de l'extraction, le *fahrschacht* du *ziehschacht.*.

EINSTRICH BOHLEN, pl. (*t. de min.*), grosses planches ou madriers employés dans les charpentes de puits de mine, et qui entrent dans les rainures des montans; traverses, poutres.

EINSTURZ, m. renversement, destruction, ruine. — *Der*

einsturz eines berges, l'écroulement, le renversement d'une montagne.

EINTRÄGE KOLBEN ou EINTRÄGE LÖFFEL, m. (*t. de verr.*), puisoir, pelle, cuiller avec laquelle on porte ces matières dans les pots ou creusets des verreries.

EINTRÄGEN, v. a. (*t. de verr.*) — *Häfen eintragen*, placer les creusets dans les fourneaux de verreries. — (*t. de min.*) *Die bergwerke tragen wenig ein*, les mines rapportent peu.

EINTRÖENKEN, v. a. imbiber, abreuver, tremper dans quelque liqueur. — *Derbe erze und feste metalle eintröenken*, mettre des minéraux ou métaux dans une autre matière déjà en fusion.

EINWÄG ou EINWIEGWAAGE, f. balance pour peser le minerai à essayer; perte, diminution de poids dans la pesée.

EINWÄGEN, v. a. peser le minerai pour les essais ou les métaux qui proviennent de la fonte.

EINWÄRTZ, adj. en dedans. — *Die einwärtz gehenden winckel*, les angles rentrans.

EINWECHSELN, v. a. (*t. de min.*), remplacer les étampes usées, les bois pourris dans les charpentes souterraines; changer des pièces du cuvelage ou de la charpente souterraine.

EINWEICHEN, v. a. (*t. de chim.*), macérer; faire tremper un corps dans un liquide. *Voyez* MACERIREN.

EINWEICHUNG, f. (*t. de chim.*), macération; séjour

d'une substance dans une liqueur. *V.* MACÉRATION.

EINWEISEN, v. a. installer, mettre en possession; (*t. de min.*), montrer, indiquer, expliquer aux employés d'un établissement de mines ce qu'ils ont à faire faire ou à exécuter eux-mêmes.

EINWIEGEN. *V.* EINWÄEGEN.

EINWITTERUNG, f. airage dans les mines ou moyens d'en chasser l'air pernicieux; air chargé de particules métalliques, ou vapeurs souterraines métallifères, qui s'introduisent dans des fentes ou crevasses, et y forment successivement un dépôt de minerai.

EINZÄNGELN, v. a. (*t. de grosses forges*), prendre, saisir, tenir avec des tenailles. — *Ein stuck eisen einzängeln,* saisir une pièce de fer avec les tenailles; rassembler dans la fonte les parcelles avec les tenailles convenables.

EINZAPFEN, v. a. (*t. de charp.*), entailler, faire un tenon dans une pièce de bois; emmortaiser, lier deux pièces de bois en les faisant entrer l'une dans l'autre; faire un assemblage en endente. — *Eine saule einzapfen,* emmortaiser une colonne.

EINZAPFUNG, f. adent, entaille en forme de dent.

EINZELN, adj. séparé, écarté, désuni.

EINZIG, adj. unique, seul dans son espèce; singulier.

EIS, n. glace; état de solidité que l'eau et en général tous les fluides acquièrent par la force du froid. L'eau, en passant à l'état solide, éprouve une véritable cristallisation, et *Haüy* soupçonne que la forme primitive des cristaux de glace est octaèdre.

EIS-ACHAT, agate de couleur de glace, agate non colorée.

EIS-ODER SUMPFKRATZEN, (*t. du Hartz*), grand crochet à récurer.

EIS UNSER LIEBEN FRAUEN, glace de nos chères femmes : c'est le *fraueneis,* c'est-à-dire la chaux sulfatée cristallisée.

EISALABASTER, m. albâtre qui ressemble à la glace.

EISCHSCHÄLGEN, petits bassins très-minces, sans profondeur qui se placent sur les plateaux d'une balance d'essai, et que l'on charge des grains d'or ou d'argent que l'on veut peser.

EISDRUSEN, f. quartz hyalin formant un groupe de petits cristaux hexaèdres, disposés par rangs à la suite les uns des autres.

EISEN, n. fer; (*t. de chim.*), mars. — *Verarbeitetes eisen,* fer ouvré. — *Gegossenes eisen,* fer fondu, fer coulé. — *Gediegenes, oder gewachsenes eisen,* fer natif. — *Phosphorgesaüertes eisen,* fer phosphaté; minéral qui se trouve tantôt en masses à texture lamelleuse, tantôt sous forme pulvérulente, et toujours d'une couleur bleue sombre. — *Geschmiedetes eisen,* fer battu, fer forgé, fer affiné. — *Sprödes eisen,* fer aigre. — *Brüchiges eisen,* fer cassant. — *Eisen abgang,* déchet que le fer éprouve quand on le forge. — *Eisen anlegen,* souder ou pétrir ensemble plusieurs morceaux de fer.—*Eisen anführen,* préparer, forger la pointerole ; appliquer doucement une pointerole neuve sur la roche. — *Eisen auf das gestein ansetzen,* appliquer l'outil sur la roche , c'est-à-dire commencer l'ouvrage.

EISENADER , f. veine de fer, veine d'une mine de fer.

EISENARBEIT , f. ouvrage de fer , fer ouvré, fer façonné.

EISEN ARSENIK , m. fer arséniaté.

EISENARTIG , adj. ferrugineux, qui tient de la nature du fer ; (*t. de chim.*), ferrique , qui a les propriétés du fer.

EISENBAUM, m. (*t. de chim.*), l'arbre de Mars ; (*t. de forg.*), la perche ferrée qui sert à porter les pièces sous le marteau.

EISENBERGWERCK , n. mine de fer, minière de laquelle on extrait le fer.

EISENBESCHLÄGE, n. ferrure, garniture de fer.

EISENBLATT, n. feuille de fer.

EISENBLAU , adj. fer azuré. C'est aujourd'hui la neuvième espèce du genre fer (*Haüy*) : on ne le connoissoit encore que terreux ou pulvérulent ; on en annonce maintenant une variété laminaire.

EISENBLECH, n. lame de fer ; fer en lames, fer en feuilles , tôle.

EISENBLENDE , f. urane oxidulé. Ce minéral a été d'abord désigné sous le nom de *pechblend,* blende de poix, à cause de sa couleur brune noirâtre et luisante.

EISENBLUMEN et EISENBLÜTHE , plur. *Flos ferri,* fleur de fer ; chaux carbonatée fibreuse, corralloïde, stallactite rameuse très-blanche : sorte de tuf calcaire fibreux en forme de corail d'un blanc de neige dont la cassure a un éclat soyeux.

EISENBOHRER , m. le perçoir pour percer le fer.

EISENBOLL , adj. fer oxidé luisant , fer micacé rouge.

EISENBRAND, m. fer oxidulé ; aimant, pierre d'aimant.

EISENBRANDERZ , n. mine de fer bitumineuse, fer argileux mêlé de bitume.

EISENBRENNERZ, n. minerai de fer mêlé de parties combustibles, qui a l'aspect de la houille , mais d'une couleur brune , et transparent quelquefois comme le jayet.

EISENBRUCH , m. mine de fer ; lieu d'où se tire le minerai de fer.

EISENCHROM , m. fer chromaté ; minéral d'un brun noirâtre avec un léger brillant métallique. Il paroît être le produit d'une combinaison de l'acide chromique avec les acides de fer et d'alumine ; on ne le connoît encore que dans l'état amorphe , et on en distingue maintenant deux variétés , qui sont , le fer chromaté sublaminaire de Sibérie, et le fer chromaté granulaire du département du Var.

EISENDRAHT, m. fil de fer.

EISENDRUSE , f. minerai de fer en cristaux.

EISENERDE , f. terre ferrugineuse, terre qui contient du fer. — *Blaüeisenerde,* fer azuré terreux bleu. — *Grün eisen erde,* fer oxidé vert terreux.

EISENERZ, n. minerai de fer qui contient du fer gatine. — *Kalkartiges eisenerz.* Voyez SPATHEISENSTEIN ; *kohlenänliches,* voy. BRANDERZ ; *weisses eisenerz,* voyez SPATHEISENSTEIN, etc.

EISENEXTRACT, m. extrait de Mars.

EISENFABRIK, f. fabrique de fer.

EISENFARBIG, adj. de couleur de fer.

EISENFEIL, et vulgairement EISENFEILICHT, n. limaille de fer.

EISENFLUSSIGKEIT, f. liqueur de fer.

EISENFRISCHEN, v. a. (*t. de fond.*), rafraîchir le fer, c'est-à-dire le remettre au feu, le recuire, le purifier.

EISENFUNKE, m. bluette du fer ; écaille qui tombe du fer quand on le forge à chaud.

EISENGAHRMACHEN, affiner le fer de fonte ou la gueuse, et la convertir en fer malléable.

EISENGANG, m. filon, veine de minerai de fer ; gangue de fer, roche qui contient du minerai de fer.

EISENGANS, f. gueuse de fer ; pièce de fer fondu et non encore purifié, qui s'est moulée en long prisme triangulaire effilé à ses extrémités en coulant dans un sillon creusé dans le sol de la fonderie.

EISENGEHALT, m. teneur, contenu du fer ; parties ferrugineuses d'un corps.

EISENGERÄTHE, n. ustensiles de fer.

EISENGIESSER, m. fondeur de fer ; l'ouvrier qui prépare

le fourneau, les moules, et tout ce qui est nécessaire pour faire la fonte, puis la faire couler.

EISENGIESSEREY, f. fonderie en fer ; lieu où l'on fait des ouvrages de fer fondu.

EISENGLANZ, m. fer spéculaire, fer oligiste.

EISENGLAS, n. mine de fer cassant.

EISENGLIMMER, m. fer micacé, fer oligiste écailleux.

EISENGRÄBER, m. ciseleur, ouvrier qui cisèle.

EISENGRANATEN, plur. grenats qui contiennent du fer.

EISENGRAU, adj. gris de fer, gris noirâtre un peu foncé avec éclat métallique.

EISENGRAUPE, f. grain de fer, minerai de fer granuliforme qui a de la ressemblance avec l'étain en grains.

EISENGRUBE, f. mine de fer ; lieu d'où l'on extrait le fer.

EISENGRÜN, fer terreux vert.

EISENHÄLTIG, adj. ferrugineux, qui contient du fer, qui a des parties de fer. — *Eisenhältige wasser,* eaux ferrugineuses ; (*t. de chim.*), martial.

EISENHAMMER, m. marteau de grosse forge ; martinet ; forge, grosse forge ; chaufferie ; usine où l'on fabrique le fer en grand ; ferronnerie.

EISENHAMMERSCHLAG, batitures de fer, ou déchets qui tombent du fer quand on le forge.

EISENHANDEL, m. commerce, trafic de fer.

EISENHÄNDLER, ferronnier, débitant, marchand de fer.

EISENHART, adj. dur comme fer.

EISENHELM, m. manche de bois aux outils de fer.

EISENHELMGELD, n. certaine somme à payer par chaque ouvrier au maître mineur pour les manches d'outils qu'il fournit.

EISENHÜLSE, f. fer avec un trou rond dans lequel on introduit le manche du gros marteau tranchant.

EISENHÜTCHEN, EISENHÜTLEIN, petite ferronnerie.

EISENHÜTTE, f. ferronnerie, fabrique et magasin de gros ouvrages en fer ; forge, grosse forge.

EISENJASPIS, m. jaspe ferrugineux ; sinople ; quartz hématoïde massif.

EISENKALK, m. chaux de fer ; fer calciné ; (*t. de chim.*), safran de mars, oxide de fer.

EISENKIES, m. pyrites ferrugineuses ; fer sulfuré. Quelques auteurs allemands comprennent sous cette dénomination la pyrite magnétique, la pyrite arsénicale, la pyrite hépatique ou fer sulfuré décomposé, enfin la pyrite argentifère.

EISENKIESEL, m. *Eisen-Kiesel*, caillou ferrugineux ; quartz hyalin rubigineux d'*Haüy* ; minéral formé de l'assemblage d'une multitude de petits cristaux de quartz hyalin prismé, liés entre eux plus ou moins fortement à l'aide d'un ciment d'oxide de fer jaune, ou brun, ou rouge.

EISENKLOS, m. fer limoneux, fer oxidé terreux.

EISENKNECHT, m. plaque d'enclume ; fer mince sur l'enclume.

EISENKOCHSALZ, n. (*t. de chim.*), sel de mars, sel martial.

EISENKRITT, m. ou EISENKÜTTE, f. soudure de fer. On a aussi donné ce nom à la terre ferrugineuse brune de Pouzzoles, près de Naples, dont on forme un ciment pour les constructions dans l'eau.

EISENLACHTER ERLEGEN, souder la mesure de fer brisé pour lui rendre la longueur convenable.

EISENLEBERERZ, n. fer sulfuré à demi décomposé.

EISENMAL, n. espèce de minerai brun qui ressemble au fer oxidé, mais qui est très-pauvre en fer.

EISENMALM, m. On appeloit ainsi un minerai de fer envoyé de Suède à Lubeck pour y être fondu ; mais il ne s'y en envoie plus.

EISENMANN, m. fer oligiste écailleux, suivant plusieurs auteurs ; et, suivant d'autres, la mine de fer micacée rougeâtre, ou fer oxidé rouge luisant. C'est aussi le nom allemand du ferrailleur ou vendeur de vieilles ferrailles.

EISENMARMOR, m. basalte.

EISENMOHR, m. fer oxidé noir ; éthiops martial ; fer magnétique, fer oxidulé.

EISENMULM, m. mine de fer argileuse et limoneuse.

EISENNIEDERSCHLAG, m. précipité de fer.

EISENNIERE, f. fer réniforme ; fer oxidé géodique d'*Haüy*. Voyez AETITEN.

EISENNÜSSE, f. fer oxidé hématite rouge en globules solides et compactes.

EISÉNOCHER , m. ocre de fer ; fer oxidé de diverses nuances de jaune , de brun , de rouge et même de bleu , suivant *Brünich* ; fer oxidé rubigineux pulvérulent d'*Haüy*.

EISENOFEN , m. fourneau de forge.

EISENÖHL , n. (*t. de chim.*), huile de mars.

EISENPECHERZ , n. urane oxidulé. *Voyez* EISENBLENDE.

EISENPLATTE , f. plaque de fer , plaque de feu , etc.

EISENPROBE , f. essai de fer ; la touche.

EISENRAHM , m. minerai de fer micacé rougeâtre ; fer oxidé rouge luisant.

EISENRÄHMIG , adj. qui contient du fer oxidé rouge luisant.

EISENRIEMEN , m. bande de cuirs dont les mineurs s'aident pour porter leurs outils dans la mine.

EISENROST , m. rouille de fer ; rouillure qui se forme sur le fer.

EISENSAFRAN , m. safran de mars , rouille de fer ; et , suivant *Stütz* , fer oxidé ou ocre de fer.

EISENSALZ , n. sel martial ; fer sulfaté.

EISENSAND , m. fer magnétique sablonneux que l'on trouve sur les bords de quelques fleuves ; par exemple , de l'Elbe.

EISENSANDERZ , n. mine de fer sablonneuse. Ce n'est , suivant *Brochant* , qu'un grès pénétré d'oxide de fer.

EISENSAU , f. fer qui n'est pas scorifié ; certaines masses de fer dans un fourneau qui ne sont pas entrées en fusion , mais restées attachées aux parois.

EIS

EISENSÄUER , f. acide de fer , acide ferrique.

EISENSCHEEL , schéelin ferruginé. *Voyez* WOLFRAM.

EISENSCHEIBE , f. boussole minéralogique ; platine ou plaque de laiton qui tient lieu de boussole dans les mines.

EISENSCHICHT , f. charge d'un fourneau ; fournée ; la quantité de fer que l'on fond en une fois.

EISENSCHIMMEL , m. moisissure ferrugineuse ; chancissure de fer.

EISENSCHLACKE , f. scorie , crasse , laitier de la fonte du minerai de fer.

EISENSCHLAG , m. batitures de fer ; écailles , pailles de fer ; *quartz* jaspe ferrugineux rouge , selon *Stütz*.

EISENSCHLICH , m. schlich de fer ; minerai de fer préparé pour la fonte ; mine de fer limoneuse qui s'est formée dans les marais.

EISENSCHMID , m. forgeron , ouvrier en fer ; taillandier.

EISENSCHMIEDE , f. forge à fer ; boutique du taillandier.

EISENSCHNEIDER , m. ouvrier qui grave les morceaux de fer pour l'empreinte des monnoies ; graveur de poinçons , de coins de fer.

EISENSCHURZ (*t. de boc. au Hartz*) , chaîne de fer pour traîner les bois.

EISENSCHUSS , m. nom générique de toutes les espèces de minerais de fer très-pauvres.

EISENSCHÜSSIG , adj. ferrugineux , qui contient du fer ou ressemble au fer.

EISENSCHWÄRZE , f. noir de fer ; noir à noircir préparé avec du fer ; espèce d'encre tirée d'une composition de fer, de vinaigre et du brou de noix, dont se servent sur-tout les relieurs de livres; graphite; fer carburé; pour EISENSCHWEIF, *voyez* ce mot.

EISENSCHWEIF, m. minerai de fer en grains transparens.

EISENSCHWERSTEIN , m. tungstène ou schéelin calcaire, suivant *Brünich ;* mais plus vraisemblablement schéelin ferruginé ou wolfram.

EISENSINTER, m. *V.* EISEN-BLUMEN.

EISENSPATH, m. spath ferrugineux ; chaux carbonatée ferrifère.

EISENSPIEGEL, m. fer spéculaire; fer oligiste.

EISENSTAB, m. barre de fer.

EISENSTAHL, m. pailles de fer ; écailles qui se détachent du fer quand on le forge ou recuit, et dont les forgerons se servent pour acérer.

EISENSTEIN, m. pierre de fer; minerai de fer en général, c'est-à-dire toutes les sortes de pierres ou de roches que l'on fond pour en tirer du fer. — *Magnetischer eisenstein ,* fer magnétique, fer oxidulé. — *Späthiger eisenstein,* fer spathique ; chaux carbonatée ferrifère. — *Thonartiger eisenstein ,* fer argileux, etc.

EISENSTEINFLOSS, basalte.

EISENSTEINGANG, m. gangue, filon de minerai de fer.

EISENSTEINGEBÜRGE , n. roches ferrugineuses. On donne ce nom au porphyre d'Ilmenau.

EISENSTEIN-MESSER, m. mesureur de minerai de fer; celui qui a la charge de faire remplir la mesure , la tonne.

EISENSTEINSGEHALT, m. teneur en métal du minerai de fer.

EISENSTEINSLAGER, n. gîte de minerai de fer.

EISENSTUFE , f. morceau , fragment, échantillon de minerai de fer.

EISENSUMPF, m. mare, marais d'eau ferrugineuse.

EISENSUMPFERZ, n. mine de fer des lieux marécageux; fer oxidé terreux; fer argileux scapiforme , suivant *Hacquet.*

EISENTHON, m. fer argileux.

EISENTINKTUR , f. teinture de mars , teinture martiale.

EISENTITAN, m. titane oxidé ferrifère ; nigrin.

EISENVITRIOL , m. vitriol de fer, fer sulfaté, vitriol natif : il est le produit ordinaire de la décomposition du fer sulfuré. Certains schistes qui en sont imprégnés ont été nommés *pierres atramentaires ,* parce que , délayés dans l'eau , ils la colorent en noir.

EISENWASSER, n. eau ferrugineuse, eau martiale, eau minérale, eau acidule.

EISENWEINSTEIN , m. tartre minéral.

EISENWERCK, n. ferremens , ferrures ; ouvrage de fer; outils ; instrumens de fer. — *Gegossenes eisenwerk,* ouvrage de fer fondu ; forge , grosse forge de fer; chaufferie; ferronnerie.

EISENZEUG, f. outils, instrumens de fer; fer ouvré.

EISERN , adj. de fer, qui est de fer. — *Ein eiserner ring ,* un anneau de fer. — *Ein eiserner hacken,* un croc de fer. —

Eisernes seil, chaîne de fer très-longue dont on se sert au lieu de câble dans les machines à molettes.

EISERT, m. quartz hyalin amorphe ferrugineux.

EISPORN, m. crampon à glace; fer à glace.

ELASTICITÄET, f. (*t. de phys.*), élasticité ; propriété par laquelle un corps comprimé se rétablit sur-le-champ en son premier état; dans les métaux elle suit le même ordre que la dureté.

ELECTRICITAET, f. électricité; propriété que certains corps acquièrent d'attirer ou de repousser d'autres corps. — *Electricitäet durch einblasung*, par insulfation. —*Durch entziehung*, par exhaustion. — *Durch mitheilung*, par communication. — *Durch reibung*, par le frottement. — *Glas electricitäet*, électricité vitrée, appelée positive par *Franklin*; c'est celle que le frottement fait naître dans le verre et dans les matières vitreuses. —*Harz electricitäet*, électricité résineuse, dite négative; c'est celle qu'acquièrent dans le même cas le soufre, la résine et la soie. Plusieurs minéraux sont susceptibles de devenir électriques lorsqu'on les chauffe ou qu'on les frotte; et il y en a qui ont la propriété d'acquérir alors des pôles électriques. Les pierres et les sels à surfaces polies acquièrent par frottement l'électricité vitrée, et les combustibles l'électricité résineuse ; les métaux à l'état métallique laissent passer l'électricité.

ELECTRICITAET BEWIGENDE, f. électromotrice.

ELECTRICITAET-ERREGUNG, f. électrisation.

ELECTRICITAET MESSER, m. électromètre ; instrument qui sert à mesurer la quantité d'électricité.

ELECTRICITAETMESSUNG, f. électrométrie.

ELECTRISCH, adj. électrique. — *Die electricitaetkraft*, la faculté ou vertu électrique ; adv. d'une manière électrique.

ELECTRISCHE-LEITER, m. conducteur électrique : en général les métaux et les liquides, à l'exception de l'huile, transmettent plus ou moins le fluide électrique et sont appelés des corps conducteurs; le verre, le succin, le soufre, les résines, la soie, etc., retenant au contraire ce fluide comme engagé dans leurs pores sans le communiquer, sont nommés corps non conducteurs ou ideo-électriques.

ELECTRISIEREN, v. a. électriser; communiquer la propriété, la matière électrique. — *Sich electrisiren lassen*, se faire électriser, se faire communiquer la propriété, la vertu électrique.

ELECTRISIER MASCHIENE, f. électrophore, instrument chargé de matière électrique ; machine pour électriser.

ELECTRUM, électrum : nom latin par lequel on a désigné autrefois le succin, et que l'on donne aujourd'hui à un certain mélange d'or et d'argent, soit naturel, soit artificiel, tel que le bronze de Corinthe : le secret de sa composition est depuis long-temps perdu.

ELEMENT, n. (*t. de chim.*), élément ; principe, partie la plus simple d'un corps; le corps le plus simple qui entre dans la composition des autres. On nomme élément chimique toute substance que l'on n'a pu encore parvenir à décomposer. — *Die elemente*, plur. les élémens, les principes d'une science, d'un art.

ELEMENT ACHAT, m. agate jaspé de quatre couleurs.

ELEMENTSGANG, m. (*t. de min.*), gangue ou filon élémentaire ; c'est-à-dire filon qui ne montre pas encore de minerai métallique, mais qui en renferme les élémens: par exemple les substances regardées comme les plus propres à les recevoir.

ELEMENTSSTEIN, m. On entend par ce mot, qui signifie pierre d'élément, l'astérie ou télésie-astérie, pierre précieuse à reflets disposés en étoile à six rayons, et qui est une variété du corindon ; l'opale noble ou quartz résiniforme opalin, et l'œil de chat ou quartz agate chatoyant.

ELFENBEIN, n. ivoire, morfil ou dent d'éléphant avant d'être travaillé ; dents d'éléphans fossiles.

EMPYREUMATISCH, adj. empyreumatique, tenant de l'empyreume ; ayant une odeur et un goût de brûlé désagréable.

ENCRINITEN, encrinites fossiles ; lis de pierre ; pétrification de l'ordre des crustacés, qui a quelque ressemblance avec un lis non épanoui : elle

est classée par *Blumenbach* parmi celles dont les analogues sont inconnus, et elle a beaucoup de ressemblance avec un palmier marin (*Isis asteria*, Lin.) de la création actuelle, suivant les expressions de ce célèbre professeur.

ENDE, f. fin, bout, extrémité d'un corps ou d'un espace.

ENDESPITZE, f. (*t. de géom.*), sommet. — *Endspitzen winkel*, l'angle du sommet.

ENDFLÄCHEN, f. (*t. de crist.*), les faces ou plans extrêmes, les faces terminales.

ENDKANTE, f. (*t. de crist.*), arête ; ligne d'intersection de deux surfaces dont la rencontre forme un angle; arête extrême, arête terminale. — *Endkantenwinkel*, angles sur les bords terminaux.

ENHYDRISCH, adj. enhydre, c'est-à-dire creux et renfermant de l'eau. — *Enhydrischer agath quartz*, quartz agate enhydre.

ENNEAKONDRISCH, adj. (*t. de crist.*), ennéacontaèdre, solide ou cristal dont la surface a 90 faces.

ENTBLOSSEN, v. a. mettre à nu, découvrir. — *Einen gang entblossen*, découvrir une gangue, un filon ; ôter, enlever, détacher la terre qui couvre une gangue, un filon. — *Entblosser eines neuen ganges*, celui qui découvre un nouveau filon.

ENTBRENNBAREN, v. a. (*t. de chim.*), dépouiller du calorique.

ENTBRENNBÄRUNG, f. (*t. de chim.*), dépouillement du calorique, déphlogistification de l'ancienne chimie.

ENTECT, adj. (*t. de crist.*), épointé : se dit d'un cristal dont tous les angles solides de la forme primitive sont interceptés par des facettes solitaires.

ENTENMUSCHEL, f, la conque anatifère; coquille bivalve ainsi nommée parce qu'on croyoit qu'il s'y formoit un canard. *V.* ÀENTENMUSCHEL.

ENTERBEN (*t. de min.*), déposséder quelqu'un de son droit de neuvième, en poussant sous la galerie qui le lui donnoit une autre galerie, pourvu que ce soit au moins 3 toises et demie plus bas, si c'est dans une montagne à pente douce, et 7 toises, si c'est dans une montagne escarpée.

ENTFALLEN, v. n. On emploie ce mot pour désigner des travaux de mines qui, dirigés de l'intérieur vers la pente ou le penchant d'une montagne, vont aboutir au jour; ainsi on dit : *Das gebirge entfäelt dem gebäude*, la montagne échappe à l'exploitation.

ENTGEGENLANGEN (*t. de min.*), prolonger à la rencontre, c'est-à-dire pousser deux galeries ou percer l'une vers l'autre pour les faire ensuite communiquer ; percer en sens contraire sur une même ligne dans le dessein de se rejoindre.

ENTHAUEN DAS ERZ (*t. de min.*), empiéter sur le terrain du voisin et extraire le minerai qui lui appartient. — *Enthauenes erz*, minerai extrait ou détaché.

ENTHOMOLITEN, enthomolites, pétrifications d'insectes ou de leurs parties.

ENTHOMOTIPOLITEN, enthomotipolites, empreintes d'insectes.

ENTHÜLLEN, v. a. dévoiler, mettre à découvert. — *Den kern eines krystalls enthüllen*, mettre à découvert le noyau d'un cristal.

ENTKANTET, adj. (*t. de crist.*), émarginé : se dit d'un cristal dont la forme primitive a chacune de ses arêtes interceptée par une facette.

ENTLASSEN, v. a. laisser aller, relâcher, quitter. — *Der stahl wird entlassen wenn er zu sehr gehartet worden*, on détrempe un peu l'acier, on ôte un peu de sa trempe à l'acier quand on l'a trop durci.

ENTMAUERN, v. a. démurer; ôter la maçonnerie d'une muraille, la détruire.

ENTNAGELN, v. a. désenclouer.

ENTROCHITEN, trochites, fossiles qui se présentent sous la forme de petites colonnes composées de tronçons radiés empilés les uns sur les autres, ou de vertèbres emboîtées l'une dans l'autre. Quand les articulations orbiculaires des encrinites sont réunies, on les nomme *entrochites*, et simplement *trochites* ou *troques* lorsqu'elles sont isolées.

ENTSCHLAGEN, DURCHSCHLAGEN, pénétrer dans un ancien puits de mine.

ENTSTEHUNG, f. naissance, origine, formation.— *Die gesetze, der entstehung der krystalle*, les lois de la formation des cristaux.

ENTWASSERN, v. a. (*t. de*

chim.), déflegmer; faire évaporer les parties aqueuses d'une substance.

ENTWASSERUNG, f. (*t. de chim.*), déflegmation, action de déflegmer.

ENTZUNDBAR, ENTZUNDLICH, adj. inflammable, combustible.

ENTZUNDUNG, f. adustion, état de ce qui est brûlé; inflammation, embrasement. — *Die ünterredische entzündungen*, les embrasemens souterrains.

ENTZWEIUNGS KRAFT, f. (*t. de phys.*), force de désunion, répulsion.

EPIDOT, épidote, c'est-à-dire qui a reçu un accroissement : minéral que l'on a appelé thalite et schorl vert du Dauphiné, parce que sa couleur la plus ordinaire est le vert, et qu'il a été premièrement reconnu dans la ci-devant province du Dauphiné. Aujourd'hui ses variétés sont nombreuses : on en connoît de couleur verte, grise ou jaune de diverses nuances, des noires brunâtres et des violettes; il se présente, soit en cristaux dont la forme primitive est le prisme droit, soit aciculaire en prismes unis, striés longitudinalement, soit laminaire, soit granuleux, soit terreux. L'épidote violette du Piémont avoit été confondue avec la mine de manganèse, et nommée manganèse oxidé rouge silicifère.

ERB, (*t. de min.*). Anciennement ce mot avoit dans la langue du mineur la même signification que *haupt*, qui veut dire chef principal; ainsi, pour indiquer le filon principal, au lieu de dire, comme aujourd'hui, *hauptgang*, on disoit *erbgang*; *erbtiefe* au lieu de *haüpttiefe*, l'extrême profondeur, etc.

ERBBAU, m. (*t. de min.*), légitime exploitation d'une mine qui appartient en propre à quelqu'un.

ERBEISSEN, v. a. tuer en mordant. — (*t. de min.*) *Das gestein hat ihn erbissen, getodtet*, les roches l'ont tué. On dit d'un mineur qui ne peut pas parvenir à percer la roche dure (*das gestein erbeist ihn*), la roche le tue, il ne peut pas l'entamer.

ERBBEREITEN, v. a. (*t. de min.*), arpenter un terrain à exploiter, le mesurer.

ERBBEREITUNG, f. arpentage d'un terrain à exploiter.

ERBBEREITUNGSFELD, n. (*t. de min.*), terrain mesuré et limité par des bornes posées légalement. — *Erbbereitungs lochstein*, bornes de pierre placées lors de la visite d'une mine. — *Erbbereitungs mahlzeit*, repas qui se donne après l'opération de la plantation juridique des bornes.

ERBFELD, n. partie de terrain de mine que l'on exploite gratis au profit du propriétaire du fonds.

ERBFLUSS, m. ruisseau qui coupe la montagne avec les filons qui s'y trouvent, et forme une veine ou petit filon à la rive opposée.

ERBGERICHTIGKEIT, f. droit de conduit, droit de l'entrepreneur d'une profonde galerie qui procure à des travaux de mine l'évacuation des eaux et la circulation de l'air : il consiste dans le neuvième du produit brut de l'extraction.

ERBHAUER, m. mineur consommé, qui a subi toutes les épreuves et a été reconnu suffisamment instruit pour avoir solde entière.

ERBKUX, f. action qui appartient au propriétaire du fonds, et dont il jouit sans supporter de frais, mais aussi sans indemnité pour le terrain occupé par les halles.

ERBRECHEN, v. a. découvrir du minerai dans un filon inconnu que l'on perce par une galerie.

ERBSCHACHT, m. le puits le plus profond d'une mine.

ERBSENERZ, n. minerai granuliforme.

ERBSENSTEIN, m. pierre de pois, pisolite ; orobite ; concrétion calcaire composée de parties séparées, testacées, courbes, que leur forme a fait comparer à des pois ; chaux carbonatée globuliforme ; suivant *Monnet*, un talc ferrugineux.

ERBSTOLLEN, m. (*t. de min.*), galerie principale, galerie d'écoulement, galerie qui a la profondeur exigée ; c'est-à-dire qui pénètre à 10 toises de profondeur au-dessous des travaux, et en procure l'écoulement des eaux ou la circulation de l'air, auquel cas l'entrepreneur a droit à la neuvième partie du minerai dont elle facilite l'extraction. *Voyez* ERBGERICHTIGKEIT.

ERBSTOLLENER, m. le propriétaire ou entrepreneur de la galerie dite *erbstollen*.

ERBSTOLLENSVIERUNG, quadrature d'une galerie profonde d'écoulement ou galerie principale, c'est-à-dire la portion de terrain à laquelle son entrepreneur a droit, qui est de 3 toises et demie de chaque côté, à partir du toit et du mur du filon.

ERBSTUFE, f. marque ou entaille de reconnoissance faite dans la roche solide, tant à la superficie du terrain d'une mine dont on a levé le plan, que dans l'intérieur des travaux, pour désigner les points qui se correspondent en ligne verticale.

ERBTIEFE, f. (*t. de min.*), mesure déterminée entre la superficie du terrain de la mine et la partie inférieure d'une galerie d'écoulement, de même entre la galerie la plus près du jour et celle qui est la plus profonde ; profondeur à laquelle une galerie d'écoulement doit parvenir pour donner le droit à la neuvième partie du minerai dont elle facilite l'extraction : elle doit être au moins de 21 mètres.

ERBTIEFSTES, n. (*t. de min.*), le point de travail le plus profond d'une mine au-dessous du sol de la galerie la plus basse.

ERBWÜRDIGE ZECHE, mine bénéficiale digne d'être abornée : se dit d'une mine assez en rapport pour mériter qu'on en marque les limites par des bornes.

ERDART, f. espèce de terre. —*Verschiedene erdarten*, plusieurs sortes ou espèces de terre, diverses natures ou qualités de terre.

ERDBALL, m. le globe terrestre, la terre. *V.* **ERDKUGEL**.

ERDBEBEN, n. tremblement de terre ; celui des phénomènes de la nature dont les effets sont les plus terribles et les plus étendus, et dont les agens principaux sont vraisemblablement le feu, l'air et l'eau que le sein de la terre renferme.

ERDBEBENMESSER, m. sismomètre ; instrument qui sert à faire connoître la direction des secousses de tremblement de terre.

ERDBESCHREIBUNG, f. géographie ou description de la terre, considérée sur-tout sous le rapport de ses divisions politiques et comme habitation de l'homme.

ERDBODEN, surface de la terre, tout le globe ; pavé, plancher.

ERDBOHRER, m. tarière de sondage pour examiner les natures de terrain à diverses profondeurs. C'est une espèce de longue cuiller dont les bords sont très-coupans, et qui est terminée par une pointe acérée et tournée en vrille.

ERDBRAND, m. parties effleuries d'un filon, lesquelles ne paroissent plus que sous une forme spongieuse remplissant certaines cavités. — *Erdbrand,* incendie, embrasement souterrain tranquille, tels que ceux spontanés qui se manifestent souvent dans les couches de houille.

ERDE, f. (*t. de min.*), terres qui entrent comme bases dans la composition des minéraux. On en compte déjà neuf dont

l'existence est bien avérée : *Die kieselerde,* la silice ; *alaunerde,* l'alumine ; *kalkerde,* la chaux ; *talkerde,* la magnésie ; *zirkonerde,* la zircone ; *baryterde* ou *schwererde,* la baryte ou terre pesante ; *strontiann erde,* la strontianne ; *glycin erde,* la glycine ; *yttererde,* l'yttria. . . *Voyez* ces différens mots dans leur ordre. — *Erde,* ce qui reste de plus terreux d'un corps, pour **ERDKUGEL**. *Voyez* ce mot.

ERDFALL, m. éboulement, écroulement, chute de terre, enfoncement subit d'une partie de la surface de la terre. — *Ein groser erdfall,* un grand éboulement de terre.

ERDFETT, m. bitume solide, littéralement graisse de la terre.

ERDFEÜER, n. feu souterrain.

ERDFLÄCHE, f. la surface de la terre, sa superficie.

ERDFLACHS, m. amianthe ; asbeste flexible.

ERDFLÖTZ, m. couche de terre.

ERDGÄNGE, plur. rameaux de mines ; les galeries qui conduisent sur les travaux ; routes souterraines horizontales ou très-peu inclinées. *V.* **STOLLEN**.

ERDGESTIEBE, n. mélange de terre et de poussière de charbon dont on prépare la semelle et l'avant-âtre du foyer d'un fourneau de fonderie ; poussier.

ERDGLEICHE. *V.* **ABPLATTUNG DER ERDE**.

ERDGÜRTEL, m. zone, chacune des cinq divisions de la terre d'un pôle à l'autre. On les distingue par glaciale (*eiszone*), froide (*kalte*), tempérée (*gemässigte*), chaude (*heisse*), brûlante (*brennende*) : chacune de ces zones forme un climat particulier bien tranché.

ERDHARZ, n. poix minérale, bitume solide , et en général toute substance résineuse et inflammable qui se trouve telle dans le sein de la terre.

ERDHAUE , f. hoyau, pioche de mineur.

ERDIG , adj. terreux, mêlé de terre.

ERDINKLICH , adj. *V.* ERSINNLICH.

ERDKLUFT , f. ouverture , creux, enfoncement, trou en terre.

ERDKOBOLT , m. cobalt terreux.

— ROTHER, cobalt arséniaté.

— SGHWARZER, cobalt oxidé noir.

— GELBER , cobalt oxidé terreux jaunâtre.

— BRAUNER, cobalt terreux, brun mêle de fer.

ERDKOHLE , f. charbon de terre, houille.

EKDKOHLENSTAUBE, f. poussière de houille.

ERDKUGEL , f. le globe de la terre , le globe terrestre. On a donné le nom de globe à la terre parce qu'elle nous a paru ronde : c'est un sphéroïde aplati aux pôles et renflé à l'équatenr ; du moins c'est la définition la moins inexacte que l'on puisse donner de sa forme, car la figure de la terre est réellement irrégulière et fort compliquée.

ERDKUNDE , f. *V.* ERDBESCHREIBUNG.

ERDLAGE, f. lit, banc, couche de terre.

ERDMAASS, n. mesure de terrain.

ERDOHL ou ERDOEL , n. huile minérale; bitume liquide.

ERDPECH , n. poix minérale. — *Elastiches erdpech* , bitume élastique ; cahoutchouc fossile ou cahoutchouc minéral, résine élastique.

ERDRAUMER, m. instrument de mineur.

ERDREICH , n. terre ; globe de la terre.

ERDSAFT , m. suc, humeur répandue dans la terre.

ERDSALZ , n. sel gemme , soude muriatée.

ERDSAÜERE , f. acide terrestre ; l'acide qui se trouve dans la terre.

ERDSCHABER , m. ratissoire de mineur , outil en fer.

ERDSCHANZE, f. terre-plein, terrasse; travaux de terre.

ERDSCHICHT , f. *V.* ERDLAGE.

ERDSCHLACKEN , m. scories terreuses ; matières légères et poreuses semblables à des scories et qui sont le produit des couches d'argile ferrugineuse qui avoisinent les houilles embrasées.

ERDSCHWARZ, n. le noir de terre.

ERDSCHWEFEL , m. soufre natif mêlé de terre ou disséminé dans sa gangue.

ERDSTOCKLEG , bois d'ébène pétrifié fossile.

ERDSTRICH , m. *V.* ERDGÜRTEL.

ERDSUCHER, m. sonde pour fouiller la terre.

ERDTALCK, m. talc terreux.

ERDTHEILE, plur. parties de la terre; (*t. de chim.*), les terrestréités, c'est-à-dire les parties les plus grossières des corps.

ERDWACHS, n. cire de terre.

ERDWAND, f. couverture terreuse.

ERDWASSER, n. eau de la terre, qui est sur la terre ou dans son sein.

ERDWINDE, f. (*t. de mécan.*), vérin ; treuil, machine pour élever des fardeaux.

ERDZUNGE, f. langue de terre ; pièce de terre longue et étroite enclavée dans d'autres ou entourée d'eau, excepté par un bout.

ERFINDER, m. (*t. de min.*), l'inventeur ou découvreur, celui qui a reconnu le premier un filon de minerai. — *Erfinder belohnung*, récompense de l'inventeur.

ERGIEBIG, adj. (*t. de min.*), mine riche, abondante, de grand rapport.

ERGÖELLEN. *V.* GOELLEN.

ERGOENZEN, v. a. suppléer, ajouter ce qui manque, compléter.

ERGÖENZUG, f. supplément, addition, complément. — (*t. de crist.*) *Die ergöenzungs fläche cines krystall,* les pans ou faces complémentaires d'un cristal.

ERGUSS, m. dégorgement, épanchement des eaux et des immondices retenues.

ERHACKEN, v. a. atteindre, atrapper, prendre, saisir avec un croc.

ERHEBENISS, f. scories et débris de fourneaux abandonnés par le prédécesseur, et portés de nouveau dans les fourneaux d'une fonderie d'étain.

ERHEITZEN, v. a. échauffer, chauffer, faire chauffer.

ERHITZEN, v. a. chauffer entièrement, donner beaucoup de chaleur.

ERHITZUNG, f. échauffement, caléfaction ; l'action d'échauffer, et l'effet de cette action.

ERHÖHUNG, f. (*t. de chim.*), exaltation. — *Die erhöhung der salze, der schwefel der metalle,* l'exaltation des sels, des soufres, des métaux. — (*t. de géol.*) *Die erhöhungen des seegrundes,* les exhaussemens du fond de la mer. Le fond de la mer est, dit-on, comme la surface de la terre, il a ses vallées, ses montagnes, et l'on croit même que ses inégalités répondent à celles du continent ; mais sa profondeur diminue chaque jour par une élévation insensible occasionnée par les dépôts qui s'y forment.

ERICITEN ; éricites ; dendrites de manganèse.

ERLANGEN, v. a. prolonger, pousser plus loin un sentier, une galerie de mine ; demander et obtenir un délai pour confirmation d'une concession; atteindre, arriver au but.

ERLANGUNG, f. prolongation, obtention ; l'action d'obtenir ; impétration ; l'action d'atteindre, de parvenir au but.

ERLEGEN, v. a. raccommoder, réparer les outils en les forgeant, en les rendant plus aigus et en les trempant d'acier.

ERLEDIGEN, v. a. *Das erz erledigen*, purger, épurer le minerai en le séparant des terres et pierres inutiles.

ERSCHARTEN, v. a. fouiller ; faire des recherches de mines par des fossés ; arriver à l'eau, rencontrer, faire jaillir l'eau en creusant des fosses pour recherches de minerai.

ERSCHLAGEN, v. a. (*t. de min.*) *Ein gebaude erschlagen*, faire un percement dans une mine.

ERSCHROTEN, v. a. (*t. de min.*), reconnoître, trouver, découvrir. — *Eine grube erschroten*, reconnoître, tâcher de reconnoître une mine en creusant. — *Wasser erschrotten*, trouver, découvrir de l'eau en creusant.

ERSCHURFEN. *V.* **AUSSCHURFEN**.

ERSINKEN, v. a. (*t. de min.*). *Erz erzinken*, gagner, obtenir, trouver des minéraux en creusant.

ERSINNLICH, adj. imaginable, qui peut être imaginé, qui peut tomber dans l'esprit.

ERTRAG, m. le rapport, le revenu, le produit, etc.

ERTZ ou **ERZ**, n. mine, minéral, minerai ; matière minérale, substance minérale ; enfin tout corps solide métallique qui se tire des mines. — *Golderz, silbererz, kupfererz*, mine d'or, mine d'argent, mine de cuivre ; airain. — *Unrecht schreibt man auf erz und wohlthaten in sand*, on écrit les injures sur l'airain et les bien-

faits sur le sable ; bronze, fonte.

ERWEITERT, adj. (*t. de crist.*), dilaté : se dit d'une variété de chaux carbonatée dodécaèdre dans laquelle les bases des pentagones extrêmes éprouvent une espèce de dilatation, en conséquence de l'inclinaison des faces latérales.

ERYTHRON, erythrone, substance métallique que *Delrio*, professeur de minéralogie au Mexique, prétend avoir découverte dans une mine de plomb brune de Zimapan, analogue à celle de Pultawen ; il l'a nommée érythrone parce que, dit M. *de Humbolt*, les sels erythronates ont la propriété de prendre une belle couleur rouge au feu et avec les acides. Du reste il ne paroît pas que ses rapports orychtognostiques soient encore bien connus.

ERZADER, f. veine de minéraux ; veine métallifère.

ERZALAUN, m. vitriol de zinc ; zinc sulfaté.

ERZART, f. espèce de mine, de minéral, sorte de minerai. — *Brüchige spröde erzarten*, espèces, sortes de mines cassantes, aigres.

ERZASCHE, f. cendre de minerai ; la tutie, la spode, cette espèce d'oxide de zinc qui s'attache comme une suie légère aux vaisseaux où l'on a traité le zinc.

ERZAUGE ou **ERZAUGLEIN**, n. œil de mine, de minerai ; matière minérale qui se trouve disséminée dans la roche en forme de petits points.

ERZAUFSCHLAGER, m. ouvrier qui sépare le minerai de

la roche ; le briseur qui la casse pour en détacher le bon minerai.

ERZAUSLAUCHEN, v. a. extraire, exploiter le minerai seulement vers la superficie de la terre , sans s'enfoncer ni le suivre dans la profondeur.

ERZAUSSCHLAGEN, v. a. séparer le minerai de la roche, le concasser.

ERZAUSSCHMELZEN , v. a. fondre le minerai.

ERZBESCHICKEN, v. a. faire le mélange du minerai pour le préparer à la fonte.

ERZBLUME, f. fleurs de mine. Les mineurs appellent ainsi tout ce qui annonce l'approche ou le voisinage du minerai , spécialement le spath, parce qu'ils le regardent comme du plus heureux augure pour la rencontre de quelque gîte.

ERZBLUTET, le minerai rougit ou fleurit. Le mineur se sert de cette expression pour dire qu'il rencontre du minerai rouge , par exemple , l'argent antimonié sulfuré , vulgairement dit argent rouge.

ERZ BRICHT GANGHAFT ou GANGHAFTIG, ce minerai se trouve dans un filon suivi, continu ; il persévère , tant en longueur qu'en profondeur.

ERZBRUCH , m. mine, souterrain ; lieu d'où l'on extrait des métaux , minéraux ou matières minérales.

ERZDIEB , m. voleur de minerai , celui qui vole, qui dérobe le minerai.

ERZDRUSE, f. minéral cristallisé, groupe de cristaux métalliques , ou contenant une substance minérale.

ERZDURCHSINKEN , diminution , disparution du minerai qui se remontre ensuite ; étranglement ou amincissement d'un filon qui reprend sa puissance plus loin ; rencontre de minerai en faisant une percée. — *Man hat erze durch gesunken* , on a rencontré du minerai en creusant le puits. *Voyez* DURCHSENKEN.

ERZERBRECHEN, v. a. rencontrer , découvrir du minerai et l'extraire.

ERZERSINCKEN , minerai qui s'enfonce , qui plonge dans la profondeur ; rencontrer du minerai en creusant un puits.

ERZFARBE , f. couleur de bronze.

ERZFASS, n. tonne pour transporter, sortir, extraire le minerai hors de la mine.

ERZFÄUSTEL , m. long marteau dit le casseur, pour briser, casser le minerai à la main.

ERZGANG , m. filon , veine métallique ; gangue, roche qui contient du minerai.

ERZGEBÜRGE, n. montagne métallifère ; montagne dans le sein de laquelle il y a des substances minérales. — *Das meissnische erzgebürge* , les montagnes métallifères de la Misnie.

ERZGEBÜRGSTEIN , m. le saxum métalliferum de *Deborn;* graustein de *Werner.*

ERZGEWINNEN , gagner, obtenir le minerai, le détacher de la roche, l'exploiter, l'extraire.

ERZGIESSER , m. fondeur en bronze.

ERZGRABER , m. celui qui

fouille un terrain pour en tirer du minerai.

ERZGRÄUPEL, sorte de minerai grossier que l'on ne peut tamiser et qui reste dans le crible.

ERZGRUBE. *V.* ERZBRUCH.

ERZHALDE, f. tas, monceau, amas de minerai déposé au jour, halle de minerai.

ERZHALTEND ou ERZHALTIG, adj. contenant du minerai, des substances minérales. — *Erzhaltige gestein,* roche renfermant du minerai.

ERZHAUS, n. bâtiment destiné au dépôt des minerais, soit sur le terrain d'une exploitation, soit dans les fonderies.

ERZHÖHLE, f. sorte de tombereau ou charrette servant pour le transport des minerais aux fonderies.

ERZHÖHLFÜHRER, m. charretier de minerai.

ERZHÜTTE, f. forge ou fonderie de métaux.

ERZ IM ROST WOHL BETTEN, bien préparer, bien faire les lits de minerai pour le grillage.

ERZKAMMER, f. la chambre au minerai, le magasin où il est déposé dans les fonderies ; la casserie, la chambre où on porte le minerai qui doit être brisé à la main.

ERZKASTEN, m. la caisse au schlich ; le coffre dans lequel on met le minerai préparé pour la fonte.

ERZKLOPFER, m. le pique-mine.

ERZKLUFT, f. crevasse, fente remplie de minerai. On donne aussi ce nom, en Hongrie, à tout filon dont la puissance est au-

dessous d'une coudée (48 centimètres).

ERZKÖRBE, plur. petits paniers dans lesquels on met les minerais de choix lorsqu'ils sont séparés de la gangue.

ERZKRAHLE, f. le râteau de fer à dents pour séparer les gros morceaux des petits dans un bocard.

ERZKÜBEL, m. le seau ou cuveau dans lequel on monte le minerai par les puits de mine ou les bures.

ERZLIEFERANT, m. commis chargé des livraisons du minerai pour les fonderies, et d'en tenir le registre.

ERZMACHER, m. (*t. de min.*), faiseur de minerai. On nomme ainsi les veines ou petits filons qui viennent se joindre au principal et l'enrichissent.

ERZMITTEL, m. (*t. de min.*), amas de minerai, sorte d'entassement isolé, et quelquefois très-considérable, que l'on rencontre de distance en distance, soit sur le filon même, soit dans la roche : on en a trouvé qui avoient jusqu'à 200 mètres de longueur, mais le plus souvent ils ne s'étendent pas loin : on appelle nids (*nest*) les plus petits, ou rognons (*niere*). *V.* les articles GANG et LAGER.

ERZMUTTER, f. mère, matrice de minéraux ; toute substance qui en renferme : mais on nomme plus généralement ainsi la chaux carbonatée cristallisée, et sur-tout la chaux carbonatée ferrifère (*braunspath*).

ERZPOCHER, m. bocardeur, ouvrier qui fait aller, qui conduit le bocard.

Erzprobe, f. essai du minerai pour connoître la quantité de métal qu'il contient.

Erzpunckt, m. le point, l'endroit riche en minerai, le bon gîte.

Erz rammelt sich, le minerai se rassemble, plusieurs filons se rencontrent, se mèlent, se brouillent.

Erzreich, n. riche en métal, en minerai.

Erz roh gewinnen, extraire le minerai sans le secours de la poudre.

Erzrolle, f. machine composée de deux petits chariots de l'espèce que l'on nomme chien, au moyen de laquelle on fait arriver les minerais extraits de la sommité d'une montagne jusqu'au bocard situé dans le vallon le plus bas : telle est celle que l'on voit sur la pente du Ramelsberg, près Goslar; percée pratiquée entre deux galeries sur un filon pour faire passer le minerai de la galerie supérieure à l'inférieure.

Erzrost, m. rouille des métaux, rouille métallique.

Erzschaum, m. écume métallique.

Erzscheiden, v. a. trier le minerai, le séparer de la roche inutile.

Erzschiefer, m. argile schisteuse ; plur. les écailles de bronze.

Erzschight, (t. de min.), quantité de minerai extraite par un mineur pendant la durée de son poste; (t. de fond.), la charge d'un fourneau pour une fonte, la quantité de minerai fondue en 24 heures.

Erzschlich, m. schlich ; minerai écrasé, lavé et prêt à être porté au fourneau de fusion.

Erz schneidet sich ab, le minerai se coupe, c'est-à-dire le filon s'interrompt, disparoît.

Erz setzet an, le minerai persévère, continue à mesure que l'on poursuit les travaux.

Erz sitzt in der saue, il reste après la fonte du minerai non fondu dans les scories.

Erz ist so ästig, le minerai est si noueux, c'est-à-dire si mélangé d'autres substances, que la fonte en est très-difficile et dispendieuse.

Erz so blendig, cela signifie que le minerai est trop mêlé de parties stériles pour pouvoir être fondu avec avantage.

Erz so gediegen, minerai tout-à-fait pur, tel que l'argent, l'or ou le cuivre natifs.

Erz so heisgrädig, minerai rebelle à la fonte, que l'on ne fond qu'avec difficulté et perte.

Erz so kneisig, minerai trop chargé de kneiss ou autres roches stériles.

Erzspeise, f. alliage, mélange de métaux ; métal de cloches, bronze.

Erzstaub, m. poussière de minerai, qui s'élève du minerai lorsqu'on le brise, et peut souvent nuire à l'ouvrier.

Erz stehet in anbruch, le minerai est à découvert d'une manière bien distincte.

Erz streichet in gang, le minerai suit le filon.

Erz stuffe, f. échantillon choisi de minerai, morceau de cabinet.

Erz tiefe, f. le point de

profondeur où communément il se trouve le plus de minerai, ce qui varie suivant les localités.—*Erz über sinken*, outre-passer la profondeur.

ERZTHEILER, m. le distributeur du minerai.

ERZTROG, m. auge dans laquelle on lave le minerai écrasé ; baquet de mineur.

ERZTROPFEN, m. minerai en forme de gouttes, spécialement la mine d'argent antimonié sulfuré ; en grains ou en gouttes couleur de sang.

ERZVERBLEYEN, v. a. ajouter du plomb au minerai pour absorber l'argent pendant la fonte.

ERZWAAGE, f. balance pour peser les minerais.

ERZWAND, f. parois de mine, grosse pièce de matière minérale.

ERZWASCHE, f. lavoir, lieu, endroit où on lave le minerai ; machine pour laver le minerai.

ERZWERCK, n. toutes sortes d'ouvrages en métaux; ouvrage d'airain.

ERZZEUGNISS, (*t. de chim.*), le témoin, ce qui résulte d'une opération, d'un procédé, d'une expérience de chimie; le produit.

ESCHARIT, escharite, eschare fossile , millepore foliacé de *Linnée ;* polypier presque pierreux, à expansions minces, fragiles, dilatées en membranes, ayant les deux surfaces garnies de pores disposés en quinconce.

ESELSSPIEGEL , m. miroir d'âne ; chaux sulfatée cristallisée.

ESSE, f. forge, foyer de la forge; cheminée ou tuyau de cheminée. —— *Die essen durch*

führen , donner passage aux tuyaux de cheminée.

ESSENKLINGE, f. (*t. de forg.*), lame, verge de cheminée.

ESSENZ , f. (*t. de chim.*) , essence, huile essentielle.

ESSIGAETHER, m. (*t. de chim.*), éther de vinaigre, éther acéteux.

ESSIGARTIG , adj. acéteux , acétique, qui tient de la nature, du goût du vinaigre.

ESSIGGESAÜERTES SILBERSALZ , n. acétite d'argent.

ESSIGSAÜER , acide du vinaigre , acide, acéteux.

ESSIGSAÜERESSALZ , n. (*t. de chim.*), acétate, sel formé par l'union de l'acide acétique (ou vinaigre radical) avec différentes bases.

ESSFORM, f. la tuyère, l'ouverture d'un fourneau où l'on place les becs des soufflets.

ETHIOPS. *Voyez* MOHR.

EUKLAS, euclase; pierre verdâtre transparente, et très-sensiblement lamelleuse, dont la fragilité contraste avec la dureté.

EWIGE TIEFE, profondeur infinie , qui n'a point de fin ; profondeur telle que l'on ne peut plus y travailler.

EYFÖRMIG, adj. ovoïde uniforme, qui a la forme d'un œuf; elliptique.

EYRUND, adj. ovale, rond et oblong comme un œuf.

EYWEISS-STOFF, m. matière albumineuse, principe immédiat du blanc d'œuf.

EZTERI, estéri; sorte de minéral trouvé, dit-on, dans la Nouvelle-Espagne, et qui a beaucoup de rapport avec le quartz jaspe sanguin.

F

FABRICKENBLEY , n. plomb de la fabrique , sceau de plomb dont on marque les marchandises d'une manufacture.

FABRICKENKOBOLT , m. cobalt gris.

·FABRIK , f. fabrique, lieu où l'on fabrique.

FACHHOLZ , n. pièce de bois , bâtons , perches dont on garnit les espaces vides des murailles bousillées.

FACHWERK. *Voy.* RIEGEL-WERK.

FACIES. *Voyez* HABITUS.

FADENSILBER , n. argent filiforme , argent filé , argent trait.

FADENSTEIN , m. les chaux carbonatée et sulfatée fibreuses.

FAHL , adj. livide , blème , pàle , plombé. — *Ein fahles grau,* gris livide, gris de plomb.

FAHLERZ , n. mine de cuivre grise tenant argent et plomb ; cuivre gris.

FAHLSTEIN , m. nom d'une argile schisteuse tégulaire que l'on extrait d'une carrière d'ardoise entre Clausthal et Goslar, au pied des montagnes du Hartz.

FAHRBOGEN, m. (*t. de min.*), feuille de descente ; rapport du juré des mines sur ses visites des travaux et ses opérations : il doit le fournir chaque quinzaine.

FAHRBUCH , n. livre de descente ; registre sur lequel on inscrit jour par jour toutes les visites des officiers des mines ,

F A H

soit du directeur ou de tout autre , et les dispositions qui ont eu lieu.

FAHREN , v. n. (*t. de min.*), visiter les travaux souterrains d'une mine, les parcourir, y descendre.—*Die bergleute fahren in die grube,* les mineurs descendent dans les mines , sur les travaux, se portent d'un lieu à un autre.

FAHRGELD , n. argent que reçoivent quelques officiers des mines pour leur descente sur les travaux ; paie ou solde pour la visite, frais de visite.

FAHRKAPPE , f. chaperon , bonnet du mineur quand il se rend à son poste pour travailler.

FAHRSCHACHT , m. bure ; puits servant à descendre dans une mine et à en sortir.

FAHRT ou FAHRTEN , f. échelles de mine , les gradins.

FAHRTEN ANHÄSPEN , placer les échelles dans les puits , les bien attacher à la charpente avec des crampons.

FAHRTHACKEN , m. crochet de fer pour attacher les échelles ensemble, les faire tenir l'une à l'autre quand on ne peut les fixer ferme isolément.

FAHRTHASPE , m. crampon à crochet servant à fixer solidement les échelles à la charpente des puits.

FAHRTKLAMMER , f. anse de descente ; crampons de fer implantés sur le carré de l'ouverture d'un puits de mine , pour s'y tenir lorsqu'on veut y descendre ou en sortir.

FAHRT-ROSS, n. (*t. de min.*), cheval de descente ; bâton court en forme de béquille dont s'aident ceux qui visitent les mines.

FAHRTSCHENKEL, m. jambe, branche, montant d'une échelle de mine.

FAHRTSTROSSEL ou FAHRTSPROSSEN, échelons des échelles de mines, qui au lieu d'être ronds sont plats.

FALL, m. chute. — *Der fall einer wasserleitung*, la chute d'une conduite d'eau. — *Der fall*, ou-mieux, *das fallen eines ganges*, l'inclinaison d'un filon ; ligne en longueur et profondeur marquée dans un filon, et donnant du minerai plus riche que dans les autres parties ; sorte de gîte de minerai accidentel en forme de crevasse remplie ou de rognon, qui est plus riche et plus épais que le filon même, et se trouve placé isolément avant ou après lui.

FÄLLE, plur. (*t. de min.*), failles, crains, veines ou masses stériles qui viennent déranger le filon de son heure, ou le diviser ou le partager en plusieurs petites branches. Ce nom, plus spécialement en usage sur les exploitations de houille, y est donné à toute matière étrangère qui gêne, comprime ou interrompt, en tout ou en partie, une couche de houille, et la dérange de sa position primitive, ou lui fait subir quelque changement. Ces accidens paroissent des irrégularités de la nature ; mais on a découvert qu'ils avoient leurs lois et leurs règles générales. Les Anglais leur donnent le nom de *ridge*, qui signifie *chaîne*, et rend mieux, à ce qu'il paroît, l'idée que l'on doit se former de ces sortes de masses, puisqu'elles semblent composées d'une suite de pierres engagées les unes dans les autres : c'est une remarque constatée dans les mines de Stowy, que lorsqu'on y rencontre une ridge, la veine au-delà se trouve plus basse, au point que celle qui est coupée par la ridge devient supérieure et reparoît au-dessus de la tête des ouvriers lorsqu'ils sont parvenus au-delà de cette chaîne de pierres. Dans les autres mines métalliques, on nomme plus généralement ces sortes d'interruptions *sprung. Voyez* ce mot. Le nom *fälle* se donne plus spécialement aux grandes masses qui coupent toutes les couches ; et on nomme crain (*wechsel*), les petites qui ne coupent qu'une couche.

FÄLLEN, v. a. (*t. de min.*), creuser plus en avant, approfondir ; (*t. de géom.*), abaisser une perpendiculaire. — *Eine perpendicular linie fällen*, assigner dans l'intérieur d'une mine un point qui se trouve perpendiculairement au-dessous d'un autre marqué au jour, c'est-à-dire à la superficie du terrain ; (*t. de chim.*), précipiter.

FALLKESSEL, n. chaudière dans laquelle tombent les minéraux dissous.

FALLSILBER, n. argent précipité.

FALTE, f. le pli, la plissure, le froncis.

FALLTHÜRE, f. trappe qui recouvre un puits de mine : c'est aussi le synonyme de *hängebanke.*

FALZAMBOSS, m. (*t. de chaudr.*), enclumeau pour joindre deux pièces de cuivre.

FAMME, f. En Suède mesure de longueur d'environ 24 mètres.

FANG, m. ou RAUCHFANG, (*t. de fond.*), galerie à la suite d'une cheminée qui sert à recevoir les fumées qui émanent d'un fourneau où l'on grille des minerais : ces fumées laissent dans cette galerie un dépôt, soit de soufre, soit d'arsenic, que l'on recueille ensuite. — *Fang,* chaîne courte attachée aux tirans dans les puits de machine, pour les empêcher de tomber au fond en cas de rupture.

FANGEN, v. a. (*t. de min.*), étançonner dans une mine une partie qui menace de s'ébouler. — On dit : *Die wand hat ihn gefangen,* pour signifier l'éboulement l'a atteint. — *Der bergmann wird von der einschiessenden wand gefangen,* le mineur est tué par l'éboulement des terres. — *Einen mann fangen,* arrêter, retenir un homme à qui le pied a manqué sur l'échelle, l'empêcher de tomber plus bas.

FARBE, f. couleur ; (*t. de min.*), c'est le premier des caractères universels des minéraux ; (*t. de peint.*), teinte. — *Halbefarben,* demi-teinte ; (*t. d'imprim.*), encre. — *Die farbe auftragen,* encrer, toucher les formes, mettre de l'en-cre sur les formes. — *Farbe auf metall,* couleur sur métal. — *Farbe bey erzen,* minerais coloriés et diversement nuancés ; dans les salines, le sang de bœuf que l'on mêle avec l'eau salée bouillante dans la chaudière pour purifier la soude.

FARBENBRECHUNG, f. (*t. de peint.*), rupture des couleurs ; mélange des teintes.

FARBENKOBALD ou KOBOLT, m. cobalt qui donne une couleur bleue au verre ; cobalt gris ; cadmie fossile.

FARBENMUSTER, n. échantillons des couleurs. Dans les fabriques de cobalt, on classe les émaux par les diverses nuances de couleur bleue que donnent les différentes sortes de minerais de cobalt, pour fixer ensuite le tarif des prix desdits minéraux.

FARBENNIERE, fer azuré.

FARBENRINGE, f. (*t. de phys.*), anneaux colorés ; série de cercles de diverses couleurs que présente une lame d'air très-mince renfermée entre la courbure d'un objectif légèrement convexe, et la surface plane d'un second bien plus convexe.

FARBENSPIEL, f. (*t. de min.*), jeu des couleurs ; l'un des caractères extérieurs universels des minéraux.

FARBENSTEIN, m. porphyre à broyer des couleurs ; (*t. d'imprim.*), encrier.

FARBENSTIFT, m. pastel ; crayon fait de couleurs pulvérisées.

FARBENWERCK, n. fabrique de couleurs.

FARBENZERSTREÜUNG, f. (*t. de phys.*), dispersion des couleurs du prisme; la quantité de dilatation qu'un faisceau de lumière subit en traversant un prisme.

FARBERDE, f. terre colorée, terre teinte par le mélange d'un métal.

FARBERKUNST, f. l'art du teinturier.

FARRENKRAUTARTIG, adj. en forme de feuille de fougère; filiciforme.

FASEN, (*t. de fond.*). On nomme ainsi tout ce qui se fond et s'écoule lors du grillage d'un minerai.

FASENWERK, n. mine d'étain de peu de valeur.

FASERIG, adj. même que FASIG, fibreux, filamenteux, filandreux. — *Dick fassriger bruch,* cassure à grosses fibres. — *Fein fassriger bruch,* cassure à fibres fines, minces ou déliées.

FASERGYPS, m. chaux sulfatée fibreuse.

FASERKOHLE, f. houille fibreuse; suivant quelques auteurs, le charbon de bois fossile.

FASER-QUARTZ, quartz hyalin amorphe.

FASIG. *Voyez* FASERIG.

FASSAIT, fassaïte. *V.* CROCALLIT.

FASSEN, v. a. *Anfassen (t. de lapid.*), enchâsser, ajuster, sertir, monter, mettre en œuvre. — *Einen stein in gold fassen,* monter, enchâsser, sertir une pierre dans de l'or. — (*t. de min.*) *Einen stollen fassen,* revêtir une galerie, cuveler un percement.

FAUL, adj. *verfault,* pourri, corrompu, putride. — *Faules wasser,* de l'eau pourrie, gâtée, corrompue. — (*t. de serrur.*) *Faules eisen,* fer aigre, cassant, rouverin. — (*t. de min.*) *Fauler gang,* gangue, filon pourri, composé seulement de roches tendres, friables; filon sans consistance. — *Faule gebirge,* pierres mollasses; roche glissante, onctueuse, grasse. — *Faule trumm erwischen,* prendre, saisir, accrocher le pourri; c'est-à-dire, après avoir épuisé le gîte principal de minerai, s'en prendre aux petits massifs ou piliers laissés pour la sûreté des travaux.

FAULE, f. argile schisteuse calcarifère et bitumineuse.

FAUL-HEINZ, (*t. de chim.*), fourneau de paresseux; fourneau que l'on nomme aussi *athanor;* on lui a donné le dernier nom, qui signifie encore paresseux, parce qu'il n'exige que très-peu de surveillance.

FAUST-EISEN, n. fer arrondi par un bout en forme de poing.

FAUSTEL, n. marteau de mineur; marteau qui n'a point de côté aigu; maillet. — *Faustel bestecken,* emmancher un marteau.

FAUSTEL-BAHNE, f. panne du marteau; la partie opposée au gros bout.

FAUSTELEISEN, n. le fer du marteau sans manche.

FAUSTEL-HELM, m. manche de marteau.

FAUSTHOBEL, m. rabot court et gros.

FAUSTLING, m. (*t. de min.*), pierre d'une grandeur telle

qu'on peut la tenir dans la main ; pistolet, pistolet de poche.

FAYANCETHON, m. argile à potier, argile glaise.

FEDER, f. plume; (*t. de min.*), coin à fendre les roches, etc. *Voyez* FEDERSTÜCK ; (*t. de fond.*), les flammes qui jouent sur l'âtre à travers l'ouverture d'un fourneau; le fil de métal élastique courbé qui, dans les soufflets, pousse les liteaux ou tringles entre la couverte ; les lames de fer minces et recourbées que l'on attache à la partie inférieure d'un chapeau d'affinage , afin d'y retenir le lut qu'on y applique ; ressort ; clavette ou clou aplati. — *Eine feder an den bolzen strecken,* passer une clavette dans l'ouverture faite au bout d'un boulon ou d'une cheville pour l'arrêter.

FEDERALAUN, m. alun de plume, alun capillaire ; alumine sulfatée fibreuse; amiante, asbeste flexible ; sel capillaire. On croit que l'alun capillaire est le *trichites* des anciens.

FEDERAMIANTH , suivant *Gerhard,* amiante rayonnante vitreuse ou épidote.

FEDERANTIMONIUM , antimoine sulfuré capillaire.

FEDERASBEST, asbeste dur; faux asbeste blanc dont les longues fibres parallèles sont très-fragiles et difficiles à séparer.

FEDERANSCHUSS, m. tout minerai disséminé sur sa gangue en forme de plumes.

FEDEREISEN, n. fer à replier les ressorts.

FEDERERZ, n. antimoine sulfuré capillaire ; malachite fibreuse ; cuivre oxidé rouge capillaire.

FEDERGYPS et FEDERGYPS-SPATH , gypse fibreux ; chaux sulfatée fibreuse.

FEDERHACKEN, m. outil pour ôter et remettre les ressorts des armes à feu ; arrêt du ressort.

FEDERHART, adj. élastique. — *Ein metall federhart machen,* donner du ressort à un métal.

FEDERHARZ, m. bitume élastique ; gomme élastique.

FEDERKASTEN, m. (*t. d'horl.*), barillet; boîte cylindrique qui renferme le ressort.

FEDERKIEL , m. tuyau de plume.

FEDERKOBOLT , cobalt gris à cause de ses stries longitudinales.

FEDERKRAFT, f. (*t. de phys.*), ressort, élasticité. *Voyez* ELASTICITÄET.

FEDERSALZ , n. soude muriatée fibreuse.

FEDERSCHRAUBE , f. vis à ressort.

FEDERSPATH, chaux carbonatée et chaux sulfatée fibreuse.

FEDERSPIESGLAS ROTHES, n. antimoine hydro-sulfuré rouge aciculaire.

FEDERSTÜCK, sorte de lames ou coins minces de fer entre deux desquels on introduit toujours un troisième coin plus gros pour faire éclater la roche.

FEDER-VITRIOL, m. sulfate fibreux.

FEDERWEISS, asbeste flexible et épidote, suivant *Lehmann;* chaux sulfatée fibreuse, suivant

Vogel; et talc endurci, suivant *Estner.*

FEDERWISMUTH, m. bismuth sulfuré aciculaire; bismuth en barbe de plumes; bismuth natif.

FEDERZIRKEL, m. compas à ressort.

FEGEHAMMER, m. (*t. de salin.*), marteau à nettoyer les chaudières.

FEHLSCHLAGEN, v. a. frapper à faux en perçant un trou de mine.

FEHLSCHLAGEN DAS WASSER, décharger les eaux, les laisser couler par le dégorgeoir.

FEHLUTE, n. le conduit de décharge des eaux; le dégorgeoir.

FEIG, adj. (*t. de min.*), tendre. — *Feige gestein*, roche tendre, roche sans consistance, roche cassante. — *Feige erze*, minerai friable, qui se réduit aisément en poussière. — *Der schacht, der stalle wird feig*, le puits, la galerie se gâtent, les charpentes commencent à pourrir, etc.

FEILBOGEN, m. lime à couper le fer.

FEILE, f. lime. — *Mit der feile bearbeiten*, façonner avec la lime.

FEILEN, v. a. limer, polir, couper, amenuiser avec la lime.

FEILKOLBEN, FEILSTOCK, étau pour limer.

FEILSPÄNE, plur. limaille.

FEIN, adj. fin. — *Feines gold*, or fin, etc.

FEINBRENNEN, n. raffinage.

FEINBRENNER, m. l'affineur, le raffineur.

FEINERZ, n. chaux carbonatée ferrifère.

FEINHEIT, f. ténuité, finesse, qualité de ce qui est fin.

FEINKÖRNIG, adj. à grains fins, à petits grains.

FEINKUPFER, cuivre rosette, cuivre fin. — *Feinkörniger kohlen gesaüerte kalk*, chaux carbonatée saccaroïde.

FEISTES HARTWERCK, n. ce que l'on enlève à la première fonte dans le traitement du minerai de cuivre.

FELD, n. champ; (*t. de min.*), le champ, le terrain d'une concession de mine à exploiter; étendue de la concession, assez généralement en Allemagne une longueur de 200 toises sur une largeur de 100. — *Sein feld erstreckt sich so weit*, son terrain s'étend si loin. — *Das feld ausschliessen*, ouvrir le champ, commencer à creuser. — *Feld forttragen*, s'établir au-delà du terrain de la concession; porter, pousser les travaux plus loin : ce qui ne peut se faire que sur un terrain libre, ou avec une autorisation spéciale. — *Feld mit stollen oder strecken öffnen*, ouvrir ou commencer une galerie. — *Feld verschnüren lassen*, faire mesurer un terrain, l'arpenter, en faire le plan. — *Feld verstollen*, percer des galeries dans le terrain. — *Feld auffahren mit strecken und örtern*, étendre, prolonger les travaux sur son terrain. — *Feld versperren*, affermer, ou se faire concéder plus de terrain que l'on ne peut en exploiter, et écarter ainsi d'autres amateurs.

FELDGESTÄNGE, n. tirans d'une machine hydraulique qui

portent à travers un champ
libre le mouvement qu'ils ont
reçu d'une roue à eau pour le
transmettre où il est nécessaire;
perches qui vont de çà et de là
à travers les champs.

FELDMESSER, m. géomètre,
arpenteur.

FELDMESSKUNST, FELDMES-
SUNGKUNST, f. géodésie, art de
mesurer, de diviser la terre;
arpentage, l'art de mesurer les
terres.

FELDORT, n. (*t. de min.*),
point de travail qui avance en
champ libre, galerie d'alongement.—*Feldort treiben*, pousser une galerie, la prolonger.

FELDSPATH, spath des
champs; feldspath, anciennement felsspath (spath en roche):
substance très-répandue, et formant une des parties constituantes essentielles des gra-
nites et des porphyres.

FELDSPATH-APYR. *Voyez*
ANDALUSIT.

FELDSPATH-LAVA, laves li-
thoïdes feldspathiques.

FELDSPATH MÜSCHLICHER.
Voyez BARYTES NOBILIS.

FELDSPATH OPALISIRENDER,
feldspath opalisant, feldspath
nacré, feldspath avec des reflets
blanchâtres mêlés souvent d'une
teinte légère de bleuâtre ou de
verdâtre, qui partent d'un fond
demi-transparent et légèrement
laiteux.

FELDSPATH PORPHYR, por-
phyre à base de feldspath; la
pâte est ordinairement rouge,
les grains sont de feldspath ou
de quartz.

FELDSPATH WÜRFLICHER,
feldspath cubique; feldspath

très-lamelleux, se cassant facilement en fragmens rhomboïdaux
qui approche de la forme cubique : c'est le pétrilite de
Kirwan.

FELDSTEIN, m. pierre de
champ, bornes qui marquent
les limites d'un champ; pierre
qui se trouve dans les champs;
suivant *Estner*, feldspath amorphe compacte.

FELS, m. roc, rocher. —
Steile felsen, rochers escarpés.

FELSALAUN, m. alun de ro-
che. Ce nom, donné à l'alumine
sulfatée, lui vient, suivant
Leibnitz, de la ville de Roche
en Syrie, d'où l'art de fabriquer
l'alun a été apporté en Europe.

FELSENARTEN, roches.

FELSENARTIG, adj. qui tient
de la roche.

FELSENBLÜTHE, f. amiante,
asbeste flexible.

FELSENHALDE, f. pente du
rocher; (*t. de min.*), halles,
décombre de l'exploitation; déchets des bocards trop pauvres
en métaux pour être opérés.

FELSENHART, adj. et adv.
dur comme un rocher.

FELSENKLIPPE, f. pointe de
rocher, sommet escarpé d'un
rocher.

FELSENKLUFT, f. ouverture,
crevasse, fente dans un rocher.

FELSENWAND, f. paroi, pente
escarpée d'un rocher.

FELSENWERCK, n. roches,
pierres écrasées, bocardées,
dont on a tiré le métal; poussière de pierres stériles.

FELSIT, felsite; feldspath
compacte, bleu céleste de Syrie; feldspath bleu d'*Haüy* :
ses couleurs ordinaires sont le

bleu de ciel et le bleu pâle : il fait partie d'une roche quartzeuse et talqueuse.

FELSKIESEL, pétrosilex.

FELSPECHSTEIN, m. porphyre à base de pétrosilex.

FELSSTEIN, m. pierre de rocher, roche. *Brünich* et *Gmelin* donnent ce nom au granite, au schiste micacé et au quartz jaspe.

FELSSTEIN-BRECCIE et **FELSWURST STEINE**, calcaire brèche, ou marbre brèche, et quartz agate brèche, vulgairement poudding.

FERCH, vapeurs métalliques qui s'insinuent dans les cavités ou fentes des roches, et y forment à la longue, en s'y condensant, des dépôts de minerais.

FERRICALCIT, ferricalcite, chaux carbonatée en masse grossière ferrugineuse.

FERRILIT, ferrilite, variété de basalte; lave lithoïde prismatique d'*Haüy*.

FEST, adj. ferme, solide, qui a de la consistance, qui est dur.

FESTE, f. fermeté, solidité. — (*t. de min.*) *Die feste verklemmet den gang*, la roche dure tranche le filon; un massif ou pilier laissé pour sûreté des travaux.

FESTIGKEIT, f. solidité; caractère d'un minéral; ductilité, faculté de s'étendre sous le marteau sans se rompre.

FESTUNGS-ACHAT, quartz agate, dit en fortification. *V.* FORTIFICATIONS-ACHAT.

FESTUNGS-KOBOLT, cobalt éclatant de *Werner*; cobalt gris d'*Haüy*.

FETT, n. graisse. En Lusace on nomme ainsi l'argile-glaise. — *Fett*, adj. (*t. de min.*), gras ou onctueux; (*t. d'anatom.*), adipeux. — *Fett haütchen*, membrane adipeuse.

FETTE SCHLACKEN, crasses grasses; scories de minerai d'argent et de plomb très-fusibles, qui ne se laissent pas détacher aisément du plomb d'œuvre, ou de la matte, ou de la pierre, et que l'on mêle ensuite avec des scories maigres, du sable et autres ingrédiens pareils pour les rendre plus fusibles.

FETTGLANZ, m. éclat gras; l'éclat de la cire.

FETTHON, m. bole, argile, glaise; argile smectique, terre à foulon.

FETTIGKEIT, f. graisse, qualité de ce qui est gras; (*t. de min.*), onctuosité, le toucher de la graisse; l'un des caractères extérieurs universels ou génériques des minéraux. On en distingue quatre degrés : le maigre (*mager*), le gras ou onctueux (*fett*), peu gras ou peu onctueux (*einwenig fett*), et le fort gras ou très-onctueux (*sehr fett*).

FETTKOHLE, f. houille piciforme.

FETT-QUARTZ, m. quartzgras, quartz hyalin grossier à cassure conchoïde.

FETTSAÜER, adj. (*t. de chim.*), *Fettgesaüerteskalk*, sébacite de chaux.

FETTSÄUER, f. (*t. de chim.*), acide sébacique; acide que l'on tire de la graisse.

FETTSCHIEFER, argile schisteuse bitumineuse.

FETTSTEIN, talc stéatite, talc endurci.

FETTWACHS, n. adypocyre, ou adipocire, substance qui tient de la nature de la graisse et de la cire.

FEÜCHT, adj. humide, moite, imprégné de quelque vapeur aqueuse.

FEÜCHTEN, v. a. rendre moite, rendre humide, etc. — *Feucht werden*, détremper.

FEUCHTIGKEIT, f. humidité; qualité de ce qui est humide.

FEÜER, n. feu, agent de la combustion. — *Elastisches feuer. V.* ELECTRICITÆT. — *Wulcanisches. V.* VÜLCAN. — *Der berg speyt feuer*, la montagne jette du feu; (*t. de fond.*), l'affinerie. — (*t. de min.*) *Feuer setzen*, établir un bûcher dans la mine; faire du feu contre la roche pour la faire éclater; détacher, briser la roche par le moyen du feu.

FEÜER ARBEIT, f. travail au feu, ouvrage par le moyen du feu.

FEÜERBERG, m. montagne qui jette des flammes, volcan. *V.* VÜLCAN.

FEÜER BESTÄNDIG, adj. (*t. de chim.*), fixe au feu, qui résiste à l'action du feu. — *Gold ist das feuer beständigste metal*, l'or est le plus fixe des métaux; apyre inaltérable, infusible par le feu.

FEÜERBESTÄNDIGKEIT, f. fixité au feu; propriété de quelques corps de n'être point dissipés par l'action du feu; inaltérabilité au feu.

FEÜERBÜCHSE, f. boîte à feu.

FEÜERBÜHNE, f. bûcher de mine sous lequel on met des petits morceaux de minerai, afin que la flamme se porte avec plus de force contre la roche à détacher.

FEÜEREISEN, n. même que FEÜERSTAHL, briquet, pièce d'acier qui sert à tirer du feu d'une pierre siliceuse.

FEÜERESSE, f. cheminée, tuyau de cheminée.

FEÜERESSEN-ARBEIT, travail au-dessus de soi. — *Übersich*, dans les galeries et traverses.

FEÜERFEST, adj. *V.* FEÜERBESTANDIG.

FEÜERFLÄMMCHEN, n. vapeurs enflammées que l'on aperçoit souvent en hiver à la clarté du soleil s'élever à 3 ou 4 pieds de hauteur autour d'une montagne métallifère.

FEÜERGEGEND, f. (*t. des anc. philosophes*), la région du feu, la partie de l'air la plus élevée.

FEÜERIG, adj. enflammé, ardent; qui enflamme, qui brûle; igné, qui est de feu, de la nature du feu, qui a les qualités du feu. — *Feüerigekörper*, corps ignés.

FEÜERHACKEN, m. croc à feu, croc à incendie.

FEÜERHEERD, m. foyer, âtre, lieu où se fait le feu.

FEÜERHÜTHER ou FEUERWÄCHTER, m. (*t. de min.*), le mineur qui a le soin des feux allumés pour attendrir la roche.

FEÜERKESSEL, m. (*t. de min.*),

coffre à feu. C'est un coffre de tôle ou fer battu, percé de trous tout autour dans lequel on met du feu, et que l'on descend ensuite dans la mine pour en purifier l'air ou l'améliorer.

Feüerkiste, f. (*t. de chim.*), coffre à feu.

Feüerkugel, f. (*t. d'artill.*), boulet rouge; (*t. d'astron.*), météore igné qui paroît dans l'air.

Feüermesser, m. (*t. de phys.*), pyromètre, instrument pour mesurer les effets du feu.

Feüerofen, m. fournaise; four que l'on chauffe fortement.

Feüerprobe, f. épreuve que l'on fait de quelque chose par le moyen du feu.

Feüerpunckt, m. (*t. de min.*), le point du feu, le foyer, l'endroit des feux.

Feüeroth, adj. rouge de feu, rouge aurore. *V.* Morgenroth.

Feüerschaufel, f. pelle à feu; fourgon, instrument pour remuer la braise et le bois dans le four.

Feüerschein, m. clarté, lumière, éclat du feu.

Feüerschlagend, adj. étincelant, ignescent, qui fait feu. — *Feüerschlagender agath*, quartz agate pyromaque.

Feüerschwamm, m. amadou; mèche d'agaric qui s'allume à la moindre étincelle.

Feüerspritze, f. pompe à feu.

Feüerstahl, m. *V.* Feüereisen.

Feüerstein, m. pierre à feu; pierre ignescente, pierre à fusil; quartz agate pyromaque; pyrites à feu.

Feüerstrahl, m. rayon de feu.

Feüerstrom, m. torrent de feu.

Feüerstuhl, m. le pied du réchaud dans les bocards.

Feüervergoldung, f. dorure au feu; or moulu.

Feüerzange, f. pincettes, tenailles; ustensile de fer dont on se sert pour accommoder le feu, pour arranger les tisons.

Feüerzeit, même que Brandt, durée d'une fonte, d'une distillation, ou de toute autre opération par le feu.

Feüerzeug, n. (*t. de min.*), l'ensemble de tout ce qui est nécessaire pour pouvoir allumer du feu, tel que briquet, pierre à fusil, amadou, etc.; ce que chaque mineur doit avoir, afin d'être toujours en état de rallumer sa lampe si elle vient à s'éteindre.

Feüerzeügend, adj. *Feüerzeügender kiesel*, silex pyromaque.

Feyern, v. n. chômer, cesser de travailler. — subst. *Das feyern*, le chômage, l'espace de temps que l'on est sans travailler.

Feyertæge, plur. (*t. de min.*), jours de fête, jours de repos, jours auxquels le mineur est dispensé de travailler.

Fibrolith, fibrolite; nom donné par M. *de Bournon* à une substance qui accompagne le corindon du Carnate, parce que son tissu est constamment fibreux, et qu'il l'a regardée comme une espèce nouvelle;

la couleur est le blanc et le gris sale ; les fibres qui composent le tissu sont unies étroitement entre elles et très-fines ; sa dureté est supérieure à celle du quartz. Cette substance a cela de particulier qu'elle est jusqu'ici la seule pierre qui n'ait donné que de la silice et de l'alumine.

FICHTENHARZ, n. résine de pin.

FICHTENKREBS, m. cancre de pin. C'est le *demestes typographus* que *Cramer* a appelé *schwarzwurm*, ver noir que l'on nomme aussi *wurmtrockniss*, ver desséchant, et *borkenkaëfer*; ver ou scarabée d'écorce, c'est-à-dire qui se tient sous l'écorce ; insecte qui fait d'énormes dégâts dans les forêts de sapin du Hartz, et qui y multiplie tellement que dans un arbre de moyenne grandeur on a compté, dit *Blumenbach*, 8000 de ses larves.

FIEDERN, v. a. (*t. de min.*), introduire, mettre des coins de fer dans la roche (*mit federn versehen*). — (*t. de vitrier*), *fiedern*, *abfiedern*, rogner les extrémités d'un carreau de vitre. — *Fiedern mit federn versehen einen pfeil einen bolzen*, empenner une flèche, un carreau d'arbalète, les garnir de plumes.

FIGIREN, v. a. (*t. de chim.*), fixer.

FILTRIREN, v. a. filtrer, passer une liqueur par le filtre.— *Das filtriren*, filtration, action de filtrer.

FILTRIR MARMOR, m. chaux carbonatée fibreuse.

FILTRIRSANDSTEIN et FILTRIRSTEIN, filtre, grès filtrant; grès d'un tissu lâche et poreux: on le taille pour recevoir de l'eau qui, en s'infiltrant lentement à travers le fond, se dépouille de toutes les molécules étrangères et acquiert une grande pureté.

FILTRIRUNG, f. filtration, opération par laquelle on sépare des parties hétérogènes mêlées dans un liquide.

FILZ, m. (*t. de min.*), minerai bocardé le plus fin et le plus boueux; minerai en vase.

FILZHEERD, m. l'aire ou âtre sur lequel on achève de laver et purifier le minerai en vase.

FIMMEL, m. gros coin de fer pour fendre et faire éclater la roche.

FIMMEL-FAÜSTEL, m. masse à cogner, à chasser le coin de fer; sorte de masse de 20 à 30 livres pour enfoncer le coin; c'est le plus gros marteau du mineur.

FINDER, m. (*t. de min.*), inventeur, celui qui trouve le premier un filon inconnu.

FINDERGELD, n. récompense pour la découverte : on la proportionne à son importance d'après un tarif réglé pour cet objet.

FINDIG, adj. (*t. de min.*), *Findig machen*, trouver, découvrir une mine.

FINDUNG, f. action de trouver. — *Das findungsrecht*, le droit de trouvaille.

FINGERSCHÖRL, m. tourmaline noire.

FINGERSTEINE, plur. dactyles bélemnites; sorte de fos-

...ile ou corps pétrifié dont l'analogue n'est pas connu, et qui a la forme d'un petit cône alongé. *Voyez* BELEMNITEN.

FINNE, f. panne d'un marteau; le taillant du marteau ou la partie opposée au gros bout.

FINNEN, v. a. façonner, travailler, planer avec la panne du marteau.

FINNHAMMER, m. martelet, sorte de marteau.

FIORITH, fiorite. *V.* KIESEL-SINTER.

FIRMAMENT-STEIN, m. pierre du firmament; quartz résinite opalin, laiteux et répandant de beaux reflets d'Iris.

FIRSTE, f. (*t. de min.*), faîte, sommet, toit ou partie supérieure d'une galerie ou de tout autre percement dans une mine; la partie qui est au-dessus de la tête du mineur. — *Die fürste verzimmern*, cuveler, garnir de charpente le faîte ou le dessus d'un percement.

FIRSTENBAU, m. ouvrage à gradins en montant; l'exploitation par gradins renversés; l'ouvrage à gradins renversés.

FIRSTENERZ, n. minerai qui se trouve dans la hauteur, dans la partie supérieure.

FIRSTENSTEMPEL, étampes ou fortes pièces de bois que l'on place dans des entailles faites au toit et au mur du filon.

FIRSTENSTOSS, m. le gradin renversé dans un ouvrage à gradins renversés.

FIRSTEN UND STROSSEN, (*t. de min.*), par étages.

FIRSTENWEISE, adv. en haut, vers la partie supérieure.

FISCHAUGE, FISCHAUGEN-STEIN, n. œil de poisson; feldspath nacré avec un chatoiement et des reflets argentés; pierre de lune des lapidaires; apophyllite d'*Haüy*. Voyez APOPHYLLIT.

FISCHEISEN, n. (*t. de fond.*), porte de fer qui a depuis 18 lignes jusqu'à 5 pouces de largeur sur 1 à 2 lignes d'épaisseur.

FISCHROGGENSTEIN, m. chaux carbonatée globuliforme.

FISCHSCHIEFER, m. et FISCHWIELE, argile schisteuse bitumineuse avec empreintes de poissons. Une des plus remarquables en ce genre, et peut-être la moins connue, est celle qui a été découverte à Munsterapel, département du Mont-Tonnerre; elle présente non seulement des empreintes, mais aussi des dépouilles entières de poissons, mouchetées de mercure sulfuré rouge. (*Voyez* le Journal des Mines, tom. XIV, p. 409).

FISCHSTEIN, m. ichtyotithe; pierre chargée d'empreintes de poissons.

FISCHWERK, n. On nomme ainsi en Hongrie le minerai trié et passé au crible.

FIX, adj. (*t. de chim.*), fixe. — *Ein fixes salz*, sel fixe. Les chimistes appellent *fixes* les corps qui ont la propriété de n'être point du tout ou du moins très-difficilement volatilisés par le feu.

FIXIREN, v. a. (*t. de chim.*), fixer. — *Das quecksilber fixiren*, fixer le mercure, le rendre solide.

FIXIRUNG, f. (*t. de chim.*),

fixation; opération par laquelle on fixe un corps volatil.

FLACH, adj. plan, plat, uni, aplati; (*t. de min.*), incliné d'une manière rapprochée de l'horizontale. — *Flaches gebirge,* montagne à pente douce, peu inclinée; (*t. de géom.*), obtus. — *Ein flachwinkel,* un angle obtus.

FLACHDRAHT, m. (*t. d'orfèv.*), fil plat, fil de métal aplati.

FLACHE, f. (*t. de géom.*), surface plane; le plat, la face d'un corps ou d'un solide; une des figures qui composent la superficie. — *Flache die eine figur einschliesst,* l'aire, l'espace qu'une figure renferme. — *Fundamental flächen,* plans fondamentaux. — *Absonderungs fläche,* surface des pièces séparées.

FLACHEISEN, n. (*t. d'orfèv.*), enclume, enclumeau pour dresser la vaisselle à côtés plats.

FLACHENKANTIG, adj. (*t. de crist.*), prominule; cristal qui a des arétes formant une légère saillie. Ex. *Flachkantiger schwefel gesaüerter kalk,* chaux sulfatée prominule.

FLACHENMAAS, n. planimètre; mesure pour les surfaces planes.

FLACHENMESSUNG, f. planimétrie; art de mesurer les surfaces planes.

FLACHENWENKEL, m. (*t. de géom.*), angle plan.

FLACHERGANG, m. filon plat; filon qui se dirige du midi au septentrion, entre les heures 9 et 12. *Voyez* GANG.

FLACHESGEBIRG, m. mon-

tagne à pentes douces, et qui s'élève un peu obliquement.

FLACHETIEFE, f. (*t. de min.*), pente inclinée en suivant une ligne oblique depuis un point pris sur la hauteur ou à la superficie du terrain, jusqu'à celui donné dans la profondeur.

FLACHSSTEIN, m. amiante, asbeste.

FLADER, m. madrure dans le bois; veines, fentes dans les pierres. — *Fläderichte wände,* parois crevassés, roches ouvertes, fendillées.

FLAGSTEIN, m. schiste calcaire.

FLAMMCHEN, n. (*t. de min.*), petite trace de minerai dans un filon.

FLAMMENFEÜER, n. feu flambant, feu de réverbère.

FLAMMENOFEN, m. fourneau pour les fontes crues, qui diffère des autres fourneaux de fusion en ce que l'on fait couler par l'ouverture, nommé l'œil, le métal fondu aussitôt qu'il est devenu liquide ou fluide.

FLAMMENSPITZE, f. (*t. de chim.*), dard de flamme. — *Die flammenspitze vor dem loth rohre,* le dard de flamme produite par le chalumeau.

FLAMMICHT, FLAMMIG, adj. flambé, en façon ou manière de flamme. — *Flammicht - erz,* minerai superficiel disséminé en taches; flammèches ou folioles minces.

FLAMMIR-OFEN, m. (*t. de chim.*), lieu où l'on conduit, où l'on fait donner la flamme dans un fourneau de réverbère.

FLASCHENSTEIN, m. lagenite; pierre figurée qui a quelque ressemblance avec la forme d'une bouteille.

FLASCHENZUG, m. (*t. de mécan.*), machine funiculaire, caliorne ; cordage passé dans des moufles à trois poulies pour élever des fardeaux ; assemblage de poulies pour multiplier la force mouvante.

FLASERIG, adj. (*t. de min.*). *Flaserigesgestein,* roche ferme, roche dure. — *Das gestein wird flaserig,* la roche devient dure.

FLAUEN, v. a. (*t. de min.*). *Die gepochten erze flauen,* laver le minerai écrasé, en séparer les parties terreuses et pierreuses.

FLAUFASS, n. (*t. de min.*), cuvier à nettoyer le minerai lavé.

FLAUSCHTROG, m. auge à laver le minerai écrasé.

FLECKIG, adj. (*t. de min.*), taché, souillé. — *Fleckiges zinn,* étain dur, peu pliant, non malléable à cause des souillures ou substances étrangères dont il est mêlé.

FLECKTEN, n. le tissu, la maille d'un crible ou d'un tamis.

FLEISCH-ROTH, adj. rouge de chair, rouge pâle, rouge mêlé de cochenille et de blanc de neige.

FLETSCHEN, v. a. étendre, aplatir à coups de marteau. — (subst.) *Das fletschen,* coupeau ; parcelle mince qui se détache d'un métal quand on le frappe.

FLETZ. *Voyez* FLÖTZ.

FLICKWAND, f. (*t. de fond.*), large pierre pour raccommoder un fourneau de fusion ; pierre qui se lève par dalles ou en

grandes tables. Les fondeurs nomment *wande* les parois d'un fourneau.

FLIEGENFITTIGE, plur. cuivre gris spiciforme en petites masses ovales aplaties, relevées par des saillies noirâtres en forme d'écailles ; c'est l'argent dit en épis de Frankenberg.

FLIEGENGIFT, FLIEGENKOBOLT, FLIEGENPULVER, FLIEGENSTEIN, arsenic natif.

FLIESENSTEIN et FLIESEN, sorte de grès argileux, mêlé de calcaire qui ne prend pas bien le poli.

FLIESSGOLD, FLIETSCHGOLD et FLITSCHENGOLD, n. or de lavage, or disséminé en paillettes dans les sables de plusieurs rivières ; or d'alluvion.

FLIESSLOCH. *V.* FLOSSLOCH.

FLIMMER, m. paillettes, parcelles. — *Goldflimmer,* petites parcelles d'or, telles que celles que l'on trouve dans le sable de quelques rivières.

FLIMMERN, v. a. flamboyer, étinceler, briller, jeter de l'éclat. — *Diese steine flimmern,* ces pierres jettent un grand éclat.

FLINKENERTZ. *Voy.* FLITTERERZ.

FLINS, quartz commun mêlé de chaux carbonatée.

FLINSHORN, hornstein conchoïde, *petrosilex equabilis* de *Vallerius.*

FLINT, quartz agate pyromaque.

FLINT-GLAS, n. Fint-glas, nom anglais donné à une sorte de verre ou cristal, employé pour la confection des lunettes achromatiques, et dans la composition duquel entre l'oxide de plomb nommé *minium*.

FLINTENSTEIN, sorte de pyrite dure dont on se sert en place de pierre à fusil.

FLINTZ, chaux carbonatée ferrifère et manganésifère ; et, suivant *Storr*, jade néphrétique.

FLITTERCHEN, n. cannetille, filet d'or et d'argent tortillé.

FLITTERERZ, n. minerai qui se trouve en parcelles ou pièces brillantes sur les roches.

FLITTERGOLD, n. clincan, faux brillant ; oripeau.

FLOCHWERK, n. mine en masse, en rognons ; amas de minerai sans direction.

FLOCKEN, m. flocon ; petite touffe de laine ou de soie ou de neige, etc. — *Schnee flocken*, flocon de neige.

FLOGGE ou FLUGE GESTEIN, pierre volante ; sorte de roche silicieuse très-dure qui, mêlée avec une moins dure, saute par éclat lorsque l'outil du mineur la rencontre.

FLOS FERRI, flos ferri, nom donné à une substance fibreuse en petits cylindres très-blancs, comme soyeux à leur surface, contournés en tous sens à la manière des rameaux de corail. Elle fut d'abord prise pour une chaux carbonatée, et c'est la variété *coralloïde* du Traité de Minéralogie d'*Haüy*. Mais ce savant a adopté depuis l'opinion de M. *Louis Cordier*, ingénieur des mines, qui la regarde comme une variété d'arragonite. On l'a nommée *flos flerri* (fleur de fer), parce qu'on la trouve communément dans les filons de mines de fer spathique ; la base de ses rameaux est presque toujours imprégnée de fer oxidé jaune terreux.

FLÖSS, coupe ou masse de fonte qui pèse environ deux quintaux et demi.

FLÖSSE, m. (*t. de fond.*), caisse de bois que l'on enfonce en terre dans différens lavoirs pour y faire couler l'eau et lui donner plus de pente ; canal ou conduit en pierre en usage dans les fonderies d'étain ; flux ou fondant qu'on ajoute pour faciliter la fusion des minerais réfractaires. — *Flösse flüsse*, fluor chaux fluatée.

FLÖSSLOCH, m. trou, ouverture dans certains fourneaux par où le métal fondu s'écoule.

FLÖSSOFEN, m. On donne ce nom en Styrie aux fourneaux dans lesquels on fond les minerais de fer et où l'on coule la fonte en plaques minces.

FLÖSSRAUM, sorte de basalte, suivant *Gmelin*.

FLÖTZ, f. (*t. de min.*), couche ou veine de masse minérale parallèle à tous les lits ou bancs du terrain où elle se rencontre ; on les a appelés *mine en lits*. Les *flötz* ou couches différent des gangues ou filons, en ce que ceux-ci coupent les couches du terrain et ressemblent à des fentes remplies. Cependant on donne quelquefois le nom de *flötz* à un filon qui est presque horizontal, ou dont l'inclinaison ne passe pas vingt degrés ; on les a nommés *filon-couchant-horisontalement*, ou tout simplement *filon-couche* ; cela vient de ce que de tels filons ressemblent en effet, au moins par leur position, à des couches qui, dans les montagnes où l'on exploite le plus ordinairement du minerai en couches, sont presque toujours horizontales. Quelquefois les *flötz* ou couches s'amincissent dans une partie, puis reprennent de l'épaisseur dans l'autre. Pour indiquer cette forme, le mineur dit : *Die flötze liegen keilweise*, les couches se présentent en coins, en forme de coins ; et *flötz beweiset sich widersinnig*, pour signifier qu'elle prend une inclinaison différente de celle qu'elle avoit d'abord montrée. Quand la couche se montre à la surface, on dit : *Das flötz gehet zum tag aus*, la couche aboutit au jour ; et si la couche dérange le filon de sa direction, on dit : *Das flötz schiebet den gang aus der stunde*, la couche pousse le filon hors de son heure ; lorsqu'au contraire il vient à joindre le filon, s'unit avec lui et en suit la direction, on dit : *Das flötz ortet sich zu gang*, la couche s'attache au filon. C'est un principe reçu que les *flötz* ou couches doivent souffrir la libre exploitation des filons perpendiculaires ou droits qui les traversent et dépendent d'une autre exploitation, quand même celle-ci seroit la moins ancienne. — *Die flötze müssen vierung leiden*, les *flötze* ou couches doivent supporter la quadrature, c'est-à-dire qu'elles doivent laisser le propriétaire du filon droit fouiller de chaque côté 3 toises et demie dans le

toit et autant dans le mur. *Voy.* l'article LAGER.

FLÖTZERZ, n. minerai qui se trouve par couches, par filons peu inclinés ; argile schisteuse ferrugineuse, suivant *Voigt ;* et suivant d'autres auteurs, le schiste marno-bitumineux.

FLÖTZGEBIRGE, n. montagnes à couches, montagnes stratifiées ; montagnes formées de couches et de lits de diverses substances, rangées les unes sur les autres. L'époque de cette formation est celle des plus grandes agitations, des plus violentes secousses que le globe ait éprouvées.

FLÖTZGEBIRGS-ARTEN, roches stratiformes, roches secondaires.

FLÖTZGRÜNSTEIN, m. grunstein secondaire, sorte de roche propre aux montagnes de trap. *Voyez* GRÜNSTEIN.

FLÖTZKALCK et FLÖTZKALK-STEIN, chaux carbonatée, compacte, commune, calcaire, stratiforme ou secondaire. Cette roche a une stratification très-marquée, et elle renferme fréquemment des coquillages fossiles ; on la trouve presque dans tous les pays, et souvent elle forme des chaînes considérables.

FLÖTZKLUFTE, plur. fentes ou ouvertures horizontales inclinées, qui partagent le rocher en bandes ou assises.

FLÖTZMANDELSTEIN, m. mandelstein ou roche amygdaloïde de seconde formation. *V.* MANDELSTEIN.

FLÖTZPORPHYR, porphyre secondaire ; sorte de porphyre

argileux qui se trouve dans les terrains à houille, et contient des branches, des racines et même des arbres entiers pétrifiés.

FLÖTZRIFFEL, m. (*t. de min.*), filon stérile qui vient couper ou diviser en plusieurs filets la veine riche.

FLÖTZSCHICHT. *V.* LAGER.

FLÖTZSCHWÄERDE, *V.* DACH-SCHALE.

FLÖTZTRAPP, traps stratiformes ou secondaires. Dans beaucoup d'auteurs allemands les traps stratiformes comprennent tous les traps. *V.* TRAP.

FLÖTZWEISE, adv. par couches, par lits. — *Ein mineral das erzweise bricht*, un minéral qui se trouve par filons suivis par couches.

FLUCHT, f. (*t. de mécan.*), jeu, aisance, facilité du mouvement. — *Die thure hat zu viel flucht*, cette porte ne ferme pas juste. — (*t. d'archit.*), *viele zimmer in einer flucht*, plusieurs chambres sur une même ligne de plain pied ; une enfilade de chambres.

FLÜCHTIG, adj. fuyant, qui fuit ; (*t. de chim.*), volatil. — *Flüchtiges salz*, sel volatil. — *Flüchtige theile*, parties volatiles. — *Flüchtig machen*, volatiliser. — *Das flüchtig machen*, volatilisation. — (*t. de peint.*), *Ein flüchtiges gewand*, draperie svelte, volante, légère. — (*t. de min.*) *Flüchtiges gestein*, roche tendre, sans consistance, sans solidité, qu'il faut soutenir par un cuvelage.

FLÜCHTIGKEIT, f. volatilité, qualité de ce qui est volatil.

FLUDER, m. large canal pour l'écoulement des eaux superflues.

FLUGE, f. sorte de roche quartzeuze très-dure qu'il n'est presque pas possible d'entamer avec les outils du mineur.

FLÜGELHEERD, m. un âtre, ou place quelconque préparée dans les bocards pour épurer le minerai.

FLÜGELHORN, n. (*t. de conchyl.*), ailée.

FLÜGELORT, m. (*t. de min.*), l'aile ; l'aile d'une galerie ; un lieu creusé de côté dans un percement ; les points de travaux qui, en partant de la galerie, sont dirigés vers le toit ou le mur du filon.

FLUGSAND, m. sable en très-petits grains, sable très-fin et très-léger que le vent fait aisément voler.

FLUSS, m. rivière, fleuve ; (*t. de chim.*), castine, flux, matière qui facilite la fusion ; (*t. de métal.*), fondant, substance qui accélère la fusion des mines. Lorsque le fondant est une pierre calcaire, on le nomme *castine ;* et lorsque c'est une terre argileuse, *erbue.* — *Das metal zum fluss bringen*, donner la fonte au métal. — *Das gold stehet im fluss*, l'argent est en bain, en fusion ; métal fondu et rendu fluide. — *Flussbüchse*, caisse, coffre de bois dans lequel on conserve le métal fondu. — *Fluss*, pour l'essayer ; fluor, espèce du genre calcaire.

FLÜSSE, plur. l'ensemble des eaux qui ont un cours constant dans un lit d'une étendue plus ou moins considérable. On les distingue en ruisseau, rivière et fleuve (*bach*, *fluss*, *und strom*).

FLUSSERDE, f. fluor terreux; chaux fluatée terreuse, amorphe; spath vitreux.

FLUSSGEBIETH, n. domaine, dépendance, appartenance d'un fleuve. Toutes les sources, les ruisseaux, les rivières qui versent leurs eaux dans un fleuve, sont considérés comme formant son domaine. Ainsi un fleuve de première classe a quelquefois un domaine de plusieurs milliers de milles carrés. On compte, par exemple, que le domaine du Danube comprend 14,423 milles carrés d'Allemagne.

FLUSSGESAÜERTERKALK, m. chaux fluatée; spath fluor. — *Die thonig fluss gesaüerterkalk*, la chaux fluatée aluminifère.

FLUSSGLAS, n. chaux fluatée, amorphe transparente.

FLÜSSIG, adj. liquide, fluide, qui coule aisément. — *Flüssiges metal*, métal fusible, aisé à fondre.

FLÜSSIGKEIT, f. fluidité, liquidité; qualité, état d'une chose fluide ou liquide; l'un des caractères extérieurs particuliers d'un minéral fluide.

FLUSSOFEN, m. fourneau de fusion.

FLUSS SPATH, m. spath fluor; chaux fluatée cristallisée. — *Fluss spathluft*, gaz acide fluorique. — *Fluss spath säure*, acide fluorique.

FLUSSTOPAZ, chaux fluatée cristallisée jaune.

FLUSSWAAGE, f. balance d'essai pour peser le flux.

FLUSSZINN, étain oxidé.

FLUTH, f. (*t. de mar.*), flot, flux, marée. *Voyez* EBBE; (*t. de boc.*), l'eau qui s'écoule après le lavage du minerai; écoulement, dégorgement de l'eau tombée du bocard. — *Fluthberg*, monceau, tas de minerai de peu de valeur qui se trouve à la chute de l'eau du bocard.

FLUTHNER, m. garde du canal du bocard; celui qui veille à ce que tout le minerai se rende dans les bassins destinés à le recevoir, et à ce qu'il ne s'en perde point.

FLUTHWERCK, n. l'ensemble des canaux et bassins dans lesquels passe l'eau qui entraîne le minerai bocardé; le minerai de lavage qui se trouve dans l'eau des bocards, et le travail que l'on fait pour le recueillir et empêcher que l'eau ne l'entraîne.

FOLGE, f. la hauteur à laquelle les eaux s'élèvent dans les siphons.

FOLIE, f. lame ou feuille d'un métal quelconque, qui n'a que l'épaisseur d'une forte feuille de papier, et même quelquefois moins; telles, par exemple, que les feuilles d'étain dont on se sert pour l'étamage des glaces, et qu'on nomme *spiegelfolie*, aussi *stagnol* ou *stanniol*; les paillons ou lames minces d'or ou d'argent que l'on place sous les pierres précieuses lorsqu'on les monte, afin de leur donner plus de jeu.

FÖRDERN, v. a. (*t. de min.*),

faire valoir une mine, la mettre en bon état; extraire le minerai d'une mine.

FÖRDERNISS. *Voyez* FÖRDERUNG.

FÖRDERSCHACHT, m. (*t. de min.*), puits d'extraction, puits qui sert à extraire le minerai d'une mine ; bure par laquelle on monte, on tire en haut les matières minérales et pierreuses.

FÖRDERSTRECKE, f. (*t. de min.*), galerie d'extraction ou de roulage ; le chemin, le passage pour transporter le minerai, soit jusqu'à la bure, soit au dehors ; l'endroit où l'on détache le minerai.

FÖRDERUNG, f. ou DAS FÖRDERN, (*t. de min.*), extraction au jour, soit du minerai, soit des déblais.

FÖRDERUNGS-SATZ, m. (*t. de géom.*), demande.

FORM, f. (*t. d'arts mécan.*), forme, moule, modèle. — *In die form giessen*, couler, jeter en moule, mouler. — *Die form machen*, faire le moule, le modèle ; tuyère de cuivre ou de fer dans laquelle reposent les canons des soufflets d'un fourneau de fusion. — *Form naset sich zu*, la tuyère se forme un nez, c'est-à-dire s'obstrue par les scories qui s'y attachent et bouchent le passage au vent des soufflets.

FORMEISEN, n. fer à moule, fer pour creuser des moules.

FORMEN ou **FÖRMEN, v. a.** (*t. de fond.*), réparer la tuyère du fourneau ; ce qui a lieu deux à trois fois dans une campagne de huit mois.

FORMERDE, f. terre à moules, terre propre à faire des moules.

FORMERZ, n. minerai riche qui contient plus de la moitié de son poids en argent.

FORMHAMMER, m. (*t. des batt. d'or*), marteau à battre l'or en feuilles.

FORMLOS, adj. sans forme déterminée ; amorphe.

FORMMEISTER, m. (*t. de grosses forges*), maître des moules ; ouvrier chargé de faire les moules pour les ouvrages en fonte.

FORMNASE, f. et **FORMSTÜCK, n.** (*t. de fond.*), le nez ; partie de la coupe qui s'attache immédiatement à la tuyère.

FORMSAND, m. sable à moules, sablon terreux ou argileux qu'on emploie à la fabrication des moules.

FORMSTEIN, m. (*t. de grosses forges*), pierre de moule, la pierre qui enferme le moule. — *Formsteine*, pierres figurées.

FORMSTOFFER, m. barre de fer qui sert à débarrasser l'orifice de la tuyère des scories qui l'obstruent ; ringard pour rompre le nez qui s'est formé à la tuyère.

FORMWAND, f. pierre de tuyère, pierre qui porte la tuyère.

FORMZACKEN, platine de fer forte et épaisse dont on revêt les âtres des fourneaux dans quelques fabriques de cuivre.

FÖRSTE, f. *Voyez* FIRSTE.

FORTBAU, m. (*t. de min.*), persévérance, continuation de l'exploitation d'une mine.

FORTBAUEN, v. a. continuer,

pousser l'exploitation d'une mine.

FORTGRABEN, v. a. continuer l'excavation, la fouille.

FORTIFICATIONS - ACHAT, quartz agate orné de veines qui semblent dessiner un plan de fortification.

FORTIFICATIONS - KOBOLDT, cobalt éclatant de *Werner;* cobalt gris d'*Haüy.*

FORTPFLANZUNG, f. transplantation, propagation. — *Die fortpflanzung des lichtes,* la propagation de la lumière.

FORTSETZEN, v. a. pénétrer, avancer dans le champ; étendue en longueur. — *In das feld,* ce qui se dit spécialement des filons qui ne sont point coupés par d'autres.

FORTTRAGEN, v. a. emporter, enlever; (*t. de min.*), se porter d'un point de travail sur un autre; outre-passer les limites de son terrain, ou bien, lorsqu'on découvre un nouveau filon voisin de celui en exploitation, quitter celui-ci pour l'attaquer; ce qui ne doit cependant pas se faire sans autorisation.

FORTTRAGUNG, f. l'action d'emporter.—*Forttragung des feldes,* l'action de changer de lieu de travail, de quitter un point pour se porter sur un autre.

FORTTREIBEN, v. a. pousser une fouille, creuser davantage.

FORTTRIEB, m. l'action de pousser, d'étendre une fouille.

FOSSIL, n. fossile. — *Die fossilien,* les fossiles. En général, on comprend sous cette dé-

nomination tous les corps que l'on retire du sein de la terre.

FOSSILISCH, adj. et adv. fossile; ce qui se tire du sein de la terre.

FOSSILISCHES HOLZ, bois fossile. — *Fossilische salze,* sels fossiles.

FRANZGOLD, n. or battu argenté d'un côté.

FRAUENEIS, n. mica; argent de chat de quelques auteurs, mais plus généralement chaux sulfatée cristallisée ou trapézienne.

FRAUENGLAS, n. mica transparent; chaux sulfatée cristallisée.

FRAUENSPATH. *V.* FRAUENEIS.

FREMDE SCHICHT, f. (*t. de min.*), couche étrangère; on nomme ainsi dans les mines de houille une mauvaise couche qui vient se mêler avec la bonne.

FREY, adj. libre. — (*t. de min.*) *Diese grube ist in frey gefallen,* cette mine est tombée en déchéance, est rendue libre.

FREYFAHREN. *Voyez* FREYMACHEN.

FREYES et FREYFELD, n. (*t. de min*), terrain libre, non concédé.

FREYGEDING, salaire du travail libre que fait volontairement celui qui aspire à une place d'officier des mines.

FREYGERINNE, n. canal de bois pour la décharge des eaux trop abondantes.

FREYGOLD, n. or natif, bien en vue, que l'on ne peut méconnoître.

FREYKUX, m. kux, action franche, action de faveur dans

une exploitation , c'est-à-dire le droit de partage dans les bénéfices sans être astreint de contribuer aux frais.

FREYLEHN , n. concession libre , que l'on peut accorder librement parce que personne n'a le droit de s'y opposer.

FREYMACHEN et FREYFAHREN , v. a. rendre libre une mine non travaillée, la déclarer en déchéance et susceptible d'être concédée de nouveau.

FREYSCHÜRFEN , n. droit de creuser , fouiller la terre librement , de commencer l'exploitation d'une mine sans rien payer.

FREYSTAMM. *V.* FREYRUX.

FREYSTEIN , m. sorte de grès argileux.

FREYZETTEL, certificat qu'une mine est redevenue libre et peut être concédée de nouveau.

FRICTION, f. frottement, action de deux choses qui se frottent.

FRICTIONSRÄDE , f. le rouleau de frottement.

FRISCH , adj. (*t. de min.*), frais , récent, nouveau, entier, intact. — *Frische fahrten anhängen ,* suspendre des échelles neuves ; solide , compacte. — *Frische zwitter,* mine d'étain compacte ; tendre , bien travaillé. — *Frische schlacken ,* scories légères qui n'ont point retenu de parties métalliques.

FRISCHBALG, m. petit soufflet de forge.

FRISCHBLEY, m. (*t. d'affin.*), plomb frais , plomb tel qu'il sort de la fonte , plomb récent.

FRISCHEISEN , n. sorte de fer qui se dépose et s'attache en

certaines circonstances dans la tuyère d'un haut fourneau ; fer non coulant, fer à refondre ; fer durci de nouveau , refondu et purifié.

FRISCHEN, v. a. (*t. de métal.*), rafraîchir le cuivre ; ressuer, séparer à l'aide du plomb l'argent contenu dans le cuivre ; rafraîchir, recuire, refondre le fer , le purifier ; réduire la litharge, glette , ou plomb oxidé , en plomb métallique. — *Das frischen ,* la revivification de la litharge, l'action de lui rendre son état de plomb. — (*t. de min.*) *Frischen eine zeche ,* rafraîchir une mine , lui procurer de l'air frais.

FRISCHER, m. fondeur chargé de la refonte de la litharge.

FRISCHESSE , f. l'affinerie , la chaufferie pour la fonte fraîche.

FRISCHFEÜER , le droit de nouveau feu , le droit d'affiner le fer.

FRISCHGESTEIN , roche qui , sans être dure, se soutient d'elle-même et n'a pas besoin de charpente.

FRISCHGESTÜBE ou GESTAUBE , brasque nouvelle, qui n'a point encore servi au fourneau ; poussier nouveau. La brasque est une poussière de charbon (*kohlen gestübe*) ou pure ou mêlée d'argile ; la première se nomme brasque légère, et la seconde brasque pesante.

FRISCHGLATTE , f. litharge fraîche , litharge à réduire en plomb.

FRISCHHEERD ou FRISCHOFEN, m. fourneau de ressuage, de liquation ; le foyer où se fond le fer de gueuse pour le raffiner.

FRISCHMACHEN, v. a. faire le rafraîchissement, c'est-à-dire procéder à la refonte du cuivre noir avec du plomb et de la litharge pour former les pains de liquation.

FRISCHOFEN, fourneau à rafraîchir le cuivre, ou à revivifier la litharge.

FRISCHPFANNE, f. chaudière de ressuage ; poêles très-fortes qui servent à mouler les pains de liquation.

FRISCHPOCHEN, v. a. bocarder en gros sable ou grossièrement, c'est-à-dire ne pas trop réduire le minerai.

FRISCHSCHLACKEN, plur. scories de la fonte fraîche.

FRISCHSTÜCK, n. (*t. de forg.*), pièce de liquation ; tourteau composé de cuivre, plomb et argent, que l'on place sur le foyer ou fourneau de liquation, où la chaleur fait couler le plomb qui entraîne l'argent tandis que le cuivre reste infondu ; morceau de métal coupé pour en faire l'essai.

FRISCHUNG, f. réduction de la litharge en plomb ; revivification, ressuage.

FRISCHZACKEN, f. grosse plaque ou platine de fer dans les fourneaux de ressuage.

FRIST, f. terme, temps préfixe ; (*t. de min.*), prolongation, délai ou prorogation de travail. — *Frist auf kundigen,* révoquer le délai accordé. — *Frist verlangen,* solliciter un délai. — *Fristbuch,* livre des prorogations des délais, des termes accordés. — *Fristgeld,*

argent qu'il faut donner par quartier pour faire valoir une mine en vertu de la prorogation ; argent de prorogation, de prolongation.

FRITTE, (*t. de verr.*), fritte, cuisson de la matière du verre.

FRITTENKESSEL, m. vaisseau pour le mélange de la matière du verre.

FROHNER, adj. le percepteur des droits et revenus métalliques pour le fisc.

FROHNTHEIL, f. (*t. de min.*), droit du souverain sur les exploitations de mine : en Autriche c'est le dixième seau de minerai.

FROMMERZ, au Hartz, argent sulfuré aigre mêlé de plomb sulfuré, et suivant *Gmelin,* plomb sulfuré argentifère.

FRÖSCHEL, pièces de bois garnies sur lesquelles reposent et sont affermies, dans les puits de mine, les échelles qui servent à y descendre.

FROSCHSTEIN, pierre de crapaud, crapaudine, acétabule ; échinite ; fossile de l'ordre des crustacées, oursin.

FRUCHTSCHIEFER, argile schisteuse.

FRUCHTSTEIN, m. pierre de fruit ou carpolite ; sorte d'argile endurcie portant des taches rondes d'une couleur plus foncée que la masse ; ce qui ressemble assez à des fruits enveloppés dans une pâte. *Lehmann* et *Voigt* la nomment *mandelstein.* On présume que c'est une variété de la roche que *Saussure* a nommée argillolite. *Voyez* ARGILLOLIT.

FRÜHNICKEL, nikel.

FRÜHSCHICHT, m. (*t. de min.*), tâche, travail du matin, le schicht complet est ou de 12 heures, à commencer depuis minuit, ou de 8 heures, à commencer depuis 4 heures du matin.

FUCHS, m. (*t. de fond.*), renard ; amas ou masses de scories qui se forment dans les hauts fourneaux, et ne peuvent plus être fondues en cet état quoiqu'elles contiennent encore du fer. — (*t. de min.*) *Fuchs-löcher machen*, faire des trous de renard, c'est-à-dire faire des creux, des fouilles légères à diverses places, sans s'enfoncer beaucoup, ni s'astreindre aux règles de l'art. — *Fuchs mit bringen*, emporter le renard, c'est-à-dire prendre sans permission des échantillons de minerai.—*Fuchs schleppen*, traîner le renard, travailler en paresseux. — *Fuchs schiessen*, tirer sans effet un coup de mine, manquer le coup de mine.

FUCHSMIST, m. (*t. de fond.*), fiente de renard : les fondeurs appellent ainsi certains amas de fer mal fondu qui s'attachent aux parois des fourneaux, et deviennent quelquefois si considérables qu'il faut cesser la fonte.

FUDER, la chemise d'un fourneau de fusion, c'est-à-dire sa paroi antérieure, qui n'a ordinairement que peu d'épaisseur ; foudre, mesure pour mesurer le minerai, et qui varie suivant les localités : au Hartz elle est de 16 pieds cubes et trois quarts pour les mines de fer.

FÜGEN, v. a. joindre, assembler.

FUGUNG, f. ou DAS FUGEN, n. jonction, assemblage, liaison, emboîtement. — *Die fugung zweyer bretter, zweyer steine*, assemblage de deux ais, de deux pierres.

FÜHLEN. *Voy.* GEFÜHL.

FÜHREERZ, n. (*t. de min.*), une charge de minerai, la quantité qu'on peut en transporter en une fois.

FÜHREN, v. a. charrier, transporter le minerai par voitures.

FÜLLBAUM, m. le premier cadre d'un puits, ou les madriers qui le forment et reposent immédiatement sur le roc.

FÜLLFASS, n. corbeille ou panier qui sert à charger le schlich, ou minerai préparé pour la fonte sur les voitures qui doivent le conduire à la fonderie ; le panier pour porter le charbon au fourneau pendant la fonte.

FÜLLMUND, massif, fondement, fondation en terre.

FÜLLORT, m. place ou espace au bas d'un puits de mine pour charger le minerai dans les seaux ou tonnes ; place d'assemblage.

FUNCKE, m. étincelle, petite parcelle de feu, bluette.

FUNCKELN, v. a. scintiller, étinceler. *Voyez* SCHIMMERN.

FUNCKEN, v. n. jeter des étincelles, des bluettes. — *Glüendes eisen funcket*, le fer rougi dans le feu jette des bluettes. — *Das funcken geben mit dem stahle*, étinceler, donner des étincelles par le choc de l'acier ; propriété des corps siliceux, etc.

FUNDAMENT STEIN, m. grès à gros grains.

FUNDBESCHWÖREN, v. a. attester par serment le lieu de la découverte.

FUNDGRUBE, f. la mine de découverte ; le première fouille faite dans une exploitation ; certaine mesure ou longueur de concession accordée sur un filon. —*Fundgrube strecken,* mesurer le terrain d'une mine : en Saxe on nomme *fundgrube* une mine dont les eaux s'écoulent par les galeries du prince, pour la distinguer de celle qui a sa propre galerie, et que l'on appelle *erbstollen.*

FUNDGRUBNER, m. celui qui découvre ou exploite une mine le premier.

FUNDIG, adj. et adv. *Ein bergwerck fundig machen,* trouver, découvrir une mine, faire la rencontre ou découverte d'un gîte de minerai.

FUNDORT, m. la localité d'un minéral, gîte d'origine.

FUNDRECHT, n. (*t. de min.*), droit de l'inventeur, droit de préférence pour la concession.

FUNDSCHACHT, m. le puits par lequel on a donné sur un filon.

FUNFECK, n. (*t. de géom.*), pantagone, figure qui a cinq angles et cinq côtés.

FÜNFECKIG, adj. pentagone.

FÜNFZEHNECK, (*t. de géom.*), quindécagone, figure de quinze côtés.

FÜNGITEN, plur. fongites, madrepores fongites; polypier

pierreux, libre, orbiculaire ou hémisphérique ou oblong, convexe et lamelleux en dessus, avec un sillon ou un enfoncement au centre, concave et raboteux en dessous, une seule étoile lamelleuse subprolifère, lames dentées ou hérissées latéralement.

FUNKEN MESSER. *Voyez* SPINTHEROMETER.

FURCHE, f. sillon, rayon, raie de terre relevée par la charrue.

FURCHEN, v. a. sillonner, tracer ou faire des sillons.

FURCHENSTEIN, m. pierre sillonnée.

FURCKEL, f. (*t. de fond.*), fourche de fer avec laquelle on lève les plaques de matte et les scories à mesure de leur refroidissement.

FURWENDEN, v. a. reconstruire, refaire à neuf la chemise d'un fourneau de fusion.

FUSCIT, fuscite, minéral opaque d'un noir verdâtre, ou grisâtre, cristallisant en prismes à 4 et à 6 pans, et d'une cassure raboteuse ; il est mou et facile à racler : on le trouve en Norwège dans un quartz roulé, accompagné de feldspath et de chaux carbonatée ferrifère ; talc stéatite écailleux.

FUSS, m. pied. —*Der fuss eincs berges,* le pied d'une montagne, sa partie la plus basse. — *Fuss in dem stollen,* le pied ou sol d'une galerie. On dit aussi : (*t. de min.*) *Der gang streckt seine füsse von sich,* le filon s'étend. — (*t. de monn.*) *Der munzfuss,* le titre de la monnoie. — *Geld nach dem reichsfusse ausmünzen*, monnoyer de l'argent au titre de l'empire.

FUSSHAMMER, m. (*t. d'orfév.*), marteau à planer.

FUSSPFAHL, m. planche que l'on met derrière les étançons ou étais pour les renforcer lorsque l'on veut prévenir des éboulemens dans les travaux de mine ;

pièce de bois à laquelle la tête de la traverse s'appuie.

FUSSTEIG, m. (*t. de min.*), sentier, chemin étroit par lequel les mineurs se rendent à leur poste.

FUTTERMAUER, f. contre-mur, paroi ou doublure d'un fourneau qui se construit dans son intérieur contre les gros murs extérieurs ; la chemise.

G GAE

GAAR, GAARE, *Voy.* GAR GARE.

GABBRONIT, gabbronite, minéral de Norwège, encore peu connu, dont la couleur est le gris bleuâtre ou verdâtre, et qui a d'ailleurs beaucoup de rapport avec la jade.

GABEL, f. (*t. de min.*), fourche. On dit d'un filon qui se divise en deux branches ou veines qui s'éloignent l'une de l'autre, qu'il fait la fourche, et on le nomme *gabel*. Ce nom se donne également à un instrument de fer, divisé en deux branches fixées à charnière au pied de l'enclume où on façonne le cuivre, pour aider l'ouvrier à tourner les pièces à volonté. Sous ce rapport on pourroit le traduire par *valet*.

GABELANKER, m. (*t. d'archit.*), tirant, ancre pour prévenir l'écartement du mur.

GABELN, v. a. (*t. de min.*), se diviser, se partager, faire la fourche, fourcher.

GABELUNG, f. (*t. de min.*), division d'un filon en deux branches.

GABRO, gabro ; amphibole laminaire.

GADOLINIT, gadolinite ; minéral de couleur noire, de forme amorphe et d'un aspect vitreux ou de scorie, trouvé à Ytterbi, en Suède, dans une roche granitique où le feldspath rouge domine. *Gadolin*, qui l'a fait connoître le premier, et dont pour cette raison il porte le nom qui lui a été donné par *Klaproth*, y a découvert la terre simple nommée par lui *yttria*. Voyez YTTERERDE.

GAELLEN, v. n. (*t. de min.*), résonner, retentir : se dit de la roche qui repousse l'outil du mineur sans se laisser entamer, qui résiste à l'acier.

GÄENSEKÖTIGERZ, n. (*t. de min.*), minerai merde d'oie ; mine-crasse, mine d'argent merde d'oie. C'est un mélange de cobalt de nikel et d'argent, en masses souvent terreuses, qui présentent à la surface des teintes variées, jaunâtres, verdâtres et rougeâtres; ce qui leur donne quelque ressemblance avec la fiente d'oie. Souvent ce mélange offre l'argent natif capillaire et l'argent antimonié sulfuré, dit argent rouge. C'est le cobalt arseniaté terreux argentifère d'*Haüy*.

GÄESTEIN, n. GESTEIN. On a cité sous ce nom et sous celui de pierre écumante un fossile de Suède qui a l'apparence d'une brique altérée par le feu, et dont la couleur est le rouge pâle qui s'avive un peu par le feu et ressemble au cinabre quand il est humecté.

GAGATH, m. jayet, jais; bitume noir et compacte, assez dur pour être travaillé au tour.

GAGATH KOHLE, f. poix minérale scoriacée.

GAHNIT, gahnite; espèce minérale nouvellement découverte par M. *Gahn* dans la mine de Fahlun, en Suède : elle est en cristaux octaèdres fort nets, d'un vert foncé, infusible au chalumeau, et assez durs pour rayer le quartz : on croit pouvoir la rapporter au genre zinc.

GAHR, GAHRE. *V.* GAR, GARE.

GAHRKUPFER, m. cuivre rouge, cuivre rosette, cuivre fondu et épuré.

GÄHRUNG, f. fermentation, mouvement interne et spontané d'un liquide ou d'un corps quelconque dont les parties changent de nature. — *Die saüere gährung,* la fermentation

acide, celle qui produit le vinaigre, etc. — *Die faulende gährung,* la fermentation putride, celle qui opère la décomposition de toutes les parties d'un corps.

GÄHRUNGS-MESSER, m. zymosimètre, instrument dont on se sert pour connoître les degrés de fermentation; c'est une sorte de thermomètre.

GÄHRUNGSMITTEL, n. moyen de fermentation, ferment.

GAIPEL, m. baraque sur un puits de mine.

GALEERE, f. (*t. de chim.*), galère, sorte de fourneau à réverbère qui a la forme d'un carré long, sur les grands côtés duquel on place des rangées de retortes.

GALLERT ou GALLERTE, (*t. de chim.*), gelée, suc ou jus congelé. — *Durchsichtige gallerte,* gelée translucide.

GALLERTARTIG, adj. gélatineux, qui a la consistance de la gelée.

GÄLLIG ou GELLIG, adj. (*t. de min.*), ferme, dur. — *Der gang liegt in gälligen felzen,* le filon est enchâssé dans une roche dure, il y tient ferme.

GALLINASENSTEIN, m. pierre de galinace; lave vitreuse obsidienne d'*Haüy*, minéral qui a l'aspect du verre, une couleur noire ou vert noirâtre, nuancée quelquefois de bleuâtre ou de verdâtre, et aussi quelquefois grise. Les anciens Péruviens en faisoient des miroirs que l'on a trouvés dans leurs tombeaux.

GALLIZENSTEIN, m. suivant quelques auteurs zinc sulfaté, et suivant d'autres, fer sulfaté vert ; vitriol blanc de zinc : prétendue découverte du duc *Jules de Brunswick* en l'an 1570. *Voyez* WEISJÖCKELGUTH.

GÄLLMEY ou GATTMEY, m. calamine, zinc oxidé ; pierre calaminaire ; cadmie naturelle ou fossile.

GALLMEYPFLUG , m. ou GALLMEYBLUMEN, spode, tutie ou suie de zinc, cadmie de zinc oxidé.

GALLUSSAÜERESÄLZE, plur. gallate ; sels formés par l'acide gallique avec diverses bases ; acide gallique.

GALVANISMUS, galvanisme ; branche nouvelle de l'électricité ; développement de l'électricité par le contact des métaux ; nouveau moyen d'exciter l'irritabilité dans les substances animales , même après la mort, par le simple contact de plusieurs métaux différens. Les faits relatifs à cette branche de nos connoissances en physique se rattachent tous à un fait unique , savoir, que deux métaux d'une nature différente mis en contact se trouvent électrisés , l'un résineusement, et l'autre vitreusement. Le schiste graphique (*zeichen schiefer*) mis en contact avec un métal produit sur la langue une sensation acide qu'on peut regarder comme l'effet du galvanisme.

GAMELICHEN , talc stéatite.

GÄMMARRHOLITH, gammarolithe ; homard, grande écrevisse de mer fossile ou pétrifiée.

GÄMS ou GEMS, schiste micacé suivant plusieurs auteurs, et suivant d'autres, la première roche qui se présente au-dessous de la terre végétale ; suivant quelques-uns encore, une sorte de pierre dure.

GANG , n. (*t. de min*), filon ; masse , soit de minerais métalliques , soit de toutes autres substances presque toujours différentes de celles qui composent les couches du terrain qu'elle traverse. Elle ressemble à une couche, mais elle en diffère essentiellement en ce qu'elle n'est point, comme la couche , parallèle à tous les bancs ou lits du terrain où elle se trouve, mais qu'au contraire elle perce toutes les couches dans une direction le plus souvent perpendiculaire à leur plan. La position d'un filon se détermine par deux lignes , savoir, par la direction (*das streichen*) , qui est l'intersection de son plan avec l'horizon, et par son inclinaison (*das fallen*), qui est une ligne menée dans le plan du filon perpendiculairement à la première. La direction (*das streichend* se constate par la boussole de mineur dont le demi-cercle est divisé en douze parties égales qu'on appelle heures. D'après cela on partage les filons en quatre classes relativement à leur direction, et l'on dit :

Stehender gang , un filon qui se dirige vers une des heures 1 , 2 et 3 de la boussole; *Morgengang* , filon qui se dirige vers les heures 4 , 5 et 6 ; *Spathgang* ou *Spatgang* , filon qui se dirige vers les heures 7 , 8 et 9 ; et enfin *Flachergang* le fer qui se dirige vers les heures 10 , 11 et 12 de la boussole.

L'inclinaison (*das fallen*) se détermine d'après l'angle que cette ligne fait avec l'horizon. Les mineurs partagent encore les filons sous ce rapport en quatre classes ; ainsi ils disent :

Schwebender gang , filon dont l'inclinaison ne passe pas quinze degrés ;

Flachergang ou *Flachfallender gang*, filon dont l'inclinaison est entre 15 et 45 degrés ;

Tonnlegigergang, filon oblique ou dont l'inclinaison est entre 45 et 75 degrés ;

Seigergang ou *Seigerfallendergang*, filon perpendiculaire ou dont l'inclinaison est de 75 à 90 degrés. Enfin il y a encore une autre sorte de filon que l'on nomme *Rasenläufer*, couleur de gazon ; ce sont ceux qui ont très-peu d'étendue tant en longueur qu'en profondeur. Relativement à l'inclinaison des filons, on dit de ceux qui suivent les pentes du terrain *rechtfallend*, c'est-à-dire incliné dans le bon sens ; et de ceux qui penchent vers l'intérieur , *widersinnig fallend* , marchant en sens contraire. On dit encore assez communément qu'un filon est *widersinnig* quand il s'incline, soit en tout, soit en partie , vers l'est ou le nord , et *rechtfallend* , quand il s'incline vers l'ouest et le sud ; si ensuite l'inclinaison du filon augmente en plongeant vers la profondeur, on dit qu'il se précipite (*der gang stürzet sich* ou *der gang schiesset auf den kopf ein*); et si au contraire l'inclinaison diminue , on dit

qu'il se redresse (*er richtet sich auf*). L'étendue en largeur d'un filon , c'est-à-dire son épaisseur ou sa puissance (*mächtigkeit*) est limitée par son mur (*liegendes*), lequel, en se figurant le filon comme un plan incliné , est son côté inférieur , et par son toit (*hangendes*), qui est son côté supérieur ; ainsi donc on appelle toit le côté d'un filon tourné vers la superficie du sol, c'est-à-dire vers le jour, et mur le côté opposé à la profondeur. Ordinairement un filon a un certain poli sur les parois qui l'encaissent, et par lesquelles il touche à la roche environnante (*neben* ou *quergestein*) : ce poli marque ce que l'on nomme des salbandes (*sahlbandes* ou *saalbandes*). Souvent aussi le filon est séparé de son toit et de son mur par une veine mince composée d'argile lithomarge ou autre, que les mineurs appellent *besteg*, lisière argileuse. Quelquefois il arrive qu'un filon n'a ni salbandes ni lisières , mais qu'il tient immédiatement à la roche environnante; alors on dit qu'il s'attache (*der gang ist angewachsen*). La tête d'un filon, c'est-à-dire la partie qui approche le plus de la superficie du sol, ou qui vient aboutir au jour, se nomme son issue (*ausgehendes* ou *das ausgehen des ganges*). On appelle aussi son extrémité sa queue *gangesschweif.* L'intérieur des filons est rempli en tout ou en partie de substances pierreuses que l'on appelle gangue (*gangart*) , et qui ordinairement sont d'une autre nature que celle du terrain où ils se trouvent (*aufsetzen*), et le plus souvent aussi avec minerai (*erzart*) ; mais il y en a également sans minerais et entièrement formés de la même espèce de roche que celle environnante, mais altérée, décomposée et comme pourrie ; ceux-là, les mineurs allemands les appellent *faul, taub ausschram*. Ils disent d'un filon riche en minerai, qu'il est noble (*edel*), ou poli (*hofflich*). — *Ein hofflicher gang ; der gang veredelt sich*, le filon s'anoblit, et *der gang verunedelt sich*, quand il s'appauvrit. Ils nomment *druse* ou *drusen* les cavités ou trous qui se rencontrent fréquemment sur un filon ; et comme le plus souvent le minerai ne se montre sur les filons que de distance en distance, alors, d'après l'étendue ou puissance plus ou moins grande de ces dépôts espacés, ils les nomment *erzpunckt, erzmittel, neste* ou *nier*, point de minerai, gîte de minerai, nid ou rognon. Comme il arrive aussi quelquefois qu'un filon devient subitement plus riche en minerai qu'il ne l'étoit jusque-là, mais seulement sur une certaine longueur, on dit dans ce cas : *der gang hat einen fall*, ou bien *hat einen fall erz gemacht*, le filon a un gîte imprévu de minerai, ou bien a fait inopinément une rencontre de meilleur minerai. L'épaisseur ou puissance d'un filon (*das breiten* ou *die mächtigkeit*) varie depuis un centimètre jusqu'à 1 mètre et davantage ; lorsqu'elle est moin-

dre de 1 centimètre, on l'appelle fente ou gerçure (*kluft*) ; celles-ci sont ou vides, c'est-à-dire ouvertes (*dürre offene klüfte*), ou bien remplies, soit de minerais (*erzklüfte*), soit d'argile (*schmeerklüfte*), soit d'eau (*wasserklüfte*). Quelquefois un filon s'élargit tout-à-coup, alors le mineur allemand dit, *der gang wirft einen bauch*, le filon fait un ventre, ou bien, *der gang thut sich auf*, le filon s'ouvre. Si au contraire le filon devient plus étroit, on dit qu'il s'est comprimé, étranglé. — *Der gang hat sich verdrückt*, et aussi *der gang spitzet sich zu*, le filon s'épointe ; *keilet sich aus*, pour indiquer qu'il s'amincit en forme de coin. On dit encore : *die gänge nehmen ab*, les filons diminuent, s'appauvrissent. Quand le filon se détourne de sa direction, le mineur dit qu'il fait un crochet (*der gang wirft einen hacken*) ; s'il se divise en différentes branches, *der gang zertrummert sich*. Comme dans un même terrain il peut y avoir plusieurs filons différens qui ont chacun leurs direction et inclinaison particulières, il doit arriver qu'ils se rencontrent souvent ; dans ce cas on dit : *die gänge rameln sich* ; et pour déterminer le mode de ces rencontres, on dit de deux filons qui se joignent, s'unissent et marchent ensemble jusqu'à une certaine distance, *die zwey gänge scharen sich an* ; et *sie schleppen sich*, lorsqu'après s'être rencontrés ils suivent quelque temps une direction parallèle. Quand ensuite ils se séparent (*absetzen*), le mineur dit encore : *der gang schneidet sich ab*, le filon se coupe pour signifier qu'il est subitement interrompu , soit par une faille, un banc de roche stérile ou un autre filon ; et *der gang fasset viel geschicke an sich*, pour indiquer que dans sa course il réunit à lui bien d'autres gîtes de minerais. Pour exprimer que les filons se croisent ou se traversent , il emploie les verbes *durchkreutzen*, *durchsetzen*, *übersetzen*, en ajoutant *winckelkreüz*, ou *rechtenkreüz*, si c'est sous un angle droit, et *schaarkreüz*, *halbkreüz*, sous un angle oblique ou aigu. Relativement encore à l'inclinaison, si les filons se penchent l'un contre l'autre , le mineur dit : *die gänge zufallen*; et *durchfallen* lorsqu'en se rencontrant, l'un outre-passe ou dépasse l'autre; enfin si un filon s'éloigne de l'autre, il dit : *entfallen*. Si des deux filons qui se croisent par leurs directions, l'un doit passer l'autre sans interruption , alors le dernier en est d'ordinaire un peu comprimé, rétréci, étranglé ou dérangé (*verdruckt, verruckt verworfen*),de manière que pour le retrouver, il faut suivre un certain espace sur le premier (*auffahren*). Quelquefois il arrive que le filon traversé (*durchsetze gang*) se divise en plusieurs branches ou veines qui se rejoignent ensuite pour se reformer en un seul filon : on indique cette réunion par l'expression *sich wieder einrichten; der gang hat sich*

wieder eingerichtet, le filon s'est arrangé, reformé de nouveau. En général les filons se divisent souvent en plusieurs veines ou branches étroites et filets(*trummer*), que l'on appelle ramifications (*zertrümmerüng, zerschlagen*), et lorsque ces ramifications se rassemblent de nouveau à une certaine distance , le mineur dit : *die trummer legen sich wieder an*. Il nomme *keil* qui signifie coin, la partie ou masse de roche interposée entre les veines ou ramifications ; et quand il rencontre des petits filons qui suivent une direction parallèle à celle du filon principal, mais à une courte distance , il les appelle guides(*gefährten*).Lorsqu'un filon s'amincit sensiblement et finit par se perdre toutà-fait dans la masse du rocher, il dit : *der gang keitet sich aus ;* et quand il se dérange de sa première direction (*der gang kommt aus der stunde*), le filon sort de son heure ; s'il ne s'étend pas loin, qu'il n'ait pas de suite : *der gang führet einen kurtzen strich ;* et lorsque c'est le contraire, qu'il continue: *der gang führet das erz in das feld*. Si la nature de la roche où il se trouve est d'une bonne espèce : *der gang führet eine schöne bergart,* ou bien *der gang liegt in gutem gebürge*.Quand les salbandes ou lisières du filon sont bien unies , qu'elles l'isolent bien de la roche environnante, le mineur dit : *der gang führet einen glatten harnisch,* le filon a un harnois lisse. Souvent une partie de montagne est tellement traversée de filons courts et minces, ou de veines se croisant en tout sens, que pour ne point laisser de minerai, il faut exploiter toute la masse ; en ce cas on donne à cette partie le nom de *stockwerk*. Lorsque des amas de la même nature, c'est-à-dire de minerai et de roches pêle-mêle, sont presque perpendiculaires et ont à-peu-près la forme d'un coin, on les appelle *stehende stöcke*, et l'on dit, *liegende stöcke*, pour indiquer ceux qui se comportent comme les autres bancs ou lits dont la montagne est formée. La différence essentielle entre ces deux sortes est que la date de la formation (*der liegenden stöcke*) est la même que celle de la montagne, tandis que les *stehende tsöcke* sont d'une époque postérieure et ont une origine semblable à celle des filons. *Voyez* dans leur ordre alphabétique tous les mots cités dans cet article.

GANGART, f. espèce de gangue, c'est-à-dire les diverses substances qui remplissent le filon et accompagnent le minerai.

GANGAUSGEHEN, chercher et découvrir par la baguette devinatoire un filon caché.

GANGERZ, n. minerai en gangues, qui se trouve par gangues, par filons ; minerai disséminé par couches.

GANGGEBIRGE, plur. montagnes à filons, montagnes d'une nature à recéler des filons métalliques.

GANGHAFT ou GANGHAFTIG, adj. et adv. (*t. de min.*), con-

tinu, persévérant, non interrompu. — *Die erze ganghaftig brechen*, les minerais se trouvent dans des filons réglés, suivis et non pas rognons. — *Ganghafte zeche*, mine où l'on travaille constamment sans interruption.

GANGHAUER, m. (*t. de min.*), ouvrier qui travaille sur des gangues, sur des filons.

GANGKLUFT, f. fente imitant le filon ; sorte de veine étroite qui tranche en les croisant toutes les couches du terrain qu'elle traverse.

GANGPFOSTE, f. (*t. de charp.*), colonne d'une galerie qui soutient une poutre.

GANGSTEIN, m. roche de la gangue, roche à laquelle tient le minerai.

GANGWEISE, adj. par filons, en filons, par manière de gangues.

GANIL, ganile ; chaux carbonatée grossière.

GANS, f. (*t. de forg.*), gueuse, pièce de fer fondu non encore purifié. — *Eine gans giessen*, couler la gueuse. — (*t. de min.*) *Ganse* ou *Ganze*, roches, pierres dures.

GANZ, ad. (*t. de phys.*), tout, entier. — *Der ganze umfand, die ganze kraft, gewisser dinge*, toute l'étendue, l'entière étendue, l'entière faculté de certaines choses. — (*t. de min.*) *Den stöllner insganze weisen*, obliger l'entrepreneur d'une galerie de percer dans la roche stérile et non à travers le filon.

GANZERSCHROT, (*t. de min.*), cuvelage plein ; charpente d'un puits percé dans un terrain éboulcux.

GAR, GARE, GAHR, GAHRE, adj. purgé, purifié; le degré de pureté auquel le cuivre peut atteindre l'affinage.

GARARBEIT, f. (*t. de forg.*), affinage; toute disposition par laquelle on porte des gâteaux sur le foyer d'affinage pour les affiner.

GARBELIREN, v. a. rassembler en tas des minerais de fer, et les briser avec des gros marteaux de bois pour les préparer à la fonte.

GARBEN, v. a. (*t. d'arts*), brunir, polir. — *Eine kupferblatte garben*, brunir, polir une planche de cuivre. — *Der stahl wird gegarbt*, l'acier aigre se réduit en pièces plus fines.

GARBENFÖRMIG, adj. (*t. de min.*), en façon de gerbes. — *Garben förmiger schorl*, schorl en gerbes; prehnite du ci-devant Dauphiné.

GARBENSCHORL, prehnite. *Voyez* PREHNITH.

GARBRUCH, m. l'enfonçure dans le cuivre qui entre en fusion.

GARE, f. (*t. de fond.*) *Das kupfer hat seine gare*, le cuivre est suffisamment affiné, purifié. — *Das erz hat seine gare*, ce minéral est assez grillé, il a tout son grillage. — *Die gahre der sohle*, la cuisson suffisante de l'eau salée.

GAREISEN, n. (*t. de fond.*), fer de l'affineur; éprouvette, barreau de fer rond, bien uni, de la grosseur du doigt, dont le maître fondeur ou affineur se sert pour essayer si le cuivre est assez raffiné, en le plongeant de temps en temps dans ce métal en fusion, et considérant ensuite avec attention la feuille mince de cuivre qui s'y attache.

GARERZ, n. minerai suffisamment grillé, qui a tout son grillage, qui est bien brûlé.

GARFEÜER, n. feu du raffinage du cuivre.

GARHEERD, m. foyer ou âtre du fourneau d'affinerie qui sert à fondre et à purifier le métal.

GARKNECHT, m. ouvrier qui travaille à l'affinage du cuivre.

GARKÖNIG, m. régule de cuivre affiné; le dernier gâteau de cuivre raffiné qui se trouve au fond du bassin.

GARKRATZE, f. crasses, scories du cuivre affiné fondues de nouveau; culots rouges.

GARKUPFER, n. cuivre raffiné, cuivre épuré, cuivre rosette.

GARKUPFERABGANG, déchet ou diminution du cuivre dans l'opération de l'affinage.

GARKUPFERBLICK, m. l'éclair du cuivre raffiné. *Voyez* BLICK.

GARLAUGE, f. lessive reposée; eau des cuves de dépôt dans les fabriques de sulfates.

GARMACHEN, raffiner, porter un métal à son degré de perfection.

GARMACHER, m. l'affineur, l'ouvrier qui épure le cuivre.

GAROFEN, m. fourneau d'affinage pour le cuivre.

GARPFANNE, f. grande poêle où l'on affine le cuivre.

GARPROBE, f. essai de cuivre affiné.

GARSALZ, n. sel bien cuit.

GARSCHEIBE, f. rosette, lame mince de cuivre affiné.

GARSCHLACKEN, plur. crasses, scories de cuivre affiné.

GARSCHLACKENARBEIT, f. travail sur les dernières et les plus impures scories du cuivre affiné.

GARSCHLACKENKÖNIG, culot du cuivre fondu des scories du cuivre raffiné.

GARSCHLACKENKUPFER, n. cuivre des scories du raffinage.

GARSCHLACKENROST, m. matte des scories du raffinage huit fois grillées.

GARSCHLACKENROSTKUP-FER, n. cuivre de matte des scories de raffinage.

GARSCHLACKENSTEIN, m. matte des scories de raffinage.

GARSCHLACKENWERK, n. œuvre des culots de raffinage.

GARSPANE, plur. petites feuilles ou parcelles de cuivre qui s'attachent à l'éprouvette ou barre d'essai, lorsqu'on la plonge dans le métal en fusion.

GASSE, f. (t. de fond.), la voie ; sorte de sillon ou de petite raie creuse dans le fourneau d'affinerie, ou le creuset d'un fourneau de fonderie ; le plan incliné dans le fourneau de ressuage, par lequel le plomb qui se détache des gâteaux coule dans le creuset ; les deux plans de biais par le haut des poutres, ou barres de fer sur lesquelles on pose les pièces de liquation.

GATTER, n. Gitter, grille, treillis. — Eisernes gatter, grille, treillis de fer.

GATTERN, v. a. ou GITTERN, façonner en manière de grille, de treillis, treilliser. — Das bley gattern, jeter, faire couler, étendre du plomb en forme de treillis pour le rouler. — Zinn gattern, feuilles d'étain roulées pour en former des balots.

GATTIRUNG, f. (t. de min.), nouveau terme introduit en minéralogie pour désigner l'art particulier de distinguer les espèces et de les bien classer, ou, si l'on veut, la science de la classification.

GATTUNG, f. (t. de min.), espèce. Haüy définit l'espèce une collection ou assemblage de corps naturels dont les molécules intégrantes sont semblables par leurs formes et composées des mêmes élémens ou principes unis entre eux dans la même proportion ou le même rapport.

GAZ, m. (t. de phys.), gaz, fluide élastique permanent ; tout fluide aériforme, soit permanent, soit amené à cet éta par l'élévation de la température.

GEARDET, adj. veiné, offrant des ramifications distinctes, des veines minces se croisant en différens sens.

GEBALG, n. assemblage de soufflets, tous les soufflets à la fois.

GEBAUDE, n. (t. de min.), galeries de mine ; routes souterraines pratiquées pour découvrir ou exploiter des filons ; toutes les dépendances d'une mine. Voy. BERGGEBÄUDE.

GEBIRGE ou GEBÜRGE, n.

chaînes ou groupes de montagnes ; plusieurs montagnes qui
tiennent les unes aux autres.
En géognosie, on divise les
montagnes en primitives, en secondaires et en tertiaires ; mais
il ne paroît pas que l'on ait encore déterminé d'une manière
précise les limites de ces trois
genres. Celles que l'on nomme
primitives se distinguent des
autres par leur élévation et leur
vaste chaîne. On a observé qu'en
général les montagnes les plus
hautes occupent le milieu des
continens, et l'on ne peut guère
douter que les principales
n'aient eu dans des temps plus
ou moins reculés une hauteur
supérieure à celle qu'elles présentent aujourd'hui. En général, on ne qualifie de *hautes*
montagnes que celles dont l'é-
lévation est au-dessus de 1000
toises : *Chimboraco*, qui fait partie de la chaîne des cordilières
en Amérique, est généralement
considéré comme la plus haute
montagne du monde ; sa hauteur
est estimée 3200 toises, c'est-
à-dire un peu plus d'une lieue
marine ; la plus haute de l'Europe est le Mont-Blanc, dont
l'élévation ne va pas au-delà de
2400 toises. Les montagnes mi-
toyennes sont celles dont la hauteur est entre 1000 et 500 toises ;
par exemple, en Allemagne, le
Riesengebirge, dont le *Schnée-
koppe*, élevé de 620 toises, est
le plus haut point ; l'*Erzgebirge*
ou la chaîne des montagnes métallifères, dont le Fichtelberg
haut de 600 toises est le plus
élevé, au Hartz le *Broken*. On
nomme montagnes basses toutes

celles dont la hauteur n'excède
pas 500 toises ; celles-ci sont les
plus nombreuses. Quant aux
chaînes, elles tirent leur dénomination de leur étendue en
longueur. Ainsi une chaîne qui
se prolonge au-delà de 50 lieues,
est appelée *hauptgebirg*, chaîne
principale, chaîne de première
classe ; celles dont la longueur
ne s'étend pas au-delà de 45 à 50
lieues, mais en a plus de 15 à 20,
sont les chaînes moyennes ou
de seconde classe, et les petites sont celles au-dessous de
20 lieues. — *Gebirges hohen
erfahren*, prendre ou mesurer
la hauteur d'une montagne. —
Gebirge verstollen, percer les
montagnes par des galeries.

GEBIRGIG, adj. montagneux,
où il y a beaucoup de montagnes ; montueux, très-inégal,
coupé par des collines.

GEBIRGISCH, adj. monta-
gnard, qui habite les montagnes.

GEBIRGSARTEN, espèces de
pierres, roches ; toute masse
minérale d'une grande étendue,
constituant des montagnes ou
des plaines à la surface, ou dans
l'intérieur de la terre. — *Aufgeschwemmte gebirgsarten*, roches d'alluvion. — *Flötzge-
birgsarten*, roches stratiformes.
— *Ubergangs gebirgsarten*, roches de transition. — *Uranfan-
gliche gebirgsarten*, roches primitives. — *Vulcanische gebirgsarten*, roches volcaniques.

GEBIRGSJOCH, courte chaîne
de montagnes, séparée, coupée
d'une plus grande par de longues vallées ; petite chaîne qui
s'éloigne de la principale.

GEBIRGSKESSEL, m. terrain

enfoncé plus ou moins vaste, plat, uni et d'une forme à-peu-près circulaire, entouré de montagnes dans un pays élevé. Il est présumable que ces sortes de creux ou d'enfoncemens ont été autant de grands lacs.

GEBIRGSKUNDE, f. géognosie ; science qui apprend à connoître la manière dont les minéraux gisent dans le sein de la terre et les mélanges qu'ils forment le plus ordinairement dans la nature. *Karsten* dit qu'elle est à la géologie dans le même rapport que la chimie à la physique.

GEBIRGSRÜCKEN, m. cime de montagne ; la partie prédominante d'un groupe.

GEBIRGSZUG, m. longue suite de montagnes contiguës l'une à l'autre.

GEBLÄSE, n. soufflets. — *Das gebläse anlassen*, faire aller les soufflets. — *Das gebläse stehet still*, les soufflets dorment, vont doucement. — *Das gebläse gehet zu starck*, les soufflets vont trop fort. — *Gebläse überspannen*, forcer le jeu des soufflets.

GEBRANNT et **GEBRENNT**, adj. brûlé, cuit au feu. — *Gebrannter wasser*, eau distillée. — *Gebrannter kieselstein*, pierre siliceuse grillée. — *Gebrannter weinstein*, tartre, tartrite ; acidule de potasse brûlé. — *Gebrannte thon*, argile brûlée ; thermantide.

GEBRECH, adj. *Eingebreches gestein*, pierre, roche, facile à rompre, à détacher, pierre cassante.

GEBROCK ou **GEBROCKEL**, n.

choses friables, substances friables.

GEDIEGEN, adj. et adv. natif, vierge ; massif, solide, fin, pur, sans mélange. — *Gediegenes gold*, *gediegenes silber*, or natif, or vierge, argent natif, argent vierge ; de l'or, de l'argent sortis de terre tout formés et non travaillés. — *Gediegen bley*, plomb vierge, plomb natif.

GEDING, n. (*t. de min.*), la tâche, l'accord, le traité à prix fait, à forfait ; ouvrage convenu à perte ou à gain.

GEDING-ARBEIT, f. travail à la tâche, à prix fait.

GEDINGBUCH, n. livre, registre des ouvrages à prix fait.

GEDINGE, f. fixation, détermination du prix d'un travail par accord. — *Gedinge aüffahren*, exécuter le travail accordé. — *Gedinge abnehmen*, vérifier l'ouvrage fait d'après un accord.

GEDINGGELD, n. le prix de la tâche, de l'ouvrage convenu.

GEDINGHAUER, m. mineur à la tâche, qui travaille à prix fait, par accord.

GEDINGSTUFFE, f. marque de l'ouvrage laissé par accord ; entaille qui se fait dans la roche, lorsqu'on donne l'ouvrage à forfait ; marque frappée sur la roche.

GEDÖRRE-STÜCKE, pièces de ressuage ; tourteaux de cuivre dont le plomb et l'argent n'ont pas été entièrement extraits, et qui doivent encore repasser au fourneau.

GEENGT, adj. (*t. de crist.*), rétréci ; se dit d'un cristal lorsque

la forme primitive étant un prisme à bases rhombes , les arêtes
longitudinales contiguës à la
petite diagonale sont interceptées par deux facettes qui la
font diminuer dans le sens de sa
largeur.

GEFÄELT, (*t. de chim.*), précipité.

GEFAHRT, n. charroi, voi-
ture ; (*t. de min.*), trace, ave-
nue d'un filon d'une veine métallique , sur-tout la fente, l'espace , l'intervalle entre le filon
et la roche ; le sillon qui le sépare de la roche stérile.

GEFAHRTE, m. compagnon ;
(*t. de min.*), veine qui accompagne le filon principal sur une
ligne parallèle.

GEFALLE, f. la planche supérieure sur laquelle l'eau tombe
dans les lavoirs ; la hauteur de
la chute d'eau sur les roues
d'une machine.

GEFALL-KÄSTCHEN, n. auge,
ou boîte sans rebord, dans
laquelle l'eau se rend par des
canaux de bois , et de là se répand sur les tables à laver.

GEFÄLLSCHIENEN, (*t. de boc.
au Hartz*), levier, barre de fer
pour remuer le schlich.

GEFÄSS, n. vaisseau , vase
quelconque.

GEFEILTES SILBER, n. li-
maille d'argent, petites parcelles
d'argent enlevées par la lime.

GEFIERE pour GEVIERE, f.
(*t. de min.*), carré ou châssis
de bois que l'on place dans un
puits de mine pour en consolider les parois.

GEFLAMMT, adj. flambé.

GEFLECKT , adj. tacheté.

GEFLOSSEN , adj. coulé.

GEFLUDER , n. (*t. de min.*),
canal , conduit large par lequel
l'eau s'écoule.

GEFRISCHT-EISEN, n. refonte
de la gueuse pour la mettre en
état d'être portée sous le marteau de forge.

GEFÜGE, n. texture , tissu.
—*Steinkohlen , welche dicht
und feste in ihrem gefüge sind,*
houille ferme dans sa texture ,
dans ses joints , dans son tissu.

GEFÜGIG, adj. maniable ,
traitable, aisé à mettre en œuvre.

GEFÜHL, adj. le tact, le
toucher, un des cinq sens de
nature.

GEFURCHT, adj. sillonné,
creusé en sillon. —*Die flachen
der drey seitigen pyramiden
sind gefurcht*, les faces de la
pyramide trièdre sont sillon-
nées.

GEGÄERBETER STHAL , acier
corroyé. On nomme ainsi en
Suède l'acier fait avec du fer
resté 15 jours dans le fourneau.

GEGENBOHREN, v. a. contre-
percer, percer dans un sens contraire.

GEGENBUCH, n. (*t. de min.*),
registre, contrôle tenu par le
directeur des mines, qui y inscrit les noms des intéressés dans
l'exploitation , ainsi qu'en général tous les actes importans ,
et qui sert pour les vérifications.

GEGENDECRESCIREND, adj.
(*t. de crist.*), opposite : se dit
lorsqu'un décroissement se fait
par une rangée, et qu'une autre
est intermédiaire.

GEGENGEWICHT, n. contre-
poids , contre-balance.

GEGENMINE, f. contre-mine;
ouvrage souterrain fait pour

éventer la mine de l'ennemi et en empêcher l'effet.

GEGENORT, m. (*t. de min.*), fouille, percée faite au-devant d'une autre; galerie poussée à la rencontre d'une autre.

GEGENPROBE, f. contre-épreuve, contre-essai d'un tiers, qui a lieu quand les résultats des premiers ne s'accordent pas, et aussi pour s'assurer qu'un premier essai est juste.

GEGENRISS, m. contre-épreuve, plan de confrontation.

GEGENSTAND, m. objet; tout ce qui s'offre à la vue; but, fin, sujet, matière sur laquelle on écrit, on parle. — *Der gegenstand einer wissenschaft, einer kunst,* l'objet d'une science, d'un art. — *Die natürlichen dinge sind der gegenstand der physik,* la physique a pour objet les choses naturelles.

GEGENSTUFE, f. marque que le géomètre souterrain fait dans une mine, et au-delà de laquelle la société exploitante n'ose pas travailler.

GEGENTRUMM, m. fuite d'un filon qui du milieu d'un fleuve, ou d'un ruisseau, ou d'un vallon qui sépare deux montagnes, se continue dans la montagne opposée; partie d'un filon qui est à l'opposite.

GEGENWALL, m. (*t. de fortif.*), contrescarpe; pente du mur, du fossé, celle qui regarde la place; le chemin couvert et le glacis.

GEGLEICHTE STÜRZE, f. les semelles.

GEGOSSEN, adj. fondu, moulé. — *Gegossenes eisen,* fer fondu, fer de fonte. *V.* GIESSWERCK.

GEHALT, m. contenance, contenue, capacité. — *Der gehalt der erze, der metalle,* le contenu des minéraux, des métaux. — *Der gute gehalt der métalle,* la bonté, la finesse des métaux. — (*t. de monn.*) *Der gehalt der gold und silber munzen,* le titre, le denier de fin, le denier de loi, l'aloi de l'or et de l'argent monnoyé. — *Der gehalt des goldenen, silbernen geschirres und solchen materien,* le titre de la vaisselle d'or, d'argent, et autres matières ou ustensiles de même nature.

GEHÄNGE, n. pente, partie inclinée d'un terrain, côté d'une montagne, partie inférieure de chaque banc de roche; traverses, perches qui pendent à des joints.

GEIPEL. *Voyez* GÖPEL.

GEISBERGERSTEIN, GEISBERGSTEIN, GLEISBERGERSTEIN et GEISSTEIN, granite; et suivant *Ferber,* gneiss : c'est une sorte de roche grenue, dont les grains sont partie opaques et partie transparens, d'une couleur bleuâtre ou noire verdâtre, et empâtés dans un quartz blanc.

GEISFUSS, m. pied de chèvre, levier de fer; le couteau à vis, le couteau pour creuser le pas d'une vis de bois.

GEIST, m. l'esprit, l'essence. — *Weingeist, schwefel-vitriol-salzgeist,* esprit-de-vin ou alcohol, esprit de vitriol ou acide sulfurique étendu d'eau, et esprit de sel ou acide muriatique. — *Flüchtige, feste, saüere geister,* esprits volatils, fins, acides.

GEISTIG, adj. spiritueux, volatil; qui s'élève et se résout en l'air par l'action du feu.

GEIZ, f. ustensile de mine assez semblable à celui nommé *chien* quant à la forme, mais qui n'a pas plus de 2 pouces de profondeur.

GEKAMMT, adj. (*t. de min.*), pectiné, c'est-à-dire qui semble offrir les traces des dents d'un peigne : se dit de la forme extérieure imitative d'un minéral.

GEKÖRNT, adj. (*t. de min.*), grenu, grenelé. — *Die aussere oberfläche ist gekörnt*, la surface extérieure est grenue.

GEKRATZ, n. pailles, déchets, raclures des métaux, ce qui en tombe quand on les travaille; déchets de la fonte des minerais. — *Der gekratz schmelzer*, le refondeur des déchets. — *Gekratzwascher*, laveur de déchets, celui qui en fait le lavage.

GEKRÖSESTEIN, m. chaux sulfatée compacte, avec des stries contournées ou tortueuses à la manière des serpens, suivant *Stütz*; baryte sulfatée concrétionnée d'*Haüy*.

GEKÜRZT, adj. (*t. de crist.*), raccourci. On appelle ainsi un cristal lorsque la forme primitive étant un prisme à bases rhombes, les arêtes longitudinales contiguës à la grande diagonale sont interceptées par deux facettes qui la font paroître diminuée dans le sens de sa longueur.

GELANKQUARTZ, quartz flexible; quartz compacte opaque, d'une couleur gris de cendre, qui a l'éclat de la cire, et

la propriété de se laisser plier sans rompre : il se trouve à Villaricca au Brésil.

GELB, adj. jaune. — *Goldgelb*, jaune d'or. — *Oraniengelb*, jaune d'orange, etc.

GELBA PENTURIN, aventurine jaunâtre, ou feldspath aventuriné avec des points jaunes brillans.

GELBERDE, f. terre jaune que l'on emploie dans les arts comme couleur jaune, mais qu'il ne faut pas confondre avec les mines de fer terreuses : elle paroît être une variété de l'argile glaise.

GELBERZ, n. tellure natif aurifère et plombifère ; calamine ou zinc oxidé jaune.

GELBESBLEYERZ, n. plomb molybdaté, plomb jaune.

GELBKUPFERERZ, n. cuivre pyriteux jaune ; laiton.

GELD, n. argent, monnoie en général, quel qu'en soit le métal.

GELENCKE, anse d'un seau, d'une tonne, ou du panier à minerai, à laquelle on attache la corde ou câble, pour le monter par la bure.

GELENCKSTEINE, fragmens d'encrinites.

GELEUCHT, n. tout ce qu'on brûle pour s'éclairer dans les travaux de mine, soit suif, soit huile.

GELF, GELFERZ, GELFT, cuivre pyriteux argentifère.

GELF, minerai de cuivre d'un jaune verdâtre de Hongrie; fer sulfuré mêlé accidentellement d'or.

GELINDE, adj. doux. — *Ge-*

linde metalle, métaux doux ; métaux dont les parties sont bien liées et qui se plient aisément sans se casser.

GELORSCH, n. (*t. de min.*), fouille au sol d'une galerie pour suivre vers le bas une trace de minerai ; puits peu profond, puits court pour fouiller un filon plus bas.

GELT. *Voyez* **GELF.**

GEMEIN, adj. commun. — *Gemeine dinge*, choses communes. — *Gemeine zeche*, mine exploitée en commun, ou par les habitans de toute une ville, ou d'une commune.

GEMEIN-ERZ, minerai médiocre, d'une richesse moyenne.

GEMEINE PROBE, f. minerai pris au haut, au milieu et au fond d'un tas, pour en faire l'essai et en connoître la teneur moyenne.

GEMENGE, n. mélange de plusieurs matières pour les fondre ensemble. — *Gemenge ändern*, changer le mélange.— (*t. de fond.*) *Gemenge*, la fritte, l'ensemble des matières préparées pour faire du verre.

GEMENGE-BÜCHLERN, n. (*t. de min.*), livre où l'on inscrit, où l'on marque le mélange des minéraux.

GEMENGE FÄSCHEN, **GEMENGE FÄSZLEIN**, ustensile de bois peu profond ; sorte de sébile oblongue qui sert pour le transport à la main des minerais mélangés.

GEMENGTE, plur. et **GEMENGTTHEILE**, parties de mélange ; parties composantes dans les roches mélangées ou

composées : on donne aussi à ce nom la même acception qu'à **BERGART.** *Voyez* ce mot.

GEMENGSTOFFE, f. parties constituantes.

GEMERK, n. (*t. de min.*), marque, signe de reconnoissance ; entaille que fait un officier de mine dans la roche, soit pour connoître les progrès du travail du mineur, soit pour déterminer à la superficie le point perpendiculaire correspondant.

GEMINA HUYA, *speckstein*, ou talc stéatite.

GEMISCH, n. mélange, mixtion.

GEMISCHTE, plur. mélange intime, mais sans combinaison, des parti es intégrantes ou constituantes d'une roche ; mixte, composé de corps hétérogènes.

GEMMEN, vésuvienne ; gemmes du Vésuve ; idocrase d'*Haüy*, que l'on a appelé aussi hyacinthe volcanique : pierre qui a certains rapports avec le grenat, et que l'on trouve près du Vésuve, dans des fragmens de roches primitives rejetées par lui, et qui ne semblent pas avoir souffert de l'action du feu, ou du moins très-peu.

GEMS. *Voyez* **GÄMS.**

GEMSENSTEIN, nom d'une variété de granite de Suisse.

GEMUSTERT, adj. (*t. de min.*). On a employé cette expression dans la désignation des caractères extérieurs pour indiquer une surface couverte de raies fines, saillantes, courbées en différens sens comme quelques calcédoines en présentent.

GENANTSTEIN, jaspe rubané.

GENERAL-BEFAHRUNG, f. visite générale d'une exploitation ; descente officielle de toute l'administration des mines pour constater l'état des travaux, régler ceux qu'il convient d'entreprendre, et faire d'ailleurs toutes les dispositions jugées convenables.

GENERAL SCHMELZ ADMINISTRATION, f. administration générale des fonderies.

GENERAL SCHMELZUNG, f. fonte d'un mélange de diverses sortes de minerais pauvres rassemblées de plusieurs mines.

GEODEN, géode, cavité ordinairement d'une forme arrondie, dont les parois sont souvent tapissées de cristaux quartzeux, calcaires, etc. Il y a de ces corps qui renferment un noyau solide et mobile, ou une matière terreuse pulvérulente.

GEODESIE, f. géodesie, partie de la géométrie ; art de mesurer la terre, de la diviser. *Voyez* FELDMESSKUNST.

GEODISCH, adj. géodique, en forme de géode.

GEOGNESIE, f. géognosie ; partie de la géognosie qui a spécialement pour objet la recherche de la formation des corps solides, de leur manière de naître ou de prendre origine.

GEOGNOSIE. *Voy.* GEBIRGSKUNDE.

GEOLOGIE, f. géologie, histoire naturelle du globe ; science qui a pour objet tout ce qui tient à la constitution physique du globe.

GEPRÄGE, n. frappe, empreinte. — *Der münze ein schönes gepräge geben*, donner

une belle empreinte à la monnoie. — (*t. de min.*) *Gepräge der gattung*, le type de l'espèce.

GEPRESST, adj. (*t. de min.*), comprimé.

GEPFROFTER, *Voy.* THÜRSTOCK.

GERADLINIG, adj. (*t. de géom.*), rectiligne ; figure terminée par des lignes droites.

GEREÜTH-HEERD, m. l'avant-foyer d'un fourneau de fonte d'étain sur lequel l'étain fondu se rassemble.

GERINGE adj. exigu, petit, modique. — *Geringe erz*, mine ou minerai de peu de valeur, qui ne contient que peu de métal.

GERINNE, f. canal creusé, ou rigole de bois ou de pierre pour faire couler l'eau ; buse ou tuyau de bois qui sert à introduire de l'air sur les travaux de mine.

GERINNE-HAUE, f. hoyau, pioche pour creuser les canaux, les rigoles dans les bocards.

GERINNSENCKEL, m. petit crampon de fer servant à assembler et à consolider les pièces d'un canal ou chenal en bois.

GERINNSTEIN, m. la pierre d'étain bocardée et purgée qui reste attachée au canal d'eau.

GERINNTROG, m. (*t. de boc.*), bassin de bocard.

GERINNUNG, f. coagulation, congélation, figement, caillement, épaississement.

GERIPPE, n. squelette ; carcasse ; tous les ossemens d'un corps mort et décharné.

GERÖLTE, part. cailloux roulés.

GERONNEN, part. caillé.

coagulé, figé; (*t. de min.*), concrétionné.

GERÖSTET, part. grillé. — *Gerösteter bleystein*, matte de plomb grillé.

GERSTENDRUSEN, barite sulfatée crétée.

GERUCH, m. (*t. de min.*), odeur ; l'un des caractères extérieurs universels des minéraux. — *Thoniger geruch*, odeur argileuse. — *Geruch durch anhauchen*, odeur par expiration. — *Durch reibung*, par le frottement.

GERÜCKT, adj. (*t. de crist.*), transposé : se dit d'un cristal composé de deux moitiés d'octaèdre ou de deux portions d'un autre cristal, dont l'une semble avoir tourné sur l'autre d'une quantité égale à un sixième de circonférence.

GERÜLLE, n. (*t. de min.*). *Das erz macht ein gerülle*, plusieurs minéraux se traversent, se coupent, se rencontrent ; plusieurs veines ou filons se mêlent, se confondent. — *Gerülle gebirge*, roches fendillées, caverneuses, peu solides, faciles à extraire.

GESAMTDECRESCIREND, adj. (*t. de crist.*), pantogène, c'est-à-dire une forme cristalline qui tire son origine de toutes les parties, lorsque chaque arête et chaque angle solide subit un décroissement. Ex. *Gesamt decrescirender schwefelgesaüerter baryt*, barite sulfatée pantogène.

GESAMT DOPPEL DECRESCIREND, adj. (*t. de crist.*), bifère, c'est-à-dire qui porte deux fois, lorsque chaque arête et chaque angle solide subit deux décroissemens. Ex. *Doppelde-*

crescirendes graukupfererz, cuivre gris bifère.

GESÄTTIGT, adj. (*t. de chim.*), saturé. *V.* SÄTTIGEN.

GESCHACHTELT, adj. emboité.

GESCHICKE, plur. (*t. de min.*). On nomme ainsi en général tout ce qui aide à une découverte de minerai. — *Geschicke zur ezeugung der erze*, pierres propres à renfermer des minéraux, à former des gangues, des veines ou filons très-étroits, souvent riches en minerais. — *Geschicke erbrechen*, découvrir ou rencontrer un filon de bon minerai.

GESCHIEBE, n. galets, fragmens isolés de minerai ou de roches poussés par une force quelconque hors de leur lieu natal, transportés, roulés par les eaux plus ou moins loin de leur origine, et dont les angles sont émoussés ou arrondis par le frottement. On a aussi donné ce nom à des couches de minerai (*flötze*) élargies ou s'étendant en largeur.

GESCHIEBES ANZEIGUNGEN, indices de minerai tirés des galets ou fragmens roulés.

GESCHIR, n. — (*t. de fond.*) *Irdenes geschirr worein das metall fliest und darauf in die form fällt*, écheno, bassin de terre sèche dans lequel tombe le métal en fusion pour couler de là dans le moule.

GESCHLECHT, n. genre, ce qui a sous soi plusieurs espèces; les genres minéralogiques ont leur fondement dans l'analyse chimique : il est nécessaire de les déterminer d'après les principes les plus fixes, ou ceux qu'on appelle *bases*, si l'on veut avoir une méthode régulière et qui ne s'adapte qu'à une seule échelle.

GESCHLECHTART, f. qualité naturelle d'un genre.—*Das ist die geschlechtart dieser thiere*, c'est le naturel de ce genre d'animaux.

GESCHLEGELT, part. (*t. de lapid.*), en cabochon, taillé en cabochon : on le dit d'une pierre évidée en dessous, et dont la surface supérieure a été arrondie pour la rendre plus transparente, et donner plus de jeu aux couleurs.

GESCHLEMMT, part. minerai lavé aux tables à tombeau (*schlammgraben*), et séparé des substances étrangères. — *Geschlemmte äsche*, cendres lavées ou lessivées.

GESCHLEPP ou GESCHLEPPE, n. grand attirail, grand train ; suite de tirans d'une machine hydraulique, ou longues perches mises en mouvement par l'eau, mais poussant seulement d'un côté; c'est l'attirail le plus simple.

GESCHMACK, m. goût, saveur ; l'un des caractères des minéraux. — *Bitterer geschmack*, saveur amère.

GESCHMEIDIG, adj. souple, obéissant, maniable, flexible ; (*t. de min.*), ductile. — *Geschmeidiges erz*, minerai de facile fusion, qui fond aisément. — *Geschmeidiges gestein* ou *gebirg*, roche ou pierre tendre aisée à extraire. — *Geschmeidiges eisen*, fer ductile, doux, maniable, aisé à mettre en œu-

vre. — *Das öfftere schmelzen macht die metalle geschmeidiger*, la fonte réitérée radoucit les métaux.

GESCHMEIDIGKEIT, f. malléabilité, ductilité, caractères de minéraux solides. *V.* FESTIGKEIT.

GESCHMELZT et GESCHMOLZEN, part. fondu, liquéfié, dissous. — *Geschmelztes werck* ou *geschmolzen werck*, plomb et argent fondus portés à l'état liquide.

GESCHNEIDIG GESTEIN, m. roche tendre ou peu dure, facile à détacher.

GESCHOBEN, part. poussé, avancé.—(*t. de géom.*) *Ein geschobenes viereck*, un rhombe, un lozange.

GESCHUR, n. crasses de minéraux imparfaitement fondus qui s'attachent à l'œil du fourneau.

GESCHÜTTE, n. (*t. de min.*), couches mêlées ; amas de filons étroits ou veines de minerai, qu'on extrait avec sa gangue qui ordinairement est tendre et d'une exploitation facile.

GESCHÜTZ, n. la pale d'un conduit d'eau ; la pièce de bois qui retient les eaux d'une écluse; pièce d'artillerie.

GESCHWEFELT, adj. (*t. de min.*), sulfuré. — *Geschwefeltes silber*, argent sulfuré, argent minéralisé par le soufre.

GESCHWORNER, m. juré ; employé aux mines qui a prêté serment, et est chargé d'une certaine surveillance.

GESELLENBAU, m. (*t. de min*), exploitation d'une mine à proportion de ce que chaque entrepreneur y contribue ; exploitation en commun par une société qui ne peut être composée de plus de huit associés.

GESELLSCHAFT EINER ZECHE, compagnie d'une mine ou société qui fait exploiter une mine pour son compte ; association, réunion de plusieurs intéressés dans une exploitation de mine.

GESENCK, n. (*t. de min.*), puits qui a son ouverture seulement dans une galerie et non au jour ; puits souterrain ; l'endroit le plus profond d'une mine qu'il est difficile d'outre-passer. — *Gesenke recht anstellen,* approfondir un puits de manière à le rendre le plus utile possible. — *Gesencke verschütten,* combler ou remplir de déblais les excavations inutiles. — (*t. de serrur.*) *Die gesenke,* des morceaux d'acier pour donner au fer rouge toutes les formes que l'on veut.

GESETZ, n. loi. — *Die gesetze der bewegung,* les lois du mouvement. — *Die gesetze der refraction, der schwere,* les loix de la réfraction, de la pesanteur, de la gravitation.

GESICHT, n. entaille d'un pouce de profondeur faite au jambage d'une porte dans la charpente d'une galerie de mine pour recevoir une traverse.

GESICHTSSTRAHL, n. (*t. de phys.*), rayon visuel.

GESINTERT, adj. concrétionné. — *Gesinterterkohlengesaüerterkalk,* chaux carbonatée concrétionnée.

GESIPPE (*mot vieilli*). *Voy.* SIPPSCHAFT.

GESPANN, m. trousses de plaques de cuivre au nombre de 10 jusqu'à 18 que l'on porte au martinet pour les façonner.

GESPRENGE, n. (*t. de min.*), saut du minerai par le moyen de la poudre ; action de détacher, d'extraire le minerai avec de la poudre. — *Gesprenge in einem stollen,* ressaut dans une galerie ; percement ; galerie qui forme un coude, qui ne va pas droit.

GESPRENGT, part. moucheté, diapré, tacheté, tavelé.

GESTADE, n. côte, rivage de la mer, plage.

GESTALT, f. forme, figure, configuration. — (*t. de min.*) *Die aüssere gestalt der fossilien,* la forme extérieure des fossiles. C'est le premier des caractères particuliers des minéraux solides. On en distingue quatre espèces. — *Die gemeine aüssere gestalten,* les formes extérieures communes. — *Die besondere aüssere gestalten,* les formes extérieures imitatives. — *Die regelmässige aüssere gestalten, oder die cristallisation,* les formes extérieures régulières ou la cristallisation. — *Die fremdartige aüssere gestalten,* les formes extérieures figurées, c'est-à-dire ce qu'on appelle des pétrifications (*versteinerungen*). — *Die grund gestaltform,* forme primitive ou primordiale.

GESTALTLOS. *V.* FORMLOS.

GESTÄNGE, n. les perches, les tirans horizontaux appliqués à une machine hydraulique pour faire mouvoir les pistons des pompes. — *Gestänge verlieren den hub,* les tirans perdent de leur levée; perches qui portent la tarière dans les profondeurs, et auxquelles on ajoute des ralonges à mesure que l'on enfonce; les doubles planches très - fortes que l'on place deux à deux sur le sol d'une galerie, en laissant une ouverture entre elles sur toute la longueur, pour donner passage à la cheville de fer qui dirige les petits chariots nommés chiens, servant au transport du minerai.

GESTAUBE, n. le poussier, la poussière des charbons.

GESTEHEN, n. figement; action par laquelle un liquide gras se fige.

GESTEIN, n. pierres, roches. — *Hartes, mürbes gestein,* pierre dure, pierre tendre. — *Gestein ändert sich,* la roche change. — *Gestein will sich nicht stuffen lassen,* la roche est difficile à faire éclater. — *Gestein ist nicht zu gewinnen,* la roche ne peut être entamée. — *Gestein poltert,* la roche sonne, retentit comme si elle étoit creuse par derrière. — *Gestein behauen,* essayer la roche; épreuve que le juré des mines fait sur la roche avec le marteau et la pointerolle pour en connoître la dureté, et se régler en conséquence pour un travail à prix fait.

GESTEIN - ARBEIT, f. toute espèce de travail qui a pour objet de détacher la roche.

GESTELL ou GESTELLE, n. (*t. de fond.*), l'ouvrage dans un fourneau de fonderie, c'est-à-dire le plan sur lequel se font les principales opérations

de la fonte et qui a le plus d'influence sur son succès, suivant le plus ou moins de soins dans sa construction, le creuset et les étalages pris ensemble.

GESTELLSTEIN, m. On appelle ainsi le schiste micacé pur, parce qu'étant très-réfractaire ou infusible, on le regarde comme la pierre la plus propre à la construction des fourneaux de fusion.

GESTÖKE, n. *V.* STOCKWERCK.

GESTOSSEN, adj. (*t. de min.*), coulée, en parlant de la forme extérieure imitative d'un minerai, c'est-à-dire ressemblant par sa surface à un métal fondu.

GESTREIFT, adj. (*t. de min.*), strié, dont la surface présente des stries, c'est-à-dire des petites élévations prolongées parallèlement et en lignes droites. — *Einfach gestreift,* simplement strié. — *In die länge,* en long. — *Überzwerk,* diagonalement. — *In die quäere,* en travers. — *Abwechselnd,* en alternant. — *Doppel gestreift,* doublement strié. — *Federartig,* en barde de plume; panaché. — *Gestreifter agath,* agate panachée, agate rubanée; (*t. de conchyol.*), fascié. *Voy.* STREIFIG.

GESTRICHT, adj. (*t. de min.*), tricoté, formé de mailles en filets croisés les uns sur les autres. — *Gestrichtes gediegenes silber,* argent natif tricoté, argent ramuleux réticulé, c'est-à-dire en rameaux se croisant sur un même plan, de manière à former des espèces de réseau.

GESTÜBE, n. la brasque, mélange de charbons pilés et d'argile dont on fait le sol des fourneaux de fusion. — *Das leichte gestübe*, la brasque légère. — *Das schwere gestübe*, la brasque pesante.

GESTÜBE-RAND, m. bord composé d'argile ; glaise mélangée de poussière de charbons que l'on fait régner autour d'un fourneau de fusion.

GESUMPF, n. le labyrinthe du bocard ; l'ensemble des fosses ou bassins diversement dirigés, dans lesquels l'eau des lavoirs se dégorge et dépose le minerai bocardé et lavé, qui ensuite en est retiré pour être lavé de nouveau.

GESUNDBRUNNENSALZ, n. magnésie sulfatée.

GESUNDHEITSSTEIN, m. fer sulfuré et fer arsenical.

GETRÄENCKT, adj. (*t. de chim.*), imbibé (*mit einer auflösung geträenckt*).

GETRIEBE, n. engrenage, disposition de plusieurs roues qui engrainent les unes dans les autres. — *Das getriebe einer uhr*, les ressorts, les mouvemens d'une montre. — *Das getriebe verstärcken*, renforcer, augmenter le mouvement ; (*t. de min.*), côté extérieur d'une montagne : celui du midi se nomme le bon côté. Ainsi, lorsqu'un filon s'avance du côté du midi ou dans un lieu plat, on dit : *Der gang liegt in einem guten getriebe ; mit getriebe durch den bruch gehen*, ou *mit getriebe anstechen*, mettre, placer des supports, des soutiens, des étais, pour empêcher l'éboulement des terres et des roches et pouvoir continuer

un percement à travers d'anciens déblais ou un terrain peu solide.

GETRIEBE-PFAHL, m. pieu, support, étai, pièce de bois pour soutenir des terres et empêcher les éboulemens.

GETRIEB-STOCK, m. le fuseau d'une lanterne d'engrenage.

GEVIERE. *Voy.* GEFIERE.

GEVIERT, adj. carré, qui a quatre côtés et quatre angles droits. — *Geviert arbeiten, machen*, rendre carré, équarrir, carrer, donner une figure carrée.

GEWACHSEN, (*t. de min.*), natif, naturel, vierge ; ce qui sort pur du sein de la terre et n'exige aucune préparation pour être employé. Ex. *Gewachsenes gold, silber, kupfer*, etc. or, argent, cuivre natif.

GEWAEHR, n. (*t. de min.*), pièce de champ, terrain que l'on cède à quelqu'un pour y établir une exploitation ; garantie, assurance, sûreté.

GEWÄHRGEBUHR, f. ce qu'il faut payer à celui qui délivre un certificat d'une part ou portion d'intérêt dans une exploitation.

GEWÄHRSCHEIN, m. ou GEWAHR, certificat, attestation ou écrit légal faisant foi d'une part ou intérêt dans une exploitation.

GEWÄLTIGEN, v. a. (*t. de min.*) *Eine zeche wieder gewältigen*, replacer, mettre des ouvriers dans une mine abandonnée. — *Eingefallene grube wieder vollig zurichten*, réparer, remettre complètement en état une mine ruinée. — *Die wasser gewältigen*, se rendre maître des eaux.

GEWÄLTIGUNG, f. l'action de curer, de nettoyer, de cuveler les puits des mines. — *Die gewältigungs - kosten*, les frais nécessaires pour maîtriser les eaux, décombrer et réparer les puits.

GEWASCHENERZ, GEWASCHENGOLD. *Voy.* WASCHERZ-WASCHGOLD.

GEWEBE, n. tissu, texture, contexture, arrangement des molécules, des parties d'un corps; composition, liaison.

GEWERCKE, m. (*t. de min.*), exploitant; actionnaire ou intéressé dans une exploitation. — *Die gewercken zusammen berufen*, convoquer, faire assembler les actionnaires d'une mine.

GEWERCKEN-KUX, m. action ou portion d'intérêt dans une mine.

GEWERCKENTAG, m. jour de la tenue d'une assemblée de tous les intéressés dans une exploitation de mines.

GEWERCKSCHAFT, f. le corps, la compagnie, l'association de ceux qui font exploiter une mine; la société exploitante, la société qui a obtenu la concession d'une mine. — *Die gewerckschaftbestehet in ein hundert acht und zwanzig kuxen*, la société consiste en 128 actions.

GEWERKENPROBIERER, m. l'essayeur de la société, le contre-essayeur; celui qui est commis par les exploitans pour renouveler les essais.

GEWICHT, n. poids; pesanteur, qualité de ce qui est pesant. — *Probier gewicht*, poids d'essai. — *Specifisches gewicht*, pesanteur spécifique.

GEWICHTTRÄGER, m. levier de bois qui sert à tenir dans l'égalité les soufflets d'un haut fourneau.

GEWINDE, n. l'action de tordre à différentes reprises, de tortiller, de presser une chose circulairement, de la tourner en long et de biais en serrant. — *Das gewinde, die gange der schrauben*, les filets, les pas d'une vis.

GEWINDE-BOHRER, m. (*t. de charp.*), grosse tarière pour percer des trous dans des madriers, pour faire des mortaises.

GEWINNEN, v. a. gagner, acquérir; (*t. de min.*), extraire du minerai; gagner en avançant, en perçant dans la roche.

GEWINNHAACKEN, ZIEHHAAKEN, m. crochet au moyen duquel, avec le secours d'une corde, on retire la tarière du trou qu'elle a percé.

GEWINNUNG, f. l'action de détacher, d'extraire du minerai.

GEWÖLBE, n. voûte. — *Ein gewölbe machen*, faire une voûte. — *Die seite eines gewölbe*, les reins d'une voûte.

GEWÖLBESTEIN, m. voussoirs; pierres taillées pour former une voûte.

GEWÖLBTE, part. voûté, cintré, convexe. — *Gewölbte grubengebäude*, mine voûtée, souterrain soutenu par un muraillement.

GEWÖLKT, adj. nuagé, nuageux : se dit d'un minéral transparent dont quelques parties sont plus sombres ou plus ternes que d'autres.

GEWUNDEN, adj. tors, ou qui paroît tordu. — *Gewunde säule*, colonne torse.

GEYER, m. place unie autour d'un puits, ou à la partie supérieure d'un haut fourneau, ou près d'un gros marteau de forge, afin de pouvoir faire la manœuvre avec aisance : on dit aussi GICHT.

GEYERKOPF, m. gryphite. *Voyez* GRYPHITEN.

GEYSERSINTER, concrétion quartzeuse des eaux thermales du Geyser en Islande : elle s'offre à la vue sous diverses formes, et ses couleurs sont le blanc rougeâtre avec des taches rouge cochenille, le blanc grisâtre et le gris jaunâtre rubané.

GEZÄH, m. *Das gezeüg* (*t. de min.*), tous les outils et instrumens en général dont les mineurs se servent pour leur travail.

GEZIEGE, adj. (*t. de min.*), traitable au fourneau, fusible, malléable, qui n'est pas aigre, ni cassant, ni pailleux.

GEZIMMER, n. boisage ou charpente d'une mine. — *Gezimmer in schächten*, boisage, charpente, cuvelage d'un puits. — *Gezimmer hat einen festen fuss in dem gestein*, le boisage repose sur la roche solide.

GICHT, f. Ce mot a plusieurs significations ; il désigne :

1°. L'orifice supérieur d'un haut fourneau, la partie par où on le charge, le gueulard ;

2°. L'espace tant au-dessus qu'autour où se meuvent ceux qui chargent le fourneau ;

3°. La charge même, c'est-à-dire la mesure de charbon et de minerai que l'on jette chaque fois dans le fourneau ;

4°. Cette partie du fourneau qui termine le foyer en face de la tuyère.

GICHTSTÜCK, n. partie de la loupe qui touche le plus immédiatement au bord du foyer opposé à la tuyère, dit *gicht*, avant qu'on enlève la loupe du feu.

GIESSAND, m. sable où l'on jette le métal fondu, le sablon terreux ou argileux, dit sable des fondeurs.

GIESSBOGEN, m. (*t. de mon.*), lingotière. *Voyez* GIESSFORM.

GIESSBÜCKEL, f. (*t. de chim.*), moule de fer fondu en forme conique ; cône à fondre, lingotière de fer coulé ou de laiton dans laquelle on décante les minerais fondus pour en faire l'essai.

GIESSCHAUFEL, f. puisoir, pelle à puiser le métal fondu.

GIESSEN, v. a. verser, épancher, faire couler. — *Flussige materien, metalle giessen, in formen*, faire couler des matières fusibles, des métaux ; jeter en moule, mouler du métal fondu.

GIESSER, m. fondeur, ouvrier en l'art de fondre les métaux ; mouleur en fer, ouvrier qui fait les moules dans lesquels on coule la fonte.

GIESSERDE, f. potée ; terre préparée propre à faire un moule.

GIESSEREY, f. la fonderie, l'atelier où l'on fond le métal.

GIESSERZ, n. bronze de fonte.

GIESSFORM, f. et **GIESSMODEL**, moule, lingotière ; moule où l'on coule en lingots les métaux fondus.

GIESSKAMMER. *V.* **SCHMELZ**.

GIESSKELLE, f. grande cuiller pour jeter en moule le métal fondu.

GIESSKUNST, f. l'art de fondre.

GIESSLÖFFEL, m. cuiller pour fondre du métal.

GIESSMERGEL. *Voyez* **GIESSAND**.

GIESSOFEN, m. fourneau de fonderie.

GIESSPFANNE, f. la poêle.

GIESSTEIN, m. granite en décomposition ; mélange de pétrosilex, de mica et de quartz arénacé ; sorte de granite dont on se sert dans les fabriques de cuivre jaune.

GIESSWERCK, n. fonte, ouvrage en fonte, ouvrage de fonte.

GIESSZÄNGE, f. tenailles pour prendre le métal fondu et le jeter en fonte.

GIESSZAPFEN, m. le jet, la portion de matière qu'a remplie l'espèce de petit entonnoir qui est au-dedans du moule, et qui porte la fonte jusque sur la matrice du caractère.

GIFTERZ, n. minéral vénéneux dont on tire du poison.— *Weisses gifterz*, fer arsenical. —*Braunes gifterz*, mine d'arsenic brune ; et suivant quelques auteurs, le fer sulfuré cubique décomposé. —*Schwarzes gifterz*, arsenic testacé noir.

GIFTFANG, m. lieu, endroit des fourneaux où le poison,

c'est-à-dire l'arsenic, s'attache en forme de suie : c'est aussi une espèce de galerie construite exprès à la suite des fourneaux pour y faire déposer l'arsenic qui s'évapore dans les opérations métallurgiques.

GIFTKIES, m. pyrite arsenicale, fer arsenical.

GIFTMEHL, n. farine empoisonnée ; tutie ; spode ; cadmie arsenicale qu'on recueille sur les parois des fourneaux ou dans les galeries dites *giftfänge* où elle se forme.

GIFTSTEIN, m. *V.* **GIFTKIES**.

GILF, m. fer sulfuré, aurifère et argentifère.

GILFT ou **GILBE**, m. minéral jaune, or natif ; terre jaune, etc.

GILTENSTEIN, m. argile schisteuse mêlée de quartz.

GILTER. *Voyez* **GATTER**.

GILTSTEIN, m. schiste talqueux ; talc stéatite mélangé de barite sulfatée ; pierre ollaire, talc ollaire.

GIPFEL, m. sommet, sommité, cime, crête, croupe ; le haut, la pointe, la partie la plus élevée.—*Abgeplateter gipfel, halbküglicher, kegel formiger, pyramidal*, cime aplatie, demi-sphérique, conique, pyramidale.

GIPS. *Voyez* **GYPS**.

GIRASOL, girasole ; quartz résinite girasole : le fond est d'un blanc bleuâtre, d'où sortent des reflets rougeâtres lorsqu'on fait mouvoir le corps à une vive lumière.

GITTER, n. treillis, grille. —*Gitterblech*, treillis de fil de fer.

GITTERWERCK, n. ouvrage treillissé.

GLACIES MARIAE, mica foliacé en grandes feuilles, transparent ; verre ou talc de Moscovie.

GLÄDTE, f. même que GLATTE et GLÖTHE, glette, litharge, oxide de plomb sulfuré. — *Frische glädte*, litharge à rafraîchir. — *Kaufglädte*, litharge marchande. — *Glädte anfrischen*, revivifier la litharge.

GLAES, ZIGER, ZIGER ADERN, couche de cailloux. On donne ce nom dans le canton de Glaris en Suisse à des couches quartzeuzes extrêmement minces qui se trouvent quelquefois interposées entre des bancs de schiste.

GLANZ, m. (*t. de min.*), éclat ; manière dont un minéral réfléchit la lumière. — *Der aussere glanz*, l'éclat extérieur, l'un des caractères particuliers des minéraux solides. — *Glas glanz*, éclat vitreux. — *Fett glanz*, éclat gras. — *Wachs glanz*, éclat de la cire. — *Seiden glanz*, éclat de la soie. — *Perlmutter glanz*, éclat nacré. *Demant glanz*, éclat de diamant. — *Metallische glanz*, éclat brillant métallique. — *Halbmetallische glanz*, éclat demi-métallique. — *Der innere glanz*, l'éclat intérieur, autre caractère extérieur particulier, des minéraux ; lustre, éclat qu'on donne à une chose.

GLÄNZEND, adj. (*t. de min.*), brillant, éclatant. — *Starck glänzend*, fort éclatant. — *Wenig glänzend*, peu éclatant.

GLANZERDE, f. écume de terre.

GLANZERZ, n. minéral éclatant ; plomb sulfuré.

GLANZFARBIG, adj. de couleur brillante.

GLANZHAMMER, m. marteau à planer, à polir.

GLÄNZIG, adj. pour *Glänzend*, luisant. — *Glänzige bergarten*, minéraux luisans.

GLANZKOBALT, m. cobalt luisant.

GLANZKOHLE, f. houille luisante, houille éclatante.

GLANZMARMOR, marbre éclatant, chaux carbonatée saccaroïde.

GLANZSCHIEFER, schiste éclatant. On nomme ainsi au Hartz la grauwacke schisteuse qui offre sur sa surface un peu d'anthracite superficiel cause de son éclat.

GLANZSPATH, chaux sulfatée trapézienne ; spath chatoyant. *Voy.* SCHILLERSPATH.

GLANZSTEIN, m. fer spéculaire ; fer oligiste.

GLAPHISCH, adj. (*t. de min.*), glaphique, c'est-à-dire propre pour la sculpture. — *Glaphischer talc*, talc glaphique.

GLAS, n. *Fossilisches glas*, verre fossile. — *Vulcanisches glas*, verre de volcan, lave vitreuse obsidienne.

GLAS ACHAT, m. obsidienne ; agate de verre.

GLASAMIANTH et GLAS ASBEST, épidote rayonnante vitreuse. *Voyez* EPIDOT.

GLASARTIG, adj. vitreux ; qui a de la ressemblance avec le verre. — *Glasartige steine*, pierres vitreuses.

GLASBLASEN, v. a. (*t. de verr.*), souffler le verre. —

subst. — *Das glasblasen*, paraison. — *Die erste gestalt*
welche das glas im blasen er-
halt, la première figure ou forme
que le verre reçoit pendant
qu'on le souffle.

GLASBLASER, m. (*t. de*
verr.), félatier ou fératier ; celui
qui souffle le verre ou la bosse
avec le tuyau dit la fèle (*blase*
rohr) ; paraisonnier, celui qui
donne la forme au verre pendant
qu'on le souffle.

GLASDIAMANT, m. (*t. de*
joail.), véricle ou diamant faux.

GLASELECTRICITAET , f.
électricité vitreuse. *Voy.* ELEC-
TRICITAET.

GLASERNE SCHICHT, couches
vitreuses. On donne ce nom
dans les houillères aux couches
de la meilleure sorte.

GLASERZ , n. argent vitreux,
argent sulfuré.

GLASERZSCHWARZE , f. ar-
gent noir , minerai d'argent
d'un gris sombre à l'extérieur,
et assez souvent brillant dans sa
cassure : cette variété est tendre,
fragile , quelquefois cellulaire
et comme carriée.

GLASFLUIDUM, (*t. de phys.*),
fluide vitré, l'un des deux fluides
différens dont on suppose le
fluide électrique composé , et
qui produit les phénomènes dus
à l'électricité que *Franklin* nommoit positive.

GLASFLUS, m. spath vitreux,
spath fluor, chaux fluatée. *Storr*
donne souvent ce nom au feldpath commun, et quelquefois il
l'appelle *glasfluswacke* ; substance propre à vitrifier une autre
matière.

GLASFRITTE, f. fritte ; le mélange dont on fait le verre.

GLASGALLE, f. fiel de verre ;
l'écume qui surnage le verre
fondu à la surface des creusets,
et que l'on appelle aussi sel de
verre (*glassalz*).

GLASGEMENGE , n. mélange
de silice ou sable quartzeux et
d'alcali ou potasse dont on fait
le verre. *Voyez* GLASFRITTE.

GLASGLANZ , éclat vitreux.
Voyez GLANZ.

GLASHAFEN, m. creuset dans
lequel on fait fondre la matière
du verre : on dit aussi *glastopf*.

GLASHÜTTE, f. verrerie.

GLASICHT, adj. (*t. de chim.*),
vitreux, qui a de la ressemblance avec le verre.

GLASKOPF, m. fer oxidé hématite. — *Brauner glaskopf*,
fer oxidé hématite brune , fer
oxidé brun fibreux ; minéral
compacte, dur, à fibres soyeuses
très-serrées.

GLASLAVA, lave vitreuse obsidienne.

GLASLINSE, f. (*t. de phys.*),
lentille, verre du télescope.

GLASMACHER , m. verrier ,
ouvrier qui fait du verre.

GLASOFEN, m. fourneau de
verrerie , grand fourneau où
l'on fond le verre. — *Seiten*
offnungen in den glas ofen zu
arbeiten , ouvertures latérales,
ouvreaux par lesquels on travaille dans les fourneaux de
verrerie.

GLASPOL , (*t. de phys.*) ;
pôle vitré.

GLASQUARTZ, quartz hyalin,
c'est-à-dire quartz ayant une
apparence vitreuse. — *Glas-*
quartz mit wasser tropfen ,

quartz hyalin aérohydre renfermant des bulles d'air et d'eau.

GLASSALZ , n. sel de verre ,
soude carbonatée translucide.

GLASSAND , m. sable propre
à faire le verre.

GLASSCHAUM , m. *Voyez*
GLASSGALLE.

GLASSCHÖRL , axinite. *Voy.*
AXINIT.

GLASSILBERERZ, n. mine d'argent sulfuré aigre.

GLASSPATH , spath vitreux ,
chaux fluatée.

GLASSTEIN , m. axinite ; obsidienne.

GLASTHEIL, m. (*t. de chim.*),
partie vitreuse. — *Glastheilchen* , parcelles vitreuses.

GLASUREN , v. a. plomber ,
vernisser avec de la mine de
plomb. — *Irrdenes geschirr
glasuren* , plomber de la vaisselle
de terre ; glacer.

GLASZEOLITH , zéolithe vitreuse; suivant *Severgin* et *Lenz,*
c'est une espèce particulière.

GLATT, adj. lisse, uni, poli.

GLATT ou GLATTERFLINS,
cacholong.

GLATTE , f. le lisse, l'uni,
le poli de quelque chose. — *Die
glatte des glases, des spiegels,*
le lisse, l'uni du verre, du miroir.

GLÄTTE , f. *Voyez* GLÄDTE,
litharge. — *Gold, silberglätte,*
litharge d'or, d'argent.

GLATTEGARE , cuivre uni ,
cuivre lisse, cuivre raffiné.

GLATTEISEN , n. fer à polir,
à lisser.

GLÄTTERHARNISCH DES
GANGES. *Voyez* GANG.

GLATTFACTOR , m. commis

pour la vente de la litharge.

GLATTFEILE , f. lime douce.

GLÄTTFRISCHEN , n. la revivification de la litharge, sa nouvelle réduction en plomb.

GLÄTTGASSE , f. voie de la
litharge ; rigole par laquelle la
litharge coule hors du fourneau.

GLÄTTHACKEN , m. le grat-
toir ; crochet de fer pour ouvrir
l'égout et faire avancer la litharge.

GLÄTTSCHICHT , f. litharge
d'un affinage ; quantité de litharge qu'un affinage produit.

GLATTSTAHL , m. polissoir,
brunissoir ; instrument d'acier
avec lequel on polit les métaux.

GLAUBERIT , glauberite. Ce
nom a été donné par M. *Alexandre Brongniart* à un minéral
qu'il a le premier fait connoître,
et qui renferme une quantité
considérable du sel qui portoit le
nom de l'ancien chimiste *Glauber,* c'est-à-dire de soude sulfatée. Ce minéral qui n'a encore
été trouvé qu'en Espagne près
d'*Ocana,* dans la Nouvelle-Cas-
tille, se présente en cristaux
disséminés et imprimés dans des
masses de sel gemme, lequel ne
les pénètre en aucune manière ;
la couleur en est jaunâtre et la
forme celle d'un prisme oblique
très-déprimé, à base rhombe.
les faces de la base sont généralement planes, nettes et même
brillantes; les pans, au contraire,
chargés de stries parallèles aux
arêtes de la base. Il résulte de
l'analyse qui en a été faite que
ce minéral est essentiellement
composé de sulfate de chaux
anhydre et de sulfate de soude
également anhydre. C'est la

première fois que l'on a cité de la soude sulfatée à l'état solide et cristallin, privée complètement d'eau de cristallisation et unie à la sélénite.

GLAUBERSALZ, sel de glauber ; sulfate de soude, soude sulfatée.

GLAUCH, adj. (*t. de min.*), blanc qui tire sur le bleu. — *Glauches gestein*, pierres, roches blanches et bleuâtres. — *Glaucher gang*, filon stérile.

GLAUCHHEERD, m. table à laver les minerais bocardés ; caisse en tombeaux ; caisse rectangulaire, ayant environ 3 mètres de long sur 5 décimètres de large, et inclinée d'environ 4 décimètres, avec des rebords élevés de 5 décimètres.

GLEICH, adj. et adv. semblable, ressemblant, égal, uni. — *Gleiche triangel, gleiche figuren*, triangles semblables ; ceux qui ont leurs angles égaux ; chacun à chacun, figures semblables ; uniment, également.

GLEICHABESTÄENDIG, adj. équidistant, éloigné de.... également dans toutes ses parties.

GLEICHARTIG, adj. (*t. didactique*), homogène, qui est de même nature. — *Gleichartige steine*, pierres homogènes, pierres du même genre, de la même espèce. — *Gleichartige pflanzen*, plantes congénères. — *Gleichartige wildlinge*, sauvageons congénères.

GLEICHARTIGKEIT, f. homogénéité, qualité de ce qui est homogène.

GLEICHAXIG, adj. (*t. de crist.*), équiaxe : se dit d'un cristal lorsqu'il a la forme d'un

rhomboïde dont l'axe égale celui du rhomboïde primitif. Ex. *Gleichaxiger kohlen gesaüerterkalk*, chaux carbonatée équiaxe.

GLEICHDEÜTIGKEIT, f. équipollence, égalité de valeur.

GLEICHE, pour GLEICHHEIT, f. égalité, parité ; coïncidence ; état de deux choses qui tombent ou arrivent au même point.

GLEICHEN, v. n. égaler, être égal ; égaler, égaliser, rendre égal; aplanir, rendre uni, mettre de niveau, affleurer. — *Eine wage gleichen*, ajuster une balance. — *Die münzen gleichen*, ajuster les monnoies, les mettre au poids.

GLEICHER, m. (*t. de forg.*), l'élargisseur, l'aplatisseur.

GLEICHFÖRMIG, adj. uniforme, conforme, semblable en toutes ses parties.

GLEICHGELTEND, adj. équipollent, qui vaut autant que....

GLEICHGEWICHT, n. équilibre, égalité de poids.

GLEICHGEWICHTSKUNST, f. la science des lois de l'équilibre.

GLEICHHAMMER, m. le marteau à faire les semelles.

GLEICHHEITZEN (*t. de verr.*), anhéler, entretenir le feu à un degré convenable.

GLEICHLAUFEND, adj. parallèle : se dit de deux lignes ou de deux surfaces également distantes dans toute leur étendue. — *Gleichlaufende linie, flache*, ligne, surface parallèle.

GLEICHLAUFIG, adj. analogue ; et pour GLEICHLAUFEND, parallèle. — *Gleichlaufend schief*, parallèle oblique.

GLEICHLAUFIGKEIT, f. (*t.*

de *géom.*), parallélisme ; état de deux lignes ou de deux plans parallèles ; dans plusieurs arts, analogie, proportion, convenance, régularité.

GLEICHNAMIG, adj. (*t. de géom.*), équinomes, homologues : se dit des côtés qui dans des figures semblables se correspondent et sont opposés à des angles égaux. — *Gleichnamige winkel und seiten,* angles et côtés équinomes de deux figures. — *In ähnlichen dreyecken haben die gleichnamigen seiten einerlei verhältniss,* dans les triangles semblables les côtés homologues sont proportionnels.

GLEICHOFEN, m. le fourneau à faire les semelles.

GLEICHSCHENKELIG, adj. (*t. de géom.*), isocèle, qui a deux côtés égaux.—*Ein gleichschenkeliger triangel,* un triangle isocèle.

GLEICHSEITIG, ad. (*t. de géom.*), équilatéral, équilatère. — *Gleichseitige triangel,* triangles équilatéraux. — *Die gleichseitige fläechen eineskrystalls,* les faces égales d'un cristal ; isochrone : se dit des mouvemens qui se font en temps égaux.

GLEICHWINCKELIG, adj. (*t. de géom.*), équiangle, égalité d'angles. — *Gleichfigur,* figure équiangle ; (*t. de crist.*), isogone. *Haüy* appelle ainsi un cristal dont les faces qui se trouvent sur des parties différemment situées forment entre elles des angles égaux.

GLEICHWIRKEND, ad. (*t. de mécan.*), qui opère également.

— *Gleichwirkende kräfte,* puissances conspirantes.

GLEICHZEITIG, adj. (*t. de mécan.*), isochrone, qui se fait en temps égaux.

GLETSCHER, m. lavanche, avalanche ; masse ou quantité considérable de neige détachée tout-à-coup d'une montagne.

GLETSCHERSALZ, n. sel amer natif, sel d'Epsom natif; magnésie sulfatée.

GLIMMER, m. mica ; minéral qui se présente sous la forme de petites lames très-brillantes et souvent d'un aspect métallique ; originaire des terrains primitifs, on le trouve cependant aussi dans les terrains secondaires et tertiaires, et il entre dans la composition de la plupart des roches.

GLIMMERMERGEL, m. argile calcarifère endurcie, mêlée de mica.

GLIMMERSAND, m. quartz arénacé mélangé de paillettes micacées.

GLIMMERSCHIEFER, m. schiste micacé ; roche composée de quartz et de mica alternant par feuillets. — *Glimmerschiefer felsen,* roches micacées fissiles ; granitin.

GLINZERSPATH, m. talc de Moscovie ; verre de Russie ; mica foliacé d'*Haüy.*

GLOBOSITEN, globosite ; coquillage ; fossile d'une forme globuleuse dont la bouche est à longue pointe.

GLOCKENERZ, n. minerai de cloche ; suivant *Klaproth,* c'est de l'étain pyriteux mélangé de beaucoup de cuivre qui, à la fonte, fournit un alliage semblable à celui dont on fait les cloches.

GLOCKENMETALL, n. métal de cloche, étain pyriteux.

GLOSSOPETERN, plur. glossopètres ; fossiles ainsi nommés à cause de leur forme qui ressemble à celle d'une langue de serpent ; mais on croit généralment que ce sont des dents de requin.

GLÖTHE. *Voyez* GLÄDTE.

GLUCINERDE. *V.* SÜSERDE et GLYCINERDE.

GLUCK-AUF, salut ordinaire des mineurs ; il signifie le bonheur vous arrive ; que Dieu fasse tourner les choses à votre satisfaction.

GLÜHE, f. (*t. de fond.*), la chaude ; l'état du fer chaud ; (*t. de chim.*), l'ignition ; état d'un métal rougi par le feu.

GLÜHEN, v. a. chauffer un corps de manière qu'il donne de la lumière et des étincelles, le rendre ardent, faire rougir au feu. — *Das eisen glühen,* faire rougir le fer au feu.

GLÜHOFEN, m. fourneau à faire rougir l'argent ou tout autre métal ; fourneau à rougir les boulets de canon.

GLÜHPFANNE, f. pelle, poêllon à faire rougir ou recuire l'argent dans les hôtels des monnoies.

GLÜHTASSE, f. coupe ou coupelle dans laquelle on fait rougir l'or.

GLÜHWACHS, n. mélange de cire et de vitriol pour donner de l'éclat à la dorure.

GLUTH, f. très-grand feu, feu violent ; embrasement, forte chaleur, ardeur.

GLYCINERDE, f. glucine ; terre ; principe composant de l'émeraude dite aigue-marine, et dont le nom, qui signifie doux, est emprunté de la propriété que cette terre a de produire avec les acides des dissolutions sucrées.

GNADENBRUNNEN, m. eaux minérales, sources minérales, qu'on regarde comme une grace, un bienfait particulier de la Providence.

GNEISS, m. ou KNEISS, roche très-dure et très-distinctement stratifiée, dont la texture est grenue et schisteuse ; elle est composée de feldspath, quartz et mica, immédiatement agrégés, formant comme des petites plaques placées les unes sur les autres et séparées par des couches minces de paillettes de mica. On pourroit presque dire, ajoute *Brochant,* que ce n'est qu'un granite schisteux. *Blumenbach* l'appelle granite feuilleté, et *Haüy,* roche micacée feuilletée avec quartz et feldspath : c'est la roche regardée comme la plus riche en minerais métalliques.

GÖEKELGUT, GOEKELNGUT, GOGKELGUT. Ces trois noms ont été donnés au vitriol natif.

GOLD, n. or. — *Feines gold,* or fin. — *Schlechtesgold,* bas or. — *Gediegenes gold,* or natif ou vierge. — *Gesponnenes gold,* or filé. — *Gezogenes gold,* or trait. — *Gemahlenes gold,* or moulu. — *Geschlagenes gold,* or battu. — *Achtes gold,* vrai or. — *Falsches gold,* or faux. — *Farbigtes gold,* or de couleur.

GOLD-ADER, f. veine d'or, filon d'or dans une mine.

GOLDBAD, n. (*t. de chim.*), bain d'or, or purifié par l'antimoine.

GOLDBERIL, cymophane, sorte de gemme ou de pierre précieuse qui approche du corindon hyalin et a des reflets d'une couleur laiteuse bleuâtre qui semblent flotter dans l'intérieur des cristaux. *Voy*. CYMOPHAN.

GOLDERZ, n. minerai d'or. — *Golderz probiren*, essayer le minerai d'or. — *Golderz rosten*, griller le minerai d'or. — *Golderz schmelzen*, fondre les minéraux qui contiennent de l'or. — *Goldgand*, filon d'or ou qui contient de l'or.

GOLDFEILICHT, n. limaille d'or.

GOLDFEN. *V*. MEERBUSEN.

GOLDFIRNISS, m. batture, sorte de dorure qui se fait avec du miel, de l'eau de colle et du vinaigre.

GOLDFLIMMER, f. paillettes d'or qu'on trouve dans les rivières.

GOLDFLITTER, m. paillette ou petite lame d'or qu'on emploie dans les broderies; bactréole, rognure de feuilles d'or.

GOLDFLITSCHEN, or natif, bluettes ou paillettes d'or.

GOLDGELB, adj. jaune d'or, jaune vif et pur avec éclat métallique.

GOLDGESCHIEBE, n. pepite d'or; or en petits morceaux ou grains, mêlé avec du sable; minerai d'or de transport.

GLODGLÄTTE, f. litharge d'or.

GOLDGLEICH, adj. et adv. qui ressemble à de l'or.

GOLDGRANATEN, plur. grenats d'or. On a nommé ainsi des pyrites aurifères qui avoient quelque ressemblance avec des grenats et ont été trouvées dans des ruisseaux.

GOLDGRUBE, f. minière d'or, mine d'or; fosse d'où on extrait du minerai d'or.

GOLDHALTIG, adj. aurifère, tenant or.

GOLDKALK, m. chaux d'or; or pulvérulent qui, lors de la séparation de l'or d'avec l'argent, se dépose sous la forme d'une poudre fine.

GOLDKIES, m. pyrite aurifère; fer sulfuré aurifère.

GOLDKLUFT, m. fente, gerçure dans laquelle on trouve de l'or.

GOLDKÖNIG, m. (*t. de chim.*), régule d'or, partie réguline de l'or.

GOLDKORN, m. grain d'or; le petit culot d'essai du minerai aurifère, ou celui que donne la poudre fine noirâtre dite chaux d'or (*goldkalk*), mise à la coupelle.

GOLDKRÄTZE, f. (*t. d'orfèv.*), lavure d'or.

GOLDLEBERZ, n. or hépatique ou minerai d'or hépatique; fer sulfuré aurifère en décomposition.

GOLDLEIM, m. chrysocole; matière propre à souder l'or et autres métaux.

GOLDLETTEN, m. argile glaise qui contient de l'or et se trouve quelquefois à côté des fentes.

GOLDLUMPEN, (*t. d'orfèv.*); or en drapeaux; cendres

dont on se sert pour la dorure.

GOLDLUTTE, f. auget à laver le minerai d'or écrasé.

GOLDMACHER , m. faiseur d'or, alchimiste ; celui qui, par l'alchimie, cherche à faire de l'or.

GOLDMACHERKUNST, f. l'alchimie, le grand œuvre ; l'art, la science de faire de l'or.

GOLDNIEDERSCHLAG , m. précipité d'or.

GOLDPROBE, f. l'essai, l'épreuve de l'or.

GOLDPURPUR DES CASSIUS, (t. de chim.), pourpre de Cassius ; or précipité de sa dissolution par l'étain , et que l'on emploie pour colorer la porcelaine en pourpre et en violet.

GOLD-QUARZ, m. quartz tenant or.

GOLDRATH, m. fil d'or, gavette, or trait, barre d'argent doré au feu et passé par la filière.

GOLDREICH, adj. et adv. riche en or.

GOLDSALPETER, m. nitrate d'or.

GOLDSALZ, n. muriate d'or.

GOLDSAND, m. sable aurifère, sable mêlé de paillettes d'or.

GOLDSCHEIDEN, v. a. séparer l'or des autres métaux, le purifier.

GOLDSCHEIDER, m. l'affineur d'or, celui qui fait le départ de l'or.

GOLDSCHEIDUNG , f. séparation de l'or d'avec l'argent ; départ de l'or.

GOLDSCHLÆGER, m. le batteur d'or ; le gros piffre, gros marteau de batteur d'or.

GOLDSCHLÆGERHAUT, f. la baudruche , pellicule de boyau de bœuf dont les batteurs d'or se servent pour réduire l'or en feuilles.

GOLDSCHLICH , m. schlich d'or ; minerai d'or écrasé, lavé et préparé pour être porté au fourneau de fusion.

GOLDSCHMELZER , m. le fondeur , l'affineur d'or.

GOLDSCHÖRL , or vierge, or natif.

GOLDSCHWEFEL, antimoine, hydro-sulfuré.

GOLDSEIFE, f. or d'alluvion, même que GOLDWÄSCHE.

GOLDSEIFE, f. or d'alluvion, or de lavage.

GOLDSINTER, m. concrétion calcaire mêlée d'or.

GOLSTEIN , chrysolite ; et à Kremnitz, la chaux carbonatée ferrifère jaune , ainsi qu'en général toutes les roches colorées d'un jaune d'or.

GOLDSTUFE , f. morceau , échantillon de minerai d'or.

GOLDSUCHER, m. arpailleur, chercheur d'or.

GOLDTALK , talc laminaire jaunâtre.

GOLDTINCTUR, f. (t. de chim.), teinture d'or, or potable.

GOLDVITRIOL , m. sulfate d'or.

GOLDWAGE, f. biquet, trébuchet pour peser l'or et l'argent.

GOLDWÄSCHE, f. lavoir, endroit où l'on fait le lavage des grains d'or, et aussi des sables aurifères pour en tirer les paillettes d'or; or de lavage.

GOLDWEINSTEIN, m. tartrite d'or.

GOLDZAHN, m. dent d'or ; petite barre d'or vierge.

GONIOMETRIE, f. art de mesurer les angles.

GONYOMETER, m. (*t. de géom.*), goniomètre, instrument pour mesurer les angles. Il a été inventé par M. *Carangeot*, et perfectionné par M. *Gillet-Laumont.*

GÖPEL, m. machine à molette ; baritel, engin posé horizontalement à la superficie d'un puits pour tirer des fardeaux de dessous terre. — *Ein pferdegopel,* machine à molette tirée par des chevaux. La machine à molette ou baritel est un moyen d'extraction bien plus puissant encore que le treuil (*haspel*) qui ne sert que pour les fardeaux médiocres.

GÖPELHEERD, m. manège d'une machine à molette ; aire ou place circulaire, autour de laquelle tournent les chevaux qui la font mouvoir.

GÖPELKETTE, f. chaîne d'une machine à molette, celle qui sert à faire monter et descendre les seaux ou tonnes de minerais.

GÖPELKREÜTZ, n. croix d'une machine à molette.

GÖPELKUNST, f. toute machine hydraulique mue par des chevaux, et le bâtiment rond terminé en pointe qui la couvre.

GÖPELPLATZ, *Voy.* GÖPELHEERD.

GÖPELSEIL. *Voy.* GÖPELKETTE.

GÖPELSPINDEL ou GÖPELSPILLE, f. essieu, arbre de la machine à molette, posé verti-

calement et tournant sur son pivot.

GÖPELTREIBER, m. le toucheur, l'ouvrier chargé de conduire le cheval employé pour le mouvement de la machine à molette.

GÖPERKORB, m. base ; lanterne, tambour ou gros panier autour duquel passe ou s'enveloppe la chaîne de la machine à molette.

GOSSAN, gossan. Les mineurs de Cornouailles et quelques Allemands ont donné ce nom au schéelin calcaire ou tungstène d'un blanc grisâtre tacheté de brun.

GOSSE, f. évier, auge, canal par où les eaux s'écoulent ; égout, ruisseau des rues.

GOTHLANDSSTEIN, pierre de Gothland ; chaux carbonatée compacte qui ne prend pas bien le poli.

GRABEN, m. les conduits d'eau, fossé pour l'écoulement des eaux ; canal d'une machine hydraulique. — *Graben abwaegen,* niveler un canal, prendre le niveau d'un terrain pour diriger convenablement une conduite d'eau sur la machine.

GRABENSTEIGER, m. gardecanal, celui qui a la surveillance sur les conduites d'eau, et est chargé de les entretenir en bon état ; maîtres des canaux.

GRÄBER, granite.

GRABSTICHEL, m. burin, poinçon, ciselet, onglet, frisoir. — *Mit dem grabstichel arbeiten,* buriner.

GRAD, m. (*t. de géom.*), degré, la trois cent soixantième partie de la circonférence d'un cercle. — (*t. de chim.*) *Die grade des feüers zugebenwissen*, savoir donner les degrés convenables au feu. — *Der grade der metalle*, le degré de bonté des métaux.

GRADBOGEN, m. demi-cercle gradué dont les ingénieurs se servent pour le nivellement des galeries et autres travaux de mine.

GRADIEREN, v. a. (*t. de salin.*), faire la graduation, faire évaporer l'eau dans laquelle le sel est dissous ; graduer.

GRADIERFASS, n. le réservoir d'eau salée.

GRADIERHAUS, n. bâtiment de graduation, construction destinée à faire évaporer l'eau dans laquelle le sel est dissous.

GRADIERHEERD, m. foyer de graduation, foyer sous la chaudière de l'eau salée.

GRADIERPFANNE, f. la poêle de graduation, la chaudière pour faire évaporer l'eau salée.

GRADIERRÖHRE, f. tuyau de graduation, tuyau qui conduit l'eau salée dans la chaudière.

GRADIERUNG, f. évaporation de l'eau salée, graduation.

GRADIERWERCK, n. bâtiment de graduation et tout ce qui est nécessaire pour l'évaporation des eaux salées.

GRADLEITER, f. échelle des degrés.

GRAMMATIT, grammatite. Ce nom, qui signifie marqué d'une ligne, a été substitué par *Haüy* à celui de trémolite,

parce que les prismes de ce fossile offrent dans leur cassure transversale un rhombe marqué d'une ligne qui passe par les deux angles aigus et représente naturellement la grande diagonale de la base du prisme. On croit que ce minéral doit être réuni à l'amphibole. *Voy.* TREMOLITH.

GRÄN, m. grain pour essai, poids d'or qui fait la neuvième partie d'un grain (poids de marc). — *Vier grän machen einenkarat*, 4 grains font, pèsent 1 carat.—(*t. de monn.*) *Gran* pour *Pfennig*, denier, poids qui pèse vingt-quatre grains.

GRANALL, granall, quartz hyalin amorphe mélangé de grenats.

GRANAT, m. grenat, sorte de pierre précieuse ordinairement d'un rouge plus ou moins foncé et qui se trouve en cristaux disséminés dans une multitude de gangues différentes, mais qui appartiennent toutes aux terrains primitifs. — *Edlergranat*, grenat noble.— *Gemeiner granat*, grenat commun. — *Granat, wesuwischer, wulcanischer, weisser*, grenat du Vésuve , grenat des volcans, grenat d'un blanc mat, leucite ou grenat blanc (*amphigene*); c'est-à-dire qui a une double origine , parce qu'il se divise parallèlement aux faces d'un cube, et en même temps à celles d'un dodécaèdre rhomboïdal.

GRANATBERG, grenat commun sans éclat opaque.

GRANATBLENDE, amphibole cristallisé.

GRANATEN SPÄNNISCHE , chaux phosphatée cristallisée.

GRANATFELZ , grenats communs mélangés avec le quartz, la chaux carbonatée et le mica.

GRANAT GNEISS , gneiss farci de grenats.

GRANATIN et GRANATIT , granatite, staurotide unibinaire d'*Haüy* que l'on avoit cru être une variété du grenat ou du schorl.

GRANATIT , granatite ; staurotide unibinaire d'*Haüy*. *V.* STAUROLITH et GRANATIN.

GRANATSTEIN , même que GRANATBERG.

GRAND. *Voyez* GRANT.

GRANDER , quartz hyalin amorphe mêlé d'argile calcarifère.

GRANDING , quartz arénacé.

GRANILITH , granite avec des parties de mélange accidentelles.

GRANIT , m. granite ; roche à contexture grenue , essentiellement composée de feldspath , de quartz et de mica , confusément cristallisés ; les cristaux de feldspath sont d'ordinaire les plus distincts.

GRANITELL, granitelle;roche composée, suivant *Daubenton,* de quartz hyalin amorphe pénétré de schorl; suivant *Brisson,*de feldspath et de schorl ; suivant *Kirwan,* de quartz et de mica ; et suivant *Blumenbach,* c'est un granite à grains fins ; le granitelle de *Saussure,*suivant *Brochant,* est une siénite.

GRANITFELS , m. roche granitique.

GRANITIN , granitin ; granite mélangé de fossiles qui sont étrangers à sa composition : par exemple , suivant *Stutz,* le schiste micacé mêlé avec le quartz et le feldspath.

GRANITLING , quartz arénacé avec des fragmens roulés de granite.

GRANITONE, granitone.*Kirwan* nomme ainsi un mélange de beaucoup de feldspath avec peu de mica;*Gmelin,* une roche serpentineuse farcie defeldspath blanc.

GRANITPORPHYR , granite porphyrique.

GRANITSCHIEFER , granite schisteux ; gneiss.

GRANT ou GRAND, graviers; fragmens menus et minces éclatés des roches lorsqu'on les tailloit; sable cru , mélange de sable de bocard , de vase et de boue dont on enduit les trous percés pour faire sauter la mine.

GRANULIREN , v. a. granuler , réduire un métal en petits grains.

GRANULIRT EISEN , n. fer granulé , grenailles.

GRANULIRT KUPFER, cuivre granulé, cuivre en grenailles.

GRANULIRUNG , f. granulation, action de réduire un métal en petits grains.

GRÄNZE. *Voyez* GRENZE.

GRAPHIT , m. graphite , plombagine ; carbure de fer; fer carburé d'*Haüy*.

GRAPHOLIT , grapholite, argile schisteuse tabulaire dont on fait des tables à écrire.

GRAPEL , m. (*t. de min.*), empan, sorte de mesure dont on compte huit pour une toise de mine. L'empan ordinaire est la mesure du bout du pouce au bout du petit doigt dans sa plus grande distance.

GRAPHOMETER, m. (*t. de mathém.*), graphomètre, instrument pour mesurer les angles.

GRASGRÜN, vert de pré, vert vif et pur où le jaune commence à dominer.

GRASMEYER, trou percé horizontalement pour faire éclater ou pour détacher la roche.

GRAU, adj. gris. — *Die graue farbe*, la couleur grise. — *Bleygrau*, gris de plomb. — *Perlgrau*, gris de perle.

GRAU BRAUNSTEINERZ, manganèse gris, manganèse oxidé.

GRAUERZ, n. mine de cuivre grise argentifère.

GRAUGOLD, GRAUGOLDER. *Voyez* BLATTERERZ.

GRAUGÜLTIGERZ, n. mine grise riche; mine d'argent grise; variété de cuivre gris qui ne contient point de plomb, mais beaucoup d'argent.

GRAUKOBALT, cobalt gris.

GRAUKUPFERERZ, n. cuivre gris; cuivre sulfuré.

GRAUPE, f. GRAUPEL ou GRAUPEN, (*t. de min.*), les plus gros morceaux du minerai écrasé, le plus grossier du minerai bocardé; toutes les sortes de minerais en grains. — *Das graupenerz,* minerai en grains, minerai bocardé, brisé, pilé.

GRAUPENKOBALT, m. cobalt gris, cobalt éclatant grenu.

GRAUPENSCHÖRL, schorl en grains; schorl en prismes gros et courts; suivant *Blumenbach,* tourmaline cylindroïde.

GRAUS, m. plâtras, décombres, pierres de débris, de ruines, etc.

GRAUSILBERERZ, n. cuivre gris argentifère.

GRAUSPIESGLANSERZ, n. antimoine sulfuré gris.

GRAUSTEIN, m. graustein; pierre grise; roche composée de très-petits grains de feldspath blanc et d'amphibole noir, en quelque sorte fondus, dit *Brochant,* les uns dans les autres; elle est rangée par *Werner* parmi les roches de formation trapéenne dans la classe des stratiformes. *Heidinger* nomme aussi *graustein* le porphyre argileux; *Blumenbach* le qualifie porphyre sur-mélangé, dont la pâte est une argile endurcie : c'est selon lui, et quelques autres, le *saxum metalliferum* de *Deborn.*

GRAUWACKE, grauwake, grès ou quartz arenacé aggluitiné, composé de grains plus ou moins fins de quartz, de schiste siliceux (*kieselschiefer*), et de schiste argileux (*thonschiefer*), liés par un ciment argileux.

GRAUWACKEN - SCHIEFER, grauwacke schisteuse, roche de transition.

GRAUWACK - WURSSTEIN, grauwacke pouddingue, roche formée de fragmens de grauwacke à gros grains liés par un ciment de grauwacke à grains très-fins : on en voit un banc considérable au milieu de la grauwacke à gros grains, près de Clausthal au Hartz, où l'on sait que cette roche est la dominante.

GREIFSTEIN, m. gryphite;

coquille bivalve fossile , dont l'analogue est inconnu. *Voyez* GRYPHITEN.

GREIS, KREIS, GRIES, KIES. On a désigné sous ces quatre noms le gravier , le gros sable , les morceaux de quartz ou de pierre quelconque , qui se déposent souvent dans les fosses de fabriques de savon et empêchent le cours de l'eau.

GREIS , GREISEN , GREIS-GEBIRCE. Ces trois noms ont été donnés par *Gmelin* au granite sans feldspath.

GREISWITTER , mine d'étain en masse.

GRELL , adj. pétillant , éclatant , fort brillant. — *Dunnes und grelles eisen ,* fer mince et aigre. *Voyez* DRÜNNGRELL.

GRENZE , f. terme , borne , fin , extrémité, limite. — *Die grenze einer figur ,* terme , extrémité d'une figure. — *Die grenz linie,* ligne de séparation.

GRIESSTEIN, LENDENSTEIN, NIERENSTEIN , jade néphrétique.

GRIFFELSCHIEFER , sorte de schiste argileux scapiforme, ou composé de pièces séparées fort minces.

GRINSEN, v. n. (*t. de fond.*), commencer à se fondre : se dit particulièrement du cuivre dans les fourneaux de ressuage.

GRISJOCKELGUTH. *Voyez* GRÜLSJOCKEL.

GROBDRÄETHIG , adj. qui est fait ou composé de gros fils d'archal , d'argent , etc.

GROBE GÄNGE et GROBE GESCHICKE , désignation des minerais communs, tels que le plomb , le cuivre, le fer , etc.

GROBFEILE , f. grosse lime , rappe.

GROBKOHLE , houille grossière d'un éclat gras et peu éclatant.

GROBSPEISIG OU SPREISSIG , adj. qui est formé , composé de gros morceaux carrés. — *Grobspreissiger bleyglanz ,* plomb sulfuré en gros cubes, très-riche en plomb , quelquefois aussi en argent, et très-propre à faciliter la fonte des autres métaux.

GRÖSSE , f. (*t. de mathém.*), grandeur , étendue.

GRÖSSE DER WINKEL, (*t. de mathém.*), la valeur des angles.

GRÖSSE FAUSTEL , masse ou gros marteau de fer pour briser la roche détachée, ou pour enfoncer les coins qui doivent la faire éclater.

GRÖSSE HAMMER , m. gros marteau de forge mu par l'eau.

GROTEN , aétites , pierres d'aigle , fer oxidé géodique.

GROWAN. *Kirwan* appelle ainsi un mélange d'argile , de mica et de quartz.

GRUASCHE, f. cendres légères d'éteuil ou chaume, qui contiennent peu d'alcali.

GRUBE , f. minière , mine métallique , fosse , souterrain , excavation d'où l'on extrait des minéraux.—*Die grube belegen,* mettre des ouvriers dans une mine. Les plus profondes mines connues sont en Transylvanie , et leur profondeur ne va pas au-delà de 510 toises.

GRUBENARBEIT , GRUBENBAU , f. travail d'une mine , exploitation d'une mine.

GRUBENARBEITER , m. ouvrier aux mines , mineur.

GRUBENAUFSTAND , m. le rapport de l'état d'une mine.

GRUBENBEIL , n. le hachereau , ou petite cognée à l'usage des ouvriers qui travaillent dans les mines.

GRUBENBERICHT , m. détail, exposition de l'état d'une mine, d'une exploitation ; rapport sur une ou plusieurs mines.

GRUBENBLENDE , n. lanterne de mine , lanterne où le mineur tient sa lumière.

GRUBENCOMPASS , m. boussole de mine , du mineur. *Voy.* COMPASS.

GRUBENERZ , n. minerai qui s'extrait de la profondeur en opposition à celui qui se tire seulement de la surface.

GRUBENGEBÄUDE , n. l'ensemble des travaux d'une exploitation de mine , tels que galeries , puits et percemens quelconques.

GRUBENGEZAH , n. tous les outils ou instrumens dont les mineurs se servent pour les travaux de mines.

GRUBENHOLZ , n. le bois de charpente nécessaire pour le travail des mines.

GRUBENJUNGE , m. aide mineur , jeune ouvrier qui sert le mineur en titre dans les travaux de mine, charrie le minerai, le brise , et est employé à toutes sortes d'ouvrages à sa portée.

GRUBENKITTEL , m. froc de mine , habit de costume du mineur , habit de toile ou étoffe noire, fait comme un ample casaquin qui s'attache au-dessus des hanches avec la ceinture d'un tablier de cuir qui pend par der-

rière et que l'on appelle *arschleder. Voyez* ce mot.

GRUBENKLEID , n. habit de travail du mineur lorsqu'il entre dans la mine, lorsqu'il va à l'ouvrage.

GRUBENKLEIN , menus débris , menus des mines , tous les petits fragmens ou morceaux qui tombent avec les gros dans un ouvrage de mine ; les balayures des casseries ou chambres de triage du minerai.

GRUBENKÜTTE. *V.* GRUBENKITLEL.

GRUBENLICHT , n. lumière de mine , lumière qui éclaire les ouvriers dans les mines, lampe de mineur.

GRUBENPULVER , n. poudre de mine , poudre à miner.

GRUBENSCHERPER , m. gros couteau à l'usage du mineur.

GRUBENSTEIGER , m. maître mineur qui surveille les ouvriers dans les travaux de mine.

GRUBENTASCHE , f. poche que les mineurs portent à leur ceinture.

GRUBENWASSER, n. eau d'une mine , les eaux qui se rassemblent dans une mine.

GRUBENZEUG, n. le costume, l'habillement du mineur.

GRUBENZUG, m. le mesurage, la dimension d'une mine.

GRUBIG , adj. caverneux , qui a des cavités , des creux , des fosses.

GRUDE , cendre brûlante.

GRUDEN, v. a. (*t. de salin.*), remuer, attiser le feu de paille allumé sous les poêles.

GRUDENHAUS, bâtiment destiné pour la conservation des cendres.

GRUDER, m. (*t. de salin.*), l'ouvrier chargé d'attiser le feu de paille sous la poêle.

GRUN, adj. vert. — *Die grüne farbe*, couleur verte. — *Gras grün*, vert de pré. — *Grun bleyerz*, plomb vert, plomb phosphaté.

GRUND, m. fond, l'endroit le plus bas d'une chose creuse, le fondement, la base.

GRUNDBLEY, n. plomb de sonde, plomb pour sonder la profondeur de l'eau, pour trouver le fond.

GRUNDERDE, f. terre primitive.

GRUNDFARBE, f. couleurs matrices.

GRUDFLÄCHE, f. base d'un solide ; plan ou base inférieure.

GRUNDFORMEL, m. (*t. de crist.*), loi génératrice.

GRUNDGEBIRGE, plur. montagnes primitives.

GRÜNDGESTALT, f. forme primitive, forme principale ou dominante.

GRUNDHERR, m. propriétaire du terrain.

GRUNDLADE, (*t. de min.*), le racinal, grosse pièce de bois qui en soutient d'autres.

GRUNDLAGE, f. base, fondement ; (*t. de chim.*), le radical.

GRUNDLINIE, f. (*t. de géom.*), base, ligne fondamentale.

GRUNDPFAHL, m. pieu, palis au fond d'un lieu ; (*t. d'archit.*), pilotis, gros pieu, ou toute autre pièce de bois pointue que l'on fait entrer par force pour asseoir des fondations.

GRUNDRISS, m. ichnographie, plan géométral d'un édifice.

GRUNDSATZ, m. axiome, maxime, proposition générale qui est reçue et établie dans une science, qui sert de principe.

GRUNDSCHWELLE, f. lambourde, longue pièce de bois qui pose sur les fondemens d'un bâtiment.

GRUNDSOLE, (*t. de min.*), pièces de bois que l'on met en travers sur le sol, ou plancher d'une galerie dont le fond n'a pas assez de solidité pour soutenir les montans de la charpente.

GRUNDSTEIN, m. pierre fondamentale ; (*t. de min,*), pierre arénacée agglutinée, composée de très-gros grains de quartz liés par un ciment siliceux ; en Suède, chaux carbonatée grossière, compacte.

GRUNDSTOFF, m. (*t. de phys.*), les principes, les élémens, les parties les plus simples dont les corps sont composés ; ce qui est conçu comme le premier dans la composition des corps matériels.

GRUNDTEIG, m. pâte première, masse principale.

GRUNDTHEILCHEN, n. (*t. de min.*), molécule, principe. *Voyez* MOLEKÜLS.

GRUNDUNGSEISEN, (*t. de grav.*), petit ciseau, ciselet.

GRUNDWASSER, plur. eaux souterraines ; les eaux qui se trouvent dans les entrailles, dans les lieux profonds de la terre.

GRUNDZUG, m. principe. — *Die algemeine grundzuge einer theorie*, les principes les plus généraux d'une théorie.

GRÜNERDE, f. terre verte; talc chlorite zographique d'*Haüy*; terre employée comme matière colorante dans la peinture. Cette chlorite est d'un vert assez pur et onctueuse au toucher : c'est la substance connue dans le commerce sous le nom de *terre de Vérone*.

GRÜNKUPFER, GRÜNKUPFER-ERZ, cuivre carbonaté vert.

GRÜNLICH, adj. verdâtre, qui tire sur le vert.

GRÜNSALZ, n. sel vert; soude muriatée cristallisée en cubes.

GRÜNSILBER ERZ, n. argent muriaté commun vert.

GRÜNSPANN ou GRÜNSPAHN, cuivre carbonaté vert; cuivre sulfaté concrétionné stallacti-forme; vert-de-gris, verdet, oxide vert de cuivre.

GRUNSPATH, chaux carbo-natée saccaroïde.

GRÜNSTEIN, m. pierre verte, aussi GRÜSTEIN. — *Urgrun-stein*, grunstein primitif; roche dont les parties constituantes principales sont le feldspath et l'amphibole intimement agré-gés, et dont la texture est gre-nue : sa couleur est due à l'am-phibole qui y domine, et est communément verte.

GRÜNSTEIN PORPHYR, m. grunstein dans lequel les grains de feldspath et d'amphibole sont si fins que l'on a peine à recon-noître la texture grenue.

GRÜNSTEIN SCHIEFER, grun-stein schisteux; roche composée de feldspath compacte, d'am-phibole et d'un peu de mica, et aussi quelquefois de grains quartzeux : la contexture en est

schisteuse, et le feldspath y est en quantité à-peu-près égale avec l'amphibole.

GRUS. *Voyez* GRAUS.

GRÜLZ JÖCKEL, m. sulfate vert stallactiforme, qui se forme par suintement dans l'intérieur des galeries de mines.

GRUPPEL, f. (*t. d'arts*), groupe, assemblage d'objets rapprochés, et que l'œil em-brasse à-la-fois. — *Krystallen gruppe*, groupe de cristaux, cristaux réunis sur une même base.

GRYPHITEN, gryphites, co-quilles fossiles bivalves qui ont la forme d'un vaisseau antique avec une poupe très-relevée et recourbée en dedans; leur face est toujours fortement plissée par l'effet de leurs accroisse-mens annuels.

GRYPHITENKALK. On nom-me ainsi en Thuringe une pierre formée d'argile calcarifère en-durcie.

GUCKGUCKSTEIN, pierre de coucou, schiste argileux, argile schisteuse.

GUHR, f. (*t. de min.*), guhr, matière visqueuse formée d'un mélange de terres très-divisées, chargées de substances métalli-ques décomposées, et suintant dans les travaux de mine à tra-vers les fentes des roches. On a aussi donné le nom de *Guhr* à la chaux sulfatée niviforme et à la chaux carbonatée spongieuse, parce qu'on les regarde, la première comme un produit de la destruction du gypse, et la seconde comme celui de la des-truction de la pierre calcaire : ainsi on nomme la première

massives ou en masse; minerais riches et en masse.

DEUPE, DEUTE, canal ou
tuyau qui transmet le vent du
soufflet dans le fourneau; tuyau,
bec du soufflet. *Voyez* LIESE.

DIAGONAL, diagonal; qui va
de l'un des angles d'une figure
rectiligne à l'angle opposé. —
Diagonallinie, ligne diagonale.

DIAGONALFLÄCHIG, adj. (*t.
de crist.*), plagièdre. On nomme
ainsi un cristal lorsqu'il a des facettes situées de biais. Ex. Quartz
plagièdre, zircon plagièdre.

DIALLAGON (*t. de min.*),
diallage; substance très-lamel-
leuse d'une couleur verte ou d'un
gris éclatant, souvent d'un éclat
métalloïde, ou avec des reflets
d'un blanc satiné; smaragdite de
Saussure; émeraudite de *Daubenton;* bronzite et pistazite de
quelques minéralogistes.

DIAMANT, diamant; *adamas*
des anciens qui lui avoient donné
ce nom qui signifie *indomptable,* parce qu'ils le regardoient
comme le corps le plus inaltérable de la nature; c'est au moins
le plus dur, car il raye tous les
minéraux et n'est rayé par aucun, et cependant il se divise
assez facilement lorsque l'on
agit dans le sens de ses lames.
C'est aussi le minéral qui a le
plus d'éclat, et est regardé
comme le plus précieux ainsi
que le plus rare, quoiqu'il ait
pour principes constituans le
carbone et l'hydrogène qui sont
les plus universellement répan-
dus, et qu'il soit exactement
de même nature que le charbon
auquel il ressemble si peu.

DIAMANT *alançonischer,*

asturischer aus der tartarey;
DIAMANT *böhmischer, bris-
toler, canadischer, cornwal-
lischer;* DIAMANT *falscher,
gallizischer, schlesischer, stoll-
berger;* DIAMANT *ungarischer,
von baffa,* m. quartz hyalin
cristallisé.

DIAMANT BOORD, diamant
terne, plus dur que ceux d'une
belle eau, et qui, pulvérisé, sert
à les polir.

DIAMANT - GEMACHTER,
stras, composition qui imite le
diamant.

DIAMANT-ROTHER, rubis
spinelle.

DIAMANT-GRUBE, mine de
diamant.

DIAMANT-MUTTER, matrice
de diamant.

DIAMANT-SPATH. *Voy.* DE-
MANT-SPATH, CORUND.

DIASPORE, diaspore; miné-
ral en lames un peu curvilignes
formant des masses d'une couleur grise et d'un éclat assez
vif qui tire sur le nacré. Sa
gangue est une roche argilo-
ferrugineuse. On présume qu'il
peut former une espèce particulière parmi les substances
terreuses, mais il n'a pas été encore admis comme tel par *Haüy.*

DICHT, adj. DICK, solide,
ferme, compacte, dense, serré,
dur, épais. — *Die metalle, die
gesteine sind dichte körper,* les
métaux, les roches sont des
corps denses, solides, compactes, épais.

DICHTE, DICHTEIT, DICH-
TIGKEIT, f. solidité, fermeté,
compacité, épaisseur, densité;
— *Der grad der dichtigkeit,* les
degrés de densité.

DICKGRELL, adj. (*t. de fond.*). DICKGRELLES EISEN, sorte de fer de fonte d'une mauvaise qualité, épais, qui ne coule pas bien, qui est plein de soufflures dans l'intérieur, dont la cassure est blanche, la surface criblée de creux, et qui ne peut être employée que pour des ustensiles de peu de valeur. Sa mauvaise qualité ne lui vient pas du travail de la fonte, mais de l'espèce du minerai.

DICKSTEIN, diamant qui n'est brillanté que sur une moitié.

DIELE, f. planche, ais, plancher.

DIGERIREN, v. a. (*t. de chim.*), digérer, mettre en digestion.

DIHEXAEDRISCH, adj. (*t. de crist.*), dihexaèdre : se dit d'un cristal dont la forme est un prisme hexaèdre, à sommets trièdres. Ex. Feldspath di-hexaèdre.

DILATIRT, adj. (*t. de crist.*), dilaté, élargi, augmenté en volume. *Voyez* ERWEITERT.

DILLE, f. douille ou manche creux, canal, anneau, tuyau de métal.

DIMORPHISCH, adj. (*t. de crist.*), biforme. On nomme ainsi un cristal qui renferme une combinaison de deux formes remarquables, telles que le cube, le rhomboïde, l'octaèdre, le prisme hexaèdre régulier, etc.

DIOPSID, diopside, minéral qui se présente en cristaux généralement prismatiques, mais aussi quelquefois lamelliformes, et même en masses amorphes et compactes : la couleur varie entre le vert pâle et le blanc jaunâtre.

Haüy l'a réuni au pyroxène.

DIOPTAZ, dioptaze. *Voyez* KUPFERSMARAGD.

DIPHITEN, pholades fossiles.

DIPYRE, dipyre, leucolithe de Mauléon; minéral très-fragile, formé de prismes minces, blanchâtres ou rosacés, translucides, adhérens entre eux dans toute leur longueur, et réunis entre eux sur une gangue terreuse stéatiteuse. MM. *Gillet-Laumont* et *Lelièvre* l'ont trouvé au torrent de Mauléon, dans les Pyrénées occidentales.

DISCILEN, discile; coquille bivalve vulgairement dite manteau de St.-Jacques, unie.

DISJUNCTIV (*t. de crist.*), disjoint : se dit d'un cristal lorsque les décroissemens font un saut brusque, comme de 1 à 4 ou à 6. Ex. Argent antimonié sulfuré disjoint.

DISSOLVIREN, dissoudre, faire entrer en dissolution.

DISTHENE. *Voyez* CIANIT.

DISTILLIERKUNST, f. l'art de distiller.

DISTILLIER-OFEN, m. fourneau pour distiller.

DISTILLIERUNG, f. distillation, action de distiller; chose distillée.

DISTILLIREN, distiller, tirer le suc d'une substance, la purifier par l'alambic.

DISTILLIRGEFÄSS, n. (*t. de chim.*), vase à distiller, toutes sortes de vaisseaux à distiller.

DISTILLIRHELM, m. (*t. de chim.*), alambic; chapiteau, vaisseau placé au-dessus d'une cucurbite.

DISTILLIRKOLBE, m. cucurbite, alambic.

Haargold, n. or natif ou vierge capillaire.

Haarig, adj. capillaire.

Haarkies, m. fer sulfuré capillaire en aiguilles très-déliées qui se croisent en toutes sortes de direction ; minerai de Nickel, tenant cobalt et arsenic, suivant *Klaproth*.

Haarkupfer, n. cuivre natif filamenteux.

Haarlava, f. lave vitreuse obsidienne verdâtre, suivant *Stutz*.

Haarröhre, f. (*t. de phys.*), tube, tuyau capillaire ; cylindre creux très-délié dans lequel un liquide s'élance au moment de l'immersion et y demeure suspendu à une hauteur considérable.

Haarsalz, n. halotric, sel halotric ; sel capillaire, sel qui a tous les caractères chimiques de l'alun natif.

Haarschwefel, m. fleurs de soufre des volcans, soufre pulvérulent.

Haarsilber, n. argent natif capillaire.

Haarstein, m. quartz hyalin cristallisé ou amorphe renfermant des petites aiguilles ou filamens, soit de titane, soit de toute autre substance.

Haarvitriol, m. sulfate en cristaux capillaires réunis; alumine sulfatée alcaline.

Haarzeolith, m. zéolite fibreuse.

Haarzirkel, m. compas à deux fines pointes, dont une mobile à l'aide d'une vis de rappel, servant à prendre des longueurs avec une précision qu'on ne pourroit atteindre en faisant mouvoir les branches à la main.

Habitus, mot latin adopté en Allemagne avec la même signification que l'on donne plus généralement en France au mot *facies*, c'est-à-dire par lequel on désigne un ensemble d'apparences qui caractérisent plus spécialement un corps.

Hackbeil, n. hache ; hachereau, petite cognée pour hacher, pour couper en petits morceaux.

Hackeisen. n. fer à hacher, à couper l'étain.

Hacken, m. hoyau, pioche, crochet, hameçon. — (*t. de min.*) *Der gang wirft einen hacken*, le filon fait le crochet.

Hacken, v. a. piocher, travailler avec le hoyau ; gaffer, accrocher avec la gaffe.

Hackmesser, n. couperet, hachoir, couteau à hacher.

Hackscheite, f. (*t. de salin.*), barres de fer ou de bois dur auxquelles on suspend les chaudières dans les salines lorsqu'on veut les transporter d'une place à une autre.

Haedel, aussi **Häuptel** ou **Haupttheil**, la partie la meilleure et la plus riche du minerai bocardé et lavé.

Haemachat et **Haemachat-stigmit**, quartz agate panaché ou jaspe égyptien.

Haematit, fer oxidé, hématite.

Hafen, m. (*t. de verr.*), padelin ; vase ou grand creuset de l'argile la plus réfractaire que l'on place dans les fourneaux de verrerie pour recevoir la matière dont on fait le verre.

— *Häfen einsetzen, eintragen,* porter, placer les pots ou creusets dans le fourneau. — *Häfen pochen,* briser, bocarder les creusets qui ont servi, pour en joindre les fragmens à la nouvelle argile dont on veut en faire d'autres.

Hafnererde, f. argile, glaise à l'usage des potiers.

Hagel, m. (*t. de phys.*), grêle. — (*t. de min.*) *Hagel,* plomb ou fer granulé; grenaille ou dragée de plomb ou de fer.

Hahn, m. (*t. de fond.*), grains d'argent qui restent attachés au gâteau qui sort de la coupelle; petites pointes qui s'y élèvent ou en jaillissent, lorsqu'on le refroidit trop vite; robinet de fontaine.

Hahnenbalken, m. (*t. de charp.*), tirant.

Hahnenkammdrusen, baryte sulfatée crêtée.

Hahnenkammkies, pyrites en crêtes de coq; les variétés de fer sulfuré dentelé et radié.

Hakelstahl, m. (*t. de tourn.*), acier crochu, recourbé.

Haken, f. (*t. de min.*), déviation d'un filon ou détour de son heure en se pliant, soit du côté du toit, soit du côté du mur.

Hakig, adj. en forme d'hameçon; hamiforme, crochu : on le dit de la cassure des métaux pour en désigner les aspérités.

Halbarten, f. les demi-sortes.

Halbcylindrisch, adj. demi-cilindrique, c'est-à-dire cilindrique d'un côté et plat de l'autre.

Halbdistisch, adj. (*t. de crist.*), subdistique : se dit d'un cristal lorsque, parmi les facettes disposées sur un même rang autour de chaque base, deux sont surmontées chacune d'une nouvelle facette qui est comme le rudiment d'une seconde rangée. Ex. *Halbdistischer peridot,* péridot subdistique.

Halbduplirt, adj. (*t. de crist.*), sous-double : se dit lorsque l'exposant relatif à un décroissement est la moitié de la somme des autres exposans. *Ex.* Topaze sous-double.

Halbdurchsichtig, adj. demi-transparent; lorsqu'à travers des morceaux minces on ne reconnoît les objets que confusément.

Halbgebogen, adj. courbé à demi, bombé, convexe.

Halbgedreht. *Voyez* Hemitropisch.

Halbgerinne, n. demi-canal; auge; rigole en bois qui n'est pas couverte.

Halbgneiss, demi-gneiss. On a appelé ainsi le schiste micacé, un mélange de feldspath et de mica, de mica et de quartz, enfin d'amphibole et de feldspath.

Halbgranit, m. demi-granite, granite sans mica.

Halbhart, adj. demi-dur : on le dit d'un minéral qui ne donne pas des étincelles par le choc de l'acier, et se laisse un peu entamer par le couteau.

Halbinsel, f. presqu'île, peninsule.

Halbkreis, m. ou Halbzirkel, hémycicle; demi-cercle, tout lieu, ou place, formé en amphithéâtre.

HALBKUGEL, f. demi-sphère, hémisphère ; la moitié du globe terrestre.

HALBKUGELERZ, n. aussi KUGELERZ et CORALLENERZ. *Voyez* CORALLENERZ.

HALBKÜGLICH, adj. hémisphérique. — *Halbküglicher glimmer*, mica hémisphérique.

HALBLINDE, adj. pris substantiv. *gelinde feilen*, lime sourde.

HALBMESSER, m. demi-diamètre, rayon.

HALBMETALL, n. demi-métal (*mot hors d'usage*).

HALBOPAL, m. demi-opale ; quartz résinite commun, et quartz résinite ménilite ; pissite.

HALBPORPHYR, m. demi-porphyre. *Blumenbach* nomme ainsi le porphyre dans la pâte duquel une seule substance est mélangée : par exemple, le porphyre antique d'Egypte, dit improprement *serpentino verde antico*, serpentin vert antique, dont la pâte, vert de poreau, teinte en vert pâle, renferme d'assez gros fragmens de feldspath qui y sont enveloppés.

HALBPRISMATISIRT, adj. (*t. de crist.*), semi-prismé : se dit d'un cristal lorsqu'il n'y a que la moitié des arêtes situées autour de la base commune qui soient interceptées par des pans.

HALBUMGEDREHETE GESTALT, f. (*t. de crist.*), hémitropie, forme à demi-retournée.

HALBVIER, adj. sous-douple.

HALBZEOLITH, prehnite, suivant *Estner*. Voy. PREHNIT.

HALBZIRKELIG, adj. demi-circulaire.

HALBZIRKEL, m. *V.* HALBKREIS.

HALDA, sel gemme ou soude muriatée, mélangée de beaucoup de terre.

HALDE, f. (*t. de min.*), halle ; tas, amas, monceaux de déblais tirés des travaux des mines ; dépôts de pierres de filons dont on a reconnu l'inutilité. — *Halden anklauben*, éplucher, trier soigneusement les halles pour en recueillir le meilleur et s'assurer qu'il n'y reste point de substances utiles. — *Halden verkaufen*, vendre les halles, c'est-à-dire le droit d'y chercher le minerai qui peut s'y trouver et d'en disposer à son profit. — *Halden verleihen*, affermer les halles.

HALDENSTURZ, droit de halle ; le droit de déposer sur un terrain tout ce que l'on extrait d'une mine ; la place même, le terrain qu'occupe la halle.

HALIOTIS, haliotide ; genre de coquille connue vulgairement sous le nom d'oreille de mer : c'est une coquille aplatie auriforme à spire très-base ; ouverture très-ample, plus longue que large, percée de trous disposés sur une seule ligne.

HALITH, (*t. de min.*), halite, nouveau genre introduit par *Werner* dans l'ordre des substances acidifères, et dont toute la famille est composée de trois espèces, qui sont la magnésie boratée (*borazit*), la chaux sulfatée anhydre (*wurfeldspath*), et l'alumine fluatée alcaline (*chryolith*).

HALS, m. col, cou d'une cornue, le collet d'une manivelle, partie qui repose et tourne sur la crapaudine.

HALT, m. pour **GEHALT**, teneur. — *Der halt des goldes, des erzes, einer münze,* le fin et la bonté intrinsèque de l'or, d'un minéral, d'une monnoie. — *Der halt des feinen silbers,* le denier, le degré de la bonté de l'argent pur.

HALTBARKEIT, f. qualité de ce qui est tenable.

HALTIG, adj. *Haltiges gestein,* pierre, roche contenant ou renfermant du minerai.

HALTNAGEL, f. cheville ouvrière, boulon.

HALÜRGIE ou **HALOTECHNIE**, halurgie ou halotechnie; partie de la chimie qui a les sels pour objet.

HAMMER, m. marteau; pour **HAMMERWERCK** et **HAMMERHÜTTE**, grosse forge, lieu où l'on fabrique les gros ouvrages de fer; martinet, petit marteau de fonte douce ou de fer pesant environ 450 kilogr., emmanché à l'extrémité d'une longue solive et mis en mouvement par l'eau ou par une machine à vapeur. Il frappe avec une grande force et vitesse. — *Der hammer geht,* le martinet marche.

HAMMERAUGE, n. œil du marteau; ouverture dans laquelle on assujettit le manche du marteau.

HAMMERBACKEN, plur. joues ou côtés du marteau.

HAMMERBAR, adj. forgeable, malléable, susceptible d'être étendu à coups de marteau.

HAMMERBARKEIT, f. mal-

léabilité, qualité de ce qui est malléable.

HAMMERBEIL, n. marteau formé en hachette d'un côté.

HAMMERFINNE, f. la panne du marteau, la partie opposée au gros bout.

HAMMERGERÜST, n. l'appareil en bois ou charpente dans laquelle les marteaux de forge se meuvent.

HAMMERHERR, m. propriétaire d'un martinet, d'une fonderie de fer.

HAMMERHÜTTE, f. ferronnerie; martinet; lieu où l'on forge le fer sous le martinet.

HAMMERKALK, m. argile calcarifère endurcie.

HAMMERMEISTER, m. maître de forge; celui qui régit une forge.

HÄMMERN, v. a. marteler, frapper, battre à coups de marteau. — *Das gold dünhämmern,* étendre l'or sous le marteau. — *Die metalle lassen sich hämmern,* les métaux sont malléables. — *Das hammern,* l'action de marteler, le martelage, des coups de marteau.

HAMMERORDNUNG, f. règlement, ordonnance, statut, disposition concernant le service des grosses forges, des fonderies de fer.

HAMMERRAD, n. roue qui fait marcher le martinet; le canal qui conduit l'eau sur la roue qui fait marcher le martinet.

HAMMERSCHLAG, m. coup de marteau. — *Metall, welches hammerschlag, starke hammerschläge aushält,* métal qui résiste aux coups de marteau, qui peut soutenir les plus grands coups de marteau ; les crasses, le mâchefer, les paillettes, les batitures ou écailles qui se séparent du fer et autres métaux lorsqu'on les frappe à coups de marteau.

HAMMERSCHMID, m. marteleur, ouvrier occupé au marteau dans les grosses forges.

HAMMERSPITZE, f. pointe du marteau.

HAMMERSTIEL, m. manche de marteau.

HAMMERWERCK, n. forge, grosse forge ; lieu où l'on fond le minerai de fer, où l'on forge le fer et où on le met en barre ou en tôle. — *Hammerwerck anrichten* ou *vorrichten,* établir une grosse forge. — *Hammerwerk vorräthe,* approvisionnement d'une forge.

HAMMIT et HAMMITAE, ammites, oolithes ou chaux carbonatée globuliforme.

HANDAMBOS, m. enclume portative, petite enclume à main.

HANDBALG, m. petit soufflet dont on se sert dans l'affinage de l'or pour écarter ou dissiper l'antimoine.

HANDBEIL, n. petite cognée, petite hache à main; herminette, outil de charpentier en forme de hache recourbée.

HANDBOHRER, m. petit foret, petit perçoir, vilebrequin; fleuret du mineur.

HANDCOMPASS, m. boussole à main, boussole du mineur. *Voyez* COMPASS.

HANDFAHRT, f. (*t. de min.*), descente dans les mines par les échelles.

HANDFAUSTEL, m. (*t. de min.*), marteau à main dont le mineur se sert pour frapper sur le fleuret ou sur la pointerolle. — *Handfaustel gut führen,* savoir manier le marteau, être habile mineur.

HANDGÖPEL, m. baritel à main.

HANDGRIFF, m. manivelle, pièce de fer ou de bois placée à l'extrémité d'un arbre ou d'un essieu, et qui sert à le faire tourner.

HANDPUMPE. *V.* WASSERPUMPE.

HANDRÄDLER ou HANDRATTER, m. et HANDSIEB, n. crible à main.

HANDREGISTER, n. (*t. de min.*), registre que tient un officier des mines pour son propre usage.

HANDSPRÜTZEN, pompe à main pour incendie.

HANDSTEIN, m. et HANDSTUFFE, f. morceau de mine ou de roche choisi que l'on peut tenir à la main; pièce de cabinet; chirite, sorte de stallactite qui a la forme d'une main.

HANDWERKSZEÜG, n. outils. tous les instrumens qui servent à l'artisan, à l'ouvrier pour faire quelque travail.

HANFERZ, n. asbeste tressé, mêlé accidentellement de plomb et d'argent.

HANFSALZ, n. soude muriatée fibreuse.

HANGBANK ou HANGELBANK, f. lieu, place dans une mine ou autour d'un puits d'extraction où on renverse les tonnes, où on décharge les seaux; les planches larges et fortes posées à l'orifice supérieur d'un puits, le long des grands côtés où l'on renverse les seaux ou tonnes.

HANGCOMPASS, m. boussole des mines suspendue dans ses cercles; boussole pendante.

HÄNGEN, v. a. pendre, suspendre, tenir suspendu. — (*t. de min.*) *Holz hängen*, descendre le bois dans la mine.

HANGENAGEL, m. (*t. de min.*), clou qui attache deux pièces.

HANGENDES, n. toit d'un filon; la roche qui couvre un filon, qui est à sa partie supérieure.

HÄNGEWAGE, f. *V.* WASSERWAGE.

HAPPENBRETT, n. (*t. de min.*), le plan incliné triangulaire d'une table de lavoir sur laquelle passent les eaux bourbeuses chargées de minerai; caisse en tombeaux. *Voyez* GLAUCHEERD.

HARDHOLZER et HAIDHÖLZER, plur. n. traverses; bois longs de dix pieds que l'on place entre les poteaux ou montans de la charpente d'un puits en les emmortaisant.

HARKE, m. râteau. Le mot harque est aussi adopté dans plusieurs forges en France pour désigner un râteau à dents longues et écartées dont on se sert pour attirer le charbon à soi.

HARKEN, v. a. râteler, rassembler avec un râteau.

HARKENKISTE, f. aussi ABTRITTERKISTE, (*t. de boc.*), le grand râteau de bois à dents.

HARMATTEN - HARMATUN, vent des côtes de Guinée qui souffle en avril de l'est à l'ouest, apporte une chaleur insuppor-

table, obscurcit l'atmosphère, et laisse tomber une poussière fine, brunâtre.

HARMOTOM, harmotome. *V.* CREÜTZSTEIN.

HARNISCH, m. (*t. de min.*) On donne ce nom, qui signifie cuirasse, à une épaisseur ou enduit métallique qui recouvre une roche dans des travaux de mine, et aussi à un filon bien prononcé dont le toit et le mur sont lisses; en ce cas on dit : *Der gang führet einen glatten harnisch*, ce qui veut dire encore le filon se détache aisément de la roche.

HARNISCHSTEIN, m. pierre de harnois; hoplite; pierre revêtue d'une croûte métallique et luisante : par exemple, les cornes d'ammon pyriteuses.

HARRALD SEE MARMOR, m. serpentine noble, mélangée de chaux carbonatée, suivant *Cronstedt* : peut-être entend-il l'ophite des anciens qui, suivant *Estner*, est une serpentine calcaire, ou bien le *verde antico* des Italiens.

HART, adj. (*t. de min.*), dur : se dit d'un minéral qui ne se laisse ni rayer ni entamer et qui fait étinceler l'acier.

HARTBLEY, n. matte de plomb, plomb dur; tout plomb qui contient de l'argent et n'est pas encore passé à la coupelle.

HARTE, f. dureté, fermeté, solidité.—*Harte steine*, pierres ou roches dures. La dureté est un des caractères des minéraux solides; elle désigne la résistance qu'un corps oppose lorsque l'on veut le rayer par un autre.

Härten, v. a. durcir, tremper du fer ou de l'acier, lui donner la trempe, le plonger rouge dans l'eau préparée pour le durcir; écrouir, battre un métal à froid pour le rendre plus dense, plus élastique. — (subst.) *Das härten des eisen*, la trempe, l'opération par laquelle on durcit l'acier en le trempant dans l'eau au sortir du feu; il acquiert d'autant plus de dureté qu'il refroidit plus promptement; écrouissage.

Hartkamm, m. roche dure très-difficile à détacher.

Hartklemmig, adj. (*t. de min.*), très-dur, d'une dureté extrême. — *Hartklemmiges gestein*, roches extrêmement dures.

Hartling, m. corps dur, chose dure, substance dure. — (*t. d'affin.*) *Hartlinge* pour *harte schlacken*, laitier dur, scories dures; le résidu réfractaire de l'étain fondu.

Hartmeissel, m. (*t. de forg.*), marteau à diviser les barres de fer en long.

Hartmetall, n. (*t. de forg.*), potin; mélange de cuivre et de laiton, qui, au moyen d'autres ingrédiens, est rendu dur et aigre de manière qu'il ne se laisse pas étendre, mais seulement fondre.

Hartspath, m. feldspath, suivant quelques auteurs, et corindon ou spath adamantin, suivant d'autres.

Hartstein, m. fer oxidé rubigineux. On a aussi donné ce nom à un minéral que l'on ne connoît encore qu'amorphe dont la couleur est le rouge foncé,

et la cassure ressemblante à celle du grès à grains fins, avec des reflets blanchâtres qui font soupçonner une cristallisation imparfaite : c'est peut-être le corindon amorphe d'*Haüy*.

Hartstich, m. (*t. de forg.*), cuillerée de cuivre en fusion; portion de cuivre fondu que l'on vide avec une cuiller.

Hartstück, n. (*t. de fond.*), cuivre rosette; cuivre fondu; pain de cuivre. — *Hart stücke abpuchen*, partager les pains de cuivre en petits morceaux. — *Hart stücke zerschroten*, briser les pains de cuivre avec le ciseau.

Härttonne, f. tonneau, cuvier dans lequel on trempe l'acier.

Härtwasser, n. eau de trempe, de l'eau préparée pour tremper l'acier.

Hartwerck, n. tutie d'étain.

Harz, n. résine. —*Erdharz, bergharz*, bitume.—*Harzholz*, bois résineux. — *Harzelectricitaet*, électricité résineuse.

Harz fluidum, n. (t. de *phys.*), fluide résineux, l'un des deux fluides dont quelques physiciens supposent le fluide électrique composé et qui produit les phénomènes dus à l'électricité que *Franklin* nommoit négative.

Harzicht, Harzig, résineux, qui produit la résine ou qui en a quelque qualité.

Harzkohle, f. houille piciforme.

Harzpol, m. (*t. de phys.*), pôle résineux.

Harzstein, m. talc stéatite.

Haselgebirge, n. argile

glaise mélangée de soude muriatée native.

Haspe ou **Häespe** ou **Hespe**, f. (*t. de min.*), harpons, demi-crampons de fer pour attacher les échelles ou fixer solidement toute autre chose dans un puits de mine ; gond, pivot, fiche, morceau de fer coudé sur lequel tourne une porte.

Haspel, m. (*t. de min.*), bourriquet ; moulinet, treuil, tourniquet ; machine qui sert à enlever des fardeaux, à les monter de dessous la terre. — *Haspel mit schwenck rädern*, treuil avec une roue qui sert de volant ou d'aile pour faciliter et accélérer le mouvement.

Haspelbaum, m. arbre, essieu du bourriquet ou moulinet; cabestan.

Haspeler, m. l'ouvrier qui fait tourner le bourriquet ; les manœuvres qui sont au treuil, et que l'on nomme tournicoteurs en quelques endroits.

Haspelgerüste et **Haspelgestell**, n. empatement de moulinet ou de bourriquet, c'est-à-dire les pièces de bois qui servent de base.

Haspelhorn, n. manivelle du treuil ou tourniquet placé sur un puits de mine ; la pièce de bois ou bras qui termine le treuil et sert à le faire tourner.

Haspelknecht. *V.* **Haspeler.**

Haspeln. v. a. faire tourner, faire mouvoir un bourriquet ou treuil. — *Erz aus der grube haspeln*, tirer du minerai de la mine par le moyen du treuil.

Haspelpumpe, f. la pompe

à tourniquet, ou le tourniquet à pompe, pompe que l'on fait aller à bras avec les mains ; machine ancienne dont on ne fait plus guère usage.

Haspelrad, n. moulinet à roue.

Haspel setzen, v. a. attacher au treuil le seau et la corde.

Haspel stütze, f. soutiens, supports ou piliers d'un moulinet.

Haspel winde, f. brimbale, levier qui sert à faire tourner un bourriquet, un treuil, un moulinet.

Haspelzieher, m. *Voyez* **Haspeler.**

Haspen, v. a. (*t. de min.*), fixer solidement quelque chose avec les harpons ou demi-crampons.

Haube, f. (*t. d'archit.*), dôme ; (*t. de fond.*), cavité intérieure ou excavation d'un fourneau d'affinerie, voûte d'un fourneau de ressuage construit sous terre ; la toiture ou couverture d'une machine à molette mue par des chevaux.

Haue, f. pioche, houe, hoyau.

Hauen, v. a. (*t. de min.*), extraire, détacher. — *Erz hauen, losmachen*, détacher des minéraux, des matières minérales. — *Steine aus den bergen hauen*, détacher des pierres dans les montagnes et les en tirer. Si un mineur se blesse en travaillant on dit : *Er hat sich gehauen*, il s'est ébréché.

Hauer, m. mineur, ouvrier qui détache et extrait le minerai ; travailleur aux mines, homme qui travaille dans une exploitation de mines.—*Hauer aufstellen,* installer un mineur; agréer, recevoir pour mineur un apprenti suffisamment instruit. — *Hauer ist erstochen worden,* le mineur est piqué, est marqué absent. — *Der hauer sitzet auf seinem schlägel,* le mineur est à son poste.

HAUERARBEIT, f. travail du mineur.

HAUERLOHN, m. salaire du mineur.

HAUERSCHICHT, travail d'épreuve que l'on donne à un ouvrier qui n'est pas encore décidément engagé pour connoître sa capacité.

HAUERSTEG, m. sentier qui conduit aux puits, aux travaux de mines.

HAUFEN, m. et aussi **HAUFE,** f. tas, entassement, amas confus, monceau, pile, fatras.

HAUFWERK, n. amas de roches et de minerais; tas de matières minérales non triées, amoncelées pêle-mêle pour être ensuite traitées, soit aux fonderies, soit dans les laboratoires; roche en masse.

HAUGELD, n. argent que l'on donne aux ouvriers qui détachent le minerai.

HAUHAMMER, m. (*t. de min.*), même que **HAMMERBEIL**; (*t. d'arts*), marteau de faiseurs de limes.

HAUMEIZEL, m. ciseau à faire des entailles, des coupures.

HAUPTARM, m. le goujon principal d'une machine hydraulique.

HAUPTBEFAHRUNG, f. visite générale d'une mine, d'une exploitation.

HAUPTBERICHT, m. la relation, le rapport principal.

HAUPTBESTANDTHEILE, plur. (*t. de min.*), parties principales ou dominantes dans la composition d'un minéral.

HÄUPTEL, n. (*t. de min.*), le meilleur schlich de dessus, le fin du minerai bocardé et lavé.

HAUPTGANG, m. (*t. de min.*), filon principal d'une mine.

HAUPTGEGENDE, principale contrée.

HAUPTHOLZ, n. (*t. de min.*), l'appui du flanc; repos au flanc du puits de garnissage, les solives principales.

HAUPTKARN, m. le rayon principal de la roue d'une machine hydraulique.

HAUPTLEHEN, n. (*t. de min.*), la principale concession d'une mine, celle qui a été accordée la première; la mine principale.

HAUPTLINIE, f. (*t. de min.*), direction principale d'un filon.

HAUPTMANN, BERGHAUPTMANN, m. le chef, le capitaine général des mines.

HAUPTSTOLLEN, m. (*t. de min.*), le percement, la galerie principale d'une mine, celle par laquelle les eaux s'écoulent.

HAUPTSTREICHEN, n. (*t. de min.*), la direction principale d'une veine métallique, c'est-à-dire la ligne horizontale qui en traverse les sinuosités sur le plus de points possibles.

HAUPTZUG, m. (*t. de min.*), allure principale d'un filon qui paroît à la surface de la terre; chaîne de mines les unes à la suite des autres.

HAUTARTIG, qui ressemble à la peau, membraneux.

HAÜYNE, haüyne, pierre d'une belle couleur bleue céleste, qui n'a été rencontrée jusqu'ici que dans les terrains volcanisés, assez constamment associée au mica et à l'augite : comme elle fut observée pour la première fois dans le *Latium,* près Rome, on l'avoit nommée *latialite ;* mais il n'est point d'ami de la science qui n'applaudisse au nom qu'on lui substitue, puisqu'il rappelle celui du savant illustre à qui la minéralogie doit le plus en France.

HEBARM, m. (*t. de mécan.*), le bras de levier, les lames implantées dans l'axe de la roue d'un bocard pour soulever les pilons, les pièces ou morceaux de bois plats enfoncés de distance en distance dans l'arbre d'une roue tournante pour opérer la levée ; la barre pour sortir les pains de liquation des chaudières.

HEBEBAUM. *V.* HEBEL.

HEBEISEN, n. ringard ; barre de fer qui sert à manier les grosses pièces à forger ; pince, pied-de-chèvre.

HEBEL, m. (*t. de mécan.*), levier, barre de fer ou morceau de bois propre à soulever un fardeau.

HEBEKOPF, m. HEBELATZE, f. *Voyez* HEBARM.

HEBELADE, f. machine en bois servant à élever les pièces de bois les plus pesantes.

HEBER, m. siphon, tuyau recourbé propre à pomper une liqueur et à la faire passer d'un vase dans un autre ; tube de verre recourbé dont une des branches est plus longue que l'autre.

HEBETATZE, f. *V.* HEBARM.

HEBEWINDE, f. le vérin, machine composée d'une vis et d'un écrou pour élever de très-grands fardeaux.

HEBEZANGE, f. grosse tenaille pour lever les gueuses, les pièces de fer fondu, saisir la loupe et la porter sous le marteau de forge.

HEBEZEÜG, f. machine funiculaire ; toute espèce d'instrumens, d'engins, de machines propres à remuer, à soulever et élever des fardeaux, tels que le levier, le vérin, le virevau, la chèvre, etc.

HECHEL, f. affinoir, instrument par lequel on fait passer le chanvre pour l'affiner.—*Den flachs durch die hechel ziehen,* faire passer le lin au travers de l'affinoir.

HEDEL. *Voyez* HÄUPTEL.

HEFTEISEN, n. (*t. de verr.*), fer à macler, c'est-à-dire fer qui sert à mêler le verre dur avec du verre plus mou.

HEFTSTRICK, m. (*t. de min.*), corde avec laquelle on lie ensemble les bois que l'on doit descendre par le puits de la mine.

HEIDENSTEIN et HEIDSTEIN, m. Quelques auteurs ont ainsi nommé un granite du Hartz.

HEIDSAND, m. sable grossier, gravier de débris.

HEILIGERKUX, m. (*t. de min.*), l'action sainte, action franche ; portion d'intérêt réservée à l'église dans une exploitation de mine.

HEILTEN. On donne ce nom,

spécialement en Norwège, à des filons d'une nature distincte de la roche, qui sont de chaux carbonatée à l'état de marbre, d'argile ou de quartz agate.

HEINZ, pompe à chapelets, en usage seulement, et encore fort rarement, dans les mines qui n'ont que peu de profondeur.

HEISGRÆDIG et HEISGRÆTIG, adj. et adv. (*t. de fond.*), dur et difficile à fondre ; réfractaire. On emploie aussi les mêmes expressions dans un sens tout-à-fait contraire, c'est-à-dire pour désigner des substances très-fusibles.

HEISS, adj. (*t. de fond.*), fort chaud. — *Der ofen gehet heiss,* le feu est augmenté.

HEISSBLICKEN. Cette expression de fonderie désigne l'éclair, c'est-à-dire l'opération qui a lieu dans l'affinerie de l'argent, lorsque la superficie du métal fondu au fourneau de reverbère s'opalise, c'est-à-dire se colore agréablement des couleurs de l'opale. *Voyez* BLICK.

HELFARM, m. bras de fer fixé au tirant d'une machine, et auquel tient la tige du piston de la pompe.

HELFERSATZ, m. pompes de secours dont on se sert en cas d'insuffisance des autres, pompe subsidiaire.

HELICITEN, hélicites ou hélices fossiles ; sortes de coquillages univalves, globuleux, à spires convexes ou conoïdes, telles que celles de l'escargot, qui est la plus grosse espèce de ce genre fort nombreux : on nomme aussi hélicites les nummulites. *V.* PFENNIGSTEIN.

HELIOTROP, héliotrope, quartz jaspe, dit jaspe sanguin, d'un rouge de sang sur un fond d'un vert foncé. Le *heliotropus pius* des anciens étoit un quartz agate vert obscur.

HELL, adj. clair, net, lucide, lumineux.

HELM, m. le manche d'un outil.

HELMINTHOLITH, helmintholites, vermisseaux fossiles ; marbre lumachelle vermiculaire.

HELMSCHNECKEN. *V.* CASSIDITEN.

HEMITROPISCH, adj. (*t. de crist.*), hémitrope, c'est-à-dire dont une moitié est retournée. Cette expression s'applique à un cristal composé de deux moitiés, dont l'une paroît être renversée. Ex. *Hemitropischer feldspath,* feldspath hémitrope.

HENGE ! HENGE ! sus ! sus ! exclamation ordinaire du mineur de l'intérieur pour avertir celui qui est en dehors au bourriquet ou treuil que le seau, ou la tonne, est rempli, et qu'il peut faire aller la machine.

HEPATIT, hépatite, minéral qui tire son nom de l'odeur qu'il répand lorsqu'on le brise ou qu'on le gratte avec un corps dur ; ses couleurs sont le blanc grisâtre, le gris de fumée pâle ou jaunâtre, le gris foncé et le noir de poix ; sa cassure est vitreuse. On trouve cette baryte sulfatée fétide à Konsberg avec l'argent natif et l'asbeste.

HEPTAHEXAEDRISCH, adj. (*t. de crist.*), eptahexaèdre : se dit d'un cristal dont la surface est composée de sept rangées de facettes disposées six à six les unes au-dessus des autres.

HERAUSPUMPEN, v. a. pomper, tirer dehors en pompant.

HERBE, adj. âpre, acerbe, rude, stiptique ; d'un goût, d'une saveur âpre.

HERD, m. foyer, âtre, lieu où se fait le feu ; (*t. de fond.*), la chauffe, la cuve, le laboratoire, le sol des fourneaux qui reçoit la matière à fondre ; (*t. de chim.*), le têt, le vaisseau où l'on fait l'opération de la coupelle en grand, le scorificatoire. — *Herd anlegen*, préparer le foyer. — *Herd abwaermen*, chauffer la coupelle pour la sécher, lui enlever l'humidité. — *Herd stehet auf*, l'âtre s'enfle, se boursouffle. — *Herd anfrischen*, passer au fourneau, ou fondre le têt ; la cendre du bassin d'affinage. — *Herd anstossen*, battre la coupelle, c'est-à-dire rendre fermes dans toutes les parties les cendres qui la composent. — *Herd öffnen*, ouvrir ou percer l'âtre pour faire couler le métal en fusion ; table à laver les minerais bocardés, le lavoir.

HERDASCHE, f. (*t. d'affin.*), les cendres lavées avec lesquelles on fait l'âtre d'un fourneau d'essai ; la cendre du bassin d'affinage pénétrée de plomb pendant l'opération ; le plomb qui se réduit le premier en litharge.

HERDBLEY, n. le plomb de foyer ; le plomb qui a pénétré l'âtre ou aire du foyer, s'y est incorporé, et en a été retiré par une nouvelle opération.

HERDEISEN, n. fer à corroyer, à battre la terre glaise du foyer d'un four.

HERDFLUTH, (*t. de boc.*), impuretés du lavoir entraînées par l'eau et contenant encore du minerai.

HERDFRISCHEN, n. réduction de la litharge en plomb.

HERDGEHALT, m. la quotité de l'argent contenu dans le plomb de l'âtre, du foyer.

HERDHAMMER, m. marteau à frapper l'âtre, à pétrir le foyer.

HERDKORN, n. l'argent en grenailles qui s'attache au bord de l'âtre.

HERDKUGEL, f. (*t. de fond.*), la balle à lisser le foyer ; boule unie, soit de pierre, soit de cuivre, que l'on fait circuler sur l'âtre pour en abattre les inégalités et fixer le point du milieu.

HERDLÖFFEL, m. (*t. de fond.*), cuiller, puisoir, instrument pour sortir du fourneau une partie du métal en fusion dont on veut faire l'essai.

HERDPLATTE, f. plaque de foyer ; plaque, soit de fer, soit de pierre, dont on couvre un foyer.

HERDPROBE, f. l'essai pour s'assurer de l'aloi de l'argent en liquéfaction.

HERDRING, m. fer à cerner ; sorte d'anneau qui sert à arrondir la coupelle ou le bassin d'affinage.

HERDSCHAUFEL, f. le racloir, la pelle à nettoyer le foyer dans les fonderies de fer.

HERDSCHLICH, m. le foyer de la coupelle en grand, brisé et lavé après l'opération de l'affinage, et préparé pour en extraire l'argent dont il peut avoir été pénétré.

HEREIN, adv. dedans, en dedans.—*Herein reisen,* tirer à soi, détacher la roche ébranlée par le coin.—*Hereinschlagen,* faire sauter la roche en y enfonçant avec la massue un gros coin de fer. —*Hereinziehen,* attirer du sable dans la caisse à tombeau pour le laver.

HERMETISCH, adj. et adv. hermétique, qui a rapport au grand œuvre. — *Das hermetische siegel,* le seau hermétique, vaisseau dont l'ouverture a été scellée de sa propre matière pendant qu'il étoit en fusion ; adv. hermétiquement : se dit de tout ce qui est bien fermé.

HERRENARBEITER, m. (*t. de min.*), ouvrier qui travaille à un prix convenu pour le compte de ceux à qui la mine appartient.

HERRÜHREN, v. n. dériver, provenir, émaner, procéder, naître, sortir.

HERVORBRINGEN, v. a. produire, engendrer.

HERVORBRINGUNG, f. production, génération, l'action de produire.

HERVORSPRINGEND, adj. saillant. — *Hervorspringende-winkel,* angle saillant.

HESPE. *Voyez* HÄSPE.

HEXAEDER, (*t. de géom.*), hexaèdre ; corps compris sous six faces, spécialement le cube.

HEXAEDRISIRT, adj. (*t. de crist.*), périchexaèdre ; cristal dont la forme primitive étant un prisme à quatre pans se change par l'effet des décroissemens en un prisme dodécaèdre.

HEXAGON. *V.* SECHSEKIG.

HIAZINTH, hyacinthe ; zircon dont la couleur ordinaire est le rouge ponceau, dit rouge d'hyacinthe ; minéral qui prend un assez beau poli et est mis au rang des pierres précieuses ou gemmes. *Voyez* HYACINTH.

HIEKEN, fer sulfuré réniforme en morceaux arrondis disséminés dans de l'argile à Allmerode, pays de Hesse ; schiste marno-bitumineux, avec empreintes de poissons d'Illemenau.

HIMMELBLAU, bleu de ciel, bleu clair qui tire un peu au vert-de-gris.

HIMMELERZ, n. (*t. de min.*), minerai du ciel ; minerai au jour, c'est-à-dire minerai qui se trouve à la superficie de la terre qui paroît au jour.

HIMMELSMEHL, n. chaux sulfatée niviforme, gypse terreux pulvérulent ; gypse dissous que l'on trouve quelquefois répandu comme une poudre sur la superficie de la terre, et que le vulgaire croit être tombé du ciel.

HIMMELSTEIN, m. chaux sulfatée compacte dans la Haute-Autriche : c'est aussi le nom que l'on commence à donner aux *bolides,* c'est-à-dire à ces pierres tombées de l'atmosphère que l'on a nommées *aérolites,* et pierres météoriques ou vulgairement pierres tombées du ciel. *V.* METEORSTEIN.

HIMTEN, himten, mesure de capacité en usage en Hanovre pour les grains, et pesant de 42 à 45 livres.

HINEIN, adv. *de mouvement,* du dehors au dedans ; dedans, en dedans. — (*t. de min.*) *Hineinbrechen,* pousser l'exploitation plus loin dans la roche.

HINTERGEBIRGE, n. les montagnes postérieures d'une chaîne ; (*t. de min.*), la partie postérieure d'une mine ; le revers de la montagne ; le derrière, la partie opposée à celle où la mine est située.

HINTERHALT, m. (*t. de chim.*) *Der hinterhalt von scheidwasser,* l'argent que l'eau forte, l'acide nitreux laisse en arrière avec l'or.

HION-CHE des Chinois, sorte de chaux carbonatée compacte mêlée d'un peu de fer et de bitume élastique ou poix minérale.

HIPPOLITH, m. hyppolithe, pierre jaune que l'on trouve dans les intestins ou la vessie du cheval.

HIPPURITEN, hippurites ; variété de fongites, suivant *Reuss;* poisson fossile de l'espèce des dauphins, c'est-à-dire des coriphanes. L'hippurite est un polypier pierreux de figure conique ordinairement strié.

HIPSTONE, pierre des reins ; jade néphrétique.

HIRSCHHORNSTEIN, m. sorte d'argile schisteuse novaculaire, dite vulgairement pierre à rasoir.

HIRSCHSTEIN, m. pierre de cerf, bésoard de cerf. *V.* BEZOARSTEIN.

HIRSENERZ, HIRSENSTEIN, HIRSESTEIN, oolithe ; chaux carbonatée globuliforme.

HÖCHSTFEST, adv. le plus grand degré de dureté.

HOCHZANGE, f. grosse tenaille de forge pour saisir les grandes masses.

HÖFLICHE ZECHE, f. (*t. de min.*), mine polie, c'est-à-dire qui rend du bon minerai ou donne beaucoup d'espoir.

HOFSTATT, f. (*t. de salin.*), emplacement ménagé dans les salines pour le rassemblement des eaux salées.

HOHENMESSER, m. (*t. de géom.*), holomètre, instrument pour prendre toutes sortes de hauteur.

HOHEROFEN, m. (*t. de forg.*), haut fourneau différent des fourneaux à manches et des fourneaux courbes, tant par sa hauteur que par ses autres dimensions. — *Hoherofenmeister,* le maître du haut fourneau, celui qui en dirige les opérations.

HOHES GEBIRGE, n. hautes montagnes. *V.* GEBIRGE.

HOHL, adj. vide, entièrement creux.

HOHL-AN ! (*t. de min.*), tire ! expression des remplisseurs de seaux au fond des puits pour avertir ceux qui sont au treuil qu'ils peuvent faire mouvoir pour monter le seau ou panier.

HOHLE et HOHLWAGEN, m. (*t. de min.*), long tombereau ou chariot étroit et long entouré d'aies, qui sert à transporter aux fonderies les minerais et schlichs.

HÖHLE, UNTER DER ERDE, grotte, antre, cavité souterraine, caverne.

HOHLEISEN, n. fer creusé en dedans.

HOHLENZEICHEN, n. empreintes de cinq et six en fer pour marquer les chariots qui contiennent cinq à six tonnes.

Hohlfeile, lime à polir les ouvrages creux.

Hohlgiessen, v. a. manière de fondre d'un seul jet des ouvrages creux.

Hohlglas n. verre convexe.

Hohlrund, adj. concave.

Hohlspath, chiastolite. *V.* Chiastolith.

Höhlung, f. cavité, creux, vide dans un corps solide.

Hohlwagen. *V.* Hohle.

Hohlzange, f. sorte de tenailles.

Hohlzirkel, m. compas à l'allemande ; compas dont les pointes des branches sont recourbées.

Hölle, f. (*t. de fond.*), l'enfer, l'endroit du plus grand feu dans les fourneaux de fonderie.

Höllenhund, m. nitre natif, potasse nitratée.

Höllenstein, m. (*t. de chim.*), pierre infernale ; nitrate d'argent fondu ; substance caustique et brûlante faite avec l'argent et l'acide nitrique étendu d'eau ou l'esprit de nitre.

Holm, m. (*t. de charp.*), traverse, pièce de bois que l'on place de travers, en haut, sur deux pilotis pour l'assembler ou affermir.

Holz, n. bois. — *Alaunartiges, bergharziges, bituminoses holz,* bois bitumineux. — *Gegrabenes holz,* bois fossile.

Holzsäeure, f. acide ligneux. — *Die brandige halzsäure,* l'acide pyroligneux.

Holzamianth et Holzasbest, asbeste ligniforme.

Holzbraun, adj. brun de bois, brun jaunâtre mêlé de gris clair.

Hölzelofen, m. fourneau de fusion établi sur une pièce de bois. *Voyez* Hölzlein.

Holzerde, f. bois bitumineux terreux ; bois pourri, réduit en terre.

Holzessig-Æther, (*t. de chim.*), éther lignique, éther préparé avec l'acide lignique.

Holzflint, n. une variété des quartz agates xyloïdes d'*Haüy.*

Holzgraupen, plur. schiste marno-bituminifère ; argile calcarifère endurcie en pièces séparées de Frankenberg en Hesse ; minerai de cuivre sous la forme de bois pétrifié.

Holzhacke, f. cognée, hache à fendre du bois.

Holzicht, adj. ligneux, qui a la consistance et le tissu du bois ; (*t. de min.*), lignite, nouveau nom d'une espèce de minéraux combustibles caractérisés par l'odeur et les produits de leur combustion, ainsi que par leur texture ligneuse.

Holzkalk, m. chaux carbonatée grossière.

Holzkohle, f. charbon de bois. — *Mineralische holzkohle,* charbon de bois fossile ; le *braunkohle* ou houille brune.

Hölzlein, n. pièce ou tronçon de bois. — *Uber das hölzlein schmelzen,* fondre sur le tronçon : ancienne manière de fondre dans un âtre pratiqué au milieu d'une brasque épaisse établie sur un tronçon de bois.

Holzopal, opale ligniforme ; variété de quartz agate xyloïde.

Holzstein, m. bois pétrifié ;

variété du quartz agate zyloïde.

HOLZSTEINKOHLE, f. bois bitumineux; braunkohle ou houille brune.

HOLZZINN, n. étain oxidé concrétionné; mine d'étain de Cornouailles; étain ligniforme, étain de bois.

HOLZZINNSTEIN, m. mine d'étain grenue, mine d'étain ligniforme.

HÖNIGGELB, adj. jaune de miel, jaune qui paroît mêlé de jaune de soufre et d'une quantité plus ou moins grande de brun rougeâtre.

HÖNIGSTEIN, m. pierre de miel, mellite; combustible rare d'un jaune de miel dont la forme de cristallisation est l'octaèdre.

HÖNIGSTEINSÄUERE, f. acide mellique, acide du mellite.

HORCHHAUS, HORCHAUS-GEN, n. (t. de min.), et HORCH-HÄEUSEL, hutte, cachette à écouter.

HORN, n. Ce nom, qui signifie corne, est ajouté dans bien des pays à celui d'une montagne pour indiquer qu'elle est fort élevée. Ainsi, en Suisse, par exemple, *Schreckhorn*, *Wetterhorn*, *Römischhorn*, *Buchhorn*; de même en Norwège on dit: *Schnechornet*, *Scopshornet*, *Ramdalshornet*.

HORN et HORNSTEIN. On donne ce nom en Transylvanie à l'amphibole commune et à la roche serpentineuse rougeâtre.

HORNACHAT, agate jaspée rouge.

HORNAMBOS, m. bigorne, enclume à deux bouts et qui finit en pointes.

HORNBERG. *V.* HORNSTEIN.

HORNBLENDE, hornblende, amphibole d'*Haüy*: minéral dont les couleurs les plus ordinaires sont le noir foncé et le noir verdâtre, et qui abonde dans les roches primitives, mais s'y montre rarement en cristaux d'une forme bien prononcée. Ses variétés principales sont l'hornblende basaltique (*basaltische hornblende*), amphibole cristallisée d'*Haüy*; l'hornblende commun (*gemeine hornblende*), amphibole d'*Haüy*. Quant à la hornblende du Labrador (*Labradorische hornblende*), *Haüy* la rapporte à la diallage métalloïde.

HORNBLENDE SCHIEFRIGE, f. hornblende schisteuse; roche simple entièrement formée d'amphibole, et cependant mélangée quelquefois de quartz, d'actinote et de pyrites.

HORNBLENDE FELS. *Stütz* donne ce nom au *grünstein*, suivant *Reuss*; et *Lenz*, à une argile schisteuse mêlée d'amphibole.

HORNBLENDE HORNFELS, roche pétrosiliceuse, mélangée d'amphibole.

HORNBLENDE PORPHYR, porphyre à base d'amphibole; sorte de siénite, suivant *Kirwan*, uniquement composée de feldspath et d'amphibole.

HORNBLEY, n. plomb corné, plomb muriaté: minéral dont l'existence ne paroît pas encore parfaitement constatée, quoique l'on prétend l'avoir trouvé en Bohême, en Bavière, en Angleterre, et même en France aux mines de Lacroix.

HORNBLENDE SCHIEFER. *V.* HORNBLENDE SCHIEFRIGE.

HORNEIS. On appelle ainsi en Hesse et à Eisenach une variété de chaux carbonatée fibreuse.

HORNERZ, n. mine cornée ; argent muriaté d'*Haüy*, la variété de mine d'argent la plus rare. En Allemagne, on en distingue deux espèces ; on dit : *Gemeines hornerz* et *erdiges hornerz ;* cette dernière est le *buttermilcherz.* Voyez *ce mot.*

HORNERZ SCHWARZE, mine cornée noire : c'est la variété de mine d'argent dite argent noir, que l'on a cru être le résultat de la décomposition de l'argent sulfuré et de l'argent muriaté, et qui peut-être n'est autre chose qu'une altération de l'argent antimonié sulfuré, vulgairement argent rouge, à la limite de laquelle *Haüy* indique sa place.

HORNFELS, m. roche pétrosiliceuse dans laquelle sont empâtés, suivant *Haidinger,* des quartz, des grenats et de l'argile endurcie; suivant *Slütz,* c'est aussi une roche pétrosiliceuse, mais dont les parties de mélange sont le quartz, l'amphibole, l'actinote aciculaire et la serpentine ou roche serpentineuse d'*Haüy.*

HORNFELSSTEIN, m. pétrosilex, roche pétrosiliceuse.

HORNFLINT, n. schiste siliceux.

HORNFLÖTZ, m. couche de roches pétrosiliceuses; couches de roches calcaires qui ont la couleur de la corne; *grauwacke,* en Saxe on entend par ce mot la chaux carbonatée fétide.

HORNGESTEIN, n. roche cornéenne.

HORNGLASERZ, n. mine d'argent muriaté.

HORNGOLD, n. or de 9 carats et demi, c'est-à-dire alliage d'or dans la proportion de 6 carats et demi par marc, le reste du poids étant argent et cuivre.

HORNICHT, adj. qui tient de la nature de la corne. — *Hornichtes fell,* peau endurcie par l'air.

HORNKIESLING, quartz arénacé agglutiné, mêlé de fragmens pétrosiliceux.

HORN-PORPHYR, porphyre à base de hornstein.

HORNQUECKSILBER, HORNQUICKSILBER, mercure muriaté.

HORNSCHIEFER, schiste corné ; suivant *Wallerius,* amphibole schisteuse ; suivant *Ferber,* schiste micacé ; suivant *Kirwan, Voigt* et *Charpentier,* porphyre schisteux.

HORNSILBER et HORNSILBERERZ, argent muriaté ; (*t. de chim.*), lune cornée, argent dissous par l'acide nitrique et précipité par l'acide muriaté.

HORNSTEIN, m. pierre ou roche de corne; quartz, pétrosilex; pétrosilex résinite d'*Haüy.* — *Splittricher hornstein,* pétrosilex écailleux. — *Müschliger hornstein,* hornstein conchoïde. Dans les salines on nomme *hornstein,* les pierres qui environnent les chaudières.

HORNSTADT, f. espace ou place libre autour d'un puits de mine pour faciliter la manœuvre d'un tourniquet.

HORNSTEINBRECCIE, f. pétrosilex brèche ; fragmens de

pétrosilex enveloppés par un ciment de même nature.

HORNSTEIN CRISTALLEN, pseudocristaux de quartz agate.

HORNSTEIN PORPHYR, porphyre à base de Hornstein, et, suivant *Stutz*, porphyre schisteux.

HORNSTEINWACKE, roche pétrosiliceuse mélangée accidentellement d'autres substances.

HORST, nom d'une colline située en Mauritanie, et dont on dit qu'elle reste constamment sèche et aride, même dans les années les plus humides.

HOSE, f. (*t. de mar.*), typhon, trombe; colonne d'eau et d'air qui s'élève de la mer avec un mouvement de tourbillon, et cause souvent des ravages affreux. Ce phénomène provient d'un nuage qui s'offre assez ordinairement sous la forme d'un cône renversé dont la base adhère à d'autres nuages auxquels le cône est comme suspendu. L'eau de la mer qui correspond à ce cône s'élève vers lui en formant un second cône dont l'axe est sur la même direction que celui du premier cône, et alors l'eau qui se précipite de toutes les parties de la trombe, et à laquelle se joint quelquefois une grêle abondante, est lancée au loin par les vents impétueux qui se déchaînent à l'entour.

HRAF-TINNA. On donne ce nom en Islande à l'obsidienne, à la pyrite noire et dure.

HUB, m. haussement, élévation de quelque chose; levée des pistons d'une machine hydraulique; cette machine a 2 ou 3 mètres de levée, c'est-à-dire telle machine, à chaque impulsion, élève une colonne d'eau à la hauteur de 2 ou 3 mètres; la quantité d'eau que la machine verse à chaque trait.

HÜBELTROG, m. (*t. de fond.*), caisse à mélanger la mine avec les scories; grande auge couverte à un endroit, et découverte dans l'autre.

HÜGEL, m. colline. — *Hügelkette*, chaîne de collines; suite de petites hauteurs à pentes douces.

HÜLFSABÄNDERUNGEN, plur. (*t. de crist.*), variations auxiliaires; effets de décroissemens des lames de superposition.

HÜLFSSTOLLEN, m. (*t. de min.*), percement de secours dans une mine; canal qui mène l'eau à un autre conduit.

HÜLLE, f. voile, enveloppe, couverture.

HÜLSE, f. (*t. de fond.*), gros marteau du poids de 50 livres pour forger le cuivre; la douille du marteau dans les grosses forges; douille; canal ou tuyau de métal.

HUND, m. chien; (*t. de min.*), chien, caisse sans couvercle supportée sur deux essieux et quatres roues basses, servant à voiturer les minerais dans les galeries de mine; en quelques endroits l'arrêt, morceau de bois pointu qui sert à retenir les fardeaux que l'on descend dans les puits de mine pour empêcher qu'ils aillent trop vite.

HUNDEBETT, n. (*t. de min.*),

méchant lit : on dit d'une mine qu'elle est dans un méchant lit quand on n'y rencontre plus de minerai et que l'on a de la peine à faire payer les contingens des frais d'une exploitation.

HUND LAUFER, m. celui qui pousse, qui fait rouler le petit chariot appelé chien dans les galeries de mines, et HUND-LÄUFERE, plur. rouleurs de chiens dans les galeries de mine.

HUNDERTGRADIG, adj. (*t. de phys.*), centigrade ; division en cent parties de la distance comprise entre deux termes fixes. — *Das hundertgradiges thermometer*, le thermomètre centigrade.

HUNDSCHLEPPER. *V.* HUND-LAUFER.

HUNDSLEIT NAGEL, m. goujon ; cheville de fer en dessous du chien entre les deux roues du devant.

HUNDSRING, m. (*t. de min.*), l'arrêt du chien ; anneau ou virole de fer tournant autour de la cheville qui dirige le petit chariot dit chien, afin de diminuer le frottement qu'elle éprouve entre les planches sur lesquelles les roues passent.

HHNDZAHN, m. dent de chien. — (*t. de minér.*) *hund-zähne*, chaux carbonatée en pyramides hexaèdres très-minces dont les arêtes sont arrondies et le pointement aigu.

HUSCH ou HUSCHE (*t. de min.*), épouvante, terreur panique d'un mineur qui se croit surpris par le spectre *berggeist*.

HUT, m. (*t. de fond.*), chapeau ; couvercle de fer battu, dont l'intérieur est enduit de terre grasse, et qui est suspendu par une grue qui le tient mobile au-dessus d'un fourneau de coupelle ; la partie supérieure d'une vessie à distiller, sur laquelle elle est mastiquée, et qui la tient close.

HUTHAUS, n. maison ou baraque d'une mine où l'on dépose ce qui est nécessaire à l'exploitation.

HUTMANN, m. (*t. de min.*), garde des outils des mineurs.

HÜTTE, f. (*t. de min.*), fonderie ; usine où l'on fond le minerai. — *Eisenhütte*, chaufferie ; forge où l'on traite le minerai de fer. — *Messinghütte*, usine où l'on fait le laiton, le cuivre jaune. — *Giesshütte*, moulerie. — *Hütte stehet still*, tout est tranquille dans la fonderie, on n'y travaille pas.

HÜTTENAFTER, m. balayure de fonderie.

HÜTTENAMT, n. l'administration des fonderies, le collège, le corps des officiers de fonderie.

HÜTTENARBEITER, plur. ouvriers quelconques employés dans les fonderies ; ouvriers de fonderie.

HÜTTENBAU, m. toute espèce de travaux de fonderie.

HÜTTENBEAMTE, plur. officiers ou commis de fonderie.

HÜTTENFACTOR, m. facteur d'une fonderie ; le principal commis de la fonderie.

HÜTTENGEKRÄLTZE, plur. les crasses, les balayures de fonderie.

HÜTTENGERICHT, n. tribunal, juridiction qui connoît

des affaires qui concernent une fonderie.

HÜTTENGEZÄEH, n. tous ustensiles de forge et fonderie.

HÜTTENHERR, m. maître ou propriétaire d'une fonderie.

HÜTTENHOFGEKRÄETZE, plur. balayures de la cour de la fonderie ; ce qui se répand , se disperse en minerai lors des transports ou des décharges, ou bien lors des préparations des mélanges et des grillages , et que l'on rassemble pour les passer au feu.

HÜTTENKATZE , f. mal de plomb, péripneumonie dont les ouvriers de fonderie sont souvent attaqués par les émanations des fumées de plomb ou des vapeurs arsenicales.

HÜTTENKNAPSCHAFT, f. l'ensemble des ouvriers d'une fonderie ; le corps des fondeurs.

HÜTTENKOSTEN, f. dépense des fonderies ; frais nécessaires pour le traitement du minerai.

HÜTTENKUNDE, f. métallurgie ; art de travailler les métaux.

HÜTTENMANN. *V.* HÜTTEN ARBEITER.

HÜTTENMEISTER , m. maître des fonderies ; celui qui en surveille immédiatement les travaux et les ouvriers et en dirige toutes les opérations.

HÜTTENNICHT OU HÜTTEN NICHTS , m. tutie, spode, cadmie ; poussière qui s'attache à la chemise ou paroi des fourneaux où l'on traite le minerai.

HÜTTENORDNUNG , f. règlement concernant l'administration des fonderies.

HÜTTENRAUCH, m. fumée des fonderies ; fumée qui s'émane de la fonte du minerai , et dont on tire ordinairement parti en la faisant passer par des galeries où elle se condense et peut être recueillie. — *Gelber hüttenrauch*, orpiment; arsenic sulfuré jaune. — *Grauer hüttenrauch*, spode ou tutie, oxide de zinc qui s'attache comme une suie d'un blanc grisâtre aux parois des vaisseaux où l'on a traité ce métal ; pour *Giftmehl*, arsenic oxidé blanc du commerce.

HÜTTENREITER ou plutôt RAITER, m. inspecteur des fonderies ; comptable de la fonrie : dénomination dérivée du mot sclavon *raiten*, qui veut dire compter ; de là *Raitpfennig*, denier de compte.

HÜTTENSCHREIBER , m. teneur de livre aux fonderies.

HÜTTENSOHLE, l'air de la fonderie.

HÜTTENSTEIGER , m. maître fondeur, celui qui fait les mélanges et suit plus spécialement les procédés de la fonte.

HÜTTENVERWALTER , m. le directeur , régisseur ou administrateur de la fonderie.

HÜTTENVOGT ou HÜTTEN VOIGT , m. l'inspecteur général des fonderies.

HÜTTENWÄCHTER , m. le garde de la fonderie.

HÜTTENWASCHER, m. laveur de la fonderie ; celui qui est chargé de laver les déchets des fonderies.

HÜTTENWERCK , n. fonderie , forge. *Voyez* HÜTTE.

Hüttenzeichen, n. marque d'une forge, d'une fonderie, etc.

Hüttenzentner, m. quintal de fonderie.

Hüttenzinn, n. l'étain pur tel qu'il sort de la fonderie.

Hütter, m. garde ou surveillant de fonderie ; celui qui veille à ce que l'on n'en détourne rien, et qui fabrique les petites coupelles d'essai ; un homme qui habite une hutte ou baraque sur un établissement de mine, avec la charge de livrer les outils, l'huile ou le suif aux ouvriers, et de faire les cartouches.

Hyacinth ou Hyazinth, m. hyacinthe, sorte de fossile classé parmi les pierres précieuses ; zircon d'un rouge ponceau, dit rouge d'hyacinthe ; zircon orangé brunâtre qui est l'hyacinthe orientale. — *Hyacinth fluss*, chaux fluatée. — *Hyacinth grenat*, grenat d'un rouge jaunâtre. — *Hyacinth krystall*, quartz hyalin cristallisé couleur d'hyacinthe. — *Hyacinth topaz*, topaze d'un jaune rougeâtre.

Hyacinthroth, rouge hyacinthe ou ponceau rouge aurore mêlé de brun.

Hyalith, hyalithe ; quartz hyalin concrétionné ; même que le *müllerglas* de Francfort ou d'Hanau ; substance vitreuse demi-diaphane, presque sans couleur, qui a été regardée par quelques-uns comme une substance volcanique, et par

Werner, comme un passage de la calcédoine à l'opale : plusieurs croient qu'en effet c'est une opale commune.

Hydragillit, hydragillite. *Voyez* Wawellit.

Hydräulische widder, m. bélier hydraulique.

Hydrogen, m. hydrogène, un des principes constituans de l'eau. *Voyez* Brennstoff.

Hydrometrograph, m. hydrométrographe ; instrument pour estimer les quantités d'eau évaporées dans un temps donné par les différentes méthodes de graduations employées dans les salines.

Hydrophane, c'est-à-dire qui devient transparent par imbibition ; c'est tantôt une opale commune, tantôt une demiopale ; tel est le *Welt auge* (*oculus mundi*), œil du monde.

Hydrophon, hydrophane ; quartz résinite.

Hydrothsäeure, hydrogène. *Voyez* Hydrogen.

Hyppuriten. *Voyez* Hippuriten.

Hysterolith, hystérolithe ; pierre figurée qui représente les parties extérieures sexuelles des femelles d'animaux quadrupèdes : c'est un coquillage bivalve fossile des plus singuliers, dont l'analogue est encore inconnu, et qui se trouve dans les mines de fer argileux près Coblentz et ailleurs dans des couches calcaires.

I

ICHTHIOLITH, ichtyolithes; poissons pétrifiés, pierres impressionnées, chargées d'empreintes, et quelquefois de dépouilles de poissons. *Voyez* FISCHSCHIEFER.

ICHTHIOPHTALMIT. *Voyez* APOPHYLLIT.

ICHTHIOTIPOLITEN et **ICHTHIOPOTIPOLITEN**, ichthiopotipolites, ichthiopètres, ichthiotipolites; pierres avec empreintes de poissons.

ICHTHYOSPONDILITEN, ichtyospondilithes, ichtyospondiles, arêtes de poissons pétrifiées.

ICHTHYOTROPHITEN, ichtyotrophytes, pierres figurées avec des dessins qui représentent des parties de poissons.

ICHTYIT, ichtyite; pierre où l'on trouve une cavité qui a la figure d'un poisson.

ICOSAEDRISCH, adj. (*t. de crist.*), icosaèdre; cristal composé de 20 triangles; celui du fer sulfuré en a 12 isocèles et 8 équilatéraux.

IDENTISCH, adj. (*t. de cris.*), identique : se dit d'un cristal lorsque les exposans des décroissemens simples, au nombre de deux, sont égaux aux termes de la fraction relative à un troisième décroissement qui est mixte. Ex. Cuivre gris identique.

IDOCRASE. *Voy.* VESUVIAN.

IGELSTEIN, m. pierre d'igel; chaux carbonatée coralloïde du

INF

rocher d'Igel, près Grund, l'une de sept villes à mines du Hartz; échinite ou oursin fossile, chaux carbonatée pseudomorphique modelée en oursin.

IGLIT, **IGLOIT**, iglite; minéral de la famille des pierres calcaires, qui tire son nom d'Iglo, lieu où il a été trouvé : ses couleurs sont le blanc grisâtre, le gris jaunâtre, le vert-de-gris et le vert céladon : il se présente soit compacte, soit en cristaux aciculaires, demi-transparens, peu déterminables er faciles à briser.

IMPASTIRUNG, f. impastation; composition de substances broyées et mises en pâte.

INCRUSTAT, chaux carbonatée fibreuse.

INCRUSTIREND, adj. incrustant. — *Incrustirender kohlengesaüerter kalk*, chaux carbonatée incrustante.

INDICOLIT, indicolite; minéral qui se présente sous la forme de cristaux cylindroïdes plus ou moins déliés, dont la couleur est d'un bleu indigo plus ou moins foncé, et qui se réunissent en faisceaux en s'appliquant les uns contre les autres parallèlement à leur longueur. *Haüy* le considère comme une variété de tourmaline de couleur indigo.

INFLAMMABILIEN, plur. (*t. de min.*), combustibles. Depuis que le diamant est rangé dans cette classe, elle se trouve réunir deux extrèmes, le plus grand degré de dureté et le moindre, car le pétrole qui en fait aussi partie est presque fluide.

INGUSS. *Voyez* EINGUSS.

INGWERSTEINE, argile calcarifère endurcie.

INKASSTEINE, plur. pierres des Incas, fer sulfuré poli.

INSCHLITT pour INSELT, suif de montagne; talc stéatite compacte.

IRAS, diamant.

IRISKRYSTALL, cristaux irisés; cristaux de quartz hyalin qui réfléchissent les couleurs de l'arc-en-ciel.

IRREFAHREN, (*t. de min.*), manquer le but, se détourner dans un percement de la direction qu'il falloit suivre pour opérer la communication de travaux que l'on avoit en vue.

IRRIDIUM, irridium; métal nouvellement découvert dans le platine, dont il a la couleur blanche, mais un peu plus livide.

ISABELGELB, jaune isabelle, jaune brunâtre pâle tirant sur le gris.

ISERIN, iserine; substance minérale grenue, d'un noir de fer tirant au brun, qui se trouve dans le sable de l'Iser, en Bohème : on l'a rangé parmi les mines de titane, sous le nom de titane oxidé ferrifère granuliforme.

ISLAND ACHAT, agate d'Islande; lave vitreuse obsidienne.

ISLANDISCHER KRISTAL, cristal d'Islande; chaux carbonatée primitive d'*Haüy*.

ISONOMISCH, adj. isonome c'est-à-dire égalité de lois : se dit d'un cristal lorsque les exposans qui indiquent les décroissemens sur les bords étant égaux, ceux qui expriment les décroissemens sur les angles le sont aussi.

J   JAK

JAACKEN. On nomme ainsi dans quelques parties de l'Allemagne les bancs de roches qui ont peu d'épaisseur.

JACKE, PUFJACKE, f. (*t. de min.*), habit de dessus, habit de gala du mineur.

JADE, jade; pierre verte très-dure et d'un aspect un peu onctueux, que quelques minéralogistes regardent comme une variété du pétrosilex, et que *Wallerius* range parmi les jaspes; mais on croit plus généralement que c'est une espèce à part. *Haüy* en distingue deux variétés, le jade néphrétique (*voyez* NEPHRIT), et le jade tenace.

JAHE, adj. roide, escarpé, presque droit; qui a beaucoup de pente, qui va fort en pente. —*Ein sehr jahes berg*, une montagne fort escarpée, très-roide.

JAKUSKERFRAUENEIS, n. verre de Moscovie, ou mica en

grandes feuilles ; nom tiré de celui de la personne à laquelle on doit la première description de cette substance.

Jantar, succin.

Jarua, soude muriatée grenue.

Jaspachat, jaspe agate, agate jaspée ; quartz jaspe dont la substance est quelquefois interrompue par des portions de quartz agate.

Jaspis, jaspe, quartz jaspe ; pierre dure non transparente.— *jaspis egytischer,* jaspe égyptien, quartz agate panaché. — *Jaspis blauer,* lazulite.—*Band-jaspis,* jaspe rubané, quartz jaspe onix. — *Opal jaspis,* jaspe opal de *Werner.*

Jaspiserz, n. quartz jaspe très-ferrugineux d'un rouge foncé.

Jaspisporphyr, jaspe porphyre : on a désigné sous ce nom le porphyre à base de pétrosilex, à base de pechstein, ou pétrosilex résiniforme, et le porphyre argileux (*thon porphyr, hornstein-porphyr* et *pechstein porphyr*).

Jasponischerde, f. cachou, suc résineux du Japon, qu'on a pris long-temps pour une terre.

Jasponyx, quartz jaspe onyx ou onix.

Jedde, quartz jaspe commun d'une couleur verte.

Joch, Jöcher, n. (*t. de min.*), supports en bois pour porter les carrés d'un puits.— *Ein joch,* une chaîne de montagnes, la croupe, la cime, le sommet d'une montagne. — *Ein neben joch,* une chaîne secondaire.— *Das hauptjoch,*

la chaîne principale. — *Gebirgs joch,* une branche qui se détache d'une chaîne principale de montagnes pour suivre une direction différente.

Jökel et Jökelgut, sulfate naturel stallactiforme vert, des mines du Rammelsberg, au Hartz ; vitriol vierge stallactiforme ou en stallactites.

Jolith, jolite ; espèce nouvellement introduite en minéralogie, et placée par *Werner* après le quartz agate chatoyant dit *œil de chat (katzenauge),* suivant *Lenz ;* sa couleur ordinaire est le bleu violet tombant dans le noir : on le trouve compacte, disséminé, et aussi cristallisé en prismes exaèdres parfaits équiangles ; la superficie des cristaux est rude, la cassure est inégale et imparfaitement conchoïde ; du reste, il est dur. *Werner* en distingue trois variétés, la vitreuse, la porphyrique et la commune : on la trouve à Capo-de-Gates, dans une sorte de tuf, avec le quartz, le grenat et le feldspath.

Juan bianca, le platine, métal regardé jusqu'ici comme le plus pesant et le moins altérable.

Jucht, (*t. de fond.*), jucht ; mot altéré par les fondeurs, qui l'emploient au lieu de *gicht,* en parlant du gueulard d'un haut fourneau. *Voyez* Gicht.

Juchtbüne ou Gicht buhne, f. (*t. de fond.*), plateforme qui entoure le gueulard d'un haut fourneau.

Juchtmaass ou Gichtmaass, n. (*t. de fond.*), bécasse, mesure dont on se sert pour reconnoître si la charge d'un haut fourneau est assez descendue pour que l'on puisse y en mettre une nouvelle.

JUCHTSETZEN, v. a. charger, mettre une charge dans le haut fourneau.

JUDENHARZ et JUDENBEIM, bitume de Judée ; asphalte, poix minérale scoriacée ; bitume solide d'*Haüy*.

JUDENNADELN, plur. pointes d'oursin pétrifiées.

JUDENPECH. *V.* JUDENHARZ.

JUDENSTEIN, m. pierre judaïque ; pointes d'oursin pétrifiées ; balanoïde, acicule, phénicite

JUNGENSTEIGER, m. (*t. de min.*), surveillant spécial des jeunes gens employés dans les travaux de mines, de bocard et de lavoir.

JUNGERER IM FELD, (*t. de min.*), le plus jeune en concession ; celui qui en certains cas doit céder au plus ancien et supporter la quadrature (*vierung*). *Voyez* ce mot.

JUNGFERERDE, f. terre vierge.

JUNGFERNALAUN, alun vierge ; alumine sulfatée alcaline.

JUNGFERNQUECKSILBER, n.

mercure vierge, mercure natif, mercure coulant.

JUNGFERNGLAS, n. miroir de fille, mica ; chaux sulfatée cristallisée.

JUNGFERNSCHWEFEL, soufre natif.

JUNGFERNVITRIOL, vitriol ou sulfate naturel.

JUSTIREN, v. a. (*t. de min.*), ajuster. — *Die münze justiren*, ajuster les monnoies, en rendre le poids juste.

JUSTIRER, m. (*t. de monn.*), ajusteur.

JUSTIRFEILE, f. (*t. de monn.*), écouane ; lime servant à réduire les espèces d'or et d'argent au poids ordonné.

JUSTIRUNG, f. (*t. de monn.*), ajustage, ajustement, l'action d'ajuster.

JUSTIRWAAGE, f. ajustoir, petite balance où l'on pèse et ajuste les monnoies avant de les marquer.

JUTLEN, n. (*t. de verr.*), bluette ou pétillement qui avertit qu'il faut discontinuer de pousser le feu.

JUWELLIER, m. paillier, ouvrier qui travaille en joyaux ; marchand qui vend des joyaux.

JUWELLIERKUNST, f. joaillerie ; art, métier de joaillier.

K KAC

KACHEL, f. pièce de poterie de terre cuite dont on fait les fourneaux de terre ; le parement, la chemise d'un haut fourneau dans les grosses forges.

KACHELFORM, f. moule où l'on forme les pièces de poterie dont on fait les poêles.

KACHELOFEN, m. poêle, fourneau de poterie.

KACHOLONG. *V.* CACHOLONG.

KACKERLAKEN, kakerlaque : ce nom, d'un insect volant d'Amérique, est donné sur le Hartz à des Crétins ou nègres blancs.

KÄEH. *Voyez* KAUE.

KÄELTE, f. (*t. de min.*), le froid, la sensation plus ou moins froide que fait éprouver un minéral que l'on touche avec la main. C'est un des caractères universels des minéraux.

KAISTEIN, m. fragmens de cristaux de roche en galets ; calcédoine.

KÄLBERZAHN, m. (*t. de min.*), dans le Voigtland. — *Kälberzähne*, dents de veaux ; nom donné à des cristaux de quartz hyalin épais, quelquefois de plusieurs pouces et longs souvent de plus d'un pied.

KALI, potasse ; l'un des trois alcalis connus.

KALIN, mot chinois qui désigne assez généralement l'étain dans l'Inde, et que l'on applique spécialement, dit *Blumenbach*, à une mine d'étain grise jaunâtre mêlée à une mine de tungstène noire (schéelin ferruginé) dans une gangue quartzeuse.

KALK, m. chaux ; terre alcaline d'une saveur âcre qui, à l'état de chaux vive, se combine avec l'eau qu'elle solidifie avec elle en dégageant beaucoup de chaleur, et passe ainsi à l'état de chaux éteinte. — *Kalk brennen*, cuire la chaux, faire la chaux. — (*t. de chim.*) *Metallische kalke*, chaux métalliques, métaux calcinés. — *Zinnkalk*, chaux d'étain. — *Metalle, mineralien durch*

feüer in kalk verwandeln, changer, réduire par le feu à l'état de chaux les métaux, les minéraux, les roches, etc. — *Erdiger kalk*, chaux carbonatée spongieuse.

KALKALABASTER, albâtre calcaire ; chaux carbonatée fibreuse.

KALKARTIG, adj. et adv. calcaire, qui a les propriétés de la chaux. — *Kalkartige steine*, pierres calcaires, pierres que le feu peut changer en chaux.

KALKBETT, n. (*t. de maçon.*), bassin.

KALKBLÜTHE. *Voyez* BADESCHAUM.

KALKBRAND, m. une fournée de chaux, la quantité de chaux cuite en une fois.

KALKBRENNER, m. chaufournier, ouvrier qui fait la chaux.

KALKBRUCH, m. carrière de pierre à chaux.

KALKDRUSEN, spath calcaire ; chaux carbonatée cristallisée. Le célèbre *Haüy*, à l'époque de la publication de son *Traité de Minéralogie*, avoit déjà trouvé 71 variétés de formes cristallines déterminables dans la chaux carbonatée ; et le nombre des formes dont sa théorie démontre la possibilité excède huit millions, en supposant même que l'on se borne aux quatre lois de décroissemens les plus simples.

KALKERDE, f. terres calcaires ; et, suivant *Stütz*, la chaux carbonatée spongieuse (*bergmilch*) ; chaux comme terre ou principe composant ; base des matières calcaires et d'une grande partie des substances terreuses.

KALKFELS, roche calcaire.

— *alaunartiger*, chaux carbonatée mêlée d'argile, d'amphibole et de mica.

— *asbestartiger*, chaux carbonatée mêlée d'asbeste et de serpentine.

— *bittererdiger*, chaux carbonatée avec serpentine.

— *glimmerischer*, chaux carbonatée avec mica.

— *granatischer*, avec grenat.

— *hornblendischer*, avec amphibole.

— *kieselicher*, avec quartz et grenat.

— *quartziger*, mêlée de quartz.

— *serpentinischer*, mélangée de roche serpentineuse.

KALKFLINS, m. roche basaltique avec amphibole et zéolithe ; tourmaline.

KALKFORMATION, f. formation du calcaire : la date de cette formation ne peut pas bien se préciser, puisque l'on a reconnu du calcaire dans les masses de roches de presque toutes les époques ; cependant il ne constitue par lui-même de grandes masses que parmi les montagnes secondaires.

KALKGRUBE, f. fosse à chaux ; creux, trou, cavité où l'on conserve la chaux éteinte.

KALKHALTIG, adj. (*t. de min.*), calcifère mêlé de chaux.

— *Kalkhaltiger agath quartz*, quartz agate calcifère.

KALKHORNFELS, m. pétrosilex mêlé de parties calcaires.

KALKHÜTTE, f. chaufour, lieu où l'on fait cuire la chaux.

KALKICHT, adj. calcaire, semblable à la chaux.

KALKIG, adj. contenant de la chaux ; sali, couvert de chaux.

KALKKRYSTAL, m. chaux carbonatée cristallisée.

KALKLOCH. *Voyez* **KALKGRUBE**.

KALKMERGEL, m. argile calcarifère ; marne calcaire.

KALKNAGELFLUH, calcaire brèche d'*Haüy* ; fragmens de calcaire polissable, enveloppés ordinairement par un ciment de même nature.

KALKOFEN, m. four à chaux, chaufour, grand four à cuire la chaux ; (*t. de chim.*), four à l'usage des calcinations (*calcinir-ofen*).

KALKRAHM et **KALKRAUM**, m. (*t. de chim.*), crème de chaux ; carbonate calcaire ; chaux carbonatée fibreuse ; stallactite calcaire.

KALKSALPETER, m. suivant *Lenz*, une espèce particulière du genre salpêtre ou potasse nitratée.

KALKSALZ, n. sel de chaux.

KALKSAND, m. chaux carbonatée grossière, chaux carbonatée en petits galets ou grains isolés.

KALKSANDSTEIN, m. grès argilo-calcaire, suivant *Stütz*.

KALKSCHEEL. *Voyez* **TUNGSTEIN**.

KALKSCHIEFER, m. schiste calcaire ; argile calcarifère endurcie ; chaux carbonatée compacte à cassure schisteuse.

KALKSINTER, n. chaux carbonatée stallactite, coralloïde

et incrustante ; chaux carbonatée concrétionnée.

KALKSPATH, m. spath calcaire ; chaux carbonatée cristallisée, chaux aérée de *Born*.

KALKSTEIN, m. pierre calcaire ; chaux carbonatée compacte et chaux carbonatée grossière ; castine, pierre propre à faire de la chaux, à mêler avec le minerai de fer pour en faciliter la fonte.

KALKSTEINKLOPFER, m. le briseur de castine.

KALKTROPFSTEIN, m. chaux carbonatée stallactite ou en stallactite.

KALKTUFF, tuf calcaire ; chaux carbonatée concrétionnée incrustante, chaux carbonatée fibreuse et globuliforme.

KALT, adj. froid, qui est privé de la chaleur. — (*t. de fond.*) *Kalt thun den ofen*, diminuer la chaleur d'un fourneau d'essai. — *Kalt getrieben und heiss geblick*, peu de chaleur pendant la coupellation, et beaucoup au moment de l'éclair. — *Kaltblasen*, souffler froid : se dit d'un soufflet de forge qui ne souffle que sur l'âtre du fourneau et non pas sur les charbons, ce qui fait qu'il donne moins de chaleur et ne produit pas l'effet convenable.

KALTBLASIG, adj. et adv. (*t. de forg.*), réfractaire, qui ne se fond que difficilement.

KALTBRÜCHIG, adj. et adv. (*t. de forg.*), rouverin ; rempli de gerçures, cassant. — *Kaltbrüchiges eisen*, fer cassant à froid, fer aigre.

KALTGIERIG. *V.* **SCHWEFEL**.

KALTGRÄTIG, adj. On appelle ainsi tout ce qui acquiert dans le feu une viscosité vitreuse.

KALTMEISSEL, m. ciseau, poinçon à couper le fer à froid.

KALTSCHLAGAMBOSS, m. enclume, enclumeau sur lequel on bat le fer à froid.

KALTSCHMIED, m. *Messingschmied*, ouvrier qui travaille le laiton.

KALZEDON, calcédoine, quartz agate calcédoine. *Voy.* **CALCEDON**.

KAMM, m. (*t. de mécan.*) *Käemme an kammräeden*, les alluchons, les cames, les dents, les levées, les éminences pratiquées sur un arbre qui tourne et qui servent au mouvement d'une machine à roues ; une élévation naturelle sur la surface de la terre, une éminence, un tertre, une colline. — (*t. de min.*) *Ein kamm*, un peigne, une roche très-dure, une masse de pierre extrêmement dure. En Saxe, on donne plus spécialement ce nom à certains bancs de porphyre rougeâtre qui se trouvent parmi la houille dans les environs de Dresde.

KAMMKIES, fer sulfuré dentelé.

KAMMRAD, n. (*t. de mécan.*), hérisson ; roue dentelée.

KAMMSCHALE, f. argile calcarifère bitumineuse, argile tégulaire noire peu riche en cuivre.

KAMMSTEIN, m. pectinite. *Voyez* **KAMM MUSCHEL**.

KAMMUSCHEL, f. (*t. de conchyol.*), peigne, pectinite ;

came, camite, sorte de coquille bivalve, lisse ou striée et raboteuse, en forme de peigne, souvent fossile ou pétrifiée et quelquefois même minéralisée.

KANNE, f. tinette, petit cuveau; vaisseau de bois qui n'a qu'un fond et sert à porter de l'eau; (*t. de fond.*), dans les fourneaux d'affinerie, les formes dans lesquelles la partie antérieure du soufflet repose; morceau de fer, de fonte, dont est armée la pointe du pilon qui sert à couper le cuivre noir.

KANNELSTEIN, m. pierre couleur de cannelle (*cannelstein*): minéral qui se présente en fragmens irréguliers de couleur orangé rougeàtre, dont la surface est raboteuse. C'est, suivant *Werner,* une sorte de zircon granuliforme; mais l'analyse faite par *Klaproth* fait douter qu'il appartienne en effet à ce genre, et porteroit à croire que c'est un grenat; mais l'on attend pour lui assigner une place dans la méthode des observations précises sur ses caractères physiques et géométriques.

KANONENDRUSEN, KANONENSPATH. On nomme ainsi au Hartz des groupes de chaux carbonatée en prismes exaèdres.

KANTE, f. extrémité, côté, bord, arète, corne; l'angle extérieur d'une chose. — *Die kante eines steines,* la corne d'une pierre. — *Die kante eines balkens,* l'arète d'une poutre. — *Seiten kanten,* l'arète latérale. — *An den kanten durch scheinend,* transparent aux bords.

KANTIG, adj. équarri, qui a des arètes, des angles. — *Scharfkäntige brüchstücke,* des fragmens à bords aigus. — *Stumpfkäntige brüch stücke,* fragmens à bords obtus.

KAOLIN des Chinois, kaolin, feldspath argiliforme d'*Haüy*: minéral friable, maigre au toucher et dont la couleur la plus ordinaire est le blanc; il est dû à la décomposition du feldspath ou des roches composées de feldspath et de quartz.

KAPPEL. *Voyez* CAPPEL.

KAPPE, f. (*t. de min.*), capuce, espèce de bandeau de toile blanche que quelques mineurs mettent sous leurs bonnets de travail. — *Kappeneisen,* bande ou lien de fer que l'on met pour plus de solidité à certaines parties des machines; la bande d'un marteau.

KAPPEN, plur. chapeaux ou corniches de bois qui se placent sur les pieds droits des étançons pour étayer les galeries.

KAPPENSTEIN, m. térébratulite, coquille fossile bivalve dont la partie supérieure est proéminente et recourbée.

KARABÉ des Perses; succin.

KARABELKI, karabelki, lingot d'argent venant de la Chine, ayant la forme d'une petite barque à deux pointes relevées et pesant 2 hectogrammes.

KARAT, n. carat, titre, degré de perfection de l'or; en parlant des diamans et des perles, c'est un poids de 4 grains; poids de 12 grains d'or, dont 24 font un marc; petit diamant qu'on vend au poids. Dans l'ancien système de mesure, on divisoit l'or en 24 parties, appelées *carat*, et chaque carat étoit subdivisé en 32 parties. De l'or à 24 carats étoit de l'or parfaitement pur ; de l'or à 22 carats $\frac{1}{22}$ étoit de l'or qui contenoit une partie d'alliage et $\frac{20}{32}$.

KARATUR, f. (*t. de chim.*), carature, alliage d'or et d'argent dont on fait les aiguilles pour l'essai de l'or.

KARFUNCKEL, f. escarboucle. *Voyez* **CARBUNKEL**.

KARMIN ROTH, rouge de carmin, rouge pur et vif.

KARN, m. (*t. de min.*), brouette de mine servant au transport du minerai et des déblais. — *Der karn in hütten*, brouette à l'usage des fonderies.

KARNEOL. *Voyez* **CARNEOL**.

KARNLÄUFER, m. brouetteurs, conducteurs, rouleurs de brouettes.

KARNRAD, n. roue de brouette.

KARNSTEG, m. fer double dont la brouette du mineur est garnie en dessous.

KARNZAPFEN, plur. tourillons de brouette qui se placent au point central de chaque bout du moyeu de la roue.

KARPOLITEN. *Voy.* **CARPOLITEN**.

KARRE, f. (*t. de min.*), voiture ; au Hartz, la voiture contient 8 à 9 mesures, c'est-à-dire environ 70 pieds cubes.

KARREN, v. a. (*t. de min.*), brouetter, charrier le minerai dans une brouette.

KÄRSEFÖRMIG, adj. en forme de fromage, pour désigner un minéral aplati, d'une forme ronde et d'une certaine épaisseur.

KARWINZELSTEIN, m. *Voy.* **CARBUNKEL**.

KASTEN, m. casse ; (*t. de min.*), kaste, encaissement pour supports, place, endroit revêtu de fortes pièces de bois dans une mine, où l'on dépose les déblais inutiles que l'on ne veut pas sortir au jour, soit pour éviter la dépense, soit pour boucher des trous et affermir les parois du filon. — — *Die kasten sind zu bruch gegangen*, les kastes sont brisées. — *Kasten*, kaste, mesure pour connoître la quantité de minerai extrait.

KASTENDRUSEN, groupe de chaux carbonatée cristallisée.

KASTENKUNST, f. (*t. d'hydraul.*) *Voyez* **EIMERKUNST**.

KASTENSTANGEN, plur. solives ou pièces de bois qui se placent sur les étampes des castes pour supporter le remblai.

KATTUNERZ, n. mine de Nagyag ; tellure natif aurifère et plombifère.

KATZE, f. (*t. de fond.*) *Hüllenkatze*, chat. On nomme ainsi dans les fonderies une sorte de maladie consomptive qu'occasionnent les vapeurs et exhalaisons des fourneaux de fusion, et aussi le paquet ou la quantité de pièces de fer qu'on veut souder. *Voyez* **HÜTTEN-KATZE**.

KATZENAUGE et **KATZEN-AUGEN-OPAL**, n. œil-de-chat ; quartz agate, chatoyant. *Klaproth* ne paroît pas éloigné de le regarder comme une variété de l'opale, mais jamais du feld-spath ; astérie. *V.* **ASTERIEN**.

KATZENGLAS, KATZENGLIM-
MER, KATZENGOLD, mica.

KATZENKIESEL, n. quartz
hyalin amorphe.

KATZENMETALL, m. mica.

KATZENSAPHIR, m. saphir
de chat; corindon hyalin bleu
d'un chatoyement très - vif et
très-marqué; astérie, saphir de
Saussure.

KATZENSCHWEIF, m. baryte
sulfatée primitive, en prisme
droit, à bases rhombes, très-
court, de *Schemnitz*.

KATZENSILBER, n. mica
blanc; talc laminaire; au Hartz,
on désigne par cette expression
le molybdène sulfuré.

KATZENSPATH, chaux sulfa-
tée cristallisée.

KATZENSTEIN, m. chaux carbonatée fétide, chaux sulfatée
fibreuse.

KAUE ou KÄH, f. (*t. de
min.*), hangar, hutte ou baraque en bois établie au-dessus
d'un puits pour mettre à couvert ceux qui tournent le bourriquet, qui sont au treuil.

KAUFGLÄTTE, f. litharge
marchande.

KAUKAMM, KAUCHKAMM
ou KUKKAMM, m. (*t. de min.*),
petite hache avec un manche
court et un trou au milieu du
fer pour aider à arracher les
clous.

KAULSTEIN, m. fer oxidé limoneux, rubigineux.

KAWACKE, dans le Japon,
succin.

KAYSTEIN, même que KAI-
STEIN, quartz hyalin roulé.

KEFFEKIL, en Crimée et en
Tartarie, écume de mer : variété d'argile - glaise, suivant
Haüy, contenant une quantité
sensible de magnésie.

KEFFER, m. étain oxidé granuliforme.

KEGELFÖRMIG, adj. coni-
que, qui a la figure, la forme
d'un cône ; qui appartient à un
cône; (*t. de conchyol.*), turbiné, c'est-à-dire en cône renversé.

KEGEL SEHNECKENSTEIN et
KEGELSTEIN, m. échinite pointue ; pointes d'oursins fossiles ;
oursin fossile en forme de cône.

KEGELSPATH, chaux carbo-
natée cristallisée.

KEHRRAD, n.(*t.d'hydraul.*),
roue qui tourne alternativement à droite et à gauche ayant
deux rangées de godets inclinés en sens contraire qui reçoivent l'eau motrice successivement.

KEHRSALPETER, m. salpêtre
de houssage.

KEHRSTANGE, f. (*t.de forg.*),
ringard ; barre de fer pour manier les grosses pièces à forger.

KEIL, m. coin, pièce de fer
terminée en angle aigu propre à fendre ; les mineurs donnent aussi ce nom à une masse
de roche ou de minerai qui se
termine en forme de coin. —
Keilberg, roche en forme de
coin : cette expression de mineur signifie qu'un filon se
trouve partagé en deux branches par une masse de roche
qui le coupe ; alignoirs ; ali-
gnonets, petits coins de fer
dont se servent ceux qui travaillent l'ardoise pour ranger
les écots.

KEILEN, v. a. fendre. — (*t.
de min.*) *Der gang keilet sich*

aus, le filon s'amincit, diminue peu à peu, et finit par se perdre tout-à-fait , soit pour toujours , soit seulement sur une certaine étendue de terrain.

KEILFAUSTEL , m. (*t. de min.*), marteau à pignon , gros marteau ou masse dont on se sert pour enfoncer des coins dans l'arbre d'une roue afin d'en serrer les tourillons et manivelles , et aussi pour faire entrer et pénétrer le coin entre les roches.

KEILFÖRMIG , adj. et adv. cunéiforme ; en forme de coin. — *Keilförmiges fünfeck* , pentaèdre cunéiforme.

KEILHACKE, f. hoyau en forme de coin.

KEILHAUE , f. (*t. de min.*), pic de mineur ; outil de fer très-pointu , dont la pointe est acérée ; sorte de pioche dont on se sert pour déchausser un filon et en général pour les travaux qui se font dans un terrain ou une gangue peu dure. — *Keilhauen gebirge* , roche qui peut s'extraire au pic. — *Heilhauen erlegen* , réparer le pic.

KEIMSPATH , m. au Hartz , zéolithe cristallisée.

KELLE, f. (*t. de fond.*), cuiller à fondre ; grande cuiller avec laquelle on puise le plomb du bassin de réception pour le verser dans les lingotières.

KELLSCHLACKEN, plur. crasses ou scories que l'on retire des fourneaux avec la grande cuiller de fer après que le zinc en est sorti, et qui en renferment encore des grains.

KENNELKOHLE , f. kennelkohle ou houille de Kilkeni en Angleterre ; *Cannel-coal* des Anglois ; houille compacte d'*Haüy* ; espèce de houille qui ressemble beaucoup au jayet.

KENNZEICHEN, n. signe, caractère ; marque par laquelle on distingue un minéral, une plante d'une autre. — *Die aüssere kenzeichen der fossilien* , les caractères extérieurs des fossiles, c'est-à-dire ceux que nous pouvons y reconnoître par le seul secours de nos organes. — *Die generische kennzeichen oder allgemeine generische kennzeichen* , les caractères génériques ou universels. On en compte sept : *die farbe*, la couleur ; *die zusammenhang der theile* , la cohésion ; *die fettigkeit*, l'onctuosité ; *die käelte* , le froid ; *die schwere* , la pesanteur spécifique ; *der geruch* , l'odeur ; *der geschmach* , la saveur ; *die specialen kennzeichen* , les caractères spéciaux ou particuliers. *Werner* en compte seize pour les minéraux solides , huit pour les friables et trois pour les fluides : ces trois derniers sont *der glanz*, l'éclat ; *die durchsichtigkeit*, la transparence ; *die flussigkeit* , la fluidité. *Voyez* pour les définitions de chaque caractère les noms dans leur ordre alphabétique.

KERBE , f. entaillure, rainure, cannelure, coche , cran.

KERBHOLZ , n. petit morceau de bois sur lequel est gravé avec un fer rouge le nom du directeur des mines et le marteau : il y en a des blancs et des noirs. Le directeur ou *bergmeister* envoie le blanc au mineur pour le citer devant lui , et lui remet ou envoie le noir comme signe de sa condamnation à se rendre en prison ; bois entaillé, taille des mines ; bâton partagé en deux parties, que les maîtres mineurs qui ne savoient pas écrire réunissoient pour y marquer par des entailles les dépenses dont ils étoient comptables.

KEREMESSER, m. (*t. de doreur*), couteau à hacher.

KERMES, m. et n. *Natürlicher* et *mineralischer*, antimoine hydro-sulfuré.

KERN, m. noyau. — (*t. de fond.*) *Der kern zu figuren in erz*, noyau; ame, figure de terre ou de plâtre qui sert à celles qu'on jette en métal, soit bronze, soit tout autre ; (*t. de min.*), minerai brisé, réduit en grains, lavé et trié; argile durcie impressionnnée, portant empreinte d'une coquille. — *Kern arbeit*, ouvrage excellent marqué au meilleur coin. — *Kernsthal*, acier le plus parfait.

KERNGESTALT, f. (*t. de crist.*), noyau ou forme primitive ; solide d'une forme constante engagé symétriquement dans tous les cristaux d'une même espèce, et dont les faces suivent les directions des lames qui composent ces cristaux. On n'en connoît encore que six, savoir : le parallélipipède, l'octaèdre, le tétraèdre, le prisme hexaèdre régulier, le dodécaèdre à plans rhombes égaux et semblables, le dodécaèdre à plans triangulaires ou bipiramidal.

KERNLEHM, n. (*t. de fond.*), terre de noyau ; terre à potier qui couvre le noyau.

KERNSALZ, n. sel gemme, soude muriatée fossile.

KERNSTANGE, f. (*t. de fond. et d'artil.*), barre de noyau, barre de fer longue et cylindrique qui se place au milieu du moule d'une pièce de canon pour en former l'ame.

KERNVERKEHRT, adj. (*t. de crist.*), anamorphique, c'est-à-dire forme renversée : se dit d'un cristal auquel on ne peut donner la position la plus naturelle sans que celle du noyau se trouve comme renversée. Ex. *Kernverkehrt stilbit*, stilbite anamorphique.

KERNVERRATHEND, adj. (*t. de crist.*), apophane, c'est-à-dire manifeste : se dit d'un cristal, lorsque certaines arètes ou certaines facettes offrent quelque indication utile pour reconnoître la position du noyau qui sans cela seroit difficile à deviner, ou même pour déterminer, soit la direction, soit la mesure des décroissemens. Ex. *Kernverrathender feldspath*, feldspath apophane.

KERNWERK, n. (*t. de min.*), mine où il ne se trouve pas de filons réguliers, mais seulement des noyaux, nids ou rognons de minerai disséminés dans la roche.

KESSEL, creux, abîme, enfoncement de terrain ou excavation causée par un éboulement ou un tremblement de terre ; chaudière, chaudron.

KESSEL ASCHE, f. pour POTTASCHE. *Voyez* ce mot.

KESSELFLICKER, m. *Voyez* PFANNENFLICKER.

KESSELFÖRMIG, adj. et adv.

qui a la forme , la figure d'un
chaudron ; en forme de chaudron.

KESSELGEWÖLBE , n. *Voyez*
KUGELGEWÖLBE.

KESSELN , v. r. prendre, recevoir la forme d'un chaudron ;
devenir concave, se former une
concavité , un enfoncement
presque en rond, le mineur dit :
Der boden kesselt sich , le terrain s'affaisse, s'enfonce, prend
la forme d'un chaudron ; l'action de purifier le mauvais air
d'une mine au moyen d'une
chaudière ou marmite. On se
sert pour cela d'un coffre de
fer percé de trous tout autour ,
on le remplit de charbons ou de
menus bois bien secs que l'on
allume, et ensuite au moyen
d'une chaîne , on fait avancer
lentement ce coffre dans les endroits de la mine où l'on veut
raréfier et purifier l'air , effet
que doit produire la chaleur
qu'il répand.

KESSELSTEIN , n. chaux carbonatée concrétionnée.

KESSELTHAL , n. vallée encaissée et sans débouché , c'est-
à-dire environnée de hauteurs
de tous côtés , par exemple ,
celle de Laach près Andernach.

KETTELN , v. a. (*t. de min.*)
Seile ketteln , nouer , rejoindre
des câbles usés ou rompus.

KETTÖNSTEIN , m. oolite ;
chaux carbonatée globuliforme.

KETTZERN , v. a. (*t. de min.*),
fendre; faire des fentes, des ouvertures dans la roche.

KEÜBEL , m. (*t. de min.*),
crible. *Voyez* SIEB.

KEÜLE , f. masse, massue.

KEYS , dans l'île de Ceylan,
quartz hyalin cristallisé.

KIEL , m. tuyau étroit que
l'on place sous les cylindres
dans une machine hydraulique.

KIEN , en Chine, l'alcali minéral , la soude.

KIENSTOCK , m. (*t. d'affin.*)
Kienstöcke, gâteaux dont on a
séparé le plomb d'avec le cuivre
par le ressuage.

KIEPER. *Voyez* KUPFER et
KÜPER.

KIES , m. (*t. de min.*), pyrite ; sulfure métallique ; gravier, gros sable mêlé de forts
petits cailloux.

KIESADER , f. veine de sulfures , de pyrites ; veine de gravier ou gros sable.

KIESÄPFEL , KIESBALLE ,
KIESBALLEN , fer sulfuré.

KIESARTIG , adj. qui tient
de la nature du gravier, qui a
quelque qualité de gravier, qui
ressemble au gravier.

KIESEL, m. caillou.—*Aegyp-
tischer kiesel,* caillou d'Egypte ;
sorte de quartz agate onyx à
bandes alternatives opaques
d'un brun noirâtre et d'un brun
jaunâtre ; silex.

KIESEL ACHAT, quartz agate
calcédoine.

KIESELARTIG, adj. quartzifère, qui tient de la nature du
caillou.

KIESEL - CONGLOMERAT ,
quartz brèche , pouding, agrégat de fragmens quartzeux , anguleux ou roulés , liés entre
eux par un ciment ordinairement siliceux.

KIESELERDE , f. silice, base
du quartz et du silex.

KIESELFELS. *V.* HORNFELS.

KIESELGEBIRGE, n. grès à gros grains.

KIESELGYPS, m. chaux sulfatée, anhydre quartzifère ; minéral qui a été nommé *vulpinite* ou *pierre de Vulpino*, et que l'on travaille à Milan sous le nom de *marmo bardiglio* ; sa couleur est le blanc grisâtre uniforme ou mêlé de gris bleuâtre, et du reste il ressemble assez à la chaux carbonatée granuleuse dite marbre salin.

KIESELSAND et KIESELSANDSTEIN, m. gravier ; sable mêlé de petits cailloux.

KIESELSCHIEFER, m. schiste siliceux, roche cornéenne dure, fissile, dont la couleur varie du gris au noir foncé ; jaspe schisteux, dont la couleur varie du gris au noir foncé ; pierre de Lydie, pierre de touche.

KIESELSINTER, m. quartz hyalin concrétionné ; fiorite de *Thompson* ; quartz qui a tous les caractères des concrétions, et ne diffère des calcédoines que par sa cassure vitreuse : sa surface est luisante.

KIESELSPATH, m. trémolite de *Saussure* et *Brochant* ; grammatite d'*Haüy*. *Voy.* GRAMMATIT.

KIESELSTEIN, silex ; pierre quartzeuse, quartz hyalin amorphe, caillou.

KIESELTUFF, m. quartz concrétionné, tuf siliceux thermal.

KIESEN, v. a. vieux mot pour WÄHLEN, choisir ; (*t. de min.*), droit d'option réservé au plus ancien concessionnaire ou propriétaire d'une mine, lorsque son filon et celui de son voisin, moins ancien que lui, se joi-

gnent, et que l'on ne peut plus spécifier celui de l'un ou de l'autre.

KIESFRÜCHTE, KIESKEGEL, KIESKLÖSSE, KIESKRYSTAL, KIESKUCHEN et KIESKUGELN, fer sulfuré.

KIESGRUBE, f. mine de pyrite, mine d'où l'on extrait des sulfures métalliques.

KIESICHT, adj. qui ressemble au gravier, au gros sable, qui tient du gravier.

KIESIG, adj. graveleux, plein de gravier, de gros sable mêlé de cailloux. — *Ein kiesiger boden*, un terrain graveleux.

KIESKUPFERERZ, n. *Voyez* WEISSKUPFERERZ.

KIESLAUGE, f. eau cémentatoire.

KIESLING. *Voyez* KIESEL.

KIESNIERE, f. ou KIESNÜSSE, KIESPLÄTZE, KIESROOGEN, KIESTRAUBEN, KIESWÜRFEL, fer sulfuré globuleux et granuliforme.

KIESZECHE, f. *V.* KIESGRUBE.

KIESZIMMER, m. (*t. de min.*), celui qui a entrepris seul l'exploitation d'une mine de sulfure.

KIEZE, f. petite caisse de bois à manche, dans laquelle on tient le poussier et la terre grasse qui sert à luter, ou fermer l'ouverture, dite œil, d'un fourneau de fonderie.

KILKESTY des Turcs. *Voyez* KEFFE KIL.

KILL des Tartares. *Voyez* KEFFE KIL.

KILLAS de *Kirwan*, argile schisteuse impressionnée.

KIMMSPATH, zéolithe. *Voy.* ZEOLITH.

KING, king, instrument de

musique chinois fait avec une pierre sonore (*klingstein*).

KINGKÖRNER , plur. buccinites , coquilles univalves fossiles.

KIRCHEL , à Zinnwald , en Bohême , le quartz hyalin cristallisé.

KIRCHENKROETZ , m. les petits grains d'argent qui jaillissent au dehors du fourneau d'affinage et sont dévolus à l'église.

KIRCHENKUX. *Voy.* **HEILIGERKUX.**

KIRRENKOBOLT ou **KÜRREKOBOLT** , cobalt oxidé noir terreux friable ; suivant *Brochant* un quartz ou un hornstein coloré par un mélange de cobalt terreux noir friable.

KIRSCHROTH , rouge de cerise , rouge de carmin bleuâtre.

KISTER , m. racloir de fer avec lequel on retire les scories ou crasses des métaux en fusion.

KITT , m. (*t. de chim.*), lut , enduit pour boucher un vase ; soudure , matière dont on se sert pour souder au mastic.

KITTEL , m. sarreau ; (*t. de min.*), habit de mineur fait d'étoffe ou de toile noire , àpeu-près de la même longueur qu'une chemise , et au moins aussi ample , qui s'attache audessus des hanches avec la ceinture ou les cordons d'un tablier de cuir qui pend par derrière.

KITTUNG , f. l'action de luter , badigeonner , souder , mastiquer.

KLAFFMUSCHEL , f. (*t. de conchyol.*), telline béante , coquille bivalve.

KLAFTER , f. toise , mesure de longueur qui varie suivant les

localités , mais ne diffère cependant pas beaucoup en général de l'ancienne toise de France.

KLAMM. adj. manquant , rare , serré. — *Der schnee ist klamm* , la neige est serrée.— *Klammes gediegenes gold* , or natif massif. — (*t. de min.*) *Klamme* ou *klammgällige felsen* , roches très-fermes , trèsdures.

KLAMMER , f. crampon , crochet , harpon , pièce de fer recourbé.

KLAMMERN , v. a. cramponner , attacher avec un crampon.

KLAMMGALLIG , adj. trèsferme , très-solide , très-dur.

KLANG , m. le son , l'un des caractères extérieurs particuliers des minéraux solides. — *Der klang eines metalles,* le son d'un métal , la résonnance. On ne connoît point de corps dans la nature qui soient plus sonores que les métaux. — *Der silberklang* , le son argentin , son particulier de l'argent. — *Der zinnklang* , le son , le cri de l'étain.

KLANGSTEIN , m. pierre résonnante ; schiste micacé.

KLAPPE, f. clapet ; espèce de petite soupape qui se lève et se baisse par le moyen d'une simple charnière.

KLAPPENVENTIL , n. soupape ; sorte de languette qui , dans une pompe , dans un tuyau d'orgue , etc. , se lève et se referme pour donner passage à l'eau ou au vent.

KLAPPERSTEIN , m. fer oxidé géodique renfermant dans son intérieur un noyau mobile ; aétite ou étite ; sissite.

KLÄRE, f. (*t. d'affin.*), claire; cendre ou poussière très-fine d'os calcinés dont on saupoudre les coupelles d'essai, afin que le grain ou bouton d'argent s'en détache plus facilement et avec propreté.

KLARKÖRNIG, adj. à très-menus grains, qui a les grains très-fins, très-déliés.

KLASSIFICATION, KLASSIFICIRUNG, f. (*t. de min.*), classification. *Häuy* a divisé tout le règne minéral en quatre classes dont voici les titres :

1°. Substances acidifères composées d'un acide uni à une terre ou à un alcali, et quelquefois à l'un et à l'autre ;

2°. Substances terreuses dans la composition desquelles il n'entre que des terres unies quelquefois avec un alcali ;

3°. Substances combustibles non métalliques ;

4°. Substances métalliques.

KLATZE, f. (*t. de min.*), bocard découvert ; bocard sans toiture, en plein air, à l'air libre.

KLAUBEBÜHNE, f. table ou banc sur lequel on trie le minerai.

KLAUBEN, v. a. éplucher, nettoyer. — (*t. de min.*) *Das erz klauben*, trier, nettoyer le minerai, la matière minérale.

KLAUBERIG, adj. ou KLAUBERICHT, (*t. de min.*), ce qui a été trié, nettoyé, séparé.

KLAUBHAMMER, m. marteau de triage, qui sert à séparer le bon minerai de la roche inutile.

KLAUE, f. griffes ou petits crochets qui servent à affermir les pierres précieuses dans leur chaton.

KLAUSE, f. la fosse qui reçoit l'eau des lavoirs du minerai d'étain.

KLEBER, m. matière gluante, glutineuse, visqueuse, tenace ; gomme.

KLEBERICHT, adj. qui a quelque qualité glutineuse, visqueuse, qui ressemble à quelque matière glutineuse, visqueuse.

KLEBERIG, adj. glutineux, gluant, visqueux, tenace ; qui tient fortement, qui s'attache aux choses.

KLEBERIGKEIT, f. tenacité, viscosité, qualité de ce qui est tendre, gluant, visqueux, etc.

KLEBERSTEIN, m. talc stéatite.

KLEBSCHIEFER, m. schiste happant : nom donné à l'argile schisteuse tenace, qui sert d'enveloppe aux masses tuberculeuses de la variété de quartz résinite que l'on a appelé *mélinite* ou *pechstein de Ménilmontant*. Cette argile, dont la couleur la plus ordinaire est le gris clair, est tendre et facile à briser ; elle happe fortement à la langue, et se délite très-facilement.

KLEID, n. (*t. de min.*), habit. — *Grubenkleid*, habit de mine, habit avec lequel on descend dans les mines.

KLEINEN, v. n. (*t. de min.*), briser, casser, réduire en petits morceaux les minerais détachés de la gangue. — *Kleinen in halden durchsuchen*, chercher les petits morceaux de minerai qui se trouvent dans les décombres.

KLEINERZ, n. minerai brisé, réduit en petits morceaux.

KLEINSCHLAGEN, v. a. *Voy.* KLEINEN et KREISEN.

KLEINSCHMELZER, m. le sous-fondeur.

KLEINSCHMIDT, m. le martineur.

KLEINSILBER, n. le platine.

KLEINSPITZIG, adj. qui se termine en pointes fines.

KLEINSTECHEISEN, petit ringard à percer, ou barre de fer pointue pour faire la percée, afin de faire couler les métaux fondus d'un bassin dans l'autre.

KLEMMIG, adj. dur. — *Klemmiges gestein,* pierre, roche dure.

KLEYENSTEIN, m. talc ollaire friable, grenu.

KLINGEND, adj. sonnant, qui rend un son distinct. — *Klingendes zinn,* étain sonnant.

KLINGSTEIN, m. pierre sonnante ou sonore; feldspath compacte sonore dit chalcophone; pierre d'un gris plus ou moins foncé, à cassure schisteuse, et qui rend un son particulier sous le marteau, sur-tout dans les tables minces; elle forme la masse principale, ou base de la roche connue sous le nom de *porphyr - schiefer,* porphyre schisteux; c'est la roche que M. *Daubuisson,* ingénieur des mines, a nommée phonolite dans le Journal de Physique.

KLINSE ou KLÜSE, f. (*t. de min.*), fentes, gerçures, intervalles vides de rocher.

KLIPPE ou KLIPPING, petites monnoies triangulaires ou carrées qui se frappent quelquefois par nécessité; monnoie de circonstance que l'on prépare à la hâte dans les cas pressans, par exemple pendant un siège.

KLIPPE, f. rocher escarpé; grosses roches qui présentent quelquefois des formes déterminées; écueil. — *Klippen im meere,* écueils, dangers dans la mer. — *Blinde klippen,* brisans; écueils à fleur d'eau.

KLIPPIG, adj. pleins d'écueils, de dangers, de rochers. — *Ein sehr klippiges gebirge,* montagnes formées, pleines de gros rochers escarpés.

KLIPPING, m. *Voy.* KLIPPE.

KLITTERGOLD. *Voyez* FLITTERGOLD.

KLOBEN, m. poulie; roulette, anneau de fer que l'on peut tout de suite attacher aux chaînes quand un chaînon vient à casser; mordache, sorte de tenailles.

KLOBENARBEIT, f. travail qui se fait au moyen de poulies; action d'élever des matériaux par le moyen des poulies.

KLOBENGLIED, n. membre ou partie d'une chaîne qui a la figure ou forme d'un 8, et qui sert à rattacher ou réunir les chaînons lorsqu'ils se séparent.

KLOBENSEIL, n. corde de poulie; forte corde ou câble auquel on suspend les fardeaux qu'on veut élever.

KLOPFARBEIT, f. manière d'exploiter un filon de schiste mince en frappant du haut en bas avec le marteau de main (*faustel*).

KLOPFEN, v. n. frapper, heurter; (*t. d'arts*), frapper avec un maillet ou marteau de bois fait exprès, un assemblage de 50 feuilles de fer-blanc pour les faire joindre de façon qu'elles puissent être facilement emballées.

KLOPFHOLZ, n. batte, maillet; plateau de bois avec lequel on bat.

KLÖPPEL, KLÖFPEL, m. maillet, espèce de marteau de bois à deux têtes; battoir.

KLOSKALK, m. chaux carbonatée grossière.

KLOTZ, m. tronçon de bois; billot; grosse masse pour briser la roche.

KLÖTZCHEN, n. (*diminutif*), petit billot; petit tronçon de bois.

KLOTZPUMPE, f. pompe à l'anse de laquelle est attaché un tronçon de bois.

KLOWEN, cliver, diviser avec adresse un diamant au lieu de le scier.

KLUB (*t. de min.*), pince ou espèce de tenailles servant à retirer d'un trou de mine un morceau de fleuret rompu.

KLUFT f. fente, crevasse, ouverture. — (*t. de min.*), *Klüfte*, fentes, gerçures, intervalles vides entre des roches : quelquefois elles sont remplies de substances métalliques et forment ainsi des veines ou petits filons étroits ; d'autrefois elles sont tout-à-fait vides ; pour *höhle* ou *gruft*, caverne, grotte, antre, cavité, lieu creux dans un rocher ; (*t. de fond.*), longues pincettes avec lesquelles on place les coupelles dans le fourneau d'essai.

KLÜFTIG, adj. plein de fentes. — *Klüftiges gestein*, rocher plein de fentes.

KLUMP, m. et au plur. KLÜMPE, amas, monceau, pelotons, tas. — *Ein klump lehm*, *thon*, un amas, un monceau d'argile glaise, de terre grasse ; grumeaux ; durillons, bouchon de linge ; masse.

KLUMPEN, m. gros tas, gros amas. — *Ein klumper erde*, *thon*, une grande masse de terre, un gros tas d'argile.

KLUMPEN, v. r. devenir en masse ; se mettre, se former en tas, en amas ; s'amasser.

KLUMPENWEISE, adv. en masse, en monceau, par tas, par peloton.

KLUMPERIG, adj. grumeleux; qui a des grumeaux, qui est en grumeaux. — *Klumperig werden*, devenir en grumeaux.

KLUPPE, f. instrument d'acier servant à la fabrication des vis, soit de métal, soit de bois.

KLYTA, chaux carbonatée crayeuse ; craie.

KNALL, m. craquement; explosion, éclat ; petillement.

KNALLEN, v. n. craquer, éclater, faire une explosion, petiller.

KNALLGOLD, n. or fulminant : c'est la dissolution de l'or par l'acide nitro-muriatique précipité par l'ammoniaque : les effets en sont terribles.

KNALLPULVER, n. poudre fulminante, mélange de trois parties de nitrate de potasse avec deux parties d'alcali du tartre sec et d'une partie de soufre. On appelle cette préparation *fulminante,* parce que, lorsqu'on la met sur un feu doux dans une cuiller de fer, et qu'on la laisse chauffer lentement, elle détonne avec un fracas épouvantable aussitôt qu'elle est parvenue à un certain degré de chaleur. L'argent ou le mercure précipité de l'acide nitrique par l'alcohol donne aussi des poudres fulminantes. Ce qu'il y a de plus remarquable dans ces expériences, c'est que ces poudres n'ont pas besoin d'être resserrées ni renfermées comme la poudre à canon pour faire l'explosion la plus bruyante.

KNAPPE, m. garçon, compagnon. — *Knappen* pour *Bergknappen*, mineurs, ouvriers qui travaillent dans les mines.

KNAPPSCHAFFT, f. corps des mineurs; la société, l'ensemble de tous les ouvriers qui travaillent aux mines. — *Der knappschaft älteste*, l'ancien du corps des mineurs.

KNARRE, f. crécelle, moulinet de bois qui fait un bruit aigre.

KNASTERN, v. n. craquer, petiller, éclater avec bruit et à plusieurs reprises. — *Das holz knastert im feüer*, ce bois éclate, pète dans le feu.

KNASTERND, adj. petillant, qui petille.

KNAUBLAUCHARTIG, adj. d'ail, en parlant de l'odeur d'un minéral.

KNAUER, m. (*t. de min.*), masse de pierre dure difficile à rompre; roche indomptable.

KNAUERIG, adj. difficile à briser. — *Knauerige gänge*, filons, veines composées de roches dures, de pierres dures et difficiles à exploiter, de roches indomptables.

KNAUFT, gneiss, roche quartzeuze fissile avec mica.

KNAUST, m. espèce de roches dures.

KNEBEL, n. (*t. de min.*), bois rond que l'on attache fortement à l'extrémité du câble d'un puits de mine, et sur lequel il est d'usage dans certaines mines de se placer pour descendre sur les travaux et en remonter (*auf knebel fahren*).

KNEBELN, v. a. garrotter, lier, serrer avec un bâton court.

KNECHT, m. valet; (*t. de min.*), dévideur, le manœuvre employé au treuil ou au transport du minerai et des décombres; (*t. de mécan.*), le mouton, le gros billot de bois armé de fer avec lequel on enfonce les pilotis.

KNEIPE, f. mordache, tenailles pour remuer de gros bois dans le feu; tout instrument qui sert à tenir serré.

KNEIPZANGE, f. pince, pincette; petite tenaille pour prendre ou pour placer certaines choses qu'on ne pourroit ni prendre, ni placer si habilement avec les doigts; tricoises, tenailles de maréchal.

KNEISS. *Voyez* GNEISS.

KNEIST, m. schiste bitumineux; variété de l'argile schisteuse.

KNIEBIEGEL, m. (*t. de min.*), genouillères que les mineurs s'attachent aux genoux lorsqu'ils sont obligés de travailler à genoux.

KNIEFÖRMIG, adj. (*t. de crist.*), géniculé: se dit d'un cristal composé de deux prismes qui se réunissent par une extrémité en formant une espèce de genou. Ex. *Knieförmiges oxidirtes titan*, titane oxidé géniculé.

Kniest, sorte de gangue traversée de petites veines de minerai de cuivre que l'on emploie comme fondant dans le traitement du minerai de cuivre, et qui est doublement utile, puisqu'elle accelère la fusion de ce minerai, et qu'elle fournit elle-même aussi un peu de métal.

Knirschen, v. a. craquer. — *Das knirschen*, le cri. — *Zinns knirschen*, le cri de l'étain.

Knistern, v. a. craquer, petiller. (*t. de chim.*), décrépiter, faire calciner un corps jusqu'à ce qu'il ne petille plus. — — *Das knistern eines holzbaues von starcken winden*, mouvement d'un assemblage de pièces de bois que cause un vent violent.

Knisterndes geräusch, n. bruit éclatant, petillement.

Knobben. *Voyez* Knollen.

Knochenerde, f. apatite terreuse ; chaux phosphatée grossière.

Knochenfels, m. roche ou brèche osseuse ; sorte de tuf calcaire renfermant des ostéolites.

Knochenstein, chaux carbonatée fibreuse avec empreintes de roseaux.

Knochenversteinerung, f. pétrification d'os ; ostéocole.

Knollen, m. anciennes scories que l'on fond de nouveau, soit seules, soit en les mêlant avec du minerai de la même

sorte ; argile schisteuse tégulaire trop épaisse pour pouvoir être employée à la couverture des toits.

Knollenstein. *V.* Leberopal et Menilit.

Knollig ; adj. tuberculeux, garni de tubercules ou petites excroissances, bulbeux, raboteux.

Knopf, m. bouton ; petit corps arrondi.

Knopfestein, m. dans le pays de Bareuth, *grünstein ;* échinites, oursins fossiles.

Knörper, plur. pierres brisées qui gisent disséminées autour des bocards et emplissent l'intervalle entre la charpente du bocard et son auge.

Knospen, m. malachite fibreuse ; cuivre carbonate vert soyeux.

Knospenförmig, adj. (*t. de min.*), en boutons.

Knospicht, adj. qui a des boutons, des petites éminences rondes sur la superficie.

Knötel, échantillon de minerai d'étain de la grosseur d'un œuf de poule.

Koack. *Voyez* Coack.

Kobereisen, n. deux feuilles ou lames de fer fondu posées l'une sur l'autre, et parfaitement unies ; marchandise en fer qu'un ouvrier vend en secret.

Koberlehn, n. conduite injuste ou irrégulière d'un concessionnaire qui outre-passe le terrain de sa concession et s'empare d'un filon qui court dans le voisinage du sien.

Kobolt ou Cobalt, m. cobalt, métal d'un blanc d'étain, d'un

tissu à grain fin et serré, très-difficile à fondre, susceptible de se convertir en un oxide gris obscur que l'on appelle *safre*, lequel, fondu avec la poudre de cailloux ou de sable, forme le beau verre bleu connu sous le nom de *smalt*, et qui, pulvérisé, se nomme *bleu d'azur*.

KOBOLTANSATZ, m. désignation de la quantité de minerai de cobalt à livrer par chaque mine pour la fabrique de couleur bleue.

KOBOLTBESCHLAG, f. cobalt arseniaté pulvérulent et aciculaire rouge mêlé de violet.

KOBOLTBLUMEN, plur. et KOBALTBLÜTHE, f. fleurs de cobalt, mine de cobalt en efflorescence, cobalt arséniaté pulvérulent.

KOBOLTERDE, f. cobalt oxidé noir friable, fuligineux.

KOBOLTERZ, n. minerai de cobalt.

KOBOLTFÖRDERNISS, f. délivrance de cobalt à la fabrique de couleur bleue d'après l'ordre de répartition établi par l'administration en raison des produits de chaque mine.

KOBOLTGLANZ, m. cobalt éclatant; cobalt gris d'*Haüy*; couleur blanc métallique tirant un peu sur le gris, et tissu très-lamelleux; forme primitive, le cube et les joints naturels très-nets répandant un vif éclat.

KOBOLTGRAUPEN, cobalt gris amorphe.

KOBOLTISCH, adj, qui tient du cobalt, qui est de la nature du cobalt.

KOBOLTKÖNIG, m. régule de cobalt; cobalt pur.

KOBOLTKÜRRE et KÜRREKOBOLT, quartz ou pétrosilex mélangé de cobalt oxidé noir, friable.

KOBOLTLETTEN et KOBOLTMULM, cobalt oxidé, noir brunâtre, terreux et friable.

KOBALTMULM *V.* KOBOLTERDE.

KOBOLTOCHER, cobalt oxidé.

KOBOLTSANDERZ, n. cobalt sablonneux; sable mêlé de minerai de cobalt.

KOBOLTSINTER. *V.* KOBOLTBESCHLAG.

KOBOLTSPIEGEL. *V.* KOBOLTGLANZ.

KOBOLTTAXATION, taxation ou taxe du cobalt livré à la fabrique de couleur; elle se base sur la quantité de smalt ou verre bleu qu'il a fourni.

KOBOLT TAXE, f. taxe du cobalt en raison de la qualité du minerai.

KOBOLT VITRIOL, m. vitriol ou sulfate de cobalt natif; cobalt sulfaté; substance saline en masse stallactiforme d'un rouge de rose pâle translucide. Suivant *Gerhard*, c'est un sel capillaire.

KOCHSALZ, n. sel de cuisine, soude muriatée.

KOCHSALZ SAÜERES KUPFER, atacamit; cuivre muriaté pulvérulent. *Voyez* ATACAMIT.

KOCKOLITH. *V.* COCCOLITH.

KODRETI des Perses, talc stéatite compacte; suif de montagne.

KOHLE, f. charbon.

KOHLENBERGWERK, n. mine de charbon; houillère.

KOHLENBLENDE, f. kohlenblende; blende, charbonneuse,

anthracite; substance noire opaque, légère, tendre, facile à casser, dont la cassure principale est schisteuse, et la cassure en travers conchoïde.

KOHLENBLUME, f. argile glaise pénétrée de bitume.

KOHLENBRENNER, m. charbonnier; faiseur de charbon.

KOHLENFLÖTZ, m. couche, banc, veine de houille.

KOHLENGEBIRGE, n. lit, couche de pierre et de terre dessus et dessous la houille; parois et sol d'une houillère; montagnes schisteuses renfermant des couches de houille ou qui sont de nature à y faire présumer de la houille.

KOHLENGESAÜERTE, adj. carbonaté. — *Das kohlenge saüerte bley*, le plomb carbonaté.

KOHLENGE SÄUERTER BARYT. *Voyez* WITHERIT.

KOHLENGESTÜBE, n. brasque, charbons pilés et réduits en poussière que l'on emploie dans les fonderies; poussier, la poussière qui demeure au fond d'un sac de charbon. *V.* FRISCHGESTÜBE.

KOHLENGRAUPEN, argile calcarifère bitumineuse.

KOHLENGRUBE, f. houillère, mine de houille, mine de charbon de terre; fosse où l'on fait du charbon.

KOHLENHAUS, n. maison, bâtiment, lieu où on dépose la houille, le charbon.

KOHLENHÖLZER, m. bois à charbon coupé de longueur convenable et arrangé en cordes.

KOHLENKARREN, m. banne;

voiture à deux roues pour transporter le charbon.

KOHLENKORB, m. panier à charbon.

KOHLENKRAIL, m. harcque, râteau de charbonnier.

KOHLENKRÜCKE, f. fourgon, perche; instrument pour remuer, pour attiser la braise dans les fourneaux et casser les gros charbons.

KOHLENKÜBEL, m. baquet à charbon; mesure pour le charbon.

KOHLENLÖSCHE, f. kohlenlösche, houille des environs de Zwikau, en Saxe, qui est qualifiée espèce particulière par quelques minéralogistes.

KOHLENMAAS, n. mesure à charbon.

KOHLENMESSER, m. mesureur de charbon.

KOHLENPLATZ, m. la place au charbon; pour KOHLENSTURTZ, l'endroit où l'on renverse les bannes de charbon.

KOHLENRUTHE, f. *Voyez* KÖHLENKRÜCKE.

KOHLENSACK, m. sac à charbon; (*t. de chim.*), le foyer, la partie du fourneau où se place le feu.

KOHLENSATZ, m. (*t. de tuillier* et *de chaufournier*), la charbonnée; une couche de charbon entre des tuiles qu'on fait cuire et entre les pierres à chaux qu'on veut calciner.

KOHLENSAÜER, f. acide carbonique.

KOHLENSCHAUFEL, f. ébraisoir, pelle de fer pour tirer la braise des fourneaux.

KOHLENSCHIEFER, m. argile schisteuse bitumineuse.

KOHLENSCHIPPE, f. la pelle à charbon.

KOHLENSCHLACKE, f. le fraisil, les cendres de charbon dans une forge.

KOHLENSTAUB, m. poussier. *Voyez* KOHLENGESTÜBE.

KOHLENSTEIN, m. argile schisteuse bitumineuse ; près de Dresde, argile calcarifère endurcie.

KOHLENSTOFF, m. carbone, charbon pur.

KÖHLER. *Voyez* KOHLEN-BRENNER.

KOHTSALZ, n. sel de boue. On donne ce nom en Galicie au sel de Szybik (*Szybikersalz*), le plus impur, qui est mêlé d'une quantité considérable d'argile : c'est celui qui est le plus près de la surface de la terre. *Voyez* SZYBIKERSALZ.

KOKKOLITH, coccolithe, pierre à noyaux ; substance formée d'un assemblage de grains d'un vert noirâtre et quelquefois vert de pré, qui sont chargés de saillies et d'enfoncement. *Voy.* COCCOLITH. *Haüy* la regarde comme une variété du pyroxène.

KOLBE, f. ou KOLBEN, m. petit bout gros et rond de quelque chose. — *Kolben zum löthen*, fer à souder ; (*t. de chim.*), alambic, matras, cucurbite, cornue, vaisseau qui sert à distiller. — *Kolben zum scheidewasser*, vaisseau de terre à distiller de l'eau-forte ; piston de pompe ; pilon de bois qui a un gros bout et servant à battre les cendres dans le fourneau de coupellation.

KOLBENFÖRMIG, adj. clavi-forme. — *Kolben förmiger glas-kopf*, fer oxidé hématite claviforme.

KOLBENROHR, n. cylindre creux ou tuyau de fonte dans lequel joue le piston d'une pompe ; tuyau principal de la machine hydraulique.

KOLBENSPEISE, f. (*t. de vitrier*), mélange de chaux d'étain, de suif et d'étain pour étamer avec le fer à souder.

KOLBICHT, adj. ce qui est gros par un bout ou d'une figure à-peu-près sphérique.

KOLBIG, adj. qui a un gros bout. — *Ein kolbiger stock*, un bâton plus gros par un bout que par l'autre.

KOLLERN, v. a. (*t. de min.*), s'embrouiller. — *Die kunst kollert*, la machine hydraulique est arrêtée ; il y a quelque partie de dérangée, de rompue ; on emploie également cette expression en parlant du fer fondu qui fait rejaillir une sorte de pluie de feu lorsqu'il rencontre quelques places humides dans les formes ou moules où on le fait couler.

KOLLYRIT, kollyrite ; sorte d'argile blanche assez tenace, laissant suinter l'eau par la pression ; elle retient ce liquide avec une si grande force, qu'il lui faut plus d'un mois pour se sécher, quoique réduit à une petite masse : elle se sépare par la dessiccation en prismes comme de l'amidon : elle a perdu alors la moitié de son poids, et est devenue très-légère.

KOLMORAMARMOR, m. chaux carbonatée grenue mêlée de serpentine noble, suivant *Crox-*

stedt , vraisemblablement le marbre dit *verde antico ,* vert antique, ou le *verde di prato ,* vert de pré.

Kolmschiefer , m. schiste alumineux ; variété de l'argile schisteuse.

Kolophonium blende , f. zinc sulfuré jaune.

Kolophoniumerz , n. zinc sulfuré aurifère.

Kolophoniumstein , m. pétrosilez résiniforme.

Kompe , f. auge du bocard dans laquelle se bocarde le minerai d'étain.

Kompst et Komst , succin d'un blanc de lait.

König , m. roi ; (*t. de chim.*), régule : état d'un métal sans mélange , spécialement le petit bouton de métal pur qui se trouve au fond du creuset quand on fait l'essai des minerais ; la partie régulière d'un métal (*der eine theil eines metalles*).

Königskupfer , n. régule de cuivre ; le gâteau de cuivre noir qui reste au fond du bassin et s'y coagule quand tout le dessus a été levé en plaques.

Königswasser , n. eau régale ; acide nitro-muriatique.

Kontrastirend , adj. (*t. de crist.*), contrastant : se dit d'un cristal lorsqu'il a la forme d'un rhomboïde très-aigu, dans lequel une inversion d'angles présente une espèce de contraste, en ce qu'elle se rapporte d'une autre part à un rhomboïde très-obtus. Ex. *Contrastirender kohlengesaüerter kalk,* chaux carbonatée contrastante.

Kopförmig , adj. (*t. de lapid.*), cabochon. — *Der kop-*

förmiggeschlieffenecymophan, la cymophane taillée en cabochon.

Korallenachat , m. quartz agate coralloïde ; conchylioïde , etc. *Voyez* Corallen-achat.

Korallenerz , n. *Voyez* Corallenerz.

Korallenholz , Korallholz, n. Keratophylon, kératophiles, sorte de polypier ; productions organisées qui croissent dans la mer.

Korallenmarmor et Korallenstein. *V.* Corallen.

Korbstange , f. courbestan , forte pièce de bois qui , dans les machines hydrauliques, fait mouvoir la suite des tirans et chevines pour la levée des pistons.

Koriem , koriem , sorte de roche calcaire à tissu fibreux ou à lames fines , pour l'ordinaire schisteuse, d'une couleur gris foncé ou brune ou jaune blanchâtre , employée comme flux à la fonderie de *Rothe hütte* au Hartz.

Kork , liège fossile , asbeste tressé.

Korn , n. grain. — *Ein metall zu körnern machen,* réduire un métal en petits grains ; grenailler. — *Das korn des silbers ,* bouton de fin. — *In körnern ,* en grains , en parlant des caractères extérieurs des minéraux.

Kornähren , plur. argile calcarifère bitumineuse ; cuivre gris spiciforme, cuivre sulfuré spiciforme ou argent en épis ; pseudomorphes de Frankenberg.

Körnern , v. n. grenailler ,

grener. — *Das pulver, den salpeter körnen*, grener la poudre à canon, le salpêtre. — *Ein metall körnen*, grenailler, mettre un métal en petits grains. — *Gekörntes metall*, grenaille.

KÖRNIG, adj. grenu, grené, granuleux, qui a beaucoup de grains. — *Körniger thoneisenstein*, fer argileux grenu.

KORNISCHZINNERZ. *Voyez* CORNISCHZINNERZ.

KÖRNIGBLÄETERIG, adj. lamellaire, composé de lames entrelacées.

KORNKLUFT, f. *Das kornkluftchen*, dimin. (*t. de fond.*), pince, pincette qui sert à retirer le bouton de fin de la coupelle et à le porter dans le bassin de la balance d'essai; bercelle.

KÖRNUNG, f. l'action de granuler, de grener, de réduire en petits grains; granulation.

KORNWAGE, f. (*t. de metall.*), trébuchet, petite balance pour peser le bouton de fin; balance d'essai.

KORNZANGE, f. ou TRUCKZANGE et PROBIRZANGE. *Voy.* KORKLUFT, (*t. de forg.*), les bercelles ou la bercelle, tenailles pour sortir la loupe du feu.

KÖRPERLICH, adj. corporel, solide. — *Eine körperliche ecke*, un angle solide.

KORUND. *Voyez* CORUND.

KOTH, KOTHEN, n. (*t. de salin.*), petit bâtiment où l'on fait le sel.

KOTTONERZ. *V.* COTTONERZ.

KOUPHOLITH, koupholite, minéral formé de l'assemblage de petites lames blanches demi-transparentes qui paroissent

tendre vers la figure du carré ou d'un rhomboïde obtus. On le classe parmi les prehnites. Une forme différente dans la molécule intégrante pourroit seule s'opposer à ce rapprochement: ce sont MM. *Gillet-Laumont* et *Lelièvre*, membres du Conseil des mines, qui l'ont spécialement fait connoître.

KRACH, crac; (*t. de min.*), rupture, fracture, qui se fait avec un grand fracas, un grand craquement.

KRAGENSTEIN, m. chaux sulfatée compacte.

KRAGGPORPHYR et KRAGGSTEIN, m. basalte mêlé de feldspath.

KRAGGSTONE, basalte en prismes; lave lithoïde prismatique d'*Haüy*.

KRÄHENAUGEN, KRÄHENAUGENSPATH, chaux carbonatée cristallisée en groupes dont chaque gros cristal en présente de plus petits en saillie.

KRÄHENAUGENSTEIN, m. roche amygdaloïde.

KRAHN, m. crone, grue, machine pour élever des fardeaux. — *Krahnischer zug*, la grue qui sert à élever le chapeau d'un fourneau d'affinage.

KRAIL, m. râteau ou râble de fer pour rassembler les morceaux de minerai et en charger les seaux ou paniers.

KRANZ, m. guirlande, couronne; (*t. de min.*), l'ensemble des courbes qui composent le pourtour d'une roue hydraulique et renferment les aubes; alichons ou ailerons sur lesquels l'eau tombe.

KRATEREN, cratère, bouche de volcan; ouverture ou enfoncement en forme d'entonnoir ou de cône renversé sur la cime ou sur les côtés des montagnes volcaniques : ils varient en dimensions et en profondeur.

KRATZE, f. grattoir, racloir, instrument pour racler. — *Kratze der bergleüten*, racle ou grattoir des mineurs; déchet des métaux; raclure, parcelles qui tombent des métaux en les travaillant; lavures parmi les orfèvres et les monnoyeurs; l'or et l'argent qui proviennent, soit de la lessive des cendres de leurs fourneaux, soit des balayures de leurs ateliers; même que KRAIL. *V.* ce mot.

KRATZEN, v. a. gratter, ratisser, racler.

KRÄTZER, m. gratteur, racleur, celui qui gratte, qui racle; tire-bourre; (*t. de min.*), curette, outil de fer recourbé dont le mineur se sert pour extraire la poussière que le fleuret laisse dans les trous de mine; tire-sable.

KRÄTZFRISCHEN, n. (*t. de fond.*), fusion, fonte, refonte du déchet du minerai.

KRÄTZKUPFER, n. le cuivre de refonte, le cuivre qui provient de la fusion du déchet du cuivre.

KRÄTZMESSING, m. déchet et rebut du laiton et du fil du laiton.

KRÄTZ SCHLICH, m. schlich du déchet des métaux.

KRÄTZWASCHER, m. ouvrier qui écrase et lave le déchet du minerai.

KRAUSEISEN, n. (*t. de grosses forges*), fer en barres qui est pointu, entaillé par le bout.

KRÄUSELEISEN, n. (*t. de monn.*), plaque d'acier qui sert à faire le grènetis des monnoies.

KRAUSELSCHNECKENSTEIN, m. turbinite, toupie fossile; coquille univalve, spirale, presque conique.

KRÄUSELWERCK, n. machine avec laquelle on fait le grènetis des monnoies, c'est-à-dire, on marque le tour de petits grains relevés au bord des médailles et des monnoies.

KRAUTERSCHIEFER, m. argile schisteuse impressionnée portant empreintes de végétaux.

KRAUTSUPPEN, m. quartz améthyste en Hongrie.

KREIDE, f. craie, chaux carbonatée crayeuse. — *Kreideschwärze*, argile schisteuse graphique. *V.* ZEICHENSCHIEFER.

KREIDEBLEYWEIS, n. blanc de céruse; plomb carbonaté terreux.

KREIDEGEBIRGE, plur. montagnes de craie; montagnes stratiformes de la plus récente formation, et que peut-être l'on pourroit regarder, ainsi que le dit *Brochant*, comme subordonnées aux calcaires secondaires.

KREIDEKIESEL, m. pierre à feu; quartz agate pyromaque.

KREIDEMERGEL, m. argile calcarifère.

KREIDENARTIG, adj. crétacé, qui tient de la nature de la craie.

KREIDENSCHIEFER, m. argile schisteuse graphique.

Kreidesäuere, f. acide crayeux, acide carbonique.

Kreins. On nomme ainsi près de Zwigau en Saxe, une sorte de grès qui forme le toit des houillères.

Kreis, m. cercle. — (*t. de phys.*) *Kreis der wirkung*, sphère d'activité; l'espace dans lequel la vertu d'un agent naturel peut s'étendre. — *Kreis*, granite.

Kreisachat, m. agate circulaire; quartz agate onyx avec des raies ou bandes concentriques de diverses couleurs.

Kreisen, v. a. (*t. de min.*), écraser, casser, briser. — *Erz kreisen*, écraser le minerai. On dit aussi *kleinen, kleinschlagen*.

Kreisförmig, adj. et adv. circulaire, circulairement; orbiculaire, orbiculairement; rond, en rond. *Voyez* Zirkelförmig.

Kreusbiegel, m. armure, casque d'une machine.

Kreutzspath, m. chaux carbonatée cristallisée.

Kreuzenwalderstein, m. chaux carbonaté magnésifère.

Kreuzförmig, adj. (*t. de crist.*), cruciforme : on donne spécialement cette épithète à l'harmotome, parce que ce minéral est composé de deux cristaux qui forment une espèce de croix.

Kreuzhaspel, f. (*t. de min.*), bourriquet; tourniquet que l'on fait tourner par le moyen de deux bras mis en sautoir, en croix de Saint-André, pour extraire le minerai, élever des fardeaux par les puits de mines.

Kreuzkluft, f. (*t. de min.*), rameau de traverse, fente qui croise un filon métallique.

Kreuzkrystal, m. cristaux cruciformes, harmotome, etc.

Kreuzpfanne, f. (*t. de saun.*), chaudière faite de fer de vieilles chaudières.

Kreuzruthe, f. verge, toise carrée.

Kreuzstein, m. pierre de croix, mâcle; en Bohême, une roche serpentineuse farcie de schorls noirs (tourmaline), se croisant en différens sens; le néphrite de Saint-Jacques-de-Compostelle; harmotome; staurotide, etc.; staurobaryte de *Saussure*.

Krippe, f. (*t. d'hydraul.*), batardeau; digue de pieux et de terre pour détourner l'eau.

Kristall. *V.* Krystall.

Kronbohrer, m. vilebrequin ou tarière en forme de couronne tranchante, en usage sur-tout pour le percement des pierres; (*t. de min.*), fleuret à couronne. *Voyez* Bohrer, Bohreisen.

Kroneisen, n. (*t. de grosses forges*), sorte de fer marqué d'une couronne.

Kröneleisen, n. laie; marteau de tailleur de pierre brettelé et dentelé.

Kronrad, n. (*t. de mécan.*), roue de champ.

Kropfeisen, n. louve; outil de fer que l'on place dans un trou fait exprès, à une pierre que l'on veut élever.

Kröpfen, v. a. courber, plier, replier à angle droit. — (*t. d'archit.*) *Einen stein kröp-*

fen, louver une pierre, y faire le trou pour l'enlever avec la louve.

Kropfloch, n. trou fait à une pierre pour l'élever avec la louve.

Krösestein, m. chaux sulfatée compacte.

Krotenau, Kretenauer, Kretenauge, chaux carbonatée grossière, compacte et pseudomorphique des environs dé Weimar.

Krötenstein, m. crapaudine, buffonite, batrachite, acétabule ; sorte de pierre hémisphérique que l'on a cru se trouver dans la tête d'un crapaud, et qui est une dent de poisson marin ; échinite.

Krücke, f. (*t. de chim.*), râble, outil de fer en forme de demi-cercle, dont le manche a 20 pieds de longueur, et dont on se sert pour remuer, étendre et diviser les substances que l'on calcine.

Krückenblatt, n. la partie large d'un râble de fonderies, d'un fourgon de boulanger, d'un rabot, etc.

Krückenstiel, m. le manche d'un rabot, d'un râble, etc.

Krum, adj. tortu, qui n'est pas droit, contrefait.

Krumgebogen, adj. contourné.

Krumhals, m. (*t. de min.*), cou tors, de travers. — *Krumhälse hauer*, ouvrier qui a le cou tordu ou de travers en travaillant, c'est-à-dire qui ne travaille que couché sur un côté et seulement d'une main, ce qui est souvent le cas dans les houillères ou ardoisières, à cause du peu d'épaisseur des veines ou couches en exploitation; ouvrier d'houillères. — *Krunhälser arbeit*, travail à cou tors ou de travers, genre d'extraction très-fatigant.

Krumlinig, adj. curviligne, qui est formé par des lignes courbes.

Krumm, adj. courbé, recourbé, tors, tortu, tortueux, crochu, unciforme. — (*t. de géom.*) *Eine krumme linie*, une ligne courbe, une courbe.

Krümme, f. courbure, curvité, cambrure, bombement.

Krümmen, v. a. courber, cambrer, bomber. — *Einwäertz gekrummt*, courbé en dedans, courbure concave. — *Aüswäertz gekrummt*, courbé en dehors, courbure convexe. — *Ein und auswärtz gekrummt*, concavo-convexe.

Krummflächig, adj. courbe, qui a la surface courbe.

Krummung, f. courbure, tortuosité, sinuosité.

Krumofen, m. fourneau courbe pour la fonte des minéraux.

Krumzange, f. tenailles courbes, crochues.

Krumzapfen, m. (*t. d'hydraul.*), manivelle d'une machine hydraulique à tirans.

Kruste, f. croûte ; tout ce qui s'attache et s'endurcit sur quelque chose.

Krütze, f. (*t. de min.*), râble, rabot. *Voyez* Krücke. (*t. de fond.*), outil de fer pour sortir des fourneaux le bois enflammé.

Kryolith, cryolithe ; alumine fluatée alcaline d'*Haüy* ;

substance laminaire, de couleur blanchâtre et translucide, d'une grande fusibilité, et qui n'a encore été trouvée que dans le Groënland. *V.* CRYOLITH.

KRYPTOLEUCIT-LAVA, cryptoleucite ; lave lithoïde farcie d'une immense quantité de petits cristaux microscopiques d'amphigène.

KRYPTOMETALLIEN , cryptométallien : se dit des fossiles qui contiennent une grande quantité de métal sans en offrir d'apparence à l'extérieur.

KRYSOBERILL. *Voy.* CHRYSOBERILL.

KRYSOLITH. *Voyez* CHRYSOLITH.

KRYSOPRAS. *Voyez* CHRYSOPRAS.

KRYSTALL , m. cristal ; tout corps qui affecte une forme régulière , mais spécialement les corps transparens. — *Natürlicher und künstlicher krystall,* cristal naturel et artificiel. — *Hell, durchsichtig wie krystal,* clair , transparent comme du cristal. — *Schildförmige krystalle ,* cristaux de chaux carbonatée dodécaèdre.

KRYSTALL ACHAT, m. quartz agate renfermant des cristaux de quartz hyalin.

KRYSTALL DRUSEN et KRYSTALLFLUSS, groupe de cristaux de quartz hyalin.

KRYSTALLGESCHIEBE, KRYSTALLKIESEL , quartz hyalin roulé, en galets.

KRYSTALLISATION, f. cristallisation; action de se cristalliser ; corps cristallisé : les deux points essentiels à observer dans les cristaux sont l'essentialité de la cristallisation (*die wesentlichkeit der krystallisation*) , et la forme des cristaux (*die gestalt der krystallen*).

KRYSTALLISATIONS WASSER, n. eau de cristallisation , principe qui existe dans les substances acidifères solubles , et dans plusieurs terreuses, que les chimistes ont coutume d'indiquer dans les résultats de leur analyse.

KRYSTALLKUGELN, KRYSTALL ROSE , quartz hyalin cristallisé.

KRYSTALLÖFEN, KRYSTALLSÄCKE , plur. fours à cristaux ; craques druses ou poches à cristaux ; cavités garnies de cristaux.

KRYSTALLSPATH, chaux carbonatée et sulfatée cristallisées.

KÜBEL , m. (*t. de min.*), baquet, bariquet, seau, tonne, cuvier de bois cerclé de fer avec lequel on extrait par les puits de mines le minerai et les déblais ; le seau *kübel,* au Hartz, contient environ un quintal et demi. — *Kübel anschlagen ,* remplir le seau ou la tonne. — *Kübel ausstürtzen ,* vider la tonne. — *Kübel mit walzen ,* tonne avec des rouleaux pour l'extraction du minerai par des puits obliques.

KUBIK , adj. cube, cubique. — *Kubiklinie,* ligne cube. — *Kubikfuss* ou *kubikschuh ,* pied cube. — *Kubikwürfel,* racine cube. — *Kubikzahl,* nombre cube ou cubique.

KUBIREN, v. a. (*t. de géom.*), cuber , réduire en cube.

KUBISCH , adj. cubique ,

cube, qui a la figure d'un cube, qui appartient au cube.

KUBISIT. *Voyez* **WÜRFELZEOLITH.**

KUBOIDISCH, adj. cuboïde : on le dit d'un cristal dont la forme diffère peu du cube.

KUBO-OCTAEDRISCH, **KUBODODECAEDRISCH**, **KUBO-TETRAEDRISCH**, adj. (*t. de crist.*), cubo-octaèdre, cubo-dodécaèdre, cubo-tétraèdre : l'on donne ces divers noms à un cristal lorsqu'il renferme une combinaison des deux formes indiquées par ces expressions.

KUCHEN, m. (*t. de fond.*), gâteau ; les portions de métal qui se figent, qui se coagulent dans le fourneau après avoir été fondues.

KUCHEN FÖRMIGER KALKSTEIN, m. artolite ; concrétion en forme de pain pétrifié.

KUCKUCKSTEIN, **KUCKUCSCHIEFER**, m. pierre de coucou, argile schisteuse bleuâtre avec des taches rouges.

KUGEL, f. globe, boule, balle, corps sphérique, sphère, corps rond en tous sens.

KUGELERZ, n. même variété de mercure sulfuré que le *corallenerz* ; zinc oxidé argentifère.

KUGELFELS et **KUGELTRAP**, m. trap globuleux ; grunstein schisteux en partie décomposé, qui se présente sous la forme de grosses boules à couches concentriques dont le noyau est plus dur.

KUGELFÖRMIG, adj. en boules.

KUGELICHT, adj. globuleux, qui ressemble à une boule, à un globe, formé en globe ; sphé

rique, dont la figure approche de la sphère.—*Kugelichte art, gestaltt,* sphéricité, qualité de ce qui est sphérique ; adv. sphériquement, en rond, etc.

KUGELIG, adj. globuleux, globuliforme, en boules. — *Kugelige körpermassen,* corps globuleux, masses en boules, etc. — *Kugeligerkohlen gesaüerter kalk,* chaux carbonatée globuliforme. *Haüy* comprend sous cette dénomination tout ce qui a été appelé oolithes, pisolites, méconites, orobites, ammites, dragées de Tivoli, etc.

KUGELRUND, adj. qui est rond comme une boule, sphérique.

KUGELRÜNDE, f. sphéricité, qualité de ce qui est sphérique.

KUGELWINKEL, m. (*t. de géom.*), angle sphérique.

KUHFUSS ou **KÜHFUSS** pour **BRECHEISEN**, pied-de-vache ; pince, levier.

KUHKAMM, m. cognée en forme de hache à l'usage des mineurs.

KÜHLFASS, n. (*t. de chim.*), réfrigérant ; vaisseau plein d'eau pour condenser ou refroidir les vapeurs que le feu y élève.

KÜHLOFEN, m. (*t. de verr.*), fourneau où l'on met refroidir les ouvrages ; fourneau à rafraîchir le verre.

KÜHLPFANNE, f. la poêle pour rafraîchir la lessive dans les fabriques de sulfates.

KÜHLTROG, m. auge pour refroidir le fer chaud.

KÜHLUNG, f. (*t. de chim.*), réfrigération, refroidissement.

KUHRIEM, **KUHRIEMEN**, m. fer oxidé rubigineux irisé à la

18*

surface et jaunâtre ; chaux carbonatée compacte.

KUHSCHICHT, f. (*t. de min.*),
tâche de 12 heures, poste de
12 heures.

KUHSTEIN , m. pierre à feu ,
ou quartz agate pyromaque
percé de trous ou criblé.

KÜMMELSTEIN , m. roche
amygdaloïde.

KÜMMINGSTEIN , m. en
Suisse, le dessus d'une coquille
fossile.

KUNST , f. art , métier , profession, méthode , manière. —
Die mechanischen künste, les
arts mécaniques. — *Die freyen
künste*, les arts libéraux ; machine hydraulique, machine à
élever les eaux. — *Eine kunst
anlegen, bauen*, établir, construire une machine hydraulique.
— *Die kunst ausschuhen*, déchausser la machine ; ôter,
changer le cuir des pistons.
— *Kunst aufrichten*, faire aller
la machine. — *Die kunst ab-
schützen* , arrêter les eaux. —
Kunst schützt ab , la machine
s'arrête à défaut d'eau. —*Kunst
kollert*, la machine est arrêtée,
il y a quelque chose de rompu.
— *Die kunst hat den hub ver-
lohren*, la machine a perdu sa
levée, elle ne peut plus élever
l'eau d'une aussi grande profondeur, elle devient insuffisante.—
Die kunst liedern , garnir de
cuir le piston de la pompe.

KUNSTFAUSTEL , m. marteau
dont on se sert pour les machines hydrauliques.

KUNSTGESTÄNGE, n. les perches , les tirans d'une machine
hydraulique allant et venant en
sens contraire.

KUNSTGEZEÜG, n. la machine
hydraulique.

KUNSTGRABEN, m. l'aqueduc,
le canal qui conduit les eaux
sur la roue d'une machine hydraulique. — *Kunst graben
führen*, creuser un canal.

KUNSTKNECHT, m. l'aide du
maître ouvrier chargé du travail
qui concerne les machines hydrauliques ou les fontaines pu-
bliques.

KUNSTLEDER , n. pièce de
cuir dont une machine hydraulique est garnie à quelques endroits; le cuir dont on garnit le
pot de pompe.

KUNSTRAD , n. roue de la
machine hydraulique.

KUNSTRING , m. les anneaux
de la machine hydraulique ; les
cercles de fer qui lient les tuyaux
des pompes qui sont aux tirans
et à l'axe de la roue.

KUNSTSCHACHT , m. fosse
d'épuisement ; le puits dans lequel les pompes d'une machine
hydraulique sont placées , ainsi
que les perches qui en font mouvoir les pistons.

KUNSTSCHLOSS, n. anneaux
de fer, boulons à vis et à écrous
qui joignent deux tirans d'une
machine hydraulique.

KUNSTSTÄNGE, f. les perches
ou tirans d'une machine hydraulique qui agissent dans l'intérieur des puits.

KUNSTSTEIGER, m. le maître
ou surveillant principal des machines ; celui qui est le plus spécialement chargé de leur entretien.

KUNSTWASSER, n. l'eau qui
fait mouvoir la machine hydraulique.

Kunstwinde, f. l'engin à rejoindre les pistons cassés d'une machine.

Kunstzeüg. *Voy.* **Wasserkunst.**

Kupfer, n. cuivre; (*t. de chim.*), Vénus, métal d'un rouge jaunâtre très-ductil et le plus sonore de tous les métaux. —*Das gediegene kupfer,* cuivre natif. — *Rothe reine kupfer,* le cuivre rouge, cuivre pur, cuivre de rosette. — *Gelbes kupfer,* cuivre jaune ou laiton, alliage de cuivre et de zinc. — *Kupfer auswärmen ausglühen,* faire rougir le cuivre en le chauffant. — *Kupferreisen,* lever le cuivre en plaques à mesure que la surface refroidit. — *Kupfer granuliren,* granuler le cuivre, le réduire en grenailles. — *Kupfer frischen,* rafraîchir le cuivre, fondre le cuivre avec du plomb. — *Das silber, das bley und zinn von kupfer scheiden,* séparer l'argent, le plomb, l'étain d'avec le cuivre, les désunir. — *Kupfer saigern* ou *seigern,* ressuer, c'est-à-dire séparer la portion d'argent qui est contenue dans le cuivre, en y joignant du plomb dans la proportion de 3 à 10 ou 11 ; le plomb qui fond le premier entraîne l'argent avec lui, et le gâteau de cuivre reste poreux. — *Kupfer brechen,* rompre le cuivre noir. — *Kupfer,* gravure, estampe, taille-douce.—*Illuminirte kupfer,* des estampes enluminées.

Kupferader, f. veine de cuivre.

Kupferarbeit, f. travail du cuivre; ouvrage de cuivre, cuivre ouvré.

Kupferarsenik, m. cuivre arseniaté.

Kupferartig, adj. et adv. cuivreux, qui ressemble au cuivre, qui est de la nature du cuivre. — *Kupferartige substanzen,* substances qui tiennent du cuivre, qui ont quelques propriétés du cuivre.

Kupferasche, f. cendres de cuivre, cuivre calciné, cendrée de cuivre ; les petits grains de ce métal qui se détachent des plateaux quand on les plonge dans l'eau, et aussi ceux beaucoup plus fins qui s'élèvent de la surface du cuivre en fusion quand il est bien raffiné.

Kupferatlas, m. malachite, cuivre carbonaté vert soyeux.

Kupferbergwerck, n. mine de cuivre ; minière d'où l'on extrait du minerai de cuivre.

Kupferbeschlag, m. cuivre carbonaté pulvérulent ou terreux dont la couleur tire au bleu de ciel.

Kupferblau, n. cuivre carbonaté bleu.

Kupferblumen, plur. f. fleurs de cuivre, fleurs de Vénus; oxide de cuivre sublimé.

Kupferblüthe, f. cuivre oxidé rouge capillaire.

Kupferbrand, **Kupferbranderz**, **Kupferbronzerz**, cuivre bitumineux ; mine de cuivre bitumineuse ; argile schisteuse bitumineuse et cuivreuse ; houille tenant cuivre ; mine de cuivre noire ou minerai noir de cuivre assez riche. Le minerai de cuivre bitumineux est toujours en masse, sa couleur est le vert foncé et sa cassure vitreuse, il brûle avec flamme en répandant une odeur bitumineuse.

KUPFERBRAUN , n. cuivre brun : on appelle ainsi dans quelques endroits des parties, des paillettes ou petites écailles brunâtres , vraisemblablement un peu oxidées, qui se détachent du cuivre, et tombent au pied de l'enclume sur lequel on le forge.

KUPFERBRAUNE, f. mine de cuivre d'un rouge brunâtre ; c'est la mine de cuivre couleur de brique, terreuse endurcie , dite *verhärtetes ziegelerz.*

KUPFERBRECHER, m. briseur du cuivre ; instrument de fer fait en manière de poinçon tranchant que l'on élève et laisse retomber avec force sur la surface convexe des tourteaux de cuivre pour les briser.

KUPFERBRECHOFEN, m. fourneau dans lequel on chauffe de nouveau les tourteaux de cuivre noir qui doivent être brisés.

KUPFERDORN , m. le déchet de liquation; épine de liquation.

KUPFERERZ , n. minerai de cuivre ; en général, toute substance combinée ou seulement mélangée avec le cuivre.

KUPFERFAHLERZ, n. mine de cuivre grise argentifère.

KUPFERFEDERERZ, n. malachite fibreuse ; cuivre carbonaté vert soyeux.

KUPFERFEIL , n. *Gefeiltes kupfer,* cuivre limé.

KUPFERFEILICHT, n. limaille de cuivre.

KUPFERGANG , m. filon de cuivre qui renferme du minerai de cuivre.

KUPFERGEHALT ou KUP-

FERHALT, m. contenu en cuivre; teneur du cuivre; la quantité de cuivre renfermée dans une substance quelconque.

KUPFERGEIST , m. (*t. de chim.*), esprit de cuivre, esprit de Vénus; vinaigre radical; acide acétique.

KUPFERGELB , n. potin , cuivre jaune , jaune cuivreux.

KUPFERGEWÄCHS, n. cuivre oxidé rouge , en Autriche.

KUPFERGLANZ , m. galène de cuivre , *cuivre éclatant,* cuivre sulfuré compacte ordinaire; mais cette dernière dénomination est considérée comme impropre.

KUPFERGLASERZ , n. mine de cuivre vitreuse, cuivre sulfuré.

KUPFERGLIMMER, m. cuivre micacé , cuivre arseniaté lamelliforme.

KUPFERGRÜN , cuivre vert, vert de montagne , vert de cuivre ; oxide vert de cuivre ; cuivre carbonaté pulvérulent vert d'*Haüy ;* acétite de cuivre naturel; chrysocole.

KUPFERHALT. *Voyez* KUPFERGEHALT.

KUPFERHALTIG, adj. et adv. cuivreux, mêlé de cuivre, combiné avec le cuivre, qui contient du cuivre.

KUPFERHAMMER, m. forge de cuivre, martinet à cuivre ; lieu où l'on fabrique et vend du cuivre ; marteau pour platiner le cuivre.

KUPFERHICKE, f. *Voy.* HICKEN.

KUPFERHORNERZ, m. cuivre corné ; muriate de cuivre; urane oxidé vert translucide.

KUPFERICHT, adj. qui tient de la nature du cuivre.

KUPFERIG, adj. qui contient du cuivre, qui est mêlé de cuivre.

KUPFERKALK, m. chaux de cuivre, oxide de cuivre, cuivre calciné ; safran de Vénus. *Brünich* a nommé malachite l'oxide de cuivre d'une couleur verte.

KUPFERKIES et KUPFERKIESERZ, m. pyrites cuivreuses, cuivre pyriteux : la couleur est le jaune métallique assez vif, ce qui la distingue du fer sulfuré dont le jaune est plus pâle.

KUPFERKOBOLT, m. chalcite, que l'on prononce kalcite ; sulfate de cuivre.

KUPFERKOCHSALZ, n. sel de cuivre ou de Vénus ; sel cuivreux, muriate de cuivre, cuivre muriaté. *Voyez* SALZ SAÜERES KUPFER.

KUPFERKÖNIG, m. régule de cuivre, la partie réguline du cuivre.

KUPFERKRISTALLE, plur. cristaux de cuivre, cuivre natif.

KUBFERLASUR, f. mine de cuivre azuré, azur de cuivre, cuivre carbonaté bleu.

KUPFERLEBERERZ, n. mine de cuivre hépatique ; cuivre oxidé rouge, cuivre terreux couleur de brique, dit *ziegelerz* ; mine de cuivre altéré et en décomposition, mélangé de fer oxidé brun ; cuivre irisé ou panaché ; cuivre pyriteux.

KUPFERLECH ou LEG, n. (*t. de métall.*), matte fine de cuivre, mélange de cuivre, de fer et d'arsenic, qui se forme en plaques minces entre le cuivre noir en fusion et les scories qui surnagent.

KUPFERMOOS, n. cuivre natif.

KUPFERMULM, terre cuivreuse, mine de cuivre terreuse, cuivre oxidé noir, produit vraisemblable de la décomposition des mines de cuivre grises et sulfurées, dans le voisinage desquelles on le trouve le plus souvent en parties pulvérulentes assez cohérentes.

KUPFERNICKEL, m. KUPFERNIKEL, nickel arsenical d'*Haüy*; sorte de minéral d'un jaune rougeâtre tirant sur celui du cuivre pur, très-cassant, d'une cassure raboteuse et peu brillante.

KUPFERNICKEL BESCHLAG, KUPFERNICKEL-OCHER et KUPFEROCHER, nickel oxidé.

KUPFER OCHER, m. ocre de cuivre, cuivre oxidé.

KUPFERÖHL, n. (*t. de chim.*), huile de cuivre, huile de Vénus.

KUPFERPECHERZ, n. mine de cuivre piciforme, regardée comme étant une variété du *ziegelerz* endurci de *Werner* ; suivant *Wiedmann*, une sorte de mine de fer oxidé hématite cuivreuse.

KUPFERPHOSPHORSAÜERE, f. cuivre phosphaté.

KUPFERPROBE, f. essai du minerai de cuivre, essai du cuivre.

KUPFERQUELLEN, plur. sources cuivreuses ; eaux cémentatoires ou de cémentation, c'est-à-dire eaux tenant en dissolution du sulfate de cuivre que l'on fait précipiter en y jetant des morceaux de fer, ce qui s'appelle cémentation ou révification du cuivre par le fer.

Kupferrauch, m. fumée de cuivre, suie de cuivre; sorte de sulfate de cuivre, de cuivre sulfaté.

Kupferreisen. *V.* **Kupfer.**

Kupferrost, m. grillage du cuivre; rouille de cuivre.

Kupferroth, cuivre oxidé rouge; d'après *Hermann*, ocre de cuivre rougeâtre.

Kupferrothgültigerz, n. cuivre oxidé rouge.

Kupferruss, m. suie verdâtre qui s'attache aux parois des fourneaux dans la fusion du cuivre. *V.* **Kupferrauch.**

Kupfersaigern. *Voyez* **Kupfer.**

Kupfersalz, n. sel cuivreux.

Kupfersalzsaüere, cuivre muriaté.

Kupfersand. *Voy.* **Atacamith.** Cuivre muriaté pulvérulent.

Kupfersanderz, n. grès cuivreux; quartz arénacé mélangé de parties cuivreuses, spécialement de minerai de cuivre carbonaté vert.

Kupfersau, f. (*t. de métall.*), la matte de cuivre, les plateaux de cuivre noir.

Kupferscheere, f. forces, cisailles, ciseaux à tailler, à couper des lames de cuivre.

Kupferscheibe, f. pains ou gâteaux de cuivre fondu, le cuivre enlevé par plaques à mesure que la surface du bain se refroidit; les rosettes.

Kupferschiefer, m. argile calcarifère schisteuse et bitumineuse imprégnée de cuivre

pyriteux, de cuivre sulfuré et de cuivre carbonaté, soit vert, soit bleu.

Kupferschlacke, f. scorie, crasse de cuivre; diphryges, les crasses ou impuretés de la fonte du cuivre; le marc de bronze.

Kupferschlag, m. déchets du cuivre en le forgeant; les écailles qui se séparent du cuivre lorsqu'on le frappe à coups de marteau.

Kupferschletz. *Voy.* **Kupferbraun.**

Kupferschlich, cuivre de cémentation; cuivre précipité de l'eau, etc. *Voyez* **Kupferquellen.**

Kupferschröter, m. (*t. de fond.*), ciseau pour couper dans les pains de cuivre noir l'échantillon qui doit servir pour l'essai.

Kupferschwärze, f. oxide noir de cuivre, cuivre oxidé noir. *V.* **Kupfermulm.** Noir de cuivre, poudre noire et dure très-cuivreuse.

Kupfersmaragd, cuivre smaragdiforme; émeraudine de *Lametherie;* dioptase d'*Haüy;* minéral translucide qui approche beaucoup de l'émeraude par sa belle couleur verte due au cuivre intimement combiné avec la chaux carbonatée. On présume qu'il pourroit être placé parmi les mines de cuivre.

Kupferspath, m. cuivre carbonaté vert.

Kupferspiritus. *V.* **Kupfergeist.**

Kupferspreitzet, cuivre rejailli : on se sert de cette expression pour désigner une sorte de sable cuivreux d'une finesse extrême que l'on recueille à la fin du raffinage.

Kupferstecher, m. chalcographe, graveur sur métaux.

Kupferstein, m. pierre de cuivre ; matte de cuivre, ou masse provenant de la fonte du minerai de cuivre grillé à plusieurs reprises, et qui doit être remise au feu pour en obtenir le cuivre ; le cuivre pur tout-à-fait dégagé du plomb et de l'argent avec lesquels il se trouvoit uni.

Kupferstufe, f. échantillon, morceau de minerai de cuivre.

Kupfervitriol, m. vitriol de cuivre, vitriol bleu, sulfate de cuivre, cuivre sulfaté d'*Haüy*; vulgairement vitriol de Chypre, couperose bleue.

Kupferwasser, n. eau cémentatoire ; eau qui tient du cuivre en dissolution. *Voyez* **Kupferquellen**.

Kupferweisserz et **Weisskupfererz**, mine de cuivre blanche : variété la plus rare du minerai de cuivre ; elle ressemble beaucoup à la pyrite arsenicale argentifère : sa couleur est un blanc un peu jaunâtre, tenant le milieu entre le blanc d'argent et le jaune de laiton.

Kupferwerck, n. fabrique de cuivre ; usine où l'on fait des gros ouvrages en cuivre; toutes sortes d'ouvrages de cuivre , cuivre ouvré; vases , ustensiles et instrumens de cuivre.

Kupeerwicken, cuivre carbonaté vert concrétionné.

Kupferwolle, cuivre natif capillaire.

Kupferziegelerz, ou simplement **Ziegelerz**, n. mine de cuivre couleur de brique , composée de parties terreuses plus ou moins cohérentes, mattes , friables et tachantes.

Kupferzuschlag, m. fondant du cuivre; scories de plomb qui sont employées dans la fonte du cuivre pour en faciliter la fusion, et en général tout ce que l'on mêle ou que l'on ajoute au minerai de cuivre , soit comme fondant , soit comme contenant aussi du cuivre.

Kuppe, f. cime, sommet, tête, pointe, extrémité du haut : en géologie ce mot ne signifie pas précisément la cime ou la partie la plus élevée d'une montagne, qui se nomme plus généralement *gipfel*, mais des sommités isolées qui s'élèvent des pentes d'une montagne.

Kürbe ou **Kürbel**, f. manivelle.—*Ein rad mit der kürbel drehen*, faire tourner une roue avec la manivelle.—*Die kürbel anstechen*, attacher la manivelle.

Kurtze schicht arbeit von sechs stunden, expression de mineurs qui indique, suivant quelques-uns, un court ou petit poste de 6 heures , et , suivant d'autres, un travail hâté par lequel on fait autant en 6 qu'en 8 et 12 heures.

Kurzbeschlagen, v. a (*t. de monn.*), arrondir les flans (*schröttling*).

Kutten. On appelle ainsi des recherches tentées dans des anciennes fouilles ou dans des montagnes stériles.

Kux, m. (*t. de min.*), portion d'intérêt dans une mine; le quart d'une action ou la cent-vingt-huitième partie dans une exploitation : c'est un mot esclavon qui signifie partie d'un tout. *Voyez* BERGTHEIL.

KUXKRÄNTZLER, m. négociateur d'actions de mine ; celui qui s'entremet pour en procurer la vente ou l'achat.

KUYOLO, sorte de haut fourneau qui sert à fondre le fer cru encore une fois avant le refroidissement ou le rafraîchissement proprement dit (*vor der eigentlichen verfrischung*). Il diffère peu d'un haut four-

neau ordinaire ; ses proportions sont un pied et demi de largeur par le bas , un pied un quart par le haut et six pieds de hauteur. Les morceaux de fer cru , pour ce fourneau , ne doivent pas peser plus de 12 livres.

KY. *Gmelin* appelle ainsi la lave vitreuse obsidiennne granuliforme à laquelle on a donné en Allemagne le nom de *luchssaphir*.

KYANITH , même que CYANITH et CYANIT , disthène d'*Haüy* ; anatase.

L

LABORANT, m. chimiste, alchimiste , et en général toute personne qui travaille aux opérations chimiques et docimastiques.

LABORATORIUM , n. laboratoire, lieu où se font les essais de minerai ; l'endroit où se trouvent les fourneaux pour la distillation du mercure ou toute autre opération chimique.

LABRADORBLENDE, hornblende du Labrador, diallage métalloïde d'*Haüy* ; substance d'un gris dont l'éclat tire sur le métallique.

LABRADORFELDSPATH, pierre de Labrador ; c'est le feldspath opalin d'*Haüy* : pierre dont le fond est ordinairement gris noirâtre , ou gris de cendre foncé , et qui offre de beaux reflets communément de deux couleurs bleue et verte, et quelquefois jaune d'or.

LAG

LABRADORFELDSTEIN. *Voy.* LABRADORFELDSPATH.

LABRADORHORNBLENDE , et LABRADORISCHE HORNBLENDE, hyperstène d'*Haüy*.

LABRADORSTEIN. *Voy.* LABRADORFELDSPATH.

LACHTER , n. toise , mesure de longueur qui répond le plus généralement environ à 2 mètres ou à l'ancienne toise de France , mais qui pourtant varie dans quelques contrées de l'Allemagne.

LAC LUNAE , lait de lune ; farine fossile ; chaux carbonatée pulvérulente.

LADEHAUE. *Voy.* LETTENHAUE.

LADEN , m. contrevent ; (*t. de min.*), moises fixées aux montans ou colonnes des bocards et entre lesquelles les pilons ont leur jeu.

LAGER , n. gisement , position, lit, couche, banc; tout arrangement ou disposition quelconque des différentes roches ou matières qui composent une montagne; la manière dont les minéraux sont disposés dans les diverses sortes de terrains, les rapports de position qu'ils ont entre eux; les substances qu'ils accompagnent ou celles qui les accompagnent le plus ordinairement, forment ce que l'on nomme le gisement d'un minéral; (*t. de min.*) *lager* signifie une couche de minerai ou de toute autre substance différente de celles qui forment les autres lits de la montagne où elle se trouve, et avec lesquelles pourtant elle doit être en rapport constant, soit pour la direction, soit pour l'inclinaison, puisque sa formation est de la même époque que celle de la montagne; ce qui constitue la différence essentielle entre un *lager* ou couche, et *gang* ou filon, la formation des filons paroissant n'avoir eu lieu que postérieurement à celle des terrains où ils se rencontrent. Cependant les minéralogistes allemands ont restreint le mot *lager* aux couches étrangères dans les montagnes primitives. Ils nomment plus spécialement *flötze* celles qui se trouvent dans les montagnes secondaires, et *båncke* ou *schichten* celles qui sont dans les montagnes volcaniques et d'alluvion; et d'après les substances dont ces couches sont formées, ils disent *gesteinlager* ou *ertzlager*, couche de roches ou couche de minerai. Un filon (*gang*) est

plutôt perpendiculaire qu'horizontal, puisque son inclinaison est ordinairement au-dessus de 45 degrés, mais c'est tout le contraire pour une couche ou *lager*; celle-ci suit le plus souvent les pentes du terrain, et s'incline communément au-dessous de 45 degrés. Il peut arriver cependant que par extraordinaire la couche plonge vers l'intérieur : en ce cas on dit *wiedersinnig fallen*, tomber en sens contraire dans les montagnes secondaires. Les couches (*lager*) subissent quelquefois des inflexions ou courbures; si la courbure est convexe, on la nomme *buckel*, bosse; et *mulde*, vase ou jette, si elle est concave. Si cette courbure est double et arrondie on l'appelle selle (*sattel*), et lorsqu'elle est bien double, mais aiguë, on la nomme *rücken* ou *fall*, quoique ce dernier mot soit aussi pris dans un autre sens comme on peut le voir à son article. La position d'une couche (*lager* ou *flötze*) se détermine comme celles des filons par sa direction (*streichen*), et son inclinaison (*der fall* ou *das fallen*); et l'on dit aussi d'une couche qui s'élève vers la superficie *ein stockendes lager*, si elle est peu inclinée ou presque horizontale, *ein schwebendes lager* ou *flötz*. Il arrive assez souvent que ces couches (*lager* ou *flötze*) sont dérangées (*verrücket*) par des filons qui sont venus les traverser, mais on les retrouve ensuite de chaque côté seulement plus exhaussées de l'un que de l'autre par une suite de la cause qui a opéré dans la montagne la crevasse ou fente qui est devenue filon. Quelquefois aussi dans les montagnes secondaires les couches (*flötz*) sont tranchées par des masses que l'on appelle *wechsel*, crins dont l'épaisseur est souvent de 30 à 40 toises et qui semblent des restes d'une montagne plus ancienne près de laquelle seroient venus se former des dépôts successifs. On a étendu ce nom de *wechsel* à toutes les crevasses ou fentes remplies qui viennent déranger ou comprimer (*verrücken, verdrücken*) des couches (*lager* ou *flötz*); mais il semble que c'est faire abus de cette expression, car la plupart n'ont que depuis un pied jusqu'à quelques toises d'épaisseur, et ne sont remplies que d'argile ou le plus souvent de quartz arénacé ou grès. Dans les mines de houille, lorsque les travaux rapprochent d'un pareil crin que l'on nomme plus spécialement faille (*voyez* FALLE), on trouve les couches peu-à-peu comprimées (*verdrückt*) puis terminées par une fente (*wechselkluft*); ce qui fournit des données pour rechercher la couche plus haut ou plus bas. Lorsque le mineur la présume relevée, il dit : *Der wechsel wirft das flötz in die höhe*, la faille jette la couche en haut, et *nieder*, pour exprimer qu'elle la pousse dans le bas ; quelquefois les couches se précipitent très-subitement près de la faille (*stürzen sich*), et souvent aussi il faut les suivre long-temps (*auffahren*) avant qu'elles se redressent. Comme pour les filons

on donne le nom de *mächtigkeit*, puissance, à l'épaisseur d'une couche qui a aussi comme eux son mur (*liegendes*) et son toit (*hangendes*) que l'on nomme cependant plus généralement *dach*, on dit aussi des couches riches *edle flötze* ou *lager*, et de celles qui sont sans minerai, *taube* ; lorsqu'elles s'enrichissent, *veredeln sich*, et *verunedeln sich*, lorsqu'elles s'appauvrissent. Quand une couche est altérée, comme pourrie, c'est-à-dire qu'elle renferme plus de schiste que de houille, on l'appelle *faul*, pourrie, mais les couches *läger* et *flötz* n'ont ni salbandes ni lisières (*besteg ablösung*) ; comme les filons elles tiennent immédiatement aux bancs voisins. Cependant les extrémités qui y touchent tant en dessus qu'en dessous sont très-souvent altérées, et il faut en débarrasser la couche ; cette sorte de lisière pourrie se nomme *schramme* ou *schraam*, et l'action de la détacher *verschrammen*. L'extrémité ou l'issue d'une couche à la superficie du terrain, ce que dans les filons on appelle la tête, se nomme, comme pour ceux-ci, *ausgehendes*. On dit des couches interrompues par des crins ou failles, elles se coupent, *sie schneiden sich ab* ou *verdrücken sich*, si elles sont comprimées, et *keilen sie sich aus*, lorsqu'elles se terminent en manière de coin. Si une couche ne contient pas du minerai dans toutes ses parties, mais seulement en quelques places et de distance en distance, on nomme les

.amas isolés *nest*, nid ou *niere*, rognon. Il arrive souvent que le minerai est rassemblé de manière à former des espèces de couches (*lägerähnlich*), qui se comportent comme les autres lits de la montagne dont elles sont vraisemblablement contemporaines, mais elles ne s'étendent pas autant en longueur, et leur épaisseur est d'ordinaire beaucoup plus considérable ; ce sont ces dépôts que l'on appelle masses couchantes, *liegende stöcke* (*voyez* AST GANG); et *fälle* quand elles ont moins de longueur et qu'elles sont renflées par le milieu. Il arrive souvent encore qu'une couche de minerai se trouve divisée en trois petites couches parallèles qui peuvent être même de différente nature ; on appelle chacune de ces couches *flötz schicht*, et la ligne qui les sépare *schichtungskluft*. D'autres fois ce sont des fentes qui viennent couper des couches parallèles dans une direction différente de la leur, on nomme ces fentes *zerkluftung*. Il y a une sorte de montagne dont la masse est comme criblée d'excavations, qui se ressemblent quant aux dimensions, et sont ou vides ou remplies de minerai, par exemple, la montagne calcaire d'Iberg, au Hartz; on appelle de pareils gites *putzen*. Enfin quand des couches d'une nature différente de la masse d'une montagne viennent accidentellement en rompre l'uniformité, on les nomme couches étrangères (*fremdartige lager*); mais lorsqu'elles sont assez fréquentes dans la même

espèce de masse ou roche en grand, alors on dit que ce sont des couches subordonnées à cette espèce (*untergeordnete lager*); ainsi, par exemple, le *strahlstein* est qualifié couche étrangère dans le gneiss parce qu'il ne s'y rencontre que rarement, tandis que la hornblende schisteuse (*schiefrige hornblende*) est regardée comme une couche subordonnée au gneiss parce qu'elle a son gisement le plus habituel dans cette espèce de roche. Pour ce qui est de la masse qui constitue une montagne, on dit qu'elle est simple ; par suite on nomme la montagne elle même simple, lorsqu'elle est entièrement formée d'un seul minéral ou d'un seul mélange homogène de minéraux : telles sont en général, par exemple, les montagnes de granite qui, rarement, sont mélangées. Mais lorsque dans la masse principale il se trouve d'autres roches interposées, comme, par exemple, dans les montagnes de gneiss dont les couches renferment çà et là quelques couches de pierre calcaire grenue ou de hornblende schisteuse, on dit alors que c'est une montagne composée, et le gneiss est aussi qualifié sous ce rapport roche composée en grand ; mais ceci appartient à un autre article. *Voyez* dans leur ordre alphabétique tous les mots cités.

LAGERUNG, f. ordonnance, disposition ou arrangement des roches en grandes masses.

LAGERWAND, f. (*t. de min.*), roches fermes, solides, qui

n'ont pas besoin de cuvelage; le fond sur lequel sont posés les bois de charpente.

LAIMEN et LAIMLAND. *V.* LEHM et LEHMLAND.

LANDBESCHREIBUNG, f. corographie, description d'un pays.

LANDENGE, f. isthme, langue de terre qui joint deux terres, et sépare deux mers.

LANDKARTEN ALABASTER, m. chaux sulfatée compacte.

LANDSCHAFTEN ACHAT, m. quartz agate avec des dessins qui imitent des paysages; quartz agate arborisé, paysagé.

LANDSCHAFTSTEIN, m. marbre ruiniforme, pierre de Florence.

LANDZUNGE, f. langue, pièce de terre longue et étroite.

LÄNGE, f. longueur, étendue, dimension d'une chose en longueur ; longue durée. — *Länge schicht, (t. de min.)*, long poste ; travail de douze heures. *Länge loth* est aussi une expression de mineur qui signifie que le minerai ne contient rien de métallique. — *Länge der gebirge,* longueur des montagnes, étendue en longueur d'une chaîne de montagnes. *Voyez* GEBIRGE.

LÄNGEN, v. a. (*t. de min.*), pousser, étendre en longueur un travail de mine. — *Einen ort längen,* pousser, étendre un point de travail.

LANGENBRUCH, m. (*t. de min.*), cassure longitudinale ; cassure principale ; car il peut y avoir plusieurs sortes de cassures du même minéral : par exemple, dans l'argile la cassure des grandes pièces peut être

schisteuse, tandis que celle des petites est terreuse.

LÄNGERTHON, m. (*t. de min.*), *gewinnungskosten,* prix fixé par le collège des mines pour une certaine mesure de minerai de fer que chaque concessionnaire de mine doit fournir.

LÄNGORT, m. (*t. de min.*), point de travail poussé, étendue en longueur.

LANKARETTE, corindon hyalin (télésie) bleu, saphir.

LAPILLO ou LAPILLI. *Voy.* RAPILLO.

LARET, talc stéatite.

LAST, f. poids, pesanteur, gravité, charge. — *Der stein hat eine réchte last,* cette pierre a un grand poids, une grande pesanteur.

LASURSTEIN. *Voy.* LAZURSTEIN et LAZULITH.

LATERNE, f. (*t. de mécan.*), lanterne; une petite roue formée de plusieurs fuseaux.

LATIALIT. *Voy.* HAÜYNE.

LATZ, m. (*t. de min.*), morceau ou bande de toile de coutil ou treillis de la largeur d'environ 1 décimètre ou 3 pouces, que l'on place sous la chute d'eau pour empêcher le minerai de passer avec l'eau.

LATZAM-PLANENHERD, planchettes placées obliquement à la partie inférieure des tables à laver, pour empêcher que le minerai ne soit entraîné avec le gravier.

LAUCHGRÜNE, n. vert de poireau foncé; couleur formée de vert foncé, d'une petite quantité de bleu et d'une très-petite quantité de gris de cendres.

LAUFER, m. coureur, celui qui court ; (*t. de min.*), le filon ou la veine qui se détache d'une autre ; (*t. de mathém.*), courseur, petit corps qui glisse dans une fente ou coulisse pratiquée au milieu d'une lame ou d'une règle.

LAUFKARREN, m. (*t. de min.*), brouette de mineur, brouette coffrée.

LAUGE, f. (*t. de chim.*), lessive, lotion.

LAUGENARTIG, adj. (*t. de chim.*), alcalin. — *Laugenartiges salz*, sel lexiviel, sel alcali fixe.

LAUGENASCHE, f. charrée, cendre qui a servi à faire la lessive.

LAUGENBÜTTE, f. le recevoir, le rapuroir dans les salpêtrières, c'est-à-dire la cuve de la lessive du salpètre.

LAUGENHAFT, adj. alcaline, saveur alcaline ; caractère dépendant du goût.

LAUGENSALZ, n. sel lexiviel, sel alcali fixe, alcali ou alkali.

LAUGHÜTTE, f. lieu, endroit où dans les alunières on tire le sel de l'alun ; hangar où l'on fait dissoudre l'alun.

LAUGICHT, LAUGIG, adj. lixiviel : se dit des sels alcalis que l'on tire par la lexiviation.

LAUMONIT, laumonite de *Werner;* zéolite efflorescente d'*Haüy :* minéral dont on doit la découverte au savant *Gillet-Laumont.* Il est tellement friable, qu'on ne peut le conserver en masse; il se délite au contact de l'air en fragmens prismatiques d'un blanc opaque laiteux un peu nacré.

LÄUTERER, m. affineur, raffineur, celui qui raffine les métaux.

LAUTERHOBEL, m. (*t. de min.*), canal de lavage ; canal formé de deux caisses de bois sans couvercle, longues chacune de 8 pieds, profondes de 8 pouces et larges de 10 pouces, placées l'une au-dessous de l'autre pour recevoir le minerai dans les terrains d'alluvion, d'où on le retire par le lavage.

LÄUTERKISTE, f. (*t. de min.*), sorte de râble, planchette longue et carrée tenant à un manche et servant à agiter, remuer sur les tables de lavoir le minerai déjà lavé pour le purifier encore davantage.

LÄUTERN, v. a. (*t. de chim.*), déféquer, dépurer, rectifier, distiller une seconde fois. — *Den brandwein läutern*, rectifier, purifier, exalter l'eau-de-vie ; affiner, purifier.

LAUTEROFEN, m. fourneau à purifier le soufre ; affinerie de soufre.

LÄUTERUNG, f. affinage, raffinage, affinement, purification ; (*t. de chim.*), rectification, clarification, dépuration, défécation.

LÄUTERUNGSART, f. raffinage, manière d'affiner les métaux.

LÄUTERUNGSMITTEL, n. moyen d'affiner des métaux ou manière de clarifier, de purifier, etc.

LAVA, f. lave, matière fondue qui sort des volcans et se répand en formant comme des torrens ou ruisseaux enflammés. — *Lava poröse*, lave poreuse. — *Lava schwammige*, lave spongieuse. *V.* VULCAN.

LAVAGLAS, n. lave vitreuse, obsidienne, hyalite, quartz hyalin concrétionné d'*Haüy.* *Voy.* HYALITH, *voy.* VULCAN.

LAVENDBLAU, bleu de lavande, bleu violet pâle très-clair avec un peu de gris bleuâtre.

LAVING-COAL, variété de houille fort estimée en Angleterre et en Ecosse.

LAWETZSTEIN, m. talc ollaire, lavège ; sorte de pierre dont on fait des pots, etc.

LAYENSTEIN, m. argile schisteuse.

LAZARUSKLAPPE, f. (*t. de conchyol.*), huître épineuse ; spondyle, genre de testacés bivalves.

LAZULITH, lazulite de *Klaproth ;* pierre d'un bleu moins éclatant que celui de la pierre d'azur (*lazurstein*), qui fournit le beau bleu d'outre-mer. Les échantillons encore très-rares de ce minéral viennent de Vorau, en Autriche.

LAZURERZ, n. mine de cuivre azurée ; cuivre pyriteux irisé.

LAZURSTEIN, lazulite ; pierre d'azur (*lapis-lazuli*), pierre d'une couleur bleue azur, susceptible d'un beau poli, mêlée le plus souvent de taches blanches qui sont, ou de calcaire, ou de quartz, ou même de feldspath ; cette pierre calcinée, et réduite en une poussière impalbable, fournit cette belle couleur dite *outre-mer,* qui est regardée comme inaltérable. — *Unächter lazurstein ,* pierre d'azur imparfaite (expression

de M. *Stütz,* qui n'est point généralement admise).

LEBENSLUFT, f. air vital ; *gaz oxigène ,* partie de l'air atmosphérique qui entretient la respiration et la combustion.

LEBER, f. (*t. de chim.*), foie. — *Schwefelleber,* hépar, sulfure.

LEBERBESCHLAG, m. *Voyez* KUPFERLEBERERZ.

LEBERBRAUN, adj. brun de foie, brun clair qui tire un peu sur le vert.

LEBEREISEN, n. fer sulfuré décomposé.

LEBERERZ, n. minerai hépatique ; mine de la couleur du foie. *Scopoli* a désigné par cette expression l'argent muriaté (*hornerz*) ; *Gmelin ,* la mine de cuivre hépatique (*kupferlebererz*). A Freyberg, c'est le plomb sulfuré compacte mêlé de zinc sulfuré ; mais le plus grand nombre des auteurs, et *Gmelin* lui-même, l'appliquent à un mélange intime de mercure sulfuré avec une argile endurcie bitumineuse ; c'est le mercure hépatique (*quecksilber lebererz*).

LEBERFELS, m. roche hépatique ; sorte de trap de transition pénétré de fer oxidé, dont la couleur jaunâtre mêlée avec le vert noirâtre de l'amphibole donne au tout une couleur d'un brun de foie.

LEBERGEBIRG, en Haute-Autriche on désigne sous ce nom une argile commune mélangée de soude muriatée naturelle.

LEBERGYPS, m. chaux sulfatée cristallisée mêlée de bitume.

LEBERKIES, m. pyrite hépatique; fer hépatique, fer sulfuré décomposé, fer sulfuré argentifère; argile calcarifère endurcie.

LEBEROPAL. *V.* MENILIT.

LEBERSCHLAG, m. *V.* LEBERERZ.

LEBERSPATH et LEBERSTEIN, spath et pierre hépatiques; au Hartz, baryte sulfatée mêlée de bitume; suivant *Stütz, Gmelin, Hacquet,* chaux sulfatée, cristallisée et laminaire avec bitume; suivant *Emmerling,* chaux sulfatée intimement pénétrée de chaux carbonatée fétide; et enfin encore d'après *Hacquet,* chaux carbonatée compacte avec alumine, silice et sulfures alcalins.

LEBERSTEINE. On nomme ainsi au Hartz les pyrites martiales communes, le fer sulfuré de toutes les formes. *Voyez* HEPATIT.

LEBER UND ZIEGELERZ, n. mine hépatique et briquetée.

LEBETSTEIN, pierre ollaire, talc ollaire. *V.* LEWETZSTEIN.

LECH, n. ou LEECH, LEG et KUPFERLEG, matte de cuivre formée d'un mélange de cuivre, de fer et d'arsenic : on nomme de même les pierres qui se détachent dans le traitement de l'argent et du cuivre, et aussi les scories qui, dans la fabrication de l'acier, lui restent attachées. Le nom général de *matte* se donne à tous les sulfures fondus.

LECHERZ, dans le bannat de Temeswar, le cuivre sulfuré compacte.

LECKWERCK, n. (*t. de salin.*),

bâtiment de graduation. *Voyez* GRADIERWERCK.

LEDERKALK, m. chaux carbonatée compacte et grossière.

LEDERKOBOLT, m. cobalt oxidé, terreux jaune.

LEDIGE GESCHICHT, f. (*t. de min.*), poste gratuit, travail extraordinaire que l'on demande quelquefois au mineur quand sa tâche est finie.

LEDIGESTEIN, étain sulfuré granuliforme, trouvé isolément dans les terrains d'alluvion.

LEERE, f. vacuité, état d'une chose vide; (*t. de phys.*), le vide.

LEER, adj. et adv. vide, qui n'est pas rempli, ou ne contient que de l'air au lieu de ce qui a coutume d'y être; vacant, qui n'est plus occupé.

LEG. *Voyez* LECH.

LEGEISEN, n. pièce de fer amincie en forme de coin et pointue, que l'on place dans une ouverture ou fente entre deux autres coins pour faire éclater la roche.

LEGIEREN, v. a. *Gold und silber legieren,* allier l'or avec l'argent. —*Das legieren eines metalls,* carature; alliage d'or et d'argent dont on fait les aiguilles d'essai pour l'or; aloyer, donner à la monnoie d'or ou d'argent l'aloi requis, le titre convenable.

LEGIERUNG, f. *Das legieren,* alliage, combinaison des métaux précieux avec ceux de moindre valeur; carature, aloi ou proportion de l'alliage.

LEHENSCHAFT, f. (*t. de min.*), bure, mine donnée en fief; la société de ceux qui font exploiter une mine.

LEHM, m. terre grasse, terre argileuse, argile glaise, lut.

LEHMARBEIT, f. ouvrage de terre grasse, de torchis ; bousillage.

LEHMGUSS, m. ouvrages de fonte, en fonte, que l'on jette dans des moules faits d'argile glaise ou terre grasse.

LEHMICHT, adj. qui tient de la nature de l'argile glaise.

LEHMIG, adj. qui contient de l'argile glaise. — *Lehmiges wasser*, eau fangeuse, eau chargée de glaise.

LEHMLAND, n. contrée argileuse.

LEHMWAND, f. mur de torchis, de bauge, mur bousillé.

LEHN, n. fief ; (*t. de min.*), un terrain de 7 toises de long sur 7 toises de large, pris suivant la direction d'un filon ; mesure de 7 toises métalliques.

LEHNBUCH, n. livre où s'enregistre ce que chaque compagnie a obtenu de mesures de terrain pour sa concession.

LEHNHAUER, m. mineur à prix convenu, à forfait.

LEHNE, f. descente, pente douce d'une montagne. — *Auf der lehne des berges,* sur le côté, sur la pente, sur le penchant de la montagne ; sur l'endroit de la montagne qui va un peu en descendant, en pente douce.

LEHNE, adj. qui est en pente douce, qui va un peu en pente.

LEHNTRÄGER. *Voyez* EIGENLÖHNER.

LEHRGEBÄUDE, n. même que SYSTEM, système. — *Ein*

lehrgebäude machen, former, établir, faire un système.

LEHRHAUER, m. apprenti mineur.

LEICHTFLÜSSIG, adj. trèsfusible, aisé à fondre.

LEICHTGESTÜBE, brasque légère, poussière légère de charbons.

LEICHTSTEIN, m. (*t. de min.*), instrument qui tient à la lampe du mineur, en est une dépendance, et sert à en raviver la flamme.

LEIM, m. glaise, argile glaise, gluten, ciment naturel qui sert de lien aux pierres. — *Leimheerd*, foyer d'argile à briques.

LEIMSTEIN, m. chaux carbonatée globuliforme ; ophite des anciens, ou chaux carbonatée mêlée de serpentine (vert antique).

LEIN, m. lin, asbeste flexible incombustible.

LEISTEN, m. (*t. de fond.*), moule dans lequel on fait couler la gueuse. — *Leisten machen,* faire le moule de la gueuse.

LEISTEN EISEN, n. fortes barres de fer qui supportent l'âtre en fonte et les chaudières dans les fabriques de vitriol.

LEITARM, m. tirant de secours d'une machine hydraulique.

LEITER, m. (*t. de phys.*), conducteur. — *Leiter der electricitäet,* conducteur de l'électricité ; corps qui a la vertu de transmettre l'électricité.

LEITNAGEL, m. clou conducteur, cheville de fer implantée en dessous du chien de mine, entre les deux roues de devant, et autour de laquelle tourne un anneau de fer.

LEITSTEMPEL ou **WEHRSTEMPEL**, m. le bois conducteur dans les machines hydrauliques ; soutien qui, au moyen de deux bras, dirige les tirans à chaque courbure pour qu'ils ne poussent pas à faux.

LEITUNG, f. conduit, tuyau par lequel passe un liquide ou un fluide.

LEITUNGS - FÄEHIGKEIT, f. propriété conductrice. — *Die leicht - fähigkeit der electricitäet*, la propriété conductrice de l'électricité.

LEMANIT, lémanite ; jade tenace, feldspath compacte tenace d'*Haüy* ; c'est le *magerer nephrit*.

LEMNISCHEERDE, f. terre de Lemnos, bol de l'île de Lemnos, aujourd'hui Stalimène, dans l'Archipel ; argile ochreuse, renommée de temps immémorial, et appelée aussi terre sigillée, parce qu'elle se vend en pastilles sur lesquelles est imprimé le sceau du Grand-Seigneur ou du Gouverneur de l'île : autrefois elles portoient le sceau de Diane, qui représentoit une chèvre.

LENDENSTEIN, m. jade néphrétique.

LENTICULITEN. *V.* **LINSENSTEIN**.

LEPADITEN, patellites, coquille fossile, univalve, presque conique, sans spire extérieure.

LEPIDOLITH, lépidolite, substance écailleuse dont la couleur tire sur celle du lilas ; *Haüy* la soupçonne une substance par-

ticulière ; *L. Cordier* pense que c'est un mica.

LERSGHENSCHAWAMM. *Voy.* **BERGMILCH**.

LESESTEIN, m. pierre de mine ou minerai qui se trouve près la superficie de la terre, sous le fer oxidé terreux.

LETTEN, m. terre glaise, terres tenaces, fortes et grasses, de toutes sortes de couleurs, argile glaise.

LETTENHAUE, f. houe ; outil de fer large et recourbé, qui sert à détacher les terres grasses et tenaces.

LETTENKOHLE, houille glaiseuse ; la plus pesante de toutes, et regardée comme formant une espèce à part : elle est d'une couleur noire grisâtre ou bleuâtre, se rapprochant quelquefois du noir velouté ; matte à la surface, elle a un peu d'éclat dans sa cassure transversale, elle est compacte pour l'ordinaire, grasse au toucher, et un peu froide.

LETTENSCHMITZ, m. sorte de terre grasse argileuse.

LEUCHTEND, adj. clair, luisant, lumineux, qui éclaire, qui luit. — *Leuchtende steine*, pierre qui éclaire, pierre phosphorique. —*Leuchtender streif*, traînée lumineuse.

LEUCHT FEUER, n. phare ; grand fanal placé sur une haute tour pour éclairer les vaisseaux en mer.

LEUCHTSPATH, m. chaux fluatée ; baryte sulfatée crétée.

LEUCIT ou **LEUZIT**, leucite ; grenats blancs, amphigène d'*Haüy*.

LEUCIT LAVA, laves lithoïdes amphigéniques d'*Haüy*.

LEUCOLITH, leucolite. *Voy.* PYCNITE et STANGENSTEIN.

LEÜTERUNG, f. (*t. de min.*), appel d'une sentence défavorable en matières de mine ; il doit être notifié dans les 24 heures après la publication de ladite sentence.

LEUTRITE, leutrite, marne d'un blanc grisâtre ou jaunâtre, très-phosphorique, des environs d'Jéna, en Saxe.

LEYENSTEIN, m. schiste argileux, argile schisteuse.

LIBETTEN, plur. libettes ; morceaux longs et minces du cuivre obtenu de la refonte des scories.

LICHENITEN, lichenites, pierres chargées de lichens, en fils très - déliés qui y forment des dessins ressemblant à des dendrittes de manganèse.

LICHTERSCHEINUNG, f. (*t. de phys.*), effet de lumière, jeu de lumière.

LICHTLOCH, n. trou, ouverture par où vient le jour ; (*t. de min.*), puits au jour, puits creusé du jour dans la mine, puits par lequel le jour passe dans les travaux de mine, et qui sert aussi à l'extraction du minerai.

LICHTSTOFF, m. lumière.

LICHTSTRAHL. *V.* STRAHL.

LICHTWÄNDE, plur. (*t. de forg.*), petits murs qui s'élèvent sur la doublure des fourneaux, ou plutôt les pierres carrées et épaisses d'un pouce dont ils sont formés.

LICHTZUFÄLLIGKEITEN, plur. (*t. de min.*), accidens de lumière.

LIDISCHERSTEIN, pierre de

Lydie, lydienne : nom sous lequel les anciens désignoient la pierre de touche qui, suivant *Haüy*, est une variété de la roche cornéenne, et, suivant *Werner*, du schiste siliceux (*kiesel schiefer*).

LIEDERBÜHNE, f. retraite, emplacement ménagé autour de la machine hydraulique pour pouvoir garnir de cuir les pistons.

LIEDERN, v. a. garnir de cuir. — (*t. de min.*) *Eine kunst liedern*, garnir de cuir les pistons des pompes mues par les machines.

LIEFTER, m. outil de fer très-pointu qui sert à élargir les trous de filières par lesquels on tire les fils de fer.

LIEGEN, v. n. coucher, être couché, être gisant, être posé.

LIEGENDE, n. lit, mur ou chevet d'un filon, c'est-à-dire son sol, la roche sur laquelle il repose, et qui fait une des limites de sa largeur ou puissance.

LIEGSTUNDE, f. (*t. de min.*), heure de repos.

LIER, n. (*t. de salin.*), mur qui règne autour de l'âtre où sont placées les chaudières de concentration, et qui n'a que trois côtés, le fourneau formant le quatrième. — *Das förderlier*, le mur de devant. — *Die seitenlier*, les murs de côté.

LIESE, f. bec, long tuyau d'un soufflet, canon de fer qui porte le vent dans les fourneaux.

LILALITH. *V.* LEPIDOLITH.

LILIENSTEIN, m. encrinite fossile, sorte de pierre improprement nommée lis de pierre, lis pétrifié ou lis de mer (*Seeli-lien*), à cause de sa ressemblance avec la fleur de lis; on l'a traduit aussi par étoile de mer pétrifiée.

Limbilite, limbilite : ce nom a été donné par *Saussure* à un minéral qu'il a remarqué dans le porphire d'une colline des environs de Limbourg, et qui s'y trouve en petits grains irréguliers souvent anguleux, dont la couleur est le brun ou le jaune de miel foncé.

Limestone de *Kirwan*, chaux carbonatée compacte, et chaux carbonatée grossière.

Limniten, limnites; pierres dendritées.

Lindenstein. *V*. Lenden-stein.

Lindstein, m. mine des marais (*morasterz*).

Lineal, n. alidade; règle qui tourne sur le centre d'un instrument à mesurer les angles.

Linie, f. ligne. — *Grund-linie*, ligne de base. — *Seigen-linie*; ligne d'aplomb. — *Die geltende linie*, la ligne de foi, celle qui indique sur la circonférence graduée la mesure cherchée. — *Donnleglinie*, ligne de la pente ou inclinaison d'un filon.

Linienstein, m. quartz jaspe onyx du pays de Bareuth offrant sur un fond bleuâtre des lignes noires parallèles qui figurent des carrés.

Linieren, v. a. régler, tirer des lignes sur du papier pour servir de règle ou d'ornement.

Linsenerz, n. mine lenticulaire; fer oxidé rubigineux globuliforme; variété de cuivre arse-

niaté en cristaux octaèdres très-plats ou lamelliformes, et dont la couleur est le bleu céleste très-pur, tirant quelquefois sur le vert-de-gris.

Linsenförmig, adj. lenticulaire.

Linsenspath, m. chaux carbonatée lenticulaire.

Linsenstein, m. pierre lenticulaire, numismale, phacite; camérine fossile, oolite; chaux carbonatée globuliforme. — *Mandelstein*, farci de grains semblables à des lentilles.

Lisspfund, poids en usage en Suède pour la vente du fer, il équivaut à 16 livres communes.

Litophyten, lithophytes; pierres à forme végétale ou portant empreintes de plantes; coraux pétrifiés de diverses sortes de zoophites.

Lituiten; lituites, fossiles qui ont la forme d'une crosse, ou bâton pastoral.

Loch, n. trou creux, cavité. — (*t. de min.*) *Loch abbohren*, percer un trou de mine.

Lochbanck, f. (*t. de forg.*), perçoir.

Lochberg, Lochen, Loch-schiefer, Lochwerk. Tous ces noms à-peu-près synonymes de *stein schale*, et *dach schale*, désignent l'argile calcarifère schisteuse et bitumineuse de la Hesse et de la Thuringe; bousin sous la forme d'une couche schisteuse sise au-dessous d'une couche de houille, et dont il faut se débarrasser pour détacher la houille. — *Das lochberg lochen*, percer la couche schisteuse pour pouvoir détacher la houille.

LOCHBERITCH. *V.* LOCHEI-
SEN.

LOCHBOHREN, v. a. percer
un trou dans la roche pour faire
jouer la mine.

LOCHEISEN, n. (*t. d'ouvr. en
mét.*), perçoir, mandrin, poinçon qui sert à faire des trous
dans du fer.

LOCHEN, v. a. percer, trouer,
faire un trou. — *Das erz wird
ausgelocht,* on fait un trou dans
le sein de la terre pour en extraire dn minerai.

LÖCHERIG, adj. troué, percé, pertuisé, rempli de trous.
— *Löcherige körper,* des corps
poreux, qui ont des pores, des
petits trous.

LOCHRING, m. (*t. de forg.*),
perçoir, palette à forer.

LOCHSÄGE, f. scie à faire des
trous.

LOCHSTEIN, m. borne, pierre
de borne ; pierre qui marque
les limites, les bornes d'une
concession. — *Lochstein hinein bringen,* marquer dans la
mine le point qui correspond
à la borne du dehors.

LÖDLEIN, n. (*t. de min.*),
tour de mineur. — *Einem ein
lödlein einträgen ,* jouer mali-
cieusement un tour à quelqu'un.

LOCKERHEIT, f. porosité. *V.*
POROSITÆT.

LODOWATASALZ , soude mu-
riatée naturelle ou native, demi-
transparente et d'un blanc
nuagé.

LÖFFELBOHRER , m. foret-
cuiller, perçoir qui a un bec en
forme d'une cuiller.

LÖFFELKOBOLT. *Gmelin* a désigné sous ce nom l'arsenic natif.

LÖFFELN , v. a. (*t. de min.*),

sortir, extraire avec un foret-
cuiller le sable ou la poussière
d'un trou de roche où le vilebrequin ne peut plus tourner.

LOHN , m. salaire , récompense , paiement pour le travail. — (*t. de min.*) *Lohn aufheben ,* réserver le salaire , sur-
seoir au paiement. Cette phrase
signifie aussi prendre sa paie
par avance. — *Lohn aufschlagen ,* ne payer aux ouvriers
qu'une partie de leur salaire ,
et rester redevable du surplus ;
remettre , différer le paiement
du salaire ou d'une partie.

LOHNREGISTER , n. registre
sur lequel on inscrit toutes les
journées ou postes de travail
des mineurs.

LOHNTAG , m. jour de paiement ; jour où on fait le décompte de chaque ouvrier , et
où il reçoit le montant de ce
qu'il a gagné.

LÖMIGE (*t. de min.*) On nomme ainsi dans le comté de Mansfeld le banc de roche sur lequel repose le schiste cuivreux
exploité comme mine de cuivre;
c'est le dixième lit ou banc depuis le jour. On le nomme aussi
le mur (*das liegende*).

Los , adj. isolé. — *Lose
cristalle,* cristaux isolés ; (*t. de
min.*), incohérent, sans consistance, sans liaison ; pulvérulent, pour indiquer un minéral
dont les parties ne sont point
réunies ou se détachent aisément.

LÖSCHBLEY , graphite ; fer
carburé ; molybdène sulfuré.

LÖSCHE, f. On nomme *lösche,
lesche, kohllösche,* la terre cuite
et noire dont les charbonniers

ouvrent leurs fourneaux. — *Die lösche die der schlösser*, mâchefer réduit en poudre ; brasque, charbon pulvérisé.

LÖSCHEL, m. (*t. de min.*), piston de pompe.

LÖSCHEN, v. a. éteindre. — *Ein glühendes eisen löschen*, tremper, plonger dans l'eau un fer rouge pour lui ôter sa chaleur. — *Den kalk löschen*, éteindre la chaux.

LÖSCHFASS, n. baquet d'eau dans lequel les forgerons refroidissent leurs outils et éteignent les fers rouges.

LÖSCHHACKEN, m. (*t. de fond.*), le râble, la barre de fer en crochet dont on se sert pour l'arrangement des charbons dans le fourneau ou toute autre disposition analogue.

LÖSCHKOHL, f. charbon éteint, charbon superflu que l'on a arrosé d'eau pour l'employer de nouveau comme n'étant pas encore tout-à-fait hors de service.

LÖSCHSCHAUFEL, f. pelle pour porter le poussier sur le foyer.

LÖSCHSPIES, m. barre de fer qui sert pour détacher la crasse de métal.

LÖSCHTROG, m. auge, baquet où les maréchaux ou forgerons plongent leurs outils pour les refroidir.

LÖSESTUNDE, f. (*t. de min.*), heure à laquelle les ouvriers quittent leur travail ou se relèvent les uns les autres; heure de changement.

LOSREISEN, LOSSTUFEN, v. a. détacher avec l'aide d'un gros coin de fer des grandes dalles de roche schisteuses et peu dures.

LOSSCHRAUBUNG, l'action de dévisser, d'ouvrir une vis.

LÖSUNG, f. solution. — *Die lösung einer schwierigkeit, eines ploblems*, la solution ou dénouement d'une difficulté, d'un problème.

LOTH, n. *bleyloth*, sonde ; plomb à trouver la profondeur de l'eau; loth, sorte de poids qui répond à une demi-once, à la trente-deuxième partie d'une livre.

LOTHASCHE, f. soude, cendre de la plante nommée *kali*.

LÖTHE, f. soudure, composition ou mélange de métaux qui sert à souder.

LOTHEN, v. n. mesurer avec le plomb ; prendre l'aplomb.

LÖTHEN, v. a. souder, joindre ensemble des pièces de métal par le moyen de l'étain ou du cuivre fondu.

LÖTHIG, adj. d'un loth, d'une demi-once, qui contient un loth. — *Löthige erze*, minerai qui ne contient qu'un loth de métal par quintal. — *Eine löthige kugel*, une balle qui pèse une demi-once. — *Das silber ist so viel löthig*, il y a tant de fin dans cet argent.

LÖTHKOLBEN, m. fer à souder, soudoir.

LÖTHKORN, n. (*t. d'orfèv.*), paillon de soudure.

LÖTHPERLE, f. semence de perles ; très-petites perles dont il faut ordinairement quatre ou cinq pour le poids d'un grain.

LÖTHROHR, n. tuyau, chalumeau à souder. — *Der mesotyp schmelzt vor dem lothrohre*, la mésotype se fond au chalumeau.

LÖTHSCHALE, f. (*t. de forg.*), mouflettes. — *Den löthkolben mit den löthschalen angreifen, fassen*, prendre le fer à souder avec les mouflettes.

LÖTHSTANGE, f. barre de soudure.

LÖTHUNG, f. *Das löthen*, soudure, l'action de souder; l'endroit de la soudure.

LOTTE, LUTTE, f. (*t. de min.*), tuyau, canal carré, conduit de bois dans les mines pour amener l'eau par les puits sur les roues placées dans l'intérieur; tuyau pour renouveler l'air vicié dans les mines; canal pour transmettre dans le bas ce que l'on extrait des parties hautes.

LOTTENKLAMMERN, crampons pour assujettir les canaux carrés, les tuyaux.

LOUGOLD, n. clinquant. *V.* FLITTERGOLD.

LOUGOLDSCHMIDT, m. ouvrier en laiton et en similor.

LUCHSAUGE, f. Certains joaillers allemands donnent ce nom à une sorte de pierre de Labrador qui a des reflets argentés.

LUCHSSAPHIR, corindon hyalin (télésie) d'un blanc bleuâtre. On a aussi appelé de ce nom la lave vitreuse obsidienne granuliforme.

LUCHSSTEIN des anciens, hyacinthe zircon d'*Haüy.*

LUCHSSTEINE, bélemnites.

LUDUSHELMONTII, jeux ou dés de Wanhelmont. *V.* MERGELNÜSSE.

LUFT, f. air, fluide élastique invisible qui environne le globe jusqu'à une grande hauteur, au milieu duquel nous sommes continuellement plongés, et qui agit sur nous de mille manières diverses. Il est formé de deux principes très-différens dont l'un a été nommé gaz oxigène et l'autre gaz azote; mais dans la proportion la mieux assortie aux fonctions de l'économie animale.

LUFTEN, v. a. aérer, donner de l'air.

LUFTARTIG, adj. aériforme. — *Das gas ist eine luftartige substanz*, le gaz est une substance aériforme.

LUFTFANG, m. soupirail, conduit, canal; (*t. de fond.*), évents, conduits, ouvertures que l'on pratique dans la fondation des fourneaux de fonderie pour que l'air y circule et en chasse l'humidité.

LUFTKISTE. *Voy.* WETTERMASCHINE.

LUFTLOCH, n. soupirail, ouverture, fente que l'on fait pour donner de l'air à quelque lieu. — *Luftloch zum ablauf des wassers*, chante-pleure, fente pratiquée dans les murs pour l'écoulement des eaux. *Luftlöcher pori*, pores; petites ouvertures de toutes sortes de corps.

LUFTMASCHINE, f. machine pneumatique; machine avec laquelle on pompe l'air d'un récipient.

LUFTMATERIE, f. matière aérienne; matière d'air.

LUFTMESSER, m. (*t. de phys.*), aéromètre, hygromètre, instrument pour mesurer le degré de l'humidité de l'air.

LUFTMESSUNG, f. aérométrie, art de calculer les propriétés de l'air.

Lᴜꜰᴛᴘᴜᴍᴘᴇ, f. *Voy.* Lᴜꜰᴛ-ᴍᴀsᴄʜɪɴᴇ.

Lᴜꜰᴛʀöʜʀᴇ, f. tuyau, canal qui donne passage à l'air; ventouse, évents dans les fourneaux de fonderie.

Lᴜꜰᴛsᴀʟᴢ, n. sel aérien; parties salines répandues dans l'air.

Lᴜꜰᴛsᴀᴜɢᴇʀöʜʀᴇ, f. aspirateur; machine pour renouveler l'air dans un lieu fermé, le purifier.

Lᴜꜰᴛsäᴜᴇʀᴇ, f. air fixe, acide méphitique; gaz acide carbonique.

Lᴜꜰᴛsäᴜᴇʀᴇssɪʟʙᴇʀ, argent carbonaté, minéral d'un gris noirâtre avec éclat métallique. Il n'est pas encore bien constaté que ce soit une espèce particulière; on le présume une altération de l'argent antimonial.

Lᴜꜰᴛsᴄʜɪᴄʜᴛ, f. (*t. de phys.*), lame d'air.

Lᴜꜰᴛsᴄʜᴡᴇꜰᴇʟ, m. soufre aérien, gaz acide sulfureux; exhalaisons, vapeurs sulfureuses dans l'air.

Lᴜꜰᴛᴠᴇʀᴅɪᴄᴋᴜɴɢ, f. condensation de l'air.

Lᴜꜰᴛᴠᴇʀᴅüɴɴᴜɴɢ, f. raréfaction, dilatation de l'air.

Lᴜᴍᴀᴄʜᴇʟʟᴇɴ, Lᴜᴍᴀᴄʜᴇʟʟᴇɴ ᴍᴀʀᴍᴏʀ, marbre lumaquelle ou lumachelle; marbre composé d'une multitude de coquilles unies par un ciment calcaire. Un grand nombre de marbres renferme des coquilles et des madrépores qui font corps avec eux; mais il en est quelques sortes qui paroissent être uniquement composées de coquilles brisées, et ce sont celles-là que l'on appelle spécialement lumachelles.

Lᴜᴍᴘᴇɴᴇʀᴢ, n. mine de chiffon. *V.* Zᴜɴᴅᴇʀᴇʀᴢ. Il paroît que l'on a aussi donné ce nom à une mine de fer oxidé rouge mélangée d'argent et de manganèse.

Lᴜɴɢᴇɴsᴛᴇɪɴ, m. trass; pierre de trass; tuf volcanique.

Lᴜᴘᴘᴇ, f. loupe, masse de fer poreuse, etc. *Voy.* Tʀᴜʟ.

Lᴜᴘᴘᴇɴꜰᴇüᴇʀ, n. petite fonderie de fer.

Lᴜᴛɪʀᴇɴ, v. a. luter.

Lᴜᴛᴜᴍ, lut, enduit d'argile ou de terre grasse dont on se sert pour luter, boucher un vase, vaisseau ou creuset.

Lᴜxsᴀᴘʜɪʀ. *V.* Lᴜᴄʜssᴀᴘʜɪʀ.

Lʏᴅɪsᴄʜᴇʀsᴛᴇɪɴ. *V.* Lɪᴅɪsᴄʜᴇʀ sᴛᴇɪɴ.

Lʏɴᴋᴜʀ et Lʏɴᴋᴜʀɪᴇʀ, l'hyacinthe des anciens; quartz agate calcédoine grise; succin rouge d'hyacinthe et diaphane.

M   MAC

Mᴀᴄᴇʀᴀᴛɪᴏɴ, f. (*t. de chim.*), macération; opération qui consiste à laisser séjourner une substance pendant quelque temps dans l'eau ou dans toute autre liqueur.

Mᴀᴄᴇʀɪʀᴇɴ, v. a. macérer; faire tremper un mixte dans

l'eau ou dans une liqueur quelconque.

MÄCHTIG, adj. puissant, fort;
(*t. de min.*), puissant, large.
— *Der gang ist zwey lachter
mächtig*, le filon a 2 toises de
largeur de puissance. — *Mäch-
tiger gang*, filon puissant.

MÄCHTIGKEIT, f. puissance,
force, vigueur. — (*t. de min.*)
*Die mächtigkeit eines ganges
und der schieferflötze*, la puissance d'un filon, son épaisseur,
sa largeur et sa grosseur; l'é-
paisseur des couches d'ardoises,
de schistes.

MADENDRUSEN, cristaux de
quartz hyalin en prismes et
doubles pyramides hexaèdres
groupés confusément.

MADENKIES, fer sulfuré
radié.

MADENSTEIN, m. roche pé-
trosiliceuse coralloïde et vermiculaire.

MADREPORITEN, madré-
pores; polypiers pierreux,
fixés, simples ou branchus avec
une ou plusieurs cavités, des
formes variables, mais toujours
garnies de lames radiées.

MADREPORSTEIN, madrépo-
rite, pierre d'un aspect brun et
noirâtre, regardée comme une
espèce particulière du genre
calcaire : c'est un mélange de
chaux carbonatée, d'alumine
et de silice avec l'oxide de fer.
On a donné le nom d'*anthraconite* à celle qu'on a trouvée
depuis peu à Saint - Andreas-
berg.

MÄENAKAN, n. ménakanite;
titane oxidé ferrifère d'*Haüy*.
Voyez TITAN-EISEN.

MÄERGEL. *Voyez* MERGEL.

MAGNET, MAGNETEISEN,
MAGNETEISENSTEIN, MAGNET-
KIES, MAGNESTEIN, fer oxidulé, aimant, fer magnétique,
pyrite magnétique.

MAGNETICSAND, m. fer
magnétique sablonneux.

MAGNETISCH, adj. magné-
tique aimantin, qui tient de
l'aimant.

MAGNETISIREN, v. a. ai-
manter, frotter d'aimant.

MAGNETISMUS, m. magné-
tisme; vertu magnétique, l'un
des caractères distinctifs des
minéraux; propriétés de l'aimant considérées collectivement. — *Animalischer magnetismus*, magnétisme animal;
prétendu fluide dont on a cherché à établir l'existence, sur-
tout en agissant sur l'imagination et les sens des personnes
foibles et nerveuses.

MAGNETNADEL, f. aiguille
aimantée.

MAHLGERINNE, n. auges,
rigoles, soit de pierre, soit de
bois, qui servent à faire tomber
l'eau sur les roues d'une machine.

MAHLSAND, m. sable mou-
vant.

MAHLSTEINE, plur. pierres
molaires.

MAHLWERK, n. minerai d'é-
tain répandu dans le quartz.

MAKARKA, sel natif mé-
langé d'argile calcarifère sablonneuse.

MALACATE, f. (*t. de min.*),
malacate, sorte de machine à
molettes, mue par des mulets,
en usage dans les mines du
Mexique pour l'extraction du
minerai.

MALACHIT, malachite ; cuivre carbonaté vert soyeux ou concrétionné. Plusieurs auteurs ont appelé malachite bleue (*malachit blauer*) le cuivre carbonaté bleu lamelliforme ; cuivre oxidé vert.

MALACHITACHAT, quartz jaspé vert.

MALACOLITH, malacolithe ; substance que l'on a aussi nommée *sahlite* parce qu'elle a été trouvée d'abord en Suède dans les mines d'argent de Sahla ; elle est en masses lamelleuses, d'un gris bleuâtre, entremêlées de mica à certains endroits, et sa structure, dit *Haüy*, tend à donner pour forme primitive un prisme oblique qui approche beaucoup de celle du pyroxène : on la trouve aussi cristallisée. Le savant *Haüy* regarde la malacolithe comme une variété du pyroxène.

MALAKKISCHES ZINN, n. étain de Malaca, étain superfin très-pur, le meilleur pour l'étamage des glaces et pour la couleur pourpre que l'on applique sur la porcelaine : on le prépare à Malaca, colonie hollandaise de l'Inde, d'où on l'envoie en pièces ou masses du poids d'une livre et de la forme d'un bonnet carré, ce qui fait qu'on le nomme aussi étain de chapeau.

MALM, m. corps réduit en poudre, pulvérisé, broyé, moulu ; poudre, poussière, etc.

MALTER ou MALTERSTAB, maltre ; mesure de capacité qui varie en grandeur, suivant les pays et l'usage que l'on en fait.

MAMATOWAKOST, en Sibé-

rie, les dents fossiles de l'hippopotame.

MANAKONIT. *V.* MÄNAKAN.

MANDELFÖRMIG, adj. amygdaliforme, en amandes.

MANDELSTEIN, m. pierre à amandes, amygdaloïde ; en général, toute roche composée d'une masse principale compacte empâtant, non pas des cristaux comme les porphyres, mais des noyaux ou amandes ou des cavités arrondies qui en sont les vestiges.

MANJELPALINGA, mangelpalinga ; au Malabar, les cristaux de quartz hyalin.

MANNIGFALTIGKEIT, f. diversité, variété.

MARCASIT, marcassite, pyrite cristallisée ; fer sulfuré uni à une petite quantité de cuivre, fer arsenical ; bismuth natif.

MAREKANSTEIN, marékanite, lave vitreuse obsidienne ; zéolithe.

MARIENBAD, n. (*t. de chim.*), bain-marie ; eau bouillante où l'on plonge un vase qui contient ce qu'on veut faire chauffer.

MARIENEIS, MARIENGLAS, chaux sulfatée trapézienne ; mica.

MARK, f. marc, poids de 8 onces. — *Eine mark goldes,* un marc d'or ; marc, monnoie imaginaire qui équivaut à un tiers d'écu, particulièrement en usage à Hambourg et à Lubeck.

MARKANT, zinc. *V.* ZINK.

MARKASSIT. *V.* MARCASSIT.

MARKEN, v. a. (*t. d'affin.*), marquer. — *Das erz markt,* le minerai contient ou donne plusieurs marcs d'argent.

MARKGEWICHT, n. le poids

de marc avec toutes ses subdivisions.

MARKSCHEIDE, f. terme,
borne ; (*t. de min.*), endroit
où une mine aboutit à une autre.

MARKSCHEIDEKUNST, f. l'art
de mesurer et borner les mines ;
mesurage de l'étendue des mines
sous terre ; géométrie souterraine.

MARKSCHEIDEN, v. a. me-
surer, aborner, borner le terrain d'une mine, y établir des
bornes tant dans les travaux
intérieurs qu'à la superficie ;
lever géométriquement le plan
des travaux souterrains, en
tracer sur le papier l'étendue
en longueur, largeur et profondeur.

MARKSCHEIDER, m. géo-
mètre souterrain ; officier des
mines chargé de toutes les opérations géométriques concernant le mesurage et l'aborne-
ment d'une mine, ainsi que de
la levée des plans ; ingénieur
des mines.

MARKSCHEIDSTUFE, f. mar-
que de reconnoissance que le
géomètre fait dans la roche avec
la pointerolle, soit pour constater de combien l'ouvrage est
avancé depuis la marque faite,
soit pour correspondre perpendiculairement à un autre point
également marqué à la superficie.

MARKSCHEIDUNG, f. mesu-
rage d'une mine ; l'établissement de ses limites et bornes,
tant dans l'intérieur qu'à la
surface du terrain.

MARKUNGSSTEIN, m. pierre
qui marque les limites ou bornes
d'un terrain.

MARLIT, argile calcarifère
endurcie.

MARMOR et MARMORSTEIN,
marbre ; chaux carbonatée compacte ou saccaroïde susceptible de poli ; calcaire polissable
argilo-ferrifère d'*Haüy*. Il est
peu de marbre d'une seule couleur ; la plupart, au contraire,
offrent un grand nombre de
nuances.

MARMORSAND, chaux car-
bonatée à grains plus ou moins
fins, et polissable.

MARMORTUFF, chaux car-
bonatée fibreuse.

MARS, (*t. de chim.*), mars,
le fer.

MARTSTEIN, fer sulfuré ou
pyrites sulfureuses.

MASCAGNIN, mascagnin,
sorte de sel découvert en Toscane par M. *Mascagni;* c'est
un sulfate d'ammoniac (sel
secret de *Glauber*).

MASCHINE, f. machine, instrument pour tirer, lever, lancer
quelque chose.

MASCHINENMEISTER, MA-
schindirector, MASCHINIST,
(*t. de min.*), le maître, le directeur des machines quelconques servant aux mines et
usines, le machiniste.

MASS, n. mesure, dimen-
sion ; en général, tout ce qui
sert de règle pour déterminer
une quantité ; dimension.

MASSE, f. masse, amas, tas.
— *Eine masse bley, metall,
wie sie aus dem schmelzofen
kommt,* une masse de plomb,
de métal, telle qu'elle sort de
la fournaise

MASSEL, f. gueuse ; masse de
fer fondu et non encore purifié.

MASSELGRABEN, m. la fosse, le lit de la gueuse.

MASSENGEBIRGE , masses montagneuses ou montagnes en masse ; groupe de montagnes dont la largeur est à-peu-près égale à la longueur : tel, par exemple, que le Hartz.

MASSICOT, massicot, plomb oxidé jaune qui sert à vernisser la poterie ou faïence ; plomb carbonaté terreux jaune.

MASSIWBAU, m. maçonnerie massive, maçonnerie en moellons.

MASSOFEN, m. (*t. de forg.*), fourneau gradué à fondre le minerai de fer.

MASSTAB, m. bâton pour mesurer; échelle de réduction servant à rapporter le plan d'une mine et à le figurer sur le papier de manière que toutes les proportions y soient observées.

MATT, adj. mat, qui n'a point d'éclat, qui ne réfléchit aucune lumière.

MAUER , MAUERUNG , f. mur sans chaux, mur à sec pour empêcher les éboulemens dans les travaux de mine.

MAUERSALPETER, m. magnésie sulfatée native.

MAUERSALZ, n. magnésie sulfatée ; soude carbonatée, soude blanche; nitrate de potasse fossile ; aphronatron ; alcali minéral.

MAÜSENZÄHNE, plur. dents de souris; pyramides hexaèdres très-aiguës de chaux carbonatée.

MAÜSEPULVER , n. arsenic natif ; littéralement , poudre aux souris, poudre aux rats.

MAUTE, MAUTHERZ, (*t. de min.*), minerai qui ne se trouve pas en filons ni en veines , mais par nids ou rognons ou masses détachées ; minerai en grumeaux , mine en marons.

MAUTZENSTEIN ou MAUENZENSTEIN, m. hystérolithe. *V.* HYSTEROLITHEN et MÜTIERSTEIN.

MEANDRITEN , méandrites, madrépores - méandrites , dits aussi méandrines et cérébrites; palmiers pierreux fongiformes dont la superficie est creusée par des sillons sinueux.

MEDUSENHAUPT et MEDUSENPALME, pentacrinite ou palmier marin fossile. *Voy.* PENTACRINITEN.

MEERBUSEN, m. golfe, baie, anse, port, bras de mer plus ou moins avancé dans les terres.

MEERIGELSTEIN , échinite, oursin fossile.

MEERDATEL. *V.* MIESMUSCHEL.

MEEREICHELSTEIN, m. glandite, gland de mer ou balanite fossile.

MEERHOSE. *V.* HOSE.

MEERSALZ , n. sel marin, soude muriatée.

MEERSCHAUM, m. écume de mer; variété de l'argile glaise qui contient une quantité sensible de magnésie ; adarce, écume salée de l'eau de mer qui s'attache aux plantes marines et qui s'y dessèche.

MEERSTERNE , plur. étoiles de mer , astéries; sorte de zoophites qui tirent leur nom de leur forme étoilée.

MEERTULPE, tulipe de mer. *Voyez* BALANITEN.

MEHL , n. farine fossile; chaux carbonatée spongieuse.

Mehlbatz. *V.* Mehlpatz.

Mehlgyps, chaux sulfatée niviforme.

Mehlkreide, f. chaux carbonatée spongieuse; argile calcarifère terreuse.

Mehlpatz, près de Weimar et en Thuringe, une chaux carbonatée compacte de couleur bleuâtre et jaunâtre; dans le pays de Bareuth, un talc stéatite (*speckstein*); l'argile calcarifère terreux et le talc endurci.

Mehlsand, m. sable farineux; terre sablonneuse dure que l'on dit être la base de diverses roches.

Mehlspath, baryte sulfatée terreuse.

Mehlstein, chaux carbonatée fibreuse.

Mehlzeolith, zéolithe farineuse, zéolithe terreuse.

Meionit, méionite, hyacinthe blanche de la Somme : minéral blanchâtre, limpide, translucide, qui se trouve parmi les matières rejetées du Vésuve en grains irréguliers, ou cristallisés en prismes octaèdres avec des sommets tétraèdres.

Meissel, m. ciseau pour couper, tailler, graver et faire d'autres ouvrages; (*t. de fond.*), ringard, barre de fer avec laquelle on détache les incrustations qui se forment aux parois des fourneaux.

Meisselbohrer, m. sorte de tarière pour creuser ou percer les pierres.

Melanith, mélanite, grenat noir.

Melanterie, Melantherite, mélanterie, sorte de pierre atramentaire noirâtre;

argile schisteuse graphique. *V.* Zeichenschiefer.

Melilit, mélilite, minéral qui tire sa dénomination de sa couleur jaune de miel; sa surface est souvent recouverte d'une ochre ferrugineuse rouge; sa forme cristalline est le cube; on le trouve à l'intérieur et sur-tout à la surface de quelques laves des environs de Rome, principalement dans celles de *Capo di Bove*.

Mellit. *V.* Honigstein.

Melonen von berg Carmel, melons du mont Carmel; quartz agate pyromaque en géode.

Melonenförmigerstein, mélopéponite, pierre de la forme d'un melon.

Memphit, memphite, quartz agate; calcédoine; quartz agate cornaline, quartz agate onyx dite en fortification.

Menacan, Menakanit. *V.* Maenakan et Titaneisen.

Menilit, ménilite; variété de quartz résinite commun, en masses tuberculeuses opaques, grisâtres ou d'un brun clair, nuancées souvent de bleuâtre à l'extérieur. C'est ce minéral que *Werner* a nommé *knollenstein*, c'est-à-dire pierre tuberculeuse.

Mennicherstein, Mennigerstein, trass, pierre de trass.

Mennig, m. et Mennige, minium, oxide de plomb rouge; plomb carbonaté terreux rouge.

Mephitisch, adj. méphitique, qui a une qualité malfaisante.

Mergel, m. marne, argile calcarifère d'*Haüy* : sa dureté varie comme celle de l'argile ordinaire, et il y en a de pulvérulente. — *Verhäerteter mergel*, marne endurcie.

MERGELERDE, f. argile calcarifère terreuse.

MERGELGRUBE, f. marnière, carrière de marne.

MERGELNÜSSE, MERGELSCHIEFER, marne endurcie ; argile calcarifère sphéroïdale cloisonnée : par exemple, les dés ou jeux de van Helmont ; masses orbiculaires qui, en se desséchant, ont subi des ruptures en différens sens.

MERGELSCHIEFER, schiste marneux ; argile schisteuse.

MERGELSTEIN, argile calcarifère endurcie ; d'après *Schulz*, porphire argileux.

MERGELTUFF, tuf marneux; argile calcarifère terreuse composée de parties agglutinées.

MESOTYP, mésotype, zéolithe proprement dite ; zéolithe rayonnée de *Werner* ; en aiguilles convergentes vers un même centre, c'est la mésotype *aciculaire*, dont quelquefois les prismes ont la finesse d'un cheveu ; ou en globules striées à l'intérieur du centre à la circonférence, c'est la *globuliforme*. La mésotype est blanchâtre, transparente ou translucide, et on la trouve cristallisée, amorphe et fibreuse. *V.* ZEOLITH.

MESSCHNUR, f. cordeau des arpenteurs, cordeau de soie ou de chanvre divisé par pieds ou toises.

MESSEN, v. a. mesurer, déterminer une quantité avec une mesure. — *Mit dem zirkel messen*, mesurer avec le compas. —

subs. *Das messen*, le mesurage.

MESSER, m. couteau.

MESSING, n. laiton, cuivre jaune ; potin, alliage de cuivre et de zinc que l'on obtient en cémentant le cuivre avec la calamine. — *Tafel messing*, laiton ou cuivre jaune en tables ; laiton laminé.

MESSINGERZ, n. mine de laiton ; cuivre pyriteux mêlé de zinc oxidé.

MESSINGFEILE, f. limaille de laiton.

MESSINGLABRADOR, spath chatoyant avec des reflets métalloïdes ; diallage d'*Haüy*.

MESSINGSHAMMER, m. fabrique où l'on travaille le laiton avec un gros marteau mis en mouvement par l'eau.

MESSINGWAARE, f. marchandise de laiton, de cuivre jaune.

MESSKETTE, f. chaîne de géomètre ordinairement en laiton.

MESSTOCK, m. perche, mesure de 18, 20 ou 22 pieds, suivant les pays.

MESSUNG, f. mesurage, action de mesurer. — *Messungs dreyeck*, triangle mensurateur.

METALL, n. métal ; minéral très-pesant, brillant, fusible, combustible, etc. On en connoît aujourd'hui au moins vingt-sept espèces, qui sont le *platine*, l'*or*, l'*argent*, le *plomb*, le *cuivre*, le *fer*, l'*étain*, le *zinc*, le *nickel*, le *bismuth*, le *cobalt*, l'*arsenic*, le *manganèse*, l'*antimoine*, l'*urane*, le *molybdène*, le *titane*, le *schéelin*, le *tellure*, le *chrôme*, le *palladium*, l'*irridium*, l'*osmium*, le *rhodium*, le *colombium*, le *cerium*, le *tantale* : le niccolane de

MM. *Hisinger* et *Gehlen* a été reconnu pour un composé de cobalt et de nickel avec traces de fer et d'arsenic. — *Vermischtes metall*, métal mélangé, par exemple, du bronze.

Metallartig, adj. qui tient de la nature du métal; qui a des propriétés métalliques.

Metallartigkeit, f. (*t. de chim.*), métalléité; état des métaux lorsqu'ils ont les propriétés qui les caractérisent.

Metallglas, n. verre métallique.

Metallgold, n. laiton battu extrèmement mince; laiton en feuille papiracée; feuille de laiton de cuivre jaune.

Metallisch, adj. métallique, de métal, qui concerne le métal. — *Metallischer glanz*, brillant métallique. — *Etwas metallisches an sich haben*, avoir quelque propriété métallique. — *Metallische gebirge*, montagnes métallifères, montagnes renfermant des filons métalliques. — *Metallische bergarten*, substances pierreuses ayant quelques parties métalliques. — *Metallische kalke*, chaux métalliques, métaux combinés avec l'oxigène.

Metallisiren, v. a. (*t. de chim.*), métalliser; faire prendre la forme métallique à une substance.

Metallisirung, f. métallisation; formation naturelle des métaux; opération chimique par laquelle des substances qui n'avoient ni la forme ni les propriétés métalliques prennent cette forme.

Metallkalk, m. chaux métallique.

Metallkönig, m. bouton d'antimoine tenant fer, qui a été fondu avec le cuivre et l'étain.

Metallkunde, f. l'art métallique, métallurgie; art d'extraire les métaux et de les travailler.

Metall loth, quartz hyalin cristallisé, suivant *Wolfart*.

Metallmutter, f. matrice des métaux; d'après *Gmelin*, *saxum metalliferum*.

Metallreiz, pile galvanique, pile composée de feuilles de métal, dont la première est d'argent et la dernière de zinc, et qui cause une irritation dans les nerfs et dans les muscles.

Metalsalz, n. sel gemme mélangé d'argile grise; soude muriatée fossile.

Metalschaum, m. écume des métaux; scorie, crasse de métaux, laitier.

Metalspath, m. baryte sulfatée.

Meteorstein, m. pierres météoriques, aérolithes ou pierres de l'air; bolides ou globes de feu, vulgairement nommées pierres tombées du ciel, parce qu'en effet on ne peut plus douter qu'elles ne soient tombées du haut des airs : ce sont des masses où l'on voit briller des grains métalliques; la surface extérieure est noire comme si elle avoit été brûlée par le feu; l'intérieur est d'un gris jaunâtre, la surface inégale; elles ont à-peu-près toutes la même pesanteur spécifique, et on peut l'évaluer à 3,591, celle de l'eau étant prise pour unité. Leur analyse chimique donne tou- jours les mêmes substances presque dans les mêmes pro- portions : elles sont composées de silice, de magnésie, de soufre, de fer à l'état métallique et de nikel. Ces caractères communs et constans indiquent, dit *Biot*, avec la plus grande évidence une origine commune.

MICARELL, micarelle. MM. *Kirwan* et *Abildgaard* ont donné ce nom chacun à une substance différente : la mica- relle de *Kirwan* est la pinite. *Voyez* PINIT ; et celle d'*Abild- gaard*, ayant été constatée être de la même nature que la sca- polite de Dandrada, elle a été réunie en une même espèce avec cette dernière substance par *Haüy* sous le nom de paran- thine, qui signifie défleurir à cause d'une des dispositions na- turelles de cette substance qui, pour ainsi dire, défleurit.

MIEMIT, miémite de *Thomp- son* ; substance cristallisée de couleur verdâtre, reconnue par *Haüy* pour une variété de la chaux carbonatée magnésifère.

MIESMUSCHEL, f. MEERDA- TEL, mytilus de *Linnée;* moule, coquille régulière à valves éga- les, transverse, exactement fer- mée, se fixant par un byssus ; charnière sans dents ou avec d'un blanc de lait.

MILCHACHAT, jaspe, agate une ou deux dents.

MILCHCHALCEDON, quartz agate, calcédoine ordinaire ou commune.

MILCHKRYSTAL, cristaux de quartz hyalin laiteux.

MILCHOPAL, quartz résinite hydro-phane, et quartz résinite girasol.

MILCHQUARTZ, quartz hya- lin laiteux, amorphe ; roche quartzeuse demi-diaphane, et dont la couleur est le blanc rougeâtre.

MILCHSAPHYR, suivant *Gmelin*, saphir d'un blanc né- buleux ou nuagé, probablement la télésie d'un blanc bleuâtre, que l'on a aussi nommée *luchs- saphir;* corindon hyalin bleu d'*Haüy*.

MILCHSAÜRE, n. (*t. de chim.*), lactates, sels formés par la combinaison de l'acide du petit lait aigri ou de l'acide lac- tique avec différentes bases. — *Milchsäure*, acide lactique.

MILCHSTEIN, m. pierre de lait, galacktite.

MILDE, f. tendre, doux : se dit d'un minéral ou d'une roche dont l'exploitation est facile, qui se laisse diviser sans peine ; semiductile ou doux pour indi- quer qu'un minéral se laisse couper, sans pouvoir néanmoins s'étendre, sinon très-peu.

MILDZEÜG, n. argile schis- teuse blanchâtre de la montagne d'Idria, dans laquelle se trou- vent les mines de mercure.

MILLEPORITE, milleporite, millépore fossile : les millépores sont des polypiers pierreux qui ne diffèrent des madrépores que par la forme de leurs pores; ils sont dépourvus de lames en étoile.

MINE, f. mine, minière ; lieu où se forment et d'où s'ex- traient les métaux, les miné- raux. — *Goldmine, silbermine,* mine d'or, mine d'argent ;

mine, fourneau ; cavité souterraine pratiquée sous une fortification pour la faire sauter par le moyen de la poudre.

MINERAL ALKALI , alcali, soude carbonatée, alcali minéral natif.

MINERALISATION, f. (*t. de métall.*), minéralisation, combinaison d'un métal avec un des combustibles, tel que le carbone, le soufre, etc. , ou avec un acide.

MINERALISCH, adj. minéral, qui tient des minéraux. — *Mineralische cörper, substanzen , steine,* corps minéraux , substances minérales , pierres minérales.

MINERALISIRT , adj. minéralisé ; corps combiné avec un combustible ou un acide, du soufre, de l'arsenic , etc.

MINERAL KERMES , antimoine hydro-sulfuré.

MINERALKUNDE et MINERALOGIE, minéralogie ; science, connoissance des minéraux et de la manière de les tirer du sein de la terre : science qui a pour objet l'étude des corps inorganiques qui existent naturellement dans la terre ou à sa surface.

MINERALLAUGENSALZ , n. soude carbonatée.

MINIUM. *Voyez* MEÜNIG.

MIOBARE, au Japon , alun fossile ; alumine mirinau ; mica.

MISCHBAR , adj. miscible , qui a la propriété de se mêler.

MISCHBARKEIT, f. miscibilité , qualité de ce qui peut se mêler.

MISCHPLATZ, m.(*t. de fond.*), endroit du mélange; la place où l'on fait les mélanges pour la fonte.

MISCHUNG , f. mélange , mixtion , composé. — *Mischungstheile,* parties de mélange.

MISI et MISY , pierre atramentaire jaunâtre.

MISPIKEL , mispickel; pyrite arsenicale , fer arsenical.

MISPIKELSILBER, pyrite arsenicale argentifère ; fer arsenical argentifère.

MISPILT , fer arsenical.

MITRAX en Perse , œil de chat ; quartz agate chatoyant.

MITTEL , n. moyen ; ce qui sert pour parvenir à une fin. — adj. *mittel,* moyen, médiocre, de médiocre grandeur.

MITTELGEBIRGE. *Voy.* GEBIRGE.

MITTELSALZ, n. (*t. de chim.*), sel neutre , sel moyen ; arseniate de potasse ; magnésie sulfatée ou sel amer , sel d'Epsom natif.

MITTELSCHLAMM, m. bourbes ou vases moyennes qui se déposent dans le premier bassin à la suite du labyrinthe d'un bocard; elles sont moins riches en minerai que celle du labyrinthe , mais plus que les dépôts des autres bassins.

MITTELSCHLICH , m. (*t. de min.*), schlich de moyenne qualité.

MITTELSTEIN , m. chaux carbonatée grossière mélangée de grains quartzeux , et donnant des étincelles lorsqu'on la frappe avec l'acier; (*t. de fond.*), matte moyenne; matte de cuivre qui a passé une seconde fois à la fonte.

Mittelstempel, m. (*t. de boc.*), pilon du milieu.

Mixtlineal, adj. mixtiligne; terminé en partie par des lignes droites, et en partie par des lignes courbes.

Moccastein, Mochastein, Mochhastein, Mochstein et Mochusstein, quartz agate arborisé; calcédoine grise avec des dendrites composées d'une multitude de petits grains ferrugineux rangés sur différentes files qui se ramifient en partant d'un tronc commun ou enveloppant des matières hétérogènes qui ressemblent à des brins de petites plantes.

Modelsteine, plur. térébratules fossiles, coquillage inéquivalve.

Moder, m. pour Torff (*t. de min.*), tourbe. — *Moderiger boden*, terrain ou fond bourbeux, marécageux.

Modererz et Morasterz, n. fer oxidé terreux; fer limoneux des marais.

Modererzkugeln, fer pisiforme; fer oxidé globuliforme d'*Haüy*.

Moellon. D'après *Kirwan*, une sorte de chaux carbonatée quartzifère.

Möglichergang, m. (*t. de min.*), filon riche au possible; mine riche à souhait.

Mohnsaamenstein, m. oolite; chaux carbonatée globuliforme.

Mohnsal, n. soude muriatée fossile mêlée d'argile calcarifère.

Mohr, m. terre marécageuse dont le fond est noir. — (*t. de chim.*) *Mineralischer mohr*,

éthiops minéral naturel; mercure sulfuré noir; le mercure et le soufre s'y rencontrent dans des proportions variables et on ne le connoît pas encore cristallisé.

Mokastein. *Voy.* Moccastein.

Molekül, n. (*t. de min.*), molécule, parcelle, petite partie d'un corps. On en distingue de deux ordres. — *Das elementarmolekül*, la molécule élémentaire, celle, par exemple, de l'acide ou de l'alcali qui entre dans la composition d'un sel. Les molécules élémentaires de la chaux carbonatée sont, d'une part, celles de la chaux et de l'autre, celles de l'acide carbonique. — *Das integrirendes moleküle*, la molécule intégrante, c'est-à-dire la forme qui résulte de l'union des deux molécules, de l'acide et de l'alcali ou en d'autres termes de la division mécanique de la forme primitive, la plus petite qui puisse être obtenue séparément sans que le sel soit détruit. Jusqu'ici on ne connoît que trois molécules intégrantes, savoir la pyramide à base triangulaire ou le tétraèdre qui a quatre faces, le prisme triangulaire qui en a cinq, et le parallélipipède qui en a six. Ce sont, selon le célèbre *Haüy*, les trois figures élémentaires qui donnent naissance à cette grande diversité de cristaux que la nature offre à notre observation.

Möller, m. amas ou tas de diverses sortes de minerai de fer bocardé, rangées par lits minces avec les flux près de

20 *

l'orifice ou gueule du haut fourneau , et assez considérable
pour qu'il puisse en être ali-
menté pendant 24 heures. Chaque *möller* est formé d'environ 90 seaux (*kübel*).

MOLYBDÄN. *Voy*. WASSER-
BLEY.

MOLYBDANSAÜRE, f. acide
molybdique.

MÖNCH , m. *Mönnach* ou
mönnig, (*t. de fond.*), le moine, pilon dont on se sert pour
battre les coupelles d'essai dans
un cercle ou anneau que l'on
appelle la nonne. *Voy*. NONNE.

MONCHGEBIRGE,argile schisteuse près Cassel.

MOND , m. lune , planète la
plus rapprochée de la terre,
autour de laquelle elle a un
mouvement elliptique troublé
par l'action du soleil d'où résultent ses inégalités; (*t. de
chim.*), lune , argent.

MONDMILCH , f. (*t. de min.*),
chaux carbonatée spongieuse ;
(*t. de chim.*), lait de lune ou
fleurs d'argent.

MONDSTEIN , m. feldspath
adulaire ; chaux sulfatée trapézienne (*fraueneis*) que *Wiede-
mann* classe parmi les felds-
paths.

MONOCLES, monocle fossile,
insecte pétrifié.

MONOSTISCH , adj. monostique , terme introduit en minéralogie dans la description des
cristaux pour indiquer qu'un
prisme d'un nombre quelconque
de pans a , sur le contour de
chaque base , une rangée de
facettes en nombre différent de
celui des pans, et qui peuvent
être toutes marginales , ou les

unes marginales et les autres
angulaires. Ex. *Monostischer
topaz*, topaz monostique.

MONTMILCH. *Voy*. MOND-
MILCH.

MOOR. *Voyez* MOHR.

MOOHRBRAUNKOHLE ,
MOOHRKOHLE , f. houille limoneuse ou MOOHRKOHLE, fossile d'un brun presque noir qui
paroît se rapprocher beaucoup
du bois bitumineux terreux ,
mais que l'on trouve plutôt
dans les montagnes calcaires
de grès ou de trapp que dans
celles à houille.

MOOHRLAND , terrain maré-
cageux.

MOOSACHAT , agate mous-
seuse ; quartz agate demi-transparent enveloppant des matières
hétérogènes.

MORASTERZ , n. mine des
marais ; fer limoneux des marais.

MORASTSTEIN, m. pierre des
marais ; fer oxidé terreux.

MORGEN , m. l'orient , le
levant , l'est ; le matin. —
Morgen, journal , arpent, mesure agraire qui, au Hartz, contient cent vingt verges pour les
terres et cent soixante pour les
forêts.

MORGENGANG, filon du ma-
tin ou du levant, filon matinal,
filon qui va vers l'orient ou dont
la direction est entre trois ou
six heures de la boussole du
mineur.

MORGENROTH (*t. d'astron.*),
aurore ; lumière qui précède le
lever du soleil ; (*t. de min.*),
rouge aurore , rouge jaunâtre
vif formé de rouge cramoisi et

de jaune citrin : telle est la couleur du plomb chromaté.

Morion, cristaux de quartz hyalin enfumé.

Moroxit, moroxite ; variété de chaux phosphatée pyramidée de couleur bleuâtre ou noirâtre ou gris brunâtre.

Mörsel ou Mörser, m. mortier. — *Etwas im mörsel* ou *mörser stossen, zermalmen,* piler, broyer, écraser quelque chose dans un mortier.

Mörtel, m. mortier ; mélange de terre, de sable ou de ciment avec de la chaux et de l'eau. — *Mit mörtel mauern,* maçonner avec du mortier.

Mörtelhaue, f. rabot à mortier, à remuer le mortier.

Mosaisch ou Musaisch, adj. mosaïque. — *Mosaische arbeit,* ouvrage de mosaïque, en mosaïque, c'est-à-dire ouvrage de rapport offrant divers dessins ou figures formés de petites pierres ou morceaux d'émail de différentes couleurs.

Moskowitisch glas, verre ou talc de Moscovie; pierre spéculaire;mica en grandes feuilles.

Motzig, adj. (*t. de min.*), court ; qui ne s'avance pas loin dans le champ. — *Motzige gänge,* filons courts, par rognons ; coureurs de gason.

Muffel, f. (*t. de chim.*), moufle, vaisseau pour exposer des corps à l'action du feu sans que la flamme y touche.

Muffelblatt, n. (*t. de fond.*), support de la moufle, la tablette d'argile ; la tablette d'argile cuite sur laquelle le moufle pose dans le fourneau.

Mühle, f. moulin ; (*t. de*

min.), bocard. — *Mühlen arbeiter,* ouvrier employé dans les bocards et pour le lavage.

Mühlensandstein, m. quartz arenacé agglutiné.

Mühlenstein, m. mélange de quartz et de talc stéatite ; meule; pierre de moulin, pierre meulière.—*Mühlenstein agath quartz,* quartz agate molaire; pierre de trass.

Mühlgerinn, n. auge, rigole de bois ou de pierre qui sert à faire tomber l'eau sur la roue d'un moulin.

Mühlrumpf, m. trémie d'un moulin ; grande auge carrée et qui va en s'étrécissant où l'on met le blé qui de là tombe entre les meules. Le sel marin se cristallise quelquefois en trémie.

Mühlsteiger, m. maître bocardeur.

Mühlstein, m. grès argileux, suivant *Suckow,* et *Stütz,* pierre meulière ; quartz agate molaire d'*Haüy.*

Mühlsteine, plur. trochites.

Mühltrichter. *V.* Mühlrumpf.

Muhlwehr, n. batardeau, digue pour détourner l'eau d'un moulin.

Mühlwerk, n. toutes sortes de machines à moudre, à broyer.

Müld, n. terre grasse qui couvre les autres couches ou bancs.

Mülde, plur. enfoncemens ou cavités qui se trouvent dans les filons horizontaux ; lingotière de la forme d'un carré long dans laquelle on verse le plomb fondu. — *Mülde-bley*, saumon de plomb, masse de plomb telle qu'elle est sortie de la fonte.

Müllerglas, Müllerischesglas, n. quartz hyalin concrétionné. *Voy.* Hyalite.

Mulm, m. (*t. de min.*), minerai effleuri, décomposé, friable et en forme d'une poussière ou poudre légère; mine d'argent noire pulvérulente.

Mulmicht, adj. qui tient d'une terre effleurie, décomposée, friable.

Mulmig, adj. fuligineux, friable. — *Mulmiges erz*, minéral tombé en efflorescence, décomposé, fuligineux, friable.

Mumie et Muminahi, naphte, sorte de bitume liquide très-inflammable. *Voyez* Bergbalsam. — *Mumie*, momie, corps embaumé par les anciens Egyptiens et que l'on trouve dans les anciens sépulcres en Egypte et dans les déserts de l'Arabie.

Mundloch, n. (*t. de min.*), ouverture, embouchure, entrée d'une galerie, d'un percement de mine par laquelle on pénètre dans l'intérieur, et par laquelle aussi les eaux s'écoulent; (*t. de fond.*), embouchure d'un fourneau d'essai.

Mundung, f. orifice, entrée étroite de certains vases. — *Die mundung einer retorte*, l'orifice d'une retorte.

Münze, f. monnoie, métal marqué d'un coin. — *Münze schlagen*, frapper, battre, faire de la monnoie. — *Münze prägen*, donner l'empreinte à la monnoie; monnoyer; la monnoie, le lieu où l'on bat la

monnoie. — *Munzbeschickung*, alliage de la monnoie, mélange de l'argent avec le cuivre dans la proportion déterminée par la loi.

Münzdruckwekck, n. machine à frapper les pièces de monnoie.

Münzeisen, n. coin de la monnoie; poinçon de la monnoie.

Münzen, v. a. monnoyer; battre monnoie. — *Das münzen*, monnoyage, fabrication de la monnoie; action de battre monnoie.

Münzer, f. monnoyeur; ouvrier qui travaille à la fabrication des monnoies.

Münzfeile, f. écouane; lime servant à réduire les espèces d'or et d'argent au poids ordonné.

Münzfuss, n. le titre des monnoies.

Münzgebühr. *Voy.* Schlagschatz.

Münzgehalt et Münzgüte, aloi, titre, fin de la monnoie; bonté, valeur intrinsèque des espèces de monnoies.

Münzhammer, m. instrument dont on se servoit autrefois pour battre une pièce de monnoie.

Münzknecht, m. le barrier, celui qui conduit le balancier, la presse.

Münzkrätze ou Münzgekrätz, n. balayure, raclures de monnoies, le déchet.

Münzkunde, f. la science des médailles ou la numismatique; la connoissance des monnoies.

Münzkunst, f. art de monnoyer, de fabriquer la monnoie.

MÜNZPLATTE, f. le carreau. *Voy.* MÜNZSCHIENE.

MÜNZPRESSE, f. la jument; machine pour faire la monnoie; le balancier.

MÜNZREMEDIUM, n. remède de la monnoie, c'est-à-dire la quotité d'alliage qu'on peut employer dans la fabrication des monnoies au-delà de ce que la loi permet.

MÜNZSCHEERE, f. coupoir; instrument pour couper la monnoie.

MUNZSCHIENE, f. plaque, lame pour la fabrication des monnoies; le carreau.

MÜNZSCHLAG, m. frappe, empreinte, marque des monnoies; l'empreinte que fait le balancier sur les monnoies.

MÜNZSTEMPEL, m. *Voyez* MÜNZEISEN.

MÜNZSTEINE, plur. pierres numismales ou simplement numulites; camerines, concrétions calcaires d'une forme lenticulaire, ou circulaire aplatie qui les fait ressembler à des pièces de monnoie.

MÜNZSTRECKWERK, n. laminoir; machine qui sert à donner l'épaisseur convenable au métal que l'on veut monnoyer.

MÜNZUNG, f. monnoyage, fabrication de la monnoie.

MÜNZWAAGE, f. ajustoir, petite balance pour ajuster les monnoies.

MÜNZWARDEIN, m. essayeur de la monnoie; officier préposé pour faire l'essai de la monnoie et des matières d'or ou d'argent

destinées à la fabrication des monnoies.

MÜNZWISSENSCHAFT, f. science numismatique, métallique.

MÜNZZEICHEN, n. déférent, marque qui indique le lieu de la fabrication, le directeur et le graveur d'une monnoie.

MÜNZZUSATZ, m. petite portion de cuivre que l'on ajoute à l'argent en sus de celui de l'alliage pour peser les dépenses du monnoyage.

MÜRBE, adj. friable, qui peut facilement être réduit en poudre ou rompu par petits morceaux; qui a très-peu de liaison. — *Ein mürber stein,* pierre friable.

MÜRBERSANDSTEIN, m. grès friable; grès des houillères; granite recomposé d'*Haüy,* sorte d'agrégat composé de divers fragmens où le mica, le quartz et le feldspath dominent.

MURIACIT, MURIAZIT, muriacite ou muriate de chaux; soude muriatée gypsifère et calcifère, ou peut-être chaux sulfatée imprégnée de soude muriatée.

MURIATE, muriate; nom générique des sels formés par la combinaison de l'acide muriatique avec différentes bases.

MURICALCIT, chaux carbonatée magnésifère; muricalcite de *Kirwan;* picrites de *Blumenbach. Voy.* BITTERSPATH.

MURICIT, muricite; rocher fossile; coquille univalve, ovale ou alongée, le plus souvent feuillée, plissée, épineuse, tuberculeuse, l'ouverture pro-

longée en un canal droit ou recourbé, toujours entier.

Murk et Murkstein, schiste
micacé avec grenats.

Muschel, f. coquille, co-
quillage.

Muschelachat, quartz agate
conchylioïde.

Muschelbruch, falun ;
cron ; couche composée de débris de coquilles.

Muschelförmig, adj. en
forme de coquille ; conchoïde ;
ondulé.

Muschelgrube, f. falu-
nière, banc de falun.

Muschelicht, Musche-
lig. Voy. Muschelförmig.

Muschelkalkstein, Mus-
chelmarmor, pierre coquil-
lère, marbre coquiller, chaux
carbonatée conchilioïde polissable.

Muschelkunde ou Mus-
chellehre, f. conchyologie,
science qui traite des coquillages, c'est-à-dire des animaux
testacés ou couverts d'un test.

Muschliger querbruch,
m. (t. de min.), cassure transversale conchoïde ondulée.

Musculiten, musculites ;
petites moules fossiles ; coquilles bivalves régulières, généralement minces, renflées ou
ventrues, et le plus communément d'une forme longitudinale
avec les deux extrémités arrondies.

Musivarbeit, f. mosaïque ;
— Das musive gold, or de
mosaïque ; or qu'on emploie
dans les ouvrages de mosaïque ;
or musif ; combinaison du soufre avec l'étain.

Mussit, mussite ; variété

du diopside. Voyez ce mot.

Muster, n. modèle, pa-
tron, exemple ; montre, échantillon, etc.

Muthen, v. a. demander,
rechercher, postuler. — Eine
fundgrube muthen, demander la
concession d'une mine.

Muther, m. concession-
naire, porteur d'une concession de mine.

Muthung, f. concession ;
terrain de la concession. — Die
muthung ist blind, la concession est aveugle, c'est-à-dire
qu'il ne se trouve point de minerai dans le terrain accordé ou
loué. — Muthung einlegen,
présenter une demande. —
Muthung erlangen, demander
délai.

Mutscherkugeln, quartz
agate pyromaque géodique.

Muttersohle, f. eau mère
qui reste après la cristallisation
du sel commun ; eau épaisse
qui ne fournit plus de cristaux.

Muttersteine, hystéroli-
tes, sorte de fossiles ou pierres
figurées qui représentent les parties sexuelles extérieures des
femelles d'animaux quadrupèdes.

Myricit, trilobites ou entomolithes ; fossiles ou pierres
figurées qui représentent un
crustacé que Linnée nomme entomolithus paradoxus.

Myrsen, écume de mer, va-
riété de l'argile glaise.

Mysi, Myssi. Voy. Misi.

Mytuliten, mitulites, mytiloïdes ; coquille bivalve fossile du
genre des moules ; mytilus de
Linnée. Voyez Miesmuschel.

N

NÄBER, foret, perçoir, tarière, vrille, tout instrument de fer avec lequel on perce une pièce de bois.

NÄBERSCHMIDT, m. ouvrier qui fait des forets, des tarières.

NACHARBEIT, f. (*t. de min.*), travail extraordinaire auquel un mineur se livre après avoir fait son poste. *V.* LEDIGE SCHICHT.

NACHBERG, argile calcarifère schisteuse et bitumineuse; spécialement celle qui forme le sol du schiste cuivreux dans le comté de Mansfeld.

NACHBESCHIKUNG, f. (*t. de fond.*), alliage fait après coup, c'est-à-dire addition de ce qui manque pour donner à la monnoie le titre conforme à la loi.

NACHBRECHEN, v. n. (*t. de min.*) *Nachbrechen auf dem gang,* poursuivre un filon, continuer l'exploitation d'un filon, pousser le travail sur le filon.

NACHFAHREN, (*t. de min.*), visiter les travaux de mine.

NACHFAHRER, m. (*t. de min.*), le surveillant de nuit, et aussi celui qui supplée au juré des mines en quel temps que ce soit.

NACHGEWINNEN, ODER NACHSCHLAGEN, (*t. de min.*), détacher le minerai, l'obtenir après avoir préalablement déchaussé la gangue.

NACHMITTAGSSCHICHT, f. (*t. de min.*), travail de l'après-midi.

NAD

NACHREISSEN, v. a. (*t. de min.*), faire sauter les strosses ou gradins que le mineur précédent a laissés.

NACHSCHICHTER, m. ouvrier qui a le poste de nuit, qui travaille pendant la nuit, soit aux mines, soit à la fonderie.

NACHSETZEN, v. a. (*t. de fond.*), ajouter du minerai au métal déjà en fusion.

NACHSETZLÖFFEL, m. cuiller pour porter les minerais à essayer dans les coupelles déjà posées dans les fourneaux d'essai.

NACHSTECHEN, v. n. (*t. de min.*) *Den bergleuten nachstechen, ihnen nachfahren,* épier les mineurs, descendre dans les puits de mine après les travailleurs pour s'assurer qu'ils font leur devoir.

NACHTHÜTTEN-MEISTER, m. l'officier de fonderie qui fait le service de nuit.

NACHTPOCHER, m. le bocardeur de nuit, l'ouvrier qui conduit le bocard pendant la nuit.

NACHTSCHICHT, f. poste de nuit.

NACHZEHLER, m. (*t. de min.*), celui qui est chargé de compter et noter le nombre des seaux de minerai qui s'extraient de la mine.

NADEL, f. aiguille. — *Magnet nadel,* aiguille aimantée. — (*t. de chim.*) *Streich nadel,* aiguille d'essai, toucheau.

NADELERZ, nadelerz, ou

littéralement , minéral en aiguilles ; sa couleur est le gris
d'acier : il se présente en
longs prismes hexaèdres striés
dans le sens de leur longueur ,
rarement bien distincts, presque
toujours superficiels et recouverts d'un enduit que l'on a
pris pour du chrome terreux
verdâtre, et qui n'est que du
cuivre carbonaté ; sa gangue est
un quartz gras , ferrugineux ;
ses principes composans, suivant M. *John,* sont le bismuth,
le plomb, le cuivre , le nickel ,
le tellure et le soufre , en supposant l'or et le quartz mélangés accidentellement : il
vient de Sibérie.

NADELFÖRMIG , adj. en
forme d'aiguille ; aciculaire ,
spiculaire.

NADELKOPFSPATH , NADEL-
SPATH , chaux carbonatée spiculaire.

NADELSTEIN, m. titane oxidé
aciculaire ; mésotype , suivant
Werner.

NADELZINNERZ , n. étain
oxidé en cristaux très-déliés.

NÄEPFCHENKOBALT et NAEP-
FELKOBALT , arsenic natif.

NAGEL , m. clou. — *Nägelchen,* petit clou , broquette.

NAGELBOHRER , m. vilebre-
quin , laceret.

NAGELEISEN , n. cloutière ,
clouyère, clouvière, instrument
de fer percé de trous qui sert à
former les têtes de clous.

NAGELERZ, n. fer oxidé rouge
bacillaire.

NAGELFELS , m. brèche à
fragmens roulés de quartz et de
pétrosilex réunis par l'argile
mêlée de calcaire.

NAGELFLUHE. En Suisse on
donne ce nom à une masse de
grès très-ferrugineux lié par un
ciment argileux , et dans lequel
du granite , du quartz et de la
chaux carbonatée , se trouvent
plus ou moins mélangés en
fragmens de forme inégale.

NAGELKOPFSPATH , spath
calcaire en tête de clou, ou
chaux carbonatée dodécaèdre
raccourcie d'*Haüy.*

NAGYAGERZ, m. mine de
Nagyag ; sylvane lamelleux de
Werner, tellure natif aurifère
et plombifère d'*Haüy* , or problématique. Cette variété de tellure est d'un gris sombre, quelquefois jaunâtre, et tache légèrement le papier en noir.

NAMIERSTENSTEIN, m. roche
de Moravie, qui a beaucoup de
rapports avec le *weistein. Voy.*
ce dernier mot.

NAMIESTERSTEIN , grès mé-
langé de grenats ; quartz agate
calcédoine grise, avec des taches
jaunâtres et des grenats.

NÄPFCHENKOBOLT et NÄP-
FELKOBOLT au Hartz, on a quelquefois désigné sous ce nom
l'arsenic natif testacé.

NAPFSCHNECKE , lépadites.
Voyez LEPADITEN.

NAPHTA , naphte ; bitume
liquide blanchâtre.

NARRENKAPPE , bucardite ;
coquille bivalve fossile de l'espèce des bucardes , vulgairement dite cœur de bœuf.

NASE, f. nez ; (*t. de métall.*),
nez; espèce de cône creux, et plus
ou moins alongé, que le vent de la
tuyère forme dans les scories en
les agglutinant ; amas de scories
qui se forme et reste attaché au

bout de la tuyère d'un fourneau de fonderie pendant la fonte.— *Nasen, sich nasen*, le nez se forme, les scories s'attachent à la tuyère.

NASENGASSE, f. (*t. de fond.*), voie du nez, canal pratiqué dans les fourneaux de fonderie de cuivre pour recevoir le superflu des scories qui s'attachent à la tuyère.

NASENKEIL, m. coin du nez; morceau de fer en muraille au-dessus de la tuyère dans les fourneaux à percer.

NASENSTHUL, f. support du nez; petite monticule de brasque élevée sous le nez dans le fourneau.

NASS, adj. mouillé, humide. — *Nass pochwerk*, bocard mouillé, c'est-à-dire un bocard dont les pilons battent dans une auge où l'on a établi un courant d'eau. — *Die nasse abziehen*, défalquer l'humidité, c'est-à-dire faire sécher au feu une partie du minerai humide pour pouvoir estimer ensuite la quantité du poids à diminuer.

NÄTHER, m. (*t. d'archit. hydraul.*), clayonnage, claie de pieux, etc.

NATROLIT, natrolite; minéral ainsi nommé à cause de la grande quantité de soude ou natron qui entre dans sa composition : il se présente sous la forme de petites masses entièrement composées de mamelons, dont la structure est fibreuse à fibres fines et très-serrées ou même compactes, offrant deux couleurs bien distinctes, blanc et jaunâtre, ou jaune légèrement nuancé de rougeâtre : la gangue est une lave porphiritique à petits cristaux de feldspath.

NATRON, NATRUM, natron; soude, genre de l'ordre des substances acidifères alcalines, alcali minéral, soude carbonatée d'*Haüy*.

NATTERZUNGEN, glossopêtres; fossiles qui ont la forme d'une langue.

NATURREICH, n. le règne de la nature ; toutes les choses crées : on dit *das thier-pflanzen-mineralrich*, le règne animal-végétal-minéral.

NAUTILITEN, nautilites ; nautiles fossiles, coquillage univalve.

NEBENBESTANDTHEILE, plur. parties composantes, secondaires ou accessoires dans la formation des minéraux, par opposition à *haupt bestendtheile. Voyez* ce mot.

NEBENGANG, m. (*t. de min.*), filon de côté, contre-filon, filon à côté du principal, petit filon d'une mine.

NEBENGESTALT, f. (*t. de crist.*), forme accessoire.

NEBENGESTEIN, n. roche qui forme les parois d'un filon.

NEBENHERD, m. (*t. de fond.*), foyer de côté, creux pour les scories.

NEBENWINKEL, m. (*t. de géom.*), angle de côté.

NECKSTEIN, m. sorte de minerai d'étain, riche en apparence, mais qui rend peu à la fonte.

NEGRES - CARTIS, negres-cartis : nom donné aux cristaux octaèdres de chaux fluatée verte, que l'on a aussi appelés *éme-*

raudes morillons et *émeraudes de Carthagène.*

NEGRILLO et NIGRILLO des Espagnols : c'est tantôt la mine d'argent sulfuré aigre (*spröd-glaserz*), tantôt le cuivre gris argentifère (*fahlerz*).

NEGRITIOS, aussi des Espagnols (*fahlerz*) cuivre gris argentifère.

NEIGEN , v. a. pencher , baisser. — (*t. de géom.*) *Eine fläche neiget sich immer mehr auf eine andere fläche,* un plan s'incline de plus en plus sur un autre plan.

NEIGUNG, f. (*t. de géom.*), inclinaison , incidence , chute d'une ligne, d'un corps sur un plan. — *Der neigungs winkel,* l'angle d'inclinaison , d'incidence ; l'angle qu'une ligne forme avec une autre ligne.

NEINBRUCH , m. entamure ou première entaille faite à la roche pour en préparer l'extraction.

NELKENBRAUN , adj. brun de girofle , brun obscur dont le mélange participe du rouge de carmin ou de cochenille et de bleu.

NELKENSTEINE , caryophylloïdes. *Voy.* CARYOPHILITEN.

NEMOLITEN , némolites ; pierres dentritiques ou arborisées, dont les dessins formés de manganèse figurent des forêts ou bocages.

NEPHELIN, néphéline; substance blanchâtre, transparente, qui se trouve tantôt sous forme de grains, tantôt en prisme hexaèdre, disposée par groupes dans les cavités des laves du Vésuve sur la montagne de la Somma,

ce qui l'avoit d'abord fait nommer *sommite :* elle a aussi porté le nom de *schorl blanc.* M. *Fleuriau de Bellevue* a donné le nom de *pseudo-néphélines* à de très-petits cristaux prismatiques hexagones qu'il a observés dans les laves poreuses de *Capo di bove.*

NEPHRIT , néphrite ; pierre néphritique, pierre divine ; jade néphrétique d'*Haüy.* — *Magerer nephrit,* jade tenace, feldspath compacte d'*Haüy.*

NERITITEN , néritites ; nérites fossiles , coquille univalve demi - globuleuse , aplatie en dessous, non ombiliquée, à spires, et dont l'ouverture est demi-ronde, la columelle presque transverse : on les nomme aussi limaçons.

NESBER , NESCHBER , ou NESCHBERG et NESPERIG , baryte sulfatée compacte qui contient du minerai de fer disséminé.

NEST, n. (*t. de min.*), nid ; minerai par nids , par rognons, c'est-à-dire en masses isolées et non par filons réglés. —*Nestweisse,* adv. par nids.

NETZFÖRMIG , adj. réticulé, réticulaire ; rétiforme, qui ressemble à un réseau.

NEÜFANGER, m. (*t. de min.*), celui qui a nouvellement commencé une exploitation ; le dernier exploitant ; celui qui a fait la première découverte d'un filon , et en a commencé la fouille.

NEÜGÄNGER, m. (*t. de min.*), celui qui a trouvé un nouveau filon.

NEÜGEBIRGE REGE MACHEN,

ouvrir des montagnes dans lesquelles on n'a encore fait aucune exploitation, et qu'on soupçonne contenir des filons ; y percer des galeries pour s'en assurer.

NEÜNECK, n. (*t. de géom.*), ennéagone ; figures de neuf côtés.

NEÜNTES, NEÜNTE THEIL VON METAL ODER ERZ, le neuvième ou la neuvième partie du métal ou minerai qui s'extrait d'une mine est dû à celui qui a fait faire à ses frais une galerie qui procure l'écoulement de ses eaux.

NEÜNSTRAHL, étoile de mer à neuf rayons.

NEÜPFÄNNER, m. saligon, pain de sel qui a été cuit dans une chaudière neuve.

NEÜSOHLERKUPFER, cuivre de cémentation.

NICCOLANUM, niccolane ; substance métallique attirable à l'aimant, suivant *Richter,* et qui accompagne ordinairement le *nickel ;* c'est un mélange de ce dernier métal et de cobalt avec un peu de fer et d'arsenic, suivant MM. *Hisinger* et *Gehlen.*

NICHT, NICHTS, (*t. de min.*), chaux sulfatée blanche. — (*t. de fond.*) *Nichts oder nicht, hüten nicht ,* cadmie des fourneaux, oxide des métaux qui s'attache sous la forme d'une poussière blanche aux parois des fourneaux où on les traite ; spode, tutie, oxide de zinc qui s'attache comme une suie légère aux vaisseaux où l'on a traité le zinc.

NICHT LEITER, m. (*t. de phys.*), non conducteur ; corps qui ne transmet pas l'électricité.

NICKEL ou NIKKEL , m. nickel ; métal d'une couleur blanche avec une nuance de gris qui tire sur le jaunâtre, et même sur le rouge de cuivre pâle ; il est réductible en oxide vert par la chaleur avec le contact de l'air, et on le soupçonne de jouir par lui-même des propriétés magnétiques comme le fer.

NICKELBLUMEN. *Voyez* NICKELOKKER.

NICKELERZ, nickel arsenical. *Voyez* KUPFERNICKEL.

NICKELKALK, NICKELMULM, NICKELOCHER et NICKEL VITRIOL , nickel oxidé amorphe et pulvérulent, essentiellement verdâtre , quoiqu'il paroisse quelquefois d'une couleur blanchâtre, car il suffit alors d'en jeter dans l'acide nitrique pour voir sa couleur naturelle se développer.

NICOLO, nicolo ; quartz agate onyx.

NIEDERSCHLAG , m. (*t. de chim.*), précipité.

NIEDERSCHLAGEN , v. a. (*t. de chim.*), précipiter. — *Das niederschlagen* et *niederschlagung,* la précipitation , la chute des parties les plus grossières d'un métal ou d'une liqueur au fond du vaisseau.

NIEDERSCHLAGMITTEL. *V.* PRÄECIPITIREND.

NIEDERSCHLAGUNG, f. (*t. de chim.*), précipitation , action de précipiter un corps dissous dans un liquide.

NIEDERSENKEN, v. a. enfoncer, abaisser lentement, descendre lentement.

Niere, f. rein, rognon; diminutif, *nierchen*, petit rognon. —(*t. de min.*) *Ein erz welches nicren weise bricht*, minerai qui se trouve en rognons, masses de minerai solitaires, mine en rognons.

Nierenerz, n. fer oxidé terreux.

Nierenförmig, adj. réniforme; pour Botrisch et Traubig, en botroïdes, en grappes.

Nierenhelfer et Nierenstein, bon pour les reins, pierre de reins, néphrite, jade néphrétique; talc stéatite rapproché du talc ollaire.

Nierenweis, adj. en manière de rognons, par masses détachées.

Nierig, adj. en rognons.— *Nieriges erz,* mine en rognons.

Nigrillo. *V.* Negrillo.

Nigrin, nigrine; titane siliceo-calcaire, minéral dont les couleurs principales sont le brun châtain foncé, le brun violet, le jaune isabelle et le blanc jaunâtre : on ne le trouve jamais en grandes masses, mais souvent cristallisé.

Nile et Nilem, saphir, télésie bleue (corindon hyalin) de la côte de Malabar.

Nilikiesel et Nilstein, quartz jaspe d'Égypte.

Noberig et Nohberg, argile calcarifère schisteuse et bitumineuse. *Voyez* Nachberg.

Nonne, f. nonne, nonnain; moule de coupelle, cercle ou anneau de laiton dans lequel on met la cendre pour en former les coupelles d'essai en la com-

primant fortement avec le moine. *Voyez* Mönnig.

Nork, schiste micacé mêlé de schorl (tourmaline ou amphibole).

Norka des Suédois, schiste micacé avec grenats.

Notenstein, pierre notée; sorte de grès avec des taches veines ou dendrites, qui ressemblent à des notes de musique.

Nothbrüchig, adj. et adv. (*t. de min.*) *Eine stufe nothbrüchig machen*, briser, rompre un échantillon de minerai pour en connoître la qualité, la nature, ce qu'il contient.

Nothgeding, n. (*t. de min.*), tâche difficile, travail accordé à si bon marché que le mineur a beaucoup de peine à y trouver sa paie ordinaire.

Nothschnitt, m. (*t. de min.*), fouille de besoin, de nécessité; travail, ouvrage de mine qui se fait par nécessité et non suivant les règles; expédient saisi par nécessité pour pouvoir faire face aux frais sans recourir aux appels de fonds.

Novaculit, novaculite; schiste à aiguiser, à polir; argile schisteuse novaculaire d'*Haüy*; cos de *Lametherie*, vulgairement pierre à rasoir. *Voyez* Wetzschiefer.

Novaculit porphyr, novaculite avec feldspath.

Nummularien, nummulites. *Voy.* Pfennigstein.

Nuss, f. noix; (*t. de mécan.*), genou.

Nussholzstein, chaux sulfatée compacte rubanée des environs d'Osterode, au pied du Hartz.

O

OBERAUFSEHER DER BERG-FLÖSSEN (*t. de min.*), officier chargé spécialement des approvisionnemens de bois et de charbons nécessaires tant aux fonderies qu'aux mines.

OBERBERG. Dans les pays de Hesse et de Mansfeld, on nomme ainsi le lit ou banc stérile qui recouvre immédiatement l'argile schisteuse calcarifère cuivreuse et bitumineuse exploitée comme mine de cuivre.

OBERBERGAMT, n. le tribunal suprême des mines ; le premier et principal département des mines ; l'administration supérieure des mines ; le conseil des mines.

OBERBERGAMTSSCHREIBER, le premier commis du conseil des mines; le secrétaire général.

OBERBERGHAUPTMANN, m. le capitaine général, le premier chef de l'administration des mines, le surintendant.

OBERBERGMEISTER , m. maître en chef ou directeur des mines.

OBERBERGRATH, m. conseiller de l'administration supérieure des mines.

OBERFASS , n. (*t. de min.*), la cuve dans laquelle on recueille la fleur de mine ; c'est-à-dire celle qui reçoit le minerai le plus riche des premières tables à laver.

OBERFLÄECHE, f. surface, su-

OBE

perficie, exterieur, dehors. — *Die oberfläche der körper,* la superficie , la surface des corps. — (*t. de min.*) *Die äussere oberfläche,* la surface extérieure des minéraux , l'un des caractères particuliers des minéraux acides.

OBERFLÄECHLICH, adj. et adv. superficiel, qui n'est qu'à la superficie.

OBERHERD, m. (*t. de fond.*), foyer supérieur ou avant-foyer d'un fourneau de fusion, principalement d'un haut fourneau.

OBERHÜTTENAMT , n. (*t. de fond.*), juridiction , administration principale des fonderies; réunion des officiers supérieurs qui prononcent sur tout ce qui a rapport à la fonte du minerai, à l'affinage et aux opérations métallurgiques quelconques , ainsi que sur toutes les affaires concernant les établissemens et ceux qui y sont employés.

OBERHÜTTEN INSPECTER, m. inspecteur général des fonderies.

OBERHÜTTENMEISTER , m. le directeur principal et immédiat des travaux de fonderie.

OBERHÜTTENRAITER, m. inspecteur particulier chargé de surveiller toutes les opérations métallurgiques d'un certain arrondissement, l'entretien des bâtimens , les approvisionnemens ; de faire les voyages que les besoins de ces établissemens peuvent exiger, et spécialement de tenir les comptes de recettes et dépenses. *Voyez* Hütten-raiter.

Oberhüttenverwalter , l'administrateur ou directeur principal des fonderies.

Oberhüttenvorsteher, m. l'employé ou préposé en chef à la surveillance d'une fonderie.

Oberschiedsguardein (*t. de fond.*), essayeur en chef des minerais livrés aux fonderies et classés suivant leur teneur; celui qui vérifie les opérations des essayeurs ordinaires et fait les contre-epreuves.

Oberschlächtig-wasser , eau qui tombe dans les godets ou augets d'une roue pour la faire tourner en dessus par opposition à *unterschlächtig*, qui donne le mouvement en sens contraire.

Obersteiger, m. le premier des maîtres mineurs.

Oberzehnter, m. le principal receveur des mines.

Obsidian , obsidienne , lave vitreuse obsidienne ; verre ou laitier de volcan; agate noire d'Islande; pierre de Gallinace, au Pérou.

Obsidianporphyr, porphire à base d'obsidienne.

Ocher , m. ochre ; nom générique de toute substance métallique d'un aspect terreux , mais que l'on a donné plus spécialement au fer oxidé. — *Schwarzer ocher,* molybdène.

Ochsenauge , n. œil de bœuf des joailliers : c'est une pierre de Labrador dont le fond

gris noirâtre offre des reflets chatoyans gris d'acier et gris. clair.

Ochsendram, vermiculites; vermisseaux fossiles.

Ochsenherzen, bucardites ; cœurs de bœufs.

Octaeder (*t. de géom.*), octaèdre ; solide à huit faces.

Octaedrisch, adj. (*t. de crist.*), octaèdre. On le dit d'un cristal qui présente la forme de ce solide comme secondaire.

Octaedrisirt, adj. (*t. de crist.*), périoctaèdre ; cristal dont la forme primitive étant un prisme à quatre pans se change par l'effet des décroissemens en un prisme octaèdre.

Octaedrit, octaèdrite; oisanite ; schorl-octaèdre du Dauphiné ; anatase d'*Haüy ,* et maintenant titane - anatase , parce qu'il paroît constaté que ce minéral doit en effet former une espèce de plus dans le genre titane. Il se présente sous la forme de petits cristaux octaèdres de couleur brunâtre , jaunâtre ou bleuâtre sur une gangue quartzeuze et feldspathique.

Oedelit, œdelite : ce nom a été donné par *Kirwan* à un minéral qui se présente sous la forme de tubercules à texture fibreuse et rayonnée dont les couleurs sont le gris , le jaunâtre , le verdâtre et le rougeâtre , et qui est assez dur pour faire feu sous le choc du briquet. Il se trouve à Edelfors, en Suède , mais il ne faut pas le confondre avec le zéolithe rouge du même endroit.

ODONTHOLITH , ondontho-
lite ; dents fossiles ou pétrifiées.

OEHL, n. (*t. de chim.*), huile;
huile aromatique très - subtile
qu'on obtient par la distillation
des plantes ; les parties grasses
et inflammables qu'on tire des
mixtes par la distillation ; liqueur grasse tirée des végétaux par le feu ou par l'expression.

OEHLANDSTEIN , m. chaux
carbonatée compacte commune.

OEHLICHT , adj. oléagineux.

OEHL PERSICHES , huile de
Perse, huile minéral , bitume
liquide.

OEHLSTEIN, pierre à rasoir,
pierre à aiguiser ; argile schisteuse novaculaire, et en Carinthie, argile calcarifère endurcie.

OEZKOWATA , soude muria-
tée native transparente.

OFEN , m. four; fourneau.—
Brenn - ofen , fourneau d'affinage.—*Schmelz-ofen,*fourneau
de fusion. — *Hoher-ofen* , haut
fourneau. — *Krummer-ofen* ,
fourneau courbe ou à manche.
— *Seiger* ou *säiger-ofen* , fourneau de liquation, de ressuage.
— *Probier-ofen,* fourneau d'essai. *Stich-ofen,* fourneau à percer. — *Treib - ofen* , fourneau
de coupelle. — *Wind-ofen* ,
fourneau à vent. — *Ofen ablassen* , cesser la fonte. — *Ofen
abwärmen* , chauffer le fourneau avant la fonte afin d'en
faire évaporer l'humidité qui
nuiroit à l'opération. — *Ofen
anlassen,* commencer la fonte,
faire agir les soufflets. — *Ofen
ausbrechen,* démolir les parties
endommagées du fourneau
après la fonte pour les réparer

et pouvoir procéder à une autre fonte, ce qui s'appelle purifier le fourneau. — *Ofen ausbrennen oder auslassen* , laisser
les charbons se consumer tout-
à-fait et vider le fourneau , cesser de fondre. — *Ofen beschicken oder zurichten* , préparer
le fourneau, le disposer pour la
fonte. — *Ofen ausstossen* , répandre la brasque sur le foyer
et la battre pour l'affermir. —
*Ofen finster oder dunkel hal-
ten* , fondre sans flamme. —
Ofen heischt oder kalt thun ,
augmenter ou diminuer le degré du feu. — *Ofen licht gehen
lassen,* pousser le feu. — *Ofen
übersetzen* , surcharger le fourneau , y mettre trop de minerai
de manière que la chaleur ne
peut le fondre. — *Ofen zu
lichte gehen lassen* , laisser aller le fourneau trop clair, laisser
trop monter la flamme.

OFENANRICHTER , m. l'en-
fourneur; l'ouvrier qui enfourne
les briques.

OFENAUGE, n. (*t. de fond.*),
œil du fourneau ; ouverture
pratiquée dans sa chemise (*vorwand*).

OFENBLECH , n. plaque de
fer qui sert à fermer la gueule
du fourneau.

OFENBRUCH, m. débris, amas
de matières non fondues qui
restent attachées aux parois des
fourneaux et à la brasque , et
que l'on en arrache pour ajouter à une autre fonte.

OFENBRUCHKÓNIG , régule
de débris ; cuivre retiré des débris du fourneau qui s'en étoient
imprégnés pendant la fonte.

OFENBRUCHSTEIN , m. mat-

obtenue de la refonte des débris du fourneau.

OFENGABEL, f. fourgon, longue perche de bois dont le bout est garni de fer, et qui sert à remuer et à arranger le bois dans le fourneau ou four.

OFENGALMEY, cadmie des fourneaux ; spode, tutie, etc.

OFENGESTÜBE, n. brasque de fourneau. — *Ofen mit gestübe aufstossen*, battre la brasque dans le fourneau.

OFENGEWÖLBE, n. voûte ; ciel du fourneau ; arceau en briques construit à la partie antérieure d'un haut fourneau pour en soutenir la chemise.

OFENGIESSER, m. fondeur de fourneaux, de fours de fer.

OFENGIESSEREY, m. fonderie de fourneaux, de fours ; moulerie, atelier où l'on jette un moule des fourneaux de fonte.

OFENHEITZER, m. celui qui a la charge de chauffer le four.

OFENHERD, m. foyer du fourneau, la partie où se place le feu.

OFENKRÜCKE, f. râble pour tirer la braise ou les cendres du fourneau.

OFENLOCH, n. gueulard ; bouche, gueule, ouverture supérieure et circulaire d'un haut fourneau. — *Die öfen zumachen*, boucher les gueules, les ouvertures, les trous du fourneau.

OFENPLATTE, f. plaque à fourneau.

OFENRÖHRE, f. tuyau de fourneau par où la fumée passe.

OFENSCHAUFEL, f. pelle de four, de fourneau.

OFENSTAUB, m. poussière des fourneaux ; on donne quelquefois ce nom à la fumée condensée, recueillie des galeries pratiquées exprès au-dessus des fourneaux de fonderie.

OFENSTAUBLECH, n. matte de cuivre obtenue de la fonte de la fumée condensée dite poussière des fourneaux. 20 quintaux de cette matte donnent 40 livres de cuivre.

OFENWAND, f. paroi d'un fourneau de fonderie.

OFFEN, adj. ouvert. — (*t. de min.*) *Offen halten*, tenir ouverts ou libres les puits et galeries d'une mine ; caverneux, plein de fentes. — *Offener gang*, filon fendillé, plein de crevasses par lesquelles l'eau jaillit.

OHM ou **OHMEN**, m. muid, mesure de liquide qui varie en Allemagne. — *Ein ohmen wein*, un muids, une mesure de vin.

OHMIG, adj. d'un muid.

OHRMUSCHELSTEIN, n. oreilles de mer ou marines fossiles ; haliotidites.

OISANIT. *Voy*. **OCTAEDRIT**.

OISONNIT, axinite. *V.* **AXINIT**.

OKER. *Voyez* **OCHER**.

OLANOI, terme arabe qui signifie étain.

OLIVENERZ, m. mine de couleur olive, cuivre arsenical, cuivre arseniaté d'*Haüy*. Les variétés de cette espèce sont nombreuses et diffèrent entre elles au point qu'il n'est pas encore bien décidé si toutes celles qui lui sont données pour telles lui appartiennent en effet.

OLIVENFARBIG, **OLIVENGELB**, adj. olivâtre, couleur d'olive, jaune, basané.

OLIVENGRUN, adj. vert d'olive, vert qui tourne au brun.

OLIVENSTEINE, pointes d'oursin fossiles.

OLIVENTOPAS, hyacinthe, suivant *Gmelin*.

OLIVIN, olivine; chrysolite des volcans; péridot granuliforme d'*Haüy*.

OLIVINBLENDE, olivine; augite.

ONICHEL et ONYX, onyx; quartz agate-calcédoine-onyx.

ONYX ALABASTER, chaux carbonatée concrétionnée stratiforme.

OOLITHI, oolites, chaux carbonatée globuliforme.

OPAL, opale. — *Edleropal*, opale noble; quartz résinite-opalin d'*Haüy*. Cette pierre très-estimée des anciens est celle que les joailliers appellent improprement opale orientale. — *Gemeineropal*, opale commune, quartz résinite girasol d'*Haüy*.

OPALEISENSTEIN, quartz résinite hydrophane et commun.

OPALJASPIS, jaspe opale, sous-espèce de jaspe qui forme le passage à l'opale.

OPALMUTTER, matrice d'opale; sorte de pierre argileuse nommée *graustein* (pierre grise) par *Reuss et Widenmann*, et dans laquelle sont disséminées des masses irrégulières de l'opale noble ou quartz résinite-opalin.

OPERCULIT, operculite; opercule fossile ou couvercle d'une coquille plus petit que son ouverture.

OPERMENT, orpiment, arsenic sulfuré jaune.

OPHIOLITH, ophiolites, pétrifications d'amphibies rampans.

OPHIT, ophyte; serpentin ou porphire noir antique; roche cornée d'un noir verdâtre avec feldspath cristallisé d'un blanc verdâtre, suivant *Haüy*; mais *Cronstedt* a appelé de ce nom une chaux carbonatée mélangée de talc ollaire; ainsi qu'un talc stéatite renfermant du quartz, du feldspath, des schorls, des grenats et de la chaux carbonatée. *Lehmann* a aussi donné ce nom à la serpentine veinée de calcaire; *Brisson*, au *grünstein*; *Wallerius*, au feldspath avec amphibole; *Gmelin* et *Brünnich*, à la roche serpentineuse renfermant des noyaux de chaux carbonatée lamellaire, des fragmens de chaux carbonatée grossière et de schorl; enfin *Estner*, à la serpentine noble.

ORANIENGELB, orangé; couleur jaune d'orange; jaune rougeâtre obscur formé de jaune citrin et de rouge.

ORO BLANCO des Espagnols, or blanc, platine; métal d'un blanc grisâtre et peu brillant, le plus pesant et le moins altérable de tous les métaux.

ORGELSTEIN, sorte de madréporite ou madrépore fossile.

ORLOWASALZ, sel gemme ou natif disséminé dans de l'argile blanche.

ORNITHOLITH, ornitholites, pétrifications d'oiseaux.

ORNITHOTIPOLITEN, ornithotipolite, empreintes d'oiseaux fossiles dont l'existence a été long-temps contestée.

ORT, m. lieu; (*t. de min.*), point de travail, percement, galerie, etc. Le point extrême de tout ouvrage souterrain. —

Vor ort arbeiten, travailler au bout de la galerie ou d'un percement quelconque ; pousser, avancer l'ouvrage devant soi. — *Ort treiben*, prolonger le point de travail, alonger la galerie. — *Örter gegen örter treiben*, pousser deux galeries ou percemens à l'encontre les uns des autres.—*Die örter sind eingekommen*, les deux percées se sont jointes ou réunies, elles ne font plus qu'un. — *Örter*, pointes. — *Die örter an den bergeisen*, les pointes des fers des mineurs. — *Die örter ausschmieden*, rétablir les pointes des fers, les forger de nouveau pour les rendre pointues. — *Öerterpflöcken*, marquer par un pieu, à la superficie du terrain, un point correspondant à un autre assigné dans l'intérieur.

ORTFAUSTEL, m. (*t. de min.*), le poussoir, la masse du mineur dont il se sert lorsqu'il travaille à un percement difficile.

ORTHAUER, m. mineur qui travaille à la prolongation d'une galerie.

ORTHOCÉRATIT, orthocératite ; orthocère fossile, sorte de coquille droite ou arquée un peu conique avec des loges distinctes formées par des cloisons transverses simples, perforées par un tube, soit central, soit latéral. C'est ce que l'on nomme vulgairement tuyaux pétrifiés cloisonnés, et dont on nomme les fragmens alvéoles.

ORTHOCERATITEN, orthocératites ou ortocère fossile, coquille droite et arquée, un peu conique avec des loges distinc-

tes, formées par des cloisons transverses.

ORTPÄUSCHEL, m. gros outil de fer qui sert à détacher les roches dures.

ORTPFAHL, m. pieu ou piquet planté à la superficie du terrain d'une mine pour indiquer le point où se termine un percement souterrain, ou bien pour marquer à la superficie le point qui répond à un autre désigné dans l'intérieur. — *Ortpfahlschlagen*, faire une marque de reconnoissance, soit à l'extérieur, soit dans l'intérieur par une entaille dans la roche.

ORTSCHICKIG, adj. (*t. de min.*), place facile à entamer ; roche qui cède à l'outil.

ORTSCHIEF, adj. qui a un bout oblique, de biais, de travers, dont le bout, le coin, l'angle est oblique. — *Eine ortschiefe figure*, une figure de biais, un rhomboïde.

ORTUNG, f. (*t. de min.*), lieu, endroit marqué, assigné. — *Abgezogene ortung*, galerie marquée à son extrémité.— *Ortung an tag bringen*, marquer au jour le point qui correspond à celui du travail actuel de l'intérieur.

ORYCTOGNOSIE, oryctognosie ; science dont l'objet est la description des espèces minéralogiques.

ORYCTOGRAPHIE, f. oryctographie, description des fossiles d'un pays particulier en indiquant non seulement les genres et espèces, mais toutes les variétés et aussi les caractères qui les distinguent des fossiles des autres pays.

ORYCTOLOGIE, f. oryctologie ; traité des fossiles en général, en y comprenant tout ce qui les concerne.

OSMIUM, osmium, l'un des nouveaux métaux découvert dans le platine, et qu'à peine on connoît sous forme métallique : il ressemble alors à une poudre noire ou bleuâtre ; mais les caractères de son oxide sont très-marqués.

OSTEOLITH, ostéolite ; ossement fossile.

OSTRACITEN, ostracites, huitres fossiles.

OTTERLING, quartz agate jaspe avec schorl, suivant *Storr*.

OXIDIRBAR, adj. oxidable.

OXIGENE (*t. de chim*), oxigène, principe acidifiant ; principe, base de l'air vital : ce nom est tiré d'un mot grec qui signifie *générateur des acides*.

P

PACK-FONG PETONG ou PETONG. Ce nom en langue chinoise signifie cuivre blanc. On le donne à un alliage métallique sonore et assez semblable à l'argent dont on fabrique quantité de petits ouvrages et en particulier des pipes.

PACKWERCK, n. clayonnage, fascinage ; digue faite avec des fascines pour contenir les eaux.

PAGAMENT, n. (*t. de monn.*), toutes sortes de métaux réunis ensemble par une même fonte.

PALLADIUM, quatrième métal particulier reconnu dans le platine en grains et que M. *Chenevix* avoit d'abord soupçonné être un produit de l'art.

PANITEN, plur. panites, haliotides fossiles vulgairement oreilles de mer ; coquille aplatie auriforme, à spire très-basse, ouverture très-ample, plus longue que large, percée de trous disposés sur une seule ligne.

PANSTER, n. ou PANSTERRAD, n. la roue d'un moulin

PAR

qui fait tourner deux meules. — *Das pansterzeug*, tout le rouage d'un moulin qui fait tourner deux meules ; roues de moulin établies immédiatement sur les rivières ou ruisseaux qui manquent de pente sufiisante, et disposées de manière qu'on peut les élever ou abaisser à volonté pour les maintenir au niveau de l'eau.

PANTHERSTEIN, m. quartz jaspe.

PANZERKETTE, f. (*t. d'orfèv.*), chaîne à maille.

PANZERRAD. *V.* PANSTER.

PAPIERARTIG, adj. (*t. de conchyol.*), papiracé, mince et sec comme du papier.

PAPIERMERGEL, argile calcarifère endurcie schisteuse, en feuillets très-minces.

PAPIERTORF, m. tourbe papiracée ; tourbe formée de feuillets très-minces. *Voyez* TORF.

PAPPELSTEIN, m. malachite ; cuivre carbonaté vert soyeux.

PARAGONE, paragone, et

parangon ; chaux carbonatée compacte et grossière de couleur noire et susceptible de poli.

PARANTHIN, paranthine : ce nom, qui signifie défleurir, a été donné par *Haüy* à une substance qui a été appelée *micarelle*, et *rapidolithe* par *Albigaard*, et *scapolite* par *Dandrada*. Voyez MICARELL.

PARTHE. *V.* BERGBARTHE.

PARTIEL, (*t. de crist.*), partiel : se dit d'un cristal lorsqu'il y a quelques parties qui restent sans décroissemens, tandis que les autres parties semblablement situées en subissent. *Ex.* cobalt sulfuré partiel.

PASCHECH, terme persan, qui signifie émeraude.

PÄSSE, plur. passages étroits et difficiles, soit d'un bras de mer, soit dans les montagnes ou vallées.

PATELLITEN, patellites, patelles ou lépas fossiles, coquille univalve, presque conique, sans spire extérieur.

PATERNOSTERKUNST, f. (*t. d'hydraul.*), fontaine à chapelets.

PATERNOSTERWERCK, n. (*t. d'hydraul.*), patenôtre, chapelet ; machine hydraulique composée de plusieurs seaux ou godets attachés de suite à une chaîne et servant à élever les eaux.

PATINA, patine : nom donné par les antiquaires à la sorte de rouille qui se forme sur la surface des ouvrages de bronze, spécialement à cet enduit de cuivre oxidé qui recouvre des statues ou médailles antiques.

PATJETUREMALI. On nomme

ainsi la tourmaline à la côte de Malabar.

PATKOPF, (*t. de min.*), gros morceau de minerai.

PATRONE, f. cartouche, charge de poudre pour un coup de mine.

PÄUSCHEL, m. (*t. de min.*), la masse, le gros marteau des mineurs qui sert pour les roches dures.

PAUSCHEN, v. a. (*t. de min.*), rompre, briser, écraser. — *Erz pauschen* ou *päuschen*, briser, écraser le minerai, le réduire en petits morceaux. — *Die schläcken pauschen*, briser, écraser la crasse du minerai ; (*t. de fond.*), fondre, tirer par la fusion la bonne substance de la mine. — *Ausgepauschte schläcken*, scories passées plusieurs fois au fourneau, et qui ne contiennent plus assez de métal pour mériter d'être encore refondues.

PAUSSEN, (*t. de min.*), ouvrier paresseux et ignorant.

PAUSTERZEUG, n. l'ensemble du mécanisme d'un rouage qui peut s'élever ou s'abaisser à volonté.

PAZEN, m. (*t. de forg.*), masse de fer refondu ou recuit.

PEACHY, péachy. En Cornouailles, on donne ce nom à une sorte de pierre spongieuse d'une couleur verte olivâtre, et à cause d'elle, à une espèce de filon dont elle constitue principalement la gangue, et dans lequel on trouve de l'étain et du cuivre, mais en petite quantité.

PECH, n. poix. — *Weisses pech*, poix blanche, poix résine.

PECHBLENDE, f. (*t. de min.*), pechblende, blende de poix; urane oxidulé d'*Haüy*.

PECHERZ, n. minerai qui a quelque ressemblance avec la poix : une variété du *ziegelerz* endurcie; urane noir, urane oxidulé d'*Haüy*.

PECHICHT, adj. bitumineux, qui tient de la nature de la poix.

PECHIG, adj. qui a de la poix, qui contient de la poix; poissé, enduit ou sali de poix ou de quelqu'autre chose de gluant.

PECHKOHLE, f. houille piciforme, houille sèche; substance bitumineuse polissable à laquelle on croit devoir principalement rapporter le jayet.

PECHKUPFERERZ, n. ziegelerz endurci, ou mine de cuivre couleur de brique, qui est regardée comme un mélange de cuivre oxidé rouge avec la mine de fer oxidé brune terreuse.

PECHOPAL, quartz résinite commun, quartz résinite hydrophane, et pechstein dit ménilite.

PECHSTEIN, pierre de poix; ménilite, variété du quartz résinite commun en masses tuberculeuses opaques, grisâtres et nuancées de bleuâtre à l'extérieur; obsidienne; *eisenkiesel*, cristallisé. Le pechstein de Montgatsch, en Hongrie, est un quartz jaspe commun; enfin le pechstein des minéralogistes français est le pétrosilex résinite d'*Haüy*, dont la couleur est grisâtre, jaunâtre ou olivâtre, et la cassure luisante comme celle de la résine, ainsi que conchoïde à petites évasures; rétinite de *Lametherie*.

PECHSTEINPORPHYR, porphire à base de pechstein, dont la pâte est rouge ou verte, brune ou même noire; on a aussi appelé de ce nom un porphire à base d'obsidienne et un à base de perlstein.

PFCHTORF, m. tourbe bitumineuse.

PECTINITEN, pectinites, peignes fossiles; coquille bivalve régulière; les valves inégales, la charnière sans dents, le plus souvent auriculée, avec une fossette triangulaire pour le ligament.

PECTUNCULITEN, pectunculites; pétoncles fossiles, coquilles bivalves striées en longueur et non auriculées.

PEDRA QUADRATA de Semmedo; fer sulfuré en cubes ou primitif.

PEHREN, v. a. (*t. de min.*), qui signifie travailler de toutes ses forces.

PEITSCHE, f. (*t. de fond.*), maillet ou gros marteau de bois dont on se sert pour aplanir les lames de cuivre.

PELIKAN, m. (*t. de chim.*), pélican, alambic bouché, garni de deux tuyaux.

PENTACRINITEN, pentacrinites ou palmier marin fossile; pétrification très-remarquable qui porte aussi le nom de tête de Méduse; grand corps à beaucoup de bras, en forme de houpe, qui repose sur une tige simple, articulée sans branches.

PENTAHEXAEDRISCH, adj. (*t. de crist.*), pentahexaèdre : se dit d'un cristal dont la surface est composée de cinq rangées de facettes, disposées six à six les unes au-dessus des autres.

PEPERINO, pépérino; tuf volcanique argileux, enveloppant des grains de chaux carbonatée, de mica, de pyroxène, etc. On l'emploie en Italie pour la bâtisse, et on en fait des tables que l'on applique par l'une de leurs faces, à l'aide d'un ciment, aux tables de marbre et autres ouvrages délicats destinés à être transportés.

PERIDOT, péridot, sorte de gemme d'un jaune verdâtre ou jaune pâle, cristallisée ou granuliforme, qui a long-temps porté le nom de chrysolite; le péridot granuliforme est proprement l'olivine des minéralogistes allemands; *Gmelin* donne le nom de péridot à une variété de topaze qui a des reflets grisâtres.

PERIGORD, PERIGORD-BRAUNSTEIN, PERIGORDSTEIN, manganèse oxidé massif, gris et noir.

PERIPOLYGONISCH, adj. (*t. de crist.*), péripolygone : se dit d'un cristal dont le prisme a un grand nombre de pans.

PERLARTIG, adj. perlé, avec des reflets perlés. — *Perlartiger eisenhaltiger kohlen gesäuerterkalk*, chaux carbonatée ferrifère perlée.

PERLE, f. perle, globule d'un blanc argentin que forme dans les coquilles bivalves l'extravasion irrégulière du suc lapidifique contenu dans les organes de l'animal et filtré par des glandes.

PERLEN, v. n. petiller.

PERLENKUPFER, m. cuivre granuliforme.

PERLENMUTTER, f. mère perle, nacre de perle.

PERLENMUTTERSPATH. On nomme ainsi au Hartz une variété de chaux carbonatée en sections de prismes hexaèdres très-minces avec des reflets perlés.

PERLENMUTTERSTEIN, m. sorte de chaux carbonatée concrétionnée ou albâtre d'un aspect nacré.

PERLGRAU, adj. gris de perle, gris clair mêlé d'un peu de violet.

PERLMUTTERGLANZ, éclat nacré, éclat de mère perle.

PERLSALZ, n. sel gemme de Gallicie, formé de pièces séparées granuliformes; phosphate de soude sursaturé.

PERLSAND, sorte de quartz arénacé en très-petits grains sans consistance.

PERLSÄUERE, f. acide perlé, phosphate de soude sursaturé.

PERLSCHLACKE, f. lave vitreuse obsidienne granuliforme; hyalite.

PERLSINTER, m. concrétion perlée; sorte de concrétion quartzeuse réniforme, d'un blanc grisâtre, tombant en partie dans le blanc jaunâtre et dans le gris de perle et jaunâtre, même un peu dans le brun, de l'île de Ferroé.

PERLSPATH, spath perlé; chaux carbonatée ferrifère.

PERLSTEIN, m. perlstein, perlite; substance grise un peu translucide, à surface luisante et comme nacrée, très-fragile, servant d'enveloppe à la lave vitreuse obsidienne granuliforme : *Haüy* la nomme lave vitreuse perlée. On donne au Hartz le nom de perlstein à une sorte de roche amygdaloïde dont la base est une espèce de trap secondaire brun, et les globules sont de la chaux carbonatée lamellaire transparente.

PERLSTEIN PORPHYR, porphire à base de perlstein.

PERODOLL, d'après *Gmelin*, topaze.

PERPENDICULÄER, adj. perpendiculaire, qui pend à plomb, qui tombe à plomb. — *Perpendiculärlinie,* ligne perpendiculaire, ligne qui rencontre un plan sans pencher plus d'un côté que d'un autre ; (adv.) perpendiculairement, en ligne perpendiculaire, à plomb.

PERPENDICULARITÄET, f. perpendicularité, état de ce qui est perpendiculaire.

PERPENDIKEL, m. perpendicule, ce qui tombe à plomb. —*Der perpendikel an einer uhr einer wasserwage, einem mathematischen instrumente,* le perpendicule d'un horloge, d'un niveau, d'un instrument de mathématique. — *Die perpendikel linie,* la ligne perpendiculaire, la perpendiculaire; régulateur.

PETALITH, pétalite, substance d'une couleur ordinairement rougeâtre ou d'un blanc grisâtre, fragile et d'une cassure lamelleuse à lames entrelacées, trouvée près de Niacoparberg, en Suède.

PETONG. *Voyez* PACK-FONG.

PETREFAKT, n. pétrification. *Voyez* VERSTEINERN et VERSTEINERUNG.

PETRILITH de *Kirwan ;* pétrilite, feldspath commun que l'on nomme cubique, parce que ses fragmens romboïdaux ressemblent à des cubes.

PETROSILEX, pétrosilex, feldspath compacte céroïde d'*Haüy ;* substance qui, par son aspect extérieur, a de la ressemblance avec le quartz agate, le quartz jaspe ou le quartz résinite, et dont la cassure est fortement écailleuse.

PETUNTSE des Chinois, pétunzé, feldspath laminaire blanchâtre.

PETUNTSE PORPHYR de *Kirwan,* porphire à base de feldspath, dont la pâte, communément rouge, enveloppe des grains de feldspath ou de quartz.

PEÜSCHEN. *Voyez* DURCHPEÜSCHEN.

PFADEISEN, n. bandes de fer recourbées en forme de crapaudine, sur lesquelles tournent les collets des manivelles d'un treuil.

PFADKOPF. *Voyez* PATKOPF.

PFAHL, m. pieu, pal, palis, pilot, pilotis, poteau.

PFAHLBAUM, m. arbre ou axe auquel est fixé le tambour d'une machine à molettes.

PFAHLBAUSCHEL ou PFAHLPÄUSCHEL, m. (*t. de min.*), maillet qui sert à enfoncer les pieux.

PFAHLEISEN, n. pal de fer, barre de fer pointu à une extrémité et propre à percer le terrain dur où l'on veut enfoncer des pieux.

PFAHLEN, v. a. garnir de pieux, de pilotis; ficher, enfoncer des pieux.

Pfahlramme, f. mouton, hie, gros billot de bois armé de fer dont on se sert pour enfoncer les pieux ou pilotis.

Pfahlspitze, f. la pointe, la partie pointue du pilotis, celle par où il doit être enfoncé.

Pfahlwerck, n. palée, palis, clayonnage, rang de pieux enfoncés en terre pour former une digue, soutenir des terres, etc. — *Pfahlwerk vor einer erdschanze*, fraise, rang de pieux qui garnit une fortification par dehors vers le milieu du talus.

Pfand, n. (*t. de min.*), pièce de bois dont on bouche une brèche; une traverse dans les charpentes souterraines.

Pfanne, f. poêle; (*t. de fond.*), catin ou bassin qui reçoit le métal fondu. — *Pfannedeckel*, le couvercle d'une poêle.

Pfanneisen, n. fer en grosses lames dont on fait des chaudières.

Pfännel, lingotière de fer dans laquelle on coule le métal en fusion.

Pfännlein, petite crapaudine placée sous le pivot de l'arbre vertical d'une machine à molettes.

Pfännelstück, lingot de métal coulé ou fondu dans la lingotière, pièce d'œuvre.

Pfannen, m. chaudière ou caisse, soit de plomb, soit de fer ou de cuivre, servant à l'évaporation des eaux contenant des sels quelconques.

Pfannenbaum, m. (*t. de saun.*), arbres, grosses pièces de bois auxquelles les chaudières sont attachées.

Pfannenbock, m. gros chenets de fer sur lesquels on pose les chaudières qu'on a ôté de leurs places.

Pfannenboden, m. fond de la poêle ou de la chaudière.

Pfannenbret, n. (*t. de saun.*), planche de chaudière, c'est-à-dire les planches dont on recouvre en partie les chaudières pendant les grands vents d'hiver.

Pfannenhacken, m. croc, ou barre de fer à crochet pour y suspendre les chaudières.

Pfannenloch, m. (*t. de saun.*), trou, ouverture du fourneau sous la chaudière.

Pfannenstein, m. (*t. de salin.*), concrétion ou dépôt calcaire qui s'attache aux chaudières d'eaux salées; schelot. *Voyez* Schlotter.

Pfannenziegel, m. tuile imbricée, tuile creuse, noue, canal pour égoutter l'eau.

Pfanner, m. propriétaire d'une saline, ou celui qui y est intéressé.

Pfau, m. paon. — *Pfauenfederdruse*, pierre feuilletée irisée qui a l'éclat des plumes du paon.

Pfaustein, m. pierre de paon; sorte de pierre panachée des plus riches couleurs, et que l'on a prise quelque temps pour une gemme opaque, mais qui ensuite a été reconnue pour une nacre de perle taillée et polie de biais dans sa plus grande épaisseur.

Pfefferstein, m. pierre de poivre, oolithe; chaux carbonatée globuliforme.

Pfeiffenerde, f. terre à pipe; terre blanchâtre et privée

de molécules ferrugineuses ; argile calcarifère.

PFEIFFENFÖRMIG. *Voyez* PFEIFFENRÖHRIG.

PFEIFFENMERGEL , m. argile calcarifère dont on fait les pipes.

PFEIFFENRÖHRIG , adj. fistulaire ; fait en tuyau, tubiforme. — *Pfeiffenröhriger kohlengesaüerter kalk,* chaux carbonatée fistulaire.

PFEIFFENTHON , m. argile à pipe, terre à pipe ; argile blanchâtre et privée de molécules ferrugineuses , ce qui la rend difficile à fondre : on emploie aussi à cet usage une véritable marne.

PFEILER , m. pilier.

PFEILERE , (*t. de min.*) , piliers ou massifs de roche et même de minerai, laissés à dessein dans les travaux pour prévenir les éboulemens.

PFEILERSTEIN, m. basalte en colonne.

PFEILSTEIN , m. basalte ; d'après *Kirwan* , rayonnante , commune, ou actinote hexaèdre.

PFENNIG , m. fenning ; sorte de petite monnoie.

PFENNIGERZ , n. fer oxidé terreux.

PFENNIGGEWICHT, n. poids de deniers. *V.* RICHTPFENNIG.

PFENNIGSTEIN , m. hélicite , ou hélice fossile ; coquille univalve en forme de denier, nummulite, lumbricite, camerine ; coquille turbinée , chambrée.

PFINNE. *Voyez* FINNE.

PFIRSICHBLUTROTH , adj. rouge de fleurs de pêcher; rouge clair formé du mélange de rouge cramoisi et de blanc pur.

PFIRSICHSTEIN, m. persicite ;

fossile qui a la forme d'un noyau de pêche.

PFLANZENSALZ , n. sel végétal , tartrite de potasse.

PFLEGMA , n. (*t. de chim.*) *Voyez* PHLEGMA.

PFLINZ de *Gmelin* , chaux carbonatée ferrifère.

PFLOCK , m. (*t. de min.*) , cheville de bois qui sert à enfoncer la charge dans les trous de mine.

PFLOCKBOHRER , m. (*t. de min.*) , le perçoir.

PFOSTE , f. poteau ; grosse et longue pièce de bois qu'on pose en terre pour divers usages.

PFRIEM , m. PFRIEME , f. poinçon , instrument , métal pour percer; instrument pour marquer la vaisselle, etc. ; morceau d'acier où les lettres sont gravées en relief.

PFROPFEN, v. a. (*t. de charp.*), enter, joindre bout à bout et d'aplomb deux pièces de bois de charpente de même grosseur.

PFUHL, m. mare, amas d'eau dormante.—*Der pfuhl ist ausgetrocknet ,* la mare est à sec.

PFUHLBAUM, m. (*t. de min.*). On nomme ainsi les solives supérieures des petits côtés d'un puits de mine, qui forment avec celles des longs côtés le carré de l'orifice , et dans lesquelles sont emboités les supports du bourriquet ; l'arbre ou dévidoir autour duquel s'enveloppe la chaîne ou corde de la machine d'extraction établie au-dessus d'un puits de mine.

PFUND , n. livre ; poids de 2 marcs ou 16 onces ; (*t. de min.*) , le bois dans lequel le tourillon d'une machine est placé et se meut.

PFUNDGEWICHT, n. ou **PFUNDSTEIN**, m. poids d'une livre.

PFÜNDIG, adj. d'une livre, du poids d'une livre, une livre pesant.

PFÜTZE, f. (*t. de min.*), amas d'eau, mare d'eau qui croupit dans les travaux de mine.

PFÜTZEIMER, m. bassin dans lequel est placé le tuyau d'aspiration d'une pompe; le seau.

PFÜTZEN, v. a. puiser, pomper l'eau d'une mine.

PFÜTZIG, adj. plein de mares, de flaques d'eau, gâcheux, bourbeux. — *Eine pfützige gegend* , terrain bourbeux, rempli de mares, de flaques d'eau, d'amas d'eau qui croupit.

PFÜTZSCHÜSSEL ou **PFÜTZSCHALE**, (*t. de min.*), puisoir, ustensile de tôle fait en forme de bassin, avec lequel on nettoie les vases qui se déposent dans les mines.

PHARMACOLITH, pharmacolithe ou pierre empoisonnée, chaux arseniatée ; substance d'un blanc de lait qui se présente en petits cristaux capillaires , ou en mamelons qui semblent composés aussi de cristaux capillaires étroitement réunis, ou dont l'intérieur est strié du centre à la circonférence , et légèrement nacré ; souvent la surface est colorée par du cobalt arseniaté couleur de lilas.

PHENGIT , phengite, c'est-à-dire corps brillant : les anciens ont donné ce nom à une variété

de chaux sulfatée blanche et translucide. A Freyberg on appelle ainsi une variété de spath calcaire.

PHLEGMA , n. (*t. de chim.*), phlegme ou flegme, la partie aqueuse et insipide que la distillation dégage des corps.

PHLOGISTICON, phlogistique, principe hypothétique de *Stahl*, partie des corps susceptible de s'enflammer. *V.* **BRENNSTOFF**.

PHLOGISTON , diamant cristallisé.

PHOLADITEN , pholadites , pholades fossiles , coquilles multivalves que l'on nomme aussi dactyles , dails , pitauts : elles sont fort remarquables en ce qu'elles ont la faculté de percer les pierres pour s'y loger. Ce sont plutôt , dit *Lamarck* , des coquilles bivalves avec des valves surnuméraires. *Voyez* **BOHRMUSCHELN**.

PHONOLITH, phonolite. *Voy.* **KLINGSTEIN**.

PHOSPHOLIT de *Kirwan* , phospholite ; terre alumineuse avec acide phosphorique.

PHOSPHORESCENZ , f. phosphorescence ; propriété d'un corps de paroître lumineux pendant la nuit ; phosphorescence , caractère minéralogique , lueur douce et agréable de divers tons de couleur que certaines substances répandent, soit lorsqu'on les racle , soit quand , après les avoir pulvérisées, on en jette la poussière sur un charbon ardent.

PHOSPHORGESÄUERTE. adj. phosphaté.—*Phosphorgesäuertekalk* , chaux phosphatée.

PHOSPHORIT , phosphorite apatite ; chaux phosphatée.

PHOSPHORKALK et PHOS-PHORKALKSTEIN , apatite ou chaux phosphatée compacte et fibreuse.

PHOSPHORSÄURE, acide phos-phorique ; acide formé par la combustion rapide et complète du phosphore.

PHOSPHORSÄURESKUPFER , cuivre phosphaté ; minerai d'un vert d'émeraude ou d'un vert-de-gris un peu tacheté de noir ; il est opaque et tendre ; sa cassure est fibreuse, brillante et d'un éclat soyeux : on le trouve en masse, ou disséminé, ou cristallisé en très-petits cristaux hexaèdres obliquangles, réunis en groupes uniformes et réni-formes dans des cavités et très-éclatans.

PHOSPHORSPATH, chaux fluatée ; et suivant *Estner* et *Stutz*, apatite, ou chaux phos-phatée.

PHOSPHORUS , phosphore ; corps combustible indécomposé, brûlant avec flamme à toutes les températures.

PHYLLOLITH , phyllolithe ; chaux carbonatée lamellaire.

PHYTOLITEN , PHYTOLIPO-LITEN, phytolithes, phytolipo-lithes , pétrifications du règne végétal.

PICKTIT, pictite, minéral réuni au titane siliceo calcaire. *Voyez* TITANIT.

PIEDRA Y MANCEVO DE HIERRO, en Espagne, fer oxi-dulé.

PIKROLITH, pikrolite, pierre amère ; minéral décrit dans les Ephémérides du baron de *Moll*, V. 3. 400. ff. par M. *Hauss-mann ,* qui l'a trouvé dans les

masses de fer magnétique du mont Taberg , en Smolande , et dans le Wermeland , près de Philistad, avec le spath cal-caire , le bitterspath , le talc chlorite et le fer oxidulé : les principaux caractères de cette substance doivent , suivant M. *Haussmann* , la faire placer dans la méthode entre le talc écailleux et la serpentine.

PILASTER , pilastre. *Voyez* HALBPFEILER.

PIMELITH , pimélite ; terre verte, douce au toucher, qui accompagne le quartz agate ; prase de Silésie.

PINGEN. *Voyez* BINGEN ou BÜNGE.

PINIENSTEIN , m. pierre pi-noïde ; roche amygdaloïde.

PINIT, pinite ; fossile d'un brun rougeâtre ou noirâtre mé-talloïde, qui n'a encore été trouvé que cristallisé en prisme hexaèdre, tantôt parfait, tantôt tronqué sur ses bords latéraux : ses cristaux sont engagés dans un granite qui tend à la décom-position , ou dans une litho-marge ; il a été décrit par *Kir-wan* sous le nom de micarelle , parce qu'en effet il a quelque rapport avec le mica.

PINK , hyacinthe , suivant *Gmelin*.

PINNITEN, pinnites ; pinnes marines fossiles, grand coquil-lage bivalve, dont la forme ap-proche de celle d'un triangle fort alongé , les deux angles les plus voisins étant arrondis; les valves sont minces , fragiles , demi-transparentes. Ce genre de coquillage est célèbre à cause du *byssus* qu'il fournit, et que l'on a filé de toute ancienneté pour faire des vêtemens.

PIPERINO. *Voyez* PEPERINO.

PIRNSTEIN. *V.* BERNSTEIN.

PISASPHALTE et PISSASPHALT, pissasphalte ; bitume glutineux.

PISOLITH , pisolites, chaux carbonatée globuliforme.

PISTAZIENGRÜN, vert de pistache , vert de pré qui tourne sensiblement au jaune , et qui est mêlé d'un peu de brun.

PISTAZIT, pistasite : nom par lequel M. *Werner* désigne l'épidote d'*Haüy* et le thallite de *Lametherie*.

PLACHMAHL , PLACHMANN ; à Kremnitz , la mine de cuivre grise argentifère ; matte mélangée d'or et d'argent , qui doit être de nouveau mise au feu pour les en séparer.

PLANCONVEX , adj. (*t. de crist.*), plan convexe : se dit du diamant à faces , les unes planes , les autres curvilignes.

PLANEN , grosse étoffe de laine que l'on étend sur les tables à laver le minerai , pour que les particules de schlich s'y arrêtent.

PLANENHERD , m. table à laver sur laquelle on place transversalement les morceaux d'étoffes qui retiennent le schlich.

PLÄNER , à Freyberg et à Dresde, chaux carbonatée compacte.

PLANIEREISEN, n. brunissoir, fer à planer, à égaler, à polir.

PLANIEREN , v. a. planir, aplanir , unir , rendre égal ; (*t. de plus. arts*), planer, unir , polir, égaler , dresser. — *Eine silberplatte , ein metall pla-*

nieren , planer une plaque d'argent , de métal , etc.

PLANIERER, m. (*t. d'orfèv.*), planeur, celui qui plane la vaisselle.

PLANIERHAMMER , m. (*t. de chaudron.*), marteau à planer, planoir.

PLANITEN, planites ; tuyaux de mer fossiles.

PLANKE ou BOHLE, madriers, grosses planches , etc.

PLANSCHE ou PLANTSCHE, f. pièce longue et plate de métal coulé ; gâteaux métalliques, lingots. — *Gold , silberplansche,* lingot d'or, lingot d'argent.

PLANSCHEN EINGUSS, m. lingotière.

PLANSCHENHAMMER , m. marteau à battre les lingots, les gâteaux d'or ou d'argent , les flatir , ou leur donner l'épaisseur convenable ; flatoir.

PLANULITEN, planulites ; coquille en spirale qui a long-temps été confondue avec les ammonites.

PLASMA, plasme ; le plasma que l'on a aussi appelé prime d'émerande est un minéral d'une couleur verte plus ou moins foncée qui varie entre le vert de pré, le vert d'émeraude, le vert d'asperge , le vert de montagne et le vert olive ; plusieurs de ces teintes, souvent mélangées, forment alors des dessins tachetés, rubanés, pointillés : il a beaucoup de rapports avec l'héliotrope et la calcédoine.

PLASTICH. *V.* MODELKUNST.

PLATIN et PLATINA, platine, dit aussi platin et or blanc ; métal d'un blanc grisâtre et peu brillant, le plus pesant et le moins altérable de tous les métaux. *Voyez* ORO BLANCO.

PLÄTTCHEN, n. dimin. petite plaque ou petite lame de métal.

PLATTE, f. le plat, la partie plate d'une chose, surface plate ; plaque de métal, lame de métal. — *Eine platte von eisen, bley, zinn, gold, silber, kupfer,* etc., une plaque, une lame de fer, de plomb, d'étain, d'or, d'argent, de cuivre, etc. — *In platten,* en lames. — *Dicke platte,* lame épaisse. — *Dünne platte,* lames minces ; (*t. de monn.*), le flan.—*Platte,* dalle, tablette de pierre ; cadette, pierre de taille propre à paver.

PLATTEN ou PLÄTTEN, v. a. aplatir, rendre plat, écraser.— *Den draht, den gold und silber draht plätten,* laminer, donner une épaisseur uniforme par une compression toujours égale à une lame d'or, d'argent, etc. — *Der gold und silberdraht wird geplättet,* l'or trait, l'argent trait se lamine. — *Das platten des gold und silber drahts,* laminage, action de laminer.

PLATTENFÖRMIG, adj. (*t. de min.*), lamelliforme, en lames. — *Plattenförmiges gediegen silber,* argent natif lamelliforme.

PLATTHAMMER, m. (*t. de monn.*), bouard, flatoir, rechaussoir ; marteau qui sert à battre le métal et à le rechausser. —*Mit dem platthammer schlagen,* bouer, donner aux monnoies une égale ductilité au moyen du bouard.

PLATTIREN, v. a. plaquer, appliquer une chose plate sur une autre. — *Stählerne schnallen mit gold, mit silber plattiren,* plaquer des boucles d'acier avec de l'or ou de l'argent, appliquer une lame, une plaque d'or ou d'argent sur des boucles d'acier.

PLATTMÜHLE ou PLÄTTMÜHLE, f. laminoir, machine qui sert à laminer.

PLATZ, m. explosion, crépitation, petit craquement, éclat, bruit, son de quelque chose qui se rompt, qui crève.

PLATZEN, v. n. faire explosion, éclater, se briser par éclats.

PLATZGOLD, n. et KNALLGOLD, n. or fulminant.

PLAUTZE, f. (*t. de min.*); en Bohême, on désigne par ce mot, qui signifie mauvais lit, mauvais grabat, une variété de minerai d'étain qui se trouve dans une pierre sablonneuse.

PLEONAST, pléonaste. *Voyez* CEYLANITH.

PLIN, en Carinthie, la chaux carbonatée ferrifère qui donne le meilleur fer, et est la plus propre pour faire du bon acier.

PLUMPE, f. pompe, machine pour élever l'eau. *V.* PUMPE.

POCHEISEN, n. pilons de fer coulé, ayant une queue qu'on implante dans la partie inférieure des pilons de bois du bocard et retenus par des frettes de fer ; autrement le fer des pilons.

POCHEN, v. a. bocarder, briser, écraser le minerai, le passer au bocard.

POCHER, m. bocardeur, l'ouvrier qui dirige l'opération du bocard, qui travaille au bocard.

Pocherz , n. minerai qui demande d'être bocardé, qui n'est point fusible avant d'avoir été pilé ou écrasé : on donne aussi ce nom en général au minerai pauvre.

Pochgerinne , n. et Pochgraben , m. canal qui conduit l'eau sur la roue d'un bocard, auge du bocard.

Pochhammer , m. *Voyez* Pochwerk.

Pochherd , m. (*t. de boc.*), lieu, place, fosse où on lave le minerai bocardé; le patouillet, la huche.

Pochkasten , m. carré où l'on bocarde le minerai; caisse du bocard dans laquelle on jette le minerai à bocarder, qui y est écrasé et entraîné ensuite par l'eau à mesure de sa réduction.

Pochkiel, m. (*t. de min.*), la queue du fer du pilon.

Pochknecht , m. ouvrier de bocard, qui travaille au bocard.

Pochlaschen , fortes planches ou madriers formant les côtés longs de l'auge d'un bocard.

Pochleitungen, plur. moises du bocard ; les pièces de bois entre lesquelles les pilons sont contenus et ont leur jeu ; les traverses.

Pochmehl , n. farine de bocard ; farine de minerai bocardé ; minerai pulvérisé.

Pochmühle , f. bocard, moulin à écraser , à broyer le minerai. *Voyez* Pochwerk.

Pochrad , n. roue de bocard.

Pochriegel, m. entretoise; petites clavettes de bois traversant les moises du bocard qui

empêchent les pilons de se toucher, et qui les écartent suffisamment les uns des autres.

Pochringe , plur. anneaux ou frettes de fer au moyen desquels on consolide les pilons de fer enchâssés aux extrémités de ceux qui sont en bois dans le bocard.

Pochsäulen , plur. les colonnes , piliers ou montans principaux de la charpente d'un bocard.

Pochschale , f. plaque de bocard ; plaque de fonte sur laquelle le minerai est écrasé par la chute répétée des pilons du bocard.

Pochschiesser. *Voy.* Pochstempel.

Pochschlage , f. gros marteau à tête large ou masse servant à briser le minerai qui doit être lavé au crible.

Pochschlamm , m. limon , vase , bourbe contenant des parties très-déliées de minerai qui se déposent au fond des bassins dits fosses aux vases à la suite du bocard.

Pochsohle , f. sol du bocard ; la semelle de l'auge du bocard , son fond.

Pochstämpel, m. pilons du bocard.

Pochsteiger, m. maître bocardeur, celui qui dirige le travail du bocard.

Pochtrog , m. auge du bocard dans laquelle on jette le minerai à bocarder.

Pochwände , f. parois de l'auge du bocard ; morceau de roche ou pierre de mine qu'on doit bocarder.

Pochwasser , n. eau qui

fait tourner la roue du bocard, et fournit à toutes les opérations du bocard ; eau du bocard, motrice du bocard.

Pochwelle, f. arbre ou axe de la roue d'un bocard.

Pochwerk, n. bocard, sorte de moulin à machine pour briser et pulvériser le minerai avant de le fondre ; l'ensemble de tout ce qui compose un bocard.

Pochzinz, m. droit qu'il faut payer au propriétaire ou maître d'un bocard.

Pockenstein, m. variolite. On donne plus spécialement ce nom à une roche cornéenne dure, noirâtre amygdaloïde à globules de pétrosilex gris verdâtre que l'on trouve sous la forme de galets dans le lit et sur les bords de la Durance, dans la ci-devant Provence. Au Hartz c'est le mandelstein commun dont la base est un trap secondaire ou wacke, avec noyaux ou amandes la chaux carbonatée lamellaire.

Polirmühle, moulin à polir.

Polirschiefer et Polierstein, m. schiste à polir ; argile schisteuse légère, dont la couleur est en général le blanc jaunâtre. M. *Werner* donne ce nom à une argile feuilletée qui se trouve à Billin, en Bohème.

Poltern, v. n. faire du bruit, résonner, retentir; (*t. de min.*), se dit d'une roche qui sonne creux ou retentit sous l'outil du mineur.

Polymniten, polymnites ; pierres dendritiques, dont les dessins formés par le manganèse oxidé imitent des petites marres d'eau.

Polyp, m. polype; ver aquatique composé d'une substance susceptible d'une dilatation et contraction considérables, et muni de plusieurs tentacules, suçoirs, bras qui se contractent ou s'alongent encore plus que le reste du corps. Ce sont les animaux les plus simples de la nature, les plus nombreux en individus, et qui ont le plus d'influence pour constituer la croûte extérieure du globe terrestre : ce n'est point par des caractères pris de ces animaux qu'on les distingue, parce qu'ils sont et trop peu variés et trop difficiles à observer, mais par ceux de leurs habitations comme dans la conchyologie.

Polypengehäuse, n. polypiers, demeure des polypes; résultat plus ou moins pierreux, formé par une grande quantité de polypes travaillant à des loges isolées quoique réunis ensemble. Ce sont proprement les zoophytes de *Linnée* si longtemps regardés comme des végétaux pierreux ou plantes pierres.

Polysinthetisch, adj. (*t. de crist.*), surcomposé : se dit d'un cristal dont la forme est très-composée.

Polzen ou Bolzen (*t. de min.*), solives ou pièces de bois droites que l'on place dans les travaux souterrains pour prévenir les éboulemens et supporter les carrés.

Polzevera, sorte de roche

serpentineuse mêlée de cal-caire.

POMERANZGELB. *Voy.* ORANIENGELB.

POMPHOLYX, tutie qui s'attache aux parois des fourneaux où se traitent des minerais qui contiennent du zinc.

PORCELLANERDE, f. terre à porcelaine, terre dont on fait la porcelaine, qui entre dans la composition de la porcelaine; argile, kaolin et feldspath argiliforme d'*Haüy*, de couleur blanchâtre, passant dans toutes sortes de couleurs pâles, maigre, douce au toucher : elle paroît être, du moins dans certains cas, le produit de la décomposition du feldspath. — *Porcellanerde unächte*, argile glaise, argile à potier.

PORCELLAN-JASPIS et PORCELLANIT, jaspe porcelaine; porcellanite; thermantide non volcanique *d'Haüy*; substance modifiée par la chaleur des feux souterrains non volcaniques et dont l'aspect est assez semblable à celui de la brique qui a essuyé un léger degré de vitrification; ses couleurs sont le gris jaunâtre, rougeâtre, bleuâtre, etc. souvent distribuées plusieurs ensemble par taches, par veines, etc. Cette substance est souvent susceptible du plus beau poli.

PORCELLANITEN, porcelaines fossiles; coquille univalve convexe à bords roulés en dedans; ouverture longitudinale étroite, dentelée des deux côtés; (*t. de minér.*), porcellanite de forme ovale pour désigner un caractère extérieur.

PORCELLANSTEIN. *Voy.* PORCELLAN-JASPIS.

PORCELLANTHON. *Voy.* PORCELLANERDE.

PORCILLEN, pierres fausses, pierres composées pour imiter les gemmes.

POROSITÆT, PORIOSITAET, f. porosité, qualité d'un corps poreux.

PORPHYR, m. porphyre. On entend généralement par porphyres, dit *Brochant,* des roches composées d'une masse principale compacte dans laquelle sont empâtés des grains ou cristaux isolés d'une autre substance qui ont été formés en même temps que la masse. Les porphyres considérés relativement à leur masse principale sont divisés en cinq espèces, savoir, 1°. porphyre à base de Hornstein (*hornstein phorphyr*), roche cornéenne dure d'*Haüy* : il est regardé comme de la plus ancienne formation; 2°. porphyre à base de feldspath (*feldspath porphyr*); 3.° porphyre à base de siénite (*sienit porphyr*); 4°. porphyre à base de pechstein (*pechstein porphyr*); 5°. porphyre argileux (*thon porphyr*). *Voyez* pour les définitions tous ces mots à leur place. —*Porphyrartiges gestein*, roche porphyrique, par exemple le porphyre argileux de *Charpentier* et *Nose*.

PORPHYRÄHNLICHER TRAPP, trapp semblable au porphyre; roche composée d'amphibole uni au feldspath et admettant des lames de mica qui lui donnent l'aspect porphyritique.

PORPHYR-BRECCIE. *Voyez* TRUMMERPORPHYR.

PORPHYRFELS de *Haidinger,* porphyre.

PORPHYRIT, porphyrite, porphyre argileux, et suivant *Stütz,* schiste porphyrique avec des grains quartzeux.

PORPHYRLAVA, lave porphyrique, variété du porphyre schisteux.

PORPHYRSCHIEFER, schiste porphyrique ; porphyre schisteux ; roche composée dont la contexture est schisteuse et porphyrique, la base, le *klingstein,* et les grains qui y sont mélangés, du feldspath ou de l'amphibole. C'est une roche qui a beaucoup de rapport avec le basalte qu'elle accompagne souvent, mais dont la composition est plus intime que celle du basalte.

PORPITEN, porpite. Ce nom tiré de celui d'un fossile du genre des nummulites (*pfennigstein*) a été donné par *Linnée* à un ver mollusque qu'il rangeoit parmi les méduses, mais dont le corps est plus solide, d'une forme circulaire, très-plat et strié tant en dessus qu'en dessous par des cercles concentriques et par des rayons très-peu saillans quoique bien prononcés : il a sur l'eau, dit *Bosc,* l'apparence d'une pièce de 24 sous emportée par les flots.

PORSCHÜSSIG, adj. (*t. de min.*) : se dit d'un minerai qui se trouve immédiatement sous la surface de la terre. — *Das erz liegt porschüssig,* le minerai se trouve près de la surface de la terre ; gît au jour.

PORTLANDSTEIN, PORTLAN-DISCHERSTEIN, pierre de Portland ; pierre dure et à grains fins ; oolite ; chaux carbonatée globuliforme.

PORTSOY, granit, granite où le feldspath domine.

PORZELLANERDE. *Voy.* PORCELANERDE.

POSAUNEN SCHNECKEN, plur. trompes buccinites, buccins fossiles ; coquilles univalves, spirales, gibbeuses, etc.

POST (*t. de min.*), poste, durée du travail d'un mineur ; en ce sens, même que *schicht,* tâche, portion de travail à faire dans une mine. — (*t. de fond.*) *Posterz,* quantité de minerai qui peut être fondue dans un poste de fondeurs, qui ordinairement est de 12 heures ; certaine quantité de minerai d'une même nature ; ce qu'une mine livre à la fonderie en une fois.

POTASCHE, f. potasse, sel alcali qui provient des cendres lessivées et évaporées des végétaux.

POUNXA au Tibet, tinkal ; soude boratée, borax.

POUZZOLANA, POUZZOLANERDE, pouzzolane ; thermantide cimentaire d'*Hauy ;* terre ou pierre argileuse cuite dans l'intérieur d'un volcan, et rejetée en fragmens irréguliers percés de quelques pores et dont la couleur varie entre le gris, le rouge sombre et le noir. Unie dans les proportions convenables avec la chaux, elle produit un ciment de la plus grande solidité.

POYSEN, mot ancien que l'on

trouve dans plusieurs auteurs pour signifier poids. On présume que ce pourroit être un vieux mot celtique d'où on a tiré le mot français *poids*.

Präcipität, n. (*t. de chim.*), précipité ; matière dissoute, séparée de son dissolvant par le moyen de quelque précipitant, et tombée au fond du vaisseau. — *Rother präcipität*, oxide de mercure rouge précipité par l'acide nitrique. — *Weisser präcipität*, muriate de mercure par précipitation.

Präcipitiren, v. a. (*t. de chim.*), précipiter ; séparer sous forme pulvérulente un corps qui étoit dissous dans un liquide, et le faire déposer par la décomposition.

Präcipitirend, adj. qui précipite, précipitant, qui opère la précipitation.

Prägeisen, n. (*t. de monn.*), carré, coin, poinçon, matrice, morceau de fer trempé et gravé dont on se sert pour l'empreinte des monnoies.

Prägen, v. a. empreindre, imprimer une figure sur quelque chose. — *Geldmünzen prägen*, donner l'empreinte à l'argent. — *Das prägen des silbers*, monnoyage ; l'action de donner l'empreinte à la monnoie.

Präger, m. monnoyeur.

Prägestock, m. poinçon, coin avec lequel on donne l'empreinte aux monnoies. *Voyez* Prägeisen.

Prägung, f. action d'empreindre, de donner l'empreinte, d'imprimer.

Prallendgebirge, montagnes entrecoupées de vallées.

Pramnion, (*t. de Pline et d'Agricola*), quartz hialin cristallisé.

Prasen, Prasenstein, Praser, prase ; quartz hyalin vert obscur, dont la couleur verte, due suivant quelques-uns à l'actinote, est uniformément distribuée dans la masse ; plusieurs auteurs ont donné ce nom à la prehnite, et d'autres à la chrysoprase.

Prehnith, prehnite ; minéral d'une couleur verte, olivâtre ou blanc verdâtre, translucide, et d'un aspect un peu nacré à la surface intérieure ; long-temps confondu avec la zéolithe sous le nom de zéolithe du Cap ; il est constaté aujourd'hui que c'est une espèce particulière du genre siliceux : son nom est tiré de celui du colonel *Prehn*, qui a rapporté ce minéral du cap de Bonne-Espérance.

Pressülzenstein, variété de chaux sulfatée des environs d'Osterode, au pied du Hartz.

Prime, f. (*t. de min.*), mesure de longueur qui fait la dix-huitième partie d'une toise ; prime, toute pierre quartzeuse transparente ou demi-transparente, dont la couleur ne pénètre pas toute la masse, étant plus vive dans un endroit, plus claire dans un autre, et totalement blanche dans le reste : ainsi on dit prime d'améthyste (*amethystmutter*), prime d'émeraude (*smaragdmutter*), prime de rubis (*rosenrotherquartz*), comme pour signifier fausse améthyste, fausse émeraude, faux rubis.

PRINZMETALL, PRINCE-MÉTAL, métal de prince ; alliage métallique qui a la couleur de l'or , et a dit-on été inventé par le prince Robert d'Angleterre , d'où on suppose que lui est venu le nom de métal de prince : on l'appelle aussi *pinshebäck* et *pinsbek*, similor , etc.

PRISMATISCH , adj. prismatique. *Haüy* nomme prismatique le cristal dont la forme est un prisme droit ou oblique dont les plans sont inclinés entre eux de 120 degrés. — *Prismatische figur* , figure prismatique ; adv. prisme, en forme de prisme.

PRISMATISIRT , adj. (*t. de crist.*), prismé : on dit d'un cristal qu'il est prismé lorsque sa forme primitive étant composée de deux pyramides réunies base à base , ces pyramides sont séparées par un prisme.

PRISTCHE , expression de quelques mineurs pour désigner les planches dont on compose les tables à laver le minerai.

PROBE , f. essai , épreuve , expérience , opération par laquelle on s'assure de la bonté d'une chose , de la qualité d'un métal , du contenu d'un minerai , etc. — *Probe ansieden* , faire l'essai d'un minerai par la scorification.—*Probe einsetzen*, porter sous la moufle du fourneau de coupelle la matière à essayer. — *Probe wohl abgehen lassen* , bien conduire un essai. — *Probe hüpfet , sprützet* , l'essai jaillit à cause de l'humidité qui est restée dans la coupelle. — *Probe zu licht gehen lassen*, donner à l'essai un degré de chaleur trop fort, ce qui nuit à son exactitude; montre, échantillon , ce qu'on montre pour faire juger du reste.

PROBEBLECH , n. plaque de fer ou de cuivre garni de creux demi-sphériques dans lesquels on verse le métal fondu que l'on veut essayer.

PROBEGEWICHT , n. le poids échantillonné.

PROBEMASS , n. matrice originale; mesure qui sert d'échantillon , d'étalon, pour ajuster et échantillonner les autres.—*Ein maass nach dem probemaass abgleichen* , étalonner , échantillonner une mesure ; ajuster, rectifier une mesure sur son étalon.

PROBEMÜNZE, f. (*t. de monn.*), pied fort ; forte pièce de monnoie d'or ou d'argent qui a plus que le poids ordinaire et sert de modèle.

PROBEN , v. a. pour PROBIEREN , essayer , éprouver, faire un essai, une expérience. *Voyez* PROBIEREN.

PROBENSTÖSSER , m. (*t. de min.*), pileur, broyeur du minerai à essayer, l'ouvrier chargé de pulvériser , de préparer le minerai pour l'essai.

PROBEPLATTE, f. le dénéral ; plaque ronde qui sert de modèle aux monnoyeurs pour la grandeur et le poids de l'espèce qu'ils fabriquent.

PROBESILBER, n. argent d'essai ; argent au titre, argent de juste aloi ; argent non fabriqué qui est au titre d'une telle ville.

PROBESTÄEMPEL , m. coin,

poinçon qui sert à marquer l'argent essayé. — *Das gold, das silber mit dem probestempel zeichnen*, quinter, marquer du coin l'or et l'argent.

PROBESTEIN. *Voy.* PROBIERSTEIN.

PROBESTÜCK, n. morceau, pièce, échantillon propre à faire juger du reste.

PROBEZENTNER, m. quintal d'essai.

PROBIERBLEY, n. plomb d'essai, tenant argent et qui sert à essayer le minerai ; plomb pour les essais.

PROBIERBUCH, n. registre sur lequel l'essayeur doit marquer les essais ; le livre qui enseigne la docimastique ou l'art d'essayer en petit les minerais.

PROBIEREN, v. a. *Versuchen*, éprouver, essayer, faire un essai, une épreuve, une expérience. — *Die stärke des pulvers probieren*, éprouver la force de la poudre.—*Das gold und silber probieren, auf dem probierstein*, éprouver l'or et l'argent en les frottant sur la pierre de touche. — *Das probieren*, l'essai.— *Das probieren des gold es auf die feine*, l'essai du titre de l'or.

PROBIERER, m. l'essayeur.

PROBIERGEHÄUSE, n. cage ou lanterne dans laquelle on tient suspendue la balance d'essai pour la garantir de la poussière et des impressions de l'air ; châsse de la balance d'essai.

PROBIERGEWICHT, n. poids d'essai, poids pour l'essai.

PROBIERHÄMMER, m. marteau d'essayeur.

PROBIERINSTRUMENTEN, l'ensemble des instrumens docimastiques, tout ce dont on a besoin pour faire des essais de minerai.

PROBIERKAPELLE, coupelle pour les essais.

PROBIERKLUFT, f. pince ou petite tenaille à ressort dont se servent les essayeurs pour placer les coupelles dans les fourneaux d'essai et les en retirer.

PROBIERKÖRNER, plur. grains d'essai, culots, grains métalliques séparés des scories ; grains d'argent, par exemple, restés sur la coupelle après l'oxidation ou évaporation du plomb et des autres métaux qui lui étoient alliés.

PROBIERKUNST, f. l'art d'essayer les minerais ; docimasie ou docimastique. — *Probierkunstwort*, terme de docimastique.

PROBIERLÖFFEL, m. cuiller d'essai ; cuiller de fer dont on se sert pour les essais du métal.

PROBIERMEHL, n. farine d'essai ; minerai réduit en poussière pour être essayé.

PROBIERNADEL, f. aiguille d'essai, petite verge d'argent par le moyen de laquelle on fait l'essai de l'argent.

PROBIERNÄPFCHEN, n. écuelle d'essai ; petit têt ou tesson, petit vaisseau de terre cuite servant à griller les minerais sous la moufle du fourneau d'essai.

PROBIER OFEN, m. fourneau d'essai, fourneau de coupelle.

PROBIERPLÄTTCHEN, n. cornet d'essai d'or.

PROBIERPLATTE, f. (*t. de potier d'étain*), plaque de laiton ou table de laiton pour faire l'essai de l'étain.

PROBIERSCHALE, f. petits bassins plats de cuivre dans lesquels on conserve le minerai pulvérisé destiné à être essayé.

PROBIERSCHERBEN, m. scorificatoire ou têt servant à essayer les minerais par la scorification ; scorificatoire.

PROBIERSCHIEFER, PROBIERSTEIN et PROBIERSTEINSCHIEFER, pierre de touche, schiste siliceux, pierre de Lydie, roche cornéenne dure propre pour reconnoître la pureté de l'or.

PROBIERSTUBE, f. chambre pour les essais, laboratoire.

PROBIERTIEGEL, m. creuset d'essai, petit vaisseau de terre cuite réfractaire dans lequel on fait fondre les matières à essayer. — *Probiertiegeldeckel*, couverte du creuset. — *Probiertiegelfässgen*, petit support du creuset, tourteau ou gâteau, aussi de terre cuite réfractaire, sur lequel on place le creuset dans les fourneaux d'essai à vent.

PROBIERWAAGE, f. balance d'essai, trébuchet ou biquet à l'usage des essayeurs pour essayer l'or et l'argent.

PROBIERZANGE. *Voyez* PROBIERKLUFT.

PROBIERZENTNER, m. quintal d'essai.

PROGRESSIONFLÆCHIG, adj. (*t. de crist.*), équidifférent : se dit d'un cristal lorsque les nombres qui désignent les faces du prisme et celles des deux sommets, qui dans ce cas diffèrent l'un de l'autre, forment un commencement de suite arithmétique, comme 6, 4, 2. *Ex.* Amphibole équidifférent.

PROGRESSIV, adj. (*t. de crist.*), progressif ; un cristal est appelé progressif lorsque les exposans forment un commencement de progression arithmétique comme 1, 2, 3. *Ex. Progressiver turmalin*, tourmaline progressive.

PROJECTION, f. (*t. de chim.*), projection ; action de jeter par cuillerées dans un creuset posé sur des charbons ardens quelques matières en poudre qu'on veut calciner. — *Projections pulver*, poudre de projection avec laquelle les alchimistes prétendent changer les métaux en or.

PRONNE, f. (*t. de min.*), fente, ouverture que le mineur fait dans la roche. — *Das gestein lasset sich wohl pronnen*, la roche se laisse entamer, ouvrir, partager facilement.

PROSENNEAËDRISCH, adj. (*t. de crist.*), prosenneaèdre, c'est-à-dire ayant neuf faces sur deux parties adjacentes : se dit d'une variété de tourmaline dans laquelle le prisme et l'un des deux sommets ont chacun neuf faces.

PROZESS, m. (*t. de chim.*), procédé ; la méthode à suivre pour une opération.

PSEUDOMORPHICH, adj. pseudomorphique.

PSEUDOMORPHOSEN, plur. pseudomorphes ; corps qui ont une figure fausse et trompeuse, qui présente des formes étrangères à la nature de leur substance ; effet dû, selon *Haüy*, à ce que leurs molécules ont rempli un espace occupé précédemment par un corps de cette même forme.

PSEUDOPAL, fausse opale. *Kirwan* a nommé ainsi le quartz agate chatoyant, dit *œil-de-chat.*

PSEUDOSCHÖRL, faux schorl ; axinite d'*Haüy*, selon *Estner.*

PTENE, ptène : nom que MM. *Fourcroy* et *Vauquelin* avoient donné à un métal nouvellement découvert que M. *Tenant*, chimiste anglais, a appelé *irridium. Voyez* ce dernier mot.

PUCHEISEN, n. (*t. de boc.*), masse de fer du pilon. *Voyez* POCHEISEN.

PUCHRINGE, anneau de fer pour les pilons.

PUCHT, f. (*t. de saun.*), le plancher sur lequel on laisse ressuer, sécher le sel ; les salignons, pains ou gâteaux de sel.

PUD, POUD, poude ; poids de Russie pesant 40 livres qui équivalent à 33 livres d'Hambourg.

PUDDINGSTEIN , poudingue ou poudding ; quartz agate brèche ; conglomérat formé de fragmens anguleux ou roulés de quartz agate de différentes teintes, liés entre eux par un ciment ordinairement siliceux ; agrégats composés de fragmens ou débris agglutinés postérieurement à la formation des substances auxquelles ils ont appartenu.

PUFJACKE. *Voyez* JACKE.

PULVER, n. poudre. — *Grubenpulver*, poudre de mine. — *Goldpulver*, poudre d'or. — *Pulver das an der luft anbrennt*, pyrophore ; poudre de farine et d'alun qui s'allume à l'air.

PULVERIG, adj. pulvérulent.

PULVERISIREN, v. a. pulvériser. — *Das pulverisiren*, pulvérisation ; (*t. de chim.*), action de réduire un corps en poudre impalpable.

PULVERPROBE, f. éprouvette, machine dont on se sert pour éprouver la force de la poudre.

PULVERSACK , m. (*t. de min.*), extrémité , dernière partie, ou fond du trou percé dans la roche, qui renferme la charge de poudre destinée à la faire éclater.

PULVERWURST, f. (*t. de min.*), saucisse, saucisson, boudin ; longue charge de poudre mise en rouleau, soit dans la toile goudronnée, soit dans du papier, et à laquelle on attache une fusée qui sert d'amorce pour faire jouer une mine.

PUMPE, f. pompe, machine, engin pour élever l'eau. — *Luftpumpe*, machine pneumatique. — *Druckpumpe*, pompe foulante ; sorte de pompe qui élève l'eau en la comprimant. *Voyez* SAUGEWERK.

PUMPEN, v. a. pomper, faire agir la pompe. — *Die luft aus einem raume pumpen*, pomper l'air d'un espace , d'un récipient.

PUMPENBOHRER, m. tarière à percer les tuyaux de pompe, cuiller de pompe, instrument de fer acéré et coupant pour creuser les pompes.

Pumpendeckel, m. la chape ou couvercle de pompe.

Pumpengesenk, n. puits, fosse, creux, cavité pratiquée pour y placer une pompe.

Pumpenkammer, f. corps de pompe ; la partie la plus large des tuyaux d'une pompe.

Pumpenkappe, f. (t. de marin.), chaudron de pompe.

Pumpenkasten, m. (t. de marin.), archipompe.

Pumpenklappe, f. soupape, clapet d'une pompe.

Pumpenkolbe, f. chopinette de pompe ; le pot de pompe.

Pumpenmacher, m. faiseur de pompes, fontainier.

Pumpennagel, m. cheville de pompe.

Pumpenreif, m. cercle de pompe.

Pumpenrinne, f. (t. de marin.), dalle de pompe, petit canal qu'on place sur le pont d'un vaisseau pour recevoir l'eau.

Pumpenrohr, n. tuyau de pompe.

Pumpenschacht, m. puits, creux profond à placer les pompes.

Pumpenschlüssel, m. clef de pompe.

Pumpenschuh, m. soulier du siphon, le bois adapté au bas de la bascule d'une pompe.

Pumpenschwengel, m. bascule, brimbale, balancier, levier de pompe.

Pumpenstange, f. verge de pompe.

Pumpenstieffel, m. barillet de pompe, le corps dans lequel le piston agit.

Pumpenstock, m. perche, bâton de pompe, le piston de pompe, la partie mobile d'une pompe, le cylindre mobile qui joue dans le corps d'une pompe.

Pumpenventil, n. soupape d'une pompe ; sorte de languette qui se lève dans une pompe pour donner passage à l'eau.

Pumpenwerk, n. *Ein saugwerk*, pompe aspirante ; sorte de pompe qui élève l'eau en l'attirant. *Voyez* Saugœwerk.

Pumpenzug, soupape d'une pompe.

Pumper, m. pompeur ; celui qui fait mouvoir la pompe, celui qui élève, qui puise l'eau avec une pompe.

Punamunephrit, Punamustein, m. dans la Nouvelle-Zélande, pierre de hache. *V.* Beilstein.

Punct, m. point.—*Cardinal punckte*, points cardinaux, sud, nord, est, ouest.

Punctachat, quartz agate ponctuée.

Punct-corallen, f. (t. d'hist. nat.), millépore. *Voy.* Milleporit.

Punctirt, adj. pointillé, en parlant des caractères des minéraux ; ponctué, se dit des parties des plantes parsemées de points remarquables.

Punctstein, m. granite.

Purbeckstein, m. oolite ; chaux carbonatée globuliforme.

Pürdel, m. marteau de forgeron.

Purpurfarbe, f. pourpre ; couleur rouge foncé qui tire sur le violet.

Purpurit, m. purpurite, pourpre fossile ; coquille univalve, ovale, le plus souvent tuberculeuse ou épineuse, l'ouverture se terminant en un canal très-court, échancré à son extrémité ; base de la columelle finissant en pointes.

Purpurschiefer , schiste pourpré ; argile schisteuse bleuâtre d'Angleterre.

Purpurschnecke. *Voyez* Purpurit.

Pürsche, pour Bürsche , plur. (*t. de min.*) , garçons mineurs , jeunes mineurs. — *Pürschen verzeichniss,* la liste des mineurs.

Pusperagen à l'île de Ceylan , topaze.

Putzen , v. a. parer, orner, nettoyer.

Putzen, n. (*t. de min.*). On nomme ainsi une sorte de montagne dont la masse est comme crevassée sans offrir pourtant des fentes ou ouvertures en longueur, mais une infinité de cavités ou excavations dont les dimensions sont égales en tout sens , et qui sont vides ou remplies souvent avec du minerai , quelquefois aussi seulement avec de l'eau , et dont aussi quelquefois plusieurs se communiquent : telle est la montagne d'Iberg près de Grund , au Hartz ; elle est comme criblée de mines de fer toutes en exploitation ; masses de minerai non fondues entièrement , et restées attachées aux parois des fourneaux.

Putzholz , m. morceau de bois propre à nettoyer , à polir.

Putzstein, m. pierre pour nettoyer, pour polir ; pierre ponce parce qu'elle sert à cet usage.

Puzzolane. *V.* Pouzzolane.

Pycnit, pycnite. *Voy.* Stangenstein.

Pyramide, f. pyramide ; solide formé par plusieurs triangles qui ont un sommet commun , et dont la base s'appuie sur un même polygone.

Pyramidalerz , n. plomb sulfuré ordinaire ou commun.

Pyramidalisirt , adj. (*t. de crist.*), pyramidé. *Haüy* nomme ainsi un cristal dont la forme primitive est un prisme qui porte sur chacune de ses bases une pyramide ayant autant de faces que le prisme a de pans.

Pyramidalspath, m. chaux carbonatée pyramidée.

Pyramidenmäenack. *Voy.* Octaedrit.

Pyramidisch , adj. pyramidal, qui est en forme de pyramide.

Pyrodmalith, minéral d'un brun clair décrit par M. *Haussmann,* dans les éphémérides du baron de *Molls,* IV, 3. 390. ff. et trouvé par MM. *Gahn* et *Clason,* dans une mine de fer à Nord-Marken, près de Philipstad, en Suède. Les cristaux qui sont des prismes à six pans ont pour gangue une chaux carbonatée lamelleuse. Les morceaux informes sont accompagnés de hornblende commune et cristallisée , de spath calcaire et de fer oxidulé. L'analyse indique pour principes essentiels le fer à l'état d'oxide et l'acide muriatique avec un mélange de silice, d'ammoniac, etc.

Pyrop, pyrope, nom qui ne paroît être encore admis qu'en Allemagne , et a été introduit pour spécifier un minéral de Bohème qui a été qualifié autrefois escarboucle et grenat noble à cause de la grande intensité de sa couleur rouge de sang et de quelques autres rapports, et qui, dans la méthode de *Werner*, forme à lui seul une espèce particulière, mais toujours du genre grenat. *Voyez* CARBUNKEL.

PYROPHAN de *Dcborn*, pyrophane; quartz résinite hydrophane imprégné de cire fondue, ce qui le rend également transparent tout le temps que la cire n'est point refroidie.

PYROPHYSALITH, pyrophysalithe; minéral d'un blanc verdâtre qui se présente en rognons engagés dans un granite composé de quartz blanc, de feldspath et de mica argentin; ces rognons sont séparés de la roche par un talc d'un jaune verdâtre : *Haüy* pense qu'il faut le regarder comme une variété de topase.

PYROSMARAGD de *Nerchinskoy*, chaux fluatée violette.

PYROXENE, piroxène. *Voy.* AUGIT.

Q

QUADERSTEIN, m. pierre de quartier; pierre de taille. Suivant *Stutz*, une sorte de grès argileux mêlé de grains calcaires.

QUADRANT, m. (*t. de mathém. et d'astron.*), cadran; quart de cercle, quart de nonante; instrument propre à mesurer les angles visuels; (*t. de lapid.*), cadran; machine ingénieuse inventée pour tenir le bâton à ciment, c'est-à-dire l'étau pour tenir les diamans quand on les taille.

QUADRAT, n. un carré ou quarré, figure carrée, qui a quatre côtés et quatre angles droits. — *Ein langes quadrat,* un carré long. — *Regulares quadrat,* carré régulier. — *Ins quadrat,* en carré, carrément, à angles droits. — *Quadrat ruthe,* perche ou verge carrée.

QUA

QUADRIEREN, v. a. carrer, donner une figure carrée, équarrir. — *Einen stein quadrieren,* équarrir une pierre, lui donner une figure carrée. — (*t. de géom.*) *Eine fläsche quadrieren,* chercher le carré d'une superficie.

QUADRIUNITÄER, adj. (*t. de crist.*), quadriunitaire : on le dit d'un cristal qui subit quatre décroissemens par une rangée.

QUADRUPLIREND, adj. (*t. de crist.*), quadruplant : se dit lorsqu'un des exposans est répété quatre fois dans une série qui sans cela seroit régulière. *Ex.* péridot quadruplant.

QUÄELE, f. (*t. de min.*), petite entaille ou creux que les mineurs font dans la roche pour rassembler de l'eau dont ils se servent pour humecter leurs trous de mine , se préserver ainsi de la poussière qui s'en élève , et faciliter le travail.

QUÄNDEL , m. et QUÄNDELRUTHE , f. (*t. de charbon.*), le milieu du fourneau et la perche qu'on y enfonce.

QUÄNDELKOHLE , f. (*t. de charbon.*), petit charbon du milieu du fourneau.

QUANTUM, n. quotité, somme fixe à laquelle chaque part monte.

QUÄNZEL , m. (*t. de min.*), anse de la tonne ou du seau de minerai qui doit être élevé par la machine à molettes.

QUARTAL, n. quartier , trimestre, l'espace de trois mois. — *Quartalgeld* , argent qui se paie par quartier. — *Quartalrechnung*, compte du trimestre. — *Quartalsschluss* , clôture du trimestre , la dernière semaine d'un trimestre.

QUARTATION , f. quartation; alliage d'un quart d'or avec trois quarts d'argent ; séparation des métaux par la voie humide.

QUARTEMBER ou QUARTEMBERGELD, n. (*t. de min.*), quartembergeld, droit de quartemberggeld , c'est-à-dire droit à payer à chacun des quatre temps de l'année ; argent, somme déterminée que les concessionnaires de mines doivent payer , chaque trimestre , pour l'entretien des établissemens et la solde de quelques employés , spécialement celle du juré (*Berggeschwörer*).

QUARTIEREN , v. a. (*t. d'orfév.*), fondre ensemble ou allier l'or et l'argent dans la proportion de trois à un pour ensuite

en opérer le départ. Lorsqu'on s'est assuré par un essai en petit que l'or ne contient pas à-peu-près les trois quarts de son poids d'argent, on porte l'alliage à ce titre en y ajoutant une quantité suffisante de ce dernier métal , et cette opération se nomme inquartation (*das quartieren*).

QUARTIRUNG , f. quartation, inquartation , alliage de plusieurs métaux.

QUARTZ ou QUARZ , m. quartz, pierre très-dure dont la base est la silice et qui étincelle sous le briquet.

QUARTZDRUSE , f. groupe de quartz cristallisé.

QUÄRTZEL , m (*t. de min.*), petits éclats de pierre qui sautent aux yeux des mineurs en travaillant.

QUARTZFELS, schiste micacé.

QUARTZFLUSS , m. fluors de quartz , quartz de différentes couleurs.

QUARTZHORNFELS , roche pétrosiliceuse mélangée de quartz.

QUARTZICHT , adj. qui tient de la nature du quartz, qui a de la ressemblance avec le quartz.

QUARTZIG , adj. quartzifère, qui contient du quartz. — *Quartziger gang*, filon quartzeux , qui contient du quartz. — *Quartziger kohlen gesaüerter kalk;* chaux carbonatée quartzifère.

QUARTZKIESEL , m. quartz hyalin roulé ou en cailloux roulés en galets; caillou du Rhin, de Médoc , etc.

QUARTZKRYSTALL, m. quartz cristallisé. Les cristaux de quartz colorés en rouge, par une dissolution métallique que l'on y introduit en jetant dans cette dissolution le quartz échauffé au rouge, se nomment rubasses.

QUARTZPORPHYR, m. porphyre à base de quartz.

QUARTZSAND, m. sable quartzeux, quartz hyalin arénacé.

QUARTZSANDSTEIN, m. grès lustré, quartz arénacé agglutiné, d'un tissu très-serré, d'une cassure conchoïde à grandes concavités, écailleux et luisant, se rapprochant beaucoup du quartz.

QUARTZSCHIEFER, m. gneiss de M. *Charpentier*; schiste micacé de *Gmelin*.

QUARTZSINTER, m. quartz hyalin concrétionné.

QUARTZWURFEL, m. boracite ou magnésie boratée.

QUATEMBERGELD. *Voyez* QUARTEMBERGELD.

QUATZWURSTEIN, m. conglomérat ou agrégat composé de fragmens de quartz hyalin roulés agglutinés.

QUECKSILBER, n. mercure, vif argent; métal d'un blanc très-éclatant, liquide à une température au-dessus du trente-deuxième degré de froid sur le thermomètre dit de *Réaumur,* ou du quarantième sur le thermomètre centigrade, et le plus pesant des métaux après le platine et l'or. C'est aussi une des espèces de minerai les moins communes, et il y a plusieurs pays, célèbres d'ailleurs par leurs mines, où il n'a pas encore été rencontré, par exemple, en Suède, en Norwège, en Angleterre, et l'on pourroit même ne regarder que comme des indices le peu qu'on en a vu en Russie et dans l'ancienne France. — *Quecksilber gediegenes, gegrabenes und natürliches,* mercure natif, mercure vierge, mercure coulant. — *Kupfer, spieglas und silberhaltiges quecksilbererz,* mine de mercure cuivreuse antimonifère et argentifère; variété curieuse qui semble être particulière aux mines de Moschellansberg, département du Mont-Tonnerre, et offre souvent des cristallisations qui brillent de l'éclat de l'acier le mieux poli.

QUECKSILBERBRANDERZ, n. variété de mercure sulfuré rouge qui résulte d'un mélange intime de cette substance avec une argile endurcie très - bitumineuse.

QUECKSILBERERDE, f. terre mercurielle; acétite de mercure.

QUECKSILBERERZ, n. minerai de mercure.

QUECKSILBERGUHR, n. mercure coulant, mercure natif.

QUECKSILBERHORNERZ, m. mercure muriaté, mercure corné.

QUECKSILBERKALK, f. mercure oxidé, et suivant *Debom* et *Kirwan,* mercure oxigéné.

QUECKSILBERLEBERERZ, n. mercure hépatique. — *Derbes und schiefriges,* compacte et schisteux : ce n'est autre chose qu'un mélange intime de mercure sulfuré ou cinabre avec une argile endurcie bitumineuse, et les deux espèces compacte et schisteuse n'ont de différence que dans la contexture.

QUECKSILBERMOHR et QUECKSILBERMOHRERERZ , n. mine de mercure sulfuré noire terreuse.

QUECKSILBERSALZ , n. sel mercuriel, muriate de mercure.

QUECKSILBERSANDERZ , n. sorte de grès ou de quartz arénacé , agglutiné, mêlé accidentellement de mercure sulfuré.

QUECKSILBERSCHWEFELLEBERERZ, n. mercure sulfuré hépatique.

QUECKSILBERSTEIN, m. mercure natif.

QUECKSILBERTHONSCHIEFERERZ de Hacquet, mine de mercure hépatique argileuse et schisteuse.

QUECKSILBERWASSER , n. eau mercurielle.

QUECKSILBERWEINSTEIN , m. tartrite mercurielle.

QUELLEN , v. n. sourdre, sortir de terre ; renfler. — *Das wasser quillt aus der erde,* l'eau sourd de la terre.

QUELLSAND, m. sable qui se trouve aux bords des sources ; sable mouvant.

QUEMSEL. *Voy.* QUÄERTZEL.

QUENDEL. *Voy.* QUÄENDEL.

QUENT, QUENTCHEN, QUENTLEIN , QUINT , drachme, petit poids qui fait le quart d'un lot, la huitième partie d'une once ; monnoie d'argent chez les Grecs qui pesoit un gros.

QUER, adj. et adv. à travers, de travers, transversal, transversalement.

QUERBALKEN , m. poutre, solive, soliveau qui traverse.

QUERBRET , n. ais de travers ; ais, planche qu'on met de travers.

QUERBRUCH, m. (*t. de min.*), cassure transversale. — *Der querbruch ist schuppig* , la cassure transversale est écailleuse.

QUERDAMM, m. digue, chaussée, levée qui traverse la largeur d'un terrain, etc.

QUERDURCHSCHNITT. *Voy.* QUERSCHNITT.

QUERE, f. le travers, le biais, ligne oblique , espace qui est en travers ; l'étendue d'un corps considéré selon sa largeur. — *Ein feld nach der quere messen,* mesurer un champ selon sa largeur. — *In die länge und in die quere,* en long et en large ; (*t. de géom.*) , transversal , qui coupe obliquement.

QUEREISEN , pièce de fer qu'on met de travers pour assembler certaines parties ou les affermir.

QUERFLÆCHIG, adj. (*t. de crist.*), plagièdre : se dit d'un cristal dont les facettes sont situées de biais. Ex. *Querflächigerquartz,* quartz plagièdre. — *Querflächiger zircon,* zircon plagièdre.

QUERGÄNGE , plur. (*t. de min.*), filons qui traversent le principal sous différens angles.

QUERGESTEIN, n. (*t. de min.*), roche transversale à un filon, ou qui est interposée entre des filons.

QUERKLUFT, f. (*t. de min.*), fente ou fissure qui traverse un filon , qui le partage.

QUERLINIE, f. ligne trans-versale, ligne qui coupe obli-quement, ligne diagonale.

QUERRIEGEL, m. pierre d'as-semblage, pierre qui traverse.

QUERSCHICHT, f. couche transversale.

QUERSCHLAG, m. (*t. de min.*), percée, ouverture faite au tra-vers des roches ; travail trans-versal, soit au toit, soit au mur du filon ; ouvrage en tra-vers, méthode particulière d'exploitation spécialement usi-tée pour les mines en masse (*stockwerk*).

QUERSCHNITT, m. (*t. de crist.*), coupe transversale.

QUERSPRUNG, m. (*t. de min.*), fêlure, gerçure, fente ; ouver-ture, fracture ou rupture trans-versale ; ressaut, saillie trans-versale.

QUETSCHEN, v. a. (*t. de min.*), écraser, briser et ré-duire en pièce. — *Die gänge werden gequetscht seyn*, les filons, les gangues de minerai seront brisées.

QUETSCHFORM, m. (*t. de batteur d'or*), fourreaux.

QUETSCHHAMMER, m. (*t. de monn.*), flatoir ; instrument pour flatir, c'est-à-dire pour donner l'épaisseur convenable à une pièce de monnoie en frappant dessus.

QUETSCHWERK, n. (*t. de min.*), minerai de peu de va-leur, le contraire de *Scheid-werk*, parce qu'il doit être bo-cardé avant d'être porté à la fonderie, au lieu que ce dernier n'en a pas besoin.

QUICK, m. au lieu de QUECK-SILBER, mercure, vif argent. — *Jungfernquick*, mercure vierge, mercure coulant. — *Der quick, quickwasser, das in scheidwasser getödete queck-silber*, mercure amorti dans de l'eau-forte ou acide nitrique.

QUICKEN. *Voy.* VERQUIC-KEN.

QUICKERZ, n. minerai de mercure.

QUICKSAND, m. sable gros-sier ordinaire.

QUICKSTEINERZ, n. minerai de fer très-fusible qui donne un fer facile à souder.

QUICKWASSER, n. eau se-conde, mélange d'acide nitri-que avec moitié d'eau com-mune. On s'en sert pour dorer sur l'argent au moyen d'un pinceau que l'on plonge dans cette eau, ce qui donne la faci-lité d'étendre le mercure par-tout où il est nécessaire.

QUINT. *Voyez* QUENT.

QUINTESSENZ, f. quintes-sence ; ce qu'une chose ren-ferme de principal, de plus es-sentiel.

QUIS pour KIES. Ce mot dé-signe toute pyrite en général, soit martiale, soit cuivreuse ; mais plus ordinairement, lors-qu'on l'emploie sans addition, il désigne le fer minéralisé par le soufre, c'est-à-dire le fer sul-furé.

R

RABENSTEIN, m. pierre de corbeau ; belemnites ; en Hongrie , obsidienne.

RABISCH,m.(*t.de min.*),taille des mines : on appeloit ainsi autrefois en Saxe un bâton ou morceau de bois partagé en deux , sur lequel le maître mineur , qui ne savoit pas écrire , marquoit par des crans les temps de travail ou *schicht* des mineurs , les dépenses et autres choses dont il vouloit se souvenir. *Voyez* KERBHOLZ.

RABISCHMEISTER , m. (*t. de min.*), le maître ou le gardien de la taille des mines.

RAD , n. roue , machine à roue. — *Räder an den maschinen ,* les roues des machines.— *Rad einer uhr , einer rolle ,* la roue d'une horloge , d'une poulie. — *Rad antragen ,* monter une roue. — *Rad mit kleinen rapfen ,* roue à petits tourillons. — *Rad muss gefalle haben ,* toute roue doit avoir de la chute. — *Rad oberschlägig hangend ,* roue placée pour recevoir l'eau par dessus. — *Rad unterschlägig,* roue placée pour recevoir l'eau par dessous. — *Das rad abschützen ,* arrêter la roue, détourner l'eau qui la met en mouvement.— *Das rad anschützen ,* laisser revenir l'eau sur la roue. — *Rad hängen ,* établir une roue. — *Rad abtragen ,* abattre une roue.

RAD

RADARM , m. bras , jante d'une machine à roue.

RADAXE , f. l'axe d'une roue.

RADBRUNNEN , m. puits à roues.

RÄDER , m. crible pour cribler le minerai , crible dont les mailles sont de fer.

RÄDERKORALLEN , plur. encrinites. *Voyez* ENCRINITEN.

RÄDER MIT KASTEN , roues à pots.

RÄDER MIT SCHAUFELN , roues à ailes.

RÄDERSTEIN , m. trochites; petites colonnes formées de tronçons qui représentent des roues figurées par des lignes et par des pointes , ou qui ressemblent à des vertèbres.

RÄDERWERK , n. rouage ; toutes les roues d'une machine.

RADERZANGE , f. tenailles , tricoises à tenir les bandes de roues.

RADFEÜER , n. (*t. de chim.*), feu de roue.

RADFLUDER , canal long et étroit par lequel l'eau motrice arrive sur la grande roue d'une machine.

RADHAUE. *V.* RODHAUE.

RADIEREN , v. a. (*t. de grav.*), graver à l'eau-forte. — *Eine platte radieren,* graver une planche à l'eau-forte , mordre une planche.

RADIERKUNST , f. l'art de

graver à l'eau-forte, gravure à l'eau-forte.

RADSTUBE, f. la chambre, la cage, l'emplacement où se trouve la roue dans les travaux de mines.—*Radstube brechen,* creuser, faire la percée pour établir la roue, l'espace pour placer la roue.

RADTRETTER, m. (*t. de salin.*), celui qui fait marcher la roue.

RADWELLE, f. l'arbre d'une roue ; arbre de roue.

RADZAHN, m. dent de roue.

RADZAPFEN, m. pivot, pinot, tourillon d'une roue.

RAFAS, terme arabe qui signifie plomb.

RAFETINNA, obsidienne, en Islande.

RAGEN, v. n. HERAUS ou HERVORRAGEN, déborder, avancer, saillir en dehors.

RAHMSTÜCK, n. (*t. de menuis.*), membrure. — *Rahmstücke,* plur. charpente qui supporte une roue sur laquelle on enchâsse les crapaudines qui reçoivent les tourillons.

RAITPFENNIG, m. denier de compte. *Voyez* HÜTTENREITER.

RAMM et RAMMBLOCK, ou RAMMKLOTZ et RAMMBOCK, m. mouton, hie, déclic, espèce de gros billot de bois armé de fer, ou belier avec lequel on enfonce les pieux.

RAMME, f. sonnette, machine pour enfoncer des pilotis. — *Pfähle mit der ramme einstossen,* enfoncer des pieux, des pilotis avec le mouton, la hie, le déclic; batte. — *Die*

erde mit einer ramme gleichstossen, aplanir la terre avec une batte; battre la terre pour l'égaliser, pour l'aplanir.

RAMMEL, f. *V.* RAMM et RAMMBLOCK.

RAMMELN, v. n. (*t. de min.*) *Die gänge rammelnsich,* plusieurs filons se rassemblent, se mêlent, se confondent. *Voyez* GANG.

RAMMEN, v. a. battre avec un maillet, avec un mouton, avec une hie.

RAND, m. bord, extrémité de quelque chose, ce qui termine une chose à un endroit. — *Der rand eines mathematischen instrumentes,* le limbe, le bord d'un instrument de mathématique.

RÄNDELN, RANDEN, RÄNDERN, v. a. créneler, façonner le bord, l'extrémité d'une chose, faire le bord. — *Die münzen rändern,* créneler les monnoies, façonner le bord des monnoies, leur donner le cordonnet sur tranche. — *Geränderte münzen, ducaten,* des monnoies, des ducats cordonnés, crénelés.

RANDIG, adj. qui a un bord, une bordure.

RANDKLINGE, f. outil avec lequel les ouvriers en plomb coupent les bords bruts des plaques.

RANDSTAL, m. bâton qui est au bord, à une extrémité, qui déborde ; (*t. de mécan.*), alluchon ou dent qui sert à mettre une roue en mouvement.

RAPAKIVI, en Finlande, granite sans quartz, ou siénite ;

suivant *Viedemann* , granite avec très - peu de quartz , et suivant *Stütz* , granite sans mica.

Rapidolith , rapidolithe , même substance que paranthine. *Voyez* Paranthin.

Rapillo , rapillo et lapillo : ces noms sont donnés en Italie à des petites masses formées de pierre ponce et de lave spongieuse que les volcans rejettent, et qui , pulvérisées, ont les mêmes propriétés que la pouzzolane.

Rappenstein. *Voy.* Rabenstein.

Rasen , m. gazon, terre couverte d'herbe courte et menue. —*Rasenbank* , banc de gazon. — *Belegung mit rasen* , gazonnement.

Rasenberg , m. synonyme de Steinscheidung , pierre qui se détache du parois d'un filon.

Raseneisen et Raseneisenstein, m. mine de fer de gazon, fer limoneux, fer oxidé terreux d'*Haüy ;* fer oxidé globuliforme : c'est plus spécialement cette sorte de minerai qui donne le fer aigre et cassant dit fer cassant à froid.

Rasenerz, n. mine de gazon : on a désigné sous ce nom le *weisserz* , qui est la pyrite arsenicale argentifère.

Rasenlaufer , m. (*t. de min.*), coureur de gazon : on le dit d'un filon peu étendu tant en longueur qu'en largeur. *V.* Gang.

Rasenstecher , bêche à gazon.

Rasenstein , m. minerai qui se trouve sous le gazon ou à peu de profondeur.

Rasentorf , m. tourbe gazonneuse, tourbe qui a encore la texture du gazon.

Rasenwälzer , m. (*t. de min.*), fouleur de gazon, ouvrier paresseux qui, au lieu de travailler , se couche et se roule sur le gazon.

Raspelmeissel , m. ciseau fin et étroit qui sert à faire les coupures des rapes.

Rast , f. repos, relâche , halte , trève.

Rattenpulver et Ratzenstein , n. et m. poudre aux rats , arsenic natif : on donne ces noms aussi en Angleterre à la withérite. *V.* Witherit.

Rattenschwanz , m. (*t. d'ouvr.*), queue de rat , lime ronde piquée à grains d'orge.

Rätterbleche , sorte de tamis de bocard à mailles de laiton ou de fer.

Raub , m. rapine, grapillage. — *Vom raube leben* , vivre de rapines. — (*t. de min.*) *Raubarbeit* , exploitation par grapillage.

Rauberisch , adj. de brigand, de brigandage ; rapace , ardent à la proie, adonné à la rapine. — (*t. de min.*) *Rauberische arbeit* ou *bau* , exploitation de pillage, travail infidèle, travail d'avidité, travail de brigandage. — *Rauberisch bauen* , exploiter infidèlement, en brigand , sans s'astreindre aux règles de l'art, ni s'inquiéter des suites.

Rauberische bergarten ,

RAUBERISCH ERZ, (*t. de métall.*), substances rapaces ; substances qui appauvrissent le minerai, le font disparoître ; substances qui non seulement se dissipent elles-mêmes par l'action du feu, mais contribuent encore à faire évaporer les autres.

RAUBSTOLLEN, m. (*t. de min.*), galerie, percement caché, secret, travail fait à dessein d'enlever à d'autres des filons métalliques, des gites de minerai.

RAUCH, m. fumée, vapeur, exhalaison. — *Hüttenrauch, zechenrauch,* fumée des usines, des fonderies ; fumée qui s'exhale des minerais métalliques pendant leur fusion ; exhalaison, vapeur qui s'élève des corps humides quand ils sont échauffés.

RAUCHACHAT, quartz agate d'un gris brunâtre tombant dans le noir.

RAUCHEGARE ou RAUHEGARE, (*t. de fond.*), le dernier ou le plus haut degré possible d'affinage du cuivre.

RÄUCHERN, n. fumigation, action d'exposer un corps à la fumée ; l'action de brûler un aromate ou une liqueur pour en répandre la fumée.

RAUCHGEWOLBE, n. galerie à fumée construite à la suite des fourneaux de fonderie pour recevoir les fumées qui émanent des minerais et en procurer la sublimation.

RAUCHGRAU, adj. gris de fumée, gris obscur mêlé d'un peu de bleu et d'une très-petite quantité de brun.

RAUCHKRYSTAL et RAUCHTOPAS, cristaux de quartz hyalin enfumé, ou d'un brun de girofle.

RAUCHWACKE ou RAUSCHWACKE. On a donné ce nom à une sorte de tuf calcaire ou chaux carbonatée criblée de grandes cavités remplies de terre qui n'en altèrent pas la ténacité, et à une chaux carbonatée stratiforme qui constitue des montagnes entières près d'Eisleben en Thuringe.

RAUFZANGE, f. et ROFFZANGE, (*t. de forg*), grosse tenaille pour porter les loupes de fer sous le marteau.

RAUH, adj. (*t. de min.*), rude : se dit de la surface extérieure d'un minéral lorsqu'elle présente des aspérités très-petites et serrées.

RAUHBANK, f. et RAUCHHOBEL, m. rifflard, galère, gros rabot pour dégrossir le bois.

RAUHWACKE. *Voy.* RAUCHWACKE.

RAUM, m. espace, place, étendue de terrain. — *Leere raum,* place non occupée ; (*t. de phys.*), vide, espace où il n'y a pas même d'air ; (*t. de min.*), places libres pour la manœuvre, pour déposer les minerais, les charbons ; argile schisteuse et argile schisteuse bitumineuse (*brandschiefer*).

RAUMEISEN, n. fer propre à nettoyer, à vider quelque lieu ou une ouverture, curette.

RAUMNADEL, f. (*t. de min.*), cure - trou, petite racle dont le mineur se sert pour retirer la poussière qui se forme à mesure qu'il approfondit un trou de mine.

RAUSCH, m. (*t. de min.*), le minerai écrasé bien menu et criblé.

RAUSCHEN, n. (*t. de min.*), bruissement , retentissement sourd et souvent foible que rendent certains minéraux lorsqu'on les racle avec l'ongle.

RAUSCHGELB, n. réalgal ou réalgar. — *Rothesrauschgelb*, arsenic sulfuré rouge , que l'on a aussi appelé orpiment rouge et sandaraque minéral. —*Rauschgelbes* ou *gelbes rausch*, orpiment, orpin , arsenic jaune, arsenic sulfuré jaune. — *Rauschgelbhütt.n*, réalgar des fonderies , suie arsenicale produite par les exhalaisons ou fumées émanées des minerais en fusion qui contiennent des pyrites arsenicales et sulfureuses ; arsenic évaporé et sublimé sous l'apparence de fumée.

RAUSCHGELBKIES, pyrites arsenicales ordinaires.

RAUSCHGOLD , FLITTERGOLD , n. clinquant d'or, similor, alliage de cuivre et de zinc qui a la couleur de l'or.

RAUSCHGRÜN , n. iris, vert d'iris.

RAUSCHWACKE. *V.* RAUCHWACKE.

RAUTE, f. rhombe, losange. — *Durchbrochene raute*, *eine längliche raute*, rhomboïde. — *Einen stein in rauten schneiden*, faceter, tailler une pierre en facettes.

RAUTENFLÄCHEN, plur. plans rhombes.

RAUTENFÖRMIG , adj. en forme de losange ou de rhombe.

RAUTENSPATH , spath rhomboïdal.

RAUTENSPINELL , spinelle ; sorte de gemme d'un rouge plus ou moins vif , dont la forme primitive est l'octaèdre régulier, ce qui la distingue spécialement du corindon hyalin rouge , ou rubis oriental avec lequel on l'a confondue, quoique ce dernier soit plus dur et plus pesant.

REALGAR , arsenic sulfuré , soit rouge , soit jaune.

RECESS , m. pour RÜCKSTAND , reliquat, arrérages. — *Das werk stehet im recesse* , cette mine est endettée , reste en arrière, en perte.

RECESSBUCH, n. (*t. de min.*), registre, livre de comptes sur lequel on inscrit les dépenses et les dettes d'une mine.

RECESSCHREIBER , m. régistrateur , officier des mines chargé de tenir registre des frais et des dettes.

RECESSCHULD, f. (*t. de min.*), dette d'une mine dont on tient registre. — *Recesschuld abbauen* ou *abwerfen* , éteindre la dette d'une mine avec le produit.

RECHEN , subst. m. râteau. —*Ein rechenvoll* , râtelée, ce que l'on peut amasser en un coup de râteau.

RECHENBOHRER, m. foret ; tarière pour faire des trous ronds dans un râteau.

RECHENPFENNIG , m. (*t. de min.*) , jeton pour les calculs en usage dans certains endroits.

RECHNUNGSFÜHRER , m. (*t.*

de min.), faiseur de comptes , comptable , le régisseur de seconde classe d'une exploitation, celui qui tient et rend compte de la recette et de la dépense des sommes qu'on lui a confiées pour les besoins de la mine.

RECHTEK, m. (*t. de géom.*), rectangle , triangle qui a un angle droit.

RECHTEKIG , adj. rectangulaire , figure qui a des angles droits. — *Ein rechteckiges* ou *rechtwinkliges prisme,* un prisme droit.

RECHTFALLEN, v. a. incliner dans le bon sens. — subst. *Das rechtfallen,* la descente , l'inclinaison régulière d'un filon. *Voyez* GANG.

RECHTLINIG , adj. (*t. de géom.*), rectiligne ; terminé par des lignes droites.

RECHTWINKLIG , adj. *Voy.* RECHTEKIG.

RECHTWINKLIG DURCHWACHSEN , adj. (*t. de crist.*), rectangulaire : on le dit spécialement de la staurotide composée de deux prismes qui se croisent à angles droits.

RECIPIENT, m. (*t. de chim.*), récipient ; vase qui reçoit les produits d'une distillation. — *In der luftpumpe,* dans la machine pneumatique, le vaisseau ou bocal dont on couvre le corps que l'on veut mettre dans le vide.

RECTIFICATION, f. (*t. de chim.*), rectification , purification , nouvelle distillation.

RECTIFICIREN, v. a. (*t. de chim.*), rectifier , distiller une seconde fois

REDEL , m. (*t. de min.*);

madrier fort épais placé audessus du bocard et contre lequel vont frapper les pilons en s'élevant pour retomber avec d'autant plus de force sur le minerai.

REDUCIERBAR , adj. réductible , qui peut être réduit.

REDUCIREN , v. a. réduire ; (*t. de chim.*), réduire un minerai , un oxide métallique , le rendre à la forme de métal qu'il avoit perdue.

REFIER. *Voyez* REVIER.

REFLECTIERBAR , adj. (*t. de phys.*), réflexible , qui est propre à être réfléchi.

REFLECTIERBARKEIT , f. (*t. de phys.*), réflexibilité.

REFLEXION , f. réverbération , réfléchissement. — *Die reflexionslinie,* la ligne de réflexion. — *Der punct,* le point de réflexion.

REFRACTION , f. réfraction. — *Die refractions gesetze ,* les lois de la réfraction.

REFRINGIEREND , adj. refringent , qui refracte la lumière.

REGALE, pl. bandes de cuivre longues et étroites coupées en lanière pour le tirer ensuite en fils.

REGE , adj. (*t. de min.*), tendre, peu ferme , sans consistance. — *Das gestein wird-rege,* la roche s'ébranle, menace de se détacher , d'écrouler. — *Rege ,* gai , réjouissant. On dit d'une nouvelle mine ou exploitation qui promet d'être productive , *das wird bergwerk rege,* ce sera une mine réjouissante.

REGENBOGEN ACHAT et REGENBOGENCHALCEDON, m. quartz agate ou calcédoine irisé ; de l'intérieur duquel il sort des reflets diversement colorés semblables à ceux de l'arc-en-ciel.

REGENBOGENERZ , n. au Hartz , variété de plomb sulfuré à surface irisée vulgairement dite à queue de paon.

REGENBOGENFARBIG , adj. irisé , qui réfléchit les couleurs de l'arc-en-ciel.

REGENBOGENSTRAHL, m. reflets d'iris.

REGISTER , m. registre, cartulaire , rôle , repertoire. — *Bergwerk register* , registre de mine. — *Register einrichtung*, dispositions des registres relatifs aux mines;(*t. de chim.*), registres, ouvertures qui sont aux fourneaux des laboratoires, et que l'on bouche ou débouche à volonté pour régler les degrés de chaleur ; évents , soupiraux.

REGISTERAUFSTAND , m. (*t. de min.*) rapport supplémentaire joint au principal très-détaillé qui doit être fourni chaque trimestre.

REGISTERSACK , m. le sac ou étui de peau pour garantir les registres dans les transports ; l'enveloppe des registres.

REIBEN, v. a. (*t. de min.*), écraser, broyer, pulvériser le minerai; frotter.

REIBHAMMER, m. marteau broyeur avec lequel on pulvérise le minerai pour les essais.

REIBMESSER , FRICTIONS-MESSER , TRIBOMETER , tribomètre, machine au moyen de laquelle on peut préciser le degré de frottement ou friction des corps.

REIBPFANNE , f. poêle ou ustensile de fer dans lequel on pulvérise le minerai à essayer.

REIBPLATTE, f. plaque de fer sur laquelle on pulvérise le minerai que l'on veut essayer.

REIBUNG , f. broiement, frottement. — *Electricitaet durch reibung* , électricité par le frottement.

REIBZEUG, n. frottoir, toutes les sortes d'instrumens propres à frotter ou à broyer, à écraser. — *Das reibzeug der electrisirmachinen* , les frottoirs des machines électriques.

REICH , adj. riche. — *Reiches frischen* , rafraîchissement riche ; pains ou tourteaux de liquation riches en argent.

REICHALTIG , adj. riche, qui rend beaucoup. — *Reichhaltige erze,* minerai riche, qui contient beaucoup de métal. — *Ein reichesbergwerk,* une mine riche.

REIF , adj. mûr. — *Reif salz*, sel mûr, sel gardé trop long-temps en magasin. — (*t. d'alchym.*) *Reif,* maturation ; opération par laquelle un métal acquiert une grande perfection.

REIF , m. cercle, cerceau, rond ; frette, lien de fer pour consolider les moyeux des roues.

REIHE, f. (*t. de mathém.*), série, rangée, suite de grandeurs qui croissent ou décroissent suivant une loi (*folge ab und zunehmender grössen*). —*Reihe von flächen eines krystals*, les rangées de facettes d'un cristal.

REIHENFÖRMIG, adj. en raies, par rangs.

Rein, adj. propre, net, purifié. — *Rein machen und rein waschen*, purifier le minerai et rendre net le minerai par le lavage.

Reinethonerde, f. alumine pure dont l'existence, comme native, n'a jamais été parfaitement constatée.

Reinigen, v. a. (*t. de chim.*), dépurer, purifier, rendre pur. — *Einen liquor reinigen*, déféquer, ôter les fèces, les impuretés d'une liqueur; déflegmer, enlever la partie aqueuse d'un corps.

Reinigung, f. purification, nettoiement, dépuration, déflegmation. — *Die reinigung der salze, des schwefels, der metalle durch das feüer*, l'exaltation des sels du soufre, des métaux.

Reinverblasen, silberverblasen, souffler sur le bain d'argent après son raffinage afin de le rendre plus pur, chasser par le vent du soufflet l'antimoine resté encore mêlé à l'or en fusion.

Reise, f. (*t. de min.*), voie ou tranchée d'exploitation ouverte dans les terrains d'alluvion d'où l'on extrait le minerai par le lavage. *Voyez* Seifengebirge.

Reissbley, n. molybdène sulfuré; graphite, crayon.

Reitern pour Sieben, cribler.

Reithalde, f. amas, tas, monceau de déblais ou pierres inutiles.

Reinbahne, f. manège d'une machine à molettes, la place circulaire autour de la

quelle tournent les chevaux qui la font mouvoir.

Renne, f. canal ou couloir par lequel on fait rouler du haut en bas les minerais ou les déblais d'une mine.

Renneisen, n. (*t. de fond.*), crochet ou râble de fer avec lequel on détache des parois des fourneaux de fusion les matières qui n'ont pu couler.

Rennfeüer, n. petite fonderie de fer fort en usage avant l'établissement des hauts fourneaux.

Repulsionskraft (*t. de phys.*), force de répulsion, force répulsive, effort que deux corps exercent pour se fuir mutuellement.

Resegal et Resigal, réalgar ou arsenic sulfuré.

Ressen, v. a. (*t. de min.*), creuser, faire un fossé, tailler dans le roc.

Ressen, s. n. (*t. de min.*), canal pour le lavage du minerai.

Rest, m. (*t. de chim.*), résidu, ce qui reste d'une substance qui a passé par quelque opération.

Retardat, n. (*t. de min.*), reprise, acte d'avertissement fait à un actionnaire en retard d'acquitter son contingent dans les frais d'exploitation. — *Einen gewerhen in das retardat setzen*, mettre un actionnaire en reprise, lui notifier par écrit, et même par une affiche publique, que, s'il n'a pas acquitté son contingent de frais dans un temps déterminé, il sera rayé de la liste des exploitans.

Retardat kuxe, pl. (*t. de min.*), actions en reprises, por

tions d'intérèt tombées en déchéance , et partageables entre
les autres actionnaires.

RETEPORIT, rétéporite, rétépore fossile ou millépore réticulaire de *Linnée* ; polypier pierreux n'ayant de pores apparens
que sur une face.

RETORTE, f. (*t. de chim.*),
retorte , cornue ; vaisseau de
fonte, de terre ou de verre avec
un bec recourbé pour se joindre
au récipient.

REUSSIN , nom donné par
Karsten à un sel que M. *Reuss*
a fait connoître , et que l'on
croit être un mélange de sulfate
de soude, de sulfate de magnésie et de muriate de magnésie.

REUTGABEL , f. sorte de rà-
teau ou fourche qui sert à séparer les grosses pierres d'avec
les petites, et spécialement dans
les mines d'alluvion.

REUTHALDEN , haldes ou
monceaux de déblais provenant
de l'opération faite avec le
Reutgabel.

REUTKRATZE, f.(*t.de fond.*),
le croc , sorte de râble de fer
avec un long manche dont les
fondeurs de minerai d'étain se
servent pour décrasser leurs
fourneaux.

REVERBIERFEÜER , n. feu
de réverbère , feu disposé de
manière que la flamme doit se
répandre ou rouler sur les matières exposées à l'action du feu.

REVERBIEROFEN , m. four-
neau de réverbère , à réverbère;
athanor des alchimistes , fourneau qui doit être principalement échauffé par la flamme.

REVIER , n. canton, district ,
territoire.

REVIFICIREN , v. a. revivifier, rendre à un oxide sa forme
métallique. — *Die glätte revificiren* , revivifier la litharge.

RHAMER , potasse nitratée
de Lenz.

RHENDELBAUM,m. l'arbre de
la roue d'une machine.

RHEINDIAMANT , caillou du
Rhin ; cristaux de quartz hyalin roulés.

RHEINGOLD , or du Rhin , or
d'alluvion , or que l'on retire
par le lavage des sables du Rhin.

RHEINKIESEL , caillou du
Rhin.

RHEINLÄNDISCH , adj. du
Rhin. — (*t. de géom.*) *Rheinländische schuh* , pied de roi.
— *Rheinländische ruthe*, verge
de douze pieds de roi.

RHIZOLITHEN , rhizolithes ,
racines inscrustées , empreintes
de racines.

RHODIUM , rhodium , l'un
des quatre métaux nouvellement
découverts dans le platine, et
très-peu connu encore à l'état
métallique ; sa couleur est le
blanc grisàtre , et , lorsqu'il est
parfaitement pur , on ne peut le
fondre ni le dissoudre dans aucun acide; il faut, pour le rendre
soluble, l'allier avec le bismuth,
le cuivre, le plomb ou le platine.

RHOMBOÏDAL-QUARZ, quartz
rhomboïdal ; feldspath.

RHOMBOÏDAL-SCHÖRL , axi-
nite de *Batsch.*

RHOMBÖEDER,m.rhomboïde.
*Haüy*nomme ainsi un parallélipipède terminé par six rhombes
égaux et semblables. Le rhomboïde est obtus ou aigu suivant

que l'angle contigu au sommet est lui-même obtus ou aigu.

RHOMBOÏDALISCH, adj. rhomboïdal, en forme de rhomboïde.

RIBBEN. *Voyez* RIPPEN.

RICHTBLEY, n. plomb pour niveler, pour prendre les aplombs. — *Mit dem richtbley messen*, mesurer avec le plomb, niveler.

RICHTEN, v. a. (*t. de fond.*), dresser les lames de fer ; déborder la tôle.

RICHTHAMMER, m. marteau platineur avec lequel on réduit le cuivre en plaques.

RICHTMAASS, n. étalon ; modèle de poids, de mesure, réglé par la loi.

RICHTPFENNIG, m. (*t. de monn.*), petit poids sur lequel on ajuste celui des espèces.

RICHTSCHACHT, m. (*t. de min.*), puits qui descend perpendiculairement sur les travaux ; puits approfondi sur la limite d'une concession de manière qu'on ne peut pas étendre les travaux au-delà.

RICHTSCHNUR, f. cordeau, ligne, ficelle, petite corde dont les ingénieurs, les jardiniers, maçons et autres se servent pour dresser leurs ouvrages ; règle, modèle, exemple, type.

RICHTSPILLE ou RICHTSPINDEL, f. foret à percer des filières.

RICHTSTEIN, m. pierre qui sert pour redresser les pointes.

RICHTUNG, f. direction, tendance, l'action de diriger, de redresser, de rendre droit ; redressement. — *Die richtung der bewegung*, la direction du mouvement. — *Linie der richtung*, ligne de direction. — *Die rich-*

tung des magnetes, la direction de l'aimant. — *Gerade richtung*, alignement, ligne droite.

RIDGE (*t. de min.*), ridge. Ce mot anglais, qui signifie chaîne, rend fort bien l'idée que l'on doit se former d'une sorte de failles qui interrompent et dérangent des couches de houille ; car cette sorte est formée d'une suite de pierres engagées les unes dans les autres.

RIECHENDE STEINE, plur. pierres odorantes.

RIECHSALZ, n. sel de senteur, sel volatil.

RIEFE, f. cannelure, petit canal creusé le long du fût des colonnes.

RIEFEN ou RIEFELN, v. a. canneler, faire des cannelures.

RIEMENSTEIN et RIEMENTALK, cyanite ; disthène. *Voyez* CIANIT.

RIEPEL, m. (*t. de fond.*), brasque, mélange d'argile et de charbons pulvérisés, préparé pour en garnir l'âtre des fourneaux de fusion.

RIESENHUND, m. (*t. de min.*), l'espèce la plus grande des caisses ou petits chariots que les mineurs nomment chien.

RIESENMUSCHEL, f. coquille gigantesque, sorte de coquille bivalve d'une grandeur démesurée.

RINDENSTEIN, m. chaux carbonatée concrétionnée, incrustante, déposée contre les parois des grottes où filrent des eaux chargées de molécules calcaires.

RINDFLEISCHSTEIN, m. quartz agate jaspé d'un rouge couleur de chair.

Ringachat , quartz agate onyx en bandes ou filets concentriques en forme d'anneaux.

Ringfacetirt, adj. (*t. de crist.*), annulaire : on le dit d'un prisme hexaèdre qui a six facettes marginales disposées en anneaux autour de chaque base. Ex. *Ringfacetirter smaragd*, émeraude annulaire.

Ringförmig, adj. qui est en forme d'anneau, qui a la forme d'un anneau. — *Ringförme gewölbe*, voûtes annulaires.

Rinne, f. petit canal de bois ou de plomb servant à l'égout, à l'écoulement des eaux.

Rinnwerk , n. petit canal ou rigole pour l'écoulement des eaux d'une mine.

Rippen am treibehut (*t. de min.*), les côtes ou rayons du cercle de fer qui forme la circonférence d'un chapeau de coupelle.

Riss , m. (*t. de min.*), tranchée d'exploitation ouverte en plein air sur un filon près du jour; dessin, plan. — *Riss-machen*, dresser un plan.

Rissig et Ritzig, adj. (*t. de min.*), crevassé, gercé. — *Rissig laufen*, courir par fossés ou par rigoles.

Ritz , m. (*t. de min.*), entaille, coupure, rainure; rigole ou fente que l'on creuse dans la roche pour y introduire les coins; éraflure, écorchure légère; crevasse, fente qui se fait à une chose qui s'entr'ouvre.

Ritzeisen , n. fer à creuser des rigoles dans les roches.

Ritzen , v. a. faire une entaille, une rainure.

Ritzfedern, plur. lames d'in-

tercalation, lames de fer que l'on introduit entre les coins dans les entailles pratiquées pour faire éclater la roche.

Ritzig , adj. plein de gerçures , de félures , de petites fentes.

Robal, grenat commun.

Rochwand , chaux carbonatée grossière commune.

Rodhaue du Hartz , pour Radhaue, f. pioche ou hoyau à couper le gazon.

Roeste, f. (*t. de fond.*), quantité de minerai pour un grillage; elle est au Hartz de 30 quintaux de schlich.

Roh, adj. brut. — *Roher salpeter*, salpêtre brut. — *Roher marmor*, marbre brut. — *Die rohe arbeit, das rohschmelzen*, le travail cru , la fonte crue. — *Die rohe schlacken*, les scories de matte. — *Der rohschwefel*, le soufre de la première fonte. — *Der rohstein*, la matte crue; matière métallique impure qu'on obtient par la première fonte du minerai.

Roheisen , n. fonte crue, c'est-à-dire fonte d'un minerai qui n'a point été préalablement grillé.

Roheisen vermidt, fonte employée pour le fer.

Roherfluss, m. mélange de tartre et de salpêtre qui n'a pas encore détonné ou fulminé.

Roherrost, m. résidu pierreux du minerai de cuivre après le grillage; matte crue.

Roherschlich, m. minerai non encore grillé qui contient par conséquent encore du soufre et de l'arsenic.

Roherstahl, m. acier brut.

ROHOFEN, m. fourneau de la fonte crue.

RÖHR, n. tuyau, tube ou canal de plomb, de fer, de cuivre, de bois ou de terre, etc.; cylindre, tout ce qui est creux, concave et de figure cylindrique; (*t. de verr.*), fèle, tube de fer pour souffler le verre en fusion.

ROHRACHAT, quartz agate stallactite cylindrique.

RÖHRENFÖRMIG, adj. cylindrique, en forme de tuyau.

RÖHRENKORALLE, tubipores, coraux à tubes cylindriques, creux, droits, parallèles.

ROHRSTEINE, plur. tubulaires à tige et à branches droites; sorte de polypier.

ROHRERZ, n. fer oxidé hématite cy indrique brun.

ROHSCHWEFEL, m. soufre brut provenant de la sublimation qui s'en fait pendant le grillage des pyrites; soufre de la première fonte.

ROHSTEIN, m. (*t. de fond.*), matte crue; (*t. de min.*), les pierres brutes stériles sans minerai; les concrétions calcaires dites *sinter*, etc.

ROHSTEIN ANRICHTEN, (*t. de fond.*), préparer les mattes crues, les mêler avec de bons minerais pour les passer à la fonte.

ROLLBLEY ou ROLLERBLEY, plomb laminé, plomb roulé.

ROLLE, f. rouleau, roulette; poulie, petite roue servant à faire rouler la petite machine à laquelle on l'attache; roue creusée en demi-cercle dans l'épaisseur de sa circonférence, sur laquelle pose une corde pour élever et descendre des fardeaux; (*t. de min.*), ri-

gole, couloir, canal ou conduit formé de fortes planches qui sert à faire rouler ou couler du haut en bas le minerai et les pierres ou déblais de mines.

ROLLEN, v. a. rouler, faire avancer en roulant; plier en rond, mettre en rouleau. — *Steine vom berge herabrollen*, rouler des pierres du haut de la montagne.

ROLLER, m. rouleur, l'ouvrier qui roule l'argile glaise dans les fabriques à pipe.

RÖLLGEN, n. rouleau de lames minces d'argent à dissoudre dans l'oxide nitrique.

ROLLIG, adj. ébouleux, sans consistance. — *Rolliges gestein*, roche ébouleuse, qui se détache ou se délite aisément, qui tombe peu-à-peu.

ROLLKASTEN ZUM POCH-WERK, caisse de bois plus longue que large placée au-dessus de la batterie d'un bocard; sorte de trémie inclinée qu'on remplit de minerai à bocarder, d'où il tombe sous les pilons.

ROLLPOCHWERK, n. bocard à trémie.

ROMBUS. *Voyez* RAUTE.

ROOGENSCHIEFER et ROOGON-STEIN, argile schisteuse.

ROOGENSTEIN, m. oolite; chaux carbonatée globuliforme; amite et ammite, méconite; roche composée de grains calcaires, bruns ou rougeâtres, compactes, réunis par un ciment marneux de couleur grise.

RÖSCHE, f. (*t. de min.*), arrugie; fossé, rigole, canal pour l'écoulement des eaux d'une mine; première tranchée ouverte dans un terrain à exploiter. — *Röschen treiben*, faire la tranchée, pousser la première fouille.

RÖSCHELSCHLAMM, les grosses vases qui se déposent dans les premiers bassins des bocards.

ROSCHERZ, n. argent sulfuré aigre, suivant *Stütz*.

RÖSCHGEWACHS et RÖSCHGEWIST. En Hongrie on donne ces deux noms à l'argent sulfuré aigre.

RÖSCHHEDEL ou ROESCHHAUPTEL, gros sable ou gros grains de minerai qui s'arrêtent dans les premières caisses ou canaux en sortant de l'auge du bocard ; limon de minerai légèrement ou foiblement bocardé.

ROSE VON JERICHO, rose de Jéricho : on nomme ainsi à Joachimsthal, en Bohême, la variété de chaux carbonatée équiaxe d'*Haüy*.

ROSENFÖRMIG, adj. en forme de roses, en roses, comme certaines variétés de chaux carbonatée.

ROSENGUT. Au Hartz on désigne par ce mot le vitriol natif ou sulfate, soit de fer, de cuivre ou de zinc.

ROSENQUARZ, quartz rose, quartz hyalin rose ; quartz laiteux.

ROSENROTH, adj. rouge de rose ou incarnat, rouge pâle, mêlé de cochenille et de blanc de neige. —*Rosenrother quartz*, prime de rubis.

ROSENSPATH, spath rose, spath en rose, chaux carbonatée équiaxe ou lenticulaire.

ROSENZINN, n. sorte d'étain mélangé avec le plomb dans la

proportion de 15 livres d'étain sur une de plomb.

ROSICLE, terme espagnol qui désigne l'argent antimonié sulfuré.

ROSSGELB. *V.* TAUSCHGELB.

ROSSKUNST, f. machine à molettes mue par des chevaux.

ROSSZAHN, m. variété de chaux carbonatée cristallisée.

ROST, m. (*t. de metall.*), grillage, amas de minerai de bois et de charbons rangés par couches pour le grillage. — *Einen rost betten*, faire des lits, arranger des couches pour le grillage. — *Den rost abziehen*, ôter le minerai grillé. — *Ein rost*, le minerai dont on a fait le grillage, qu'on a fait passer par plusieurs feux ; la quantité de minerai, de bois et de charbon qu'il faut pour un grillage. — *Rost recht führen*, bien conduire un grillage. — *Rost*, rouille, rouillure.

ROSTBRENNER, m. ouvrier qui fait, qui soigne le grillage du minerai.

ROSTDÖRNER, plur. épines de grillage ; petits morceaux de métal qui se séparent du minerai pendant le grillage.

RÖSTE, f. (*t. de métal.*), le lieu où l'on fait le grillage du minerai, et le minerai dont on fait le grillage.

RÖSTEN, v. a. griller. —*Die erze rösten*, griller le minerai, le faire passer par plusieurs feux avant de le fondre ; torréfier, appliquer une chaleur violente à un corps ; (subst.), torréfaction, action de torréfier.

RÖSTER. *V.* ROSTBRENNER.

ROSTERIG, adj. *V.* ROSTIG.

ROSTFÖRMIG, adj. et adv. en forme de grille.

RÖSTHOLZ, n. bois propre et destiné pour le grillage du minerai.

ROSTIG, adj. rouillé, enrouillé, qui a de la rouille, qui est couvert de rouille. — *Rostig machen*, rouiller, enrouiller, faire venir de la rouille. — *Röstiges eisen*, du fer rouillé.

ROSTLAGISCHES EISEN, n. fer de la fonderie de Rostlag, en Suède, une des meilleures sortes de fer et des plus recherchées des Anglais pour leurs fabriques d'acier.

ROSTLÄUFER, m. brouetteur de minerais grillés, celui qui les transporte à la fonderie après le grillage.

ROSTOFEN, m. fourneau de grillage.

ROSTPFAHL, m. (*t. d'archit.*), pilot, gros pieu, grosse pièce de bois enfoncée sur laquelle on pose un grillage de charpente. — *Rostpfähle einschlagen*, piloter, enfoncer des pilotis pour bâtir dessus.

ROSTSCHICHT, f. (*t. de fond.*), fonte de matte crue.

ROSTSCHUPPEN, m. hangar de grillage.

ROSTSCHWELLE, f. (*t. d'archit.*), lambourdes, traversines, soliveaux, grosses pièces de bois qui forment un grillage de charpente, sur lequel posent les pilotis.

ROSTSTAB, m. barre, barreau, verge de fer d'un gril.

ROSTSTADEL, ROSTSTÄETTE, espace ou emplacement entouré de murs de trois côtés pour le grillage en plain air.

RÖSTUNG, f. (*t. de métall.*), grillage du minerai : on en distingue de trois sortes, le grillage *en tas*, le grillage *en caisse*, et le grillage *dans les fourneaux*.

ROSTWENDER, m. ouvrier qui tourne et retourne le minerai dans l'opération du grillage, qui le change de place après chaque feu.

ROTH, adj. rouge. — *Rothe farbe*, couleur rouge. — *Rothe glöthe*, litharge rouge. — *Rothes erz*, minerai rouge. — *Roth kupfer*, cuivre rouge, cuivre rosette.

ROTHBLEYERZ, plomb rouge, plomb chromaté.

ROTHBRAUNSTEINERZ, n. manganèse rouge, manganèse oxidé rose silicifère.

ROTHBRÜCHIG, adj. rouverin. — *Rothbrüchiges eisen*, fer rouverin qui est cassant lorsqu'on le fait rougir au feu, qui est rempli de gerçures.

ROTHEISENSTEIN, m. mine de fer oxidé rouge.

RÖTHEL, m. rubrique; sanguine; crayon rouge; arcanée; sinople; fer oxidé graphique d'*Haüy*; pierre à brunir, parce qu'on s'en sert pour polir les métaux. — *Eine schnur mit röthel farben*, teindre une corde avec le fer oxidé graphique ou crayon rouge.

RÖTHELKREIDE et RÖTHELSTEIN, crayon rouge; même que RÖTHEL.

ROTHES SCHAALGEBIRGE, porphyre fendillé de *Baumer*, et serpentin rouge du pays de Münster.

ROTHES TODTES LIEGENDES,

fond stérile rouge ; base morte ou stérile rouge. Cette dénomination a été généralement donnée au grès rouge, qui est celui que l'on regarde comme le plus ancien, et qui paroît devoir sa couleur au fer ; mais il semble qu'on l'applique plus spécialement à une variété qui repose sur la *grauwacke*, et qui est recouverte par le schiste marno-bitumineux que renferment les mines de cuivre du pays de Mansfeld.

ROTHFAUB. *Voyez* ROTHBRÜCHIG.

ROTHGIESSER, m. et GELBGIESSER, fondeur en cuivre rouge et jaune ; ouvrier qui travaille le cuivre rouge et jaune fondu.

ROTHGIESSEREY, f. fonderie de cuivre rouge et jaune ; le métier de fondeur en cuivre rouge et jaune.

ROTHGULDEN et ROTHGÜLTIGERZ, mine d'argent rouge ; argent antimonié sulfuré ; rouge vif, rouge sombre et métalloïde.

ROTHGULDENBLÜTHE, fleurs d'argent rouge ; argent antimonié sulfuré superficiel.

ROTH-KOBOLTERZ, mine de cobalt terreuse rouge ; cobalt arseniaté d'*Haüy*.

ROTHKUPFER, n. (*t. de fond.*), cuivre rouge, cuivre rosette, cuivre obtenu de la refonte des scories, et que l'on ajoute au cuivre noir dans l'opération du raffinage.

ROTHKUPFERERZ et ROTHKUPFERGLAS, mine de cuivre oxidé rouge.

RÖTHLICH, adj. rougeâtre.— *Braün röthlich,* brun rougeâtre.

ROTHSCHLAG, d'après *Cronstedt*, blende jaune et rouge ; zinc sulfuré jaune et rouge.

ROTHSILBERERZ, argent rouge, argent antimonié sulfuré.

ROTHSPATH, manganèse oxidé rose silicifère.

ROTHSPIESGLANZERZ et ROTHSPIESGLASFEDERERZ, antimoine hydro-sulfuré amorphe et aciculaire ; kermès, minéral natif de *Romé-de-l'Isle*, couleur rouge de brique terne, quelquefois même jaunâtre ; cette espèce recouvre souvent les masses d'antimoine sulfuré sous forme d'aiguilles ou d'enduit terreux.

ROTHSTEIN. *Voyez* RÖTHEL.

ROTHSTEIN VON RAWENSTEIN, feldspath cubique de *Kirwan* : variété du feldspath commun, très-lamelleux, dont les fragmens rhomboïdaux approchent de la forme cubique.

ROTTENSTEIN, m. tripoli, quartz aluminifère tripoléen ; thermantide tripoléenne non volcanique d'*Haüy*.

RUBELLIT, rubellite de *Kirwan* ; tourmaline apyre d'*Haüy*, vulgairement schorl rouge de Sibérie.

RUBICELL, rubicelle de *Stütz* ; spinelle rouge jaunâtre.

RUBIN, m. rubis ; spinelle.— *Ächter rubin,* corindon, saphir, télésie.—*Arsenikalischer rubin* de *Lehmann*, rubine d'arsenic ; réalgar natif ; arsenic sulfuré rouge. — *Brasilianischer rubin* de *Kirwan*, topaze. — *Occidentalischer unächter rubin*, quartz hyalin cristallisé. — *Ungarischer rubin*, grenat des monts Krapacks, grenat noble.

— (*t. de chim.*) *Rubin*, rubis, préparations rouges. — *Arsenic rubin*, rubis d'arsenic.

Rubin, arsenic, arsenic sulfuré rouge.

Rubin ballas, rubis ballais ; spinelle rouge de rose ordinairement foible.

Rubinblende, zinc sulfuré brun.

Rubinkrystall de *Brückmann*, quartz hyalin cristallisé.

Rubinmutter de *Gmelin*, grenat noble.

Rubinschwefel , arsenic sulfuré rouge, réalgar.

Rubinspath et Rubinspinell, spinelle.

Rücksicht, f. égard, considération, déférence, rapport.

Rücksichtlich, adj. réciproque, relatif, qui a rapport ; (adv.), respectivement, par égard.

Rückstand, m. arrérages, ce qui est dû, ce qui est échu ; (*t. de min.*), l'arriéré d'un exploitant qui n'a pas acquitté son contingent ou sa cote-part dans les frais d'exploitation.

Rückwaertzgezogen, adj. (*t. de crist.*), rétrograde : se dit d'une variété de chaux carbonatée dont l'expression renferme deux décroissemens mixtes, qui sont tels que les faces qui en résultent semblent rétrograder en se rejetant en arrière du côté de l'axe opposé à celui que regarde la face sur laquelle ils naissent.

Ruff, sorte de scorie ou matière noire et poreuse que produit quelquefois la fonte des verres de couleur.

Ruffenberg, ordures, im-

puretés de certains minerais d'étain.

Ruffrige et Ruffen bergige gänge, filons de minerai d'étain mélangés de beaucoup de saletées ou parties stériles, spécialement ceux des dépôts, des terrains d'alluvion.

Ruhebühne, f. (*t. de min.*), repos, planchers de repos ; places ménagées de distance en distance derrière les échelles dans les puits de mines pour s'y reposer.

Ruhepunckt, m. point d'appui d'un levier ; appui, le point fixe par lequel le levier est appuyé.

Rührhacken, m. (*t. de chim.*), rouable et râble, barre de fer en croches à remuer des substances ; crochet avec lequel on brasse les métaux en fusion ; (*t. de monn.*), brassoir, coquillon ; canne de terre cuite ou de fer pour brasser.

Ruinenförmig, adj. ruiniforme, qui ressemble à des ruines.

Ruinen - marmor , marbre ruiniforme, vulgairement pierre ou marbre de ruines ; pierre de Florence , calcaire polissable argilo-ferrifère ; chaux carbonatée ruiniforme.

Rundbaum, m. cylindre, arbre d'une machine qu'on fait tourner pour élever des fardeaux.

Rundhaue, f. (*t. de min.*), pioche, hoyau avec lequel on désunit les minerais agglutinés.

Rüsch, argile schisteuse bitumineuse.

Rusma de *Bellonius*, pierre

atramentaire. *Voyez* ATRA-
MENTSTEIN.

RUSS, m. suie ; (*t. de chim.*),
suie, matière noire qui accompagne la flamme de toutes les
huiles et matières huileuses ;
fuliginosité, vapeurs fuligineu-
ses ; certaines vapeurs grossières
qui portent avec elles comme
une espèce de crasse et de suie.

RUSSHÜTTE, f. endroit où se
fait le noir de fumée ; fabrique
de noir de fumée.

RUSSICHT, adj. qui ressemble
à de la suie, qui tient de la suie ;
fuligineux.

RUSSIG, adj. plein de suie.—
Sich russig machen, se salir,
se souiller de suie ; (*t. de chim*),
fuligineux, noir, obscur. —
Russige dämpfe, vapeurs fuli-
gineuses. — (*t. de métall.*),
Russiges silbererz, russ-silber,
argent noir, variété de mine
d'argent tendre, fragile, souvent cellulaire et comme cariée,
que l'on croit résulter de l'altération de la mine d'argent antimonié sulfuré qui l'accompagne ordinairement.

RUSSIGESERZ, argent noir.

RUSSISCH GLAS, verre de
Russie ; verre ou talc de Moscovie, mica foliacé d'*Haüy*,
mica en grandes feuilles transparentes.

RUSSKOBALT ou KOBOLT,
cobalt oxidé noir terreux.

RUSSKOHLE, Russkohle ;
sorte de houille terreuse d'un
gris noirâtre très-foncé, que
l'on regarde comme une espèce
particulière, et que l'on distingue en compacte (*feste*) et
friable (*zerreibliche*), de Man-
bach, en Thuringe.

RUSTBAUM, m. (*t. de maçon.*
et de charp.), poinçon d'échafaudage ; pièce de bois, arbre à
échafauder. — *Die rüstbäume*
aufrichten, dresser, élever les
poinçons d'échafaudage ; (*t. de*
min.), semelles ; longues et
grosses pièces de bois qui se
posent horizontalement à l'orifice d'un puits de mine.

RÜSTZEUG, n. machine à
élever de gros fardeaux.

RUTHE, f. verge, petite baguette longue et flexible. —
Ruthe, messruthe, feldruthe,
verge, perche, une mesure pour
les terres, mesure de longueur
qui varie suivant les divers
pays, et qui a cela de particulier que les arpenteurs la divisent ou graduent en parties dé-
cimales, tandis que les gens de
métier le font en parties duodé-
cimales ; sur le Rhin la *ruthe*
a 12 pieds du Rhin de long ; à
Bâle, 16 ; à Berne, 10 ; à Col-
mar, 15 ; dans le duché de
Baden, 16 ; le pays de Brande-
bourg, 15 ; la principauté de
Montbelliard, 10 ; Nuremberg,
16 ; Schaffouse, 12 ; en Thuringe, 14 et 16 ; en Saxe, 15 et
2 pouces, mesure de Leipsick ;
au Hartz, 16 pieds de Calen-
berg, c'est-à-dire un peu plus
de 10 pieds de France.

RUTHENGÄNGER et RUTHEN-
SCHLAGER, m. (*t. de min.*),
celui qui se sert de la baguette
devinatoire pour trouver des
veines ou filons métalliques, ou
qui veut persuader qu'il sait
l'employer à cet usage.

RUTHIL, ruthile, titane
oxidé. *Voyez* TITAN-ERZ.

RYSGLAS et RYSOGLAS, mica.

S   S A I

SAALBAND, n. (*t. de min.*), salbande, parois d'un filon, ses deux grandes surfaces, dont l'une est appelée le toit et l'autre le mur, c'est-à-dire la roche qui l'encaisse et le sépare de celle qui constitue le terrain qu'il traverse.

SAAME. *Voyez* SAME.

SAAMENSTEIN, m. mandel-stein, roche amygdaloïde.

SACAL des Égyptiens, succin. *Voyez* BERNSTEIN.

SACHSISCHE WUNDERERDE, terre merveilleuse de Saxe, sorte de terre que *Richter*, qui l'a découverte le premier, a ainsi nommée à cause de la variété de ses couleurs et de ses reflets chatoyans, qui partent d'un fond violet ou jaune rougeâtre. Si on la frotte avec un morceau de laine, elle prend un éclat qui surpasse celui du marbre.

SACKPUMPE, f. (*t. de min.*), pompe dite à pochette; sorte de pompe qui ressemble à une poche de cuir.

SACKWAAGE, f. petite balance de poche avec un ressort caché.

SACKZIEHER, m. (*t. de min.*), tireur de sac : on nomme ainsi l'ouvrier qui descend le minerai renfermé dans des sacs, dans les pays où la trop grande rapidité du terrain ne permet pas d'en faire le transport avec des chevaux ou des mulets.

SADENEGI, terme arabe par lequel on désigne le fer oxidé hématite rouge.

SAFFERA, SAFFRA, SAFFLOR et ZAFFLOR, m. (*t. de chim.*), safre, poudre grise obtenue d'un mélange d'oxide de cobalt calciné et de silice, et préparée pour donner de l'émail bleu par la fusion.

SAFRAN, m. (*t. de chim.*), safran; préparation brune, jaune ou rouge faite avec du fer. — *Eisensafran*, safran de Mars. — *Metallsafran*, safran des métaux, oxide d'antimoine sulfuré demi-vitreux.

SÄGE, f. scie, instrument bien simple et d'une grande utilité, dont on attribue l'invention à un Athénien, neveu de Dédale.

SAGENIT, sagenite; titane oxidé réticulaire.

SÄGESPÄHNE, plur. sciures de bois, ce qui tombe du bois quand on le scie.

SAHLBAND, n. (*t. de min.*), salebande. *Voyez* SAALBAND.

SAHLERDE et SARZERDE, f, carrés de gazon épais dont on fait usage dans les constructions sous l'eau.

SAHLIT, sahlite. *V.* MALACOLITH, qui est la même substance.

SAIGERN, n. affinage du plomb par la refonte de la litharge. *Voyez* SEIGERN et ses composés, ainsi que KUPFER.

Salamander, amiante ; asbeste flexible.

Salband. *V.* Saalband.

Saline, f. Salzwerk, saline ; saunerie ; lieu où l'on fait le sel.

Salmiack, m. ammoniac. —*Natürlicher salmiak,* sel ammoniac natif, ammoniac muriaté. L'ammoniac est une substance saline qui forme un genre à part différent des autres par sa saveur urineuse et par sa volatilité ; elle se trouve en petits cristaux plumeux ramifiés, en petites masses amorphes et aussi sous forme pulvérulente ; sa couleur est blanche ou grisâtre : ce genre ne compte que deux espèces, l'ammoniac sulfatée et la muriatée.

Salniter, Salpeter, m. nitre, salpêtre, potasse nitratée.

Salpeter-Alaun, m. alun nitreux ; nitrite d'alumine.

Salpeterartig, Salpetericht, adj. nitreux, qui tient du nitre, du salpêtre, qui a la propriété du salpêtre, qui est de la nature du salpêtre.

Salpeterblumen, plur. (*t. de chim.*), fleurs de salpêtre ; salpêtre de houssage, aphronitre ; potasse nitratée fibreuse d'*Haüy.*

Salpeterdruse, f. potasse nitratée cristallisée formant groupe, spécialement la variété dite trihéxaèdre, dont la cristallisation se rapproche du quartz prismé.

Salpeterdunst, m. exhalaison, vapeur nitreuse.

'Salpetererde, f. terre nitrique, terre nitreuse. —*Aus-*

gebauchte salpetererde, terre nitreuse lessivée.

Salpetergase, gaz nitreux.

Salpetergeist, m. esprit de nitre, acide nitrique étendu d'eau. — *Versüster salpetergeist,* esprit de nitre dulcifié, alcohol nitrique.

Salpetergesäuerte, adj. nitraté. — *Salpeter gesäuerter kalk,* chaux nitratée.

Salpetergrube, f. nitrière, fosse où se forme le salpêtre, le nitre.

Salpetergrundlage, f. le radical nitrique.

Salpeterhaltig, adj. qui contient du salpêtre.

Salpeterhütte, f. salpêtrière, lieu où l'on fait le salpêtre.

Salpetericht. *Voyez* Salpeterartig.

Salpeterig, adj. séléniteux, nitreux, qui contient du nitre, du salpêtre. — *Salpeteriges wasser,* eau nitreuse.

Salpeterkelle, f. puisoir de salpêtriers.

Salpeterkessel, m. chaudière pour cuire le salpêtre.

Salpeterkrystall, m. cristal de salpêtre, de nitre.

Salpeterküchlein, n. tablettes trochisques de nitre.

Salpeterlauge, f. lessive de salpêtre, lessive dans laquelle on fait cristalliser le salpêtre.

Salpeterluft, f. air nitreux.

Salpetermutter, f. mère de salpêtre, la lessive qui ne fournit plus de cristaux de salpêtre.

Salpeteröhl, n. huile de salpêtre, sang de salamandre.

Salpeter salzsaüre, f. acide nitro-muriatique.

Salpetersäure, f. acide nitrique.

Salpetersaüres geschlecht, n. nitrate, genre nitraté.

Salpeterschaum, m. écume de nitre, aphronitre.

Salpetersieder, m. salpêtrier, ouvrier qui travaille à faire du salpêtre.

Salpetersiederey, f. salpêtrière, lieu où l'on fait du salpêtre ; action de faire du salpêtre, travail de ceux qui font du salpêtre.

Salpetertäslein. *V.* **Salpeterküchlein**.

Salpeterwasser, n. eau de nitre, eau nitreuse.

Salpeterzettlein. *Voyez* **Salpeterküchlein**.

Salpetrig. *Voyez* **Salpeterig**.

Salz, n. sel ; combinaison d'un acide avec une terre ou un alcali ; en général tout composé d'un acide avec une base. — *Armenisches salz*, muriate ammoniacal.—*Englisches salz*, carbonate ammoniacal ; magnésie sulfatée. — *Gemeines salz*, soude muriatée. — *Gediegenes gegrabenes salz*, soude muriatée fossile.—*Salz von Agrigent*, sel d'Agrigente, sel qui a la propriété de fondre très-facilement au feu, mais ne peut être dissous par l'eau, qui ne fait qu'en séparer les parties.

Salzader, f. veine de sel, veine d'eau salée.

Salzaether, m. éther marin, éther muriatique.

Salzamt, n. juridiction qui connoît des affaires de gabelles.

Salzart, f. espèce, sorte de sel, ou qualité, propriété, nature du sel. — *Es giebt verschiedene salzarten*, il y a diverses espèces de sel. — *Saüersalz*, sel acide. — *Alkalisches salz*, sel alcali. — *Fixes salz*, sel fixe. — *Wesentlichez salz*, sel essentiel.

Salzartig, adj. qui tient du sel, de la nature du sel, qui a les qualités du sel.

Salzberg, m. montagne où l'on trouve du sel fossile, du sel gemme.

Salzbergwerk, n. mine de sel, mine d'où l'on tire du sel.

Salzblumen, plur. fleurs de sel ; aphronatron, soude carbonatée qui se forme sur les vieux murs.

Salzblüthe, f. efflorescence de sel.

Salzbraden, **Salzbroden**, m. vapeurs de sel, vapeurs qui s'élèvent des eaux salées en ébullition.

Salzbrunnen, m. puits salans, fontaines salées. On a remarqué qu'elles étoient toujours accompagnées d'argile, et qu'après les grandes pluies elles étoient non seulement plus abondantes en eau, mais aussi plus fortes en sel.

Salzcrystallen, plur. cristaux de sel.

Salzerde, f. terre saline ; terre muriatique, terre qui a beaucoup de parties de sel ; d'après *Gmelin*, soude muriatée fossile mélangée de beaucoup de terre ; terre de sel gemme.

Salzfabrick , f. fabrique de sel.

Salzfluss, m. flux salin, fondant salin ; mélange de matières salines pour faciliter la fusion des métaux.

Salzgeist , m. (*t. de chim.*), esprit de sel, acide muriatique. — *Versüster salzgeist*, esprit de sel dulcifié, alcohol muriatique.

Salzgericht. *Voyez* Salzamt.

Salzgesaüert , adj. (*t. de chim.*), muriaté, combiné avec l'acide muriatique, c'est-à-dire avec l'acide du sel marin.—*Das Salzgesaüertes silber*, l'argent muriaté.

Salzgewerke, plur. actionnaires de salines, intéressés, participans aux salines, ou propriétaires de salines.

Salzgraf , m. intendant ou administrateur principal d'une saline.

Salzgrube, f. mine de sel ; mine d'où l'on tire du sel. *Voy.* Steinsalzgrube.

Salzhandel , m. commerce du sel ; le saunage ou débit du sel.

Salzhaufen , m. salorge, amas, monceau de sel.

Salzicht , adj. qui ressemble au sel, qui tient de la nature du sel ; qui tient du salé ou est un peu salé.

Salzig , adj. salant, salé, qui tient du salé. — *Salzig-bitter*, salé amer, par exemple la magnésie sulfatée. — *Salziges wasser*, eau salée. — *Salziger geschmack*, saveur salée.

Salzigkeit , f. salure.

Salzjunker , m. patricien

ou noble qui a intérêt dans une saline ; le propriétaire d'une saline dans certains pays, par exemple, à Lunébourg on dit *Salzmeister*.

Salzkloss, m. salignon; pain de sel que l'on met comme appât dans les colombiers pour attirer les pigeons.

Salzknapp ou Salzknecht, m. aide du saunier, bas ouvrier qui travaille à faire le sel.

Salzkorb , m. bénate ; espèce de coffre d'osier capable de contenir douze salignons ou pains de sel ; le bénatier, l'ouvrier qui remplit les bénates, ou faiseur de bénates; bénatage, le remplissage de bénates.

Salzkothe ; f. saline ; lieu où l'on fait le sel par le moyen du feu. — *Arbeiter in den salzkothen*, ouvrier qui travaille dans les salines.

Salzkraut, n. kali, soude.

Salzkrystall, f. cristal de sel.

Salzkupfer. *Voy.* Kupfersand.

Salzmaass, n. mesure de sel. — *Das salz maas streichen*, rader la mesure de sel, passer la radoire par-dessus les mesures de sel.

Salzmarmor , m. marbre salin ; chaux carbonatée saccaroïde.

Salzmesser , m. radeur, mesureur de sel ; amineur, celui qui est préposé pour mesurer le sel.

Salzpachter , m. fermier du sel.

Salzpfanne , f. chaudière de saline ; bassines ou poêles dans lesquelles on fait bouillir les eaux salées ; quelquefois elles sont en plomb , mais plus ordinairement en fer , elles sont très-grandes et peu profondes.

Salzprobe, f. épreuve, essai des eaux salées ; instrument qui sert à faire connoître le contenu de l'eau salée.

Salzquelle, f. source salée. Il y a des sources qui produisent plus ou moins de sel selon que la pression de l'atmosphère est plus ou moins forte ; d'autres tarissent par un grand froid et augmentent par la chaleur , mais la pluie ou la sécheresse ne paroissent pas avoir d'influence.

Salzsäuer salzgesaüer , adj. muriatique.— *Salzsaüere, salzgesaüerte erde,* terre muriatique.

Salzsaüre , f. acide marin, acide muriatique , acide tiré du sel marin. — *Übersäure salz saüre* , acide muriatique oxigéné : c'est de l'acide muriatique qui , ayant été distillé sur du manganèse oxidé , a enlevé à celui-ci son oxigène.

Salzsaüres geschlecht, f. genre muriatique.

Salzsaüreskupfer , n. cuivre muriaté ; ses couleurs sont le vert sombre et le vert d'émeraude passant au vert poireau. On n'en connoît que deux variétés, le cuivre muriaté massif , et le cuivre muriaté pulvérulent. Le premier , en masses , d'un vert de poireau assez brillant, rayonnées dans leur intérieur et mêlées d'un peu d'oxide de fer : elles offrent quelques petits cristaux qui pa-

roissent prismatiques , mais qui se rapportent à l'octaèdre cunéiforme. Le second est un sable d'un beau vert, mêlé de quartz. *Voy.* Atacamit. Cette espèce jetée sur un corps enflammé communique à la flamme une couleur verte et bleue très-remarquable.

Salzschank , m. regrat , vente de sel à petite mesure. — *Einen salzschank haben* , faire le regrat, vendre du sel en détail.

Salzschenck, m. regrattier, celui qui vend le sel à petite mesure.

Salzschlag, m. quartz arénacé ; quartz commun grenu.

Salzschmant , m. schelot ou schlot ; ordures ou matières étrangères au sel qui nagent comme une écume sur la surface des eaux salées pendant leur ébullition ; dépôt de chaux sulfatée pendant l'évaporation de l'eau salée.

Salzschopp. *V.* **Salzstein.**

Salzschrape, f.(*t. de salin.*), racloir, instrument de fer avec lequel on ôte la crasse, l'ordure attachée aux salignons ou pains de sel.

Salzschwaden. *Voy.* **Salzbroden.**

Salzschweiss, m. eau salée ou saline qui transsude, qui s'écoule par des fentes de rochers.

Salzsieden , v. a. cuire du sel, faire du sel. Pour soumettre immédiatement à l'évaporation par le feu les eaux de fontaines salées, il faut qu'elles soient assez chargées de sel pour contenir au moins quinze parties de sel sur cent parties d'eau , c'est-à-dire pour être à quinze degrés.

SALZSIEDER, m. SALZWIR-
KER, saunier, ouvrier qui travaille à faire le sel.

SALZSIEDEREY, f. SALZ-
WERK, n. saline, saunerie,
lieu où se fait le sel par le
moyen du feu.

SALZSOHLE, f. eau salée,
eau saline, eau dont on obtient
ou tire du sel par le moyen du
feu.

SALZSPATH, soude muriatée
lamelleuse à grandes lames.

SALZSPINDEL. *Voyez* SALZ-
WAAGE.

SALZSTÄTTE, f. lieu élevé
près de la chaudière où l'on met
sécher le sel.

SLAZTEICH, m. marais sa-
lans, marais où l'on fait arriver l'eau de la mer pour en
tirer du sel; couche ou second
réservoir des marais salans.

SALZSTEIN, m. pierre de sel,
substance pierreuse qui se précipite au fond de la chaudière
pendant l'évaporation des eaux
salées et s'y attache. D'après
Gmelin, soude muriatée amorphe à lames courtes.

SALZSTOCK, m. masse ou gros
rognon de sel gemme; gîte de
sel fossile.

SALZSTÜCK, n. salignon,
pain de sel fait d'eau de fontaine salée. *Voyez* SALZKLOSS.

SALZVERSILBERER, SALZ-
VERWALTER, m. administra-
teur d'une saline, celui qui fait
les recettes.

SALZWAAGE, f. SALZSPINDEL
et SALZPROBE, instrument qui
sert à mesurer le degré de sa-
laison de l'eau, à en faire connoître le contenu en sel.

SALZWASSER, n. *Salziges
wasser,* eau salée, eau saline,
eau qui contient des parties de
sel.

SALZWERK, n. *Salzberg-
werk, salzgrube,* saline, les rochers, les mines d'où l'on tire
du sel; saline, saunerie, lieu
où se fait le sel. — *Das land
hat gute salzwerke,* le pays a de
bonnes salines.

SALZWESEN, n. l'ensemble
de ce qui concerne, de ce qui
regarde les salines, les saune-
ries; les affaires relatives aux
salines, qui concernent le sel;
le saunage, les gabelles du sel.
— *Das salzwesen unter sich
haben,* avoir les salines et tout
ce qui y a rapport sous sa direction ou inspection.

SALZWIRKER. *V.* SALZSIE-
DER.

SAME, f. (*t. de fond.*), crasses résultantes de la liquation,
et qui doivent être refondues
comme contenant encore beaucoup de plomb et de cuivre. —
Same, premier bassin au-dessous des tables de lavoir.

SAMETSCHWARTZ, adj. noir
de velours, noir foncé; le noir
le plus pur et le plus parfait.

SAMISCH ERDE, f. terre de
Samos; argile blanchâtre dont
les anciens distinguoient deux
espèces, l'une tendre, légère et
grasse au toucher qu'ils appeloient *collyrium,* et l'autre compacte et dure qu'ils nommoient
aster.

SAMTERDE, f. sorte ou va-
riété de talc chlorit.

SAND, m. sable, arène, sablon, gravier, terre sablonneuse. — *Triebsand,* sable

mouvant. — *Flussand*, sable de rivière. — *Goldsand*, sable d'or ; (*t. de fond.*), sable, composition faite avec du sable ou de la poussière d'os desséchés, etc., où l'on jette en moule des monnoies, des médailles.

SANDARACK, n. sandarach des anciens; sandaraque, oxide d'arsenic sulfuré rouge d'*Haüy*, rubine d'arsenic de *Daubenton*.

SANDARTIG, adj. arénacé, en façon de sable. — *Sand artiger glas quartz*, quartz hyalin arénacé.

SANDBAD, n. (*t. de chim.*), bain de sable ou au sable. — *Im sandbad distilliren*, distiller au bain de sable.

SANDBANK, m. (*t. de min.*), banc, couche, lit de sable, de gravier, de grès; (*t. de géolog.*), banc de sable, élévation sensible du fond de la mer ; il y en a à fleur d'eau, et d'autres à plus ou moins de profondeur : ces dernières procurent quelquefois des pêches abondantes. On nomme féraillon un petit banc de sable séparé d'un plus grand par un canal.

SANDBEINQUELLE, ostéolites, ossemens fossiles.

SANDBERG, m. montagne de sable ; montagne sablonneuse.

SANDBODEN, m. terrain sablonneux.

SANDBOHRER, m. tire-sable, sorte de tarière dont se servent ceux qui creusent des puits ; drague, sorte de pelle recourbée qui sert à curer les puits et à tirer du sable des rivières.

SANDCAPELLE, f. (*t. de chim.*), capsule ; vaisseau en forme de calotte dans lequel on met le sable pour les bains au sable, et qui sert aux évaporations chimiques.

SANDERZ, n. minerai disséminé dans des pierres de grès, répandu dans des roches sablonneuses.

SANDGEBIRGE. *Voy.* SANDBERG.

SANDGRIES, m. gros sable, gravier.

SANDGRUBE, f. sablière, sablonnière ; lieu d'où l'on tire du sable.

SANDGUSS, m. (*t. de fond.*), jet, fonte dans le sable ; l'action de jeter du métal fondu dans le sable en moule fait avec du sable.

SANDHAUFEN, m. ensablement ; amas de sable formé par le vent ou par un courant d'eau.

SANDHÜGEL, m. colline sablonneuse.

SANDIG, adj. aréneux, sableux, sablonneux, plein de sable. — *Sandiges erdreich*, pays sablonneux.

SANDKOBOLT, cobalt sablonneux ; sable mélangé de minerai de cobalt.

SANDMERGEL, argile calcarifère terreuse, suivant *Brunnich*; grès argilo-calcaire, et argile calcarifère mêlée de sable, d'après *Suckow*.

SANDPFEIFFE, f. pipe de grès. On prétend que ce nom a été donné à une variété de grès du Palatinat; ce ne peut être qu'au grès ferrifère tubulé de *Battenberg*, qui a la forme de tuyau.

SANDSCHIEFER, m. grès schisteux à grains très-fins, mêlés de paillettes de mica.

SANDSTEIN, m. grès, quartz arénacé agglutiné. — *Biegsamer sandstein*, grès flexible. — *Eisenschüssiger sandstein*, grès ferrifère. — *Bunte sandstein*, grès bigarré ou panaché. — *Weisse sandstein*, grès blanc. — *Glimmeriger sandstein*, grès micacé. — *Kristallisirter sandstein von Fontainebleau*, grès cristallisé de Fontainebleau ; chaux carbonatée quartzifère inverse d'*Haüy*.

SANDSTEINGRUBE, f. carrière de grès. La plupart des variétés de grès paroissent appartenir aux terrains de sédiment depuis les plus anciens jusqu'aux plus nouveaux. Les minéralogistes allemands distinguent trois époques principales de formation des grès : le grès rouge appartient à la plus ancienne, puisqu'on le trouve quelquefois appliqué sur les roches primitives ; le grès panaché (*buntsandstein*) est regardé comme de la seconde, parce qu'il contient quelquefois des masses d'argile en forme d'ellipsoïdes aplatis, et aussi du minerai de fer en petites boules ; le grès blanc et les variétés qui s'y rapportent sont d'une formation postérieure et paroissent appartenir aux derniers sédimens.

SANDSTEINPORPHYR de *Kirwan*, grès porphyrique, grès argileux farci de feldspath.

SANDSTEINSCHIEFER, grès schisteux.

SANDUHR, f. clepsydre, sablier, horloge composée de deux fioles de verre et de sable.

SANFTIG, adj. qui est en pente douce, qui s'élève doucement. *Ein sanftiges gebirge*, une montagne à pente douce.

SAPHIR, saphir, télésie, corindon hyalin. *Voyez* CORUND. — *Brasilianischer saphir*, télésie jaune. — *Männlicher saphir* de *Gmelin*, télésie indigo. — *Orientalischer saphir*, télésie bleue. — *Weiblicher saphir*, saphir femelle, saphir oriental des lapidaires ; télésie d'un bleu d'azur.

SAPHIRFLUSS de *Gmelin*, chaux fluatée bleue.

SAPHIRKRYSTALL de *Bruckmann*, quartz hyalin bleu cristallisé.

SAPHIRRUBIN, spinelle. *V.* SPINNEL.

SAPHIRSPATH, disthène ; cyanite.

SAPPHIR. *Voyez* SAPHIR.

SARDACHAT, quartz agate sardoine ; couleur orangé, sujette à être offusquée par une teinte de brun sombre ou de noirâtre.

SARDER, sardoine ; quartz agate cornaline d'un rouge jaunâtre.

SARDONYX, sardonyx ; sorte de quartz agate, dont le fond, soit de calcédoine, soit de cornaline est nuancé ou par des bandes et veines fines de différentes couleurs dont les bords sont nettement tranchés, ou par des points et taches aussi de diverses couleurs et bien distinctes.

SARRIS à Turin, schiste micacé.

SARZERDE, f. *Voyez* SAHLERDE.

SASSOLIN, sassolin, nom

donné par *Karsten* à un sel trouvé près Sasso, en Toscane, et qui a été reconnu par *Klaproth* pour ètre de l'acide boracique natif, mélangé de sulfate de manganèse, d'un peu d'alumine, de chaux sulfatée et de fer.

Sattel, m. (*t. de métall.*), selle, sorte de scorie qui se forme au-dessus de la mine à mesure qu'elle entre en fusion, et qui prend la figure d'une selle de cheval; nom que, dans les machines à tirans, l'on donne à un morceau de bois dur percé d'un trou par le milieu pour y passer la broche ou goujon qui lui aide à suivre les mouvemens des tirans auxquels il tient; machine de fer relevée aux deux extrémités en forme de selle, et sur laquelle on place le cuivre que l'on veut briser.

Sättigen, v. a. (*t. de chim.*) *Saturiren*, saturer, combiner un corps avec un autre, de manière à ce que leur attraction de composition soit pleinement satisfaite. — *Ein gesättiger kalkwasser*, une eau de chaux saturée, c'est-à-dire de l'eau dans laquelle on a mis assez de chaux pour qu'elle n'en puisse dissoudre davantage, si on y en remettoit encore. — *Ein acidum mit einem alkali oder mit einem metalle sättigen*, saturer un acide avec un alcali ou avec un métal, y mettre autant d'alcali ou de métal que l'acide en peut dissoudre.

Sättigung, f. (*t. de chim.*), saturation, état d'un liquide saturé. — *Die sättigung des scheidwasser mit silber*, la sa-

turation de l'eau-forte avec l'argent. — *Sättigungspunkt*, point de saturation.

Saturnit de *Monnet*, saturnite, mine de plomb brune, plomb phosphaté gris - brun d'*Huelgoët*.

Saturnussalz, sel de Saturne; le sel qui se tire du plomb.

Satz, m. (*t. de min.*) *Der satz an einer kunst*, suite de tuyaux servant à élever les eaux hors des puits de mine; répétition de pompes. — *Satz anfrischen*, rafraîchir une pompe. — *Satz hin einrichten*, placer une pompe. — *Satz liedern*, garnir le piston de cuir neuf. — *Satz*, batterie de bocard, la partie de l'auge qui reçoit trois pilons; ainsi, un bocard à neuf pilons est formé de trois satz; pile, amas de plusieurs choses entassées l'une sur l'autre avec quelque ordre. *Der galvanische satz*, la pile galvanique. — *Ein satz-stein*, *quadersteine*, une assise de pierres, un rang de pierres de taille, que l'on pose horizontalement pour construire une muraille; (*t. de fond.*), le culot, la partie métallique qui reste au fond du creuset après la fusion; certaine quantité de diverses choses qui peuvent être fondues ensemble. — *Satz*, lie, sédiment; ce qu'il y a de plus grossier dans une liqueur et va au fond.

Satzmehl, n. fécule, sorte d'amidon; dépôt farineux qui se forme au fond d'une liqueur trouble.

Sau, f. (*t. de métal.*),

cochon; mélange impur de métal et de scories qui bouche quelquefois les fourneaux où l'on fait fondre les métaux; (*t. d'affin.*), cochon, gonflement ou soulèvement des cendres dans la coupelle. — *Eine sau machen*, faire un cochon, mal opérer. — *Das erz sitzt in der sau*, la fonte va mal, il va une partie de minerai dans les scories; bassin à la suite des tables à laver le minerai pour recevoir les matières qui s'en échappent. — (*t. de min.*) *Sau*, gros bâton court que l'on place dans l'arbre d'un treuil pour en arrêter le mouvement en cas que la corde ou la chaîne vienne à casser.

S AUBERN, v. a. (*t. de min.*), nettoyer le lieu où l'on travaille, le décombrer, en enlever les terres et déblais.

S AUER, adj. aigre, acide, piquant au goût; on nomme ainsi tout ce qui imprime sur la langue un goût aigre. — *Sauer machen*, aciduler, rendre acide.

S AUER, m. (*t. de chim.*), acide; nom générique d'un des sels qu'on appelle primitifs; il résulte de la combinaison de l'oxigène avec un combustible. On en connoît un grand nombre, mais on les trouve rarement purs et isolés dans le sein de la terre, à cause de leur extrême tendance à se combiner avec toutes les substances qu'ils rencontrent; aussi ceux qui se montrent le plus communément isolés sont ceux dans lesquels cette tendance est la moins forte; on en compte aujourd'hui *six*, qui paroissent exis-

ter ou avoir existé réellement libres et dégagés de toutes combinaisons : ce sont les acides boracique, carbonique, fluorique, muriatique, sulfureux, sulfurique. Les caractères distinctifs des acides sont leur saveur acide, et la propriété de changer en rouge les teintures bleues végétales; mais chacun a son caractère propre et contrastant avec un autre qui l'empêche d'être confondu. La matière dont la combinaison avec l'oxigène forme un acide se nomme le *radical acidifiable*, parce que son nom particulier sert à en désigner l'espèce; ainsi le soufre est le radical de l'acide nommé sulfurique; le carbone, celui du carbonique, etc. Quand un acide est foible en oxigène, on en termine le nom en *eux*; ainsi on dit acide nitreux et acide nitrique, pour indiquer la différente quantité d'oxigène que contient le radical acidifiable. — *Sauer aus mineralien, aus pflanzen*, acide retiré des minéraux, retiré des plantes, acide minéral, acide végétal.

S AUERBLEY, n. plomb chromaté.

S AUERBRAUNSTEIN UND S AUERBLEY de *Stütz*, plomb noir, plomb phosphaté passé à l'état de plomb sulfuré en tout ou en partie, et dont la surface est obscurcie par une couleur noirâtre.

S AUERBRUNNEN, eaux minérales acidules. *Voyez* S AUERWASSER.

S AÜERE. *Voyez* S AURE.

S AÜEREISEN, n. fer oxidé

rubigineux brun et rougeâtre ; chaux carbonatée ferrifère et manganésifère ; (*t. de min.*), râble ou instrument de fer dont les mineurs s'aident pour faire le triage du minerai.

SAÜERHALTIG, adj. acidifère. — *Saüerhaltige substanzen*, substances ferrifères.

SAUERLICH, adj. (*t. de chim.*), acidule, acessent, qui approche de l'acidité, qui forme des acides.

SAUERKLEE-SAURE, f. (*t. de chim.*), oxalate ; nom générique des sels formés par la combinaison de l'acide oxalique (ou d'oseille) avec les bases.

SAUERKOBOLT, mine de cobalt mélangé de fer ; et, d'après *Stütz*, cobalt oxidé brun ou noir.

SAUERLUFT, f. gaz méphitique, gaz carbonique.

SAÜERN, v. a. faire lever, faire fermenter, exciter un gonflement, une fermentation.

SAÜERNICKEL, nickel oxidé.

SAÜERQUECKSILBER, mercure sulfuré compacte.

SAÜERSALZ, m. sel acide, acétite ; sel formé par la combinaison de l'acide acéteux avec une base.

SAÜERSTOFF, m. oxigène, principe acidifiant ; air vital ; principe médiat dans les métaux oxidés et dans les substances qui renferment un acide.

SAÜERURAN, urane oxidé. *Voyez* URAN et URANERZ.

SAÜERWASSER, n. eaux minérales acides ; ce sont celles qui tiennent en dissolution une assez grande quantité d'acide pour que ce corps y imprime un caractère dominant. L'acide carbonique est celui qui s'y rencontre le plus ordinairement.

SAÜERWASSERBLEY, molybdène sulfuré. *Voyez* WASSERBLEY.

SAÜERWISMUTH, bismuth oxidé. *Voyez* WISMUTH.

SAÜERZINCK, calamine, zinc oxidé.

SAÜERZINN, étain oxidé. *Voyez* ZINN.

SAUGER, m. le suceur ; le piston d'une pompe.

SAUGERÖHRE, f. tuyau qui attire quelque liquide, qui s'en remplit, le suce ; le tuyau d'aspiration d'une pompe.

SAUGETHIERE, plur. mammifères ; classe des animaux vivipares.

SAUGEWERK, n. pompe aspirante, sorte de pompe qui élève l'eau en l'attirant, à la différence de celle qui élève l'eau en la poussant ou comprimant, que l'on appelle pompe foulante.

SÄULE, f. colonne, pilier de forme ronde pour orner ou pour soutenir un bâtiment. — *Gebäude auf säulen*, bâtiment, édifice soutenu par des colonnes.

SÄULENBASALT. *Voyez* SÄULENSTEIN.

SÄULENFÖRMIG, adj. qui est en forme de colonne, qui a la forme d'une colonne.

SÄULENSCHÖRL, tourmaline.

SÄULENSPATH, spath prismatique ; trémolite, grammatite ; chaux sulfatée trapézienne, suivant *Gerhard*, et chaux carbonatée a 14 faces ou pans.

SÄULENSTEIN, m. basalte en

colonnes; lave lithoïde basaltique prismatique.

Saum. *Voyez* Saalband.

Saumkost. *Voyez* Zubuss.

Säure, f. acide, acidité.

Saurefähig, adj. acidifiable. — *Saurefähige grundlage*, base acidifiable.

Säurung, f. acidité, qualité acide.

Saustein, chaux carbonatée fétide, pierre puante qui a l'odeur de porc.

Scapolith, scapolite, pierre à baguettes; paranthine d'*Haüy*. *Voyez* Micarell.

Scarnizel. *Voyez* Scharmüzel.

Scepterkrystall, quartz hyalin amorphe.

Schaalgebirge blaues de *Baumer*, argile schisteuse.

Schaalig, adj. qui a une écorce, une peau; testacé, crustacé. — *Die muscheln sind schaalig*, les coquillages sont testacés; (*t. de min.*), testacé, stratiforme. — *Schaaliger kohlen gesäuerter kalk*, chaux carbonatée stratiforme, stallactite.

Schaalthier, n. animal testacé, crustacé. — *Die schaalthiere*, les crustacés. — *Schaalthiergehäuse*, les coquillages.

Schaalstein, pierre testacée; chaux carbonatée testacée, minéral blanchâtre, jaunâtre, verdâtre ou rougeâtre, d'un éclat nacré et dont la cassure est lamelleuse, présentant des pièces testacées très-minces. *Werner*, qui lui a donné ce nom, la range à la suite de la chaux carbonatée ferrifère (*braunspath*); d'autres minéralogistes, immé-

diatement avant le spath schisteux (*schieferspath*), que *Haüy* nomme chaux carbonatée nacrée. C'est le même minéral qui a été appelé *schmelzstein*.

Schaaren. *Voy.* Scharen.

Schabatte, m. (*t. de forg.*), le billot qui supporte l'enclume sur lequel on façonne la tôle.

Schacht, m. (*t. de min.*), bure, le puits qui descend de la surface de la terre dans son intérieur, sur des travaux de mines; passage perpendiculaire pour pénétrer depuis le jour dans l'intérieur d'une montagne, ou qui, s'il dévoie un peu de la ligne perpendiculaire, a pourtant toujours sa direction vers le centre de la terre. — *Die fahrschächte, föderschächte, wasserschächte*, puits pour descendre dans les mines et pour en sortir; puits pour monter le minerai, élever ou descendre les fardeaux quelconques; puits pour l'extraction ou évacuation des eaux. — *Wetter schacht*, puits d'airage, puits pour la rénovation de l'air. — *Einen schacht abteufen, absenken*, creuser un puits.—*Die schachte austonnen, auszimmern*, cuveler les puits, les revêtir de planches. — *Schacht auswechseln*, changer le boisage d'un puits. — *Schacht fassen*, cuveler ou boiseler un puits, d'une manière à le rendre solide et sûr; donner à un puits les dimensions convenables. — *Schacht belittern*, placer les échelles dans les puits. — *Schacht aufgewältigen*, rétablir un puits ruiné. — *Schacht zubuhnem*, fermer, boucher, couvrir un puits, afin que rien n'y puisse tomber. — *Schacht absaigern*, mesurer la profondeur d'un puits. — (*t. de fond.*) *Schacht*, l'orifice, l'ouverture supérieure d'un haut fourneau, la partie par laquelle on le charge, soit de minerais, soit de charbons. — (*t. de gruerie*) *Schacht* signifie endroit, terrain, lieu, étendue de pays.— *Ein schönes schachtholz*, un beau bois, un terrain bien couvert de bois. —*Schacht*, carré, carreau.

Schachtholz, n. bois propre à cuveler les puits de mines.

Schachthut, m. chapeau sans bords que portent les mineurs quand ils descendent par les puits ; bonnet de mineur.

Schachtlatte, f Schachtstangen, plur. lattes ou perches qu'on attache aux côtés d'un puits de mines; les perches, lattes ou limandes d'un puits de mine.

Schachtmeister, m. le surveillant spécial des ouvriers qui travaillent dans les puits ou à creuser des fosses.

Schachtnagel, m. gros clous qui servent à attacher les lattes d'un puits de mine.

Schachtricht. On nomme ainsi les galeries ou routes souterraines dans les mines de sel de Hongrie.

Schacht scheider, m. cloison de séparation entre la partie d'un puits par laquelle on descend sur les travaux et celle par laquelle on fait l'extraction.

Schachtschiene, f. les bandes des ais d'un puits de mine.

Schachtschuh, m. certaine mesure qui a l'épaisseur d'un pied, la longueur et largeur d'une verge.

Schachtstätte, f. l'emplacement d'un puits de mine, le lieu où on doit le creuser.

Schachtstempel, m. bois ou ais transversaux d'un puits de mine.

Schachtsteüer, f. (*t. de min.*), taxe du puits ; c'est-à-dire fixation de la somme à payer, chaque trimestre, par une compagnie exploitante, pour l'usage d'un puits qui ne lui appartient pas.

Schachtstoss, m. la paroi de travers d'un puits de mine ; le plan incliné sur lequel les tonnes glissent.

Schachttonne, f. les ais du revêtissement d'un puits de mines ; les planches qui servent à cuveler un puits de mine, spécialement celles dont on le revêt pour empêcher que les seaux ne soient accrochés ou gênés dans leurs mouvemens; puits oblique.

Schalerz, n. éclat, fragment, masse de minerai ou partie du filon, ébranlée et détachée par l'action du feu, mais non encore parfaitement séparée.

Schalholzer, plur. pièces de bois refendues qui se placent verticalement derrière les carrés des puits pour retenir les terres et la roche qui pourroient s'ébouler.

Schalig, adj. crustacé, testacé. — *Die muscheln sind schalig*, les coquillages sont testacés. *Voyez* Schaalig.

SCHALL, m. le son. *Voyez* KLANG.

SCHALTHIERE, plur. animaux crustacés ; classe d'animaux semblables aux insectes, mais dont le corps est recouvert d'une croute en partie cretacée et en partie cornée.

SCHAR, f. (*t. de min.*), entaille aux traverses d'un puits de mine.

SCHAREN, v. r. s'unir, se joindre, s'assembler. — (*t. de min.*) *Die zwey gänge scharen sich*, deux filons se joignent, se rencontrent et marchent quelque temps unis ensemble.

SCHARF, adj. aigu, tranchant, affilé, qui se termine en tranchant. — *Sehr scharf*, fort tranchant, très-aigu, très-bien aiguisé. — *Scharfe ecke eines steines, eines holzes*, arête ou vive arête d'une pierre, d'un morceau de bois. — (*t. de géom.*) *Ein scharfer winkel*, un angle aigu. — *Was lauter scharfe winkel hat*, qui a tous ses angles aigus ; acerbe, d'un goût âpre ; âcre, piquant, corrosif.

SCHARFE, f. le tranchant, le taillant, le fil d'une épée, d'un rasoir. — *Die schärfe ecke eines steines*, arête ou vive arête d'une pierre. — *Schärfe*, âcreté, qualité de ce qui est âcre.

SCHARFECKIG, adj. SCHARF-KANTIG, qui est taillé à vive arête.

SCHÄRFEN, v. a. aiguiser, affiler, rendre aigu. — *Ein werkzeug schärfen*, affûter un outil, l'aiguiser, raccommoder le taillant d'un outil émoussé.

SCHARFWINKELIG, adj. acutangle, acutangulaire, qui a tous ses angles égaux.

SCHAR-GANG, m. (*t. de min.*), filon étroit ou veine qui va rejoindre le filon principal et s'y réunir ; filon qui n'a pas précisément sa direction vers l'un ou l'autre des points cardinaux, mais entre deux ; communément ils ne sont d'un bon rapport qu'autant qu'ils en rejoignent un autre.

SCHAR-KLUFT, f. (*t. de min.*), fente qui se joint avec une autre.

SCHARKREUTZ, n. croix en sautoir, croix de Saint-André.

SCHARLACH - HYACINTH , hyacinthe avec des reflets jaunâtres.

SCHARLACHROTH, adj. rouge d'écarlate ou de cinabre.

SCHARMÜZEL, m. cornet de papier pour conserver propre quelque chose de sec , par exemple, le minerai pulvérisé destiné à un essai.

SCHARRE, f. SCHARREISEN, n. racloir, ratissoire ; instrument de fer avec lequel on ratisse.

SCHARSCHAUFEL, f. drague ; sorte de pelle recourbée qui sert à curer les puits et à tirer du sable des rivières.

SCHARSCHMID, m. taillandier, ouvrier qui fait toutes sortes d'ouvrages en fer.

SCHATTENERZ, n. plomb sulfuré compacte ; au Hartz et en Suède plomb sulfuré commun, grenu, en pièces séparées.

SCHATTENSPIEL, n. spectre coloré, image colorée et oblongue que forment sur la muraille d'une chambre obscure les rayons de lumière rompus et écartés par le prisme. *Daubenton* a rapporté aux diverses couleurs du spectre solaire celles des gemmes.

Schattierung, f. nuances, ton de couleur, degrés différens par lesquels peut passer une couleur.

Schau, f. état d'une chose exposée à la vue du public, qui est en spectacle.—*Schaustufe, erzstufe,* échantillons de minerais choisis qui méritent d'être placés dans une collection, d'être exposés à la vue.

Schaufel, f. pelle. — *Eine schaufel voll,* une pellée, une pelletée. — *Die schaufeln an einem wasser rad,* aube d'une roue, ailerons, alichons, volets d'une roue de moulin, augets, godets de la roue d'une machine hydraulique.

Schaugeld, m. médaille, toutes sortes de médailles; des pièces d'or ou d'argent fabriquées pour conserver la mémoire de quelque évènement, de quelque action ou personne, et qui ne servent point au commerce.

Schauherr, m. (*t. de min.*), l'examinateur. Dans certaines mines on donne ce nom à l'employé qui est spécialement chargé de l'examen des fournitures et des minerais à livrer aux fonderies.

Schaum, m. écume, crasse, scorie. — *Schaumniter,* écume du nitre qui surnage la liqueur en le raffinant; fer oxidé rouge luisant; pellicule jaunâtre souvent irisée qui recouvre la surface des eaux de mines, principalement quand elles sont stagnantes.

Schaumartig, Schaumicht, Schaumförmig, adj. semblable à l'écume, qui ressemble à l'écume, en forme d'écume.

Schäumen, v. a. écumer, jeter de l'écume, pousser, faire de l'écume ; (*t. de chim.*), despumer, ôter l'écume ou toute autre impureté qui a été séparée d'un liquide par la force du feu. — subst. *Das schäumen,* l'action d'écumer, de jeter, de faire de l'écume, et d'ôter l'écume ; (*t. de chim.*), despumation, action d'ôter l'écume.

Schaumend, adj. écumant. — *Schaumendes wasser,* eau écumante.

Schaumerde, f. écume de terre, chaux carbonatée nacrée, minéral en petites masses d'une couleur blanche nacrée, ordinairement éclatante, d'une structure écailleuse, et qui a beaucoup de rapports avec le spath schisteux : il se trouve à Géra, en Misnie.

Schaumig, adj. qui écume, qui fait de l'écume, écumant, etc.

Schaumkalk, chaux écumante, même que *Schaumerde. Voyez* ce mot.

Schaumlava, lave boursoufflée, lave vitreuse. Ce sont des laves qui ont beaucoup de rapport avec les laves scorifiées, mais qui conservent plus généralement le caractère des pierres qui leur ont servi de base.

Schaumlöffel, f. écumoire, cuiller plate et percée qui sert à écumer.

Schaumsalz, n. sel marin déposé sur le rivage et provenu de l'écume d'eau de mer desséchée.

Schaumstein, m. zéolite.

Schaumthon, m. terre à foulon ; argile smectique ; écume de mer, variété de l'argile glaise.

Schaumünze, f. médaille, monnoie ou pièce de métal battue pour conserver la mémoire d'un évènement, d'une action, d'une personne, etc. mais n'ayant point de cours dans le commerce ; la monnoie des médailles, le lieu où l'on frappe les médailles. — *Stempel zu schaumünzen*, coin pour marquer, pour frapper des médailles, coin de médailles.

Schaumünzenkunde, f. science métallique, des médailles.

Schauren, n. récurage, action de récurer, d'écurer.

Schaurer, m. récureur, écureur.

Nota. Ces deux mots sont mis ici parce qu'ils sont en usage encore dans quelques usines.

Schaustück, n. *V.* Schaugeld.

Schaustufe, f. échantillon, morceau, pièce de minerai choisie pour une collection, pièce digne d'être exposée, d'être mise en vue, pièce de cabinet.

Schawatte. *Voyez* Chawatte.

Scheckig, adj. varié, bigarré, bariolé de plusieurs couleurs.

Scheckigkeit, f. bariolage, bigarrure ; variété de couleurs tranchantes ou mal assorties, mises d'une manière bizarre ; diaprure.

Scheebenas, terme persan qui signifie suif de montagne ; talc stéatite compacte.

Scheel, schéelin, nom de genre, substitué à celui de tungstène jugé impropre. C'est un métal dont on ne connoît bien encore que l'oxide, parce qu'il ne s'est pas encore présenté à l'état métallique, et qu'il n'a été obtenu qu'en petits grains d'un blanc grisâtre, très-durs, très-cassans, dont on n'a pu former un bouton.

Scheel-erz, Scheelkalk, Scheelsmetall, tungstène ; schéelin calcaire. *V.* Schwerstein.

Scheere. *Voyez* Scher.

Scheerglied. *V.* Seilhacken.

Scheelsäure, f. acide schéelique, acide tungstique.

Scheffel, m. boisseau, muid, minot, sorte de mesure pour les choses solides.

Scheffelweise, adv. par boisseau, par muids, par minot. — *Das korn scheffelweise verkaufen*, vendre le blé, le grain par boisseau.

Scheibe, f. disque, sorte de palet plat et rond ; en général, tout corps rond, plat et mince ; tout ce qui est plat et rond. — *Scheibe in einem kolben eine rolle*, poulie, roulette, petite roue dont la circonférence est creusée en demi-cercle et sur laquelle on passe une corde pour élever ou descendre des fardeaux. — *Scheibe der drathzieher*, filière des tireurs d'or ; disque. — (*t. de fond.*) Gâteau, portion de métal qui se fige dans le

fourneau après avoir été fondue.
— *Die scheibe im compass,* limbe d'une boussole de mineur sur laquelle sont marquées les heures et subdivisions; le cuir taillé en rond des pistons de pompe.

Scheibendrusen, chaux carbonatée en sections de prisme.

Scheibenförmig, adj. qui est fait en forme de disque; orbiculaire; en plaque. — *Scheibenförmige bruchstücke,* fragmens en plaque.

Scheibenkobolt, arsenic natif testacé.

Scheibenspath de *Gerhard,* chaux sulfatée trapézienne; baryte sulfatée aussi trapézienne, vulgairement spath pesant en tables.

Scheidbar, adj. (*t. de chim.*), séparable, qui peut être séparé, départi.

Scheide, f. gaine, fourreau, étui. — *Gränzscheide, landscheide, wegscheide,* etc., bornes, limites, confins, frontières qui séparent un territoire, un pays d'avec un autre; bivoie, chemin fourchu.

Scheidebank, f. banc ou table de triage; table sur laquelle on sépare le minerai encore mêlé avec la terre ou la roche.

Scheidebock, m. (*t. de chim.*), support de la cucurbite; vaisseau à distiller.

Scheideeisen, n. Scheidefaustel, Scheidehammer, (*t. de min.*), marteau de fer avec lequel on sépare le minerai de la roche pour en faire le triage.

Scheideerz, n. minerai de triage, minerai trié, séparé au marteau; (*t. de chim.*), métal départi.

Scheidefaustel. *V.* Scheideeisen.

Scheidegarn, (*t. de chim.*), laboratoire, le lieu où l'on procède à la séparation de l'or et de l'argent par la voie humide, c'est-à-dire en faisant dissoudre l'argent par l'acide nitreux.

Scheidegefäss, n. terrine de départ, vase servant au départ des métaux.

Scheidegläs, m. matras, vase de verre à séparer des liquides.

Scheidegold, n. l'or de départ.

Scheidehammer, m. *Voyez* Scheideeisen.

Scheidejungen, plur. jeunes garçons ou enfans employés au triage du minerai, à le briser et à le séparer.

Scheidekolben, m. matras, vaisseau de verre dans lequel on sépare l'or d'avec l'argent par le moyen de l'acide nitrique.

Scheidekunst, f. chimie, science qui a pour objet les propriétés intimes des corps, la détermination de leurs principes et de leurs attractions, leur analyse et leur récomposition; l'art de séparer, de départir les métaux.

Scheidekünstler, m. chimiste, celui qui s'occupe de la chimie.

Scheidelinie, f. ligne de démarcation, limite.

Scheidemehl, n. farine de triage, ce qui se détache sous forme de poudre ou de poussière pendant le triage ou pendant le départ des métaux.

SCHEIDEMÜNZE, f. billon, monnoie de cuivre allié quelquefois à un peu d'argent; monnoie défectueuse, toutes sortes de petites monnoies.

SCHEIDEN, v. a. séparer, diviser; (*t. de chim.*), faire le départ, la séparation des métaux. — *Das gold vom dem silber, das bley vom kupfer scheiden*, séparer l'or d'avec l'argent, le cuivre d'avec le plomb. — *Das zinn und bley vom kupfer scheiden, das zum seigern gedient hat*, séparer, désunir l'étain et le plomb d'avec le cuivre qui a servi à l'affinage. — *Das erz scheiden*, séparer le minerai avec le marteau. —(subst.)*Das scheiden*, le départ, la séparation de l'or et de l'argent.

SCHEIDER, m. (*t. de min.*), l'ouvrier chargé du triage des minéraux, celui qui les sépare de la roche ou terre stérile; (*t. de chim.*), l'affineur, celui qui fait le départ des métaux.

SCHEIDESCHACHT, m. le puits qui fait la borne, la séparation, la limite entre deux concessions de mine.

SCHEIDESTUBE, f. la chambre, le lieu où se fait le triage, la séparation des minerais.

SCHEIDETRICHTER, m. (*t. de chim.*), séparatoir, vaisseau en forme d'entonnoir pour séparer les liqueurs.

SCHEIDEWAND, f. (*t. de min.*), la grosse pierre ou la plaque de fonte sur laquelle les briseurs cassent le minerai, le réduisent en petits morceaux.

SCHEIDEWASSER, n. eau de départ, eau-forte, acide ni-

trique : l'eau-forte est l'acide retiré de la potasse nitratée et uni à une certaine quantité d'eau.

SCHEIDEWERK, n. (*t. de métall.*), substance étrangère au métal, pierre qu'il faut séparer du minerai.

SCHEITELPUNCT, m. (*t. de cristallogr.*), sommet d'une pyramide, d'un cristal.

SCHEITELRECHT, adj. (*t. de mathém.*), vertical, perpendiculaire à l'horizon; (adv.), verticalement, perpendiculairement à l'horizon.

SCHEITELWINKEL, m. angle vertical.

SCHEMEL, m. (*t. de min.*), siège où se place celui qui dirige les chevaux pour le service de la machine à molettes, afin d'en hâter le mouvement lorsque la tonne est à une certaine hauteur.

SCHENDELBAUM, m. arbre ou axe de la roue d'une machine.

SCHENKEL, m. jambe. — (*t. de min.*) *Schenkel an der fahrt*, les montans d'une échelle de mine.

SCHERBANK, f. banc où sont attachés les coupoirs, les cisailles, les gros ciseaux pour couper et rogner les plaques de fer.

SCHERBE, f. (*t. de min.*), têt, vaisseau pour l'opération de la coupelle; mesure de la capacité en usage aux mines de Rammelsberg, en Westphalie; elle contient 4 quintaux de minerai.

SCHERBEL. *Voy.* SCHIRBEL.

SCHERBELSTEIN, m. talc oilaire.

SCHERBENARSENIK, m. arsenic testacé, arsenic natif.

SCHERBENKARN, m. (*t. de min.*), chariot pour le transport du minerai aux fonderies du Hartz, et contenant un *scherbe* ou 4 quintaux.

SCHERBENKOBOLT, m. cobalt testacé; arsenic natif.

SCHERE, f. ciseaux.—*Grosse schere, metallene, goldene, silberne platten zu schneiden,* cisailles, gros ciseaux à couper des plaques de métal d'or et d'argent.

SCHERM, n. parois ou pontes d'un filon; les parties de la montagne qui touchent aux salbandes (*saalband*) ou à la lisière (*besteg*).

SCHIBIKA, schibika : on nomme ainsi le sel le plus pur des mines de Wieliczka, en Galicie.

SCHICHT, f. couche, lit. — *Eine schichtsteine,* un lit de pierre, un lit de moellon; ce qui se trouve par couches, par lits, dans les entrailles de la terre; (*t. de chim.*), stratifications, arrangement de diverses substances qu'on place par couches dans un vaisseau; (*t. de min.*), tâche, poste de mineur; le temps ou la durée d'un travail sans être relevé. — *Die frühschicht,* le travail qui se fait depuis 4 heures du matin jusqu'à midi. — *Die tageschicht* le travail depuis midi jusqu'à 7 à 8 heures du soir. — *Die nachtschicht,* le travail depuis 8 heures du soir jusqu'à 4 heures du matin. — *Die*

schicht antretten, commencer le travail, la tâche, son poste. — *Schicht halten, schicht verfahren,* faire loyalement son travail, sa tâche. — *Die schicht machen,* finir sa tâche, cesser de travailler. — *Die bergleute haben schicht gemacht,* les mineurs ont cessé de travailler. — *Ein bergmann ist schicht geworden,* un mineur est devenu incapable de travailler. — *Schicht,* le quart des actions dont une concession est composée. — (*t. de fond.*) *Schicht,* la fournée, la quantité de minerai qu'on peut fondre en une fois; la durée d'une fonte; le mélange du minerai avec les fondans. — *Die schicht beschicken,* former le schicht, apprêter pour la fonte le mélange des diverses sortes de minerais et de fondans; plaque de cuivre sur laquelle on aplanit l'étain.

SCHICHTBANK, f. banc ou établi à aplanir les plaques de cuivre.

SCHICHTBODEN, m. (*t. de min.*), chambre des tâches.

SCHICHTEN, v. a. placer, mettre, ranger par couches, par lits; (*t. de chim.*), stratifier, arranger par couches des substances dans un vaisseau, les y placer par couches. — *Das schichten,* (subst.), arrangement de matières par couches; stratification, etc. — (partic.) *Geschichtet,* stratifié.

SCHICHTGLÄTTE, f. glette, litharge qui se retire en une fois d'une opération de coupelle; la litharge d'une fonte, d'un affinage.

SCHICHTLOHN, m. salaire qu'un mineur reçoit pour sa tâche.

SCHICHTMEISTER, m. conducteur des mines ; le maître des postes ou des journées ; le teneur des comptes des journées.

SCHICHTTROG, m. la sébile ou ustensile de bois qui sert à charger le fourneau de forge.

SCHICHTUNG, f. rangée, suite de choses sur une même ligne ; stratification, arrangement de diverses substances par couches l'une sur l'autre.

SCHICHTUNGSKLUFT. *Voyez* LAGER.

SCHICHTWEISE, adv. par couches, par lits. — *Substanzen in ein gefäss schichtweise legen*, arranger par couches des substances dans un vaisseau.

SCHIEBEBANK, f. argue, machine à l'usage des tireurs d'or.

SCHIEBEBLECH, n. plaque de fer qui va et vient dans une rainure.

SCHIEBEBOCK, m. brouette. — *Schiebcböcker*, brouettier, brouetteur.

SCHIEBEKLOBEN, m. sorte de tenailles des serruriers.

SCHIEBER, m. (*t. de tireurs d'or*), pousseur d'argue. *Voyez* DRAHTBANK. — *Schieber der baker*, pelle de boulanger. — *Ein kohlenschieber*, un ébraisoir, sorte de pelle de fer dont on se sert pour tirer la braise des fours et fourneaux ; coulisse, volet, châssis, fenêtre, porte ou autre chose qui va et vient dans des rainures. — *Käste mit einem schieber*, caisse avec un couvercle qui glisse dans des rainures ; bouchoir, grande plaque de fer avec une poignée au milieu pour boucher le four.

SCHIED. *Voy.* BERGSCHIED.

SCHIEDBUCH, n. *Voy.* BERGBUCH.

SCHIEDSCHACHT. *Voyez* SCHEIDESCHACHT.

SCHIEDSPROBE, f. (*t. de métall.*), l'essai décisif, le troisième essai qui se fait d'un minerai lorsque les deux premiers ont eu des résultats différens. — *Schiedsproben gläser*, verres de couleur pour les essais, d'après lesquels on taxe le minerai de cobalt fourni à la fabrique de couleur.

SCHIEF, adj. qui est de biais, de guingois, de travers, de côté, tortu, contourné, oblique, croche. — *Eine schiefe linie*, une ligne oblique. — *Schiefe winkel*, angles obliques. — *Eine schiefe fläche*, une face, une surface oblique ; (*t. d'arts*), dévers, qui n'est pas d'aplomb. — *Die mauer ist schief*, le mur est dévers, n'est pas d'aplomb. — *Die säule stehet schief*, la colonne est de biais, elle biaise.

SCHIEFE, f. obliquité, biais, travers, guingois, irrégularité. — *Schiefe der ekliptik*, obliquité de l'écliptique.

SCHIEFER, m. SCHIEFERSTEIN, schiste ; sorte de roche dont la texture est feuilletée et qui se sépare par lames ; ardoise. — *Thonschiefer*, schiste argileux, argile schisteuse. — *Zeichenschiefer*, argile schisteuse graphique, pierre noire crayon des charpentiers.

SCHIEFERALAUN, m. chaux sulfatée laminaire, et chaux sulfatée fibreuse ; alun naturel ; alumine.

SCHIEFER AMIANTH, asbeste tressé, liège de montagne.

SCHIEFERARBEITER, m. ardoisier, ouvrier qui travaille l'ardoise, l'argile schisteuse tégulaire. — *Kleine eiserne keile der schieferarbeiter*, les petits coins de fer des ardoisiers, dont ils se servent pour ranger les écots ; les alignoirs.

SCHIEFERART, f. sorte, espèce de schiste.—*Die verschiedene schieferarten*, les diverses sortes de schistes, de pierres qui se séparent par lames ou par feuilles.

SCHIEFERARTIG, adj. qui tient de la nature du schiste.

SCHIEFERBANK, f. banc ou lit de schiste, d'ardoise.

SCHIEFERBLATT, n. feuille de schiste, d'ardoise.

SCHIEFERBLAU, adj. couleur bleuâtre d'ardoise, ardoisé. — subst. *Das schieferblau,* le bleu d'ardoise ; la mine de cuivre azurée terreuse.

SCHIEFERBRECHER, m. ardoisier, ouvrier qui travaille dans les carrières de schiste, qui tire l'ardoise, qui extrait l'argile schisteuse tégulaire.

SCHIEFERBRUCH, m. ardoisière, carrière d'ardoise, de schiste, d'argile schisteuse tégulaire.

SCHIEFERDRUSE de *Gmelin,* baryte sulfatée crêtée.

SCHIEFERGANG, m. filon de schiste ; la foncée, le creux, la percée dans une carrière d'où l'on tire du schiste, de l'ardoise.

SCHIEFERGEBIRGE, n. montagne schisteuse : les montagnes schisteuses ont en général une forme arrondie.

SCHIEFERGESTEIN, n. roche schisteuse : cette sorte de roche est une des plus abondantes.

SCHIEFERGLIMMER de *Gerhard*, mica.

SCHIEFERGRÜN de *Gmelin*, cuivre carbonaté vert concrétionné.

SCHIEFERGYPS, m. gypse feuilleté, chaux sulfatée laminaire et fibreuse.

SCHIEFERHAMMER, m. marteau de couvreur, lame à deux tranchans dont se servent les couvreurs pour les toitures en ardoise.

SCHIEFERHAUER, m. tireur d'ardoise, ouvrier qui travaille dans les carrières d'ardoise, ardoisier.

SCHIEFERICHT, adj. qui tient de l'ardoise ou du schiste, qui se sépare par lames, qui s'effeuille, qui se divise, se débite comme le schiste ou l'ardoise.

SCHIEFERIG, adj. qui est schisteux ou composé de feuilles comme l'ardoise.—*Schieferiger stein* ou *gestein*, pierre, roche feuilletée ou schisteuse.

SCHIEFERKALK de *Stütz*, SCHIEFERSPATH, spath schisteux ; substance composée de feuillets ordinairement un peu curvilignes, d'un éclat nacré joint à une couleur blanche, quelquefois rougeâtre, verdâtre ou jaunâtre, et dont la surface est un peu grasse au toucher. Cette substance a été réunie par *Haüy* à l'écume de terre (*schaum-*

erde), sous la dénomination de chaux carbonatée nacrée; argentine.

SCHIEFERKNOTEN, m. (*t. de min.*), nœuds de schiste; sorte de roche qui se trouve sous les bancs de schiste, et dont on se sert pour former la chemise d'un fourneau de fusion, comme la plus capable de résister à l'action du feu.

SCHIEFERKOHLE, f. houille schisteuse; sorte de houille dont la cassure principale est schisteuse, et dont les feuillets sont plats.

SCHIEFERMERGEL, argile calcarifère endurcie schisteuse.

SCHIEFERN, v. n. se détacher, se séparer par feuilles comme l'ardoise, s'écailler. — *Ein stein der sich schiefert*, une pierre qui s'écaille, se lève, se sépare par feuilles comme l'ardoise.

SCHIEFERNAGEL, m. clou à ardoise, clou à tête large et plate.

SCHIEFERNIERE, f. (*t. de métall.*), ardoise en rognons, en masses, et non par couches; argile calcarifère schisteuse et bitumineuse, argile schisteuse; fer sulfuré granuliforme.

SCHIEFERNÜSSE, au Hartz, fer sulfuré globuleux et granuliforme.

SCHIEFERPLATTE, f. dalle; tablette, ou feuille épaisse de schiste ou ardoise.

SCHIEFERSCHÖRL, hornblende schorlique, amphibole noir ou vert très-foncé.

SCHIEFERSCHWARTZ, schiste noirâtre et friable.

SCHIEFERSCHWUHLEN, ar-

gile calcarifère schisteuse et bitumineuse.

SCHIEFERSPATH. *V.* SCHIEFERKALK.

SCHIEFERSTEIN. *V.* SCHIEFER.

SCHIEFERSTEINKOHLE. *Voy.* SCHIEFERKOHLE.

SCHIEFERTHON, argile schisteuse bitumineuse.

SCHIEFERWACKE, dans le pays de Fulde, même que PORPHYR-SCHIEFER. *V.* ce mot.

SCHIEFHEIT, et vulgairement SCHIEFIGKEIT, f. obliquité, biais. *Voyez* SCHIEFE.

SCHIEFWINKELIG, adj. (*t. de géom.*), obliquangle.

SCHIEFWINKLIG DURCHWACHSEN, adj. (*t. de crist.*), obliquangle : cette expression s'applique particulièrement à la staurotide, parce qu'elle est composée de deux prismes qui se croisent sous un angle de 60 degrés.

SCHIEL, adj. changeant. — *Schiele farbe*, couleur changeante. — *Schieler taffet*, taffetas changeant.

SCHIELEND, adj. louche. — *Schielende perlen*, perles qui ont un œil louche, qui ne sont pas d'une belle eau, qui ne sont pas bien nettes.

SCHIENE, f. barre, bande, pièce longue et étroite, soit de fer ou de toute autre substance. — *Eine eiserne schiene*, une bande de fer.

SCHIENEISEN, n. fer en barres, barres, bandes de fer.

SCHIENEN, v. a. appliquer des barres de fer, garnir de bandes de fer.

SCHIENFASS, n. (*t. de fond.*),

bène, mesure de charbon pour la charge des fourneaux.

Schienhacken, m. bandes de fer avec un crochet.

Schiennagel, m. clou de roue, clou pour attacher, fixer les bandes de fer sur une roue.

Schienzange, f. tenailles à tenir, à manier les bandes de fer.

Schiesseisen, n. (*t. de min.*), pointerolle ; outil avec lequel le mineur commence à percer un trou de mine.

Schiessen, v. a. (*t. de min.*) *Erze und berge herein schiessen*, faire sauter le minerai et la roche avec de la poudre, les fendre, les faire éclater par le moyen de la poudre.

Schiessloch, n. trou fait dans la roche pour recevoir la charge de poudre qui doit la faire sauter.

Schiesspatrone, f. cartouche, petit cylindre de papier rempli de poudre de mine, et formant une charge.

Schiessröhre, f. cartouche de bois, tuyau de bois qui sert pour mettre le feu à la poudre.

Schiessteiger, m. le maître mineur qui surveille et dirige immédiatement les ouvriers chargés de faire éclater la roche par le moyen de la poudre.

Schiffboot, n. nautile et nautilite, ou nautile fossile ; coquille univalve, chambrée et en spirale, dont le dernier tour enveloppe et recouvre les autres.

Schiffkuttel et Schiff-muschel. *V.* Schiffboot.

Schiffpfund, n. poids de 300 livres, poids de navire.

Schiffspech, n. zopissa ; poix navale, goudron qu'on racle des vieux navires.

Schifften, v. a. (*t. de charp.*), *Einen sparren schiften*, joindre un chevron, un soliveau en longueur sur un autre.

Schifftsparren, m. (*t. de charp.*), chevron, soliveau joint en long sur un autre.

Schilb, m. mesure de capacité en usage dans certaines salines, et contenant un quintal et demi.

Schildkrötenstein, m. échininites, oursins fossiles.

Schilf, m. Schilfrohr, Rohr, canne, roseau commun, roseau de marais. — *See schilf*, algue.

Schillern, v. n. paroître de diverses couleurs, être d'une couleur qui semble changer suivant les différens aspects ; chatoyer, varier suivant la direction de la lumière.

Schillerquartz, Schiller-stein, même que Labrador-stein. *Voyez* ce mot.

Schillerspath, spath chatoyant ; substance composée de lames très-minces engagées dans certaines parties d'une roche serpentineuse d'un vert noirâtre, et offrant sous certains aspects un reflet métallique très-éclatant qu'elles lancent toutes à-la-fois à cause de leur parallélisme : on l'a regardée tantôt comme un talc, tantôt comme un mica, ou comme un hornblende du Labrador. *Haüy* l'a réunie à l'espèce diallage dont il juge qu'elle n'est qu'une variété.

Schimmel, m. (*t. de min.*), efflorescence, enduit salin semblable à de la moisissure qui se montre à la surface des minéraux.

Schimmer, m. (*t. de phys.*), lueur brillante, tremblotante, lumière petillante; éclat, coruscation, resplendissement.— *Der schimmer der sterne, der sonne,* la coruscation, l'éclat, la scintillation des étoiles, du soleil. — *Der schimmer des goldes, der edelsteine,* l'éclat, le brillant de l'or, des pierreries.

Schimmern, v. n. petiller, scintiller, jeter une lumière étincelante, éclatante, tremblotante, scintillante. — *Die diamanten und edelgesteine schimmern,* les diamans et les pierres précieuses brillent, jettent de l'éclat.

Schimmernd, adj. (*t. de min.*), scintillant ou tremblotant : se dit d'un minéral qui ne brille qu'à raison de quelques points de sa surface ou même de son intérieur qui réfléchissent une lumière souvent assez foible, tandis que le reste est matte. — *Ein schimmerndes licht,* une lumière scintillante, tremblotante.

Schindelnagel, Schindelnagel eisenstein, fer argileux scapiforme; fer oxidé rouge bacillaire, même que *nageler.*

Schinder, m. (*t. de min.*), écorcheur, bourreau. On nomme quelquefois ainsi un filon ou une veine qui en coupe une autre et l'appauvrit.

Schiner, n. On désigne sous ce nom, dans l'ordonnance des mines pour la Basse-Autriche, le géomètre souterrain que l'on appelle ailleurs *markscheider.* Voyez ce mot.

Schipp, m. (*t. de saun.*), dépôt de l'eau salée; concrétion calcaire ou sulfatée qui s'attache aux épines dans les bâtimens de graduation et aux chaudières dans les salines, et qui résulte de la concentration de l'eau salée.

Schippe, f. petite pelle. — *Eine schippe voll erde,* une pelletée, pellée de terre. — *Schippe die kohlen aus dem ofen zu ziehen,* ébraisoir, espèce de pelle pour tirer la braise des fourneaux.

Schirbel, m. test, têt, coupelle, vase à scorifier, scorificatoire; la substance la plus dure d'un coquillage.

Schirbenkobolt. *V.* Scherbenkobolt.

Schirdel, schorl noir, tourmaline.

Schirl de *Gmelin.* — *Wolfram,* schéelin ferruginé.

Schirlkobolt. *Voy.* Scherbenkobolt.

Schirlmuhlen de *Storr,* talc chlorite terreux.

Schirmauer, mur de protection contre la trop grande ardeur du feu dans les verreries.

Schirmbret, m. (*t. de forg.*), écran des forgerons, planche épaisse avec laquelle ils s'abritent de la trop grande ardeur du feu.

Schlack, m. (*t. de salpêt.*), sédiment, résidu, dépôt de la lessive de salpêtre.

Schlacke, f. scorie, crasse,

écume des métaux ; laitier , chiasse , substance terreuse ou pierreuse vitrifiée qui nage comme une écume à la surface des métaux fondus. — *Eisen-schlacken , kupfer-bley-zinn-schlacken,* scories, crasses, ordures de fer , de cuivre, de plomb d'étain. — *Das kupfer giebt eine röthliche schlacke,* le cuivre fondu jette un laitier rougeâtre.

SCHLACKEN , v. n. jeter des scories , de la crasse , du laitier. — *Ein metall ein erz das schlachet sehr,* un métal, un minerai qui jette beaucoup de crasse , de laitier.

SCHLACKENBAD , n. bain de scories , de crasses de métal ; eaux préparées avec des scories chaudes de métal pour s'y baigner.

SCHLACKENBETT , n. lit des scories ; emplacement ménagé dans une fonderie pour le dépôt des scories lorsqu'on les tire du fourneau.

SCHLACKENERZ , n. minerai en forme de scories , qui a l'apparence d'une scorie , comme , par exemple, certaines mines d'argent sulfuré.

SCHLACKENFÖRMIG , adj. et adv. en forme de scorie.

SCHLACKENFÜHRER , m. le brouetteur des crasses , des laitiers.

SCHLACKENGANG. *Voyez* SCHLACKENTRIFT.

SCHLACKENGRUBE, f. la fosse aux scories dans les fonderies ; fosse au-dessous du foyer dans laquelle on fait tomber les scories.

SCHLACKENHAKEN , n. cro-chet ou croc aux scories , c'est-à-dire l'espèce de râble de fer avec lequel on attire les scories dans la voie par où elles doivent s'écouler.

SCHLACKENHALDE , f. tas, amas, monceau des scories , halde des scories.

SCHLACKENKLEIN , m. le menu des scories ; grenaille de scories , les scories concassées ou brisées qui restent sur place pour en tirer parti s'il y a lieu.

SCHLACKENKOBOLT , variété de cobalt oxidé noir terreux, endurci, à cassure conchoïde ; cobalt gris.

SCHLACKENLAÜFER , m. *V.* SCHLACKENFÜHRER.

SCHLACKENLAVA , f. lave scorifiée.

SCHLACKENLOCH , n. le trou aux scories ; le trou de Chio , pièce fixée avec du mortier à l'ouverture d'un four de glacerie.

SCHLACKENSAND , m. sable volcanique, laves scorifiées arénacées.

SCHLACKENSCHERBE, f. scorificatoire ; têt ou écuelle à scorifier dont on se sert dans l'opération de la coupelle en grand.

SCHLACKEN-SCHICHT , f. la couche de laitiers dans le fourneau.

SCHLACKENSTEIN, m. pierres de scories ; substance pierreuse qui se détache et se sépare des scories.

SCHLACKENSTICH , m. (*t. de fond.*), la première percée des scories au commencement de la fonte pour s'assurer de l'état du fourneau, et s'il est chauffé au degré convenable.

SCHLACKENTREIBEN, n. traitement à part des scories dans la fonte de l'étain.

SCHLACKENTRIFT, la voie des scories ; l'endroit par où elles découlent des hauts fourneaux.

SCHLACKENZEOLITH, suivant *Severgen* et *Lenz*, c'est une espèce particulière de zéolithe.

SCHLACKENZINN, n. étain des scories ; l'étain qui se tire des scories du plomb et qui est le meilleur étain.

SCHLACKICHT, adj. qui ressemble aux scories, qui tient de la nature des scories.

SCHLACKIG, adj. crasseux, impur, spongieux, qui contient beaucoup de scories, de crasses. — *Schlackiges erz*, mines, minéraux pleins de crasses, de scories.

SCHLAFFHEIT, f. (*t. de phys.*), rélaxation, relâchement, mollesse, flaccidité, perte de ressort.

SCHLAG, m. (*t. de phys.*), verbération. — (*t. de min.*) *Querschlag*, percée, ouverture faite en travers, qui va en travers.

SCHLAGBALKEN, m. bascule d'un pont-levis ; tapecu d'une barrière.

SCHLAGBOHRER, m. morceau de fer en forme de marteau à longue pointe servant à faire des trous pour les gonds et auberons des portes.

SCHLAGBRÜCKE, f. ZUGBRÜCHE, pont-levis.

SCHLAGE, f. batte, maillet,

mailloche. — *Der schlägel der schlösser*, marteau d'établi. — *Holzschläge*, gros maillet, marteau de bois pour enfoncer le coin à fendre du bois.

SCHLAGEISEN, n. morceau de fer qui sert à frapper, à battre.

SCHLÄGEL, m. maillet, marteau de bois à l'usage de bien des ouvriers ; (*t. de min.*), le grand marteau des mineurs ; gros marteau ou masse de fer servant à briser la roche et à y faire entrer des coins pour la détacher ; l'endroit de la roche où le mineur travaille. — *Auf dem schlägel arbeiten*, travailler sur la pierre, sur la roche ; travailler à détacher la roche. — *Den schlägel behauen*, abattre la roche à coups de masses. — *Schlägelgesell*, mineur qui travaille à côté de son camarade. — *Schlägel traget die kosten*, le travail, l'extraction paie la dépense. — *Schlägel verlassen*, quitter forcéme. le travail ; abandonner le marteau à cause de quelque obstacle survenu.

SCHLÄGEL UND EISEN (*t. de min.*), le marteau et la pointe-rolle ; ce sont les insignes des mineurs, les principaux outils avec lesquels ils détachent la roche. — *Schlägel und eisen erklingen lassen*, faire retentir le bruit du marteau sur la pointerolle, c'est-à-dire travailler avec courage.

SCHLÄGELN, v. a. frapper, battre avec un maillet, avec une mailloche. — *Einen stein ausschlägeln*, tailler une pierre en creux.

SCHLAGEN, v. a. battre,

frapper. — *Geld, münze schlägen*, battre monnoie, monnoyer, faire de la monnoie de quelque métal, frapper de la monnoie, frapper des médailles. — *Allerley gold und silber münzen schlagen*, battre toutes sortes de pièces d'or et d'argent. — *Die erde schlagen, das erdreich eben fest schlagen*, battre la terre, la rendre unie avec un maillet. — *Letten schlagen*, corroyer, battre et paitrir de la terre glaise. — *Fester boden von geschlagenem letten*, corroi, massif de terre glaise pour retenir l'eau. — *Gold, silber zinn schlagen*, battre l'or, l'argent, l'étain, etc., le réduire en plaques. — *Geschlagenes gold, silber*, or, argent battu, réduit en lames. — *Blech schlagen*, battre, réduire du fer en lames, en plaques. — *Geschlagene arbeit*, ouvrage martelé, battu, forgé, plané, fait au marteau. — *Kessel schlagen*, battre, étirer des chaudrons. — *Nägel in etwas schlagen*, enfoncer des clous ou des chevilles dans une chose. — *Röhren in einander, oder zusammen schlagen*, emboîter et chasser de force des tuyaux de bois l'un dans l'autre.

SCHLAGEN SCHATZ, m. *V.* SCHLAGSCHATZ.

SCHLAGGOLD, n. KNALLGOLD, or fulminant.

SCHLAGHOLZ, n. battoir, battant, pièce de bois dont on se sert pour frapper.

SCHLAGLOTH, n. (*t. d'orfèv.*), paillon de soudure ; métal trèsmince et allié qui sert à souder les ouvrages d'orfèvrerie.

SCHLAGPULVER, n. (*t. de chim.*), poudre fulminante.

SCHLAGSCHATZ, m. (*t. de monn.*), brassage, droit du maître ou fermier des monnoies pour les frais de fabrication ; retenue faite du montant sur le prix des minerais livrés aux fonderies.

SCHLAMM, m. limon, bourbe, vase, fange, boue. — *Kanal voll schlamm*, canal plein de vase ; (*t. de min.*), schlich, minerai écrasé, préparé pour la fonte.

SCHLAMMBUTTE, cuve de sédiment, cuvier dans lequel on recueille le précipité des sulfures.

SCHLÄMMEN, v. a. débourber, ôter la bourbe, le limon, la vase —(*t. de min.*) *Erz schlämmen*, purifier par le lavage, laver le minerai écrasé, bocardé, pour séparer la partie pierreuse de celle qui est propre à être fondue.—*Geschlämmter sand*, sablon lavé. — *Das schlämmen, die schlämmung*, l'action de débourber, d'ôter, de tirer le limon, la vase.

SCHLÄMMER, m. (*t. de min.*), laveur, ouvrier qui fait le lavage du minerai bocardé.

SCHLAMMGRABEN, m. (*t. de boc.*), bourbier, bassin ou grande caisse de bois dans laquelle on lave le minerai bocardé ou écrasé pour achever d'en séparer les parties terreuses et tout ce qui est stérile.

SCHLAMMHERD, m. plan ou plancher du lavoir, la table à laver les vases du bocard.

SCHLAMMICHT, adj. qui res-

semble au limon, à la vase, à
la fange, etc.

SCHLAMMIG, adj. vaseux,
limoneux, bourbeux, fangeux,
boueux.—*Schlammigeswasser,*
de l'eau limoneuse. — *Schlämmigte vulcanische eruption,*
éruption boueuse.

SCHLAMMKRÜCKE, f. dra-
gue, pelle recourbée qui sert à
tirer la vase, le limon, le sable
des rivières.

SCHLAMMLAUGE, f. lessive
de sédiment, l'eau ou la lessive que l'on fait écouler de la
cuve du sédiment dans les fabriques de vitriol.

SCHLAMMPFANNE, f. (*t. de
salin.*), petite chaudière qui se
place dans une plus grande.

SCHLAMMSCHLICH. *Voyez*
SCHLAMM.

SCHLAMMSTEIN, m. mine
d'étain lavée.

SCHLANGE, n. serpent, cou-
leuvre (*t. de chim.*), serpentin,
tuyau d'étain ou de cuivre étamé qui va en serpentant depuis
le chapiteau d'un alambic jusqu'au bas.

SCHLANGENAUGEN, plur.
yeux de serpens, bufonites;
dents de poissons pétrifiées qui
ont quelque ressemblance avec
les dents mousses du loup marin. *Voyez* BUFONITEN.

SCHLANGENSPRITZE, f. pompe
à feu qui a un tuyau de cuir fort
long et flexible.

SCHLANGENSTEIN, m. ser-
pentine; ophite; roche cornéenne dure, d'un noir verdâtre avec feldspath cristallisé
d'un blanc verdâtre.

SCHLANGENZUNGEN, plur.

littéralement *langues de serpens*, glossopêtres, odontoïdes;
dents fossiles du requin; acéta-
bules.

SCHLAUCH, m. long tuyau
de cuir des pompes à feu.

SCHLECHTEN, plur. fêlures,
fissures, fentes dans les pierres.

SCHLEIFEN, v. a. émoudre,
rémoudre; aiguiser, polir sur
une meule, affiler.

SCHLEIFER, m. émouleur,
rémouleur, polisseur.

SCHLEIFMÜHLE, m. moulin
à aiguiser, moulin à polir.

SCHLEIFSPATH, spath ada-
mantin, corindon. *Voyez*
CORUND.

SCHLEIFSTEIN, m. pierre à
aiguiser, pierre de rémouleur,
pierre à polir, sorte d'argile
schisteuse.

SCHLEPPEN, v. a. traîner,
entraîner, tirer avec soi.

SCHLEPPHAKEN, croc, har-
pon pour tirer à soi ou traîner
après soi.

SCHLEPPKASTEN, m. (*t. de
min.*), traîneau, grande caisse
de bois posée sur deux montans
assemblés par des traverses et
servant à traîner le minerai et
les déblais hors d'un percement.

SCHLEPPKETTE, f. chaîne à
traîner des fardeaux.

SCHLEPPKLAMMER. *Voyez*
SCHLEPPHAKEN.

SCHLEPPKÜBEL, m. seau ou
tonne qui glisse sur le mur d'un
filon ou d'un puits incliné.

SCHLEPPSTRANG, m. corda-
ge à traîner, à tirer des fardeaux.

SCHLEPPTROG. *V.* SCHLEPP-
KASTEN.

SCHLEUSE, f. écluse, clô-
ture faite sur une rivière ou sur
un canal avec des portes qui
se baissent et se lèvent pour
retenir et lâcher l'eau.

SCHLEYERN, v. a. tamponner
avec des étoupes ou vieux linges
les tuyaux des machines hydrauliques pour que l'eau ne se
perde pas.

SCHLICH, m. (*t. de boc.*),
schlich, le limon des mines ;
minerai bocardé ou brisé, écrasé
et lavé, préparé pour être porté
au fourneau de fusion. — *Das
schlichfass,* la barrique, la cuve
au schlich, le bassin ou la
caisse qui reçoit le schlich au
bas des tables de lavoir.— *Der
schlichkübel,* le seau, le barri-
quet pour peser le schlich.

SCHLICHTFEILE , f. lime
douce.

SCHLIEGFÄSSERSCHÄFFEL ,
caisse de bocard.

SCHLIEK , m. vase , boue
grasse et fort tenace.

SCHLIER , argile calcarifère.

SCHLIESS (*t. de salin.*), le devis , l'aperçu , l'état des frais
des prochains travaux.

SCHLIESSBOLZEN. *V.* SPLINT-
BOLZEN.

SCHLIESSE , f. chose qui sert
à fermer, à clore, à terminer,
ou pour arrêter, pour serrer,
pour lier.

SCHLIESSNAGEL , m. grosse
cheville de fer qui sert à fermer.

SCHLOSS , n. serrure , fermeture , ce qui sert à fermer.—
Schlösser an der kunststangen,
joints ou assemblages des pièces de bois qui composent les

tirans d'une machine hydraulique , ils sont entaillés en cré-
maillère et frettés avec des liens
de fer.

SCHLOSSEN, SCHLOSSENEYER,
SCHLOSSENSTEIN, petite pierre;
petit caillou quartzeux , ron-
delet et blanc , semblable à un
grain de grêle.

SCHLOSSTEIN. *Voy.* SCHLUSS-
STEIN.

SCHLOTTEN. On donne ce
nom, dans le pays de Mansfeld,
à certaines couches de peu d'é-
tendue , formées de terre calcaire qui absorbe les eaux , et
que pour cette raison les exploitans aiment bien à rencontrer.

SCHLOTTER, m. (*t. de saun.*),
schelot ou schlot , dépôt de
chaux sulfatée qui se forme
pendant l'évaporation de l'eau
salée. *Voy.* SALZSCHMAND.

SCHLUCHTE , f. SCHLUFT ,
gorge de montagnes, un col, un
détroit , un passage étroit entre
deux montagnes, un vallon fort
étroit entre deux montagnes ;
ravin , ravine , fondrière, lieu
que la ravine a creusé, fossé,
profondeur faite par l'eau. —
*Tiefe, entsetzliche unwegsame
schluchte,* profonde , furieuse-
ment grosse et impraticable ravine. — *Schluchter, hohlwege,*
ravins , chemins creux. —
Kleine , petites ravines.

SCHLUFT, f. *V.* SCHLUCHTE.

SCHLUG , succin ; ambre
jaune en gros morceaux. *Voy.*
BERNSTEIN.

SCHLUND, m. gouffre, abîme,
trou fort creux, fort profond.
— *Schlund der sich in erde
aufthut, und feüer,* etc., *speyet,*

gouffre qui s'ouvre dans la terre, et dont il sort des tourbillons de feu, etc.; des volcans.—*Schlund im wasser*, gouffre, abîme, tournant d'eau ; la bouche, l'ouverture, l'entrée d'une caverne, d'un antre, d'un gouffre, d'un tuyau fort large ; enfin, l'espace depuis quelque ouverture jusqu'au fond.

SCHLUNGRÖHRE et SCHLUND-RÖHRE, f. tuyau aspiratoire ; le tuyau d'en bas d'une pompe, ou autre semblable engin qui entre dans l'eau et qui l'attire.

SCHMAHL, adj. étroit, qui a peu de largeur.

SCHMAHLBLÄTTERIG, adj. à feuilles étroites.

SCHMAHLEISEN, n. fer de fonte qui reste dans le fourneau après que le feu est éteint.

SCHMÄHLERN, v. a. rétrécir, étrécir, rendre plus étroit. — *Ein strich landes schmählert sich*, un pays, un terrain se rétrécit, se resserre.

SCHMAHLE GÄNGE, plur. filons étroits, minces, grêles, ayant peu d'épaisseur.

SCHMAHLHOLZ, n. (*t. de charbonn.*), menu bois qui se met sous le gros bois dans les fourneaux.

SCHMALTE, f. smalte ; verre pulvérisé, d'une belle couleur bleue, obtenu de la fonte du cobalt, et qui sert à colorer les émaux.

SCHMANT ou SCHMAND, m. limon, crasse, ordure humide, matière crasseuse, sale, épaisse, grasse et onctueuse ; (*t. de min.*), le sédiment du vitriol ; dépôt de matière terreuse hu-

mide et jaune qui se forme au fond des bassins dans les fabriques de vitriol.

SCHMARAGD. *V.* SMARAGD.

SCHMÄRKLUFTE et SCHMEER-KLUFTE, f. fente dans les filons renfermant une terre grasse, ordinairement riche en minerai.

SCHMASCHE, f. (*avec l'à long*), maille ; espèce de petit anneau dont plusieurs ensemble font un tissu.

SCHMASCHENFÖRMIG, adj. et adv. en forme de mailles.

SCHMEERE. *V.* SCHMIERE.

SCHMEERKLUFT, f. (*t. de min.*), crevasse ou fente remplie d'argile de limon ou autres substances onctueuses. *Voyez* SCHMARKLUFTE.

SCHMEERSTEIN, m. talc stéatite commun ; talc ollaire.

SCHMEIDIG, adj. *Voyez* GESCHMEIDIG. *Schmeidige erze*, minerais de facile fusion.

SCHMELZ, m. fondant ; un verre tendre que les émailleurs mêlent avec les couleurs qu'ils veulent appliquer sur les métaux ; émail. — *Mit schmelz besetzen, schmelz auftragen*, émailler, appliquer de l'émail. —*Schmelz*, fonderie, lieu où l'on fond les métaux.

SCHMELZ ou GIESSKAMMER, f. le lieu, l'endroit où l'on fond les métaux pour en faire de la monnoie.

SCHMELZARBEIT, f. *Das schmelzen der erde*, fonte, fusion, travail, opération de fondre le minerai ; émaillure, l'ouvrage de l'émaillure et l'émail, l'ouvrage émaillé.

SCHMELZARBEITER, m.

émailleur, ouvrier qui travaille en émail.

SCHMELZBAR , adj. fusible , liquéfiable , qui se peut fondre ou liquéfier, soluble , qui peut être fondu, liquéfié.—*Schmelzbare substanzen* , substances fusibles.—*Unschmelzbare körper*, corps infusibles.

SCHMELZBARKEIT , f. fusibilité, qualité de ce qui est fusible, ou disposition à se fondre.

SCHMELZBLAU. *Voyez* SCHMALTE.

SCHMELZBOGEN , m. feuille de mouvement de la fonderie ; état hebdomadaire dressé par le chef de tout ce qui s'y opère et la concerne.

SCHMELZBUCH, n. livre qui enseigne l'art de fondre les minerais et métaux ; livre ou registre de fonderie pour y inscrire tout ce qui concerne la fonte , y enregistrer toutes les opérations de la fonte et ses produits.

SCHMELZEISEN , n. fer de fonte ; fer fondu qui n'est point encore purifié.

SCHMELZEN , v. a. fondre , faire fondre ; liquéfier , rendre liquide , faire couler , mettre en état de couler , rendre fluide par le moyen du feu. — *Ein metall schmelzen*, fondre un métal.—*Schmelzen* pour *emailliren* , émailler , appliquer de l'émail.—*Auf stahl schmelzen*, émailler sur de l'acier. — *Schmelzen* , subst. fusion. — *Das schmelzen vor dem lothrohre*, fusion par le chalumeau. — *Schmelzen auf der stange oder im wind*, fondre sur les perches ou au vent : c'est un procédé particulier pour la fonte du bismuth en plein air sur les haldes. On place à peu d'élévation au-dessus du sol deux perches à côté l'une de l'autre , dirigées contre le vent dans le sens de leur longueur , et de manière qu'il y ait entre elles un espace suffisant pour le cours ou passage du vent ; on revêtit intérieurement de pierres cet espace appelé la rue (*gasse*) , puis on recouvre le tout de copeaux de bois sec ; on répand le bismuth de minerai sur ces copeaux , et ensuite on allume du côté où le vent souffle ; les copeaux se consument et le bismuth fond.

SCHMELZER , m. fondeur , ouvrier en l'art de fondre les minerais , etc.

SCHMELZERMEISTER , m. le maître fondeur.

SCHMELZESSE, f. la chaufferie dans les forges.

SCHMELZFARBE , f. couleur d'émail , émail de couleur.

SCHMELZFEÜER , n. feu à fondre les métaux et les substances solides.

SCHMELZGAST, m. étranger qui fait porter son minerai pour être fondu à une fonderie qui ne lui appartient pas.

SCHMELZGLAS, n. fondant. *Voyez* SCHMELZ.

SCHMELZHÜTTE, f. la fonderie , le lieu où se trouvent les différens fourneaux et tout ce qui est nécessaire pour le traitement du minerai.

SCHMELZKELLE , f. (*t. de potier d'étain*), fosse.

SCHMELZKUNST , f. l'art, la science de fondre les métaux, de tirer , d'obtenir par la fusion le métal renfermé dans les pierres de mine , dans le minerai. — pour *Emaillirkunst* , l'art d'émailler , l'émaillure.

Schmelzlöffel, m cuiller, poêlon à fondre des métaux.

Schmelzmahler, m. peintre en émail, émailleur.

Schmelzmahlerey, f. peinture sur émail , en émail.

Schmelzofen , m. tourneau de fusion , fourneau à fondre, fourneau de fonderie , fourneau où l'on fond du minerai et des métaux.—*Schürloch im schmelzofen* , la chauffe. — *Das gepochte, gewaschene und fertige erz in den schmelzofen bringen,* porter au fourneau de fusion le minerai écrasé, lavé et préparé. —*Schmelzofen mit gestübe zumachen,* garnir de brasque un fourneau , le fermer et le disposer pour la fonte.

Schmelzstein , n. *Voyez* Schaalstein.

Schmelztiegel, m. creuset, vaisseau de terre dans lequel on fait fondre les métaux. — *Ein schmelztiegelchen,* un petit creuset ; le bassin de fusion , la partie du foyer où se rassemble le métal fondu.

Schmelzung , f. fonte , fusion , liquéfaction , action de fondre , de faire fondre , de rendre liquide , de liquéfier. — *Die schmelzung der metalle, der erze vernehmen,* entreprendre la fonte des métaux , des minerais.

Schmelzwerk, n. émaillure, émail , ouvrage émaillé.

Schmergel, m. Schmirgel, émeri ; corindon granuleux. —

Metalle und steine mit schmergel poliren , polir les métaux et les pierres avec l'émeri. — *Die schmergel asche, der schmergelstaub ,* la poée d'émeri , la poudre ou poussière qui se trouve sur les meules qui ont servi à polir les pierreries ; en Thuringe, quartz agate xyloïde (*holz-stein*).

Schmergelartig , adj. qui tient de la nature de l'émeri , qui a les qualités de l'émeri.

Schmergelstaub , m. potée d'émeri.

Schmerkel, m. (*t. de salin.*), la dernière lessive mère, le dernier dépôt de l'eau salée.

Schmid , m. forgeur, forgeron ; celui qui travaille aux forges et qui bat le fer sur l'enclume.—plu. *Die schmiede,* les forgerons.

Schmiedbar, adj. malléable, forgeable , qui se peut forger et étendre à coups de marteau. — *Die metalle sind schmiedbar,* les métaux sont malléables.

Schmiedbarkeit , f. malléabilité , ductilité, qualité de ce qui est malléable, qui se peut forger.

Schmiede , f. forge, la boutique d'un maréchal.

Schmiedearbeit, f. ouvrage de forgeron, de maréchal.

Schmiedebalg , m. soufflet de forgeron , de maréchal.

Schmiedeesse , f. cheminée d'une forge.

Schmiedehammer, m. marteau à forger, gros marteau de forgeron.

Schmiedekohle, f. charbon pour la forge à l'usage du maréchal ; houille piciforme.

SCHMIEDEKUNST, f. art de forger les métaux ; art, métier de forgeron, de maréchal.

SCHMIEDEMEISTER, m. le maître forgeron, le marteleur, celui qui met le fer en barres.

SCHMIEDEN, v. a. forger, battre et étendre à coups de marteau. — *Das eisen glühend schmieden*, forger le fer rouge, le battre rouge sur l'enclume.

SCHMIEDESCHLACKE, f. paille de fer, battitures, crasses, écailles qui tombent du fer, quand on le forge ou bat à chaud.

SCHMIEDESTOCK, m. le billot qui supporte l'enclume.

SCHMIEDETAXE, f. (*t. de min.*), la taxe des ouvrages du maréchal.

SCHMIEDEZANGE, f. tricoises; tenailles de forgeron, de maréchal.

SCHMIEDZEÜG, n. instrumens, outils de forgerons ; tous les outils à leur usage.

SCHMIEGE, f. angle ; point de rencontre de deux lignes qui font un angle; fausse équerre, équerre pliante, biveau, etc.

SCHMIERE, f. vieux oing, graisse, vieille graisse dont on se sert pour graisser les rouages et les ferremens des machines.

SCHMIERIG, adj. onctueux.

SCHMINKSTEIN, m. talc laminaire.

SCHMIRGEL. *V.* SCHMERGEL.

SCHMIRGELERZ, n. de *Brünnich*, même que SCHMIRGEL. *Voyez* SCHMERGEL.

SCHMUTZEND, adj. (*t. de min.*), tachant, salissant, en parlant des minéraux dépendans du talc.

SCHNABEL, m. bec, pointe, la partie solide antérieure et pointue de plusieurs productions naturelles et artificielles.

SCHNABELZANGE, f. tenailles à bec, tenailles, pincettes qui ont un long bec fait en pointe.

SCHNARLACH du Tyrol, chaux carbonatée spiculaire verdâtre.

SCHNARREISEN, n. (*t. d'orfèv.*), bigorgne.

SCHNAUTZE, f. bec. — *Die schnautze an einer kanne, an einen distillirkolben*, le bec d'une aiguière, d'une cafetière, d'un alambic.—*Die schnautze an der lampendille*, le bec du lamperon.

SCHNAUTZIG, adj. à bec ; qui a un bec, en parlant d'aiguière.

SCHNECKE, f. limas, limace, limaçon. —(*t. de mécan.*) *Die schnecke*, la vis d'*Archimède*.

SCHNECKENBOHRER, m. foret, perçoir, tarière à mèche spirale.

SCHNECKENFÖRMIG, adj. et adv. en forme de limaçon, en ligne spirale, spiralement.

SCHNECKENGEWINDE, n. circonvolution, tour en ligne spirale.

SCHNECKENMARMOR, m. marbre lumaquelle, composé d'une multitude de coquilles unies par un ciment calcaire et susceptible de poli.

SCHNECKENRUNDUNG, f. rondeur, tour en ligne spirale, spire.

SCHNECKENSTEIN, m. pierre de limace ; d'après *Kirwan*, mica avec talc stéatite.

SCHNECKENTOPAS, m. sorte de topase presque sans couleur.

SCHNECKENZUG, m. spire, tour en ligne spirale, chaque tour de la spirale.

SCHNEEDRUSEN, près Gersdorf, quartz hyalin amorphe commun.

SCHNEEFÄLLE, plur. chutes de neige ; masses énormes de neige détachées des montagnes. On les nomme avalanches dans les Alpes et lavanches dans les Pyrénées.

SCHNEEGEBIRGE, n. montagnes neigeuses, montagnes chenues.

SCHNEEWEISS, blanc de neige, blanc pur.

SCHNEIDE, f. le tranchant, le taillant, le fil d'un couteau, d'un rasoir. — *Schneide am bohrer machen,* rendre le tranchant à un fleuret ou foret de mineur.

SCHNEIDEBOHRER, m. tarière, foret, perçoir, qui a un tranchant, qui a la mèche tranchante, vilebrequin.

SCHNEIDEEISEN, n. fer servant à couper, à trancher ; (*t. de serrur.*), taraud, pièce d'acier à vis qui sert à faire des écrous.

SCHNEIDEKUNST, f. art de tailler, couper.

SCHNEIDEMESSER, n. SCHNITTMESSER et SCHNITZMESSER, plane, débordoir, outil tranchant qui a deux poignées.

SCHNEIDEN, v. a. couper, trancher, tailler, séparer un corps continu avec quelque chose de tranchant. — *Kunstlich schneiden,* tailler avec art. — *In holz, in stein, in stahl schneiden,* tailler, sculpter, graver sur du bois, sur de la

pierre, sur de l'acier. — *Edelsteine, diamanten schneiden,* tailler des pierres fines, des diamans. — *Einen stein in rauten schneiden,* faceter une pierre, la tailler à facettes. — *Durchschneiden,* couper transversalement.

SCHNEIDEND, adj. coupant, tranchant, qui coupe bien. — *Ein schneidendes werkzeüg,* un outil, un instrument tranchant.

SCHNEIDESTEIN, m. talc ollaire ; talc stéatite mêlé de mica, suivant *Gmelin;* roche primitive composée de talc stéatite et de mica entremêlés de talc schorlique, suivant *Lenz;* enfin d'après *Heldinger,* roche composée de talc stéatite, de mica, de feldspath et de tourmaline.

SCHNEIDEWERKZEÜG, n. outil, instrument servant à couper, à tailler.

SCHNEIDEZEÜG, n. *Das schraubenzeüg,* filière, instrument qui sert à faire des vis.

SCHNEIDIG, adj. qui tranche, qui coupe, qui taille, qui est aisé à couper, à trancher, à tailler. — *Schneidiges gestein,* roche ou pierre facile à couper, à détacher, à tailler.

SCHNEIDSTEIN. *V.* SCHNEIDESTEIN.

SCHNELL, adj. rapide, prompt, très-vite, précipité, impétueux. — *Eine schnelle bewegung,* un mouvement rapide, extrêmement vite. — *Schnellerfluss,* fondant, prompt, actif.

SCHNELLEN, v. n. faire ressort avec force, se mouvoir, s'élancer, être mu, poussé par sa force élastique.—*Eine feder schnellen lassen,* faire jouer un ressort.

SCHNELLERFLUSS, m. flux ou fondant, prompt, rapide ; flux noir, flux composé de deux parties de tartre et d'une de nitre opérant très - promptement fusion et réduction.

SCHNELLIGKEIT, f. rapidité, vitesse extrême, célérité, précipitation, impétuosité, vélocité, promptitude. — *Die schnelligkeit des laufes eines flusses,* la rapidité, l'impétuosité du cours d'une rivière.

SCHNELLKRAFT, f. ressort, élasticité, force ou vertu élastique.—*Was schnellkraft hat,* qui a du ressort, qui est élastique.

SCHNELLWAGE, f. un peson, une romaine, un crochet, tout instrument dont on se sert pour peser avec un seul poids.

SCHNEPPE, f. pointe. — *Schneppe, schnautze an kannen,* bec de pot d'aiguière, de lampe.

SCHNEPPERLEIN (*t. d'affin.*), clapet, petite soupape qui se meut par une charnière ; papillons, petites plaquettes de fer rondes, qui, dans les fourneaux d'affinage, se placent à l'extrémité des buses ou canons de soufflets où elles sont fixées à charnière ; le vent les fait lever et elles se referment quand il cesse, ce qui empêche la flamme de s'introduire dans les soufflets ; elles rabattent le vent sur le bain de plomb et en accélèrent par-là l'oxidation.

SCHNIEDEL, m. (*t. de charbon.*), éclise, la seconde ran-

gée de buches dans un fourneau.

SCHNITT, m. SCHNITTE, f. *Das schneiden,* tranche, coupe, coupure, incision, taillade, taille. — *Der schnitt des diamantes in das glas,* la coupure, la taille du diamant dans le verre.

SCHNITTEBENE, plur. (*t. de géom.*), plans coupans.

SCHNITTMESSER, n. plane, outil tranchant, et qui a deux poignées.

SCHNUPPEN, v. n. (*t. de min.*) *Die zeche schnuppet,* cette mine diminue en produit, elle vient en perte.

SCHNUR, f. cordon, cordonnet, cordelette. — *Die probierwagen mit neuen schnuren versehen,* mettre des cordons neufs à la balance d'essai ; (*t. de min.*), cordeau du mesureur, du géomètre souterrain ; corde ou chaîne de laiton avec laquelle on mesure les travaux souterrains pour en lever le plan. — *In die schnur greifen,* entraver, empêcher le mesurage.

SCHNÜREN, v. a. lacer, lier, serrer, attacher avec un lacet ou une cordelette.

SCHNURGERADE, adj. et adv. aligné, qui est d'alignement, qui va en ligne droite ; en ligne, tout droit, au cordeau, au niveau, de niveau, d'aplomb. —*Eine mauer, eine linie ist schnurgerade,* un mur, une ligne est d'aplomb. —*Eine mauer ist nicht schnurgerade,* un ouvrage de maçonnerie n'est pas d'alignement.

SCHNURSINOPEL de *Gmelin,*

26 *

quartz jaspe commun traversé de veines quartzeuses.

Schock , **n.** schock , nombre déterminé de plusieurs choses de même nature : il y en a de deux sortes , le vieux et le nouveau; le vieux est de 20, le nouveau est de 60. — *Nach schocken* ou *schockweise zahlen ,* compter par soixantaines , par vingtaines ; (*t. de fond.*), un schock est une quantité de 60 fagots.

Schöpf , m. (*t. de salin.*), pierre dure et épaisse qui se place sur le sol des chaudières pour prévenir les accidens du feu.

Schöpfgebau. *V.* Kunst-gezeüg.

Schöpfhalten (*t. de salin.*), sortir les pains de sel de la chaudière.

Schöpfmaschine, f. machine, engin à puiser de l'eau.

Schöpfprobe, f. (*t. de fond.*), échantillon de métal en fusion puisé dans le bain pour en faire l'essai.

Schöpfrad , n. roue pour tirer de l'eau d'un puits ou pour élever les eaux. — *Kasten oder eimer an schöpfrädern ,* godets , seaux , vaisseaux attachés à des roues dont on se sert pour élever de l'eau.

Schöpfwerk (*t. d'hydraul.*), chapelet, chaîne garnie de godets pour élever les eaux.

Schörfass ou Schierfass (*t. de fond.*), panier ovale avec lequel on porte les charbons aux fourneaux.

Schörl , schorl , nom effacé aujourd'hui par *Haüy* de la nomenclature des minéraux, parce que l'on en a trop abusé , et qu'il a donné lieu à une infinité d'erreurs. En Allemagne il désigne spécialement la tourmaline. — *Electrischer schörl ,* schorl électrique. *Voyez* Tur-malin.

Schörlartigerberil, béril schorliforme ; pycnite d'*Haüy*, qui depuis l'a réuni à la topase. *Voyez* Stangenstein.

Schörlblende , amphibole lamellaire d'*Haüy*.

Schörlfels , m. roc schorlique ; roche en grandes masses composées de quartz et de tourmaline dans un ciment en décomposition , abondante sur les côtes d'Angleterre.

Schörlgranat , axinite ; leucite ou amphigène , suivant *Ferber*; et tourmaline ou schorl noir suivant *Gmelin*.

Schörlgranit, granite avec tourmaline.

Schörlit de *Kirwan* et *Klaproth ,* schorlite ; pycnite d'*Haüy*. *Voy.* Stangenstein.

Schörlkrystall. *Grüner,* actinote. — *Röthlich brauner und schwarzer,* tourmaline.

Schörl-quartzfelz de *Stütz ,* schiste micacé farci de tourmaline.

Schörlsäulen, tourmaline.

Schörlschiefer d'*Huel ,* schiste micacé avec tourmaline ; et, suivant *Stütz ,* hornblende schisteuse. — *Hornblende-schiefer.*

Schörlspath de *Cronstedt,* amphibole lamellaire et pycnite ; et suivant *Ferber ,* hornblende ou amphibole.

Schossbühne. *Voy.* Schuss-bäume.

SCHÖSSEKLEINMACHEN, concasser, briser les gros blocs de minerai.

SCHÖSSGERINNE, n. (*t. de min.*), canal qui conduit les eaux sur les roues ; canal par où l'eau du bocard s'écoule avec les minerais broyés dans les bassins placés au-dessous.

SCHOSSRINNE, f. petit canal ou conduit d'eau pratiqué entre le toit et les côtés d'un tuyau de cheminée pour empêcher l'eau d'y séjourner.

SCHOSSTEIN, m. pierre de tonnerre ; bélemnite.

SCHRAAM. *Voy.* SCHRAMME.

SCHRACKENSTEIN, m. *Voyez* SCHRÖCKSTEIN.

SCHRÄEMSPIESS, f. la pince ou barre de fer aplatie par un bout que l'on enfonce dans les fentes ou sissures des roches pour les détacher.

SCHRAGE, adj. oblique, qui est de biais, de travers. — *Eine schräge linie*, ligne oblique. — *Eine schräge fläche*, surface oblique. — *Ein schräges kreütz*, sautoir ; croix de Saint-André. — *Schräges fenster*, abat-jour. — adv. obliquement, de biais, en biais, de travers. — *Schräge geschnitten*, coupé de biais. — *Schräge kante*, biseau, extrémité ou bord coupé en talus.

SCHRÄGE, f. obliquité, biais, travers.

SCHRAGEN, m. chevalet, tréteau. — *Ein schragenholz*, une certaine quantité de bois à brûler qu'on mesure avec une sorte de tréteau.

SCHRAMME, f. crevasse, fente, ouverture, fêlure, gerçure ; (*t. de min.*), les bords altérés d'une couche de minerai que l'on détache comme partie stérile en faisant des entailles entre elle et la roche ou les bancs adjacens.

SCHRÄMMEN, v. a. (*t. de min.*), creuser une rigole près du filon. — *Der schrämmhammer*, le marteau à pointe. — *Der schrämmhauer*, le mineur qui entame la roche, qui fait une rigole entre le filon et les bancs joignans pour détacher les bords stériles.

SCHRAMMIG, adj. crevassé, gercé, plein de crevasses, d'entamures.

SCHRAUBE, f. vis. — *Eine grosse schraube*, une grande vis. — *Ein schräubchen*, une petite vis ou petit écrou.

SCHRAUBEN, v. a. visser, tourner une vis; serrer avec une vis.

SCHRAUBENBOHRER, m. taraud, pièce d'acier à vis qui sert à faire des écrous.

SCHRAUBENFÖRMIG, adj. et adv. hélicoïde, à vis, fait, formé en manière de vis. — *Schraubenförmige conchylien*, coquilles turbinées.

SCHRAUBENGANG, m. pas d'une vis, filet d'une vis, l'espace compris entre deux filets d'une vis. — *Die schraubengänge ziehen*, creuser des pas de vis.

SCHRAUBENGEWINDE, n. filets d'une vis.

SCHRAUBENLINIE, f. hélice, ligne tracée en forme de vis autour d'un cylindre.

SCHRAUBENMUTTER, f. écrou,

le trou dans lequel la vis entre en tournant.

SCHRAUBENNAGEL , m. croc à vis.

SCHRAUBENSCHLÜSSEL , m. tourne-vis, petit instrument de fer avec lequel on serre et desserre les vis.

SCHRAUBENSCHNECKE, f. vis, turbinite; coquille univalve turriculée.

SCHRAUBENSPINDEL , f. tige ou broche à vis.

SCHRAUBENSTEIN, m. pierre ou pétrification en forme de vis; turbinite; trochites en décomposition. *Voyez* ENTROCHITEN.

SCHRAUBENSTOCK , m. étau pour affermir les pièces que travaillent les serruriers et autres artisans.

SCHRAUBENZÄNGE, f. tenailles, pinces que l'on serre et desserre avec une vis.

SCHRAUBENZEÜG, n. tous les instrumens qui servent à creuser, à faire des vis et des écrous.

SCHRAUBENZIEHER, m. filière, instrument qui sert à faire des vis; tournevis, instrument de fer pour serrer et desserrer les vis. *Voy.* SCHRAUBENSCHLÜSSEL.

SCHRAUBENZUG, n. (*t. de mécan.*), moufle, assemblage de poulies qui multiplient la force mouvante.

SCHRECKSTEIN, m. pierre contre la peur; pierre d'un vert foncé, demi-transparente, que l'on tailloit en cœur, et suspendoit au cou des enfans comme un talisman contre la peur. Suivant *Gmelin*, c'est une malachite; suivant le plus grand nombre , une nephrite.

SCHREIBBLEY , n. plombagine , graphite , fer carburé d'*Haüy*.

SCHREIBGOLD, or graphique; tellure natif graphique.

SCHREIBKOHLE, f. graphite minéral.

SCHREIBKREIDE, f. craie ; chaux carbonatée crayeuse.

SCHREIBSCHIEFER , argile schisteuse.

SCHREIB-SPECKSTEIN , m. talc stéatite.

SCHREIBSTEIN, m. suivant *Gerhard,* talc stéatite; graphite.

SCHREY. On donne ce nom au Hartz à une masse de métal qui reste dans le feu après chaque fonte, et a la forme d'un gâteau à-peu-près de la largeur du foyer.

SCHRIFTERZ , n. tellure natif aurifère et argentifère graphique ; métal en aiguilles prismatiques d'un blanc d'étain , imitant par leurs dispositions des caractères d'imprimerie ; sylvane graphique, vulgairement or graphique.

SCHRIFTGOLD, de *Stütz,* même que SCHREIBGOLD et SCHRIFTERZ.

SCHRIFTGRANIT, granite graphique ; pierre typographique, pierre hébraïque.

SCHRIFTSTEIN, m. chaux sulfatée fibreuse à fibres contournées.

SCHRIFTTELLURERZ. *Voyez* SCHRIFTERZ.

SCHRITTMESSER ou SCHRITTZÄHLER , m. odomètre, pédomètre ou compte-pas ; instrument pour mesurer le chemin que l'on a fait.

SCHROCKENSTEIN et SCHRÖCK-

STEIN , nephrite , et suivant *Gmelin ,* malachite ou cuivre carbonaté vert compacte.

SCHROF, SCHROFFIG , adj. très-roide , très-escarpé , taillé à pic, inaccessible. — *Schroffe berge , schroffe felsen ,* montagnes très-roides , rochers fort escarpés. — subst. *Schrof ,* falaise , terre ou rochers escarpés le long des bords de la mer.

SCHROT, n. et m. tronçon , morceau coupé d'une plus grande pièce ; (*t. de min.*) , un carré de charpente pour cuveler un puits ; (*t. de monn.*), flan, carreaux, petites pièces de métal coupées en rond pour en faire de la monnoie ; poids, titre , aloi des monnoies ; cisailles, de la cisaille , les rognures qui restent de la monnoie qu'on a fabriquée.

SCHROTBANK, f. dans le pays de Mansfeld , oolite ; chaux carbonatée globuliforme.

SCHROTBOCK , m. chevalet , tréteau , gruau pour ôter des fardeaux de dessus les chariots.

SCHROTBOHRER , m. cuiller de pompe.

SCHROTBUNZEN , m. (*t. d'orfèv.*) , ciselet pour couper.

SCHROTEISEN , n. ébarboir , ciseau , tranchet , outil qui sert à couper du métal; (*t. de serrur.*), dégorgeoir.

SCHROTEN, v. a. (*t. de min.*), creuser , percer , détacher des roches , des terres , travailler à rompre , à casser des roches. — *Der bergmann hat starke wasser erschroten ,* le mineur a fait jaillir beaucoup d'eau en perçant la roche. — (*t. de monn.*) *Die zaine schroten ,* couper des flans, des carreaux ; tailler en rond les pièces de métal pour en faire de la monnoie. — *Das unnöthige von der münze schroten ,* ébarber la monnoie. — *Einen stein fortschroten ,* pousser ou rouler une grosse pierre avec effort.

SCHRÖTER , m. ciseau pour couper le fer ; ouvrier qui coupe du métal, du bois, etc. , en pièces , en fendant ou en sciant.

SCHRÖTERHAMMER , m. marteau tranchant avec lequel on coupe à froid les métaux.

SCHROTLEITER , f. poulain pour encaver des tonneaux , pour descendre , faire glisser des fardeaux à la cave et autres usages.

SCHRÖTLING, m. morceau ou pièce coupée d'une plus grande. — *Schrötlinge in den münzen ,* flans. — *Die schrötlinge gleich schlagen ,* flatir les flans , les carreaux , les battre avec le flatoir.

SCHROTMEISSEL , m. ciseau à couper , à tailler des feuilles de laiton.

SCHROTMESSER , m. sorte de couteau propre pour couper des lames de métal.

SCHROTMESSING , n. laiton coupé en petites pièces ; (*t. d'épingl.*) , courtailles.

SCHROTSÄGE , f. grosse scie , grande scie, scie de charpentier.

SCHROTSCHEERE, f. cisailles, forces , gros ciseaux à couper , à tailler des lames de laiton , de fer-blanc, etc.

SCHROTSTAHL , m. tournoir pour commencer à travailler grossièrement quelque ouvrage.

SCHROTSTÜCK, n. morceau, pièce coupée d'une plus grande pièce.

SCHROTWAGE, f. niveau ; instrument pour connoître si un plan est horizontal.

SCHROTWERK, n. (*t. de min.*), sorte de cuvelage qui se fait avec des pièces d'arbres posées en carré les unes sur les autres.

SCHROTZEÜG, n. toute espèce d'instrumens dont on se sert dans la fabrique des monnoies pour couper et rogner.

SCHRUBBEN, v. a. (*t. de menuis.*), corroyer du bois, en ôter la superficie grossière.

SCHUBBLECH, n. plaque de fer qui va et vient dans une coulisse, dans une rainure.

SCHUBISCH ou SCHIEBISCH, adj. (*t. de min.*) *Donnleg, abhängig*, qui va en pente douce. — *Eine schubische fläche*, superficie qui va en pente douce.

SCHUBKARREN, m. brouette.
SCHUBLOCH. *V.* SCHURLOCH.
SCHUBWAND, f. (*t. de min.*), fragment ou morceau de gangue, partie d'un filon que l'eau a détachée.

SCHUHNAGEL, m. chaux carbonatée dodécaèdre.

SCHUPPE, f. écailles ; petites pièces sèches laminées et luisantes qui couvrent la peau des poissons et de certains reptiles, ainsi que les diverses parties des plantes ; coque dure qui couvre les testacées ; folioles étroites et pointues à la base de quelques fleurs.

SCHUPPEN, v. a. écailler,

ôter, arracher. — *Sich schuppen*, s'écailler.

SCHUPPENFÖRMIG, adj. squamiforme imitant la forme des écailles, un tissu écailleux.

SCHUPPENGYPS, m. chaux sulfatée fibreuse, en fibres contournées.

SCHUPPENSPATH, m. baryte sulfatée crêtée.

SCHUPPENSTEIN, lépidolithe. *Voyez* LEPIDOLITH.

SCHUPPENWEISE, adv. par écailles, par petites parties comme des écailles. — *Schuppenweise abgehen, abfallen*, s'enlever, se détacher, tomber par écailles, s'écailler.

SCHUPPICHT, adj. écailleux, squammeux, semblable à une écaille, qui ressemble à des écailles, qui s'enlève par écailles.

SCHUPPIG, adj. écaillé, écailleux, couvert d'écailles, qui a des écailles, qui s'enlève par écailles ; adv. par écailles, avec des écailles, à écailles.

SCHUR ou GESCHUR, f. scories ou crasses métalliques qui s'attachent aux parois des fourneaux, sur-tout dans les angles, durant la fusion.

SCHURBLECH, tamis à trous larges ; petit appareil de fer blanc à la lampe du mineur.

SCHURBUTTE, f. cuve pour le dépôt de la terre vitriolique ; cuve de sédiment.

SCHURDRATH, m. fil ou pointe de fer pour accommoder le lumignon d'une lampe allumée, pour attiser la flamme.

SCHÜREN, v. a. attiser, tisonner, remuer la braise et le bois dans le four, fourgonner ;

agiter, remuer des substances contenues dans un liquide.

Schürer, m. attiseur, ouvrier de verrerie ou de fabrique quelconque, chargé spécialement de l'entretien du feu.

Schurf, m. (*t. de min.*), fouille, creux, ouverture faite à la surface d'un terrain pour recherche de filons métalliques. — *Schurf drey tage liegen lassen ohne arbeit*, laisser une fouille pendant trois jours sans y travailler; l'entrepreneur y perd alors son droit.

Schurfen, v. a. établir une fouille à la surface de la terre pour trouver des filons métalliques. — *Das schurfen*, l'action de creuser pour découvrir des filons métalliques.

Schurfer, m. celui qui fait une fouille pour la découverte ou la reconnoissance d'un filon.

Schurfgeld, n. la récompense pour la découverte d'un filon métallique.

Schurfschein et Schurfzettel, m. billet de l'administration des mines, permission écrite de faire une fouille pour recherche de minerais.

Schurhacken, m. attisonnoir; outil crochu avec lequel le fondeur attise le feu; crochet ou râble avec lequel on attire les scories hors du fourneau pendant la fusion.

Schurknecht, m. aide fondeur, manœuvre de fonderie; celui qui attise le feu.

Schurloch, n. le tisard; porte de la chauffe d'un fourneau, ouverture par laquelle on jette le combustible.

Schurschaufel, pelle avec

laquelle on enlève et jette dehors les crasses de la fonderie.

Schurz, m. (*t. de min.*), chaîne qui se passe autour du seau, de la tonne, de la tine, ou de tout autre vaisseau empli de minerai, pour en faciliter le déchargement sitôt qu'ils arrivent au haut du puits d'extraction; chaîne pour réunir en un seul paquet les bois que l'on veut descendre dans la mine par le puits.

Schurzfell, n. tablier de cuir que portent les mineurs, les forgerons, les charpentiers et autres.

Schuss, mouvement très-rapide, impétueux, précipité. — *Der schuss des wassers*, le cours très-rapide, très-impétueux de l'eau. — (*t. de min.*) *Schussbohren*, percer un trou de mine dans la roche pour la faire éclater avec la poudre. — *Schuss versaget, oder hebet nicht*, le coup de mine n'a pas fait son effet.

Schussbäume et Schussbühne (*t. de min.*), solives de protection; assemblage de solives, de pièces de bois ou de planches, qui se mettent sur une bure ou un puits de mine pour abriter les mineurs de la chute des pierres, etc.

Schusselerz, n. fer limoneux, fer oxidé terreux.

Schussgatter, n. grille par laquelle s'écoule l'eau d'un canal, d'un étang, etc.

Schutt, m. décombres, plâtras, menues pierres provenant de la démolition d'un bâtiment.

Schütten, v. a. verser, épandre, répandre; rendre produire. — *Das bergwerk schüttet*, cette mine est productive.

SCHUTTKARRE, f. tombereau ; charrette entourée d'ais.

SCHUTZ , m. (*t. d'archit. hydraul.*), vanne, écluse, lançoir, pale; espèce de porte de bois dont on se sert pour retenir ou lâcher les eaux en la haussant ou la baissant. — *Die schütze auf heben*, lever les vannes.

SCHUTZBRET , m. lançoir; planche qui se hausse ou se baisse pour arrêter ou laisser couler les eaux. — *Das schutzbret am mühlwasser*, la petite vanne qui arrête l'eau d'un moulin.

SCHÜTZEN, v. a. arrêter, retenir l'eau par le moyen de la vanne.

SCHÜTZER, m. celui qui a la charge d'arrêter l'eau par le moyen de la vanne, de lever ou de baisser la vanne.

SCHÜTZIT. *V.* STRONTHIAN.

SCHUTZTEICHE, f. étang, réservoir d'eau pour les mines qui sont privées de l'usage des eaux courantes.

SCHWABENGIFT, m. arsenic oxidé pulvérulent.

SCHWÄCHE, f. finesse, légèreté, subtilité, délicatesse, peu d'épaisseur, peu de volume, peu de grosseur, délié, mince. —*Die schwäche eines blechs*, la ténuité, la finesse d'une plaque de métal.

SCHWACHSTEIN de *Gmelin*, basalte.

SCHWADEN, m. vapeur épaisse; (*t. de min.*), mofette ou moufette, exhalaison pernicieuse qui s'élève dans les souterrains de mines, dans les caves, etc. —*Schwefeliche arsenicalische schwaden*, moufettes sulfureuses, arsenicales : on dit aussi *böse wetter*, mauvais air. — *Giftige luft*, vent empoisonné.

SCHWALBENSCHWANZ , m. queue d'hirondelle. — (*t. de min.*) *Schwalbenschwanz böhrer*, fleuret à queue d'hirondelle, qui a deux tranchans ou ciseaux parallèles, mais qui n'est plus guère en usage.

SCHWALBENSTEIN, m. pierre d'hirondelle ; sortes de petites pierres siliceuses de forme sphérique ou arrondie, qui ont aussi porté les noms de pierres de sassenage, pierres ophtalmiques, de fausses chélidoniennes, et enfin de chélonites , et que l'on a prétendu se trouver dans le ventre des jeunes hirondelles, mais qui ne sont autre chose que des grains de quartz pyromaque ou de quartz agate roulés par les eaux , ce qui leur a fait prendre la forme ovoïde.

SCHWALEISEN, n. sorte de fer très-dur : c'est celui qui reste attaché sur l'âtre du fourneau, quand la fonte est finie.

SCHWALG, m. (*t. de fond. de cloches*), ouverture dans le fourneau de fusion par laquelle la flamme passe sur le métal.

SCHWALL, m. (*t. de phys.*), agitation de ce qui a un mouvement par ondes, un mouvement ondulatoire.—*Der schwall der wellen , der flammen* , l'agitation des flots, des vagues, des flammes.

SCHWAMM, m. éponge; substance marine fort poreuse. —

Mineralischer schwamm de *Kirwan*, chaux carbonatée spongieuse; amadou. — *Der schwamm ist gut ,* l'amadou est bon.

SCHWAMMEISEN , du pays de Neustadt, fer oxidé rouge luisant.

SCHWAMMICHT et SCHWAMMIG , adj. spongieux , poreux , de la nature de l'éponge, semblable à l'éponge. — *Schwammichte materien ,* matières , substances spongieuses.

SCHWAMMIGKEIT, f. porosité, qualité de ce qui est spongieux, qualité spongieuse , caractère d'un corps spongieux.

SCHWAMMSTEIN , m. spongite ; pierre légère et spongieuse qui ressemble à une éponge; cellepores, corail à petits trous urcéolés membranés ; fongites.

SCHWÄNGEL , m. bascule à puiser de l'eau ; engin, bascule d'un puits ; (*t. de fond.*), la petite grue servant à lever le chapeau ou couvercle d'un fourneau d'affinage ou de coupelle.

SCHWANKEN, n. balancement, vacillation , chancellement, oscillation, mouvement de ce qui vacille.

SCHWARZ , adj. noir. — *Die schwarze farbe,* la couleur noire. — *Graulich schwarz ,* noir grisâtre ; (*t. de grav.*), manière noire , mezzo tinto — *Kupferstiche in schwarzer kunst,* estampes en manière noire. — (*t. de min.*) *Schwärze,* terre métallique noire ou noirâtre. — *Goldhaltige schwärze,* terre minérale noire, qui contient de l'or. — *Silberschwärze,* terre minérale noire argentifère.

SCHWARZBLECH , n. tôle , fer en feuilles noirâtres.

SCHWARZBLEYERZ, n. mine de plomb noir que les uns regardent comme une mine de plomb carbonatée blanche décomposée , et d'autres comme le produit ou résultat de l'altération du plomb phosphaté.

SCHWARZBRAUNSTEINERZ , n. manganèse oxidé noir.

SCHWARZCORALLEN. *Voyez* CORALLENSCHWARZ.

SCHWARZEISENERZ , n. fer oxidulé.

SCHWARZERZ , n. minerai noir , argent sulfuré carié noirâtre , ou tout-à-fait noirci par l'air ; argent sulfuré décomposé et d'un aspect spongieux. — *Falherz ,* ou mine de cuivre grise argentifère, en décomposition, carié ; minerai de fer noir qui donne du bon acier ; manganèse sulfuré de Nagyag , en Transilvanie.

SCHWARZFLUSS, m. flux noir. *Voyez* SCHNELLER FLUSS.

SCHWARZGILTEN, SCHWARZGULDEN , SCHWARZ GULDENERZ , n. mine d'argent noire cariée ou criblée, ou en couches superficielles , argent sulfuré aigre en décomposition.

SCHWARZGOLDERZ. *Voyez* COTTONERZ.

SCHWARZGÜLTIGERZ, n. variété de mine de cuivre grise argentifère , dont la couleur passe au noir : on la nomme aussi cuivre gris antimonié.

SCHWARZKOHLE. *V.* STEINKOHLE.

SCHWARZKREIDE , f. argile schisteuse graphique.

SCHWARZKUPFER et SCHWARZ-

KUPFERERZ, n. mine de cuivre grise; cuivre noir, le cuivre qui n'est pas encore bien purifié, qui n'a pas été raffiné.

SCHWARZLICH, adj. noirâtre, qui tire sur le noir.

SCHWARZLICHBRAUN, adj. brun noirâtre.

SCHWARZLICHGRÜN, adj. couleur de poireau foncée mêlée de beaucoup de noir.

SCHWARZSILBERERZ, n. argent sulfuré aigre, suivant *Gerhard*.

SCHWARZSPIESGLANZERZ, antimoine hydro-sulfuré noirâtre aciculaire, dont la couleur tient le milieu entre le rouge de cerise et le gris de plomb.

SCHWARZSTEIN de *Gmelin*, trapp; basalt; manganèse.

SCHWARZURANERZ, n. urane noir, urane oxidulé.

SCHWARZWURM. *Voyez* WURMBROCKNISS.

SCHWEBEND, adj. qui est suspendu, soutenu en l'air. — *Die über uns schwebenden himmels körper*, les corps célestes suspendus sur nos têtes. —(*t. de min.*) *Schwebende gänge*, filons rasans, filons fort peu inclinés, dont la pente approche de la ligne horizontale. — *Die schwebende mitteln*, milieu ou parties isolées laissées après avoir exploité tout le minerai qui les environnoit.—*Schwebende mittel antreffen*, rencontrer des parties de filons non exploitées dans des anciens travaux. — *Schwebende sümpfe*, réservoir d'eau, ou eaux retenues par une digue dans l'intérieur d'une mine, afin qu'elles ne nuisent pas aux travaux qui

sont au-dessous, ce qui se pratique quand on ne peut pas en procurer l'écoulement.—*Schwebende strossen*, strosses ou gradins qui n'ont point été établis dans la profondeur, mais au faîte, ou seulement sur la galerie. — *Schwebende firste*, faîte qui n'est pas solide, qui menace ruine. — *Schwebendfeld*, mine épuisée où il ne reste que les piliers (*pfeilere*).

SCHWEFEL, m. soufre, substance combustible d'une couleur jaune à laquelle elle donne son nom, et dont la combustion lente forme l'acide dit sulfureux, tandis que celle rapide et complète forme l'acide sulfurique.—*Naturlischer oder gediegener, gewachsener* et *gegrabener schwefel*, soufre naturel, soufre natif, soufre vif, soufre vierge — *Rossschwefel*, soufre brut. — *Künstlicher schwefel*, soufre artificiel. — *Wulcanischer schwefel*, soufre natif volcanique.

SCHWEFELADER, f. veine de soufre, mine de soufre.

SCHWEFELARTIG, adj. sulfureux, qui tient de la nature du soufre.

SCHWEFELBALSAM, m. (*t. de chim.*), baume de soufre, sulfure d'huile volatile.

SCHWEFELBLAU, m. cuivre carbonaté bleu terreux.

SCHWEFELBLUMEN, plur. fleurs de soufre, soufre sublimé.

SCHWEFELBRAND, m. pyrite désulfurée, pyrite de laquelle on a déjà tiré le soufre; pièce de carton enduite de soufre pour soufrer les tonneaux de vin.

SCHWEFELBRENNOFEN , m. fourneau à désoufrer, à chasser le soufre.

SCHWEFELDAMPF, m. vapeur de soufre , vapeur sulfureuse.

SCHWEFELDUNST, m. exhalaison sulfureuse.

SCHWEFELERDE, f. terre sulfureuse , terre qui contient du soufre.

SCHWEFELERZ, n. minerai de soufre , substance contenant du soufre.

SCHWEFELFANGEN , v. a. recueillir le soufre, le puiser dans les trous ou petites fosses pratiquées dans les tas de sulfure pour qu'il s'y rassemble pendant le grillage.

SCHWEFELFORM , f. moule de soufre , moule dans lequel on fait couler le soufre pour lui donner la forme où on le voit dans le commerce.

SCHWEFELGANG , m. filon ou veine de soufre.

SCHWEFELGEIST , m. esprit de soufre , acide sulfureux.

SCHWEFELGELB , adj. jaune de soufre , jaune comme le soufre , jaune verdâtre clair.

SCHWEFELGESÄUERTE, adj. sulfaté. — *Schwefelgesäuerte kalk*, chaux sulfatée. — *Schwefelgesäuerte baryt*, baryte sulfatée. — *Schwefel gesäuerte thon*, alumine sulfatée.

SCHWEFELGESÄUERTER BARYT, baryte sulfatée , vulgairement spath pesant (*schwerspath*). Cette première espèce , du genre baryte, se trouve en formes régulières dont on connoît déjà 12 ou 15 variétés ; en formes indéterminables aussi fort variées, et en masses amorphes ou compactes : ses couleurs sont presque toutes les nuances du blanc , le jaunâtre , le rougeâtre, l'olivâtre, le bleuâtre, le brunâtre , etc. ; sa forme primitive, un prisme droit rhomboïdal, et la molécule intégrante , un prisme droit triangulaire.

SCHWEFELGESCHLECHT , n. genre sulfureux.

SCHWEFELGRUBE, f. mine de soufre, soufrière , lieu d'où l'on tire du soufre.

SCHWEFELHÜTTE, f. fabrique ou fonderie de soufre , lieu où l'on travaille le soufre.

SCHWEFELICHT , adj. et adv. sulfureux , qui tient de la nature du soufre. — *Schwefelichte ausdünstungen* , exhalaisons sulfureuses. — *Schwefelichte saure* , acide sulfureux.

SCHWEFELIG , adj. sulfuré , sulfureux , qui contient des parties sulfureuses. — *Schwefelige, erde, substanz*, etc. , terre, substance mêlée avec du soufre.

SCHWEFELKIES, m. pyrite sulfureuse , fer sulfuré. Les couleurs du fer sulfuré sont le jaune de bronze dans l'état naturel, le gris d'acier, et le brun lorsqu'il est altéré; sa cassure est vitreuse ou raboteuse; sa texture compacte ou fibreuse.

SCHWEFELLAUTERUNG, f. purification du soufre. — *Geläuterter schwefel*, soufre purifié ou raffiné.

SCHWEFELLEBER , f. foies de soufre , sulfures alcalins , hépars alcalins. — *Schwefelleber- erz*, cinabre alcalin de *Debora*.

SCHWEFELMÄNNGEN, SCHWE-
FELMÄNNEL (*t. de min.*), mèche soufrée pour faire sauter
la mine.

SCHWEFELMEISTER , m. le
préposé à une fabrique ou fonderie de soufre.

SCHWEFELMILCH , f. (*t. de
chim.*), lait de soufre, dissolution du foie de soufre lorsqu'on
vient d'y mêler un acide qui
fait paroître blanches les molécules de soufre suspendues dans
la liqueur à cause de leur division.

SCHWEFELN, v. a. soufrer, en-
soufrer , enduire , frotter de
soufre. — *Geschwefelt*, soufré. — *Geschwefeltes silber*,
sulfure d'argent.— *Das schwefeln*, subst. l'action de soufrer,
d'enduire de soufre.

SCHWEFELOFEN , m. four-
neau à distiller le soufre cru.

SCHWEFELÖFFEL , m. cuiller
de fer avec laquelle on puise le
soufre fondu dans la chaudière
où il a été raffiné.

SCHWEFELÖHL , n. huile de
soufre, l'esprit ou l'acide du
soufre concentré suivant quelques chimistes.

SCHWEFELPFANNE , f. chau-
dière à soufre.

SCHWEFELPFÄNNEL, bassins
de plomb servant de récipient
au soufre à mesure qu'il est distillé ou sublimé.

SCHWEFELROHR , f. tuyau ou
tube de terre servant à la distillation du soufre.

SCHWEFELRÖSTE , f. grillage
du soufre ; soufre provenu du
grillage des sulfures de fer ou
de cuivre et mis en tas.

SCHWEFELRUBIN , m. (*t. de

chim.*), rubine d'arsenic, réalgar natif, arsenic sulfuré rouge.

SCHWEFELSALZ, n. sel sul-
fureux , sulfite de potasse.

SCHWEFELSAURE , f. acide
du soufre, acide sulfurique.

SCHWEFELSAURES GES-
CHLECHT , n. genre sulfaté.

SCHWEFELSCHLACKE , f. scories, crasses, laitiers du soufre.

SCHWEFELSTEIN de Wiliska,
sorte de grès composé de petits
grains quartzeux liés entre eux
par un ciment de chaux carbonatée fétide.

SCHWEFELSTÜCK , n. magda-
léon ou soufre en rouleau ; petit cylindre de soufre vulgairement soufre en canon.

SCHWEFELTEIG , n. pâte de
soufre.

SCHWEFELTHEILE, plur. parties sulfureuses.

SCHWEFELTRAUFEN, sorte de
stallactites ou concrétions artificielles formées d'un mélange
de soufre et de scories.

SCHWEFELTREIBEN , v. a.
distiller le soufre.

SCHWEFELTREIBOFEL. *Voy.*
SCHWEFELOFEN.

SCHWEFELWASSER , n. eau
sulfureuse.

SCHWEFELWASSERSTOFFGAS,
gaz hydrogène sulfuré.

SCHWEFELWERK , n. fabri-
que de soufre, atelier où se
trouve tout ce qu'il faut pour
travailler le soufre.

SCHWEIF , m. longue queue.
— (*t. de min.*) *Der schweif eines ganges*, la fin d'un filon métallique , la partie qui vient
aboutir au jour et le décèle.

SCHWEINESTEIN et SCHWEIN-

STEIN, pierre de porc ; chaux carbonatée fétide.

SCHWEINZÄHNE, plur. chaux carbonatée métastatique, vulgairement dent de cochon.

SCHWEISSEN, v. n. commencer à fondre, à se fondre, à couler. — *Das eisen schweisset*, le fer est prêt à fondre. — (*t. de maréch.*) *Das eisen schweissen*, corroyer le fer, lui donner une chaude suante ; le battre à chaud, prêt à fondre. — *Zwey stücke eisen schweissen, zusammen schweissen*, souder deux morceaux de fer en les faisant rougir et amollir au feu, et puis les battant ensemble pour n'en faire qu'une même pièce, ce qui s'appelle en termes d'armuriers, braser. — *Wiederschweissen*, souder une seconde fois deux pièces de fer. — subst. *Das schweissen*, la soudure de deux pièces de fer, l'endroit où elles sont soudées ; l'action de souder deux morceaux de fer.

SCHWEISSHITZE, f. (*t. de maréch.*), chaude suante, degré de chaleur où le fer est prêt à fondre.

SCHWEISSLOCH, n. pore, ouverture imperceptible d'un corps quelconque.

SCHWEISSMESSER, n. (*t. de min.*), couteau pour la sueur, long couteau de bois avec lequel les mineurs qui travaillent nus à l'endroit des feux se ratissent la peau pour en faire tomber la sueur et la crasse.

SCHWEIZER DEMANT, diamant de Suisse, quartz hyalin cristallisé.

SCHWELLE, f. (*t. de charp.*), filière, sablière, seuil, tirant, lambourde, panne, chevêtre, longue pièce de bois entaillée par endroits pour y mettre des soliveaux ou creusée tout du long pour y faire tenir des planches et en former une cloison. — *Dach schwelle*, filière, panne, pièce de bois qui sert aux couvertures des bâtimens et sur laquelle portent les chevrons.

SCHWEMSEL, m. (*t. de min.*), le minerai bocardé et lavé, retiré du dernier bassin, c'est-à-dire le moins riche.

SCHWENGEL. *V.* SCHWANGEL.

SCHWENKBAUM, m. la manivelle d'une machine à molettes ; l'arbre auquel les chevaux sont attelés.

SCHWER, adj. et adv. pesant ; (*t. de phys.*), grave. — *Der fall der schweren körper*, la chute des corps graves. — *Schwermachend*, gravifique.

SCHWERE, f. gravité, pesanteur. — *Die schwere der körper*, la gravité des corps, la pesanteur spécifique, le poids des corps graves. — *Die schwere des wassers*, la pesanteur de l'eau ; (*t. de min.*), la pesanteur spécifique, l'un des caractères universels des minéraux.

SCHWERERDE, f. terre pesante, baryte, terre qui fait la fonction de base dans deux substances acidifères, la baryte sulfatée et la baryte carbonatée. — *Luftsaüre schwererde* de *Stütz*, et *luft-volle schwererde* de *Kirwan*, terre pesante aérée, withérite.

SCHWERFÄLLIG, adj. pesant, lourd, difficile à porter, à remuer.

SCHWERFÄLLIGKEIT , f. pesanteur, qualité de ce qui est pesant, lourd , de ce qui se remue pesamment.

SCHWERFELS de *Stütz*, baryte sulfatée mêlée d'argile.

SCHWERFLÄCHE , f. (*t. de mécan.*) , surface du centre de gravité.

SCHWERFÖRDERNISS (*t. de min.*), extraction difficile.

SCHWERGESTÜBE , n. brasque pesante composée de charbons d'argile sèche et de scories pilées ensemble.

SCHWERKRAFT , f. (*t. de phys.*), gravitation , force de gravitation , poids, action de graviter.—*Schwerkraft haben, durch seine schwerkraft drücken , nach einem puncte treiben* , graviter , tendre et peser vers un point.

SCHWERMETALL , n. métal pesant, tungstène ; schéelin calcaire d'*Haüy*.

SCHWERPUNCT, m. centre de gravité, le point par lequel un corps étant suspendu demeureroit en repos.

SCHWERQUARTZ de *Stor*, quartz pesant, quartz hyalin amorphe.

SCHWERSELENIT , m. chaux sulfatée cristallisée ; baryte sulfatée crêtée. — *Luft saürer , luftvoller , milder , schwerselenit* de *Suckow* , withérite , baryte carbonatée d'*Haüy*.

SCHWERSSPATH , m. spath pesant ou baryte sulfatée. *Voy.* SCHWEFELGESÄUERTERBARYT.

SCHWERSPATHERDE , f. baryte sulfatée terreuse , *caulk* des mineurs anglais, en masse arrondie, d'un blanc mat, composée de parties pulvérulentes, rude au toucher, que l'on reconnoît toujours par sa pesanteur spécifique.

SCHWERSPATHKRYSTALL, m. baryte sulfatée crêtée , suivant *Reuss*.

SCHWERSPATH-SÄULEN-SCHÖRL de Lenz, baryte sulfatée bacillaire.

SCHWERSTEIN, m. pierre pesante ; tungstène ; schéelin calcaire d'*Haüy*. On l'a aussi appelé barylite et étain blanc. C'est un minéral dont la couleur est blanchâtre ou jaunâtre , la surface un peu grasse à l'œil et au toucher , et la forme cristalline la plus ordinaire l'octaèdre. Dans l'état amorphe il ressemble assez à une pierre.

SCHWERSTEIN METALL , n. *Voyez* SCHWERMETALL.

SCHWERTFEGER, m. fourbisseur. — *Schwertfeger kunst ,* art, métier de fourbisseur. — *Schwertfeger drath*, sorte de gros fil d'argent à l'usage des fourbisseurs.

SCHWIELEN , SCHWÄHLEN , SCHWULEN , argile schisteuse en masses ellipsoïdales renfermant des empreintes pyriteuses de poissons. On donne assez généralement ces noms à des nœuds ou rognons noirâtres et schisteux qui se rencontrent quelquefois dans les houillères.

SCHWIMMEND. adj. nageant, qui nage, qui flotte, qui se soutient sur l'eau. — (*t. de min.*), *Schwimmendes gebürge ,* roche ébouleuse, sans soutien, tendre, grasse et pénétrée d'eau.

SCHWIMMSTEIN, pierre surnageante, *quarz nectique* d'*Haüy*, silex qui se soutient sur l'eau : ce sont des masses tuberculeuses blanchâtres ou d'un gris jaunâtre, qui n'ont aucune apparence de silex, quoique composées de terre siliceuse; elles sont âpres au toucher, et leur texture est spongieuse ou même cellulaire. On les a trouvées à Saint-Ouen près Paris. M. de *Lametherie* les nomme *levisilex*.

SCHWINGEN, v. r. s'élancer, se lancer, se jeter avec effort. — (*t. de mécan.*) *Sich schwingen*, n. *Schwingen, schwingungen machen*, vibrer, faire des vibrations, osciller, se mouvoir alternativement en sens contraire. — *Das schwingen*, subst. élan, l'action de s'élancer. — *Das schwingen einer pendul*, la vibration d'un pendule. — *Die schwingen*, plur. les schringices; pièces de bois verticales portant les tirans horizontaux d'une machine hydraulique, et ayant leur centre de mouvement au milieu de leur longueur.

SCHWINGKRAFT, f. faculté, force de s'élancer, de se lancer, de s'élever en haut.

SCHWINGUNG, f. (*t. de mécan.*), vibration, oscillation, mouvement de pendule ou d'un autre corps qui va et vient en sens contraire.

SCHWITZGOLD, n. or de sueur. On donne ce nom à l'or qui paroît suinter sous la forme de grosses ampoules, du quartz gris de Nagyac pénétré de py-

rites aurifères, lorsqu'on l'a mis sous le moufle.

SCHWITZSILBER, n. argent de sueur; argent natif qui se montre sur le quartz gangue du tellure aurifère et plombifère (*blättererz*) de Nagyac, en Transylvanie, lorsque l'on fait rougir ce minerai sous la coupelle.

SCHWUNGKRAFT. *V.* SCHWERKRAFT.

SCHWUNGRAD, n. (*t. de mécan.*), roue qui aide au mouvement de la machine.

SCRUPEL, m. scrupule, poids de 24 grains.

SCUANDI du Malabar, quartz hyalin améthyste.

SECAL d'Egypte, succin. *V.* BERNSTEIN.

SECHSDECIMAL, adj. (*t. de crist.*), sexdécimal : se dit d'un cristal, lorsque les faces qui appartiennent au prisme ou à la partie moyenne et celles qui appartiennent aux deux sommets sont les unes au nombre de six et les autres au nombre de dix, ou réciproquement.

SECHSECKIG, adj. hexagone, qui a six angles et six côtés.

SECHSSÄULIG, adj. qui a six pans.

SECHSSEITIG, adj. qui a six côtés. — *Sechseitige figur*, figure qui a six côtés, six faces, figure hexaèdre.

SECHSSTRAHL, m. *Seestern mit sechsstrahlen*, étoile de mer à six rayons.

SECHSSTRAHLIG, adj. qui a six rayons.

SECHSSTÜNDIG, adj. de six heures, qui dure six heures.

SECHSTEHILIG, adj. partagé,

séparé, divisé en six parties, composé de six parties.

SECKEL, m. sicle, poids et monnoie des Hébreux, des anciens Juifs.

SEDATIVSALZ, n. sel sédatif, acide boracique. *V.* SASSOLIN. MM. *Gay-Lussac* et *Thénard* nomment *bore* le radical de cet acide, qu'ils ont obtenu les premiers, et qui, suivant eux, exige beaucoup d'oxigène pour devenir acide, état auquel il parvient en passant par celui d'oxide.

SEDATIVSPATH, boracite, magnésie boraté.

SEDIMENTSTEIN, quartz arénacé, agglutiné, mêlé de mica; chaux carbonatée stallactite, corralloïde et incrustante.

SEE, mer, amas des eaux qui environnent la terre, Océan. Les géographes nomment spécialement Océan la grande mer qui environne toute la terre ou une grande étendue d'eau non interceptée par des terres; et mer une partie d'un Océan qui s'avance dans les terres.

SEEAPFEL et SEEAPFELSTEIN, variété d'échinite ou oursin fossile.

SEEBESCHREIBER, m. hydrographe.

SEEBESCHREIBUNG, f. hydrographie, description des mers. — *Zur seebeschreibung gehörig*, qui est relatif à la description des mers, hydrographique.

SEECICHEL. *V.* BALANITEN.

SEEERZ, n. mine de fer limoneuse, fer oxidé terreux.

SEEGRUND, m. fond de la mer; on entend par cette expression tout le terrain recou-

vert par les eaux de la mer, et on en distingue trois sortes : le fond plat et uni (*flache seegrund*), le fond inégal plein d'écueils ou rochers (*klippig*), et les longs bancs de sable (*riffe*). Les profondeurs des différentes mers ne sont sans doute pas parfaitement connues, cependant on croit pouvoir estimer la profondeur moyenne à 7 ou 800 mètres.

SEEIGEL et SEEIGELSTEIN, échinites, oursins fossiles.

SEEKÜSTEN, plur. les côtes de la mer : ce sont les parties du continent qui bornent ou bordent la mer.

SEELE, f. ame, principe de la vie. — *Die sculptur giebt dem marmor seele*, la sculpture donne de l'ame au marbre. — *Die seele der kern des gusses, die form von gyps oder thon, die figuren in bronze, etc. darin zugiessen*, ame, les figures de plâtre ou d'argile qui servent à celles qu'on jette en bronze ou autre métal.

SEELILIEN, lis de mer, encrinite fossile.

SEENABEL, m. nombril marin, opercule. *V.* OPERCULIT.

SEERINDE, rétéporite, rétépore fossile. *Voyez* RETEPORIT.

SEESALZ, sel de mer, soude muriatée.

SEESSCHAUM, m. écume de mer.

SEESTERN, m. étoile de mer, stellite. *Voyez* ASTERIEN.

SEESTROHM, SEESTROM, m. courant de la mer ou son mouvement. La mer a un mouvement d'orient en occident qui est indépendant de celui d'ondulation et de fluctuation occasionné par les vents qui agitent sa surface ; c'est ce que l'on appelle son mouvement général qui est regardé comme une preuve que la révolution diurne de notre globe se fait d'occident en orient. Elle a en outre des courans particuliers, accidentels et locaux, tels que ceux qui se trouvent sous l'équateur entre l'Afrique et l'Amérique, celui que l'on remarque vers le détroit de Gibraltar, et celui du détroit de Magellan.

SEETUF, chaux carbonatée fibreuse ; dépôt calcaire formé par les eaux sur des végétaux qui ont ensuite été détruits.

SEEWASSER, n. eau de mer, eau de la mer. L'eau de la mer, sur-tout celle de l'Océan, est salée et amère : vue du rivage, elle paroît verte, et en pleine mer d'un beau bleu ; ce qui a fait dire que sa couleur vraie est le bleu indigo. On donne pour cause de l'aspect verdâtre, que la profondeur étant beaucoup moindre sur les bords, la couleur du fond, toujours jaunâtre, se mélange avec la teinte bleue, et la nuance en raison de la quantité de lumière qui peut pénétrer. La salure et l'amertume de la mer sont attribuées à un mélange de parties étrangères, car elle doit être aussi essentiellement douce que toutes les autres ; et quant à l'aspect lumineux qu'elle présente dans certains parages, il est regardé comme dû principalement à des animaux phosphoriques du genre des mollusques.

SEGELSTEIN, pierre d'aimant, fer oxidulé.

SEGMENTFÖRMIG, adj. (*t. de crist.*), segminiforme, en forme de segment. — *Segmentförmig kohlen gesäuertes natrum*, soude carbonatée segminiforme.

SEHEAXE, f. (*t. d'optiq.*), l'axe optique. — *Wo die zwey seheaxen zusammen laufen*, le point où les deux axes optiques concourent ensemble.

SEHEKRAFT et SEHKRAFT, f. la faculté de voir, la faculté visive.

SEHEKUNST et SEHEKUNDE, f. l'optique.

SEHESTRAHL, m. rayon visuel.

SEHEWINKEL, m. angle visuel optique.

SEIDENASBEST, amiante, asbeste flexible.

SEIFE, f. savon, composition d'une huile ou autre corps gras, avec un alcali, qui sert à dégraisser, à blanchir le linge. — (*t. de chim.*) *Erdige seifen, metallische scifen*, savons terreux, savons métalliques. — (*t. de min.*) *Die seife, das seifenwerk*, lavoir, le lieu où on lave le minerai, où l'on sépare avec de l'eau les parties qui contiennent du minerai d'avec celles terreuses ou stériles. — *Die goldseife*, le lavoir pour l'or, l'endroit où l'on sépare, par le moyen de l'eau, les parcelles ou paillettes d'or disséminées dans le sable ou la terre.

SEIFEN, v. a. savonner. — (*t. de min.*) *Seifen* ou *seifnen*, laver le minerai, séparer les parties métalliques d'avec celles qui ne le sont pas. — *Gold, zinn seifen*, laver de l'or, de l'étain. — subst. *Das seifen*, l'opération du lavage des mines, le savonnage.

SEIFENBACH, f. ruisseau où on lave du minerai.

SEIFENBALSAM, m. (*t. de chim.*), baume de savon.

SEIFENEN. *Voyez* SEIFEN.

SEIFENERDE, f. terre savonneuse, terre à foulon ; argile smectique.

SEIFENGABEL, fourche de lavage, fourche de bois à laquelle est adaptée une planchette percée de trous qui fait l'effet du crible. Le laveur s'en sert dans les terrains d'alluvion pour faire le triage.

SEIFENGEBIRGE ou GEBÜRGE, n. dépôts d'alluvion, attérissemens ; amas, couches ou bancs formés dans certaines vallées avec les débris des montagnes environnantes et desquels on retire, par le lavage, des minéraux qui ont été primitivement mélangés dans quelques roches, et que l'on nomme quelquefois minerai ensemble.

SEIFENGEBIRGSART, f. brèche, agrégat composé de fragmens de diverses roches et figures, réunis par un ciment quelconque.

SEIFENGESTEIN, n. On donne spécialement ce nom au minerai d'étain retiré des terrains d'alluvion par le lavage.

SEIFENGOLD, n. or de dépôt, or de lavage. *V.* WASCHGOLD.

SEIFENHAFT, adj. savonneux, qui tient de la qualité ou du goût du savon.

SEIFENLAUGE, f. capitel, extrait d'une lessive de savon et de chaux vive.

SEIFENSMUTHUNG, f. con-

cession de mines d'alluvion ou permission de fouiller, d'exploiter les terrains d'alluvion.

SEIFENSTEIN, m. pour SEIFENGESTEIN, minerai d'étain obtenu par le lavage. Suivant plusieurs auteurs, smectite, talc stéatite. — *Leichter seifenstein* de *Gerhard*, asbeste tressé.

SEIFENSTIEFEL, m. botte de laveur des minerais d'alluvion.

SEIFENTHON de *Gmelin*, argile savonneuse, argile smectique, terre à foulon ; écume de mer d'un blanc jaunâtre.

SEIFENWERK, n. lieu où l'on fait le lavage des dépôts d'alluvion ; endroit où l'on s'occupe de retirer les minéraux d'entre les graviers, sables ou terres parmi lesquels ils sont mêlés (*Voyez* SEIFENGEBIRGE); les dépôts mêmes ; le lavoir, les tables de lavoir, les ateliers et machines à laver le minerai.

SEIFENZINN, SEIFENNZINNSTEIN, minerai d'étain lavé, retiré, obtenu par le lavage ; étain en grains retiré des terrains d'alluvion, ordinairement fort riche.

SEIFNER, m. laveur de minerai, ouvrier employé à retirer le minerai qui se trouve disséminé dans les terrains ou dépôts d'alluvion. Le concessionnaire ou fermier d'un terrain ou dépôt d'alluvion.

SEIFSTEIN, m. savon pierre, smectin ou smectis de quelques auteurs, argile smectique, sorte de terre à foulon qui peut, sous quelques rapports, suppléer au défaut de savon, parce qu'elle se dissout dans l'eau et y fait de l'écume ; talc stéatite.

SEIGER, adj. et adv. (*t. de min.*) *Seigerrecht, senckrecht,* perpendiculaire, d'aplomb, perpendiculairement. — *Ein seigergang,* un filon droit ou perpendiculaire. — *Der gang fällt seiger,* le filon marche, descend perpendiculairement. — *Seigere, senkrechte linie,* ligne perpendiculaire.

SEIGER, subst. masc. horloge, pendule, montre, clepsydre, sablier, toute espèce de machine qui marque ou sonne les heures. — *Der seiger zeigt und schlägt die stunden,* l'horloge marque et sonne les heures. — *Der seiger lauft gehet,* le sable coule, l'horloge passe. — *Das seiger steht,* le sable s'arrête, l'horloge dort.

SEIGERABTREIBER, m. ouvrier qui sépare l'argent contenu encore dans le plomb qui a servi au ressuage.

SEIGERANRICHTER, m. ouvrier de fonderie qui dirige l'ouvrage du ressuage.

SEIGERARBEIT, f. liquation, travail, opération pour ressuer. *Voyez* SEIGERN.

SEIGERBLECH, n. plaques de fer minces qui se mettent autour des pièces de liquation.

SEIGERBLEY, n. plomb de ressuage, plomb qui sert à ressuer, que l'on ajoute au cuivre dont on veut séparer l'argent.

SEIGERDARNDELN, plur. déchets; balayures de cuivre dans l'opération du ressuage.

SEIGERDARROFEN, m. fourneau de parfait dessèchement, fourneau dans lequel on entretient un feu de flamme pour achever de retirer l'argent qui peut être resté dans les pains de liquation.

SEIGERDORN, m. épines, le cuivre hérissé de pointes qui reste après l'opération du ressuage, les pains de cuivre dont on a séparé l'argent.

SEIGERGERADE, adj. et adv. perpendiculaire, aplomb, qui descend droit et perpendiculairement.

SEIGERERSTOSS, m. (*t. de min.*), l'extrémité perpendiculaire de la concession, le point au-delà duquel on n'ose pas pousser le travail sur un filon qui jusque-là a été exploité du haut en bas.

SEIGERGEKRÄLZE. *V.* SEIGERKRÄIZ.

SEIGERGLÄTTE, f. litharge produite par le plomb dégagé des pièces de liquation.

SEIGERHACKEN, m. crochet aux scories, barre de fer en crochet dont on se sert dans l'opération du ressuage.

SEIGERHEERD, m. âtre, foyer du fourneau de liquation; affinerie de cuivre; atelier pour la séparation du cuivre d'avec l'argent.

SEIGERHUTTE, f. bâtiment, lieu où l'on fait le ressuage, l'affinage du cuivre.

SEIGERKRÄZ, f. les pailles de liquation, les premières scories du raffinage du cuivre et qui doivent repasser au feu.

SEIGERLINIE, f. ligne perpendiculaire.

SEIGERN ou SAIGERN, v. a. (*t. de métal.*), ressuer, séparer la portion d'argent contenue dans le cuivre en y joignant le plomb. *Voy* KUPFER. — subs.

Das seigern, ressuage, liquation, opération pour séparer à l'aide du plomb l'argent contenu dans le cuivre. — (*t. de min.*) *Einen schacht seigern*, *abseigern*, creuser un puits, une bure perpendiculairement, mesurer la profondeur perpendiculaire d'un puits avec un cordeau.

SEIGEROFEN, m. fourneau de liquation ou de ressuage, c'est-à-dire un fourneau que l'on ne chauffe qu'au degré nécessaire à la fusion de plomb qui doit entraîner l'argent contenu dans le cuivre, et non à celui qu'exigeroit la fonte du cuivre qui reste ainsi comme desséché.

SEIGERPFANNE, f. poêlon, chaudière de ressuage, de liquation.

SEIGERRECHT. *Voyez* SEIGER, adj. et adv.

SEIGERRIEGEL, m. le bassin ou creuset pour la liquation.

SEIGERSCHACHT, m. puits perpendiculaire, qui descend droit en terre.

SEIGERSCHIEFER, pièce ou pain de cuivre desséché ou ressué.

SEIGERSCHLACKE, f. scories du raffinage du cuivre.

SEIGERSTÜCK, n. pièces de liquation, les gâteaux de cuivre mêlés de plomb préparés pour le ressuage.

SEIGERTEUFE, f. profondeur perpendiculaire.

SEIGERUNG, f. liquation, ressuage. *Voyez* SEIGERN.

SEIGERWAND, f. parois du foyer de liquation.

SEIGERZEUG, n. cuivre pur résultant de l'opération du ressuage.

SEIGESTEIN, m. pierre à filtrer, grès filtrant d'un tissu lâche et poreux.

SEIHE, f. ou SEIHER, m. filtre ; chausse à passer quelque liqueur, passoire, couloir, papier, linge, éponge, ou toute autre chose au travers de quoi on passe une liqueur qu'on veut clarifier. — *Die seihe das geseihte*, la matière filtrée ou coulée ; ce que l'on a filtré, coulé ou passé.

SEIHEN, v. a. filtrer, couler, passer par le filtre ou couloir. — subst. *Das seihen*, *die seihung*, filtration, action de filtrer, etc.

SEIHER. *Voyez* SEIHE.

SEIHSAND, m. sable à travers lequel on fait filtrer de l'eau.

SEIHSCHWAMM, m. éponge à filtrer, éponge à travers laquelle on fait couler quelque liqueur.

SEIHSTROH, n. paille à travers laquelle on fait filtrer la bière, etc.

SEIHTUCH, n. filtre, étoffe, linge, pièce de drap au travers de quoi on passe une liqueur, chausse à couler le vin, etc.

SEIL, n. corde, cordage. — *Ein seil oder bergseil um den haspel winden*, enrouler une corde de mine autour du treuil.

SEILEISEN, n. corde de fer.

SEILHACKEN, crochet de fer double servant à réunir les deux bouts d'une chaîne rompue.

SEILMASCHINE, f. (*t. de mécan.*), machine funiculaire, machine composée de cordes.

SEITE, f. côté, partie d'un corps quelconque.

SEITENAXE, f. (*t. de géom.*),

apothème, perpendiculaire menée du centre d'un polygone régulier à un de ses côtés.

SEITENBLECHE, plaques ou feuilles de tôle dont on garnit les côtés de l'auge d'un bocard pour la faire durer plus longtemps ; au Hartz, tamis de côté du bocard.

SEITENECKE, f. (*t. de géom.*), angle solide latéral.

SEITENFLACHE, f. (*t. de géom.*), face latérale. — *Die liegende seitenflachen,* les faces adjacentes, les pans adjacens.

SEITENKANTE, f. (*t. de géom.*), arête latérale. — *Seiten - kanten - winkel,* angles sur les bords latéraux.

SEITENMAUERN, plur. les doublures du fourneau, les murs de chaque côté de l'intérieur, ceux qui forment immédiatement ce qu'on nomme la chauffe.

SEITENSCHIENE, f. bande de fer qui est de côté.

SEITENSCHLÄGEL, m. (*t. de chaudr.*), maillet ou marteau qui sert à frapper les côtés d'un vase de métal, le marteau à panne droite.

SELADONGRÜN, adj. vert ; céladon vert bleuâtre vif mêlé de vert-de-gris et d'une petite quantité de gris de cendre clair sans jaune.

SELENIT, m. sélénite ; chaux sulfatée cristallisée, gypse ou pierre à plâtre cristallisée.

SELENITSPATH de *Kirwan,* spath séléniteux, baryte sulfatée.

SEMELINE, f. séméline, minéral qui tire son nom de la forme de ses cristaux, qui sont très-petits et ont quelque ressemblance avec la graine du lin (*semen lini*) ; sa couleur est un jaune citron qui passe au jaune de miel : on le trouve dans les produits volcaniques des environs d'Andernach, sur les bords du Rhin. Beaucoup de minéralogistes le regardent comme une variété du titane silicéo - calcaire.

SENCKELRECHT. *Voyez* SEIGER, adj. et adv.

SENGEN, v. a. ABSENGEN, brûler légèrement, flamber, passer par le feu ou par dessus le feu.

SENKBLEY, n. sonde, plomb à trouver la profondeur de l'eau. — *Das senkbley werfen, die tiefe auf dem meere mit senkbley suchen,* jeter la sonde, sonder, reconnoître avec le plomb la profondeur de la mer.

SENKE, f. (*t. de maréch.* et *de serrur.*), morceau de fer creusé servant à donner la forme précise à une chose.

SENKEL, m. (*t. de min.*), petit crampon pour tenir des lattes ensemble, petit crochet de fer pour accrocher les auges ; lacet, aiguillette.

SENKELBLECH, n. fer-blanc dont on fait les ferrets d'aiguillettes.

SENKELHOLZ, n. pilon de bois pour donner de la consistance au limon, affaisser le dépôt ou sédiment des cuves de lavage ; batte de sédiment.

SENKEN, v. a. descendre, faire descendre. — (*t. de min.*) *Einen schacht senken,* ou *sinken, absenken* ou *absinken,* creuser une bure, un puits de mine. — *Aufeinengang senken,* approfondir sur un filon ; (*t. d'archit.*), s'affaisser, baisser par trop de pesanteur, s'affaisser par le poids ; arène. — *Die mauer hat sich sehr gesenkt,* ce mur s'est fort affaissé.

SENKKOLBEN, m. (*t. de serrur.*), sorte de foret.

SENKKORB, m. corbeille ou panier de fil de fer que l'on place en dessous du premier siphon de pompe, pour qu'il ne s'introduise point de gravier ou autre chose avec l'eau.

SENKRECHT, adj. perpendiculaire, qui tombe à plomb, qui pend d'à plomb. — *Eine senkachte linie ziehen,* tirer, élever, abaisser une perpendiculaire ; adv. perpendiculairement, à plomb. — *Die sonne fällt senkrecht wohin,* le soleil donne à plomb, bat à plomb en quelque lieu.

SENKSCHLACHT, f. ou SENKWERK, n. clayonnage qu'on enfonce dans l'eau.

SENKUNG, f. enfoncement, affaissement, abaissement d'une chose par son poids.

SENSE, f. faux. — *Das gras mit der sense abhauen,* couper l'herbe avec la faux.

SENSEN, v. a. abattre avec la faux, faucher.

SENSENHAMMER, m. forge de faux, forge où l'on fabrique les faux.

SERPENTIN, serpentine ; roche serpentineuse, roche formée d'un mélange de quartz, de talc, d'argile, de fer, c'est-à-dire, silice, magnésie, alumine, etc., en diverses proportions, susceptible de poli,

et dont la surface est panachée de veines et de taches d'une teinte foncée sur un fond plus clair. Comme on peut la travailler au tour, on en fait des mortiers ainsi que des vases de différentes formes. — *Edler serpentin,* serpentine noble (verde di prato, verde di Susa des Italiens). — *Gemeiner serpentin,* serpentine commune. — *Ebener serpentin,* serpentine égale, ordinairement d'un noir velouté, mais quelquefois aussi d'un vert foncé, ou d'un rouge brunâtre.

SERPENTINFELS, roche serpentineuse mélangée de grenats, d'asbeste, de feldspath, de chaux carbonatée, etc.

SERPENTINHORNFELS, roche cornéenne avec des parties serpentineuses.

SERPENTINMARMOR, m. marbre serpentin, roche serpentineuse mélangée de pierre calcaire grenue.

SERPENTINPORPHYR de *Kirwan,* porphyre à base de serpentine, roche serpentineuse renfermant des cristaux de feldspath.

SERPENTINSPATH, même que SCHILLERSPATH. *V.* ce mot.

SERPENTINSTEIN, roche serpentineuse. *Voyez* SERPENTIN.

SERPENTINWACKE de *Storr,* roche serpentineuse parsemée de grains quartzeux.

SERPENTINWURSTEIN de *Stütz,* serpentine poudding ou brèche, agrégat ou réunion de fragmens de roche serpentineuse formant une masse solide.

SESQUIALTER, adj. (*t. de mathém.*), sesquialtère ; raison sesquialtère, rapport de nombres qui sont entre eux comme trois est à deux : par exemple , le nombre 15 , composé de 10 et de 5 qui est la moitié de 10.

SETZBÜHNE , f. (*t. de min.*), haute table inclinée servant au lavage du minerai.

SETZCOMPAS ou HANDCOM- PAS , m. compas à main ; (*t. de min.*), boussole de mineur.

SETZEISEN , n. gros et large ciseau dont on se sert à l'aide d'un marteau de forge pour couper les pièces de fer rougies au feu.

SETZEN , v. a. mettre, poser, placer, asseoir. — *Einen stein, eine säule setzen* , poser une pierre , une colonne. — *Das setzen eines steines*, la pose d'une pierre. — (*t. de min.*) *Der gang setz in das gebirge* , le filon s'étend , marche dans la roche.

SETZER , m. celui qui met , qui place, qui pose ; (*t. de bâtim.*), le poseur, celui qui dirige la pose des pierres dans un bâtiment.

SETZFASS , n. le reposoir, la cuve dans laquelle la lessive de vitriol dépose ses cristaux.

SETZFAUSTEL , n. grand mar- teau de main.

SETZHACKEN , m. (*t. de fond.*), barre en crochet ser- vant à tirer les épines du four- neau de ressuage ; tenailles pour sortir du feu les grosses pièces.

SETZHAMMER , m. (*t. de forg.*), marteau à couper le fer.

SETZKASTEN , (*t. de fabr.*) , caisse ou cuvier de dépôt, vais- seau de bois dans lequel on laisse encore déposer la dernière les- sive.

SETZLAUGE , f. (*t. de sal- pêtr.*), lessive reposée dont on a déjà enlevé le vitriol cristallisé, mais qui en contient encore.

SETZMEISSEL , f. (*t. de ser- rur.*) , tranchet, ciseau en forme de marteau à couper le fer.

SETZSCHLICH , m. (*t. de boc.*), minerai bocardé et lavé au crible.

SETZSTÄEMPEL , m. (*t. de min.*), outil qui a à-peu-près la forme d'un marteau , et dont on se sert pour raffermir les liens ou frettes des tirans de la machine hydraulique.

SETZTROG. *V.* HÜBELTROG.

SETZVASS. *Voyez* SETZFASS.

SETZWAGE , f. niveau. — *Nach der setzwage abmessen* , niveler, mesurer avec le niveau, au niveau. — *Die setzwage brauchen* , se servir du niveau.

SETZWASCHE , f. le lavage à la cuve , lavage à sasser.

SEUFENZINN et SEUFENZWIT- TER , étain de lavage ; minerai d'étain obtenu par le lavage.

SIBERIT , sibérite ; schorl rouge de Sibérie , daourite , rubellite , tourmaline apyre d'*Haüy* ; ce minéral a tous les caractères de la tourmaline, à l'exception de la fusibilité , sa couleur est le rouge plus ou moins vif. On trouve aussi cette substance à Rosena, en Moravie, dans la lépidolite.

SICHERN , v. a. (*t. de mé- tall.*) *Erz sichern* , essayer par le lavage un minerai pulvérisé, c'est-à-dire le mettre dans l'eau et en apprécier la teneur par la quantité qui surnage ou qui se précipite. — subst. *Das sichern oder die sicherung* , le lavage du minerai écrasé pour en con-noître la teneur.

SICHERSTEIN , m. grande pierre dure sur laquelle on écrase ou broie le minerai que l'on veut essayer.

SICHERTROG, m. petite auge ou vase alongé dans lequel on lave le minerai écrasé pour l'essayer.

SICHTEN, v. a. pour SIEBEN, cribler, nétoyer avec le crible.

SIDERIT, (*t. de forg.*), sidérite; fer de mauvaise qua-lité et cassant à froid à cause du phosphate de fer qu'il contient : c'est le plus ordinairement la mine de fer limoneuse (*rasen-eisenstein*) qui le produit.

SIDEROCALCIT de *Kirwan*, sidérocalcite; chaux carbonatée ferrifère et manganésifère.

SIDEROCLEPT, sidéroclepte; minéral d'un vert jaunâtre qui a beaucoup de rapport avec la chusite, et a aussi le même gi-sement, mais qui, paroissant d'abord infusible au chalumeau, donne , en le traitant sur une lame de cyanite, un verre trans-parent et sans couleur.

SIDNEYERDE , f. terre de Sidney ; même que AUSTRAL-SAND. *Voyez* ce mot.

SIEB , n. crible , tamis , sas. —*Drathsieb* , crible à mailles de fil d'archal. — *Siebarbeit*, travail qu'on fait avec le crible, cribration.

SIEBBODEN, m. fond du crible , du sas , du tamis.

SIEBEN, v. a. cribler, sasser, tamiser , passer au sas ou par le tamis.

SIEBEN-ECK, n. (*t. de géom.*), heptagone ; figure qui a sept angles.

SIEBER , m. cribleur , celui qui crible, qui sasse, qui tamise.

SIEBFÖRMIG , adj. et adv. qui est fait en forme de crible, qui a la figure d'un crible.

SIEBLÄUFER , m. le bord du crible.

SIEBSETZER , m. l'ouvrier qui passe au crible le minerai écrasé.

SIEBSTAUB , m. criblure.

SIEBWÄSCHE , f. le lavage du minerai par le crible.

SIEBWÄSCHER , m. l'ouvrier qui lave en sassant le minerai écrasé.

SIEBWERK , n. huche à ta-miser.

SIEDEN , v. n. bouillir. — (*t. de monn.*) *Die münze stückweise sieden* , donner le bouillitoire aux flans , c'est-à-dire les faire bouillir dans un liquide préparé pour les blan-chir.—*Silbermünze, silberzeug weiss sieden* , blanchir de la monnoie d'argent, de l'argen-terie. — subst. *Das sieden* , l'action de bouillir , de faire bouillir et bouillonner, ébulli-tion , cuite.

SIEDER, m. SALZSIEDER, SALPETERSIEDER, THRANSIE-DER, SEIFENSIEDER, etc., saul-nier, salpêtrier, ouvrier qui tra-vaille à faire du sel, du salpêtre, à faire de l'huile de poisson , de l'huile de baleine , etc.

SIEDEREY, f. lieu où l'on travaille certaines choses en les faisant bouillir. — *Alaunsie-derey, salpetersiederey, seifen-siederey* , etc. , alunière, sal-pêtrière , savonnerie.

SIEGEL ERD-ZIEGEL et SIE-GEL-ERDE, f. terre sigillée; bou-caro , terre rougeâtre d'Espagne dont on fait des vases ; argile ocreuse.

SIEGELERDEN, bole ; argile colorée, argile marbrée.

SIEGELLACKERZ de *Stütz*, n. *Ziegelerz* endurci, d'une cassure unie ; mine de cuivre oxidé d'un rouge de brique.

SIEGERN, v. n. (*t. de min.*) *Siefern*, découler peu-à-peu, goutte à goutte, et en petites parties.—*Das silber siegert am gestein herab*, l'argent découle lentement le long des roches.

SIELEN, plur. bricoles du brouetteur, courroies attachées de part et d'autre aux bâtons de la brouette, et qu'il passe sur ses reins pour s'en faciliter la conduite.

SIENESTEIN ou **SYENESTEIN**. *Voyez* **SYENIT**.

SIENISCHER OCHER, bole, argile ocreuse.

SIENIT. *Voyez* **SYENIT**.

SIKUI du Japon, chaux carbonatée grossière compacte.

SILBER, n. argent. — *Alkalisches silber* de *Justi*, mine d'argent alcaline qui, suivant *Klaproth*, est une chaux carbonatée mélangée d'argent muriaté. — *Antimonialisch gediegenes silber*, argent natif anti monial, variété de minerai d'argent qui offre l'argent à l'état natif allié avec l'antimoine, argent antimonial d'*Haüy*. — *Arsenikalisch gediegenes silber*, argent arsenical, argent antimonial arsenifère et ferrifère d'*Haüy*, variété qui ne paroît pas être encore parfaitement connue, et qui a souvent été confondue avec la précédente,

avec laquelle elle a en effet beaucoup de rapport. — *Gansekötiges silber*, argent fiente d'oie, cobalt terreux argentifère. — *Kobaltisches silber*, même que *arsenikalisches silber*, *kohlenstoffsaures* et *luftsaures silber*, argent carbonaté, espèce qui ne semble être connue encore que de peu de minéralogistes, et dont plusieurs autres mettent même en doute l'existence. — *Salzsaures silber*. V. **HORNERZ**. — (*t. de chim.*) *Silber*, la lune. — *Aufgelöstes silber*, solution d'argent.— *Silber angeben*, indiquer la quantité d'argent contenue dans un minerai. — *Silber brennen*, brûler l'argent, le raffiner. — *Silber eilet in spor*, l'argent est prêt à faire son éclair, à être raffiné. — *Silber blicket*, l'argent fait son éclair, l'opération de l'affinage est finie. — *Silber in das werk bringen*, faire passer l'argent dans le plomb. — *Silber in den rohrstein bringen*, faire passer l'argent dans la matte.

SILBERAMALGAM, amalgame d'argent ; mercure argental d'*Haüy*, alliage naturel de l'argent avec le mercure.

SILBERARTIG, adj. et adv. argentin, qui tient de la nature de l'argent, qui est comme l'argent, qui a quelques propriétés de l'argent.

SILBERBERGWERK, n. mine d'argent, mine d'où l'on extrait de l'argent, du minerai d'argent.

SILBERBLATT, n. feuille d'argent, argent battu.

SILBERBLECH, n. lame mince, déliée, d'argent.

SILBERBLENDE de *Gmelin*

et *Stütz* , zinc sulfuré mêlé accidentellement d'argent.

SILBERBLEY, n. plomb qui contient de l'argent, plomb d'œuvre.

SILBERBLICK, m. (*t. de chim.*), éclair d'argent , fulguration.

SILBERBLUME, f. (*t. de chim.*) , fleurs d'argent, oxide d'argent sublimé.

SILBERBRANDERZ, n. argile schisteuse bitumineuse avec argent.

SILBERBRAUNEISENSTEIN , mine de fer oxidé brune terreuse avec argent.

SILBERBRENNEN, v. a. affiner , purifier l'argent. *Voyez* FEINBRENNEN.

SILBERBRENNER, m. affineur. *Voyez* FEINBRENNER.

SILBERDRAHT, m. fil ou trait d'argent, argent tiré en fils déliés.—*Silberdrahtzieher,* tireur d'argent, ouvrier qui tire l'argent en fils déliés.

SILBERERZ , n. minerai d'argent.—*Silbererz, graues, grauliches*, mine de cuivre grise argentifère — *Silbererz grünes* d'*Albin* , argent muriaté commun d'une couleur verte. — *Schwarzes* de *Gerhard*, argent sulfuré aigre. — *Staubiges* de *Gerhard* , argent noir. — *Speisiges silbererz,* argent mêlé avec d'autres substances métalliques, argent arsenical.—*Wismuthisches silbererz* , argent bismuthique disséminé dans le quartz, contenant, suivant *Klaproth*, plomb, bismuth, argent, fer, cuivre et soufre.

SILBERERZDACH , bismuth natif.

SILBERFAHLERZ , mine de cuivre grise tenant argent.

SILBERFARBE , f. couleur d'argent , couleur argentine , blanc avec éclat métallique qui tire un peu au jaune.

SILBERFARBIG , adj. de couleur d'argent , de couleur argentée ou argentine.

SILBERFEDERERZ, mine d'argent en plumes , antimoine sulfuré capillaire.

SILBERFEILICHT, n. limaille d'argent.

SILBERFLÖTZ, m. filon, couche de minerai d'argent.

SILBERGANG , m. (*t. de min.*), filon renfermant du minerai d'argent.

SILBERGÄNSEKÖTIGES, GÄNSEKÖTHIGERZ , mine d'argent, fiente d'oie de *Daubenton* , cobalt arseniaté terreux argentifère d'*Haüy.*

SILBERGEHALT, m. le contenu en argent , ce qu'un minerai ou un métal quelconque contient d'argent ; le titre de l'argent, le degré de fin de l'argent.

SILBERGERINN, n. auge , rigole servant à conduire de l'eau sur l'argent fondu.

SILBERGESPINST, n. argent tiré à la filière, fil d'argent, trait d'argent.

SILBERGEWICHT, n. le poids de l'argent.

SILBERGILDE de *Gmelin* , fer oxidé terreux mêlé accidentellement d'argent.

SILBERGLANZ, m. éclat, brillant de l'argent, luisant argentin. — *Silberglanz* de *Stütz,* plomb sulfuré riche en argent, intermédiaire entre le plomb sulfuré et l'argent sulfuré aigre. *Gmelin* et *Renovanz* ont désigné par *silberglanz* le cuivre vitreux argentifère.

SILBERGLANZERZ, n. de *Klaproth. Sprödes,* argent sulfuré aigre.

SILBERGLAS, SILBERGLAS-ERZ, mine d'argent sulfuré.

SILBERGLÄTTE, f. litharge d'argent.

SILBERGLIMMER, mica argentin.

SILBERGRUBE, f. fosse, mine, souterrain d'où l'on tire de l'argent.

SILBERGUHR, f. guhr d'argent; terre humide très-divisée, imprégnée de minerai d'argent.

SILBERHALTIG, adj. qui contient de l'argent. — *Sehr silberhaltige erze, gesteine,* minerais, roches ou pierres riches en argent, très-argentifères.—*Silberhaltiges bley,* plomb contenant de l'argent, plomb d'œuvre.

SILBERHORNERZ, n. argent muriaté.

SILBERKALK, m. argent oxidé, calciné, réduit en chaux par la violence du feu, ou dissous dans l'acide nitrique.

SILBERKIES, m. pyrites argentifères.—*Silberkies* de *Stütz, Gmelin,* et de *Deborn,* cuivre pyriteux tenant argent.

SILBERKLANG, m. son argentin, son particulier à l'argent, timbre argentin.—*Dieses metall hat keinen silber klang,* ce métal n'a pas le son de l'argent.

SILBERKLUMPEN, m. masse d'argent.

SILBERKOBALTISCHES. *Voy.* SILBER (*silber arsenikalisches*).

SILBERKOËNIG, m. (*t. de chim.*), régule d'argent, culot d'argent.

SILBERKOHLENSTOFFSAURES, argent carbonaté; espèce encore très-peu connue, et même de l'existence de laquelle plusieurs minéralogistes semblent douter.

SILBERKORN, n. le bouton de fin, le grain d'argent qui reste au fond de la coupelle quand l'opération de l'affinage est finie.

SILBERKUCHEN, m. plateau d'argent résultant de la coupellation; la pigne, l'argent qui reste après l'évaporation du mercure qui avoit été mêlé au minerai pour l'en dégager.

SILBERLASUR, m. lazulite à taches blanches brillantes.

SILBERLEBERERZ, n. antimoine sulfuré capillaire.

SILBERLETTEN, m. argile mêlée accidentellement d'argent.

SILBERMEISSEL, m. ciseau de fer, ou ringard aplati par le bout, qui sert à détacher et enlever le plateau d'argent resté au fond de la coupelle après l'opération de l'affinage.

SILBERMULM, argent terreux, argent noir.

SILBERN, adj. d'argent, qui est d'argent. — *Eine silberne uhr,* une montre d'argent.

SILBERN, v. a. pour VERSILBERN, argenter, rendre semblable à l'argent. — *Der mond silbert die schatten,* la lune fait les ombres blanches comme l'argent.

SILBERPLATTE, f. plaque d'argent.

SILBERPROBE, f. essai du minerai d'argent, essai de l'argent.

SILBERRAUCH, m. fumée d'argent; argent volatilisé pendant l'affinage et déposé dans les cheminées.

SILBERREICH, adj. riche en argent, qui contient beaucoup d'argent.

SILBERRÖLLCHEN, n. petit rouleau, ou cornet d'argent laminé, tel qu'on le prépare quand on veut le faire dissoudre dans l'acide nitreux.

SILBERSALZ, n. sulfate d'argent.

SILBERSALZ SAURES. *Voyez* HORNERZ.

SILBERSAND de *Gmelin*, sable mêlé de mica argentin.

SILBERSANDERZ, n. de *Gmelin*, quartz arénacé agglutiné, ou grès mêlé de mica argentin, grès micacé.

SILBERSCHAUM, m. écume de l'argent ; écume qui sort de l'argent lorsqu'on le raffine.

SILBERSCHEIBE, f. pièce d'argent mince, plate et ronde.

SILBERSCHLACKE, f. SILBERSCHAUM, SILBERSTEIN, crasse, scorie, écume d'argent.

SILBERSCHWÄRZE, f. mine d'argent noire ; poussière noire qui contient de l'argent.

SILBERSPATH de *Gmelin*, chaux fluatée grisâtre.

SILBERSPIESS. *Voy.* SILBERMEISSEL.

SILBERSTEIN, m. crasse, scorie pierreuse qui surnage l'argent en fusion ; litharge d'argent.

SILBERSTUFE, f. morceau, pièce, échantillon choisi de minerai d'argent.

SILBERTALK, talc laminaire argentin.

SILBERTINCTUR, f. (*t. de chim.*), teinture d'argent, teinture de lune.

SILBERTHAUERZ, argent natif.

SILBERVITRIOL, n. SILBERSALZ, sulfate d'argent.

SILBERWEISS, platine. *Voy.* PLATINA.

SILBERWEISSE de *Trebra*. Voyez BUTTERMILCHERZ.

SILBERZAHN, m. tige d'argent natif qui perce quelquefois la roche.

SILBERZAHN, n. lingot d'argent, barre d'argent.

SILVAN, *gediegenes*, silvane natif, tellure natif aurifère et ferrifère d'*Haüy* ; or paradoxal, or problématique, métal d'un blanc d'étain, quelquefois un peu jaunâtre, et qui jusqu'ici a toujours été trouvé uni à l'or et à d'autres substances métalliques.

SILVANERZ, *weiss*, silvane blanc ; tellure natif aurifère et plombifère d'*Haüy* ; couleur gris métallique sombre, quelquefois avec une teinte jaunâtre : c'est le minéral que *Deborn* a nommé or gris de Nagyag.

SIMILOR, m. similor ; composision métallique qui est un mélange de cuivre et de zinc.

SIMSSTEIN, m. GESIMSSTEIN, pierre de taille à former des corniches, des entablemens.

SINCKEN, v. irr. (*t. de min.*), creuser une mine, approfondir un puits de mine.— subst. *Das sincken, die sinkung,* l'action de fouiller, de creuser la terre vers le bas, vers la profondeur.

SINKER, m. (*t. de min.*), approfondisseur : on donne ce nom, dans quelques endroits, au mineur qui perce un puits de mine.

SINOPEL, sinople ; caillou ferrugineux, quartz hyalin hématoïde d'un rouge sombre ; jaspe ferrugineux contenant du cuivre pyriteux, du fer sulfuré et de l'or ; suivant *Blumenbach*, pétrosilex d'un rouge brun très-ferrugineux, contenant quelquefois de l'or.

SINTER, m. chaux carbonatée fibreuse ; stallactites, concrétions pierreuses qui s'attachent aux parois des souterrains des grottes et des mines, et se forment aussi dans des cavités de filons ; incrustation, croûte ou enduit pierreux qui se trouve autour d'un corps qui a séjourné quelque temps dans certaines eaux. On nomme aussi *sinter* les batitures, crasses, paillettes ou écailles du fer qui se séparent ou se détachent lorsqu'on le bat.

SINTERN, v. a. suinter ; passer, s'écouler goutte à goutte. — *Das wasser sintert durch das gestein*, l'eau perce, passe goutte à goutte à travers la pierre. — *Sintern*, se congeler, se figer, se durcir, prendre de la consistance, prendre une forme plus solide. — *Es sintert sich*, cela s'épaissit, se congèle, se durcit. — *Das sintern*, filtration, suintillation des eaux dans l'intérieur des mines, dans les lieux souterrains. — *Zusammen sintern*, congélation, concrétion pierreuse, réunion de quelques corps liquides en une masse.

SINTER-QUARTZ de *Gmelin*, quartz hyalin amorphe.

SINTER-WASSER, n. eaux incrustantes, eaux qui, suintant à travers la roche, forment des concrétions pierreuses.

SIPPSCHAFT, f. vieux mot, même que VERWANDTSCHAFT, parentage, parenté, consanguinité ; dans le système de *Werner*, affinité oryctognostique.

SITZORT, m. (*t. de min.*), l'endroit où le mineur ne peut travailler qu'assis, la partie supérieure dans les strosses ou ouvrages à gradins ; le bout, l'extrémité de la galerie. — *Mit dem sitzort fort fahren*, pousser, creuser en longueur.

SITZPFAHL, m. le pieu ou la pièce de bois sur laquelle le mineur est assis quand il fait un ouvrage qui le lui permet.

SKORZA, skorze, sable d'un vert nuancé de jaunâtre que la rivière d'Arangos laisse sur ses bords, en Transylvanie, près Muska, et qui, d'après une analyse faite par *Klaproth*, semble avoir des rapports avec l'épidote.

SLATE de *Kirwan*, argile schisteuse, soit tégulaire, soit tabulaire, soit impressionnée.

SLICKTORF, m. tourbe sulfureuse.

SMALTE. *Voyez* SCHMALTE.

SMALTE BLAU, adj. bleu de smalte, bleu clair, bleu d'azur mêlé de blanc.

SMARAGD, émeraude, pierre précieuse de couleur verte. — *Brasilianischer smaragd*, émeraude du Brésil, tourmaline, suivant *Gmelin*. — *Capscher smaragd*, émeraude du Cap, prehnite. — *Peruanischer smaragd*, émeraude du Pérou ; apatite ou chaux phosphatée verte. — *Seladongrün smaragd*, aigue marine, ou béril de Sibérie.

SMARAGDFLUSS et UNÄCHTER SMARAGD de *Gmelin*, chaux fluatée ; quartz hyalin cristallisé.

SMARAGDGRÜN, adj. vert d'émeraude.

SMARAGDIT *Voyez* DIALLAGON.

SMARAGDKRYSTALL, m. quartz hyalin cristallisé.

SMARAGDKUPFER, dioptase d'*Haüy*. V. KUPFERSMARAGD.

SMARAGDMUTTER de *Wiedmann*, prase ; chrysoprase. *V.* PRASEM et CHRYSOPRAS ; prime d'émeraude. *Voyez* PRIME.

SMÄRAGDPRASEM, prase ; suivant *Blumembach*, plasma.

SMARAGDSPATH de *Blumembach*, feldspath vert ; smaragdite de *Saussure*.

SMERGEL. V. SCHMERGEL.

SNIU du Japon, chaux carbonatée compacte.

SOCKE, f. (*t. de salin.*), la semelle ; le sel grenu qui s'attache au fond de la chaudière dans la cuisson.

SOD, m. *sieden*, bouillon, bouillonnement. —*Das wasser ist noch nicht im sode, im sieden*, l'eau n'est pas encore bouillante ; (*t. de fabr.*), la cuite, la cuisson d'une lessive chargée, imprégnée de parties salines, comme vitriol, alun, nitre, soude muriatée, cendres, etc. ; la quantité de soude obtenue d'une cuite.

SODA, f. soude. — *Soda wasserstoffschwefel*, l'hydrosulfure de soude. — *Borax gesäuerte soda* de *Stütz*, et *borax saure* de *Blumembach*, soude boratée d'*Haüy*. — *Kochsalz gesäuerte soda*, soude muriatée, sel gemme. — *Kohlensaure soda* de *Blumembach*, et *natürliche* de *Stütz*, alcali minéral. —*Schwefel gesäuerte soda* de *Stütz*, sel de Glauber naturel, ou sulfate de soude. — *Weisse soda* d'Égypte, alcali minéral natif, soude carbonatée.

SOERSALZ. *Voyez* SODA.

SOGBÄUME, plur. (*t. de salin.*), solives carrées placées au-dessus des chaudières pour recevoir les planches (*sogspänne*) sur lesquelles on place les corbeilles ou paniers (*salzkorbe*).

SOHLE, f. (*t. de min.*), la semelle, le sol, la base horizontale d'un conduit. — *Die sohle eines flötz*, le sol d'un filon horizontal. — *Die sohle des stollens*, le plan, la partie inférieure, la base horizontale d'une galerie de mine, celle sur laquelle les eaux s'écoulent, sa semelle, son plancher ; dans les bocards, la table de pierre sur laquelle on écrase le minerai. — (*t. de salin.*) *Sohle, naturliches salzwasser*, eaux salées, eaux dont on fait le sel. — *Das salz wird aus der sohle gesotten*, on cuit, on tire le sel des eaux salées.—*Die sohle gehet zu salz*, les eaux salées se changent en sel, se cristallisent. — *Die wilde sohle*, les eaux qui restent après la cristallisation du sel.

SOHLEBERG ou SOHLBERG, (*t. de min.*), coin ; partie de roche en forme de coin qui remplit l'intervalle entre les deux branches d'un filon qui se divise.

SOHLFASS, n. (*t. de saun.*) ;

tonneau, vaisseau pour porter des eaux salées.

SOHLIG, adj. et adv. (*t. de min.*), horizontal, parallèle à l'horizon, horizontalement. — *Ein sohliger gang*, un filon horizontal. — *Sohliger stolle*, galerie horizontale.

SOHLKUNST, f. (*t. de saun.*), machine qui sert à tirer de leurs sources les eaux salées, et à les élever.

SOHLLINIE, f. (*t. de min.*), ligne horizontale.

SOHLRINNE, f. (*t. de saun.*), canal, conduit de bois pour faire couler les eaux salées dans les chaudières.

SOHLRÖHRE, f. tuyau, conduit par lequel les eaux salées passent dans les salines.

SOHLSCHACHT, m. puits d'eaux salées, puits salant.

SOHLSTEIN, m. (*t. de fond.*), pierre de sole, pierre qui couvre le canal pratiqué sous le foyer d'un fourneau pour l'évaporation de l'humidité.

SOHLSTÜCK, m. (*t. de min.*), la grosse pièce de bois que l'on assujettit avec de la maçonnerie sous la caisse du bocard.

SOHLWAGE ou SALZWAGE, f. (*t. de salin.*), balance pour peser les eaux salées.

SOLDE, f. SALZSOLDE, petite maison à laquelle est accordé le droit de faire une certaine quantité de sel. — *Der solder*, le propriétaire d'une telle maison.

SOLENITEN, solenites, solens fossiles; genre de coquilles bivalves, vulgairement manches de couteau à cause de leur forme : ce sont en général des coquilles alongées très-minces, peu convexes, et toujours brillantes à leurs extrémités.

SOMMIT. *Voyez* NEPHELIN.

SONNE, f. soleil; (*t. de chim.*), l'or. — *Das distilliren in der sonne*, la distillation au soleil, l'exposition au soleil des matières contenues dans un vaisseau, l'insolation.

SONNENAUGE, n. œil du soleil, quartz agate chatoyant; astérie.

SONNENOPAL, feldspath d'un rouge jaunâtre.

SONNENSTEIN et SONNENWENDE, (*t. de minér.*), pierre du soleil, pierre de lune, feldspath adulaire, feldspath nacré; quartz agate chatoyant; sorte de pierre sur laquelle on voit une figure qui ressemble à un soleil rayonnant.

SONNENWENDE, f. (*t. de min.*), quartz agate chatoyant.

SONNENWENDESTEIN, pierre du soleil, héliotrope.

SORSALZ. *Voyez* SODA.

SORTIMENTSTÜCKE, plur. pièces d'assortiment : se dit spécialement des morceaux d'ambre d'une certaine grosseur et bien colorés.

SORTIREN, v. a. assortir.

SORTIRUNG, f. l'action d'assortir; assortiment.

SORY, pierre atramentaire grisâtre. *V.* ATRAMENTSTEIN.

SOVANSA, sovensa; métal dont les Japonais, suivant *Kæmpfer*, font des étriers, mais sur la composition duquel on ne sait d'ailleurs rien de positif.

SPACK. Dans les salines de

Pologne on nomme ainsi le sel fossile mélangé avec l'argile.

Spahn. *Voyez* Span.

Spähneln, v. a. couper en copeaux.

Spalte, f. (*t. de min.*), fente, crevasse, fissure.

Spalten, v. a. fendre, couper, diviser, partager en long. — *Einen stein spalten in zwey theile,* diviser une pierre en deux parties dans toute sa longueur, la doubler.

Spaltkeil, m. coin à fendre, pièce de fer ou de bois propre à fendre, soit des pierres, soit du bois.

Spangrün, n. cuivre carbonaté vert; verdet, vert-de-gris.

Spanne, f. empan; palme, longueur d'une main ouverte; mesure du bout du pouce au bout du petit doigt dans leur plus grande dimension.

Spannenring, m. (*t. de fond.*), anneau de fer avec lequel les forgerons tiennent serrées les branches de leurs tenailles quand ils portent une pièce de fer sous le marteau.

Spannjoch, n. (*t. de min.*), traverse; bois d'étai que l'on met en travers d'un filon pour en soutenir le toit lorsque l'on craint un éboulement; bois que l'on place aussi en travers sur les bassins de bocard pour que les parcelles légères de minerai qui nagent encore sur l'eau puissent s'y arrêter et ne pas être entraînées plus loin.

Spannhammer, m. (*t. d'orfèv.*), marteau à étirer, à étendre.

Spannkraft pour Schnell-

Kraft, f. ressort; élasticité, force ou vertu élastique.

Spannring. *Voy.* Spannenring.

Spannweise, adv. par empan. — *Spannweise messen,* mesurer par empan, par palme.

Spargelgrün, adj. vert d'asperge; vert jaunâtre pâle, mêlé d'un peu de brun et de gris.

Spargelstein, pierre d'asperge de *Werner,* chaux phosphatée verte d'*Haüy :* ses prismes, plus alongés que ceux de l'apatite, sont terminés comme le quartz par une pyramide à six faces, mais moins aiguë.

Sparkalk, gypse, plâtre, asparagolite; chaux sulfatée terreuse.

Spät, (*t. de forg.*), barre de fer de 8 pieds de long, et du poids de 28 livres, terminée en forme de ringard dont on se sert pour le travail ou la préparation du fer dans un feu nouveau.

Spath, m. (*t. de minér.*), spath; ce nom désignoit autrefois plusieurs espèces de minéraux qui avoient un tissu lamelleux et cristallin; ainsi il y avoit des spaths calcaires, des spaths pesans, des spaths fluors, etc. : aujourd'hui on ne l'emploie plus, parce qu'il est devenu la source de trop d'erreurs par l'abus qu'on en a fait.

Spathasche, f. cendrée de spath; poussière de chaux carbonatée calcinée que l'on emploie quelquefois en place de cendres pour la confection des grandes coupelles.

Spathdrusen, m. groupe

de chaux carbonatée cristallisée.

SPATHEISENSTEIN , chaux carbonatée ferrifère , mine blanche de fer , fer spathique , fer carbonaté.

SPATHERDE , baryte sulfatée terreuse.

SPATHGANG , m. filon tardif, filon dont la direction se trouve entre 6 et 9 heures de la boussole du mineur.

SPATHIG , adj. , qui ressemble au spath , qui tient de la nature du spath.

SPATHKLÖSE , SPATHKRYSTALLE et SPATHROSEN , chaux carbonatée cristallisée.

SPATHSÄURE , n. chaux fluatée.

SPATHSTEIN de *Leisser* , chaux sulfatée trapézienne.

SPECIFISCH , adj. spécifique, spécialement propre à quelque chose.—(*t. d'hydrost.*) *Specifische schwere* , gravité , pesanteur spécifique.

SPECKSTEIN , m. pierre de lard ; talc stéatite d'*Haüy*. — *Gemeiner speckstein,* talc stéatite commun , vulgairement craie d'Espagne.

SPECKSTEINFELS,talc ollaire.

SPECKTHON , argile glaise ; terre à potier.

SPEERMASS. *V.* SPERMASS.

SPEISE , f. (*t. de minér.*) , speis ; nom générique de tout composé , de tout mélange de substances métalliques quelconques ; le mélange, la matière dont les cloches sont faites; la pyrite arsenicale commune ; le fer arsenical pyriteux — *Speise bey probiren ,* le culot ,

le bouton métallique resté au fond d'un creuset d'essai où l'on a fondu des minerais qui contenoient du cobalt, du fer et surtout de l'arsenic.

SPEISESALZ de *Gmelin ,* sel gemme ou natif, ou mêlé dans de l'argile.

SPEISGELB , jaune de bronze, jaune de fonte , jaune métallique pâle qui paroît formé de jaune d'or pâle et d'un peu de gris d'acier.

SPEISIG , adj. qui est mêlé , combiné avec des substances métalliques. — *Speisige erze ,* minerai mêlé , mélange de cobalt et d'arsenic. — *Speisiger bleystein ,* matte de plomb provenant de la fonte d'un minerai mêlé de cobalt.

SPEISKOBOLT de *Stütz* , cobalt gris , cobalt arsenical d'*Haüy* ; minéral d'un blanc assez éclatant , mais qui prend une teinte violette à l'air.

SPERMAASS , m. petite mesure à l'usage des charpentiers mineurs.

SPERNGLAS et SPERRGLAS , chaux sulfatée trapézienne.

SPERRHAKEN , m. croc , crochet pour arrêter quelque chose ;(*t. de serrur*), crochet, fer crochu pour ouvrir les serrures ; (*t. d'orfèv.* et de *serrur.*), bigorne, enclume à deux bouts et qui finit en pointe. — *Auf dem sperrhaken bearbeiten ,* bigorner , travailler des pièces sur la bigorne , arrondir sur la bigorne.

SPERRHORN , n. bigorne. *V.* SPERRHAKEN.

SPERRKEGEL, m. arrêt d'une

roue ; (*t. d'horl.*), arrêt de la fusée.

SPERRKETTÉ, f. chaîne qui sert à enrayer ou à fermer un passage.

SPERRRAD, n. roue dentelée dont les dents sont recourbées, roue à crochets.

SPHÄRICITÄT, f. sphéricité, qualité de ce qui est sphérique.

SPHÄRISCH, adj. sphérique, qui appartient à la sphère ; sphérique, qui est rond comme un globe ; adv. sphériquement, en forme sphérique.

SPHÄROIDISCH, adj. (*t. de crist.*), sphéroïdal ; sphérique aplati. — *Sphäroidischer demant*, diamant sphéroïdal, diamant à 48 facettes bombées.

SPHENE, sphène, minéral réuni au titane silicéo-calcaire. On nomme celui en cristaux accolés, qui étoit ci-devant connu sous la dénomination de rayonnante en gouttière, titane silicéo-calcaire caniculé.

SPIAUTER. *Voyez* ZINK.

SPICKARTKUPFER, n. (*t. de fond.*), cuivre obtenu des scories du cuivre rouge, des culots rouges, et des culots de déchet.

SPIEGEL, m. miroir, verre étamé ou métal poli qui rend la ressemblance des objets qu'on lui présente.—*Metallene spiegel*, miroirs de métaux servant aux expériences de physique.—(*t. de minéral.*) *Spiegel*, antimoine natif.

SPIEGELARTIG, adj. spéculaire, en façon de miroir, c'est-à-dire ayant des faces très-unies semblables à un miroir. *Voyez* SPIEGELICHT.

SPIEGELBLENDE, zinc sulfuré transparent jaune.

SPIEGELEISEN, n. fer spéculaire, fer oligiste.

SPIEGELERZ, n. fer oligiste ; chaux carbonatée ferrifère.

SPIEGELFLINZ de Carinthie, chaux carbonatée ferrifère.

SPIEGELHÜTTE, f. verrerie, fabrique de glaces de miroirs.

SPIEGELICHT ou SPIEGELIG, adj. et adv. qui a la forme ou la qualité de miroir, semblable à une glace de miroir, spéculaire réfléchissant la lumière. — *Spiegelichte und spiegelige erze*, minéraux qui ont la surface luisante, éclatante.

SPIEGELKOBOLT de *Gmelin*, cobalt luisant, cobalt éclatant ; baryte sulfatée mélangée de cobalt oxidé brunâtre, terreux et friable.

SPIEGELN, v. n. luire, reluire, être luisant, net, propre, clair comme un miroir, réfléchir, renvoyer l'image des objets. — subst. *Das spiegeln, spiegelnder glanz*, clarté, luisant, éclat semblable à celui d'une glace de miroir. — (*t. de min.*) *Spiegelnd*, miroitant. — *Auf allen seiten spiegelnd*, toutes les faces miroitantes pour indiquer que toutes les faces d'un rhomboïde ont de l'éclat.

SPIEGELND, adj. qui rend l'image, qui renvoie la ressemblance des objets ; luisant, clair, poli comme la glace d'un miroir.

SPIEGELSCHIEFER de *Gmelin*, argile schisteuse.

SPIEGELSPATH de *Gmelin*, chaux sulfatée cristallisée ; et à Marienberg, en Saxe, baryte sulfatée trapézienne.

SPIEGELSTEIN, m. pierre spéculaire, mica; chaux sulfatée cristallisée.

SPIELART. *Voyez* ABÄNDERUNG et ABART.

SPIELEND, adj. pour GLANZEND, VIELFARBIGSCHEINEND, brillant, petillant, étincelant, qui petille, qui brille avec éclat et paroît de différentes couleurs. —*Spielende steine*, des pierres qui paroissent, qui brillent de diverses couleurs.

SPIESBAUM, m. (*t. de min.*), charpente établie au-dessus d'un puits de mine pour faciliter la descente ou l'extraction des corps pesans.

SPIESDRUSE, f. groupe de cristaux spéculaires.

SPIESGLANZ et SPIESGLAS, n. antimoine, métal d'un blanc d'étain et d'un éclat métallique parfait. — *Gediegenes spiesglanz*, antimoine natif, antimoine lamellaire en petites lames brillantes disposées confusément.—*Gemeines, geschwefeltes, graues spiesglanz* de *Stütz*, antimoine sulfuré. — *Silberhaltiges, spiesglanz* de *Stütz*, antimoine sulfuré capillaire. — *Vielfarbiges spiesglanz* de *Stütz*, antimoine sulfuré irisé. — *Rothes spiesglanz* de *Stütz*, antimoine hydro-sulfuré.

SPIESGLANZBLEY. *Voy.* WEISSGÜLTIGERZ.

SPIESGLANZERZ, n. antimoine sulfuré, antimoine gris; antimoine hydro-sulfuré, soit amorphe, soit aciculaire.

SPIESGLANZHORNERZ, n. antimoine blanc; antimoine oxidé d'un blanc nacré. — *Gelbes spiesglanzhornerz*, antimoine oxidé terreux jaune.

SPIESGLANZOKKERouOCHER, ocre d'antimoine, substance jaunâtre, terreuse, tendre et même friable, toujours accompagnée d'antimoine sulfuré.

SPIESGLANZSILBER, argent antimonial, argent allié avec l'antimoine.

SPIESGLANZSPATH, antimoine oxidé d'une structure lamelleuse.

SPIESGLAS, n. même que SPIESGLANZ.

SPIESGLASBLÜTHE, f. fleurs d'antimoine, antimoine hydro-sulfuré.

SPIESGLASBUTTER, f. (*t. de chim.*), beurre d'antimoine; muriate d'antimoine sublimé.

SPIESGLASDRUSE, antimoine sulfuré aciculaire.

SPIESGLASERZ, n. minerai d'antimoine, pris collectivement pour toutes les variétés ou espèces de ce minéral.

SPIESGLASGLANZ, antimoine gris, ou sulfuré lamelleux.

SPIESGLASGLAS, verre d'antimoine, oxide d'antimoine sulfuré vitreux.

SPIESGLASKALK, ocre d'antimoine naturel; antimoine oxidé blanc, suivant *Mongez*.

SPIESGLASKÖNIG, n. régule d'antimoine, antimoine pur.

SPIESGLASLEBER, f. (*t. de chim.*), foie d'antimoine, oxide d'antimoine sulfuré.

SPIESGLASÖHL, n. (*t. de chim.*), huile d'antimoine.

SPIESGLASRUBIN, m. (*t. de*

chim.), rubine d'antimoine, oxide d'antimoine sulfuré vitreux brun.

SPIESGLASSAFRAN, m. (*t. de chim.*), safran d'antimoine, crocus d'antimoine, oxide d'antimoine sulfuré demi-vitreux.

SPIESGLASSALPETER, le nitre antimonié, nitrate d'antimoine.

SPIESGLASSCHNEE , neige d'antimoine, fleurs argentines de régule d'antimoine, oxide d'antimoine blanc sublimé.

SPIESGLASSCHWEFEL , m. soufre d'antimoine, oxide d'antimoine sulfuré orangé.

SPIESGLASWEISS, m. (*t. de chim.*), céruse d'antimoine, oxide d'antimoine blanc par précipitation ; antimoine oxidé blanc.

SPIESGLASZINOBER , m. (*t. de chim.*), cinabre d'antimoine.

SPIESSIG , adj. qui est composé de longues pointes, de stries, d'aiguilles ; subulé, en forme d'alène pour désigner une forme extérieure particulière d'un minéral.

SPILLE, f. fuseau. — (*t. de min.*) *Spillen* , barres de fer. — *Spille eines schleifsteines* , arbre d'une pierre à émoudre, à polir.

SPINDEL, f. fuseau ; dans les arts et métiers, broche, tige. — *Eiserne, holzerne spindel* , broche ou tige de fer, broche ou tige de bois. — *Es geht eine spindel durch die maschine* , une broche traverse la machine ; (*t. d'horlog.*), arbre, fusée, tige. — *Spindel mit einer schraube* , arbre à vis. — *Spindel um welche die uhrkette*

geht, fusée, petit cône cannelé autour duquel tourne la chaîne d'une montre ; (*t. d'hydraul.*), pinot. *Voyez* SPINDEL.

SPINDELFÖRMIG, adj. et adv. SPINDELICHT , fait comme un fuseau, en forme de fuseau, qui a la forme d'un fuseau.

SPINELL, m. spinelle, pierre précieuse de couleur rouge.

SPINNENSTEIN. *V.* ARACHNOLITH.

SPINTHER , spinthère ; minéral d'une couleur verdâtre et d'un tissu lamelleux qui a quelque ressemblance avec l'axinite verte , et aussi avec le sphène, mais qui n'appartient nullement à ces espèces , et en forme lui-même une particulière, suivant *Haüy.*

SPINTHEROMETER, m. spinthéromètre ; instrument pour mesurer la force des étincelles électriques.

SPIRITUS, m. (*t. de chim.*), esprit, fluide très-subtil, essence. — *Der spiritus wird aus den substanzen durch die distillation erhalten,* on obtient l'esprit de quelque substance par la distillation.

SPITZ, pointement. — *Spitz,* adj. pour *spitzig,* pointu, aigu, qui a une pointe aiguë , un bout aigu.—*Spitziger winkel,* angle aigu.—adv. *Spitzig,* en pointe, en forme de pointe.

SPITZE, f. pointe, bout piquant et aigu, sommité, sommet.

SPITZ AMBOSS, m. bigorne, enclume qui finit en pointe.

SPITZEISEN, n. ciseau pointu de sculpteur et de tailleur de pierre.

SPITZFACETIRT, adj. (*t. de crist.*), acutangle : se dit d'une variété de chaux carbonatée en prismes hexaèdres dont les angles solides sont interceptés par des facettes triangulaires très-aiguës.

SPITZHAKE ou SPITZHAUE, f. mêgle ou meigle, espèce de pioche dont le fer est recourbé; pic, instrument de fer courbé pour casser les choses dures.

SPITZIG, adj. pointu, qui a une pointe aiguë.

SPITZWINKELIG. *V.*SCHARFWINKELIG.

SPITZZANGE, f. espèce de tenailles pointues.

SPIZA en Gallicie, le sel gemme mêlé à l'argile.

SPLEISHERD, m. foyer à raffiner le cuivre.

SPLEISOFEN, le fourneau de raffinage du cuivre.

SPLEITZEN, SPLEIZEN, n. purification, raffinage du cuivre. — *Spleizen auf die gare*, purification complète du cuivre pyriteux. — *Spleizen in das geib*, raffinage sur le jaune (expression usitée en Hongrie).

SPLINT, m. clavette, espèce de clou plat qu'on passe dans l'ouverture faite au bout d'une cheville, d'un bâton, etc. pour les arrêter.

SPLINTBOLZEN, m. boulon, cheville de fer à tête ronde et percée au bout pour y passer une clavette.

SPLITTRIG, adv. qui s'éclate, se rompt, se brise par éclats esquilleux. — *Splittrige brüchstücke*, fragmens esquilleux.

SPLITZEN, v. a. épisser, entrelasser deux cordes en mêlant ensemble leurs fils.

SPLITZHOLZ, n. épissoir, instrument pour épisser.

SPODUMENE. *V.* TRIPHANE.

SPOTVOGEL, m. (*t. de min.*), oiseau moqueur. On donne ce nom dans les mines d'étain à la roche que l'action du feu scorifie sans la détacher.

SPRAZEN. *Voyez* SPRITZEN.

SPREIL, m. brochette, morceau de bois mince et aigu.

SPREITZE, f. étrésillon, pièce de bois qui sert d'arc boutant à des murs qui déversent.—(*t. de min.*) *Spreitze hölzer*, pièces de bois refendues qui se placent au-dessus et dans les parties latérales des galeries souterraines entre les étançons et la roche pour empêcher ou prévenir les éboulemens.

SPRENGWERK, n. (*t. de charp.*), espèce d'assemblage de poutres soutenues par des jambettes.

SPRINGEN, v. irr. jaillir, saillir; sortir impétueusement, se dit des liquides.— *Das wasser springt aus dem felsen*, l'eau jaillit du rocher. — *Eine mine springen lassen*, faire sauter une mine. — subst. *Das springen des wassers*, le jaillissement de l'eau.

SPRINGEND, adj. jaillissant, qui jaillit.

SPRINGSTEIN. *Voyez* DIASPORE.

SPRITZE, f. seringue, petite pompe qui sert à attirer et à repousser les liqueurs.—*Wasserspritze*, seringue à jeter de l'eau. — *Spritze das feuer zu löschen*, pompe à feu, pompe servant pour les incendies.

SPRITZEN, v. a. seringuer, jeter, pousser une liqueur avec une seringue. — *Sie haben stark auf das brennende dach gespritzt*, ils ont jeté beaucoup d'eau avec la pompe sur le toit embrasé. — *Das spritzen*, l'action de seringuer.

SPRITZENLEUTE, plur. les pompiers, ceux qui font agir les pompes.

SPRITZWURF, m. (*t. de maçon.*), enduit par aspersion. — *Mit dem spritzwurfe tünchen*, fouetter, jeter du mortier ou du plâtre contre un mur pour l'enduire.

SPRÖDE, adj. aigre, cassant. — *Es ist spröde eisen*, ce fer est aigre. — *Sprödes silber*, argent aigre. — *Spröde metalle*, métaux dont les parties ne sont pas bien liées et se séparent facilement. — *Sprödglas* ou *glanzerz*, argent ou mine d'argent sulfuré aigre. — *Spröderz* et *Sprörerz*, plomb sulfuré strié.

SPRÖSSLING, m. (*t. de fond.*), drageons qui, dans l'opération de l'affinage de l'argent, s'élèvent de la surface du bain lorsqu'il se refroidit et se fige.

SPROTTERZ, n. plomb sulfuré.

SPRUDELSTEIN de Carlsbad, chaux carbonatée concrétionnée formée du dépôt des eaux de la Sprudel, source principale des eaux minérales de Carlsbad; sorte de tuf calcaire compacte de diverses couleurs.

SPRUNG, m. (*t. de min.*), saut. On donne ce nom à une

sorte de faille, cran ou masse de matière étrangère qui vient couper le filon et le déranger de sa direction; le saut en arrière lors de la démarcation des limites d'une concession : on accorde dans certains endroits autant de terrain de plus à un concessionnaire qu'il en peut franchir par un saut en arrière.

SPUHRSTEIN, m. empreintes extérieures.

SPUND, m. (*t. de min.*) *Spund*, la porte ou trape servant à la circulation de l'air dans les mines. *Voyez* WETTERTHUR.

SPUNDBLECH, m. (*t. de boc.*), au Hartz, pièce de côté en fer dans l'auge.

SPUR, f. (*t. de fond.*), fond du creuset d'un fourneau d'affinage; le petit grain métallique à peine sensible qui indique que le minerai contenoit un peu de métal; la trace ou rigole creusée dans la brasque pour pouvoir faire couler le métal fondu dans le bassin de réception, l'enfoncement d'un têt, d'un scorificatoire.

SPUREISEN, SPURMESSER (*t. de fond.*), l'instrument de fer recourbé dont on se sert pour faire la rigole dans la brasque sur l'âtre du foyer.

SPURNAGEL. *Voyez* LEITNAGEL.

SPURSCHNEIDEN (*t. de min.*), tailler l'enfoncement, la rigole du foyer de cendre.

SPURSTEIN, m. sporstein, sorte de matte de cuivre presque pure, provenant de la fonte des mattes grillées de ce métal pour en obtenir le cuivre noir, et qui se trouve interposée entre celui-ci et les scories ; pierres ou roches impressionnées portant indices de corps animaux ou végétaux.

Staarstein, bois de palmier pétrifié.

Stab , m. barre, pièce longue et étroite, soit de bois, soit de fer ou de toute autre chose. — *Ein starker stabeisen ,* une grosse barre de fer.

Stabeinguss, m. verge lingotière.

Stabeisen, m. fer en barres, en petites barres , en pièces étroites et longues. — *Stab und modeleisen,* fer en barres d'échantillon.

Stabhammer, Stabefeüer, m. marteau à forger les barres de fer; aplatissoir ; fenderie, forge , lieu où l'on sépare le fer en verges après l'avoir mis en barres aplaties ; atelier particulier pour refendre le fer en barres.

Stabzange , f. grosses tenailles pour tenir le fer qu'on met en verge.

Stadel , m. l'emplacement disposé pour le grillage du minerai.

Stahl, m. acier, combinaison du fer avec le carbone ou charbon pur. — *Eisen in stahl verwandeln , zu stahl machen,* transformer le fer en acier. — *Stahl ablöschen, härten ,* tremper de l'acier , donner la trempe à l'acier , le plonger tout rouge dans de l'eau préparée pour le durcir. — *Dem stahle die härte nehmen ,* détremper de l'acier, lui ôter sa trempe. On a depuis peu qua-

lifié acier natif un minéral trouvé à Labouiche près Néry, département de l'Allier parmi les produits d'un ancien incendie souterrain, et il a en effet la plupart des caractères de l'acier , mais on n'admet pas encore généralement que ce soit une production constante de la nature. — *Stahl zum wetzen, wetzstahl ,* fusil, morceau de fer ou d'acier qui sert à aiguiser les couteaux.

Stahlader, f. (*t. de serrur.*), veines d'acier , grains et endroits dans le fer qui sont durs comme de l'acier et résistent à la lime. — *Das eisen hat stahladern ,* ce fer a des veines d'acier , il s'y trouve des grains durs comme l'acier.

Stahlarbeit, f. ouvrage d'acier, ouvrage en acier.

Stahlarbeiter, m. ouvrier qui travaille en acier.

Stahlartig, adj. acérain , qui tient de l'acier, de la nature de l'acier. — *Stahlartige eisen ,* fer acérain, qui est de la nature de l'acier.

Stahlbrennen , n. l'action de transformer le fer en acier , le travail qui se fait pour transformer en acier les plaques de fer fondu.

Stahlderbe , adj. et adv. compacte, ferme, dur comme l'acier. — *Stahlderb koboltstufen ,* mines de cobalt dures comme de l'acier.

Stahldrath , m. fil d'acier , fil de fer trempé.

Stählen , v. a. faire de l'acier , tansformer le fer en acier. — *Verstählen ,* acérer , mettre de l'acier avec du fer pour ren-

dre celui-ci propre à couper. —
*Eine axt, eine hake, ein messer
stählen*, acérer une cognée, une
hache, un couteau.

STÄHLERN, adj. d'acier, qui
est fait d'acier.

STAHLERZ, n. minerai de fer
propre à faire de l'acier; sable
ferrugineux ou fer magnétique
sablonneux; chaux carbonatée
ferro-manganésifère; fer oligiste,
suivant *Batsch* et *Kirwan*; la
mine de cuivre grise dite *fahlerz*, et la mine blanche riche
en argent, dite *weissgültigerz*,
dont la couleur est grise bleuà-
tre, passant au gris d'acier; le cuivre pyriteux de Falun en Suède;
et enfin, suivant *Justi*, le plomb
sulfuré à grains fins.

STAHLFARBE, f. couleur d'a-
cier, la couleur de l'acier.

STAHLFEDER, f. ressort d'a-
cier.

STAHLFRESSENDESGESTEIN, n.
pierre ou roche qui dévore l'a-
cier, qui est d'une si grande
dureté que les meilleurs outils
ont peine à l'entamer et ne peuvent long-temps lui résister.

STAHLGRAU, adj. gris d'a-
cier, gris noirâtre un peu foncé,
avec éclat métallique. C'est la
couleur de l'acier fin, sur-tout
dans sa cassure.

STAHLHAMMER, m. forge où
l'on travaille le fer pour le convertir en acier, lieu où l'on
forge de suite les plaques de fer
fondu pour les transformer en
acier.

STAHLHÜTTE, f. acierie, manufacture ou fabrique d'acier.

STAHLKNOTEN, m. (*t. de
métall.*) certain alliage pour
donner la dureté convenable à

l'acier. En Thuringe, le manganèse oxidé brun massif.

STAHLKOBOLT, mine de co-
balt grise, cobalt gris.

STAHLKUCHEN, gâteau d'a-
cier.

STAHLMERGEL, m. argile
calcarifère endurcie.

STAHLSCHIEFER, m. pailles de
l'acier; certain défaut de liaison
dans l'acier.

STAHLSCHINDER, m. pétro-
silex jaunâtre.

STAHLSTEIN, m. pierre de
mine propre à faire de l'acier;
minerai de fer spathique.

STAHLWERK, n. toutes sortes
d'ouvrages d'acier.

STALACTIT, stalactite,
chaux carbonatée concrétionnée
fistulaire, soit conique, soit
cylindrique. La stalactite, suivant *Haüy*, est une concrétion
composée de couches successi-
ves d'une forme circulaire ou
ondulée qui est l'effet du dessèchement. — *Ä estige stallactite*,
stalactites rameuses.

STALAGMIT, stalagmite,
chaux carbonatée concrétionnée, inscrustation en mamelons.

STAMM, m. (*t. de min.*),
action; la trente-deuxième part
dans une exploitation de mine.

STAMMEISEN, n. (*t. d'arts*),
perçoir.

STÄMPEL, m. timbre; es-
tampille, poinçon, instrument,
morceau d'acier gravé dont on
se sert pour marquer, pour
mettre une marque; (*t. de min.*),
fortes pièces de bois dont les
deux extrémités portent dans
des entailles faites au toit et au
mur du filon.

STÄMPELFAUSTEL, masse de fer très - pesante avec laquelle on frappe sur les étampes pour les faire entrer dans les entailles faites au toit et au mur du filon à angles droits de sa direction.

STÄMPELN , v. a. timbrer, marquer, estampiller. — *Das silbergeschirr stämpeln* , marquer avec un poinçon les vaisselles d'argent. — subst. *Das stämpeln, die stämpelung,* l'action de timbrer , de marquer avec un poinçon.

STÄMPELSCHNEIDER , m. graveur de poinçons de coin.

STÄMPER ou STAMPER , m. *Stämpel* ou *stampfe* , étampe, poinçon, pilon , maillet ; (*t. de min.*), bourroir, cylindre de fer avec lequel le mineur bourre la cartouche dans le trou de mine.

STAMPFER, m. celui qui pile, broie , écrase ou écache, instrument qui sert à broyer, à piler, etc.

STAMPFGANG , m. meule d'un moulin qui sert à piler , à broyer.

STAMPFKLOTZ , m. mouton, gros billot de bois armé de fer avec quoi on enfonce les pieux.

STAMPFMÜHLE , f. moulin à pilon, à maillet.

STAND , m. (*t. de fond.*) , place ou emplacement dans la fonderie , dans les magasins où se dispose séparément chaque espèce de minerais.

STÄNDER, m. (*t. de charp.*), chandelle , poteau qu'on place debout, à plomb, sous une poutre ou sous une autre pièce pour la soutenir horizontale ;

poteau, colonne, pilier servant à soutenir quelque fardeau d'un bâtiment.

STANDORT, m. (*t. de géom.*), station. — *Standort des instrumentes in trigonometrischen operationen* , station dans les opérations trigonométriques et de nivellement ; les différens lieux où l'instrument a été posé où il y a eu opération faite.

STANDPUNCT, m. point fixe ; point de vue.

STANDZEICHNUNG , f. (*t. d'archit.*), profil d'un bâtiment. — *Eine standzeichnung machen* , profiler, représenter en profil, dessiner de profil.

STANGE , f. tige, perche, mât , barre , lingot, pièce de bois ou de fer ou de métal quelconque , longue et étroite. — *Eisen in stangen* , fer en barre. — *Gold, silber in stangen,* or, argent en barres. — *Eine gold, silber stange* , un lingot, une barre d'or, d'argent. — *Stangen der zetter* , perches, mâts de tentes. — *Stangen* , les tirans d'une machine hydraulique.

STÄNGELKALK , m. chaux bacillaire ou scapiforme ; minéral d'un blanc jaunâtre tombant dans le vert, composé de pièces séparées prismatiques comprimées , foiblement striées dans le sens de leur longueur , et offrant quelques ressauts ou saillies transversales : il a de l'analogie avec l'iglite. *V.* IGLIT.

STÄNGELKOHLE , f. houille scapiforme. *Voyez* STANGENKOHLE.

STANGENEISEN , n. fer en barres ; espèces de boîtes de fer enchâssées aux deux extrémités des deux leviers en croix d'une machine hydraulique , et aux-quelles on fixe les tirans par des boulons.

STANGENFÖRMIG , adj. en barres.

STANGENGOLD , n. or en barres , or en lingots.

STANGENGRAUPEN , n. argile calcarifère bitumineuse scapiforme , ou composée de pièces séparées longues et étroites.

STANGENHAMMER , m. marteau de faiseur de vérins , ou de machines à élever des fardeaux.

STANGENKOHLE , f. houille scapiforme ; c'est spécialement cette variété à laquelle on vient de donner le nom de lignite , pour en indiquer l'origine , et parce que le tissu ligneux y est très-reconnoissable.

STANGENKUNST , f. (*t. de min.*) , machine hydraulique à tirans.

STANGENQUARTZ , m. quartz hyalin scapiforme , composé de pièces séparées.

STANGENRING , m. anneau de fer qui lie plusieurs tirans ou perches d'une machine hydraulique les uns aux autres.

STANGENSALPETER , m. salpêtre en barres , nitre en baguettes.

STANGENSCHÖRL , m. schorl scapiforme ; tourmaline ; trémolite , suivant *Fichtel*. — *Brauner stangenschörl* , axinite. — *Electrischer stangenschörl* , tourmalines vertes et bleuâtres. — *Rother* de *Stütz* et *Wiedmann* , la sibérite , la tourmaline apyre. — *Schwarzer* de *Werner* , schorl , ou tourmaline noire. — *Weisser stan-*

genschörl , pycnite d'*Haüy*.

STANGENSCHWEFEL , m. soufre en canons.

STANGENSILBER , n. argent en barres , en lingots.

STANGENSPATH , m. spath en barres ; baryte sulfatée bacillaire.

STANGENSTAHL , m. l'acier en barres.

STANGENSTEIN , m. pierres en barres ; béril schorliforme , pycnite d'*Haüy* ; minéral dont la couleur varie du blanc jaunâtre au rouge violet , et qui se présente sous la forme de longs cristaux prismatiques , déformés par des stries longitudinales , et réunis parallèlement les uns aux autres : quelques minéralogistes en ont fait une espèce particulière , et d'autres l'ont réuni au béril : *Haüy* a prouvé qu'il appartenoit à l'espèce topaze , et vient de l'y réunir.

STANGENZIRKEL , m. compas à verge.

STANGLICH , adj. (*t. de min.*), scapiforme , colonnaire. — *Volkommen stanglich* , parfaitement scapiforme.

STANNIOL , étain pur qu'on livre au commerce en feuilles minces colorées ; tain , lame d'étain fort mince pour étamer les glaces.

STANZAIT. *V.* ANDALUSIT.

STAPEL , m. piles , tas , amas de choses entassées avec quelque ordre ; étape , entrepôt , magasin , lieu , place marchande où l'on décharge les marchandises.

STARKE , f. force , vigueur ; volume , grandeur , grosseur , épaisseur ; (*t. de blanchiss.*) , empois.—*Blaue starke,* empois bleu; tournesol en pâte, en pain.—*Weisse,* empois blanc, amidon.

STARKGLÄNZEND, adj. très-éclatant : se dit d'un minéral dont l'éclat se fait remarquer de loin.

STARRHEIT, f. roideur, qualité, état de ce qui est roide.

STAUB, m. poussière.

STAUBARTIG, adj. pulvérulent.

STAUBTHON, argile glaise, argile de potier.

STAUCHEN, v. n. pousser, frapper, battre avec peu de force un corps mou contre un dur, ou un dur contre un mou. — *Die schmiede stauchen ein stück eisen,* les forgerons battent une pièce de fer à chaud pour la rendre plus courte et plus grosse. — *Den bach, den fluss stauchen,* faire gonfler le ruisseau, la rivière, arrêter leur cours par quelque obstacle.

STAUCHZANGE, f. sorte de tenailles dans les grosses forges.

STAUDENFÖRMIG, adj. en buissons. — *Staudenförmiger braunstein,* manganèse en buissons.

STAUROLITH, staurolite, croisette, schorl cruciforme; staurotide d'*Haüy.* Ce savant comprend sous cette dénomination, qui signifie croisette, les pierres de croix de Bretagne, la granatite ou grenatite du Saint-Gothard (staurotide uni - binaire).

STEATIT, stéatite; talc stéatite d'*Haüy.*

STECHEISEN, n. fer à percer;

ringard, longue barre de fer ronde et pointue avec laquelle on fait le trou ou la percée pour faire écouler le métal, c'est-à-dire avec laquelle on débouche le trou du creuset qui a été fermé avec de l'argile.

STECHEN, v. a. piquer avec la pointe de quelque chose, percer, entamer avec quelque chose de pointu. — *Eine figur, ein bild im kupfer stechen,* tracer, imprimer quelque trait, quelque figure avec le burin sur le cuivre, graver au burin. — *Eine münze stempeln, stechen,* graver un coin, de la monnoie, un poinçon. — *Allerley züge auf gold und silber stechen,* guillocher de l'or et de l'argent. — subst. *Das stechen,* l'action de percer; (*t. de fond.*), faire la percée, donner passage au métal fondu pour le faire couler dans le bassin de réception. — *Das stechen in kupfer,* etc., gravure au burin, l'action de graver sur du cuivre, etc.

STECHER, m. celui qui pique, qui pointe; graveur; poinçon, burin; alêne; instrument à pointer, à graver, à percer.

STECHHOLZ, n. (*t. de fond.*), bois de percée, pièce conique que l'on place dans la brasque avant de la piler, et qui ensuite se retire pour y laisser une ouverture de la même forme, et faciliter ainsi la percée de toute l'épaisseur de la brasque, quand il est temps de faire couler le métal fondu.

STECHKÜSSEN, n. (*t. de grav. en cuivre*), coussinet.

STECKELKIEL, m. tuyau de pompe auquel est adaptée une

soupape qui laisse monter l'eau et l'empêche de redescendre.

STECKFEDERN , clavettes minces et doublées qui servent à retenir les boulons des tirans des machines hydrauliques et autres assemblages.

STECKNAGEL, m. (*t. de min.*), épinglette, instrument de fer très-pointu qui sert à former le trou ou la lumière dans laquelle on met la mèche qui doit enflammer la poudre.

STECKZIRKEL, m. REISSZIRKEL , compas à pointes changeantes.

STEG , m. (*t. de min.*), traverses sur le canal, soles, pièces de bois que l'on met en travers et horizontalement sur une galerie d'écoulement pour supporter les planches sur lesquelles on marche.

STEHEND , adj. debout, sur pied , qui est debout. — (*t. de min.*) *Ein stehender gang* , filon perpendiculaire , ou dont la direction approche de la verticale , c'est-à-dire est entre midi et trois heures de la boussole du mineur. *Voy.* GANG.

STEIGEN , v. n. monter, se transporter en un lieu plus haut.

STEIGENDES , n. (*t. de min.*), montant , élévation perpendiculaire au-dessus de la ligne horizontale.

STEIGER , m. (*t. de min.*), maître mineur ; celui qui surveille immédiatement les mineurs et autres ouvriers d'une exploitation de mine : c'est en général le nom de tous les chefs d'ateliers sur un établissement de mine.

STEIGEROHR, n. ou STEIGERÖHRE , f. (*t. d'hydraul.*), tuyau dans lequel on fait monter l'eau.

STEIL , adj. escarpé , roide. — *Der berg ist sehr steil* , la montagne est fort escarpée.

STEILE ou STEILHEIT , f. roideur. — *Die steile eines berges* , la roideur d'une montagne.

STEIN , m. pierre, roche, rocher. — *Kalkstein, gipsstein*, pierre à chaux, pierre à plâtre.— *Probierstein* , pierre de touche. — *Ethiopischer stein* , basalte. — *Armenischer stein* , pierre d'Arménie. *Voyez* ARMENIER STEIN. — *Biegsamer stein* , chaux carbonatée saccaroïde de Suisse. — *Blättricher stein* , chaux sulfatée trapézienne. — *Böhmischer stein*, quartz hyalin cristallisé. — *Bolognoser stein* et *bononischer stein* , baryte sulfatée radiée ou rayonnée.—*Cyprischer stein*, amiante, asbeste flexible.—*Elasticher stein* , grès élastique du Brésil, grès micacé flexible.—*Gehakter stein*, agate en brèche.—*Göttlicher stein* , jade néphritique.—*Leuchtender stein*, baryte sulfatée radiée.—*Mennicher stein*, pierre de trass. —*Posphorisirender, scheinender, schimmernder stein* , baryte sulfatée radiée.—*Schwarzer stein*, argile schisteuse graphique. — *Stolpischer stein*, basalte. — *Täuschender stein*, apatite. — *Telkobanyer stein*, quartz résinite, girasol. — *Thracischer stein* , jayet.—*Typographyscher stein*, pierre typographique, pierre hébraïque , granite graphique. —

Veränderlicher stein , quartz résinite hydrophane. — *Stein von Como*, pierre de Côme, argile glaise , argile de potier. — *Stein von stolpen*, basalte. — *Von himmel gefallene steine.* Voyez METEORSTEIN. — *Weisserstein*, leucite, amphigène. — *Zabeltitzerstein* , quartz hyalin cristallisé. — (*t. de fond.*) *Stein*, matte , produit d'une fonte. — *Bleystein* , matte de plomb , produit de la fonte du minerai de plomb. — *Kupferstein*, matte de cuivre, etc. — *Stein treiben*, griller la matte , la désoufrer.

STEINADER, f. (*t. de carr.*), veine de roche , veine dans les pierres.

STEINALAUN, m. alun de roche ; sulfate d'alumine.

STEINARBEIT, f. ouvrage de pierre. — *Steinarbeiter,* ouvrier en pierre.

STEINART, f. espèce, sorte, nature, qualité de pierre. — *Verschiedene steinarten* , diverses sortes de pierres.—(*t. de min.*) *Steinart,* la gangue , la roche à laquelle tient le minerai dans une mine.

STEINARTIG , adj. qui est de nature de pierre , qui tient de la nature de la pierre. — *Steinartige körper* , corps, substances qui tiennent de la nature de la pierre.

STEINBANK , f. banc, lit de pierre , la hauteur des pierres parfaites dans les carrières , lits superposés les uns aux autres d'une manière distincte.

STEINBESCHREIBER , m. lithologue ou lithographe, auteur qui a écrit sur les pierres.

STEINBESCHREIBUNG, f. lithologie ou lithographie , traité des pierres , description des pierres.

STEINBETT, n. la place où l'on rassemble la pierre de mine, le minerai destiné pour la fonte.

STEINBLUME, f. ostéolithes; pierres impressionnées.

STEINBOHRER, m. trépan ; outil pour percer les pierres ; l'aiguille, instrument d'acier à plusieurs pointes pour faire des trous dans une pierre.

STEINBRAUSESTEIN , argile glaise.

STEINBRECHER, m. carrier, ouvrier qui travaille à tirer la pierre des carrières.

STEINBRECHERKUNST, f. art, métier de carrier.

STEINBRUCH , m. carrière de pierres, le lieu d'où l'on tire la pierre.—*Einen steinbruch aufthun* , ouvrir une carrière pour en tirer de la pierre. — (*t. de minér.*) *Steinbruch*, ostéolithe.

STEINBUTTER, f. (*t. de minér.*), alun natif fluide ; sorte d'alun impur mélangé de terre ferrugineuse jaunâtre , mou et tendre comme du beurre.

STEINCABINET ou KABINET, n. collection de roches, de pierres rares.

STEINDAMM , m. digue de pierre , chaussée d'encaissement. — *Steindamm wider die überschwemmung,* turcie, levée pour empêcher l'inondation des rivières.

STEINERN , adj. de pierre. — *Steinerne tafeln*, tables de pierre.—*Ein steinerner mörser,* un mortier de pierre.

STEINFALL , m. (*t. de min.*),

chute, éboulement, écroulement de roches dans un puits de mine, dans une galerie : on emploie aussi cette expression pour indiquer que le mineur a rencontré une roche d'une grande dureté.

STEINFLACHS, m. amiante ; asbeste flexible.

STEINGALLE, f. (*t. de min.*), pierre dure et stérile qui ne contient rien de minéral.

STEINGLIMMER, mica.

STEINGRUBE, f. carrière de pierre, lieu, fosse, cavité, creux d'où l'on tire, ou d'où l'on a tiré de la pierre.

STEINGRÜN, n. oxide vert de cuivre ; cuivre carbonaté pulvérulent.

STEINGRUSS, m. monceau de pierres.

STEINGUT, n. gresserie ; pierres de grès mises en œuvres, vaisselle de grès. — *Englisches steingut*, gresserie d'Angleterre.

STEINHAUE, f. hoyau, pioche dont on se sert pour détacher des pierres, ou pour travailler dans un terrain pierreux.

STEINHÖHLE, f. antre, caverne, grotte, cavité spacieuse dans un rocher, dans la pierre.

STEINICHT, adj. pierreux, qui ressemble à la pierre.

STEINIG, adj. pierreux, plein, rempli de pierres. — *In Steinigen gegenden*, dans des lieux pierreux.

STEINKALK, m. chaux de pierres ; chaux faite de pierres calcaires, pierres calcinées par le feu.

STEINKAMM, m. (*t. de min.*), parois, muraillement ; revête-

ment en pierres pour soutenir un terrain ébouleux dans une mine.

STEINKENNER, m. lithologue, qui se connoît en pierres.

STERNKERNE, f. pierres calcaires avec empreintes de coquillages en creux.

STEINKIES, n. fer sulfuré, pyrites sulfureuses.

STEINKITT, m. lithocolle, ciment pour assujettir les pierres que le lapidaire veut tailler sur la meule ; mastic pour joindre plusieurs pierres ensemble ou réunir les fragmens de celles qui sont rompues.

STEINKLIPPE, f. écueil, roche, rocher.

STEINKLUFT, f. fente, crevasse dans une roche, dans un rocher.

STEINKNORPEL, m. colle naturelle ou ciment, matière qui s'insinue entre les pierres, les empâte et les réunit en une seule masse.

STEINKOHLE, f. houille, vulgairement charbon de terre ou charbon de pierre, substance bitumineuse que l'on regarde comme originaire des règnes végétal et animal dont la couleur est le noir plus ou moins foncé, et qui brûle avec une odeur bitumineuse, en laissant un résidu considérable. — *Steinkohlen brennen*, brûler de la houille. — *Unverbrennliche steinkohle*, *kohlenblende*, blende charbonneuse. — *Steinkohlengrube*, mine de houille. — *Steinkohlenlage*, couche de houille.

STEINKOHLENGEBIRGE, plur. montagnes à houilles. On

nomme ainsi les terrains qui renferment plus particulièrement de la houille ; ils n'appartiennent ni à la formation dite primitive, ni à la plus récente, mais à une secondaire qui paroît distincte de celle des autres roches dites aussi secondaires. En général ils sont composés 1°. de grès micacé et ferrugineux dont les grains sont souvent très-gros ; 2.° de schiste argileux impressionné ; 3°. de chaux carbonatée marne ou argile endurcie ; 4°. d'une espèce de porphyre argileux secondaire (*flötz porphir*) ; 5°. du fer argileux ; 6°. de cailloux roulés enveloppés dans un sable ferrugineux. La houille s'y trouve le plus souvent en couches dont l'épaisseur est inégale et le nombre souvent très-grand dans la même masse, et quelquefois ces couches alternent avec les pierreuses d'une manière fort régulière dans un assez grand espace.

Steinkohlenmoor, m. houille terreuse, marécageuse, sorte de tourbe altérée qui renferme du bois bitumineux.

Steinkohlenschiefer, m. argile schisteuse.

Steinkreide, f. chaux carbonatée crayeuse.

Steinkröpfe, f. louve, outil de fer pour élever une pierre.

Steinkruste, f. chaux carbonatée concrétionnée.

Steinkunde, f. lithologie, partie de l'histoire naturelle qui a les pierres pour objet.

Steinkundig, adj. qui s'entend en pierres, qui a connoissance des pierres.

Steinkütte. *Voyez* Steinkitt.

Steinlage, f. couche de pierres.

Steinmärgel. *Voy.* Steinmergel.

Steinmark, n. moelle de pierre, argile lithomarge, argile très-douce et même grasse au toucher et qui se polit par le frottement. — *Festes steinmark*, argile lithomarge endurcie. — *Tartarisches steinmark*, lithomarge de Tartarie, écume de mer. — *Thoniges steinmark*, bol, argile-glaise ocreuse. — *Zerreibliches steinmark*, argile lithomarge friable.

Steinmergel, m. marne pierreuse ; argile calcarifère dure. — *Feiner steinmergel* de *Cronstedt*, bol. — *Grober*, argile smectique.

Steinöhl, n. huile minérale, bitume liquide ; pétrole.

Steinpapier, m. asbeste tressé.

Steinpech, n. poix minérale, bitume élastique.

Steinpflanze, f. lithophyte, corps marin de la nature de la pierre qui ressemble à des plantes ou à des arbrisseaux, pierre à forme végétale.

Steinpflinz, chaux carbonatée ferrifère.

Steinritz, m. fente, gerçure, crevasse de rocher, de pierre.

Steinsäge, f. archet, scie à scier des pierres, lame de fer montée en forme de scie dont on se sert pour scier la pierre, le marbre.

Steinsalz, n. sel fossile, sel en masse solide, sel gemme,

sel minéral, sel de roche, sel marin, sel commun, soude muriatée. — *Faseriges steinsalz*, sel gemme fibreux. — *Blätterisches*, lamelleux.

STEINSALZGRUBE, f. mine de sel, mine d'où l'on tire du sel fossile. Ordinairement le sel fossile est disposé par couches épaisses, tantôt superficielles, tantôt à de grandes profondeurs, et quelquefois aussi à des hauteurs considérables. La chaux sulfatée ou gypse est la substance qui l'accompagne le plus souvent, et c'est pourquoi les sources salées en déposent presque toujours. Pendant l'évaporation l'argile forme des couches qui alternent avec celles de sel, quelquefois elle en est mêlée, mais le sel s'y trouve le plus souvent en rognons. Ces couches d'argile sont accompagnées de bancs de sable, de quartz arénacé agglutiné et de chaux carbonatée; celle-ci forme ordinairement le toit de la couche de sel, et la chaux sulfatée, le mur. On trouve au milieu de ces diverses couches des débris de corps organisés, du bitume (pétrole) et du soufre natif quelquefois cristallisé. Ces mines et les fontaines salées sont fort nombreuses, mais on n'en a pas encore rencontré dans les terrains proprement dits primitifs, quoique ce soit presque toujours à la proximité des hautes montagnes qu'on les trouve, et même à leur pied.

STEINSAMMLER, m. celui qui fait des collections de roches, de pierres rares.

STEINSAND, m. gravier, gros sable mêlé de petits cailloux.

STEINSATZ, m. assise de pierres, rang de pierres de taille qu'on pose horizontalement.

STEINSCHALE, f. bousin, surface tendre des pierres. — *Die steinschale abmachen*, ébousiner, ôter le bousin d'une pierre.

STEINSCHEIDE, f. (*t. de min.*), gerçure, séparation de la roche, fente qui la divise.

STEINSCHEIDUNG, f. (*t. de min.*), séparation de la roche d'avec le filon; transition, changement de nature ou d'espèce de roche; gîte de minerai entre deux sortes de roches différentes.

STEINSCHICHT, f. lit, couche de pierres. — *Die höhe vieler steinschichten in den steinbrüchen*, étanfische, hauteur de plusieurs lits de pierre qui font masse ensemble.

STEINSCHLEIF, f. traîneau de mine, ustensile qui sert au transport des déblais.

STEINSCHLEIFER, m. polisseur de pierre, ouvrier qui polit les pierres dures.

STEINSCHNEIDEN, n. taille, coupe des pierres précieuses, l'art, la façon de tailler les pierres dures. — *Das steinschneiden verstehen*, savoir, posséder l'art de tailler les pierres précieuses, les pierres dures.

STEINSCHNEIDER, lapidaire, ouvrier qui taille les pierres dures.

STEINSCHNEIDERKUNST, f. art

du lapidaire ; l'art de tailler les pierres précieuses , les pierres dures.

STEINSCHÖRL VON THUM , pierre de thum, axinite *d'Haüy, thumstein* des Allemands.

STEINSINTER , chaux carbonatée fibreuse, staiactite corralloïde , incrustante.

STEINSPIEL , n. jeu de la nature, pierre figurée.

STEINTHON , m. argile endurcie.

STEINWALL , faille. *Voyez* FÄLLE.

STEINWAND , f. le roc , le côté escarpé perpendiculaire d'un roc , d'un rocher.

STEINWARZE, f. stallagmite, incrustation en mamelons.

STEINWUCHS. *Voy.* CONGLOMERAT.

STEINZEUG , n. gresserie , pierres de grès mises en œuvre. *Voyez* STEINGUT.

STELLKLUFT , f. (*t. de min.*). On nomme ainsi au Hartz les bûches que l'on place les premières lors de la confection du bûcher pour le grillage, c'est-à-dire celles de dessous , et qui sont espacées de manière à pouvoir soutenir par les deux extrémités celle que l'on pose ensuite.

STELLSCHRAUBE , f. vis à poser quelque partie d'une machine.

STELLSTEIN. *Voy.* GESTELL-STEIN.

STELLUNG , f. l'ouvrage; position, disposition, en parlant de la forme extérieure d'un minéral.

STELLUNGSART , f. manière

de placer, de situer , de poster, de ranger.

STELLZIRKEL , m. compas d'artisan.

STEMPEL. *Voy.* STÄMPEL et STÄMPER.

STENDEL , cuvier de fabrique ou d'usine.

STENGE. *Voy.* STÄNGE.

STENGEL. *Voy.* STÄNGEL.

STERNACHAT de *Karsten* ou STERNAGATH , quartz agate rayonné orné de lignes, de dessins ou de points qui figurent des étoiles.

STERNFÖRMIG , adj. et adv. en forme d'étoile, qui a la figure , la forme d'une étoile , qui est disposé en étoile.

STERNFÖRMIGDURCHWACHSEN ,adj. (*t. de crist.*), sexradié. Ce nom a été introduit pour désigner la staurotide , parce que ce minéral est quelquefois composé de trois prismes qui se croisent de manière à représenter les six rayons d'un hexagone régulier.

STERNGRAUPEN , cuivre sulfuré spiciforme en petites masses rondes ou ovales , aplaties , rayonnées comme des étoiles , pseudomorphes de Frankenberg sur l'Eder.

STERNSAPHIR , saphyr ou télésie étoilée.

STERNSÄULE , f. ou STERNSÄULENSTEIN , m. assemblage , amas d'astroïtes , plusieurs astroïtes ou astéries , étoiles de mer réunies en forme de colonnes.

STERNSCHÖRL de *Fichtel* , trémolite, grammatite radiée.

STERNSPATH , chaux carbonatée fibreuse , et grammatite fibreuse.

STERNSTEIN , m. pierre étoilée , astroïte , acore , saphyr , astérie , variété du corindon , dite corindon étoilé. *Voyez* CORUND.

STERNSTEINE et STERNWUR-ZELN , astéries ou astroïtes , fragmens de la tige de l'encrinite (*enchrinites fossilis*).

STICH , m. et STICHAUGE , (*t. de fond.*), l'œil, la percée , l'ouverture par laquelle le métal fondu coule du fourneau de fusion dans le bassin de réception dit catin. — *Über den stich schmelzen , fondre sur percée ; (t. d'arts*), gravure, ciselure, sculpture, la manière de graver, ciseler, etc. ; point.

STICHEISEN , m. *V.* STECH-EISEN.

STICHEL , m. burin. — *Mit dem steichel arbeiten , graben , stechen ,* buriner, travailler avec le burin , au burin , graver.

STICHHERD , m. (*t. de fond.*), catin, bassin de percée , de réception , bassin dans lequel s'écoule le métal fondu.

STICHHOLZ , n. *Voyez* STECH-HOLZ.

STICHOFEN , m. fourneau à percer, fourneau qui a un œil, une ouverture , par laquelle on coule le métal fondu ; fourneau à rafraîchir , sorte de fourneau à manche dans lequel on fond ordinairement les minerais riches en argent avec des litharges et cendres de coupelles. — *Über den stichofen arbeiten ,* travailler ou fondre dans un fourneau à percer.

STICHPROBE , f. essai de percée , petite partie de la fonte puisée dans le bassin pour en essayer la richesse.

STICHWAND , f. (*t. de fond.*), partie inférieure de la chemise d'un fourneau ou de cette pierre plate dont est revêtue la partie du fourneau du côté de laquelle se fait la percée pour le passage du métal fondu.

STICKLUFT , f. air méphitique, air qui a une qualité malfaisante.

STICKSTOFF , m. azote , base de l'air vicié.

STIEFEL , m. (*t. d'hydraul.*), barillet, corps de pompe dans lequel le piston agit.

STIEL , m. un manche. — *Werkzeug , das eine klinge und einen stiel hat,* un instrument composé d'une lame et d'un manche.

STIELEN , v. a. emmancher, mettre un manche à quelque instrument. — *Eine axt einen hamer stielen,* emmancher une hache , un marteau. — *Die werkzeuge sind gestielt,* les outils sont emmanchés.

STIELLOS , adj. démanché. — *Stiellose beile ,* cognée démanchée.

STIFT , m. goupille, pointe, petit clou sans tête, petite fiche dont on se sert pour arrêter quelque partie d'une montre ou autres ouvrages semblables. — *Einen stift einschlagen ,* ficher une goupille dans une chose.

STIGMIT de *Kirwan* , jaspe d'Egypte, quartz agate pyromaque.

Stigmiten , sortes de dendrittes.

Stilbit. *Voyez* Zeolith (*blättricher*).

Stinkend , adj. puant, fétide, qui a une odeur forte et désagréable. — *Stinkend und bituminos ,* fétide et bitumineux.

Stinkkalkstein , chaux carbonatée fétide, vulgairement pierre de porc ; l'odeur est analogue à celle d'œufs pourris ; sa couleur la plus ordinaire est le gris , et sa texture est compacte, grenue ou lamellaire.

Stinkschiefer de *Stütz ,* argile schisteuse fétide, puante.

Stinkspath , chaux carbonatée fétide, mélangée de chaux carbonatée cristallisée , et de chaux sulfatée trapézienne.

Stinkstein , m. *V.* Stinkkalkstein.

Stinkzink , zinc fétide ; sorte de pierre calaminaire, ou variété de zinc oxidé , pénétrée de sulfure alcalin.

Stinkzinnober , cinabre , ou mercure sulfuré fétide ; cinabre d'un rouge vif, pénétré de sulfures alcalins , et dont la cassure est lamelleuse ; il est demi-diaphane, et exhale par le frottement l'odeur désagréable dite de foie de soufre.

Stirnmauer , m. (*t. de fond.*), le mur principal d'un fourneau d'affinage.

Stirnrad, n. (*t. de mécan.*) *Kammrad, straubrad ,* hérisson , roue dentelée.

Stobholz , n. sorte de tampon de bois pour boucher le trou de percée quand le métal a cessé de couler.

Stock , m. bâton, billot, tronçon de bois , étage. — (*t. de min.*) *Liegendes stock ,* bloc couché ; sorte de gîte de minerai en masse qui a l'apparence d'une couche courte et épaisse.

Stöckelkiel. *V.* Steckelkiel.

Stockeln, v. a. (*t. de fond.*), ôter du fourneau. Cette expression est spécialement en usage dans les usines du Hartz où l'on traite le zinc.

Stockerz , n. minerais par nids, en rognons, en masses séparées, isolées, ne faisant point partie d'un filon, et n'ayant ni toit ni mur.

Stockprobe , f. (*t. de monn.*) , essai de la monnoie.

Stockscheider , m. (*t. de min.*). On appelle ainsi la roche qui entoure quelquefois les massifs de minerai dits *stockwerk ,* laquelle varie dans sa nature autant que la roche environnante dont elle isole ceux-ci.

Stockschere , f. forces ; espèce de grands ciseaux dont on se sert pour couper ou tailler des lames de fer-blanc, etc.

Stockwerk , n. (*t. de min.*) , massifs de minerais , gîtes de minerais en grandes masses et non par filons suivis , minerais accumulés ou en amas sans direction sensible ou déterminable. — *Stockwerk* du Mont-Meissner , bois bitumineux.

Stockzange , f. (*t. de serrur.*) , bequette, pince, petite tenaille.

Stoff , m. étoffe , la matière de quelque ouvrage ; (*t. de métall.*), on entend par étoffe un mélange de lames de fer et d'acier soudées ensemble ; (*t. de phys.*), principe, tout ce qui est conçu comme le premier dans la composition des choses matérielles, ce dont les choses sont composées ; principe, cause, origine, source, être décomposé. — *Der stoff des lebens,* le principe de la vie.

STOLLEN, m. (*t. de min.*), galeries, chemins souterrains pratiqués sur une ligne à-peu-près horizontale dans l'intérieur d'une montagne, et qui ont leur entrée au commencement, au pied de ladite montagne ; percemens qui n'ont que la pente nécessaire à l'écoulement des eaux. — *Den stollen treiben,* pousser, avancer une galerie. — *Einen stollen auf nehmen,* entreprendre ou commencer le percement d'une galerie. — *Einen stollen fassen,* boiser une galerie, y poser la charpente nécessaire, la cuveler.— *Stollen aufheben,* réparer, nettoyer, décombrer, relever une galerie éboulée. — *Stollen belegen,* donner à prix fait ou à marché le travail d'une galerie. — *Stollen lösen,* aérer une galerie, y faciliter la circulation de l'air. — *Stollen enterben,* déshériter une galerie, c'est-à-dire priver le propriétaire d'une galerie d'écoulement de son droit de neuvième, en en établissant une au-dessous, mais au moins à 14 mètres plus bas. — *Stollen verstuffen,* marquer les bornes d'une galerie. *Voyez* ERBSTOLLEN.

STOLLENARBEIT, f. travail d'une galerie ; le travail qui se fait dans un percement.

STOLLENARBEITER, m. ouvrier qui travaille dans une galerie, dans un percement.

STOLLENBEFAHRUNG, f. visite, inspection d'une galerie de mine.

STOLLENBREITE UND HÖHE, f. largeur et hauteur d'une galerie.

STOLLENFIRSTE, le plafond, le toit, le sommet, la partie supérieure d'une galerie, d'un percement, et tout ce qui est au-dessus.

STOLLENFLÜGEL, embranchement, rameau d'une galerie.

STOLLENGERECHTIGKEIT, f. droit de galeries d'écoulement, droit de l'entrepreneur ou propriétaire d'une galerie de percevoir la neuvième partie de tout le minerai qui s'extrait des mines des eaux dont elle procure l'écoulement.

STOLLENGERINNE, n. conduit, canal dans une galerie, dans un percement, pour diriger l'écoulement des eaux.

STOLLENGESCHWORNER, m. juré ou préposé par l'administration des mines à la surveillance spéciale et immédiate des galeries, tant pour ce qui concerne leur confection que l'entretien.

STOLLENHIEB, m. droit de l'entrepreneur d'une galerie d'écoulement de pousser sa galerie dans le filon sur une longueur d'environ un mètre, et une largeur à-peu-près pareille, et deux mètres et demi de hauteur, en extrayant à son profit tout le minerai qui se trouve dans cet espace.

Stollenkarren, m. brouette de galerie, brouette étroite pour transporter au dehors le minerai et les déblais.

Stollenkaue, f. hangar ou abri pour mettre à couvert un puits de mine percé depuis le jour.

Stollenlaus, pièce de bois pour boucher les vides ou défauts de la charpente d'une galerie.

Stollenmundloch, n. entrée, embouchure d'une galerie, son ouverture au jour, son commencement.

Stollenneuntel, n. la neuvième partie du minerai d'une mine pour celui qui y a fait percer une galerie d'écoulement.

Stollenrecht. *V.* **Stollengerechtigkeit.**

Stollenschacht, m. bure, puits qui descend sur une galerie, sur un percement ; la cheminée.

Stollensohle, f. le sol de la galerie, son plancher, la partie inférieure par laquelle les eaux s'écoulent, et sur laquelle on marche.

Stollensteg. *Voy.* **Steg.**

Stollensteüer, f. le droit à payer pour l'entretien d'une galerie d'écoulement.

Stollenstrecke, f. étendue en longueur d'une galerie ou d'un percement quelconque.

Stollenteufe, f. profondeur de la galerie depuis le jour. La profondeur d'une galerie d'écoulement doit être au moins de 22 mètres, pour donner le droit de neuvième.

Stollentrieb, m. l'action de pousser, d'avancer une galerie, travail qui se fait pour donner plus d'étendue à un percement.

Stollenwagen, m. le binard, petit chariot à deux roues traîné par des hommes, pour voiturer par les galeries le bois de charpente et autres matériaux nécessaires aux travaux souterrains.

Stollenwasser, n. l'eau qui s'écoule par les galeries.

Stollner, m. l'entrepreneur, le propriétaire d'une galerie d'écoulement, celui qui l'entretient.

Stollort, m. (*t. de min.*), la fin, le bout, l'extrémité d'une galerie, d'un percement ; conduit de communication d'un point de travail ou d'un puits à une galerie.

Stopfhader, m. (*t. de min.*), vieux lambeaux, soit de grosse toile ou de gros cordages usés, avec lesquels on bouche ou calfate tous les joints des pompes ; étoupes à garnir les fentes.

Stopfhammer, m. marteau de calfat ; marteau servant à enfoncer, à mettre des matières molles dans quelque chose.

Stopfholz, n. morceau de bois à boucher quelque ouverture, tampon.

Stopfmeissel, m. ciseau avec lequel on calfate les jointures des diverses parties des pompes.

STOSS, m. choc, coup ; pile, meule, tas, monceau, amas de plusieurs choses entassées avec ordre. — *Holz in stösse setzen*, empiler du bois, en faire des piles, des monceaux. — (*t. de min.*) *Der stoss eines stollen oder einer grube*, le bout, l'extrémité d'un percement ou d'un puits de mine. — *Stösse in einem schacht*, les parois d'un puits de mine ; ses deux petits côtés.

STOSSEISEN, n. fer à piler, à broyer, à hacher ou à pousser, à percer ; sorte de ringard servant à détacher les crasses, les scories des fourneaux. — Au Hartz, *stosseisen*, levier de fer à manches.

STÖSSEL, m. pilon, instrument qui sert pour piler quelque chose dans un mortier.

STOSSEN, v. a. choquer, broyer, piler, écraser, concasser. — *Etwas in einem mörser stossen*, piler, broyer, écraser quelque chose dans un mortier. — *Den test stossen*, battre les cendres pour former la coupelle. — subst. *Das stossen*, l'action de piler, de broyer, d'écraser, de concasser dans un mortier. — (*t. d'horl.*) *Stossen*, quotter. — *Dieser zahn setzt auf*, cette dent quotte. — (*t. de min.*) *Stossen antreffen*, rencontrer un obstacle, être arrêté dans un percement ou l'avancement d'une galerie par le manque d'air.

STOSSER, m. pileur, ouvrier qui pile, qui écrase, qui broie quelque chose dans un mortier ; maillet, pilon, instrument pour broyer.

STOSSHOLZ, n. maillet ou pilon de bois pour broyer, écraser, pilon avec lequel on pile la brasque dans les fourneaux.

STOSSKOLBEN, m. massue, batte, maillet ou plateau de bois pour battre des terres.

STOSSKOLM, m. gros pilon de bois ayant un manche, dont on pile les cendres dans les grands fourneaux de coupelle.

STRAFSCHICHT, f. (*t. de min.*), travail gratuit assigné par punition à un mineur en faute.

STRAHL, m. rayon, trait de lumière. — *Sonnenstrahl*, rayon du soleil, rayon solaire. — *Sehestrahlen*, rayons visuels.

STRAHLBLENDE de *Gmelin*, zinc sulfuré noir.

STRAHLDONNERSTEINE, belemnites, littéralement pierres de foudre.

STRAHLEN, v. n. rayonner, jeter des rayons, resplendir.

STRAHLEN, n. rayonnement, action de rayonner, irradiation, effusion des rayons lumineux ; quartz hyalin cristallisé.

STRAHLENBRECHEND, adj. réfringent qui cause une réfraction. — *Strahlenbrechende kraft*, la puissance réfractive. — *Strahlendbrechende mittel*, milieu réfringent.

STRAHLENBRECHUNG, f. réfraction de rayons, changement de direction qui se fait dans un rayon de lumière lorsqu'il passe obliquement par des milieux différens. — *Doppelte strahlenbrechung*, double réfraction, c'est-à-dire division d'un rayon de lumière en deux parties qui suivent deux routes différentes.

STRAHLEND, adj. rayonnant, qui rayonne, brillant, éclatant.

STRAHLFÖRMIG, adj. et adv. radié, en forme de rayon, qui a la forme d'un rayon.

STRAHLGLIMMER de *Gmelin,* mica filamenteux ; amphibole.

STRAHLGYPS, chaux sulfatée fibreuse, gypse, plâtre strié.

STRAHLICHT, adj. qui ressemble à des rayons, qui imite la forme des rayons.

STRAHLIG, adj. rayonné, radié, strié, composé de filets semblables à des rayons. — *Ein strahliges fossil,* un fossile strié. — *Der strahliger bruch,* la cassure rayonnée.

STRAHLKIES, pyrite rayonnée, pierre de foudre, fer sulfuré radié d'*Haüy.* Cette variété est en masses ordinairement isolées, à contours toujours arrondis ; la surface est hérissée d'angles solides, et l'intérieur est fibreux.

STRAHLQUARTZ de *Gmelin,* quartz hyalin amorphe.

STRAHLROHR, n. (*t. d'hydraul.*) *Ausgussrohr,* tuyau de la pompe à feu qui jette la lance d'eau.

STRAHLSCHÖRL, actinote. — *Weisser strahlschörl,* grammatite blanche radiée.

STRAHLSTEIN, stralite, pierre rayonnante, actinote du Traité de minéralogie d'*Haüy,* qui depuis l'a réunie à l'amphibole : ce minéral est d'une couleur verte plus ou moins intense, et formé de longs prismes souvent fort déliés et fragiles engagés dans différentes gangues, mais ne présentant

pas ordinairement de sommets caractérisés.

STRAHLTREMOLIT, grammatite radiée; grammatite fibreuse. *Voyez* GRAMMATIT et TREMOLIT.

STRANDSALZ, n. *V.* SCHAUMSALZ.

STRAUBE, f. (*t. de min.*), parcelles ou éclats de fer qui se détachent des outils du mineur pendant son travail.

STRAUBRAD. *V.* STIRNRAD.

STRAUCHHAUPT, n. (*t. d'archit. hydraul.*), clayonnage fait avec des broussailles, des fascines.

STRAUSASBEST, baryte sulfatée crêtée. — *Aehrenstein* du Hartz. *Voyez* ce mot.

STREB, dans le pays de Mansfeld, argile calcarifère bitumineuse.

STREBE, f. (*t. de charp.*), contrefiche ; pièce d'un assemblage de charpente qui sert à en lier d'autres; support ou étai placé obliquement; (*t. de min.*), l'endroit, la place d'où l'on extrait la houille en étant couché sur le mur du filon. — *Iede strebe ist* 10 *lachter lang,* chaque lieu d'extraction a 10 toises de long sur l'inclinaison du filon.

STREBEKRAFT, f. la force par laquelle un corps tend à se mouvoir vers un côté.

STREBEN, n. (*t. de mécan.*), effort, la force avec laquelle un corps mis en mouvement tend à produire un effet ; graviter, tendre, peser vers un point. — *Die planeten streben gegen die sonne hin,* les planètes gravitent vers le soleil.

STREBEPFAHL, m. pieu, pal servant pour soutenir ou contenir la poussée de quelque chose.

STREBEPFEILER, m. pilier, boutant, éperon, contrefort, etc.

STREBEWAND, f. contrefort; mur contreboutant.

STRECHBAR, adj. *Voyez* DEHNBAR.

STRECHUNGSLINIE, f. (*t. de min.*), ligne horizontale suivant la direction du filon.

STRECKE, f. (*t. de min.*), route, sentier, chemin, galerie pratiquée sous terre pour conduire à des travaux de mine. — *Streckengestänge*, les perches qui poussent par la galerie.

STRECKEN, v. a. (*t. de min.*) *Das feld strecken*, déterminer les bornes d'une concession.

STRECKHAMMER, m. marteau à étirer, à tendre le fer.

STREICH, m. coup, atteinte, trait.

STREICHE, f. instrument dont on se sert pour étendre quelque chose.

STREICHEN, v. a. passer légèrement une chose sur une autre, faire couler, faire glisser une chose par-dessus une autre. — (*t. de min.*) *Ein gang streicht von morgen in abend, von mitternacht in mittag*, un filon marche, se dirige de l'orient au couchant, du septentrion au midi. — subst. *Das streichen des ganges*, la marche, la direction d'un filon suivant son étendue en longueur vers l'un des points cardinaux. — *Gold auf dem probierstein streichen*, frotter de l'or à la pierre de touche.

STREICHKALK, m. chaux vive, chaux faite de pierres calcaires.

STREICHMEISSEL, m. (*t. de fond.*), racloir; outil de fer long et tranchant à son extrémité, qui sert à enlever les scories de dessus le métal fondu.

STREICHMESSER, n. couteau à étendre un corps mou sur quelque chose.

STREICHNADEL, f. (*t. d'orfèv.*), toucheau, lame d'essai, lame d'argent ou d'or allié à certain titre, que les orfèvres frottent sur la pierre de touche pour juger ensuite, par la comparaison de la trace qu'elle laisse, du titre d'un autre métal qu'on y frotte aussi.

STREICHSTEIN, m. pierre de touche. *Voyez* PROBIERSTEIN.

STREIFF ou STREIFFEN, m. bande, bandelette, stries. — *Streifen an einer säule*, cannelures, stries d'une colonne. — *Streiffen auf den muschelschalen*, fascie, bandes ou bandelettes qui se trouvent sur un coquillage. — *Streifenachat*, agate rubanée.

STREIFFEN, v. a. rayer, faire des raies. — (*t. d'archit.*) *Eine säule, cinen pfeiler streiffen*, canneler des colonnes ou des pilastres, y tracer, former des cannelures. — *Gestreifter marmor*, marbre rayé, marbre veiné.

STREIFFEND, adj. rasant, qui rase, qui effleure.

STREIFFERZ, n. plomb sulfuré strié.

STREIFFIG, adj. à raies, rayé, strié, qui a des raies, qui a des stries.

STREIFFLICHT, adj. rayé, qui a des raies ; (*t. de conchy.*), fascié. — *Streifige muschel*, coquille fasciée marquée de bandes.

STRENG, adj. revêche, rude, âpre, réfractaire. — (*t. de chim.*) *Strenge erze*, minerais réfractaires, de difficile fusion. — subst. *Strenge*, âpreté, qualité de ce qui est âpre en tous ses sens.

STRENGFLÜSSIG, adj. et adv. (*t. de chim.*), réfractaire, qui ne se fond que difficilement.

STRENGFLUSSIGKEIT, f. qualité réfractaire, propriété d'une substance qui ne se fond que difficilement.

STRENNWERK. *Voyez* GERINNE.

STRICH, m. trait, raie, ligne qu'on trace. — *Strich mit einer feder, einem bleystifte, pinsel, einer messerspitze*, etc. raie, trait tiré de long avec une plume, un crayon, un pinceau, une pointe de couteau. — *Der strich des goldes und silbers auf dem probiersteine*, touche, l'épreuve qu'on fait de l'or et de l'argent par le moyen de la pierre de touche, et la raie, la ligne que l'or et l'argent marquent lorsqu'on les frotte sur la pierre de touche. — (*t. de géograph.*) *Erdstrich, himmelstrich*, climat, pays, région, ciel. — *Die gemässigten erdstriche*, les climats tempérés. — *Der heisse erdstrich*, la zone torride ; (*t. de min.*), l'étendue d'une couche de houille, tant vers le haut que vers le bas en la prenant depuis le puits : ainsi on dit *westlicher oder ostlicher strich*, suivant la direction à l'ouest ou à l'est ; la raclure, l'un des caractères des minéraux solides.

STRICKMASCHINE, f. (*t. de mécan.*), machine funiculaire.

STRIECHEL, broche de lavoir.

STRIEGAUERERDE, f. terre de Striegau en Silérie, bol, argile glaise grisâtre ou brunâtre éclatante et fondant à la bouche comme du beurre quand elle est pure.

STRIEGELKOBOLT de *Stütz*, cobalt gris.

STRIPERZ et STRIPMULM, plomb sulfuré argentifère, suivant *Stütz*, *Gerhard* et *Brunnich*, et plomb sulfuré, strié, suivant *Kirwan*.

STROHGELB, adj. jaune de paille ou jaune pâle formé du mélange du jaune de soufre et d'un peu de gris rougeâtre.

STROM, n. fleuve, torrent, grande rivière.

STROMBITEN, strombites, strombes fossiles, coquilles univalves spirales turbinées.

STRONTHIAN et SRONTIANERDE, strontiane, terre de strontiane, base des substances acidifères que l'on nomme strontiane sulfatée et strontiane carbonatée, schutzite.

STRONTIANIT de *Lenz*, strontianite, strontiane carbonatée d'*Haüy*. Ce minerai est translucide et ses couleurs ordinaires sont le jaunâtre et le vert pomme.

STROSSARBEIT, travail ou exploitation d'une mine en strosses, degrés ou gradins, ouvrage en gradins.

STROSSEN (*t. de min.*), strosses, degrés, grains. On nomme exploitation par strosses ou ouvrage en gradins le travail par lequel le mineur coupe le filon en forme d'escaliers, soit au-dessus de sa tête, soit sous les pieds, c'est pourquoi on distingue gradins montans et gradins descendans.

STROSSHAUER, m. mineur qui travaille aux strosses.

STÜCK, n. pièce, morceau, partie, portion d'un tout. — *Stücke an korbröhren*, pièces ou tuyaux de bois adaptés à un corps de pompe.

STUCKATUR, f. subs. stuc, marbre factice composé avec la chaux sulfatée convertie en plâtre par la calcination, dont on augmente la tenacité avec de la colle qui a l'avantage de remplir les pores et de rendre cette espèce de ciment susceptible de recevoir un poli égal à celui du marbre. Le stuc est d'ailleurs susceptible de recevoir toutes les variétés de couleurs. — *Stuckaturarbeit*, ouvrage en stuc.— *Stuckaturarbeit machen*, faire un ouvrage en stuc. — *Stuckaturarbeiter*, stucateur.

STÜCKBOHRER, m. alésoir.

STÜCKELSCHERE, f. (*t. de monn.*), cizailles, forces.

STÜCKKOHLE de *Gmelin*, houille piciforme, jayet.

STÜCKMODEL, n. (*t. de fond.*), trousseau.

STUDEL, f. (*t. de serrur.*), crampon. — *Der riegel geht in zwey studeln*, le verrou va et vient entre deux crampons.

STUFE, f. (*t. de min.*),

pièce de minerais; morceau de choix, échantillon détaché d'une gangue, d'un filon. — *Eine erzstufe, goldstufe, silber stufe*, un échantillon de minerai, de mine d'or, de mine d'argent; marque taillée sur la roche dans l'intérieur des travaux pour déterminer le travail à faire ensuite. — *Stufen schlagen*, faire, couper, tailler une marque dans la roche.

STUFEN, v. a. (*t. de min.*), tailler, couper, faire une marque sur la roche.

STUFENFOLGE, f. gradation, progression, suite par degrés. — *Die stufenfolge der farben*, ton de couleur, nuances, degrés différens par lesquels peut passer une couleur.

STUFENKABINET et STUFENSAMMLUNG, cabinet, collection de minéraux.

STUFENSCHACHT, m. (*t. de min.*), puits incliné ayant des marches ou degrés taillés dans la roche au lieu d'échelles.

STUFERZ, n. du Wirtemberg, fer oxidé grenu. — *Stuferz* pour *Stuffwerk* et *Schiedewerk*, minerai pur, trié et séparé de la roche, minerai de choix.

STUFFWERK, n. casserie, bâtiment où l'on dépose le minerai pour l'y briser et en faire le triage. — *Stuffwerk an wassern*, arroser les tas de minerais.

STUKIEREN, v. a. enduire avec du stuc.

STUKIERT, adj. enduit de stuc.

STUMPF, adj. (*t. de géom.*),

obtus. — *Ein stumpfer win-kel*, un angle obtus plus grand qu'un droit.

STUMPFEKIG et STUMPF-WINKELIG, adj. (*t. de géom.*), obtusangle, qui a un angle ob-tus, ambligone. — *Eine stumpf-winkeliger triangel*, un trian-gle, qui a un angle obtus, un triangle obtusangle.

STUMPFENDSPITZ, pointe-ment mousse.

STUNDE, f. heure. — (*t. de min.*) *Stunde von compas*, heure de la boussole du mineur qui indique les différentes di-rections des filons. — *Stunde des ganges*, heure d'un filon, sa direction. — *Stunde abste-chen*, marquer à la superficie du terrain, ou au jour, la place où il faut creuser un puits pour attein-dre un filon ou parvenir à un point donné des travaux souter-rains. — *Stunde aus der grube zu tage ausbringen*, rapporter, marquer ou tracer au jour la direction d'un filon prise dans les souterrains.

STURMHAUBEN, cassidites, insectes fossiles du genre des co-léoptères.

STURZ, m. (*t. de min.*) *Der sturz* ou *die stürze, das stürze-ort, der stürze platz*, l'endroit, le lieu, soit à l'intérieur, soit à l'extérieur, où l'on trans-porte, où l'on renverse, où l'on entasse, où l'on amoncèle les minerais et tout ce qu'on extrait d'une mine.

STURZBÜHNE, f. (*t. de min.*), la place où pose la tonne et d'où elle verse ou se vide à la sortie du puits d'extraction.

STÜRZEN, v. a. précipiter,

jeter du haut en bas, renverser. — *Erz aus den tonnen stürzen*, renverser le minerai contenu dans la tonne. — *Stürzen der gänge*, dérangement des filons qui se jettent ou se détournent soit du côté du toit (*ins han-gende*), soit du côté du mur (*lie-gende*).

STÜRZER, plur. (*t. de min.*), les manœuvres ou ouvriers qui se tiennent au haut d'un puits d'extraction pour vider les tonnes de minerai à mesure qu'elles montent.

STÜRZHAKEN. *Voy.* STURZ-SCHÜRZE.

STÜRZSCHÜRZE, f. (*t. de min.*), le harpon, chaîne de fer fixée à une poulie au-dessus de l'orifice d'un puits de mine, et terminée par un crochet qui se prend à un anneau tenant au bas de la tonne et la renverse.

STÜRZTROG, m. sébile ou jatte de bois plus longue que large et peu profonde servant à porter au fourneau le schlich ou minerai lavé et préparé pour la fonte.

STÜTZE, f. étai, étaie, étan-çon, chevalet, support, sou-tien, appui.

STÜTZPUNCKT, m. point d'ap-pui.

SUBDISTICH. *V.* HALBDIS-TISCH.

SUBLIMÄT, n. sublimé. — *Gediegener, natürlicher und vi-triolischer sublimät*, muriate de mercure, mercure muriaté.

SUBLIMATION, f. (*t. de chim.*), sublimation, action de sublimer.

SUBLIMIEREN, v. a. (*t. de*

chim.), sublimer, volatiliser, rectifier.

SUBLIMIRGEFÄSS (*t. de chim.*), sublimatoire, vaisseau qui sert à la sublimation.

SUBTILISATION, f. (*t. de chim.*), subtilisation, action de subtiliser certaines liqueurs par l'action du feu.

SUBTRAHIRTE REIHEN, plur. (*t. de crist.*), rangées soustraites : expression figurée, employée dans l'explication de l'arrangement des molécules qui concourent à la formation d'un cristal.

SUBTRAKTION, f. (*t. de min.*), soustraction, action de soustraire. — *Subtrahirte reihen*, rangées soustraites.

SUBTRAKTIV, adj. (*t. de crist.*), soustractif : se dit d'un cristal lorsque l'exposant relatif à un décroissement est moindre d'une unité que la somme de ceux qui indiquent les autres. *Ex.* pyroxène soustractif.

SUBTRAKTIVE MOLEKULS (*t. de crist.*), molécules soustractives, c'est-à-dire les parallélipipèdes divisibles ou non divisibles dont la soustraction détermine les décroissemens des lames de superposition, c'est-à-dire des lames appliquées sur les faces de la forme cristalline primitive ; c'est, selon *Heüy*, une espèce d'unité à laquelle on peut ramener la structure de tous les cristaux en général.

SUCCINIT, succinite, minéral d'un jaune de succin presque diaphane qui se présente en grains de la grosseur d'un pois

isolés et épars dans une roche tendre et feuilletée à base de serpentine de la vallée de Lens, en Piémont.

SUCHEISEN, n. (*t. de fond.*), chat. *Voyez* KATZE.

SUCHORT, m. (*t. de min.*), fouille, galerie ou percement de recherches; ouvrage entrepris pour découvrir de nouveaux gîtes en s'éloignant de ceux qui sont connus.

SUCHSTOLLEN, m. galerie ouverte pour la recherche d'un filon présumé.

SUDUPALIND de Ceylan, quartz hyalin cristallisé.

SUMPEL, m. bassin de bocard dont la profondeur est de 7 décimètres.

SUMPF, m. (*t. de min.*), amas d'eau, de l'eau qui se rassemble, soit dans un puits de mine, soit sur tout autre point des travaux et dont on ne peut se débarrasser ; bassin de dégorgement des pompes ; grand bassin de bocard. — *Sumpf*, marais, terres abreuvées de beaucoup d'eau qui n'ont point d'écoulement.

SUMPFEISENSTEIN, m. mine de fer des lieux bourbeux, des marais, fer oxidé terreux.

SUMPFERZ, n. minerais des endroits marécageux, des lieux bourbeux, fer oxidé terreux.

SUMPFIG, adj. marécageux, uligineux, extrêmement humide.

SUMPFKIEL, m. (*t. de min.*), le tuyau d'en bas d'une pompe de mine, celui qui plonge immédiatement dans l'eau à élever.

Sumpfkorb, m. le mannequin ; c'est un panier adapté à l'extrémité du tuyau d'une pompe pour empêcher que quelque gravier ou corps étranger quelconque ne s'y introduise avec l'eau.

Sumpfschlamm, m. vase, limon, bourbe, dépôts des eaux de lavoir et de bocard contenant encore des parties métalliques.

Sumpftorf, m. tourbe des marais, combustible résultant de la décomposition des plantes dans l'eau.

Sündfluth, f. déluge ; (*t. de min.*), grande affluence d'eau qui vient inonder les travaux.

Sundfluthholz, n. diluvian, sorte de bois fossile qui forme, pour ainsi dire, l'intermédiaire entre les bois réellement pétrifiés et les bitumineux, faisant effervescence avec les acides et exhalant une odeur bitumineuse lorsqu'on le brûle.

Surturbrand. *V.* **Suturbrand**.

Süserde, f. terre douce, glucine, l'une des neuf terres constatées être principes composans des minéraux ; elle tire son nom de la propriété qu'elle a de former des sels doux ou des dissolutions sucrées avec les acides. *Voyez* **Glycinerde**.

Süssigkeit, f. douceur, qualité de ce qui est doux.

Süssligh, adj. douceâtre, doucereux, un peu doux, liquoreux.

Suturbrand ou **Surtur-**brand, m. suturbrand. En Islande on donne ce nom à un bois bitumineux d'un brun noirâtre dont la forme et la texture sont parfaitement ligneuses, la cassure longitudinale fibreuse, et qui est susceptible du plus beau poli. On en fait à Copenhague des tasses, des assiettes et autre ustensiles de ce genre ; dans la cassure transversale on reconnoît très-bien les couches annuelles du bois.

Swaga du Thibet, soude boratée, nommée *tinckal* par les Indiens.

Syenestein de *Stütz*, siénite. — *Gemeiner syenestein*, aussi de *Stütz*, mélange de feldspath et d'amphibole. — *Quarziger syenestein*, mélange de quartz et d'amphibole.

Syenit, siénit ; roche primitive essentiellement composée de feldspath et d'amphibole immédiatement agrégés, mais où le feldspath laminaire domine. Le nom de siénite a été donné spécialement au granite dont les anciens Egyptiens ont construit leurs monumens les plus remarquables, tels que leurs obélisques, parce qu'ils le tiroient d'une carrière près de Syène, sur les bords du Nil, dans la Haute-Egypte.

Syenitporphir, porphyre à base de siénite, c'est-à-dire siénite dans laquelle le feldpath est compacte, et forme la masse principale qui semble empâter les grains d'amphibole ; suivant *Estner*, c'est un mélange de feldspath, de mica et d'amphibole.

SYENITSCHIEFER, siénite dont la contexture, ordinairement grenue, est devenue schisteuse.

SYLVAN. *Voyez* SILVAN et TELLUR.

SYLVANIT, sylvanite de *Kirwan*, or blanc de *Deborn*, tellure natif d'*Haüy* : minéral tendre et fragile qui se présente en lames polygones ou en petits cristaux prismatiques dont la couleur varie du blanc d'argent au jaune pâle, et même au gris foncé : il est toujours mêlé d'or, et renferme souvent, outre ce métal, du fer, du plomb, de l'argent, du cuivre et du soufre.

SYNOPTISCH, adj. synoptique, qui s'offre d'un même coup d'œil ; (*t. de crist.*), on dit d'un cristal qu'il est synoptique, lorsque les lois de décroissement offrent comme le tableau de celles qui ont lieu pour l'ensemble des mêmes cristaux, ou du moins de la plupart. Ex. *Synoptischer feldspath*, feldspath synoptique.

SYNTHESIS, synthèse ; méthode de composition : elle est opposée à l'analyse (*auflösung*).

SZYBIKERSALZ, en Galicie, sel de szybik ou sel de la profondeur, dans les mines de Bochnia et de Wieliczka ; sel vert gemme ou fossile disséminé dans de l'argile grise.

SZYBIKERSTEIN, pierre de szybik ; espèce de grès mêlé d'argile et d'oxide de fer, qui paroît servir de base à la formation la plus antique du sel, dans les mines de Wieliczka, en Galicie.

T   TAF

TABASCHIR, tabaschir ; substance qui se trouve parfois dans des monceaux de bambou, et a beaucoup de rapport avec le quartz résinite hydrophane, ayant comme lui la propriété de devenir transparente dans l'eau : sa couleur la plus ordinaire est le bleu de lait, dit *Blumenbach* ; et, selon le même auteur, elle est demi-dure, aigre et diaphane aux bords.

TAFEL, table. — (*t. de menuis.*) *Tafeln zu fus boden*, assemblage de planches qui font un compartiment sur le plancher d'en bas.

TAFELARTIG, adj. lamelliforme ; tabulaire, en forme de table.

TAFELBASALT, basalte tabulaire ; basalte en tables ou en plaques minces, ordinairement de peu d'étendue et d'épaisseur inégale. Cette espèce est la moins commune.

TAFELGRUND, m. GRUNDLINIE, base ; ligne de la base d'un dessin ou tableau.

TAFELSCHIEFER, m. garile schisteuse tabulaire dont on fait des tables à écrire.

TAFELSCHÖRL , schorl en table. — *Weisser tafelschörl aus Dauphiné*, feldspath quadridécimal, blanc transparent.

TAFELSPATH de *Stütz*, spath en table; minéral d'un blanc laiteux et nacré, dont la cassure présente des feuillets brillans, et la cristallisation de petites tables hexaèdres réunies et groupées ensemble de manière à former des pièces séparées grenues à gros grains. Il a été trouvé à Dognaska, dans le bannat de Temeswar, faisant partie d'une roche formée de grenats bruns et de chaux carbonatée bleue. On présume que c'est une chaux carbonatée accidentellement mélangée de silice. *Estner* donne ce nom à une grammatite, et *Gerhard* à une variété de baryte sulfatée trapézienne dont les bords sont arrondis.

TAFELSTEIN , diamant plat , diamant mince taillé en table, et poli en dessous comme en dessus.

TAFELWEISE, adv. en table, en forme de table. — *Tafel weise gehauene* ou *geschnittene steine*, des pierres taillées en tables.

TAFFENSTEIN et TAFTSTEIN, grauwacke schisteuse du Hartz.

TAG , m. jour, clarté, lumière que le soleil répand lorsqu'il est sur l'horizon; (*t. de min.*), le jour, la surface de la terre.—*Erz am tag antreffen,* trouver , découvrir du minerai au jour, à la surface de la terre, rencontrer un affleurement , c'est-à-dire une portion du gîte même de minerai mise à découvert , ce qui est l'indice le plus certain.

TAGEERZ, n. minerai qui se trouve près la surface de la terre.

TAGEGANG, m. filon au jour, filon qui aboutit, qui vient se montrer à la surface de la terre.

TAGEGEBÄUDE , plur. bàtimens , bàtisses , établissemens à la surface de la terre, de tout ce qui est nécessaire à une exploitation de mine.

TAGEGEHÄNGE , f. (*t. de min.*) *Tagekluft*, fentes , crevasses , ouvertures près la surface de la terre , filons qui viennent aboutir sous le gazon.

TAGELUFT, f. (*t. de min.*), air du jour ; air chaud qui quelquefois , en été, pénètre par les puits jusque dans l'intérieur d'une mine. Les mineurs disent par dérision de celui qui travaille en dehors : *er gewöhnet sich an die tageluft,* il s'accoutume à l'air du jour.

TAGEPOCHER m. ouvrier qui est de poste au bocard pendant le jour, qui travaille de jour au bocard , bocardeur de jour.

TAGEPUMPE , f. pompe qui dégorge l'eau au jour.

TAGERÖSCHE, f. (*t. de min.*), tranchée au jour, conduit qui ne s'enfonce pas dans la profondeur.

TAGESCHACHT , m. (*t. de min.*), bure ; puits de mine qui descend de la surface de la terre dans son intérieur. — *Tagesschacht in die gems bringen,* creuser un puits dans la roche dure.

TAGESCHICHT , f. (*t. de min.*), poste de jour, travail de mineur pendant le jour. — *Der tageschichter*, le travailleur de jour, le mineur qui fait son poste pendant le jour.

TAGESTOLLEN, m. (*t. de min.*), galerie du jour ; percement pratiqué pour pénétrer dans l'intérieur de la terre, ou donner passage aux eaux, et qui a son embouchure à la surface.

TAGEWASSER, n. eaux externes ; eaux qui, de la surface de la terre, pénètrent dans son intérieur.

TAGEWERK, n. (*t. de min.*), la journée du mineur, l'ouvrage d'un jour. — *Das tagewerk abnehmen*, examiner l'ouvrage fait en un jour.

TAGEWERKSCHICHT, quantité de matières extraites dans un poste.

TAGEWIRKUNG, f. (*t. de min.*), travail qui se fait à la surface de la terre ; minerai qui ne se trouve que vers la superficie du terrain. — *Es giebt nur tagewirkungen*, il n'y a du minerai que vers la surface.

TAGKOHLE, argile schisteuse bitumineuse ; terre cuite et noire dont les charbonniers couvrent leurs fourneaux ; brasque, charbon pulvérisé.

TALCIT de *Kirwan*, talcite ; talc granuleux très-friable composé de grains agglutinés d'un gris de perle ; talc stéatite écailleux ; mica altéré par les agens volcaniques.

TALCUM - PLASTICUM, talc plastique de *Werner*, magnésie carbonatée silicifère d'*Haüy* ; cette variété diffère peu de la magnésie native (*talkerde*) par les caractères extérieurs, mais bien par la composition, en ce qu'elle contient en général une quantité assez considérable de silice ;

sa cassure est terreuse, à grains fins, légèrement conchoïde.

TALG, m. suif. — *Mineralischer talg*, suif minéral, talc stéatite compacte.

TALK, m. talc : nom autrefois générique de tous les minéraux qui se divisoient avec facilité en lames éclatantes. — *Asbestartiger talk* de *Gmelin*, mica. — *Blättriger talk*, talc laminaire. — *Blauer talk*, cyanite, disthène. — *Erdiger talk*, talc terreux. — *Venetianischer talk*, talc de Venise, talc laminaire, craie de Briançon. — *Russischer talk*, talc de Moscovie ; c'est le mica en grandes lames. — *Schiefriger talk*, talc laminaire. — *Schmeersteinartiger talk*, talc stéatite. — *Strahlicher talk*, grammatite fibreuse. — *Verhärteter talk*, talc endurci, talc ollaire. — *Borax gesäuerte talk*, magnésie boratée.

TALKERDE, f. talc granuleux ; terre talqueuse, magnésie base du sel d'Epsom. — *Natürliche talkerde*, magnésie native, substance d'un gris jaunâtre tachetée de noir, tendre, un peu onctueuse, et d'une cassure conchoïde, passant à l'écailleuse ou bien à la terreuse, et que *Werner* a placée à côté de l'écume de mer. *Voyez* MEERSCHAUM. — *Reine talkerde*, terre talqueuse pure. On a fait depuis peu une espèce particulière de cette variété, dont la couleur la plus ordinaire est le jaune isabelle, la forme tuberculeuse, et le tissu poreux : elle se distingue aussi par l'aspect de sa cassure, par son peu de dureté, et par son toucher maigre.

TALKFELS, talc laminaire, talc stéatite, talc ollaire; toutes les sortes de talcs mêlés de grenats, de tourmalines, de quartz, d'amphibole, d'actinote, et de chaux carbonatée magnésifère.

TALKGLIMMER, talc laminaire.

TALKIG, adj. (*t. de min.*), talqueux, magnésifère.—*Talkiger spath*, spath magnésien, chaux carbonatée magnésifère.

TALKSCHIEFER, talc endurci, talc laminaire d'une cassure parfaitement lamelleuse.

TALKSPATH, spath magnésien, chaux carbonatée magnésifère.

TALKSTEIN, m. pierre talqueuse, talc laminaire commun.

TALKWURFEL, talc cubique, et suivant *Gmelin*, fer oxidulé cristallisé.

TANTALIT, tantalite; tentale uni au fer et au manganèse, première espèce du genre tantale, minéral particulier que l'on a long-temps regardé comme un étain oxidé : sa couleur est le gris noirâtre, et sa cassure inégale offrant un léger brillant métallique; sa gangue est une roche composée de quartz blanc micacé, avec quelques veines de feldspath laminaire rouge.

TANTALL, tantale; métal nouvellement découvert, et ainsi nommé parce qu'il refuse de se laisser dissoudre par les acides; il n'a encore été vu que sous la forme d'une matière d'un gris noirâtre avec un peu d'éclat : son oxide est mieux connu; il est blanc, et ne prend aucune couleur au feu. On ne connoît encore que deux espèces à ce nouveau genre, savoir le tantalite et l'yttrotantalite. *Voyez* ces deux mots.

TAPPENSTEIN, belemnite, fossile calcaire. *Voyez* BELEMNITEN.

TARRAS. *Voyez* TERRAS et TRASS.

TASCHE, f. (*t. de min.*), poche du mineur, sac de cuir dans lequel il tient les divers objets dont il fait usage; machine suspendue à une chaîne de fer pour puiser l'eau dans l'intérieur d'une mine, et la verser au-dehors. — (*t. de fond.*) *Tasche oder auge*, pelotte d'argile que l'on place sous la tuyère des soufflets dans les fourneaux d'affinage, pour faire porter le vent dans la partie supérieure.

TASCHENKUNST, f. pompe à chapelet, machine à chapelet, c'est-à-dire composée d'une chaîne garnie de godets pour élever les eaux.

TASCHENWERK, n. (*t. de monn.*), presse, machine pour imprimer ou donner l'empreinte.

TASTEN ou TASTENZIRKEL, m. compas courbé, compas de tourneur.

TAUB, adj. (*t. de min.*), stérile.—*Taubes gestein*, roche stérile, roche sans minerai.

TAUBE BERGARTEN, substances pierreuses qui ne contiennent point de minerai, gangues stériles.

TAUBEMITTEL, milieu stérile, partie d'un gîte de minerai, filon, veine, couche ou massif qui ne contient rien de métallique.

TAUBENHÄLSIG, adj. gorge de pigeon, reflets de couleurs qui présentent le rouge dominant, le jaune, le vert et le bleu.

TAUBERWISMUTH, bismuth qui ne contient point d'argent.

TAUBFELD et TAUBEGE-BÜRGE, terrain sans substances métalliques.

TAUBKOHLE, bois bitumineux.

TAUCHEN, v. a. plonger, tremper, enfoncer quelque chose dans l'eau. — subst. *Das tauchen*, l'immersion, l'action de tremper, de plonger.

TAUFSTEIN, talc stéatite. — *Basler taufstein*, tourmaline; suivant *Stütz*, talc stéatite avec des cristaux groupés les uns sur les autres en forme de croix.

TAXATION, f. (*t. de min.*), taxation, appréciation, règlement de prix.

TAXE, f. taxe, prix réglé.

TAXPROBE, f. (*t. de min.*), essai pour la taxe, échantillon pris pour baser et régler les prix du minerai, spécialement ceux du cobalt.

TEICH, m. étang ou réservoir d'eau.

TEICH-DAMM, m. chaussée ou épaule d'étang; digue que l'on fait pour retenir l'eau d'un étang.

TEICHRINNE, f. la décharge d'un étang, d'un réservoir d'eau, l'endroit, le canal, l'ouverture par où les eaux s'écoulent.

TEICHSTÄNDER, m. écluse d'un étang.

TEICHZAPFEN, m. bonde d'un étang, la pièce de bois qu'on lève pour faire écouler l'eau d'un étang.

TELESIN, m. (*t. de min.*), télésie, c'est-à-dire corps par-

fait. *Haüy* avoit cru devoir substituer ce nom au nom *oriental*, que l'on donnoit généralement aux pierres les plus fines : ainsi il appeloit le rubis oriental télésie rouge, la topaze orientale télésie jaune, le saphyr oriental télésie bleue, l'émeraude orientale télésie verte, l'améthyste orientale des lapidaires télésie violette, etc. Aujourd'hui ce nom est remplacé par celui de corindon, qui désigne l'espèce; et dans la nouvelle méthode du célèbre professeur du Muséum d'Histoire naturelle de Paris, la télésie ancienne est un corindon hyalin. *Voyez* CORUND.

TELKOBANYERSTEIN, telkobaniolite, quartz résinite girasol d'*Haüy*.

TELLINITEN, tellinites; tellines fossiles; genre de coquillage bivalve. La telline est une coquille bivalve égale, transverse ou orbiculaire, ayant un pli sur le côté antérieur, une ou deux dents cardinales, et deux dents latérales écartées.

TELLUR, tellure; métal d'un blanc d'étain, tirant un peu sur le gris de plomb, ayant un éclat métallique et une structure lamelleuse. — *Gediegen tellur*, tellure natif, or problématique. — *Aurum problematicum paradoxum*, or blanc de *Deborn*, sylvanite de *Kirwan*.

TEREBELLULITEN, tarrierres fossiles; ce genre a pour caractère une coquille subcylindrique, pointue au sommet, ouverture longitudinale, étroite supérieurement, échancrée à sa base, columelle tronquée; la tarrierre en oublie, *terebellum convolu-*

tum (Lamarck), se trouve fossile à grignon.

TEREBRATULITEN, térébratulites ; coquilles fossiles du genre térébratule : coquilles composées de deux valves inégales, dont la plus grande a son crochet avancé presqu'en bec et percé d'un trou.

TERNAËR, adj. (*t. de crist.*), ternaire : se dit d'un cristal qui subit un décroissement par trois rangées.

TERRAS, trass ; pierre de trass, tuf volcanique. *V.* TRASS.

TEST, m. têt, têt à vitrifier, scorificatoire ; vaisseau dans lequel on fait l'opération de la coupelle en grand. — *Testkörner*, grains d'argent restés attachés isolément dans le têt après le raffinage. — *Testkugeln*, boules de laiton parfaitement sphériques et polies, dont on se sert pour unir les cendres des coupelles, pour lisser et polir l'intérieur du têt.

TESTSCHÜSSEL, f. (*t. de fond.*), moule de la coupelle ; espèce de demi-globe en fonte et creux, dont on se sert pour façonner les coupelles.

TETRAEDER, (*t. de géom.*), tétraèdre ; le tétraèdre régulier est formé de quatre triangles équilatéraux, égaux entre eux.

TETRAEDRISCH, adj. (*t. de crist.*), tétraèdre. On appelle ainsi un cristal lorsqu'il présente la forme du tétraèdre régulier comme forme secondaire.

TETRAHEXAEDRISCH., adj. (*t. de crist.*), tétrahexaèdre : se dit d'un cristal lorsque sa surface est composée de quatre rangées de facettes, disposées

six à six les unes au-dessus des autres.

TETRAPODOLITH, tétrapodolite ; pétrification d'animaux quadrupèdes.

TEUCHERLAUF, m. canal, conduite d'eau.

TEUFE, f.(*t. de min.*), profondeur ; lieu profond, creux, cavé. — *Schachtteufe*, profondeur d'un puits. — *Ertzteufe*, profondeur du minerai. — *Ewige teufe*, profondeur considérable à laquelle il est difficile de parvenir par les travaux de mine.

TEUFELSDRECK, bitume glutineux.

TEUFELSKEGEL et TEUFELSNÆGEL, belemnite.

TEUFELSPFENNIGE de *Gmelin*, fer sulfuré commun.

TEUL (*t. de forg.*), loupe ; masse poreuse de fer raffiné résultant de la fusion de la gueuse.

TEULHACKEN, crochet de fer avec son manche, servant à sortir la loupe de l'affinerie.

THAL, n. vallée, espace entre des montagnes. — *Kein berg ist ohne thal*, il n'y a point de montagnes sans vallées. On a observé que dans les Alpes il y a des vallées longitudinales et d'autres transversales ; que dans le Jura elles sont presque toutes longitudinales, et dans les Pyrénées à-peu-près perpendiculaires : de même qu'il n'en est pas des Alpes piémontaises comme des Alpes françaises. Du côté de la France, il faut parcourir de longues vallées, faire 10, 12 et 15 myriamètres, et même davantage, pour parvenir à l'origine des versans occidentaux, tandis que du côté du Piémont il n'y a bien souvent que 2 à 3 myriamètres de la plaine au sommet des Alpes. Ainsi, d'une part, l'on a des montagnes du 1er., 2e., 3e. et 4e. ordre, tandis que de l'autre on passe souvent des montagnes primitives aux pays d'alluvion.

THALLIT, thallite, épidote d'*Haüy* : c'est le minéral qui a été nommé par *Werner* pistacite. *Voyez* ÉPIDOT.

THAN. *Voyez* THON.

THATSACHE, f. chose de fait ; un fait, une donnée.

THAUBOGEN, m. (*t. de phys.*), arc-en-ciel qui paroît lorsque les rayons du soleil passent par les vapeurs de la rosée ; ou en d'autres termes, les couleurs de l'arc-en-ciel peintes sur l'herbe d'une prairie humectée par la rosée.

THAUERDE, f. terre franche, terre végétale, terre qui est à la surface.

THAUKOHLE. *Voyez* HOLZKOHLE.

THEER, n. goudron, substance résineuse dont on enduit les vaisseaux.

THEÉROFEN, m. fourneau, four où l'on tire à feu lent le goudron, ou le guitron, du bois résineux qui le contient.

THEIL, m. partie, portion d'un tout physique ou moral. —*Bergtheil*, portion, intérêt dans une exploitation de mine.

THEILBARKEIT, f. divisibilité, qualité de ce qui peut être divisé, partagé ; division. — *Eine mechanische theilbarkeit*, division mécanique. — *Theilbarkeit in ein regel maessiges octaeder*, division en octaèdre régulier.

THEILEISEN, n. (*t. d'affin.*), plaque ou lame de fer servant à partager le plateau d'argent dans la coupelle même après l'affinage, et avant qu'il soit entièrement consolidé.

THEILHABER, m. copartageant, qui partage avec un autre.

THEILUNG, f. partage, division. — *Theilung der erze*, partage des minéraux.

THIERÖHL, n. (*t. de chim.*), huile animale ; huiles tirées des animaux.

THIERPFLANZE, f. animalplante ; zoophite, corps naturel que l'on a cru tenir quelque chose de l'animal et de la plante; classe d'animaux sans vertèbres, qui n'ont ni nerfs, ni membres articulés, et qui n'ont point d'organes destinés à la circulation ou à la respiration.

THIERREICH, n. le règne animal, la classe des animaux, les animaux.

THON, m. argile.—*Blasiger thon* de *Gmelin*, argile glaise, argile de potier. — *Erhärteter, fester thon*, argile endurcie.—*Feüerbeständigerthon*, argile glaise, argile à potier qui souffre le feu, argile réfractaire. — *Feüerfester* de *Gmelin*, argile kaolin, feldspath argiliforme. — *Gemeiner thon*, argile commune, argile glaise d'*Haüy*. —*Bunter thon*, argile panachée ; sorte d'argile endurcie diversement colorée. — *Sfeiffenthon*, argile à pipe, variété de l'argile glaise. — *Schieferthon*, argile schisteuse.—*Töpferthon*, argile à potier, argile glaise. — *Körniger* et *verhärteter thon*, argile endurcie. —

Gruner thon, terre verte. —
Lemnischer thon, terre de Lemnos, bole. — *Lichter und scha-
liger thon*, argile smectique,
terre à foulon. — *Schiefriger
thon*, argile schisteuse. —
*Schwefelhaltiger verhärteter
thon* de *Suckow*, pierre d'alun,
lave altérée alunifère.

THONARTIG, adj. qui tient
de l'argile, qui est de la nature
de l'argile, argileux.

THONEISENSTEIN, mine de
fer argileuse, fer oxidé. —
Linsenförmigkörniger, fer oxidé
grenu lenticulaire. — *Schuppi-
ger*, écailleux. — *Stänglicher
thoneisenstein*, fer oxidé bacillaire. — *Jaspisartiger thoneisenstein*, fer argileux jaspoïde.

THONERDE, f. terre argi-
leuse, argile glaise. — *Gefär-
bete, manigfarbige thonerde*,
argile endurcie diversement colorée. — *Reine thonerde*, alumine pure.

THONGALLEN, n. galle argileuse. On donne ce nom à certaines petites masses argileuses
de couleur verdâtre, rougeâtre
ou jaunâtre, et d'un aspect
onctueux, qui se trouvent dans
l'espèce de grès dite panachée
(*bunte sandstein*).

THONGRUBE, f. glaisière;
endroit d'où l'on tire de l'argile,
de la g aise.

THONICHT, adj. argileux,
glaiseux, semblable à l'argile.—
Thonichte erde, terre argileuse.

THONIG, adj. argileux, plein
d'argile. — *Thoniger boden*,
terrain argileux. — *Thonig
kohlengesäuerterkalk*, chaux
carbonatée aluminifère, dolomie.

THONMERGEL, argile calca-
rifère ou marne.

THONPORPHIR, porphyre ar-
gileux; porphyre dont la base
est une argile endurcie empâtant des grains quartzeux ou
des cristaux isolés de feldspath,
quelquefois aussi de l'amphibole, et plus rarement du mica.
— *Verwilterter thonporphyr*
de *Stütz*, porphyre argileux
mêlé de lithomarge, avec ou
sans mica.

THONSANDSTEIN de *Stütz*,
grès argileux.

THONSCHIEFER, argile schisteuse, soit tabulaire, soit tégulaire, d'*Haüy*, schiste ardoise.
— *Übergangsthonschiefer*, argile schisteuse de transition.

THONSTEIN, argile endurcie.
Ce nom de *thonstein* (pierre
d'argile) ne désigne pas, en
Allemagne, une simple variété
de l'argile, mais une espèce particulière qui diffère de l'argile
endurcie ordinaire (*verhärteter
thon*) par la dureté, la couleur,
la cassure, l'éclat de la cassure,
la pesanteur et la facilité de se
rompre en éclats, et sur-tout
parce qu'elle a le passage sensible au pétrosilex, enfin par
son gisement.

THRUE, THRUNE, longue
caisse dans laquelle on trans-
porte les minerais d'étain.

THUMERSTEIN, pierre de
thum, thumite, axinite d'*Haüy*.
Voyez AXINIT.

THUREL au Hartz, soupape.

THURLE-RÖHRE, tuyau à clapet, tuyau de pompe en bois adapté au haut de celui d'aspiration
qui porte la soupape ou clapet.

THURLEIN, n. (*t. de min.*)

porte dans une galerie, ou conduit de mine pour abri er de la trop grande violence de l'air ; porte ou trappe que l'on applique à un point de travail où on redoute l'affluence subite des eaux.

Thurlein hangen, (*t. de min.*), placer une porte dans une galerie où le courant d'air est trop fort, pour contenir les eaux assez de temps , dans le cas d'une affluence subite , pour que le mineur puisse mettre sa vie hors de danger.

Thürnägel, clous servant à attacher les soupapes des pompes.

Thurstöcke, plur. (*t. de min.*), montans ; pièces de bois qui supportent les chapeaux ou traverses supérieures dans la charpente des galeries de mines.

Tiburtin. *V.* **Piperino.**

Tief, adj. profond , creux. — *Tiefster sohle in der grube,* le sol , le plan , le plus profond des travaux d'une mine. — *Tiefste stollen,* la galerie la plus profonde.

Tiefe, f. profondeur ; (*t. de géom.*), profondeur, dimension d'un corps considéré de haut en bas.

Tiefen, v. a. approfondir , creuser, rendre plus profond.

Tiefste, n. (*t. de min.*) *Das tiefste*, le sol le plus profond de la mine. Les plus grandes profondeurs où l'on ait pénétré n'excèdent guère 500 toises.

Tiegel , m. poêlon, creuset, vaisseau de terre réfractaire dont les chimistes et les essayeurs se servent pour fondre et essayer les métaux et les minerais. — — *Metall im tiegel schmelzen,* fondre du métal dans le creuset.

Tiegelprobe, f. essai au creuset , essai qui se fait d'un métal dans un creuset , creuset d'essai , creuset qui sert pour les essais ; petit creuset avec lequel on puise un peu d'argent fondu dans les grands creusets des monnoies, pour s'assurer s'il est au titre requis pour en fabriquer des pièces de monnoie.

Tiegelthon, argile à potier, argile glaise.

Tiegererz, **Tiegerstein**, n. mine tigrée. On donne ce nom à Freyberg en Saxe à une baryte sulfatée laminaire dans laquelle l'argent noir est disséminé. Plusieurs auteurs l'ont donné à la mine d'argent sulfurée aigre, mêlée à la chaux carbonatée ferrifère , d'autres à l'amphibole lamellaire accompagnant quelque peu de minerai d'argent dans une gangue quartzeuse, ou disséminé en taches rondes d'un beau noir dans la chaux carbonatée aluminifère (*dolomie*), et quelquefois mêlée d'or. En Autriche on désigne par ce nom une chaux carbonatée lamellaire mélangée de plomb sulfuré.

Tilliapalinga du Malabar et de Ceylan, quartz hyalin cristallisé.

Tinctur, f. (*t. de chim.*), teinture , la couleur d'un minéral ou d'un végétal tirée par le moyen d'une liqueur quelconque.

Tinkal , tinkal ou borax

natif, soude boratée. Il n'est pas encore universellement reconnu que ce soit un produit de la nature.

Tittstein, m. pierre ollaire; talc ollaire d'*Haüy*.

Tischschiefer, m. argile schisteuse tabulaire.

Titaneisen, n. fer titané, titane oxidé ferrifère, granuliforme, en masses noirâtres, ménakanite; la variété qui vient du Spessart, en Franconie, contient plus de fer et moins de titane que celle de Cornouailles et a été nommée *gallitzinite*. L'ingénieur des mines, *Louis Cordier*, à la sagacité duquel on doit déjà plusieurs découvertes intéressantes vient de nous apprendre que les dix-neuf vingtièmes des roches volcaniques contiennent une quantité notable d'un minéral qu'il a nommé fer titané.

Titanerz, n. titane oxidé, ruthile de *Brochant*, titanite de *Kirwan*, minéral d'un rouge brunâtre tirant quelquefois sur le rouge aurore, en général opaque, à l'exception des fragmens minces et des cristaux aciculaires qui sont quelquefois translucides.

Titanit, titanite. *V.* **Titanerz**.

Titanium, titane, métal ainsi nommé par *Klaproth*, qui en a fait la découverte, mais que l'on ne connoît encore qu'à l'état d'oxide, n'ayant pu jusqu'ici être amené à l'état vraiment métallique. Il se présente sous des formes si différentes et sous des apparences si peu métalliques que des expériences

chimiques peuvent seules le faire reconnoître avec certitude. M. *Cordier*, ingénieur des mines, l'a trouvé uni à l'oxide de fer, 1°. dans tous les sables noirs et ferrugineux des volcans éteints de l'intérieur de la France, 2°. dans des laves granitoïdes des mêmes volcans, et 3°. dans le *grünstein* du Meissner.

Titankalk, titane oxidé aciculaire.

Titansand, titane oxidé ferrifère granuliforme de Menakan en Cornouailles.

Titanschörl, titane silicéo-calcaire en prismes striés à la surface.

Toadstone, toadstone, variété de roche amigdaloïde à base de trapp dont les noyaux sont ordinairement calcaires.

Tocke, f. (*t. de min.*), siège en sellette tenant à la traverse d'une machine à molette pour la commodité du conducteur des chevaux qui la font mouvoir.

Tod, m. mort; (*t. de min.*), inutile, stérile. — *Tod schreiben*, déclarer qu'une mine ne mérite pas l'exploitation.

Todtenbeindrusen à Schemnitz, baryte sulfatée cristallisée.

Todtenkopf (*t. de chim.*), tête morte (*caput mortuum*); lie, résidu des distillations.

Todtliegendes, base stérile. En Thuringe on donne ce nom particulièrement à une sorte de grès rouge que l'on regarde comme le plus ancien et qui repose immédiatement sur la grauwacke.

Tof ou Tofstein, m. *Voyez* Tuf, Tufstein.

Tofartig, adj. tufier, qui est de la nature du tuf.

Togljaspis. *Voyez* Porcellanjaspis.

Tomback, m. tombac, sorte de cuivre jaune produit de l'alliage du cuivre et du zinc par le moyen de la fusion, ce qui fait la différence d'avec le laiton produit de la cémentation du cuivre avec la calamine ou zinc oxidé.

Tombakbraun, adj. brun de tombac, brun jaunâtre avec éclat métallique composé de jaune d'or et de brun rougeàtre.

Tonne, f. (*t. de min.*), tonne, grand seau suspendu à un câble dans un puits de mine et servant pour l'extraction du minerai. — *Tonnen beschlagen*, ferrer une tonne, la garnir de cercles et autres ferremens nécessaires à la solidité. — *Tonnengerippe*, vieux fers de tonnes usées.

Tonnenfach, n. (*t. de min.*), travée, espace entre les lattes sur lesquelles la tonne passe dans les puits d'extraction.

Tonnenlatte, plur. (*t. de min.*), les lattes ou perches clouées de longueur sur les parois de l'intérieur d'un puits d'extraction pour faciliter la descente ou la montée de la tonne.

Tonnläege (*t. de min.*). Ce mot est tiré de *tonnen* ou *tonnenliegen*, pour désigner une pente ou inclinaison semblable à celle des puits par où les tonnes montent et descendent. *Voyez* Donläege.

Tonnlegig, adv. incliné.

— *Ein tonnlegiger gang*, filon qui a une inclinaison entre 75 et 90 degrés. *Voyez* Gang.

Topas, topaze, gemme, pierre précieuse dont la couleur la plus ordinaire est le jaune, et que M. *Haüy*, d'après les analyses de MM. *Klaproth* et *Vauquelin*, a fait passer, depuis l'impression de son *Traité de Minéralogie*, dans la classe des substances acidifères sous le nom de silice fluatée alumineuse, en y réunissant comme variété la pycnite (*schörlartiger beryll*) de M. *Werner*; mais on a donné aussi en Allemagne le nom de topaze à différentes gemmes. On a nommé, par exemple, *topas der alten und gelblichgrüner topas*, le péridot; *blaulichgrüner*, le béril et l'apatite; *seladonfarbiger topas*, l'aigue marine.

Topasfels, roche de topaze, roche d'une contexture schisteuse grenue, c'est-à-dire composée de feuilles ou plaques dont chacune est grenue; elle consiste en un mélange de quartz, de tourmaline, de topaze et de lithomarge.

Topasfluss, quartz hyalin jaune cristallisé, d'après *Wallerius*, et chaux fluatée, suivant *Gmelin*.

Topaskrystall (*gelber*), quartz hyalin cristallisé jaunàtre.

Topazolit, topazolite, nom donné par M. le docteur *Bonvoisin* à une variété de grenat dodécaèdre à plans rhombes, d'un jaune de topaze très-pâle et quelquefois d'un vert approchant de celui du péridot, et qu'il a trouvé en Piémont dans la vallée de Lanz.

TOPFERN, v. n. travailler en poteries, faire de la poterie.

TÖPFERTHON, argile glaise, argile à potier.

TOPFSTEIN, pierre ollaire, talc ollaire d'*Haüy*. En Egypte pierre de baram; vulgairement pierre de côme; pierre de colubrine. En Thuringe on désigne sous ce nom la chaux carbonatée fibreuse. — *Schiefriger topfstein,* talc chlorite fissile.

TOPFSTEIN PORPHYR de *Kirwan,* porphyre dont le talc ollaire doit former la masse principale.

TOPFSTEINSCHIEFERde*Stütz,* talc chlorite fissile.

TOPFSTEIN pour KALKSINTER, chaux carbonatée fibreuse.

TOPOGRAPHIE, f. topographie, description détaillée d'un lieu particulier.

TORBERIT et TORBERNIT, même que CHALCOLITH, urane oxidé d'*Haüy*. V. URANERZ.

TORF, m. tourbe, terre bitumineuse combustible résultant de la décomposition des plantes dans l'eau. — *Blättertorf, papiertorf, pechtorf, sandtorf,* tourbes mêlées, composées de feuilles minces de bitume et de gravier.

TORFARTIG, adj. qui tient de la nature de la tourbe.

TORFERDE, f. terre de tourbe, terre bitumineuse propre à brûler.

TORTANEY, zinc.

TRAGEKORB, m. la hotte, le panier, la benne. — *Ein tragekorb voll,* la hottée.

TRAGELN, plur. petites

barres ou barreaux de fer qui portent la moufle dans le fourneau d'essai.

TRAGESPRITZE, f. pompe à feu portative.

TRAGESTEMPEL, m. (*t. de min.*), semelles, étampes, grosses pièces de bois qui soutiennent les traverses, les carrés d'un puits.

TRAGEWERK, n. (*t. de min.*), couverture du canal, du conduit des eaux d'une mine; plancher au - dessous duquel s'écoule l'eau d'une galerie. — *Tragewerk schlagen,* couvrir d'un plancher un canal pratiqué au sol d'une galerie de mine pour donner issue à l'eau et entrée à l'air, ce canal ayant son embouchure au jour.

TRAGHEBEL, m. (*t. de mécan.*), levier qui sert à porter, à élever des poids.

TRAPEZIA, TRAPEZIUM (*t. de géom.*), trapèze, figure quadrilatère dont les côtés ne sont point parallèles.

TRAPEZISCH, adj. (*t. de crist.*), trapézien, cristal dont la surface latérale est composée de trapèzes situés sur deux rangs entre deux bases.

TRAPEZOÏDAL, adj. (*t. de crist.*), trapézoïdal. On dit qu'un cristal est trapézoïdal, lorsque sa surface est composée de vingt - quatre trapézoïdes égaux et semblables.

TRAPESOÏDE, m. (*t. de géom.*), trapézoïde, quadrilatère dont deux côtés seulement sont parallèles.

TRAPP, trapp, mot suédois qui signifie escalier; roche cornéenne dure d'*Haüy*; variété de la roche cornéenne appelée wakke par plusieurs minéralogistes, pierre de basalte par d'autres, et pierre de touche ou de Lydie par *Deborn*. *Karsten* considère le trapp comme une sorte de roche particulière ; et *Werner* comprend sous cette dénomination plusieurs suites de roches amphiboliques dont il distingue trois formations : *urtrapp*, traps primitifs ; *übergangstrapp*, traps de transition ou intermédaires; *flötztrapp*, traps secondaires ou stratiformes : ces derniers ont été désignés par plusieurs auteurs sous le nom général de *trappformation*, formation des traps ou formation trapéenne.

Trappporphyr de *Kirwan*, basalte de structure porphyrique. Suivant *Nose*, c'est un basalte avec feldspath, mais sans olivine.

Trappsandstein de *Kirwan*, quartz arénacé agglutiné dont le ciment est siliceux.

Trapptuf. *Voyez* Basalttuf.

Trappwakke, wacke, roche de formation stratiforme, qui tient comme le milieu entre l'argile et le basalte. *Voyez* Wakke.

Trass et Tarras, trass ou pierre de trass, tuf volcanique ; cendres volcaniques agglomérées ; brèche volcanique.

Trassstein, m. pierre de trass, tuf volcanique des environs de Cologne que l'on fait entrer dans la composition du ciment pour les constructions dans l'eau.

Trauben-bohrer, m. sorte

de foret ou vrille qu'on fait tourner au moyen d'un bois ou d'un fer recourbé.

Traubenerz, plomb arseniaté de Rozières, près Pont-Gibaut, département du Puy-de-Dôme.

Traubenspath, chaux carbonatée concrétionnée.

Traubenstein, botriolite, minéral ainsi nommé à cause de son aspect botroïde, ses couleurs sont le rose pâle, le blanc de lait, de craie, le gris de cendre et le jaune isabelle.

Traubig, adj. botroïde, en grappes, qui vient par grappes.

Travertino, travertin, chaux carbonatée concrétionnée incrustante d'*Haüy*, sorte de tuf qui paroît avoir été formé par les dépôts de l'Anio et de la solfatare de Tivoli ; tous les monumens des environs de Rome en sont construits, et notamment la magnifique église de Saint-Pierre.

Trecken, v. a. (*t. de min.*) pour Ziehen, traîner dans les galeries le petit chariot appelé chien. — *Treckjung*, jeune garçon qui traîne le chien, qui charie le minerai et les déblais par les galeries dans la brouette coffrée.

Treibasche, f. cendre de coupelle, cendre dont on forme les coupelles dans les fourneaux de l'affinage en grand.

Treibebunzen, n. poinçon à ciseler, ciselet.

Treibehammer, m. marteau à emboutir.

Treibehaus, n. (*t. d'affin.*). *Treibehütte*, affinerie, bâtiment, lieu où l'on affine les métaux , où se trouve le fourneau d'affinage.

TREIBEHEERD , m. fourneau d'affinerie, foyer sur lequel on sépare l'argent d'avec le plomb. — *Treibeheerd abwärmen*, échauffer la coupelle avant que d'y porter le plomb.—*Treibeheerdes abstrich*, crasse ou écume qui s'élève à la surface du plomb en bains. — *Treibeheerdes anzüchte*, canaux aux fourneaux de coupelles ou ventouses ménagées pour faire évaporer l'humidité. — *Treibeheerdesglöeth* , litharge provenant de l'affinage. — *Treibeheerdesgrund*, fondement d'un fourneau d'affinage; scorificatoire , tèt ou écuelle à scorifier.

TREIBEHERR , m. le propriétaire d'une affinerie , d'un foyer d'affinage.

TREIBEHOLZ , n. bois flottant, bois qui est porté sur l'eau, bois destiné au feu de l'affinage et partagé à cet effet en bûches de longueur.

TREIBEHUT , m. chapeau de fer , couverture du fourneau d'affinage.

TREIBEHÜTTE. *V.* TREIBEHAUS.

TREIBEKORN, n.(*t. d'affin.*), grains d'argent restés sur la coupelle, sur le foyer, dans les cendres, après l'opération de l'affinage.

TREIBEN, v. a. pousser, faire avancer , faire aller par quelque impulsion. — *Einen stollen treiben*, pousser une galerie de mine. — *Das wasser treibt die mühlräder,* l'eau fait tourner les roues d'un moulin. — (*autre t.*

de min.) *Erze oder berge treiben* , extraire des minéraux ou roches de dessous terre au moyen d'une machine mue par des chevaux. — *Ein ganzen treiben* , une extraction complète. En Saxe on entend par cette expression soixante tonnes de minerai. — *Ein klein treiben*, une petite extraction, quarante tonnes. — (*t. d'affin.*) *Die metallen treiben,* affiner les métaux , séparer l'argent d'avec le plomb. — *Das silber treibt* , l'argent se sépare d'avec le plomb ; emboutir. — *Die metalle mit dem treibehammer treiben* , emboutir les métaux avec le marteau, les relever en bosse; ciseler , bosseler.

TREIBEOFEN , m. fourneau d'affinage. *Voy.* TREIBEHEERD.

TREIBEPECH. n. (*t. d'orfèvr.*), masse de poix qui sert à bosseler.

TREIBER , m. (*t. de min.*), celui qui extrait, qui tire le minerai hors de la mine avec l'aide des chevaux.

TREIBERAD, n. (*t. d'affin*), roue qui fait mouvoir les soufflets qui portent le vent sur le bain de plomb dans un fourneau d'affinage ; (*t. de mécan.*), pignon, petite roue dont les dents engrènent dans celles d'une plus grande.

TREIBESCHACHT , f. (*t. de min.*), puits d'extraction par lequel on élève le minerai au jour au moyen d'une machine mue par des chevaux.

TREIBESCHERBEN , n. (*t. de chim.*), le tèt, le vaisseau où l'on fait l'opération de la coupelle en grand.

TREIBESCHWEFEL, m. soufre cru, soufre non encore purifié, soufre de grillage.

TREIBEWERK, n. pour TREIBWERK, plomb à affiner ; plomb qui doit passer à la coupelle pour en obtenir l'argent.

TREMOLITH, trémolite, grammatite d'*Haüy*, substance que l'on a regardée comme une espèce particulière, mais que l'on soupçonne devoir être rapportée à l'amphibole et à l'actinote réunis aujourd'hui sous une même espèce. On la trouve en masse ou cristallisée, en prismes rhomboïdaux très - obliquangles souvent rompus, mais quelquefois terminés par un biseau obtus dont les faces sont placées sur les bords latéraux aigus; son bord terminal est oblique, ses couleurs sont le blanc jaunâtre ou grisâtre, quelquefois rougeâtre ou verdâtre ; son éclat est assez vif, sur-tout dans l'intérieur, et l'aspect un peu nacré. — *Asbestiger tremolith,* trémolite asbestiforme, grammatite fibreuse, soit fasciculée, soit radiée. — *Gemeiner tremolith* , trémolite commune, grammatite, soit cristallisée, soit d'une forme indéterminable. — *Glasiger tremolith,* trémolite vitreuse , grammatite translucide.

TREMOLITHTALK , grammatite fibreuse.

TRENNUNGSFLÄCHEN, plur. (*t. de crist.*) , joints naturels.

TREPPENKIESS au Hartz , fer sulfuré concrétionné.

TRIAKONTAEDER , TRIAKONTAEDRICH (*t. de crist.*), triacontaèdre, cristal composé de trente rhombes ou dont la surface est formée de trente rhombes.

TRIBOMETER. *Voy.* REIBMESSER.

TRICHTER, m. entonnoir. — *Ein blecherner , gläsernertrichter,* un entonnoir de fer-blanc, de verre. — *Die glocke, die mundung eines trichters,* le pavillon d'un entonnoir, la partie évasée d'un entonnoir qui sert à recevoir les liqueurs.

TRICHTERFÖRMIG , adj. infundibuliforme, en forme d'entonnoir, en entonnoir.

TRIEB, m. impulsion, poussée, mouvement qu'un corps donne à un autre en poussant.

TRIEBEL, m. (*t. de mécan.*), manivelle.

TRIEBFEDER , f. ressort. — *Stählerne , kupferne triebfedern,* ressorts d'acier, de cuivre.

TRIEBRAD, n. (*t. de mécan.*), lanterne, pignon, petite roue dont les ailes ou les dents engrènent dans les ailes d'une plus grande roue. — *Das triebrad in einer uhr,* le pignon d'une montre.

TRIEBSAND , m. sable mouvant.

TRIEBSCHWEFEL , m. soufre sublimé pendant le grillage des minerais de plomb, qui se dépose à la surface et qui y agglutine le minerai.

TRIEBWERK. *Voyez* TREIBWERK.

TRIFT. *Voyez* SCHWENKBAUM.

TRIGLYPH , triglyphe, nom par lequel M. *Haüy* désigne la variété de fer sulfuré qui présente un cube dont les faces sont striées dans trois sens perpendiculaires entre eux.

TRIGONELLEN, trigonies ou trigonites, coquilles bivalves, fossiles dont la forme approche de celle d'un triangle.

TRIGONOMETRIE, f. trigonométrie, art de mesurer les triangles.—*Gleichlinige, gradlinige, sphärische trigonometrie*, trigonométrie rectiligne, trigonométrie sphérique.

TRIGONOMETRISCH, adj. et adv. trigonométrique, qui appartient à la trigonométrie, trigonométriquement, suivant les règles de la trigonométrie.

TRIHEXAEDRISCH, adj. (*t. de crist.*), trihexaèdre : se dit d'un cristal dont la surface est composée de trois rangées de facettes disposées six à six les unes au-dessus des autres.

TRIKLASIT, m. minéral décrit par M. *Hausmann*, dans les Éphémérides de M. le baron de *Moll*, IV, 3. 396. Il. trouvé à Fahlun, en Suède, par M. *Walmann*. Sa couleur est un vert d'olive sale plus ou moins foncé ; sa forme qui est celle d'un prisme, tantôt à quatre pans, tantôt à six avec des troncatures au sommet, paroîtroit le rapprocher de l'épidote, mais il en diffère par le plus grand nombre de ses caractères. Le triple clivage dont il est susceptible a suggéré l'idée du nom qui lui a été donné.

TRILLING, lanterne d'engrenage. *Voyez* DRILLING.

TRILOBITEN, trilobites, fossiles du genre des crustacés que les Anglais nomment *dudley fossil*. C'est la pétrification d'un insecte inconnu que l'on croit devoir placer près des cloportes, des ligies, des sphéromes, etc. C'est l'*entomolithus paradoxus* de *Linnée*, suivant *Blumenbach*.

TRIMORPHISCH, n. (*t. de crist.*), triforme. On nomme ainsi un cristal lorsqu'il renferme une combinaison de trois formes remarquables telles que le cube, le rhomboïde, l'octaèdre, le prisme hexaèdre régulier, etc. *Ex.* l'alumine sulfatée triforme.

TRINCKGOLD, n. (*t. de chim.*) *Trinkbaresgold*, or potable.

TRIPEL, m. Tripoli ; quartz aluminifere tripoléen d'*Haüy* ; sable siliceux cimenté par l'argile ferrugineuse, très-propre à polir les ustensiles de métal. — *Tripel gemeiner* et *tripelerde*, tripoli.

TRIPELSCHIEFER, schiste à polir, argile schisteuse tendre facile à briser, que l'on a reconnue propre à polir les pierres et les métaux.

TRIPHAN, triphane, spodumène de *Dandrada*, minéral en masses lamelleuses d'un blanc légèrement verdâtre et d'un aspect nacré ayant pour gangue un feldspath rougeâtre mêlé de quartz gras et de mica noir trouvé dans la mine de fer d'Uton en Sudermanie.

TRIPLIREND, adj. (*t. de crist.*), triplant : se dit d'un cristal, lorsqu'un des exposans est répété trois fois dans une série qui, sans cela, seroit régulière.

Tripp. *Voyez* Turmalin.

Trippelstein et Tripel-thon, tripoli.

Trippen, v. n. dégoutter, tomber, couler goutte à goutte.

Trippschwefel, m. (*t. d'af-fin.*), soufre qui dégoutte, qui tombe goutte à goutte.

Trisection. *Voy.* Drey-schnitt.

Trishites. *Voyez* Feder-alaun.

Trittrad, n. Trettrad, tympan de grue, roue que l'on fait tourner avec le pied.

Triunitär, adj. (*t. de crist.*), triunitaire : on dit d'un cristal qu'il est triunitaire quand il subit trois décroissemens par une rangée. *Ex.* péridot triunitaire.

Trochiten. *Voyez* Entro-chiten.

Trochititen, trochites ; toupies fossiles, coquilles uni-valves coniques ; l'ouverture presque toujours quadrangulaire, aplatie transversalement ; la columelle oblique.

Trockengepochte erz, minerai bocardé à sec.

Trockenheit, f. sécheresse, état, qualité de ce qui est sec.

Trockenherd, m. séchoir, âtre pour sécher ou dessécher quelques substances ; carrés de bois où les parfumeurs font sécher les pastilles.

Trog, m. auge, bassin, vase ou ustensile de bois d'une seule pièce servant à divers usages.

Trögel (*t. de min.*), petite sébile de bois pour les essais

des minerais livrés aux fonderies.

Tröglein, n. auget, petits vaisseaux attachés autour de certaines roues hydrauliques.

Trogschlacken, sébiles ou baches de scories.

Trona, soude carbonatée.

Tropfen, m. goutte (*t. d'archit.*), gouttes, larmes, ornemens qui représentent des gouttes d'eau, des stalactites en mamelons, en nappes.

Tropfhahn, m. (*t. de saun.*), robinet par où l'eau salée dégoutte.

Tropfstein, m. stalactite; chaux carbonatée concrétionnée, et, d'après *Fibig*, chaux carbonatée fibreuse. *Voy.* Stalactit.

Tropfsteinartig, adj. stalactiforme, en façon de stalactite.

Tropftrog, m. (*t. de saun.*), auge d'où l'eau salée dégoutte.

Tropfvitriol, vitriol en stalactites. *Voy.* Jokelgut.

Tropfzinn, n. étain pur qui dégoutte de la mine d'étain.

Trossen, v. n. (*t. de min.*), se soustraire clandestinement au travail, s'éclipser.

Trosstein, m. (*t. de fond.*), masse dure d'un gris rougeâtre tenant cuivre, fer et soufre, et qui s'est formée en croûte au-dessus du bain pendant la fonte du minerai de cuivre.

Trübe, adj. trouble, qui n'est pas clair, qui est brouillé. — (*t. de min.*) *Trübewasser*, eau trouble, eau chargée de terres délayées et de minerai bocardé qui se dépose dans les bassins.

Trugfügig, adj. (*t. de crist.*), paradoxale : se dit d'un cristal dont la structure présente des résultats singuliers et inattendus. Ex. *Trugfügiger kohlengesaüerter kalk*, chaux carbonatée paradoxale.

Truhe. *Voyez* Thrue.

Trumm ou Trummer, morceau coupé ou rompu d'une plus grande pièce ; tronçon, débris —(t. de min.) *Ein trumm*, veine ou suite resserrée de matière minérale qui s'étend en longueur par la roche. — *Ein trumm eines ganges*, filon étroit ou branche d'un filon principal qui s'en sépare ou vient s'y réunir. — *Trum ist entfallen, verdruckt worden*, la branche du filon s'est comprimée ou resserrée. — *Die trummer haben sich wieder zum hauptgange geortet*, les branches qui s'étoient détachées et éloignées du filon principal s'y sont de nouveau réunies. — *Die trümmer kommen wieder in einem artigen gestein*, les veines ou petits filons séparés du principal se sont rassemblées dans une bonne nature de roche favorable au minerai. — *Die trümmer sind noch in die vierung*, les branches du filon sont encore de la concession, c'est-à-dire en Saxe, tant qu'elles ne s'écartent que de trois toises et demie, soit du toit, soit du mur du filon, suivant les lois de ce pays qui fixent l'étendue d'une concession à sept mètres de chaque côté d'un filon en suivant sa direction et ses sinuosités , et non compris la largeur qu'il peut avoir. — *Trum*

kiesen, de deux veines ou branches de filon en choisir une, droit réservé par la loi au plus ancien concessionnaire.

Trummel, f. tambour ; (*t. de min.*), crible cylindrique spécialement en usage pour le minerai de zinc.

Trummerachat , quartz agate brèche, masse formée de fragmens anguleux ou roulés de quartz agate liés entre eux par un ciment ordinairement siliceux.

Trummerporphyr , porphyre brèche , agrégats de fragmens de porphyre empâtés dans une masse porphyrique.

Trummerstein , pierre de débris , conglomérat, brèche , agrégat composé de débris agglutinés postérieurement à la formation des substances auxquelles ils ont appartenu.

Tsienpen , terme persan par lequel on désigne le talc stéatite compacte.

Tsikni (*t. du Japon*), chaux carbonatée grossière.

Tubiporit, tubipore, tuyaux fossiles , polypiers pierreux composés de tubes cylindriques creux, droits, parallèles et réunis les uns aux autres.

Tubuliten , tubulites, tubulaires fossiles, sorte de polypier fixé , à tige grèle , cornée, tubulée, simple ou branchue ; il y a des tubulaires d'eau douce ; rien ne ressemble davantage à une plante en fleurs qu'une tubulaire développée ; dentale fossile , coquille univalve qui figure un tube simple légèrement conique, un peu recourbé et percé aux deux extrémités. Le genre dentale forme le passage entre les serpules et les vermiculaires.

TUBUS, m. (*t. de mécan.*), tube, tuyau, canal, conduit, manche creux, douille.

TUCHSTEIN, m. tuf marneux; chaux carbonatée concrétionnée.

TUF, m. tuf, tuffeau, pierre sous forme cellulaire ou cariée renfermant souvent des débris de végétaux. — *Gemeiner tuf,* chaux carbonatée concrétionnée de diverses couleurs déposée par l'eau. — *Helmontischer tuf*, dès de *Van Helmont*, marne sphéroïdale cloisonnée. — *Vulcanischer tuf,* tuf volcanique; pierre de tras; cendres volcaniques; mélange de gravier et de laves scorifiées.

TUFERDE, f. chaux carbonatée incrustante.

TUFSTEIN, m. chaux concrétionnée stratiforme, stalactiforme et incrustante. — *Andernacher* et *kölnischer tufstein* de *Gmelin*, pierre de trass, tuf. *Voyez* TUF.

TUFWACKE, tuf volcanique; cendres volcaniques agglomerées plus ou moins solidement, tels que le peperino, la pouzzolane, le trass, etc.

TULPENSTEIN, m. pierre de tulipes, pentacrinite, palmier marin fossile; pétrification remarquable, composée d'un grand corps à beaucoup de bras, en forme de houpe qui repose sur une tige simple articulée sans branches.

TÜMPEL et TÜMPELSTEIN, m. (*t. de fond.*), timpe; partie antérieure qui forme le dessus

de la coulée d'un haut fourneau à fondre le minerai de fer, le creux du foyer.

TUNGSTEIN, tungstène; scheelin calcaire, minéral rare que l'on a pris long-temps pour une variété de mine d'étain, et que *Scheel* a reconnu le premier être une combinaison de la chaux avec un métal particulier à l'état d'acide, ce pourquoi on lui a donné ce nouveau nom qui obvie d'ailleurs à toute confusion. — *Tungstein* de Bastnaer, en Suède, cérium oxidé silicifère amorphe blanc, rougeâtre, demi-transparent.

TUNGSTEINMETALL, schorl de quelques auteurs.

TUNGSTEINSÄUERE, f. tunstate; nom générique des sels formés par là combinaison de l'acide tunstique avec différentes bases.

TUPFSTEIN. *V.* TUFSTEIN.

TUPHSTEIN. *Voyez* TUF.

TUPPCAMB, baryte sulfatée crêtée.

TURBINITEN, turbinites; coquilles fossiles en spirale.

TURBITH, m. *Mineralischer turbith,* turbith minéral, oxide mercuriel jaune par l'acide sulfurique; préparation jaunâtre de mercure.

TURF. *Voyez* TORF.

TURKIS, turquoise, bufonite, dents mollaires, ou autres parties osseuses d'animaux, pénétrées de molécules cuivreuses qui leur donnent une couleur bleue, et quelquefois d'un bleu verdâtre, classées autrefois parmi les corps que l'on appeloit gemmes opaques (*undursichtige edelsteine*), et nommées turquoises parce que les premières ont été apportées de la Turquie.

TURMALIN, m. tourmaline, schorl électrique, minéral électrique par la chaleur en deux points opposés, et dont les formes dérivent du rhomboïde. La tourmaline apyre (sibérite) ne diffère de la tourmaline ordinaire que par son infusibilité.

TURNAMAL, schorl électrique, tourmaline.

TURPETH. *Natürlicher turpeth*, mercure muriaté.

TUSCHE, crayon noir de Russie, graphite; fer carburé lamelliforme.

TUSCHEN, v. a. laver un dessin, l'ombrer avec de l'encre de la Chine; subst. lavis, manière de laver un dessin.

TUTANEG et TUTANEGO. *V.* ZINC.

TUTE ou TÜTE, f. tute, creuset de terre réfractaire dont la forme est celle d'un cône renversé, ayant un pied et une patte; on s'en sert pour fondre les métaux et pour faire les essais de minerai. — *Tüte*, cône, cornet, coquille univalve contournée, conique, *conus* de *Linnée*.

TUTIA, f. (*t. de chim.*), tuthie ou tutie, spode, oxide de zinc qui s'attache comme une suie légère aux vaisseaux où l'on a traité le zinc, dans les cheminées des fourneaux où l'on fond le plomb.

TYGERERZ. *V.* TIEGERERZ.

TYPISCH, adj. typique, symbolique, allégorique.

TYPOLITHEN, plur. empreintes de corps organisés sur les pierres, pierres empreintes de substances animales ou végétales.

TZSCHERPER ou GRUBENTZSCHERPER, (*t. de min.*), couteau à lame large et épaisse dont les mineurs se servent pour sonder les pièces de bois de la charpente souterraine, afin de connoître celles qui doivent être remplacées.

U

ÜBERBRAND, m. (*t. d'affin.*), suraffinage, trop grande finesse de l'argent purifié par le feu; argent raffiné au-delà du titre réglé par la loi.

ÜBERBRECHEN, v. a. (*t. de min.*), percer, creuser une mine autant que possible. — *Überbrochenes feld*, terrain exploité en entier, et peut-être même au-delà des bornes.

UBE

ÜBERBRENNEN, v. a. affiner l'argent au-delà du degré ordinaire.

ÜBEREINANDER SCHICHTUNG, f. superposition; action de poser une ligne, une surface, un corps sur un autre.

ÜBERFAHREN, v. n. passer, traverser d'un lieu à un autre par eau. — (*t. de min.*) *Ein gang überfahren*, faire une traverse dans un filon pour en re-connoître la puissance ; pousser une galerie sur un filon diffé-rent de celui qu'on exploite.— *Überfahrne gänge*, filons de traverse, filons qui traversent celui qu'on exploite.

Übergang, m. passage ; l'action de passer, de traverser d'un endroit à un autre, de passer outre. — *Übergangs gebirgsarten*, roches de transi-tion, ou roches intermédiaires, c'est-à-dire roches formant le passage entre les primitives (*uranfänglichen gebirgsarten*) et les stratiformes (*flötz gebirgs-arten*). — *Übergangs kalk-stein*, calcaire de transition ; roche calcaire tenant le milieu entre le calcaire primitif et le calcaire stratiforme. — *Über-gangs thonschiefer,* argile schis-teuse de transition, ou *thon-schiefer* de transition. — *Über-gangs trap ,* trap de transition ; roche dont la base principale est le *grünstein ,* mélange d'am-phibole et de feldspath. — (*t. de peint.*) *Übergänge ,* pas-sages, nuances.

Übergewicht , n. sur-poids, excédant du poids.

Übergiessen , v. a. verser, épancher, répandre dessus, cou-vrir, enduire le dehors de quel-que fluide. — *Mit metall über-giessen ,* garnir d'un métal. — *Mit bley , mit zinn , mit pech übergiessen ,* enduire de plomb, d'étain fondu , de poix fondue. — subst. *Das übergiessen, die übergiessung ,* l'action d'en-duire , de garnir, de couvrir de quelque matière fondue.

Übergolden, v. a. dorer ,

couvrir d'or moulu , etc. — *Doppelt stark übergolden ,* sur-dorer, dorer doublement, dorer à fond , solidement. — *Das übergolden , die übergoldung ,* l'action de dorer , de surdorer, la dorure.

Überguss, m. enduit, couche de quelque matière fu-sible , de plomb, d'étain , etc.

Überhaufung , f. comble, surcroît, surcharge, accable-ment.

Überkleiben, v. a. *Ganz mit lehm bekleiben ,* enduire , couvrir de terre grasse ou de torchis. — *Eine wand über-kleiben,* enduire un mur avec du torchis.

Überkleibung, f. l'action d'enduire, de couvrir de terre grasse, de torchis , ou de quel-que matière gluante , et enduit de terre grasse.

Übermäessigscharf, adj. (*t. de crist.*), hypéroxide, c'est-à-dire aigu à l'excès : se dit d'une variété de chaux carbonatée qui renferme la combinaison de deux rhomboïdes , l'un aigu , qui est l'inverse, l'autre incomparable-ment plus aigu.

Übermass, n. surabon-dance , excès, superfluité , comble.

Übermengte arten, plur. (*t. de minér.*) , les sortes sur-mélangées.

Überragern , v. n. être au-dessus, surpasser en hau-teur.

Überraspeln, v. a. passer la râpe dessus, par-dessus. — *Ein stück holz, metall noch mals überraspeln,* repasser la râpe sur une pièce de bois, de métal ; y donner encore quelques coups de ràpe.

ÜBERSÄETIGUNG, f. (*t. de chim.*), supersaturation ; extrême rassasiement, satiété excessive.

ÜBERSAÜERE. *Voy.* SALZSAÜERE.

ÜBERSCHAAR, (*t. de min.*), espace non exploité restant entre les travaux de deux mines qui sont voisines.

ÜBERSCHARF, adj. trop tranchant. — *Das messer ist überscharf*, ce couteau est trop tranchant.

ÜBERSCHLICHTEN, v. a. (*t. de ferblant.*), planer, unir, polir, égaler avec le marteau.

ÜBERSCHUSS, (*t. de min.*), l'excédant de la recette sur la dépense, ce qui reste en caisse, tous les frais d'exploitation prélevés.

ÜBERSETZEN, v. a. traduire, faire une version ; tourner, rendre un ouvrage d'une langue en une autre ; (*t. de min.*), traverser, couper la ligne de direction d'un filon, soit par un percement, soit par un autre filon ou par veine ; (*t. de fond.*), charger le fourneau outre mesure ; v. n. passer pardessus, franchir.

ÜBER SICH BRECHEN, ÜBER SICH SCHLAGEN (*t. de min.*), travailler au-dessus de soi, percer le filon ou la roche au-dessus de sa tête, pour continuer le travail en montant vers le jour. — subst. *Das über sich brechen*, l'action de travailler au-dessus de soi, le travail en montant, le travail au plafond, vers le jour.

ÜBERSICHT, f. aperçu.

ÜBERSILBERN, v. a. argenter, couvrir de feuilles d'argent. — *Eine medaille, das stückgeld ist übersilbert*, une médaille, une pièce d'argent est fourrée, le dessus seulement est d'argent, et le dedans ou le corps est de cuivre.

ÜBERSINTERN, v. a. incruster ; former une croûte ou un enduit pierreux autour de quelques corps. — *Kalkartige wasser übersintern die gegenstände worauf sie tröpfeln*, les eaux calcaires forment un enduit pierreux sur les objets sur lesquels elles s'égouttent ou suintent.

ÜBERSINTERUNG, incrustation, croûte, enduit formé par l'eau sur un corps quelconque.

ÜBERSTÄNDIG, adj. trop fait, trop mûr, qui a été trop longtemps sur la tige, sur la racine. — *Überständiges erz*, minerai trop mûr.

ÜBERSTECHEN, v. a. (*t. de grav.*) *Eine platte überstechen*, retoucher une planche, repasser le burin sur une planche qui commence à être usée.

ÜBERTÄEFELN, v. a. boiser, lambrisser, garnir, revêtir de menuiserie. — *Die übertäfelung*, la boiserie, le lambris, le revêtement en menuiserie.

ÜBERTRAGEN, v. a. (*t. de min.*), transférer ; faire l'ouvrage pour un autre.

ÜBERTREIBEN, v. a. (*t. de chim.*), sublimer, élever les parties volatiles d'un corps par le moyen du feu dans un matras ou dans une cornue, passer par l'alambic, faire passer, faire monter dans la distillation.

— *Nochmals übertreiben*, repasser par l'alambic. — *Übertreiben*, outrer.

ÜBERTRIEBEN, adj. outré, excessif, démesuré.

ÜBERZÄHLIG FACETTIRT, adj. (*t. de crist.*), surabondante : se dit d'une variété de magnésie boratée dans laquelle les angles solides qui étoient intacts sur la variété défective sont interceptés chacun par quatre facettes, en sorte qu'il y a surabondance où il y avoit défaut.

ÜBERZINNEN, v. a. étamer, enduire d'étain fondu le dedans des vaisseaux.

ÜBERZINNT, adj. étamé, enduit d'étain fondu.

ÜBERZINNUNG, f. l'action d'étamer et étamure, ce qu'on emploie pour étamer.

ÜBERZUG, m. enduit; tout ce que l'on met sur une chose pour la couvrir. — (*t. de min.*) *Als überzug*, en croûtes ou couches superficielles à un autre minéral, expression employée pour indiquer un caractère dépendant de la vue.

ÜBERZWERK, adj. obliquement, transversalement, de biais, en biais, de travers. — *Überzwerk gehen*, aller de biais, de travers.

UFER, n. rivage, rive, bord exhaussé, soit de la mer, soit des rivières.

UFERBAUKUNST, f. partie de l'hydraulique qui enseigne la manière de fortifier les rivages, de protéger les rives, les bords contre la violence des eaux.

UFFLIEFFEN, MIT HÄMMERN UFFLIEFFEN, rendre creuses, profondes, des lames ou plaques de cuivre avec un marteau, les disposer pour en former des chaudières ou autres vaisseaux de cette nature.

UFFZUGKLOBEN, petite poulie de la balance d'essai, servant à l'élever et à l'abaisser au moyen d'un petit cordon.

ULTRAMARINBLAU, m. bleu d'outre-mer, couleur bleue faite avec le lazulite pulvérisé.

UMBER, UMBERERDE, f. terre d'ombre, sorte de bois bitumineux terreux que l'on emploie dans la fabrication des couleurs.

UMBINDEN, v. a. *Eisen umbinden*, souder et forger ensemble plusieurs morceaux de fer pour ne former ensuite de la masse qu'un outil.

UMBRECHEN, v. a. courber, recourber, replier jusqu'à briser, courber, plier une chose tellement qu'elle rompe.

UMBRECHUNG, f. l'action de rompre, de briser en repliant, en recourbant.

UMBRUCH, m. (*t. de min.*), galerie creusée par circuit.

UMFANG, m. tour, circuit, circonférence, dimension. — *Der umfang eines körpers, eines ortes*, la circonférence, l'étendue, la dimension d'un corps, d'un lieu, etc.

UMGEHEN, v. n. (*t. de min.*), être ouvert, être en œuvre, être en activité d'exploitation.

UMHÜLLEN, v. a. couvrir, voiler, envelopper, cacher, etc.

UMKEHRUNG, f. renversement, bouleversement, subversion, transposition, changement de l'ordre.

UMKREIS, m. *Die zirkel-linie*, la circonférence, le tour, le pourtour, le circuit, la périphérie, le périmètre d'un cercle; la ligne courbe qui termine le cercle.

UMLAUF, m. tour, rotation, mouvement circulaire d'un corps qui tourne sur lui-même; tour et retour. — *Leichter schneller umlauf der räder einer maschine*, la volubilité des roues d'une machine.

UMMESSEN, v. a. mesurer autrement, de rechef, de nouveau.

UMMESSUNG , f. nouveau mesurage , action de mesurer de nouveau.

UMMÜNZEN , v. a. monnoyer autrement , de nouveau. — *Abgesetzte geldsorten ummünzen*, faire des nouvelles espèces de monnoies décriées.

UMNIETHEN, v. a. river, rabattre , abattre , replier la pointe d'un clou sur l'autre côté qu'il perce. — *Die nägel sind nicht umgeniethet*, les clous ne sont pas rivés , ne sont pas rabattus sur l'autre côté.

UMPRÄGEN, v. a. *Die münzen anders prägen*, réformer les monnoies, changer l'empreinte des espèces, sans faire de refonte.

UMPRÄGUNG , f. la réformation des monnoies, le changement qu'on fait des empreintes des espèces sans faire de refonte.

UMSCHAALEN pour UMWECHSELN , v. a. changer les petits bassins d'une balance d'essai.

UMSCHÄTTIG , adj. (*t. de géog.*) *Umschättige*, Périsciens, habitans des zones froides dont l'ombre fait le tour de l'horizon en certains temps de l'année.

UMSCHLINGEN , v. a. serrer avec un nœud. — (*t. de carr.*) *Einen stein mit dem aufziehseile umschlingen*, brider une pierre.

UMSCHMELZEN , v. a. refondre, mettre une seconde fois à la fonte. — *Eine glocke, das geld, die münzen umschmelzen*, refondre une cloche, les monnoies. — *Die umschmelzung*, la refonte.

UMSCHMIEDEN , v. a. forger de nouveau, reforger, forger une seconde fois. — *Er hat das eisen umgeschmiedet*, il a reforgé ce fer pour lui donner une autre forme. — *Eisen um etwas herumschmieden*, mettre un fer autour, entourer, environner d'un fer. — *Was umschmiedet ist*, ce qui est entouré, environné d'un fer.

UMSCHREIBEN , v. a. (*t. de géom.*) *Einen zirkel mit eines figur umschreiben*, inscrire une figure à un cercle. — *Eine münze umschreiben*, mettre une inscription autour d'une monnoie, d'une médaille.

UMSTALTUNG , f. transformation , changement en une autre forme.

UMTAUSCHUNG , f. (*t. de crist.*), inversion, changement. — *Die umtauschung der winkel*, l'inversion des angles.

UMTREIBEN , v. a. faire tourner par impulsion, mouvoir en rond, agiter, pousser autour. — *Das wasser treibt das rad um*, cette eau fait tourner la roue. — *Die pferde in der muhle umtreiben*, pousser les chevaux à l'entour, les faire aller en tournant dans le moulin.

UMTRIEB, m. impulsion qui fait aller à l'entour. — *In umtrieb setzen*, mettre en activité.

UMWALZUND. *V.* UMDREHUNG.

UMWANDLUNG, f. transformation. *Voyez* UMSTALTUNG.

UMWENDUNG, f. l'action de tourner, de retourner; renversement; (*t. de crist.*), hémitropie, c'est-à-dire à demi retourné. Ce mot indique la forme cristalline que *Romé de l'Isle* appeloit mâcle.

UNABMESLICH, adj. (*t. de mathém.*), incommensurable: se dit de deux grandeurs qui n'ont pas de commune mesure.

UNABMESLICHKEIT, f. incommensurabilité; caractère de ce qui est incommensurable.

UNÄCHTERSTEIN, m. pierre sans valeur, pierre non estimable, pierre fausse, véricle.

UNAUFGELÖST, adj. qui n'est pas dissous, résous, décomposé. — *Ein unaufgelöster körper*, un corps qui n'est pas décomposé, qui n'est pas résous en ses premiers principes.

UNAUFLÖSLICH, adj. insoluble, indissoluble, qui ne se peut dissoudre ; (*t. de chim.*), fixe.

UNAUFLÖSLICHKEIT, f. insolubilité, indissolubilité, qualité de ce qui est indissoluble ; (*t. de chim.*), fixité, propriété qu'ont certains corps de n'être point volatilisés par le feu.

UNAUSLÖSLICH, adj. inextinguible, qui ne peut s'éteindre.

UNAUSLÖSLICHKEIT, f. inextinguibilité, qualité de ce qui est inextinguible, ou caractère

de ce qui est ineffaçable, indélébile.

UNBESCHLAGEN, adj. non garni de métal. — *Unbeschlagene kasten*, coffres non garnis, sans ferrure. — (*t. de charp.*) *Unbeschlagenes holz*, bois en grume, bois qui n'est pas débité ou façonné.

UNBESETZT, adj. sans garniture, non garni, non bordé.

UNBESTIMMBAR, adj. (*t. de crist.*) , indéterminable. — *Eine unbestimmbare form*, une forme indéterminable, c'est-à-dire une forme à la description de laquelle la géométrie se refuse.

UNBESTIMMECKIG, adj. (*t. de min.*), indéterminé, à bords tranchans, à bords émoussés, etc., pour exprimer la forme des fragmens d'un minéral.

UNBEWEGLICH, adj. immobile, qui ne se meut point, inébranlable, sans mouvement.

UNBEWEGLICHKEIT, f. immobilité, état de ce qui ne se meut point.

UNBIEGSAM, adj. inflexible, roide, qui n'est pas pliable.

UNCE, f. once, poids pesant huit gros, ou deux lots.

UNDURCHDRINGLICH, adj. impénétrable ; qui ne peut être pénétré, où l'on ne peut pas pénétrer. — (*t. de phys.*) *Die körper sind durchdringlich, die materie ist undurchdringlich*, les corps sont impénétrables, la matière est impénétrable ; imperméable. — *Undurchdringliche körper*, corps imperméables, corps au travers desquels un fluide ne peut pas passer.

UNDURCHDRINGLICHKEIT,

f. impénétrabilité, état de ce qui est impénétrable, imperméabilité.

UNDURCHSICHTIG, adj. qui n'est point transparent, point diaphane, opaque, qui ne donne point passage à la lumière.—*Holz, steine, métalle sind undurchsichtig*, le bois, la pierre, les métaux sont opaques, non transparens.

UNDURCHSICHTIGKEIT, f. opacité, qualité de ce qui n'est pas transparent.

UNEBEN, adj. inégal. — *Das erdreich ist uneben,* ce terrain est inégal.

UNEBENHEIT, f. inégalité, défaut d'égalité, rudesse, etc.

UNECHT ou UNÄCHT, adj. faux, factice, qui n'est pas naturel, qui est contrefait, altéré. — *Unechte steine, perlen,* pierres, perles fausses, factices.

UNEDEL, adj. ignoble. — *Unedel erz,* minerai pauvre, qui contient peu de métal. — *Unedele gänge,* filons stériles, filons sans minerai. — *Unedele steine,* pierres qui ne sont pas fines, pierres non précieuses.

UNERSCHROTEN, adj. (*t. de min.*), intact, qu'on n'a pas encore exploité, ou creusé, ou fouillé. — *Ein unerschrotenes feld,* terrain intact, endroit duquel on n'a encore extrait aucune matière minérale.

UNFÜHLBAR, adj. impalpable; si fin, si délié, qu'il ne fait aucune impression au toucher.

UNGANZ, adj. qui n'est pas entier.— (*t. de serrur.*) *Das*

eisen ist unganz, ce fer est sans liaison, il a des pailles.

UNGEBAUT, adj. qui n'est pas bâti, qui n'est pas cultivé. — (*t. de min.*) *Ungebautes werk,* une mine non exploitée.

UNGEBOGEN, adj. non courbé, qui n'est pas plié, courbé, cambré, bombé, recourbé, déversé.

UNGEFASST, adj. (*t. d'orfèv.*), hors d'œuvre, qui n'est pas mis en œuvre, qui n'est pas monté. — *Ungefasste steine,* pierres non serties, qui ne sont pas montées ou enchâssées.

UNGEFEILT, adj. non limé.

UNGEHOBELT, adj. non raboté; qui n'est pas raboté, pas aplani et poli avec le rabot, sans être raboté.

UNGELÄUTERT, adj. qui n'est pas affiné, pas raffiné, qui n'est pas purifié, soit par le feu ou autrement, de ses parties hétérogènes. — *Ungeläuterte metalle,* métaux qui ne sont pas affinés.

UNGELÖSCHT, adj. non éteint. — *Ungelöschter kalk,* chaux vive.

UNGEMENGT, adj. qui n'est pas mêlé, qui est sans mélange.

UNGEROLLT, adj. qui n'est pas roulé.

UNGERÖSTET, adj. qui n'est pas grillé.

UNGERÜCHIG, adj. inodore, qui n'a point d'odeur.

UNGESCHIEDEN, adj. qui n'est pas séparé, divisé, désuni, partagé.—*Ungeschiedene metalle, erze,* métaux, minerais non triés, non séparés, encore mêlés.

UNGESCHMELZT ou UNGE-

SCHMOLZEN , adj. qui n'est pas fondu , liquéfié , dissous.

UNGESIEBT , adj. non criblé, non sassé , non tamisé.

UNGESPITZT , adj. sans pointe.

UNGESTALTET, adj. informe; (*t. de crist.*), amorphe, c'est-à-dire d'une forme indéfinissable, comme muette pour l'œil de l'observateur ; difforme , défiguré.

UNGLEICH , adj. inégal , qui n'est point égal, pas uniforme. — *Ein ungleich winkeliges parallelipipeden ,* un parallélipipède obliquangle.

UNGLEICHARTIG , adj. hétérogène, qui est de différente nature.

UNGLEICHARTIGKEIT, f. hétérogénéité , qualité de ce qui est hétérogène.

UNGLEICHSEITIG , adj. inégal. — *ungleichseitige flächen,* faces inégales.

UNGRADFLÄECHIG, adj.(*t.de crist.*), impair : on le dit d'un cristal lorsque les nombres qui désignent les pans du prisme et les faces des deux sommets , censés différens l'un de l'autre, sont tous les trois impairs, sans être d'ailleurs en progression. *Ex.* Tourmaline impaire.

UNHALTBAR , adj. (*t. de min.*) *Unhaltbare erze , bergarten ,* mines, minéraux, substances minérales qui contiennent peu ou point de métaux.

UNHERSTELBAR , adj. (*t. de chim.*), irréductible , qui ne peut être ramené à l'état de métal ; (*t. d'algèb.*), qui ne peut être réduit à une forme plus simple.

UNIBINÄRE , adj. (*t. de crist.*), unibinaire ; cristal qui offre deux décroissemens, l'un par une rangée , l'autre par deux.

UNIVERSAL , adj. indéclinable ; universel. — (*t. de phys.*) *Der universal geist ,* l'esprit universel, la matière la plus subtile et la plus agitée.

UNKELSTEIN de *Colini,* basalte.

UNKÖPFIG, adj. *Voy.* KOPFLOS.

UNNÜTZE GEBÄUDE , exploitation sans profit, qui ne mérite pas d'être suivie ou continuée.

UNREGELMÄESSIGKEIT , f. irrégularité ; anomalie.

UNREIN , adj. impur , mal net, mélangé de quelque chose de mauvais. — (*t. de joaill.*) *Unreine steine ,* pierres glacieuses, qui ont des glaces , qui ne sont pas nettes. — *Unreine schmaragde,* émeraudes jardineuses , qui ont quelque chose de mal net. — *Unrein fass,* le cuvier aux impuretés , celui dans lequel on lave les toiles des tables de lavoir.

UNSCHALIG , adj. qui est sans écailles , sans coques, sans coquilles.

UNSCHLITT , n. *Inschlitt, inselt,* suif. — *Unschlitt oder inseltgeld ,* argent donné aux mineurs pour le suif à mettre dans leurs lampes. — *Unschlitt licht,* qu'on prononce ordinairement *inschlittlicht,* chandelle de suif.

UNSCHMELZBAR, adj. réfractaire, infusible, qui ne peut être

fondu. — *Unschmelzbare kör-*
per, corps infusibles.

UNSCHMELZBARKEIT, f. in-
fusibilité, défaut de fusibilité,
qualité d'un corps infusible.

UNTERABTHEILUNG, f. sous-
division.

UNTERBALKEN (*t. de mé-*
can.), épite, petit coin de bois
mis au bout d'une cheville pour
la grossir.

UNTERBLATT, n. feuille inférieure ; (*t. de joaill.*), la petite feuille ou lame de métal
que l'on met sous les pierres
précieuses, pour leur donner
plus de jeu.

UNTERFAHREN, v. a. (*t. de*
min.) *Die erze unterfahren,*
pousser les travaux d'une mine
jusqu'au dessous des gites de
minerai.

UNTERFAHRUNG, l'action
de pousser les travaux sous le
minerai.

UNTERFÄSSLEIN et UNTER-
FASS, petits bassins placés au-
dessous de l'extrémité des tables
à laver le minerai pour recueillir
le gravier qui peut encore en
contenir.

UNTERGERINNE, n. canal ou
bois à la suite des tables à laver.

UNTERGRABEN, v. a. creuser,
miner, caver, fouiller au-dessous. — *Einen berg, eine*
mauer untergraben, creuser, miner par-dessous une montagne,
un mur.

UNTERGRABUNG, f. fouille
qui se fait au-dessous par le bas,
dans la partie basse ; (*t. du gé-*
nie), saper, action de saper,
de fouir sous les fondemens.

UNTERHAUEN, v. a. couper,
enlever, emporter par-dessous,

de dessous avec une pioche ; (*t.*
de min.), extraire, détacher le
minerai par-dessous.

UNTERHERD, n. (*t. de fond.*),
la partie basse, la partie inférieure, le bas, le fond du foyer
d'un fourneau; pour *Stichherd,*
le bassin au-dessous du foyer
pour recevoir la matière en
fusion quand la percée est
faite.

UNTERHÖHLE, f. caverne,
grotte, antre de dessous, d'en
bas, qui est au-dessous d'une
autre caverne, ou le bas, le
fond d'une caverne.

UNTERHÖHLEN, v. a. creu-
ser sous terre, creuser, miner,
fouiller dessous.

UNTERHÖHLUNG, f. excava-
tion, fouille, action de creuser
par dessous.

UNTERIRDISCH, adj. souterrain, qui est sous terre. — *Un-*
terirdische gänge in festungen,
souterrains dans les places de
guerre.

UNTERKRIECHEN, v. a. ram-
per, glisser dessous : (*t. de*
min.), commencer la percée
d'une galerie couverte après
avoir fait la tranchée au jour
qui doit en précéder l'entrée. —
Der gang ist untergekrochen, le
filon est entamé par la percée de
la galerie.

UNTERLAGE, f. chantignole,
pièce de bois qui soutient les
pannes d'une charpente ; tout
ce qu'on met dessous, soit pour
soutenir, pour porter, pour
garantir, pour élever, pour re-
hausser. — *Unterlage unter*
einem balken, oder unter einem
tische, cale, morceau de bois
plat qu'on met sous une poutre

ou sous une table pour qu'elle soit de niveau.—*Die unterlage unter einem hebebaum*, hypomochlion, point d'appui d'un levier.—(*t. de boc.*) *Die unterlage*, la taque de fond de l'auge d'un bocard, la plaque de fer coulé qui en forme la sole, sur laquelle on jette le minerai destiné à être pulvérisé par les chutes répétées du filon.

UNTEROFENBRUCH, m. (*t. de métall.*), diphryges ; pyrites calcinées ; marc de bronze.

UNTERSATZ, m. ce qui se place sous une chose pour qu'elle soit ferme ; (*t. de boc.*), le schlich ébauché.

UNTERSCHEIDUNGSKENNZEICHEN, n. caractère distinctif.

UNTERSCHLÄCHTIG et **UNTERSCHLÄGIG**, adj. — *Eine unterschlächtige* ou *unterschlägige mühle*, un moulin à augets. — *Unterschlägiges rad*, roue qui, au défaut d'une chute suffisante pour porter l'eau motrice au-dessus, la reçoit à sa partie inférieure.

UNTERSCHLÄEGIG. *Voy.* **UNTERSCHLÄCHTIG**.

UNTERSCHNEIDEN, v. a. couper, tailler par-dessous.—(*t. de fond. de caract. d'imprim.*) *Das ünterschneiden der schriften*, écrenage. — *Unterschneidemesser*, écrénoir, instrument pour écréner, pour évider le dessous d'une lettre.

UNTERSCHÜREN, v. a. (*t. de min.*) *Pocherze in die pochkasten stürtzen*, jeter le minerai dans l'auge du bocard pour y être pilé.

UNTERSCHURSTAEMPEL, m. pilon dégrossisseur.

UNTERSTEIGER, m. sous-maître mineur, maître mineur en second.

UNTERSTÜTZEN, v. a. appuyer, accoter, soutenir par le moyen d'un appui, étayer, étançonner.

UNTERZUG, m. ce qu'on passe ou met dessous une chose pour l'affermir ; (*t. de min.*), les pièces de bois qui se placent en travers d'un filon pour soutenir les planchers qui doivent recevoir les déblais.

UNTHEILBAR, adj. indivisible, non partageable, qui ne se peut diviser.

UNTHÄTIGKEIT, f. inaction, cessation de toute action.

UNTHEILBARKEIT, f. indivisibilité, éclat, qualité de ce qui ne peut être divisé, partagé, etc.

UNVERÄNDERT, adj. qui n'a point été changé, varié. — (*t. de fond.*) *Unveränderte bley schlachken*, scories provenant de la fonte du minerai de plomb, et qui n'ont point encore servi aux mélanges. On nomme par opposition *veränderte bleyschlachken*, scories changées, celles qui ont été refondues.

UNVERARBEITET, adj. non ouvré, qui n'est pas façonné en ouvrage.— *Unverarbeitetes eisen, kupfer*, etc. fer, cuivre qui n'est pas ouvré.

UNVERBRENNBAR ou **UNVERBRENNLICH**, adj. incombustible, qui ne se consume point au feu. — *Unverbrennliche körper, substanzen*, corps, substances incombustibles.

UNVERBRENNBARKEIT ou **UN-**

VERBRENNLICHKEIT, f. incombustibilité, qualité d'une chose qui l'empêche de se consumer au feu.

UNVERBROCHEN, adj. inviolé, qui n'a point été violé. — (*t. de min.*) *Ein unverbrochenes, unverschrotenes, unverritztes, unverfahrnes feld*, endroit qu'on n'a point encore ouvert, creusé, exploité.

UNVEREINBAR, adj. aussi UNVEREINBARLICH, qui ne peut être uni ou lié avec une autre chose, qui est inalliable, incompatible, inconciliable. — *Unvereinbare metalle*, métaux inalliables, métaux qui ne peuvent s'allier l'un avec l'autre.

UNVERGITTERT, adj. qui n'est pas grillé, qui n'est pas fermé avec une grille, qui n'est pas garni de grilles, d'une travée de grilles.

UNVERMENGT, UNVERMISCHT, adj. qui n'est point mêlé, mélangé ou mixtionné. — *Ganz unvermengt*, sans aucun mélange ; (*t. de chim.*), immiscible, qui ne peut se mêler avec une autre matière.

UNVERMISCHBAR, adj. (*t. de chim.*), immiscible, qui ne peut se mélanger avec une autre matière.

UNVERMISCHBARKEIT, f. (*t. de chim.*), immiscibilité.

UNVERROSTET, adj. qui n'est pas rouillé, sans rouille.

UNVERSÄUERT, adj. qui n'est pas aigri, devenu aigre.

UNVERSTÄHLT, adj. non acéré, qui n'est pas acéré.

UNVOLLSTÄNDIG FACETTIRT, adj. (*t. de crist.*), défective : se dit d'une variété de magnésie boratée dans laquelle quatre angles solides du cube primitif sont interceptés par des facettes, tandis que les angles opposés restant intacts, subissent une espèce de défaut, de décroissement.

UNZAHLBAR, UNZÄHLIG, adj. innombrable, qu'on ne peut nombrer.

UNZEITIG, f. qui arrive, qui vient à contre-temps, qui n'est pas de saison. — (*t. de min.*) *Unzeitiges erz*, minerai non mûr, minerai que l'on est venu trop tôt pour exploiter.

UNZERGÄNGLICH, ad. qui ne se fond pas, ne se dissout pas, ne se résout pas, ne se liquéfie pas dans quelque liqueur.

UNZERGÄNGLICHKEIT, f. qualité d'une matière qui ne se fond, ni ne se dissout, qu'on ne peut délayer ni résoudre.

UNZUSAMMENHANG, f. (*t. de phys.*), incohérence, défaut de liaison.

UNZUSAMMENHÄNGEND, adj. incohérent. *Voyez* Los.

UR, mot que l'on joint à quelques noms et verbes pour marquer origine, principe, commencement, primitif. Ex. *Urtrap*, trap primitif, etc.

URAN, urane, genre urane. L'urane pur est un métal dont la couleur est le gris foncé un peu éclatant, et qui est assez tendre pour être entamé par le couteau; il a été découvert en 1789 par *Klaproth* dans une substance considérée jusqu'alors comme une variété de la blende, et qui forme aujourd'hui la première espèce de ce genre sous la dénomination d'urane oxidulé qui est le *geschwefelter uran* de *Stütz*, et le *schwarzuranerz* d'*Emmerling*. Ce même savant l'a ensuite retrouvé dans un minéral en petites lames vertes que l'on prenoit pour du cuivre muriaté, et dont on a fait la seconde espèce, c'est l'urane oxidé (*grünuranerz* d'*Emmerling*.)

Uranerz, n. urane.—*Grün* ou *grünes uraners*, urane vert, urane oxidé vert ou jaune prenant une nuance de vert lorsqu'il est humecté et se présentant le plus souvent sous la forme de lames rectangulaires. —*Sauerstoffiges uranerz,* urane ou uranite minéralisé par l'acide aérien, urane oxidé.

Uranfänglich, adj. (*t. de min.*), primitif, le premier, le plus ancien, le primordial; primitivement, originairement, primordialement.

Uranfänglichen gebirgsarten, roches ou masses minérales primitives; on nomme ainsi les roches en grandes masses qui ne renferment aucuns débris de corps organisés parce que l'on ne peut douter qu'elles ne soient plus anciennes que celles qui en contiennent, et que d'ailleurs elles sont placées au-dessous de toutes les autres: telles sont le granite, le porphyre, la chaux carbonatée saccaroïde, dite aussi marbre salin, marbre statuaire.

Uranglas, n. urane oxidulé d'*Haüy*.

Uranglimmer, urane micacé, urane oxidé.

Uranit, uranite. — *Geschwefelter uranit*, urane oxi-

dulé. — *Krystallisirter uranit* de *Suckow*, urane micacé, urane oxidé. — *Vererdeter uranit*, uranite terreuse, ocre d'urane, variété d'urane oxidé.

Uraniterz, urane oxidulé d'*Haüy*.

Uranitokher, urane oxidé.

Uranitspath, urane micacé, urane oxidé.

Urankalk de Lenz, urane oxidé. — *Erdiger urankalk*, urane oxidé terreux, ocre d'urane. — *Verhärteter urankalk*, urane oxidé terreux endurci, urane micacé de *Werner*.

Uranokher, ocre d'urane, urane oxidé très-pur, suivant *Klaproth*, dans la variété jaune, et mélangée d'un peu de fer dans les autres.

Urbild, n. original, type, prototype, premier modèle, premier exemplaire, archétype; étalon général des poids et mesures.

Urgebirge, plur. montagnes primitives, montagnes formées de couches primitives, c'est-à-dire de roches composées de cristaux déposés confusément et réunis ensemble sans intermédiaire ou disséminés dans une pâte (*V.* Uranfängliche gebirgsarten). Les montagnes primitives se terminent ordinairement en pic aigu: elles présentent d'énormes pyramides décharnées, ce qui leur a fait donner dans les Alpes le nom d'aiguilles.

Urgeist, m. (*t. des alchim*). le premier esprit, Dieu.

Urgips, gypse primitif,

gypse mélangé de mica, et dont la contexture est schisteuse.

URGRUND, m. le premier, le principal fondement, la première base.

URINGEIST (*t. de chim.*), esprit d'urine.

URINÖS, adj. (*t. de min.*), urineux, odeur urineuse semblable à la corne brûlée, caractère dépendant de l'odorat.

URINSALZ, n. sel d'urine; phosphate de soude et d'ammoniaque.

URINSÄUER, m. acide urique, acide qu'on trouve dans l'urine, qui paroît formé par l'urée et qui est une des bases du calcul urinaire.

URINSTOFF, m. urée, base de l'urine.

URKALKSTEIN, calcaire primitif; chaux carbonatée saccaroïde d'*Haüy*, roche essentiellement simple, et dont la couleur ordinaire est le blanc tirant sur le gris, mais pourtant mélangée, quelquefois de mica, de quartz, d'amphibole, de grammatite.

URPARALLELIPIPEDUM, m. (*t. de crist.*), parallélipipède générateur, celui qui est considéré comme le noyau ou la forme primitive d'un cristal, et que théoriquement on se figure sous-divisible en une multitude de parallépipèdes élémentaires.

URSPRUNG, m. origine, principe, source. — *Der ursprung der velt*, l'origine du monde; extraction, étymologie.

URSTOFF, m. (*t. de phys.*), principe, matière première, ce qui est conçu comme le premier dans la composition des choses matérielles.

URTRAP, trap primitif. *V.* TRAP.

URWASSER, n. eau primordiale.

URWELLEN, m. (*t. de fond.*), seconde préparation de la tôle pliée en deux.

URWESEN, n. le premier et le souverain être, Dieu. — (*chez les myst. alchim.*) *Die urwesen, die elemente*, les principes, les élémens.

V

VARIOLITH, variolite, sorte de roche amygdaloïde, dont les noyaux ou amandes arrondies sont d'une nature différente de celle de la masse ou ciment qui les empâte. — *Variolith von drac*, variolite du Drac, roche cornéenne grise ou brune amygdaloïde à globules cal-

VAT

caires. — *Variolith von Durance*, variolite de la Durance, roche cornéenne dure noirâtre amygdaloïde à globules de pétrosilex gris verdâtre.

VATER, ORT VOM VATER HER, expression de mineur qui signifie que le filon ou gîte actuellement en exploitation est celui qui a été découvert le premier.

VATERSCHACHT (*t. de min.*), père des puits, le plus ancien des puits d'une exploitation.

VENTIL, n. soupape, soit de pompe, soit d'orgue, etc. — *Mit einem ventil*, etc. qui a une soupape.

VENTILATOR, m. ventilateur, machine pour renouveler l'air dans un lieu fermé.

VENTURIN. *Voyez* AVANTURIN.

VENUS, f. Vénus; (*t. de chim.*), le cuivre.

VENUSTEIN. *Voyez* HYSTEROLITH. C'est l'*hysteropetra pudendum muliebre cum nimphis referens* du *Journal de Physique*, pluviôse an 13 : on la range parmi les térébratulites (*terebratula histerica*).

VERÄNDERLICH, adj. changeant, variable. — (*t. de mathém.*) *Veränderliche grössen*, quantités variables, qui varient de grandeur.

VERÄNDERN, v. a. changer, varier. — *Veränderte bleyschlacken*, scories de plomb changées ou repasées au fourneau.

VERÄNDERUNG, f. altération, l'un des caractères extérieurs des minéraux. — *Vollige veränderung*, altération totale. — *Verschiessene veränderung*, altération partielle. — *Veränderungen der grund gestalt*, altérations de la forme principale; variation, changement.

VERASCHUNG, f. cinération, réduction en cendres des combustibles.

VERBAUEN, v. a. boucher, fermer. — (*t. de min.*) *Die zeche verbauet sich*, la mine se suffit, son produit fait face à la dépense, bouche les frais.

VERBESSERUNG, f. amélioration, correction; (*t. de chim.*), amélioration d'un métal, l'action par laquelle un métal est porté à une plus grande perfection.

VERBLENDEN, v. a. éblouir, fasciner, faire illusion. — (*t. de min.*) *Gänge verblenden*, cacher, masquer des filons.

VERBLEYEN, v. a. plomber, garnir ou couvrir de plomb, couler en plomb des crampons, des gonds, etc. souder avec du plomb. — (*t. de fond*). *Verbleyen*, obtenir par la fonte le plomb contenu dans son minerai. — *Die erze verbleyen sich selbst*, les minerais se plombent d'eux-mêmes, c'est-à-dire contiennent assez de plomb pour absorber l'argent et le cuivre ou peuvent être fondus sans addition de plomb.

VERBLEYTERTERSTEIN, m. (*t. de fond.*), matte fondue en plomb; première matte à laquelle on a ajouté du plomb pour une seconde opération.

VERBLICKEN, v. n. (*t. de chim.*), faire l'éclair. — *Das silber hat verblickt*, l'argent a jeté son éclair, l'argent est affiné.

VERBRANNT, adj. brûlé, aduste.

VERBRECHEN, v. a. (*t. de min.*), rompre, briser. — *Sich verbrechen*, tomber en ruines.

VERBRENNLICH, adj. combustible. — *Verbrennliche substanzen*, substances combustibles.

VERBRENNUNG , f. (*t. de chim.*), ustion, déflagration, opération par laquelle un corps est brûlé ; conflagration , embrasement général, combustion avec flammes.

VERDERBNISS,f.(*t.de phys.*), corruption , altération , infection , putréfaction.

VERDICKEN , v. a. condenser , rendre dense , plus compacte ; (*t. de chim.*), inspisser. — *Eine durch das abdampfen verdickte materie,* une matière inspissée.

VERDICKUNG,f.(*t.de chim.*), inspissation, épaississement , condensation , action de condenser , d'inspisser ou porter à un état de condensation une substance fluide.

VERDINGEN , v. a. donner ou prendre à entreprise, convenir , accorder du prix d'un ouvrage , prendre ou donner un travail à prix fait.

VERDRUCKEN,v.a.(*t.demin.*), comprimer, serrer.— *Der gang hat sich verdrückt,* le filon s'est serré , comprimé, a perdu en puissance, s'est rétréci. *Voy.* GANG.

VERDÜNNEN , v. a. amincir , rendre plus mince, amenuiser, diminuer, dégrossir ; atténuer, rendre plus fluide, plus coulant ; raréfier , dilater un corps , lui faire occuper plus d'espace. — *Die luft verdünnen* ou *ausdehnen ,* raréfier, dilater l'air ; (*t. de chim.*), subtiliser.

.VERDÜNNT, adj. amenuisé , diminué.

VERDÜNNUNG , f. atténuation , diminution , subtilisation ; (*t. de menuis.*), amenui-

sement ; (*t. de phys.*), raréfaction, dilatation.— *Die verdünnung der luft,* la raréfaction de l'air , sa dilatation.

VERDUNSTEN , v. n. s'évaporer, s'exhaler , se dissiper.

VERDUNSTUNG , f. évaporation , exhalaison , dissipation.

VEREDLEN , v. a. ennoblir. — (*t. de min.*) *Die gänge veredlen sich ,* les filons s'ennoblissent , deviennent meilleurs , plus riches. *V.* GANG. (*t. de chim.*) , exalter, relever, augmenter , redoubler la vertu d'un métal , d'un minéral.

VEREDLUNG, f. (*t. de chim.*) *Die veredlung der metallen ,* l'exaltation des métaux , l'opération par laquelle les métaux s'améliorent ou acquièrent plus de perfection.

VEREINFACHUNG , f. simplification , réduction à simplicité.

VEREINIGUNG , f. union , réunion, jonction; (*t. de crist*), assortiment. — *Die vereinigung der molekuls ,* l'assortiment des molécules.

VEREINIGUNGSKRAFT , f. attraction. *Voyez* ANZIEHUNGS-KRAFT.

VERERDEN , v. a. réduire, convertir en terre. — *Der rost vererdet das eisen,* la rouille convertit le fer en terre.

VERERDUNG , f. la réduction , la conversion en terre.

VERERZEN , v. a. minéraliser, convertir, changer en minéral. — *Die metallischen dünste vererzen die erdarten, mit welchen sie sich verbinden,* les vapeurs métalliques minéralisent les terres avec lesquelles elles se combinent.

VERERZT, adj. minéralisé, changé, converti en minéral.

VERERZUNG, f. minéralisation ; réduction, conversion en minéral ; acte de combinaison d'un principe minéralisateur. *Voyez* le mot suivant.

VERERZUNGSMITTEL, m. minéralisateur, principe combiné avec un métal.

VERFÆLSCHEN, v. a. falsifier, altérer, corrompre. — *Das geld, die münzen verfälschen*, altérer, falsifier les monnoies par un faux alliage.

VERFAHREN, v. a. irrég. (*t. de min.*) *Einen gang verfahren*, travailler à côté d'un filon sans y toucher, manquer le filon. — *Seine schict verfahren*, faire sa tâche, fournir son poste, s'acquitter de sa besogne, de son travail. — *Verfahrnes feld*, terrain exploité, terrain fouillé en tous sens et dont on a tout extrait.— subst. *Das verfahren*, le procédé, la méthode à suivre pour quelque opération.

VERFALL, m. (*t. de min.*), déchéance. — *Der verfall seines baurechtes*, la déchéance de son droit d'exploitation ; déchet, diminution, dépréciation. — *Verfall des goldes*, la baisse de l'argent.

VERFALLEN, v. n. (*t. de min.*), déchoir, tomber au fisc, être dévolu ; adj. échu, déchu, caduc, dévolu, confiscable.

VERFAULBAR, adj. putrescible, sujet à la pourriture.

VERFAULT, adj. pourri, corrompu. *Voy.* FAUL.

VERFEINERER, m. affineur, raffineur, celui qui raffine, qui perfectionne.

VERFEINERN, v. a. raffiner, rendre plus fin. — *Metalle verfeinern*, améliorer, épurer, affiner des métaux, les porter à une plus grande perfection.

VERFEINERUNG, f. (*t. de métall.*), affinage, purification, amélioration des métaux, affinement, action d'affiner.

VERFLÄCHEN, v. r. s'incliner, s'abaisser, diminuer de pente. — *Die berge verflächen sich*, les montagnes s'abaissent, deviennent moins roides.

VERFLÄCHUNG, f. (*t. de min.*), pente, inclinaison.

VERFLÜCHTIGEN, v. a. volatiliser, vaporiser, rendre volatil. — *Der arsenik verflüchtiget sich leicht*, l'arsenic se volatilise aisément.

VERFLÜCHTIGUNG, f. volatilisation, action de volatiliser.

VERGATTIREN, v. a. (*t. de fond.*), mêler ensemble plusieurs sortes de minerais de fer pour la fonte, afin de modifier les unes et les autres.

VERGEISTIGEN, v. n. (*t. de chim.*), spiritualiser, réduire les corps mixtes en esprit, extraire les esprits des corps mixtes.

VERGEISTIGUNG, v. n. (*t. de chim.*), spiritualiser, réduction des corps compactes en esprit ; volatilisation des corps solides ou liquides.

VERGEWERKEN ou **VERGEWERKSCHAFFTEN**, v. (*t. de min.*), départir, distribuer, répartir les parts d'une mine pour l'exploiter;trouver des associés; enrôler des exploiteurs.

Vergiessen, v. a. (*t. de bâtim.*) *Mit bley vergiessen*, sceller, attacher avec du plomb.

Verglasbar, adj. vitrifiable, propre à être changé en verre.

Verglasen, v. a. (*t. de phys.*), vitrifier, fondre une matière et la convertir en fer.

Verglaset, adj. vitrifié, converti en verre.

Verglasieren ou Verglasurn, v. a. (*t. de potier*), vernisser, plomber.

Verglasiert, adj. vernissé, plombé.

Verglasierung, f. l'action de vernisser, de plomber, de vernir la vaisselle de terre avec la mine de plomb.

Verglasung, f. (*t. de phys.*), vitrification, l'action de vitrifier, état de ce qui est vitrifié.

Vergleichen, v. a., (*t. d'arts*), égaler, égaliser, aplanir, rendre égal ; ajuster, rendre juste, proportionner ; unir, rendre uni, mettre de niveau, réunir au même niveau ; raccorder. — *Die eisen stangen vergleichen*, égaler les barres de fer. (*t. de fond. de lettres d'imprim.*), justifier, comparer, faire une comparaison.

Vergleichungsglied, m. terme de comparaison.

Verglühen, v. n. (*t. de fond.*), cesser d'être rouge de feu, n'être plus embrasé. — *Das eisen ist verglüht*, ce fer n'est plus rouge.

Vergoldballen, m. (*t. de doreur*), pressoir.

Vergolden, v. a. dorer,

enduire ou couvrir de feuilles d'or.

Vergoldmesser, m. avivoir, outil de doreur.

Vergoldung, f. dorure. — *Rothe vergoldung*, vermeil, dorure d'un aspect rougeâtre. On connoît trois sortes de dorure, savoir : 1°. celle qui se fait au moyen d'un mordant sur les corps qui ne peuvent éprouver l'action du feu, comme le bois, le carton, le cuir; 2°. celle sur porcelaine avec de l'or réduit en poudre extrèmement fine, et employée au pinceau, puis fixée par le feu ; 3°. celle sur argent ou sur cuivre au moyen du mercure, c'est-à-dire avec de l'or dissous dans le mercure, puis passé au feu pour faire volatiliser le mercure : cette dernière espèce de dorure se nomme or moulu.

Vergrösserungsglas, n. microscope, instrument d'optique qui grossit les objets.

Vergrösserungsmesser, m. auxomètre, instrument pour mesurer ce dont grossissent les lunettes.

Vergulden. *Voyez* **Vergolden**.

Verhältniss, n. (*t. de mathém.*), raison, rapport, proportion, analogie.

Verhärten, v. a. endurcir, durcir, rendre dur. — *Das feüer verhärtet den thon*, le feu endurcit l'argile. — *Das löschen verhärtet das eisen noch mehr*, la trempe rend le fer plus dur, le rendurcit.

Verhärtet, adj. durci, endurci. — *Verhärteter thon*, argile endurcie.

VERHAUEN, abattre, couper, retrancher; (*t. de min.*), exploiter à fond, tout extraire. On dit d'un mineur embarrassé de ses décombres *er hat sich verhauet*, il s'est coupé le travail par ses déblais, il est empêché de continuer sa percée par la quantité de pierres qu'il a laissé s'amonceler.

VERJÜNGEN, v. a. (*t. d'arts*), rajeunir; rapetisser, rendre plus petit, diminuer, amincir, réduire, mettre en petit dans les mêmes proportions. — *Verjüngte probe*, essai en petit. — *Verjüngter massstab*, l'échelle réduite, les lignes comptées pour des toises; contracter.

VERJÜNGT, adj. (*t. de crist.*), contracté : se dit d'une variété de chaux carbonatée dodécaèdre dans laquelle les bases des pentagones extrêmes éprouvent une sorte de contraction, en conséquence de l'inclinaison des faces latérales.

VERKALKEN, v. a. calciner, oxider, réduire à l'état d'oxide les métaux combustibles.

VERKALKT, adj. calciné, réduit à l'état d'oxide, à l'état de chaux.

VERKALKUNG, f. calcination, l'action de calciner; (*t. de chim.*), ustion.

VERKASTEN, v. a. (*t. de min.*), raffermir par des encaissemens de décombres un terrain exploité ou qui menace ruine.

VERKÄSTETES FELD, expression de mineur qui signifie terrain encombré de *kastes* ou de

madriers chargés de déblais; terrain exploité et remblayé.

VERKEHRT, adj. (*t. de crist.*), dérangé, renversé : se dit d'un cristal dont la pyramide, au lieu d'être engagée par la base, l'est par le sommet; inverse. *Voyez* UMGEKEHRT.

VERKEILEN, v. a. affermir, arrêter, assujettir avec des cales, avec des coins ou biseaux, caler. — *Was gut verkeilt ist*, ce qui est bien calé, bien affermi.

VERKETTUNG, f. liaison, enchaînement, suite de plusieurs choses de même nature.

VERKLAMMERN, v. a. joindre, lier, unir, attacher; affermir avec des crampons, harpons, grapins, avec des mains de fer.

VERKLAMMERUNG, f. jonction, union avec des mains de fer, des harpons; (*t. de charp.*), liaison, jonction avec des moises.

VERKLEIBEN, v. a. calfeutrer, fermer, boucher avec de la terre grasse. — *Einen ofen verkleiben*, joindre les pièces d'un fourneau avec de l'argile, de la glaise ou de la terre grasse; (*t. de potier*), embourrer.

VEKKLEIBUNG, f. DAS VERKLEIBEN, calfeutrage, l'action de boucher, de fermer les fentes avec de la glaise, de la terre grasse, du papier collé, etc.

VERKLEIDEN, v. a. (*t. d'archit.*), revêtir, couvrir, garnir de pierres, de marbre, etc. — *Eine mauer, einen pfeiler mit marmor, mit jaspis verkleiden*, revêtir de marbre, de jaspe, une muraille, un pilastre ; travestir, déguiser, masquer.

Verkleidet, adj. *Mit marmor, mit jaspis verkleidete mauer,* muraille incrustée, revêtue, couverte de marbre, de jaspe.

Verkleidung, f. revêtement ; travestissement, déguisement.

Verkleinen, v. a. (*t. de min.*), rendre plus petit, réduire, briser en petits morceaux. — *Das gestübe verkleinen,* pulvériser la brasque.

Verknistern, v. n. (*t. de chim.*), être décrépité, ne plus petiller. — *Das salz hat verknistert,* le sel a décrépité, a cessé de petiller. — *Verknistertes salz,* sel décrépité.

Verknisternd, adj. (*t. de chim.*), décrépitant, petillant, s'enflammant ou se dilatant avec plus ou moins de bruit.

Verknüpfung, f. jonction, union, adhésion.

Verkohlen, v. a. réduire en charbon. — *Das verkohlen,* réduction en charbon. — *Verkohltes holz,* bois carbonifié.

Verkörpern, v. a. (*t. de chim.*), corporifier, fixer en corps les parties éparses d'une substance.

Verkörperung, f. (*t. de chim.*), corporification, corporisation.

Verkühlen, v. n. rafraîchir ; devenir frais, froid, etc.

Verkühlung, f. refroidissement, diminution de chaleur.

Verlag, m. l'avance, le déboursé, les frais ou dépens que l'on avance pour quelque chose ; (*t. de min.*), la rentrée des frais, le remplacement ou remboursement par les produits de l'exploitation de l'avance de fonds qu'elle a exigés.

Verlängerung, f. alongement, augmentation de longueur, prolongement, agrandissement, extension.

Verlaufen, v. r. s'écouler, s'en aller en s'écoulant, passer. — *Das grün bleyerz verläuft sich aus dem olivengrün durch das zeisiggrün in das citrongelb,* le plomb vert passe du vert olive par le vert de serin au vert citron.

Verlegen, v. a. (*t. de min.*), faire les avances nécessaires aux besoins d'une exploitation.

Verleger, m. (*t. de min.*), le mandataire d'une société d'exploitans, ou seulement de quelques associés, chargé de répondre aux appels de fonds pour ses commettans.

Verleichbuch, n. (*t. de min.*), livre ou registre des concessions.

Verleihen, v. a. (*t. de min.*), louer une mine, la donner en concession et en assigner les limites. — *Verleihetag,* jour auquel la concession se donne, jour des investitures, d'ordinaire le samedi. — *Verleihbuch,* registre des concessions.

Verliegen, v. r. vieillir, changer de qualité, se détériorer, se gâter. — (*t. de min.*) *Verliegen auf der zeche,* exploiter une mine à son désavantage, s'y ruiner, ne pouvoir rien en tirer à cause de la trop grande dureté de la roche, y perdre ses peines.

Verlochsteinen am tag,

marquer au jour , c'est-à-dire à la superficie , avec des bornes de pierre, les limites d'une concession.

Verlohrneschnur, f. (*t. de min.*), cordon perdu , le mesurage perdu , le mesurage de simple précaution. — *Mit verlohrner schnur vermessen lassen*, faire mesurer les travaux souterrains d'une mine pour s'assurer qu'ils se trouvent entre les limites ou bornes marquées à la superficie , et connoître de combien ils en sont encore éloignés , pour pouvoir ensuite plus sûrement procéder au mesurage solennel ou officiel.

Vrrlöthen, v. a. souder, joindre des pièces de métal ensemble par le moyen de l'étain.

Verlöthung, f. la soudure, l'action de souder , et l'endroit par où les deux pièces de métal sont soudées.

Verlust, m. perte , dommage , préjudice, ruine , déperdition, dissipation de substance.

Verlutieren, v. a. (*t. de chim.*), luter , enduire de lut, fermer avec du lut les vaisseaux qu'on met au feu, les boucher hermétiquement pour qu'aucun gaz ne s'échappe. — *Verlutierte gefässe,* vaisseaux lutés.

Vermengt, adj. mêlé, confondu.

Vermengung , f. mélange, embrouillement, confusion.

Vermessen, v. a. mesurer , arpenter. — (*t. de min.*) *Am tage vermessen,* mesurer à la surface du terrain l'espace qui reste entre deux concessions de mine , pour savoir s'il est suf-

fisant pour former l'objet d'une troisième concession. — *Vermessens-ausruffung,* demande de mesurage , invitation aux officiers des mines de venir mesurer le terrain d'une concession. — *Vermessens schuldigkeit,* obligation de faire mesurer sa mine.—*Vermessensbuch,* registre des opérations de mesurage.—*Vermessen ist unkrafftig,* le mesurage est sans force ou doit être considéré comme non avenu.

Vermessung , f. *Das vermessen ,* le mesurage , l'arpentage.

Vermiculit, vermiculite, vermiculaire fossile ; coquille tubulée , tortillée irrégulièrement en spirale , ordinairement adhérente et garnie d'une ouverture operculée.

Vermischt, adj. mêlé, mélangé. — (*t. de géom.*) *Gemischte linie,* lignes mixtes. —*Eine vermischte figur,* une figure mixtiligne.

Vermünzen, v. a. monnoyer, faire de la monnoie. — *Alles silber , gold vermünzen,* monnoyer tout l'or et l'argent. — *Nichts als gold vermünzen,* ne monnoyer que de l'or , ne battre que de la monnoie d'or. — *Vermünztes silber,* argent monnoyé.

Vernasen, v. a. (*t. de fond.*), conduire le nez ; rompre, détacher avec un fer les scories qui s'attachent à la tuyère pendant la fonte, et qui gênent le vent des soufflets.

Veronesererde, f. terre de Vérone , terre verte de Vérone,

talc chlorite zographique, c'est-
à-dire propre à la peinture.

VERPACHTEN , v. a. affer-
mer , donner à ferme ; (*t. de
min.*) , louer une mine , en accorder la concession à certaines
conditions.

VERPFÆNDEN , v. a. (*t. de
min.*) , r'habiller une charpente
de mine , la consolider , la remettre en état , insérer des
coins , des alèzes où il est nécessaire , etc.

VERPRASSELN , v. n. (*t. de
chim.*) , décrépiter. — *Das salz
verprasseln lassen* , faire décrépiter le sel. — *Das verprasseln* , la décrépitation.

VERPUFFEN , v. a. (*t. de
chim.*) , détonner, fulminer ,
s'enflammer subitement et avec
bruit. — *Salpeter verpuffen lassen* , faire détonner du nitre.

VERPUFFUNG , f. (*t. de
chim.*) , détonnation , fulmination , inflammation violente et
subite avec explosion ; décrépitation , petillement des sels
dans le feu.

VERQUECKSILBERN , v. a.
(*t. de chim.*) , mercurifier ;
extraire le mercure de sa gangue , ou des minéraux et métaux qui le renferment.

VERQUECKSILBERUNG , f.
mercurification ; opération par
laquelle on tire le mercure des
métaux ou minéraux qui en contiennent.

VERQUICKEN , v. a. (*t. de
chim.*) , amalgamer, unir ou
incorporer un métal , spécialement l'or ou l'argent , avec le
mercure. — *Ein verquicktes
metall* , un métal amalgamé ,
un amalgame.

VERQUICKUNG , f. *Das verquicken* , l'amalgamation , l'action d'amalgamer.

VERRAMMEN et VERRAM-
MELN , v. a. barricader ; (*t. de
min.*) , bourrer la cartouche
dans le trou de mine pour que
la poudre fasse son effet.

VERRITZEN , v. a. (*t. de
min.*) , entamer. — *Verriztes-
feld* , terrain entamé , terrain
où il a déjà été établi des travaux
de mine.

VERRÜCKEN DER GÄNGE.
Voyez VERDRÜCKEN et GANG.

VERSAUBERN , v. a. (*t. de
potier d'étain*) , achever de
polir.

VERSCHIEBEN , v. a. déranger , déplacer ; (*t. de min.*) ,
presser sur le côté, interrompre
la marche des veines : se dit
d'un filon puissant qui survient
et dérange une veine.

VERSCHIEDEN , adj. divers ,
différent, dissemblable , distinct.

VERSCHIEDENHEIT , f. différence , diversité , variété.

VERSCHIESSEN , v. a. tirer,
consumer en tirant. — (*t. de
min.*) *Verschiessen* , garnir
avec des dosses (*schwarte*) ou
pièces de bois refendues la partie supérieure ou les côtés d'une
galerie, en les introduisant derrière les solives pour soutenir
les terrains friables. *Voyez*
SPREITZE.

VERSCHLACKEN , v. a. sco-
rifier , convertir , réduire en
scories ; v. r. se scorifier, se
réduire en scories.

VERSCHLACKT , adj. scorifié,
réduit en scories.

VERSCHLACKUNG, f. la scorification, l'action de réduire en scories.

VERSCHLAG, m. (*t. de salin.*), essai du sel, épreuve que l'on tente pour connoître le degré de l'eau salée, et s'il comporte les frais d'un établissement ; cloison, cloisonnage.

VERSCHLAGEN, v. a. (*t. d'arts et métiers*), fermer, serrer avec des clous. — (*t. de min.*) *Verschlagen die eisen*, émousser les outils, en gâter le taillant.

VERSCHLÄMMEN et VERSCHLEMMEN, v. a. couvrir, remplir de boue, de vase, de limon. — *Die graben sind verschlämmt*, les fossés sont remplis de limon, de vase.

VERSCHLUCKEN, v. a. avaler, engloutir, absorber.

VERSCHMELZEN, v. a. consumer en fondant, en faisant fondre. — *Alles bley, alles metall verschmelzen*, fondre, faire fondre tout le plomb, tous les métaux que l'on a, les avoir tous jetés en fonte.

VERSCHMELZUNG, f. *Das verschmelzen*, l'action de consumer, d'employer tout le plomb, tous les métaux à fondre, à jeter en fonte.

VERSCHMIEDEN, v. a. forger, marteler. — *Alles eisen verschmieden*, forger tout le fer. — *Das eisen ist alles verschmiedet*, tout le fer est employé.

VERSCHMIEREN, v. a. (*t. de min.*) *Die gänge verschmieren*, enduire, oindre avec de l'argile ou toute autre matière molle un filon pour le masquer et pour qu'on ne l'aperçoive pas.

VERSCHNÜREN, v. a. mesurer à la corde, corder. — *Eine zeche verschnüren lassen*, déterminer par le mesurage à la corde l'étendue des travaux souterrains d'une mine. — *Das verschnüren*, subst. l'action de mesurer à la corde, de corder.

VERSCHOSSEN, v. a. (*t. de min.*), garnir, revêtir de bois tant la partie supérieure d'une galerie que ses côtés, lorsque les éboulemens sont à craindre.

VERSCHRÄMEN, v. a. (*t. de min.*) *Einen gang verschrämen*, entailler, déchausser un filon, faire une tranchée à côté, ce qui facilite l'extraction du minerai. — *Verschrämtes feld*, rocher enlevé, mais sans avoir touché au minerai qui est resté à côté.

VERSCHRÄNKEN, v. a. fermer, enfermer, entourer de pièces de bois mises en croix ou sautoir.

VERSCHRÄNKUNG, f. clôture, fermeture de pièces croisées, entrelacement et l'action de croiser.

VERSCHRAUBEN, v. a. visser, fermer à vis, affermir avec une vis ; pour *falsch schrauben*, visser à faux, faire mal tourner une vis.

VERSCHROTEN, v. a. (*t. de min.*) *Verschrotene wasser*, eaux qui s'écoulent des travaux d'une mine par les galeries ou toute autre voie souterraine, eaux tirées d'une mine par quelques percemens. — *Verschrotenes feld*, terrain percé de galeries et autres travaux de mine. *Voyez* VERRITZEN.

VERSCHÜTTEN, v. a. encombrer. — *Einen brunnen, einen graben verschütten,* combler un puits, un fossé, les remplir de gravier, de sable, etc. — (*t. de min.*) *Ein verschütteter oder fauler gang,* filon pourri, ébouleux, qui s'écroule, qui contient de la roche ou pierre par lits entre lesquels est une terre argile glaise.

VERSENKEN, v. a. enfoncer. — (*t. d'arts*) *Den kopf einer schraube versenken,* river la tête d'une vis dans un trou, de manière qu'elle affleuve et ne déborde pas.

VERSETZEN, v. a. déplacer, déranger, transférer, transposer. (*t. de min.*) *Versetzen,* couvrir de pierres, masquer avec des pierres. — *Versetzte berge,* déblais pierreux déposés sur les planchers, ou kastes, au-dessus des galeries de mines, au lieu de les porter au jour ; pour *vermischen,* allier, mêler, incorporer ensemble. — *Das gold mit silber versetzen,* allier l'or avec l'argent. — *Messing ist mit zink versetztes kupfer,* le laiton est du cuivre allié avec du zinc. — (*t. de peint.*) *Die farben versetzen,* mêler les couleurs, faire le mélange, l'union de plusieurs teintes. — *Edelsteine versetzen,* monter des pierreries, les enchâsser, les mettre en œuvre.

VERSIEGELN, v. a. cacheter, sceller. — (*t. de chim.*) *Hermetisch versiegeln,* sceller, boucher hermétiquement, aussi bien que possible.

VERSILBERN, v. a. argenter, appliquer de l'argent, des feuilles d'argent sur un métal.

VERSILBERUNG, f. l'argenture, l'action d'argenter, feuilles d'argent appliquées. — *Die versilberung abmachen,* désargenter.

VERSILBERUNGSKUNST, f. l'argenture, l'art d'argenter, d'appliquer des feuilles d'argent sur quelque corps.

VERSINTERN, VERSINTERUNG. *Voyez* ÜBERSINTERN et ÜBERSINTERUNG.

VERSORGER, m. (*t. de min.*), le pourvoyeur, celui qui est chargé de veiller immédiatement aux besoins de l'établissement, et de fournir tout ce qui lui est nécessaire.

VERSPREITZEN, v. a. (*t. de min.*) *Den gang verspreitzen,* garantir les voies souterraines ou galeries des éboulemens, en plaçant des pièces de bois refendues entre la roche et les étançons. *Voyez* SPREITZE.

VERSPRIEGELN et VERSPRÜGELN, v. a. (*t. de min.*), garnir de pièces de bois courtes les fentes entre les creux. Lorsqu'un éboulement a renversé la charpente d'une galerie au point d'en intercepter le passage, on dit : *Der stollen hat sich versprügelt,* la galerie s'est garnie ou remplie de bois.

VERSTÆHLEN, v. a. *Stæhlen,* acérer ; mettre de l'acier dans du fer que l'on veut rendre tranchant. — *Verstählt,* acéré. — *Eine verstählte axte, messer, klinge,* une cognée, un couteau, une lame acérée.

VERSTÆHLUNG, f. l'action d'acérer.

VERSTECKTRHOMBISCH, adj. rhombifère : se dit d'un cristal

lorsque certaines facettes sont de vrais rhombes, quoique d'après la manière dont elles sont coupées par les faces voisines, elles ne parussent pas au premier coup d'œil devoir être d'une figure symétrique. Ex. *Versteckt rhombischer quarz*, quartz rhombifère.

Versteinen, v. a. borner, aborner, planter des bornes pour marquer les limites d'un terrain.

Versteinern, v. a. pétrifier, changer en pierre, faire devenir de nature de pierre. — *Manche vasser versteinern die körper, welche darein gerathen*, il y a des eaux qui pétrifient les corps qui y séjournent; v. r. se pétrifier, se changer en pierre. — *Das holz versteinert sich in diesem boden*, le bois se pétrifie dans ce terrain, c'est-à-dire que la matière pierreuse se substitue à la matière végétale à mesure que celle-ci se décompose.

Versteinernd, adj. pétrifiant, lapidifique, qui a la faculté de pétrifier. — *Ein versteinernder safft*, un suc lapidifique.

Versteinert, adj. pétrifié, changé en pierre. — *Ein versteinerter fisch*, un poisson pétrifié. — *Versteinertes aloë holz*, bois d'aloès pétrifié, ou agallochite, variété du quartz xyloïde d'*Haüy*. — *Versteinerte conchilien*, pierres coquillères.

Versteinerung, f. pétrification, lapidification. — *Versteinerungs achat*, quartz agate conchylioïde.

Versteinerungskraft, f. la faculté de pétrifier, de changer les corps en pierres.

Verstollen, v. a. (*t. de min.*), ouvrir, percer, creuser des galeries, faire des percemens dans une mine. — *Ein verstolltes feld*, un terrain percé de galeries.

Verstollung, f. l'action de percer des galeries.

Verstrossen, (*t. de min.*), exploiter par strosses. — *Verstrossetes feld*, terrain ou mine exploitée en strosses, en gradins, où il y a beaucoup de strosses ou gradins les uns sur les autres. — *Verstrosseter bergbau*, exploitation par strosses.

Verstuffen, v. a. (*t. de min.*), faire avec la pointerolle une entaille de reconnoissance dans l'intérieur d'une galerie, ou sur la roche de tout autre point de travail d'une mine, pour pouvoir ensuite mesurer depuis ce point l'avancement des travaux.

Verstürzen, v. a. (*t. de min.*), combler, remplir, remblayer. — *Einen schacht verstürzen*, combler une bure, un puits de mine, le remplir de déblais. — *Einen gang verstürzen*, couvrir, cacher un filon par des décombres. — *Verstürzte gänge augenscheinlich machen*, rendre visibles, apparens des filons cachés.

Versuch, m. essai, épreuve qu'on fait d'une chose.

Versuchen, v. a. essayer, faire un essai.

Versudeln, v. a. (*t. de fond.*), encrasser, crotter, salir, souiller. On emploie cette expression dans le traitement de minerai, pour dire qu'une fonte va mal, que les matières s'attachent au fourneau, et que le métal reste dans les scories ; occasionner quelque perte par défaut de surveillance ou d'attention pendant la fonte.

VERSÜSSEN, v. a. adoucir, rendre doux; (*t. de chim.*), dulcifier, tempérer les acides.

VERTHEILEN, v. a. distribuer, répartir, partager. — *Ein schön vertheiltes werk*, un ouvrage bien distribué.

VERTIEFEN, v. a. approfondir, rendre profond, ou plus profond.

VERTIEFUNG, f. *Das vertiefen*, l'action d'approfondir, de creuser davantage ; cavité, creux, excavation, enfoncement. — *Die vertiefungen der see*, les enfoncemens de la mer, ses avances ou empiètemens sur les terres, tels qu'un golfe, une baie, une anse, etc. *Voyez* MEERBÜSEN.

VERTIKAL, adj. *Voyez* SCHEITELRECHT.

VERTRAG, m. accord, traité, transaction. — *Vertragbuch*, livres ou registres des transactions.

VERUNEDELN, v. a. dégrader, rendre ignoble. — (*t. de min.*), diminuer, perdre, appauvrir.—*Ein gang verunedelt sich*, un filon devient moins riche, s'appauvrit, contient moins de minerai.

VERUNEDELUNG, f. perte, diminution, dégradation.

VERWANDELBAR, adj. transmuable ; en parlant des métaux, qui peut être transmué. —*Die*

verwandelbarkeit der metalle, la transmuabilité des métaux.

VERWANDELN, v. a. transmuer des métaux, les changer. — *Das bley lasset sich nicht in gold verwandeln*, le plomb ne peut être converti, transmué, changé en or.

VERWANDLUNG, f. transmutation, conversion, métamorphose ; (*t. de min.*), mutabilité, chatoiement, variation des couleurs. — *Der metalle verwandlung*, la transmutation des métaux.—*Die verwandlung eines organischen korpers in ein mineral*, la conversion d'un corps organique en minéral.

VERWANDSCHAFT, f. parenté, parentage, rapport, relation, liaison. — (*t. de chim.*) *Chimische verwandschaft*, affinité, tendance à s'unir.—*Verwandschafts gesetze*, lois d'affinité. *Berthollet* pose pour principe général que l'affinité des différentes substances s'exerce en raison de l'énergie relative qu'elle a dans chaque substance, et de la quantité de chaque substance qui se trouve dans la sphère d'activité ; et il ajoute qu'il y a dans les substances des affinités dominantes qui sont la source de leurs propriétés caractéristiques.

VERWASCHEN, n. (*t. de boc.*), lavage. — *Das verwaschen der erze*, le lavage des minerais.

VERWICKELTGEFUGT, adj. (*t. de crist.*), complexe. On nomme ainsi un cristal dont la structure est compliquée de lois peu ordinaires, comme lorsqu'elle est produite par des décroissemens, les uns mixtes, les autres intermédiaires. *Ex.* chaux carbonatée complexe.

Verwickelung, f. embrouillement, désordre, embarras, complication, assemblage confus de choses de différente nature.

Verwirrt ou Verworren, adv. confusément, d'une manière confuse ; (*t. de minér.*), embrouillé ou rameux, pour désigner la forme d'un minéral.

Verwirrung, f. confusion, mélange confus ; (*t. de min.*), rassemblement de filons, lieu où plusieurs filons se réunissent et se confondent, de manière qu'on ne peut plus en déterminer la direction ni l'inclinaison.

Verwischen, v. a. effacer, ôter. — (*t. de crist.*) *Die kanten verwischen sich* , les arêtes s'oblitèrent.

Verwittern, v. n. (*t. de phys.*), effleurir, tomber en efflorescence, s'altérer, fuser, se résoudre, perdre ses propriétés à l'air. — *Die erze verwittern wenn sie durch die luft und säuere aufgelöset werden,* les minerais tombent en efflorescence et sont décomposés par l'air et par les acides.

Verworfen, adj. (*t. de min.*), dérangé. — *Verworfene gang,* filon dérangé.

Verworren, adj. mêlé, brouillé, embrouillé, confus. — *Eine verworrene krystallisation* , une cristallisation confuse.

Verwundetesfeld. *Voyez* Verritzen.

Verzehren , v. a. dépenser ; (*t. de chim.*), absorber. — *Verzehrend* , absorbant. — *Verzehrt,* absorbé.

Verzeichniss, n. spécification, déclaration , dénombrement, un inventaire, rôle, mémoire, état par écrit, tarif. — — *Das verzeichniss der waaren preise,* le tarif des marchandises ; pour *register,* table.

Verzimmern, v. a. (*t. de min.*), revêtir, garnir de planches. — *Einen schacht verzimmern,* cuveler un puits, le revêtir de planches ou de solives.

Verzimmerung , f. cuvelage, revêtement de charpente.

Verzinnen, v. a. étamer. — *Kupferne gefässe verzinnen,* étamer des vaisseaux de cuivre. — *Verzinntes blech,* feuille de fer étamé, fer-blanc. On applique l'étain par la fusion à la surface du cuivre et du fer ; il empêche le premier de se couvrir de vert-de-gris, et le second de se rouiller. On l'applique en feuille derrière les glaces pour leur donner ce qu'on appelle le tain, c'est-à-dire en faire des miroirs.

Verzinnkolben , m. le fer à étamer.

Verzinnung, f. étamage, l'action d'étamer ; étamure, ce qu'on emploie pour étamer.

Verzweigen, v. a. ramifier, s'étendre en rameaux ou petites branches, se diviser, se partager en plusieurs rameaux.

Verzweigung, f. ramification.

Vestungsachat et Vestungsstein de *Gmelin,* agate

en fortification, quartz agate onyx présentant des bandes en zigzag.

Vesuvian, vésuvienne, hyacinthine, idocrase d'*Haüy* ; suivant *Kirwan*, leucite ou amphigène d'*Haüy* ; à Naples, gemme du Vésuve.

Vieleck, n. le polygone.— *Vielecke*, des polygones, des figures polygones.

Vieleckig, adj. polygone, qui a plusieurs angles et plusieurs côtés.

Vielfache grösse, **Vielnamige grösse**, f. multinome; polynome, quantité algébrique composée de plusieurs termes distingués par les signes *plus* ou *moins*.

Vielschalig, adj. multivalve, qui s'ouvre en plusieurs valves. — *Vielschalige muscheln*, coquilles multivalves.

Vielseitig, adj. multilatère, qui a plus de quatre côtés. — *Vielseitige figur*, polyèdre, corps solides à plusieurs faces.

Viel vor das eisen nehmen, expression de mineur qui signifie trop de travail pour l'outil, c'est-à-dire que le mineur a pris plus d'ouvrage qu'il n'en peut faire.

Viereckig, adj. carré, qui a quatre côtés et quatre angles droits; adv. carrément; quadrangulaire, qui a quatre angles.

Vierfach, adj. quadruple, quatre fois autant, quatre fois aussi grand.

Vierfachenteet, adj. (*t. de crist.*), quadriépointé ; cristal dont chaque angle solide de la forme primitive est intercepté par quatre facettes.

Vierfachwechselend gleichflächig, adj. (*t. de crist.*), bibisalterne ; cristal qui a deux ordres de facettes bisalternes, tant sur la partie supérieure que sur l'inférieure.

Viernamig, m. (*t. d'alg.*), quadrinome, grandeur composée de quatre termes.

Vierseitig, adj. quadrilatère, figure qui a quatre côtés.

Viertding, la quatrième partie d'un marc ou quatre lots.

Viertelduplirt, adj. (*t. de crist.*), sousquadruple : se dit d'un cristal lorsque l'exposant relatif à un décroissement est le quart de la somme des autres exposans.

Vierung. f. (*t. de min.*), quadrature, largeur du terrain d'une mine, étendue de trois toises et demie de chaque côté d'un filon, tant par le toit que par le mur.

Violetschörl, schorl violet; axinite d'*Haüy*.

Violetstein, m. pierre sentant la violette, qui a l'odeur de la violette.

Visir ou **Visierkunst**, f. (*t. de géom.*), la stéréométrie, la science qui traite de la mesure des solides. *Voyez* **Stereometrie**, l'art de jauger.

Visirgraupen, étain oxidé granuliforme ou amorphe.

Vitriol, m. vitriol, nom générique des sulfates ou sels nommés sulfates. — *Natürlicher vitriol*, vitriol natif, sel mixte composé des trois sulfates ou vitriols de cuivre, de fer et de zinc mêlés dans des proportions très-variables.

VITRIOLBLUME, fleurs de vitriol, vitriol natif capillaire.

VITRIOLERDE, f. terre de vitriol, terre qui contient du vitriol, terre vitriolique, terre vitriolée.

VITRIOLERZ, n. minerai vitriolique.

VITRIOLGEIST, m. esprit de vitriol, acide sulfurique étendu d'eau.

VITRIOLHALTIG, adj. qui contient du vitriol, vitriolé, vitriolique.

VITRIOLHÜTTE, f. même que VITRIOLSIEDEREY et VITRIOLWERK, fabrique de vitriol, lieu où l'on fait du vitriol.

VITRIOLIERT, adj. vitriolé. — *Vitriolwasser*, eau vitriolée, eau dans laquelle il y a du vitriol.

VITRIOLISCH, adj. vitriolique. — *Vitriolisches wasser*, eau vitriolique, eau qui tient du cuivre en dissolution par l'acide sulfurique.

VITRIOLKERN, m. fleurs de vitriol.

VITRIOLKIES, m. pyrite vitriolique, pyrite sulfureuse commune, fer sulfuré.

VITRIOLKLEIN, m. le limon de vitriol, le dépôt, le menu de la terre vitriolée lessivée.

VITRIOLMEISTER, m. le maître d'une fabrique de vitriol.

VITRIOLÖHL, n. huile de vitriol, acide sulfurique.

VITRIOLSÄUERE, f. acide vitriolique, acide sulfurique.

VITRIOLSCHMAND, sédiment de la lessive vitriolique; fèces du vitriol.

VITRIOLSIEDEN, v. a. faire

du vitriol, cuire la lessive de vitriol.

VITRIOLSIEDER, m. ouvrier qui travaille à la préparation du vitriol.

VITRIOLSIEDEREY. *Voyez* VITRIOLHÜTTE.

VITRIOLSTEIN, m. pierre de vitriol. *Voyez* ATRAMENTSTEIN.

VITRIOLWASSER, n. *Voyez* VITRIOLIERT.

VITRIOLWERK. *V.* VITRIOLHÜTTE.

VITRIOLZAPFEN, fer sulfaté stalactiforme et aussi cristallisé.

VLINZ. *Voyez* FLINTZ.

VOLCANIT, volcanite. *Voy.* AUGIT.

VOLL, adj. plein, tout ce qu'il peut contenir.

VÖLLE, f. plénitude. — *Völle der krystallen*, plénitude des cristaux.

VOLLENDUNG, f. (*t. de géom.*), complément, ce qui manque à un angle pour égaler un angle droit.

VOLUTITEN, volutes fossiles, genre de testacés univalves.

VORAUSSETZUNG, f. présupposition préalable; hypothèse.

VORBEREITEND, adj. (*t. de géom.*) *Vorbeiretende sätze*, propositions préparatoires.

VORBERICHT. *V.* EINLEITUNG.

VORFÜHREN, v. a. mener, amener, conduire. — *Die zwitter vor die mühle vorführen*, conduire, amener, transporter du minerai d'étain devant le moulin ou bocard.

VORGEBIRGE, n. la partie de devant, la partie antérieure

d'une chaîne de montagnes, les montagnes qui précèdent et avoisinent des hautes montagnes ; cap, promontoire, pointe de terre élevée qui s'avance dans la mer.

Vorgesumpfe, f. (*t. de min.*), le premier creux percé au sol d'une galerie dans le dessein de pénétrer dans la profondeur.

Vorhaus, n. vestibule. — *Vorhausamgöpel*, l'entrée d'un bâtiment qui renferme une machine à molettes, et l'espace autour du puits ; l'édifice construit au-dessus du puits d'extraction.

Vorheerd, m. (*t. de fond.*), bassin de réception.

Vorkauf, m. préférence pour un marché ; droit de préemption, de premier achat, dont jouissent certains souverains sur quelques mines, l'Empereur des Français, par exemple, sur les mines de mercure du ci-devant duché de Deux-Ponts.

Vorlage, f. (*t. de chim.*), récipient, vase pour recevoir les produits d'une distillation.

Vorlaufen, v. a. (*t. de min.*) *Erz, kohlen, vor den schmelzofen vorlaufen*, conduire sur la brouette ou amener devant le fourneau de fusion le minerai, le charbon, etc.

Vorlaufer, m. (*t. de min.*), ouvrier qui transporte le minerai, le charbon, etc. devant le fourneau de fusion ; brouetteur aux fonderies.

Vorlaufig, adj. préalable, préliminaire, ce qui précède la matière principale.

Vorliegend, adj. ce qu'on a devant soi. — (*t. de min.*) *Vor-*

liegende gänge, filons qui n'ont pas encore été mis à découvert par des galeries.

Vormaass, n. la mesure suivant laquelle on coupe les feuilles de tôle à étamer.

Vorrichten, v. a. (*t. de fond.*), apprêter, préparer. — *Den schmelzofen aufs neue vorrichten*, préparer, apprêter le fourneau pour une nouvelle fusion.

Vorsatz, m. (*t. de min.*), ressaut. — *Vorsatz in einem stollen stehen lassen*, laisser des inégalités, des ressauts au sol d'une galerie, en rendre la pente inégale.

Vorschicht, f. (*t. de min.*), la première couche d'un terrain ; (*t. de fond.*), l'enduit vitreux que l'on prépare dans le fourneau avant de commencer la fonte en y portant d'abord des scories qui, en fondant, forment sur les parois intérieures et sur la brasque un vernis qui empêche les métaux de s'y arrêter.

Vorschiessen, v. n. avancer, aller, se lancer, se précipiter en avant avec impétuosité. — *Das gebirge schiesst vor*, cette roche, ces terres s'écroulent, s'éboulent, tombent subitement, avec impétuosité.

Vorschlag, m. (*t. de métall.*), fondant, substance vitrifiable que l'on ajoute à certaines qualités de minerais pour en faciliter la fusion, (*t. de min.*) pour affermir des pièces de charpente souterraines.

Vorschlagen, v. a. (*t. de métall.*) *Dem erze im schmelzen seinen zusatz vorschlagen,* ajouter au minerai ce qui lui convient pour faciliter la fonte.

Vorschmid, m. le premier forgeron, le chef ouvrier d'une forge.

Vorschuss, m. (*t. de min.*), avance d'argent pour fournir aux frais de l'exploitation.

Vorsetzblech, n. (*t. de boc.*), feuille ou plaque de tôle percée de trous que l'on place au-dessus de l'auge d'un bocard pour qu'il n'y entre que de petits morceaux.

Vorsetztopf, m. récipient, particulièrement dans les fabriques de soufre.

Vorsetzwand, f. (*t. de min.*), partie antérieure d'un fourneau de fusion qui repose sur le foyer.

Vorstand, m. cautionnement que doit fournir un comptable.

Vorsteher, m. le directeur, l'administrateur, le préposé principal à l'administration d'une usine, fabrique, etc.

Vorstellung, f. la présentation, la représentation, l'exposition devant les yeux; l'idée, l'image que l'on se représente d'une chose dans l'esprit, dans l'imagination.

Vorstich, m. (*t. de fond.*), la première percée faite à un fourneau après y avoir mis le feu et fondu le premier mélange ou schicht.

Vorsumpf, puisard, creux pratiqué dans la plus grande profondeur lors d'une construction dans l'eau, afin d'y concentrer les eaux que l'on puise à fur et à mesure pour que les

ouvriers n'en soient pas trop incommodés.

Vortiegel, m. (*t. de fond.*), bassin de l'avant-foyer à la fonderie de liquation, catin. *V.* Stichherd.

Vorwand, f. le mur de devant, le mur avancé; (*t. de fond.*), la chemise, la poitrine, la paroi antérieure d'un fourneau, dans quelques endroits la tympe. — *Vorwänden viedervorwänden*, reconstruire la chemise, la paroi antérieure d'un haut fourneau.

Vulcan, m. volcan. Ce nom emprunté de celui de Vulcain qui, suivant la mythologie, étoit le dieu du feu, a été donné à un phénomène qui excite l'étonnement, l'admiration et la terreur, à des gouffres que recèlent le plus ordinairement des montagnes isolées, dont la forme est le cône tronqué au sommet, qui laissent habituellement échapper du feu et de la fumée, et vomissent par intervalles, avec une force violente d'explosion, des matières ardentes, fondues, calcinées et vitrifiées, des nuées de cendres et des masses de pierres quelquefois énormes et souvent à de grandes distances. Beaucoup de volcans sont épuisés depuis long-temps et ne jettent plus ni flamme ni fumée, ou les appelle volcans éteints. Il y a peu de parties du globe qui ne présentent des volcans éteints ou en activité, et l'opinion la plus généralement répandue sur la cause de ces irruptions volcaniques est celle qui l'attribue à l'inflammation spontanée des pyrites. Les substances que l'on nomme spécialement volcaniques sont : 1°. les laves lithoïdes, (*die laven*) variables dans leur base, qui est ou le trapp (cornéenne), ou le feldspath ou l'amphigène, etc., homogènes ou mélangées de cristaux ou de noyaux divers (laves porphyriques, amygdaloïdes, granitiques), compactes ou poreuses, amorphes ou affectant des formes polyédriques, etc.; 2°. les laves scorifiées (*schlacken lava*) en masses ou en fragmens uniformes ou mélangées, pesantes ou légères, de formes variées et quelquefois bizarres, diversement colorées; 3°. les vitreuses (*lava glas*), en masse ou en grains noirs, grises, verdâtres, perlées, opaques ou translucides; 4°. les ponces (*bimstein*), laves vitreuses pumicées, verres fibreux; 5°. les thermantides ou matières avec indices de cuisson (*vulcanische äsche*), les pouzzolanes, le tripoli, etc.; 6°. les substances sublimées, soufre, ammoniaque muriaté, arsenic sulfuré, fer oligiste, etc.; 7°. les matières altérées par les vapeurs acides, la pierre alumineuse de la Tolfa (*alaunstein*), etc.; 8°. les tufs volcaniques (*vulcanischer tuf*), trass, etc., produits soit d'une irruption boueuse, soit du maniement des eaux marines ou pluviales. Quoiqu'il y ait encore discussion sur la véritable origine de plusieurs de ces substances, par exemple des ponces, qui peuvent aussi être dues à l'eau, comme le silex nectique et autres pierres dures et légères, on ne peut

du moins nier que toutes n'aient été rejetées du sein de la terre par des irruptions ; c'est à la physique et à la chimie à expliquer les phénomènes et les produits volcaniques.

VULCANBLENDE de *Batsch,* amphibole cristallisé d'*Haüy.*

VULCANGLAS de *Batsch,* quartz hyalin concrétionné. *V.* **HYALITH.**

VULCANISCHER SCHÖRL, vulcanit et **VULCAN SCHÖRL,** schorl volcanique vulgairement schorl noir des volcans; volcanite de *Lametherie,* augite de *Brochant,* pyroxène d'*Haüy.* *Voyez* **AUGIT.**

VULCANWACKE de *Storr,* toutes les sortes de produits volcaniques.

VULPINIT, vulpinite. — *Pietra vulpina, marmo bardiglio* des Italiens, vulgairement pierre de vulpino, chaux sulfatée quartzifère d'*Haüy, kieselgyps* des Allemands. M. *Fleuriau de Bellevue* a reconnu le premier qu'elle différoit des marbres avec lesquels on l'avoit confondue. M. *Vauquelin* a trouvé qu'elle étoit composée de 92 parties de chaux sulfatée, et de 8 de silice. M. *Brongniard* l'a décrite comme une sous-espèce de sa chaux *sulfatine,* chaux sulfatée anhydre d'*Haüy.* Cette roche, d'un blanc grisâtre uniforme ou veiné de gris bleuâtre, grenue dans sa cassure, comme les marbres salins, est employée à Milan pour faire des tables et des revêtemens de cheminées; on la tire de Vulpino, à 15 lieues au nord de Bergame.

W

W AAGE. *Voyez* WAGE.

WAASEN LÄUFER. *V.* RASENLÄUFER.

WACHSACHAT, m. quartz agate jaune et brun clair.

WACHSBANK, f. (*t. de fabr.*), banc de cristallisation, endroit où on laisse déposer, et lentement cristalliser, la lessive de vitriol.

WACHSDRUSE, f. minerai qui a une apparence de cire, qui ressemble à de la cire, qui se présente ou se trouve sous forme de cire.

WACHSEN, n. (*t. de crist.*), accroissement, augmentation de volume.

WACHSFARBIG, adj. de couleur de cire, de couleur semblable à celle de cire.

WACHSGEFÄSS, n. (*t. de salpêtr.*), vase, vaisseau où l'on met la lessive du salpêtre.

WACHSGELB, adj. jaune de miel clair mêlé d'un peu de gris noirâtre clair.

WACHSGLANZ, éclat de la cire. *Voyez* FETTGLANZ.

WACHSKASTEN, m. (*t. de fabr.*), cuvier de cristallisation pour la lessive du vitriol.

WACHSOPAL, m. quartz résinite opalin; perlstein. *Voyez* ce mot.

WACHSTHUM, m. croissance, accroissement, crue.

WÄCHTER, m. (*t. de min.*), avertisseur, nom d'un marteau adapté, soit à une machine hy-

WAD

draulique, soit à une machine à molettes, soit à une roue de bocard pour avertir des mouvemens en frappant sur une plaque de métal à chacune des révolutions.

WACKE ou WACKEN ou WAKE, wakke, roche de formation stratiforme, qui tient comme le milieu entre l'argile et le basalte, et qui a souvent été confondue avec le basalte et l'argile schisteuse avec lesquels elle a en effet de la ressemblance et beaucoup de rapports géologiques; elle forme souvent la base de plusieurs *mandelsteins*, spécialement dans le ci-devant Palatinat et les environs d'Oberstein. On la nomme aussi roche à base de trapp. Ses couleurs les plus ordinaires sont le gris verdâtre foncé, le vert noirâtre, le grisâtre et quelquefois le brun ou le rougeâtre. Cette pierre qui fait la transition de l'argile à la cornéenne et au basalte est très-sujette à se décomposer.

WÄCKENKOBOLT, cobalt gris amorphe.

WAD, blackwad des Anglais. — *Entzündliches braunstein erz*, manganèse oxidé inflammable noirâtre, manganèse oxidé gris terreux : c'est spécialement cette sorte de *guhr* de manganèse qui forme de belles dendrittes sur les roches scissiles et autres.

WÄERMUNG , f. caléfaction, chaleur causée par l'action du feu.

WÄERMZANGE , f. tenailles pour tenir au feu les métaux qu'on veut chauffer ou forger.

WAERMZEIGER , m. thermoscope , instrument qui sert à faire connoître les divers degrés de chaleur d'un corps.

WAETZSTEIN , m. dans le pays de Fulde une sorte de spath calcaire.

WAFFEN , plur. (*t. de min.*), armes ; les armes des mineurs sont particulièrement le sabre (*sabel*) , le couteau de chasse (*hirschfänger*), la grande cognée avec un long manche en manière d'hallebarde , etc.

WAGE ou WAAGE , f. Ce mot , qui veut dire balance , a , dans le langage du mineur , plusieurs significations : il désigne 1°. une balance d'essai ; 2°. le niveau du mineur , c'est-à-dire le demi-cercle qui lui sert à prendre les degrés de pente des galeries et autres ouvrages souterrains ; 3°. une certaine quantité de fer dont le poids varie , suivant les localités , depuis 44 jusqu'à 120 livres.

WAGEBALKEN , m. fléau de balance ; verge de fer à laquelle sont attachés les bassins d'une balance.

WAGENWINDE , f. cric, vérin , machine composée d'une vis et d'un écrou pour élever de très-grands fardeaux , comme des chariots, des charrettes chargées , etc.

WAGERECHT , adj. horizontal , parallèle à l'horizon ; adv.

horizontalement , de niveau , au niveau, selon le niveau.

WAGESCHALE , f. plat ou bassin d'une balance.

WAGE-ZUNGE , f. ou WAGE-ZÜNGLEIN , n. languette de balance.

WAGMEISTER , m. maître peseur ; (*t. de forg.*) , celui qui est chargé de peser tout le fer qui se fabrique à la forge ; (*t. de fond.*) , le commis préposé pour peser tous les minerais qui arrivent des différentes mines , en faire les distributions , et tenir les registres de mouvemens.

WAISE, quartz résinite opalin.

WAKE. *Voyez* WACKE.

WALDGRÜN. *Voyez* TRÜMMER PORPHYR.

WALDSTEIN, chaux sulfatée fibreuse.

WALKERDE , f. terre à foulon, smectite , argile smectique d'*Haüy*.

WALKERTHON d'Angleterre, argile smectique.

WALLE , f. (*t. de fond.*) , le point d'un haut fourneau sur lequel le laitier coule.

WALLSTEIN , m. chaux carbonatée fibreuse.

WALZE, f. cylindre ; rouleau d'un treuil ou de toute autre machine servant à l'extraction du minerai ; cylindre d'un laminoir. — (*t. de papet.*) *Die holländer walze ,* l'arbre des chevilles , le grand arbre, le long cylindre de bois qui fait jouer les maillets ; tambour dans les sucreries.

WALZEN , v. a. passer, aplanir , aplatir avec un cylindre.

Walzenförmig, adj. cylindrique, qui a la forme d'un cylindre, d'un rouleau ; adv. à cylindre, de forme cylindrique, en forme de rouleau.

Walzengerüst, n. le train d'un cylindre, d'un rouleau, les pièces qui portent le rouleau, le cylindre.

Walzenrad, n. roue cylindrique, roue dans une machine qui approche de la figure d'un cylindre ; rouleau dans une machine qui joue des airs.

Walzenschnecke, f. rouleau, sorte de coquille univalve.

Walzenspath, m. spath calcaire.

Walzenstein, m. pierre cylindrique, entrochites, sorte de zoophyte.

Wälzer, m. corps fort lourd et fort pesant qu'il faut faire rouler sur un cylindre.

Wälzhammer, m. (*t. de forg.*) ; sorte de marteau à frapper devant.

Walzzapfen, m. (*t. de forg.*), tourillon en forme de cylindre.

Wand, f. parois ; (*t. de min.*), la roche, la pierre, la terre que le mineur a devant lui.—*Bergwand*, roche stérile, sans minerai. — *Erzwand*, roche imprégnée de minerai. — *Den einsturz der wände verhüten*, empêcher, prévenir l'éboulement des terres ou des roches. —*Wände ziehen sich*, la roche est prête à se détacher, à tomber. — *Die wand hat den bergmann gefangen*, la roche a saisi le mineur, il a été accablé par la chute des terres,

des parois. — *Die wand eines schachts*, le côté d'un puits.— *Wand* pour *stein*, toutes sortes de roches ou de pierres.—*Eine wand zersetzen, zertuffen*, casser une pierre, un morceau de roche.

Wandring, m. piton ; sorte de clou dont la tête est percée en anneau.

Wandruthe, f. (*t. de min.*), solive, pièce de charpente dont on revêt les côtés d'un puits pour empêcher l'éboulement des terres ; semelles posées transversalement de distance en distance, et qui soutiennent toute la charpente.

Wangen, plur. (*t. de min.*), ailes ; les deux côtés de l'entaille aux tirans de la machine hydraulique.

Wangeneisen, n. la ferrure, les bandes des ailes.

Waradein ou Wardein, m. essayeur, officier préposé pour faire l'essai de la monnoie et des matières d'or et d'argent. —*Münzwardein*, essayeur des monnoies.

Waradieren ou Wardieren, v. a. essayer l'or ou l'argent, en faire l'essai.

Wärme, f. le chaud, la chaleur ; (*t. de serrur.*), chaude. — *Eine wärme geben*, donner une chaude. — (*t. de fond.*) *Warmthun*, faire chaud, augmenter le feu.

Warmebrunnen, m. eaux thermales, eaux qui sortent de la terre avec une température naturelle plus ou moins élevée au-dessus de celle de l'atmosphère.

Wärmen, v. a. chauffer,

donner de la chaleur ; (*t. de forg.*), donner la chaude au fer, faire chauffer le fer suffisamment pour le forger.

WÄRMER , m. chauffeur , celui qui chauffe.

WÄRMESSE, f. forge destinée à donner la chaude au cuivre pour le forger.

WÄRMMESSER, m. thermomètre, instrument qui contient une liqueur dont la condensation ou la raréfaction indique les degrés du froid et du chaud. L'échelle de *Réaumur* marque o le terme de la glace, et 80 celui de l'eau bouillante; celui de *Fahrenheit* 32 le premier, et 212 le second.

WÄRMPFANNE , f. réchaud ; (*t. de saun.*) , chaudière où l'on fait évaporer à petit feu les eaux salées.

WÄRMSTOFF, m. (*t. de chim.*), calorique, principe de la chaleur, matière de la chaleur. En physique on le considère comme un fluide très-subtil, éminemment élastique , qui pénètre tous les corps dans l'intérieur desquels il est plus ou moins répandu.

WARZE , f. vérue, poireau , porreau.

WARZENFÖRMIG , adj. mamillaire, qui a la figure d'un mamelon.

WARZENSTEIN , m. acicule, échinite , oursin fossile dont la croûte est protuberancée.

WASCHAMEER , m. succin , ambre jaune.

WASCHBESEN , m. houssoir, balai de branchage à remuer le minerai dans l'eau.

WASCHBÜHNE, f. sorte de table à rebords de trois côtés, sur laquelle on jette le minerai qui doit être lavé; caisse en tombeaux. *Voyez* GLAUCHHEERD.

WÄSCHE, f. (*t. de min.*) *Die erzwäsche,* le lavage du minerai ; le lavoir, la machine dont on se sert pour laver le minerai, et aussi le bâtiment qui renferme les tables à laver.

WASCHEN, v. a. laver. — *Das erz waschen,* laver le minerai. — (*t. de chim.*) *Das waschen,* subst. lotion, lavage.

WASCHER , m. (*t. de min.*), maître laveur, celui qui lave le minerai.

WASCHERDE. *Voyez* WALKERDE.

WASCHERZ , n. minerai de lavage ; sorte de grès mélangé de plomb sulfuré.

WASCHGEWÖLBE, n. chambre de lavage.

WASCHGOLD, n. or de lavage, or lavé du sable, or qu'on obtient par le lavage des sables de rivières , or natif en paillettes , ou en grains disséminés dans le sable.

WASCHHERD, m. le plan, la table inclinée sur laquelle on procède au lavage du minerai.

WASCHJUNGE, m. (*t. de min.*), garçon de lavoir, jeune garçon employé pour le service des tables à laver.

WASCHKUPFER , n. cuivre qui se tire du lavage des sables de rivières.

WASCHKÜSTE, f. le ruart, instrument de bois dont on se sert pour agiter et étendre le minerai sur les tables à laver, afin que l'eau entraîne plus facilement les terres et parties stériles comme plus légères.

WASCHPROBE, f. essai du minerai lavé.

WASCHRÄTTER, au Hartz, la plus grosse grille de lavoir.

WASCHSTEIGER, m. maître ouvrier qui surveille immédiatement le travail du lavage du minerai.

WASCHTROG, m. auge à laver ; (*t. de min.*), lavoir.

WASCHWERK, n. machine à laver le minerai, lavoir ; le minerai bocardé déjà lavé ou qui doit l'être.

WASSER, n. eau ; un des quatre élémens des anciens, liquide transparent, sans couleur, insipide et inodore, que le froid rend solide, et que la chaleur réduit en vapeurs. L'eau qui baigne la surface du globe ou coule dans son intérieur est toujours chargée de matières hétérogènes ; celle qui en contient en assez grande abondance pour manifester des propriétés particulières est appelée eau minérale (*mineralisches wasser*) ; l'eau de pluie est celle qui approche le plus de l'état de pureté. — *Augenwasser*, eau ophtalmique. — *Aetze* ou *dupfwasser*, *kalkwasser*, eau phagédénique, eau de chaux dans laquelle on a mêlé quelques corrosifs. — *Scheidewasser*, eau-forte, eau régale. — *Das wasser der glanz*, *der demanten*, *der perlen*, etc., l'eau, le lustre, le brillant des diamans, des perles, etc.

WASSERABLEITUNG, f. (*t. d'hydraul.*), détour qu'on fait prendre aux eaux, dérivation.

WASSERABSCHLAG, f. conduit par où l'on fait écouler l'eau d'un étang.

WASSERABWÄGEN, n. nivellement d'un terrain pour s'assurer si on peut y établir une conduite d'eau, et quelle seroit sa chute.

WASSERBAU, m. bâtiment, construction qui se fait dans l'eau. — *Den wasserbau verstehen*, savoir l'art de bâtir dans l'eau, posséder l'architecture hydraulique ; pour *wassermaschine*, machine hydraulique.

WASSERBAUKUNST, f. architecture hydraulique.

WASSERBESCHREIBER, m. hydrographe, versé dans l'hydrographie.

WASSERBESCHREIBUNG, f. hydrographie, description des mers et art de naviguer.

WASSERBLASE, f. bulle d'eau, globule d'eau en vapeur.

WASSERBLEY, n. molybdène sulfuré, substance minérale dont la couleur est le gris de plomb, la texture lamelleuse, et la surface onctueuse au toucher, qui tache le papier en gris métallique, et forme des traits verdâtres sur la faïence et sur la porcelaine.

WASSERBLEYERZ de *Brunich*, molybdène sulfuré. — *Glimmerndes wasserbley erz*, fer carburé.

WASSERBLEYGLANZ de *Stütz*, molybdène sulfuré.

WASSERBLEYOCKER, m. molybdène ocreux, minéral encore très-peu commun, dont la couleur est le jaune citron, et que l'on cite comme ayant été découvert en Suède.

WASSERBLEYSÄUERE, l'acide molybdique.

WASSERBLEYSILBER , l'argent molybdique.

WASSERBRENNER, m. distillateur , celui qui fait métier de distiller des eaux.

WASSERBÜHNE, f. (*t. de min.*), canal d'écoulement.

WASSERERSCHROTEN , v. a. (*t. de min.*), trouver de l'eau en creusant, donner par une percée dans une fente ou cavité remplie d'eau, rencontrer l'eau.

WASSERERZ, en Carinthie, mine de fer oxidé, hématite rouge.

WASSERFALL , m. chute d'eau. — *Wasserfall der eine mühle treibt,* chute d'eau qui fait aller un moulin, saut de moulin.

WASSERFARBIG, adj. de couleur d'eau, de la couleur de l'eau.

WASSERFLUTH , f. inondation , déluge d'eau, grand débordement d'eaux ; ravine, gros torrent formé d'eaux qui tombent subitement.

WASSERGALLIG, adj. marécageux , fangeux , plein d'eau.

WASSERGANG , m. conduit , canal par où les eaux s'écoulent.

WASSERGELD, n. argent des eaux, argent à payer par une compagnie à une autre voisine qui lui procure l'écoulement des eaux de son exploitation.

WASSERGERINNE, f. auges, rigoles de bois pour conduire l'eau d'un lieu à un autre.

WASSERHALTEN , v. a. contenir les eaux pour qu'elles ne gênent point les travaux.

WASSERHALTER , m. (*t. de min.*), ouvrier chargé de tirer les eaux par les puits de mine, et le moyen des tonnes.

WASSERHÄLTER , m. réservoir d'eau ; (*t. de salin.*), les baissoirs , les réservoirs ou magasins d'eau.

WASSERHART, adj. (*t. de quelques arts.*), qui est dur , durci. — *Der thon, die thönernen gefässe sind wasserhart,* l'argile , la glaise est dure et séchée à l'air , n'a plus d'humidité ; la poterie , la vaisselle de terre est bien séchée.

WASSERHUND, m. (*t. de min.*), pompe qui verse l'eau sur les roues de la machine.

WASSERIG , adj. aqueux , qui tient de la nature de l'eau , humide.

WASSERIGKEIT, f. humeur aqueuse , humidité , qualité de ce qui est aqueux ou aquatique.

WASSERKÄSTGEN , n. petite caisse ou bassin où se rassemble l'eau qui doit être élevée par la pompe qui y plonge.

WASSERKERZE , f. (*t. d'hydraul.*), cierge d'eau.

WASSERKIES , m. pyrite hépatique, pyrite martiale brune, fer sulfuré décomposé.

WASSERKLUFT , f. (*t. de min.*), fente remplie d'eau , fente apportant des eaux.

WASSERKNECHT, m. ouvrier employé à l'extraction des eaux.

WASSERKRAFTLEHRE , f. hydrodynamique , science du mouvement des eaux.

WASSERKRYSTALL, m. quartz hyalin limpide , en galets.

WASSERKUNDE , f. hydrologie , traité des eaux.

Wasserkunst, f. machine hydraulique, machine qui sert pour l'élévation et la conduite des eaux.

Wasserlanze, f. (*t. d'hydraul.*), lance d'eau, jet d'eau d'un seul ajutage de peu de grosseur.

Wasserlaufer, m. (*t. de min.*) *Gang der wenig erz führt*, filon qui contient peu de minerai.

Wasserlehre, f. hydrologie, science qui a pour objet l'étude des eaux, de leur nature et de leurs propriétés.

Wasserleitung et Wasserleitungskunst, f. l'art de conduire les eaux, de faire aller l'eau d'un endroit à un autre par des canaux, par des rigoles, l'hydraulique, la science hydraulique.—*Die wasserleitung verstehen*, entendre l'hydraulique, savoir l'art de conduire les eaux par des canaux ; conduite d'eau, aqueducs, une suite de tuyaux ou aqueducs qui portent des eaux d'un lieu à un autre.

Wasserleitungskunst, f. l'hydraulique, l'art de conduire les eaux. *Voy.* Wasserleitung.

Wasserloch, n. (*t. de min.*), trou d'eau, puisard, endroit où beaucoup d'eaux affluent par les fentes de la roche, et où elles se rassemblent.

Wasserlotte, f. porte-eau ; canal ou conduit quadrangulaire placé le long d'un puits de mine pour porter les eaux sur les roues de la machine établie dans la profondeur.

Wassermesser, m. (*t. de phys.*), hydromètre, instrument qui sert à mesurer la pesanteur, la densité de l'eau.

Wassermönch, m. la bonde d'un étang, la pièce de bois qu'on lève pour faire écouler l'eau d'un étang.

Wassernöthig, adj. (*t. de min.*) *Wassernöthige zeche*, mine qui a besoin d'eau, c'est-à-dire mine qui a besoin du secours de l'eau extérieure pour mettre en jeu des machines qui puissent la débarrasser des eaux qui en gênent les travaux dans l'intérieur ; mine presque inondée dont il est urgent de faire évacuer les eaux.

Wasseropal de *Bruchmann*, opale aqueuse, adulaire ou feldspath nacré.

Wasserprobe, f. essai, épreuve par le moyen de l'eau. — *Die wasserprobe der metalle*, essai qu'on fait des métaux en les pesant sous l'eau.

Wasserpumpe, f. *Handpumpe*, pompe, engin, machine pour élever, pour puiser de l'eau, machine à pomper.

Wasserpyramide, f. (*t. d'hydraul.*), obélisque d'eau.

Wasserrad, n. roue qui tourne par le moyen de l'eau, ou qui sert à élever les eaux.

Wasserreich, n. l'eau considérée comme un règne, l'eau avec tout ce qui y habite, s'y nourrit et y croît. — *Wasserreich*, riche en eau, plein d'eau. — *Eine wasserreiche gegend*, une contrée où il y a beaucoup d'eau.

Wasserröhre, f. tuyau, conduit, canal d'eau.

Wassersack, m. (*t. de*

min.), endroit de la mine où les eaux se rassemblent ; l'espace, l'intervalle entre les ailerons, les auges d'une roue que l'eau fait tourner.

Wassersandstein, m. grès filtré. *Voyez* Filtrirstein.

Wassersaphir, m. saphyr, couleur d'eau, télésie d'un blanc bleuâtre.

Wassersäule, f. (*t. de phys.*), colonne d'eau, typhon, trombe. *Voyez* Hose.

Wasserschacht, m. (*t. de min.*), puits pratiqué pour élever les eaux d'une mine.

Wasserschnecke et Wasserschraube, f. la limace, la vis d'*Archimède*; machine par le moyen de laquelle on élève l'eau.

Wasserseige, f. (*t. de min.*), partie inférieure d'une galerie d'écoulement recouverte d'un plancher en dessous duquel l'eau de la mine s'écoule au dehors : ce plancher s'appelle *tragwerk*, parce qu'il porte ceux qui se rendent sur les travaux par cette galerie.

Wasserspritze, f. seringue ou pompe servant à jeter de l'eau.

Wasserstand, m. hauteur de l'eau d'une rivière.

Wasserstandlehre, f. hydrostatique, partie de la mécanique qui traite de la pesanteur des liquides.

Wasserstein, m. chaux carbonatée fibreuse, suivant *Gmelin*, et chaux carbonatée cristallisée, suivant *Gerhard*; grès filtre, filtrant. *Voyez* Filtrirstein.

Wassersteüer. *V.* Wassergeld.

Wasserstoff, m. hydrogène, principe constituant de l'eau. —*Geschwefelter wasserstoff*, hydrogène sulfuré, gaz qui a une odeur fétide particulière, et se dégage de tous les lieux où il y a du soufre.

Wasserstoffgaz, m. gaz hydrogène, air inflammable.

Wasserstoff - geschwefelte spiesglanz, m. antimoine hydrosulfuré.

Wasserstollen, m. (*t. de min.*), percement, chemin souterrain fait en pente pour donner passage aux eaux de mines.

Wasserstrahl, m. (*t. d'hydraul.*), rayon d'eau; eaux jaillissantes en forme de rayons.

Wasserstrecke, f. (*t. de min.*), route pratiquée pour conduire les eaux à un percement ou à un puits.

Wassertrommel, f. (*t. de min.*), ventilateur, machine en forme de tambour, servant à introduire de l'air, par le moyen de l'eau, dans les puits de mines.

Wasser-uhr, f. horloge d'eau, clepsydre, instrument pour mesurer le temps par l'écoulement de l'eau ou de quelque autre liquide.

Wasservorort, m. expression de mineur qui signifie que l'eau se présente à son point de travail, au lieu où il perce.

Wasserwage, f. *Hängewage*, niveau. —*Mit der wasserwage messen*, mesurer avec le niveau, au niveau, niveler; la balance hydrostatique, balance pour peser les liquides.

Wasserwägekunst, f. l'hydrostatique, partie de la mécanique qui traite de la pesanteur des liquides.

WASSERZOLL, m. (*t. de fontain.*), pouce d'eau, la quantité d'eau qui s'échappe par une ouverture circulaire d'un pouce de diamètre.

WATT. *Voyez* WAD.

WAVELLIT, wavellite; minéral qui tire son nom de celui de *Waveil*, naturaliste anglais, qui l'a fait connoître le premier : sa couleur est le blanc, quelquefois nuancé de gris et de verdâtre ; son lustre est soyeux : tantôt il est transparent, et tantôt à peine translucide ; sa texture est fibreuse et rayonnée : on le trouve aussi en petits prismes irrégulièrement disposés et d'une forme indéterminable ; mais il se présente le plus ordinairement en petites masses hémisphériques groupées : quoique son tissu soit lâche, ses fragmens sont assez durs pour rayer l'agate. Ce minéral remplit quelques cavités et forme des veines dans une masse de schiste tendre et argileux d'une carrière dans le Dewonshire. Le wavellite se rapproche du diaspore par sa composition, mais il paroît en différer, et par les proportions de ses principes, et par ses caractères physiques. On a déjà proposé de substituer à ce nom celui d'hydragillite.

WECHSE et WEESE. *Voyez* WAISE.

WECHSEL, m. changement, etc. ; (*t. de min.*), crein, masse de roche qui interrompt ou dérange les couches d'une montagne secondaire ; pièce de bois neuf remise pour une autre qui étoit gâtée. — *Wechsel einziehen*, changer, remplacer les pièces de bois de la charpente d'une mine ; l'endroit où une chose se termine, et où une autre de même sorte commence.—*Der wechsel der fahrten, der grubenleiter*, l'endroit où une échelle d'un puits de mine finit, et où une autre commence; le plancher où l'on se repose en montant où en descendant par un puits de mine.

WECHSEL UND RÜCKEN. On nomme ainsi dans les montagnes stratiformes, à couches horizontales, l'abaissement ou l'élévation subite de toutes les couches accompagnées d'une solution totale de continuité ; *wechsel crein*, lorsque la différence n'est pas grande, et on la distingue en *wechsel steigend und fallend*, wechsel montant et descendant ; *rücken*, si la dépression est de deux ou trois toises.

WECHSELLICHT, n. (*t. de min.*), lampe ou lumière qu'il faut quelquefois tenir allumée dans les puits de mines indépendamment des autres, c'est-à-dire de celles des mineurs.

WECHSELN, v. n. agir alternativement, aller tour à tour. — (*t. de min.*) *Die wetter wechseln*, l'air a son passage, son courant réglé.

WECHSELND, adj. pour ABWECHSELND, alternatif, qui va tour à tour.

WECHSELNDGLEICHFLÄCHIG, adj. (*t. de crist.*), alterne : se dit d'un cristal qui a sur ses deux parties, l'une supérieure et l'autre inférieure, des faces alternantes entre elles, et qui se correspondent de part et d'autre. *Ex.* Quartz alterne.

WECHSELSEITIGKEIT, f. réciprocité; état et caractère de ce qui est réciproque.

WECHSELSTUNDEN, plur. (*t. de min.*), heures alternantes, les heures qui sur la boussole du mineur marquent le quart d'un demi-cercle et les sortes de directions d'un filon, telles sont les heures de 3, 6, 9 et 12.

WECHSELUNG DES WETTERS, changement d'air, circulation de l'air dans les mines.

WECHSELWINCKEL, m. (*t. de géom.*), angle alterne.

WEG, m. (*t. de chim.*), la voie, la manière d'opérer. — *Der trockne und nasse weg*, la voie sèche et la voie humide.

WEGFACETIRT, adj. (*t. de crist.*), émoussé : se dit d'un cristal lorsqu'il a des facettes qui interceptent et rendent comme émoussées des parties qui sans elles seroient plus saillantes que les autres. *Ex.* Axinite émoussée.

WEGFEILEN, v. a. ôter, enlever, emporter avec la lime, en limant.

WEGNAME, f. (*t. de crist.*), soustraction. — *Weggenomene reihen*, rangées soustraites.

WEGWENDUNG, f. (*t. de phys.*), déflexion, déviation, action par laquelle un corps se détourne de son chemin. — *Die Wegwendung der lichtstrahlen*, la déflexion des rayons de la lumière. M. *de Laplace* a démontré par le calcul que la déviation des corps qui tombent

d'une grande hauteur est produite par la plus grande vitesse de rotation que cette hauteur leur donne, et qui, se conservant pendant leur chute, les fait devancer un peu le point correspondant de la terre, et tomber à l'orient de la verticale.

WEHR, n. chute d'une rivière, saut, cascade, cataracte, catadoupe ou catadupe. — (*t. de min.*) *Wehr*, mesure de 14 toises.

WEHREISEN, n. (*t. de fond.*), garniture en fer du tisard pour préserver la maçonnerie du fourneau d'accidens, lors de quelque opération par cette ouverture.

WEHRSTEMPEL. *Voy.* **LEITSTEMPEL**.

WEHRZUG, mesurage décisif; mesurage d'une mine fait par un tiers expert, lorsque les deux premiers, nommés par deux compagnies dont les travaux sont limitrophes, ne se sont pas accordés sur les limites respectives.

WEICH, adj. mou, mol, doux, souple, tendre. — *Weiche schlacken*, scories tendres et fondantes.

WEICHER, m. le trempeur.

WEICHERZ. *Weichgewächs* et *weichgewix*, argent sulfuré suivant les uns, plomb sulfuré suivant d'autres.

WEICHHEIT, f. *Die weiche*, mollesse, qualité de ce qui est mou. — *Die weichheit dieser körper, materien, substanzen*, la mollesse de ces corps, matières, substances.

WEICHLICH, adj. mollet, un peu mou, trop mou, trop tendre, trop souple.

WEICHSTEIN du Groenland, talc ollaire.

WEILARBEIT, f. (*t. de min.*), travail de surérogation, travail extraordinaire et gratuit que fait un mineur après avoir rempli son poste.

WEINGEIST, m. (*t. de chim.*), esprit-de-vin, alcohol. — *Auf höchsten rectificirter weingeist*, esprit-de-vin alcoholisé, ou alcohol de vin, esprit-de-vin très - pur, rendu très-subtil par des distillations réitérées.

WEINGELB, adj. jaune de vin, jaune rougeâtre pâle.

WEINSTEIN, m. tartre, tartrite acidule de potasse, concrétion que le vin dépose dans les tonneaux après la fermentation.

WEIRODI du Malabar, œil de chat, quartz agate chatoyant.

WEISERNICHTS, tutie, spode, etc. *Voyez* NICHTS et TUTIA.

WEISERVITRIOL. *V.* GALLIZENSTEIN.

WEISLICH, adj. blanchâtre. — *Weislich kies.* V. WEISSKUPFERERZ.

WEISS, adj. blanc. — *Die weisse farbe*, la couleur blanche. —*Schneeweiss*, blanc de neige. — (*t. d'orfèv. et de monn.*) *Silber, silberzeug, silbermünze weisssieden*, blanchir de l'argent, de l'argenterie, de la vaisselle d'argent, de la monnoie d'argent.

WEISSBLECH, n. le fer-blanc.

WEISSBLEY, n. acide molybdique combiné avec le soufre.

WEISSBLEYERZ, n. plomb blanc, plomb carbonaté.

WEISSERZ, n. mine blanche, pyrite arsenicale argentifère, fer arsenical argentifère d'*Haüy*. *Forster* a appelé ainsi la mine de cuivre blanche, et dans le pays de Nassau on a donné ce nom à la chaux carbonatée ferrifère, d'autres l'ont aussi donné à la mine de cuivre grise argentifère.

WEISSFARBEN ou WEISSFARBIG, adj. de couleur blanche.

WEISSGILTIGERZ. *V.* WEISSGÜLTIGERZ.

WEISSGLASERZ de *Matthesius*, mine d'argent muriaté.

WEISSGLÜHEN, v. a. (*t. de forg.*), chauffer à blanc, tellement chauffer le fer qu'au lieu de rouge il paroît blanc.

WEISSGOLDERZ, or blanc; platine; tellure natif aurifère et ferrifère d'*Haüy*.

WEISSGÜLDENERZ, WEISSGÜLTIGBLEYERZ et WEISSGÜLTIGERZ, n. argent blanc, sorte de minerai d'argent qui a plusieurs rapports avec la mine de cuivre grise argentifère, mais qui au lieu de cuivre contient du plomb et de l'antimoine avec un peu de fer. Le *weissgültigerz* du Hartz est un *fahlerz*, et quelquefois l'argent arsenical. Ces deux noms ont été donnés par les Allemands à différentes substances minérales de couleur grise et éclatantes contenant argent.

WEISSIEDEN, n. ou WEISSUD, m. le blanchîment, l'action de blanchir de l'argenterie et de la monnoie d'argent. — subst. *Das weissieden* (*t. de monn.*), le bouillitoire. — *Die münzstücke weissieden,* donner le bouillitoire, faire bouillir les flans dans un liquide préparé pour les blanchir.

WEISSILBERERZ de *Stütz*, mine d'argent antimonial.

WEISSJÖCKELGUTH (*t. de min.*),vitriol de zinc natif blanc, stalactiforme du Rammelsberg, près Goslard. *Voy.* GALLIZENSTEIN.

WEISSKIES, m. pyrites blanches, pyrites arsenicales ; fer arsenical d'*Haüy*.

WEISSKLAR, adj. blanc clair. On nomme ainsi le succin blanc limpide et transparent.

WEISSKOBOLT de *Stütz*, cobalt gris d'*Haüy*.

WEISSKUPFER et WEISSKUPFERERZ, n. mine de cuivre blanche, minéral dont la couleur tient le milieu entre le blanc d'argent et le jaune de laiton, et dont l'éclat est métallique; il ressemble beaucoup à la pyrite arsenicale avec laquelle il a souvent été confondu. C'est une des substances minérales les plus rares ; cuivre rendu blanc par un mélange d'arsenic, de tartre et de quelque peu d'argent ; prétendu cuivre blanc de la Chine nommé *tse-tong*.

WEISSLOTH, n. soudure blanche et molle.

WEISSSPIESGLANZERZ, n. antimoine oxidé, minéral d'un blanc nacré et d'une structure lamelleuse. On en connoît plusieurs variétés, savoir laminaire, aciculaire, incrustant, terreux.

WEISSSTEIN, m. weissstein ou pierre blanche, roche dont la couleur blanche offre des foibles reflets bleuâtres, et est quelquefois nuancée de bandes rougeâtres; elle paroit composée de feldspath compacte et de mica en très-fines écailles ; on la regarde comme primitive, et elle est souvent mélangée accidentellement de grenat et de disthène, ce qui pourroit la faire nommer weissstein porphyriforme ; *weissstein*, chaux carbonatée fibreuse.

WEISSSYLVANERZ. *V.* GELBERZ et SYLVANERZ.

WEISSWOLFRAMMERZ. *Voy.* SCHEEL et SCHEELERZ.

WEITE, f. distance, éloignement, espace, intervalle d'un lieu à un autre ; longueur, étendue, dimension d'un corps. — (*t. de géom.* et *d'artill.*) *Die weite der krummen linie*, l'amplitude de la courbe. — *Die weite eines schusses*, la portée d'une arme à feu, la distance, l'étendue de terrain, l'espace jusqu'où un canon, un mousquet, etc., peuvent porter un boulet, une balle. — *Die weite des bomben wurfes messen*, mesurer l'amplitude du jet des bombes. — (*t. de min.*) *Weiten und weitungen*, espaces, endroits creux, excavations d'où l'on a déjà extrait le minerai.

WEITEHEBEN, puits d'eau dans le Mansfeld.

WEITEMESSÜNG, f. apomécométrie, art de mesurer les objets éloignés.

WELLE, f. vague, flot, onde, eau agitée, l'arbre de la grande roue d'une machine. — *Wellenkämme oder füsse*, cames implantés à la circonférence d'un arbre de roue , perpendiculairement à sa longueur , servant de levier pour mettre en mouvement les soufflets, les pilons de bocard ou toute autre machine.—*Wellenringe*, liens ou frettes de fer de l'arbre d'une roue. — *Wellzapfen*, tourillons de l'axe ou arbre d'une roue sur lesquels elle tourne.

WELLEN, v. a. *t. de grosses forges*), souder. — *Eisen an einander wellen*, souder des morceaux de fer.

WELLENFÖRMIG , adj. ondulé, qui est fait en forme d'onde, de flot, de vague. — *Eine wellenförmige bewegung*, ondulation , mouvement par ondes, par ondulation.

WELLSTEIN. *V.* BEINBRUCH.

WELTAUGE, n. œil du monde, quartz résinite hydrophane.

WELTGÜRTEL , m. (*t. de géogr.*) , la zone , une des cinq divisions de la terre d'un pôle à l'autre.

WELTKUNDE, f. cosmologie, science des lois générales du monde physique.

WELTLEHRE, f. cosmologie, même que WELTKUNDE.

WENDEHACKEN, m. croc, crochet avec un anneau pour tourner quelque fardeau.

WENDELBOHRER , m. vilebrequin.

WENDEROHR , n. *An einer feüerspritze* , le tuyau mobile d'une pompe à feu.

WERDER , m. île de peu d'étendue et d'élévation dans un fleuve ; digue , chaussée entre deux bras de rivières , terrains bas que l'on appelle à quelques

endroits simplement les basses. Ex. *Der danziger werder*, les basses du territoire de Dantzick.

WERK , n. ouvrage , œuvre. — *Werke der mahlerey , der sculptur*, ouvrages de peintures, de sculptures. — *Grosses werk maschine*, un grand ouvrage de génie , une machine ; (*t. de chim.*) , le grand œuvre , la pierre philosophale ; (*t. de métall.*) , ouvrage, partie du fourneau où se trouve le creuset.

WERKBLEY, n. (*t. de métall.*), plomb d'œuvre , plomb de liquation , plomb qui contient de l'argent.

WERKHAMMER , m. (*t. de métall.*), marteau pointu d'un bout et plat de l'autre , dont on se sert pour détacher les scories.

WERKHOLZ , n. bois d'affinage. *Voyez* TREIBEHOLZ.

WERKLOCH , m. — *Werklöcher in den glasöfen* , ouvreaux , ouvertures latérales par lesquelles on travaille dans les fourneaux de verrerie.

WERKOFEN , m. *Glasofen*, fourneau de verrerie.

WERKPROBE , f. essai de l'œuvre , essai du plomb qui contient de l'argent.

WERKSCHUH, m. pied, mesure de douze pouces à l'usage des charpentiers et des maçons.

WERKSILBER , n. (*t. de métal.*) , l'argent contenu dans l'œuvre ou tiré de l'œuvre ; vieille argenterie à refondre.

WERKSOHLE, f. (*t. de saun.*), l'eau salée mise dans les chaudières.

WERKSTATT ou WERKS-
TÄTTE, ouvroir, atelier, boutique d'artisan, laboratoire.

WERKSTUBE, f. le lieu où
l'on coupe le fer-blanc ou la
tôle de mesure, c'est-à-dire
suivant le même modèle.

WERKSTÜCK, n. *Quader-
stück*, pierre de taille, pierre
de liais. — *Einwerkstück zersägen*, moyer une pierre de
taille, la couper en deux avec
la scie. — *Ein loch in ein
werkstück machen, um es auf-
zuziehen*, louver une pierre de
taille, y faire un trou pour l'é-
lever.

WERKTISCH, m. établi,
table sur laquelle les ouvriers
travaillent.

WERKZANGE, f. sorte de
tenailles de batteur d'or.

WERKZEÜG, n. outil, ins-
trument, machine, ressort, engin.— *Metallene, eiserne, holzerne werkzeüge*, outils de fer,
de bois, de métal.

WERNERIT, wernerite. *V.*
ARCTICIT.

WESEN, n. (*t. de philos.*),
essence, nature, le naturel, le
principe intrinsèque ou propriété naturelle de chaque être;
un être, ce qui est, ce qui
existe réellement, une substance, essence qui subsiste,
qui existe en soi.

WESENTLICH, adj. essentiel,
qui appartient à l'essence, ce
qui est de l'essence, substan-
tiel. — *Die wesentlichen
theile, die wesentlichen eigenschaften eines dinges*, les
parties essentielles, les qualités essentielles d'une chose.

— (*t. de chim.*) *Wesentliches
öehl, wesentliches salz*, huile
essentielle, sel essentiel; adj.
essentiellement, substantielle-
ment; solidement.

WESENTLICHKEIT, f. essen-
tialité.

WETT, adj. (*t. de min.*),
énervé, épuisé. Quand un actionnaire renonce à défaut de
moyens de continuer à fournir
aux frais de l'exploitation, on
dit : *er hat sich wett gebauet*,
pour signifier qu'il s'est épuisé
en frais.

WETTER, n. le temps, la
disposition de l'air; (*t. de min.*),
air. — *Die wetter ziehen*, l'air
court, passe, circule. — *Wetter bleiben nicht in einem zuge*,
l'air ne reste pas dans une voie.
— *Die wetter wechseln*, l'air
change, c'est-à-dire circule. —
*Frische wetter in die grube
bringen*, renouveler l'air dans
les souterrains, y introduire de
l'air frais. — *Böse, faule wetter*, mouffettes, mofettes, exhalaisons pernicieuses, malsaines,
qui s'élèvent dans les souterrains de mines.

WETTERABLEITER, m. *Blitzableiter*, paratonnerre, barre de
métal terminée en pointe qui
préserve des effets du tonnerre
en l'attirant peu-à-peu sans explosion. *Voyez* ABLEITER.

WETTERBLÄSER, m. (*t. de
min.*), ventilateur, machine
pour porter, pour conduire de
l'air dans les souterrains de
mines.

WETTERGLAS, n. le baro-
mètre et le thermomètre, instrumens qui servent à mesurer la
pesanteur de l'air et à indiquer

les degrés de froid ou de chaud. *Voyez* WÄRMMESSER.

WETTERHÄUSCHEN, n. hygromètre, instrument pour mesurer le degré de l'humidité de l'air.

WETTERLOSUNG, (*t. de min.*), circulation de l'air dans les souterrains de mine, et le moyen de faire circuler l'air.

WETTERLOTTE, WETTERLUTTEN, portes-vent, canaux ou conduits formés de quatre planches assemblées et bien jointes pour porter l'air atmosphérique où il est nécessaire ; conduits de bois destinés à aérer les travaux de mine.

WETTERMASCHINE, f. machine propre à introduire de l'air dans les mines, ventilateur.

WETTERRAD. *Voyez* WETTERTROMMEL.

WETTERSATZ (*t. de min.*), pompe à air, sorte de machine construite à peu-près comme une pompe et mise en jeu par les tirans d'une machine hydraulique, servant au renouvellement de l'air dans une mine.

WETTERSÄULE, f. trombe de terre, colonne de poussière, de sable et de terre élevée de terre vers le ciel par un vent impétueux qui va en tournoyant. *Voyez* HOSE.

WETTERSCHACHT, m. (*t. de min.*), puits d'airage, puits par lequel l'air est porté dans les travaux de mine.

WETTERSTRECKE, f. (*t. de min.*), galerie, route pratiquée sous terre, percement fait pour donner passage à l'air, et le

faire communiquer d'un point à un autre.

WETTERSTRICK, m. espèce d'hygromètre fait d'une corde.

WETTERTHÜR, f. (*t. de min.*), porte ou trappe servant à faire circuler l'air dans les travaux de mines.

WETTERTROMMEL, f. (*t. de min.*), machine servant à conduire de l'air dans les mines par le moyen d'une roue.

WETTERWECHSEL, m. (*t. de min.*) *Wetterzug*, le passage de l'air, le courant d'air dans une mine.

WETTERZOTE, f. matière, substance blanche et cotonneuse, mollasse, spongieuse, dont se couvrent les ouvrages de bois et les murailles par un temps humide.

WETTERZUG. *Voyez* WETTERWECHSEL.

WETZSCHIEFER, schiste à aiguiser, argile schisteuse novaculaire d'*Haüy*; novaculite de *Kirwan*; cos de *Lametherie*. — *Schistus coticula* de *Walerius*.

WETZSTAHL, m. fusil à aiguiser, morceau de fer ou d'acier qui sert à aiguiser les couteaux.

WETZSTEIN, m. pierre à aiguiser, pierre à rasoir, argile schisteuse novaculaire d'*Haüy*.

WETZSTEINSCHIEFER, m. de *Voigt*, argile schisteuse.

WETZSTEINWACKE, argile schisteuse micacée.

WHINSTONE de *Kirwan*, basalte cristallisé, lave lithoïde prismatique d'*Haüy*.

WICKENSTEIN, m. oolite ; chaux carbonatée globuliforme.

WIDDERHÖRNER (*t. de minér.*), cornes d'ammon, ammonites, coquillage fossile en spirale dont l'analogue est inconnu.

WIDDER (*hidräulische*), belier hydraulique de *Montgolfier*. V. ce mot dans le supplément.

WIDERHALT, m. résistance, obstacle, action de retenir, d'arrêter, de soutenir un corps.

WIDERLAGE, f. tout ouvrage en pointe qui sert à rompre le cours de l'eau.

WIDERSINNIG, adj. et adv. opposé, contraire au vrai sens. — (*t. de min.*) *Widersinnige gänge*, filons ou couches qui changent souvent de direction, qui marchent souvent en plusieurs sens contraires. — *Widersinnige fallende gänge*, filons qui s'inclinent vers l'intérieur de la montagne. — *Widersinnige lage*, position renversée. *Voyez* GANG.

WIEDERAUFLÖSEN, v. a. (*t. de chim.*), résoudre de rechef, dissoudre.

WIEDERERZEUGUNG, f. reproduction.

WIEDERGÄNGE, plur. (*t. de min.*), les araignées.

WIEDERHACKEN, m. gaffe, perche d'un croc de fer à deux branches, l'une droite et l'autre courbe.

WIEDERHERVORBRINGUNG, f. la reproduction; (*t. de chim.*), palingénésie, régénération d'un corps qui a été réduit en cendres.

WIEDERKEHRENDFLÄECHIG, adj. (*t. de crist.*), récurrent: on le dit d'un cristal lorsqu'en prenant ses faces par rangées annulaires, depuis une extrémité jusqu'à l'autre, on a deux nombres qui se succèdent plusieurs fois, comme 4, 8, 4, 8, 4. *Ex.* étain oxidé récurrent.

WIEDERLAG. *Voyez* WIDERLAGE.

WIEDERLÖTHEN, v. a. ressouder, souder une seconde fois, remettre de la soudure aux endroits où il en manque.

WIEDERSCHEIN, m. lumière, clarté renvoyée, réfléchie, réverbérée, reflet, réflexion de la lumière, de la couleur d'un corps sur un autre. — *Der wiederschein der sonne*, la lumière qui rejaillit du soleil. — *Ein funkelnder wiederschein*, un reflet étincelant.

WIEDERSCHMELZEN, v. a. refondre, mettre à la fonte une seconde fois, liquéfier, rendre encore fluide; fondre, se fondre, se liquéfier de nouveau.

WIEDERSCHMIEDEN, v. a. reforger, forger une seconde fois.

WIEDERSINNIG. *V.* WIDERSINNIG.

WIEDERZURÜCK, adv. de nouveau en arrière. — (*t. de min.*) *Wiederzuruck an sitzen*, reprendre le travail d'une galerie ou tout autre ouvrage souterrain pour le prolonger.

WIEDERZUSAMMENSETZUNG, f. (*t. de chim.*), la recomposition, l'action de recomposer un corps, et l'effet qui en résulte.

WIESEN UND FELDER (*t. de min.*), déblais, décombres extraits des travaux de mines.

WIESENERZ, n. mine des prairies, sidérite de *Bergmann*, fer limoneux, fer oxidé rubigineux brun noirâtre ou jaunâtre.

WIESENSTEIN, même que WIESENERZ.

Wigankohle , f. houille compacte de Vigan en Angleterre, même que le *kennelkohle*. *Voyez* ce mot.

Wild , adj. sauvage. — (*t. ae min.*) *Wilder gestein* , roche ou pierre sauvage très-dure, difficile à détacher; roche stérile qui ne contient point de minerai.

Wildbad , n. bain minéral, bain chaud.

Wildelauge , f. lessive crue, lessive de la fumée de cuivre recueillie pour les fabriques de vitriol.

Willepalingu au Malabar, quartz hyalin cristallisé.

Willig , adj. qui agit de bonne volonté , de bon cœur, de plein gré; prompt, prêt, disposé à faire ce qu'on demande. — (*t. de chim.*) *Willige erze, leichtflüssige*, minerais qui fondent facilement.

Wimmer , f. partie serrée, dure, qui se trouve dans une chose plus molle, plus tendre; durillon, dureté.—(*t. de min.*), *Wimmern im gestein*, nœuds, parties plus dures dans la roche.

Wimmerig , adj. plein de durillons, de nœuds, de duretés. — *Wimmeriges gestein*, roche dans laquelle il se trouve des endroits plus durs que les autres.

Wind, m. vent, courant d'air, air mu avec plus ou moins de rapidité; la vitesse du vent ou l'intensité de sa force varie beaucoup. M. *Kraaf*, qui l'a observé à Pétersbourg, dit l'avoir trouvé une fois de 109 pieds, une autrefois de 129 pieds par seconde. On distingue les vents généraux, les vents périodiques dits aussi vents alisés et mous-

sons (*passatwinde*), et les vents irréguliers, c'est-à-dire ceux qui soufflent de différens côtés et sans observer aucune époque ni durée déterminée : ce sont les plus ordinaires dans les climats tempérés. — *Unter irrdische winde*, les vents souterrains.

Windball, m. ballon, vessie enflée d'air et recouverte de peau avec laquelle on joue en la lançant du poing ou du pied.

Windbüchse, f. arquebuse à vent.

Winde, f. vérin, treuil, cric, cabestan, machine propre à élever des fardeaux ; cylindre vertical qu'on fait tourner par des leviers horizontaux et qui sert à rouler ou dérouler un câble.

Windebaum, m. arbre ou grosse pièce de bois pour y arrêter une poulie.

Windedraht, f. fil d'archal mince dont on entoure un plus gros.

Windeeisen, n. fer à tordre, à tourner, à replier quelque chose.

Windeförmig , adj. qui est fait en forme de dévidoir. — *Windeförmige werkzeuge*, instrument fait en forme de dévidoir.

Winden , v. a. tordre, tortiller, rouler. — *Eine gewindete saüle*, une colonne torse.

Windenförmig , adj. et adv. fait en forme de cric, de vérin, de treuil.

Windetau , m. câble à élever des fardeaux.

Windfang , m. instrument ou chose quelconque servant à recevoir et à transmettre le vent, c'est-à-dire l'air agité;

ame d'un soufflet ; (*t. de min.*), tout ce qui sert à faire entrer de l'air dans les puits de mines.

Windfass, n. tonneau à vent, sorte d'appareil pour introduire l'air sur des travaux de mines au moyen de tuyaux adaptés à un fond de tonneau ouvert d'un côté.

Windgöpel, m. machine à molettes mue par le vent.

Windkessel, m. chaudron de pompe à feu.

Windklappe, f. soupape, valvule.

Windkugel, éolypile, boule creuse de métal terminée par un tuyau fort étroit qu'on remplit d'un liquide aux deux tiers, et qui, exposée à une forte chaleur, lance avec bruit et impétuosité une vapeur humide par l'extrémité du tuyau; cet effet est dû à l'étonnante force expansive de l'eau vaporisée : cette force est telle que chaque pouce cube d'eau, à l'état de simple liquidité, produit au moment de l'ébullition un pied cube de vapeur. On se sert aussi d'un éolypile inventé par M. *Bertin*, pour suppléer le chalumeau (*löthrohr*). Lorsqu'il est rempli d'une certaine quantié d'alcohol, on le place au-dessus de la flamme d'une lampe; son bec recourbé donne lieu à la vapeur de s'enflammer en traversant la flamme, et l'on produit ainsi une chaleur considérable sur les substances minérales exposées à l'action continue du jet.

Windkunst, f. machine hydraulique mue par le vent.

Windlade, f. le porte-vent. — *Windlade in den orgeln*, le porte-vent, le tuyau de bois qui porte le vent des soufflets dans le sommier de l'orgue ; (*t. de min.*), ventilateur.

Windmaschine, f. machine à vent. — (*t. de min.*) *Wetter maschine*, machine propre à introduire l'air dans les puits de mines, ventilateur.

Windmesser, m. anémomètre, instrument qui sert à mesurer la force du vent, sa vitesse, sa direction.

Windmessung, f. anémométrie.

Windofen, m. fourneau à vent, sorte de fourneau ou de poêle pour échauffer une chambre ; (*t. de fond.*), chauffe d'un fourneau d'affinage.

Windpfeife, f. évent.

Windrad, n. (*t. de min.*), ventilateur. — *Windrad in dem messinghütten*, roue à vent, roue avec des ailes sur chaque marteau dans les fabriques de laiton.

Windschacht. *V.* **Wetterschacht.**

Windscheider, m. (*t. de min.*), machine servant à introduire de l'air dans les puits de mines.

Windwaage, f. barosanême, pèse-vent, machine inventée pour connoître la pesanteur du vent.

Windzeiger, anémoscope, instrument qui indique les changemens de vent.

Winkel, m. (*t. de géom.*), angle, l'ouverture de deux plans de deux lignes qui se coupent. — *Ein stumpfer winkel*, un angle obtus. — (*t. de fortif.*) *Ein vorspringender, ein hineinge-*

hender winkel, un angle saillant et un angle rentrant.

Winkelbeständig, adj. (*t. de crist.*), persistant : se dit d'une variété de chaux carbonatée dans laquelle certaines faces se trouvent coupées par les faces voisines, de manière qu'elles conservent les mêmes mesures d'angles qu'elles auroient eues sans cela, excepté que ces angles ont d'autres positions respectives. *Ex.* chaux carbonatée persistante.

Winkelfasser, m. *Winkelpasser* et *schmiege*, fausse équerre, biveau, sauterelle.

Winkelhebel, m. (*t. de mécan.*) *Ein gebrochener hebel,* levier rectangulaire, levier brisé.

Winkelig, adj. anguleux, angulaire, plein d'angles. — *Rechtwinkelig, scharfwinkelig,* ou *spitzwinkelig, stumpfwinkelig,* rectangulaire, rectangle, à angles droits, acutangle, obtusangle ; adv. en angle, en forme d'angle.

Winkelklammer, m. crampon, harpon coudé.

Winkelkreutz, n. (*t. de min.*) *Winkelkreutz der gänge,* filons qui se croisent en angle droit, c'est-à-dire formant par leur direction un angle de 90 degrés : ainsi un filon dirigé sur l'heure 12 de la boussole du mineur, rencontrant une veine sur l'heure 6, forme avec elle un angle droit.

Winkelmass, n. équerre. — *Nach dem winkelmasse bearbeiten, einrichten,* dresser à l'équerre. — *Bewegliches winkelmass zu ungleichen winkeln,* l'équerre mobile pour les

angles inégaux, fausse équerre, sauterelle, biveau.

Winkelmesser, m. (*t. de géom.*), pantomètre, instrument pour mesurer toutes sortes d'angles de longueur ou de hauteur ; récipiangle, instrument pour mesurer les angles saillans et rentrans des corps ; le graphomètre, instrument pour mesurer les angles sur le terrain ; le pantographe, le singe, le rapporteur, le transporteur, instrument pour copier un plan, pour prendre des angles ; astrolabe, instrument pour observer la hauteur des astres.

Winkelmessung. *Voyez* **Goniometrie**.

Winkelrecht, adj. et adv. à angles droits, qui a des angles droits ; en angle droit. — *Winkelrecht schneiden, behawen, sägen,* tailler à angles droits, équarrir, scier en angle droit.

Winkelübertragen, adj. (*t. de crist.*), métastatique, c'est-à-dire de transport. On nomme ainsi un cristal dans lequel certaines valeurs d'angles plans et d'incidences de faces, étant égales à celles du noyau, semblent comme transportées de la forme primitive sur la forme secondaire. *Ex.* chaux carbonatée métastatique.

Winkel-vertauscht, adj. (*t. de crist.*), inverse. On nomme ainsi le cristal qui a la forme d'un rhomboïde aigu dans lequel les angles plans des rhombes sont égaux aux incidences mutuelles des faces du rhomboïde primitif, *et vice versâ,* les incidences des faces égales aux angles plans du noyau. *Ex.* chaux carbonaté inverse.

WINKELWEISER, m. montreur d'angles, viseur, sorte de récipiangle, instrument dont l'ingénieur des mines ou le géomètre souterrain se sert pour déterminer à la superficie du terrain le point qui correspond à un autre donné dans l'intérieur.

WINKELZIRKEL, m. compas pour mesurer les angles.

WIRKENDE, n. agent, tout ce qui agit, qui opère.

WISMUTH, m. bismuth, minéral d'un blanc jaunâtre divisible en octaèdre régulier. — *Gediegener wismuth*, bismuth natif. Le bismuth natif du Bieberg vient d'offrir au célèbre *Haüy* le premier exemple d'une forme secondaire qui représente la molécule soustractive, un rhomboïde aigu. — *Federwismuth*, bismuth en barbe de plume, bismuth ramuleux.— *Dendritischer wismuth* de *Gmelin*, bismuth natif en dendrittes. — *Geschwefelter wismuth* de *Gerhard* et de *Stütz*, bismuth sulfuré. — *Gewachsener, gediegener wismuth*, bismuth natif. — *Taubenhalsiger wismuth*, bismuth natif irisé. — *Vererderter et verwitterter wismuth* de *Gerhard* et de *Scopoli*, bismuth oxidé. — *Zeitiger wismuth de Scopoli*, bismuth natif; étain de glace, nom donné au bismuth, peut-être à cause qu'il pourroit être employé à l'étamage des glaces en l'ajoutant à l'étain et au zinc avec lesquels il s'amalgame parfaitement.

WISMUTHBESCHLAG de *Gmelin*, bismuth oxidé.

WISMUTHBLUMEN et WISMUTHBLÜTHE, bismuth oxidé pulvérulent.

WISMUTHEN, v. a. (*t. de pot. d'étain*), souder avec du bismuth.

WISMUTHERZ de *Gmelin*, minerai de bismuth, bismuth sulfuré. — *Eisenschüssiges, glänziges graues, grobblättrisches, lichtegraues wismuth*, bismuth sulfuré. — *Sandiges wismuth*, bismuth natif en grains disséminés dans un quartz arénacé.

WISMUTHGLANZ, bismuth sulfuré.

WISMUTHGRAUPEN, noyaux de bismuth, ce qui reste du minerai de bismuth dans le fourneau après la fonte, et qu'on livre aux fabriques de couleur.

WISMUTHKALK de *Stütz*, et WISMUTHMULM de *Brunnich*, bismuth oxidé.

WISMUTHKÖNIG, m. (*t. de chim.*), régule de bismuth, culot de bismuth.

WISMUTHKORN, n. grain de bismuth, grains qui, après la fonte, restent mêlés avec les cendres et que l'on obtient par la lotion. *V.* WISMUTHGRAUPEN.

WISMUTHOCHER, bismuth oxidé.

WISMUTHSANDERZ, n. bismuth natif dans du grès.

WISMUTHSPIEGEL et WISMUTHWÜRFEL, bismuth natif.

WISSEN, n. WISSENCHAFFT, savoir, science. Le chancelier *Bacon* pensoit que toutes les sciences humaines se rapportoient à l'une de ces trois facultés, imagination, mémoire, entendement; et il les rangea sous trois chefs correspondans, poésie, histoire, philosophie.

WITHERIT, withérite, baryte carbonatée d'*Haüy*, minéral blanchâtre, translucide, qui se présente en masses striées longitudinalement, ou, mais rarement, sous des formes régulières qu'*Haüy* a nommées prismée, annulaire et triangulaire; la forme primitive obtenue par la division mécanique est le dodécaèdre à plans triangulaires isocèles.

WITTERUNG, f. la température, la disposition, la constitution de l'air, le temps; pour *dampf*, les vapeurs, les émanations qui sortent de la terre. — *Die witterung in den gruben*, les exhalaisons dans les souterrains de mines, la vapeur, la chaleur souterraine. — *Die witterung bringt die erze zur zeitigung*, la chaleur souterraine porte les matières minérales à leur maturité.

WITTERUNGS LEHRE, f. météorologie. *V.*METEOROLOGIE.

WOCHENWERCK. *V.*SCHICHT.

WOEYSEN, v. a. (*t. de fabr.*), ajouter de la lessive crue dans les chaudières de vitriol à mesure qu'elle se réduit de 8 pouces.

WOLF, m. (*t. de min.*), loup. Les mineurs donnent ce surnom par dérision à un maréch. ferrant qui vient travailler comme compagnon dans les forges de mine.

WOLFRAM, WOLFART, WOLFERIG, WOLFRET, volfram, scheelin ferruginé, minéral très-pesant, d'un brun noirâtre légèrement métallique, quelquefois tout-à-fait noir, et dont la poussière est d'un violet sombre ou brun légèrement rougeâtre. —

Wolfram en Bohème, schorl noir, tourmaline. — *Weisser wolfram* de *Suckow*, et *weisses wolframerz*, wolfram blanc, scheelin calcaire.

WOLFRAMGESÄUERTE SÄLZE, tunstates ou tungstates. *Voyez* TUNGSTEIN SAÜERE.

WOLFRAMKÖNIG et WOLFRAMMETALL, schorl.

WOLFRIG et WOLFRAM, wolfram, scheelin ferruginé.

WOLKE, f. nue, nuée, nuage, amas de vapeurs élevées en l'air et y flottant au gré des vents.

WOLKENACHAT, agate nébuleuse, nuagée, ondulée; sorte de quartz agate onyx dont les dessins ont la forme de nuages.

WOLKIG, adj. *V.*GEWÄLKT.

WOLOSES, sorte de mica en grandes feuilles de la variété dite verre de Moscovie qui se brise au moindre choc en fragmens très-aigus.

WOLUTITHEN, volutites, volutes fossiles, coquille univalve, cylindrique ou ovale, à base échancrée et sans canal, à ouverture plus longue que large, à columelle plissée, vulgairement cornets.

WOODTIN ORE de *Kirwan*, étain de bois, étain ligniforme, étain oxidé concrétionné d'*Haüy*.

WULCAN. *Voyez* VULCAN.

WULCANISCHE GEBIRGSARTEN, roches volcaniques.

WUNDERERDE, f. terre miraculeuse, argile lithomarge.

WUNDERSALZ, m. sel admirable, sel de Glauber natif, sulfate de soude.

WÜNSCHELRÜTHE, f. baguette devinatoire, baguette

électrométrique fourchue, ordinairement de coudrier, ou verge de bois, de verre, de métal, ayant une légère courbure, que l'on prétend prendre d'elle-même, en certaines mains, lorsque l'individu marche, un mouvement rotatoire qui indique des mines, des sources, de l'argent caché, etc. ; phénomène que l'on a peut-être trop aveuglément prôné, mais aussi trop précipitamment rejeté, et qui ne semble pas encore être suffisamment éclairci, au moins à l'égard des sources.

Würfel, m. dé, cube, carré solide, solide régulier à six faces carrées ; (*t. d'archit.*), dé, piédestal, cube qui fait la partie du milieu du piédestal.

Würfelerz, n. cuivre arseniaté ferrifère de *Brochant*, plomb sulfuré ou galène commune suivant d'autres auteurs.

Würfelfluss de *Gmelin* et *Gerhard*, chaux fluatée.

Würfelförmig, adj. cubique, qui a la figure d'un dé.

Würfelgyps. *Voyez* Würfelspath.

Würfelicht ou Würfelig ou Würfelich, adj. et adv. carré comme un dé, carrément, en carrés comme un dé.

Würfelschiefer, m. argile schisteuse.

Würfelspath, spath cubique, chaux sulfatée anhydre d'*Haüy*.

Würfelstein, m. quartz cubique, boracite, magnésie boratée d'*Haüy*.

Würfelthon, argile glaise, argile ocreuse mélangée de fer oxidé.

Würfelzeolith, zéolithe cubique, analcime d'*Haüy*, minéral dont les caractères extérieurs sont peu tranchés, tantôt limpide, tantôt blanc et opaque, quelquefois d'un rouge de chair plus ou moins foncé: on le trouve sous une forme cristalline dérivant du cube, et aussi en masses irrégulières mamelonnées ou radiées.

Wurmgehause. *Voyez* Vermiculit.

Wurmholz, bois de palmier fossile pétrifié.

Wurmröhre, plur. serpulites, serpules fossiles, coquilles univalves en forme de tuyau ou de cône tortueux.

Wurmstein, m. vermiculite, vermiculaire, vermet et aussi serpulite. *Voyez* Vermiculit.

Wurmtrockniss, ver desséchant, même que *borkenkäfer*, ver ou scarabée d'écorce, c'est-à-dire qui se tient sous l'écorce des arbres, insecte qui fait des dégâts énormes dans les forêts du Hartz: on le nomme aussi *fichtenkrebs*, cancres de pins. C'est le *dermestes typographus* que *Cramer* a aussi appelé *schwarzwurm*, ver noir.

Wurst, f. (*t. de min.*), saucisse, charge de poudre pour faire sauter la roche.

Wurstein, m. poudding, quartz agate brèche à fragmens anguleux ou roulés de différentes teintes, agrégats composés de fragmens ou débris agglutinés.

Wurstling de *Storr*, agate mélangée de quartz hyalin.

Wurzelstoff, m. (*t. de chim.*), radical, principe, base, etc.

X

Nota. La lettre consonne X, qui est la vingt-quatrième de l'aphabet allemand, ne commence aucun mot admissible dans ce Dictionnaire.

Y

YANOLITH, yanolith. *Voyez* **AXINIT**.

YENIT, yénite, minéral qui doit sa dénomination à M. *Le-lièvre*, membre du Conseil des mines et de l'Institut, lequel a le premier attiré l'attention des minéralogistes sur la nature de cette substance ; elle ressemble au premier aspect à de l'amphibole, et mieux encore à de l'épidote noir, mais sa forme primitive est différente : sa forme cristalline la plus ordinaire est celle d'un prisme à quatre et à huit pans, dont les sommets portent plus ou moins de facettes disposées régulièrement. On la trouve dans deux endroits différens de l'île d'Elbe, 1°. à Rio-la-Marine, faisant partie d'une couche épaisse superposée à un calcaire primitif mêlé de talc, engagée dans une substance verte, mélangée de quartz, de fer arsenical et aimantaire ; 2°. au Cap-Calamite, accompagnée de fer oxidulé, de grenats et de quartz hyalin.

YLYN ou **ILYN**, (*t. de min.*), nom dérivé du mot grec *ilus*, limon, par lequel M. *Noss* a

YTT

désigné la masse principale de plusieurs chaînes de montagnes du Bas-Rhin des deux côtés du fleuve de ce nom, renommées pour leur fertilité. Cette terre connue dans le pays sous la dénomination de *graunstein*, à raison de sa couleur grise, diffère de l'argile ordinaire et de l'argile endurcie par une plus grande facilité à fondre au feu, dont elle paroît avoir déjà éprouvé l'action ; elle renferme comme principes accidentels le feldspath, la haüyne, etc.

YTTERERDE, f. yttria ; terre principe composant de la substance terreuse nommée gadolinite, et qui a quelque analogie avec la glucine ; *Klaproth* regarde cette terre comme un passage de la terre commune à une terre métallique.

YTTERGESCHLECHT, genre yttérique.

YTTERIT, yttérite, yttria. *Voyez* **YTTER-ERDE**.

YTTRIOTANTALIT ou **YTTRO-TANTALIT**, yttro-tantalite, tantale yttrifère, tantale uni à l'yttria, qui est la neuvième terre, principe composant des minéraux ; l'yttrotantalite forme la deuxième espèce du genre tantale ; on le trouve en morceaux disséminés de la grosseur d'une noisette ; sa cassure est grenue et d'un gris foncé métallique. Il a été trouvé à Ytterby , en Suède , dans le même lieu et dans le même filon de feldspath que la gadolinite.

Z ZAH

ZABACH des Arabes, mercure. *Voyez* QUECKSILBER.

ZABELTITZTERSTEIN , quartz hyalin cristallisé.

ZACKEN , m. pointe , chose qui a une pointe par le bout. — *Ein eisernes werkzeug mit zwey drey zacken am ende ,* instrument de fer avec deux ou trois branches ou pointes par le bout. — (*t. de minér.*) *Zacken ,* quartz hyalin en cristaux isolés, ou cristaux isolés de quartz commun.

ZACKENKALK , chaux carbonatée grossière.

ZACKIG , adj. pointu , qui a des pointes, branches, fourches ou dents, par le bout. — *Ein zackiges, zwey, drey, vier zackiges werkzeug ,* instrument de bois ou de fer qui a deux , trois ou quatre pointes, branches ou dents, par le bout.

ZÄGEL , (*t. de forg.*) , partie d'une loupe de fer que l'on fait chauffer pour la porter au gros marteau de forge et l'y étirer.

ZÄHE , adj. coriace ; tenace , glutineux , visqueux , gluant , qui tient fortement. — *Zähe materie ,* matière tenace , visqueuse. — (*t. de boc.*) *Zäher schlamm ,* vase fine , pâteuse , matières minérales bocardées menues, entraînées par les eaux dans des bassins où elles forment un dépôt bourbeux, qu'on lave ensuite pour en retirer les particules métalliques. *Voyez* HÄUPTEL.

ZÄHFLÜSSIG , adj. dur à la fusion.

ZÄHHEIT , ZÄHIGKEIT , f. tenacité , viscosité. — *Die zähheit des leders ,* la dureté , la qualité coriace du cuir ; la propriété qu'ont certaines substances , et principalement les métaux, de résister sans se rompre à l'action d'une force qui les tire par une extrémité , tandis qu'ils sont fixes par l'extrémité opposée.

ZÄHHEDEL. *V.* HÄUPTEL.

ZÄHLBRET , m. (*t. de min.*) , planche percée de deux rangées de trous servant à marquer le nombre de seaux ou tonnes de minerais que l'on extrait de la mine.

ZAHN , m. dent. — *Zähne am werkzeug wieder-machen ,* remettre des dents à des instrumens. — *Zahn* pour *zain.* V. ZAIN.

ZAHNHAMMER , marteau bretté , denté , marteau à dents.

ZAHNHOBEL, m. rabot bretté, denté , rabot à dents.

ZAHNIG, adj. à dents, denté,

dentiforme, qui a des dents, bretté, dentelé, qui est taillé en forme de dents. — *Zahnige werkzeuge*, outils brettés, instrumens à dents. — *Zahniges glaserz*, argent sulfuré dentiforme.

ZAHNSCHMIDT, m. (*t. de forg.*), ouvrier occupé à mettre le fer en barres.

ZAHNSCHNITT, m. entaille en forme de dents.

ZAHNSILBER, n. pour ZAINSILBER, argent en barres.

ZAHNSPINDEL, f. fuseau denté.

ZAHRTIEGEL, m. grand creuset.

ZAIBAR des Arabes, mercure.

ZAIN, m. lingot, barres. — *Ein eisen zain*, une barre de fer. — *Das eisen zu zainen schmieden*, mettre le fer en barres. — *Ein goldzain, silberzain*, une barre d'or, d'argent. — *Zain gold, zain silber*, or en barre, argent en barre.

ZAINEISEN, n. fer en barre. — *Zahneisen.*

ZAINEN, v. a. (*t. de forg.*), mettre en barre le fer ou tout autre métal, crêper.

ZAINER, m. marteleur; ouvrier qui met le fer en barre, forgeron qui fait du fer crêpé.

ZAINHAMMER, m. *Stabhammer*, fenderie, lieu où l'on fend le fer et où on le sépare en barres ou verges; martinet pour crêper le fer.

ZAINSCHMID. *V.* ZAINER.

ZAMARUT des Arabes, émeraude.

ZAMLANKA, en Gallicie,

soude muriatée ou sel fossile en pièces séparées grenues.

ZANGE, f. tenailles. — *Eine starke zange*, une grosse tenaille. — *Kleine runde zange, drathzange*, bequettes, pinces ou tenailles, branches rondes et recourbées dont se servent les serruriers. (*t. de divers arts.*) *Zange*, pincettes, de petits instrumens de fer à deux branches servant à prendre ou placer certaines choses qu'on ne pourroit prendre ni placer si habilement avec les doigts.

ZÄNGELN, v. n. (*t. d'arts mécan.*), prendre, serrer, tenir avec les tenailles, avec les pincettes.

ZÄNGLEIN, n. dimin. petite tenaille, pincettes.

ZAPFEN, m. tourillon. — *Zapfen an einer radwelle, einer glocke*, le tourillon d'un arbre de roue, d'une cloche. — *Der zapfen an der kanone dient sie zu richten*, le tourillon d'un canon sert à le pointer; (*t. d'hydraul.*), le pivot, morceau de métal dont le bout est arrondi en pointe pour tourner facilement dans une crapaudine ou dans une virole; la bonde, la pièce de bois qu'on lève pour faire écouler l'eau d'un étang.

ZAPFEN, v. a. (*t. de charp.*) *Einen balken einzapfen*, emmortaiser une poutre, faire entrer dans une mortaise le tenon d'une poutre.

ZAPFENDECKE, f. chape, chapelle sur un compas de mer.

ZAPFENFÖRMIG, adj. coralliforme; en fourches alongées, courbées comme des coraux.

ZAPFENKLOTZ, m. *Das zap-*

fenlager, le morceau de bois ou de fer arrondi dans lequel tourne le tourillon d'un arbre de roue.

Zapfenlager, n. la partie sur laquelle porte le tourillon.

Zapfenloch, n. trou qui reçoit le tourillon d'un arbre de roue; (*t. de charp.*), mortaise, entaillure faite dans une pièce de bois pour recevoir un tenon.

Zapfenring, m. anneau, cercle, lien du tourillon; anneau, cercle qu'on met à l'extrémité d'un arbre de roue du côté du tourillon.

Zapfenschacht, m. puits dans lequel les tirans des pompes ont leur mouvement.

Zapfenschwelle, f. le racinal d'une écluse, c'est-à-dire la grosse pièce de bois qui soutient les autres.

Zarge, f. bordure, bord, ce qui entoure l'extrémité d'une chose.—*Zärge der mühlsteine*, pièces de bois cintrées qui entourent les meules d'un moulin.

Zarnichahmer des Arabes, arsenic sulfuré rouge.

Zarnikaut des Arabes, arsenic sulfuré jaune.

Zart, adj. tendre, souple, mou, mollet, délicat, délié, fin, mince, menu, léger, subtil, grêle.—*Zarte fäden*, fils, filets délicats, fort déliés. — *Zartes pulver*, poudre fine; adv. délicatement.—*Der zart mahlet*, un peintre qui peint délicatement, tendrement.

Zartheit, f. tendreté, qualité de ce qui est tendre; délicatesse, mollesse, finesse, souplesse, subtilité, ténuité, qua-

lité de ce qui est délicat, fin, délié. — *Zartheit des pinsels, der pinselstriche*, la délicatesse du pinceau, des touches.

Zaser, f. filet, filament menu, délié, fibre.

Zasern, v. a. séparer, tirer en filets fort menus, en filamens fort déliés; v. r. se séparer en filets menus, en petits brins longs et déliés, en filamens fort déliés.

Zaupff, terme de celui qui dirige les mouvemens d'une machine à molettes, pour avertir le charretier de faire tourner les chevaux en sens contraire.

Zaupffer, chef ouvrier qui conduit le travail d'une machine à molettes.

Zeche, f. (*t. de min.*), mine, établissement comprenant tous les travaux d'une mine, tout ce qui compose une exploitation. — *Eine zeche bauen, befahren*, exploiter une mine, la visiter. — *Eine zeche abbauen*, abandonner les travaux d'une mine, se désister d'une exploitation. — *Zeche ausmessen abziehen*, mesurer une mine, en lever le plan. — *Zeche frey machen*, rendre une mine libre, déclarer la compagnie déchue de tous ses droits, et que la concession peut de nouveau être accordée à tout autre. — *Zeche abköhlen*, détériorer une mine, en enlever les massifs qui en faisoient la sûreté, et ne point les remplacer par une charpente solide, d'où il résulte des éboulemens. — *Zeche zur grabe tragen*, porter une mine au tombeau, en causer la destruction par une exploitation mal dirigée ou par une mauvaise administration. — *Zeche lösen*, affranchir une mine, la délivrer des eaux et lui procurer de l'air. — *Zeche befahren*, visiter une mine. — *Zeche verhaüen*, encombrer la mine, négliger d'en retirer les déblais.

Zechenhaus, n. maison où les mineurs se rassemblent, où ils disent la prière, où ils écrasent le minerai, et où l'on dépose les outils.

Zechenholz, n. le bois nécessaire pour les charpentes souterraines.

Zechenmeister, m. le contrôleur ou régisseur d'un établissement de mine, celui qui tient les comptes de recette et dépense.

Zechstein, m. chaux carbonatée grisâtre, d'une cassure esquilleuse, qui accompagne, en Thuringe, l'argile calcarifère et bitumineuse; sorte de calcaire primitif que l'on nomme aussi calcaire des Alpes (*alpenkalkstein*).

Zeele, f. (*t. de min.*), limon inutile, stérile, qui ne contient point de parties métalliques.

Zeg, n. vitriol natif.

Zeheneck ou Zehneck, n. décagone; figure qui a deux angles.

Zeheneckig, adj. décagone qui a dix angles ou coins.

Zehente ou Zehent, m. la dixme ou dîme. — *Den zehenten bestimmen, ausmachen*, régler la quotité de la dîme; la décime, la dixième partie d'un revenu.

Zehentel ou Zehntel, m. le dixième, un dixième, la dixième partie d'un tout. — *Sieben zehntel*, sept dixièmes.

Zehenter, Zehentner et Zehendner, m. dîmeur, receveur, percepteur de la dîme, celui qui recueille les dîmes.

Zehentherr, m. décimateur, celui qui a droit de lever la dîme.

Zeherschlamm, dépôt de minerai bocardé que l'on retire des bassins où il s'est formé, pour en séparer par le lavage les parties métalliques.

Zehlbret. *V.* Zählbret. de dix parties, qui est composé de dix parties.

Zehnviertelig, adj. de dix quarts.

Zehnwinkelig, adj. qui a dix angles ou dix coins.

Zehnzackig, adj. qui a dix pointes, dix dents par le bout.

Zeichen, n. signe, indice, marque. — *Chemische zeichen*, caractères chimiques, signes dont les chimistes se servent. — *Zeichen in der luft, am himmel*, météore, phénomène, tout ce qui apparoît de nouveau dans l'air, dans le ciel. — *Die würzelzeichen*, les signes radicaux.

Zeichenchlorit, talc chlorite zographique, c'est-à-dire propre à la peinture. *Voyez* Grünerde.

Zeichenhammer, m. marteau à marquer les ouvrages de métal, marteau dont les ouvriers se servent pour mettre une marque sur leurs ouvrages.

Zeichenkohle, f. charbon de saule qui sert à dessiner.

ZEICHENKUNST , f. *Zeich-nungskunst*, l'art du dessin, l'art de dessiner.

ZEICHENLEHRE , f. art caractéristique, la science d'inventer des signes, des marques de certaines représentations.

ZEICHENSCHIEFER, n. argile schisteuse graphique, crayon noir des charpentiers, ampélite de quelques auteurs, mélanthe-rite de *Lametherie*.

ZEICHNEN, v. a. dessiner, tracer ou faire le premier trait d'une figure.—*Nach der natur zeichnen*, dessiner d'après nature.

ZEICHNER , m. dessinateur.

ZEICHNUNG, f. *Das zeichnen*, le dessin, l'action et l'art de dessiner. — *Punctirte zeichnung*, dessin pointillé. — *Gestreifte zeichnung*, dessin rubané.

ZEICHNUNGSKUNST, f. *Voyez* ZEICHENKUNST.

ZEIGER, m. celui qui montre, qui indique, qui enseigne, qui fait voir quelque chose, qui témoigne. — *Der zeiger an einer uhr*, aiguille d'une montre, d'une horloge, d'un cadran. — *Der zeiger weist die stunden*, l'aiguille marque l'heure qu'il est.—*Der zeiger am compasse*, l'index d'un compas, d'une boussole. — *Zeiger*, témoin, celui qui témoigne.

ZEIGSTEINSAND , n. forme

le passage du vert au jaune de soufre.

ZEIT , f. temps, mesure de la durée des êtres. C'est la trace laissée dans la mémoire par l'observation successive de plusieurs effets ; c'est le mouvement qui nous donne l'idée du temps ; c'est aussi par le mouvement que le temps se mesure. On a pris pour unité de temps l'intervalle compris entre deux passages consécutifs d'une même étoile au méridien : cette période se nomme le jour sidéral ; le temps solaire corrigé est ce qu'on nomme le temps moyen.

ZEITMESSER , m. chronomètre, chronoscope, instrument qui sert à mesurer le temps.

ZELLE , f. cellule ; alvéole.

ZELLENFÖRMIG , ZELLIG , adj. cellulaire, c'est-à-dire composé de petites lames minces, qui, réunies transversalement, forment de petites cellules.

ZELLENGEWEBE , f. tissu cellulaire.

ZELLKIES , pyrite cellulaire, fer sulfuré lamelliforme d'*Haüy* en lames à bords anguleux ou orbiculaires , serrées les unes contre les autres ; variété de fer sulfuré décomposé.

ZENTNER , m. quintal , cent pesant , poids de cent livres.

ZENTNERLAST , f. fardeau,

différente avoient été confondues sous ce nom, a cru devoir le bannir de sa nouvelle nomenclature, comme celui de *schorl;* ainsi il a nommé *mésotype* la zéolite proprement dite, dont on doit la première connoissance à *Cronstedt*, c'est-à-dire la zéolite rayonnée de *Werner*, en y comprenant les zéolites farineuse et fibreuse du même auteur ; *stilbite*, la zéolite lamelleuse ; *analcime* et *chabasie*, la zéolite cubique et ses variétés : telles sont donc les quatre principales espèces sous lesquelles sont comprises aujourd'hui toutes les substances qui ont reçu le nom de zéolite.

Zeolith, *blauer, mit silber und eisen,* zéolite bleue mêlée d'argent et de fer, lazulite d'*Haüy.*

Zeolith, *blättriger* ou *blätter,* zéolite lamelleuse de *Werner,* stilbite d'*Haüy.*

— *Dichter, derber,* zéolite compacte, espèce particulière, suivant *Estner* et *Wiedmann.*

— *Erdiger,* zéolite terreuse, zéolite farineuse, mésotype amorphe d'*Haüy.*

— *Fasriger,* zéolite fibreuse de *Werner,* mésotype aciculaire d'*Haüy.*

— *Feüerschlagender* de *Stütz,* prehnite.

— *Gemeiner,* zéolite commune. *Wiedmann* comprend sous cette dénomination les zéolites fibreuse, rayonnée et lamelleuse, et *Estner* y ajoute de plus la zéolite cubique.

— *Haarförmiger* de *Lehmann, Haariger* de *Stütz,* zéolite ca-

pillaire, zéolite fibreuse, mésotype aciculaire.

— *Kapscher,* zéolite du Cap, prehnite.

— *Keulen und büschelförmiger,* zéolite rayonnée, mésotype.

— *Kieselartiger,* prehnite.

— *Kieseliger* de *Kirwan,* œdélite. *Voyez* AEDELITH.

— *Spathartiger* de *Lehmann,* zéolite lamelleuse, stilbite.

— *Stänglicher* de *Gerhard,* zéolite rayonnée.

— *Stralicher,* zéolithe rayonnée de *Werner,* mésotype d'*Haüy.*

— *Turmalinartiger* de *Gmelin,* schorl électrique, tourmaline.

— *Ungeformter* de *Gerhard,* zéolite compacte, mésotype amorphe d'*Haüy.*

— *Von blauer farbe* de *Suckow,* lazulite d'*Haüy.*

Zeolithsand, m. zéolite sablonneuse, espèce particulière, si l'on en croit *Severgin* et *Lenz.*

Zeolithspath, m. zéolite lamelleuse, stilbite.

Zepterkrystall, m. cristal de roche, quartz hyalin crystallisé.

Zer, particule qui signifie rupture, cassure, fraction, destruction, séparation violente.

Zerbrechen, v. a. *Entzweybrechen,* rompre, casser, briser, mettre en pièces, écraser, réduire en morceaux. — (*t. de min.*) *Zerbrochene beine auswechseln,* changer, remplacer par du bois neuf des pièces rompues.

Zerbrechlich, adj. fragile, frêle, cassant, aisé à rompre.

ZERBRECHLICHKEIT, f. fragilité, disposition à être facilement cassé, brisé.

ZERBRECHUNG, f. l'action de rompre, de briser, de casser ; fracture, fraction, action par laquelle on met en pièces.

ZERFEILEN, v. a. diviser, séparer, mettre en pièces avec la lime.

ZERFLIESSEN, v. n. *Zerschmelzen*, fondre, se fondre, se liquéfier, devenir liquide, tomber en déliquescence, se dissoudre. — *Was zerflossen ist*, fondu, liquéfié, dissous, délayé, détrempé ; subst. déliquescence.

ZERFLIESSEND, adj. déliquescent, qui a la propriété de se liquéfier en attirant l'humidité de l'air.

ZERFLIESSIGKEIT, f. déliquescence.

ZERFRESSEN, adj. rongé, corrodé, carié, vermoulu : se dit d'un minéral dont la surface est percée de petits trous très-serrés semblables à ceux d'un ver.

ZERGLIEDERN, v. a. anatomiser. — *Ein buch zergliedern*, analyser un livre.

ZERGLIEDERUNG, f. anatomie, analyse.—*Zergliederungs geist*, esprit d'analyse ; (*t. de min.*), division. — *Die mecanische zergliederung*, la division mécanique.

ZERHÄMMERN, v. a. mettre, réduire en pièces, en morceaux à coups de marteau. — *Er hat den stein zerhämmert*, il a mis la pierre en pièces à coups de marteau.

ZERKEULEN, v. a. diviser, séparer, fendre, rompre, casser avec un coin de fer ou de bois.

ZERKLEINEN, v. a. mettre, réduire en petites pièces, en menus morceaux.

ZERKLOPFEN, v. a. casser, briser, rompre, mettre en pièces avec un marteau, un maillet, etc., fendre ou briser, casser à force de battre.

ZERKLUFTUNG, f. (*t. de min.*), fente ou crevasse qui coupe plusieurs filons parallèles dans une direction différente de la leur. *Voyez* LAGER.

ZERKNISTERN, v. a. (*t. de chim.*), décrépiter, petiller au feu.

ZERKOCHEN, v. a. dissoudre, faire fondre, liquéfier par la coction. — *Eine substanz recht zerkochen*, faire bien cuire quelque substance afin qu'elle se dissolve.

ZERKRÜMELN, v. a. réduire, mettre en petits morceaux, émietter, froisser entre les doigts. — *Man kann den stein zerkrümeln*, on peut briser, broyer cette pierre.

ZERLASSEN, v. a. *Flüssig machen*, fondre, liquéfier, dissoudre, rendre fluide.

ZERLASSUNG, f. liquéfaction, l'action de fondre, de liquéfier du plomb, etc.

ZERLAUFEN, v. n. *Zergehen*, se fondre, se dissoudre, se liquéfier, devenir liquide.—*Das Bley, das zinn zerlauft*, le plomb, l'étain se fond.

ZERLEGEN, v. a. désassembler, décomposer, déjoindre ; (*t. de chim.*), analyser.

ZERLEGUNG, f. (*t. de chim.*), analyse chimique, résolution d'un corps dans ses principes; décomposition, désassemblement.

ZERMAHLEN, v. a. broyer, casser, réduire en poudre par le moyen d'un moulin.

ZERMALMEN, v. a. broyer, concasser, écraser, réduire en parties très-menues, en très-petits morceaux et même en poudre; (*t. de chim.*), triturer.

ZERMALMIG, adj. triturable, qui peut être trituré.

ZERMALMT, adj. broyé, concassé, trituré.

ZERMALMUNG, f. trituration.

ZERREIBEN, v. a. broyer, réduire en poudre. — *Das zerreiben,* l'action de broyer. — (*t. de chim.*) *Auf einem porphyr zerreiben,* porphyriser, broyer un corps sur le porphyre.

ZERREIBLICH, adj. friable, qui peut être aisément réduit en poudre.

ZERREIBLICHKEIT, f. friabilité, qualité de ce qui est friable.

ZERREISSEN, v. a. rompre, déchirer. — subst. *Das zerreissen,* rupture, déchirement.

ZERRINNEN, v. n. fondre, devenir coulant, se liquéfier. — v. a. *Das eisen zerrinnen,* affiner le fer.

ZERRINNER, m. affineur; celui qui dans une affinerie fond et raffine des vieux fers.

ZERRUTTUNG, f. dérangement, renversement, bouleversement, trouble, confusion, désordre, ruine.

ZERSCHIRBELN, (*t. de forg.*), diviser, réduire en plusieurs parties la loupe de fer, pour étirer ensuite chaque morceau en barre.

ZERSCHLAGEN, v. a. casser, briser, mettre en pièces. — subst. *Das zerschlagen der gänge,* le partage des filons en plusieurs pièces; adj. cassé, brisé. — *Zerschlagener gang,* filon divisé en plusieurs branches courtes.

ZERSCHMELZEN, v. a. fondre, liquéfier, dissoudre, rendre liquide ou coulant.

ZERSCHMELZUNG, f. liquéfaction, dissolution, fonte.

ZERSCHNEIDEN, v. a. (*t. de monn.*), cisailler. — *Die falschen gering haltigen münzstücke zerschneiden,* cisailler des pièces de monnoies altérées, couper les pièces fausses avec des cisailles.

ZERSETZEN, v. a. (*t. de min.*), casser, briser, mettre en pièces, en morceaux. — *Eine erzstufe, einen stein zersetzen,* mettre en pièces, en morceaux, briser un bloc de minerai ou de roche. — *Zersetztes gebirge,* montagne formée de diverses roches mêlées pêle-mêle.

ZERSETZUNG, f. (*t. de chim.*), décomposition, dissolution, séparation des parties d'un corps.

ZERSPALTEN, v. a. fendre, couper, diviser en long. — *Er hat ein starkes stückholz zerspalten,* il a fendu une grosse pièce de bois.

ZERSPLITTERN, v. a. briser, rompre par éclats; (*t. de chim.*), petiller.

ZERSTREUNDEKRAFT, f. (*t.*

de phys.), la force qui disperse , dispersion. On nomme ainsi la quantité de la dilatation que subit un faisceau de lumière en traversant un prisme.

ZERSTÜCKUNG, f. (*t. de chim.*), buccellation , division des matières ou substances en morceaux maniables.

ZERSTUFEN, v. a. (*t. de min.*) *Zersetzen* , briser , casser , mettre en morceaux.

ZERTRÜMMERN, v. n. (*t. de min.*), s'éparpiller, se ramifier.

ZEUG, n. (*t. de min.*), pompe, machine pour élever l'eau, pour l'épuisement des eaux ; collectivement , *Werkzeug*, machine , instrument, outil, ressort , engin. — *Mechanisches, mathematisches zeug*, engins de mécanique , instrumens de mathématique. — *Zeuge sind überzunken*, les machines sont devenues insuffisantes pour l'épuisement des eaux. — *Die zeuge verlieren den hub*, les machines perdent leur levée parce qu'il y a trop de répétitions de pompes que la puissance ne peut vaincre.

ZEUGBÜTTE, f. *Voyez* ZEUG-KOSTEN.

ZEUGKOSTEN, plur. (*t. de min.*), dépenses, frais nécessaires pour l'entretien des pompes et des machines.

ZEUGRÄDER , plur. roues des machines hydrauliques.

ZEUGSCHACHT , m. (*t. de min.*), puits dans lequel l'appareil des pompes est placé.

ZEUGSCHMID , m. forgeron , taillandier , maréchal.

ZEUGSCHMIDSHANDWERK ,

n. métier , art du taillandier , taillanderie.

ZEUGSTEÜER, f. (*t. de min.*), loyer de la machine , cens pour l'usage d'une machine hydraulique , somme à payer par une société d'exploitans dont les eaux souterraines se trouvent épuisées par les machines d'une autre société voisine.

ZEUGTEICH , m. étang qui fournit l'eau aux machines hydrauliques.

ZICKZACK , m. zigzag , suite des lignes l'une au dessus de l'autre formant entre elles des angles très-aigus.

ZIEGEL , m. brique, argile glaise pétrie, moulée et cuite au feu ou séchée au soleil, dont on se sert pour bâtir.

ZIEGELARBEIT , f. ouvrage en briques ; briquetage, brique cuite unie avec du ciment.

ZIEGELERDE, f. terre propre à faire de la brique, argile glaise.

ZIEGELERZ, n. mine de cuivre couleur de brique, sorte de mine de cuivre pyriteux hépatique ; cuivre oxidulé terreux friable et compacte d'*Haüy*. On a aussi adopté le mot *ziegelerz* en français. — *Dichtes ziegelerz,* ziegelerz compacte , ziegelerz endurci. — *Erdiges ziegelerz,* ziegelerz terreux. — *Verhärtetes ziegelerz* , ziegelerz endurci.

ZIEGELHÜTTE , f. briqueterie , tuilerie, lieu où l'on fait de la brique et de la tuile.

ZIEGELMEHL , n. farine , poudre de brique , brique pulvérisée dont on se sert pour les essais et pour la cémentation.

ZIEGELOFEN , n. four à briques.

ZIEGELSCHEUNE, f. *Voyez* ZIEGELHÜTTE.

ZIEGELSCHICHT, f. (*t. de min.*), couche, lit de houille fortement mélangée de terre.

ZIEGELSTEIN, m. brique.

ZIEGELSTREICHER, m. briquetier, ouvrier qui fait de la brique et des tuiles.

ZIEGELSTREICHERKUNST, f. art, métier de briquetier, de tuilier.

ZIEGELTHON, argile dont on fait des briques, argile glaise.

ZIEGELWERK, n. (*t. de min.*), plombagine ou fer carburé qui n'est pas nettement bocardé.

ZIEGER, ZIEGER ADERN. *Voyez* GLAES.

ZIEHBAND, n. (*t. d'arts*), étrier, lien, bande de fer faite en forme de crampon.

ZIEHEISEN, n. la filière. — *Gold, silber, kupfer, durch ein zieheisen gehen lassen*, tirer, faire passer par une filière, l'or, l'argent, le cuivre, etc.

ZIEHEN, v. a. tirer, mouvoir vers soi ou après soi. — (*t. d'archit.*) *Riefen an säulen oder pfeilern ziehen*, canneler des colonnes ou des pilastres, y tracer, y former des cannelures. — *Stein marmor aus dem bruche, gold, silber aus dem schachte ziehen*, tirer de la pierre, du marbre de la carrière, de l'or et de l'argent du puits de mine. — *Durch die distillation*, etc. *herausziehen*, tirer, extraire par voie de distillation ou autrement. — *Drath, metalle, gold silber ziehen*, tirer les métaux, l'or, l'argent, les étendre en fils déliés.

ZIEHER, m. tireur, celui qui tire, qui traîne. — *Drathzieher, linienzieher*, tire-ligne. — *Pfropfzieher, korkzieher, kugelzieher*, tire-bourre, tire-bouchon, tire-balle.

ZIEHHAKEN, m. croc, crochet avec lequel on tire quelque chose.

ZIEHLÜFTER, m. poinçon, mandrin qui sert pour faire ou pour élargir les trous d'une filière ; alésoir.

ZIEHMASCHINE, machine avec laquelle on tire quelque chose.

ZIEHRING, m. anneau, cercle ou lien de fer qu'on serre à vis sur les joints des tirans et des machines hydrauliques.

ZIEHSCHACHT, m. (*t. de min.*), puits d'extraction. — *Ziehschacht nachrichten*, disposer un puits d'extraction de manière à ce qu'il corresponde avec un puits souterrain déjà existant dans les travaux de l'exploitation.

ZIEHWERK, n. machine ou tout ce qui sert à tirer.

ZIELENA en Gallicie, sel fossile en cubes.

ZIERMEISSEL, m. sorte de ciseau, de ciselet dont se servent les ferblantiers.

ZIESELERZ, n. fer oxidé rubigineux granuliforme.

ZIGER. *Voyez* GLAES.

ZIMMERAXT, f. hache de charpentier, hache à équarrir.

ZIMMERBEIL, n. cognée, hache de charpentier.

ZIMMERGERÄTH, n. instrumens, outils de charpentier.

ZIMMERHAUER, m. (*t. de min.*), ouvrier qui fait les charpentes et boisages nécessaires dans les ouvrages de mines, charpentier mineur.

Z*immerholz* , n. bois de charpente; bois taillé et équarri.

Z*immerkunst* , f. l'art du charpentier , l'art de travailler en charpente, la charpenterie.

Z*immerling*. *Voyez* Z*immerhauer* et Z*immersteiger*.

Z*immermannskunst*. *Voy.* Z*imerkunst*.

Z*immermeister*, m. maître charpentier.

Z*immern* , v. a. charpenter, tailler , équarrir des pièces de bois avec la hache. — *Ein gezimmerter-stamm balken*, une grosse pièce de bois, une poutre taillée et équarrie. — v. n. travailler en charpente , exercer, faire le métier de charpentier.

Z*immersteiger* , m. (*t. de min.*), maître boiseur , maître charpentier chargé du boisage des mines.

Z*immerung*, f. (*t. de min.*), le cuvelage, boisage, charpente des puits de mines.

Z*immerwerk*, n. charpente, ouvrages de charpenterie.

Z*ink*, zinc, métal que la nature n'a point encore offert avec son brillant métallique , mais que l'on trouve fréquemment , soit combiné avec l'oxigène seul, soit en oxide minéralisé par le soufre ou par les acides sulfurique et carbonique; sa couleur est le blanc nuancé de bleu , et sa texture lamelleuse; son usage le plus ordinaire est pour former le laiton par son alliage avec le cuivre. Il remplace le plomb depuis quelque temps en An-

gleterre ; on vient aussi de l'obtenir , en France , en grandes lames : le moyen paroît consister à le laminer à la chaleur de 80 degrés (*Réaumur*). M. *Dony*, concessionnaire des belles mines de calamine de Limbourg , a exécuté récemment ce laminage avec MM. *Poncelet*, à Liége , département de l'Ourthe , où il va être pratiqué en grand. Il paroît constaté que le minéral que l'on a donné pour zinc natif sous les noms de *conterfait, spiauter* et *tutanego*, comme venant de l'Inde , étoit une composition de deux parties d'étain avec une de bismuth.

Z*ink* *kohlensaurer* de *Stütz*, carbonate de zinc, zinc aéré , calamine lamelleuse.

— *Mit sauerstoff* de *Stütz*, calamine , zinc oxidé.

— *Schwefelgesäuerter* de *Stutz*.

— *Schwefelsaurer* de *Blumenbach* , zinc sulfaté, vitriol de zinc.

Z*inkblende* , blende, zinc sulfuré.

Z*inkblumen*, fleurs de zinc, oxide de zinc sublimé , spode , tutie. *Voyez* N*icht*.

Z*inkerz* , n. *Glasiges*, zinc sulfaté. — *Graues*, zinc sulfuré intimement mélangé de plomb sulfuré.

— *Luftsaures* de *Bergmann*, calamine.

Z*inkfang* , m. bassin pour le zinc , espace vide ménagé dans un fourneau où l'on traite le minerai de zinc pour y recevoir le zinc qui, pendant la fonte , s'est attaché aux parois sur lesquelles il suffit de frapper pour le faire tomber.

ZINKGLASERZ, n. zinc vitreux, zinc oxidé concrétionné en mamelons ayant un aspect vitreux.

ZINKKALK de *Fibig*, calamine commune, zinc oxidé.

ZINKKIES de *Stütz*, blende, zinc sulfuré.

ZINKOCHER de *Stütz*, zinc oxidé.

ZINKSPATH de *Fibig* et *Wiedmann*, calamine lamelleuse, zinc oxidé lamelliforme.

ZINKSTUHL. *Voyez* ZINK-GANG.

ZINKVITRIOL, vitriol de zinc, zinc sulfaté d'*Haüy*, vulgairement vitriol blanc, couperose blanche, vitriol de Goslar.

ZINN, n. étain, métal dont la couleur tire sur celle de l'argent, mais un peu plus sombre; c'est le plus ductile de tous les métaux, et lorsqu'on le plie il fait entendre un petit craquement que l'on a appelé le cri de l'étain. — *Geschwefeltes* et *kornisches zinn* de *Gerhard* et *Klaproth*, étain oxidé concrétionné d'*Haüy*. — *Holz-ähnliches mit sauereisen, tungstein saures vererdetes krystallisirtes zinn*, étain oxidé; l'existence de l'étain natif est encore un problème, quoique l'on en ait cité des échantillons d'Angleterre et de France.

ZINNASCHE, f. cendrée d'étain, étain oxidé réduit par une calcination prolongée en une poudre blanche, dure et réfractaire connue sous le nom de potée d'étain. Cette poudre, mêlée avec des matières vitrifiables, forme un émail dont on se sert pour les couvertes de la faïence : on l'emploie aussi pour polir les pierres dures et les métaux.

ZINNBALLEN, m. rouleaux, balles ou ballots d'étain, étain en rouleaux, en balles, masses d'étain fondu réduites en feuilles minces qu'on roule ensemble et dont on forme des paquets sur lesquels on applique la marque de la fonderie pour ensuite les livrer au commerce.

ZINNBERGWERK, n. mine ou minière d'étain, lieu d'où l'on tire le minerai d'étain.

ZINNBETT, fer sulfuré décomposé. *Voyez* LEBERKIES.

ZINNBLÄTTCHEN, n. feuille d'étain, de l'étain battu extrêmement mince ; tain, lame d'étain fort mince que l'on met derrière les glaces pour en faire des miroirs. *Voyez* VERZINNEN.

ZINNBUTTER, f. (*t. de chim.*), beurre d'étain, muriate d'étain sublimé.

ZINNE, f. créneaux. — *Die zinnen einer mauer*, les créneaux d'une muraille.

ZINNER, m. étameur, ouvrier qui étame.

ZINNERN, adj. d'étain. — *Zinnerne teller*, assiettes d'étain.

ZINNERZ, n. minerai d'étain, mine d'étain. — *Fasriges geschwefeltes zinnerz* de *Suckow*, étain oxidé concrétionné d'*Haüy*. — *Glasartiges schwarzes* de *Brunnich*, étain oxidé d'*Haüy*. — *Holz-ähnliches, strahliges* de *Gmelin* et *strahlichgelbes* de *Brunnich*, étain oxidé concrétionné d'*Haüy*. — *Weisses zinnerz* de *Wiedmann* et de *Lehmann*.

— *Schwerstein* de *Werner*, scheelin calcaire d'*Haüy*.

Zinnfeile, f. lime qui sert à polir ou à couper l'étain.

Zinnflötz, m. veine, filet de minerai d'étain.

Zinnfolie, f. tain. *Voyez* Zinnblättchen.

Zinngang, m. filon de minerai d'étain.

Zinngatter, n. table d'étain fondu en forme de grille.

Zinngebirge, n. montagnes qui renferment des mines d'étain.

Zinngekrätz, m. déchet qui arrive dans la fusion de l'étain.

Zinngeschiebe, f. minerai d'étain en galets ou morceaux roulés, écornés.

Zinngiesser, m. potier d'étain.

Zinngiesserkunst, f. l'art du potier d'étain.

Zinngranaten et Zinngraupen, f. étain oxidé cristallisé. — *Weisse zinngraupen* de *Brunnich*, scheelin calcaire. — *Gelblich weisser* de *Wiedmann*, étain oxidé cristallisé, aussi scheelin calcaire.

Zinngrube, f. mine d'étain, lieu d'où l'on extrait du minerai d'étain.

Zinnhaltig, adj. qui contient de l'étain. — *Zinnhaltige erze*, matières minérales qui contiennent de l'étain, minerais d'étain.

Zinnhammer, m. sorte de marteau de facteurs d'orgue.

Zinnhaus, n. étamerie, lieu, bâtiment où l'on étame le fer en lames minces.

Zinnhobel, m. (*t. de fac-*teur d'orgue), rabot qui sert à unir, à égaler l'étain au sortir de la fonte.

Zinnholz, n. étain de bois, étain ligniforme, étain oxidé concrétionné d'*Haüy*.

Zinnkalk. *Voyez* Zinnasche.

Zinnkies, m. étain pyriteux, or musif, natif; étain sulfuré d'*Haüy*.

Zinnloth, n. soudure d'étain.

Zinnmutter, f. matrice d'étain, nom que l'on donne à une préparation particulière d'étain d'Angleterre.

Zinnober, m. cinabre, mercure sulfuré.

Zinnober rothergranat, vermeil des lapidaires.

Zinnofen, m. fourneau à fondre l'étain. — *Zinnofen bey einem blechhammern*, fourneau d'étamage dans une fabrique de fer-blanc. — *Zinnofen beym zinn schmelzen*, fourneau à fondre l'étain.

Zinnopel. *Voyez* Sinopel.

Zinnpfanne, f. chaudière où l'on fait fondre l'étain; creuset à étamer.

Zinnrost, m. minerai d'étain grillé.

Zinnsand de *Stütz*, m. minerai d'étain en grains isolés, étain oxidé granuliforme, étain de lavage, minerai d'étain des terrains d'alluvion que l'on obtient par le lavage des terres.

Zinnseifen, terrain d'alluvion d'où l'on retire du minerai d'étain par le lavage : on l'afferme par mesure de cent toises.

Zinnspath, m. étain spathique, scheelin calcaire.

Zinnstein, m. pierre d'étain, mine d'étain en masse, étain oxidé d'*Haüy.* — *Weisser zinnstein,* étain blanc, scheelin calcaire; (*t. de fond.*), le minerai d'étain bocardé et lavé, préparé pour la fonte.

Zinnstock, m. bâton ou cylindre de bois autour duquel on roule les feuilles d'étain pour en former les balles qu'on livre au commerce. *Voyez* Zinnballen.

Zinnstufe, f. échantillon, morceau choisi de minerai d'étain.

Zinnwaage, f. balance pour peser l'étain ou son minerai dans les fonderies de ce métal.

Zinnwäsche, f. étain de lavage. *Voyez* Zinnsand.

Zinnzwitter, m. minerai d'étain disséminé dans la roche; étain oxidé amorphe et granuliforme.

Zirkel, m. (*t. de géom.*), le cercle; compas, instrument à l'usage des géomètres, des dessinateurs, etc.

Zirkelbogen, m. arc ou portion de cercle.

Zirkelfigur, f. figure circulaire.

Zirkelfläche, f. surface d'un cercle, espace que décrit un cercle.

Zirkelförmig, adj. circulaire, fait en cercle, en forme de cercle. *V.* Kreisförmig.

Zirkelig, adj. circulaire, orbiculaire.

Zirkellinie, f. ligne circulaire.

Zirkeln, v. a. et n. compasser, mesurer avec le compas.

Zirkelpunct, m. le centre d'un cercle.

Zirkelrunde, f. la rondeur d'un cercle ; rondeur circulaire comme celle d'un cercle, une parfaite rondeur.

Zirkelschenkel, m. jambe ou branche de compas.

Zirkelsteine, plur. hélices fossiles. *Vöyez* Heliciten.

Zirkelzug, m. rond tracé avec le compas.

Zirkon, zircon fossile qui tire son nom de la terre particulière qu'il renferme : c'est une pierre précieuse qui se rapproche beaucoup du diamant par sa dureté, et qui est aujourd'hui reconnue pour être de la même espèce que l'hyacinthe et le jargon de Ceylan ; il y en a de plusieurs variétés de couleurs, mais elles sont communément pâles, rarement vives, et presque jamais foncées.

Zirkonerde, f. zircone, terre principe, base du zircon dans la composition duquel il entre au moins pour les trois cinquièmes.

Zirkulgefässe, n. (*t. de chim.*), circulatoire, vaisseau qui sert à la circulation, c'est-à-dire à la distillation réitérée.

Zischen, v. n. siffler, former un certain son aigu, un certain frémissement. — subst. *Das zischen,* sifflement, frémissement. — *Man hört ein kleines zischen wenn man gewisse steinort ins wasser wirft,* on entend un petit frémissement quand on plonge dans l'eau certaine sorte de pierres.

Zitrin. *Voyez* Citrin.

ZITRINGELB , adj. jaune citrin , jaune vif et pur.

ZOOGRAPHIE, f. zoographie, la description des animaux.

ZOOLITH , f. zoolithe , pétrifications de quadrupèdes et de leurs parties.

ZOOLITHOTIPOLITHEN , zoolithotipolites , empreintes de quadrupèdes.

ZOOLOGIE , f. zoologie , histoire naturelle des animaux.

ZOOMORPHITEN , zoomorphites , pierres dont la forme imite la figure d'un animal.

ZOONISCHE SÄURE , f. acide zoonique , acide tiré des animaux.

ZOOPHYTEN, zoophytes, pétrifications d'animaux plantes , pétrifications et empreintes de coraux , polypes coralligènes essentiellement pierreux.

ZOOTIPOLITHEN, zootipolites, pierres avec empreintes d'animaux.

ZOYSIT , zoysite de *Werner* , minéral reconnu par *Haüy* pour une variété d'épidote. Il se présente en prismes cannelés ou rhomboïdaux et très-aplatis, qui sont gris, jaunes, grisâtres ou bruns, avec un aspect nacré.

ZUBRENNEN , v. a. (*t. de min.*) *Die erze zubrennen*, purifier le minerai par le grillage, le faire passer par plusieurs feux. — (*t. de charbon.*) *Einen meiler zubrennen* , faire brûler une pile de bois à feu enfermé.

ZUBRÜSTEN , v. a. (*t. de min.*) *Das gestein zubrüsten*, couper , trancher , tailler la roche saillante dans une galerie de mine , unir , rendre égales les parois.—*Ein loch zubrüsten*, unir avec la pointerolle l'endroit de la roche où l'on veut percer un trou. — (*t. de fond.*) *Ofen zubrüsten*, fermer le devant , la poitrine d'un fourneau, y élever une muraille qu'on nomme chemise.

ZUBÜHNEN , v. a. (*t. de min.*) *Einen schacht oder bruch zubühnen* , couvrir ou fermer avec du bois et de la terre par-dessus un puits, une bure , une rupture ou une brèche, dans des travaux de mines ; raffermir , consolider par une charpente.

ZUBUSSE , f. (*t. de min.*), secours , addition , contingent de frais à fournir pour faire face à la dépense d'une exploitation. — *Die zeche , die erzgrube gibt noch keine ausbeute, man muss noch zubusse geben*, cette mine ne donne encore aucun bénéfice , il faut encore fournir aux frais.—*Die gewerken geben so viel zubusse* , les actionnaires fournissent tant aux frais. — *Zubusse abführen, abtragen , bezahlen* , satisfaire aux appels de fonds nécessaires pour fournir à la dépense de l'exploitation.—*Zubusse verlegen* , acquitter les contingens pour d'autres, comme mandataire à cet effet. — *Zubusse anlegen* , établir , déterminer le déficit d'une mine, pour fixer le montant des appels de fonds, et régler la portion ou contingent des frais à payer par chaque exploitant en raison de son intérêt.

ZUBUSSEN , v. a. fournir aux frais nécessaires à l'exploitation d'une mine. — *Alle viertel jahre, zehn thaler zubüssen,* fournir, donner, contribuer tous les trimestres ou quarts d'année dix écus pour faire exploiter une mine.

Zubussgrube ou Zubusszeche, f. mine ou minière qui exige des avances de fonds pour en suivre l'exploitation.

Zubusszettel, m. billet énonçant le montant de la cote-part ou contingent de frais qu'un intéressé dans une exploitation doit payer à raison de sa portion d'intérêt, et en portant quittance.

Zucken, v. n. remuer, avoir une espèce de mouvement convulsif. — (t. de min.) *Das zucken des gesteins,* la convulsion de la roche ; expression de mineurs qui signifie qu'en frappant sur la roche elle résonne creux, ce qui indique qu'elle est caverneuse ou fendillée.

Zufällig, adj. fortuit, casuel, accidentel. — *Zufällige theile,* parties accidentelles.— (*t. de peint.*) *Zufällige lichter,* accident de lumière, ce qui ne vient pas d'une lumière principale, mais d'une fenêtre opposée.

Zufördern, v. a. (*t. de min.*), porter, transporter les minerais, les pierres et les déblais d'une mine à l'endroit d'où on les tire hors du puits.

Zufrühzeitig, adj. prématuré ; adv. prématurément. — (*t. de min.*) *Zufrühzeitig oder zu früh kommen,* venir trop tôt pour exploiter une mine, c'est-à-dire que le minerai du filon ne paroît pas encore assez mûr.

Zuführen, v. a. (*t. de min.*), conduire, pousser en avant, prolonger les travaux de mines, augmenter, élargir une percée.

Zug, m. Ce mot a plusieurs significations ; (*t. d'arts*), on entend toutes les espèces d'instrumens par lesquels on tire, on guinde, ou on élève quelque chose ; (*t. de fond.*), les évents des fourneaux , ou conduits d'air venant des fondations ; (*t. de min.*), les tirans d'une machine hydraulique, et aussi une suite de travaux souterrains à la file les uns des autres. — *Zug der feder,* trait de plume, la ligne qu'on trace avec la plume.—*Ein lichtvoller zug,* un trait de lumière.

Zugancker, m. (*t. d'archit.*), ancre de tirant qu'on passe dans l'œil d'un tirant de la pièce de bois qui maintient les deux jambes de bois du comble d'une maison.

Zugband, n. (*t. d'archit.*), tirant.

Zugeben, v. a. (*t. de min.*) *Die winckel zugeben,* tracer ou indiquer à la surface du terrain les angles et directions des travaux souterrains.

Zugebrandter kupfer-stein, mattes de cuivre grillées.

Zugebrandter rohstein, grillage des mattes crues, c'est-à-dire des produits d'une première fonte de minerais de diverses sortes.

Zugescharft, adj. (*t. de crist.*), biselé, coupé, tranché

en talus. Cette expression signifie, en cristallographie, que des arêtes, soit latérales, soit terminales, d'un cristal, ont été rendues tranchantes par la coupe de deux facettes parallèles inclinées, opérée sur les bords de deux plans qui se correspondent. *V.* Zuscharfung.

Zugespitzt, adj. (*t. de crist.*), terminé : se dit du pointement, de l'extrémité d'un cristal qui finit en pointe ou en tranchant. —*Stark zugespitzt,* terminé par un fort pointement. — *Schwack zugespitzt,* par un foible pointement.

Zugloch, n. soupirail, évent, chante-pleure, ouverture, fente que l'on fait pour donner de l'air, ventouse. — (*t. de chim.*) *Zuglöcher,* les registres, les ouvertures de fourneaux que l'on ferme à volonté ; les soupiraux naturels ou fissures qui donnent passage à l'eau chaude dans les terrains volcaniques se nomment fumeroles.

Zugmesser, n. couteau, outil tranchant à deux poignées qui sert à couper en tirant, plane.

Zugramme, f. une hie, un mouton, instrument avec des cordes, et qui sert à enfoncer des pilotis, etc.

Zugring, m. anneau qui sert à serrer ou resserrer quelque chose.

Zugstange, f. perche qui sert à tirer quelque chose, petit tirant ou tige de piston qui entre dans le tuyau d'une pompe.

Zugtau, n. câble servant à tirer quelque chose.

Zulage, f. (*t. de charp.*),

les pièces de charpente travaillées toutes prêtes à être assemblées pour faire corps ou former un tout.

Zulassbar, Zulassig, adj. admissible.

Zulassbarkeit, Zulassigkeit, adj. qualité d'une chose admissible, recevable.

Zulegen, v. a. fermer, boucher en mettant quelque chose dessus. — *Eine öffnung, eine grube mit brettern zulegen,* fermer une ouverture, une fosse avec des planches.—*Das ofenloch mit ziegeln zulegen,* boucher, fermer avec des briques l'ouverture d'un fourneau. — *Zulegen, auf papier bringen,* rapporter sur le papier, faire le plan des souterrains d'une mine d'après une échelle. — *Zulege-compass,* rapporteur, instrument de géométrie pour prendre des angles et lever des plans.

Zündererz, n. zundererz, mine semblable à de l'amadou : c'est une sorte d'asbeste tressée d'un brun rougeâtre, entremêlée d'argent jusqu'à environ 15 centièmes, et qui ne s'est encore trouvée qu'à Clausthal, au Hartz, dans les mines dites de Dorothée et de Caroline. *V.* Bergzundererz.

Zundschwamm, m. amadou, mèche d'agaric qui s'allume à la moindre étincelle.

Zunge, f. langue ; (*t. d'orfèv.*), languette, petit morceau d'or ou d'argent que les orfèvres laissent en saillie à chaque pièce qu'ils fondent.

Zungenstein, glossopêtres, dents de poissons fossiles.

Zur hand arbeiten, (*t.*

de min.), travailler convenablement.

ZURSUMPFHALTEN , v. a. (*t. de min.*), tenir les travaux au sec ; en faire écouler les eaux.

ZURSUMPFTREIBEN , v. a. (*t. de min.*), pousser une mine à sa ruine par des travaux mal dirigés.

ZURÜCKSTOSSEN , v. a. repousser, pousser en arrière.

ZURÜCKSTOSSEND , adj. (*t. de phys.*), répulsif, qui repousse. — *Die zurückstossende kraft*, vertu répulsive.

ZURÜCKSTOSSUNG , f. répulsion. — *Zurückstossungskraft*, force de répulsion.

ZURÜCKSTRAHLEN , v. n. renvoyer, rejeter, réfléchir, percuter, réverbérer des rayons. — subst. *Das zurückstrahlen*, la réflexion, le réfléchissement, répercussion, réverbération des rayons, reflets.—*Zurückstrahlen des lichtes*, reflets de la lumière.

ZURÜCKSTRAHLEND , adj. qui renvoie, réfléchit, rejette des rayons.

ZURÜCKWEICHEND, adj. *Zurückweichendes ecke*, angle rentrant.

ZURÜCKWIRKEN , v. n. réagir : se dit d'un corps qui agit sur un autre dont il a éprouvé l'action ; agir sur le passé, opérer par un effet rétroactif, avoir un effet rétroactif.

ZUSAMMENDRÜCKEN, v. a. comprimer ; (*t. d'imprim.*), imprimer en un volume.

ZUSAMMENFALLEN , v. a. coïncider ; tomber en un même point, s'ajuster l'un sur l'autre ; (*t. de min.*), se rencontrer dans la profondeur : se dit de deux filons qui , éloignés l'un de l'autre vers la superficie du terrain, se sont rapprochés et joints dans la profondeur ; s'écrouler.

ZUSAMMENFLUSS , m. confluent, point de jonction de deux rivières.

ZUSAMMENFÜGUNG , f. assemblage , jonction.

ZUSAMMENGEBACKEN , adj. cohérent, agglutiné.

ZUSAMMENGEFLOCHTEN,adj. (*t. de min.*) *Zusammengeflochtenes asbest*, asbeste tressé.

ZUSAMMENGEROLLT , adj. roulé , plié en rouleaux.

ZUSAMMENGESETZT , adj. composé. — (*t. de chim.*) *Ein zusammengesetzter körper*, un composé, un corps formé par l'union des mixtes. — (*t. de mécan.*) *Zusammengesetzte bewegung*, mouvement composé, celui qui résulte de plusieurs autres mouvemens.

ZUSAMMENGEWACHSEN,adj. (*t. de min.*), agglomérés, agrégés; groupés ou en groupes.

ZUSAMMENHALT , m. (*t. de min.*), ténacité, l'un des caractères extérieurs des minéraux solides, c'est-à-dire, la résistance qu'opposent les minéraux lorsqu'on veut les rompre avec un marteau.

ZUSAMMENHANG , f. (*t. de phys.*), cohésion, adhérence, connexion, connexité, force par laquelle des corps sont unis entre eux. — (*t. de min.*) *Die zusammenhang der theile*, la cohésion, la force avec laquelle toutes les parties d'un minéral sont réunies ; l'un des caractères extérieurs universels des minéraux.

ZUSAMMENHAUFUNG, f. entassement, accumulation, agrégation. — *Die gesetze regel mässiger zusammenhaufung*, les lois d'arrangement.

ZUSAMMENLASSEN, v. a. laisser ensemble, ne point séparer. —*Die mühle zusammenlassen*, baisser la meule courante d'un moulin.

ZUSAMMENLAUF, m. (*t. de géom.*) *Zusammenlauf zweyer linien*, la convergence de deux lignes. — *Zusammenlauf der linien im mittelpunckt*, la réunion de deux lignes au centre.

ZUSAMMENLAUFEN, v. n. s'assembler en foule ; (*t. de phys.* et *de géom.*), concourir, se rencontrer. — *Zwey linien lawfen in einen punckt zusammen*, deux lignes concourent en un point.

ZUSAMMENLAUFEND, adj. (*t. de géom.*) *Zusammenlaufende linien*, lignes qui concourent, qui se rencontrent en un point.

ZUSAMMENLÖTHEN, v. a. souder ensemble, joindre ensemble des pièces de métal avec de l'étain.

ZUSAMMENLÖTHUNG, f. soudure, l'action de souder ensemble.

ZUSAMMENNIETEN, v. a. joindre en rivant, river.

ZUSAMMENSCHMELZEN, v. a. fondre, faire fondre ensemble. —*Verschiedene metalle zusam-*

menschmelzen, fondre ensemble plusieurs métaux divers.

ZUSAMMENSCHMIEDEN, v. a. *Zwey stück eisen zusammenschmeiden*, souder deux morceaux de fer, les battre à chaud ensemble pour n'en faire qu'une seule pièce. — *Glühndes eisen recht zusammenschmieden*, corroyer le fer.

ZUSAMMENSCHRAUBEN, v. a. joindre ensemble, attacher ensemble avec des vis.

ZUSAMMENSCHWEISSEN. *V.* ZUSAMMENSCHMIEDEN.

ZUSAMMENSETZEN, v. a. composer, assembler, mettre ensemble, former un tout de l'assemblage de plusieurs choses. — (*t. de chim.*) *Körper der aus der verbindung anderer schon zusammengesetzter körper entstehet*, un surcomposé.

ZUSAMMENSETZUNG, f. (*t. de chim.*), un composé, un corps formé par l'union des mixtes ; combinaison, assemblage et disposition de plusieurs choses entre elles.

ZUSAMMENTREFFEN, v. a. se rencontrer, se joindre ensemble à un même point, survenir, arriver ensemble, en même temps, concourir, s'unir.

ZUSAMMENTREFFEN, n. (*t. de géom.*), coïncidence, convergence ; décussation. — *Das zusammentreffen zweyer linien in einem punckte*, la coïncidence, la convergence de deux lignes en un même point.

ZUSAMMENWIKELN, v. a. pelotonner. — *Die holzfasern sich zusammenwikeln*, les fibres ligneuses se pelotonnent. —*Zu-*

sammengewikelt, part. pelotonné.

ZUSAMMENZIEHEN, v. a. restreindre, resserrer, rétrécir, raccourcir.

ZUSAMMENZIEHEND, adj. styptique, astringent, constringent, qui resserre.

ZUSAMMENZIEHUNG, f. centralisation.

ZUSATZ, m. addition, supplément, augmentation. — *Zusatz der münzen*, alliage, alloi des monnoies. — *Das silber ohne allen zusatz von kupfer ausmünzen*, monnoyer l'argent sans aucun alliage de cuivre.— *Silber und kupfer dienen dem golde zum zusatz*, l'argent et le cuivre servent d'alliage à l'or; (*t. de chim.*), intermède; (*t. de teint.*), adoucissage.

ZUSCHARFEN, v. a. rendre tranchant, coupant, aiguiser, affiler.

ZUSCHARFUNG, f. tranchant, biseau, bisellement, extrémité, ou côté coupé en talus : se dit d'un cristal lorsque la ligne formée par la réunion de deux de ses plans se trouve amincie par deux facettes étroites et inclinées, taillées parallèlement chacune sur les bords correspondans desdits plans. — *Zuscharfungstheile*, les parties du bisellement. — *Kanten zwischen den zuscharfung und seitenflächen*, les bords entre les faces du biseau et celles de la forme principale.— *Zuscharfungs ecken*, les angles du biseau.

ZUSCHLAG, m. fondant, substance qui accélère la fusion, substance qu'on joint à une au-

tre pour en faciliter la fusion ; intermède.

ZUSCHLAGEN, v. a. (*t. de chim.*), joindre une substance à une autre pour en faciliter la fusion, mettre un fondant pour accélérer la séparation des parties métalliques d'un minerai d'avec celles qui sont stériles.

ZUSCHLICHZIEHEN, (*t. de min.*), retirer par le lavage le minerai contenu dans les matières bocardées.

ZUSCHRAUBEN, v. a. fermer à vis, visser.

ZU SEIL SCHICKEN, (*t. de min.*), envoyer au jour, par le moyen de la corde, le seau rempli de minerais ou de déblais.

ZUSETZEN, v. a. *Ein ofenloch zusetzen*, fermer l'évent d'un fourneau. — *Ein metall zu andern als im münzwesen zusetzen*, allier des métaux, les mêler, les incorporer, faire l'alliage.

ZU SPATH KOMMEN, (*t. de min.*), venir trop tard pour exploiter, c'est-à-dire trouver le minerai trop mûr et en état de décomposition.

ZUSPITZEN, v. a. affiner, rendre aigu.

ZUSPITZUNG, f. (*t. de crist.*), pointement ; terminaison aiguë ou tranchante d'un cristal qui, après avoir subi des coupes ou troncatures dans sa forme principale, présente dans sa partie retranchée plus de deux plans inclinés qui vont aboutir, soit au même point, soit sur une même ligne ; ce qui le termine le plus souvent en pointe ; mais un pointement n'est pas toujours une pyramyde, c'est seulement une réunion de faces conniventes. — *Die zuspitzungs flächen eines krystals*, les faces de pointement d'un cristal, les faces terminales ou extrêmes. — *Die endigung der zuspitzungs flächen*, la terminaison des faces de pointement. — *In einen punct*, en un point. — *In eine linie*, en une ligne. — *Zuspitzungs kanten*, les arêtes terminales, les lignes de jonction des faces terminales. — (*t. d'épingl.*) *Die zuspitzung der nadeln*, l'affinage des aiguilles.

ZU TAGE AUSFAHREN, (*t. de min.*), monter de l'intérieur des travaux d'une mine jusqu'au jour, c'est-à dire jusqu'à la superficie du terrain.

ZU TAGE AUSGIESSEN, (*t. de min.*), faire évacuer au-dehors les eaux de l'intérieur d'une mine.

ZU TAGE AUSSTREICHEN, (*t. de min.*), filons qui se présentent au jour, qui s'étendent d'une manière sensible à la superficie du terrain.

ZUTREIBEN, v. a. (*t. de fond.*), obtenir par l'affinage plus d'argent que les essais n'en avoient promis.

ZWACKEISEN, n. (*t. de verr.*), fer à mâcler, c'est-à-dire qui sert à mêler du verre dur avec du verre plus mou.

ZWAGEN, v. a. (*t. de verr.*), donner au verre la mesure convenable et prescrite.

ZWÄNGE, f. sorte d'instrument qui sert à tenir quelque chose ferme et serrée.

ZWECKCHEN, dimin. petite broquette.

ZWECKE, f. broquette, petit clou à tête.

ZWECKENDRUSE, f. chaux carbonatée en prismes courts hexaèdres, terminés par des pyramides trièdres.

ZWECKENKOPF, m. tête de broquette. — *Als zweckenkopf geschliffen*, taillé en tête de broquette, en cabochon.

ZWERCH, adv. en travers, de biais.

ZWERCHAXT, f. besaigue, outil de fer taillant par les deux bouts, à l'usage des charpentiers.

ZWERGNAGEL, m. quartz hyalin cristallisé.

ZWERGSTEINCHEN, n. trochites.

ZWEYDEUTIGKEIT, f. ambiguité, équivoque, amphibologie, double sens.

ZWEYHÄNGIG, à deux pentes; certains cristaux salins ont des sommets à deux pentes.

ZWEYKÖPFIG, adj. à deux têtes, qui a deux têtes. — *Eine zweyköpfige medaille oder münze*, une bajoire ou médaille empreinte de deux têtes en profil, une monnoie qui porte deux têtes de profil.

ZWEYLÖTHIG, adj. du poids d'une once, qui pèse une once, ou deux loths.

ZWEYMÄNNISCH, adj. à deux hommes, pour deux hommes. — (*t. de min.*) *Zweymännischer bohrer*, tarière que deux hommes doivent pousser.

ZWEYSCHAALIGE MUSCHEL, f. coquille bivalve; coquillage

composé de deux pièces jointes par une charnière : l'animal qui l'habite se nomme mollusque acéphale.

Zweyschmelzig, adj. qui a été fondu deux fois. — *Zwey-schmelziges eisen*, fer fondu de vieux fer mêlé avec du minerai.

Zweyschneider, m. (*t. de plus. arts*), foret, perçoir, ou autre instrument à deux tranchans.

Zweyspitze, f. (*t. de tailleur de pierre*), laye ou laie, marteline. — *Einen stein mit der zweyspitze behauen*, layer une pierre, la tailler avec la laye; (*t. de maçon.*), smille, marteau qui sert à piquer le moellon ou le grès.

Zweyspitzig, adj. à deux pointes, qui a deux pointes, double pointe.

Zwickbohrer, m. vrille, outil de fer propre à percer; gibelet, petit foret pour percer un tonneau.

Zwicker, m. petit instrument de fer à deux branches dont on se sert en divers arts; (*t. de charp.*), tarière, outil qui sert à faire des trous ronds dans le bois.

Zwickzange, f. pincette.— *Kleine zwickzange*, badines, petites pincettes; (*t. d'orfèv.* et *de maréc.*), tricoises.

Zwilling, m. jumeau; (*t. de chim.*), jumeaux, deux alambics d'une pièce, dont l'un sert de récipient à l'autre.— *Zwillingskrystall*, mâcle de plusieurs auteurs.

Zwinge, f. (*t. d'arts mécan.*), mordache; espèce de tenaille

composée de deux morceaux de bois élastiques; mâchoire, deux pièces de fer qui s'éloignent et se rapprochent pour serrer quelque chose; bouterolle, garniture du bout d'un fourreau d'épée; virole, chappe, petit cercle de métal qu'on met au bout d'une canne, d'un manche de couteau, etc.

Zwischenbalken, m. poutre ou solive, soliveau entre deux autres, soliveau du milieu, entre-toise.

Zwischenraum, m. entre-espace; intervalle, espace intermédiaire, espacement, distance entre deux corps; interstice, vacuité, vacuole.

Zwischgold, n. feuille d'or d'un côté et d'argent de l'autre.

Zwitter, m. hermaphrodite; androgyne, qui est de deux sexes, ou a les deux sexes; (*t. de minér.*), mine d'étain disséminé dans la roche.—*Spathiger zwitter*, scheelin calcaire. — *Gemeiner zwitter*, mine d'étain commune. —*Zwitter brechen selten allein*, les minerais d'étain se trouvent rarement seuls. — *Zwittergänge*, filons d'étain. —*Zwittergänge, vermessen*, mesurer des filons de minerais d'étain.—*Zwitter gewinnen*, exploiter, extraire du minerai d'étain. — *Zwitterherde*, table à laver le minerai d'étain. — *Zwitter mahlen, pochen, rösten, schmeltzen*, moudre, griller, fondre le minerai d'étain. — *Zwitter sichern*, s'assurer par un second lavage en petit que le minerai d'étain a été suffisamment purifié par le lavage en grand :

quelques auteurs ont aussi nommé *zwitter* la plombagine ou fer carburé d'*Haüy*.

Zwittergestein. *Strahliges schwerstein*, scheelin calcaire.

Zwitterstock, massif de minerai d'étain sans direction déterminée, masse considérable dans laquelle le minerai d'étain se trouve répandu.

Zwitterzieher, celui qui sort ou extrait de la mine le minerai d'étain.

Zwölfeck, n. (*t. de géom.*), le dodécagone, figure à douze côtés.

Zwölfeckig, adj. qui a douze angles.

Zwölflöthig, adj. de six onces. — *Zwölflöthiges silber*, de l'argent à onze deniers.

Zwölfseitig, adj. qui a douze côtés. — *Zwölfseitige figur*, dodécaèdre.

Zwölfstündig, adj. de douze heures.

Zwölfstündner, m. (*t. de min.*), ouvrier mineur qui travaille douze heures de suite.

Zymosimeter, zymosimètre; espèce de thermomètre pour mesurer le degré de fermentation. *Voyez* Gahrungs messer.

Zymotechnie, zymotechnie; traité de la fermentation.

FIN DU DICTIONNAIRE.

SUPPLÉMENT

AU DICTIONNAIRE ALLEMAND-FRANÇAIS ;

CONTENANT

Les mots d'Astronomie, de Géographie, de Physique, de Mathématiques (1), les plus essentiels à connoître pour entendre les ouvrages allemands qui traitent de ces Sciences.

A

Abdampfung et Abdünstung, f. (*t. de phys.*). V. page 20.

Abend, m. (*t. d'astron.*). V. page 20.

Abendbreite, f. (*t. d'astron.*), amplitude occidentale ou occase ; arc de l'horizon compris entre le point où se couche un astre et l'occident vrai.

Abendlandisch, adj. (*t. d'astron.*), occidental, qui est à l'occident.

Abendstern, m. (*t. d'astron.*), étoile du soir, Vénus, l'une des huit planètes connues jusqu'à ce jour. Cet astre a un mouvement propre en vertu duquel il oscille autour du soleil et se montre dans le ciel, tantôt avant, tantôt après lui. On ne peut guère douter que l'étoile du soir et l'étoile du matin ne

A B P

soient un seul et même astre. *V.* Venus.

Abirrung, f. (*t. d'astron.*), aberration, petit changement apparent dans la situation des étoiles ; effet du mouvement annuel de la terre combiné avec le mouvement de la lumière. — *Abirrungsstrahl,* rayon d'aberration. — *Abirrungsweite,* amplitude d'aberration. — *Die abirrung des lichtes,* l'aberration de la lumière.

Ableiter, m. (*t. de phys.*). Voyez page 24.

Abmessbar, adj. (*t. de mathém.*) Voyez page 25.

Abplattung der erde, f. (*t. d'astron.*) aplatissement de la terre. On nomme ainsi l'excès du diamètre de l'équateur sur celui du pôle, pris pour unité. Cet apla-

---

(1) Un petit nombre de ces mots, déjà insérés dans le corps de cet Ouvrage, sont rappelés dans le Supplément pour indiquer la page où on les trouvera dans le Dictionnaire.

tissement est considéré comme un effet et un indice du mouvement de rotation de la terre que l'on suppose avec beaucoup de vraisemblance avoir été primitivement dans un état de mollesse.

Abscissa (*t. de géom.*), abscisse, portion de l'axe d'une courbe comprise entre le sommet de la courbe et la rencontre de l'ordonnée.

Absehen, n. (*t. d'astron. et de géom.*). Voyez page 27.

Absiden, plur. (*t. de géom.*), absides et aussi apsides. On nomme ainsi les points de l'orbe solaire qui répondent à la plus petite et à la plus grande distance du soleil à la terre. Ils portent aussi les noms de *périgée* et d'*apogée*.

Absonnig, adj. (*t. de géogr.*). Voyez page 27.

Abstand, m. (*t. de géogr.*). distance, espace, intervalle d'un lieu à un autre. — *Der abstand des aequators vorm nordpol,* la distance de l'équateur au pôle boréal.

Abstossung (*t. de phys.*), répulsion. *V.* page 28.

Abwechselnd, adj. (*t. de géom.*). Voyez page 30.

Abweichen (*t. d'astron.*). Voyez page 30.

Abweichend, ad. (*t. d'astron.*). Voyez page 30.

Abweichung, f. (*t. d'astron.*), déclinaison des astres ; leur éloignement par rapport à l'équateur.

Abweichungs instrument, n. (*t. d'astron.*). Voyez p. 30.

Achronisch (*t. d'astron.*), adj. acronique : se dit du lever et du coucher d'une étoile au même moment que le soleil se lève ou se couche.

Achse (*t. d'astron.*), f. axe de la terre, du monde.

Achsenneigung, f. (*t. d'astron.*) *Schiefe der ekliptik,* obliquité de l'écliptique. On nomme ainsi la distance ou l'arc de 24 degrés environ, compris entre l'équateur et l'écliptique, dans les points d'intersection ; elle est égale à la plus grande déclinaison du soleil. On a trouvé qu'en 1800 cette obliquité étoit de 23° 27′ 58″ en mesures sexagésimales. Chaque siècle elle diminue d'une minute. On a long-temps agité la question, où s'arrêteroit cette diminution, si elle pourroit aller jusqu'à rendre nulle ou presque nulle cette obliquité, d'où s'ensuivroit un printemps continuel ; mais la théorie a fait voir que cette diminution a une limite après laquelle l'obliquité augmentera peu-à-peu pour décroître ensuite par les mêmes degrés.

Achteckig, adj. (*t. de géom.*). Voyez page 31.

Aequator, m. (*t. d'astron.*), équateur, grand cercle de la sphère également distant des pôles, et qui divise la terre en deux parties égales, l'une septentrionale et l'autre méridionale. Les peuples de la partie septentrionale ont les saisons contraires à ceux de la partie méridionale.

Aequinoxial punct (*t. d'astron.*), point équinoxial, point d'intersection de l'écliptique sur l'équateur. L'écliptique coupe l'équateur en deux points, et ces deux points sont appelés équinoxiaux ou simplement équinoxe, parce que, lorsque le soleil y passe, la durée du jour est égale à celle de la nuit par toute la terre.

AËROMETER (*t. de phys.*), aréomètre, instrument qui indique la densité de l'air. *Voyez* Luftmesser, page 296.

AËROMETRIE (*t. de phys.*), aréométrie, art de calculer les propriétés de l'air.

AËROSTAT, m. (*t. de phys.*), aérostat, ballon rempli d'un fluide plus léger que l'air et qui s'élève jusqu'à ce qu'il trouve une couche d'air plus raréfié avec lequel il soit en équilibre.

AËROSTATISCH, adj. (*t. de phys.*), aérostatique, qui appartient aux aérostats.

AETHER, m. (*t. de phys.*). V. page 33.

ALGEBER et **ALGEBRA, f.** (*t. de mathém.*), algèbre, calcul des grandeurs représentées par des signes.

ALGEBRAISCHet ALGEBRISCH, adj. (*t. de mathém.*), algébrique, qui a rapport à l'algèbre.

ALGEBRIST et **ALGEBRAIST** (*t. de mathém.*), algébriste, celui qui sait l'algèbre et qui s'en occupe.

ALIQUANTE, adj. (*t. de mathém.*), aliquante : se dit des parties qui ne sont pas exactement contenues dans un tout. Deux est une partie aliquante de cinq.

ALIQUOTE, adj. (*t. de mathém.*), aliquote : se dit d'une partie contenue un certain nombre de fois dans une autre.

ALMAGEST (*t. d'astron.*), almageste, recueil d'observations astronomiques.

ANALYST, m. (*t. de géom.*), analyste, versé dans l'analyse mathématique, habile à résoudre les problèmes de mathématique par l'algèbre.

ANALYSTICH, adv. (*t. de mathém.*), analytiquement, par analyse.

ANGEL-STERN, m. (*t. d'astron.*), étoile polaire, étoile assez brillante dont le mouvement est à peine sensible, et qui se trouve très-près du pôle boréal, le seul que nous puissions découvrir en Europe.

ANOMALIE, f. (*t. d'astron.*), anomalie, irrégularité dans le mouvement des planètes ; distance angulaire du lieu réel ou moyen d'une planète à son aphélie ou à son apogée.

ANOMALISTICHE JAHR, n. (*t. d'astron.*), année anomalistique ; temps que la terre met à revenir d'un point de son orbite au même point.

ANSCHEINEND et **ANSCHEINLICH, adj.** (*t. d'astron*), apparent. —*Die anscheinende sehr kleine bewegüng der sterne.* Le petit mouvement apparent des étoiles; l'aberration. *Voyez* ABIRRUNG.

APHELIUM (*t. d'astron.*), aphélie, la plus grande distance d'une planète au soleil.—*Die erdkugel ist aphélie,* la terre est aphélie.

APOGAEUM, subs. et adj. (*t. d'astron.*), apogée : se dit du point où une planète est dans sa plus grande distance de la terre.

APOTHEM, apothême; (*t. de mathém.*), perpendiculaire menée du centre d'un polygone régulier à un de ses côtés.

APOTOM (*t. d'alg.*), différence des quantités incommensurables.

ARE (*t. de mathém.*), are, unité des mesures de surface dans le nouveau système métrique, carré de dix mètres de côté et contenant cent mètres carrés (environ 25 toises carrées).

AREOMETER (*t. de phys.*). V. page 47.

ASTROLABIUM. (*t. d'astron.*) V. WINKELMESSER , p. 532.

ASTRONOMISCH , adj. et adv. (*t. d'astron.*), astronomique, qui a rapport à l'astronomie ; astronomiquement.

ASYMPTOTE (*t. de géom.*), asymptote, ligne droite dont la courbe s'approche continuellement sans pouvoir la rencontrer.

ASYMPTOTISCH , adj. (*t. de géom.*), asymptotique. — *Der asymptotischer raum.* L'espace asymptotique. C'est l'espace entre une hyperbole et son asymptote.

ATMOSPHAERE (*t. d'astron.*). Voyez DUNSTKREIS, page 130.

ATMOSPHAERISCH , adj. (*t. d'astron.*) atmosphérique , qui appartient à l'atmosphère.

ATOM, n. (*t. de phys.*), atome, substance simple et indivisible, qui ne peut exister seule.

AUE (*t. de géogr.*). Voyez page 51.

AUFDÜNSTUNG , f. (*t. de phys.*). Voyez page 52.

AÜSATHMÜNG, f. (*t. de phys.*). Voyez page 57.

AUSFLUSS, m. (*t. de phys.*). Voyez page 58.

AUSLÄDER, m. (*t. de phys.*). Voyez page 60.

AUSMESSUNGSKUNST (*t. de mathém.*). Voyez page 61.

AUSSTRÖMUNG, f. (*t. de phys.*). *Die ausströmung von theilchen, des leuchtenden körpers* , l'émission des particules des corps lumineux.

AUSTRETTEND, m. émergent (*t. de phys. mais souvent usité en astron.*).

AUSWEICHUNG , f. (*t. d'astron.*), élongation , angle compris entre le lieu du soleil et celui d'une planète, tous deux vus de la terre.

AUSZIEHEN, v. a. extraire. — (*t. de mathém.*) *Die kubik wurzel ausziehen* , extraire la racine cubique d'un nombre.

AUSZIEHEN, n. et AUSZIEHUNG, f. (*t. d'arith.*), extraction des racines.

AXE (*t. d'astron.*). V. ACHSE.

AXENNEIGUNG (*t. d'astron.*). V. ACHSENNEIGUNG, pag. 561.

B

BACKE et BACKTONNE , balise , bouée , pieu , tonneau ou autre marque que l'on met à l'entrée des ports pour avertir des écueils.

BAHN , f. (*t. d'astron.*), chemin. — *Die bahn eines planeten* , le chemin qu'une planète décrit par son mouvement propre, son orbe, son orbite. Les orbes des planètes sont des ellipses dont le soleil occupe un des foyers. — *Die grosse bahn der erde um die sonne,* le grand orbe de la terre.

BALLON , m. (*t. de phys.*),

ballon ; vessie enflée d'air et recouverte de peau ; aérostat.

Basis, f. (*t. de géom.*), base, fondement, le côté d'un triangle opposé au sommet, la surface sur laquelle on conçoit un cône appuyé.

Beruhren (*t. de géom.*). *Eine gerade linie beruhrt eine krumme,* une ligne droite touche une courbe.

Beruhrungs vinkel (*t. de géom.*), angle de contact, angle de contingence.

Beschleuniger , m. (*t. de phys.*), accélérateur , qui accélère.

Beschleunigung , f. (*t. de phys.*), accélération , augmentation de vitesse.

Bewegung der erde (*t. d'astron.*), mouvement de la terre. C'est une des vérités physiques les mieux établies aujourd'hui, que la terre a deux mouvemens, savoir : un de rotation sur son axe, et un autre autour du soleil. La révolution de la terre sur son axe s'opère à-peu-près en 24 heures ; celle autour du soleil dure 365 jours 5 heures 41′ 48″. La première est appelée le mouvement diurne ; la seconde le mouvement annuel.

Bewegung der luft (*t. de phys.*), mouvement de l'air. — *Die zitternde bewegung der luft welche den schall hervorbringt und verbreitel,* la verbération de l'air, l'air frappé qui produit le son et le propage.

Beykreis, m. (*t. d'astron.*), épycicle ; petit cercle dont le centre est dans la circonférence d'un plus grand.

Bezeichnen, v. a. (*t. de ma-*

thém.), marquer, imprimer, mettre en marque.

Bezeichnung , f. marque, l'action de marquer. — (*t. de mathém.*) *Die beseichnungs zahl,* le chiffre indicateur.

Bildlich , adj. et adv. (*t. d'astron.*), graphique ; ce qui est représenté par une figure. — *Die bildlich beschreibung einer sonnenfinsterniss,* la description graphique d'une éclipse de soleil.

Binomium (*t. de mathém.*), binome ; quantité algébrique composée de deux parties unies par les signes $+$ ou $-$ *Ex.* A $+$ B , C $-$ D.

Blitz (*t. de phys.*), éclair ; éclat de lumière subit et de peu de durée.

Brandung, f. (*t. de phys.*), brisans ; écueils à fleur d'eau , houlles , vagues, ondées poussées avec force vers le rivage.

Brechbar, adj. (*t. de phys.*). Voyez page 104.

Brechbarkeit (*t. de phys.*). Voyez page 104.

Brechung, f. (*t. de phys.*). Voyez page 105.

Breite, f. (*t. de géogr. et d'astron.*), latitude, distance d'un lieu à l'équateur. La latitude est boréale pour les pays situés au nord de l'équateur ; elle est australe pour ceux qui sont au midi : en général, la latitude d'un lieu est égale à la hauteur du pôle sur l'horison ; l'amplitude occase est un arc de l'horizon compris entre le point où se couche un astre et l'occident vrai, qui est l'intersection de l'horizon et de l'équateur.

Breitenzirkel , plur. (*t.*

d'astron.), cercles de latitude.

BREMSE ou BRÄMSE , f. (*t. de phys.*) , ardeur , bouffée étouffante causée par la chaleur.

BRENNGLASS , m. (*t. de phys.*). Voyez page 106.

BRENNLINIE, f. (*t. de géom.*), parabole, courbe qui termine la section d'un cône coupé parallèlement à son côté.

BRENNPUNCKT , m. (*t. de phys.*). Voyez page 107.

BRENNWEITE, f. (*t. de phys.*). Voyez page 107.

BRETZAHL , f. (*t. de mathém.*) , nombre qui résulte de trois nombres multipliés , dont deux sont pairs , mais le troisième plus grand.

BUCHT, f. (*t. de géogr.*), anse, cale, gare, baie, lieu destiné sur les rivières à mettre les bateaux à l'abri des glaces.

C

CALORIMETER (*t. de phys.*). Voyez KALORIMETER, p. 576.

CATACOUSTIK , f. (*t. de phys.*), catacoustique , traité des échos ou sons réfléchis.

CATADIOPTRIK , f. (*t. de phys.*),catadioptrique; traité des effets réunis de la lumière, soit réfractée, soit réfléchie.

CENTIARE, n. centiare , mesure de surface, centième partie de l'are, valant un mètre carré.

CENTIGRAMME , n. centigramme , mesure de pesanteur, centième partie du gramme , environ un cinquième du grain , poids de marc.

CENTILITER , centilitre , mesure de capacité, centième partie du litre , égale à un petit verre , pour les liqueurs , et pouvant remplacer la roquille.

CENTIME , centime , monnoie , centième partie du franc, valant 2 deniers et $\frac{2}{5}$.

CENTIMETER , centimètre , mesure de longueur, centième partie du mètre , environ 4 lignes $\frac{1}{2}$.

CENTRIFUGALKRAFT (*t. de phys.*), la force centrifuge , la force qui tend à éloigner du centre : tout corps qui se meut en rond a une force centrifuge.

CENTRIPETALKRAFT (*t. de phys.*), force centripète, force qui attire toujours vers le centre : les planètes ont une force centripète vers le soleil.

CENTRUM , n. (*t. de géom.*), centre , point du milieu d'un cercle , d'une sphère ; dans les autres figures le point où se coupent les diagonales.

CHARACTERISTIK , f. (*t. de mathém.*), caractérisque, caractérisique d'un logarithme ; le premier chiffre d'un logarithme qui exprime des unités.

CISSOÏDALISCH , adj. (*t. de mathém.*), cissoïdal, qui appartient à la cissoïde.

CISSOÏDE (*t. de mathém.*), courbe qui , en approchant de son asymptote , imite la courbure d'une feuille de lierre.

COËFFICIENT , m. (*t. de mathém.*), nombre mis devant une quantité algébrique , et qui la multiplie.

COLUREN, plur. (*t. d'astron.*), colures, les deux grands cercles qui coupent l'équateur et le

zodiaque en quatre parties égales, et qui marquent les saisons.

CONDENSATOR, m. (*t. de
phys.*), condensateur, machine
qui sert à condenser un gaz dans
un espace donné, ou à rendre
sensibles de petites quantités
d'électricité, en les forçant de
s'accumuler sur un disque de
métal supporté par un plateau
de marbre blanc.

CONTRAHIRT, adj. (*t. de
phys.*), contracté, resserré.

CO-SECANTE, f. (*t. de géom.*),
sécante du complément d'un
angle.

CO-SINUS, (*t. de géom.*), co-
sinus, sinus du complément
d'un angle.

COSMOGONIE, f. (*t. d'astron.*),
cosmogonie, système de la formation de l'univers.

COSMOGRAPHIE, f. (*t. de
géogr.*), description du monde.

COSMOLOGIE, f. (*t. de phys.*),
cosmologie, science des lois
générales du monde physique.

COTANGENT, (*t. de géom.*),
co-tangente, tangente du complément d'un angle.

CRWNGLAS ou CRONGLAS, n.
(*t. de phys.*), verre de couronne, verre blanc superfin
d'Angleterre, verre ordinaire,
mais de la première qualité,
dont les Anglais se flattent de
connoître seuls la composition:
il entre, comme le *flint glas*,
dans la composition de l'objectif
des lunettes achromatiques,
mais il n'est point de la même
nature. *Voyez* FLINT-GLAS,
page 172.

CYANOMETER (*t. de phys.*).
Voyez page 119.

CYCLUS, cycle, cercle; (*t.
d'astron.*), période solaire, de
28 ans; lunaire, de 19 ans; de
l'indiction, de 15 ans.

D

DAMMERUNG, f. (*t. de
phys.*), crépuscule, lumière
qui reste après le soleil couché,
et qui précède son lever.

DATA, plur. (*t. de mathém.*),
les données d'une question ou
problème à résoudre.

DECAGRAMME, décagram-
me, mesure de pesanteur, valant 10 grammes, environ 190
grains, ou 2 gros et 46 grains,
à-peu-près le tiers d'une once.

DECALITER, décalitre, me-
sure de capacité égale à 10 litres. Le décalitre remplace,
pour les grains et matières sèches, le boisseau, dont il est
un peu plus des trois quarts; et
pour les liquides, le velte, dont
il vaut à-peu-près un tiers.

DECAMETER, décamètre,
mesure de longueur égale à 10
mètres, environ 5 toises et 9
pouces.

DECARE, f. décare, mesure
de surface dont la valeur est de
10 ares, ou 1000 mètres carrés.

DECASTERE, décastère, me-
sure pour les bois de chauffage, 10 stères, environ 2 cordes et demie, ou 5 voies de
Paris.

DECIARE, déciare, mesure
de surface, dixième partie de
l'are, 10 mètres carrés.

DECIGRAMME, décigram-
me, mesure de pesanteur,
dixième partie du gramme, environ deux grains.

Deciliter, décilitre, mesure de capacité, dixième partie du litre, environ les deux cinquièmes d'un demi-setier. Cette mesure vaut un gobelet ordinaire, et contient trois onces et un gros d'eau distillée.

Decime, décime, monnoie, dixième partie du franc, 2 sous ou 24 deniers tournois.

Decimeter, décimètre, mesure de longueur, dixième partie du mètre, environ 3 pouces 8 lignes et demie. Le double décimètre peut former une mesure de poche fort commode.

Decistere, décistère, mesure pour les bois de chauffage, dixième partie du stère.

Dene, poids de soie de la pesanteur d'un as d'or, un loth ou demi-once ; il sert à spécifier la valeur et la finesse de la soie. Un écheveau de 360 aunes, de l'espèce la plus fine, ne pèse pas au-delà de 20 *dene* ; les moins fins s'élèvent de 5 à 15 et à 60 *dene*.

Diacoustik (*t. de phys.*), diacoustique ; art de juger de la réfraction et des propriétés du son, selon qu'il passe dans un fluide plus ou moins dense.

Diesseitig, adj. (*t. de géogr.*), citérieur, ce qui est en-deçà, de notre côté. — *Das diesseitige Franckreich*, la France citérieure.

Differenzial (*t. de mathém.*), différentielle, quantité infiniment petite. — *Differenzial rechnung*, calcul différentiel des infiniment petits.

Dioptrik (*t. de phys.*), dioptrique ; partie de l'optique qui traite de la réfraction, science de la lumière réfractée.

Dodecatemorie, f. (*t. d'astron.*), dodécatemorie, douzième partie d'un cercle, spécialement du zodiaque (*thierkreis*).

Doppelschattig, adj. (*t. de géogr.*), amphisciens : se dit des habitans de la zone torride, dont l'ombre se tourne tantôt vers le midi, tantôt vers le nord.

Dreyeck, **Dreyeckig** (*t. de géom.*). Voyez page 128.

Dreyseitig (*t. de géom.*). Voyez page 129.

Duftig, adj. (*t. de phys.*), vaporeux. — *Ein duftiger himmel*, un ciel vaporeux, où les vapeurs sont répandues de manière à éclairer doucement les objets.

Dünn, adj. (*t. de phys.*). Voyez page 130.

Dunstkreis et **Dunstkugel** (*t. d'astron.*). Voy. page 130.

Durchdringlichkeit (*t. de phys.*). Voyez page 130.

Durchgang (*t. d'astron.*). Voyez page 130.

Durchkreutzung (*t. de géom.*). Voyez page 131.

Durchmesser (*t. de géom.*). Voyez page 131.

Dynamik et **Dynamisch**, f. (*t. de phys.*), dinamique ; science des forces qui meuvent les corps, science des mouvemens des corps qui agissent les uns sur les autres.

Dynamometer (*t. de phys.*). Voyez page 133.

E

EBBE, f.(*t. de phys.*). brisant, reflux, mouvement de la mer qui se retire après le flux. — *Die ebbe und fluth,* le flux et reflux, vulgairement marée ; double mouvement qu'éprouvent les eaux de l'Océan en se haussant vers le rivage, et s'en retirant deux fois par jour. Il paroît que ce phénomène journalier est un effet de l'action combinée de la lune et du soleil, mais que la lune y influe plus que le soleil, puisque le temps des plus fortes marées est celui des nouvelles et pleines lunes, et spécialement à l'époque des équinoxes.

ECKOMETER (*t. de phys.*), échomètre ; instrument, règle qui contient des divisions pour mesurer la durée, les intervalles et les rapports des sons.

ECKOMETRIE, f. (*t. de phys.*), échométrie ; l'art de faire des voûtes où il y ait des échos.

EINFACH, adj.(*t. de mathém.*), simple, incomplexe, qui n'est pas complexe ou composé.

EINFALL, m. (*t. de géom.*), incidence.—*Einfall der lichtes,* l'incidence de la lumière.

EINFALLEND, adj. (*t. de phys.*), incident. — *Einfallender strahl,* rayon incident. — *Einfallendes licht,* lumière incidente.

EINFALLSPUNCT, m. (*t. de géom.*), point d'incidence.

EINFALLSWINKEL, m. (*t. de géom.*), angle d'incidence.

EINSCHALTUNG, f. (*t. d'astron.*), intercallation, embolisme.—*Die einschaltung oder*

das einschalten eines tages, l'intercallation, l'addition d'un jour de quatre en quatre ans.

EINSPRITZEN, v. a. (*t. de phys.*), injecter, introduire avec une seringue un liquide dans une cavité.

EINSPRITZUNG, f. (*t. de phys.*), injection, l'action d'introduire avec une seringue un liquide dans une cavité.

EINTRITT, m. (*t. d'astron.*), entrée, immersion. — *Der eintritt eines planeten,* l'immersion d'une planète. — *Der eintritt der sonne in das zeichen des krebses,* l'entrée du soleil dans le signe de l'écrevisse. — *Der eintritt puncht,* le point d'immersion.

EINZIEHEN, v. a. (*t. de phys.*), absorber. — *Der schwamm zieht das wasser in sich,* l'éponge absorbe l'eau.— *Einziehende,* les *pores* absorbans.

EISZONE, f. (*t. d'astron.*), zone glaciale : on nomme ainsi la première division de la terre en descendant des pôles à l'équateur ; son étendue dans les deux hémisphères est de 40 degrés.

EKLIPTIK (*t. d'astron.*), écliptique, ligne circulaire qui trace la route du soleil sur le zodiaque, qu'elle partage dans sa longueur en deux portions égales : l'écliptique est oblique à l'axe de l'équateur ; il est fixe dans le ciel, mais mobile par rapport à la terre, tournant avec la sphère céleste ; il coupe nécessairement la terre en des points différens, et la trace qu'il y forme est perpétuellement variable ; quant à son obliquité, *voyez* ACHSENNEIGUNG, page 561.

ELASTICITÄET, f. (*t. de phys.*). Voyez page 146.

ELECTRICITÄET, f. (*t. de phys.*). Voyez, pour tous les termes relatifs à cette partie intéressante de la physique, page 146.

ELEMENTARTHIERCHEN, n. (*t. de phys.*) , animalcules élémentaires ; petits animaux qu'on ne peut voir qu'au microscope.

ELLIPSE, f. (*t. de géom.*), ellipse, courbe que l'on forme en coupant obliquement un cône droit par un plan qui le traverse entièrement.

ELLIPSOÏDISCH, adj. (*t. de géom.*), ellipsoïde, solide formé par la révolution d'une ellipse autour d'un de ses axes.

ELLIPTISCH, adj. (*t. de géom.*), elliptique, qui tient de l'ellipse, ovoïde uniforme.

ENDE SPITZE, f. (*t. de géom.*). Voyez page 147.

ENTZWEIUNGSKRAFT, f. (*t. de phys.*). Voyez page 149.

ERDACHSE, f. (*t. d'astron.*), l'axe de la terre, ligne que l'on suppose passer par le centre de la terre, et autour de laquelle ce globe fait sa révolution. Cet axe de la terre est le même que celui de l'équateur, et ses deux extrémités sont appelées les pôles. *V.* ERDBESCHREIBUNG, page 569.

ERDBAHN, f. (*t. d'astron.*), l'orbite de la terre, la route que la terre décrit par son mouvement propre.

ERDBALL, m. (*t. d'astron.*),

le globe terrestre, la terre. *V.* ERDKUGEL, page 152.

ERDBEBEN, n. (*t. de phys.*). Voyez page 151.

ERDBEBENMESSER, (*t. de phys.*). Voyez page 151.

ERDBESCHREIBUNG, f. (*t. de géogr.*), géographie, ou description de la terre considérée sur-tout sous les rapports de divisions politiques, et comme habitation de l'homme.

ERDBODEN, m. (*t. de géogr.*). Voyez page 151.

ERDEBENE, f. (*t. d'astron.*), l'aplatissement de la terre. *V.* ABPLÄTTUNG, page 560.

ERDFERNE, f. (*t. d'astron.*), apogée ; le point où une planète est dans son plus grand éloignement de la terre.

ERDFLACHE, (*t. de géogr.*). Voyez page 151.

ERDGÜRTEL, m. (*t. de géogr.*). Voyez page 151.

ERDKUGEL, (*t. de géogr.*). Voyez page 152.

ERDMESSER, m. (*t. de géom.*), géomètre.

ERDMESSKUNST, f. géométrie. *V.* MESSUNG, page 303.

ERDNAHE, f. (*t. d'astron.*), périgée, l'endroit du ciel où une planète se trouve quand elle est le plus près de la terre.

ERDPOL, m. (*t. d'astron.*), pôle de la terre. — *Die erde pole,* les deux pôles de la terre ; ce sont les deux extrémités de son axe (*erdachse*). Celui qui est vers le nord est le pôle boréal ou arctique ; l'autre, tourné vers le sud, est le pôle austral ou antarctique : ils répondent à ceux du ciel.

ERDREICH, n. (*t. de géogr.*). Voyez page 152.

ERDTHEILE , plur. (*t. de géogr.*), parties de la terre ; on en compte cinq principales, qui sont l'Europe, l'Asie, l'Afrique , l'Amérique et les Indes méridionales, à cause du grand continent de la Nouvelle-Hollande, la plus considérable des îles connues. On distingue aussi les parties de la terre en continens, îles, presqu'îles, isthmes, caps, côtes, montagnes, vallées, plaines , forêts et déserts.

ERDZIRKEL (*t. de géogr.*), cercle de la terre : on distingue les cercles du globe en grands et petits. Un grand cercle est celui dont le plan passe par le centre du globe et le divise en deux parties égales ou deux hémisphères. Un petit cercle est celui dont le plan ne passe pas par le centre du globe , et ne le divise pas en deux parties égales. On compte six grands cercles et quatre petits.

ERHÖHUNG, f. (*t. de géogr.*). Voyez page 153.

ERZEUGEND, adj. (*t. de géom.*), générateur qui , en parcourant un espace donné , engendre par sa trace une ligne, une surface , un solide.

EUDIOMETER , m. (*t. de phys.*) , eudiomètre , instrument qui sert à mesurer la pureté de l'air.

EUDIOMETRIE, f. (*t. de phys.*), eudiométrie , mesure de la pureté de l'air.

EXCENTRICITAET, f. (*t. d'astron.*), excentricité , distance entre le centre et le foyer de l'ellipse que décrit une planète.

EXEGETISCH (*t. de mathém.*), exégétique ; manière de trouver en nombre ou en lignes les racines d'une équation.

EXPONENT, m. (*t. de mathém.*), exposant ; nombre qui exprime le rapport de deux autres, ou le degré d'une puissance. — *Der exponent eines logarythmes* , l'exposant, la caractéristique d'un logarithme.

F

FALLSCHIRM, m. (*t. de phys.*), parachute ; appareil au bas d'un ballon aérostatique pour prévenir les inconvéniens d'une descente trop rapide.

FARBENRINGE , f. (*t. de phys.*). Voyez page 161.

FARBENZERSTREÜUNG, f. (*t. de phys.*). Voyez page 162.

FEDERKRAFT, f. (*t. de phys.*). Voyez page 163.

FELDMESSER, m. (*t. de géom.*). Voyez page 165.

FELDMESSKUNST, FELDMESSUNGKUNST (*t. de géom.*). Voyez page 165.

FERNROHR, m. (*t. d'astron.*), télescope, lunette à longue vue, lunette d'approche. — *Ein fern rohr mit zwey röhren* , binocle, télescope où l'on se sert en même temps des deux yeux, télescope binoculaire.

FEÜER (*t. de phys.*), feu ; l'un des quatre élémens des anciens , et le seul qui ne soit pas décomposé ; agent de la combustion : il tire son principe de l'air atmosphérique. — *Elastisches feüer.* V. ELECTRICITAET, page 146. — *Wulcanisches.* V. VULCAN , page 512.

FEUERKUNST, f. (*t. de phys.*). pyrotechnie, ou l'art de se servir du feu.

FEÜERMESSER, m. (*t. de phys.*). Voyez page 168.

FIXSTERNE, plur. (*t. d'astron.*), étoiles fixes, étoiles dont le mouvement est peu sensible : elles ont leur lumière propre, et conservent toujours entre elles la même distance.

FLACHE, f. (*t. de géom.*). Voyez page 171.

FLACHENWENKEL, n. (*t. de géom.*). Voyez page 171.

FLACHESGEBIRG, n. (*t. de géogr.*). Voyez page 171.

FLUTH, f. (*t. de géogr.*). Voyez page 176.

FÖRDERUNGS-SATZ, m. (*t. de géom.*). Voyez page 177.

FORMEL, m. (*t. d'alg.*), formule, résultat général d'un calcul algébrique renfermant un grand nombre de cas.

FRANC, m. franc, unité monétaire, une livre trois deniers tournois. Le franc est une pièce de monnoie du poids de cinq grammes composé de $\frac{9}{10}$ d'argent et $\frac{1}{10}$ d'alliage.

FRUHLINGSPUNCKT, m. (*t. d'astr.*), point vernal ou équinoxe du printemps ; point du passage du soleil par l'équateur ; ce qui rend le jour égal à la nuit par toute la terre. *Voy.* AEQUINOXIALPUNCKT et AEQUATOR. *Voyez* page 562.

FRUHLINGSZEICHEN, n. (*t. d'astron.*), signe vernal.

FÜNFECK, n. (*t. de géom.*). Voyez page 182.

FÜNFZEHNECK (*t. de géom.*). Voyez page 182.

FUNKELN, n. (*t. d'astron.*), scintillation, étincellement ; v. a. scintiller, étinceler.

FUSS, n. mesure de longueur ancienne. Le pied de roi français, contenant 12 pouces de long, peut être évalué à 3 décimètres un quart environ des nouvelles mesures.

FUSSPUNCKT, m. (*t. d'astron.*), nadir, le point du ciel opposé au zénith.

G

GALVANISMUS, (*t. de phys.*). Voyez page 185.

GANS, f. (*t. d'astron.*), toucan ; constellation australe.

GAZ, m. (*t. de phys.*). V. page 191.

GEFUNFT, adj. (*t. d'astron.*). *Gefunfter schein*, quintil aspect, ou position de deux planètes distantes de 72 degrés.

GEGENSCHEIN, m. (*t. d'astron.*), opposition, distance de 180 degrés entre deux planètes. On dit d'un astre qu'il est en opposition avec le soleil, quand la terre se trouve entre lui et le soleil. Vénus et Mercure sont les seules planètes qui ne se trouvent jamais en opposition avec cet astre.

GEGENSONNE, f. (*t. d'astron.*), parélie ; image du soleil réfléchi dans un nuage.

GEGENVERHALTNISS, n. (*t. de mathém.*), une raison inverse ; une proposition réciproque.

GEGENWALL, m. (*t. de géom.*). Voyez page 195.

GEGENVIRKUNG, f. (*t. de phys.*), anti-péristase ; action de deux qualités contraires, dont l'une augmente la force de l'autre. Ainsi , suivant les peripatéticiens , le feu est plus ardent l'hiver ; réaction, action d'un corps sur un autre qui vient d'agir sur lui.

GEHÖRTRICHTER, m. (*t. de phys.*) , polyacoustique, cornet polyacoustique ; sorte d'entonnoir qui sert à se faire entendre d'un sourd.

GEISTERLEHRE (*t. de phys.*), pneumatologie ; traité des substances spiritueuses.

GERADLAUFIG , adj. (*t. d'astron.*) , direct. — *Ein geradlaufiges gestein ,* un astre direct , qui se meut d'orient en occident.

GERADLINIG , adj. (*t. de géom.*). Voyez page 198.

GESTADE, n. (*t. de géogr.*). Voyez page 201.

GESTIRN , n. (*t. d'astron.*), astre , étoile , constellation.

GESTIRNT, adj.(*t. d'astron.*), étoilé , semé d'étoiles.

GESTIRNTSTAND , m. (*t. d'astron.*) , constellation, point de constellation , aspect des planètes.

GETRENNT, part. (*t. de mathém.*) , désuni , séparé. — *Getrennte grosse,* quantité discrète , dont les parties sont séparées.

GEVIERTE (*t. d'astrol.*) *Der gevierte schein ,* quadrature , aspect quartile.

GLANZ FLECKEN, n. (*t. d'astron.*), tache lumineuse , facule.

GLASFLUIDUM, n. (*t. de phys.*). Voyez page 208.

GLASLINSE , f. (*t. de phys.*), lentille , verre de télescope.

GLEICHER, m. (*t. d'astron.*); l'équateur, la ligne équinoxiale. *Voyez* AEQUATOR , page 561.

GLEICHLAUFEND , GLEICH LAUFIG. *Voyez* page 210.

GLEICHLAUFIGKEIT , f. (*t. de géom.*). Voyez page 210.

GLEICHNAMIG , adj. (*t. de géom.*). Voyez page 211.

GLEICHSCHENKELIG , adj. (*t. de géom.*). Voyez page 211.

GLEICHSEITIG , adj. (*t. de géom.*). Voyez page 211.

GLEICHWINKELIG , adj. (*t. de géom.*). Voyez page 211.

GLEICHUNG DER ZEIT (*t. d'astron.*), équation du temps. On appelle équation, en astronomie, les quantités qu'il faut ajouter ou ôter aux résultats moyens pour les égaliser aux résultats véritables. Le mouvement du soleil étant inégal , le jour solaire , c'est-à-dire l'espace de temps que le soleil emploie pour revenir au même méridien , ne pouvoit offrir une période exacte pour la mesure du temps ; il a fallu chercher ce qui devoit être ajouté ou retranché à chaque jour solaire apparent pour le ramener à l'égalité , et c'est cette correction que l'on nomme l'équation du temps. Le temps solaire ainsi corrigé est ce qu'on appelle le temps moyen. *Voyez* ZEIT , page 541.

GNOMONIK, f. (*t. de phys.*), art de tracer des cadrans solaires gnomoniques.

GNOMONISCH , adj. (*t. de phys.*), gnomonique. — *Eine gnomonische saüle ,* une colonne gnomonique , cylindre ou obélisque portant un style dont l'ombre marque les heures. — *Eine gnomonische viel seitige figur*, polyèdre gnomonique, solide à plusieurs faces portant chacune un cadran.

Gonyometer, m. (*t. de géom.*). Voyez page 215.

Gonyometrie, f. (*t. de géom.*). Voyez page 215.

Grad, m. (*t. d'astron. et de géogr.*), un degré, soit de latitude (*der breite*), soit de longitude (*der lange*). — *Im vierzigsten grad der breite*, au quarantième degré de latitude.

Gradbogen, m. (*t. de mathém.*), nocturlabe, instrument pour prendre à toute heure de nuit la hauteur de l'étoile du nord ; radiomètre, instrument pour prendre les hauteurs sur mer.

Gramme, n. gramme, unité des mesures de pesanteur, dans le nouveau système français, environ dix-neuf grains poids de marc ou le quart d'un gros : le gramme est égal au poids d'un centimètre cube d'eau pure distillée.

Graphometer, m. (*t. de mathém.*). Voyez page 218.

Grösse (*t. de mathém.*), grandeur, étendue, tout ce qui est susceptible d'augmenter ou de diminuer ; quantité, tout ce qu'on peut mesurer ou nombrer.

Grösse der erde (*t. d'astron.*), grosseur de la terre, la circonférence de la terre est de 20,522,960 toises, son diamètre de 6,532,660 et son rayon de 3,266,330.

Grundlinie (*t. de géom.*). Voyez page 221.

Grundstoff, m. (*t. de phys.*), les principes, les élémens, les parties les plus simples dont les corps sont composés, ce qui est conçu comme le premier dans la composition des corps matériels.

Gürtel, m. (*t. d'astron.*), zone.

H

Haarröhre, f. (*t. de phys.*). Voyez page 225.

Haarzirkel, m. (*t. de mathém.*). Voyez page 225.

Hagel, m. (*t. de phys.*), grêle, eau de pluie dont les gouttes, pendant les saisons chaudes, se congèlent par l'effet de la température très-froide qui règne alors dans les hautes régions de l'atmosphère.

Halbinsel, f. (*t. de géogr.*), péninsule, presqu'île, étendue de pays environnée d'eau, excepté d'un côté.

Halbschatten, m. (*t. d'astron.*), demi-ombre, penombre, partie de l'ombre éclairée par une partie du corps lumineux.

Halbvier, adj. (*t. de mathém.*), sous-double, moitié d'un tout.—*Zwey ist halbvier*...etc., deux est sous-double de quatre, la moitié de quatre.

Halo (*t. d'astron.*), halo, cercle lumineux que l'on voit quelquefois autour des astres.

Harmattan (*t. de géogr.*), harmattan, vent célèbre des côtes de Guinée ; il souffle le plus ordinairement en avril et dans la direction de l'est vers l'ouest : il apporte une chaleur insupportable, obscurcit l'atmosphère lors même que le ciel est le plus clair, et il laisse souvent tomber une fine poussière brunâtre qui recouvre le terrain à plusieurs lignes d'épaisseur.

HARZ ELECTRICITAET (*t. de phys.*), électricité résineuse.

HARZ FLUIDUM , v. n. (*t. de phys.*). Voyez page 231.

HARZPOL (*t. de phys.*). Voy. page 231.

HAUPTGEGEND , f. (*t. d'astron.*). *Die vier hauptgegenden,* les quatre points cardinaux de la sphère.

HAUPTZEICHEN , n. (*t. d'astron.*), points principaux.

HECKTARE , hectare , nouvelle mesure de superficie valant 100 ares , à-peu-près deux grands arpens à 22 pieds la perche.

HECKTOGRAMME , hectogramme , mesure de pesanteur, 100 grammes , à-peu-près 3 onces 2 gros 12 grains.

HECKTOLITRE , hectolitre , nouvelle mesure de capacité, 100 litres , environ 105 pintes $\frac{1}{7}$; ou $\frac{3}{8}$ de muids pour les liquides , et $\frac{2}{3}$ de setier , ou encore 3 minots, pour les matières sèches.

HECKTOMETER (*t. de mathém.*), hectomètre , nouvelle mesure linéaire, 100 mètres, environ 50 toises 7 pieds 10 pouces 2 lignes.

HERBSTPUNCKT , m. (*t. d'astron.*) , point équinoxial d'automne.

HERBSTSCHEIN , m. (*t. d'astron.*), nouvelle lune de septembre.

HERBSTZEICHEN , n. (*t. d'astron.*) , signe de l'automne.

HEXAEDER (*t. de géom.*). V. page 237.

HIMMELBESCHREIBUNG , f. (*t. d'astron.*), uranographie, description du ciel.

HIMMELSBREITE, f. (*t. d'astron.*), latitude du ciel.

HIMMELSKARTE, f. (*t. d'astron.*),planisphère céleste, carte qui représente sur un plan l'hémisphère céleste.

HIMMELSLANGE, f. (*t. d'astron.*), longitude du ciel.

HIMMELSLAUF , m. (*t. d'astron.*), le cours, le mouvement du ciel, des astres, des corps célestes.

HIMMELSLUFT , m. (*t. d'astron.*) , éther , matière subtile qu'on suppose remplir l'espace au-dessus de l'atmosphère.

HIMMELSZEICHEN ,n.(*t. d'astron.*), signe céleste, constellation ; toutes les sortes de signes et de phénomènes que l'on remarque quelquefois au ciel.

HIMMELZIRKEL, m.(*t. d'astron.*), cercles célestes, cercles imaginés dans le ciel.

HINTERGLIED, n. (*t. de mathém.*), conséquent, le second terme d'une raison ou d'un rapport.

HOF, m. (*t. de phys.*) *Der hof um die sonne , um den mond ,* halo, cercle lumineux que l'on voit quelquefois autour des astres , principalement autour du soleil et de la lune.

HOHENMESSER (*t. de géom.*). Voyez page 238.

HOHENMESSUNG , f. (*t. de géom.*), altimétrie.

HOMOCENTRISCH , adj. (*t. d'astron.*),homocentrique,concentrique : se dit des cercles qui ont un centre commun.

HOMOLOGUE,adj.(*t.de géom.*),

homologue : se dit des côtés qui dans des figures semblables se correspondent et sont opposés à des angles égaux.

Horet (*t. de géogr.*), nom d'une colline située en Mauritanie et dont on dit qu'elle reste constamment sèche et aride, même dans les années les plus humides.

Horisont (*t. d'astron.*), horizon, grand cercle qui coupe la sphère en deux parties, l'une supérieure que nous voyons, et l'autre inférieure qui nous est cachée. Les points de la terre ou de la mer auxquels la vue est limitée forment l'horizon sensible : c'est le lieu du lever et du coucher des astres ; il est mobile et change autant de fois que nous changeons de place, mais l'horizon vrai ou mathématique (*der ware horizont*) partage la terre en deux parties égales.

Hornschein, m. (*t. d'astron.*), nouvelle lune du mois de février.

Hose, f. (*t. de phys.*). Voyez page 242.

Hundertgradig, adj. (*t. de phys.*). Voyez page 243.

Hydraulik, f. (*t. de phys.*), hydraulique, science qui enseigne à conduire et à élever les eaux.

Hydrometer (*t. de phys.*), hydromètre, instrument pour mesurer la pesanteur et la densité de l'eau.

Hydrometrograph (*t. de phys.*). Voyez page 245.

Hygrometer, m. hygromètre, instrument pour mesurer le degré de l'humidité de l'air.

Hyperbol, f. (*t. de géom.*), hyperbole, section d'un cône coupé par un plan qui, prolongé, rencontre le cône opposé.

Hyppothenuse, f. (*t. de géom.*), hypothénuse, côté opposé à l'angle droit d'un triangle rectangle.

I

Icosaedrisck , m. (*t. de géom.*). Voyez page 246.

Inkommensurabel, adj. (*t. de mathém.*), incommensurable : se dit de deux grandeurs qui n'ont pas de commune mesure.

Integral , adj. (*t. de mathém.*). *Die integral rechnung*, le calcul intégral , le calcul par lequel on trouve une quantité finie dont on connoît la partie infiniment petite.

Irradiation (*t. de phys.*), émission des rayons d'un corps lumineux. — *Irradiations centrum*, centre d'irradiation.

Irrational , adj. (*t. de mathém.*) , irrationnel. — *Irational grössen*, quantités irrationnelles , quantités sourdes.

J

Jacobstab, m. (*t. d'astron.*), bâton de Jacob, arbalestrille, instrument pour prendre en mer la hauteur des astres ; radiomètre, aussi instrument pour prendre les hauteurs en mer.

Jahr , n. (*t. d'astron.*), an, année , durée de la révolution de la terre autour du soleil.

Jahrsrechnung, f. (*t. d'astron.*), ère , point fixe d'où l'on commence à compter les années. Dans l'ère chrétienne on compte les années depuis la naissance de Jésus-Christ ou depuis une certaine époque à laquelle on rapporte cet évènement dont l'année précise n'est pas assurée.

K.

KALORIMETER, m. (*t. de phys.*), calorimètre, instrument qui sert à mesurer le degré de calorique spécifique des corps.

KALTEND, adj. (*t. de phys.*), frigorifique. — *Eine sehr kaltende luft*, un air frigorifique.

KATHETEN EINES DREYECKS (*t. de géom.*), cathète, ligne perpendiculaire tirée ou qui tombe sur une autre. — *Katheten eines dreiecks*, les cathètes d'un triangle.

KATOPTRICK, f.(*t. de phys.*), catoptrique, la science qui traite des effets de la réflexion de la lumière; l'art de polir les glaces, de faire les miroirs, etc. — *Katoptrick fernrohr*, télescope catoptrique, telescope dans lequel l'objectif est remplacé par un miroir.

KEGELACHSE, f. (*t. de mathém.*), l'axe du cône.

KEGELSCHNITT, m. (*t. de mathém.*), section conique.

KENNZIEFER, f. (*t. de mathém.*), chiffre caractéristique.

KETTE, f. (*t. de géom.*), chaînette.

KILOGRAMME, f. kilogramme, mesure de pesanteur égale à 1000 grammes, environ 2 livres 6 gros. Sa moitié excède la livre d'environ 3 gros; très-commode pour la vente des matières communes.

KILOLITER, kilolitre, mesure de capacité, 1000 litres, environ 1051 pintes $\frac{3}{7}$. Il équivaut pour les liquides à 3 muids $\frac{3}{4}$, et pour les grains à 78 boisseaux $\frac{6}{10}$ (le boisseau contenant 20 livres de blé) de Paris.

KILOMETER, m. kilomètre, mesure de longueur, 1000 mètres, à-peu-près 513 toises 5 pouces 8 lignes. Le kilomètre carré est une mesure topographique. 15 kilomètres carrés valent une lieue de poste carrée; et 20 une lieue de 25 au degré carrée.

KLIMA, n. (*t. de géogr. et d'astron.*), climat, région, contrée, eu égard à la température de l'air; partie de la terre comprise entre deux cercles parallèles à l'équateur. Il existe une grande variété de climats dans la nature, mais on n'en spécifie que cinq principaux qui partagent le monde dans les deux hémisphères en larges bandes que l'on nomme zone. *V.* ZONE, ci-après.

KNOTEN, m. *t. d'astron.*), nœuds, les deux points opposés où l'écliptique est coupé par l'orbite d'une planète.

KOMET (*t. d'astron.*), comète, c'est-à-dire astre chevelu, nom qui a été donné à ces astres parce qu'ils sont ordinairement suivis d'une traînée lumineuse que l'on appelle queue. Ce sont des astres permanens comme planètes, mais assujettis à une marche particulière, ils traversent le ciel dans tous les sens et dans toutes les directions.

KOMMENSURABEL, adj. (*t. de mathém.*), commensurable: se dit d'une grandeur par rapport à une autre avec laquelle

elle a une grandeur commune.

Körperchen, n. (*t. de phys.*), corpuscule, atome, particule des corps naturels.

Kosmolabium, n. (*t. de mathém.*), cosmolabe, instrument de mathématique pour mesurer le ciel et la terre.

Kreiss, m. (*t. de phys.*). V. page 272.

Kreisschattig, adj. (*t. de géogr.*), périsciens, habitans des zones froides, dont l'ombre fait le tour de l'horizon en certains temps de l'année.

Krone, f. (*t. de géom.*), couronne, cercle, circonférence. — (*t. d'astron.*) *Die nordliche und sudliche krone*, couronne septentrionale et couronne australe. — (*t. de phys.*) *Hof um die sonne und den mond*, couronne, météore, qui paroît autour du soleil et de la lune.

Krumm, adj. (*t. de géom.*) Voyez page 273.

Kubiren, v. a. (*t. de géom.*). Voyez page 274.

Kugelwinkel, m. (*t. de géom.*). Voyez page 275.

L

Landenge, f. (*t. de géogr.*). Voyez page 286.

Lange, f. (*t. de géogr. et d'astron.*), longitude.

Langenmessung, f. (*t. de géom.*), longimétrie, art de mesurer les longueurs.

Laufer, n. (*t. de mathém.*). Voyez page 287.

Laut (*t. de phys.*), bruit, son. Voyez **Klang**, page 260. « Le » son se propage dans l'air avec

» une vitesse de 174 toises par se-
» conde, lorsque la température
» de l'air est celle de la glace
» fondante, et que le baromètre
» se soutient à 28 pouces; cette
» vitesse change un peu par la
» pression et la température. Il
» paroît constaté que le son se
» propage beaucoup plus rapide-
» ment dans les corps solides
» qu'à travers l'air, et aussi que
» la qualité du son grave ou
» aigu, fort ou foible, n'influe
» pas sur sa vitesse. On a aussi
» remarqué que des fils de fer
» tendus en plein air dans la
» direction du méridien ren-
» doient un son plus ou moins
» fort, suivant la nature des
» variations de l'atmosphère. »

Lehnsatz, m. (*t. de mathém.*), lemme, proposition qui prépare la démonstration d'une autre.

Lehrsatz, m. (*t. de math.*), théorème, démonstration, vérité démontrée, déterminée.

Leidentlich, adj. (*t. de phys.*), passif. — *Leidentliche eigenschaft*, qualité passive, la qualité qui rend propre à recevoir l'impression de l'agent physique; adv. passivement.— *Die leblosen körper verhalten sich blos leidentlich*. Les corps inanimés n'agissent que passivement.

Leiter, m. (*t. de phys.*). V. page 290.

Leitzeug, m. (*t. de phys.*), véhicule, ce qui sert à faire passer plus rapidement.

Libration, f. (*t. d'astron.*), libration, balancement apparent de la lune autour de son astre.

Lichterscheinung (*t. de*

phys.), effet de lumière, jeu de lumière.

LICHTLEHRE, f.(*t.de phys.*), optique. *V*. OPTIK, page 582.

LICHTKREIS, m. (*t.de phys.*), cercles lumineux.

LICHTMESSUNG , f. (*t. de phys.*), photométrie, la science de déterminer la gradation de la lumière.

LINIE , f. (*t. de mathém.*), ligne. — *Fiducial linie,* ligne fiducielle , ligne tracée sur l'alidade mobile d'un instrument.

LITRE, m. litre, unité des mesures de capacité , environ une pinte et un vingtième, ou un litron et un quart de l'ancien système , et servant aux mêmes usages pour les matières liquides et sèches. Le litre est la millième partie du mètre cubique ou le décimètre cube : sa moitié et son double sont d'un usage très-commode.

LOCK , m. (*t. de marine*), loch, instrument de bois qui , attaché à une corde et jeté à la mer , sert à mesurer la vitesse d'un vaisseau.

LOGARITMISCH , adj. (*t. de mathém.*), logarithmique , qui appartient aux logarithmes.

LOGARITHMUS, m. (*t. de mathém.*), logarithme, nombre pris dans une proportion arithmétique, et qui sert d'exposant à un autre nombre pris dans une proportion géométrique.

LOTHSE ou LOTHSMANN (*t.de mathém.*) locmann, lamaneur, pilote qui connoît bien l'entrée d'un port.

LOTHSENARBEIT, LOTHSEN-KUNST (*t. de marine*), lamanage , travail, profession des ma-

riniers lamaneurs, pilotes qui doivent bien connoître l'entrée d'un port.

LUFTARTIG, adj.(*t.de phys.*). Voyez page 296.

LUFTBALLON , m. ballon aérostatique , aérostat , ballon rempli d'un fluide plus léger que l'air et qui s'élève jusqu'à ce qu'il trouve une couche plus raréfiée où il soit en équilibre.

LUFTKUNDE , f. aérologie , traité sur l'air, ses propriétés.

LUFTPERSPECTIV , f. (*t. de phys.*), perspective aérienne , illusion qui fait paroître les objets plus petits selon les divers degrés de leur éloignement.

LUFTREISENDER , m. (*t. de phys.*) , aéronaute , qui voyage en l'air dans des aérostats.

LUFT SAÜLE, f. (*t.de phys.*), colonne d'air, colonne aérienne.

LUFTZEICHEN, n. (*t.de phys.*), météore , phénomène , signe qui apparoît dans l'air. En général on nomme météore tous les corps qui, suspendus ou en mouvement dans l'atmosphère, y deviennent les agens de quelque phénomène.

M

MANOMETER, m.(*t.de phys.*), manomètre , c'est-à-dire mesure de la rareté, instrument pour faire connoître le degré de la force élastique de l'air, le ressort de l'air variant suivant que ce fluide est plus ou moins rare.

MATHEMATIK (*t. de mathém.*), mathématiques, science qui a pour objet la grandeur et ses propriétés.

MATHEMATIKER, MATHE-

MATIKUS, m. (*t. de mathém.*), mathématicien, qui sait les mathématiques.

MEERBUSEN, n. (*t. de géogr.*). Voyez page 301.

MERIDIAN, m.(*t. d'astron.*), méridien, grand cercle qui passe par les pôles de la terre et qui sert à marquer le point vertical de chaque lieu, parce que toutes les 24 heures il a le soleil à son zénith, c'est-à-dire au point du ciel qui lui correspond perpendiculairement. On l'appelle méridien parce qu'il est midi pour tous les peuples qui sont sous cette ligne quand le soleil vient à y passer.

MERIDIANE, f. (*t. d'astron.*), méridiennne. On nomme ainsi une ligne droite tirée du nord au sud dans le plan du méridien. Cette ligne est le fondement d'un observatoire ; car, comme c'est sur les hauteurs prises dans le mériden et sur les passages au méridien que sont fondées toutes les théories astronomiques, la plupart des observations supposent une exacte méridienne. Le temps le plus propre pour tracer une méridienne par dix points d'ombre correspondans est celui des solstices, parce qu'alors la déclinaison du soleil ne change pas considérablement et que l'opération ne demande pas de correction, sur-tout vers le solstice d'hiver, parce que l'ombre du soleil étant la plus longue on opère avec plus de précision.

MESSKETTE, f. (*t. de géom.*). Voyez page 303.

MESSKUNDE, f. (*t. de mathém.*), science qui a pour objet tout ce qui est mesurable, les lignes, les superficies, les corps solides, les hauteurs, etc. métrologie ; science des différens rapports des poids et mesures les uns avec les autres.

MESSKUNST, f. (*t. de géom.*), géométrie, science qui a pour objet l'étendue, sa mesure et ses rapports. — *Die körperlirche geometrie*, La géométrie corporelle, solide. — *Die höhere geometrie*, la géométrie transcendante qui emploie l'infini dans ses calculs. — *Zur meskunst gehörig*, qui appartient à la géométrie, géométrique, géodésique.

MESSKÜNSTLER, m. (*t. de géom.*), géomètre, qui sait la géométrie, la géodésie.

MESSKÜNSTLICH, adj.(*t. de géom.*), géométrique ; adv. géométriquement.

MESSSCHNUR, f. (*t. de géom.*). Voyez page 303.

METEOROLOGIE(*t. de phys.*), météorologie, science qui a pour objet l'étude des météores et l'observation des vents, dont l'existence a une si grande analogie avec celle des météores.

METER, mètre, unité fondamentale, principe de toutes les mesures de largeur, de capacité, de volume et de poids, la dix millionième partie du quart du méridien compris entre le pôle boréal et l'équateur terrestre, 3 pieds 11 lignes et 0,296.

MICROMETER (*t. d'astron.*), micromètre, instrument qui sert à mesurer le diamètre des astres ou les petits objets : il est composé de deux fils parallèles que l'on peut rapprocher par un troisième qui leur est perpendiculaire. On place cet instrument dans l'intérieur de la lunette avec laquelle on observe ; pour en faire usage, il faut connoître le rapport entre la distance des fils et ces petits angles visuels.

MILCHSTRASSE (*t. d'astron.*), voie de lait, voie lactée, galaxie, amas d'étoiles qui forment une trace blanche dans le ciel ; en la regardant au télescope on y découvre une quantité si prodigieuse d'étoiles que l'imagination ne sauroit suffire à les concevoir : cependant l'espace qui les sépare est au moins cent mille fois plus grand que le rayon de l'orbe terrestre.

MILLIER, n. millier, nouvelle mesure de pesanteur, 1000 kilogrammes, environ 2043 livres, poids de marc.

MILLIGRAMME, m. milligramme, mesure de pesanteur, millième partie du gramme, environ un cinquantième de grain.

MILLIMETER, m. millimètre, mesure de longueur, millième partie d'un mètre, environ une demi-ligne.

MINIMUM (*t. de mathém.*), minimum, le plus petit degré auquel une grandeur puisse être réduite.

MITTAG, m. (*t. de géogr. et d'astron.*), le midi, le sud.

MITTAGSFLÄCHE, f. (*t. d'astron.*), plan méridien, le méridien.

MITTAGSHÖHE, f. (*t. d'astron.*), hauteur méridionale.

MITTAGSLANGE, f. (*t. d'astron.*), longitude méridionale.

MITTAGSWÄRTS, adv. vers le midi, du côté du midi, du sud.

MITTAGSZIRKEL ou MITTAGSKREISS, le cercle méridional, le méridien. *Voyez* MERIDIAN, page 578.

MITTELKREIS, MITTELLINIE (*t. d'astron.*), l'équateur, l'équinoxial.

MOBIL DAS PRIMUM (*t. d'astron.*), le premier mobile, un ciel qui, suivant les anciens astronomes, enveloppe et fait mouvoir tous les autres cieux.

MOND, m. (*t. d'astron.*), lune, planète la plus rapprochée de la terre autour de laquelle elle a un mouvement elliptique troublé par l'action du soleil, d'où résultent les inégalités ; (*t. de géom.*), lunale, figure qui a la forme d'un croissant.

MONDBESCREIBUNG, f. (*t. d'astron.*), description de la lune, sélénographie.

MONDENALTER, n. (*t. d'astron.*), l'âge de la lune, le temps écoulé depuis son renouvellement.

MONDENBAHN, f. l'orbite de la lune, la route qu'elle décrit par son mouvement propre.

MORGEN, m. (*t. d'astron.*), l'orient, le levant, l'est, le matin.

MORGENROTH (*t. d'astron.*), aurore, lumière qui précède le lever du soleil.

MOUSOONS (*t. de géogr.*), mousson. *Voy.* PASSAT-WINDE, page 583.

MYRIAGRAMME, myriagramme, mesure de pesanteur, 10,000 grammes, environ 20 liv. 7 onces ; son double peut remplacer pour les grosses pesées le poids ancien de 50 livres.

Myriameter, myriamètre, mesure itinéraire, 10,000 mèt. environ 2 lieues moyennes.

Myriameter quadrat, myriamètre carré, mesure topographique, 6 lieues et demie de poste carrées, 5 lieues de 25 au degré carrées.

Myriare, myriare, mesure de superficie, 10,000 ares, environ 196 arpens de 22 pieds la perche.

N

Nabel, m. (*t. de géom.*), nombril, foyer, point de l'axe dans une ligne courbe.

Nachshall, m. (*t. de phys.*), écho (éco), répétition distincte du son réfléchi par un corps ; lorsque le son rencontre un corps qui lui fait obstacle, il se répand de nouveau en retournant de l'obstacle vers l'espace qu'il avoit d'abord traversé.

Nachtgleiche. (*t. d'astron.*). *Voyez* Aequinoxial-punckt, page 561.

Nachtuhr, f. (*t. d'astron.*), cadran qui marque les heures pendant la nuit, par le moyen de la lune et des étoiles.

Nachtweisser, m. (*t. d'astron.*), nocturlabe, instrument pour prendre à toute heure de nuit la hauteur de l'étoile du nord.

Nadir, m. (*t. d'astron.*), nadir, le point du ciel opposé au zénith, le point vertical.

Nahmenszug, m. (*t. de mathém.*), monogramme, chiffre composé des lettres d'un nom.

Natur, f. (*t. de phys.*), na-ture, le principe de vie, l'universalité des choses, l'ordre qui y règne, les lois qui les gouvernent ; propriété de chaque être.

Naturalien, plur. (*t. de phys.*), les productions naturelles, les productions de la nature. — *Ein naturalien cabinet*, un cabinet d'histoire naturelle.

Naturbegebenheit, f. (*t. de phys.*), évènement naturel. — *Die verschiedenen naturbegebenheiten*, les divers évènemens ou phénomènes de la nature.

Naturerscheinung, f. (*t. de phys.*), phénomène de la nature.

Naturerzeugniss, f. (*t. de phys.*), production de la nature.

Naturforscher, m. (*t. de phys.*), naturaliste, celui qui s'applique spécialement à l'étude de l'histoire naturelle.

Naturkenner, m. (*t. de phys.*), connoisseur de la nature, naturaliste, physicien.

Naturkunde, f. (*t. de phys.*), la physique, la science qui a pour objet les choses naturelles. — *Die naturkunde lehren*, enseigner la physique. — *Zur naturkunde gehörig*, physique, qui appartient à la physique. — *Die naturkunde beflissener*, physicien, écolier qui étudie la physique.

Naturkunder (*t. de phys.*), physicien, qui sait la physique. — *Nur der naturkunder kann das erklaren*, il n'y a que le physicien qui puisse expliquer cela.

Naturlehrer, professeur de physique, d'histoire naturelle.

Naturlich, adj. (*t. de phys.*), naturel, physique, qui appartient à la nature.

Nebel, m. (*t. de phys.*), brouillard. On nomme ainsi des vapeurs aqueuses qui, étant trop peu raréfiées pour pouvoir monter et se former en nuées, restent dans la basse région de l'air qu'elles obscurcissent.

Nebelbank, f. (*t. de phys.*), brume, brouillard épais qui de loin paroît former un île ou une côte.

Nebelbogen (*t. d'astron.*), arc-en-ciel qui se forme dans un brouillard.

Nebelichtesterne, f. (*t. d'astron.*), étoiles nébuleuses, très-petites étoiles fort rapprochées les unes des autres et que l'on n'aperçoit dans le ciel que comme des petites taches blanchâtres.

Nebenaxe, f. (*t. de géom.*), axe conjugué.

Nebenmond, m. (*t. d'astron.*), parasélène, image de la lune réfléchie dans un nuage; apparence d'une ou plusieurs lunes à côté de la véritable.

Nebenplaneten (*t. d'astron.*), satellite, petite planète qui tourne autour d'une plus grande.

Nebensonne, f. (*t. d'astron.*), parélie ou parhélie, apparence ou représentation d'un ou plusieurs soleils à côté ou autour du véritable. C'est la même chose pour le soleil que le parasélène pour la lune. *Voyez* Nebenmond.

Nebenstrahl, m. (*t. d'astron.*), rayon accessoire, rayon incident.

Nebenstrahlung, f. (*t. d'astron.*), irradiation, émission des rayons d'un corps lumineux.

Nebenuhr, f. (*t. d'astron.*), cadran inclinant, déclinant, qui ne regarde pas directement l'un ou l'autre des points cardinaux.

Nebenwinkel, m. (*t. de géom.*), angle de côté.

Nebenzirkel, m. (*t. d'astron.*), épycicle, petit cercle dont le centre est dans la circonférence d'un plus grand.

Nenner (*t. de mathém.*), dénominateur, nombre inférieur d'une fraction qui indique en combien de parties est divisée l'unité principale.

Neünzigste (*t. d'astron.*), nonantième. — *Der neünzigste grad*, le nonagésime, c'est-à-dire le point de l'écliptique éloigné de 90 degrés des points où l'écliptique coupe l'horizon.

Nicht leiter, m. (*t. de phys.*). Voyez page 317.

Nichtscheinung, f. (*t. d'astron.*). *Das nicht scheinen des mondes*, la non apparition de la lune, le défaut de la lune.

Norden (*t. d'astron. et de géogr.*), le nord, le septentrion, le point du ciel opposé au midi, le pôle arctique.

Nordlich (*t. d'astron. et de géogr.*), boréal, septentrional, arctique.

Nordschein (*t. de phys. et d'astron.*), aurore boréale.

Nordwind (*t. de géogr. et d'astron.*), vent du nord, borée.

que, qui sert à la vue, qui a rapport à la vision.

Ort, m. (*t. de géom.*), lieu, ligne droite et courbe dont tous les points servent à résoudre un problème indéterminé; (*t. d'astron.*), lieu, point du ciel auquel répond une planète, une comète. — *Man unterscheidet den scheinbaren ort von dem vahren orte*, on distingue le lieu apparent du lieu véritable.

P

Parabel, f. (*t. de géom.*), parabole, courbe qui résulte de la section d'un cône par un plan parallèle aux côtés du cône.

Parabolisch, adj. (*t. de géom.*), parabolique, courbé en parabole.

Parallachse, f. (*t. d'astron.*), parallaxe, arc du firmament compris entre le lieu véritable et le lieu apparent de l'axe qu'on observe.

diques de la mer des Indes, dits moussons. On nomme aussi mousson la saison où ces vents soufflent. Pendant un temps ils soufflent sur une direction et pendant un autre temps sur une toute opposée.

Pässe, plur. (*t. de géogr.*), pas, passages étroits et difficiles, soit d'un bras de mer, soit dans des montagnes ou des vallées.

Pendul n. (*t. de phys.*), pendule, poids attaché à une verge de fer, à un fil de soie, etc. et qui, pas ses vibrations, règle les mouvemens d'une horloge et sert à plusieurs autres usages.

Perigaeum (*t. d'astron.*), périgée, endroit du ciel où se trouve une planète quand elle est la plus proche de la terre.

Perimeter (*t. de géom.*), périmètre, contour, circonférence d'une figure quelconque.

Periode, f. (*t. d'astron.*), période, révolution d'un astre ; mesure de temps, époque.

Peripherie, f.(*t. de géom.*), périphérie ; contour, circonférence d'une figure circulaire.—*Die peripherie eines zirkels*, la périphérie, le périmètre d'un cercle.

Perpendikel, (*t. de géom.*). Voyez page 329.

Perpendicular, adj. (*t. de géom.*). Voyez page 329.

Perpendicularitäet, f. (*t. de géom.*). Voyez page 329.

Pfau, m. (*t. d'astron.*), paon, constellation non visible dans nos climats.

Pfeil, m. (*t. de géom.*), flèche d'un arc ; (*t. d'astron.*), constellation de l'hémisphère boréal.

Physiographie, (*t. de phys.*), physiographie ; science qui a pour objet la description des divers corps de la nature, et la spécification de leurs rapports.

Physiologie, (*t. de phys.*), physiologie: dans l'acception générale, c'est l'art de rechercher les causes des corps ; mais on donne spécialement ce nom à la partie de la médecine dont l'objet particulier est de considérer la nature du corps humain, l'usage et le jeu des organes.

Plan, (*t. de mathém.*), plan surface plane.—*Ein geometrischer plan*, un plan géométrique.

Planenmessung, (*t. de géom.*), planimétrie ; la science ou l'art de mesurer les surfaces planes.

Planet, m. (*t. d'astron.*),

planète ; astre qui a son mouvement périodique, et qui emprunte sa lumière du soleil. — *Die planeten betreffend*, planétaire. — *Die planeten haben ihr licht nur von der sonne*, les planètes ne luisent qu'en réfléchissant la lumière du soleil.

Planetenbahn, f. (*t. d'astron.*), orbe, orbite d'une planète ; l'espace qu'une planète parcourt dans toute l'étendue de son cours ; le chemin, la route qu'une planète décrit par son mouvement propre.

Planetenstunde, f. (*t. d'astron.*), heure planétaire. — *Die planetenstunde*, les heures planétaires.

Planetensystem, n. (*t. d'astron.*), le système des planètes. — *Vorstellung des planeten system*, la représentation en plan du système des planètes ; planétaire.

Planetentrabant, m. (*t. d'astron.*), satellite, petite planète qui tourne autour d'une plus grande.

Planetisch, adj. (*t. d'astron.*), planétaire, qui appartient aux planètes, qui concerne les planètes. Pris substantivement, le planétaire est une représentation en plan du système des planètes.

Platzkugel, f. (*t. de phys.*), boule de verre pleine d'air qui, étant mise sur la braise, crève avec grand éclat.

Pol, m. (*t. d'astron.*) chacune des deux extrémités de l'axe immobile sur lequel tourne un corps sphérique, particulièrement le globe de la terre. — *Nordpol ou norderpol*, pôle boréal, pôle arctique, du grec *arctos*, qui signifie ourse. — *Der sudpol* ou *suderpol*, le pôle austral, le pôle antarctique, c'est-à-dire opposé à l'ourse.

POLARSTERN, (*t. d'astron.*), l'étoile polaire, l'étoile du nord: c'est une étoile assez brillante, dont le mouvement est à peine sensible, et qui se trouve très-près du pôle; elle termine le groupe des sept étoiles appelé la petite ourse, par opposition à la grande ourse, autre groupe aussi composé de sept étoiles, dont quatre disposées à-peu-près en carré, tandis que les trois autres forment une sorte de queue ou de timon. Ces deux groupes sont placés dans une situation contraire.

POLEMOSKOP, m. (*t. de phys.*), polémoscope; espèce de télescope ou de lunette d'approche recourbée pour voir les objets qui ne sont pas positivement opposés à la vue.

POLHÖHE, f. (*t. d'astron.*), hauteur ou élévation du pôle; l'arc du méridien compris entre le pôle et l'horizon du lieu où l'on est.

POLYGRAPHISCH, adj. (*t. de géom.*), polygraphique.—*Linie,* lignes polygraphiques. On nomme *polygraphe* un instrument qui sert à faire à-la-fois plusieurs copies manuscrites.

POLYTECKNISCH, adj. polytechnique, qui embrasse plusieurs sciences.—*Die polyteknische schule,* l'école polytechnique.

POROSITÆT, PORIOSITÆT, f. (*t. de phys.*). V. page 338.

PRÆCESSION DER NACHT

GLEICHEN, (*t. d'astron.*), précession des équinoxes; mouvement rétrograde des points équinoxiaux, c'est-à-dire la rétrogradation continuelle du point dans lequel l'équateur et l'écliptique s'entrecoupent.

PRISMA, n. (*t. de géom.*), prisme, solide terminé par deux bases égales et parallèles, et par autant de parallélogrammes que chaque base a de côtés; (*t. de phys.*), prisme triangulaire de verre ou de cristal.

PRISMATISCHE FARBEN, (*t. de phys.*), les sept principales couleurs prismatiques qu'on aperçoit en regardant à travers le prisme triangulaire.

PROBLEM, PROBLEMA, n. (*t. de mathém.*), problème; question à résoudre.—*Ein umbestimmtes problem,* un problème indéterminé. — *Ein theorematisches problem,* un problème théorématique.

PROJECTION, (*t. de géom.*), projection d'une sphère, sa représentation sur un plan horizontal.

PROSTAPHEREZE, (*t. d'astron.*), prostaphérèse; différence entre le lieu moyen d'une planète et son lieu vrai, eu égard à son éloignement du soleil.

PUNCT, m. (*t. de géom.*), point; ce qui est considéré comme n'ayant aucune étendue; (*t. d'astron.*), point.—*Cardinal punckte,* points cardinaux, le midi, le septentrion, l'orient et l'occident; ou le sud, le nord, l'est et l'ouest. *V.* WELT ÖRTER COLLATERAL PUNCTE.

Points collatéraux , l'orient
d'été.

Q

QUADRANT, (*t. de mathém.
et d'astron.*). Voyez page 347.

QUADRAT, (*t. de geom.*).
V. page 347. (*t. de mathém.*)
Quadrat wurzel, racine carrée
d'un nombre proposé.

QUADRATRIX, (*t. de géom.*),
quadratrice ; courbe inventée
par les anciens pour obtenir la
quadrature approchée du cercle.

QUADRATSCHEIN , m. (*t.
d'astr.*), quadrature , quadrat
aspect, aspect quartile, aspect
de deux astres distans ou éloignés l'un de l'autre d'un quart
de cercle.

QUADRATSEITE, f. (*t. de
géom.*), côté d'un carré.

QUADRATUR,f.(*t.de géom.*),
quadrature ; réduction géométrique de quelque figure curviligne en un carré. — *Die quadratur der zirkels,* la quadrature du cercle.

QUINTAL, n. quintal, me-
sure de pesanteur : le nouveau
quintal vaut 100 kilogrammes , environ 204 livres poids
de marc ; l'ancien étoit de 100
livres.

QUOTIENT, (*t. de mathém.*),
quotient , résultat d'une division.

R

RADLINIE, f. (*t. de géom.*),
roulette , cycloïde, ligne courbe
que décrit un point de la circonférence d'un cercle , qui avance
en roulant sur un plan.

RAUM, (*t. de phys.*). Voyez
page 355.

RECHTECK, m. (*t. de géom.*).
Voyez page 357.

RECHTLINIG , adj. (*t. de
géom.*). Voyez page 357.

RECTICIFIREN,(*t. de géom.*),
rectifier. — *Eine krummlinie
recticifiren,* rectifier une courbe,
trouver une droite qui l'égale
en longueur.

REDUCIREN , v. a. (*t. de
mathém.*), réduire. — *Die
brüche reduciren ,* réduire les
fractions.—(*t. de géom.*) *Eine
figur reduciren ,* réduire, changer une figure en une autre ,
mais plus petite.

REEDE, f. (*t. de géogr.*),
rade , certaine étendue de mer
près les côtes où les vaisseaux
peuvent jeter l'ancre. — *Auf
der reede liegen ,* être en rade.
— *Sich auf die reede legen ,*
se mettre en rade.

REFLECTIERBAR , adj. (*t. de
phys.*). Voyez page 357.

REFLECTIERBARKEIT,f.(*t. de
phys.*), réflexibilité, propriété
de ce qui peut être réfléchi.

REFLEXION, f. (*t. de phys.*),
réflexion, rejaillissement, réverbération , réfléchissement
des rayons de la lumière. —
Die réflexions linie , la ligne
de réflexion. — *Die reflexions
punct,* point de réflexion.

REFRACTION, f. (*t. de phys.*),
réfraction, changement de direction d'un rayon de lumière
qui passe par des milieux différens.

REFRACTIONS GESETZE, plur.
(*t. de phys.*). Voy. page 357.

REFRINGIERBAR , adj. (*t. de
phys.*), réfrangible, qui est
susceptible de réfraction.

REFRINGIERBARKEIT , f. (*t.*

de phys.) refrangibilité ; propriété de la lumière en tant que susceptible de réfraction.

REFRINGIEREN, v. a. (*t. de phys.*), détourner par réfraction, occasionner la réfraction, rompre, changer la direction des rayons de la lumière ; v. r. se plier par réfraction, souffrir réfraction, se rompre, changer de direction par réfraction.

REFRINGIEREND, adj. (*t. de phys.*), refringent, qui a la propriété de changer les rayons de la lumière lorsqu'ils passent obliquement. *V.* BRECHEND, page 104.

REGEN, m. (*t. de phys.*), pluie : la pluie est en général l'effet d'une condensation assez forte de la vapeur répandue dans l'air, pour que les molécules de cette vapeur se réunissent en gouttes d'eau au milieu même de l'atmosphère, en sorte que celle-ci, ne pouvant plus les soutenir, les abandonne à leur pesanteur ; mais il ne paroît pas que l'on puisse encore déterminer d'une manière précise les causes des différentes modifications que subit ce phénomène.

REGENBOGEN, m. (*t. d'astron.*), arc-en-ciel, iris. — *Dort steht ein schöner regenbogen,* voilà un bel arc-en-ciel.

REGEN-MESSER, m. (*t. de phys.*), ombromètre ; instrument pour mesurer la quantité de pluie qui tombe chaque année.

REITZBAR, adj. (*t. de phys.*), irritable, qui peut être irrité, capable d'irritation.—*Die nerven sind reitzbare fibern, die*

reitzbare theile des thierischen körpers, les nerfs sont des fibres irritables, les parties sensibles et irritables du corps animal.

REITZBARKEIT, f. (*t. de phys.*), irritabilité, qualité de ce qui est irritable, qualité d'une chose par laquelle elle peut être irritée. — *Die reitzbarkeit der theile des thierkörpers,* la nature sensible et irritable des parties du corps animal.

REPULSIONSKRAFT, (*t. de phys.*), force de répulsion, effort que deux corps exercent pour se fuir mutuellement.

REVERBERATION, f. (*t. de phys.*), réverbération, réfléchissement, réflexion de la chaleur et de la lumière.

REVIER, n. (*t. de géogr.*). Voyez page 360.

RING, (*t. d'astron.*) *Ring des Saturn,* anneau de Saturne ; corps lumineux en forme de cercle qui entoure Saturne.

RÜCKLAUF, m. (*t. d'astron.*), rétrogradation.

RÜCKSTRAHL, m. (*t. de phys.*), rayon réfléchi, repoussé, renvoyé.

RÜCKSTRAHLEND, adj. (*t. de phys.*), qui réfléchit, renvoie, repousse les rayons.

S

SAMENTHIERCHEN, n. (*t. de phys.*), animalcule spermatique, animal très-petit que l'on suppose exister dans la semence de l'homme et des animaux.

SATELLITEN, plur. (*t. d'astron.*), satellites : on nomme ainsi des petits astres qui paroissent comme des points lu-

mineux autour de certaines planètes, et les accompagnent toujours comme des gardes. La
théorie des satellites est principalement fondée sur l'observation de leurs éclipses.

Scénographie, f. (*t. de
mathém.*), scénographie ; représentation en perspective d'un
objet projeté sur un plan horizontal.

Scénographisch, adj. (*t.
de mathém.*), scénographique,
qui a rapport à la scénographie.

Schaltjahr, n. année bis-
sextile, année dans laquelle
doit avoir lieu l'addition d'un
jour au mois de février, chaque
quatrième année.

Schaltmonath, m. (*t. d'astron.*), mois embolismique ;
lune intercallaire, c'est-à-dire
une treizième lune qui se trouve
dans une année, de trois ans
en trois ans.

Schalttag, m. (*t. d'astron.*),
bissexte ; le jour intercallaire,
le jour ajouté au mois de février
tous les quatre ans.

Schattenuhr, f. (*t. de
phys.*), cadran sciatérique, qui
montre l'heure par le moyen de
l'ombre du style.

Schein, (*t. de phys.*), éclat,
lueur, lumière. — *Der sonnen-
schein, mondenschein,* la lumière
du soleil, le clair de la lune ;
(*t. d'astron.*), aspect, situation
des planètes les unes à l'égard
des autres. — *Gedritterschein,*
trin aspect. — *Gevierterschein,*
quadrat aspect. — *Gefunfter-
schein,* quintil aspect. — *Ge-
sechtserschein,* sextil aspect. —
Der geachte schein, l'aspect
octil, position de deux planètes

éloignées entre elles de 45 de-
grès. — *Schein der neümond,*
nouvelle lune. — *Marsschein,*
lune de mars ; phases, diverses
apparences de quelques planètes
qui présentent plus ou moins
leur partie éclairée.

Scheitel punct, m. (*t.
d'astron.*), le point vertical,
le zénith, le point du ciel directement au-dessus de notre
tête. — *Der scheitelpunct und
fusspunct,* les points verticaux,
le zénith et le nadir ; mots arabes qui désignent les deux points
opposés du ciel que la verticale
rencontreroit par son prolongement ; (*t. de géom.*), sommet.

Schere, f. (*t. d'astron.*)
*Scheren der scorpionen, der
krebse,* les pinces du scorpion,
de l'écrevisse.

Schiefe, f. (*t. d'astron.*),
obliquité. — *Schiefe der ekliptik,* obliquité de l'écliptique.
Voyez Achsenneigung, page
561.

Schlag, m. (*t. de phys.*),
verbération, l'air frappé qui
produit le son, pulsation ; cette
impression dont un milieu est
affecté par le mouvement qu'y
occasionnent le son, la lumière.

Schneckenlinie, f. (*t. de
géom.*), spirale, ligne spirale,
hélice. — *Die kunst schnecken-
linie zu ziehen,* hélicosophie,
l'art de tracer des hélices ou
des spirales, des lignes en forme
de vis autour d'un cylindre.

Schnee, f. (*t. de phys.*),
neige ; l'eau à l'état de neige ;
l'eau à l'état de brouillard condensée par le froid en flocons
blancs. — *Gefrorne schnee,*
neige endurcie par le froid, gre-

sil, petite grêle fort menue et fort dure.

Scholium, n. (*t. de géom.*), scolie, remarque relative à une proposition précédente.

Schwall, m. (*t. de phys.*). Voyez page 410.

Schwängern, v. a. (*t. de phys.*), *au figuré*, féconder, fertiliser, rendre fécond, fertile.

Schweif, m. (*t. d'astron.*) *Der schweif eines cometen*, la queue d'une comète, une longue traînée de lumière qui suit le corps de la comète.

Schwerkraft, f. (*t. de phys.*). Voyez page 416.

Sector, m. (*t. de géom.*), secteur, partie d'un cercle comprise entre deux rayons et l'arc qu'ils interceptent.

See, (*t. de géogr.*). Voyez page 418.

Seheaxe, f. (*t. de phys.*), l'axe optique.—*Wo die zwey seheaxen zusammen laufen*, le point où les deux axes optiques concourent ensemble.

Sehekraft, Sehkraft, (*t. de phys.*), faculté de voir; faculté visive.

Sehekunde, Sehekunst, (*t. de phys.*), l'optique.

Sehestrahl, (*t. de phys.*), rayon visuel.

Sehewinkel, (*t. de phys.*), angle visuel optique.

Seheziel (*t. de phys.*), optique; horoptère; ligne droite parallèle à celle qui joint les centres des deux yeux, et que l'on croit être la limite de la vision distincte.

Sehne eines bogens, (*t. de géom.*), sous-tendente d'un arc; la ligne droite menée d'une extrémitée d'un arc à une autre extrémité.

Sextant, m. (*t. d'astron.*), sextant, instrument qui contient la sixième partie d'un cercle.

Sinus, (*t. de mathém.*), sinus; perpendiculaire menée de l'extrémité d'un arc au rayon qui passe par l'autre extrémité.

Solstitial punkte, Solstitien, (*t. d'astron.*), points solstitiaux, solstices, époques auxquelles le soleil semble stationnaire; les parallèles qu'il décrit dans le ciel lorsqu'il s'éloigne le plus du plan de l'équateur, et que son mouvement est le moins sensible; ou les appelle aussi tropiques, d'un mot grec qui signifie retour, parce que le soleil, parvenu à ce terme, semble retourner sur ses pas.

Sommer punct, m. (*t. d'astron.*), point d'été.

Sommerzeichen, n. (*t. d'astron.*), signes d'été.

Sonne, f. (*t. d'astron.*), soleil; astre qui produit la lumière du jour. Le globe immense du soleil, dit le célèbre *Laplace*, foyer principal de mouvemens divers, tourne en 25 jours et demi sur lui-même; sa surface est recouverte d'un océan de matière lumineuse, dont les vives effervescences forment des taches variables, souvent très-nombreuses, et quelquefois plus larges que la terre. Au-dessus de cet océan s'élève une vaste atmosphère; c'est au-delà que les planètes avec leurs satellites se meuvent dans des orbes presque circulaires, et sur des plans peu inclinés à l'équateur solaire, d'innombrables comètes, après s'être approchées du soleil, s'en éloignent à des distances qui prouvent que son empire s'étend beaucoup plus loin que les limites connues du système planétaire.

Sonnenaxe, f. (*t. d'astron.*), l'axe du soleil.

Sonnenbahn (*t. d'astron.*), route du soleil. *V.* Ekliptick, page 568.

Sonnenfackel, f. (*t. d'astron.*), fécule, tache lumineuse du soleil.

Sonnenferne (*t. d'astron.*), aphélie. *Voyez* Aphelium, page 562.

Sonnenfinsterniss, f. (*t. d'astron.*), obscurcissement du soleil, défection du soleil, éclipse du soleil. Les éclipses du soleil, à notre égard, sont produites par l'interposition de la lune entre cet astre et la terre; aussi ne les observe-t-on jamais que dans les conjonctions, c'est-à-dire quand la lune est entre le soleil et la terre, ou, en d'autres termes, pendant la nouvelle lune.

Sonnenglas, n. (*t. d'astron.*), hélioscope; lunette pour regarder le soleil.

Sonnengleiche, f. (*t. d'astron. et de mathém.*), l'équation solaire, métemptose.

Sonnenhof, m. (*t. d'astron.*), couronne, halo du soleil, cercle lumineux que l'on voit quelquefois autour du soleil.

Sonnenhöhe, f. la hauteur du soleil. (*t. d'astron.*), — *Die sonnenhöhe nehmen,* prendre la hauteur du soleil; observer avec un instrument la hauteur du soleil sur l'horizon, à midi.

Sonnenjahr, n. (*t. d'astron.*), année solaire, année civile; durée de la révolution de la terre autour du soleil, c'est-à-dire 365 jours 5 heures 41′ 48″. *V.* Bewegung der erde, page 564.

Sonnenkomet, m. (*t. d'astron. et de phys.*), héliocomète; phénomène qui a été quelquefois observé au coucher du soleil.

Sonnenluft, f. (*t. d'astron.*), air qui environne le soleil, les corps fluides semblables à l'air qui entourent le soleil.

Sonnenmesser, m. (*t. d'astron.*), héliomètre, instrument pour mesurer le diamètre du soleil.

Sonnennähe, f. (*t. d'astron.*) périhélie; point de l'orbite d'une planète où elle est le plus près du soleil. Les périhélies des orbites ne sont pas fixes dans le ciel: ils ont sur les plans de ces mêmes orbites des mouvemens directs, c'est-à-dire dirigés dans le même sens que celui du soleil.

Sonnenscherbe, f. (*t. d'astron.*) le disque solaire.

Sonnenstaubchen, n. (*t. de phys.*), petite poussière qui rend visibles les rayons du soleil, atomes d'Epicure.

Sonnenstillstands puncte und täge. (*t. d'astron.*). *Voy.* Solstitial punkte et Solstitien, page 589.

Sonnenstrasse, f. (*t. d'astron.*), écliptique, route que tient le soleil. *Voyez* Ekliptik, page 568.

SONNENUHRKUNST, f. (*t. de phys.*), gnomonique ; l'art de tracer des cadrans solaires.

SONNENWENDE, f. (*t d'astron.*), solstice.—*Der sonnenwende, von der sonnenwende*, solsticial, du solstice, qui a rapport aux solstices. — *Die sonnenwende, wendezirkel*, les tropiques.

SONNENZIRKEL, m. écliptique, cicle solaire.

SPHÄRE, f. (*t. de géom.*), sphère, globe où toutes les lignes tirées du centre à la surface sont égales ; (*t. d'astron.*), machine ronde et mobile composée de cercles qui représentent ceux que les astronomes imaginent dans le ciel.—(*t. de phys.*) *Sphäre der wirkung*, sphère d'activité, espace où la vertu d'un agent naturel peut s'étendre, et hors duquel il n'a point d'action.

SPHÄROÏDE, (*t. d'astron.*), sphéroïde, sphère dont un diamètre est plus grand que l'autre.

SPIEGELKUNST (*t. de phys.*), la catoptrique, ou connoissance des effets de la réflexion de la lumière.

SPINNENLINIE, f. (*t. de mathém.*), araignée linéaire, ou simplement araignée ; partie de l'astrolabe partagée en petites portions de cercle.

SPINTHEROMETER, m. (*t. de phys.*). Voyez page 438.

STER, stère ; unité des mesures des bois de chauffage. Le stère est égal à un mètre cube ; il vaut une demi-voie ou un quart de corde de Paris.

STEREOMETRIE, f. (*t. de géom.*), stéréométrie ; science traitant de la mesure des solides.

STEREOTOMIE, f. (*t. de géom.*), stéréotomie ; science de la coupe des solides.

STERN, m. (*t. d'astron.*), étoile, astre, corps lumineux placé dans l'espace indéfini que nous appelons ciel, et que nous n'y voyons briller que la nuit, parce que l'éclat du soleil empêche qu'il ne soit visible de jour. Il ne paroît pas que l'on ait encore des connoissances certaines sur la grandeur des étoiles, non plus que sur leurs distances respectives; mais il paroît démontré que leur distance de la terre excède sept trillions de lieues, et que ces corps lumineux sont autant de groupes composés chacun de plusieurs millions d'étoiles. Il faut que ces astres éprouvent des changemens bien considérables, puisqu'ils sont encore sensibles à la distance où nous sommes placés. Il en est qui perdent peu-à-peu leur lumière, d'autres qui deviennent de plus en plus brillantes, et on en a vu qui, après avoir pris soudainement un nouvel éclat, se sont éteintes peu-à-peu ; d'autres étoiles, sans disparoître entièrement, offrent des variations singulières : leur lumière augmente et décroît tour à tour par des périodes réglées, et pour cette raison on les nomme *étoiles changeantes*. Il ne paroît pas que l'on connoisse encore parfaitement la cause de tous ces effets ; du moins on n'a encore à cet égard que des hypothèses.

STERNBILD, n. (*t. d'astron.*), constellation, astérisme; assem-

blage d'un certain nombre d'é-
toiles fixes, auxquelles on suppose une figure d'homme ou d'a-
nimaux.

STERNDEUTER, m. (*t. d'astron.*), astrologue, celui qui fait
profession de l'astrologie judiciaire.

STERNDEUTEREY, f. (*t. d'astron.*), astrologie judiciaire. *V.*
STERNDEUTUNG.

STERNDEUTERISCH, adj. (*t.
d'astron.*), astrologique, qui
appartient à l'astrologie.

STERNDEUTUNG, f. (*t. d'astron.*), astrologie, ou astrologie judiciaire; art prétendu de
connoître l'avenir par l'inspection des astres.

STERNDEUTUNGKUNST, f. (*t.
d'astron.*), astrologique, l'astronomie judiciaire.

STERNGEBAÜDE, f. (*t. d'astron.*), l'assemblage des étoiles,
le système des étoiles.

STERNJAHR, n. (*t. d'astron.*),
an astral, année sidérale; temps
de la révolution de la terre d'un
point de son orbite au même
point; durée d'une révolution
entière du soleil par rapport aux
étoiles.

STERNKEGEL, m. (*t. d'as-
tron.*), coniglobe; machine
en forme d'un cône creux, dont
la surface intérieure représente
la moitié du firmament.

STERNKUNDE, f. (*t. d'as-
tron.*), astronomie; science du
cours et de la position des astres.

STERNKUNDIG, adj. (*t. d'astron.*), qui sait l'astronomie.
—*Der sternkundiger, der sternkenner, der sternscher,* l'astronome.

STERNLAUF, m. (*t. d'astron.*),

cours, mouvement des astres.

STERNLICHT, n. (*t. d'as-
tron.*), lumière des étoiles.

STERNPUTZE (*t. de phys.*),
étoile volante, étoile tombante;
météore que l'on voit courir
dans l'air la nuit, et s'éteindre
incontinent : ce sont des vapeurs
qui s'enflamment, répandent
une lumière vive, et ressemblent à une étoile qui tombe,
ou à une fusée volante. Les ar-
tificiers savent fort bien imiter
ces effets.

STERNSCHIMMER (*t. d'as-
tron.*), scintillation, étincellement des étoiles.

STERNSCHNUPPEN, (*t. d'astron.*), étoile volante. *Voyez*
STERNPUTZE.

STERNWARTE, STERNBUHNE
(*t. d'astron.*), observatoire,
édifice destiné aux observations
astronomiques.

STERNWISSENSCHAFT (*t. das-
tron.*). *Voyez* STERNKUNDE.

STICKLUFT, f. (*t. de phys.*).
Voyez page 452.

STRAHL, m. (*t. d'astron.*).
Voyez page 456.

STRAHLEN, n. (*t. de phys.*).
Voyez page 456.

STRAHLENBRECHENDE
KRAFT (*t. de phys.*). V. pag. 456.

STRAHLENBRECHENDE MIT-
TEL (*t. de phys.*). V. page 456.

STRAHLENBRECHUNG, f. (*t.
de phys.*). Voyez page 456.

STRAHLENBRECHUNGS-
KUNDE, f. (*t. de phys.*), dioptrique; science qui traite de la
réfraction.

STRAHLEND (*t. de phys.*).
V. page 457.

STREIFFLINIE, f. (*t. de
géom.*), touchante.

STUMPF, adj. (*t. de géom.*). Voyez page 460.

STUNDENKREUTZ, n. (*t. de phys.*), croix gnomonique, sorte de cadran.

STUNDENLINIE, f. (*t. d'astron.*), ligne horaire.

STUNDENZIRKEL, m. (*t. d'astron.*), cercle horaire.

STURM, m. (*t. de phys.*), tempête, vent impétueux, violent ; orage sur mer.

SUBTANGENT, f. (*t. de géom.*), soustangente, partie de l'axe d'une courbe comprise entre l'ordonnée et la tangente correspondante.

SUD, m. (*t. d'astron.*), midi, sud. *Voyez* MITTAG, page 580.

SÜDERBREITE, f. (*t. d'astron. et de géogr.*), latitude méridionale.

SÜDERKREUTZ, n. (*t. d'astron.*), croix méridionale.

SÜDERPOL. *Voyez* SÜDPÖL.

SÜDLAND, n. (*t. de géogr.*), terre australe. — *In den südländern,* dans les terres australes.

SÜDLÄNDER, m. (*t. de géom.*), habitant d'un pays austral, d'une terre australe.

SÜDLICH, adj. (*t. d'astron.*), du sud, du midi, austral, méridional, antarctique. — *Die südliche seite, der sudliche theil,* le côté du sud, la partie australe.

SÜDPÖL (*t. d'astron.*), pôle du sud.

SÜDWIND m. (*t. de phys.*), autan, vent du midi.

SYGIGIES, SYSIGIES, plur. (*t. d'astron.*), les syzigies ; point de l'orbite de la lune où cet astre est en conjonction ou en opposition avec le soleil ; temps de la nouvelle ou de la pleine lune.

T

TAG, m. (*t. d'astron.*). Voyez page 465.

TAGEZIRKEL, m. (*t. d'astron.*), cercles diurnes.

TANGENTE, f. (*t. de géom.*), tangente, ligne droite qui touche une courbe en un de ses points.

TAUSENDECK, n. (*t. de géom.*), chiliogone ou kiliogone, figure de mille côtés et d'autant d'angles.

TERTIE, f. prononcez TERZIE (*t. d'astron. et de mathém.*), tierce, la soixantième partie d'une seconde.

THAL, n. (*t. de géogr.*) Voyez page 469.

THAU, m. (*t. de phys.*), rosée, partie des vapeurs dont l'atmosphère s'étoit chargée pendant le jour, et que, refroidie pendant la nuit, elle dépose le matin sous la forme de gouttelettes limpides, que bientôt la chaleur du soleil lui rend.

THAUBOGEN, m. (*t. de phys.*). Voyez page 470.

THEMA, n. (*t. d'astron.*), le thème, la position céleste ; (*t. d'astrol.*), la position des astres au moment de la naissance.

THIERKREIS, m. (*t. d'astron.*), zodiaque, l'un des grands cercles de la sphère où les planètes se meuvent.

TONKUNDE, f. (*t. de phys.*), acoustique, théorie des propriétés du son.

TRAPEZIA, TRAPEZIUM, (*t. de géom.*). Voy. page 475.

Triangel, m. (*t. de géom.*), triangle; figure qui a trois côtés et trois angles; (*t. d'astron.*), triangle, constellation de l'hémisphère boréal, et triangle austral.

Trigonometrisch (*t. de mathém.*). Voyez page 479.

U

Umdrehung, f. (*t. d'astron.*), rotation, mouvement circulaire d'un corps tournant sur lui-même. Les rotations constatées de Mercure, de Vénus, de Mars, de Jupiter, de Saturne et du soleil, celle même de la terre, devenue presque aussi certaine, indiquent celle des autres planètes avec beaucoup de vraisemblance. Une loi générale de ces mouvemens de rotation, c'est d'être tous dirigés d'occident en orient, comme les mouvemens propres; et cet accord qui tient sans doute, dit *Biot*, aux premières causes qui ont déterminé les mouvemens planétaires, est un des phénomènes les plus remarquables du système du monde.

Umgekert, adj. (*t. de mathém.*), inverse. — *Die umgekerte verhältniss*, la raison inverse. Une grandeur est en raison inverse d'une autre quand la première augmente dans le même rapport que l'autre diminue, ou diminue dans la proportion que l'autre augmente. — *Die stärke des lichtes ist in umgekerter verhältniss mit den quadraten des abstandes des leuchtender körpers*, l'intensité de la lumière est en raison

inverse des carrés de la distance au corps lumineux.

Umlauf, m. (*t. d'astron.*), rotation, mouvement circulaire d'un corps qui tourne sur lui-même. — *Der umlauf eines planeten*, la révolution, le retour d'une planète au même point dont elle étoit partie. — *Der umlauf der erdkugel*, la révolution, le tour du globe terrestre. *Voyez* Umdrehung.

Umschättig, adj. (*t. de géogr.*). Voyez page 487.

Umschreiben, v. a. (*t. de géom.*). Voyez page 487.

Umschwebend, adj. (*t. de phys.*), ambiant. — *Das umschwebende flussige*, le fluide ambiant.

Umstrahlen, v. a. (*t. de phys.*), rayonner tout autour, éclairer de ses rayons tout autour.

Umstrahlung (*t. de phys.*), irradiation qui se fait tout autour.

Umwalzung. (*t. d'astron.*). *V.* Umdre-hung.

Unabmeslich (*t. de mathém.*). Voyez page 488.

Unabmeslichkeit (*t. de mathém.*). Voyez page 488.

Unebenmass, n. (*t. de mathém.*), azymétrie : se dit des nombres sans racine exacte.

Unendlich (*t. de mathém.*), infini, infinitésime. — *Eine unendliche grösse*, grandeur, quantité infinie. — *Unendlich kleine grosse*, quantité infiniment petite, une infinitésime. — (*t. de géom.*) *Berechnung des unendlich kleinen*, calcul infinitésimal, des infiniment petits.

UNENDLICHKEIT, f. (*t. de mathém.*), infinité, qualité de ce qui est infini.

UNERMESSLICH, adj. (*t. de mathém.*), immense, qui est sans mesure, sans bornes.

UNERMESSLICHKEIT, f. (*t. de mathém.*), immensité, grandeur, étendue immense.—*Die unermesslichkeit der natur*, l'immensité de la nature.

UNHERSTELBAR, adj. (*t. de mathém.*), irréductible, qui ne peut être réduit à une forme plus simple.

UNTERGANG, m. (*t. d'astron.*) *Das untergehen der gestirnen*, le coucher des astres.— *Zwischen auf und untergang der sonne reisen*, voyager, marcher entre le lever et le coucher du soleil.

UNVERWESUNG, f. (*t. de phys.*), incorruption, état des choses qui ne se corrompent pas.

UNZUSAMMENHANG (*t. de phys.*). Voyez page 493.

URSTOFF, m. (*t. de phys.*). Voyez page 495.

V

VENUS, f. (*t. d'astron.*), Vénus, planète—*Venus stern*, la planète de Vénus; Vénus, l'étoile du matin, l'étoile du berger, l'étoile du soir; belle étoile qui brille quelquefois le soir à l'occident un peu après le coucher du soleil, et n'est visible que quelques instans, et d'autres temps le matin, vers l'orient, peu d'instans avant le lever du soleil, ce qui l'a fait nommer étoile du matin et étoile du soir. Les mouvemens alternatifs de cette planète, la plus apparente de toutes, indiquent un mouvement propre, en vertu duquel elle oscille autour du soleil, et se montre dans le ciel tantôt avant, tantôt après lui.

VERÄNDERLICHE GRÖSSEN, (*t. de mathém.*). V. page 496.

VERDECKUNG, f. (*t. d'astron.*), l'occultation d'une étoile.

VERDÜNNUNG (*t. de phys.*). Voyez page 497.

VERFINSTERUNG, f. (*t. d'astron.*), obscurcissement. — *Verfinsterung der sonne, des mondes, der planeten*, éclipse du soleil, de la lune, des planètes; défection, défaillance des planètes.

VERGLASEN, v. a. (*t. de phys.*). Voyez page 499.

VERGLASUNG, f. (*t. de phys.*). Voyez page 449.

VERHÄLTNISS, f. (*t. de mathém.*). Voyez page 499.

VERNEINEND, adj. (*t. de mathém.*), niant, négatif, qui nie. — *Verneinender satz*, une négative, une proposition qui nie. — (*t. d'alg.*) *Verneinde grössen*, grandeurs ou quantités négatives précédées du signe de la soustraction —.

VERPUPPEN, v. r. (*t. de phys.*), se changer en chrysalide.

VERWITTERN, v. n. (*t. de phys.*). Voyez page 508.

VIELECK, n. (*t. de mathém.*). Voyez page 509.

VIELECKIG, adj. (*t. de mathém.*). Voyez page 509.

VIELFACHE GRÖSSE , VIEL-
NAMIGE GRÖSSE (*t. de mathém.*). Voyez page 5o9.

VIERNAMIG, m. (*t. d'alg.*).
Voyez page 5o9.

VISIR ou VISIERKUNST, f.
(*t. de géom.*). Voyez page 5o9.

VOLLENDUNG , f. (*t. de
géom.*). Voyez page 5io.

VORBEREITEND , adj. (*t. de
géom.*). Voyez page 5io.

VORDERGLIED , n. (*t. de mathém.*), l'antécédent.

VORGEBIRGE, n. (*t. de géogr.*).
Voyez page 5io.

VULCAN , m. (*t. de géogr.*).
Voyez page 5i2.

W

WÄRMLAMPE , f. (*t. de
phys.*) , thermolampe, poêle
qui échauffe et éclaire tout-à-
la-fois plusieurs pièces.

WÄRMMESSER , m. (*t. de
phys.*), thermomètre ; instrument qui contient une liqueur
dont la condensation ou la raréfaction indique les degrés du
froid et du chaud. L'échelle de
Réaumur marque o le terme
de la glace , et 8o celui de l'eau
bouillante; celui de *Fahrenheit*,
32 le premier , et 212 le second.

WASSERFALL , m. (*t. de
géogr.*), chute d'eau.

WASSERMESSER , m. (*t. de
phys.*), hydromètre ; instrument qui sert à mesurer la pesanteur , la densité , etc. de
l'eau.

WASSERSÄULE (*t. de phys.*),
colonne d'eau, typhon, trombe.
Voyez HOSE, page 242.

WECHSELVERHÄLTNISS , f.
(*t. de mathém.*), raison alterne.

WECHSELWINCKEL , m. (*t.
de géom.*), angle alterne.

WEGWENDUNG , f. (*t. de
phys.*), déflexion , déviation ,
action par laquelle un corps se
détourne de son chemin. —
*Die wegwendung der licht-
strahlen*, la déflexion des rayons
de la lumière. M. *de Laplace* a
démontré par le calcul que la
déviation des corps qui tombent
d'une grande hauteur est produite par la plus grande vitesse
de rotation que cette hauteur
leur donne , et qui, se conservant pendant leur chute, les
fait devancer un peu le point
correspondant de la terre , et
tomber à l'orient de la verticale.

WEHR , n. (*t. de géogr.*).
Voyez page 523.

WEISER , m. (*t. d'astron.*).
Voyez page 523.

WELTACHSE , f. (*t. d'astron.*), axe du monde ; ligne
droite qui est censée passer par
le centre du monde , et sur laquelle tout l'univers est censé
tourner , ce qui est cause qu'on
appelle ses deux extrémités
pôles, d'un mot grec qui signifie
tourner. *V.* ERDACHSE. pag. 569.

WELTGÜRTEL , n. (*t. de
géogr. et d'astron.*), la zone ,
une des cinq divisions de la terre
d'un pôle à l'autre.

WELTKARTE , f. (*t. d'astron.*) , mappemonde , carte
représentant les deux hémisphères ; planisphère terrestre.

WELTÖRTER , plur. (*t. d'astron.*) , points du monde ; les
quatre principaux points qui par-

tagent l'horizon sont : l'orient ou l'est, le midi ou le sud, l'occident ou l'ouest, le septentrion ou le nord. Chacun de ces quatre points principaux sont séparés également par quatre seconds points qui sont : le sud-est, sud-ouest, nord - est, nord - ouest. *Voyez* Punct, page 345.

Wendekreise, plur. (*t. d'astron.*), cercles de retour, tropiques, deux petits cercles parallèles situés à égale distance de l'équateur, et qui sont regardés comme les bornes du mouvement annuel du soleil, parce que, lorsqu'il y est parvenu, il semble retourner sur ses pas : celui qui est au nord s'appelle le tropique du cancer; l'autre est le tropique du capricorne. *V.* Solstitial puncte, page 589.

Werder, m. (*t. de géogr.*), île de peu d'étendue et d'élévation dans un fleuve ; digue, chaussée entre deux bras de rivière ; terrains bas que l'on appelle en quelques endroits simplement les basses. Ex. *Der Danziger werder,* les basses du territoire de Dantzik.

Verfkunst, f. (*t. de mathém.*), balistique ; art de mesurer le jet des trombes.

West ou Westen, m. (*t. d'astron.*), ouest, le couchant, le ponant, l'occident. — *West nord,* ouest-nord. — *West nord west ,* ouest - nord - ouest. — *West west nord west,* ouest-ouest-nord-ouest. — *Wets-sud-west,* ouest-sud-ouest. *Voyez* Weltörter.

Westlich, adj. (*t. de géogr.*), occidental, qui est à l'occident, tourné, tirant à l'ouest.

Westährt, adv. (*t. de géogr.*), à l'ouest, vers l'occident, du côté de l'occident.

Wetter ableiter, m. (*t. de phys.*), paratonnère. *Voyez* Ableiter, page 24.

Wettersäule, f. (*t. de phys.*), trombe de terre; colonne de poussière et de terre élevée de terre vers le ciel par un vent impétueux qui va en tournoyant. *V.* Hose, page 242.

Wetterscheide, Wetterscheidung , (*t. de phys.*), endroit du ciel où les orages se divisent.

Wetterstrahl, m. (*t. de phys.*), la foudre, le tonnerre ; météore effrayant qui s'annonce par un bruit éclatant dans l'atmosphère, et résulte de l'explosion de deux nuées électriques.

Widder, m. (*t. d'astron.*), belier, premier des 12 signes du zodiaque. — *Die sonne tritt in der widden ,* le soleil entre dans le belier, dans la constellation du belier.

Widder hydraulischer (*t. de phys.*), belier hydraulique; machine propre à élever l'eau beaucoup au-dessus de son niveau, par l'écoulement naturel et la retenue alternatifs de ce liquide dans un tuyau ordinairement incliné. Pour produire cet effet, on fait descendre l'eau du réservoir par un tuyau terminé par une soupape tenue naturellement ouverte, mais que l'eau ferme subitement lorsqu'elle a acquis une certaine accélération ; alors l'eau imprime une impulsion considérable contre les parois intérieures du tuyau : dans l'instant d'après le belier, qui a perdu de sa force, permet à la soupape d'arrêt de s'ouvrir de nouveau ; l'eau s'écoule, elle acquiert de l'accélération, ferme la soupape, produit une seconde impulsion, et ainsi successivement. C'est de cette impulsion, de cette force vive que M. *de Mongolfier*, l'auteur de cette machine, a su profiter, en adaptant au-dessus de la soupape d'arrêt, à la tête du belier, un tuyau vertical dans lequel l'eau s'élève à une hauteur d'autant plus grande que le réservoir est plus élevé, et que la quantité d'eau ascendante est moins considérable. Un grand nombre de beliers hydrauliques sont établis : il y en a un à Soho, en Angleterre, d'un pied de diamètre, mis en action par une chute d'eau de 3 pieds qui élève l'eau à 28, et rend $\frac{64}{100}$ de la force qu'il emploie. M. *de Noailles de Poix* a, dans le département de l'Oise, un belier hydraulique qui, par une chute d'eau de 6 pieds, en élève une partie à 173. M. *de Fay Sathonay*, maire de Lyon, en a un dans sa maison de Fontaine, qui avec une source de 90 pintes par minute (la pinte 0,93 de livre), tombant de 32 pieds$\frac{2}{3}$, porte 18 pintes d'eau dans le même temps à 108 pieds d'élévation, et donne les $\frac{66}{100}$ de la force qui lui est confiée.

WIND, m. (*t. de phys.*). Voyez page 530.

WINDBALL, m. (*t. de phys.*). Voyez page 530.

WINDMESSER, m. (*t. de phys.*). Voyez page 531.

WINDMESSUNG, f. (*t. de phys.*). Voyez page 531.

WINKEL, m. (*t. de géom.*). Voyez page 531.

WINKELBOGEN (*t. de géom.*), arc qui réunit les deux jambes d'un angle, angle compris entre deux rayons de cercle.

WINKELMESSER (*t. de géom.*). Voyez page 532. (*t. d'astron.*), instrument pour mesurer la hauteur des astres.

WINTERAUFGANG, m. (*t. d'astron.*), le levant d'hiver, l'orient d'hiver, la partie du ciel où le soleil se lève en hiver.

WINTERPUNCT, m. (*t. d'astron.*), point d'hiver.

WINTERSCHEIN, m. (*t. d'astron.*), la nouvelle lune de novembre.

WINTERSEITE, f. (*t. d'astron.*), côté du septentrion.

WINTERWENDE, f. (*t. d'astron.*), le solstice d'hiver.

WINTERZEICHEN, n. (*t. d'astron.*), signe d'hiver.

WIRBEL, m. (*t. d'astron.*), tourbillon. — *Die philosophen nennen wirbel eine materie die sich um ein gestirn drehet*, les philosophes appellent tourbillon une quantité de matière qui tourne autour d'un astre.

WIRBELPUNCKT, m. (*t. d'astron.*), point vertical.

WOLKE, f. (*t. de phys.*). Voyez page 534.

WUNDERSTERN, m. (*t. d'astron.*), étoile merveilleuse, étoile extraordinaire ; étoiles qui en certains temps disparoissent du ciel et ensuite redeviennent visibles.

Y

YOLITH et JOLITH (1) (*t. de minér.*), jolite. *Werner, Reuss, Karsten*. Espèce de la classe des substances terreuses, deuxième classe de *Haüy*, nouvellement décrite par M. *L. Cordier*, ingénieur en chef des mines de l'Empire français, sous le nom de dichroïte, dénomination fondée sur un phénomène particulier que présentent les cristaux translucides de ce minéral. Ce phénomène, que l'on peut appeler, dit M. *Cordier*, celui de la double couleur par réfraction, consiste en ce que ces cristaux, qui sont toujours violets vus par réflexion, paroissent, étant vus par réfraction, tout-à-la-fois bleu-indigo, lorsqu'on les regarde parallélement à l'axe des prismes, et jaune-brunâtre, lorsque le rayon visuel est dirigé perpendiculairement au même axe. Les autres caractères sont une pesanteur spécifique 2, 560; une dureté suffisante pour rayer fortement le verre et foiblement le quartz; une cassure vitreuse assez éclatante avec indices de lames très-sensibles; un éclat ordinairement terne à la surface. La forme primitive est le prisme hexaèdre régulier ; la molécule intégrante le prisme triangulaire, dont les bases sont des triangles rectangles scalènes. Les acides ne font éprouver aucune action à cette substance, qui fond difficile-

(1) Ce mot, déjà placé page 248, a été rappelé dans le Supplément à raison des nouvelles observations qui ont été faites sur la nature de la substance qu'il désigne.

ment au feu du chalumeau en un émail d'un gris verdâtre trèsclair. Le dichroïte se trouve 1°. cristallisé en prisme hexaèdre (dichroïte primitif) ou en prisme à 12 faces latérales (dichroïte peridodécaèdre) 2°. amorphe en gros grains irréguliers, offrant des rudimens de cristallisation, et en masses irrégulières formées de très-gros grains confusément aggrégés. On le trouve au Cap des Gattes, en Espagne, au Gratinello, près de Nijar, et au pied des montagnes qui entourent la baie de San Pedro. La gangue la plus ordinaire est une brèche volcanique composée de détritus de toute espèce, notamment de fragmens et de blocs de scorie noire ou rouge, de lave vitreuse noire, de lave lithoïde soit basaltique, soit pétrosiliceuse. Les cristaux du dichroïte sont généralement frittés, gercés, remplis de fèlures causées par l'action du feu des volcans ; leur poussière est très-âpre au toucher. Les substances qui l'accompagnent sont le mica noir, le grenat d'un rouge vif, pyrop de *Werner*, almandin de *Karsten*, le talc blanchâtre, et suivant *Karsten*, la lithomarge. Le jolite étoit connu des habitans du pays et des lapidaires de Carthagène, lorsque le sieur Launoi, marchand de minéraux, l'a rapporté d'Espagne en France, il y a environ une vingtaine d'années. *V.* JOLITH, page 248.

Z

ZAHL, f. (*t. de mathém.*), nombre. — (*t. d'astron.*) *Die goldene zahl,* le nombre d'or ; chiffre qui marque l'année du cycle lunaire , et que l'on écrivoit en or à Athènes , dans la place publique.

Zahlkunst , f. (*t. de mathém.*) , l'arithmétique , la science du calcul des nombres.

Zenith, (*t. d'astron.*), point du ciel élevé verticalement sur chaque point de la terre.

Zerstreunde kraft, f. (*t. phys.*). Voyez page 545.

Zinszahl, f. (*t. d'astron.*), indiction, période de 15 ans.

Zirkel , m. (*t. de géom.*). Voyez page 550.

Zone , f. (*t. d'astron.*), zone, chacune des cinq divisions de la terre d'un pôle à l'autre : ces zones sont la glaciale, la froide, la tempérée, la chaude , et la brûlante ou torride.

Zurüklauf , m. (*t. d'astron.*), rétrogradation , mouvement apparent des planètes

contre l'ordre des corps célestes.

Zurüklaufen , v. a. (*t. d'astron.*), rétrograder.

Zurüklaufend , adj. (*t. d'astron.*), rétrograde.

Zurükstossend , adj. (*t. de phys.*). Voyez page 554.

Zurükstossung(*t. de phys.*). Voyez page 554.

Zusammen fluss , m. (*t. de géogr.*) , confluent, point de jonction de deux rivières.

Zusammenhang , f. (. *t. de phys.*). Voyez page 554.

Zusammenlauf , m. (*t. de géom.*). Voyez page 555.

Zusammenlaufen, Zusammenlaufend (*t. de géom.*). Voyez page 555.

Zweyschattige (*t. de géogr.*)*Zweyschattige volker,* amphysciens : se dit des habitans de la zone torride, dont l'ombre se tourne tantôt vers le midi et tantôt vers le nord.

Zwolfeck, n. (*t. de géom.*). Voyez page 559.

Fin du Supplément.

TABLE

Des mots français avec les mots allemands sous lesquels on en trouve l'explication (1).

A

Abaisser lentement, *niedersenken.*
Abandonné, *auflässig.*
Abandonner une exploitation, *abbauen, abkehren.*
Abaque, *platte.*
Abattre, *verhauen, abträgen.*
— la roche à coups de marteau, *abknabsen.*
— par un choc, *abstossen.*
Abbagaurique, terre abbagaurique, *babbagarum, babbagaurische erde.*
A bec, *schnautzig.*
Aberration, *abirrung, anscheinend.*
Abîme, *abgrund, schlund.*
Aborner, *markscheiden, abmarken, versteinen.*
— avec des pieux, *abpfählen.*
About, assembler en about, *beklincken.*
Absorbant, *verzehrend, einziehend.*
Absorbé, *verzehrt.*
Absorber, *verzehren, verschlucken, einziehen.*
Accablement, *überhaufung.*
Accession, *anwachs, anschutt.*
Accidentel, *zufällig.*
Accord, *geding, vertrag.*
Accorder une concession, *belehnen.*
Accoter, *unterstützen.*
Accroissance de terrain, *anschutt.*
Accroissement, *anwachs, wachsen, wachsthum.*
Accumulation, *zusammenhaufung, anhäufung.*
Acérain, *stahlartig.*
Acerbe, *scharf, herbe.*
Acéré, *verstählt.*
Acérer, *verstäehlen.*

Acessent, *sauerlich.*
Acétabule, *froschstein, krötenstein, schlangenzungen.*
Acétate, *essigsaüeressalz.*
Acéteux, Acétique, *essigartig.*
Acétite, *saüersalz.*
— d'argent, *essiggesaüertes silbersalz.*
— de cuivre naturel, *kupfergrün.*
— de mercure, *quecksilbererde.*
Acheter, *auskaufen.*
Aciculaire, *nadelförmig.*
Acicule, *warzenstein, judenstein.*
Acide, *sauer.*
— acéteux, *essigsäure.*
— acétique, *kupfergeist.*
— arsenique, *arseniksäure.*
— boracique, *boraxsäure.*
— carbonique, *kohlensäure, kreidesäure.*
— chromique, *chromiumsäure.*
— crayeux, *kreidesäure.*
— des fournis, *ameisensäure.*
— ferrique, *eisensäure.*
— fluorique, *flusssäure.*
— formique, *ameisensäure.*
— gallique, *gallus säure sälze.*
— lactique, *milchsäure.*
— mellique, *hönigsteinsäure.*
— mephitique, *luftsäure.*
— molybdique, *molybdansäure, weissbley.*
— muriatique, *salzsäure, übersaüre.*
— nitreux du commerce, *aetzwasser.*
— nitrique, *salpetersäure.*
— nitromuriatique, *salpetersalzsäure.*
— oxalique, *sauerkleesäure.*
— phosphorique, *phosphorsäure.*
— prussique, *blausaüre.*

---

(1) Les mots qui ne se trouvent point dans le Dictionnaire sont insérés au Supplément.

Acide schéelique ou tungstique , *scheelsäure.*
— sébacique , *fettsäure.*
— succinique, *bernstein säure.*
— sulfurique, *schwefelsäure, vitriolsäure.*
— sulfurique étendu d'eau, *vitriolgeist.*
— terrestre , *erdsäure.*
— urique , *urinsäure.*
— vitriolique , *vitriolsäure.*
— zoonique , *zoonische säure.*
Acidifère , *saüerhaltig.*
Acidule , *sauerlich.*
Acier , *stahl , damascener stahl.*
— brut , *roherstahl.*
— natif , *stahl.*
— en barres , *stangenstahl.*
— corroyé, *gegäerbeter stahl.*
— superfin , *brockenstahl.*
Aciérie , *stahlhütte , stahlhammer.*
Acheter , *auskaufen.*
Achever de polir l'étain, *versaubern.*
Aconit, *eisenhütchen , eisenhütlein.*
Acore , *sternstein.*
Acoustique , *tonkunde.*
Acre , *beissend , scharf.*
Acreté , *schärfe.*
Acronique, *achronisch.*
Actinolite, *actinolyt.*
Actinote , *strahlstein , actinolyt , strahlschörl.*
— aciculaire, *amianthinit.*
Action , intérêt dans une exploitation, *stamm, gewercken kux, bergtheil.*
— réservée à l'église, *heiligerkux.*
— franche , *freykux , freystamm.*
— en reprise , *retardatkuxe.*
Action de latter , *belattung.*
— d'acérer , *verstäehlung.*
Actionnaire , *gewercke , berggenoss.*
Acutangle, acutangulaire, *spitzwinkelig , spitzfacetirt.*
Adamas , *diamant.*
Adaptation , *anwendung.*
Adarce , *meerschaum.*
Additif, *additiv.*
Addition, *zusatz, ansatz , anwachs, anhang.*
Adent , *einzapfung.*
Adepte , *adept, goldmacher.*
Adéquat , *adæquat.*
Adhérent, *anklebend, angewachsen.*
Adhérence, *anklebung, zusammenhang , anhängen.*
Adhésion , *verknüpfung.*
Adipeux , *fett.*

Adipocyre , *fettwachs.*
Adjection , *anschmauchung.*
Administrateur de la caisse des pauvres mineurs , *bergknappschaftscassen vorsteher.*
— d'une saline, *salzversilberer, salzgraf.*
Administration des mines , *amt, bergamt.*
— supérieure des mines, *oberbergamt*
— générale des fonderies , *general schmelz administration, hüttenamt, oberhuttenamt.*
Admissible , *zulassbar.*
Adoucissage , *zusatz.*
Adoucir , *versüssen.*
Adulaire , *adular , sonnenstein.*
Aduste , *verbrannt.*
Adustion , *brand , entzündung.*
Adypocyre, *fettwachs.*
Aedelite , *aedelith.*
Aérer , *luften.*
Aériforme , *luftartig.*
Aérolithes , *meteorstein , himmelstein , boliden.*
Aérologie, *luftkunde.*
Aéromètre, *luftmesser, aërometer.*
Aérométrie , *luftmessung , aërometrie.*
Aéronaute , *luftreisender.*
Aérostat, *luftballon , aërostat , ballon.*
Aérostatique , *aërostatisch.*
Aétite, *aëtiten , adlerstein , groten , klapperstein.*
A feuilles étroites , *schmahlblätterig.*
Affaires de mines , *bergsachen.*
Affermer , *verpachten.*
Affermir , *verkeilen.*
— avec des crampons , *verklammern.*
Affiche, *anschlag.*
Affiler , *schärfen , zuschärfen , schleifen.*
Affinage , *verfeinerung, läuterung, abtreibung , gararbeit, ausseigerung, saigern.*
Affinement , *abtreiben , zuspitzung, feinbrennen.*
Affiner, *verfeinern, abläutern, läutern , abtreiben , silberbrennen ; ausseigern , zuspitzen.*
— le ferde fonte, *eisen gahrmachen.*
Affinerie , *treibehaus.*
— pour la fonte fraîche , *frischesse.*
— de soufre , *lauterofen.*

Affineur, *verfeinnerer, läuterer, feinbrenner, silberbrenner, brennmeister.*

— du cuivre, *garknecht, garmacher.*

Affinité, *verwandschaft.*

Affinité oryctognostique, *sippschaft.*

Affinoir, *hechel.*

Affleurement, *abgleichung, tag.*

Affleurer, *abgleichen.*

Affuter, *schärfen.*

Agallochite, *versteinert, versteinertes aloëholz.*

Agalmatholite, *bildstein, chinesischer bildestein, agalmatolith.*

Agaric minéral; *bergmilch.*

Agathe, *achat, agathe, angustein.*

— arborisée, *baumstein.*

— en fortification, *fortifications-achat, festungs-achat.*

— jaspée, *afterdrusling.*

Age de la lune, *mondenalter.*

Agent, *wirkende.*

Agitation de ce qui a un mouvement par ondes, *schwall.*

Agglomérat, *agglomerat.*

Agglomérés, *zusammengewachsen.*

Agglutinés, *zusammen gebacken.*

Agio, *aufgeld.*

Agrandir des travaux de mines, *auffahren.*

Agrégat, *anhaufung.*

Agrégation, *zusammenhaufung.*

Agustine, *agusterde.*

Agustite, *agustit.*

Aide-ouvrier pour les machines hydrauliques, *kunst-knecht.*

— bocardeur, *pochknecht.*

— fondeur, *schurknecht.*

— mineur, *gruben-junge.*

Aigre, *spröde, gührig, sauer.*

Aigu, *scharf, spitz, spitzig.*

Aigue-marine, *aqua marine, berill.*

Aiguille, *nadel.*

— du mineur, *bergbohrer.*

— aimantée, *magnetnadel.*

— d'essai, *probiernadel, streichnadel.*

Aiguillette, *senkel.*

Aiguiser, *schärfen, schleifen.*

Ail (d'ail), *knaublauchartig.*

Aile, *flügelort, wangen.*

Ailée, *flügelhorn.*

Ailerons, *schaufeln an einem wasser rad.*

Aimant, *magnet, magneteisenstein, magnestein, magneteisen, magnetkies.*

Aimanter, *magnetisiren.*

Aimentin, *magnetisch.*

Air, *luft.*

— fixe, *luftsäuere.*

— inflammable, *wasserstoffgaz.*

— méphitique, *stickluft.*

— nitreux, *salpeterluft.*

— qu'on souffle par la bouche, *anhauch.*

— vital, *lebensluft.*

— qui environne le soleil, *sonnenluft.*

Airage dans les mines, *einwitterung, bergwetter.*

Airain, *erz, ertz.*

Aire, *fläche, filzheerd, hüttensohle.*

Ais, *bret, diele.*

— de travers, *querbret.*

— fort épais, *bole.*

Aisseau, Aissette, *bandmesser.*

Ajustage, Ajustement, *justirung.*

Ajuster, *fassen, anfassen, justiren, vergleichen.*

— les monnoies, *berichten.*

Ajusteur, *justirer.*

Ajustoir, *justirwaage, münzwaage.*

Akanticone, *akanticon.*

Alabandine, *alabandin.*

Alabastrite, Alabastron, *alabastrirt, gypsalabaster.*

A la manière des mineurs, *bergenzend, bergmännisch.*

Alambic, *Distillirkolbe, brennkolben, distillirhelm, kolbe.*

Alaque, *tafel, untersatz.*

Albatre, *alabaster, kalkalabaster.*

Albumine, *eyweiss-stoff.*

Alcaest, *alkahest.*

Alcali, *alkalien, alkali mineral.*

— fixe, *aschensalz.*

Alcaligène, *alkalisirend.*

Alcalin, *alkalisch, laugenartig, laugenhaft.*

Alcalisation, *alkalisirung, alkalisation.*

Alcalisé, *alkalisirt.*

Alcaliser, *alkalisiren.*

Alchimie, *alchymie, goldmacherkunst.*

Alchimique, *alchymisch.*

Alchimiste, *alchymist, goldmacher, laborant.*

Alcohol, *weingeist.*

— nitrique, *salpetergeist.*

Alcyons, *alcyonen.*

Aléser un trou, *ausraeumen.*

Alésure, *bohrspäne.*
Algèbre, *algeber, algebra.*
Algébrique, *algebraisch, algebrisch.*
Algébriste, *algebraist, algebrist.*
Algue, *seeschilf.* Voyez *Schilf.*
Alichon, *schaufel an einem wasser-*
rad, aufschlageschaufeln.
Alidade, *lineal.*
Aligné, *schnurgerade.*
Alignement, *abmessung nach der*
schnur.
Aligner, *nach der schnür abmessen.*
Voyez *abmessen.*
Alignoires, *kleine eiserne keile der*
schieferarbeiter. Voyez *schiefer-*
arbeiter.
Alilade, *alilad.*
Aliquante, *aliquante.*
Aliquote, *aliquote.*
Aller en haut, *auf gehen.*
Allésoir, *bohrlade.*
Alliage, *beschickung, legieren (das),*
legierung, brand silber beschicken,
erzspeise ; nachbeschikung.
Allier, *beschicken, legieren, zuset-*
zen.
Allochroïte, *allochroït.*
Alluchon, *kamm, randstal.*
Allumé, *feüerig.*
Allumer, *anzunden.*
Allure principale d'un filon, *haupt-*
zug.
Alluvion, *anschutt.*
Almageste, *almagest.*
Almagra, *almagra.*
Almandine, *almandin.*
Aloi, *münzgehalt. münzgüte.*
Alongement, *ausdehnung, ver-*
längerung.
Aloyer, *legieren.*
Alquifoux, *bleyglanz, alquifoux.*
Altération, *veränderung, verderb-*
niss, ansäeuerung.
Altérer, *verwittern.*
Alternatif, *abwechselnd, wechselnd.*
Alternative, *abwechselung.*
Alternativement, *abwechselnd.*
Alterne, *wegfacetirt, wechselnd-*
gleichflüchig.
Altimétrie, *hohenmessung.*
Aludel, *sublimirgefäss.*
Alumine, *alaunerde, miobare,*
schieferalaun.
— mirinau, *miobare.*
— fluatée alcaline, *kryolith.*
— sulfatée alcaline, *haarvitriol.*
— sulfatée fibreuse, *haaralaun.*
— pure, *reine thon-erde.*

Alumineux, *alaunicht, alaunartig.*
Aluminilite, *alaunstein.*
Aluminite pyrito-bitumineux, *alaun-*
schiefer.
Alun, *alaun, schieferalaun.*
— fossile, *miobare.*
— de roche, *felsalaun.*
— de plume, *federalaun, alaun-*
federweiss.
— nitreux, *salpeter-alaun.*
— volcanique, *alaunstein.*
Aluner, *alaunen.*
Alunière, *alaunhutte, alaunwerck.*
Alvéole, *zelle.*
Amadou, *zundschwamm, feüer-*
schwamm, schwamm.
— de montagne, *bergzundererz,*
bergzunder.
Amalgamation, *amalgamiren, ver-*
quickung, anquickung.
Amalgame, *amalgama, silber-amal-*
gam.
Amalgamer, *amalgamieren, ver-*
quicken, anquicken.
Amarrage, *ankerung.*
Amas, *haufen, afterhaufen, klump.*
— de déblais, *reithalde.*
— d'eau dans les mines, *sumpf,*
klump, pfütze.
— de matières non fondues, *ofen-*
bruch.
— de minérai, etc. *anwitterung,*
erzmittel, möller.
Amateur d'exploitation de mine,
baulustig, bergwürzel.
Ambiant, *umschwebend.*
Ambiguité, *zweydeutigkeit.*
Ambligone, *stumpfekig, stumpf-*
winkelig.
Ambre, *bernstein, amber.*
— jaune, *agstein.*
Ame, *seele, kern.*
— d'un soufflet, *windfang.*
Amélioration, *verfeinerung, ver-*
besserung.
Amener, *vorführen.*
Amenuisé, *verdünnt.*
Amenuiser, *behobeln, verdünnen,*
ausfeilen.
Amer, *bitter, bitterlich.*
Amertume, *bitterkeit.*
Améthyste, *amethyst.*
Améthyste capillaire, *haaramethyst.*
Amiante, *amianth, stein flachs,*
flachsstein, erdflachs, félsenblüthe,
bergflachs, bergdun, bergstein,
bergwolle.

Amianthoïde, *amianthoïd, bysso-lith.*
Amiantinite, *amianthinit.*
Amidon, *starke.*
Amincir, *verdünnen.*
Amite, Ammite, *roogenstein.*
Ammoniaque, *salmiack, ammoniak.*
Ammonite, *ammons horn, widder-hörner.*
Amollir au feu, etc. *einbrennen.*
Amollissement, *aufweichung.*
Amorçoir, *drahtbohrer.*
Amorphe, *ungestaltet, formlos.*
Ampélite, *bergpech, bergpech erde, zeichenschiefer.*
Amphibiolithes, *amphibioliten.*
Amphibole, *hornblende, vulcan-blende.*
Amphibiolipolithes, *amphibiolipo-liten.*
— laminaire, *gabro.*
— cristallisé, *granatblende.*
— commun, *horn.*
Amphibologie, *zweydeutigkeit.*
Amphigène, *amphigen, leucit, gra-nat vesurwischer, granat weisser.*
Amphihexaèdre, *amphihexaedrisch.*
Amphiscien, *zweyschattige, zwey-schattige volker, doppelschattig.*
Amplitude, *abendbreite, abirrungs-weite . breite.*
Amygdaliforme, *mandelförmig.*
Amygdalite, Amygdaloïde, *mandel-stein, kümmelstein, krähenaugen-stein, saamenstein.*
An, soufre des alchimistes, *schwefel.*
An, année, *jahr.*
— anomalistique, *anomalistische jahr.*
— astral, sidéral, *sternjahr.*
— solaire, année astronomique, *sonnenjahr.*
— bissextile, *schaltjahr.*
— sidéral, *sternjahr.*
Anaclastique, *strahlenbrechungs kunde, dioptrik.*
Analcime, *würfel zeolith.*
Analogie, *analogie, verhältniss.*
Analogique, *analogievoll, analo-gisch.*
Analogue, *analogisch, gleichlaufig.*
Analyse, *auflösung, zergliederung, zerlegung.*
Analyser, *zergliedern.*
Analyste, *analyst.*
Analytiquement, *analytisch.*
Anamorphique, *kernverkehrt.*

Anatase, *octaedrit. oisanit, anatass, kyanith, cyanith.*
Anatife, vulgairement conque ana-tifère ou pousse-pieds, *aenten-muschel.*
Anatomie, *zergliederung.*
Anatomiser, *zergliedern.*
Ancien (l'ancien des mineurs), *berg aeltester.*
Anciennes mines abandonnées, *alte gebäude, alte züge.*
Anciens travaux de mines éboulés, *alte brüche.*
Anciens actionnaires de mines, *alte gewerken.*
Anciens du corps des mineurs, *berg-knappschafts äeltestc.*
Ancien boisage ou cuvelage de mine, *alte stege.*
Ancienneté, *alter.*
Ancrage de vaisseau, *ankerung.*
Ancre, *gabelanker.*
Andalousite, *andalusit.*
Androgyne, *zwitter.*
Anémomètre, *windmesser.*
Anémométrie, *windmessung.*
Anémoscope, *windzeiger.*
Angar, *kaue, käh.*
Angle, *winkel, schmiege.*
— plan, *flachenwinkel.*
— alterne, *wechselwinkel.*
— aigu, *spitziger winkel.* V. *spitz.*
— compris entre deux rayons du cercle, *winkelbogen.*
— de côté, *nebenwinkel.*
— rentrant, *zurückweichendes ecke.*
— sphérique, *kugelwinkel.*
— de contact, de contingence, *beruhrungs winkel.*
— d'incidence, *einfallswinkel.*
— visuel, *sehe winkel.*
— solide latéral, *seitenecke.*
Angulaire, anguleux, *winkelig, eckig.*
Anhidrite, *anhydrith.*
Animalcule élémentaire, *elementar-thierchen.*
Animalcule spermatique, *samenthier-chen.*
Animal plante, *thierpflanze.*
Anneau, *ziehring, drahtring, ring.*
Anneaux colorés, *farbenringe.*
— de fer dans les machines hydrau-liques, *kunstring, kunstschloss.*
Anneau de tourillon, *zapfenring.*
Annelet de fil d'archal, *drahtschleife.*
Annulaire, *ring facetirt.*

Anoblir, *veredlen.*
Anomal, *abweichend.*
Anomalie, *anomalie, unregelmäessigkeit.*
Anomalistique, *anomalistiche jahr.*
Anomies, *anomien.*
Anomites, *anomiten, bohrmuscheln.*
Anse, *meerbusen, gelencke, bucht.*
— d'une tonne, *quänzel.*
Antarctique, *südlich.*
Antécédent, *vorderglied.*
Anthophyllite, *anthophyllith.*
Anthracite, Anthracolite, *anthracith, kohlenblende.*
Anthraconite, *madreporstein.*
Anthropolite, *anthropolith.*
Anthropotipolite, *anthropotypolith.*
Antiennéaèdre, *antienneadrisch.*
Antimoine, *antimonium, spiesglanz, spiesglas.*
— natif, *gediegenes spiesglanz.*
— gris ou sulfuré, *spiesglanzerz, spiesglasglanz.*
— sulfuré aciculaire, *spiesglas druse, feder antimonium, federerz.*
— oxidé d'un blanc nacré, *spiesglanzhornerz, spiesglas-kalk, weissspiesglas erz.*
— oxidé terreux jaune, *gelbes spiesglanzhornerz.* V. *spiesglanzhornerz.*
— oxidé d'une structure lamelleuse, *spiesglanzspath.*
— hydro-sulfuré, *roth spiesglanzerz, spiesglasblüthe, wasserstoffgeschwefelte spiesglanz, feder spiesglas rothes, goldschwefel.*
— pur ou en régule, *spiesglas könig.*
— sulfuré capillaire, *feder antimonium, silberleber erz, federerz.*
Antimonial, *antimonialisch.*
Antipate, *corallen schwarz, schwartz corallen.*
Anti-péristase, *gegenvirkung.*
Antre, *steinhöhle.*
Apatite, *apatit.*
— terreuse, *knochenerde.*
Aperçu, *übersicht.*
Aphélie, *aphelium, sonnen-ferne.*
Aphrizite, *aphrizit.*
Aphronatron, *alkalimineral, natürlichesalkali, salzblumen, aphronatron.*
Aphronitre, *salpetersschaum.*
Aphrosélénites, *fraueneis.*
Aplanir, *abgleichen, einebnen, gleichen.*

Aplanir l'âtre, *ausstreichen.*
Aplanissement, *abgleichung.*
Aplati, *flach.*
Aplatir, *platten.*
Aplatissement de la terre, *erdebene, erdgleiche, abplattung der erde.*
Aplatisseur, *gleicher.*
Aplatissoir, *stabhammer.*
Aplomp, *senkrecht, seiger gerade.*
Aplome, *aplom.*
Apogée, *erdferne, apogaeum.*
Apophane, *kernverrathend.*
Apomécométrie, *weitemessüng.*
Apophyge, *ablauf.*
Apophyllite, *apophyllitt.*
Apothême, *apothem, seitenaxe.*
Apotome, *apotom.*
Apparence, *anschein.*
Apparent, *anscheinlich, anscheinend.*
Appauvrissement du minerai, *abfall.*
Appel d'un jugement en affaires de mines, *leüterung.*
Appeler au son de la cloche, *anlauten.*
Appeler par des cris, *aufschreyen.*
Appendice, *anhang.*
Application d'un passage, *anwendung.*
Appliquer la pointerolle, *anführen, (das eisen anführen).*
Appointement du médecin des mines, *arzgeld.*
Apposer, *ansetzen.*
Apposition, *ansatz.*
Apprêter, *vorrichten.*
Approfondir, *abteufen, vertiefen.*
— un puits de mine, *sincken.*
Approfondisseur, *sinker.*
Apprentif mineur, *lehrhauer.*
Apprêteur, *bereiter.*
Approfondir, *vertiefen, tiefen.*
Approuver, *bestätigen.*
Appui, *stütze.*
— du flanc, *hauptholz.*
Apre, *herbe, scharf, streng.*
Apreté, *strenge.*
Apsides, *absiden.*
Apyre, *feüer fest, feüerbeständig, unverbrennbar.*
Aquatique, *sumpfig.*
Aqueux, *wasserig.*
Aqueduc, *wasserleitung, kunstgraben.*
Arachnéolithe, Arachnite, *arachnolith, spinnenstein.*

Araignée, Araignée linéaire, *spinnenlinie*.

Arasement, *abgleichung*.

Araser, *abgleichen*.

Arbalestrille, *jacobs stab, gradbogen*.

Arborisé, *baumförmig*.

Arbre, *windebaum*.

— de roue, *radwelle*.

— de mars, *eisenbaum*.

Arc-en-ciel, *regenbogen, nebel bogen, thaubogen*.

Arc, Arcade, Arche, *schwibbogen*.

Arcade, *schwibbogen*.

Arcanée, *röthel*.

Arceau, *brandbögen*.

Archée, *archaeus*.

Archet, *steinsäge*.

Archétype, *urbild*.

Archipompe, *pumpenkasten*.

Architechtonique, *architechtonisch*.

Architecture hydraulique, *wasserbaukunst*.

Architrave, *unterbalken*.

Arcticite, *arcticit, wernerit*.

Arctique, *nordlich*.

Ardent, *feüerig*.

Ardeur, *gluth*.

Ardoise, *schiefer*.

— en rognons, *schieferniere*.

Ardoisé, *schieferblau*.

Ardoisier, *schiefer arbeiter, schiefer brecher, schieferhauer*.

Ardoisière, *schieferbruch*.

Arenacé, *sandartig*.

Arendalite, *arendalit*.

Arène, *sand*.

Aréner, *senken*.

Aréneux, *sandig*.

Aréomètre, *areometer*.

Arête, *kante, endkante*.

— latérale, *seiten kante*.

— de jonction, *berührungskante*.

Argent, monnoie, *geld*.

— métal, *silber*.

— affiné, *brandsilber*.

— carbonaté, *luftsäueres silber*.

— natif, *gediegenes silber, silberthauerz, bergfein*.

— natif lamelliforme, *blattsilber*.

— natif filiforme, *drahtsilber, fadensilber*.

— aigre sulfuré, *sprödglanzerz*. V. *spröde*.

— antimonial, *antimonialisch gediegenes silber, spiesglanzsilber*.

— antimonial arsenifère et ferrifère,

arsenikalisch gediegenes silber, arsenik silber, arsenikal silber.

Argent antimonié sulfuré, *rothgulden et rothgultigerz, bluterz*.

— arsenical, *arseniksilber*.

— battu, *silberblatt*.

— bismuthifère, bismuthique, *wismuthisches silbererz*. V. *silbererz*.

— blanc, *weissgültigerz*.

— corné, *hornerz*.

— oxidé, *silberkalk*.

— de coupelle, *blicksilber*.

— de chat, *glimmer*.

— en épis, *aehrengraupen*.

— en grenailles, *herdkorn*.

— en paillettes, *auglein-silber*.

— de juste aloi, *probesilber*.

— de sueur, *schwitzsilber*.

— terreux, *silbermulm*.

— gris, *graugültigerz*.

— molybdique, *wasserbleysilber*.

— muriaté, *hornerz, silberhornerz*.

— muriaté commun vert, *grünsilbererz*.

— muriaté terreux, *buttermilcherz*.

— noir, *silberschwärze, schwarzerz, schwarzsilbererz, schwarzgilten, schwarzgulden, schwarzguldenerz, glaserzschwarze*.

— sulfuré, vitreux, *silberglaserz, silberglanzerz, blachmann, frommerz*.

— impur, *after silber*.

— semblable à de l'amadou, *zündererz, bergzundererz*.

— provenant de la fonte du minerai et remis à l'administration, *einbringende silber*.

Argenter, *versilbern, übersilbern*.

Argentin, *silberartig*.

Argentine, *argentin, schieferspath, schieferkalk*.

Argenture, *versilberung, versilberungskunst*.

Argile, *thon*.

— à pipe, *pfeiffenthon*.

— commune ou glaise, *thonerde, töpferthon, staubthon, gemeiner thon*. Voyez *thon*.

— glaise, *speckthon, leim, brausethon, fayancethon, hafenerde*.

— glaise tenant or, *goldletten*.

— smectique, *walkerthon, walkerde, seifenthon*.

— savonneuse, *seifenthon*.

— bleue, *blauthon*.

— calcarifère, *steinmergel, argillo-*

calcit, mergel, thonmergel, mer-gelerde.

Argile calcarifère bitumineuse scapi-forme , *stangengraupen.*

— — bitumineuse schisteuse , *ab-bruch , lochberg.*

— — endurcie, *hammerkalk , mer-gel (verhärteter), alwarstein , papiermergel.*

— — endurcie mêlée de mica , *glimmermergel.*

— — sphéroïdale , *mergelnüsse.*

— — schisteuse , *noberig.*

— — pulvérulente , *aschengebirge.*

— colorée , marbrée, *siegelerden.*

— schisteuse, *thonschiefer, schiefer-thon , schiefriger (thon) , argillit , dachschiefer.*

— — bitumineuse, *brandschiefer.*

— — fétide, *stinkschiefer.*

— — tenace, *klebschiefer.*

— — graphique, *zeichenschiefer.*

— — avec empreintes de végé-taux, *krauterschiefer.*

— — bitumineuse, *fetthon.*

— — bitumin. avec empreintes de poissons, *fischschiefer , fischwiele.*

— endurcie, *verhärteter thon, kör-niger thon , thonstein.*

— schisteuse novaculaire, *wetzstein, wetzschiefer , wetzsteinschiefer.*

— lithomarge, *steinmark.*

— kaolin et à porcelaine, *porcellan-erde.*

— réfractaire , *feüerbeständiger-thon , feuerfesterthon.* V. *thon.*

— rougeâtre bitumineuse , *braus-erde.*

— tégulaire, *dachschiefer.*

— brûlée, *gebrannte thon.*

— panachée, *bunterthon.*

Argileux, *thonicht , thonig , thon-artig.*

Argilite, *argillit.*

Argilite porphyre, *argillit-porphyr.*

Argillolite, *argillolit.*

Argue , *drahtwinde , drahtbank , schiebebank.*

Arithmétique, *zahlkunst.*

Armature , *beschlag.*

Armer l'aimant, *armiren , (magnet armiren).*

Armure d'une machine, *kreusbiegel.*

Aronde, *schwalbenschwanz.*

Arondir les flans , *kurzbeschlagen.*

Arpailleur, *goldscheider.*

Arpentage , *feldmessungkunst , feld-messkunst , vermessung.*

— d'un terrain à exploiter, *erbberei-tung.*

Arpenter, *vermessen.*

Arpenteur, *feldmesser.*

Arpenter un terrain de mine, *erbbe-reiten.*

Arqué , *bogig.*

Arquebuse à vent, *windbüchse.*

Arragonite , *arragonit.*

Arrérage, Arrière, *rückstand, recess.*

Arrêt, *sperrkegel.*

— du ressort, *federhacken.*

— du chien, *hundsring.*

Arrêter, *anhalten.*

— avec des broquettes, *aufzwecken.*

— le jeu des pompes , *abhängen.*

— les eaux par une vanne , *ab-schützen.*

— les soufflets d'une forge , — les machines hydrauliques , etc. *ab-schützen (die bälge , die kunst).*

Arrondissement , *abrundung.*

Arrosement , *anspritzung.*

Arroser , *besprengen.*

Arrugie , *rösche.*

Arséniate , *arsenikalisches salz , ar-senikgesauerterkörper.*

— de potasse , *mittelsalz.*

Arsenic , *arsenik.*

— natif, *arsenikal könig, fliegengift, fliegenkobolt , näpfchenkobolt , fliegenpulver, fliegenstein.*

— oxidé , *arsenikkalk.*

— oxidé natif , *arsenikblüthe.*

— sulfuré , *realgar.*

— sulfuré rouge , *arsenikgift , arse-nikrubin , rauschgelb , zarnichah-mer , rothesrauschgelb.* V. *rausch-gelb.*

— sulfuré jaune , *gelbes rauschgelb , operment , auripigment , zarni-kaut.*

— testacé , *scherbenarsenic , scher-benkobolt.*

— testacé noir , *gifterz , schwarzes-gifterz.*

Arsenical , *arsenikalisch.*

Art, *kunst.*

— caractéristique, *zeichenlehre.*

— de distiller, *distillierkunst.*

— des exploitations, des mines , *bergbaukunst.*

— de fondre, *schmelzkunst, giess-kunst.*

— du forgeron, *schmiedekunst.*

Art astrologique, *sterndeutungkunst.*
— de faire l'analyse des corps , *auflösungskunst.*
— de dessiner , *zeichenkunst.*
— de graver à l'eau-forte, *aetzkunst.*
— de couper, de tailler, *schneidekunst.*
— de classer les minéraux , *gattirung.*
— de mesurer , *markscheidekunst.*
— de mesurer les angles , *goniometrie.*
— du lapidaire , *steinschneiderkunst.*
— de monnoyer , *münzkunst.*
Article , *abschnitt.*
Artolithe, *kuchenförmiger kalkstein.*
Asbeste , *asbest.*
— faux , *federasbest.*
— flexible , *amianth , bergwolle , federweiss , lein.*
— commun dur , *gemeiner asbest.*
— tressé , *bergkork, berggork, bergfleisch , alcyonenwurzeln.*
— tressé mêlé de plomb et d'argent, *hanferz.*
— ligniforme , *bergholz , holzamianth , holzasbest.*
Asbestinite , *asbestinit.*
Asbestoïde , *asbestoïd , asbestinit.*
Ascendant , *ascendirend.*
Asciens , *ohnschattig.*
Asparagolite , *spargelstein , sparkalk.*
Aspect , *schein , ansehen.*
— des planètes , *gestirntstand , schein.*
— quartile , *quadratschein.*
— quintil-aspect, *schein (gefunfter).*
— des pièces séparées , *absonderungsansehen.*
— terreux , *erdiges ansehen.* Voyez *Ansehen.*
Asperger , *besprengen.*
Aspérités du cuivre , *bart.*
Asphalte , *asphalt , judenharz , judenpech , judenbeim.*
Aspirant, pompe aspirante , *saugewerk.*
Aspirateur , *luftsaugeröhre.*
Aspiration , tuyau d'aspiration , *saugeröhre.*
Aspiraux , *abzüchte , anzucht.*
Assemblage , *aneinandersetzung , anhaufung.*
Assemblage des étoiles , *sterngebaüde.*

Assembler avec des chevilles , *anpfloecken.*
Assigner un ouvrage à faire dans une mine , *belegen.*
Assise de pierres, *steinsatz.*
Association de plusieurs cointéressés dans une exploitation , *gesellschaft einer zeche, gewerckschaft.*
Associé , *gewercke.*
Assortiment , *aneinandersetzung , sortirung.*
Assujettir avec des coins , *einkeilen.*
Assurance , *gewäehr.*
Astacolites , *astacolithen.*
Astéries , Astérites , *asterien , katzenauge , sonnenauge , sternstein , seestern , meersterne , sternsaphir.*
Astérisme , *sternbild.*
Astre , *gestirn.*
Astrées , *asterien.*
Astringent , *zusammenziehend.*
Astroïdes, Astroïtes, *astroiten, sternsteine , sternwurzeln , sternsäule.*
Astrolabe , *winkelmesser , astrolabium.*
Astrologie, *sterndeutung , sterndeuterey.*
Astrologique , *sterndeuterisch.*
Astrologue , *sterndeuter.*
Astronome , *sternkundiger, sternkenner, sternkundig.*
Astronomie, *sternkunde.*
— judiciaire , *sterndeutungkunst.*
Astronomique, Astronomiquement, *astronomisch.*
Asymétrie , *unebenmass.*
Asymptote , *asymptote.*
Asymptotique , *asymptotisch.*
Atacamite, *atacamit, kochsalzsaüeres kupfer.*
Atelier , *werkstatt , werkstätte.*
— d'amalgamation, *amalgamirwerk.*
— pour refendre les barres de fer , *stabefeüer , stabhammer.*
Athanor , *reverbierofen , faulheinz.*
Atmosphère , *atmosphaere , dunstkreis , dunstkugel.*
Atmosphérique , *atmosphaerisch.*
Atome , *atom.*
Atomes d'Epicure, *sonnenstaubchen.*
Atre , *feüerheerd , flügelheerd*
— pour achever de purifier le minerai en vase, *filzheerd, flügelheerd.*
— d'un fourneau de liquation , *seigerheerd.*

Atramentaire, pierre atramentaire, *atramentstein*.

A travers, *quere.*

Attacher les échelles dans un puits de mine, *belittern*.

Atténuation, *verdünnung.*

Atténuer, *verdünnen.*

Attestation, *gewähr, gewährschein.*

Attester par serment le lieu d'une découverte, *fundbeschwören.*

Attirant, *anzichend.*

Attirer, *anziehen.*

Attiser le feu, *anschüren, schüren.*

Attiseur, *schürer.*

Attisonnoir, *schurhacken.*

Attractif, *anziehend.*

Attraction, *anziehungkraft, vereinigungskraft.*

Attribut, *eigenschaft.*

Aubes, *aufschlageschaufeln.*

Audition des comptes, *amtsrechnüng, aufrechnung.*

Auge, trog, gosse, *kühltrog, flauschtrog.*

— de lavoir, *gefäll-kästchen.*

— de moulin, *mahlgerinne, mühlgerinn.*

— du bocard, *pochtrog.*

Auget, *tröglein.*

— à laver le minerai d'or écrasé, *goldlutte, tröglein.*

Augite, *augit.*

Augmentation, *anwachs, wachsen, ansatz.*

Au mieux, *allehöfflich.*

Aumônier des mines, *bergprediger.*

Aurifère, *goldhaltig, güldisch.*

Aurore, *morgenroth.*

— boréale, *nordschein.*

Austral, *südlich.*

Autan, *südwind.*

Automalite, *automalith.*

Autopsie, *autopsie.*

Auzomètre, *vergrösserungsmesser.*

Avalanche, *gletscher, schneefälle.*

Avaler, *verschlucken.*

Avance, *vorschuss, vorstich, verlag.*

Avancé, *geschoben.*

Avancer, *vorschiessen.*

— la fonte, *antreiben.*

Avant-foyer, *gereüth-heerd.*

Avant-propos, *einleitung.*

Avanturine, *awanturin-spath.*

Avertisseur, *wächter.*

Aveugle, *blind.*

Avivoir, *vergoldmesser.*

Axe, *achse.*

— optique, *seheaxe.*

— de la terre, *erdachse.*

— d'un cône, *kegelachse.*

— d'une roue, *radaxe.*

— de la roue d'un bocard, *pochwelle.*

— du monde, *weltachse.*

— conjugué, *nebenaxe.*

Axinite, *axinit, glasschörl, glasstein, afterschörl.*

Axiome, *grundsatz.*

Azote, *stickstoff.*

Azur, *azur.*

Azur (pierre d'), *azurstein.*

Azymétrie, *unebenmaass.*

B

Babbagarum, *babbagaurische erde.*

Baches de scories, *trogschlacken.*

Bactréole, *goldflitter.*

Badigeonner (l'art de), *kittung.*

Badines, *zwickzange.*

Baguette devinatoire, *wünschelrüthe.*

Baie, *meerbusen, beere, bucht.*

Baïkalite, *baikalit.*

Bain, *bad.*

— de vapeur, de sable, *dampfbad.*

— de scories, *schlackenbad.*

— marie, *marienbad.*

— minéral ou chaud, *wildbad.*

— d'or, *goldbad.*

Baissoirs, *wasserhälter.*

Bajoire, *zweyköpfig.*

Ballais (rubis), *ballas, rubin-ballas.*

Balance, *wage* ou *waage, erzwaage.*

— hydrostatique, *wasserwage.*

— pour les essais, *einwäg.*

— pour peser le flux, *flusswaage.*

— pour peser le plomb, *bleywaage.*

— pour peser les monnoies coupées, *benehmwaage.*

— de poche, *sackwaage.*

Balancement, *schwanken.*

Balancier d'une pompe, *pumpenschwengel.*

— de la monnoie, *münzpresse.*

Balanites, *balaniten, meertulpe.*

Balanoïde, *judenstein.*

Balayures des pièces de liquation, *dar gekrätze.*

— de cuivre dans l'opération du ressuage, *seigerdarndeln.*

Balayures de fonderie, *hüttenafter, huttengekrätze.*
Baléare, *balearische erde.*
Balise, *backe.*
Balistique, *werfkunst.*
Balle, *ball, ballen, kugel, herd-kugel.*
— ramées, *drahtkugeln.*
— à lisser le foyer, *herdkugel.*
Ballon, *ballon, windball.*
— aérostatique, *ballon, luftballon, aërostat.*
Ballot, *ballen.*
Banc, *bank, erdlage, erdschicht, lager.*
— à aplanir, *schichtbank.*
— où tiennent les outils pour rogner les plaques, *scherbank.*
— de pierre, *steinbank.*
— de triage, *scheidebank.*
— de cristallisation, *wachsbank.*
— de sable, *sandbank.*
Bande, *streiff, schiene.*
— de fer, *schieneisen.*
— des ais d'un puits de mine, *schacht-schiene.*
— de fer croisantes, *creutzbänder.*
— des ailes d'une machine, *wangen-eisen.*
Banne, *kohlenkarren.*
Banquette, *untersatz.*
Baquet, *kübel.*
— à charbon, *kohlenkübel.*
— de mine, *bergkübel, erztrog.*
— pour le refroidissement des outils, *löschfass, löschtrog.*
Baraque sur un puits de mine, *gaipel.*
Barette, *bergkappe.*
Barillet, *federkasten, pumpenstief-fel, stiefel.*
Bariquet, *kübel.*
Baritel, *göpel.*
— à main, *handgöpel.*
Barka, *barka.*
Barolithe, *barolit, witherit.*
Baromètre, *wetterglas, barometer.*
Barosanème, *windwaage.*
Barre, *barren, barre, stab, stange, schiene, zain, eisenstab.*
— de fer, *schieneisen.*
— — rouverin, *bolleisen.*
— — de peu d'épaisseur, *doppe-leisen.*
— — d'un gril, *roststab.*
— de soudure, *löthstange.*
Barres d'acier en faisceau, *bürde.*

Barricader, *verrammen.*
Barrier, *münzknecht.*
Barylite, *schwerstein.*
Baryte, *baryt, baryterde, schwer-erde.*
— carbonatée, *kohlenge säuerter baryt, witherit, barolit.*
— sulfatée, *schwerspath, schwefel-gesäuerter baryt.*
— — bacillaire, *stangenspath.*
— — concrétionnée, *gekröseistein.*
— — crêtée, *tuppcamb.*
— noble, *barytes nobilis.*
Basalte, *basalt, eisenmarmor, eisen-steinfloss, pfeilstein, schwach-stein.*
— en prismes, *pfeilerstein, kragg-stone.*
— tabulaire, *tafelbasalt.*
— mêlé de feld-spath, *kraggpor-phyr.*
Basaltine, *basaltin.*
Basanite, *basanit.*
Bascule, *schwängel.*
Base, *basis, grundlage, grundlinie, tafelgrund.*
— d'un solide, *grundfläche.*
— première, *urgrund.*
— morte ou stérile, *todtliegendes.*
— — rouge, *rothes todtes liegendes.*
Basé, *basirt,*
— d'un soufflet d'usine, *balg, bal-genschwengel.*
— de pompe, *pumpenschwengel.*
— d'un pont-levis, *schlagbalken.*
Basses, *werder.*
Bassin, *trog, gerinntrog, kalkbett.*
— d'affinage, *abtreibeheerd.*
— de percée, *stichherd.*
— de dégorgement, *sumpf.*
— de fusion, *schmelztiegel.*
— de réception, *vorheerd.*
— de l'avant-foyer, *vortiegel.*
— de bocard, *sumpf.*
— des lavoirs du minerai d'étain, *klause.*
— de balance, *wageschale.*
— pour le zinc, *zinkfang.*
Batardeau, *krippe, muhlwehr.*
Bâtiment, *bau, tagegebäude.*
— dans l'eau, *wasserbau.*
— de dépôt du minerai, *erzhaus.*
— de graduation, *gradierhaus, gra-dierwerck, leckwerck.*
— dépendant d'une mine, *bergge-bäude.*

Batitures, *hammelschlag, eisenham-
  merschlag, eisenschlag, schmiede-
  schlacke.*
Bâton de Jacob, *Jacobstab, grad-
  bogen.*
Batrachite, *krötenstein, bufoniten.*
Battant d'une cloche, *schwängel.*
Batte, *ramme, klopfholz, stosskol-
  ben, schlage, senkelholz.*
Batterie de bocard, *satz.*
Batteur d'or, *goldschlæger.*
— de fer en lames, *blechschlaeger.*
Battoir, *klöppel.*
Battre avec un maillet, un mouton,
  une hie, *rammen.*
— avec peu de force, *stauchen.*
Batture, *goldfirniss.*
Baudruche, *goldschlægerhaut.*
Baume de Saturne, *bleybalsam.*
Bavette, *blech von zinn.*
Bavures du cuivre fondu, *dorn.*
Bec, *schnautze, schnabel, schneppe.*
— des soufflets, *balgrohr, deupe,
  liese.*
Bécasse, *juchtmaass.*
Bêche à gazon, *rasenstecher.*
Bélemnites, *belemniten, fingersteine,
  alfescht, alpschoss, luchssteine,
  rabenstein, strahldonnersteine,
  schosstein.*
Belier, *widder, ramme.*
— hydraulique, *widder hydrauli-
  scher.*
Bénate, *salzkorb.*
Bène, *schienfass, tragekorb.*
Bequette, *stockzange, zange, draht-
  zangen.*
Bercelles, *kornzange, kornkluft.*
Bergmanite, *bergmanit.*
Beril, *berill ou beryll.*
— de Sibérie, *smaragd (seladon
  grün smaragd).*
— schorliforme, *stangenstein, schör-
  lartigerberill, pycnit.*
Berubleau, *berggrün.*
Besaigue, *bindaxt, zwerchaxt.*
Betyle, *betylus.*
Beurre de montagne, *bergbutter.*
— d'antimoine, *spiesglasbutter.*
— d'étain, *zinnbutter.*
— de Saturne, *bleybutter.*
Bézoard, *bézoarstein.*
Biais (de), *schrage, uberzwerck,
  zwerch.*
Biais, *schiefe, quere.*
Bibinaire, *bibinäer.*

Bibisalterne, *vierfachwechselend
  gleichflächig.*
Bitère, *gesamt doppel decrescirend.*
Biforme, *dimorphisch.*
Bigarré, *bunt, scheckig.*
Bigeminé, *doppelpaarig.*
Bigorne, *hornambos, banckhorn,
  schnarreisen, setzeisen, sperrha-
  ken, sperrhorn, spitz amboss.*
Billet d'appel de fonds, *zubusszettel.*
——— non acquittés, *bunte würste.*
Billon, *scheidemünze.*
Billot, *stock, amboz-stock, klotz.*
— qui supporte l'enclume, *schmiede-
  stock, schabatte.*
Binaire, *binär.*
Binard, *stollenwagen.*
Binde, *binda.*
Binocle, Binoculaire, *fernrohr.*
Binome, *binomium.*
Binoternaire, *binoternäer.*
Biquet, *probierwage, goldwage.*
Birhomboïdal, *birhomboïdal.*
Bisalterne, *doppel wechselndgleich
  flächig.*
Biseau, *schräge kante, bahn.*
Bisègle, *putzholz.*
Bisclé, *zugescharft.*
Bisémarginé, *doppeltentkantel.*
Bismuth, *bismuth, wismuth.*
— natif, *wismuthspiegel, silbererz-
  dach.*
—— en noyau, *wismuthgraupen.*
—— dans du grès, *wismuthsanderz.*
— oxidé, *wismuthbeschlag, wis-
  muthkalk, wismuthocher.*
—— pulvérulent, *wismuthblumen.*
— sulfuré, *wismutherz, wismuth-
  glanz, federwismuth.*
— en régule, *wismuthkönig.*
Bissexte, *schalttag.*
Bissextile (année), *schaltjahr.*
Bistre, *bister.*
Bisunitaire, *bisunitär.*
Biternaire, *biternäer.*
Bitord, *drehrad.*
Bitume, *bergpech, bergtheer, bergöhl, erdohl, erdpech.*
— élastique, *erdpech elastisches.*
— liquide, *bergöhl, erdohl.*
— noir et compacte, *gagath.*
— glutineux, *teufelsdrech.*
— solide, *bergharz, erdfett, erdharz.*
Bitumineux, *bituminöse, pechicht.*
Bivalve, *zweyschaalige muschel.*
Biveau, *schmiege, winkelfasser.*
Bivoie, *scheide.*
Bizègle, *putzholz.*

Blackwad des Anglais , *wad.*
Blanc , *weiss.*
— clair , *weissklar.*
— bleuâtre , *glauch.*
— d'Espagne, de céruse, de Venise, *kreidebleyweis , bleyweiss.*
— de plomb , *bleyweiss.*
Blanchâtre , *weislich.*
Blanchiment de l'argent, *aussiedung, weissieden.*
Blême , *fahl.*
Blende , *blende.*
— bleue , *blaublende.*
— jaune , *colophonium blende.*
Bleu , *blau.*
— d'ardoise , *schieferblau.*
— de Berlin , de Prusse , parfait , *berliner blau.*
— de montagne, de cuivre, *bergblau.*
— de ciel , *himmelblau.*
— de smalte , *smalte blau.*
— d'outre-mer , *ultramarinblau.*
— de lavande , *lavendblau.*
— indigo , *indigblau.* Voyez *blau.*
Bleuâtre , *blaulich.*
Blinde , *blinda.*
Bloc , *block.*
— couché , *stock (liegendes).*
Bluette , *jutlen , funcke.*
— de fer , *eisenfunke.*
— d'or , *goldflitschen.*
Bocard , *pochwerk , pochmühle.*
— à tremie , *rollpochwerk.*
— découvert , *klatze.*
Bocarder, *pochen, auspochen.*
— en gros sable , *frischpochen.*
Bocardeur , *pocher , erzpocher.*
— de nuit , *nachtpocher.*
— de jour, *tagepocher.*
Bois , *holz.*
— à charbon , *kohlenhölzer.*
— à barbe , *bart.*
— d'ébène fossile , *erdstockleg.*
— bitumineux, *bituminose holz.* V. *holz, holzsteinkohle , stockwerck, alaunholz.*
— conducteur dans les machines hydrauliques , *leitstempel.*
— d'affinage, *abtreibeholz , antreibholz , werkholz , treibeholz.*
— de boulcau , *birkenholz.*
— de l'œil, *augenholz, paradiesholz.*
— fossile, *gegrabenes holz.* V. *holz.*
— de montagne , *bergholz.*
— pour aplanir l'âtre , *ausstrichholz.*
— pourri, réduit en terre, *holzerde.*
— pour les cadres des murailles bousillées ; *fachholz.*

Bois propre à cuveler les puits des mines, *schachtholz.*
— de palmier pétrifié , *staarstein , wurmholz.*
— de charpente , *zimmerholz.*
— de support, *anwägholz.*
— de percée , *stechholz.*
Boiser , *übertäefeln.*
Boiserie , *übertäfelung.*
Boisseau , *scheffel.*
Boite , *büchse.*
— à feu , *feüerbüchse.*
— pour tirer , *böller.*
Bol , bolaire , *bolarerde , bolus , armenischer bolus.*
Bolides , *boliden , meteorstein, himmelstein.*
Bombé , *bogig , halbgebogen.*
Bombement , *krümme.*
Bomber , *krummen , bogig machen.* Voyez *bogig.*
Bon , *gut.*
Bonde , *zapfen , teichzapfen , wassermönch.*
Bondon , *spund.*
Bonnet de mineur , *bergkappe , schachthut.*
Boracite , *boraxspath , borazit.*
Borax , *borax.*
Bord , *kante , rand , zarge.*
Boréal , *nordlich*
Borée , *nordwind.*
Borne , *markscheide , lochstein.*
Borner , *markscheiden.*
Bosel , *pfuhl , stab.*
Bossage , *bossage.*
Bosseler , *treiben.*
Bostrichite , *bostryschit.*
Botom-layer-coal , *botom-layer-coal.*
Botroïde , *botritisch , traubig.*
Bouard , *platthammer.*
Boucaro, *siegel erd-ziegel , et siegelerde.*
Bouche de fourneau , *ofenloch.*
Boucher , *verbauen.*
Bouchoir , *schieber.*
Bouchon de linge , *klump.*
— de paille pour nettoyer les chaudières des salines, *abschlagwisch.*
Boudin, *pfahl , pulverwurst.*
Boue , *dreck , schlich.*
Bouillir , *sieden.*
Bouillitoire , *weissieden* ou *weissud.*
Bouillonnement, Bouillon , *drang , sod , aufsieden (das).*
Bouillonner, *aufsieden , aufwallen.*
Boule , *kugel.*
Boulet rouge , *feüer-kugel.*

Boulet , *bolzen , haltnagel , splint-bolzen.*

Bourbe , *schlamm , pochschlamm , sumpfschlamm , after.*

Bourbeux , *pfützig , schlammig.*

Bourbier , *schlammgraben.*

Bourrer la cartouche dans le trou de mine , *verrammen.*

Bourg habité par des mineurs , *berg-flecken.*

Bourriquet , *haspel , kreuzhaspel.*

Boursouffler , *aufblähen , blähen.*

Bousin , *steinschale, lochberg , dach-schale.*

Boussole , *compass , grubencompass. bergcompass , eisenscheibe , hand-compass , hangcompass.*

Bout , *ende , spitze.*

Bouterolles , *zwinge.*

Bouton , *knopf , bleykorn.*

— de feu , *brenneisen.*

— d'antimoine tenant fer , *könig.*

Bowey-coal , *bowey-coal.*

Bractéole , *goldflitter.*

Branche d'un filon , *abkommendes , abkömniss.*

Bras de levier , *arm , hebarm.*

— de fer fixé au tiran d'une machine , *helfarm.*

Braser , *schweissen.*

Brasque , *kohlengestübe , lösche , frischgestübe, riepel, schwerge stübe, tagkohle, gestübe, leichtgestübe.*

— de fourneau, *ofengestübe.*

Brassage, *schlagschatz, münzgebühr.*

Brassoir , *rührhacken.*

Brèche , *durchbruch , seifengebirgs-art.*

Brèches , *breccien , trummerstein.*

Bretelles de mineur, *auslaufsseile.*

Bricolle de mineur, *achsel seil , siclen.*

Brillant, *glänzend , schimmernd , spielend , strahlend.*

Brimbale , *haspel winde , pumpen-schwengel.*

Brique , *ziegel , ziegelstein.*

— pulvérisée , *ziegelmehl.*

Briquet, *feüerstahl , feüereisen.*

Briquetage , *ziegelarbeit.*

Briqueterie , *ziegelhütte.*

Briquetier, *ziegelstreicher.*

Brisant , *klippe , brandung.*

Briser , *ausschlagen , auspochen , zersplittern, zerstufen, garbeliren, kleinen , kreisen , zerbrechen , zerschlagen.*

Briseur, *kalksteinklopper, ausschla-eger.*

— de cuivre , *kupferbrecher.*

Brocatelle , *brocatell.*

Broche , *daumen , dorn , spindel.*

— à vis , *schraubenspindel.*

Broiement , *reibung.*

Bronze , *ertz , erzspeize , bronze.*

— de Corinthe , *corinthischerz , elec-trum.*

— de fonte, *giesserz.*

Bronzite, *diallagon , bronzit.*

Broquette, *nägelchen. Voy. nagel , zwecke.*

Brouette, *karn , laufkarren , berg-karrn , schiebebock , schubkarren.*

— de galerie, *stollenkarren.*

Brouettée , *auslauf.*

Brouetter , *karren.*

Brouetteur, Brouettier, *karnlaüfer, auflaeufer, schiebeböcker, vorlau-fer, rostlaüfer.*

— des scories , *schlackenführer.*

— de bocard , *afterläufer.*

Brouillard, *nebel , nebelbank.*

Brouillé , *verworren.*

Broyé, *zermalmt.*

Broyer , *reiben , zerreiben , zermal-men , zermahlen.*

Bruissement , *rauschen.*

Brûlé , *gebrannt , verbrannt.*

Brûler , *brennen , abbrennen.*

Brume , *nebelbank.*

Brunâtre , *braunlich.*

Brun , *braun.*

— de bois , *holzbraun.*

— de girofle , *nelkenbraun.*

— de cheveux , *haarbraun.*

— de foie , *leberbraun.*

— de tombac , *tombakbraun.*

Brunir , *bruniren , garben.*

Brunissoir , *glattstahl.*

Brunon , *brunon.*

Brut , *roh.*

Bucardites , *buccarditen.*

Buccellation , *zerstückung.*

Buccinites , *bucciniten , cassiditen , posaunen schnecken.*

Bûcher de mine , *feüerbühne.*

Buffet d'eau , *aufsätze.*

Bufonite , *turkis , schlangenaugen , bufoniten.*

Buis pour polir , *putzholz.*

Buissons (en) , *staudenförmig.*

Bulbeux , *knollig.*

Bulle d'eau , *wasserblase.*

Bulleux , *bläserig , bläsig.*

Bullites , *bulliten.*

Bure, *schacht, stollenschacht, tage-schacht.*
Burin, *stichel, stecher, grabstichel.*
Buriner, *stechen, eingraben, mit dem grabstichel arbeiten.* Voyez *grabstichel.*
Buse, *gerinne, bläserohr.*
Byssolyte, *byssolit.*

C

Cabestan, *winde, haspelbaum.*
Câble pour monter le minerai, *bergseil.*
— servant à tirer quelque chose, *zugtau.*
— à élever des fardeaux, *windetau.*
Cabochon, *kopförmig.*
— (taillé en), *zweckenkopf (als zweckenkopf geschliffen), geschlegelt.*
Cacheter, *versiegeln.*
Cacholong, *cacholing.*
Cadette, *platte.*
Cadetter, *plätten.*
Cadmie, *cadmia, nicht (hüten).*
— naturelle ou fossile, *gällmey.*
— des fourneaux, *ofengalmey.*
— de zinc oxidé, *gallmeypflug.*
Cadran, *quadrant.*
— qui marque les heures pendant la nuit, *nachtuhr.*
— inclinant, *nebenuhr.*
— sciatérique, *schattenuhr.*
— solaire, *sonnenuhr.*
Caduc, *verfallen.*
Cadre de boisage, *bock.*
Cage de la roue d'une machine, *radstube.*
Cahoutchout fossile ou minéral, *erdpech (elastiches).*
Cahutte à écouter, *horchhaus.*
Caillé, *geronnen.*
Caillement, *gerinnung,*
Caillou, *kiesel, kiesling, gerölte, geschiebe, kieselstein.*
— du Rhin, *rheindiamant, rheinkiesel.*
— ferrugineux, *eisenkiesel.*
Caisse, *kasten, flussbüchse.* Voyez *fluss, hübeltrog.*
— au schlich, *erzkasten.*
— de secours pour les mineurs, *bergknappschafts kasse.*
— de bocard, *pochkasten, schliegfässerschüffel.*

Caisse pour les cendres, *aschkasten.*
— en tombeaux, *happenbrett, glauchheerd, waschbühne.*
Caisson à nettoyer les minéraux bocardés, *durchlass.*
Cakadu, *cakadu.*
Calamine, *gällmey, zinkkalk, saüerzinck.*
Calamite, *calamiten.*
Calcaire, *kalkicht, kalkartig.*
— brèche, *felsstein-breccie, kalknagelfluh.*
— primitif, *urhalkstein.*
Calcédoine, *chalcedon, kalzedon.*
Calcifère, *kalkhartig.*
Calcination, *verkalkung.*
Calciné, *verkalkt.*
Calciner, *verkalken, calciniren.*
Cale, *bucht*
Caléfaction, *wäermung, erhitzung.*
Calfeutrage, *verkleibung, verkleiben (das).*
Calfeutrer, *verkleiben.*
Calibre, *anleger.*
Caliorne, *flaschenzug.*
Calorimètre, *kalorimeter.*
Calorique, *wärmstoff.*
Calotte de mineur, *bergkappe.*
Calpe, *calp.*
Cambrer, *krümmen.*
Cambrure, *krümme.*
Came, *kammuschel.*
Cames d'une roue hérissée, *wellenkämme.* Voy. *welle. Daumlinge.* Voyez *däumeling.*
Camée, Camaïeu, *camee.*
Camelles, *camellen.*
Camerines, *münzsteine, pfennigstein, linsenstein.*
Camites, *chamiten.*
Campanille, *laterne.*
Camphre, *campher.*
Canal, *radfluder, rinne, gerinne, ressen, gefluder, durchlass, aftergerinne, flösse, fluthwerck, graben, teucherlauf.*
— qui conduit les eaux sur une machine, *pochgerinne, kunstgraben.*
— pour la décharge des eaux, *freygerinne.*
— de rafraîchissement, *abkühlgerinne.*
— de lavage, *lauterhobel.*
— carré, *lotte.*
Cancre de pin, *fichtenkrebs.*
Canne, *schilf.*
Canneler, *riefen, riefeln.*

Cannel-coal des Anglais, *kennel-kohle.*

Cannelstein, *kannelstein.*

Cannelure, *riefe, kerbe.*

Cannetille, *flitterchen.*

Canton, *revier.*

Cap, *vorgebirge.*

Capacité, *gehalt.*

Capillaire, Capilliforme, *haarförmig.*

Capitaine général des mines, *berghauptmann, oberberghauptmann.*

Capitel, *seifenlauge.*

Capsule, *capsel, abrauch-schaale, sandcapelle.*

Capuce, *kappe.*

Carabé, *bernstein.*

Caractère, *kennzeichen.*

— chimique, *chymische zeichen.* Voyez *chymisch.*

— distinctif, *unterscheidungskennzeichen.*

Caractéristique, *characteristik, exponent.*

Carat, *karat.*

Carature, *karatur, legierung, legieren (das).*

Carbonaté, *kohlengesaüerte.*

Carbone, *kohlenstoff.*

Carbonique, *kohlensaüer, hreidesäuere.*

Carbure de fer, *graphit, löschbley, bleystift.*

Carcaisse, *glasofen.*

Cardiolite, *cardiolith.*

Carié, *zerfressen.*

Carne, *kante.*

Carpolithes, *carpolitten, fruchstein.*

Carré, *quadrat, viereckig, geviert, gefiere, prägeisen, wurfelicht.*

— de gazon, *sahlerde.*

— à cuire les pipes, *brennkasten.*

Carreau, *münzplatte, munzschiene, schacht.*

Carreler, *platten.*

Carrelet, *kratze.*

Carrément, *quadrat, viereckig, würfelicht.*

Carrer, *quadrieren, abvieren.*

Carrier, *steinbrecher.*

Carrière, *steinbruch, kalkbruch, steingrube.*

— de grès, *sandsteingrube.*

Cartouche, *patrone, schiesspatrone.*

— de bois, *schiessröhre.*

Cartulaire, *register.*

Caryophillites, Caryophilloïdes, *caryophilliten, nelkensteine.*

Cascade, *wehr.*

Casque d'une machine, *kreusbiegel.*

Cassant, *zerbrechlich, kaltbrüchig.*

Casse, *kasten.*

Casser, *zerbrechen, zerklopfen, zermahlen, zersetzen, kreisen, kleinen, auspochen, ausschlagen.*

Casserie, *stuffwerk.*

Casseur, *auschlaeger, erzfäustel.*

Cassidites, *cassiditen, helmschnecken, sturmhauben.*

Cassure, *bruch.*

— longitudinale, *langenbruch.*

— transversale, conchoïde, ondulée, *muschligerquerbruch, querbruch.*

Castine, *fluss, kalkstein.*

Catacoustique, *catacoustik.*

Catadioptrique, *catadioptrik.*

Catadoupe, catadupe, cataracte, *wehr.*

Cathète, *katheten.*

Catin, *pfanne, stichherd, vortiegel.*

Catoptrique, *katoptrick, spiegelkunst.*

Caulk des Anglais, *schwerspatherde.*

Causticité, *aetzkraft.*

Caustique, *aetzend, brennpunckt.*

Cautère, *brenneisen.*

Cautionnement, *vorstand.*

Caverne, cavité souterraine, *höhle, höhlung, unterhöhle.*

— dans les filons, *mülde.*

Caverneux, *grubig.*

Ceinture, *gurtel.*

Célestine, *celestin, cœlestin.*

— spatique, *cœlestinspath.*

Cellépores, *schwammstein.*

Celléporites, *celleporiten.*

Cellulaire, *zellenförmig, zellig.*

— véniforme, *adrigzellig.*

Cellule, *zelle.*

Cément, *cement.*

Cémentation, *cementirung.*

Cémenter, *cementiren.*

Cenchrite, *cenchrit.*

Cendre, *asche.*

Cendre brûlante, *grude.*

— du bassin d'affinage, *herdasche, aschersatz.*

— lessivée, *aüsschläg.*

— d'éteul, *gruasche.*

— de coupelle, *treibasche.*

— de cuivre, *kupferarche.*

— d'os, *beinasche.*

— dont on se sert pour la dorure, *goldlumpen.*

Cendrée, *capellenasche, bleyasche.*
— de spath, *spathasche.*
— d'étain, *zinnasche.*
Cendrier, *aschloch, aschenbehälter, aschenfall.*
Cens pour l'usage d'une machine hydraulique, *zeugsteüer.*
Centigrade, *hundertgradig.*
Centigramme, *centigramme.*
Centimètre, *centimeter.*
Centralisation, *zusammenziehung.*
Centre, *centrum.*
— de gravité, *schwerpunct.*
— d'action, *centrum der action.*
— d'un cercle, *zirkelpunct.*
Centrifuge (force), *centrifugalkraft.*
Centripète (force), *centripetalkraft.*
Ceratophyte, *ceratophyten.*
Cerceau, *reif.*
Cercle, *reif, zirkel, himmelzirkel, krone.*
— horaire, *stundenzirkel.*
— de latitude, *breitenzirkel.*
— de pompe, *pumpenreif.*
— diurne, *tagezirkel.*
— lumineux, *lichtkreis.*
— de la terre, *erdzirkel.*
— méridional, *mittagszirkel.*
— à feu, *reif.*
Cérébrites, *cerebriten, meandriten.*
Cérite, *cerith.*
Cerium, *cerium.*
— oxidé silicifère, *tungstein.*
Certificat qu'une mine est libre ou disponible, *freyzettel.*
Céruse, *bleyweiss.*
Cesser, *eingehen.*
— de fondre, *ablassen.*
— le feu dans les fonderies, *abfeueren.*
Césure, *abschnitt.*
Ceylanite, *ceylanith.*
Chabasie, *chabasie.*
Chaîne, Chaînette, *schleppkette.*
— à mailles, *panzerkette.*
— de fer pour traîner les bois, *eisenschurz.*
— de fil d'archal, *drahtkette.*
— de géomètre, *messkette.*
— des seaux de mines, *eimerketten.*
Chaînes de montagnes, *gebirge.*
— (courtes), *gebirgsjoch.*
Chair de montagne, *bergfleisch.*
Chalcite, *kupferkobolt.*
Chalcographe, *kupferstecher.*
Chalcolite, *chalcolith, torberit, torbernit.*
Chalcophone, *klingstein.*
Chaleur, *wärme.*

Chalumeau à souder, *lothrohr.*
Chambre de triage, *scheidestube.*
— de commerce, *berghandlung.*
Champ, *feld.*
Chancellerie des mines, *bergcanzley.*
Chandelle, *ständer.*
Chancissure de fer, *eisenschimmel.*
Chanfrein, *ablauf.*
Changeant, *veränderlich, schiel.*
Changement, *umtauschung, abwechselung, wechsel.*
Changer, *verändern, einwechseln.*
Chanson de mineur, *bergreyhen.*
Chante-pleure, *zugloch.*
Chanteur des mines, *bergsänger.*
Chantignole, *unterlage.*
Chape de pompe, *pumpendeckel.*
Chape, Chapelle, *zapfendecke.*
Chapeau, *hut.*
Chapelet, *schöpfwerk, eimerkunst, paternosterwerck.*
Chaperon de mineur, *fahrkappe.*
Chaperonner une muraille, *dachen.*
Charbon, *kohle, zeichenkohle.*
— pur, *kohlenstoff.*
— de pierre, de terre, *steinkohle.*
— fossile, *brennkohlen.*
— éteint, *löschkohl.*
— de bois, *holzkohle,*
Charbonnée, *kohlensatz.*
Charbonnier, *kohlenbrenner, köhler.*
Charge, *last.*
— d'un fourneau, *erzschicht.*
— d'un transport de minerai, *fürherz.*
— d'un quintal, *zentnerlast.*
Charger la tonne, *anschlagen.*
— le fourneau, *aufgeben.*
— le haut fourneau, *juchtsetzen.*
— outre mesure, *übersetzen.*
Chargeur, *aufläder, auflaeufer, einspänner, aufgeber.*
— des tonnes, *anschlaeger.*
Chariot pour le transport du minerai, *erzhöhle, hohle, hohlwagen.*
Charographie, *landbeschreibung.*
Charpente, *zimmerwerk.*
Charpenter, *zimmern.*
Charpentier, *zimmermeister.*
Charpentier mineur, *zimmerhauer, zimmersteiger.*
Charrée, *laugenasche.*
Charretier de minerai, *erzhöhlführer.*
Charriage du minerai, *berglaüfen.*
Charrier, *führen.*
Charrioteur, *auflaeufer.*
Charroi, *gefahrt.*

Châsse de la balance d'essai, *probiergehäuse.*
Châssis, *schieber.*
Chat, *katze, sucheisen.*
Chatoyer, *schillern.*
Chaud, *wärme.*
Chaude, *glühe.*
Chaude-suante, *schweisshitze.*
Chaudière, *kessel, pfannen, wärmpfanne.*
— à calciner, *calcinirkessel.*
— de ressuage, *frischpfanne.*
— à soufre, *schwefelpfanne.*
— pour cuire le salpètre, *salpeterkessel.*
— de saline, *salzpfanne, beypfanne, schlammpfanne.*
Chaudron, *kessel.*
— de pompe ordinaire, *pumpenkappe.*
— de pompe à feu, *windkessel.*
Chauffer, *wärmen, auswaermen, abwaermen, anwaermen.*
— à blanc, *weissglühen.*
— au rouge, *abglühen.*
— entièrement, *auswaermen.*
Chaufferie, *eisenhammer schmezesse.*
Chauffeur, *wärmer.*
Chaufour, *kalkofen, kalkhütte.*
Chaufournier, *kalkbrenner.*
Chaussée d'étang, *teich-damm.*
Chaux, *kalk, kalkerde.*
— aérée, *kalkspath.*
— amère, *bitterkalk.*
— argileuse, *mergel.*
— arseniatée, *pharmacolith.*
— bacillaire, *stängelkalk.*
— bitumineuse, *stinkkalkstein, stinkstein.*
— blanche, d'arsenic natif, *arsenikkalk.*
— boracique, boratée, *boraxspath, borazit.*
— boratée siliceuse, *datholit.*
— brune, *braunkalk.*
— carbonatée, *kohlengesauerterkalk, kalkstein.*
— — cristallisée, et nombre de ses formes déterminables, *kalkdrusen.*
— — aluminifère, *thonigkohlengesäuerterkalk, dolomit.*
— — concrétionnée, coralloïde, *kalksinter, flos ferri, bergtropfen, eisenblumen.*
— — crayeuse, *kreide.*
— — cristallisée, *kalkdrusen, kalkspath.*

Chaux carbonatée ferrifère, *spath-eisenstein, braunspath, weissstein, flintz, feinerz, plin.*
— — — et magnésifère, *braunspath, flintz.*
— — — scapiforme, *braunkalk* (*stanglicher*)
— — fétide, *stinkkalkstein, stinkstein, saustein, schweinestein.*
— — fibreuse, *kalkalabaster, kalktuff, kalkrahm, duckstein, fadenstein, wasserstein.*
— — géodique, *kalkdrusen.*
— — globuliforme, *erbsenstein, roogenstein, wickenstein, schrotbank.*
— — grossière, *kalksand, kalkstein, holzkalk, lederkalk.*
— — lamellaire, *phyllolith.*
— — laminaire, *blätterspath.*
— — magnésifère, *bitterspath, talkspath.*
— — nacrée, *schaumerde.*
— — prismatique tronquée, *kanonendrusen.*
— — pulvérulente, *bergmehl.*
— — quartzifère, *quartzigerkohlengesaüerterkalk.*
— — ruiniforme, *ruinenmarmor.*
— — saccaroïde, *bergzucker.*
— — spiculaire, *haardruse.*
— — spongieuse, *bergmilch, mehlkreide, mondmilch.*
— testacée, *schaalstein.*
— d'or, *goldkalk.*
— bacillaire, scapiforme, *stängelkalk.*
— de plomb, *bleykalk.*
— fluatée, *flussgesaüerterkalk, fluss, flussspath, phosphorspath.*
— — aluminifère, *flussgesauerterkalk, thonigkohlengesaüerterkalk.*
— métallique, *metallische kalke.*
— nitratée, *salpetergesaüerterkalk.*
— phosphatée, *phosphorgesäuertekalk, phosphorit, phosphorkalk, apatit, chrysolith-fluss.*
— — verte, *spargelstein.*
— — grossière, *knochenerde.*
— scapiforme, *stängelkalk.*
— sulfatée, *schwefelgesaüertekalk, gyps*
— — anhydre quartzifère, *kieselgyps.*
— — bitumineuse, *gypsleberstein.*
— — blanche, *nicht, nichts.*
— — calcarifère, *gyps, gypstein.*
— — compacte, *gypsalabaster, gypstein.*

Chaux sulfatée cristallisée, *gyps-drusen, gypskeile, gypscristal, lebergyps, gypsspath, frauenglas.*
— — fibreuse, *gypsblume, gyps-sinter, fasergyps, fadenstein.*
— — niviforme, terreuse, *gypserde, gypsmehl, mehlgyps.*
— — quartzifère, *gypstein.*
— — stallactiforme, *gypstropfstein.*
— — trapézienne, *fraueneis, gypswürfel.*
— vive, *streichkalk.*
Chekao, *chekao.*
Chelonites, *schwalbenstein.*
Chemin battu, *bahn.*
Cheminée, *stollenschacht.*
— de forge, *schmiedeesse.*
Chemise du fourneau, *fuder.*
Chenet, *brandbock, pfannenbock.*
Chercheur d'or, *goldsucher.*
Cheval de descente, *fahrt-ross.*
Chevalet, *schragen, schrotbock, bock, steg.*
Chever, *aushöhlen.*
Chevet d'un filon, *liegende.*
Cheville ouvrière, *haltnagel.*
— de bois, *brandnagel, pflock.*
— de pompe, *pumpennagel.*
— de fer, *schliessnagel, deckel.*
Cheviller, *einpflöcken.*
Chèvre, *hebezeüg.*
Chevron, *bock.*
Chiasse, *schlacke.*
Chiastolite, *chiastolith.*
Chien, *hund, berghund, bergtrug, bergtruhen.*
Chiliogone, *tausendeck.*
Chimie, *chymie, chymia, scheidekunst.*
Chimique, *chymisch.*
Chimiste, *laborant, schiedekünstler.*
Chio, *auge.*
Chipre (mine de), *cyprischerz.*
Chirite, *handstein.*
Chlorite, *chlorit, chloriterde, chlorit schiefer.*
— commune, *gemeiner chlorit.*
— schisteuse, *chloritschiefer.*
— zographique, *grünerde.*
Chlorophane, *clorophan.*
Choc, *stoss.*
Chocquer, *stossen.*
Choisir, *kiesen, auskernen.*
Chômage, *feyern (das).*
Chômer, *ausfeiern, feyern.*
Chopinette de pompe, *pumpenkolbe.*

Chorobate, *chorobat.*
Chorographie, *landbeschreibung.*
Chromate de fer, *chromium saüres eisen.*
Chrome, *chromium.*
— terreux, *chromium oker.*
Chronomètre, Chronoscope, *zeilmesser.*
Chryolite, *kryolith.*
Chrysoberil, *chrysoberilb.*
Chrysocole, *goldleim, berggrün, kupfergrün.*
Chrysolyte, *chrysolith, goldstein.*
— des volcans, *afterchrysolith.*
Chrysoprase, *chrysopras.*
Chusite, *chusith.*
Chute, *abfall, einfall, fall.*
— impétueuse, *abschuss.*
— d'eau sur une roue, *aufschlag, wasserfall.*
— de neige, *schneefälle.*
Ciel du fourneau, *ofengewölbe.*
Cierge d'eau, *wasserkerze.*
Cime, *gipfel, kuppe.*
— de montagne, *gebirgsrücken.*
Cimentier, *cementierer.*
Cimolie, *cimolischerde.*
Cimolite, *cimolith.*
Cinabre, *cinnober, zinnober.*
— naturel, *bergzinnober.*
Cinération, *veraschung.*
Cintré, *gewölbte.*
Circonférence, Circuit, *krone, umkreis.*
Circonscrire, *umschreiben.*
Circonvolution, *schneckengewinde.*
Circulaire, *zirkelförmig, zirkelig, kreisförmig.*
Circulation, *circulation, circulirung.*
— de l'air dans les mines, *wetterlosung.*
Circulatoire, *zirkulgefässe.*
Cire de terre, *erdwachs.*
Cisailler, *zerschneiden.*
Cisailles, *schrot, schrotscheere, cisalien, kupfersehcere, drahtscheere.*
Cise, *cise.*
Ciseler, *treiben, einmesseln.*
Ciseau, *schroteisen, schröter, schrotmeissel, kupferschröter, meissel.*
— fin et étroit pour faire les coupures des râpes, *raspelmeissel.*
— à l'usage des ferblantiers, *ziermeissel.*
— à couper le fer à chaud, *kaltmeissel.*
— — à froid, *bankmeissel.*
— de sculpteur en marbre, *breiteisen.*

Ciseau pour faire des entailles, *haumeizel.*

Ciseler, *bunzeln.*

Ciselet, *grundungseisen,* grabstichel, *treibebunzen.*

Ciseleur, *eisengräber.*

Ciselure, *einmeisselung.*

Cisoir, *cisoir.*

Cissoïdal, *cissoïdalisch.*

Cissoïde, *cissoïde.*

Cithérieur, *diesseitig.*

Claie, *durchwurf.*

Clair, *hell, leuchtend.*

Claire, *kläre, capellenasche.*

Clameur, *berggeschrey.*

Clapet, *klappe, schnepperlein.*

— d'une pompe, *pumpenklappe.*

Clarification, *läuterung.*

Clarifier, *abhellen.*

Classification, *klassification, klassificirung.*

Clavette, *steckfedern, feder.*

Claviforme, *kolbenförmig.*

Clayonnage, *näther, packwerk, senkschlacht, strauchhaupt.*

Clef à vis, *schraubenschlüssel.*

Clepsydre, *wasseruhr, sanduhr, seiger.*

Climat, *klima.*

Clinquant, *flittergold, lougold, roschgold.*

Clivage, *durchgang.*

Cliver, *klowen.*

Cloche de distillation, *ausglühtoff.*

Clôture, *verschränchung.*

Clou, *nagel, bretnagel.*

— à tête, *blechnagel.*

— à grosse tête ronde, *bleynagel.*

Clou conducteur, *leitnagel.*

Cloutière, Clouvière, Clouyère, *nageleisen.*

Coack, *koack, coack.*

Coagulation, *gerinnung, anschuss.*

Coagulé, *geronnen.*

Cobalt, *kobolt ou cobalt.*

— arseniaté, *koboltbeschlag, koboltblumen, koboltblüthe, rothkobolterz.*

— arsenical, *speiskobolt.*

— éclatant, *koboltglanz.*

— gris, *koboltglanz, speiskobolt, koboltgraupen, striegelkobolt, farbenkobolt.*

— oxidé, *koboltmulm, kobolterde, koboltocher, koboltkürre, schlackenkobolt, lederkobolt.*

— sur, *koboltkönig.*

Coche, *kerbe.*

Coccolithe, *coccolith, kockolith.*

Cochlite, *cochliten.*

Cochon, *sau.*

Coëfficient, *coëfficient.*

Cœurs de bœufs, *ochsenherzen.*

Coffre à feu, *feüerkessel, feüerkiste.*

Cognée, *beil, holzhacke, kuhkamm.*

— petite, *beilchen.*

— du mineur, *berghäkel, berghäklein.*

Cogner, *einschlagen.*

Cognoir, *klopfholz.*

Cohésion, *zusammenhang.*

Cohober, *cohobiren.*

Coin, *ecke, keil, spaltkeil, sohleberg, stämpel, fimmel, probestüempel, prägestock, prägeisen.*

— de la monnoie, *münzeisen.*

— pour fendre la roche, *bletz, feder.*

Coïncidence, *gleiche, zusammentreffen.*

Coïncider, *zusammenfallen.*

Col, *schluchte, schluft.*

Colle naturelle, *steincknorpel.*

Collecteur des fonds nécessaires aux dépenses d'une exploitation, *bergpfleger.*

Collection de minéraux, *stufenkabinet.*

Collège des mines, *berggemach.*

Coller, *ankleiben.*

Colline, *hühel, horst.*

— sablonneuse, *sandhügel.*

Colombium, *columbium-erz.*

Colonnaire, *stanglich.*

Colonne, *säule.*

— d'eau, *wassersäule.*

— d'air, aérienne, *luftsäule.*

— qui soutient une poutre, *gangpfoste.*

Colophane, Colophanite, *colophonium.*

Colures, *coluren.*

Combinaison, *zusammensetzung.*

Comble, *überhaufung, gipfel.*

Combler, *verstürzen.*

Combustibilité, *brennbarkeit.*

Combustible, *brennbar, verbrenlich, inflammabilien.*

Combustion, *verbrennung.*

Comète, *komet.*

Commencement du travail, *ansitzen.*

Commencer la fonte, *anlassen, anschmelzen.*

— à se fondre, *grinsen.*

— à creuser, *beschürfen.*

— à polir, *anschleifen.*

Commensurable, *abmessbar, kommensurabel.*

Commensurabilité, *abmessbarkeit.*

Commerce de fer, *eisenhandel.*

— de sel, *salzhandel.*

Commun, *gemein.*

Compacité, *dichte, dichtigkeit.*

Compacte, *derbe, dicht.*

Compagnie d'exploitans, *gewerckschaft. geselschaft einer zeche.*

Compagnon d'un filon, *gefahrte.*

Comparer, *vergleichen.*

Compartiment, *abtheilung.*

Compas, *zirkel, hohlzirkel, abweichungszirkel.*

— à verge. *stangenzirkel.*

— à pointes changeantes, *steckzirkel, haarzirkel.*

— à pointes recourbées, *hohlzirkel.*

— courbé, de tourneur, *tastenzirkel.*

— pour mesurer les angles, *winkelzirkel.*

Compassement, *abzirkelung.*

Compasser, *abzirkeln, zirkeln.*

Complément, *vollendung.*

Complexe, *zusammengesetzt, verwickelt gefügt.*

Composé, *zusammengesetzt, zusammensetzung*

Composer, *zusammensetzen.*

Composition pour argenter, *brennsilber*

Comprimé, *gepresst, breit gedruckt.*

Comprimer, *zusammendrücken, verdrucken.*

Comptable, *rechnungsführer.*

Compte-pas, *schrittmesser, schrittzähler.*

Concassé, *zermalmt.*

Concasser, *zermalmen, schüsseklein machen.*

Concave, *hohlrund.*

Concentration, *concentration, concentrirung.*

Concentrique, *homocentrisch.*

Concession, *muthung.*

— de mine d'alluvion, *seifensmuthung.*

— libre, *freylehn.*

Concessionnaire, *muther.*

Conchites, *conchitten.*

Conchoïde, *muschelförmig, muschelicht, muschelig.*

Conchyologie, *muschelkunde.*

Concision, *bestimmtheit.*

Concrétion, *anschuss.*

— quartzeuse des eaux du Geyser, *geyser sinter.*

Concrétion pierreuse, *sinter, geysersinter, perlsinter.*

— gypseuse, *gyps-sinter.*

Concrétionné, *gesintert, concrescirt.*

Condensateur, *condensator.*

Condensation, *verdickung.*

— de l'air, *luftverdichung.*

Condenser, *verdicken.*

Conducteur des travaux souterrains, *schichtmeister.*

— électrique, *leiter, electrische leiter.*

Conductrice (propriété), *leitungsfähigkeit.*

Conduire le nez, *vernasen.*

Conduit, *gefluder, leitung.*

— d'air, *abzüchte.*

— pour l'écoulement des eaux d'une galerie, *stollengerinne.*

— d'eau, *graben, wassergang.*

— carré, *lotte.*

Cone à fondre, *giessbückel.*

Confirmation, *bestätigung.*

Confirmer, *bestätigen.*

Confiscable, *verfallen.*

Conflagration, *verbrennung.*

Confluent, *zusammenfluss.*

Confondu, *vermengt.*

Conforme, *gleichförmig.*

— aux lois sur les mines, *bergrechtlich.*

— aux usages des mineurs, *bergläufig.*

Confus, Confusément, *verwirt, verworren.*

Confusion, *vermengung, verwirrung.*

Congédier, *ablegen.*

Congélation, *gerinnung.*

Congeler en manière de cristal, *anschiessen.*

Conglomérat, *conglomerat.*

Coniglobe, *sternkegel.*

Conique, *kegelförmig.*

Conite, *conit.*

Connexion, connexité, *zusammenhang.*

Conoïdal, *afterkegelförmig.*

Conoïde, *afterkegel.*

Conotrochites, *conotrochitten.*

Conque anatifère, *aentenmuschel, entenmuschel.*

Conseil des mines, *bergamt.*

Conseiller des mines, *bergrath.*

— de l'administration supérieure des mines, *oberbergrath.*

Conséquent, *hinterglied.*

Considération, *rücksicht.*

Conspirant, (puissances conspi-
rantes), *gleichwirkendekräfte.*
Constellation, *sternbild, gestirnt-
stand, himmelszeichen.*
Constringent, *zusammenziehend.*
Consumer en fondant, *verschmelzen.*
Construction de digues, *dambau.*
Construire des digues, *dammen.*
Contenance, contenu, *gehalt.*
Contenu du fer, *eisengehalt.*
Contenir les eaux, *wasserhalten.*
Contexture, *gewebe.*
Contingent de frais, *zubusse.*
Continu, *ganghaft, ganghaftig.*
Continuation de l'exploitation, *fort-
bau.*
Contourné, *krumgebogen.*
Contracté, *contrahirt.*
Contrastant, *kontrastirend.*
Contre-balance, *gegengewicht.*
Contreboutant, *strebewand.*
Contrée unie, *aue.*
— argileuse, *lehmland.*
Contre-épreuve, contre-essai, *gegen-
probe, gegenriss.*
Contrefait, *krum.*
Contrefiche, *strebe.*
Contre-fort, *strebewand.*
Contre-mine, *gegenmine.*
Contre-mur, *futtermauer.*
Contre-percer, *gegenbohren.*
Contre poids, *gegengewicht.*
Contre-poinçon, *durchschlag.*
Contrescarpe, *gegenwall.*
Contrevent, *laden.*
Contrôle, *gegenbuch, bergbuch.*
Convenance, *gleichlaufigkeit.*
Convergence, *zusammentreffen, zu-
sammenlauf.*
Convergent, *convergirende flächig.*
Convexe, *convex, gewölbte, halb-
gebogen.*
Convulsion, *zucken (das).*
Copartageant, *theilhaber.*
Copeau, *abschnitt, spahn.*
Coquillage, coquille, *muschel,
schaalthier, schaalthiergehaüse.*
Coquille bivalve, *zweyschaaligemu-
schel.*
Coquillon, *ruhrhacken.*
Corail, *corallen.*
— noir, *corallen schwarz.*
Coralliforme, *aestig, zapfenförmig.*
Coralliolithes, Corallittes, *corallio-
lithen, coralliten, corallenstein.*
Coralloïde, *corallenförmig.*
Corbeille, *füllfass.*
Corde, cordage, *seil.*

Corde de poulie, *klobenseil.*
— de fer, *seileisen.*
Cordeau, cordelette, cordon, cor-
donnet, *schnur, messchnur, richt-
schnur.*
— pour aligner, *absteckschnur.*
— des arpenteurs, *messchnur.*
Corder, *verschnüren,*
Cordonner la monnoie, *beranden.*
Coriace, *zähe.*
Corim, *corim.*
Corindon, *corund.*
Cornaline, *carneol.*
Corne, *kante.*
— d'ammon, *ammons-horn.*
Cornéenne, *horngestein, afterhorn-
stein.*
Cornet, *scharmüzel, wolutithen.*
Cornet d'essai de l'or, *probierplätt-
chen.*
Cornière, *klammer.*
Cornue, *kolbe, retorte.*
Corporation des mineurs, *knapp-
schafft, bergknappschafft.*
— des fondeurs, *hüttenknapschaft.*
Corporel, *körperlich.*
Corporification, *verkörperung.*
Corporifier, *verkörpern.*
Corporisation, *verkörperung.*
Corps de pompe, *pumpenkammer.*
Corpuscule, *körperchen.*
Corroder, *beitzen, aetzen.*
Corrodé, *zerfressen.*
Corrompu, *verfault, faul.*
Corrosif, *scharf, beissend, aetzend.*
Corroyer, *garben, schrubben, zu-
sammenschmieden, ausschweissen.*
Corruption, *verderbniss.*
Coruscation, *schimmer.*
Cos, *wetzschiefer.*
Co-sécante, *co-secante.*
Co-sinus, *co-sinus.*
Cosmogonie, *cosmogonie.*
Cosmographie, *cosmographie.*
Cosmolabe, *kosmolabium.*
Cosmologie, *cosmologie, weltlehre,
weltkunde.*
Cosse, *dachschale.*
Costume de mineur, *grubenzeug.*
Cotangente, *cotangent.*
Côte, *gestadt.*
— de la mer, *seeküsten.*
Côté, *seite, kante.*
— d'un carré, *quadratseite.*
— d'un marteau, *hammerbacken.*
Cotiser, *anlegen.*
Cotton-erz, *cotton-erz, kottonerz.*
Cou, *hals.*

Cou tors, tordu, de travers, *krum hals.*

Couchant, *abend.*

Couche, *lager, flötz.*

— de terre, *erdflötz, erdlage.*

— des marais salans, *salzteich.*

— de laitier dans le fourneau, *schlackenschicht.*

— transversale, *querschicht.*

— vitreuse, *gläserneschicht.*

— quartzeuse très-mince, *glaes, zieger, zieger adern.*

— mêlée, *geschütte.*

— étrangère, *fremdeschicht.*

Coucher, *liegen.*

— des astres, *untergang.*

Coucou, *kuckuckstein, kuckucschiefer.*

Couenterfait, *zink.*

Coulée, *gestossen, geflossen.*

— de fonte, *abstechnung.*

Couleur, *grundfarbe, farbe.*

— aurore, *morgenfarbe.*

— de bronze, *erzfarbe.*

— d'eau, *wasserfarbig.*

— d'émail, *schmelzfarbe.*

— matrice, *grundfarbe.*

Coulisse, *schieber,*

Couloir, *rolle, renne.*

Coup, *stoss.*

— de marteau, *hammerschlag.*

Coupant, *schneidend.*

Coupe, coupure, *schnitt, abschnitt, ritz.*

— transversale, *querschnitt.*

Coupellation, *capellirung.*

Coupelle, *capelle, schirbel.*

— pour faire rougir l'or, *glühtasse.*

— pour les essais, *probierkapelle.*

Coupeller, *capelliren, abgehen, abtreiben.*

Couper, *schneiden, unterhauen, abhauen, anschneiden, benehmen, abschneiden, unterschneiden.*

Couperet, *hackmesser.*

Couperose blanche, *zinkvitriol.*

— bleue, *kupfervitriol.*

— verte, *eisenvitriol.*

Coupoir, *münzscheere, benehmscheere, blechscheere, durchschnitt.*

Courant d'air, *wetterwechsel, wetterzug.*

— de la mer, *seestrohm.*

Courbe, courbé, *krumm, krummelinie, krummflächig, bogig.*

— à demi, *halbgebogen.*

Courber, *krümmen, kröpfen, umbrechen.*

Courbestan, *korbstange.*

Courbure, *krümme, krummung, biegung.*

Coureur, *laufer.*

— de gazon, *rasenlaufer.*

Courroies de mineurs, *auslaufsseile, arschseil.*

Couronne, *kranz, krone.*

Couronnement, *krone.*

Cours des astres, *sternlauf.*

Court, *metzig.*

Courtailles, *schrottmessing.*

Coussinet, *stechküssen.*

Couteau, *messer.*

— à hacher, *hackmesser, kerbmesser.*

— pour creuser le pas d'une vis de bois, *geisfuss.*

— pour la sueur, *schweissmesser.*

Coutumes des mineurs, *berggebrauche.*

Couvercle, *deckel.*

Couverture du canal d'écoulement, *tragewerk.*

— du fourneau d'affinage, *treibehut.*

Couvrir, *umhüllen, dachen.*

— de bâtimens, *bebauen.*

Crac, *krach.*

Craquer, *knirschen, knistern.*

Craie, *kreide, schreibkreide, klyta.*

— de Briançon, *talk, Briançonnekreide.*

— d'Espagne, *speckstein.*

Crain, *wechsel, fälle.*

Crampon, *klammer, eisporn, fahrt-haspe, studel.*

Cramponner, *klammern, anhaspen, anklammern.*

Cran, *kerbe.*

Crapaudine, *krötenstein, bufoniten, froschstein.*

Craquement, *knall.*

Craquer, *knistern, knallen, knastern, knirschen.*

Craques, *krystallüfen.*

Crasses, *schlacke, garkrätze, abstrich.*

— grasses, *fetteschlacken.*

— imparfaitement fondues qui s'attachent à l'œil du fourneau, *geschur.*

Crasseux, *schlackig.*

Cratère, *krateren.*

Crayon, *bleystift, reissbley.*

Crême de chaux, *kalkrahm.*

— de tartre, *brechweinstein.*

Crecelle, *knarre.*

Crénaux, *zinne.*

Créneler, *rändeln.*

Crêper, *zainen.*
Crépitation, *platz.*
Crépuscule, *dämmerung.*
Cretacé, *kreidenartig.*
Crevasse, *schramme, ritz, klinse, kluft, schmeerkluft.*
— survenue subitement dans une montagne, *bergrap.*
Crevasser, *rissig, schrammig.*
Creuser, *unterhöhlen, untergraben, auslenken, eingraben, kunst graben führen, absencken, absaigern, schroten.*
— une rigole près du filon, *schrämmen.*
— avec une gouge, *ausstämmen.*
— de part en part, *durchholen.*
— en bas, *durchsinken.*
Creuset, *tiegel, schmelztiegel, glashafen, probiertiegel.*
— (grand), *zahrtiegel.*
Creux, *hohl, höhlung, kessel, vertiefung, loch.*
— pour conserver de l'eau, *quäele.*
— à l'extrémité, *ausgeholte an den enden.*
— à la surface, *drusig.*
Crible, *sieb, drathtsieb, durchwurf, keübel.*
— à main, *handrädler.*
— de fil d'archal, *drahtsieb.*
— à mailles de fer, *räder.*
Criblé, *durchlöchert, augig.*
Cribler, *sieben, sichten, durchsetzen, reitern, durchrädlern, durchsieben, ausraeden, aussieben, ausraiden, ausrädeln ausrüdern, ausreitern.*
Cribleur, *sieber.*
Criblure, *siebstaub.*
Cribration, *durchsieben (das), siebarbeit, aussiebung.*
Cric, *winde, wagenwinde.*
Crispite, *crispite.*
Cristal, *krystall, bergkrystall.*
Cristallisation, *krystallisation, anschuss.*
— (eau de), *krystallisationswasser.*
Cristalliser, *anschiessen.*
Cristaux triples, *dryllingskrystalle.*
Croc, *reutkratze.*
— à vis, *schraubennagel.*
— de bord, *bordhacken.*
Crocalite, *crocallit.*
Croche, *schief.*
Crochet, *hacken, wendehacken, schlepphaken, klammer.*
— aux scories, *seigerhacken.*

Crochet pour sortir la loupe du fourneau, *teulhacken.*
— à mâchoires, *backenhacken, fahrthaken, hacken.*
— pour tirer quelque chose, *ziehhacken.*
Crochu, *krumm.*
Crocus d'antimoine, *spiesglassafran.*
Croisant en angles droits, *winkelkreutz.*
Croisette, *staurolith.*
Croissance, *wachsthum.*
Croix d'une machine à molettes, *göpelkreütz.*
— gnomique, *stundenkreutz.*
— oblique, *andreaskreutz.*
Cron, *muschelbruch.*
Crône, *krahn.*
Cronglas des Anglais, *cronglas, crownglas.*
Crouler, *einsenken.*
Croupe, *gipfel.*
Croûte, *kruste.*
Cruciforme, *kreuzförmig.*
Crue, *wachsthum.*
Crustacés, *schalthiere.*
Cryolithe, *cryolith, kryolith.*
Cryptoleucite, *kryptoleucit-lava.*
Cryptométallien, *kryptometallien.*
Cube, *kubik, kubisch, wurfel.*
Cuber, *kubiren.*
Cubique, *kubisch, kubik, würfelförmig.*
Cuboïde, *kuboïdisch.*
Cubododécaèdre, *kubo-dodecaedrisch.*
Cubooctaèdre, *kubo-octaedrisch.*
Cubotétraèdre, *kubo-tetraedrisch.*
Cucurbite, *kolbe, distillirkolbe, brennkolbe.*
Cuiller, *kelle, herdlöffel, schmelzlöffel, probierlöffel.*
— de pompe, *pumpenbohrer, schrottbohrer, bohrstange.*
— pour puiser, *ausschopff-kelle.*
— pour le métal fondu, *giesskell, giesslöffel.*
Cuillerée de cuivre en fusion, *hartstich.*
Cuir de montagne, fossile, *bergleder, berggork*
— dont on garnit une machine, *kunstleder.*
Cuirasse, *harnisch.*
Cuire du sel, *salzsieden.*
— du vitriol, *vitriol-sieden.*
Cuite, *sieden, sod.*

Cuivre , *kupfer.*
— arseniaté, *olivenerz, kupferarse-*
nik , linsenerz , arsenikalkupfer.
—— lamelliforme, *kupferglimmer.*
— arsenical, *olivenerz, kupferlech.*
— azuré , *kupferlasur , lazurerz.*
— blanc, *kupferweisserz , weisskup-*
fererz , pack-fong.
— bitumineux, *kupferbrand.*
— brun , *kupferbraun.*
— calciné, *kupferasche, kupferkalk.*
— carbonaté bleu , *kupferlasur ,*
kupferblau , blauerz.
—— vert soyeux, *kupferatlas ,*
kupferfedererz.
—— pulvérulent tirant sur le bleu ,
kupferbeschlag.
—— vert, *kupfergrün.*
— couleur de brique, *kupferziegel-*
erz.
— de cémentation, *kupferschlich ,*
neüsohlerkupfer , kupferquellen.
— gris, *fahlerz , graugültigerz ,*
grauerz.
—— antimonié, *schwarzgültigerz.*
—— spiciforme, *kornähren, fliegen-*
fittige.
— granulé, *granulirt kupfer.*
— hépatique , *buntkupfererz, bruh-*
erz.
— limé, *kupferfeil.*
— lisse, *glattegare.*
— des scories de l'affinage, *gar-*
schlackenkupfer.
— de matte des scories du raffinage,
garschlackenrostkupfer.
— jaune, *messing, gelbkupfererz.*
— de refonte , *krätzkupfer.*
— micacé , *kupferglimmer.*
— muriaté, *kupfersand , atacamit ,*
kupferkochsalz, salzsaüreskupfer.
— natif , *kupfermoos , gediegene*
kupfer, kupferwolle.
— oxidé bleu, *kupferlasur, kupfer-*
blau.
—— noir, *kupfermulm , kupfer-*
schwärze.
—— rouge , *kupferroth , kupfer-*
rothgültigerz, federerz, rothkupfer,
kupfergewächs, kupferblüthe.
—— vert, *malachit, kupfergrün.*
——— arseniacal, *olivenerz.*
— obtenu de scories, *spickartkupfer.*
— phosphaté , *phosphorsaüreskup-*
fer , kupferphosphorsaüere.
— pyriteux, *kupferkies.*
— pyriteux argentifère , *gelf.*
— smaragdiforme, *kupfersmaragd.*

Cuivre rosette, *rothkupfer, hartstück,*
feinkupfer , gahrkupfer.
— sulfaté, *kupfervitriol, bergkupfer,*
blauvitriol.
— sulfuré compacte , *lecherz.*
—— spiciforme , *kornähren.*
— vitreux , *kupferglaserz.*
— éclatant, *kupferglanz.*
— uni, lisse, raffiné, *glattegare ,*
gahrkupfer.
— (matte de) qui se forme entre le
cuivre noir en fusion et les scories,
kupferlech.
Cuivreux, *kupferhaltig, kupferartig.*
Culot , *satz , garschlackenkönig ,*
probierkörner.
— rouge , *garkratze.*
— de bismuth, *wismuthkönig.*
Cultellation , *abwage.*
Cunéiforme , *keilförmig.*
Cure-trou , *raumnadel.*
Curette, *krätzer, raumeisen , bohr-*
kratzer.
Cureur des puits salés , *bornraeu-*
mer.
Curviligne , *krumlinig.*
Curvité , *krümme.*
Cuve , cuvier, *kübel , erzkübel ,*
schlichfass, abläuterfass , bottich,
bottig , flaufass.
Cuve des fourneaux , *herd.*
— de sédiment, *schurbutte, schlamm-*
butte.
— de dépôt , *setzkasten.*
— pour la lessive du vitriol, *an-*
schüsstrog.
— pour tremper les pièces de cuivre
dures , *bletzfass.*
— de lavoir , *abflaufasse.*
Cuvelage, *verzimmerung , ausbüh-*
nung , ganzerschrot, zimmerung,
austonnung , auszimmerung.
Cuveler, *verzimmern , ausbühnen ,*
fassen , austonnen , auszimmern.
Cuvier, *kübel , flaufass.*
— de fabrique ou d'usine , *stendel.*
— pour tremper l'acier , *härttonne.*
Cyanite , *cianit.*
Cyanomètre , *cyanometer.*
Cycle , *cyclus.*
Cycloïde , *radlinie.*
Cylindre , *walze , rundbaum.*
Cylindrique , *röhrenförmig, walzen-*
förmig.
Cylindrites , *cylindriten.*
Cylindroïde , Cylindrienne, *walzen-*
förmig.
Cymophane , *cymophan , goldberil.*

D

Dactyles, *fingersteine.*
Dalécarliens, *dalekarle.*
Dalle, *platte, schieferplatte.*
— de pompe, *pumpenrinne.*
Damas, *damascener stahl.*
Damasquiner, *damasciren.*
Damasquineur, *damascirer.*
Damasquinure, *damascirung.*
Daourite, *siberit.*
Dard de flamme, *flammenspitze.*
Darry, *darry.*
Datholite, *datholit.*
Dé, *würfel.*
— badois, *badenische würfel.*
Débaucher un mineur, *abspannig-machen.*
De biais, *zwerch.*
Débit du sel, *salzhandel.*
Déblais, *berg.*
Déblayer, *abraumen.*
Débonder, *abzapfen.*
Déborder, *überragen, ragen.*
— la tôle, *richten.*
Débordoir, *schneidemesser.*
Débourber, *schlämmen.*
Déboursé, *verlag.*
Débris, *trumm, trummer, ofen-bruch.*
Décantation, *abgiessung.*
Décanter, *abgiessen, abklaeren.*
Décaper, *abmachen.*
Décharge, *ausfluss, abzucht.*
— d'un étang, *teichrinne.*
Décharger, *ausladen.*
— les eaux, *fehlschlagen das wasser.*
Déchargeur, *ausläder.*
Déchausser un filon, *verschrämen.*
— un piston de pompe, *ausschuhen.*
Déchéance, *verfall.*
Déchet, *verfall, eisenhammerschlag, krätzmessing, abbrand, abgang, abzug.*
— de laiton, *krätzmessing.*
— des bocards, *felsenhalde.*
— de liquation, *kupferdorn.*
— du cuivre en le forgeant, *kupfer-schlag.*
— — en l'affinant, *garkupferabgang.*
Déchiqueter, *auszacken.*
Déchiqueture, *auszackung.*
Déchirer, *zerreissen.*
Déchoir, *verfallen, caduciren.*
Déchu, *verfallen.*

Déciduodécimal, *deciduodecimal.*
Décigramme, *decigramme.*
Décilitre, *deciliter.*
Décimateur, *zehentherr.*
Décime, *zehente.*
Décimètre, *decimeter.*
Déclarer la déchéance, *freymachen.*
Déclic, *ramm, ramme, rammel.*
Déclinaison, *abweichung.*
Déclinant, *abweichend.*
Déclinateur, *abweichungsinstru-ment.*
Décliner, *abweichen.*
Déclivité, *abhang.*
Décombres, *abraum, schutt.*
Décombrer, *abraumen.*
Décomposer, *zerlegen, auswittern.*
Décomposition, *auflösung, zerle-gung, zersetzung, auswitterung, ansäeuerung.*
Découler, *abtröpfeln, siegern, ab-laufen.*
Découper, *auszacken, auszaeken, auszackern.*
Découpure, *auszackung.*
Découvreur, *ausrichter, erfinder, entblosser. Voyez entblossen.*
Découvrir, *entblossen, erschroten, erbrechen.*
Décrasser, *absaubern.*
Décrépitant, *verknisternd.*
Décrépitation, *verpuffung.*
Décrépiter, *verpuffen, verprasseln, zerknistern, knistern, ausbrennen.*
Décrépité (être), *verknistern.*
Décret du tribunal des mines, *berg-decret.*
Décroissant, *decreszirend.*
Décroissement, *abnahme.*
— des cristaux, *decreszenz.*
Décroître, *decresziren, abnehmen.*
Décruement, *ansiedung.*
Décruer, *ansieden.*
Décussation, *durchkreutzung, zu-sammentreffen.*
Dedans, *herein.*
Dédommagement, *abtrag.*
Déduction, *abzug.*
Défaire, *abmachen.*
Défalcation, *abzug.*
Défécation, *abhellung, läuterung.*
Défection du soleil, *sonnenfinster-niss.*
Défective, *unvollständig facettirt.*
Déféquer, *abhellen, läutern, rei-nigen.*
Déférence, *rücksicht.*
Déférent, *münzzeichen.*

Défiguré, *ungestaltet.*
Déflagration, *verbrennung.*
Déflegmation, *reinigung, entwasserung.*
Déflegmer, *reinigen, entwassern.*
Déflexion, *wegwendung.*
Dégorgement, *erguss.*
Dégorgeoir, *schroteisen, fehlute.*
Dégoutter, *abträufeln, abtröpfeln.*
Dégradation, *verunedelung, abstufung.*
Dégrader, *verunedeln.*
Degré, *grad.*
Dégrossage, *abfuhrarbeit, drahtziehen (das).*
Dégrossir, *abhobeln, abführen, verdünnen, drahtziehen.*
Déguiser, *verkleiden.*
Déguisement, *verkleidung.*
Déjection, *auswurf.*
Déjoindre, *zerlegen.*
Délayer (se), *zerfliessen.*
Délinéation, *abriss.*
Déliquescence, *zerfliessigkeit, zerfliessen (das).*
Déliquescent, *zerfliessend.*
Délivrance du cobalt aux fabriques de couleur, *koboltförderniss.*
Déluge, *sündfluth, wasserfluth.*
Déluter, *ablutiren.*
Démaigrir, *behauen.*
Démanché, *stiellos.*
Demande, *förderungs-satz.*
Démesuré, *übertrieben.*
Demi-canal, *halbgerinne.*
Demi-cercle, *halbkreis, halbzirkel.*
Demi-cylindrique, *halbcylindrisch.*
Demi-diamètre, *halbmesser.*
Demi-diaphane, *halbdurchsichtig.*
Demi-dur, *halbhart.*
Demi-gneiss, *halbgneiss.*
Demi-granite, *halbgranit.*
Demi-métal, *halbmetall.*
Demi-ombre, *halbschatten.*
Demi-opale, *halbopal.*
Demi-porphyre, *halbporphyr.*
Demi-sortes, *halbarten.*
Demi-sphère, *halbkugel.*
Demi-transparent, *halbdurchsichtig.*
Démolir, *abträgen.*
Démurer, *entmauern.*
Dendrites, Dendroïtes, Dendrolithes, *dendritten, ericiten.*
Dendritiforme, Dendritique, *dendrisch, baumförmig.*
Dendrolithe, *dendrolith.*
Dénéral, *probeplatte.*
Denier de compte, *raitpfennig.*

Dénombrement, *verzeichniss.*
Dénominateur, *nenner.*
De nouveau, *wiederzurück.*
Dense, *dicht.*
Densité, *dichte, dichteit, dichtigkeit.*
Dent, *zahn.*
— de roue, *radzahn.*
— de chien, *hundzahn.*
— de souris, *maüsenzähne.*
— d'or, *goldzahn.*
Dentalites, *dentalithen.*
Denté, dentiforme, *zahnig.*
Dentelure, denticule, *zahnschnitt, kälberzahn.*
Départ, *scheiden (das).*
Départ de l'or, *goldscheidung.*
Départeur, *abscheider.*
Départir, *vergewerken, vergewerkschafften, abscheiden.*
Dépendre, *abhängen.*
Dépense d'exploitation, *bergkosten.*
— des fonderies, *hüttenkosten.*
— pour l'entretien des pompes, *zeugkosten.*
Dépenser, *verzehren.*
Déperdition, *abgang.*
Dephlogistification, *entbrennbärung.*
Déplacer, *versetzen, verschieben.*
Déposséder, *enterben.*
Dépôt, *satz, bodensatz.*
— de l'eau salée, *schipp.*
— de minerai en sable, *seifenwerk.*
— calcaire sur les épines des bâtimens de graduation, *dörnstein.*
— d'alluvion, *seifengebirge.*
Dépouillement du calorique, *entbrennbärung.*
Dépouiller du calorique, *entbrennbaren.*
Dépuration, *läuterung, abhellung, reinigung.*
Dépurer, *läutern, abhellen, reinigen.*
Dérangé, *verkehrt, verworfen.*
Dérangement d'un filon, *absatz des ganges.*
Déranger, *verschieben, versetzen.*
Dériver, *herrühren.*
Dérivation, *wasserableitung, ableitung.*
Dérouiller le cuivre, *abmachen, (den grün span vom küpfer abmachen).*
Dérouler, *abhaspeln.*
Désargenter, *die versilberung abmachen. Voyez versilberung.*

Désassembler , *zerlegen.*
Descendre lentement, *niedersenken.*
— dans les mines, *anfahren, befahren.*
Descente d'une montagne, *lehne.*
— dans la mine, *anfahr-weg, befahrung.*
— dans une mine par les échelles, *handfahrt.*
Désenclouer, *entnageln.*
Désister (se) d'une exploitation, *abbauen.*
Désistement d'une exploitation, *abbauung.*
Désoufrer, *abschwefeln.*
Despumation, *abschäumung, schäumen (das).*
Despumer, *abschäumen, abfeimen, abfaeumen , schäumen.*
Dessin, *zeichnung , abriss.*
Dessinateur, *zeichner.*
Dessiner, *zeichnen.*
Dessouder, *ablöthen.*
Destruction , *einsturz.*
Désuni, *einzeln.*
Détacher, *abmachen, ablosen, abpicken, abstuffen , ausscheiden , bestufen , abstrossen.*
Détail, *ausführlichkeit.*
Détériorer (se), *verliegen.*
Déterminable, *bestimmbar.*
Détonnation, *verpuffung.*
Détonner, *verpuffen.*
Détour, *ablenkung.*
Détourner par réfraction , *refringieren.*
— les eaux, *abschlagen (die wasser).*
Détracteur des mines, *bergschacnder.*
Détremper, *feüchten.*
Détruire le mur d'un fourneau après la fonte, *ausstossen (die vorwand).*
Dette d'une mine, *recesschuld.*
Développement , *ausführlichkeit.*
Dévers , *schief.*
Déviation , *wegwendung , abweichung , ablenkung.*
— d'un filon , *haken.*
Devideur, *knecht.*
Devis , *anschlag, schliess.*
Dévisser, *abschrauben.*
Dévoiler, *enthüllen.*
Dévolu , *verfallen.*
Diacoustique , *diacoustik.*
Diallage , *diallagon.*
— métalloïde, *labradorblende, messinglabrador.*
Diamant , *demant, diamant , iras.*

Diamant cristallisé, *phlogiston.*
— qui n'est brillanté que sur une moitié , *dickstein.*
— plat, *tafelstein.*
Diamètre, *durchmesser.*
Diaphane, *durchsichtig.*
Diaphanéité , *durchsichtigkeit.*
Diaprée, *gesprengt.*
Diaspore , *diaspore.*
Dichroïte. Voy. *Yolith*, page 599.
Dieu , *urwesen , urgeist.*
Différence, *verschiedenheit.*
Différent , *verschieden.*
Difficile à briser, *knauerig,*
Difforme , *ungestaltet.*
Digérer , *digeriren.*
Digue , *damm , querdamm.*
Dihéxaèdre, *dihexaedrisch.*
Dilatabilité, *dehnbarkeit , ausdehnung.*
Dilatable, *dehnbar.*
Dilatation, *ausdehnung, verdünnung.*
— de l'air , *verdunnung der luft, luftverdunnüng.*
Dilaté , *dilatirt , erweitert.*
Dilater, *dehnen , verdünnen.*
Diluvian , *sundfluthholz.*
Dimension , *umfang , mass.*
Diminué , *verdünnt.*
Diminution, *abnahme , abgang , einwäg, erzdurchsinken , verunedelung.*
Diminuer de pente, *verflächen.*
Diopside , *diopsid.*
Dioptase, *kupfersmaragd , smaragdkupfer.*
Dioptre , *abschen.*
Dioptrique , *dioptrik, strahlenbrechungskunde.*
Diphryges, *unterofenbruch , kupferschlacke.*
Dipyre , *dipyre.*
Directeur des mines, *bergmeister , oberbergmeister.*
— des fonderies, *oberhüttenmeister, oberhüttenvorsteher.*
Direction, *richtung , hauptstreichen, hauptlinie , streichen (das).*
Discile , *discilen.*
Discontinuer le travail, *eingehen , auslassen.*
Disjoint, *disjunctiv.*
Disparition du minerai, *erzdurchsinken.*
Dispersion , *zerstreundekraft.*
— des couleurs du prisme, *farbenzerstreüung.*

Disposition des roches en grandes masses, *lagerung.*
Disque, *scheibe.*
Dissemblable, *verschieden.*
Disséminé, *eingesprengt.*
Dissolubilité, *aufloesbarkeit.*
Dissoluble, *ouflösbar.*
Dissolution, *auflösung.*
Dissolvant, *aufloesend.*
— universel, *alkahest.*
Dissoudre, *dissolviren.*
Dissous, *geschmelzt, geschmolzen.*
Distance, *weite.*
Disthène, *cianit, afterschörl.*
Distillation, *distillierung.*
Distillateur, *wasserbrenner.*
Distiller, *distilliren, aussiekern, laütern.*
Distillerie, *brennhaus.*
Distinct, *verschieden.*
Distique, *distisch.*
Distribuer, *vergewerken, vertheilen.*
Distributeur de minerai, *erztheiler, austheiler.*
Distribution, *abtheilung.*
District, *revier.*
— étranger, *auswaertige revier.*
— franc, *befreite revier.*
Ditétraèdre, *ditetraedrisch.*
Divergence, *auseinander fahren.*
Divers, *verschieden.*
Diversité, *mannigfaltigkeit, verschiedenheit.*
Dividende, *ausbeüte.*
Diviser, *zerkeulen.*
— avec la lime, *zerfeilen.*
Divisibilité, *theilbarkeit.*
Division, *theilung, abtheilung.*
— d'un filon en deux branches, *gabelung.*
Dixième, *zehentel, zehntel.*
Dixme ou dîme, *zehente, zehent.*
Dixmeur ou dîmeur, *zehenter, zehentner, zehendner.*
Docimasie, docimastique, *probierkunst.*
Dodécaèdre, *dodecaeder, dodecaedrisch, zwölfseitig.*
Dodécagone, *zwölfeck, zwölfeckig.*
Dodécatemorie, *dodecatemorie*
Dolomie, *dolomit, thonig kohlengesäuerterkalk.* Voyez *thonig.*
Dôme, *haube.*
Donacite, *donacit.*
Données, *thatsache, data.*
Donner à prix fait un ouvrage de mine, *abgeben*

Donner en entreprise, *verdingen.*
— en concession, *verleihen.*
— au verre la mesure convenable, *zwagen.*
Dorer, *vergolden.*
Dorure, *vergoldung.*
— au feu, *feüervergoldung.*
Doublant, *duplirend.*
Double sens, *zweydeutigkeit.*
Doublet, *doppelspath, doppelstein.*
Doublures d'un fourneau, *seitenmauern.*
Douceâtre, douceroux, *süssligh.*
Douceur, *süssligkeit.*
Douille, *dille.*
Doux, *gelinde, geschmeidig.*
Drachme, *quent, quentchen, quint, quentlein.*
Draconite, *drachenstein.*
Dragées de Tivoli, *confectstein.*
Drague, *scharschaufel, schlammkrücke, sandbohrer.*
Drille, *drillbohrer.*
Droit d'exploitation, — métallique, *bergrecht.*
— de conduit, *erbgerichtigkeit.*
— d'affiner le fer, *frischfeüer.*
— du souverain sur les exploitations, *frohntheil.*
— de l'inventeur, *fundrecht.*
— de halde, *haldensturz.*
— de galeries, *stollengerechtigkeit.*
— de l'entrepreneur d'une galerie d'écoulement, *stollenhieb.*
Druses, *krystallöfen, krystallsäcke.*
Ductile, *dehnbar, geschmeidig.*
Ductilité, *dehnbarkeit, geschmeidigkeit.*
Dudley fossile des Anglais, *trilobiten.*
Dulcification, *absüssung.*
Dulcifier, *absüssen, versüssen.*
Dur, *hart, klemmig, bollig, eisenhart, felsenhart.*
— à la fusion, *zähflüssig.*
Durci, *verhärtet.*
Durcir, *verhärten, härten.*
Durée du travail d'un haut fourneau, *blasewerck.*
— d'une cuite, d'une distillation, *brand.*
Dureté, *harte.*
Durillon, *wimmer.*
Dusodile, *dusodile.*
Dynamique, *dynamik, dynamisch.*
Dynamomètre, *dynamometer.*

E

Eau, *wasser.*
— agitée, *welle.*
— alumineuse, *alaunwasser.*
— cémentatoire, *kieslauge, kupferquellen, kupferwasser.*
— de mer, *seewasser.*
— de mines, *bergwasser.*
— de nitre, *salpeterwasser.*
— de trempe, *härtwasser.*
— de départ, *scheidewasser.*
— ferrugineuse, martiale, minérale, acidule, *eisenwasser.*
— de cristallisation, *krystallisationswasser.*
— de cémentation, *cementwasser, kupferquellen, kieslauge, kupferwasser.*
— externe, *tagewasser.*
— forte ou régale, *aetzwasser, scheidewasser.*
— distillée, *gebrannterwasser.* Voy. *gebrannt.*
— mercurielle, *quecksilberwasser.*
— ophtalmique, *augenwasser.* Voy. *wasser.*
— phagédénique, *aetze* ou *dupfwasser, kalkwasser.* Voyez *wasser.*
— primordiale, *urwasser.*
— mère, *muttersohle.*
— minérale, *wasser (mineralisches), eisenwasser.*
— minérales acides, *saüerwasser, sauerbrunnen.*
— — contenant du sel neutre, *bitterwasser.*
— motrice, *aufschlagwasser.*
— de bocard, *pochwasser.*
— des pierreries, *wasser (das) der glanz, der demanten, etc.*
— régale, *königswasser.*
— seconde, *quickwasser.*
— salée, *salzsohle, salzwasser, werksohle.*
— — donnée comme traitement, *amts-sohle.*
— sulfureuse, *schwefelwasser.*
— souterraine, *grundwasser.*
— thermale, *warmebrunnen.*
— qui met une roue d'usine en mouvement, *oberschlächtig-wasser.*
Ebarber, *abscroten.*
Ebarboir, *schroteisen.*

Ebauchoir, *balleneisen.*
Ebène, *ebenholz.*
Eblouir, *blenden, verblenden.*
Eboulement, *einsinckung, bruch, anfall, bergfall, erdfall.*
Ebouler, *einsincken.*
Ebraisoir, *kohlenschaufel, kohlenschieber.* V. *schieber.*
Ebullition, *aufsieden.*
Ecailles, *schuppe, kruste.*
— de bronze, *erzschiefer.*
Ecaillé, *schuppig.*
Ecailleux, *schuppicht.*
Ecailler, *schuppen.*
Ecarté, *einzeln.*
Echanger, *auswechseln.*
Echantillon, *probe, muster, probestück.*
— de minerai, *bergstufe, druse.*
Echauffement, *erhitzung.*
Echauffer, *erheitzen, erhitzen.*
Echelle des degrés, *gradleiter.*
— de mines, *fahrt, fahrten.*
Echelons des échelles de mines, *fahrtstrossel.*
Echeno, *gussloch.*
Echinite, *echinit, seeigel, kegelschneckenstein.*
Echo, *nachshall.*
Echomètre, *eckometer.*
Echométrie, *eckometrie.*
Echu, *verfallen.*
Eclair, *blick, heissblicken, blitz.*
— du cuivre raffiné, *garkupferblick.*
— du plomb, *bleyblick.*
Eclat, *glanz, knall, schein.*
— nacré, de perle, *perlmutterglanz.*
— vitreux, *glasglanz.*
— gras, de la cire, *fettglanz.*
— de minerai, *schalerz.*
— du diamant, *demantglanz.*
— satiné, *atlasglanz.*
— du feu, *feüerschein.*
Eclats (par), *splittrig.*
Eclats de fer qui se détachent des outils du mineur pendant son travail, *straube.*
Eclatant, *glänzend, schimmernd, strahlend.*
Eclater, *blicken, knallen, platzen.*
Eclipse, *verfinsterung.*
Ecliptique, *ekliptik, sonnenstrasse.*
— (obliquité de l'), *achsenneigung.*
Eclise, *schniedel.*
Ecluse, *teichständer, schutz, schleuse.*
— formée de solives, *balckenschleuse.*
Ecole des mines, *bergwerks institut.*
Ecorné, *baumkantig.*

Ecorner, *bestossen.*
Ecouane, *münzfeile, justirfeile.*
Ecoulement, *ausfluss, ablauf.*
Ecouler, s'écouler, *ausfliessen, sintern.*
Ecran des forgerons, *breche.*
Ecraser, *zerbrechen, zermalmen, quetschen, reiben, zermahlen.*
Ecrenage, *ünterschneiden (das).*
Ecrenoir, *unterschneidemesser.* Voy. *unterschneiden.*
Ecrivain des salines, *bornschreiber.*
Ecrou, *schraubenmutter.*
Ecrouir, écrouissage, *härten.*
Ecrouissement, *ausschweiszung.*
Ecroulement, *einsincken (das), einsinckung.*
Ecrouler (s'), *einsincken, zusammenfallen.*
Ectype, *abdrücke.*
Ecu de bénéfice, de gain, *ausbeütethaler.*
Ecueil, *klippe, steinklippe.*
Ecuelle à vitrifier, *test.*
— d'essai, *probiernäpfchen.*
Ecumant, *schaumend, schaumig.*
Ecume, *schaum.*
— de manganèse, *braunstein-schaum.*
— de terre, *schaumerde, schaumthon, glanzerde.*
— de mer, *seeschaum, meerschaum, myrsen, keffekil.*
— métallique, *erzschaum, metalschaum.*
Ecumer, *abstreichen, abfeimen, schäumen.*
Ecumoire, *schaumlöffel.*
Edulcoration, *absüssung, aussüssung.*
Edulcorer, *absüssen, aussüssen, edulcoriren.*
Effacer, *auslöschen, verwischen.*
Effervescence, *aufbraüsen (das), aüfsieden (das), aüfwallen (das).*
Effleurir, *bluhen, verwittern.*
Efflorescence, *schimmel, beschlag.*
— de sel, *salzblüthe.*
Effluence, *ausfluss.*
Effort, *streben.*
Effusion, *ausguss.*
Efourceau, *blockkarn.*
Egal, égalment, *gleich.*
Egaler, égaliser, *gleichen, vergleichen.*
Egalité, *gleiche.*
— de poids, *gleichgewicht.*
— d'angles, *gleichwinckelig.*
— de valeur, *gleichdeütigkeit.*
Egard, *rücksicht.*

Egout, *gosse.*
Egoutter, *abträufeln, abtröpfeln.*
Egrappoir, *durchwurf.*
Egriser, *egrisiren, abreiben.*
Egrisoir, *büchse.*
Eisen-kiesel, *eisenkiesel.*
Elan, *schwingen (das).*
Elancer (s'), *schwingen, schnellen.*
Elargisseur, *gleicher.*
Elasticité, *elasticitäet, federkraft, schnellkraft, spannkraft.*
Elastique, *federhart, biegsam (elastich).*
Electricité, *electricitaet.*
— vitrée ou positive, *glaselectricitäet.* Voyez *electricitaet.*
— résineuse ou négative, *harzelectricitäet.* Voyez *electricitaet.*
— par insulfation, *electricitäet durch einblasung.*
— par exhaustion, *durch entziehung electricitäet.*
— par communication, *electricitäet dur mitheilung.*
— par le frottement, *electricitäet durch reibung.*
Electrique, *electrisch.*
Electrisation, *electricitaet-erregung.*
Electriser, *electrisieren.*
Electromètre, *electricitaet messer.*
Electrométrie, *electricitaetmessung.*
Electromotrice, *electricitaet bewigende.*
Electrophore, *electrisier maschiene.*
Electrum, *electrum.*
Elément, *element.*
Elevé, *horn.*
Elimination, *ausschliessung.*
Ellipse, *ellipse.*
Ellipsoïde, *ellipsoïdisch.*
Elliptique, *elliptisch.*
Eloignement du foyer, *brennweite.*
— des scories, *ausschlackung.*
Eloigner les scories, *ausschlacken.*
Email, *schmelzfarbe, schmelzwerk.*
Emailleur, *schmelzarbeiter, schmelzmahler.*
Emaillure, *schmelzarbeit, schmelzmahlerey, schmelzwerk, schmelzkunst.*
Emanation, *ausfluss.*
Emaner, *ausfliessen, herrühren.*
Emarginé, *entkantet.*
Emballage, *einpackung.*
Emballer, *einpacken.*
Emballeur, *einpacker.*
Emboîté, *geschachtelt.*
Emboîtement, *fugung, einfügung.*

Emboîter, *einfügen, einpassen.*
Emboîture, *einpassung.*
Embolisme, *einschaltung.*
Embolismique, *schaltmonath.*
Embouchure, *mundloch.*
Embourrer, *verkleiben.*
Emboutir, *treiben, aufziehen.*
Embranchement d'une galerie, *stollenflügel.*
Embrasement, *entzundung.*
Embrouiller, *verworren.*
Embrouillement, *verwickelung.*
Emeraude, *smaragd, zamarut.*
Emeraudine, *kupfersmaragd.*
Emeraudite, *diallagon.*
Emergent, *austrettend.*
Emeri, *schmergel, schmirgel.*
Emietter, *zerkrümeln.*
Emission des rayons d'un corps lumineux, *ausströmung, irradiation.*
Emmencher, *stielen.*
Emmortaiser, *zapfen, einzapfen.*
Emoudre, *schleifen.*
Emouleur, *schleifer.*
Emoussé, *wegfacetirt.*
Emousser, *verschlagen, abstumpfen.*
Empan, *spanne.*
Empaqueter, *einpacken.*
Empastation, *impastirung.*
Empatement du moulinet, *haspelgerüste.*
Empiéter sur le terrain d'autrui, *enthauen das erz.*
Empiler, *haufthürmen.*
Emploi, *anwendung.*
Empois, *starke.*
Emporte-pièce, *aushacker, aushauer, aushiebmeissel.*
Emporter, *fortragen.*
— en limant, *wegfeilen.*
Empreindre, *abklatschen, drücken, auspraegen.*
Empreintes, *abdrücke, eindrück.*
— d'amphibies, *amphibiotipoliten.*
— d'insectes, *enthomotipoliten.*
Empyreume, *brandgeruch, brenzliche geruch.*
Empyreumatique, *empyreumatisch.*
En angles droits, *winkelrecht.*
En cabochon, *als zweckenkopf geschliffen.* Voyez *zweckenkopf.*
Encadré, *eingerahmet.*
Encadrement, *einfassung.*
Encastrement, enchâssure, *einsetzung, einfassung, einpassung, einfügung.*

Encastrer, enchâsser, *einfassen, einfügen, einsetzen, fassen.*
Enclume, enclumeau, *flacheisen, ambos, abrichtstab, bankhorn, handambos.*
Encombrer, *verschütten.*
Encrasser, *versudeln.*
Encrier, *farbenstein.*
Encrinites, *räderkorallen, encriniten.*
— fossile, *lilienstein.*
En dedans, *einwärtz.*
Endroit des fourneaux où s'attache l'arsenic, *giftfang.*
— des feux, *brennort, feüerpunckt.*
Enduire, *überkleiben.*
— avec du stuc, *stukieren.*
Enduit, *überzug, überguss.*
— par aspersion, *spritzwurf.*
— de stuc, *stukiert.*
— de murailles par un temps humide, *wetterzote.*
Endurci, *verhärtet.*
Endurcir, *verhärten.*
Enervé, *wett.*
En façon de gerbes, *garbenförmig.*
En faisceaux, *büschelförmig.*
Enfermer, *verschränken.*
Enflammé, *feüerig.*
Enfoncement, *vertiefung, auskesseln (das), durchbruch, senkung.*
Enfoncer, *einschlagen, einrammeln, niedersenken, versenken, durchbrechen, einsenken.*
Enfonçure dans le cuivre en fusion, *garbruch.*
En forme de devidoire, *windeförmig.*
— de crie, de verin, de treuil, *windenförmig.*
Enfouir, *eingraben.*
Enfourneur, *ofenanrichter.*
Engendrer, *hervorbringen.*
En gerbes, *büschelförmig.*
Engin, *kunstwinde.*
Engloutir, *verschlucken.*
Engrenage, *getriebe.*
En haut, *firstenweise.*
Enhydre, *enhydrisch.*
Enlever le minerai, *aufsaeubern.*
Enligner, *abgleichen.*
En manière de rognons, *nierenweis.*
— de gangues, *gangweise.*
Ennéacontaèdre, *enneakondrisch.*
Ennéagone, *neüneck.*
Ennoblir, *veredlen.*
Enrichir, *anreichern.*
Enrichissement, *anreicherung.*

En rognons , *nierig.*
Enrouillé, *rostig.*
Enroulement , *rolle.*
Ensablement, *sandhaufen.*
En table, *tafelweise.*
Entaille , entaillure , *einkerbung , kerbe , ritz , bühnloch , gesicht.*
— d'épreuve , *brunne.*
Entailler, *einkerben , einfalzen.*
— avec la scie, *einsägen.*
Entamer, *anschneiden , verritzen.*
— avec la lime, *anfeilen.*
— la roche pour reconnoître de combien avancent les travaux, *verstuffen.*
Entamure , *neinbruch , anschnitt.*
Entassement, *zusammenhaufung , haufen , haufwerk.*
Entasser, *aufthürmen.*
Entendre les comptes, *abhören.*
Enthomolites, *enthomoliten.*
Enthomotipolites, *enthomotipoliten.*
Entier, *frisch , ganz.*
Entonnoir, *trichter.*
Entrée , *eintritt.*
Entre-espace, *zwischenraum.*
Entrelacement, *verschränkung.*
Entrepreneur d'une galerie d'écoulemens , *erbstollener.*
Entretoises, *achsenriegel , pochriegel , zwischenbalken.*
Entrochites, *entrochiten.*
Enveloppe des registres , *registersack.*
Eolypile , *windkugel.*
Epais, *dicht , dick.*
Epaisseur, *dichte , dichteit , dichtigkeit.*
— d'un filon , *mächtigkeit.*
Epaississement, *gerinnung , verdickung.*
Epancher, *übergiessen , ausgiessen, giessen.*
Epandre , *schütten.*
Eparpiller (s'), *zertrümmern.*
Epaule d'étang, *teich-damm.*
Eperon, *widerlage , strebepfeiler.*
Epi , *aehre.*
— pierre en épi, *aehrenstein.*
— en forme d'épi, *aeherenförmig.*
— argent en épis, *kornähren.*
Epicycle, *nebenzirkel.*
Epidote, *epidot , glasamianth.*
Epier les mineurs, *nachstechen.*
Epine , *dorn.*
— de liquation , *kupferdorn , seigerdorn.*
— de grillage , *rostdörner.*

Epinglette, *stecknagel.*
Episser, *splitzen.*
Epissoir, *splitzholz.*
Epite , *döbel , unterbalken.*
Eplucher, *klauben.*
Epointé , *enteckt.*
Epointer, *abspizzen , abstumpfen.*
Eponge, *seihschwamm , schwamm.*
Epontes , *scherm.*
Epoque de la formation des grès , *sandsteingrube.*
Epreuve, *versuch , probe.*
— des eaux salées, *salzprobe.*
— par le moyen du feu , *feüerprobe.*
— par le moyen de l'eau , *wasserprobe.*
Eprouver, *proben , probieren , versuchen.*
Eprouvette, *pulverprobe.*
Eptahexaèdre , *heptahexaedrisch.*
Epuisé , *wett.*
Epurer, *erledigen , verfeinern.*
Epycile , *beykreis , nebenzirkel.*
Epysticle , *unterbalken.*
Equarri , *kantig.*
Equarrir, *quadrieren , ausraeumen, abvieren.*
Equarrissage , *abvierung.*
Equarrissement , *abvierung , ausraeumung.*
Equarrissoir , *aufraeumen.*
Equateur , *aequator , gleicher , mittelkreis.*
Equation du temps , *gleichung der zeit.*
— solaire , *sonnengleiche.*
Equerre, *winkelmass.*
Equiangle, *gleichwinkelig.*
Equiaxe , *gleichaxig.*
Equidifférent , *progressionflächig.*
Equidistant, *gleichabstäendig.*
Equilatéral, Equilatère, *gleichseitig.*
Equilibre, *gleichgewicht.*
Equinomes, *gleichnamig.*
Equinoxe, équinoxial , *aequinoxial punct.*
Equipollence, *gleichdeütigkeit.*
Equipollent, *gleichgeltend.*
Equivalent, *aequivalent.*
Erafler, *aufritzen.*
Eraflure , *ritz.*
Erbue, *fluss.*
Ere, *jahrsrechnung.*
Ericites, *ericiten.*
Erminette, *handbeil.*
Eruption , *ausbruch.*

Eruption boueuse, *schlämmigte vulcanische eruption.* V. *schlammig.*
Erythrone, *erythron.*
Escarboucle, *carbunkel, karfunckel, pyrop.*
Escarpé, *jahe, schrof.*
Escharite, *escharit.*
Espace, *raum, ort.*
— libre autour du puits de mine, *hornstadt.*
— entre les lattes d'un puits d'extraction, *donfach.*
Espacement, *zwischenraum.*
Espèce minéralogique, *gattung, art.*
— (sous-), *art.*
— de gangue, *gangart.*
— de mine, de minéral, de minerai, *erzart.*
— de terre, *erdart.*
— de pierres, de roches, *gebirgsarten.*
Esprit, *geist, spiritus.*
— follet, *berggeist, bergmönch, bergmännlein, berggespenst, cabuser.*
— de Saturne, *bleygeist.*
— de Vénus, de cuivre, *kupfergeist.*
— de sel, *salzgeist.*
— d'urine, *uringeist.*
— de vitriol, *vitriolgeist.*
Esquilleux, *splittrig.*
Essai, *probe, versuch.*
— du cuivre affiné, *garprobe.*
— de l'eau-forte, *aufschnitt.*
— du fer, *eisenprobe.*
— du plomb, *bleyprobe.*
— du minerai, *erzprobe.*
— au creuset, *tiegelprobe.*
— décisif, *schiedsprobe.*
— de la monnoie, *stockprobe.*
— de l'or, *goldprobe.*
— de percée, *stichprobe.*
— du sel, *verschlag.*
Essayer, *versuchen, probieren, proben.*
— l'or ou l'argent, *waradieren, wardieren.*
Essayeur, *waradein, wardein, probierer, gewerkenprobierer, münzwardein, oberschiedsguardein, anrichter.*
Esse, *achsennagel.*
Esseau, *bandmesser.*
Essence, *essenz, geist, spiritus, wesen.*
Essentialité, *wesentlichkeit.*
Essentiel, essentiellement, *wesentlich.*

Essieu, *achse.*
— de la machine à molettes, *göpelspindel.*
Est, *morgen.*
Estampille, *stämpel.*
Estampiller, *stämpeln, bestaempeln.*
Estimation, *anschlag.*
Etabli, *schichtbank, werkstich.*
Etage, *stock.*
— (par), *firsten und strossen.*
Etai, *anfall, stütze.*
— supérieur d'une galerie, *anpfahl.*
Etain, *kalin, zinn, zinnerz.*
— amorphe, *zinnwitter.*
— blanc, *zinnspath, zinnstein, schwerstein.*
— bocardé et lavé, *zinnstein.*
— de bois, *zinnholz, holzzinn.*
— de brencas, *brencas.*
— de chapeau, *malakkischeszinn.*
— de Cornouailles, *cornischzinnerz.*
— de glace, *wismuth.*
— de lavage, *zinnwäsche, zinnsand, seifenstein, seufenzinn, seifenzinn.*
— des scories, *schlackenzinn.*
— de Malacca, *malakkisches zinn.*
— en rouleaux, en balles, *zinnballen.*
— en galets, *zinngeschiebe.*
— en lames, *blattzinn.*
— en masses, *greiswitter.*
— fondu en forme de grille, *zinngatter.*
— granuliforme, *zinnzwitter.*
— ligniforme, *holzzinn, zinnholz, holzzinstein.*
— muriaté sublimé, *zinnbutter.*
— oxidé, *zinnstein.*
— — cristallisé, *zinngranaten, zinngraupen.*
— — granuliforme, *keffer.*
— — réduit en poudre par calcination, *zinnasche.*
— pur, *bergzinn, hüttenzinn, stanniol.*
— pyriteux, *zinnkies.*
— spathique, *zinnspath.*
— sulfuré, *zinnkies.*
— — granuliforme, *ledigestein.*
— vitreux, *zinnstein.*
Etalé, *breitstrahlig.*
Etalon, *richtmaass.*
Etamage, *verzinnung.*
Etame, *überzinnt.*
Etamer, *überzinnen, verzinnen.*
Etamerie, *zinnhaus.*
Etameur, *zinner.*

Etampe, *stämper, firstenstempel.*
Etamure, *verzinnung.*
Etançonner, *unterstützen.*
Etanfische, *steinschicht.*
Etang, *zeugteich, teich, bergwerk-
    steich.*
Etape, *stapel.*
Etat, *verzeichniss.*
— des journées des mineurs, *an-
    schnitt-bogen.*
— florissant d'une mine, *bergflor.*
Etau, *schraubenstock.*
Etayer, *unterstützen, abspreitzen.*
Eteindre, *auslöschen, löschen.*
Etendre, *breiten.*
— le minerai avec la ratissoire, *aus-
    ziehen, ausstossen.*
— le fer, *abfinnen.*
— en longueur, *durchlangen.*
— à coups de marteau, *fletschen.*
Etendue, *ausdehnung, weite, grösse,
    schacht.*
— en longueur, *fortsetzen.*
— d'un percement de mine, *stollen-
    strecke.*
Ether, *aether, himmelsluft.*
— de vinaigre, acéteux, *essigaether.*
— marin, muriatique, *salzaether.*
— lignique, *holzessig-äether.*
Ethéré, *aetherisch.*
Ethiops minéral naturel, *mohr (mi-
    neralischer).*
— martial, *eisenmohr.*
Etincelant, *feüerschlagend, schim-
    mernd.*
Etinceler, *funckeln, funcken,
    schimmern, flimmern.*
Etincelle, *funcke.*
Etincellement, *funcken (das).*
Etirer, *aufliefen.*
— le fer, *abfinnen.*
Etites, *aetiten, adlerstein, klapper-
    stein.*
Etoffe, *stoff.*
Etoile, *stern, gestirn.*
— du matin, du soir, Vénus, *Venus,
    abendstern.*
— du nord, polaire, *polarstern,
    angelstern.*
— fixe, *fixstern.*
— de mer, *meersterne, seestern,
    asterien.*
— — à neuf rayons, *neünstrahl.*
— volante, *sternputze.*
Etoilé, *gesternt.*
Etoupes à garnir les fentes, *stopf-
    hader.*
Etranger, *ausländisch.*

Etre, *wesen.*
Etrécir, *schmählern.*
Etrésillon, *spreitze.*
Etrier, *ziehband.*
Etroit, *schmahl.*
Etui, *scheide.*
Etuve, *darre.*
Etuvement, *bähung.*
Euclase, *euklas.*
Eudiomètre, *eudiometer.*
Eudiométrie, *eudiometrie.*
Evaporation, *abdünstung, abdamp-
    fung, aufdünstung, abrauchung,
    andünstung, verdunstung.*
— de l'eau salée, *gradierung.*
Evaporer, *abdünsten, abrauchen,
    abdampfen.*
Evaporer (s'), *abdünsten, verdun-
    sten.*
Evènement naturel, *naturbegeben-
    heit.*
Event, *lufträhre, luftfang, register,
    zugloch, zug, windpfeile, ab-
    züchte.*
Evider, *aushöhlen.*
Evier, *gosse.*
Evigation, *pulverisiren (das).*
Exaltation, *veredlung, erhöhung.*
Exalter, *veredlen.*
Examinateur, *schauherr.*
Excavation, *vertiefung, unterhöhl-
    ung, berglösung.*
Excédant, *überschuss.*
Excentricité, *excentricitact.*
Excessif, *übertrieben.*
Excitateur, *ausläder.*
Exclusion, *ausschliessung.*
Exégétique, *exegetisch.*
Exemple, *muster.*
Exergue, *abschnitt.*
Exhalaison, *duft, dunst, düftchen,
    verdunstung.*
— sulfureuse, *schwefeldunst.*
— dans les mines, *brodenfang.*
— nitreuse, *salpeterdunst.*
Exhaler, *verdunsten.*
Exhaussement, *erhöhung.*
Exhausser un puits de mine, *auf-
    tragen.*
Exigu, *geringe.*
Expansibilité, *ausdehnbarkeit.*
Expansible, *ausdehnlich.*
Expansion, *ausdehnung.*
Expiration, *aüsathmüng.*
Exploitable, *bauhaft.*
Exploitant, *gewercke.*
Exploitation, *bau, bergbau, gru-
    benarbeit.*

Exploitation à fond , *abbauung.*
— par strosses, *verstrosseter berg-bau.* Voyez *verstrossen.*
— en commun , *gesellenbau.*
Exploiter, *aushauen , bauen , be-hauen.*
— à fond , *abbauen , verhauen.*
— en strosses , par gradins, *ver-strossen , abstrossen.*
— seulement à la superficie, *erzaus-lauchen.*
Explosion , *knall , platz.*
Exposant , *exponent.*
Expulser , *austreiben.*
Extensibilité , *ausdehnbarkeit.*
Extensible , *ausdehnlich.*
Extension , *ausdehnung.*
Extérieur , *aussere.*
Extraction , *ausziehung, ausziehen* (*das*).
— au jour , *bergförderniss, förder-ung.*
— difficile , *schwererförderniss.*
Extraire , *ausfördern , ausziehen , fördern , hauen , auslochen , ge-winnen.*
— sans le secours de la poudre , *erz roh gewinnen.*
— la poussière d'un trou de roche , *löffeln.*
— seul le minerai d'un puits de mine, *bremmern.*
— par dessous , *unterhauen.*
Extrait , *auszug.*
— de Mars , *eisenextract.*
Extrémité , *ende.*
— perpendiculaire de la concession, *seigererstoss.*
Ezteri , *ezteri.*

F

Fabrique , *fabrik.*
— d'alumine , *alaunhütte.*
— de soufre, *schwefelwerk , schwe-felhütte.*
— de fer, *eisenfabrik, eisenhammer.*
— de sel , *salzfabrik.*
— de laiton , *messingshammer.*
— de cuivre , *kupferwerck.*
— de couleurs , *farbenwerck.*
— de couleur bleue , *blaufarben-werck.*
— de glaces, de miroirs, *spiegel-hütte.*
— de noir de fumée, *russhütte.*

Fabrique de vitriol , *vitriolhütte , vitriolsiederey , vitriolwerk.*
— de lames de fer ou tôle , *blech-hammer.*
Face , *flache.*
— extrême , terminale, *erdflächen.*
— latérale , *seitenflache.*
Facies (du latin), *habitus.*
Facilité du mouvement, *flucht.*
Façonner, *abrichten , bearbeiten.*
— avec la panne du marteau, *finnen.*
— en manière de grille , *gattern.*
Factice , *unecht, unächt.*
Facule , *sonnenfackel, glanzflecken.*
Faculté visible, *sehekraft , sehkraft.*
Failles , *fälle , steinwall , ridge , sprung.*
Faire une percée , *aufbrechen, auf-rennen.*
— sécher , *abtröcknen.*
— couler les eaux sur une roue , *aufschlagen.*
— le bord , *rändeln , randen , rän-dern.*
— le mélange pour la fonte, *erz-beschicken.*
— un tenon dans une pièce de bois, *einzapfen.*
— écouler, *ausgiessen.*
— un percement , *erschlagen.*
Faisceau de barres d'acier , *bürde.*
— de soixante plaques metalliques de rebut, *büschel.*
Faiseur de cendres , *aschbrenner.*
— d'or, *goldmacher.*
— de minerai , *erzmacher.*
Faîte , *gipfel , firste.*
Falaise , *schrof.*
Falsifier , *verfälschen.*
Falun , *muschelbruch.*
Falunière , *muschelgrube.*
Fange , *schlamm.*
Fangeux , *schlammig.*
Faraillon , *sandbank.*
Farine d'alun , *alaunmehl.*
— de bocard , *pochmehl.*
— d'essai , *probiermehl.*
— fossil , *mehl , bergmehl , gyps-erde.*
— de forêt , *bohrmehl.*
— empoisonnée , *giftmehl.*
Fasciculé, *bündelförmig.*
Fascié , *gestreift, streiffig.*
Fassaïte , *fassait, crocallit.*
Fatras , *haufen.*
Faucher, *sensen.*
Fausse équerre , *winkelfasser.*
— sorte , *afterarten.*

Fausse topaze, *after topaz*.
— opale, *pseudopal*.
Faux, *sense*.
Faux, adj. *uneckt*.
— schorl, *pseudoschörl*.
Fèces du vitriol, *vitriolschmand*.
Fécule, *sonnenfackel, salzmehl*.
Félatier, *glasblaser*.
Feldspath, *edelspath, feldspath*.
— adulaire, *adular, mondstein*.
— apyre, *andalusit*.
— argiliforme, *kaolin*.
— avanturiné, *awanturin-spath*.
— compacte, bleu, *felsit*.
— commun mêlé de quartz, *after-grusling*.
— compacte sonore, *klingstein*.
— cubique, *feldspath würflicher*.
— nacré, *adular*.
— opalin, *labradorfeldspath*.
— vert, *smaragdspath, diallagon*.
Fêle, *rohr, bläserohr*.
Fêlures, *schlechten*.
— transversale, *quersprung*.
Felsite, *felsit*.
Fenderie, *stabhammer, stabfeüer, zainhammer*.
Fendre, *kettzern, keilen, zerspalten*.
— avec des coins, *aufkezern, zerkeulen*.
— avec le poinçon, *aufschroten*.
Fenning, *pfennig*.
Fente, *spalte, ritz, schmeerkluft, pronne, querkluft, klinse, kluft, gangkluft, zerkluftung*.
— transversale, *querkluft, quersprung*.
— remplie de minerai, *erzkluft*.
— qui partage le rocher en bandes ou assises, *flötzklufte*.
— qui se joint avec une autre, *scharkluft*.
— dans les pierres, *schlechten*.
— à la surface de la terre, *tagegehänge*.
Fer, *eisen*.
— affiné, *geschmiedetes eisen*. Voy. *eisen*.
— aigre, *sprödes eisen*.
— argileux, *eisenthon, thoneisenstein*.
— argileux grenu, *körniger thoneisenstein*. Voyez *körnig*.
— arseniaté, *eisenarsenik*.
— arsenical, *arsenikkies, giftkies, mispilt, gesundheits-stein*.
— — argentifère, *weisserz, mispikelsilber*.

Fer arsenical pyriteux, *arsenikkies*.
— azuré, *blaueisenerde, eisenblau*.
— basaltique, *wolfram*.
— battu, *geschmiedetes eisen*.
— blanc, *verzinntes blech*. Voyez *verzinnen*.
— calciné, *eisenkalk*.
— carbonaté, *spatheisenstein*.
— carburé, *graphit, wasserbleyerz, eisenschwärze, bleystift*.
— cassant, *brüchiges eisen*. V. *eisen, eisenglas*.
— — à froid, *raseneisen, raseneisenstein*.
— chromaté, *chromium saüeres eisen, eisenchrom*.
— coulé, *gegossenes eisen*. Voyez *eisen*.
— de l'affineur, *gareisen*.
— du marteau sans manche, *faustel-eisen*.
— en bandes, dont on fait des liens, *bandeisen*.
— en grosses barres, *balleisen*.
— en lames, *eisenblech*.
— de fonte, *gusseisen, schmelzeisen*.
— — qui reste dans le fourneau après que le feu est éteint, *schmahleisen*.
— des pilons de bocard, *pocheisen, pucheisen*.
— fondu, *gegossenes eisen*. Voyez *gegossen; dachel, schmelzeisen*.
— forgé, *geschmiedetes eisen*. Voy. *eisen*.
— granulé, grenaillé, *granulirt eisen*.
— granuliforme semblable à l'étain, *eisengraupe*.
— hématoïde, *blutstein*.
— hépatique, *leberkies*.
— limoneux, *raseneisen, raseneisenstein, eisenklos, schusselerz, modererz*.
— magnétique, *magnet, magneteisen, magneteisenstein, magneticsand, magnetkies, eisenmohr, eisensand*.
— — sablonneux, *zeigsteinsand, magneticsand*.
— micacé gris, *eisenglimmer*.
— — rougeâtre, *eisenrahm, eisenmann*.
— (mine de), *eisenbruch, eisengrube*.
— (mine blanche de), *spatheisenstein*.
— (minerai de), *eisenerz, eisenstein*.

Fer natif, *eisen (gediegenes).*
— (minerai de), préparé pour la fonte, *eisenschlich.*
— (minerai de) cristallisé, *eisendruse.*
— oligiste, *eisenglanz, eisenspiegel.*
— — écailleux, *eisenglimmer, eisenmann.*
— ouvré, *eisenarbeit, eisenzeug.*
— oxidé, *eisenocher, eisensanderz.*
— — brun fibreux, *glaskopf.*
— — géodique, *eisenniere.*
— — globuliforme, *bohnerz.*
— — graphique, *röthel.*
— — hématite, *glaskopf.*
— — — rouge, *eisenrahm, eisennüsse.*
— — noir, *eisenmohr.*
— — rouge luisant, *eisenrahm.*
— — — bacillaire, *nagelerz.*
— — rubigineux, *hartstein.*
— — — pulvérulent, *eisenocher.*
— — terreux, *eisensumpferz, eisenklos.*
— oxidulé, *magnet, magneteisenstein, eisenbrand, piedra y mancevo de hierro* des Espagnols.
— phosphaté, *eisen (phosphorgesaüertes).*
— prussiaté natif, *blaucisenerde.*
— pisiforme, *bohnerz.*
— réniforme, *eisenniere.*
— à mâcler, *hefteisen.*
— à replier les ressorts, *federeisen.*
— à corroyer, *herdeisen.*
— à lisser, à polir, *glatteisen.*
— à cerner, *herdring.*
— sablonneux, *eisensanderz.*
— spathique, *spatheisenstein.*
— spéculaire, *eisenspiegel, eisenglanz.*
— sulfaté, *eisenvitriol, eisensatz, vitriolkies.*
— — stallactiforme, *vitriolzapfen.*
— sulfuré, *schwefelkies, kiesäpfel, kiesballe, kiesfrüchte, kieskegel, kiesklösse, kieskrystal, kieskuchen, kieskugeln, gesundheitsstein.*
— — dentelé, *kammkies.*
— — capillaire, *haarkies.*
— — aurifère et argentifère, *gilf.*
— — radié, *madenkies.*
— — décomposé, argentifère, *leberkies, zinnbett.*
— en barre, *zaineisen.*
— à moule, *formeisen.*

Fer sulfuré à demi-décomposé, *eisenlebererz.*
— — globuleux et granuliforme, *kiesniere, kiesnüsse,* etc.
— — radié, *strahlkies.*
— — réniforme, *hieken.*
— terreux vert, *eisengrün.*
— — bleu, *blaüeisenerde.* Voyez *eisenerde.*
— titané, *titaneisen.*
— qui n'est pas scorifié, *eisensau.*
— arrondi par un bout en forme de poing, *faust-eisen.*
— pour marquer, pour aligner, *absteckeisen.*
— à brûler, *brenneisen.*
— à hacher, à couper l'étain, *hackeisen.*
— à goudronner, *borteleisen.*
— à percer, *stecheisen.*
— à creuser des rigoles, *ritzeisen.*
Féraillon, *sandbank.*
Férarier, *glasblaser.*
Ferblantier, *blechschmid.*
Ferme, *gällig, fest.*
Ferment, *gährungsmittel.*
Fermentation, *gährung.*
Fermer, *zusetzen.*
— à vis, *zuschrauben.*
Fermeté, *feste.*
Fermeture, *schliesse.*
Fermier du sel, *salzpachter.*
Ferrailleur, *eisenmann.*
Ferrement, *eisenwerck.*
Ferrer par les bouts, *anschuhen.*
Ferricalcite, *ferricalcit.*
Ferrilite, *ferrilit.*
Ferronnerie, *eisenhütte, eisenhammer, hammerhütte.*
Ferronnier, *eisenhändler.*
Ferrugineux, *eisenhältig, eisenartig.*
Ferrure, *eisenbeschläge.*
Fertilisant, *befrüchtend.*
Fertiliser, *befrüchten.*
Fétide, *stinkend.*
Feu, *feüer.*
— de montagne, *bergfeüer.*
— de reverbère, *reverbierfeüer, flammenfeüer.*
— de tôle, *blechfeüer.*
— à fondre les métaux, *schmelzfeüer.*
— follet, *ausswitterung.*
— flambant, *flammenfeüer.*
— bleu, *blaufeüer.*
— souterrain, *erdfeüer,*
— du raffinage de cuivre, *garfeüer.*
— violent, *gluth.*

Feu de roue, *radfeüer.*
Feuille, *blatt, folie.*
— de mouvement d'une fonderie, *schmelzbogen.*
— inférieure, *unterblatt.*
— dans les fourneaux d'essai, *bodenblatt.*
— d'or d'un côté et d'argent de l'autre, *zwischgold.*
— de descente, *fahrbogen.*
— de dividende, *ausbeüte-bogen.*
Feuilleté, *blätterig.*
Fibre, *zaser.*
Fibreux, *faserig, fasig.*
Fibrolite, *fibrolith.*
Fiche à gonds, *bandhacken.*
Ficher, *bestechen, besteken.*
Fiel de verre, *glasgalle.*
Fiente de renard, *fuchsmist.*
Figement, *gestehen.*
Figure, *abbildüng.*
Figurer, *abbilden.*
Fil d'archal, de métal, *banddraht, draht.*
— d'acier, *stahldraht.*
— plat, *flachdraht.*
— d'un instrument tranchant, *schneide.*
Filage d'or, d'argent, etc. *drahtspinnen, drahtspinnerei.*
Filament menu, *zaser.*
Filamenteux, filandreux, *faserig, fasig.*
Filet, *zaser.*
— d'une vis, *schraubengewinde.*
Fileur d'or, d'argent, etc. *drahtspinner.*
Filiciforme, *farrenkrautig.*
Filière, *zieheisen, drahteisen, abfüreisen, schneidezeüg, drahtzug, drahtzieherey, dachfette, schraubenzieher.*
Filiforme, *drahtförmig, haarförmig.*
Filigrane, *drahtarbeit.*
Filon, *erzgang, gang.*
— du matin, *morgengang.*
— du soir, *abendgänge.*
— qui traverse le principal, *quergänge.*
— de côté, *nebengang.*
— court, *motzige gänge.* V. *motzig.*
— d'accolage, *beygänge.*
— riche, *möglichergang.*
— de minerai de fer, *eisengang.*
— élémentaire, *elementsgang.*
— plat, *flachergang.*
— principal, *hauptgang.*

Filon bon à exploiter, *bauwürdige anbrüche.*
— croisant, *creutzgänge.*
— stérile qui divise le principal en plusieurs filets, *flötzriffel.*
— étroits, *geschicke, schmahle gänge.*
— transversal, *quergänge.*
— mélangé de parties stériles, *ruffrige bergige gänge.*
— étroit qui va rejoindre le principal, *schar-gang.*
— tardif, *spathgang.*
— perpendiculaire, *stehendergang* Voyez *stehend.*
— au jour, *tagegang.*
— découvert le premier, *vater*, (ort vom *vater* her).
Fils (mercure des alchimistes), *ansir.*
Filtration, *filtrirung, filtriren (das).*
Filtre, *filtrirsandstein, filtrirstein, seihtuch, seihe.*
Filtrer, *seihen, filtriren.*
Fin, *ende, fein, gediegen, dünn.*
— de la monnoie, *münzgehalt, münzgüte.*
Finesse, *feinheit, schwäche.*
Fiorite, *kieselsinter, fiorith.*
Fissures, *schlechten, spalte.*
Fistulaire, *pfeiffenröhrig.*
Fixation, *fixirung.*
— du prix d'un travail, *gedinge.*
Fixe, *fix, unauflöslich.*
— au feu, *feüerbeständig.*
Fixer, *figiren, fixiren.*
— avec des harpons, *haspen.*
Fixité au feu, *unauflöslichkeit, feüerbeständigkeit.*
Flaccidité, *schlaffheit.*
Flambé, *flammicht, flammig, geflammt.*
Flamber, *sengen, absengen.*
Flamboyer, *flimmern.*
Flammes qui jouent sur l'âtre à travers l'ouverture d'un fourneau, *feder.*
Flans, *schrötling.*
Flancs d'une montagne, *abfälle.* Voyez *abfall.*
Flatoir, *quetschhammer, platthammer, beschlage zange.*
Fléau d'une balance, *wagebalken.*
Flèche, *pfeil.*
Fléchir, *biegen.*
Flegme, *phlegma.*
Fleuret, *bohrer, bohreisen.*
— à couronne, *kronbohrer.*
Fleuron, *stock, mittelstempel.*

Fleurs, *blumen.*
— d'argent, *silberblume.*
— de fer, *eisenblumen, flosferri.*
— de mine, *erzblume.*
— d'arsenic, *arsenikblüthe.*
— de cendres, *aschkern.*
— de Saturne, *bleyblumen.*
— de vitriol, *vitriolkern.*
Fleuve, *fluss, strom.*
Flexibilité, *beugksamkeit, biegsamkeit.*
Flexible, *biegsam, geschmeidig.*
Flintglas des Anglais, *flintglas.*
Flocon, *flocken.*
Flosferri, *flosferri.*
Flot, *fluth, welle.*
Fluide, *flüssig.*
— vitré, *glasfluidum.*
— ambiant, *umschwebend.*
— résineux, *harzfluidum.*
Fluidité, *flüssigkeit.*
Fluor, *bergfluss, flösse fllüsse.* Voy.
flösse, fluss.
— de quartz, *quartzfluss.*
— cristallisé, *fluss spath.*
— terreux, *flusserde.*
Flux, *fluss, fluth.*
— noir, *schwarzfluss, schnellerfluss.*
Foie, *leber.*
— d'antimoine, *spiesglasleber.*
Fondant, *fluss, schmelz, schmelzglas, schnellerfluss, vorschlag, zuschlag.*
— salin, *salzfluss.*
— prompt, *schnellerfluss.*
Fondation en faveur des pauvres élèves mineurs, *bergwerksstipendien.*
— en terre, fondement, *füllmund.*
Fonderie, *giesserey, schmelzhütte, erzhütte, hüttenwerck, schmelz, rennfeüer, hütte.*
— de cuivre rouge, *rothgiesserey.*
— de plomb, *bleyhütte.*
— pour la monnoie, *schmelz, giesskammer.*
— en fer, *eisengiesserey.*
— de fourneaux, *ofengiesserey.*
Fondeur, *schmelzer, giesser.*
— de fer, *eisengiesser.*
— de fourneaux, *ofengiesser.*
— en bronze, *erzgiesser.*
— de la litharge, *frischer.*
— en cuivre, *rothgiesser, gelbgiesser.*
Fondre, *schmelzen.*
— de nouveau les crasses, *durchstechen.*

Fonds, *aetzgrund, unterherd.*
— stérile rouge, *rothes todtes liegendes.*
Fondu, *gegossen, geschmelzt.*
Fongites, *füngiten.*
Fontaine à chapelets, *paternosterkunst.*
Fonte, *krätzfrischen, schmelzung, schmelzarbeit, ausschmelzung, giesswerck.*
— d'enrichissement, *anreicherarbeit.*
— crue, *roheisen.*
— moulée, *gusswaaren.*
— de matte crue, *rostschicht.*
Force attractive, *anziehungkraft.*
— répulsive, *repulsionskraft.*
— centrifuge, *centrifugalkraft.*
— centripète, *centripetalkraft.*
— de désunion, *entzweiungskraft.*
— élastique, *spannkraft.*
Forces, *drahtscheere, stockscheere, blechscheere.*
Forer, *bohren.*
Foret, *schneckenbohrer, näber, bohrer, rechenbohrer, bohrzeug.*
— -cuiller, *löffelbohrer.*
— à percer des filières, *richtspille.*
Forge, *esse, hammer, hammerwerck, schmiede, wärmesse, eisenschmiede, erzhütte.*
— de faux, *sensenhammer.*
— de mines, *bergschmiede.*
— de cuivre, *kupferhammer.*
Forgeable, *hammerbar, schmiedbar.*
Forger, *ausschmieden, verschmieden, schmieden.*
Forgeron, forgeur, *eisenschmid.*
— en chef, *vorschmid.*
— de mines, *bergschmied.*
Formation du calcaire, *kalkformation.*
Forme, *form, bohrloch, gestalt.*
— primitive, *gründgestalt.*
— particulière d'un fossile, *besondereform.*
— accessoire, *nebengestalt.*
Formule, *formel.*
Fortuit, *zufällig.*
Fosse, *schmelzkelle, grube.*
— à chaux, *kalkgrube.*
— aux cendres, *aschgrube.*
— d'épuisement, *kunstschacht.*
— remblayée, *begraebniss.*
Fossé, *graben.*
Fossile, *fossil, fossilisch.*
Foudre, *wetterstrahl.*
Fouille, *suchort, schurf.*
— au sol d'une galerie, *gelorsch.*

Fouille de nécessité , *nothschnitt.*
Fouiler, *ausschürfen , vertiefen.*
— à peu de profondeur, *ablörschen* .
— sans avoir rien à payer , *frey schürfen.*
— au-dessous de, *untergraben.*
Foulante (pompe), *drückpumpe , drückwerck.*
Fouleur de gazon , *rasenwälzer.*
Four, *ofen.*
— à chaux , *kalkofen.*
— à cristaux , *krystallöfen.*
— à calciner , *kalcinirofen.*
— à briques , *ziegelofen.*
Fourbisseur, *schwertfeger.*
Fourche, *reutgabel, gabel, furckel.*
— de lavage , *seifengabel.*
Fourchette , *dubhammergabel.*
Fourgon, *feüerschaufel, ofengabel, kohlenkrücke.*
Fourgonner , *schüren.*
Fournaise, *feüerofen.*
Fourneau , *ofen.*
— à percer , *stichofen.*
— à affiner , *brennofen , garofen, treibeofen , treibeheerd.*
— à calciner , *calcinirofen , brennofen.*
— à platiner , *blechofen.*
— à distiller , *distillierofen.*
— — le soufre cru , *schwefelofen.*
— de fonderie , *giessofen.*
— de fusion, *flussofen, schmelzofen.*
— établi sur une pièce de bois, *hölzlein, hölzelofen.*
— de forge, *eisenofen, schmelzofen, hülzelofen.*
— de grillage , *rostofen.*
— à deux yeux , à deux bassins , *brillofen.*
— de liquation , de ressuage, *seigerofen , darrofen , frischheerd.*
— de parfait dessèchement, *seigerdarrofen.*
— à faire rougir, *glühofen.*
— de réverbère , *reverbierofen.*
— de paresseux , *faul-heinz.*
— en galère , *galeere.*
— de coupelle, d'essai, *probierofen, treibeofen.*
— de verrerie , *werkofen , glasofen.*
— de la fonte crue, *rohofen.*
— bleu, *blauofen.*
— pour les fontes crues, *flammenofen.*
— d'essai, *probierofen.*
— à rougir la tôle , *blechglühofen.*
— à faire les semelles , *gleichofen.*

Fourneau à rafraîchir, *kühlofen , frischofen.*
— à recuire les tourteaux de cuivre, *auswaerm-ofen.*
— à fondre l'étain , *zinnofen.*
— à vent , *windofen.*
— de poterie, *kachelofen.*
— à désoufrer, *schwefelbrennofen.*
— (haut), *hoherofen , kuyolu.*
— gradué, *massofen.*
— courbe ou à manche, *krummerofen.*
— pour réduire la litharge en plomb, *frischofen.*
— pour ôter aux lames étamées l'étain qu'elles ont de trop, *abwersofen.*
Fournée, *schicht , eisenschicht.*
Fourreau, *quetschform, scheide.*
Fourrer, *ausbüchsen.*
Foyer, *brennpunckt , feüerheerd , herd, garheerd, kohlensack.*
— de graduation, *gradierheerd.*
— supérieur, *oberherd.*
— de fourneau, *ofenherd.*
Fraction , Fracture, *brechung, zerbrechung.*
Fragile , *zerbrechlich.*
Fragilité, *zerbrechlichkeit.*
Fragment, *bruchstuck.*
— d'encrinites , *gelencksteine.*
Frais , *frisch.*
— de visite , *fahrgeld.*
Fraisil, *kohlenschlacke.*
Franchise , *befreyungen.*
— des mines , *bergfreyheit.*
Frappe, *gepräge , münzschlag.*
Frapper pour annoncer la fin du travail, *ausklopfen.*
— à faux en perçant, *fehlschlagen.*
— à diverses reprises , *beklopfen.*
— avec un maillet, *blauen, schlägeln.*
Frein , *bremswerck.*
Frèle , *zerbrechlich.*
Frette , *reif , pochringe.*
Friabilité , *zerreichblichkeit , brocklichkeit.*
Friable, *mulmig , mürbe , zerreiblich , brocklig, gebrock.*
Frigorifique , *kaltend.*
Frisoir, *grabstichel.*
Fritte , *fritte . gemenge, glasfritte.*
Froc de mineur , *grubenkittel , grubenkleid, grubenkütte.*
Froid , *kalt.*
Fromage de montagne , *bergkase.*
Froncis , *falte.*
Frottement , *reibung , friction.*

Frotter, *reiben.*
Frottoir, *reibzeug.*
Fulguration, *blick , silberblick.*
Fuligineux, *russig , mulmig.*
Fuliginosité, *russ.*
Fulminant (or), *knallgold.*
Fulminante (poudre), *knallpulver,*
Fulmination, *verpuffung.*
Fulminer, *verpuffen.*
Fumerole , *zugloch.*
Fumée, *rauch.*
— d'argent, *silberrauch.*
— de cuivre, *kupferrauch.*
— de plomb, *bleyrauch.*
— métallique condensée, *dachfarbe.*
— des fonderies , *hüttenrauch.*
Funiculaire (machine), *flaschenzug,*
   hebezeüg.
Fuscite, *fuscit.*
Fuseau , *spindel.*
— d'une lanterne d'engrenage , *ge-*
   trieb stock.
— denté , *zahnspindel.*
Fusibilité , *schmelzbarkeit.*
Fusible, *schmelzbar, leichtflüssig ,*
   flüssig.
Fusil à éguiser, *wetzstahl.*
Fusion, *krätzfrischen , schmelzar-*
   beit, schmelzung.
Fuyant , *flüchtig.*

G

Gabbronite , *gabbronit.*
Gabro , *gabro.*
Gâche , *kloben.*
Gâcheux, *pfützig.*
Gadolinite, *gadolinit.*
Gaffer, *hacken.*
Gagner le minerai, *erzgewinnen.*
Gahnite, *gahnit.*
Gain , *ausbeüte.*
Gaine , *scheide.*
Galacktite , *milchstein.*
Galaxie, *milchstrasse.*
Galène , *bleyglanz.*
— de cuivre, *kupferglanz.*
Galère , *galeere.*
Galeries, *stollen , gebaude.*
— d'extraction , *förderstrecke.*
— principale , d'écoulement, *erb-*
   stollen , wasserstollen.
— d'alongement , *feldort.*
— à fumée , *rauchgewolbe.*
— creusée par circuit , *umbruch*
Galerie du jour , *tagestollen.*

Galets , *geschiebe.*
Gallate , *gallus saüere sälze.*
Galle argileuse , *thongallen.*
Gallitzinite , *titaneisen.*
Galvanique (pile), *metallreiz.*
Galvanisme , *galvanismus.*
Gammarolithe , *gämmarrholith.*
Gangue, *gangart, erzgang, steinart.*
Ganile , *ganil.*
Garantie , *gewäehr.*
Garçons de lavoir, *abläuter-jungen,*
   waschjunge.
Garçons-mineurs , *bergjunge , pür-*
   sche.
Gardes-canal , *grabensteiger.*
— de fonderie , *hütter , einlieger ,*
   hüttenwächter.
— du canal du bocard , *fluthner.*
— des outils des mineurs , *hut-*
   mann.
Gare , *bucht.*
Garnir une chose avec une autre ,
   beschlagen.
— de roseaux , *berohren.*
— de madriers, *bolen.*
— de cuir , *liedern.*
— en planches courtes , *ausstacken.*
— de bandes de fer , *schienen.*
Garniture en bois , *ausstackung.*
— de fer blanc , *blechbeschlag.*
— en fer du tisard , *wehreisen.*
Gàteau, *kuchen , plansche , scheibe.*
— de cuivre, *kupferscheibe , kien-*
   stock.
— d'acier, *stahlkuchen.*
Gatine, *eisenerz.*
Gaz , *gaz.*
— hydrogène , *brenstoff , wasser-*
   stoffgaz.
— —sulfuré, *schwefelwasserstoffgaz.*
— méphitique , *sauerluft.*
— oxigène, *lebensluft.*
— acide carbonique , *sauerluft ,*
   luftsäuere.
— — sulfureux , *luftschwefel.*
— nitreux , *salpetergaz.*
Gazon , *rasen.*
Gazonnement , *belegung mit rasen.*
   Voyez *rasen.*
Gelatineux , *gallertartig.*
Gelée , *gallert.*
Gemme , *edelstein.*
— du Vésuve , *vesuvian.*
— (sel), *steinsalz.*
Générateur , *erzeugend.*
Geniculé , *knieförmig.*
Genou , *nuss.*
Genouillères , *kniebiegel.*

Genre, *geschlecht.*
— chromique, *chromiumgeschlecht.*
— muriaté, *salzsaüres geschlecht.*
— sulfureux, *schwefelgeschlecht.*
— yttérique, *yttergeschlecht.*
Géode, *geoden, drusen.* V. *druse.*
Géodésique, *zur messkunst gehörig.* Voyez *messkunst.*
Géodique, *geodisch.*
Géodosie, *geodesie, feldmesskunst.*
Géognésie, *geognesie.*
Géognosie, *gebirgskunde.*
Géographie, *erdbeschreibung.*
Géologie, *geologie.*
Géométral (plan), *grundriss.*
Géomètre, *messkünstler.*
— souterrain, *markscheider.*
Géométrie, *geometrie, messkunst, erdmesskunst.*
Géométrique, *géométriquement, geometrisch.*
Gerçure, *klinse, steinscheide.*
— transversale, *quersprung.*
Germination, *auswuchs.*
Gestein, *gäestin, gestein.*
Gibelet, *zwickbohrer.*
Girasole, *girasol.*
Gissement, *lager.*
Gîte, *lager.*
— entre deux différentes natures de terrain, *bergscheidungen.*
— d'origine, *fundort.*
— de sel fossile, *salzstock.*
— de minerai en grandes masses, *stockwerk.*
Glace, *eis.*
Glacer, *glasuren.*
Glaise, *thon, leim.*
Glaiseux, *thonicht.*
Glaisière, *thongrube.*
Gland, *kluppe.*
Glandiforme, *glanduleux, drusicht, drusig.*
Glandite, *meereichelstein.*
Glaphique, *glaphisc.*
Glauberite, *glauberit.*
Glette, *glädte, glätte, glöthe.*
Glisser dessous, *unterkriechen.*
Glissoire pour la tonne, *bauchtonne, donlatten.*
Globe, *kugel.*
— terrestre, *erdball, erdkugel.*
Globosite, *globositen.*
Globuleux, *globulitorme, kugelicht, kugelig, kugelförmig.*
Glossopètres, *glossopetern, natterzungen, schlangenzungen, zungenstein.*

Gluant, *kleberìcht, kleberig.*
Glucine, *glycinerde, süserde.*
Gluten, *leim.*
Glutineux, *kleberìcht, kleberig, zähe.*
Gneiss, *gneiss, kneiss, granatgneiss, knauft, granitschiefer.*
Gnomonique, *gnomonik, gnomonisch, sonnenuhrkunst.*
Golfe, *meerbusen.*
Goud, *haspe.*
Gonfler, *aufblähen.*
Goniomètre, *gonyometer.*
Goniométrie, *goniometrie, winkelmessung.*
Gorge de montagnes, *schluchte, schluft.*
— de pigeon, *taubenhälsig.*
Gossan, *gossan.*
Goudron, *theer.*
— minéral, *bergtheer.*
Goudronner de la vaisselle, *borteln.*
Gouffre, *abgrund, schlund.*
Goujon, *hundsleitnagel, döbel.*
— principal d'une machine hydraulique, *hauptarm.*
Goulotte, *rinne.*
Goupille, *stift.*
Gourdin, *knebel.*
Goût, *geschmack.*
Goutte, *tropfen.*
Gradation, *stufenfolge, abstumpfüng.*
Gradins (ouvrages en), *strossen.*
— renversés, *firstenstoss.*
Graduation, *gradierung, abtheilung in grade.* Voyez *abtheilung.*
Graduer, *gradieren.*
Grain, *grän, korn.*
— d'argent dévolus à l'église, *kirchenkroetz.*
— de plomb, *bleykorn.*
— d'or, *goldkorn.*
Graisse, *fett, fettigkeit.*
— de montagne, *bergfett.*
Grammatite, *grammatit.*
— radiée, *sternschörl.*
Gramme, *gramme.*
Granall, *granall.*
Granatite, *granatit, granatin, staurolith.*
Grandeur, *grösse, starke.*
— absolue des cristaux, *die grosse aüsdehnüng der krystallen.* Voyez *ausdehnung.*
Granite, *granit, granilith, gräber, kreif, aftergranit.*
— en décomposition, *giesstein.*
— graphique, *schriftgranit.*
— porphyrique, *granitporphyr.*

Granit schisteux , *granitschiefer.*
Granitelle , *granitell.*
Granitin , *granitin.*
Granitique (roche), *granitfels.*
Granitone , *granitone.*
Granulation, *granulirung, körnung.*
Granulé (fer), *granulirt eisen.*
Granuler , *granuliren.*
Granuleux , *körnig.*
Graphite , *graphit, löschbley , reiss-*
bley , schreibbley , schreibkohle
schreibstein ,tusche ,eisenschwärze.
Grapholite , *grapholit.*
Graphomètre , *graphometer.*
Grapillage , *raub.*
Gras , *fett.*
Gratter , *kratzen.*
Gratteur , *krätzer.*
Grattoir , *kratze , kratzeisen , glätt-*
hacken.
— des mineurs , *bergkratze.*
Grauwake , *grauwacke.*
— schisteuse, *grauwacken schiefer.*
— poudingue , *grauwack-wursstein.*
Grave , *schwer.*
Graveleux , *kiesig.*
Graver ,*stechen ,eingraben ,einätzen.*
— à l'eau-forte , *radieren.*
Graveur , *stecher , kupferstecher.*
— de poinçon , de coin , *stämpel-*
schneider.
Gravier, *grant , ausstrich, heidsand,*
kies , sandgries, steinsand.
Gravifique , *schwermachend.* Voyez
schwer.
Gravitation , *schwerkraft.*
Gravité , *schwere.*
Graviter , *drücken , streben.*
Gravure , *stich , einätzung.*
— à l'eau-forte, *radierkunst.*
Greffier des mines, *berggegenschrei-*
ber.
Grêle , *hagel.*
Grêle , *zart.*
Grenaille de scories, *schlackenklein.*
'Grenailler , *körnern.*
Grenat , *granat.*
— du Vésuve , *wesuwischer.* Voyez
granat
— des volcans, *vulcanischer.* Voyez
granat.
— d'or , *goldgranaten.*
— blanc , *leucit, weisser.* V. *granat.*
— noble , *edler granat.* V. *granat ;*
almandin.
— où le feldspath domine , *portsoy.*
— syrien , vermeil , *almandin.*

Grenat commun, *granatberg, granat-*
felz, granatstein, robal, gemeiner
granat. Voyez *granat.*
Grenatite , *staurolith.*
Grené , grenu , *körnig , gekörnt.*
Grès , *sandstein.*
— bigarré ou panaché , *bunte sand-*
stein. Voyez *sandstein.*
— blanc , *weisse sandstein.* Voyez
sandstein.
— cuivreux , *kupfersanderz.*
— ferrifère , *eisenschüssigersand-*
stein. Voyez *sandstein.*
— filtrant , *filtrirsandstein , ltrir-*
stein , wassersandstein.
— flexible , *biegsamersandstein.* V.
sandstein.
— friable, des houillères , *mürber-*
sandstein.
— lustré , *quartzsandstein.*
— prismatique , *baulastein.*
— rouge , *rothes todtes liegendes.*
— à gros grains , *fundamentstein.*
— schisteux , *sandschiefer , sand-*
steinschiefer.
— porphyrique , *sandsteinporphyr.*
— de Fontainebleau , *krystallisirter*
sandstein von Fontainebleau. V.
sandstein.
— (carrière de), *sandsteingrube.*
Grésil , *schnee (gefrorne).*
Gresserie , *steingut , steinzeug.*
Griffes , *klaue.*
Grillage , *rost, röstung.*
— du cuivre , *kupferrost.*
— du soufre , *schwefelröste.*
— des mattes de cuivre, *zugebrand-*
ter kupferstein.
— des mattes crues, *zugebrandter*
rohstein.
Grille , *gitter , gatter , brandrost.*
— d'un canal , *schussgatter.*
Grillé , *geröstet.*
Griller , *rosten.*
Gris , *grau.*
— d'acier , *stahlgrau.*
— de cendre , *aschgrau.*
— de fer , *eisengrau.*
— de perle , *perlgrau.*
— de fumée , *rauchgrau.*
Grosseur, *grösse , starke.*
— de la terre , *grösse der erde.*
Grotte , *unterhöhle.*
Groupe , *gruppel.*
Gruau, *schrotbock.*
Grumeleux , *klumperig.*
Grunstein , *grünstein.*
— secondaire , *flötzgrünstein.*

Grunstein schisteux , *grünstein-schiefer.*

— à grains imperceptibles , *grünstein porphyr.*

Gryphite , *gryphiten , geyerkopf, greifstein.*

Gueulard , *gicht , jucht, ofenloch.*

Geuse, *gans, eisengans, guss, massel.*

Guhr , *guhr.*

Guimbarde , *brumeisen.*

Guingois , *schiefe.*

Guirlande , *kranz.*

Gypse , *gyps , gypserde.*

Gypsifère , *gypshaltig.*

H

Habit de mineur , *kittel , gruben-kleid.*

Habitus , *habitus.*

Hache , *hackbeil , axt , bergbarthe , kaukamm.*

— de charpentier, *breitbeil, zimmer-beil.*

— à équarrir, *zimmeraxt.*

Hachereau , hachette , *hackbeil , bohnaxt, deichsel , grubenbeil.*

Halde , *halde , berghalde.*

— des scories, *schlackenhalde.*

— de déblais , *reuthalden.*

— de minerai, *erzhalde.*

Haleine , *anhauch.*

Haliotide , *haliotis , paniten.*

Haliotidites , *ohrmuschelstein.*

Halite , *halith.*

Hallebarde du mineur , *bergbarthe.*

Halo, *halo , hof.*

— du soleil, *sonnenhof.*

Halolechnie, halurgie , *halotechnie, haliürgie.*

Halotrie . *haarsalz.*

Halte , *rast.*

Hamiforme . *hakig.*

Hammites, *hammit , hammitae.*

Hangar , *kaue, käh , rostschuppen , stollenkaue.*

Happe , *achsenblech.*

Happement à la langue , *anhängen an der zünge.*

Harcque , *kohlenkrail.*

Harmattan , *harmottan.*

Harmotome , *harmotom , creutz-stein.*

Harpon, *schlepphaken, stürzschürze, haspe.*

Hartstein , *hartstein.*

Haussement, *hub.*

Hausser la vanne , *anschützen.*

Haut-fourneau, *hoher-ofen.* V. *ofen.*

Hauteur méridionale, *mittagshöhe.*

— et puissance d'un gîte de minerai , *breiten-blick.*

— de l'eau dans les syphons , *folge.*

— d'une chute d'eau, *gefalle.*

— du pôle , *polhöhe.*

Haüyne, *haüyne.*

Hectare , *hecktare.*

Hectogramme, *hecktogramme.*

Hectolitre , *hecktolitre.*

Hectomètre , *hecktometer.*

Hélice , *schraubenlinie , schnecken-linie.*

Hélices fossiles, *hélicites, heliciten.*

Hélicoïde , *schraubenförmig.*

Hélicosophie , *die kunst schnecken-linie zu ziehen.* V. *schneckenlinie.*

Héliocomète , *sonnenkomet.*

Héliomètre , *sonnenmesser.*

Hélioscope , *sonnenglas.*

Héliotrope , *héliotrop.*

Helmintholites , *helmintholith.*

Hématite , *glaskopf.*

Hémicycle , *halbkreis , halbzirkel.*

Hémisphère, *halbkugel.*

Hémisphérique , *halbkugelich.*

Hémisphéroïde , *halbzirkelig.*

Hémitrope , *hemitropisch.*

Hémitropie , *halbumgedrehete ges-talt , umwendung.*

Hendécagone (qui a onze côtés) , *eilfeckig.*

Hépar , *leber.*

Hépatique (minerai) , *lebererz.*

— briqueté , *leber und ziegelerz.*

— (roche), *leberfels.*

— (pyrite), *leberkies , lebersteine.*

— (spath , pierre) , *leberspath , leberstein.*

Hépatite , *hepatit, lebersteine.*

Heptagone , *sieben-ek.*

Hérisson , *kammrad , stirnrad , straubrad.*

Hermaphrodite , *zwitter.*

Hermétique, hermétiquement , *her-metisch.*

Herminette , *handbeil.*

Hétérogène , *ungleichartig.*

Hétérogénéité , *ungleichartigkeit.*

Heure , *stunde.*

— de la boussolle , *stunde von com-pas.*

— d'un filon , *stunde des ganges.*

— de changement , *lögestunde.*

— alternantes , *wechselstunden.*

— de repos , *liegstunde.*

Heure planétaire , *planetenstunde.*
Hexaèdre , *hexaeder.*
Hexagone , *sechseckig.*
Hie , *ramm , rammblock , ramme , zugramme.*
Himten , *himten.*
Hippolithe , *hippolith.*
Hippurites , *hippuriten.*
Holomètre , *hohenmesser.*
Homocentrique , *homocentrisch.*
Homogène , *gleichartig.*
Homogénéité , *gleichartigkeit.*
Homologues , *gleichnamig.*
Honguette , *breiteisen.*
Hoplite , *harnischstein.*
Horizontal, horizontalement, *sohlig, wagerecht.*
Horloge , *seiger.*
— solaire , *sonnenuhr.*
— d'eau , *wasseruhr.*
Hornblende , *hornblende.*
— basaltique , *hornblende (basaltische).*
— commun , *hornblende (gemeine).*
— du Labrador , *labrador-blende , labradorische hornblende.* V. *hornblende.*
— schisteuse, *hornblende schiefrige.*
Hornstein , *hornstein.*
— conchoïde , *hornstein (müschliger). flinshorn.*
Horoptère , *seheziel.*
Hors de service , *bergfertig.*
Hors-d'œuvre , *ungefasst.*
Hotte , *tragekorb.*
Hottée , *tragekorbvoll.*
Houe , *lettenhaue , haue.*
Houille , *steinkohle , lettenkohle , erdkohle.*
— scapiforme , *stangen et stangelkohle.*
— piciforme , *brokkohle , fettkohle , pechkohle , harzkohle.*
— schisteuse , *schieferkohle.*
— fibreuse , *faserkohle.*
— glaiseuse , *lettenkohle.*
Houillère, *kohlengrube.*
Houlle , *brandung.*
Houssoir, *waschbesen.*
Hoyau , *steinhaue , haue, hacken , erdhaue.*
— en forme de coin , *keilhacke.*
— pour désunir les minerais agglutinés , *rundhaue.*
Huche , *pochherd.*
— à tauriser, *siebwerk.*
Huile , *oehl.*
— animale , *thieröhl.*

Huile de soufre , *schwefelöhl.*
— d'antimoine , *spiesglasöhl.*
— de Mars , *eisenöhl.*
— essentielle, *essenz.*
— de cuivre , de Vénus , *kupferöhl.*
— de salpêtre , *salpeteröhl.*
— de vitriol , *vitriolöhl.*
Huileux , *oehlicht.*
Huitième , *acht-theil.*
Huître , *auster.*
— épineuse , *lazarusklappe.*
— fossile , *austerstein.*
Humecter , *einfeüchten , feüchten.*
— doucement, *abschrecken.*
Humeur aqueuse , *wasserigkeit.*
Humide , *feücht , nass , wasserig.*
Humidité , *wasserigkeit, feüchtigkeit.*
Hyacinthe , *hyacinth , hiazinth.*
Hyacinthine , *vesuvian.*
Hyalith , *hyalith , lavaglas , müllergias , perlschlacke.*
Hydragillite , *wavellit.*
Hydraulique , *hydraulik , wasserleitungskunst.*
Hydrodynamique , *wasserkraftlehre.*
Hydrogène , *hydrogen , hydrothsäeure , brennstoff , wasserstoff.*
— sulfuré, *wasserstoff (geschwefelter).*
Hydrographe , *wasserbeschreiber , seebeschreiber.*
Hydrographie , *seebeschreibung , wasserbeschreibung.*
Hydrologie, *wasserkunde , wasserlehre.*
Hydromètre, *wassermesser , hydrometer.*
Hydrometrographe , *hydrometrograph.*
Hydrophane, *hydrophane, hydrophon.*
Hydrosulfure de soude, *soda wasserstoffschwefel.* Voyez *soda.*
Hydrostatique , *wasserstandlehre.*
Hygromètre, *hygrometer , wetterhäuschen, luftmesser.*
Hyperoxide, *übermäessigscharf, ausserordentlichscharf.*
Hyperbole, *hyperbol.*
Hyperstène , *labradorhornblende.*
Hypomochlion , *die unterlage unter einem hebebaum.* Voyez *unterlage.*
Hypothénuse , *hyppothenuse.*
Hystérolithe , *hysterolith , mautzenstein , mauenzenstein , muttersteine , bunzenstein.*

I

Ichnographie, *bauriss, grundriss.*
Ichtyite, *ichtyit.*
Ichtyolithes, *ichtiolith, fischstein.*
Ichtyophtalme, *ichtyophtalmit, apophyllist.*
Ichthiopotipolites, *ichthiopètres, ichthiotipoliten,ichthiopotipoliten.*
Ichthiotipolites, *ichthiotipoliten.*
Ichtyospondilithes,*ichtyospondiles, ichtyospondiliten.*
Ichtyotrophytes, *ichthyotrophiten.*
Icosaèdre, *icosaedrisch.*
Idée, *begriff.*
Identique, *identisch.*
Idocrase, *vesuvian, idocrase.*
Igel (pierre d'), *igelstein.*
Iglite, *iglit, igloit.*
Ignescent, *feüerschlagen, feüerstein.*
Ignition, *abglühung, glühe.*
Ignoble, *unedel.*
Ile de peu d'étendue, *werder.*
Imaginable, *ersinnlich.*
Imbibé, *geträenckt.*
Imbiber, *eintränken.*
Imbibition, *durchziehung.*
Immense, *unermesslich.*
Immensité, *unermesslichkeit.*
Immersion, *tauchen (das), eintritt.*
Immiscibilité, *unvermischbarkeit.*
Immiscible, *unvermischbar, unvermengt, unvermischt.*
Immobile, *unbeweglich.*
Immobilité, *unbeweglichkeit.*
Impair, *ungradflüechig.*
Impalpable, *unfühlbar.*
Impastation, *impastirung.*
Impénétrabilité, Imperméabilité, *undurchdringlichkeit.*
Impénétrable, Imperméable, *undurchdringlich.*
Imprégner, *anschwängern.*
Impression, *eindrück.*
Imprimer, *drücken.*
Impulsion, *umtrieb.*
Impur, *unrein, schlackig.*
Inaccessible, *schrof, schroffig.*
Inaction, *unthätigkeit.*
Inalliable, *unvereinbar, unvereinbarlich.*
Incidence, *neigung, einfall.*

Incidence, (angle d'), *einfallswinkel.*
— (point d'), *einfallspunct.*
Incident, *einfallend.*
Incinération, *äscherung, einäscherung.*
Inclinaison, *neigung, einfall.*
—régulière d'un filon, *rechtfallen (das).*
Inclinant, *abhängig.*
Incliné, *tonnlegig.*
Incliner, *neigen.*
— dans le bon sens, *rechtfallen.*
Incohérence, *unzusammenhang.*
Incombustibilité,*unverbrennbarkeit, unverbrennlichkeit.*
Incombustible, *unverbrennbar, unverbrennlich.*
Incommensurabilité, *unabmeslichkeit.*
Incommensurable, *unabmeslich, inkommensurabel.*
Incompatible, inconciliable, *unvereinbar.*
Incomplexe, *einfach.*
Incorruption, *unverwesung.*
Incrustant, *incrustirend.*
Incrustation,*übersinterung, bekleidung, bruchbein, bruchknochen, bruchstein.*
— en mamelons, *steinwarze.*
Incruster, *ubersintern.*
Indéterminable, *unbestimmbar.*
Indéterminé, *unbestimmeckig.*
Indication, *angabe.*
Indices de mines, *bergwercks anzeigungen.*
— tirés des galets, *geschiebes anzeigungen.*
Indicolite, *indicolit.*
Indiction, *zinszahl.*
Indiquer, *angeben.*
— l'ouvrage à faire, *belegen.*
Indissolubilité, *unauflöslichkeit, unzergänglichkeit.*
Indissoluble, *unauflöslich, unzergänglich.*
Indivisibilité, *untheilbarkeit.*
Indivisible, *untheilbar.*
Inégal, *uneben, ungleich, ungleichseitig.*
Inégalité, *unebenheit.*
Inextinguibilité, *unauslöslichkeit.*
Inextinguible, *unauslöslich.*
Infection, *verderbniss.*
Infiltration, *einsickern, einsickerung.*
Infini, *unendlich.*

Infinité, *unendlichkeit.*
Infinitésimal (calcul), *berechnung des unendlich kleinen. V. unendlich.*
Inflammabilité, *brennbarkeit.*
Inflammable, *brennbar, entzundbar, entzundlich.*
Inflammation, *entzundung.*
Inflexion, *einbiegung.*
Inflexible, *unbiegsam.*
Informe, *ungestaltet.*
Infundibuliforme, *trichterförmig.*
Infuser, *aufgiessen.*
Infusibilité, *unschmelzbarkeit.*
Infusible, *unschmelzbar.*
Infusion, *aufgiessen (das).*
Inhérent, *anklebend.*
Injecter, *einspritzen.*
Injection, *einspritzung.*
Innombrable, *unzahlbar, unzählig.*
Inodore, *ungerüchig.*
Inondation, *wasserfluth.*
Inquartation, *quartieren (das), quartirung.*
Inscrire un nom en remplacement d'un autre, *angewähren.*
Insérer, *einschalten.*
Insolation, *sonne.*
Insolubilité, *unauflöslichkeit.*
Insoluble, *unauflöslich.*
Inspecteur des puits salans, *bornherr.*
— général des fonderies, *oberhütten inspector, hüttenvogt, hüttenreiter.*
— de nuit, *bergnachfahrer.*
Inspection oculaire, *bey augen scheinung.*
Inspissation, *verdickung.*
Inspisser, *verdicken.*
Installer, *einweisen.*
Instiller, *einflössen.*
Instrument, *werkzeüg.*
— pour la cuite ou la distillation, *brennzeug.*
Instrumens docimastiques, *brobier instrumenten.*
Insulfation, *einblasung.*
Intact, *unerschroten.*
Intégral, *integral.*
Intercallaire (lune), *schaltmonath.*
Intercallation, *einschaltung.*
Intercaller, *einschalten.*
Intermède, *zusatz, zuschlag.*
Interrompre le travail, *aufsetzen.*
Intersection, *durchschnitt.*
Intervalle, *zwischenraum.*
Introduction, *anleitung.*

Introduire des coins de fer dans la roche, *fiedern.*
Inverse, *verkehrt, umgekert, winkelvertauscht.*
Inventeur, *finder.*
— (premier), *fundgrubner.*
Inversion, *umtauschung.*
Inviolé, *unverbrochen.*
Iris, *rauschgrün.*
Irisé, *regenbogenfarbig.*
— (cristal), *iriskrystall.*
Irradiation, *umstrahlung, irradiation, nebenstrahlung.*
Irrationel, *irrational.*
Irréductible, *unherstelbar.*
Irrégularité, *unregelmäessigkeit, schiefe.*
Irridium, *irridium.*
Irrigation, *anspritzung.*
Irritable, *reitzbar.*
Irritabilité, *reitzbarkeit.*
Irroration, *besprengung.*
Iserine, *iserin.*
Isocèle, *gleichschenkelig.*
Isochrone, *gleichzeitig.*
Isogone, *gleichwinkelig.*
Isolé, *los.*
Isonome, *isonomisch.*
Issue d'un filon, *ausstrechen (das) des ganges.*
Isthme, *landenge.*
Ivoire, *elfenbein.*

J

Jade, *jade.*
Jaillir, *springen.*
Jaillissement, *springen (das).*
Jaillissant, *springend.*
Jais, Jayet, *gagath.*
Jargon de Ceylan, *zirkon.*
Jaspe, *jaspis.*
— bleuâtre, *jaspis blauer.*
— de Sibérie, *bandjaspis.*
— commun, *jedde.*
— égyptien, *egyptenjaspis, egyptenstein.*
— ferrugineux, *jaspiserz.*
— onyx, *jasponyx.*
— opal, *opal jaspis. Voyez jaspis.*
— porphyre, *jaspisporphyr.*
— sanguin, *blutjaspis.*
— rubanée, *bandjaspis, dannemorakiesel.*
Jaune, *gelb.*
— d'or, *goldgelb.*
— citrin, *zitringelb.*

Jaune de vin , *weingelb.*
— de miel , *höniggelb.*
— de paille , *strohgelb.*
Jante d'une roue , *radarm.*
Jayet , *gagath.*
Jet dans le sable , *sandguss.*
— au moule , *abguss, giesszapfen.*
Jeter de l'écume , *aufschäumen.*
Jeu , *flucht.*
— de lumière , *lichterscheinung.*
Joaillier , *juwellier.*
Joaillerie , *juwellierkunst.*
Joindre , *fügen.*
— bout à bout , *ansetzen.*
— ensemble avec des vis , *zusammenschrauben.*
— par la fusion , *aufschmelzen.*
— en forgeant , *aufschmieden.*
Joints naturels, *trennungsflächen.*
Jolite , *jolith.*
Jonction , *verknüpfung , vereinigung , fugung , das fugen.*
— par la fusion , *aufschmelzung.*
Joue , *backen.*
— d'un marteau , *hammerbacken.*
Jour, *tag,*
— d'audience, de séance du conseil des mines , *amts-tag.*
— de paiement , *lohntag.*
Journée du mineur , *tagewerk.*
Jucht , *jucht, gicht.*
Juge des mines , *bergrichter.*
Jugement en affaires de mines, *bergschied.*
Jumeau , *zwilling.*
Jument , *münzpresse.*
Juré des mines , *geschworner, berggeschworner.*
— pour l'examen des chefs-d'œuvre du métier, *schauherr.*
Jurer , *beschwören.*
Jus de montagne , *bergsaft.*
Jusant , *ebbe.*
Justifier , *vergleichen.*

K

Kali , *salzkraut.*
Kaolin , *kaolin.*
Kalorimètre , *kalorimeter.*
Karabé , *bernstein , karabe.*
Karabelki , *karabelki.*
Kaste , *kasten.*
Kennelkohle , *kennelkohle.*
Kératophites , *korallenholz , keratophylon.*

Kermès minéral natif , *rothspiesglanzerz.*
Kiliogone , *tausendeck.*
Kilogramme , *kilogramme.*
Kilolitre , *kiloliter.*
Kilomètre , *kilometer.*
King , *king.*
Kneiss , *kneiss , gneiss.*
Kollyrite , *kollyrit.*
Koriem , *koriem.*
Koupholite , *koupholith.*
Kupfernikel , *kupfernickel.*
Kux , *kux.*
Kuyolo , *kuyolo.*
Ky , *ky , luchssaphir.*

L

Laboratoire , *laboratorium , probierstube , werkstatt brennhaus.*
Labrador (pierre de), *labradorfeldspath, labradorfeldstein, labradorstein.*
Labyrinthe du bocard , *gesumpf.*
Lacet , *sinkel.*
Lacer , *schnüren.*
Laceret , *nagelbohrer.*
Lactates , Lactique (acide) , *milchsäure.*
Lactée (voie) , *milchstrasse.*
Lagenite , *flaschenstein.*
Laie *ou* Laye , *zweyspitze.*
Laisser passer , *durchlassen.*
— aller , *entlassen.*
Lait de lune, *mondmilch, lac lunae.*
— de montagne , *bergmilch.*
— de Saturne , *virginal , bleymilch.*
— de soufre , *schwefelmilch.*
Laitier , *schlacke , metalschaum.*
— de fer , *eisenschlacke.*
— dur , *hartling.*
Laiton , *messing , gelbkupfererz.*
— en feuille papiracée , *metallgold.*
Lambourde , *grundschwelle , rostschwelle.*
Lambris , *übertäfelung.* Voy. *übertäefeln.*
Lambrisser , *übertäefeln.*
Lame , *essenklinge.*
— de métal , *platte.*
— d'air , *luftschicht.*
— d'intercallation , *ritzfedern.*
— de superposition , *aufgeschichtete blätten.*
Lame mince de métal , *blättchen.*
— d'argent, *silberblatt, silberblech.*

Lamellaire, *kornigbläeterig.*
Lamelliforme, *plattenförmig.*
Laminage, *platten* (das), *abplättung, drahtplatten.*
Laminaire, *blätterig.*
Laminer, *platten, abplätten.*
Laminoir, *plattmühle, münzstreckwerk.*
Lampe, *wechsellicht.*
— de mineur, *grubenlicht.*
Lance d'eau, *wasserlanze.*
Lançoir, *schutz, schutzbret.*
Langue, languette, *zunge.*
Langue de terre, *landzunge, landenge, erdzunge.*
Languette de balance, *wage-zunge.*
Lanterne, *laterne, triebrad, trilling, drilling.*
— de mine, *g ubenblende.*
Lapidaire, *steinschneider.*
Lapidification, *versteinerung.*
Lapidifique, *versteinernd.*
Lapillo, *lapilli, lapillo, rapillo.*
Lapis-lazuli, *lazurstein.*
Largeur, *breite.*
Latéral (angle), *seitenecke.*
Latérale (face), *seitenflache.*
— (arête), *seitenkante.*
Latialite, *latialit, haüyne.*
Latitude, *breite.*
— du ciel, *himmelsbreite.*
Lattes d'un puits, *tonnenlatte, schachtlatte.*
Latter, *belatten.*
Laumonite, *laumonit.*
Lavage, *wäsche, waschen* (das), *verwaschen.*
— des cendres, *auslaugung.*
— à la cuve, à sasser, *setzwasche.*
— du minerai, *wäsche, anwäsche.*
Lavanche, *gletscher, schneefälle.*
Lave, *lava.*
— boursoufflée, vitreuse, *schaumlava.*
— lithoïde amphigénique, *leucitlava.*
— — basaltique, *basalt.*
— — — prismatique, *säulenstein.*
— — prismatique, *whinstone, ferrilit, kraggstone.*
— — feldspatique, *feldspath-lava.*
— vitreuse, *lavaglas, schaumlava.*
— — obsidienne, *obsidian, glaslava.*
— — — granuliforme, *ky, luchssaphir, perlschlacke.*
— — vitreuse verdâtre, *haarlava.*
— — perlée, *perlstein.*

Lave poreuse, *lava poröse. V. lava.*
— spongieuse, *lava schwammige.* Voyez *lava.*
— porphyrique, *porphyrlava.*
— scorifiee, *schlackenlava.*
— — arénacée, *schlackensand.*
— vitreuse pumicée, *bimstein.*
Lavège, *lawetzstein*
Laver, *waschen, auslaugen.*
— le minerai, *abläutern, abschlämmen, flauen.*
— un dessin, *tuschen.*
Laveur, *wascher, schlämmer.*
— de la fonderie, *hüttenwascher.*
Lavis, *tuschen* (das).
Lavoir, *waschtrog, waschwerk, erzwasche, goldwäsche.*
— (garçon de) *waschjunge.*
Lavure d'or, *goldkrätze.*
Lazulite, *lazulith, asurstein, azurstein, lazurstein.*
Leger, *zart.*
Lemanite, *lemanit.*
Lemme, *lehnsatz.*
Lenticulaire, *linsenförmig.*
— (pierre), *linsenstein, linticuliten.*
Lentille de télescope, *glaslinse.*
Lépadites, *lepaditen, napfschnecke.*
Lépidolite, *lepidolith, schuppenstein.*
Lessive, *lauge.*
— de salpêtre, *salpeterlauge.*
— reposée, *setzlauge, garlauge.*
— crue, *wildelauge.*
— de sédiment, *schlammlauge.*
— d'alun, *alaunlauge.*
Leucite, *leucit, leuzit, amphigen.*
Leucolite, *leucolith.*
— de Mauléon, *dipyre.*
Leutrite, *leutrite.*
Levier, *hebel, hebebaum, winkelhebel, drückhebel.*
— pour remuer le schlich, *gefüllschienen.*
— d'une pompe, *pumpen schwengel.*
Liaison, *verkettung, verklammerung.*
Liberté d'exploiter, *bergfreyheit.*
Libettes, *libetten.*
Libration, *libration.*
Libre, *frey.*
Lichenite, *licheniten.*
Lie, *satz, bodensatz, todtenkopf.*
Liège de montagne, fossile, *berggork, bergkork.*
Lier, *verklammern.*
— avec des chevilles, *dobeln.*

Lieu , *ort.*
— marqué , assigné , *ortung.*
Ligne , *linie , ort.*
— fondamentale , *grundlinie.*
— de foi , *geltendelinie.* V. *linie.*
— d'aplomb , *seigenlinie.* V. *linie.*
— de la pente d'un filon , *donnleg-linie.* V. *linie.*
— perpendiculaire , *seigerlinie.*
— de démarcation , *scheidelinie.*
— horaire , *stundenlinie.*
— de jonction , *beruhrüngslinie.*
— fiducielle , *fiducial linie.* V. *linie.*
— transversale , diagonale , *quer-linie.*
Ligneux , *holzicht.*
Lignite , *stangenkohle , holzicht.*
Lilalite , *lilalith , lepidolith.*
Limace, Limas, Limaçon , vis d'Archimède, *wasserschnecke, schnecke, wasserschraube.*
Limaçons fossiles, *alaten , alaliten.*
Limailles , *feilspäne.*
— d'argent, *gefeiltes silber , silber-feilicht.*
— de cuivre , *kupferfeilicht.*
— de fer, *eisenfeil , etsenfeilicht.*
— de laiton , *messingfeile.*
— d'or , *goldfeilicht.*
Limbe , *rand , scheibe.*
Limbilité , *limbilite.*
Lime, *feile, feilbogen, rattenschwanz, abziehfeile.*
— à planer, à égaler , *bestossfeile.*
— douce , *glattfeile , schlichtfeile.*
— à polir les ouvrages creux, *hohl-feile.*
Limer , *feilen , abfeilen , auffeilen.*
Limnites , *limniten.*
Limon, *schlamm, schmant, schmand.*
— des bassins de bocard , *pock-schlamm.*
— de minerai légèrement bocardé , *röschhedel , roeschhauptel.*
Limoneux , *schlammig.*
Limpide , *durchsichtig.*
Limpidité , *durchsichtigkeit.*
Lin , *lein.*
Lingot , *stange , zain.*
— de métal fondu , *pfännelstück.*
— d'argent , *silberzain.*
Lingotière , *giessform , giessmodel , giessbogen , ausguss , einguss , giessbückel , mülde , pfännel , planschen einguss.*
Liquation, *seigerarbeit, seigern (das), seigerung.*

Liquéfaction , *zerschmelzung , zerlassung , schmelzung.*
Liquéfiable , *schmelzbar.*
Liquéfier , *zerschmelzen , zerlassen.*
— par la coction , *zerkochen.*
Liqueur de fer , *eisenflussigkeit.*
Liquide , *flüssig.*
Liquidité , *flüssigkeit.*
Liquoreux , *susslich.*
Lis de mer , *seelilien.*
Lisière d'un filon, *besteg, ablösung, ausschramm.*
Lisse , *glatt , glatte.*
Lisser , *bohnen.*
Lit , *bett , schicht.*
— de pierre , *steinbank.*
— d'un filon , *liegende.*
— (méchant) , *hundebett.*
— de la gueuse , *masselgraben.*
— des scories , *schlackenbett.*
Litharge, *glätte, seigerglätte, frisch-glätte.*
— d'or , *goldglätte.*
Lithocolle , *steinkitt.*
Lithographe , lithologue , *steinken-ner , steinbeschreiber.*
Lithographie , Lithologie , *steinbe-schreibung , steinkunde.*
Lithomarge , *steinmark.*
— de Tartarie , *steinmark (tarta-risches).*
— endurcie , *steinmark (festes).*
— friable , *steinmark (zerreibliches).*
— ocreux , *steinmark (thoniges).*
Lithophore , *bologneserspath.*
Lithophytes , *lithophyten , stein-pflanze.*
Litre , *litre.*
Lituites , *lituiten.*
Livide , *fahl.*
Livre (poids), *pfund.*
— de compte , *anschnitt-buch.*
— de descente , *fahrbuch.*
— où l'on inscrit le mélange des minéraux , *gemenge-büchlein.*
Livreur du minerai pour les fonderies , *erzlieferant.*
Lixiviation , *auslaugung.*
Lixiviel , *ausgelaugt , laugicht.*
Logarithme , *logarithmus.*
Logarithmique , *logarithmisch.*
Loi , *gesetz.*
— concernant les mines , *berggesetz, bergrechte.*
Longer le filon en travaillant , *aus-lenken.*
Longimétrie , *laugenmessung.*
Longitude, longueur, *länge.*

Longitude méridionale , *mittags-*
lauge.
Losange, *raute.*
Loth , *loth.*
Lotion , *lauge, waschen (das).*
Louche , *schielend.*
Loup, *wolf.*
Loupe , *luppe , teul.*
Louve , *steinkröpfe , kropfeisen.*
Louver une pierre,*kröpfen(einstein),*
ein loch in ein werkstück machen.
Voyez *werkstück.*
Lucide , *hell.*
Lueur , *schimmer.*
Luisant , *leuchtend , glänzend ,*
glänzig.
Lumachelles , *lumachellen , schnec-*
kenmarmor.
Lumbricite , *pfennigstein.*
Lumière , *lichtstoff.*
— des étoiles , *sternlicht.*
— réfléchie , *wiederschein.*
Lumineux , *leuchtend , hell.*
Lunale , *mond.*
Lune , *mond.*
— cornée , *hornsilber.*
— (nouvelle) du mois de février ,
hornschein.
— intercallaire , *schachtmonath.*
Lunette , *augenglas.*
Lustre , *glanz.*
Lut, *lutum , kitt.*
Luter , *lutiren , verlutieren.*
Lydienne, *lidischerstein.*

M

Macération , *einweichung , macera-*
tion.
Macérer, *einweichen , maceriren.*
Mâchefer , *himmerschlag.*
Machine , *maschine , rüstzeug.*
— à élever les fardeaux , *aufzieh-*
winde , rüstzeug.
— à frapper les pièces de monnoie ,
münzdruckwerck.
— à molette , *göpel , rosskunst.*
— — mue par le vent , *windgöpel.*
— hydraulique, *kunstgezeüg , stan-*
genkunst , wasserkunst.
— — mue par le vent, *windkunst.*
— funiculaire , *flaschenzug , rhebe-*
zeüg , seilmaschine , strickmas-
chine.
— pour faire le grènetis des monnoies, *kräuselwerck.*

Machine pneumatique,*luftmaschine,*
luftpumpe.
— à puiser de l'eau,*schöpfmaschine.*
— qui agit par la pression , *drück-*
werck.
— à vent , *windmaschine.*
— pour tirer quelque chose, *zieh-*
maschine , ziehwerk.
Machiniste,*maschinenmeister, mas-*
chinist.
Mâchoire , *zwinge.*
Mâcle,*chiastolith,creutzstein, kreuz-*
stein.
Maçonnerie massive , *massiwbau.*
Madrepores , *madreporiten.*
— fongites , *corallenpfennige.*
Madréporite, *madreporstein.*
Madrier , *bole.*
— d'appui , *angewaege.*
— de bocard, *redel.*
Madrure dans le bois , *flader.*
Magasin aux cendres , *aschkammer,*
grudenhaus.
— au minerai , *erzkammer.*
Magdaléon, *schwefelstück.*
Magistère de Saturne , *bleynieder-*
schlag.
Magnésie , *bittererde , talkerde.*
— boratée , *boraxspath , borazit ,*
talk (boraxgesäuerte).
— carbonatée silicifère , *talcum-*
plasticum.
— native, *talkerde (natürlische).*
— sulfatée , *bittersalz , mauersalz ,*
gesundbrunnensalz , mittelsalz.
— — native, *mauersalpeter.*
Magnésifère, *talkig.*
Magnétique, *magnestisch.*
Magnétisme, *magnetismus.*
Maille , *schmasche.*
— d'un crible , *fleckten.*
Maillet, *peitsche, klopfholz , klöp-*
pel , pfahlbauschel , schlägel ,
stämper.
Mailloche , *blauel.*
Main d'œuvre , *arbeits-lohn.*
Maison de dépôt , *huthaus.*
Maître mineur , *bergsteiger.*
— des moules , *formmeister.*
— forgeron , *schmiedemeister.*
— fondeur , *schmelzermeister.*
— des machines , *kunststeiger.*
— bocardeur , *mühlsteiger , poch-*
steiger.
Malacate , *malacate.*
Malachite , *malachit , kupferatlas ,*
kupferfedererz , pappelstein.
Malacolithe , *malacolith.*

Maladie des mineurs , *bergsucht.*
Mal de plomb , *hüttenkatze.*
Malléabilité, *hammerbarkeit . ge-schmeidigkeit , schmiedbarkeit.*
Malléable, *hammerbar, schmiedbar, dehnbar , strechbar.*
Malthe , *bergtheer.*
Maltre , *malter.*
Mamillaire , *warzenförmig.*
Mammiféres , *saugethiere.*
Manche , *stiel.*
— d'un outil , *helm.*
— du crible à l'auge d'un bocard , *blechklopfer.*
— d'un rouet , *drehling.*
— des outils de fer , *eisenhelm.*
— de marteau , *faustel-helm.*
— de couteau, *soleniten.*
Mandataire d'une société d'exploi-tans , *verleger.*
Mandrin , *locheisen.*
Manège d'une machine à molettes , *rennbahne , göpelheerd.*
Manganèse , *braunstein.*
— granatiforme , *braunsteinkiesel.*
— oxidé argentin, *braunsteinschaum.*
— oxidé métalloïde , *braunsteinerz* (*strahligesgrau*).
— —rouge silicifère amorphe, *braun-steinerz* (*roth*).
— —inflammable noirâtre , oxidé gris terreux , *wad , entzundliches braunsteinerz.* V. *braunsteinerz.*
— — noir, *schwarzbraunsteinerz.*
— sulfuré , *schwarzerz.*
Maniable , *gefügig . geschmeidig.*
Manière noire, *schwarz* (*graulich*).
Manjelpalinga, *manjelpalinga.*
Manivelle , *handgriff , drehling , kürbe.*
— du treuil, *haspelhorn.*
— d'une machine hydraulique à ti-rans, *krumzapfen , schwenkbaum.*
Mannequin, *sumpfkorb.*
Manomètre , *manometer.*
Manquer un filon , *verfahren* (*einen gang*).
— le but , *irrefahren.*
Mappemonde . *weltkarte.*
Marais , *sumpf.*
— d'eau ferrugineuse , *eisensumpf.*
— salans , *salzteich.*
Marbre , *marmor , marmorstein.*
— brocatelle , *brocatell.*
— dendritte , *bildmarmor.*
— lumachelle, *lumachellen , schnec-kenmarmor.*

Marbre ruiniforme , *ruinenmarmor , landschaftstein.*
Marc , *mark.*
Marcassite , *marcasit.*
Mare , *pfütze.*
— d'eau ferrugineuse , *eisensumpf.*
— d'eau dormante , *pfuhl.*
Marécageux , *sumpfig , wassergallig.*
Marée , *ebbe . fluth.*
Marécanite , *marckanstein.*
Marne, *mergel.*
— bitumineuse scapiforme, *stangen-graupen.*
— schisteuse calcarifère et bitumi-neuse , *abbruch , lochberg.*
— endurcie , *mergelnüsse , mergel-schiefer, mergelstein, mergel* (*ver-häerteter*).
— terreuse , *mergelerde.*
Marnière , *mergelgrube.*
Marque , *zeichen , gemerk, bezeich-nung.*
— de reconnoissance , *erbstufe , ge-genstufe , markscheidstufe.*
— de l'ouvrage laissé par accord , *gedingstufe.*
— d'une forge ou d'une fonderie , *hüttenzeichen.*
Marquer , *marken . bezeichnen.*
Marqueter , *einlegen.*
Mars , *Mars.*
Marteau , *hammer , hammerbeil , eisenhammer.*
— à briser le minerai , *anschlag-fäustel , ausschlag-fäustel , poch-schlage.*
— de calfat , *stopfhammer.*
— bretté , denté , à dents , *zahn-hammer.*
— de ferblantier , *bleyhammer.*
— à étirer, à étendre, *spannhammer.*
— à platiner , *blechhammer.*
— — le cuivre , *kupferhammer.*
— à emboutir , *treibehammer , auf-ziehhammer.*
— à battre les lingots , *planschen-hammer.*
— à panne droite , qui sert à frapper les côtés d'un vase de métal , *sci-tenschlägel.*
— à planer , *auflieshammer , dub-hammer , fusshammer, glanzham-mer.*
— à marquer les ouvrages de métal, *zeichenhammer.*
— broyeur , *reibhammer.*
— de forgeron , *schmiedekammer , pürdel.*

Marteau d'essayeur, *probierhämmer.*
— à pignon, *keilfaustel.*
— à main, *setzfaustel, handfaustel.*
— de mineur, *faustel.*
— de grosse forge, *eisenhammer, grösse hammer.*
— pour briser la roche détachée, *grösse faustel.*
— platineur, extenseur, *breithammer, richthammer.*
— à nettoyer les chaudières, *fegehammer.*
— à battre l'or en feuilles, *formhammer.*
— à faire les semelles, *gleichhammer.*
— à diviser les barres de fer en long, *hartmeissel.*
— de faiseur de limes, *hauhammer, hammerbeil.*
— à pairir le foyer, *herdhammer.*
— pour forger le cuivre, *hülse.*
— de triage, *klaubhammer.*
— pour les machines hydrauliques, *kunstfaustel.*
— de couvreur, *schieferhammer.*
— pour couper les métaux à froid, *schröterhammer.*
Marteler, *verschmieden, hammern.*
Martelet, *finnhammer.*
Marteleur, *hammerschmid, zainer.*
Marteline, *zweyspitze.*
Martial, *eisenhältig.*
Martinet, *hammer, hammerhütte, breithammer.*
Mascagnin, *mascagnin.*
Masquer, *verkleiden.*
— avec de l'argile, *verschmieren.*
Masse, *masse, klump, keüle.*
— du mineur, *päuschel.*
— de pierre stérile, *bergwand.*
— de fer refondu ou recuit, *pazen.*
— de pierre stérile mêlée de minerai, *erzwand. Voyez bergwand.*
— dure tenant cuivre, fer et soufre, *trosstein.*
— à chasser le coin, *fimmel-fäustel.*
— montagneuse, *massengebirge.*
Massicot, *massicot, bleygelb.*
Massue, *keüle.*
Mastic pour les pierres, *steinkitt.*
Mat, *matt.*
Matériaux nécessaires à une exploitation, *bergmaterialien.*
Matras, *kolbe, scheidegläs, scheide kolben.*
Matrice, *prägeisen, probemass.*
— de minéraux, *erzmutter.*

Mathématicien, *mathematiker, mathematikus.*
Mathématiques, *mathematik.*
Matière inflammable, *brennlichweisen.*
— aérienne, *luftmaterie.*
Matin, *morgen.*
Matrice d'opale, *opalmutter.*
— originale, *probemass.*
— d'étain, *zinnmutter.*
Matte, *lech, ofenstaublech.*
— crue, *rohstein, roherrost.*
— moyenne, *mittelstein.*
— de cuivre, *lech, kupfersau.*
— fine de cuivre, *kupferlech.*
— de cuivre en masse, *kupferstein.*
— de la refonte des débris du fourneau, *ofenbruchstein.*
— de la fonte de la fumée condensée, *ofenstaublech.*
— enrichie, *anreicherstein.*
— de plomb grillée, *durchgestochenerbleystein.*
— cuivreuse des scories crues, *durchgestochener stein. V. durchgestochener bleystein.*
— des scories du raffinage, *garschlackenstein.*
— de cuivre grillée, *zugebrandter kupferstein.*
— fondue en plomb, *verbleyterterstein.*
Maturation, *reif.*
Méandrites, *meandriten.*
Mécanique, *bewegungs-kunst.*
Mèche de foret, de villebrequin, *bohrspitze.*
— soufrée, *schwefelmänngen.*
Méconite, *roogenstein.*
Médaille, *schaumünze, schaugeld.*
Mègle, *meigle, spitzhake.*
Méionite, *meionit.*
Mélange, *gemenge, mischung, gemischte, vermengung.*
— dans le creuset, *beschickung im tiegel.*
— d'or et d'argent fondus ensemble, *blachmahl.*
Melangé, *vermischt.*
Mélanite, *melanith.*
Mélanterie, *melanterie.*
Mêlé, *vermengt, vermischt.*
Mêler plusieurs sortes de minerais, *vergattiren.*
Mélilite, *melilit.*
Mellite, *mellit, hönigstein.*
Melons du Mont-Carmel, *meloner von berg carmel.*

Mélopéponite , *melonenförmiger-*
stein.
Membraneux, *hautartig.*
Membrure, *rahmstück.*
Memphite , *memphit.*
Menakanite, *mäenakan.*
Ménilite , *menilit, leberopal , pech-*
stein , knollenstein.
Menstruc, *auflösungs mittel.*
Menu, *dünn , zart.*
— des scories , *schlackenklein.*
— débris , *grubenklein.*
Méphitique , *mephitisch.*
Mer , *see.*
Mercure, *quecksilber, quecksilber-*
erz , zabach.
— amalgamé, *amalgama.*
— bitumineux , *branderz , quecksil-*
berbranderz.
— corné, muriaté, *quecksilberhorn-*
erz.
— natif , *quecksilbergediegenes ,*
quecksilberguhr.
— coulant, vierge , *quecksilber ge-*
grabenes und natürliches quecksil-
berguhr , quecksilberstein.
— cuivreux antimonifère et argentifère, *kupfer spiesglas und silber-*
haltiges quecksilbererz. Voyez
quecksilber.
— hépatique, *quecksilberlebererz.*
— — argileux et schisteux , *queck-*
silberthonschiefererz.
— muriaté , *quecksilberhornerz , tur-*
peth (natürlicher).
— oxidé, oxigené, *quecksilberkalk.*
— sulfuré hépatique , *quecksilber-*
schwefellebererz , branderz.
— — noir, *quecksilbermohr , queck-*
silbermohrererz.
— sulfuré , *zinnober.*
Mercurification, *verquecksilberung.*
Mercurifier, *verquecksilbern.*
Mère de salpêtre, *salpetermutter.*
— perle , *perlenmutter.*
Méridien , *meridian , mittagszirkel ,*
mittagskreiss mittagsfläche.
Méridienne , *meridiane.*
Méridional , *südlich.*
Messager des mines , *bergbothe.*
Mésotype , *mesotyp.*
Mesurage , *messung , ausmessung ,*
abmessung , messen (das).
— d'une mine , *grubenzug , mark-*
scheidung.
— de simple précaution , *verlohrne-*
schnur.
— décisif , *wehrzug.*

Mesure, *mass.*
— de terrain, *erdmaass , fundgrube.*
— pour le charbon , *kohlenkübel ,*
kohlenmaass.
— de capacité contenant quatre quintaux de minerai, *scherbe.*
— de salines contenant un quintal et
demi , *schilb.*
Mesurer, *messen , abmessen , mark-*
scheiden.
— avec le plomb , *lothen.*
— les travaux d'une mine, *abziehen.*
— à la corde , *verschnüren.*
Mesureur de cendres , *aschmesser.*
— de charbon , *kohlen messer.*
Métal, *metall.*
Métalléité , *metallartigkeit.*
Métallique , *metallisch.*
Métallisation , *metallisirung.*
Métalliser, *metallisiren.*
Métallurgie , *metallkunde , hütten-*
kunde.
Métamorphose, *verwandlung.*
Métastatique , *winkelübertragen.*
Metemtose , *sonnengleiche.*
Météore , *luftzeichen.*
Météoriques (pierres), *meteorstein.*
Météorologie , *meteorologie, witter-*
ungslehre.
Mètre , *meter.*
Métrologie , *messkunde.*
Mets de mineurs , *berghenne.*
Mettre à part , *aushalten.*
— en pièces à coups de marteau ,
zerhämmern, zerklopfen.
— le feu à la mine ou au fourneau ,
anstechen, anzunden.
— — au bois qui doit faire éclater
la roche , *anstossen.*
— l'un sur l'autre , *auftragen.*
Meule , *mühlenstein.*
Mica , *glimmer, fraueneis.*
— foliacé , *braunglas , glinzerspath.*
Micarelle , *micarell.*
Micromètre , *micrometer.*
Microscope , *vergrösserungsglas.*
Midi , *mittag , sud.*
Miemite , *miemit.*
Milieu stérile , *taube mittel.*
Milleporite, millepore fossile, *mille-*
porite.
Millier , *millier.*
Milligrame , *milligramme.*
Millimètre , *millimeter.*
Mince , *dünn , zart , schwäche.*
Mine , *mine , grube , ertz ou erz ,*
bergwerck , beylchen.

Mine d'alun, *alaunbergwerck, alaunbruch.*

— de sel, *salzbergwerck, salzgrube, steinsalzgrube.*

— lenticulaire, *linsenerz.*

— dont les eaux s'écoulent par les galeries du souverain, *fundgrube.*

— native, *bau-ertz.*

— bénéficiale digne d'être abornée, *erdwürdige zeche.*

— riche, *ergiebig.*

— cornée, *hornerz.*

— tigrée, *tiegererz, tiegerstein.*

— en marons, *maute, mautherz.*

— principale, *hauptlehen.*

— de découverte, *fundgrube.*

— délaissée, en stagnation, *aufgelassene zeche.*

— épuisée, *ausgehauenesfeld.*

— de fer, *eisenerz, eisengrube.*

Miner, *durchhohlen.*

— horizontalement, *durchlangen.*

Minerai, *ertz, erz, bergerz.*

— écrasé bien menu et criblé, *rausch.*

— en rognons, en masses séparées, *stockerz.*

— effleuri, décomposé, *mulm.*

— de fer en cristaux, *eisendruse.*

— en sable, *seifengebirge.*

— de fer très-pauvre, *eisenschuss.*

— de manganèze, *braunsteinerz.*

— de fer en grains transparens, *eisenschweif.*

— maigre, *dürre ertze.*

— déjà grillé que l'on mélange avec d'anciennes crasses, *dürre hartwercke.*

— difficile à traiter, *dürrsteinerz.*

— riche, *edelerz, erzreich, formerz.*

— pauvre, qui a besoin d'être bocardé, *pocherz.*

— accumulé, en amas, *stockwerk.*

— disséminé, épars, *anflug, angeflogen, bergschüssigeserz.* Voyez *bergschüssig.*

— de choix trié, *ausschläge.*

— granuliforme, *erbsenerz, erztropfen.*

— grossier, *erzgräupel, graupe, graupel.*

— bocardé, *graupenerz.* V. *graupe.*

— obtenu pendant la durée d'un poste, *erzschicht.*

— rebelle à la fonte, *erz so heisgrädig.*

— tout-à-fait pur, *erz so gediegen.*

— en vase, *filz.*

— qui se trouve par couche, *flötzerz.*

Minerai lavé aux tables à tombeau, *geschlemmt.*

— de cloche, *glockenerz.*

— (le) se rassemble, *erz rammelt sich.*

— — se coupe, *erz schneidet sich ab.*

— — persévère, *erz setzet an.*

— — non fondu reste après la fonte dans les scories, *erz sitzt in der saue.*

— — est si noueux, *erz ist so ästig.*

— trop chargé de kneiss, *erz so kneisig.*

— — est à découvert, *erz stehet in anbruch.*

— (poussière de), *erzstaub.*

Minéral, *erz, ertz, mineralisch.*

— cellulaire, alvéolaire, *bienenerz.*

— jaune, *gilft, gilbe.*

— d'alun, *alaunerz.*

— cristallisé, *erzdruse.*

— vénéneux, *gifterz.*

Minéralisation, *mineralisation, vererzung.*

Minéralisateur, *vererzungsmittel.*

Minéralisé, *vererzt mineralisirt.*

Minéralogie, *mineralkunde, mineralogie.*

Mineur, *bergmann, bergarbeiter, grubenarbeiter, hauer, berghauer, bergleüte, bergmann von leder.*

— d'un poste de nuit, *nachschichter.*

— d'un poste de huit heures, *achtstündener.*

— qui a la paie complète, *doppelhauer.*

— en second, *bergknappe.*

— de la plume, *bergmann von der feder.*

— qui remplit la tonne, *einschläger.*

— consommé, *erbhauer.*

— qui soigne les feux, *feüerhüther, feüerwächter.*

— à forfait, *lehnhauer.*

Miroir ardent, *brennspiegel.*

Miscibilité, *mischbarkeit.*

Miscible, *mischbar.*

Misi, *misi, misy.*

Mispickel, *mispikel.*

Mixte, *gemischte.*

Mixtiligne, *mixtlineal.*

Mixtion, *gemisch, mischung.*

Mobile, *beweglich.*

— (le premier), *mobil das primum.*

Mobilité, *beweglichkeit.*

Modèle, *muster, form.*

— pour la couleur à donner au verre bleu, *blaufarben-muster.*

Modique, *geringe.*

Moelle de pierre, *steinmark.*
Mofette, *dampf.*
Moine, *mönch.*
Mois embolismique, *schaltmonath.*
Moises, *pochleitungen.*
Moisissure ferrugineuse, *eisenschim-mel.*
Molécules, *molekül. grundtheilchen.*
— soustractives, *subtraktive mole-küls.*
Mollesse, *weichheit.*
Mollet, *weichlich, zart.*
Mollifier, *mollir, aufweichen.*
Molybdène, *wasserbley, reissbley.*
— suluré, *wasserbleyerz, wasser-bleyglanz.*
— ocreux, *wasserbleyocker.*
Molybdique (acide), *wasserbley-säuere.*
Momie, *mumie.*
Monceau, *houfen, klump.*
Monnoie, *münze, probemünze.*
— de lames d'or et d'argent, *blech-münze.*
— de brattenbourg, *brattenburgis-che pfennig.*
— de circonstance, *klippe.*
Monnoyage, *munzung. münzen (das), einmünzung, ausmünzung.*
Monnoyer, *münzen, ausmünzen, einmünzen, vermünzen.*
— autrement, de nouveau, *ummün-zen.*
Monnoyeur, *präger, münzer.*
Monocle fossile, *monocles.*
Monogramme, *nahmenszug.*
Monostique, *monostisch.*
Mont, montagne, *berg, gebirge, gebürge.*
Montagnard, *gebirgisch.*
Montagnes à couches, *flötzgebirge.*
— de superposition, *aufgesetzege-birge.*
— à pentes douces, *flachesgebirg.*
— à filons, *ganggebirge.*
— entrecoupées de vallées, *prallend-gebirge.*
— primitives, *urgebirge, grundge-birge.*
— metallifères, *erzgebürge.*
— remplies de cavités, *putzen.*
— contiguës l'une à l'autre, *gebirgs-zug.*
— de craie, *kreidegebirge.*
— sablonneuses, *sandberg.*
— schisteuses, *schiefergebirge.*
— gypseuses, *gypsgebirge.*

Montagnes qui renferment des mines d'étain, *zinngebirge.*
Montagneux, *gebirgig, bergig.*
Montant d'une échelle de mine, *fahrtschenkel.*
Monter, *auffahren, aufgehen.*
— en vapeur, *aufdünsten.*
— trop, *anlaufen.*
Monter (enchàsser), *einfassen.*
Montre, *probe, muster.*
Montreur d'angles, *winkelweiser.*
Montueux, *gebirgig, bergig.*
Monture, *einfassung.*
Moohrkohle, *moohrbraunkohle, moohrkohle.*
Morailles, *bremse, bramse.*
Morceau d'argent affiné, *brandstuck.*
Mordache, *kloben, zwinge, kneipe.*
Mordant, *beissend, beitze, beitz-mittel.*
Mordre, *beitzen.*
Morfil, *elfenbein.*
Moroxite, *moroxit.*
Mort, *tod.*
Mortaise, *zapfenloch.*
Mortier, *mörsel, mörser, mörtel.*
Mosaïque, *mosaisch, musaisch, mu-sivarbeit.*
Mou, *zart, weich.*
Moufette, *dampf, schwaden.* Voy. *aufstehen.*
Moufle, *muffel, schraubenzug.*
Mouflettes, *löthschale.*
Mouillé, *nass.*
Mouiller, *einfeüchten.*
Moulage, *abformen (das).*
Moule, *form, miesmuschel, meer-datel, giessform, kachelform.*
— de plomb, *bleyform.*
— de coupelle, *nonne, testschüssel.*
Mouler, *giessen, abformen.*
Moulin, *mühle, bretmühle, sage-mühle, drahtmühle, polirmühle, schleifmühle.*
— à pilon, à maillet, *stampfmühle.*
Moulinet, *drehscheibe, haspel.*
— à roue, *haspelrad.*
Moussons, *passatwinde, mousoons.*
Mouton, *ramm, rammbock, ramm-block, ramme, rammklotz, ram-mel, baer, pfahlramme, stampf-klotz.*
Mouvement du ciel, *himmelslauf.*
— de l'air, *bewegung der luft.*
— de la terre, *bewegung der erde.*
— impétueux, *schuss.*
— ondulatoire, *schwall.*

Mouvoir en rond , *umtreiben.*
Moyen , *mittel,*
— d'affiner les métaux , *läuterungsmittel.*
Moyer une pierre de taille , *werkstück zersägen.*
Muable, *veränderlich.*
Muid , *ohm, ohmen.*
Multilatère , *vielseitig.*
Multinome, *vielfache grösse , viel-
namige grösse.*
Multivalve , *vielschalig.*
Mûr , *reif.*
Mur , *mauer, mauerung.*
— autour des chaudières dans les
salines , *lier.*
— de torchis, de bauge , bousillé ,
lehmwand.
— de charge d'un fourneau, *aufsetz-
mauer.*
— de côté d'un haut fourneau, *backenstücke.*
— mitoyen d'un fourneau de fonderie , *brandmauer.*
— de protection contre la trop
grande ardeur du feu, *schirmauer.*
— principal d'un fourneau d'affinage , *stirnmauer.*
— d'un filon , *liegende.*
Muriacite , *muriacit, muriazit.*
Muriate , *muriate*
— ammoniacal , *adler , bergsalmiak,
salmiack.*
— d'or , *goldsalz.*
Muriaté , *salzgesäuert.*
Muriatique, *salzsäuer , salzgesäuer.*
Muricalcite , *muricalcit.*
Muricite , *muricit.*
Musc , *bisam.*
Musculites , *musculiten.*
Mussite , *mussit , diopsid.*
Myriagramme , *myriagramme.*
Myriamètre , *myriameter.*
— carré , *myriameter quadrat.*
Myriare , *myriare.*
Mytulites , *mytiloïdes , mytuliten.*

N

Nacre de perle , *perlenmutter.*
Nadelerz , *nadelerz.*
Nadir , *nadir , fusspunckt.*
Nageant , *schwimmend.*
Naphte , *naphta , mumie , mumi-
nahi , bergbalsam.*
Natif , *gediegen , gewachsen.*

Natrolite , *natrolit.*
Natron , *natron , natrum.*
Naturaliste , *naturforscher , natur-
kenner.*
Nature , *natur , wesen.*
Naturel , *naturlich , wesen , ge-
wachsen.*
Nautile , nautilite, *schiffboot , nau-
tiliten.*
Négatif , *verneinend.*
Négliger une exploitation , *abküh-
len.*
Negres-cartis , *negres-cartis.*
Negrillo , *negrillo , nigrillo.*
Negritios , *negritios , fahlerz.*
Neige , *schnee.*
Némolites , *nemoliten.*
Néphéline , *nephelin.*
Néphrite , *nierenhelfer, nierenstein ,
nephrit , schrockenstein , schröck-
stein.*
— commun , *bitterstein.*
Nérites , *neriliten.*
Nettoyer , *saubern , absaubern.*
— le fourneau des verreries , *durch-
stossen.*
Neuvième , *neüntes.*
Nez , *nase , formnase , formstück.*
Niant , *verneinend.*
Niccolane , *niccolanum.*
Nickel , *nickel, nikkel , frühnickel.*
— arsenical. *nickelerz, kupfernickel.*
— oxidé , *nickelkalk , nickelvitriol,
kupfernickelbeschlag.*
Nicolo , *nicolo.*
Nid , *nest.*
Nigrillo , *negrillo , nigrillo.*
Nigrine , *nigrin.*
Nitrate , *salpetersaüres geschlecht.*
— d'argent fondu , *höllenstein.*
— d'or , *goldsalpeter.*
Nitraté , *salpetergesäuerte.*
Nitre, *salniter, salpeter, höllenhund.*
Nitreux , *salpeterartig , salpetericht,
salpeterig.*
Nitrière , *salpetergrube.*
Nitrique (acide), *salpetersäure.*
Nitrite d'alumine , *salpeter-alaun.*
Niveau , *wasserwage , schrotwage,
setzwage.*
Nivelage , *abwägung.*
Niveler , *abwaegen.*
— (art de), *abwaegungs-kunst.*
Niveleur , *ausmesser.*
Nivellement , *wasserabwägen.*
Nocturlabe , *nachtweisser , grad-
bogen.*

Nœuds, *knoten.*
— de schiste, *schieferknoten.*
Noir, *schwarz.*
— de fer, *eisenschwärze.*
— de velours, *sametschwartz.*
— de terre, *erdschwarz.*
Noirâtre, *schwarzlich.*
Noix, *nuss.*
Nombre, *zahl, bretzahl.*
Nombril, *nabel.*
— marin, *seenabel.*
Non acéré, *unverstählt.*
Non affiné, *ungeläutert.*
Nonagésime, nonantième, *neün-zigste.*
Non apparition, *nichtscheinung.*
Non conducteur, *nicht leiter.*
Non courbé, *ungebogen.*
Non criblé, non sassé, non tamisé, *ungesiebt.*
Non divisé, *ungeschieden.*
Non éteint, *ungelöscht.*
Non fondu, *ungeschmelzt.*
Non grillé, *ungeröstet.*
Non limé, *ungefeilt.*
Non ouvré, *unverarbeitet.*
Non raboté, *ungehobelt.*
Non roulé, *ungerollt.*
Nonne, nonnain, *nonne.*
Nord, *norden.*
Noue, *pfannenziegel.*
Novalite, Novaculaire, Novaculite, *novaculit, wetzschiefer, wetzstein.*
— avec feldspath, *novaculit porphyr.*
Noyau, *kern, kerngestalt.*
— de bismuth, *wismuthgraupen.*
Nuage, nue, nuée, *wolke.*
Nuagé, nuageux, *gewölkt.*
Nuance, *schattierung.*
Numismale (pierre), ou nummu-lite, *münzsteine, nummularien, pfennigstein.*
Numismatique, *münzkunde, münz-wissenschaft.*
Nummulaires, *nummularien.*

O

Obélisque d'eau, *wasserpyramide.*
Objectif, *objectifglas.*
Objet, *gegenstand.*
Obliquangle, *schiefwinkelig, schief-winklig durchwachsen.*
Oblique, *schrage, schief.*
Obliquement, *überzwerk.*

Obliquité, *schiefe, schräge, schief-heit, schiefigkeit.*
— de l'écliptique, *achsenneigung.*
Oblitérer, *verwischen.*
Obscur, *dunckel.*
Observatoire, *sternwarte, sternbuhne.*
Obsidienne, *obsidian, rabenstein, rafetinna, glas achat.*
Obstructions dans les fourneaux, *bihne im schmelzen.*
Obtus, *flach, stumpf.*
Obtusangle, *stumpfeckig, stumpf-winkelig.*
Occase (amplitude), *abendbreite, breite.*
Occident, *abend, west.*
Occidental, *abendländisch, westlich.*
Occultation d'une étoile, *verdec-kung.*
Océan, *see.*
Ochre, *ocher.*
— de plomb, *bleyocher.*
Octaèdre, *octaeder, octaedrisch.*
Octaédrite, *octaedrit.*
Octil (aspect), *geachte schein. V. schein.*
Octogone, *achteck, achteckig.*
Odeur, *geruch.*
Odomètre, *schrittmesser, schritt-zähler.*
Odontholite, *odontholith.*
Odontoïdes, *schlangenzungen.*
OEdelite, *œdelit.*
OEil, *auge.*
— du fourneau, *ofenauge.*
— de chat, *katzenauge, pseudopal, augenstein, gunuko, weirodi.*
— de minerai, *erzauge, erzauglein.*
— de poisson, *fischauge, fischaugen-stein, apophyllitt.*
— de serpent, *bufoniten.*
— de bœuf des joailliers, *ochsen-auge.*
OEuvre, *werk.*
— des culots du rafinage, *gar-schlackenwerk.*
Officier des mines, *bergbeamter.*
Offre de reprendre les travaux, *anboth.*
Oing (vieux), *schmiere.*
Oisanite, *octaedrit.*
Oiseau moqueur, *spotvogel.*
Oléagineux, *oehlicht.*
Olivâtre, *olivenfarbig, olivengelb.*
Olivine, *olivin, olivinblende.*
Ollaire (pierre, talc), *topfstein.*
Ombromètre, *regen-messer.*
Onctueux, *fett, schmierig.*

Onctuosité, *fettigkeit.*
Onde, *welle.*
Ondulé, *muschelförmig, wellenförmig.*
Onglet, *grabstichel.*
Onguent de Saturne, *bleysalbe.*
Onyx, *onichel, onyx.*
Oolithe, *bathstein, linsenstein, mohnsaamenstein, oolithi, portlandstein, portlandischerstein, purbeckstein, wickenstein.*
Opacité, *undurchsichtigkeit.*
Opale, *opal.*
— aqueuse, *wasseropal.*
— commune, *gemeineropal.* Voyez *opal.*
— orientale, noble, *edleropal.* V. *opal.*
— ligniforme, *holzopal.*
— (matrice d'), *opalmutter.*
Opaque, *undurchsichtig.*
Opérant également, *gleichwirkend.*
Operculite, opercule fossile, *operculit.*
Opérer le frottement, *bremsen.*
Ophiolites, *ophiolith.*
Ophyte, *ophit, schlangenstein, leimstein.*
Opposé, *wiedersinnig, widersinnig.*
Opposite, *gegendecressirend.*
Opposition, *gegenschein.*
Optique, *optik, optisch.*
Or, *gold.*
— affiné qui contient encore de l'argent, *blickgold.*
— d'alluvion, *goldseife, goldwäsche, waschgold.*
— du Rhin, *rheingold.*
— de ducat, *ducatengold.*
— bas, *schlechtesgold.* Voyez *gold.*
— battu, *geschlagenesgold.* Voyez *gold, franzgold.*
— blanc, *oro blanco* des Espagnols, *weissgolderz, sylvanit.*
— de couleur, *farbigtesgold.* Voyez *gold.*
— de départ, *scheidegold.*
— de lavage, *waschgold, goldwäsche, fliessgold, flietschgold, flitschengold.*
— de sueur, *schwitzgold.*
— de 9 carats et demi, *horngold.*
— en drapeaux, *goldlumpen.*
— faux, *falsches gold.* Voyez *gold.*
— filé, *gesponnenes gold.* Voy. *gold.*
— fin, *feines gold.* Voyez *gold.*
— fulminant, *knallgold, schlaggold.*

Or graphique, *schreibgold, schrifterz, schriftgold.*
— hépathique, *goldlebererz.*
— moulu, *gemahlenes gold.* V. *gold, vergoldung, feüervergoldung.*
— massif, *zinnkies.*
— natif, *gediegenes gold.* V. *gold, goldschörl, bruchgold, freygold, zinnkies.*
— potable, *trinkgold, goldtinctur.*
— problématique, *nagyagerz, gediegen tellur.* V. *tellur.*
— trait, *gezogenes gold.* V. *gold, golddraht.*
— vierge, *goldschörl, gediegenes gold.* Voyez *gold.*
— vrai, *achtes gold.* Voyez *gold.*
— purifié par l'antimoine, *goldbad.*
— (minerai d'), *golderz.*
— en paillettes, *goldflimmer.*
— en petites lames, *goldflitter.*
— en grains, mêlé avec du sable, *goldgeschiebe.*
— pulvérulent, *goldkalk.*
— en régule, *goldkönig.*
— en grain, *goldkorn.*
— précipité, *goldniederschlag.*
— — par l'étain, *goldpurpur des cassius.*
— nitraté, *goldsalpeter.*
— muriaté, *goldsalz.*
— écrasé, lavé et préparé, *schlich d'or, goldschlich.*
— sulfaté, *goldvitriol.*
Orangé, *oraniengelb.*
Orbiculaire, orbiculairement, *zirkelig, kreisförmig.*
Orbite, orbe, *planetenbahn, erdbahn, bahn.*
— de la lune, *mondenbahn.*
Ordonnance concernant les mines, *bergordnung.*
— — les fonderies de fer, *hammerordnung.*
Oreilles de mer fossiles, *ohrmuschelstein, paniten.*
Orient, *morgen.*
Orifice, *mundung.*
Original, *urbild.*
Origine, *ur, ursprung.*
Oripeau, *flittergold.*
Ornitholites, *ornitholith.*
Ornithotipolites, *ornithotipoliten.*
Orobites, *erbsenstein.*
Orpiment, *auripigment, operment, rauschgelbes.* Voyez *rausch.*
Orthocératite, orthocère, *orthoceratit.*

Oryctognosie, *oryctognosie.*
Oryctographie, *oryctographie.*
Oryctologie, *oryctologie.*
Oscillation, *schwingung.*
Osmium, *osmium.*
Ostéocole, *knochenversteinerung.*
Ostéolite, ossement fossile, *osteo-
lith.*
Ostéolites, *beinbruch, beinbrüch-
stein, beinheil, beinstein, bein-
welle, sandbeinquelle, steinbruch,*
Ostracites, *ostraciten.*
Ouest, *west.*
Oursin, *meerigelstein, echinit.*
— fossile en forme de cône, *kegelschneckenstein, kegelstein.*
Outils, *handwerkszeüg, werkzeüg,
berggezeug, brechzeug, gezäh,
grubengezah.*
— remis à neuf, *angelagtes eisen.*
Outré, *übertrieben.*
Outre-mer (bleu d'), *lazulith.*
Ouverture (première), *anbruch.*
— pour le passage du minerai bocardé, *austrag-löcher.*
Ouvrage, *werk.*
— à cou tors, *krumhälser arbeit.*
Voyez *krumhals.*
— dans un fourneau de fonderie,
gestell.
— en gradins, en stros·es, *strossarbeit.*
— en travers, *querschlag.*
— des fourneaux, *werk.*
— de fer-blanc, *blecharbeit.*
— rafiné par le feu, *brennarbeit.*
— d'airain, *erzwerck.*
— en gradins montans, *firstenbau.*
— treillissé, *gitterwerck.*
— de fonte, *gusswerck, giesswerck,
lehmguss.*
— de torchis, *lehmarbeit.*
— de forgerons, de maréchal,
schmiedearbeit.
Ouvreaux, *seiten offnungen in den
glas ofen zu arbeiten.* Voyez *glasofen, werklöcher in den glasöfen.*
Voyez *werkloch.*
Ouvrir, *aufschliessen, aufspreitzen.*
Ouvroir, *werkstatt.*
Ovale, *eyrund.*
Ovoïde, *eyförmig.*
Oxalate, *sauerklee-saure.*
Oxidable, *oxidirbar.*
Oxide d'antimoine sulfuré vitreux,
spiesglasglas.
Oxigène, *oxigene, saüerstoff.*

P

Pack-fong des Chinois, *pack-fong,
petong, petong.*
Padelin, *blaufarben häefen, hafen.*
Paille (jaune de), *strohgelb.*
— de fer, *schmiedeschlacke.*
— de liquation, *seigerkräz.*
— des métaux, *gekratz.*
— de l'acier, *stahlschiefer.*
Paillettes, *flimmer.*
— d'or, *goldflimmer, [goldflitter,
goldflitschen.*
Paillier, *juwellier.*
Paillon, *schlagloth, folie.*
— de soudure, *lothkorn, schlagloth.*
Pal, *pfahl.*
— de fer, *pfahleisen.*
Pale d'un conduit d'eau, *geschütz.*
Palée, *pfahlwerck.*
Palet, *scheibe.*
Palingénésie, *wiederhervorbringung.*
Palis, *pfahl, pfahlwerck.*
Palladium, *palladium.*
Palmier marin fossile, *medusen-
haupt, medusenpalme, pentacri-
niten.*
Panier, *tragekorb, bergkorb.*
— à charbon, *kohlenkorb.*
— pour le minerai trié, *erzkörbe.*
— de pompe, *senkkorb.*
— de charge, *auftragtrog.*
Panites, *paniten.*
Panne, *schwelle.*
— du marteau, *faustelbahne, finne,
hammerfinne.*
Pantogène, *gesamt decrescirend.*
Pantographe, pantomètre, *winkel-
messer.*
Paon, *pfau.*
Papier fossile, *bergpapier, berggork.*
Papillons, *schnepperlein.*
Papiracé, *papierartig.*
Parabole, *parabel, brennlinie.*
Parabolique, *parabolisch.*
Parachute, *fallschirm.*
Parade des mineurs, *bergmanni-
scher auszug.*
Paradoxale, *trugfügig.*
Paragone, parangon, *paragone.*
Paraison, *glasblasen (das).*
Paraisonnier, *glasblaser.*
Parallaxe, *parallachse.*
Parallèle, *gleichlaufend, gleich
laufig.*

Parallèle oblique , *gleichlaufend schief.* Voyez *gleichlaufend.*
Parallélipipède , *parallelipipedum.*
— générateur , *urparallelipipedum.*
Parallélisme, *gleichlaufigkeit.*
— de l'axe de la terre, *parallelismus der erde.*
Parallélogramme, *parallelogramma.*
Paramètre , *parameter.*
Paranthine, *paranthin , micarell.*
Parasélène, *nebenmond.*
Paratonnerre, *ableiter, wetterableiter, blitzableiter.*
Parcelles de cuivre qui s'attachent à l'éprouvette en la plongeant dans le métal en fusion , *garspäne.*
— de minerai éparpillées sur un filon , *aeuglein.*
— vitreuses, *glastheilchen.* Voyez *glastheil.*
Par couches, par lits, *flötzweise.*
Parélie, *gegensonne, nebensonne.*
Parement , *kachel.*
Parenté, *parentage, verwandschaft.*
Parer, *putzen.*
Parité, *gleiche.*
Par masses détachées , *nierenweis.*
Parois, *wand, vorwand, steinkamm.*
— de torréfaction , *darrblech.*
— d'un filon , *saalband.*
— du foyer , *brust.*
— antérieur d'un fourneau , *vorsetzwand.*
— de mine, *erzwand.*
— d'un fourneau de fonderie , *ofenwand.*
— de l'auge du bocard , *pochwände.*
Par rangs, *reihenförmig.*
Part franche , *freykux , freystamm.*
Partage, *abtheilung.*
Particulier, *besonder.*
Partie , *theil.*
Parties stériles d'un minerai , *abhub.*
— les plus simples dont un corps est composé , *grundstoff.*
— constituantes d'un mélange , *bestandtheile , gemengstoffe.*
— secondaires dans la formation des minéraux , *nebenbestandtheile.*
— effleuries d'un filon , *erdbrand.*
— de la terre , *erdtheile.*
— vitreuses, *glastheil.*
— principales ou dominantes dans la composition d'un minéral, *hauptbestandtheile.*

Parties de mélange, *gemengte , gemengtheile.*
Pas , *pässe.*
— d'une vis, *schraubengang.*
Passage, *übergang , durchgang.*
— étroit et difficile, *pässe.*
Passer , *überfahren.*
Passif, *leidentlich.*
Passoire , *durchlass.*
Pâte première , *grundteig.*
— de soufre , *schwefelteig.*
Patelles, *patellites, patelliten, lepaditen.*
Pate-nôtre , *paternosterwerck.*
Patine , *patina.*
Patouillet, *pochherd.*
Paumelles , *bandhacken.*
Pavé , *erdboden.*
Péachy, *peachy.*
Pechblende , *pechblende.*
Pectiné , *gekammt.*
Pectinites, *pectiniten, kammuschel, kammstein.*
Pectunculites , *pectunculiten.*
Pédicule , *stiel.*
Pédomètre , *schrittmesser, schritt-zähler.*
Peigne , *kamm.*
— fossile , *pectiniten.*
Peintre en émail , *schmelzmahler.*
Peinture sur émail , *schmelzmahlerey.*
Pélican , *pelikan.*
Pelle, *schaufel, ofenschaufel, schippe.*
— à charbon , *kohlenschippe.*
Pelotonner , *zusammenwikeln.*
Penchant , *abhang, abhängig.*
Pencher , *neigen.*
Pendentif, *widerlage, wiederlag.*
Pendre , *hängen.*
Pendule , *pendul.*
Pénétrable , *durchdringlich.*
Pénétrant , *durchdringend.*
Pénétrer , *durchdringen.*
— en rongeant , *einfressen.*
— dans un ancien puits de mine , *entschlagen, durchschlagen.*
— dans le champ , *fortsetzen.*
Péninsule , *halbinsel.*
Pénombre , *halbschatten.*
Pentacrinites, *pentacriniten, tulpenstein , medusenhaupt, medusenpalme.*
Pentagone , *fünfeck, fünfeckig.*
Pentahexaèdre , *pentahexaedrisch.*
Pente , *abhang, flachetiefe, gehänge.*
— d'une montagne, *abfall, berg-*

lehne, felsenhalde, felsenwand.
— douce, lehne.
— d'un filon, d'une galerie, donläge, tonläge.
— inclinée vers la profondeur, flachetiefe.
— (à deux), zweyhängig.
Pépérino, peperino.
Pepite d'or, goldgeschiebe.
Perçant, durchdringend.
Percé trois fois, dreybohrig.
Percée, durchschlag.
— de traverse, querschlag.
— d'un fourneau pour l'écoulement du métal fondu, flüssloch.
— faite à l'encontre d'une autre, gegenort.
— (faire la), abstechen.
Percement fait pour donner passage à l'air, wetterstrecke.
— caché, secret, raubstollen.
Percepteur des droits métalliques, frohner.
Percer, einbohren, eindrillen, lochen, überbrechen, durchdringen, durchlochen, durchbrechen, durchbohren, auslauen.
— avec le poinçon, aufschroten.
— des galeries, verstollen, durchtreiben.
— en sens contraire sur une même ligne, à dessein de se joindre, entgegenlangen.
— la roche pour faire jouer une mine, lochbohren.
Perche, stange, ruthe, messruthe, feldruthe, messtock.
— qui pendent à des joints, gehänge.
Perçoir, bohrer, schneckenbohrer, ansteckbohrer, näber, eisenbohrer, lochbanck, locheisen, lochring, pflockbohrer.
— à couronne, kronbohrer.
— à deux tranchans, zweyschneider.
Péridécaèdre, decaedrisirt.
Péridot, peridot.
Périgée, perigæum, erdnahe.
Périhélie, sonnennähe.
Périhexaèdre, hexaedrisirt.
Périmètre, umkreis, perimeter.
Périoctaèdre, octaedrisirt.
Période, periode.
Périphérie, peripherie, umkreis.
Péripolygone, peripolygonisch.
Périsciens, kreisschattig, umschättig.
Perle, perle.

Perlé, perlartig.
Perlite, perlstein, perlstein.
Perméabilité, durchdringlichkeit.
Perméable, durchdringbar.
Permission de faire une fouille, schurfschein.
Perpendicularité, perpendicularitäet.
Perpendiculaire, perpendiculäer, perpendikellinie, V. perpendikel, seigergerade, seigerrecht. Voyez seiger, scheitelrecht.
Perpendicule, perpendikel.
Persévérance, fortbau.
Persévérant, ganghaft, ganghaftig.
Persicite, pfirsichstein.
Persistant, winkelbeständig.
Perspective aérienne, luftperspectiv.
Perte, verlust.
Pesant, schwer, schwerfällig.
Pesanteur, schwere, schwerfälligkeit.
Pesée, abwägung.
Peser, abwaegen, einwägen.
— vers un point, drücken, streben.
Pèse-vent, windwaage.
Peson, schnellwage.
Petalite, petalith.
Petillant, schimmernd, knastern, grell, verknisternd.
Petillement, knall, jutlen, knisterndes geräusch.
Petiller, knastern, knistern, knallen, perlen, schimmern.
Petong, pack-fong petong.
Pétrifiant, versteinernd.
Pétrification, versteinerung, petrefakt.
Pétrifié, versteinert.
Pétrifier, versteinern.
Pétrilite, petrilith.
Pétrole, bergöhl, steinöhl.
Pétrosilex, hornstein, bergkiesel, felskiesel.
— conchoïde, müschliger hornstein. Voyez hornstein.
— écailleux, splittricher hornstein. Voyez hornstein.
— résinite, hornstein.
— brèche, hornsteinbreccie.
Petunzé, petuntze.
Phacite, linsenstein.
Phare, leucht feuer.
Pharmacolithe, pharmacolith.
Phase, schein.
Phengite, phengit.
Phénicite, judenstein.
Phénomène de la nature, naturerscheinung.

Phlegme, *phlegma.*
Phlogistique, *phlogisticon, bren-stoff.*
Pholade fossile, pholadite, *phola-diten, bohrmuscheln.*
Phonolite, *phonolith, klingstein.*
Phosphaté, *phosphorgesäuerte.*
Phosphate de soude sursaturé, *perl-salz, perlsäuere.*
— de soude et d'ammoniaque, *urin-salz.*
Phospholite, *phospholit.*
Phosphore, *phosphorus.*
— de Boulogne, *bologneser spath, bologneser stein.*
Phosphorescence, *phosphorescenz.*
Phosphorique (acide), *phosphor-säure.*
Phosphorite, *phosphorit.*
Photométrie, *lichtmessung.*
Phyllolithe, *phyllolith.*
Physicien, *naturkenner, naturkun-der.*
Physiographie, *physiographie.*
Physiologie, *physiologie.*
Physique, *naturkunde, naturlich.*
Phytolithe, phytolipolithe, *phyto-liten, phytolipoliten.*
Pic, *spitzhake.*
— de mineur, *keilhaue.*
Picrites, *bitterspath, muricalcit.*
Pictite, *picktit.*
Pièce, *stück.*
— d'œuvre, *pfännelstück.*
— comptable, *belegzettel.*
— coupée pour essai, *aushieb.*
— de liquation, *frischstück, seiger-stück.*
— choisie pour une collection, *chaustufe.*
Pièces séparées, *abgesonderte-stücke, absonderung.*
— d'assortiment, *sortimentstücke.*
— de ressuage, *gedörrestücke, sei-gerchiefer.*
— scapiforme, *stängliche absonde-rungen.* Voyez *absonderung.*
— provenant d'un trou qu'on fore, *bohrspäne.*
Pied, *fuss, werkschuh.*
— fort, *probemünze.*
— de vache, *kuhfuss.*
— de chèvre, *hebeisen, brechstänge, geisfuss.*
— du réchaud dans les bocards, *feüerstuhl.*
Pierre, *stein.*

Pierre d'aigle, *aetiten.*
— d'alun, *alaunstein.*
— des Amazones, *beilstein, ama-sonen-stein.*
— à feu, *feüerstein.*
— d'Arménie, *armenier* ou *arme-nischer-stein.*
— de confitures, *confectstein.*
— d'asperges, *spargelstein.*
— de Carlsbade, *carlsbaderstein.*
— de dépôt, *bodensatz.*
— de chapon, *capaunstein.*
— d'azur, *azurstein, lazurstein.*
— de bain, *badefaum, bade-schaum, badestein, bade tuff.*
— de Baram, *topfstein.*
— de bergeronnette, *bachstelstein.*
— de Bologne, *bologneser spath* ou *stein.*
— de cémentation, *cementstein.*
— de circoncision, *beilstein, be-schneidungsstein.*
— de colubrine, de Côme, *topf-stein.*
— à filtrer, *seigestein.*
— à aiguiser, *wetzstein, schleif-stein, oehlstein.*
— à brunir, *röthel.*
— alumineuse, *alaunstein.*
— atramentaire, *misi, misy, atra-mentstein.*
— calaminaire, *gällmey.*
— calcaire, *kalkstein.*
— caustique, *aetzstein.*
— de taille, de liais, *werkstück, quaderstein.*
— figurée, *steinspiel.*
— de thum, *steinschörl von thum.*
— à feu, *feüerstein.*
— de croix, *kreuzstein.*
— du firmament, *firmament-stein.*
— molaire, *mahlsteine.*
— de Florence, *ruinen-marmor.*
— de fruit, *fruchtstein.*
— de gallinace, *obsidian.*
— dure, *klemmiges gestein.* Voyez *klemmig.*
— en barres, *stangenstein.*
— empreinte, *typolithen.*
— en épi, *aehrenstein.*
— précieuse, *gemme, edelstein.*
— pinoïde, *pinienstein.*
— de paon, *pfaustein.*
— notée, *notenstein.*
— résonnante, *klangstein.*
— de coucou, *guckguckstein.*
— de foudre, de tonnerre, *donner-stein, strahlkies.*

Pierres de hache, *beilstein.*
— de labrador, *labradorstein, labradorfeldstein, labradorfeldspath.*
— de lait, *milchstein.*
— de lard, *speckstein.*
— de lune, *adular, sonnenstein, sonnenwende.*
— de Lydie, *kieselschiefer.*
— de touche, *kieselschiefer, probierstein.* Voyez *stein.*
— de miel, *hönigstein.*
— de poix, *pechstein.*
— de porc, *stinkkalkstein.*
— de ruines, *ruinen-marmor, graus.*
— de trass, *trassstein, mennicherstein*
— de vulpino, *vulpinit.*
— divine, néphritique, *nephrit.*
— du soleil, *sonnenstein, sonnenwendestein.*
— meulière, *mühlstein, mühlenstein.*
— ollaire, *topfstein.*
— ponce, *bimstein, putzstein.*
— rayonnante, *strahlstein.*
— sonnante, sonore, *klingstein.*
— testacée, *schaalstein.*
— tuberculeuse, *knollenstein, leberopal, menilit.*
— rubanée, *bandstein.*
— volante, *flogge, fluge gestein.*
— de moule dans les forges, figurée, *formstein.*
— qui porte la tuyère, *formwand.*
— sillonnée, *furchenstein.*
— fondamentale, arénacée agglutinée, *grundstein.*
— fausses, *porcillen.*
— odorantes, *riechende steine.*
— contre la peur, *schreckstein.*
— d'hirondelles, *schwalbenstein.*
— sentant la violette, *violetstein.*
— tombées du ciel, météoriques, aérolites ou pierres de l'air, *meteorstein, himmelstein, boliden, aerolit, von himmel gefallenesteine.* Voyez *stein.*
— petite et blanche, semblable à la grêle, *schlossen, schlosseneyer, schlossenstein.*
— surnageante, *schwimmstein.*
— typographique, *typographyscher stein.* Voyez *stein.*
— de Côme, *stein von como.* V. *stein.*
— homogènes, *gleichartige steine.* Voyez *gleichartig.*
— d'aimant, *magnetstein, segelstein.*
— (collection de), *steinkabinet.*

Pierres ignescente, à feu, *kuhstein, büchsenstein.*
— de szybik, *szybikerstein.*
— (de), *steinern.*
— à sculpture par image, *bildstein.*
— stérile et dure, *steingalle.*
— de grès mises en œuvre, *steingut, steinzeug.*
— calcinées par le feu, *steinkalk.*
— calcaires avec empreintes de coquillages en creux, *steinkerne.*
— (couche de), *steinlage, steinschicht.*
— (moëlle de), *steinmark.*
— a forme végétale, *steinpflanze.*
— quartzeuse, *kieselstein.*
— (chaînes de), qui coupent un filon, *steinwall, fälle.*
— (de la nature des), *steinartig.*
— (veine de), *steinader.*
— de scories, *schlackenstein.*
— (sorte, qualité de), *steinart.*
— qu'il faut séparer du minerai, *scheidewerk.*
— (banc de), *steinbank.*
— scissile qui se laisse aisément foudre, *blätterich gestein.*
— (assise de), *satz-stein.* V. *satz.*
— doublante, *doppelspath, doppelstein.*
— de limace, *schneckenstein.*
Pierreux, *steinig, steinicht.*
Pieu, *pfahl, getriebe-pfahl, grundpfahl.*
Piffre (gros), *goldschläeger.*
Pigne, *silberkuchen.*
Pignon, *triebrad.*
Pikrolite, *pikrolith.*
Pile, *stoss, satz, stapel.*
— galvanique, *metallreiz, galvanischesatz.* Voyez *satz.*
Piler, *stossen.*
Pileur, *stosser.*
— de fin dans les bocards, *austragstempel.*
— de minerai à essayer, *probenstösser.*
Pilon, *stössel, pocheisen, bohrstampfer, dockenstampel.*
— de bocard, *pochstämpel.*
— dégrossisseur, *unterschurstaempel.*
Pilot, pilotis, *pfahl, rostpfahl, grundpfahl.*
Piloter, *rostpfähle einschlagen.* V. *rostpfahl.*
Pimélite, *pimelith.*

Pince , *brecheisen , klub , kneip-
zange , kornkluft , schräemspiess.*
Pincette , *zänglein , kneipzange ,
kornkluftchen.* Voyez *kornkluft.*
Pinite , *pinit.*
Pinnites , pinnes marines fossiles ,
pinniten.
Pinnule , *absehen.*
Pinoïde (pierre), *pinienstein.*
Pinot , *spindel.*
Pioche , *hacken, breiten·weit-haue.*
Piocher , *hacken.*
Pipe de grès , *sandpfeiffe.*
Piquant, *scharf , spitze , beissend.*
Pique-mine , *erzklopfer.*
Piquer , *stechen.*
— la roche avec la pointerolle , *das
eisen anführen.* V. *anführen.*
Piqueur , *stecher.*
Piriforme , *birnförmig.*
Piroxène , *pyroxene , augit.*
Pisolite , *erbsenstein , pisolith.*
Pissasphalte , *pisasphalt , bergtheer.*
Pissite , *halbopal.*
Pistacite , *thallit , pistazit.*
Pistazite , *diallagon.*
Pistolet , *faustling.*
Piston de pompe , *pumpenstock ,
sauger , drücksiaempel , kolbe ,
löschel.*
Pitauts , *pholaditen.*
Piton , *wandring.*
Pivot , *zapfen , radzapfen , band·
hacken , haspe.*
Place d'assemblage , au bas d'un
puits pour charger le minerai ,
füllort.
— au charbon, *kohlenplatz.*
Placer des ouvriers mineurs , *bergarbeiter anlegen.* Voyez *anlegen.*
— une porte dans une galerie , *thurlein hangen.*
Plage , *gestade.*
Plagièdre , *querfläechig.*
Plan , *plan , abriss , flach , riss ,
flache.*
— coupant, *schnittebene.*
— convexe , *planconvex.*
— de jonction de deux moitiés , *berührungsebene.*
— méridien, *mittagsfläche.*
— rhombe , *rautenflächen.*
Planches, *brét , fusspfahl.*
— en croix, *creutzbretter·*
— de chaudière , *pfannenbret.*
— posées horizontalement , *donbreter, donlatten, bauchtonne.*

Planchéier, *bühnen.*
Plancher , *erdboden.*
— incliné pour faire descendre les
tonnes , *bauchtonne.*
— de repos , *ruhebühne.*
— du lavoir , *schlammherd.*
— pour faire ressuer le sel , *pucht.*
Planchette d'essai dans les fabriques
de couleur , *auflegbretgen.*
Plane, *schneidemesser, schnittmesser,
schnitzmesser.*
Planer , *planieren , überschlichten ,
auftiefen.*
Planétaire , *planetisch.*
Planète , *planet.*
Planeur , *planierer.*
Planimètre , *flachenmaas.*
Planimétrie , *flachenmessung , planenmessung.*
Planir , *planieren.*
Planisphère terrestre , *weltkarte.*
— céleste , *himmelskarte.*
Planites , *planiten.*
Planoir , *planierhammer.*
Planulites , *planuliten.*
Plaque , *platte , blech.*
— de fer mince , *dünn eisen.* Voyez
dünn.
— de fer, de feu , *eisenplatte.*
— de cuivre ou de fonte avec des
creux dans lesquels l'essayeur
verse les métaux fondus , *ausgussblech.*
— qui sert de mesure aux orfèvres ,
blechmaass.
— d'argent, *silberplatte.*
— de bocard, *pochschale.*
— pour éprouver le métal, *probeblech.*
— pour faire l'épreuve de l'étain ,
probierplatte.
Plaquer, *plattiren.*
Plasme, *plasma.*
Plat, *platte , flach , flache.*
— d'une balance, *wageschale.*
Plateau d'argent qui, après la coupellation , contient encore du
plomb, *bleysack.*
Plate-forme autour du gueulard,
juchtbüne.
Platine, métal, *platin, platina, oro
bianco, juan bianca , kleinsilber.*
— dont on revêt les âtres des fourneaux dans les fabriques de cuivre,
formzacken.
— dans les fourneaux de ressuage,
frischzacken.
Platineur, *blechschmid.*
Plâtras , *schutt, graus.*

Plâtre , *gyps , gypskitt.*
Plâtreux , *gypsartig.*
Plâtrier , *gypser.*
Plâtrière , *gzpsgrube.*
Plein , *voll.*
Plénitude , *völle.*
Pléonaste, *pleonast , ceylanith.*
Pli , *falte , biegung.*
Pliant , *biegsam.*
Plier , *biegen.*
— (facilité à) , *biegsamkeit.*
Plissure , *falte.*
Plomb , *blei , bley , rafas.*
— pour mesurer, pour niveler, *bley-schnur, bleywurf, bleyloth , richt-bley.*
— arsenié , *arsenicalisches bleyerz.* Voyez *arsenikalisch.*
— blanc , *weissbleyerz.*
— bleu , *blaubleyerz.*
— carbonaté , *weissbleyerz , bley-glasz , bleyspath.*
— — blanc , *bleyglimmer.*
— — — concrétionné , *bleygraupe.*
— — aciculaire , *bleyglimmer.*
— — bacillaire , *bleydruse.*
— — terreux jaune , *massicot, mi-nium , mennig , rothe bleyerde ,* Voyez *bleyerde , bleygelb.*
— corné , *hornbley.*
— chromaté, *rothbleyerz, sauerbley.*
— de la fabrique , *fabrickenbley.*
— d'œuvre , de liquation , contenant de l'argent , *werkbley , silberbley.*
— d'écumage , *abstrichsbley.* Voyez *abstrich.*
— en feuilles , *blattbley.*
— jaune , molybdaté, *gelbesbleyerz.*
— muriaté , *hornbley.*
— micacé , *bleyglimmer.*
— natif , vierge , *gediegenbley.* V. *gediegen.*
— d'essai , *probierbley.*
— de sonde , *grundbley.*
— frais , *frischbley.*
— de foyer , *herdbley.*
— de ressuage , *seigerbley.*
— noir, *schwarzbleyerz,sauerbraun-stein und sauerbley.*
— oxidé , *bleyerde.*
— — jaune , *massicot.*
— phosphaté , vert, *grün bleyerz.* Voyez *grün.*
— réniforme , *bleyniere.*
— rouge , *rothbleyerz.*
— laminé , roulé , *rollbley , roller-bley , gerolltes bley.* Voyez *bley.*
— spathique , *bleyspath.*

Plomb sulfaté , *bleyvitriol.*
— sulfuré , *bleyglanz.*
— — oxidé , *bleyglätte , glädte , glöthe.*
— — commun , *pyramidalerz.*
— — antimonifère , argentifère, fer-rifère , *bleyglanz.*
— — compacte , *bleyschweif, bley-spiegel.*
— — strié , *streifferz.*
— (veine de) , *bleyader.*
— arseniaté , *bleyarsenik.*
— cristallisé , *bleydruse.*
— (minerai de) , *bleyerz, bleystufe.*
— oxidé , *bleyglätte , bleykalk.*
— (verre de) , *bleyglasz.*
— phosphaté , *bleykalk.*
— en régule , *bleykönig.*
— terreux , friable , *bleyerde , bley-ocher.*
— terreux noirâtre , *bleymulm.*
— — blanc , *bleyocher.*
— en poudre , *bleypulver.*
— (fumée de) , *bleyrauch.*
— sulfuré en grains, *bleysand, sand-erz.*
— carbonaté blanc , *bleyschiefer.*
— des scories , *bleyschlacke.*
— (blanc de) , *bleyweiss.*
— (de) , *bleyern.*
— en saumon , *bley in blöcken.* V. *bley.*
— (précipité de) , *bleyniederschlag.*
— (ocre de) , *bleyocher.*
— (vitriol de) , *bleyvitriol.*
— le plus commun , *bleyschuss.*
— (gris de) , *fahles grau.* V. *fagl.*
Plombagine , *graphit , ziegelwerk.*
Plombé , *fahl.*
Plomber, *glasuren , verbleyen.*
Plomberie , *bleygiesserey.*
Plombier , *bleygiesser , bleyarbeiter.*
Plombière , *bleystein.*
Plombifère , *bleyisch.*
Plonger , *tauchen.*
Pluie , *regen.*
Plume , *feder.*
Pneumatique (machine), *luftma-schine , luftpumpe.*
Pneumatologie , *geisterlehre.*
Poche , *tasche.*
— de mineur , *grubentasche.*
— à cristaux , *krystallöfen , krystall-säcke.*
Poêle , *pfanne , giesspfanne , ka-chelofen , reibpfanne.*
— à affiner le cuivre , *garpfanne.*
— de graduation , *gradierpfanne.*

Poêle pour rafraîchir la lessive dans les fabriques de sulfates , *kühl-pfanne.*

Poêlon , *tiegel.*

— de liquation , *seigerpfanne.*

— à faire rougir l'argent *glühpfanne.*

— à fondre des métaux , *schmelz-löffel.*

Poids , *gewicht, last, poysen.*

— de marc , *markgewicht.*

— de plomb , *bleygewicht.*

— de deniers , *pfénniggewicht, richt-pfennig.*

— d'une livre , *pfundgewicht,pfunds-tein.*

— échantillonné , *probegewicht.*

— d'essai , *probiergewicht.*

— de navire , *schiffpfund.*

Poil , *haar.*

Poinçon, *stecher, stempel, stämpel, stämper, prägestock, prägeisen, grabstichel , pfriem , pfrieme.*

— d'échafaudage , *rustbaum.*

— de fonderie , *augen-eisen, stech-eisen.*

— de la monnoie, *münzeisen.*

Point, *punct , stich.*

— d'appui , *bewegungspunckt, ruhe-punckt, stützpunckt.*

— de contact , *berührungs punckt.*

— de travail dans les roches ébou-leuses , *bruchort.*

— vertical , *wirbelpunckt.*

— d'incidence , *einfallspunct.*

— équinoxiale , *aequinoxial punct, nachtgleiche.*

— — d'automne , *herbstpunckt.*

— d'inflexion, *einbiegungspunct.* V. *einbiegung.*

— solstitiaux , *solstitial punkte , solstitien.*

— d'hiver , *winterpunct.*

— fixe , de vue , *standpunct.*

— d'été , *sommerpunct.*

— de travail poussé en longueur , *längort.*

— vernal ou équinoxial de prin-temps , *fruhlingspunckt.*

— de constellation , *gestirntstand.*

— riche en minerai , *erzpunckt.*

— cardinaux , *cardinal punckte.* V. *punct.*

— du monde , *weltörter.*

Pointe, *schneppe, spitze, zacken, drehstahl.*

— de rocher , *felsenklippe.*

— de pilotis , *pfahlspitze.*

Pointement , *spitz , zuspitzung.*

Pointerolle , *schiesseisen, bergeisen.*

Pointillé , *punctirt.*

Pointu , *spitz , spitzig , zugespitzt , zackig.*

Poireau , *warze.*

Poissé , *pechig.*

Poitrine d'un fourneau , *vorwand.*

Poix , *pech.*

— minérale , *erdpech , bergharz , bergtheer.*

— — scoriacée , *aidstein, bergpech, gagath kohle.*

— navale , *schiffspech.*

— élastique , *erdpech (elastisches).*

— résine , blanche , *weissespech.* V. *pech.*

— (blende de), *pechblende.*

— (pierre de), *pechstein.*

— (qui tient de la nature de la), *pechich.*

Pôle , *pol.*

— vitré , *glaspol.*

— résineux , *harzpol.*

— austral , antarctique , *sudpol.* V. *pol.*

— boréal , arctique , *nordpol, norder-pol.* Voyez *pol.*

— (élévation du), *polhöhe.*

Polémoscope , *polemoskop.*

Polir avec la râpe , *beraspeln.*

— avec le marteau , *überschlichten.*

Polisseur de pierre , *steinschleifer.*

Polissoir, *glattstahl.*

Polyacoustique , *gehörtrichter.*

Polyèdre , *vielseitige figur.* V. *viel-seitig.*

Polygone , *vieleck, vielecke, viel-eckig.*

Polygraphe. Voyez *polygraphisch.*

Polygraphique, *polygraphisch.*

Polymnites, *polymniten.*

Polynome , *vielfache grösse , viel-namige grösse.*

Polype, *polyp.*

Polypiers , *polypengehäuse.*

Polytechnique , *polytecknisch.*

Pompe, *pumpe , plumpe , zeug.*

— hydraulique , *kunst, wasserkunst.*

— à chapelet, *taschenkunst, heinz , paternosterwerck , eimerkunst.*

— à main pour les incendies , *hand-sprützen.*

— à tourniquet , *haspelpumpe.*

— à feu , *feüerspritze, schlangen-spritze.*

— servant à jeter de l'eau , *wasser-spritze.*

Pompe à feu portative, *tragespitze.*
— aspirante, *saugewerk, pumpen-werk.*
— foulante, *drückpumpe.*
— à air, *wettersatz.*
— de secours, subsidiaire, *helfer-satz.*
— à pochette, *sackpumpe.*
— qui dégorge l'eau au jour, *tage-pumpe.*
— qui verse l'eau sur les roues d'une machine, *wasserhund.*
Pomper, *pumpen, auspumpen, her-auspumpen.*
— (action de), *auspumpung.*
Pompeur, *pumper.*
Pompiers, *spritzenleute.*
Ponce (pierre), *bimstein, putzstein.*
Ponctué, *punctirt.*
Pont-levis, *schlagbrücke, zugbrüche.*
Porcelaine (terre à), *porcellanerde, porcellanthon.*
Porcelaines fossiles, *porcellaniten.*
Porcellanite, *porcellan-jaspis, por-cellanit, porcellan-stein.*
Pore, *schweissloch, luftlöcher pori.* V. *luftloch.*
Poreux, *schwammicht, schwammig.*
Porosité, *porositäet, poriositaet, schwammigkeit, lockerheit.*
Porphyre, *porphyr, porphyrfels.*
— à base de hornstein, *hornstein porphyr.*
— — de feldspath, *feldspath por-phyr.*
— — de siénite, *syenitporphyr.*
— — de pechstein, *pechsteinpor-phyr.*
— — de perlstein, *perlstein porphyr.*
— — d'obsidienne, *obsidianporphyr.*
— — de pétrosilex, *felspechstein.*
— — de quartz, *quartzporphyr.*
— — de serpentine, *serpentinpor-phyr.*
— — d'argile endurcie, porphyre argileux, *thonporphyr, afterpor-phyr.*
— noir, *ophit.*
— brèche, *trummerporphyr.*
— secondaire, *flötzporphyr.*
— dont le talc ollaire forme la masse principale, *topfstein porphyr.*
Porphyriser, *auf einem porphyr zerreiben.* Voyez *zerreiben.*
Porphyrite, *porphyrit.*
Porpite, *porpiten.*
Porreau, *warze.*

Porte dans un conduit de mine, *thürlein, wetterthür.*
— d'un fourneau de fonderie, *an-setzblech.*
Porte-eau, *wasserlotte.*
Porter, *einbringen.*
— le minerai au fourneau, *durch-setzen.*
— au jour, *antagbringen.*
Porte-vent, *wetterlotte, wetterlutten.*
Portion, *theil.*
— dans une exploitation, *bergtheil.*
Poser, *setzen.*
Poseur, *setzer.*
Position, *lager, aufsetzüng, stel-lung.*
— renversée, *widersinnige lage.* V. *widersinnig.*
Poste de mineur, *schicht, post.*
— de bière, *bierschicht.*
— du matin, *frühschicht.*
— du jour, *tageschicht.*
— du soir, *abendschicht.*
— de nuit, *abendnacht.* V. *abend-schicht.*
— — (ouvrier qui occupe le), *nacht-schichter.*
— de plomb, *bleyschicht.*
— de minerai, *erzschicht.*
— de fer, *eisenschicht.*
— plus court que l'ordinaire, *buse.*
— de six heures, *kurtze schicht ar-beit von sechs stunden.*
— de douze heures, *kuhschicht.*
— gratuit, *ledige geschicht.*
— de l'après-midi, *nachmittags-schicht.*
Potasse, *potasche.*
— nitratée, *salniter, salpeter, dra-chenhund, salpeterdruse.*
— — fibreuse, *salpeterblumen.*
— — cristallisée, *salpeterdruse.*
Poteau, *pfoste.*
— de frottement d'un frein de ma-chine, *bremse, bramse.*
Potée d'émeri, *schmergelstaub.*
Potier d'étain, *zinngiesser.*
— (art du), *zinngiesserkunst.*
Potin, *hartmetall, kupfergelb.*
Pouce, *daumen.*
— d'eau, *wasserzoll.*
Poude, *pud, poud.*
Pouding, pudding, *puddingstein, wurstein.*
Poudre, *pulver, malm.*
— d'or, *goldpulver.* Voyez *pulver.*
— d'étain, *zinnasche.*

Poudre de mine, *grubenpulver*.
— aux rats, *rattenpulver*, *ratzen-stein*.
— de plomb, *bleypulver*.
— de projection, *projectionspulver*. V. *projection*.
— fulminante, *knallpulver*, *schlag-pulver*.
Poulain, *schrotleiter*.
Poulie, *kloben*, *rolle*, *scheibe*.
Pour-boire, *abtreibebier*.
Pourpre, *purpurschnecke*, *purpurit*.
— (couleur de), *purpurfarbe*.
Pourri, *faul*, *verfault*.
Pourtour, *umkreis*.
Pourvoyeur, *versorger*.
Pousser une mine à sa ruine, *zur-sumpftreiben*.
— une fouille, *forttreiben*, *längen*.
— des rejetons, *aussprossen*.
— en avant, *zuführen*.
Pousseur d'argue, *schieber*.
Poussier, *kohlengestübe*, *frischge-stübe*, *kohlenstaub*, *erdgestiebe*, *gestaube*.
Poussière, *staub*, *malm*.
— de minerai, *erzstaub*.
— de charbon, *afterkohl*.
— de houille, *erdkohlenstaube*.
— de pierres stériles, *felsenwerck*.
— des fourneaux, *ofenstaub*.
Pousse-pieds, *aentenmuschel*.
Poutre, *balcken*, *einstrich bohlen*.
— de traverse, *querbalken*.
Poutrelle, *bühnlager*.
Pouzzolane, *pouzzolana*, *pouzzo-lanerde*.
Prase, *prasen*, *prasenstein*, *praser*, *smaragdmutter*.
Préalable, *vorlaufig*.
Précession des équinoxes, *präeces-sion der nacht gleichen*.
Précipice, *absturzung*.
Précipitant, *präcipitirend*, *nieder-schlagmittel*.
Précipitation, *niederschlagung*.
Précipité, *präcipität*, *niederschlag*, *gefällt*.
— de fer, *eisenniederschlag*.
— d'or, *goldniederschlag*.
Précipiter, *präcipitiren*, *niederschla-gen*, *absturzen*.
Précis, *auszug*.
Précision, *bestimmtheit*.
Préemption, *vorkauf*.
Préface, *einleitung*.
Préférence pour un marché, *vorkauf*.

Prehnite, *prehnith*, *capzeolith*, *gar-benschorl*.
Préjudice, *verlust*.
Préliminaire, *vorlaufig*.
Prématuré, *zufrühzeitig*.
Premier en droit, *aelterer in feld*.
— fondement, première base, *ur-grund*.
Prendre avec des tenailles, *einzän-geln*.
— avec la boussole la direction d'un filon, *abnehmen* (*die stunde eines ganges*).
Préparation du minerai pour la fonte, *aufbereitung*, *beschickung*.
Préparer, *aufbereiten*, *beschicken*, *anschaffen*, *anschaufen*.
Présentation, *vorstellung*.
Presse, *taschenwerk*.
Pressoir, *vergoldballen*.
Présupposition préalable, *vorausset-zung*.
Prêter serment, *ablegenpflicht*. V. *ablegen*.
Prière des mineurs, *berggebeth*.
Prime, *prime*.
— d'améthyste, *amethyst mutter*. Voyez *amethyst*, *prime*.
— d'émeraude, *smaragdmutter*. V. *prime*.
— de rubis, *rosen rother quartz*. V. *rosenroth*, *prime*.
Primitif, primitivement, primordial, primordialement, *ur*, *uranfän-glich*.
Prince-métal, *prinzmetall*.
Principal, *erb*.
Principe, *ur*, *urstoff*, *urwesen*, *ur-sprung*, *stoff*, *grundzug*.
— de l'attraction, découvert par Newton. Voyez *anziehungkraft*.
Prismatique, *prismatisch*.
— (couleurs), *prismatische farben*.
— (figure), *prismatische figur*. Voyez *prismatisch*.
Prisme, *prisma*.
Prismé, *prismatisirt*.
Privilège des mineurs, *bergfreyheit*, *bergfreye*.
Problème, *problem*, *problema*, *auf-gabe*.
Procédé, *verfahren* (*das*), *prozess*.
Procéder, *herrühren*.
Production, *hervorbringung*.
— de la nature, *naturerzeugniss*.
Produire, *hervorbringen*, *ausbrin-gen*.

Produit, *ertrag.*
— de montagne, *berggewächs.*
— net, *ausbeüte.*
— des mines, *bergsegen.*
Profil d'un bâtiment, *standzeich-nung.*
Profiler, *eine standzeichnung ma-chen.* Voyez *standzeichnung.*
Profit, *aubeüte.*
— des salines, *auslauf.*
Profond, *tief.*
Profondeur, *tiefe, teufe.*
— du minerai, *ertzteufe.* V. *teufe.*
— infinie, *ewige tiefe.*
— requise pour une galerie d'écou-lement, *erbteufe.*
— perpendiculaire, *seigerteufe.*
— (la plus grande) d'une mine, *erbtiefstes.*
Progressif, *progressiv.*
Projection, *projection.*
Prolongation, *frist, erlangung.*
Prolonger, *erlangen.*
Prominule, *flachenkantig.*
Promontoire, *vorgebirge.*
Propagation, *fortpflanzung.*
— de la lumière, *fortpflanzung des lichtes.*
Proportion, *verhältniss.*
Proportionner, *vergleichen.*
Proposition, *aufgabe.*
— préparatoire, *vorbereitende sätze.* Voyez *vorbereitend.*
— réciproque, *gegenverhaltniss.*
Propre, *eigentlich.*
Propriétaires soldés, *eigenlöhner.*
Propriété, *eigenschaft.*
Prorogation, *frist.*
— censitaire, *eigenlöhnerschaft.*
Prosennéaèdre, *prosenneaëdrisch.*
Prostaphérèse, *prostaphereze.*
Prototype, *urbild.*
Provenir, *herrühren.*
Prussiate, *blaugesauerte.*
Pseudo-cristal, pseudo-morphe, *af-ter-cristal, pseudomorphosen.*
Pseudomorphes de Frankenberg, *kornähren.*
Pseudomorphique, *pseudomorphisch.*
Pseudo-néphélines, *pseudo nephelin.*
Ptène, *ptene.*
Puant, *stinkend.*
Publier à haute voix, *ausrüfen.*
Puiser, *pfützen.*
— avec la cuiller, *auskellen, aus-schöpfen.*
— les eaux près de la terre, *aus-pfützen.*

Puiser avec un seau, *einpfützen.*
— (action de), *auspfützung.*
Puisard, *vorsumpf, wasserloch, wassersack.*
Puisoir, *einträge kolben,* ou *ein-träge löffel, giesschaufel, herd-löffel, pfützschüssel, pfützschale, salpeterkelle.*
Puissance, *mächtigkeit.*
— d'un gîte de minerai en exploi-tation, *breiten-blick.*
Puissances conspirantes, *gleichwir-kende kräfte.* V. *gleichwirkend.*
Puissant, *mächtig.*
Puits, *schacht, gesenck.*
— par lequel on donne sur un filon, *fundschacht.*
— qui n'a pas été creusé perpendi-culairement, *bremmerschacht.* V. *bremmer.*
— (taxe d'un), *schachtsteüer.*
— pour l'élévation des eaux, *wasser-schacht.*
— ancien abandonné, *bingen, pingen.*
— d'airage, *wetterschacht.*
— perpendiculaire, *richtschacht, seigerschacht.*
— oblique, *schachttonne.*
— de borne, de séparation, *scheide-schacht.*
— incliné ayant des degrés taillés dans la roche, *stufenschacht.*
— d'extraction, *treibeschacht, zieh-schacht, förderschacht.*
— à roues, *radbrunnen.*
— pour y placer une pompe, *pum-pengesenk, pumpenschacht.*
— au jour, *lichtloch.*
— court, *bremmer, gelorsch.*
— de descente, d'entrée dans les mines, *anfahr-schächte, fahr-schacht.*
— entièrement boisé, *ausgezimmer-ter schacht.*
— salans, *born, salzbrunnen, sohl-schacht.*
— le plus profond d'une mine, *erb-schacht.*
— père, le plus ancien, *vaterschacht.*
Pulvérisation, *pulverisiren (das).*
Pulvériser, *pulverisiren.*
Pulvérulent, *pulverig.*
Purgé, purifié, *gar, gare, gahr, gahre.*
Purification, *reinigung.*
— du soufre, *schwefellauterung.*
Purifier, *reinigen, abläutern.*
Purpurite, *purpurit.*

Putréfaction , *verderbniss.*
Putrescible , *verfaulbar.*
Putride , *faul , verfault.*
Pycnite,*pycnit, stangenstein, schörl-artigerberil , schörlit.*
Pyramidal , *pyramidisch.*
Pyramide , *pyramide.*
Pyramidé , *pyramidalisirt.*
Pyrite , *kies.*
— à feu , *feüerstein.*
— arsenicale , *arsenikkiess.*
— cellulaire , *zellkies.*
— cuivreuse , *kupferkies, kupfer-kieserz.*
— hépathique , *leberkies.*
— magnétique, *magnetkies.* Voyez *magnet.*
— rayonnée , *strahlkies.*
— sulfureuse , *schwefelkies , alaun-kiess.*
— — aurifère , *blachmal.*
— noire et dure , *hraf-tinna.*
— désulfurée , *schwefelbrand.*
Pyromaque (quartz agate),*feüerstein.*
Pyromètre , *feüermesser.*
Pyrope, *pyrop,*
Pyrophane , *pyrophan.*
Pyrophore , *pulver das an der luft anbrennt.* Voyez *pulver.*
Pyrophysalithe , *pyrophysalith.*
Pyrotechnie , *feuerkunst.*
Pyroxène, *pyroxene, augit.*

Q

Quadrangulaire , *viereckig.*
Quadrat aspect , *gevierterschein.* V. *schein.*
Quadratrice , *quadratrix.*
Quadrature , *vierung , quadratur , quadratschein.*
— d'une galerie d'écoulement , *erb-stollensvierung.*
Quadriépointé , *vierfachenteet.*
Quadrilatère , *vierseitig.*
Quadrinome , *viernamig.*
Quadriunitaire , *quadriunitäer.*
Quadruplant , *quadruplirend.*
Quadruple , *vierfach.*
Qualité naturelle d'un genre , *ge-schlechtart.*
Quantité , *grösse.*
Quartation , *quartation.*
Quart de cercle , de nonante , *qua-drant.*
Quartembergeld, *quartember, quar-tembergeld.*

Quartier, *quartal.*
Quartile (aspect) , *quadratschein.*
Quartz , *quartz ou quarz.*
— brèche , *kiesel-conglomerat.*
— agate , *agath , aciat.*
— — calcédoine , *kiesel-achat.*
— — chatoyant , *afterflint , sonnen-wende, sonnenauge, buchsenstein.*
— — xyloïde , *holzflint.*
— — arborisé , *moccastein , mocha-stein , mochstein, mochusstein.*
— — pyromaque , *flint , kreide-kiesel , kuhstein.*
— — conchylioïde , *versteinerungs-achat.* Voyez *versteinerung*
— aluminifère tripoléen , *tripel.*
— arénacé , *salzschlag , granding.*
— — mélangé de paillettes mica-cées , *glimmersand.*
— — agglutiné , *sandstein.*
— hyalin , *glasquartz.*
— — hématoïde , *sinopel.*
— — aéroydre renfermant des bulles d'air et d'eau, *glasquartz mit was-ser tropfen.* Voyez *glasquartz.*
— — améthyste , *scuandi.*
— — cristallisé, *afterdiamant, keys, smaragdfluss, unächtersmaragd , willepalingu.*
— — — limpide , *bergkrystal.*
— — — renfermant une substance hétérogène en filamens ou en ai-guilles , *haarstein.*
— — amorphe , *kieselstein.*
— — grossier , *fettquartz.*
— — rubigineux , *eisenkiesel.*
— — concrétionné , *kieselsinter.*
— — laiteux , *milchquartz.*
— flexible , *gelankquartz.*
— résinite commun , résinite méni-lite, *halbopal, knollenstein, leber-opal , menilit.*
— — hydrophane , quartz résinite girasol , *milchopal.*
— commun mêlé d'argile calcari-fère , *afterflins.*
— — traversé de schorl, ou titane oxidé aciculaire, *aftergäms.*
— — avec schorls et grenats , *after-mürch.*
— nectique, *schwimmstein.*
— gras , *fettquartz.*
— cubique , *wurfelstein.*
Quartzifère , *kieselartig.*
Quatrième partie d'un marc , *viert-ding.*
Question , *aufgabe.*
Queue de rat , *rattenschwanz.*

Queue d'hirondelle , *schwalben-schwanz.*
— (longue) , *schweif.*
Quindécagone , *fünfzehneck.*
Quintal , *zentner , quintal.*
— de fonderie , *hüttenzentner.*
Quintescencier , *auskernen.*
Quintessence , *quintessenz.*
Quintil aspect , *schein (gefunfter).*
Quitter une place pour se porter sur une autre , *abspringen.*
Quote , quote-part , *antheil.*
Quotient , *quotient.*
Quotité , *quantum.*
Quotter , *stossen.*

R

Rabattre une pièce de métal sur une autre , *anniethen.*
Râble , rouable , *rührhacken , saüereisen , löschhacken , abhubküste , krücke , krütze , ofenkrücke.*
— aux scories , *schlackenhaken.*
Rabot à aplanir , *bestosshobel.*
— bretté , denté , *zahnhobel.*
— court et gros , *fausthobel.*
— à mortier , *mörtelhaue.*
— à unir l'étain au sortir de la fonte , *zinnhobel.*
Raboter , *behobeln , abhobeln.*
Raboteux , *knollig.*
Raccorder , *vergleichen.*
Raccourci , *gekürzt.*
Racinal , *grundlade.*
— d'une écluse , *zapfenschwelle.*
Racine carrée , *quadrat wurzel.* V. *quadrat.*
Racle , *raumnadel , kratze der bergleüten.* Voyez *kratze.*
Racler , *kratzen.*
Racleur , *krätzer.*
Racloir , *kratze, streichmeissel, salzschrape , kister , herdschaufel.*
Raclure , *kratze , gekratz , strich.*
— de monnoies, *münzkrätze, münzgekrätz.*
Rade , *reede.*
Radeur , *salzmesser.*
Radical , *grundlage.*
— nitrique , *salpetergrundlage.*
Radié , *strahlförmig , strahlig.*
Raffermir , *verkasten.*
Raffinage , *feinbrennen.*
Raffiner , *garmachen , verfeinern.*
Raffineur , *garmacher , feinbrenner, verfeinerer.*

Rafraîchir , *verkühlen , frischen , anfrischen.*
— le fer , *eisenfrischen.*
Rafraîchissement , *anfrischen , verkühlung.*
Raison , *verhältniss.*
— alterne , *wechselverhältniss.*
Raison inverse , *gegenverhältniss.*
Rajeunir , *verjüngen.*
Rameaux de mines , *erdgänge.*
— de traverse , *kreuzkluft.*
Rameux , ramuleux , *aestig.*
Ramification , *verzweigung.*
Ramifier , *verzweigen.*
— (se) , *zertrümmern.*
Rangée , *reihe , schichtung.*
Ranger par couches , *schichten.*
Rapace , *rauberisch.*
Rapetasser , *auspfanden.*
Rapetisser , *verjüngen.*
Rapide , *schnell.*
Rapidité , *schnelligkeit.*
Rapidolithe , *rapidolith.*
Rapillo , *rapillo.*
Rapine , *raub.*
Rapport, *aufstand , rücksicht , verhältniss.*
— supplémentaire, *registeraufstand.*
— de l'état d'une mine , *grubenaufstand , grubenbericht.*
Rapporter , *ausbringen , ausführen.*
Rapporteur , *winkelmesser.*
Rapuroir , *laugenbütte.*
Rare , *dünn.*
Raréfaction , *verdünnung.*
— de l'air , *luftverdünnung.*
Raréfier , *verdünnen (luft).*
Rasant , *streiffend.*
Rassemblement de filons , *verwirrung.*
Râteau , *harkenkiste , abtritterkiste, harke , rechen.*
— de bocard , *erzkrahle.*
— des terrains d'alluvion, *reutgabel.*
Râtelée , *rechenvoll.* Voyez *rechen.*
Râteler , *harken.*
Ratification , *bestätigung.*
Ratifier , *bestätigen.*
Ratisser , *kratzen.*
Ratissoire , *ausziehküste.*
— de mineur , *erdschaber.*
Ratissure , *abdrath.*
Ravin , ravine , *schluchte , schluft.*
Rayaux , *eingüsse.* Voyez *einguss.*
Rayé , *streiffig , streifflicht.*
— en différens sens , *gemustert.*
Rayer , *streiffen.*

Rayon , *strahl.*
— accessoire, incident, *nebenstrahl.*
— d'eau , *wasserstrahl.*
— de feu , *feüerstrahl*
— principal de la roue d'une machine , *hauptkarn.*
— réfléchi , *rückstrahl.*
— visuel , *sehestrahl.*
Rayonnant , *strahlend.*
Rayonnante (pierre) , *strahlstein.*
Rayonné , *strahlig.*
Rayonnement , *strahlen (das).*
Rayonner , *strahlen.*
— tout autour , *umstrahlen.*
Réaction , *gegenwirkung.*
Réagir , *zurückwirken.*
Réalgal, réalgar , *rauschgelb, resegal , resigal.*
— des fonderies , *rauschgelbhütten.* Voyez *rauschgelb.*
Receveur des mines , *bergzehntner, oberzehntner.*
Recevoir , *laugenbütte.*
Récipiangle , *winkelmesser.*
Récipient , *vorlage, recipient, vorsetztopf.*
Réciprocité , *wechselseitigkeit.*
Réciproque , *rücksichtlich.*
Récompense pour une découverte , *findergelb.*
Récomposition , *wiederzusammensetzung.*
Reconstruire la chemise d'un fourneau , *furwenlen.*
Rectangle , *rechtek.*
Rectangulaire , *rechtekig, rechtwinklig durchwachsen.*
Rectification , *rectification.*
Rectifier , *rectificiren.*
Rectiligne , *rechtlinig.*
Recuire le fer , *frischen, ausglühen.*
— — (action de) , *auswaermen des eisens.* Voyez *auswaermung.*
Recuit , recuite , *ausglühung, abglühung, auswaermung, auswaermen (das).*
Récurage , *schauren.*
Récureur , *schaurer.*
Récurrent , *wiederkehrendflächig.*
Réductible , *reducierbar, auflöslich.*
Réduction , *auflösung, vererdung.*
— en charbons , *verkohlen (das).*
— à simplicité , *vereinfachung.*
— de la litharge en plomb , *frischung.*
Réduire , *reduciren, vererden, verjüngen.*
— en charbons , *verkohlen.*
Réduire le minerai en petits mor-

ceaux , *auskleinen , auspauschen, verkleinen , zerkleinen.*
— en cendres , *einäschern.*
— — (action de) , *äscherung, einäscherung.*
Réfléchir , *zurückstrahlen.*
Réfléchissant , *zurückstrahlend.*
Réfléchissement , *reflexion*
Reflet , *wiederschein, zurückstrahlen (das).*
— d'iris , *regenbogenstrahl.*
Réflexibilité , *reflectierbarkeit.*
Réflexible , *reflectierbar.*
Réflexion , *reflexion , zurückstrahlen (das).*
Reflux , *ebbe.*
Refondre , *umschmelzen, wiederschmelzen , frischen.*
Refonte , *umschmelzung.* Voy. *umschmelzen.*
— de la litharge , *anfrischen.*
— de la gueuse , *gefrischt-eisen.*
— du déchet du minerai , *krätzfrischen.*
Reforger , *umschmieden , wiederschmieden.*
Réformation des monnoies , *umprägung.*
Réformer les monnoies , *umprägen.*
Refouloir , *stampfer.*
Réfractaire , *unschmelzbar , heisgräedig , kaltblazig , strengflüssig.*
Réfraction , *refraction , brechung.*
Réfrangibilité , *refringierbarkeit.*
Réfrangible , *refringierbar.*
Refrigérant , *kühlfass.*
Refrigération , *kühlung.*
Réfringent , *refringierend, brechend.*
Refroidir , *abkühlen.*
Refroidissement , *verkühlung, kühlung.*
Régal des mines , *bergregal.*
Régénération , *wiederhervorbringung.*
Région du feu , *feüergegend.*
Régisseur d'une mine , *bergverwalter.*
Registrateur , *recesschreiber.*
Registre , *register , gegenbuch , handregister.*
— de fonderie , *schmelzbuch.*
— des concessions , *verleichbuch.*
— des ouvrages à prix fait , *gedingbuch.*
— docimastique, des essais, *probierbuch.*
— des transactions , *vertragbusch.* Voyez *vertrag.*

Registre des recettes et dépenses, *recessbuch.*

Règle qui tourne sur le centre d'un instrument à mesurer les angles, *lineal.*

— d'alliage, *beschickungs regel.*

Règlement pour les mines, *berg-ordnung.*

— pour les fonderies de fer, *hammerordnung.*

— concernant l'administration des fonderies, *hüttenordnung.*

Régler, *linieren.*

Réglette, *aushebenspan.*

Règne animal, *thierreich.*

— de la nature, *naturreich.*

Regrat, *salzschank.*

Regrattier, *salzschenck.*

Régularité, *gleichlaufigkeit.*

Régulateur, *perpendikel.*

Régule, partie réguline, *könig.*

— de débris, *ofenbruchkönig.*

— d'or, *goldkönig.*

— de plomb, *bleykönig.*

— de cuivre, *kupferkönig.*

— — affiné, *garkönig.*

— d'argent, *silberkönig.*

— de bismuth, *wismuthkönig.*

— de cobalt, *koboltkönig.*

— d'arsenic natif, *arsenical-könig.*

Rein, *niere.*

Reins d'une voûte, *die seite eines gewölbe.* Voyez *gewölbe.*

Rejaillir, *ausplatzen.*

Rejaillissement, *reflexion.*

Relâchement, relaxation, *schlaffheit.*

Relatif, *rücksichtlich.*

Reliquat, *recess, rückstand.*

Remblai, *damm.*

Remblayer, *verstürzen.*

Remède de la monnoie, *münz-remedium.*

Remoudre, *schleifen.*

Rémouleur, *schleifer.*

Remplir, *verstürzen, ausladen, einfüllen.*

Remplissage, *ausladen (das).*

Remuer ensemble le minerai et les fondans, *durchziehen.*

Renard, *fuchs.*

Rencontrer l'eau en fouillant pour faire des recherches, *erscharten.*

Rencontrer des minéraux en creusant, *ersinken.*

Renfoncement, *vertiefung.*

Réniforme, *nierenförmig.*

Renversé, *verkehrt.*

Renversement, *umwendung, umkehrung, einsturz.*

Répandre dessus, *übergiessen.*

Réparer la tuyère d'un fourneau, *formen.*

— les outils, *erlegen.*

— un puits de mine tombé en ruine, *aufgewaeltigen.*

Répartiteur, *aufschneider, austheiler.*

Répercussion des rayons, *zurückstrahlen (das).*

Répercuter des rayons, *zurückstrahlen.*

Répétition des pompes, *satz.*

Replier un morceau de fer, *abfassen, anniethen, auftreiben.*

Réponse aux appels de fonds, *darlage.*

Repos, *ruhebühne, rast, bühne, absatz, abtritt.*

Reposoir, *setzfass.*

Repousser, *zurückstossen.*

Repoussoir, *durchschlag.*

Représentation, *vorstellung.*

Reprise, *retardat.*

— d'anciens travaux de mines, *anboth.*

Reproduction, *wiederhervorbringung, wiedererzeugung.*

Répulsion, *abstossung, zurückstossung.*

— (force de), *repulsionskraft, zurückstossungskraft, zurückstossendekraft.*

Répulsif, *zurückstossend.*

Réservoir d'eau, *wasserhälter.*

Résidu, *rest, hartlinge.* Voy. *hartling.*

Resine, *harz.*

— de pin, *fichtenharz.*

Résineux, *harzicht, harzig.*

Résinite (quartz), *halbopal.*

Résistance, *widerhalt.*

Résoluble, *auflöslich.*

Résolution, *auflösung.*

Résolvant, *aufloesend, auflösungsmittel.*

Résonner, *gaellen, poltern.*

Résoudre, *auswittern.*

— de rechef, *wiederauflösen.*

Respectivement, *rücksichtlich.*

Resplendir, *strahlen, schimmern.*

Resplendissant, *schimmernd.*

Resplendissement, *schimmer.*

Ressaut, *vorsatz.*

Ressort, *feder, schnellkraft, spannkraft, triebfeder, federkraft.*

Ressouder, *wiederlöthen.*
Ressuage, *seigerung, seigern (das), frischung.*
Ressuer, *seigern, frischen, darren.*
Restant en magasin, *alter vorrath.*
Reste, *recess.*
Retaille des feuilles de tôle, *blech-abschnitte.*
Retenir la paie d'un mineur, *das lohn aüfheben.* Voyez *aufheben.*
Retentir, *gaellen, poltern.*
Rétépore fossile, rétéporite, *reteporit, seerinde.*
Réticulaire, réticulé, rétiforme, *netzförmig.*
Rétinite, *pechstein.*
Retombée, *widerlage.*
Retorsoir, *drehrad.*
Retorte, *retorte.*
Retour, *rücklauf, zurüklauf.*
Retrancher, *benehmen.*
Rétréci, *geengt.*
Rétrécir, *schmählern.*
Rétrogradation, *zurüklauf, rücklauf.*
Rétrograde, *zurüklaufend, rückwaertsgezogen.*
Rétrograder, *zurüklaufen.*
Réunion, *vereinigung.*
— de filons, *anschaaren der gänge.*
Réunir (se), *einkommen.*
Reussin, *reüssin.*
Revêche, *streng.*
Réverbération, *reverberation, zurückstrahlen (das).*
Réverbère (fourneau à), *reverbierofen.*
— (feu de), *reverbierfeuer.*
Réverberer, *zurückstrahlen.*
Revêtement, *verkleidung, ausspündung.*
Revêtir de grosses planches à l'intérieur, *ausspünden, verzimmern.*
— de pierres, *verkleiden.*
— de bois pour garantir des éboulemens, *verschossen, verspreitzen (den gang), verspriegeln.*
Revivification, *frischung.*
— de la litharge, *frischen (das), glättfrischen.*
Revivifier, *revificiren.*
R'habiller une charpente, *verpfäenden.*
Rhizolithes, *rhizolithen.*
Rhodium, *rhodium.*
Rhombe, *raute.*
Rhombifère, *verstecktrhombisch.*

Rhomboïdal, *rhomboïdalisch.*
Rhomboïde, *rhomböeder.*
Riche, *reich, reichaltig.*
Ridge, *ridge.*
Rigole, *rinne, rolle.*
Ringard, *stecheisen, formstosser, hebeisen, kehrstange, meissel.*
Rivage, *rive, ufer, gestade.*
River, *umniethen, zusammennie-then, einniethen.*
Rivière, *fluss.*
Rivoir, *beckhammer.*
Rivure, *einniethung.*
Robinet de fontaine, *hahn.*
Roc, rocher, *fels, klippe.*
Roches, *gebirgsarten, berg, felsenarten, felsstein, gestein.*
— présentant des formes déterminées, *klippe.*
— composée de quartz et de tourmaline, *schörlfels.*
— d'alluvion, *aufgeschwemmte gebürgsarten.*
— de transition ou intermédiaires, *übergangs gebirgsarten.* Voyez *übergang.*
— calcaire, *übergangs kalkstein.* V. *übergang.*
— dont la base principale est le grünstein, *übergangs trap.* Voyez *übergang,*
— primitives, *uranfänglichen gebirgsarten.*
— stratiformes, *flötzgebirgs-arten.*
— volcaniques, *vulcanischegebirgsarten.* Voyez *gebirgsarten.*
— solide, dure, *bergfeste.*
Rognon, *niere.*
— (petit), *nierchen.* Voyez *niere.*
— (mine en), *nieriges erz.* Voyez *nierig.*
— (en manière de), *nierenweiss.*
Rognure, *abschnitt.*
Roide, *jahe, steil.*
Rôle, *verzeichniss.*
Romaine, *schnellwage.*
Rompre, *brechen, durchbrechen, pauschen, zerbrechen.*
— (action de), *zerbrechung.*
— par éclats, *zersplittern.*
Rond tracé avec le compas, *zirkelzug.*
Rondeur d'un cercle, *zirkelrunde.*
Roseau, *schilf, schilfrohr.*
Rosée, *thau.*
Rosette, *garscheibe.*
Rotation, *drehen (das), umdrehung.*

Rouable, *même que* râble.
Rouage, *räderwerk, pausterzeug.*
Roue, *rad.*
— cylindrique, *walzenrad.*
— à eau, *wasserrad.*
— à pots, *räder mit kasten.*
— à ailes, *räder mit schaufeln.*
— dentelée, à crochets, *sperrrad, stirnrad, kammrad, straubrad.*
— de champ, *kronrad.*
— qui fait tourner deux meules, *panster, pansterrad.*
— qui fait marcher le martinet, *hammerrad.*
— d'une machine hydraulique, *kunstrad.*
— d'une horloge, d'une poulie, *rad einer uhr, einer rolle.* Voyez *rad.*
— à petits tourillons, *rad mit kleinen zapfen.* Voyez *rad.*
— placée pour recevoir l'eau par-dessus, *rad oberschlägig hangend.* Voyez *rad.*
— — par - dessous, *rad unterschlägig.*
— tournante pour façonner, *drehrad.*
Rouet, *drehrad.*
Rouge, *roth.*
— de cerise, *kirschroth.*
— de carmin, *karmin roth.*
— de cochenille, *cochnillroth.*
— de sang, *bluthroth.*
— hyacinthe, *hyacinthroth.*
— de feu, *feüerroth.*
— aurore, *morgenroth.*
— de chair, *fleisch-roth.*
— de fleurs de pêcher, *pfirsichblutroth.*
— de rose, *rosenroth.*
Rougeâtre, *röthlich.*
Rougir de part en part, *durchgluhen.*
— (action de) au feu, *durchglühung.*
Rouille, *rost.*
— de fer, *eisenrost.*
— de cuivre, *kupferrost.*
— métallique, *erzrost.*
Rouillé, *rostig.*
Rouillure, *rost.*
Roulé, *zusammengerollt.*
Rouleau, *rolle, walzenschnecke.*
— de lames minces d'argent à dissoudre dans l'acide nitrique, *röllgen.*
— de frottement, *frictionsräde.*
Rouler, *rollen.*
Roulette, *rolle, kloben, radlinie.*
Rouleur, *roller.*
— de chiens, *hund laufer.*

Rouverin, *rothbrüchig, kaltbrüchig.*
Ruart, *läuterkiste, waschküste.*
Rubasses, *quartzkrystall.*
Rubellite, *rubellit.*
Rubicelle, *rubicell.*
Rubine d'arsenic, *arsenikalischer rubin.* Voy. *rubin, arsenik rubin-*
Rubis, *rubin.*
Rubis ballais, *rubinballas.*
Rubrique, *röthel.*
Rude, *rauh.*
Ruiner une mine, *abhütten.*
Ruiniforme, *ruinenförmig.*
Ruisseau, *bach.*
Rupture, *brechung.*
Russkohle, *russkohle.*
Ruthile, *ruthil.*

S

Sable, *sand, austral sand.*
— de plomb, *bleysand, sanderz.*
— mouvant, *mahlsand, quellsand, triebsand.*
— très-fin, *flugsand.*
— vert du Pérou, *atacamit, kupfersand.*
— de rivière, *flussand.* Voyez *sand.*
— aurifère, *goldsand.*
— à moules, *formsand.*
— des fondeurs, *giessand.*
— propre à faire le verre, *glassand.*
— gypseux, *gypssand.*
— farineux, *mehlsand.*
— grossier ordinaire, *quicksand.*
Sabler, *besanden.*
Sableux, sablonneux, *sandig.*
Sablière, *sandgrube, blattstück, schwelle.*
Sablonnière, *sandgrube.*
Sabre de mineur, *bergsabel.*
Sac pour la séparation du mercure amalgamé, *abquickbeutel.*
— à charbon, *kohlensack.*
Safran, *safran.*
— de Mars, *eisensafran, eisenkalk.*
— de Saturne, *bleysafran.*
— d'antimoine, *spiesglassafran.*
Safre, *saffera, saffra, safflor, zafflor.*
Sagenite, *sagenit.*
Sahlite, *sahlit.*
Saillant, *hervorspringend, ausspringend.*
Saillir, *ragen, herausragen, hervorragen.*

Saisir avec un croc, *erhacken.*
Salaire, *besoldung, lohn, arbeits-lohn.*
— d'un travail libre, *freygeding.*
—— à prix fait, *gedinggeld.*
— du mineur, *haugeld.*
— d'une tâche, *schichlohn.*
Salant, salé, *salzig.*
Salbande, *salband, saalband.*
Salignon, *salzstück, salzkloss.*
Saligon, *neüpfänner.*
Saline, *salzwerk, salzgrube, salz-kothe, salzbergwerk, saline.*
Salissant, *schmutzend.*
Salorge, *salzhaufen.*
Salpêtre, *salniter, salpeter.*
— de houssage, fleurs de salpêtre, *salpeterblumen.*
Salpêtrier, *salpetersieder, sieder.*
Salpêtrière, *salpeterhütte, salpeter-siederey.*
Salure, *salzigkcit.*
Salut, salutation des mineurs, *berg-gruss, gluck-auf.*
Sandarach, sandaraque, *sandarack, rauschgelb (rothes).*
Sanguine, *rüthel, blutstein.*
Sans écailles, *unschalig.*
Sans forme, *ungestaltet.*
Sans garniture, *unbesetzt.*
Sans liaison, *los, unzusammen-hängend.*
Sans mélange, *ungemengt, unver-mengt.*
Sans nombre, *unzahlbar, unzählig.*
Sans ombre, *ohnschattig.*
Sans pointe, *ungespitzt, unverstählt.*
Sans profit (exploitation), *unnütze gebäude.*
Sans rouille, *unverrostet.*
Sans travail, *arbeit-losse.*
Sape, *untergrabung.*
Saper, *untergraben.*
Saphir, *saphir.*
— de la côte du Malabar, *nile, nilem.*
— de chat, *katzensaphir.*
Sappare, *cianit, cyanit.*
Sardoine, *sarder.*
Sardonyx, *sardonyx.*
Sas, *sieb.*
Sassolin, *sassolin.*
Satellites, *satelliten, nebenplane-ten, planetentrabant.*
Satiété excessive, *übersäetigung.*
Saturation, *sättigung.*
Saturé, *gesättigt.*
Saturer, *sättigen, saturiren, an-schwängern.*

Saturnite, *saturnit.*
Saucisse, saucisson, *wurzt, pul-verwurst.*
Saumon de plomb, *bleymülde.*
Saunerie, *salzwerk, salzsiederey.*
Saunier, *salzsieder, sieder.*
Saut, *wehr.*
— du minerai par le moyen de la poudre, *gesprenge.*
— de moulin, *wasserfall der eine mühle treibt.* Voyez *vasserfall.*
Sauterelle, *winkelfasser, winkel-passer, schmiege.*
Sauvage, *wild.*
Saveur, *geschmack.*
Savoir, *wissen, wissenchafft.*
Savon, *seife.*
— de montagne, *bergseife.*
Savonnage, *seifen (das).*
Savonner, *seifen.*
Savonneux, *seifenhaft.*
Scapiforme, *stanglich.*
Scapolite, *scapolith, micarell, pa-ranthin.*
Scellement, *einguss.*
Sceller, *versiegeln.*
— avec du plomb, *vergiessen (mit bley).*
Schéelin calcaire, *schwerstein.*
— ferruginé, *schirl, wolfram, wol-fart, wolferig, wolfret.*
Schelot, *schlotter, salzschmant.*
Schibika, *schibika.*
Schiste, *schiefer, schieferstein.*
— (banc de), *schieferbank.*
— (feuille de), *schieferblatt.*
— alumineux, *alaunschiefer.*
— ardoise, argileux, *thonschiefer, angleseyschiefer.*
— à aiguiser, *wetzschiefer.*
— marneux, *mergelschiefer.*
— (carrière de), *schieferbruch.*
— (filon de), *schiefergang.*
— micacé, *glimmerschiefer.*
—— mêlé de schorl, *nork.*
—— avec grenats, *norka des Sué-dois, aftergneiss.*
— (nœuds de), *schieferknoten.*
—— mêlé de tourmaline, *bind, schörl-schiefer, schorl-quartzfelz.*
— calcaire, *flagstein.*
— (feuille de), *schieferplatte.*
— plombifère, *bleygneuss, bley-schiefer.*
— siliceux, *kieselschiefer.*
— noir et friable, *schieferschwartz.*

Schiste pourpré, *purpurschiefer.*
— porphyrique, *porphyrschiefer, schieferwacke.*
— bitumineux, inflammable, *brandschiefer, kneist.*
— cuivreux, marno - bitumineux, *abbruch, kupferschiefer, bituminoser-mergel-schiefer.*
— éclatant, *glanzschiefer.*
— à polir, *polirschiefer, polierstein.*
— (sorte de), *schieferart.*
— (qui tient de la nature du), *schieferartig, schiefericht.*
Schisteux, *schieferig.*
Schlich, *schlich, erzschlich.*
— de fer, *eisnschlich.*
— d'or, *goldschlich.*
— de plomb, *bleyschlich.*
— de cuivre, *kupferschlich.*
— (le meilleur), *häuptel.*
— ébauché, *untersatz.*
— du déchet des métaux, *krätzschlich.*
— de moyenne qualité, *mittelschlich.*
Schlot, *schlotter, salzschmant, pfannenstein.*
Schock, *schock.*
Schorl, *schörl.*
— électrique, *schörl (electrischer).* V. *turmalin, turnamal.*
— bleu, *cianit.*
— cruciforme, *staurolith.*
— noir, *schirdel, schörlgranat.*
— rouge de Sibérie, *siberit.*
— blanc, *nephelin.*
— scapiforme, *stangenschörl.*
— vert du Dauphiné, *epidot.*
Schorliforme (béril), *schörlartigerberil.*
Schorlique (roche), *schörlfels.*
— (hornblende), *schieferschörl.*
Schorlite, *schörlit.*
Schutzite, *stronthian, strontianerde, schützit.*
Schwingues, *schwingen.*
Scie, *säge, bodensäge, bogensäge, bretsäge.*
— pour faire des trous, *lochsäge.*
Science, *wissen, wissenschafft.*
— des lois de l'équilibre, *gleichgewichtskunst.*
— d'inventer des signes, *zeichenlehre.*
Scintillant, *schimmernd.*
Scintillation, *schimmer.*
— des étoiles, *sternschimmer.*
Scintiller, *funckeln, schimmern.*
Sciures de bois, *sägespähne.*

Scolie, *scholium.*
Scorie, *schlacke.*
— du fer, *eisenschlacke.*
— du plomb, *bleyschlacke, bleyabgang.*
— du cuivre, *kupferschlacke.*
— d'argent, *silberschlacke, silberschaum, silberstein.*
— d'étain, *zinnschlacke.* V. *schlacke.*
— de rafraîchissement, *anfrischschlacken.*
— de la fonte enrichie, *anreicherschlacken.*
— de la fonte fraîche, *frischschlacken.*
— terreuses, *erdschlacken.*
— du cuivre affiné, *garschlacken.*
— — — (culot des), *garschlackenkönig.*
— que l'on puise avec la grande pelle après avoir retiré le zinc, *kellschlacken.*
— du raffinage du cuivre, *seigerschlacke.*
— de l'argent en fusion, *blachmahl.*
— (jeter des), *schlacken.*
— (en forme de), *schlackenförmig.*
— (minerai en forme de), *schlackenerz.*
— (fosse aux), *schlackengrube, nebenherd.*
— amoncelées, *schlackenhalde.*
— concassées, menues, *schlackenklein.*
— (qui ressemble aux), *schlackicht.*
— (contenant des), *schlackig.*
— — (minéraux), *schlackiges erz.*
— du soufre, *schwefelschlacke.*
Scorification, *verschlackung.*
— entière, complète, *ausschlackung.*
Scorificatoire, *schlackenscherbe, test, treibeheerd, probierscherben.*
Scorifié, *verschlackt.*
Scorifier, *verschlacken.*
— du minéral avec le plomb, *ansieden.*
— entièrement, *ausschlacken.*
Scrupule, *scrupel.*
Sculpter, *schneiden.*
Seau, *eimer, pfützeimer.*
— pour monter le minerai, *erzkübel, schleppkübel.*
— (couvercle du), *eimer deckel.* Voyez *eimer.*
— (qui contient un), *eimerig.*
— enchaînés en chapelet, *eimer kunst.*
— (la chaîne à laquelle sont attachés les), *eimerketten.*

Sébacite de chaux, *fettsäuer, fett-gesaüerteskalk.* Voyez *fettsaüer.*
Sébile, *schichttrog, stürztrog, trögel.*
— de mineur, *bergtrog, germenge fäschen.*
— aux scories, *trogschlacken.*
Sécheresse, *trockenheit.*
Séchoir, *trockenherd.*
Secondaires (parties), *nebenbestandtheile.*
— (forme), *nebengestalt.*
Secrétaire général du conseil des mines, *oberbergamtsschreiber.*
Secteur, *sector.*
Section, *abschnitt, schnitt.*
— conique, *kegelschnitt.*
Sédiment, *satz, vitriolschmand.*
— du vitriol, *schmant, schmand.*
Segment, *abschnitt.*
Segminiforme, *segmentförmig.*
Sel, *salz, ansirato.*
— amer natif, d'Epsom, de Sedlitz, *natürlicher bittersalz.* V. *bittersalz, gletschersalz.*
— ammoniac, *ammoniak, salmiack.*
— — natif, *salmiack (natürlicher).*
— commun, fossile, minéral, etc. *steinsalz.*
— lamelleux, *steinsalz (blätterisches).*
— végétal, *pflanzensalz.*
— neutre, moyen, *mittelsalz.*
— mercuriel, *quecksilbersalz.*
— aérien, *luftsalz.*
— de chaux, *kalksalz.*
— bien cuit, *garsalz.*
— capillaire, halotric, *haarsalz.*
— de Glauber, *glaubersalz.*
— de szybik, vert gemme, *szybikersalz.*
— gemme, *kernsalz, steinsalz.*
— gemme fibreux, *steinsalz (fascriges).*
— marin, *bodensalz, steinsalz.*
— sulfureux, *schwefelsalz.*
— transparent, *augensalz.*
— de Saturne, *bleysalz.*
— martial, *eisensalz.*
— de senteur, volatil, *riechsalz.*
— de mer, *seesalz, meersalz.*
— sédatif, de sasso, *sedativsalz, sassolin.*
— d'urine, *urinsalz.*
— fossile en pièces séparées grenues, *zamlanka.*
— d'Agrigente, *salz von agrigent.* V. *salz.*

Sel (veine de), *salzader, salzstock.*
— (sorte de qualité du), *salzart.*
— acide, *saüersalz.*
— alcali, *alkalisches salz.* Voyez *salzart.*
— fixe, *fixes salz.* V. *salzart, fix.*
— essentiel, *wesentliches salz.* V. *salzart.*
— (qui a la qualité du), *salzartig, salzicht.*
— (mine de), *salzberg, salzbergwerk, salzgrube, steinsalzgrube, salzwerck.*
— (fleurs de), *salzblumen.*
— (cristaux de), *salzcrystallen, salzkrystall.*
— en monceaux, *salzhaufen.*
— (mesure de), *salzmaass.*
— (mesureur de), *salzmesser.*
— (fermier du), *salzpachter.*
— (détail du), *salzschank.*
— (débitant de), *salzschenck.*
— (pierre de), *salzschopp, salzstein.*
— (faire du), *salzsieden.*
— (pain de), *salzstück, salzkloss.*
— (gabelle du), *salzwesen.*
— grenu qui s'attache au fond de la chaudière, *socke.*
Sélénite, *selenit.*
Séléniteux, *salpeterig.*
Sélénographie, *mondbeschreibung.*
Selle, *sattel.*
Semblable, *gleich.*
— à de l'or, *goldgleich.*
— au sel, *salzicht.*
— aux scories, *schlackicht.*
— à la pierre, *steinicht.*
— à l'argent, *silberartig.*
— au cuivre, *kupferartig, kupfericht.*
— au quartz, *quartzicht.*
— au sable, *sandartig.*
Séméline, *semeline.*
Semelle, *socke, sohle, tragestempel, gegleichte stürze.*
Semelle de l'auge du bocard, *pochsohle.*
Semence de perle, *löthperle.*
Semi-prismé, *halbprismatisirt.*
Sentier, *fussteig.*
Séparation, *absonderung.*
— de l'or, *goldscheidung, scheiden (das).*
— par la fusion, *abschmelzung.*
— du mercure amalgamé, *abquickung, abquicken (das).*

Séparé, *klauberig, klaubericht, einzeln.*

Séparer, *scheiden.*

— le mercure amalgamé, *abquicken.*

— par la fusion, *abschmelzen.*

— le minerai de la roche, *erzausschlagen.*

— l'or des autres métaux, *goldscheiden.*

Séparatoir, *scheidetrichter.*

Série, *reihe.*

Seringue, *spritze, wasserspritze.*

Seringuer, *spritzen.*

Serpent, *schlange.*

— (yeux de), *schlangenaugen, bufoniten.*

— (langues de), *schlangenzungen.*

Serpentin, *schlange, ophit.*

Serpentine, *serpentin, schlangenstein.*

— commune, *serpentin (gemeiner).*

— égale, *serpentin (ebener).*

— noble, *serpentin (edler). ophit.*

— veinée de calcaire, *ophit, serpentin marmor.*

— pouddingue *ou* brèche, *serpentinwurstein.*

Serpules fossiles, serpulites, *wurmröhre, wurmstein.*

Serré, *klamm.*

Serrer avec un nœud, *umschlingen.*

— avec un bâton court, *knebeln.*

Serrure, *schloss.*

Sertir, *fassen.*

Sesquialtère, *sesquialter.*

Seuil, *schwelle.*

Sexradié, *sternförmigdurchwachsen.*

Sextant, *sextant.*

Sibérite, *siberit.*

Sicle, *seckel.*

Sidérite, *siderit, wieseneerz, wiesenstein.*

Sidérocalcite, *siderocalcit.*

Sidéroclepte, *sideroclept.*

Sienite, *syenit, sienit, syenestein, afterkörnling, afterschörl, rapakivi.*

— devenue schisteuse, *syenitschiefer.*

Sifflement, *zischen (das).*

Siffler, *zischen.*

Signe, *zeichen, kennzeichen.*

— chimique, *zeichen (chemische).*

— dans l'air, dans le ciel, *zeichen in der luft, am himmel.*

— vernal, *fruhlingszeichen.*

— d'hiver, *winterzeichen.*

— d'été, *sommerzeichen.*

— d'automne, *herbstzeichen.*

Signes radicaux, *würzelzeichen.* V. *zeichen.*

Silex, *kiesel, kieselstein, büchsenstein.*

— pyromaque, *feüerzeügender silex.* Voyez *feüerzeügend.*

Silice, *kieselerde.*

Sillon, *furche.*

— qui sépare un filon de la roche stérile, *gefahrt.*

Sillonné, *gefurcht.*

Sillonner, *furchen.*

Silvane, *silvan, silvanerz.*

— natif, *silvan (gediegenes).*

— blanc, *silvanerz (weiss).*

Similor, *prinzmetall, similor.*

Simple, *einfach.*

Simplicité, *einfachheit.*

Simplification, *vereinfachung.*

Singe, *winkelmesser.*

Singulier, *einzig, besonder.*

Sinople, *sinopel.*

Sinuosité, *krummung.*

Sinus, *sinus.*

Siphon, *heber.*

Sismomètre, *erdbebenmesser.*

Sissite, *klapperstein.*

Site, situation, *lager.*

Skorze, *skorza.*

Smalte, *smalte, schmalte.*

Smaragdite, *smaragdspath.*

Smectite, *walkerde.*

Smille, *zweyspitze.*

Sol, *boden. sohle.*

— du fourneau, *bodenblatt.*

— de la fonderie, *bohne.*

— de la galerie, *stollensohle.*

— du bocard, *pochsohle.*

Soleil, *sonne.*

— (œil du), *sonnenauge.*

Solenites, solens fossiles, *soleniten.*

Soles, *steg.*

Solide, *fest.*

Solidité, *feste, festigkeit.*

Solive, *balcken, sogbäume, holzen polzen.*

— de protection, *schussbäume, schussbühne.*

Soliveau, *ausladpfäfhle.*

Solivette à corniche, *baujoch.*

Solstices, *solstitialpunkte, solstitien.*

— d'hiver, *winterwende.*

Solubilité, *auflöslichkeit.*

Soluble, *auflöslich.*

Solution, *auflösung, lösung.*

Sombre, *dunckel, dunkel.*

Sommet, sommité, *gipfel, firste.*

Sommite, *nephelin.*

Son, *klang.*
— d'un métal, *klang eines metalles.*
— argentin, *silberklang.*
— de l'étain, *zinnklang.* V. *klang.*
Sonde, *senkbley, loth, bleyloth, bleywurf.*
— pour fouiller la terre, *erdsucher.*
— de montagne, *bergbohrer.*
Sonder, *lothen.*
Sonnant, *klingend.*
Sonnette, *ramme.*
Sorte, *art.*
Sortes surmélangées, *übermengte arten.*
Sortir de la mine, *ausfahren.*
— les crasses, *ausschüren.*
Soude, *soda, lothasche, salzkraut, soersalz.*
— boratée, *borax, boraxgesäuerte soda, borax saure.* Voyez *soda.*
— carbonatée, *alkali mineral, mineral alkali, minerallaugensalz, trona.*
— — translucide, *glassalz.*
— — segminiforme, *segmentförmig kohlen gesäuertes natrum.* Voyez *segmentförmig.*
— muriatée, *steinsalz, seesalz, kochsalz gesäuerte soda.* Voyez *soda.*
— — fossile, *mohnsal.*
— — lamelleuse, *salzspath.*
— — fibreuse, *hanfsalz.*
— — grenue, *jarua.*
— sulfatée, *glaubersalz, soda (schwefel gesäuerte).*
— d'Égypte, carbonatée, *soda (weisse).*
Souder, *löthen, verlöthen, ankütten, aufkütten, aufschmieden, aufschweissen, wellen, zusammenlöthen, zusammenschmieden, zusammenschweissen.*
— avec du bismuth, *wismuthen.*
Soudoir, *löthkolben.*
Soudure, *löthe, schweissen (das), verlöthung, anküttung, aufküttung, aufschweissung, löthung, zusammenlöthung.*
— blanche et molle, *weissloth.*
— de fer, *eisenkütt.*
— d'étain, *zinnloth.*
Souffle, *anhauch.*
Souffler, *blasen, einblasen.*
— (action de), *einblasung.*
— le verre, *glasblasen.*
Souffleur de verre, *glasblaser.*
Soufflets, *blasebaelge, gebläse.*
— (petit), *frischbalg.*
— (assemblage des), *gebalg.*

Soufflet (bascule d'un), *balg, balgen-schwengel.*
— (bras des), *balgenarme.*
— (pieds des), *balgerüste.*
— (bec des), *balgkopf, balghaupt, balgrohr.*
— (canon de), *balgliese.*
— (argent pour l'entretien des), *balgpfennig.*
— de forgeron, de maréchal, *schmiedebalg.*
Soufflure, *blasen (das).*
Soufre, *schwefel, an.*
— aérien, *luftschwefel.*
— de mine, *bergschwefel.*
— natif, *erdschwefel, bergschwefel, schwefel (gediegener).*
— pulvérulent, *haarschwefel.*
— cru, de grillage, *treibeschwefel.*
— en canons, *schwefelstück.*
— brut, soufre de la première fonte, *rohschwefel, rossschwefel.* Voyez *schwefel.*
— sublimé, *schwefelblumen.*
— naturel, vif, vierge, *schwefel naturlicher, gediegener, gewachsener, gegrabener.*
— artificiel, *schwefel (künstlicher).*
— volcanique natif, *wulcanischer schwefel.* Voyez *schwefel.*
— (veine de), *schwefelader, schwefelgang.*
— (baume de), *schwefelbalsam.*
— (fleurs de), *schwefelblumen.*
— (minerai de), *schwefelerz.*
— (moule de), *schwefelform.*
— (esprit de), *schwefelgeist.*
— (jaune de), *schwefelgelb.*
— (mine de), *schwefelgrube.*
— (fabrique de), *schwefelhütte, schwefelwerk.*
— (foie de), *schwefelleber.*
— (pâte de), *schwefelteig.*
Soufré, *geschwefelt.*
Soufrer, *schwefeln.*
Souillé, *fleckig.*
Soulier du siphon, *pumpenschuh.*
Soupape, *klappenventil, windklap p, ventil, thurel.*
— (petite), *klappe.*
— d'une pompe, *pumpen ventil, pumpenzug.*
— d'ascension, *aufsteige klappe.*
— d'arrêt, *einhaltsklappe.*
Soupirail, *luftloch, zugloch.*
Souple, *geschmeidig.*
Source salée, *salzquelle.*
Sourdre, *quellen.*

Sous-double, *halbvier, halbduplirt.*
Sous-fondeur, *kleinschmelzer.*
Sous-quadruple, *viertelduplirt.*
Sous-division, *unterabtheilung.*
Sous-maître mineur, *untersteiger.*
Sous-tengente, *subtangent*
Sous-tendente d'un arc, *sehne eines bogens.*
Soustractif, *subtraktiv.*
Soustraction, *subtraktion.*
Soustraites (rangées), *subtrahirte reihen.*
Soustraire (se) au travail, s'éclipser, *trossen.*
Souterrain, *unterirdisch.*
Sovensa, *sovansa.*
Spath, *spath.*
— ferrugineux, *eisenspath.*
— adamantin, *demant spath, corund, schleifspath.*
— de Bologne, *bologneser spath.*
— glacé, *eisspath* (1).
— perlé, *perlspath.*
— en table, *tafelspath.*
— pesant, *schwefelgesäuerter baryt.*
— schisteux, *schieferkalk, schiefer-spath.*
— chatoyant, *glanzspath, schiller-spath, messinglabrador.*
— doublant, calcaire rhomboïdal, *doppelspath, doppelstein.*
— brunissant, *braunspath.*
— magnésien, *bitterspath.*
— cubique, *würfelspath.*
— en barres, *stangenspath.*
— rhomboïdal, *rautenspath.*
— fluor, vitreux, *flusserde, glasflus.*
Spécial, *besonder.*
Spécialité, *besonderheit.*
Spécification, *verzeichniss.*
Spécifique, *besonder, specifisch, ei-gentlich.*
Spectre, *berggeist, berggespenst, bergmönch.*
— coloré, *schattenspiel.*
Speis, *speise.*
Sphène, *sphene.*
Sphère, *sphäre, kugel.*
Sphéricité, *kugelründe, sphäricität.*
Sphérique, *kugelründ, sphärisch.*

(1) Ce mot, omis dans le Dictionnaire, est le nom donné par Werner à un minéral d'un blanc grisâtre, jaunâtre et verdâtre assez éclatant, imparfaitement lamelleux, d'une pesanteur médiocre, très-tendre et très-fragile, que l'on trouve au Vésuve en masse compacte, cellu-laire, poreuse, et quelquefois en petits prismes hexaèdres comprimés, striés longitu-dinalement, réunis sous des angles obtus.

Sphéroïdal, *sphäroidisch.*
Sphéroïde, *sphäroïde.*
Spiauter, *zink.*
Spinelle, *spinell, rautenspinell.*
Spinthère, *spinther.*
Spinthéromètre, *spintherometer, funken messer.*
Spirale, *schneckenlinie.*
Spiralement, *schneckenförmig.*
Spire, *schneckenlinie, schnecken-rundung, schneckenzug.*
Spiritualisation, *vergeistigung, ver-geistigen (das).*
Spiritualiser, *vergeistigen.*
Spiritueux, *geistig.*
Spode, *nicht, nichts, augennicht, gallmeypflug.*
Spodumène, *triphan.*
Spondille, *lazarusklappe.*
Spongieux, *schwammicht, schwam-mig, bläserig.*
Spongite, *schwammstein.*
Squamiforme, *schuppenförmig.*
Squelette, *gerippe.*
Stalactiforme, *tropfsteinartig.*
Stalactite, *tropfstein, stalactit.*
Stalagmite, *stalagmit.*
Stanzaïte, *andalusit.*
Station, *standort.*
Staurobaryte, *kreuzstein.*
Staurotide, *staurolit, staurolith, kreuzstein.*
Stéatite, *steatit, fettstein.*
— verte et pulvérulente, *chlorit.*
Stère, *ster.*
Stéréométrie, *stereometrie, visir ou visierkunst.*
Stéréotomie, *stereotomie.*
Stérile, *taub, tod.*
Stilbite, *zeolith blättriger* ou *blät-ter, stilbit.*
Stralite, *strahlstein.*
Stras, *diamant-gemachter.*
Stratification, *schichtung, schichten (das).*
Stratifié, *geschichtet. V. schichten.*
Stratifier, *schichten.*
Strié, *gestreift, streiffig.*
— simplement, *gestreift (einfach).*
— en long, — *(in die länge).*
— diagonalement, — *(überzwerk).*
— en travers, — *(in die quäere).*
— en alternant, — *(abwechselnd).*
— doublement, *doppel gestreift.*
— en barbe de plume, *federartig. V. gestreif.*
Stries, *streiff, streiffen.*

Strombes fossiles, strombites, *strom-biten.*

Strontiane, *stronthian, strontianerd.*

— carbonatée, strontianite, *stron-tianit.*

— sulfatée fibreuse, *cœlestin.*

Strosses, *strossen.*

Stuc, *stuckatur.*

Stucateur, *stuckaturarbeiter.* Voyez *stuckatur.*

Styptique, *zusammenziehend.*

Subdistique, *halbdistisch, subdistisch.*

Sublimation, *sublimation.*

Sublimatoire, *sublimirgefäss.*

Sublimé, *sublimät.*

Sublimer, *sublimieren, übertreiben.*

Substances rapaces, *rauberische bergarten, rauberisch erz.*

Subtil, *zart, dünn.*

Subtilisation, *subtilisation, ver-dünnung.*

Subtiliser, *verdünnen.*

Subtilité, *zartheit.*

Succin, *bernstein, karabe, elec-trum, waschamber, agstein, ka-wacke, sacal, schlug, jantar.*

— d'un blanc de lait, compost, *compst, comst.*

— (pêche du), *bernsteinfang.*

Succinates, *bernsteingesäuerte, bern-steinsäure säize.*

Succinique (acide), *bernsteinsalz, bernsteinsäure.*

Succinite, *succinit.*

Sucer, *einsäugen.*

Suceur, *sauger.*

Sucs minéraux, *bergsaft.*

Sud, *mittag.*

Suie, *russ.*

— de cuivre, *kupferruss, kupfer-rauch.*

— d'argent, *silberrauch.*

Suif, *unschlitt, inschlitt, inselt, talg.*

— minéral, *talg (mineralischer).*

— fossile, *bergfett, bergtalg.*

Suinter, *aussickern, durchsickern, durchsintern, sintern.*

Sulfate, *vitriol.*

— d'or, *goldvitriol.*

— naturel stallactiforme, *jökel, jökelgut.*

— vert stallactiforme, *grüiz jöckel.*

— fibreux, *feder-vitriol.*

Sulfaté, *schwefelgesäuerte.*

Sulfuré, *sulfureux, schwefelicht, schwefelig, geschwefelt, schwefel-artig.*

Sulfuré (acide), *schwefelgeist, schwe-felichte saure.* Voy. *schwefelicht.*

— concentré, *schwefelöhl.*

Sulfures alcalins, *schwefelleber.*

Superficie, *oberflæche, flache.*

Superficiel, *oberflæchlich.*

Superfluité, *übermass.*

Superposé, *aufgewachsen.*

Superposition, *übereinander schich-tung, aufschichtung.*

Supersaturation, *übersæetigung.*

Suppléer, *ergänzen.*

Supplément, *ergänzung.*

Support, *getriebe-pfahl.*

Supposition préalable, *voraussetzung.*

— de la moufle, *muffelblatt.*

— du nez, *nasensthul.*

— de la cucurbite, *scheidebock.*

Surabondance, *übermass.*

Surabondante, *überzählig facettirt.*

Suraffinage, *überbrand.*

Surcharge, surcroît, *überhaufung.*

Surcomposé, *polysinthetisch.*

Surface, *oberflæche, flache.*

— de la terre, *erdboden, erdflæche.*

Surpoids, *übergewicht.*

Surveillant, *steiger.*

— des briseurs, *ausschlagsteiger.*

— des ouvriers de lavoirs et de bo-card, *jungensteiger.*

— des digues, *dammeister.*

Sus! sus! sus! *auf! auf! auf! henge! henge!*

Suspendre, *einhängen, hängen.*

— le mouvement des soufflets, *ab-hängen (die bälge), ausblasen.*

Suturbrand, *suturbrand, surturbrand.*

Sylvane lamelleux, *nagyagerz.*

Sylvanite, *sylvanit.*

Système, *lehrgebäude.*

— des planètes, *planetensystem.*

Synoptique, *synoptisch.*

Synthèse, *synthesis.*

Syzigies, *sygigies, sysigies.*

Szybik (pierre de), *szybikerstein.*

— (sel de), *szybikersalz.*

T

Tabaschir, *tabaschir.*

Table, *tafel, verzeichniss.*

Tablettes trochiques de nitre, *sal-peterküchlein.*

— de lavoir, *abflauheerd, planen-herd, schlammheerd.*

Tablier de mineur, *arschleder, berg-leder, schurzfell.*

Tachant, *schmutzend.*
Tâche, *schicht, geding.*
— du matin, *frühschicht.*
— difficile, *nothgeding.*
Taché, *fleckig.*
Tacheté, *gefleckt.*
Tachure, *abfarben.*
Tact, *gefühl.*
Taillade, *schnitt, schnitte, schneiden (das).*
Taillader, *auszacken.*
Taillanderie, *zeugschmidshandwerk.*
Taillandier, *zeugschmid, scharschmid.*
— en fer blanc, *blechschmid.*
Taillant, *schneide.*
Taille, *schnitt*
— des mines, *kerbholz, rabisch.*
Taillé à pic, *schroffig, schrof.*
— à vive arête, *scharfeckig, scharfkantig.*
Tailler des flans, *ausstückeln.*
— une marque sur la roche, *stufen.*
Tain, *zinnblättchen, zinnfolie, stanniol.*
Talc, *talk.*
— chlorite, *chlorit, chloriterde.*
— — fissile, *chloritschiefer, topfsteinschiefer.*
— — zographique, *zeichenchlorit, grünerde.*
— cubique, *talkwurfel.*
— de Moscovie, *russisch glas.*
— de Venise, *talk (venetianischer).*
— endurci, *talkschiefer, dahlenstein, talk (verhärteter).*
— glaphique, *bildstein.*
— granuleux, *talkerde.*
— laminaire, *talkglimmer, talkstein, talk (blättriger, venetianischer, schiefriger), talkfels, belossoon, schminkstein.*
— ollaire, *talc stéatite, talkfels, weichstein, gamelichen, harzstein, kleberstein, larei, schneidestein, talk (schmeersteinartiger).*
— — friable, grenu, *kleyenstein.*
— plastique, *talcum-plasticum.*
— terreux, *erdialck, talk (erdiger).*
— stéatite compacte, *talk (mineralischer).*
Talcite, *talcit.*
Talqueux, *talkig.*
Tambour, *trummel.*
Tamis, *sieb.*
— de passage, *durchwurf.*
Tampon, *stopfholz, zapfen.*

Tamponner, *schleyern.*
Tangente, *tangente.*
Tantale, *tantall.*
Tantale yttrifère, *yttriotantalit, yttrotantalit.*
Tantalite, *tantalit.*
Tapecul d'une barrière, *schlagbalken.*
Taraud, *schraubenbohrer.*
Tarauder, *bohren, einbohren.*
Tarière, *zwicker, drillbohrer, bandbohrer, gewinde-bohrer.*
— à mèche spirale, *schneckenbohrer.*
— de mineur, de montagne, *bergbohrer.*
— pour les pierres, *meisselbohrer.*
— de sondage, *erdbohrer.*
— à tranchant, *schneidebohrer.*
— fossiles, *terebulliten.*
Tartre, *tartrite acidule de potasse, weinstein.*
— minéral, *eisenweinstein.*
Tartrite d'or, *goldweinstein.*
— mercurielle, *quecksilberweinstein.*
— de potasse, *pflanzensalz.*
Tas, *klump, stapel.*
— (par), *klumpenweise.*
Tavelé, *gesprengt.*
Taxation, *taxation.*
Taxe, *taxe.*
— (essai pour la), *taxprobe.*
— des ouvrages du maréchal, *schmiedetaxe.*
— du cobalt, *kobalttaxation.*
— du puits, *schachtsteüer.*
Teinture, *tinctur.*
— de Mars, martiale, *eisentinctur.*
— d'or, *goldtinctur.*
Télescope, *fernrohr.*
Télésie, *telesie, corund.*
— astérie, *elementsstein.*
Telkobaniolite, *telkobanerstein.*
Tellines fossiles, *tellinit, telliniten.*
Telline béante, *klaffmuschel.*
Tellure, *tellur, silvan.*
— natif, *sylvanit, tellur (gediegen).*
— — aurifère et argentifère graphique, *schrifterz.*
— — — et ferrifère, *silvan (gediegenes).*
— — — et plombifère, *silvanerz (weiss), blättererz.*
— — graphique, *character gold.*
Témoin, *zeiger, bleykorn, erzzeugniss.*
Température, *witterung, wetter.*
Tempête, *sturm.*
Temps, *witterung, wetter, zeit.*

Tortu , *krumm , gewunden.*
Tortuosité , *krummung.*
Touchante , *streifflinie.*
Touche , *strich , eisenprobe.*
Toucheau , *nadel , streichnadel.*
Toucher , *anfühlen , gefühl.*
Toucheur , *göpeltreiber.*
Tour , *umfang.*
— en ligne spirale , *schneckenrundung.*
— de mineur , *lödlein.*
— de potier d'étain , *drehlade.*
Tourbe , *torf. moder.*
— bitumineuse , *pechtorf.*
— gazonneuse , *rasentorf.*
— limoneuse terre , *darris.*
— des marais , *sumpftorf.*
— marine , *darry.*
— de montagnes , *bergtorf.*
— papiracée , *papiertorf.*
Tourillon , *zapfen , walzzapfen.*
— simple , *einfachen zapfen.*
— (anneau du) , *zapfenring.*
Tourmaline , *turmalin, bläser, doppelt electrischer kalkflins , schörlsäulen , stangenschörl.*
— électrique de Ceylan, *ceylan magnet.*
— apyre , *siberit.*
— noire , *fingerschörl.*
Tourner , *drehen.*
— (faire) le treuil , *haspeln.*
Tournevis, *schraubenzieher, schraubenschlüssel.*
Tournicoteur , *haspeler.*
Tournoir , *schrotstahl.*
Tout , *ganz*
Trace pour faire couler le métal , *spur.*
— (petite) de minerai dans un filon, *flammchen.*
Traduire , *übersetzen.*
Traîneau , *schleppkasten , schlepptrog , steinschleif.*
Traîner avec soi , *schleppen.*
Trait, *draht, strich.*
— d'argent , *silberdraht.*
Traitable, *gefügig. geziege.*
Tranchant, *schneidend , schneidig.*
Tranchant (subs.), *scharfe, schneide.*
Tranche, *schnitt, schnitte, abstumpfüng.*
— de fer cru , *daulinge.*
Tranchée , *reise , rösche , riss , tagerösche.*
Trancher, *schneiden.*
— par le milieu, *durchschneiden.*

Transaction , *vertrag.*
— (registre des) , *vertragbuch. V. vertrag.*
Transférer , *übertragen , versetzen.*
Transformation, *umstaltung , umwandlung.*
Transition, *steinscheidung.*
Transmuable , *verwandelbar.*
Transmuabilité des métaux , *verwandelbarkeit der metalle.* Voyez *verwandelbar.*
Transmuer , *verwandeln.*
Transmutation , *verwandlung.*
Transparence , *durchsichtigkeit.*
Transparent , *durchsichtig , durchscheinend.*
Transpercer , *durchbohren.*
Transplantation , *fortpflanzung.*
Transporter le minerai au-dehors , *ausbringen , auslaufen.*
Transposé , *gerückt.*
Transposer , *versetzen.*
Transsuder , *aussiekern.*
Transversal , *quer , quere.*
Transversalement, *quer, überzwerk.*
Trapèze , *trapezia , trapezium.*
Trapézien , *trapezisch.*
Trapézoïdal , *trapezoïdal.*
Trapézoïde , *trapesoïde.*
Trapp , *trapp.*
— statiforme ou secondaire , *flötztrapp.*
— semblable au porphyre , *porphyrahnlicher trapp.*
Trappe , *thürlein.*
Trass , *trass , tarras , mennicher et menniger stein , lungenstein , brietz , terras.*
Travail , *arbeit.*
— de l'après - midi , *nachmittagsschicht.*
— au - dessus de soi, *feüeressenarbeit , über sich brechen (das).*
— d'épreuve , *hauerschicht.*
— à prix fait , *geding-arbeit.*
— de punition, *strafschicht.*
— de réduction , *dörner arbeit.*
— à la surface de la terre , *tagewirkung.*
— surerogatoire , *bergschicht, weilarbeit.*
— gratuit pour la caisse des pauvres , *büchsenschicht.*
— des mines , *bergarbeit , bergbau , hauerarbeit.*
Travailler , *arbeiten.*
— au-dessus de soi, *übersichbrechen, übersich schlagen.*

Travailler convenablement, *zur hand
arbeiten.*
Travailleur , *arbeiter, arbeits-leute.*
Travaux de mines anciens ou ruinés,
alte brüche , alte gebäude.
— de fonderie , *hüttenbau.*
Travers , *quere.*
Traverser, *übersetzen.*
Traverses , *einstrich, haidholzer ,
haidhölzer , holm , pfand , spann-
joch.*
— qui pendent à des joints, *gehänge.*
Travertin, *travertino.*
Travestir , *verkleiden.*
Travestissement, *verkleidung.*
Trébuchet, *goldwage , kornwage.*
Tréfilerie, *drahtzug, drahtzieherey.*
Tréfileur, *drahtzieher.*
Treillis , *gitter, gatter.*
— de fil de fer, *gitterblech.* Voyez
gitter , gatter (eisenes).
Treilliser, *gattern , gittern.*
Tremblement de terre , *erdbeben.*
Trémie , *mühlrumpf.*
Trémolite, *tremolith, kieselspath ,
stangenschörl , grammatit.*
Trempe, *härten (das) des eisen.*
Tremper, *härten.*
Trempeur, *weicher.*
Tréteau des soufflets, *balggerüste.*
Treuil , *berghaspel , brustwinde ,
haspel.*
Triacontaèdre , *triakontaeder , tria-
kontaedrisch.*
Triangle , *triangel , dreyeck.*
— scalène , *dreyeck (ungleich sei-
tiges).*
Triangulaire , *dreyeckig.*
Tribomètre , *tribometer , reibmesser.*
Tribunal des mines , *berggericht ,
bergschaeppenstuhl.*
— pour les affaires relatives à la ré-
colte du succin , *bernsteingericht.*
— pour les salines , *salzamt , salz-
gericht.*
Tricoises , *kneipzange, zwickzange,
raderzange, schmiedezange.*
Triémarginé , *dreyfachenkantet.*
Triépointé , *dreyfacheneckt.*
Trier , *auskernen, ausklauben , erz-
scheiden.*
Triforme , *trimorphisch.*
Triglyphe , *triglyph, abwechselnd
gestreift.*
Trigonies , *trigonites, trigonellen.*
Trigonométrie , *trigonometrie.*
Trigonométrique , *trigonometrisch.*

Trihéxaèdre , *trihexaedrisch.*
Trilatère , *dreyseitig.*
Trilobites, *trilobiten , myricit.*
Trin-aspect, *schein (gedritter).*
Triphane , *triphan.*
Triplant, *triplirend.*
Tripoli , *trippelstein , tripel, rotten-
stein.*
Trisection, *dreyschnitt.*
Triturable , *zermalmig.*
Trituration, *zermalmung.*
Trituré , *zermalmt.*
Triturer , *zermalmen , zermahlen.*
Triunitaire , *triunitär.*
Trochites, *trochititen , trochiten ,
entrochiten , räderstein.*
— en décomposition , *schrauben-
stein.*
Trois-tiers, *dreydrittel.*
Trombe , *hose.*
— d'eau , *wassersäule.*
— de terre , *wettersaule.*
Troncature , *abstumpfüng.*
Tronçon, *schrot, trumm , trummer.*
Tronqué , *abgestumpft.*
Trop fort pour l'outil , *viel vor das
eisen nehmen.*
Trop grande finesse de l'argent ,
überbrand.
Tropiques , *wendekreise.*
Trop mûr, *überständig.*
Trop tranchant, *überscharf.*
Trou , *loch.*
— pour faire éclater la roche, *gras-
meyer.*
— aux scories , *schlackenloch.*
Trouble, *trübe.*
Troué , *löcherig.*
Trouer, *lochen.*
Trousses de plaques de cuivre , *ge-
spann.*
Trousseau , *stückmodel.*
Tube , *tubus, röhr.*
Tubiforme, *pfeiffenröhrig.*
Tubipores , *tubiporit , röhren ko-
ralle.*
Tubulaires à tiges et à branches
droites, *rohrsteine.*
Tubulites , *tubuliten.*
Tuer en mordant , *erbeissen.*
Tuf, *tuffeau, tuf, tufstein.*
— volcanique , *tuf (vulcanischer) ,
tufwacke.*
— basaltique , *basalttuf.*
— marneux , *tuchstein , mergeltuff.*
— calcaire , *kalktuf.*
— siliceux thermal , *kieseltuff.*

Tuile , *dachstein , dachziegel.*
— creuse, *pfannenziegel.*
Tulipe de mer, *meertulpe, bala-
niten.*
Tuméfier, *aufblähen.*
Tumite, thumite, *thumerstein.*
Tungstène, *tungstein, eisenschwer-
stein.*
Tunstate, *tungsteinsäuere, wolfram-
gesäuertesälze.*
Turbiné, *kegelförmig.*
Turbinite , *turbiniten krauselschneckenstein.*
Turbith, *turbith.*
Turcie, *steindamm wider die überschwemmung.*
Turquoise, *turkis.*
Tutanego. Voyez *zink.*
Tute, *tute.*
Tuthie, tutie, *tutia, zinkblumen,
nicht , erzasche , hüttennicht ,
pompholyx , weisernichts.*
— d'étain, *hartwerck.*
Tuyau, *röhr, ansteck kiele, steigerohr.*
— de fourneau , *ofenröhre.*
— de pompe, *aufsatzröhren, aufsetzrohre , ausguss röhre.*
— d'une machine à vapeur, *dampfrohre, einfluss-röhre.*
— mobile d'une pompe à feu, *wende
rohr.*
— capillaire , *haarröhre.*
— à souffler, *bläserohr.*
— de plume , *federkiel.*
— de cheminée , *feüeresse.*
— de graduation, *gradierröhre.*
— d'aspiration d'une pompe , *saugeröhre , schlungröhre , schlund-
röhre.*
— de pompe à feu qui jette la lame
d'eau, *strahlrohr, ausgussrohr.*
— à clapet, *thurle-röhre.*
Tuyère, *blasebalgröhre.*
Tympan, *bodenrad.*
— de grue, *trittrad.*
Tympe, *vorwand.*
Type, *urbild , richtschnur.*
Typhon, *hose, wassersäule.*
Typolithes, *typolithen.*

U

Uligineux, *sumpfig.*
Unciforme, *krumm.*
Uni, *gleich , bahnig.*
Unibinaire , *unibinäre.*

Uniforme , *gleichförmig.*
Uniment, *gleich.*
Union, *vereinigung , verknüpfung.*
Unique, *einzig.*
Unité, *einheit.*
Univalve, *einschälig.*
Universel , *universal.*
Urane, *uran , uranerz,*
— micacé , *uranglimmer , uranitspath , chalcolith , uranit (krystallisirter).*
— noir, *pecherz, schwarzuranerz.*
— oxidé , *uranocher, uranglimmer,
uranitspath , uranitocher, chalcolith, urankalk , torberit.*
— oxidé terreux,*urankalk (erdiger).*
— — — endurci , *urankalk (ver-
härteler).*
— — vert, *uranerz (grün).*
— oxidulé , *uranglas , pecherz ,
schwarzuranerz , uraniterz.*
— minéralisé par l'acide aérien ,
uranerz (sauerstoffiges).
Uranite, *uranit.*
— terreuse, *uranit (vererdeter).*
Uranographie,*himmelbeschreibung.*
Urée, *urinstoff.*
Urine (sel d'), *urinsalz.*
— (esprit d'), *uringeist.*
Urineux, *urinös.*
Urique (acide), *urinsäuer.*
Usage, *anwendung.*
— des mineurs, *berggebrauche.*
User, *abniesseln , abnieseln , ab-
nützen , absohlen.*
Usine, *hütte.*
— d'affinage, *brennhütte.*
— où l'on traite le fer, *eisenhütte.*
— où l'on fabrique le laiton, *messinghütte.* Voyez *hütte.*
Ustensiles de fer, *eisengeräthe.*
— de forge et de fonderie, *hutten-
gezäeh.*
Ustion, *brennung , verkalkung ,
verbrennung.*
Uzifur, *bleyzinnober.*

V

Vacant, *leer.*
Vacillation, *schwanken.*
Vacuité, *leere.*
Vague, *welle.*
Vaisseau, *gefäss.*
— à distiller, *scheidebock.*
— pour le mélange de la matière du
verre , *frittenkessel.*

Valeur des angles, *grösse der winkel.*
Vallée, *thal.*
— encaissée, sans débouché, *kesselthal.*
Valvule, *windklappe.*
Vanne, *schutz.*
Vapeur, *duft, dampf.*
Vapeurs enflammées, *feüerflämmchen.*
— métalliques, *ferch.*
— de l'eau bouillante, *brodem, broden.*
— sulfureuse, *schwefeldampf.*
— de sel, *salzbraden, salzbroden.*
— (petite), *düftchen.*
Vaporeux, *duftig.*
Vaporisation, *aufdünstung.*
Variable, *veränderlich.*
Variation, *veränderung.*
— auxiliaire, *hülfsabänderungen.*
Varier, *verändern.*
Variété, *abänderung, verschiedenheit.*
Variolite, *variolith, blätterstein.*
Vase, *schlamm, schliek.*
— des bassins du bocard, *pochschlamm, sumpfschlamm.*
Vase, *gefäss.*
Vaseux, *schlammig.*
Véhicule, *leitzeug.*
Veine, *ader.*
— de fer, *eisenader.*
— métallique, *bergader.*
— métallifère, *erzader.*
— de plomb, *bleyader.*
— d'or, *goldader.*
— de cuivre, *kupferader.*
— de soufre, *schwefelader.*
— de roches, *steinader.*
Veiné, *geadert, aderig, äderig.*
Vent, *wind.*
Ventilateur, *ventilator, wassertrommel, wetterbläser, wettermaschine, windmaschine.*
Ventouse, *zugloch.*
Vénus, *venus.*
Ver desséchant, *wurmtrockniss.*
Verbération, *bewegung der luft, schlag.*
Verdâtre, *grünlich.*
Verde di prato, verde di Susa des Italiens, *serpentin (edler).*
Verge, *ruthe.*
— lingotière, *stabeinguss.*
— de cheminée, *essenklinge.*
— de pompe, *pumpenstange.*
Véricle, *unächterstein, glasdiamant.*

Vérifier un ouvrage, *ablehren.*
Vérin, *wagenwinde, hebewinde, erdwinde.*
Vermeil des lapidaires, *zinnober rothergranat.*
Vermet, *wurmstein.*
Vermiculaire fossile, *vermiculit.*
Vermiculite, *wurmstein, ochsendramm, vermiculit.*
Vermoulu, *zerfressen.*
Vernerite. *Voyez* wernerite.
Vernis pour graver, *aetzgrund.*
Vernissé, *verglasiert.*
Vernisser, *verglasieren, verglasuren, glasuren.*
Verre, *glas.*
— ardent, *brennglas.*
— d'antimoine, *spiesglasglas.*
— de Russie, de Moscovie, *russisch glas, braunglas, glacies mariæ, jakuskerfraueneis.*
— de couronne, *crwnglas.*
— convexe, *hohlglas.*
— de volcan, *obsidian, glas (vulcanisches).*
— de plomb, *bleyglasz.*
— — natif, *bleyglas (natürlicher).*
— objectif, *objectifglas.*
— métallique, *metallglas.*
— fossile, *glas (fossilisches).*
— (agate de), *glasachat.*
— (fiel de), *glasgalle.*
— lenticulaire, *glaslinse, brennglas.*
— (sel de), *glassalz.*
Verrerie, *glashütte, spiegelhütte.*
Verrier, *glasmacher.*
Verser, *aufgiessen, eingiessen, giessen, übergiessen.*
Vert, *grun.*
— de pré, *grasgrün.*
— de cuivre, de montagne, *kupfergrün.*
— antique, *leimstein.*
— de pistache, *pistaziengrün.*
— d'iris, *rauschgrün.*
— de serin, *zeisiggrün.*
— de pomme, *aepfelgrun.*
— pulvérulent, *berggrün.*
— de poireau foncé, *lauchgrüne.*
— d'olive, *olivengrun.*
— céladon, *seladongrün.*
Vert de gris, *verdet, spangrün, grünspann.*
Vertical, verticalement, *scheitelrecht.*
Vérue, *warze.*
Vessie enflée d'air, *windball.*
Vestibule, *vorhaus.*

Vésuvienne, *vesuvian, gemmen.*
Vibration, *schwingung.*
Vibrer, *schwingen.*
Vide, *leer, leere.*
Vider la tonne, *ausstürzen (den kübel).*
Vieux homme, *altemann.*
Vieilles mines travaillées par les anciens . *alte züge.*
Vieux oing, *schmiere.*
Vigueur, *starke.*
Vif argent, *quecksilber.*
Vilebrequin, *handbohrer , wendelbohrer.*
Ville de mineurs , *bergstadt.*
Vinaigre de Saturne , *bleyessig.*
Vireveau , *hebezeüg.*
Virole, *schwinge.*
Vis , *schraube.*
— hydraulique, d'Archimède , *archimedische-wasser-schraube, wasserschnecke , wasserschraube.*
— à ressort, *federschraube.*
— à poser quelque partie d'une machine, *stellschraube.*
Viscosité , *kleberigkeit.*
Visite, *besichtigung.*
— des sources salées, *bornfahrt.*
— générale d'une mine , *hauptbefahrung, general-befahrung.*
— d'une galerie de mine, *stollenbefahrung.*
Visiter les travaux d'une mine , *befahren.*
Visser, *schrauben , anschrauben, aufschrauben, einschrauben , verschrauben.*
— (action de), *anschraubung, einschraubung.*
Vitesse, *schnelligkeit.*
Vitreux, *glasartig , glasicht.*
Vitrifiable, *verglasbar.*
Vitrification , *verglasung.*
Vitrifié , *verglaset.*
Vitrifier, *verglasen.*
Vitriol, *vitriol , calcadiz.*
— blanc de zinc, *gallizenstein , zinkvitriol.*
— de cuivre, vitriol bleu, vitriol de Chypre, *kupfervitriol.*
— de cobalt, *koboltvitriol.*
— natif, zeg, calcadiz, vitriol (*natürlicher).*
— — capillaire, *vitriolblume.*
— en stalactites, *tropfvitriol, jökel , jökelgut.*
— de fer, *eisenvitriol.*

Vitriol de Goslar, *zinkvitriol.*
— de plomb , *bleyvitriol.*
— de zinc , *zinkvitriol , erzalaun.*
— — natif blanc , *weissjöckelguth.*
— (fabrique de), *vitriolhütte.*
Vitriolé , *vitrioliert, vitriolhaltig.*
Vitriolique, *vitriolisch.*
Voie, *gasse, weg.*
— de la litharge , *glättgasse.*
— lactée , *milchstrasse.*
— des scories , *schlackentrift.*
— du nez , *nasengasse.*
Voiture, *karre.*
Volatil, *flüchtig.*
Volatilisation, *verflüchtigung.*
Volatiliser , *verflüchtigen , flüchtig machen.* Voyez *flüchtig.*
Volatilité , *flüchtigkeit.*
Volcan, *vulcan, feüerberg.*
Volcanite, *volcanit, augit.*
Volfram , *wolfram, wolfrig.*
Volume, *starke.*
Volutes fossiles , *volutiten.*
Voussoirs , *gewölbestein.*
Voûte , *gewölbe.*
Voûté , *gewölbte.*
Vrille , *zwickbohrer , näber.*
Vulpinite , *kieselgyps , vulpinit.*

W

Wakke, *wacke, wacken, wake , butzenwacke , trappwakke.*
— enfumée. V. *rauschwakke, rauchwacke.*
Wavellite, *wavellit.*
Weissstein, *weissstein.*
Wernerite, *wernerit, arcticit.*
Withérite, *witherit.*
Wolfram, *wolfram , wolfrig.*

Y

Yanolith , *yanolith.*
Yénite, *yenit.*
Yeux de serpent, *bufoniten, schlangenaugen.*
Ylin , *ylyn , ilyn.*
Yttérite, *yttria , yttererde , ytterit.*
Yttro-tantalite, *yttriotantalit , ytrotantalit.*

Z

Zenith , *scheitel punct.*

Zéolite, *zeolith, brausestein, schlackenzeolith, mesotyp, kimmspath.*

— cubique , *chabasie, analcime, würfelzeolith.*

— du Cap, *prehnit, zeolith kapscher, kieselartiger, feüerschlagender.*

— efflorescente , *laumonit.*

— fibreuse, *haar zeolith , zeolith fasriger, haarförmiger.*

— lamelleuse , *stilbit, zeolith blättriger , spathartiger , zeolithspath.*

— rayonnée , *mesotyp, zeolith keulen und büschelförmiger , stänglicher.*

— siliceuse, *aedelith , zeolith kieseliger.*

— verdâtre , *prehnit.*

— vitreuse, *glaszeolith.*

— bleue , *lazulith , zeolith blauer , von blauer farbe.*

— compacte , *zeolith dichter , derber , ungeformter.*

— farineuse , terreuse , *zeolith erdiger , ungeformter.*

— commune , *zeolith gemeiner.*

— capillaire , *zeolith haarförmiger , haariger.*

— sablonneuse , *zeolithsand.*

Zigzag , *zickzack.*

Zinc , *zink , tutaneg , tutanego , spiauter.*

— fétide , *stinkzink.*

— sulfaté, *zinkvitriol, gallizenstein, chalizstein, zinkschwefelgesäuerter , schwefelsaurer , zinkerz.*

— sulfuré , *blende , zinkblende , zinkkies.*

Zinc sulfuré avec plomb , *braunerz , zinkerz graues.*

— — jaune , *kolophonium blende.*

— — aurifère , *kolophoniumerz.*

— — transparent jaune , *spiegelblende.*

— carbonaté, aéré , *zink kohlensaurer.*

— oxidé , *zink mit sauerstoff, zinkkalk , zinkocher.*

— — jaune , *calfonienerz , colophonium blende.*

— — lamelliforme , *zinkspath.*

— (fleurs de), *zinkblumen , nicht.*

— vitreux , *zinkglaserz.*

Zircon fossile , *zirkon , luchsstein.*

Zircone , *zirconerde.*

Zodiaque , *thierkreis.*

Zonaire , *gurtelförmig.*

Zone , *zone, erdgürtel, weltgürtel , gürtel.*

— glaciale , *eiszone.*

— froide , *erdgürtel (kalte).*

— tempérée, *erdgürtel (gemässigte).*

— chaude , *erdgürtel (heisse).*

— torride , *erdgürtel (brennende).*

Zoographie , *zoographie.*

Zoolithe , *zoolith.*

Zoolithotipolites, *zoolithotipolithen.*

Zoologie , *zoologie.*

Zoomorphites , *zoomorphiten.*

Zoonique (acide) , *zoonische säure.*

Zoophytes , *zoophyten.*

Zootipolites , *zootipolithen.*

Zopissa , *schiffspech.*

Zoysite , *zoysit.*

Zundererz , *zündererz , bergzunder , bergzundererz.*

Zymosimètre , *zymosimeter , gährungs-messer.*

Zymotechnie , *zymotechnie.*

F I N.

ERRATA.

Page 24 , colonne 2 , ligne 42 , *voen kupfer,* lisez *von dem küpfer.*
Pag. 25 , col. 1 , lig. 25 , *die anbrach ,* lisez *die anbruch.*
Pag. 30 , col. 2 , lig. 34 , *abwoermen ,* lisez *abwaermen.*
Pag. 32 , col. 2 , lig. 8 , le premier endroit , *lisez* le premier en droit.
Pag. 34 , col. 2 , lig. 14 , *afterschbacken ,* lisez *afterschlacken.*
Pag. 37 , col. 1 , lig. 41 , *alte gebäude gewättigen ,* lisez *gewältigen.*
Idem , col. 2 , ligne 41 , *amalgamir-werek ,* lisez *werck.*
Pag. 39 , col. 2 , lig. 40 , *anfeug ,* lisez *anflug.*
Pag. 44 , col. 1 , lig. 8 , allusion , *lisez* alluvion.
Idem , col. 2 , lig. 3 , sacrifier du minéral , *lisez* scorifier du minéral.
Pag. 46 , col. 1 , lig. 23 , *der magnet ziehet das eisen ein,* lisez *der magnet ziehet das eisen an.*
Pag. 54 , col. 2 , lig. 21 , *von decreseirenden ,* lisez *von decrescirenden.*
Pag. 56 , col. 1 , lig. 9 , *auftiefen ,* lisez *auftiefen.*
Idem , idem , lig. 19 , busc , *lisez* bure.
Pag. 58 , col. 2 , lig. 20 , *die voche ,* lisez *die woche.*
Pag. 60 , col. 2 , lig. 15 , *oder weirtung ,* lisez *oder weitung.*
Pag. 67 , col. 2 , lig. 24 , *backensteicke ,* lisez *backenstücke.*
Pag. 69 , col. 1 , lig. 15 , adopté , *lisez* adapté.
Pag. 70 , col. 2 , lig. 15 , substances audifères, *lisez* substances acidifères.
Pag. 71 , col. 2 , lig. 7 , *bathsscin ,* lisez *bathstein.*
Pag. 72 , col. 2 , lig. 12 , *beaugen scheinung ,* lisez *beaugenscheinigung.*
Idem , idem , lig. 24 , de colbath , *lisez* de cobalt.
Pag. 97, col. 2, lig. 16, *brühen in breitem blick,* lisez *brechen in breitemblick.*
Pag. 98, col. 2, lig. 37 et 38, l'odeur de boue, pierre de boue, *lisez* de bouc.
Pag. 99 , col. 1 , lig. 41 , *bohraustel ,* lisez *bohrfaustel.*
Idem , col. 2 , lig. 27 , la cuvette , *lisez* la curette.
Pag. 105 , col. 1 , lig. 7 , *brehstänge ,* lisez *brechstänge.*
Idem , col. 2 , lig, 25 , buse ou puits , *lisez* bure ou puits.
Pag. 112 , col. 1 , lig. 18 , *gapelliren ,* lisez *capelliren.*
Idem , col. 2 , lig. 16 , *v. früchstein ,* lisez *früchtstein.*
Pag. 116, col. 1 , lig. 17 , *circutirung ,* lisez *circulirung.*
Pag. 122 , col. 1 , lig. 39 , *mittere decreszenzen ,* lisez *mittlere decrezenzen.*
Pag. 129 , col. 2 , lig. 35 , *dumin ,* lisez *dumm.*
Pag. 138 , col. 1 , lig. 2 , dans les halles , *lisez* les haldes.
Idem , idem , lig. 31 , *einpflützen ,* lisez *einpfützen.*
Idem , col. 2 , lig. 2 , le bigorne , *lisez* la bigorne.
Pag. 139 , col. 2 , lig. 17 et 20 , *eintroenken ,* lisez *eintränken.*
Pag. 143 , col. 2 , lig. 3 , *eisenkritt ,* lisez *eisenkütt.*
Pag. 145 , col. 1 , lig. 7 , *eisensghweif ,* lisez *eisenschweif.*
Pag. 148, col. 1 , lig. 1 , *entect ,* lisez *enteckt.*

Page 153 , colonne 1 , ligne 33 , *ergoenzen*. lisez *ergänzen*.

Pag. 157 , col. 1 , lig. 40 , *erzschight* , lisez *erzschicht*.

Pag. 169, col. 1 , lig. 27 , 8000 de ses larves , *lisez* 80,000 de ses larves.

Pag. 170 , col. 2 , lig. 11 , *fischroggenstein* , lisez *fischroogenstein*.

Idem , *idem* , lig. 28 , ichtyotithe , *lisez* ichtyolithe.

Pag. 175 , col. 1 , lig. 20 , *das erzweise bricht*, lisez *das flötzweise bricht.*

Pag. 177 , col. 2 , lig. 18 , partie de la coupe , *lisez* partie de la loupe.

Idem , *idem* , lig. 29 , *formstoffer* , lisez *formstosser*.

Pag. 183 , col. 1 , lig. 19 , rapport avec la jade , *lisez* rapport avec le jade.

Pag. 185 , col. 2 , lig. 45 , le fer qui se dirige , *lisez* le filon qui se dirige.

Pag. 186 , col. 1 , lig. 22 , couleur de gazon , *lisez* coureur de gazon.

Pag. 188 , col. 2 , lig. 25 , *der gang keitet sich* , lisez *der gang keilet sich.*

Pag. 189 , col. 1 , lig. 22 , *stehende tsöcke* , lisez *stehende stöcke*.

Pag. 191 , col. 2 , lig. 33 , *geardet* , lisez *geadert*.

Page 192 , colonne 1 , ligne 43 , *fichlelberg*, lisez *fichtelberg*.

Page 195 , col. 1 , lig. 30 , fuite d'un filon , *lisez* suite d'un filon.

Pag. 202 , col. 2 , lig. 31 , en barde de plume , *lisez* en barbe de plume.

Pag. 203 , col. 1 , lig. 7 , composé d'argile ; glaise , *lisez* composé d'argile glaise.

Pag. 213 , col. 2 , lig. 35 , *goldleberz* , lisez *goldlebererz*.

Idem , *idem* , lig. 45 , *glodlumpen* , lisez *goldlumpen*.

Pag. 214 , col. 1 , lig. 23 , *goldrath* , lisez *golddraht*.

Idem , col. 2 , lig. 21 , *golstein* , lisez *goldstein*.

Pag. 221 , col. 1 , lig. 20 , *grudfläche* , lisez *grundfläche*.

Pag. 227 , col. 2 , lig. 6 , halle , *lisez* halde.

Idem , *idem* , lig. 22 , droit de halle , *lisez* droit de halde.

Pag. 243 , col. 1 , lig. 35 , *hhndzahn* , lisez *hundzahn*.

Pag. 244 , col. 2 , lig. 26 , l'air de la fonderie , *lisez* l'aire.

Pag. 254 , col. 2 , lig. 31 , *hüllenkatze* , lisez *hüttenkatze*.

Pag. 269 , col. 1 , lig. 25 , partie régulière d'un métal (*der eine* , lisez partie réguline d'un métal (*der reine*.

Pag. 272 , col. 1 , lig. 30 , *kbeuzenwalderstein* , lisez *kreuzenwalderstein*.

Pag. 283 , col. 2 , lig. 13 , en sens contraire dans les montagnes secondaires. Les , *lisez* en sens contraire. Dans les montagnes secondaires , les , etc.

Idem , *idem* , lig. 20 , vase ou jette , *lisez* jatte.

Pag. 285 , col. 1 , ligne 15 , (V. *astgang*) , lisez (*V*. article *gang*).

Pag. 315 , col. 1 , lig. 13 , fer en muraille , *lisez* enmuraillé.

Pag. 319 , col. 2 , lig. 8 , acides , *lisez* solides.

Idem , *idem* , lig. 28 , *oberhütten inspecter* , lisez *inspector*.

Pag. 321 , col. 1 , lig. 1 , ondontholite , *lisez* odontholite.

Pag. 322 , col. 1 , lig. 23 , où l'on jette un moule , *lisez* en moule.

Pag. 337 , col. 1 , lig. 28 , ou amandes la chaux , *lisez* de chaux.

Pag. 348 , col. 1 , lig. 42 , *berggesschwörer* , lisez *berggeschwörner*.

Pag. 362 , col. 1 , lig. 13 , *ringförmegewölbe* , lisez *ringförmigewölbe.*

696

Page 364 , colonne 2 , ligne 6 , *v. tauschgelb* , lisez *rauschgelb.*
Pag. 367 , col. 2 , lig. 21 , de fer en croches , *lisez* de fer en crochet.
Pag. 370 , col. 1 , lig. 45, *ausgebauchte salpetererde*, lisez *ausgelauchte.*
Pag. 374 , col. 1 , lig. 20 , *slazteich* , lisez *salzteich.*
Pag. 417 , col. 1 , lig. 28 , *schringices* , lisez *schwingues.*
Pag. 420 , col. 1 , lig. 28 , minerai ensemble , *lisez* minerai en sable.
Pag. 433 , col. 2 , lig. 2 , toujours brillantes , *lisez* toujours baillantes.
Pag. 434 , col. 1 , lig. 3 , *span*, lisez *abschnitt.*
Pag. 464 , col. 1 , lig. 26 , des monceaux , *lisez* des morceaux.
Idem , col. 2 , lig. 37 , garille , *lisez* argile.
Pag. 481 , col. 2 , ligne 28 , *tsikni* , lisez *tsikui.*
Pag. 488, col. 2, lig. 40, les corps sont impénétrables, *lisez* sont pénétrables.
Pag. 492 , col. 1 , lig. 11 , chutes répétées du filon, *lisez* chutes répétées des pilons.
Pag. 494 , col. 2 , lig. 8 et 18 , *uranitokher* et *uranokher*, lisez *uranitocher* et *uranocher.*
Pag. 498 , col. 1 , lig. 22 , *seine schict*, lisez *seine schicht.*
Idem , col. 2 , lig. 38 , spiritualiser, *lisez* spiritualisation.
Pag. 499 , col. 1 , lig. 13 , *verglasieren* ou *verglasuru*, lisez *verglasuren.*
Pag. 513 , col. 2 , ligne 3 , par des irruptions, *lisez* par des éruptions.
Pag. 550 , col. 2 , lig. 41 , *steinort ins wasser* , lisez *steinart ins wasser.*
Pag. 562 , col. 1 , lig. 13 , aréométrie , *lisez* aérométrie.
Pag. 564 , col. 1 , lig. 39 , *bringt und verbreitel* , lisez *bringt und verbreitet.*
Idem , col. 2 , lig. 5 , *die beseichnungs*, lisez *die bezeichnungs.*
Pag. 568 , col. 2 , lig. 19 , *die eintritt puncht*, lisez *die eintritt punckt.*
Pag. 569 , col. 1 , lig. 27 , ovoïde uniforme , *lisez* ovoïde uviforme.
Pag. 597 , col. 1 , lig. 35 , le jet des trombes , *lisez* le jet des bombes.
Pag. 605 , col. 1 , lig. 17 , *lisez* amphibole *après* amphibiolipolithes.
Pag. 620 , col. 2 , colline , *hükel*, lisez *hügel.*
Pag. 622 , col. 2 , côte , *gestadt*, lisez *gestade.*
Pag. 623 , col. 1 , coulée de fonte , *abstechnung*, lisez *abstechung.*
Idem , col. 2 , crême de tartre , *brechweinsten*, lisez *brechweinstein.*
Pag. 629 , col. 2 , douceâtre , *süssligh* , lisez *süsslicht.*
Pag. 630 , col. 1 , ébarber , *abscroten* , lisez *abschroten.*
Pag. 633 , col. 2 , épycile , *lisez* épycicle.
Idem , épysticle , *lisez* épite.
Pag. 636 , col. 2 , faces terminales , *erdflächen* , lisez *endflächen.*
Idem , idem . faraillon , *lisez* féraillon.
Pag. 652 , col. 1 , mâchefer , *himmerschlag* , lisez *hammerschlag.*
Pag. 664 , col. 1 , lig. 39 , *chaustufe*, lisez *schaustufe.*
Pag. 667 , col. 1 , lig. 4 , *gzpsgrube*, lisez *gypsgrube.*
Pag. 679 , col. 1 , lig. 16 , *eisnschlich* , lisez *eisenschlich.*